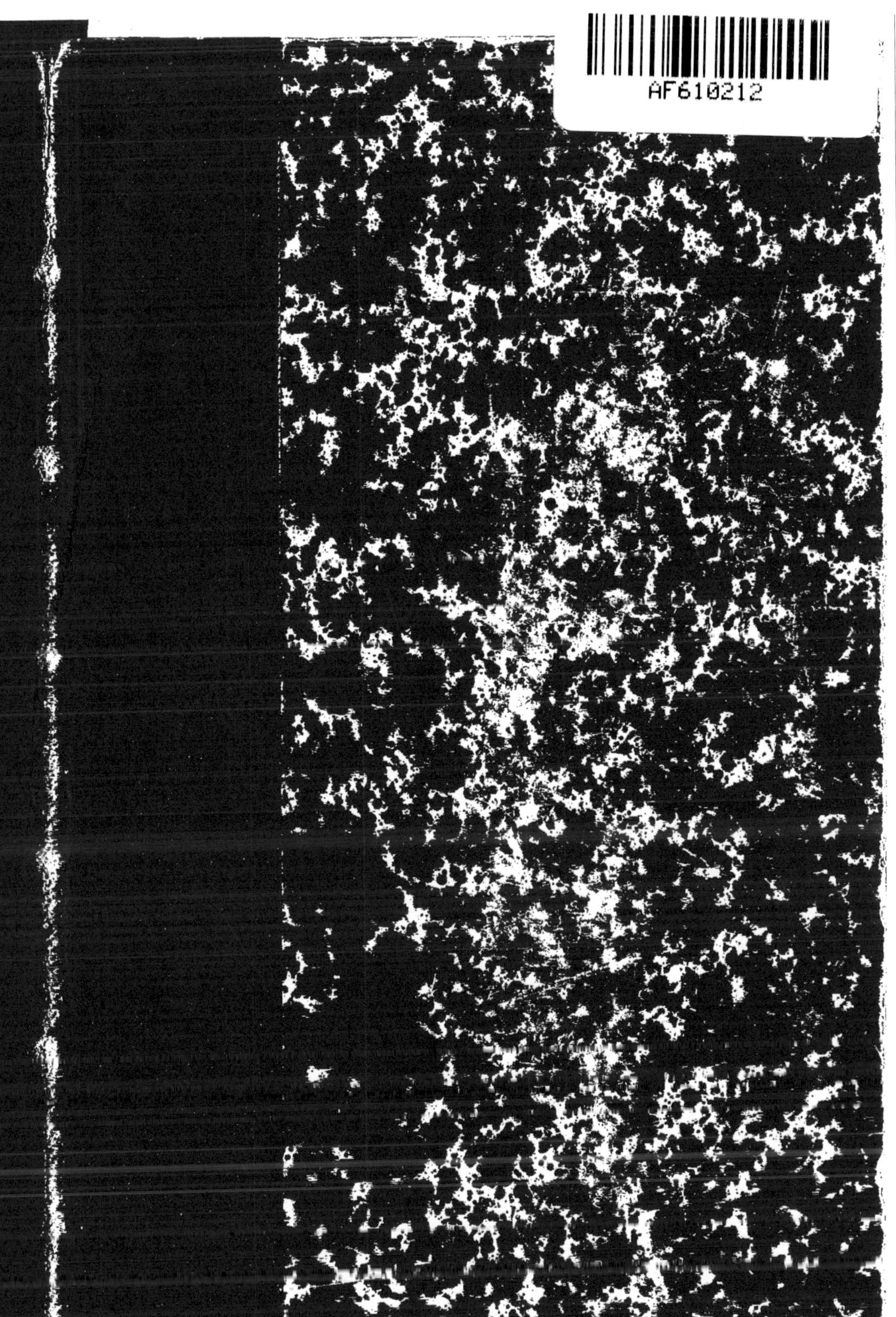

ŒUVRES COMPLÈTES

DE BUFFON

XI

PARIS. — IMPRIMERIE Vve P. LAROUSSE ET Cie
19, RUE MONTPARNASSE, 19

ŒUVRES
COMPLÈTES
DE BUFFON

NOUVELLE ÉDITION

ANNOTÉE ET PRÉCÉDÉE D'UNE INTRODUCTION SUR BUFFON

ET SUR LES PROGRÈS DES SCIENCES NATURELLES DEPUIS SON ÉPOQUE

PAR J.-L. DE LANESSAN

Professeur agrégé d'histoire naturelle à la Faculté de médecine de Paris

SUIVIE DE LA

CORRESPONDANCE GÉNÉRALE DE BUFFON

RECUEILLIE ET ANNOTÉE PAR M. NADAULT DE BUFFON

OUVRAGE ILLUSTRÉ

DE 160 PLANCHES GRAVÉES SUR ACIER ET COLORIÉES A LA MAIN

ET DE 8 PORTRAITS GRAVÉS SUR ACIER

TOME ONZIÈME

HOMME. — VÉGÉTAUX. — DISCOURS ACADÉMIQUES

PARIS

LIBRAIRIE ABEL PILON

A. LE VASSEUR, SUCC^r, ÉDITEUR

33, RUE DE FLEURUS, 33

ŒUVRES COMPLÈTES

DE BUFFON

HISTOIRE NATURELLE DE L'HOMME

DE LA NATURE DE L'HOMME

Quelque intérêt que nous ayons à nous connaître nous-mêmes, je ne sais si nous ne connaissons pas mieux tout ce qui n'est pas nous. Pourvus par la nature d'organes uniquement destinés à notre conservation, nous ne les employons qu'à recevoir les impressions étrangères, nous ne cherchons qu'à nous répandre au dehors et à exister hors de nous; trop occupés à multiplier les fonctions de nos sens et à augmenter l'étendue extérieure de notre être, rarement faisons-nous usage de ce sens intérieur qui nous réduit à nos vraies dimensions et qui sépare de nous tout ce qui n'en est pas; c'est cependant de ce sens dont il faut nous servir, si nous voulons nous connaître; c'est le seul par lequel nous puissions nous juger; mais comment donner à ce sens son activité et toute son étendue? comment dégager notre âme dans laquelle il réside de toutes les illusions de notre esprit? Nous avons perdu l'habitude de l'employer, elle est demeurée sans exercice au milieu du tumulte de nos sensations corporelles, elle s'est desséchée par le feu de nos passions, le cœur, l'esprit, les sens, tout a travaillé contre elle.

Cependant, inaltérable dans sa substance, impassible par son essence, elle est toujours la même; sa lumière offusquée a perdu son éclat sans rien perdre de sa force; elle nous éclaire moins, mais elle nous guide aussi sûrement: recueillons pour nous conduire ces rayons qui parviennent encore jusqu'à nous, l'obscurité qui nous environne diminuera, et si la route n'est pas également éclairée d'un bout à l'autre, au moins aurons-nous un flambeau avec lequel nous marcherons sans nous égarer.

Le premier pas, et le plus difficile que nous ayons à faire pour parvenir à la connaissance de nous-mêmes, est de reconnaître nettement la nature des deux substances qui nous composent : dire simplement que l'une est inétendue, immatérielle, immortelle, et que l'autre est étendue, matérielle et mortelle, se réduit à nier de l'une ce que nous assurons de l'autre; quelle connaissance pouvons-nous acquérir par cette voie de négation? Ces expressions privatives ne peuvent représenter aucune idée réelle et positive ; mais dire que nous sommes certains de l'existence de la première, et peu assurés de l'existence de l'autre, que la substance de l'une est simple, indivisible, et qu'elle n'a qu'une forme, puisqu'elle ne se manifeste que par une seule modification qui est la pensée, que l'autre est moins une substance qu'un sujet capable de recevoir des espèces de formes relatives à celles de nos sens, toutes aussi incertaines, toutes aussi variables que la nature même de ces organes, c'est établir quelque chose, c'est attribuer à l'une et à l'autre des propriétés différentes, c'est leur donner des attributs positifs et suffisants pour parvenir au premier degré de connaissance de l'une et de l'autre, et commencer à les comparer.

Pour peu qu'on ait réfléchi sur l'origine de nos connaissances, il est aisé de s'apercevoir que nous ne pouvons en acquérir que par la voie de la comparaison ; ce qui est absolument incomparable est entièrement incompréhensible; Dieu est le seul exemple que nous puissions donner ici, il ne peut être compris parce qu'il ne peut être comparé; mais tout ce qui est susceptible de comparaison, tout ce que nous pouvons apercevoir par des faces différentes, tout ce que nous pouvons considérer relativement, peut toujours être du ressort de nos connaissances; plus nous aurons de sujets de comparaison, de côtés différents, de points particuliers sous lesquels nous pourrons envisager notre objet, plus aussi nous aurons de moyens pour le connaître et de facilité à réunir les idées sur lesquelles nous devons fonder notre jugement.

L'existence de notre âme nous est démontrée, ou plutôt nous ne faisons qu'un, cette existence et nous : être et penser sont pour nous la même chose; cette vérité est intime et plus qu'intuitive : elle est indépendante de nos sens, de notre imagination, de notre mémoire et de toutes nos autres facultés relatives. L'existence de notre corps et des autres objets extérieurs est douteuse pour quiconque raisonne sans préjugé; car cette étendue en longueur, largeur et profondeur, que nous appelons notre corps, et qui semble nous appartenir de si près, qu'est-elle autre chose sinon un rapport de nos sens? Les organes matériels de nos sens, que sont-ils eux-mêmes, sinon des convenances avec ce qui les affecte? Et notre sens intérieur, notre âme a-t-elle rien de semblable, rien qui lui soit commun avec la nature de ces organes extérieurs? La sensation excitée dans notre âme par la lumière ou par le son ressemble-t-elle à cette matière ténue qui semble propager la lumière, ou bien à ce trémoussement que le son produit dans l'air? Ce sont nos yeux et nos oreilles qui ont avec ces matières toutes les convenances nécessaires, parce que ces organes sont, en effet, de la même nature que cette matière elle-même; mais la sensation que nous éprouvons n'a rien de commun, rien de semblable; cela seul ne suffirait-il pas pour nous prouver que notre âme est, en effet, d'une nature différente de celle de la matière?

Nous sommes donc certains que la sensation intérieure est tout à fait différente de ce qui peut la causer, et nous voyons déjà que, s'il existe des choses hors de nous, elles sont en elles-mêmes tout à fait différentes de ce que nous les jugeons, puisque la sensation ne ressemble en aucune façon à ce qui peut la causer; dès lors, ne doit-on pas conclure que ce qui cause nos sensations est nécessairement et par sa nature toute autre chose que ce que nous croyons? Cette étendue que nous apercevons par les yeux, cette impénétrabilité dont le toucher nous donne une idée, toutes ces qualités réunies qui constituent la matière, pourraient bien ne pas exister, puisque notre sensation intérieure, et ce qu'elle nous représente par l'étendue, l'impénétrabilité, etc., n'est nullement étendu ni impénétrable, n'a même rien de commun avec ces qualités.

Si l'on fait attention que notre âme est souvent pendant le sommeil et l'absence des objets affectée de sensations, que ces sensations sont quelquefois fort différentes de celles qu'elle a éprouvées par la présence de ces mêmes objets en faisant usage des sens, ne viendra-t-on pas à penser que cette présence des objets n'est pas nécessaire à l'existence de ces sensations, et que par conséquent notre âme et nous pouvons exister tout seuls et indépendamment de ces objets? car dans le sommeil et après la mort notre corps existe; il a même tout le genre d'existence qu'il peut comporter, il est le même qu'il était auparavant; cependant l'âme ne s'aperçoit plus de l'existence du corps, il a cessé d'être pour nous : or je demande si quelque chose qui peut être, et ensuite n'être plus, si cette chose qui nous affecte d'une manière toute différente de ce qu'elle est, ou de ce qu'elle a été, peut être quelque chose d'assez réel pour que nous ne puissions pas douter de son existence.

Cependant nous pouvons croire qu'il y a quelque chose hors de nous, mais nous n'en sommes pas sûrs, au lieu que nous sommes assurés de l'existence réelle de tout ce qui est en nous; celle de notre âme est donc certaine, et celle de notre corps paraît douteuse, dès qu'on vient à penser que la matière pourrait bien n'être qu'un mode de notre âme, une de ses façons de voir; notre âme voit de cette façon quand nous veillons, elle voit d'une autre façon pendant le sommeil, elle verra d'une manière bien plus différente encore après notre mort, et tout ce qui cause aujourd'hui ses sensations, la matière en général, pourrait bien ne pas plus exister pour elle alors que notre propre corps qui ne sera plus rien pour nous.

Mais admettons cette existence de la matière, et quoiqu'il soit impossible de la démontrer, prêtons-nous aux idées ordinaires, et disons qu'elle existe, et qu'elle existe même comme nous la voyons; nous trouverons, en comparant notre âme avec cet objet matériel, des différences si grandes, des oppositions si marquées, que nous ne pourrons pas douter un instant qu'elle ne soit d'une nature totalement différente et d'un ordre infiniment supérieur.

Notre âme n'a qu'une forme très simple, très générale, très constante; cette forme est la pensée; il nous est impossible d'apercevoir notre âme autrement que par la pensée; cette forme n'a rien de divisible, rien d'étendu, rien d'impénétrable, rien de matériel; donc le sujet de cette forme, notre âme, est indivisible et immatériel : notre corps, au contraire, et tous les autres corps, ont plusieurs formes; chacune de ces formes est composée, divisible, variable, destructible, et toutes sont relatives aux différents organes avec lesquels nous les apercevons; notre corps, et toute la matière, n'a donc rien de constant, rien de réel, rien de général par où nous puissions la saisir et nous assurer de la connaître. Un aveugle n'a nulle idée de l'objet matériel qui nous représente les images des corps; un lépreux, dont la peau serait insensible, n'aurait aucune des idées que le toucher fait naître; un sourd ne peut connaître les sons : qu'on détruise successivement ces trois moyens de sensation dans l'homme qui en est pourvu, l'âme n'en existera pas moins, ses fonctions intérieures subsisteront, et la pensée se manifestera toujours au dedans de lui-même; ôtez, au contraire, toutes ces qualités à la matière, ôtez-lui ses couleurs, son étendue, sa solidité, et toutes les autres propriétés relatives à nos sens, vous l'anéantirez; notre âme est donc impérissable, et la matière peut et doit périr.

Il en est de même des autres facultés de notre âme, comparées à celles de notre corps et aux propriétés les plus essentielles à toute matière. L'âme veut et commande, le corps obéit tout autant qu'il le peut; l'âme s'unit intimement à tel objet qu'il lui plait; la distance, la grandeur, la figure, rien ne peut nuire à cette union; lorsque l'âme la veut, elle se fait, et se fait en un instant; le corps ne peut s'unir à rien : il est blessé de tout ce qui le touche de trop près, il lui faut beaucoup de temps pour s'approcher d'un autre corps : tout lui résiste, tout est obstacle, son mouvement cesse au moindre choc. La volonté n'est-elle donc qu'un mouvement corporel, et la contemplation un simple attouchement? Comment cet attouchement pourrait-il se faire sur un objet éloigné, sur un sujet abstrait? Comment ce mouvement pourrait-il s'opérer en un instant indivisible? A-t-on jamais conçu de mouvement sans qu'il y eût de l'espace et du temps? La volonté, si c'est un mouvement, n'est donc pas un mouvement matériel, et si l'union de l'âme à son

en aurait-il un grand nombre d'autres auxquels on pourrait, si l'on voulait s'en donner la peine, faire articuler quelques sons (*a*) ; mais jamais on n'est parvenu à leur faire naître l'idée que ces mots expriment ; ils semblent ne les répéter, et même ne les articuler, que comme un écho ou une machine artificielle les répéterait ou les articulerait : ce ne sont pas les puissances mécaniques ou les organes matériels, mais c'est la puissance intellectuelle, c'est la pensée qui leur manque.

C'est donc parce qu'une langue suppose une suite de pensées, que les animaux n'en ont aucune ; car, quand même on voudrait leur accorder quelque chose de semblable à nos premières appréhensions et à nos sensations les plus grossières et les plus machinales, il paraît certain qu'ils sont incapables de former cette association d'idées, qui seule peut produire la réflexion, dans laquelle cependant consiste l'essence de la pensée ; c'est parce qu'ils ne peuvent joindre ensemble aucune idée qu'ils ne pensent ni ne parlent ; c'est par la même raison qu'ils n'inventent et ne perfectionnent rien ; s'ils étaient doués de la puissance de réfléchir, même au plus petit dégré, ils seraient capables de quelque espèce de progrès, ils acquerraient plus d'industrie : les castors d'aujourd'hui bâtiraient avec plus d'art et de solidité que ne bâtissaient les premiers castors, l'abeille perfectionnerait encore tous les jours la cellule qu'elle habite ; car si on suppose que cette cellule est aussi parfaite qu'elle peut l'être, on donne à cet insecte plus d'esprit que nous n'en avons, on lui accorde une intelligence supérieure à la nôtre, par laquelle il apercevrait tout d'un coup le dernier point de perfection auquel il doit porter son ouvrage, tandis que nous-mêmes ne voyons jamais clairement ce point, et qu'il nous faut beaucoup de réflexion, de temps et d'habitude pour perfectionner le moindre de nos arts.

D'où peut venir cette uniformité dans tous les ouvrages des animaux ? Pourquoi chaque espèce ne fait-elle jamais que la même chose, de la même façon et pourquoi chaque individu ne la fait-il ni mieux ni plus mal qu'un autre individu ? Y a-t-il de plus forte preuve que leurs opérations ne sont que des résultats mécaniques et purement matériels ? Car, s'ils avaient la moindre étincelle de la lumière qui nous éclaire, on trouverait au moins de la variété si l'on ne voyait pas de la perfection dans leurs ouvrages ; chaque individu de la même espèce ferait quelque chose d'un peu différent de ce qu'aurait fait un autre individu ; mais non, tous travaillent sur le même modèle, l'ordre de leurs actions est tracé dans l'espèce entière, il n'appartient point à l'individu ; et si l'on voulait attribuer une âme aux animaux, on serait obligé à n'en faire qu'une pour chaque espèce, à laquelle chaque individu participerait également ; cette âme serait donc nécessairement

(*a*) M. Leibniz fait mention d'un chien auquel on avait appris à prononcer quelques mots allemands et français.

divisible, par conséquent elle serait matérielle et fort différente de la nôtre (*).

Car pourquoi mettons-nous, au contraire, tant de diversité et de variété dans nos productions et dans nos ouvrages? Pourquoi l'imitation servile nous coûte-t-elle plus qu'un nouveau dessein? C'est parce que notre âme est à nous, qu'elle est indépendante de celle d'un autre, que nous n'avons rien de commun avec notre espèce que la matière de notre corps, et que ce n'est, en effet, que par les dernières de nos facultés que nous ressemblons aux animaux.

Si les sensations intérieures appartenaient à la matière et dépendaient des organes corporels, ne verrions-nous pas parmi les animaux de même espèce, comme parmi les hommes, des différences marquées dans leurs ouvrages? Ceux qui seraient le mieux organisés ne feraient-ils pas leurs nids, leurs cellules ou leurs coques d'une manière plus solide, plus élégante, plus commode? Et si quelqu'un avait plus de génie qu'un autre, pourrait-il ne le pas manifester de cette façon? Or tout cela n'arrive pas et n'est jamais arrivé, le plus ou le moins de perfection des organes corporels n'influe donc pas sur la nature des sensations intérieures. N'en doit-on pas conclure que les animaux n'ont point de sensations de cette espèce, qu'elles ne peuvent appartenir à la matière, ni dépendre pour leur nature des organes corporels? Ne faut-il pas, par conséquent, qu'il y ait en nous une substance différente de la matière, qui soit le sujet de la cause qui produit et reçoit ces sensations?

Mais ces preuves de l'immatérialité de notre âme peuvent s'étendre encore plus loin. Nous avons dit que la nature marche toujours et agit en tout par degrés imperceptibles et par nuances; cette vérité, qui d'ailleurs ne souffre aucune exception, se dément ici tout à fait; il y a une distance infinie entre les facultés de l'homme et celles du plus parfait animal, preuve évidente que l'homme est d'une différente nature, que seul il fait une classe à part, de laquelle il faut descendre en parcourant un espace infini avant que d'arriver à celle des animaux; car si l'homme était de l'ordre des animaux, il y aurait dans la nature un certain nombre d'êtres moins parfaits que l'homme et plus parfaits que l'animal, par lesquels on descendrait insensiblement et par nuances de l'homme au singe; mais cela n'est pas : on passe tout d'un coup de l'être pensant à l'être matériel, de la puissance intellectuelle à la force mécanique, de l'ordre et du dessein au mouvement aveugle, de la réflexion à l'appétit.

(*) Parti de prémisses fausses, Buffon bâtit des raisonnements presque puérils. Les animaux ont chacun, comme les hommes, leur manière d'être et leurs qualités propres; chacun possède une forme spéciale d'intelligence, et il est absolument faux de dire que « l'ordre de leurs actions est tracé dans l'espèce entière, » à moins qu'on ne veuille entendre par là que l'hérédité constitue à chaque espèce un ensemble d'habitudes que tous les individus présentent; mais alors on peut appliquer à l'homme aussi bien qu'aux animaux le mot de Buffon.

En voilà plus qu'il n'en faut pour nous démontrer l'excellence de notre nature, et la distance immense que la bonté du Créateur a mise entre l'homme et la bête ; l'homme est un être raisonnable, l'animal est un être sans raison; et comme il n'y a point de milieu entre le positif et le négatif, comme il n'y a point d'êtres intermédiaires entre l'être raisonnable et l'être sans raison, il est évident que l'homme est d'une nature entièrement différente de celle de l'animal, qu'il ne lui ressemble que par l'extérieur, et que le juger par cette ressemblance matérielle, c'est se laisser tromper par l'apparence et fermer volontairement les yeux à la lumière qui doit nous la faire distinguer de la réalité.

Après avoir considéré l'homme intérieur et avoir démontré la spiritualité de son âme, nous pouvons maintenant examiner l'homme extérieur et faire l'histoire de son corps. Nous en avons recherché l'origine dans les chapitres précédents; nous avons expliqué sa formation et son développement, nous avons amené l'homme jusqu'au moment de sa naissance ; reprenons-le où nous l'avons laissé; parcourons les différents âges de sa vie, et conduisons-le à cet instant où il doit se séparer de son corps, l'abandonner et le rendre à la masse commune de la matière à laquelle il appartient.

DE L'ENFANCE

Si quelque chose est capable de nous donner une idée de notre faiblesse, c'est l'état où nous nous trouvons immédiatement après la naissance : incapable de faire encore aucun usage de ses organes et de se servir de ses sens, l'enfant qui naît a besoin de secours de toute espèce : c'est une image de misère et de douleur; il est, dans ces premiers temps, plus faible qu'aucun des animaux; sa vie incertaine et chancelante paraît devoir finir à chaque instant; il ne peut se soutenir ni se mouvoir; à peine a-t-il la force nécessaire pour exister et pour annoncer par des gémissements les souffrances qu'il éprouve, comme si la nature voulait l'avertir qu'il est né pour souffrir, et qu'il ne vient prendre place dans l'espèce humaine que pour en partager les infirmités et les peines.

Ne dédaignons pas de jeter les yeux sur un état par lequel nous avons tous commencé; voyons-nous au berceau; passons même sur le dégoût que peut donner le détail des soins que cet état exige, et cherchons par quels degrés cette machine délicate, ce corps naissant et à peine vivant, vient à prendre du mouvement, de la consistance et des forces.

L'enfant qui naît passe d'un élément dans un autre : au sortir de l'eau qui l'environnait de toutes parts dans le sein de sa mère, il se trouve exposé à l'air, et il éprouve dans l'instant les impressions de ce fluide actif; l'air agit sur les nerfs de l'odorat et sur les organes de la respiration; cette action produit une secousse, une espèce d'éternuement qui soulève la capacité de la poitrine et donne à l'air la liberté d'entrer dans les poumons; il dilate leurs vésicules et les gonfle, il s'y échauffe et s'y raréfie jusqu'à un certain degré, après quoi le ressort des fibres dilatées réagit sur ce fluide léger et le fait sortir des poumons. Nous n'entreprendrons pas d'expliquer ici les causes du mouvement alternatif et continuel de la respiration; nous nous bornerons à parler des effets; cette fonction est essentielle à l'homme et à plusieurs espèces d'animaux : c'est ce mouvement qui entretient la vie; s'il cesse, l'animal périt; aussi la respiration ayant une fois commencé, elle ne finit qu'à la mort; et, dès que le fœtus respire pour la première fois, il continue à respirer sans interruption : cependant on peut croire avec quelque fondement que le trou ovale ne se ferme pas tout à coup au moment de la naissance, et que par conséquent une partie du sang doit continuer à passer par cette ouverture; tout le sang ne doit donc pas entrer d'abord dans les poumons, et peut-être pourrait-on priver de l'air l'enfant nouveau-né pendant un temps considérable, sans que cette privation lui causât la mort. Je fis, il y a environ dix ans, une expérience sur de petits chiens, qui semble prouver la possibilité de ce que je viens de dire; j'avais pris la précaution de mettre la mère, qui était une grosse chienne de l'espèce des plus grands lévriers, dans un baquet rempli d'eau chaude, et, l'ayant attachée de façon que les parties de derrière trempaient dans l'eau, elle mit bas trois chiens dans cette eau, et ces petits animaux se trouvèrent au sortir de leurs enveloppes dans un liquide aussi chaud que celui d'où ils sortaient; on aida la mère dans l'accouchement, on accommoda et on lava dans cette eau les petits chiens, ensuite on les fit passer dans un plus petit baquet rempli de lait chaud, sans leur donner le temps de respirer. Je les fis mettre dans du lait, au lieu de les laisser dans l'eau, afin qu'ils pussent prendre de la nourriture, s'ils en avaient besoin; on les retint dans le lait où ils étaient plongés, et ils y demeurèrent pendant plus d'une demi-heure; après quoi, les ayant retirés les uns après les autres, je les trouvai tous trois vivants; ils commencèrent à respirer et à rendre quelque humeur par la gueule; je les laissai respirer pendant une demi-heure, et ensuite on les replongea dans le lait que l'on avait fait réchauffer pendant ce temps; je les y laissai pendant une seconde demi-heure, et, les ayant ensuite retirés, il y en avait deux qui étaient vigoureux et qui ne paraissaient pas avoir souffert de la privation de l'air, mais le troisième paraissait être languissant; je ne jugeai pas à propos de le replonger une seconde fois, je le fis porter à la mère; elle avait d'abord fait ces trois chiens dans l'eau, et ensuite elle en avait encore fait six autres. Ce petit chien qui était né dans l'eau, qui d'abord avait passé plus d'une demi-heure dans le lait avant d'avoir respiré, et encore une autre demi-heure après avoir respiré, n'en était pas fort incommodé, car il fut bientôt rétabli sous la mère, et il vécut comme les autres. Des six qui étaient nés dans l'air j'en fis jeter quatre, de sorte qu'il n'en restait alors à la mère que deux de ces six, et celui qui était né dans l'eau. Je continuai ces épreuves sur les deux autres qui étaient dans le lait, je les laissai respirer une seconde fois pendant une heure environ, ensuite je les fis mettre de nouveau dans le lait chaud, où ils se trouvèrent plongés pour la troisième fois; je ne sais s'ils en avalèrent ou non; ils restèrent dans ce liquide pendant une demi-heure, et, lorsqu'on les en tira, ils paraissaient être presque aussi vigoureux qu'auparavant: cependant les ayant fait porter à la mère, l'un des deux mourut le même jour, mais je ne pus savoir si c'était par accident, ou pour avoir souffert dans le temps qu'il était plongé dans la liqueur et qu'il était privé de l'air; l'autre vécut aussi bien que le premier, et ils prirent tous deux autant d'accroissement que ceux qui n'avaient pas subi cette épreuve. Je n'ai pas suivi ces expériences plus loin; mais j'en ai assez vu pour être persuadé que la respiration n'est pas aussi absolument nécessaire à l'animal nouveau-né qu'à l'adulte, et qu'il serait peut-être possible, en s'y prenant avec précaution, d'empêcher de cette façon le trou ovale de se fermer, et de faire par ce moyen d'excellents plongeurs et des espèces d'animaux amphibies qui vivraient également dans l'air et dans l'eau.

L'air trouve ordinairement, en entrant pour la première fois dans les poumons de l'enfant, quelque obstacle causé par la liqueur qui s'est amassée dans la trachée-artère; cet obstacle est plus ou moins grand à proportion de la viscosité de cette liqueur, mais l'enfant en naissant relève sa tête qui était penchée en avant sur sa poitrine, et, par ce mouvement, il allonge le canal de la trachée-artère; l'air trouve place dans ce canal au moyen de cet agrandissement: il force la liqueur dans l'intérieur du poumon, et, en dilatant les bronches de ce viscère, il distribue sur leurs parois la mucosité qui s'opposait à son passage; le superflu de cette humidité est bientôt desséché par le renouvellement de l'air, ou si l'enfant en est incommodé, il tousse, et enfin il s'en débarrasse par l'expectoration; on la voit couler de sa bouche, car il n'a pas encore la force de cracher.

Comme nous ne nous souvenons de rien de ce qui nous arrive alors, nous ne pouvons guère juger du sentiment que produit l'impression de l'air sur l'enfant nouveau-né; il paraît seulement que les gémissements et les cris qui se font entendre dans le moment qu'il respire sont des signes peu équivoques de la douleur que l'action de l'air lui fait ressentir. L'enfant est, en effet, jusqu'au moment de sa naissance, accoutumé à la douce chaleur d'un liquide tranquille, et on peut croire que l'action d'un fluide, dont la température est inégale, ébranle trop violemment les fibres délicates de son corps; il paraît être également sensible au chaud et au froid; il gémit en quelque situation qu'il se trouve, et la douleur paraît être sa première et son unique sensation.

La plupart des animaux ont encore les yeux fermés pendant quelques jours après leur naissance; l'enfant les ouvre aussitôt qu'il est né, mais ils sont fixes et ternes; on n'y voit pas ce brillant qu'ils auront dans la suite, ni le mouvement qui accompagne la vision; cependant la lumière qui les frappe semble faire impression, puisque la prunelle, qui a déjà jusqu'à une ligne et demie ou deux de diamètre, s'étrécit ou s'élargit à une lumière plus forte ou plus faible, en sorte qu'on pourrait croire qu'elle produit déjà une espèce de sentiment; mais ce sentiment est fort obtus: le nouveau-né ne distingue rien, car ses yeux, même en prenant du mouvement, ne s'arrêtent sur aucun objet; l'organe est encore imparfait, la cornée est ridée, et peut-être la rétine est-elle aussi trop molle pour recevoir les images des objets et donner la sensation de la vue distincte. Il paraît en être de même des autres sens; ils n'ont pas encore pris une certaine consistance nécessaire à leurs opérations, et, lors même qu'ils sont arrivés à cet état, il se passe encore beaucoup de temps avant que l'enfant puisse avoir des sensations justes et complètes. Les sens sont des espèces d'instruments dont il faut apprendre à se servir : celui de la vue, qui paraît être le plus noble et le plus admirable, est en même temps le moins sûr et le plus illusoire; ses sensations ne produiraient que des jugements faux, s'ils n'étaient à tout instant rectifiés par le témoignage du toucher; celui-ci est le sens solide : c'est la pierre de touche et la mesure de tous les autres sens, c'est le seul qui soit absolument essentiel à l'animal, c'est celui qui est universel et qui est répandu dans toules les parties de son corps; cependant, ce sens même n'est pas encore parfait dans l'enfant au moment de sa naissance; il donne, à la vérité, des signes de douleur par ses gémissements et ses cris, mais il n'a encore aucune expression pour marquer le plaisir; il ne commence à rire qu'au bout de quarante jours; c'est aussi le temps auquel il commence à pleurer, car auparavant les cris et les gémissements ne sont pas accompagnés de larmes. Il ne paraît donc aucun signe des passions sur le visage du nouveau-né; les parties de la face n'ont pas même toute la consistance et tout le ressort nécessaires à cette espèce d'expression des sentiments de l'âme : toutes les autres parties du corps, encore faibles et délicates, n'ont que des mouvements incertains et mal assurés; il ne peut pas se tenir debout, ses jambes et ses cuisses sont encore pliées par l'habitude qu'il a contractée dans le sein de sa mère; il n'a pas la force d'étendre les bras ou de saisir quelque chose avec la main; si on l'abandonnait, il resterait couché sur le dos sans pouvoir se retourner.

En réfléchissant sur ce que nous venons de dire, il paraît que la douleur que l'enfant ressent dans les premiers temps, et qu'il exprime par des gémissements, n'est qu'une sensation corporelle, semblable à celle des animaux qui gémissent aussi dès qu'ils sont nés, et que les sensations de l'âme ne commencent à se manifester qu'au bout de quarante jours, car le rire et les larmes sont des produits de deux sensations intérieures, qui toutes deux dépendent de l'action de l'âme. La première est une émotion agréable qui ne peut naître qu'à la vue ou par le souvenir d'un objet connu, aimé et désiré; l'autre est un ébranlement désagréable, mêlé d'attendrissement et d'un retour sur nous-mêmes; toutes deux sont des passions qui supposent des connaissances, des comparaisons et des réflexions; aussi le rire et les pleurs sont-ils des signes particuliers à l'espèce humaine pour exprimer le plaisir ou la douleur de l'âme; tandis que les cris, les mouvements et les autres signes des douleurs et des plaisirs du corps sont communs à l'homme et à la plupart des animaux.

Mais revenons aux parties matérielles et aux affections du corps. La grandeur de l'enfant né à terme est ordinairement de vingt-un pouces; il en naît cependant de beaucoup plus petits, et il y en a même qui n'ont que quatorze pouces, quoiqu'ils aient atteint le terme de neuf mois ; quelques autres, au contraire, ont plus de vingt-un pouces. La poitrine des enfants de vingt-un pouces, mesurée sur la longueur du sternum, a près de trois pouces, et seulement deux lorsque l'enfant n'en a que quatorze. A neuf mois, le fœtus pèse ordinairement douze livres, et quelquefois jusqu'à quatorze ; la tête du nouveau-né est plus grosse à proportion que le reste du corps, et cette disproportion, qui était encore beaucoup plus grande dans le premier âge du fœtus, ne disparaît qu'après la première enfance ; la peau de l'enfant qui naît est fort fine ; elle paraît rougeâtre, parce qu'elle est assez transparente pour laisser paraître une nuance faible de la couleur du sang ; on prétend même que les enfants dont la peau est la plus rouge en naissant sont ceux qui dans la suite auront la peau la plus belle et plus blanche.

La forme du corps et des membres de l'enfant qui vient de naître n'est pas bien exprimée ; toutes les parties sont arrondies : elles paraissent même gonflées lorsque l'enfant se porte bien et qu'il ne manque pas d'embonpoint. Au bout de trois jours, il survient ordinairement une jaunisse, et, dans ce même temps, il y a du lait dans les mamelles de l'enfant, qu'on exprime avec les doigts ; la surabondance des sucs et le gonflement de toutes les parties du corps diminuent ensuite peu à peu à mesure que l'enfant prend de l'accroissement.

On voit palpiter dans quelques enfants nouveau-nés le sommet de la tête à l'endroit de la fontanelle, et dans tous on y peut sentir le battement des sinus ou des artères du cerveau, si on y porte la main. Il se forme au-dessus de cette ouverture une espèce de croûte ou de gale, quelquefois fort épaisse, et qu'on est obligé de frotter avec des brosses pour la faire tomber à mesure qu'elle se sèche : il semble que cette production, qui se fait au-dessus de l'ouverture du crâne, ait quelque analogie avec celle des cornes des animaux, qui tirent aussi leur origine d'une ouverture du crâne et de la substance du cerveau (*). Nous ferons voir dans la suite que toutes les extrémités des nerfs deviennent solides lorsqu'elles sont exposées à l'air, et que c'est cette substance nerveuse qui produit les ongles, les ergots, les cornes, etc.

La liqueur contenue dans l'amnios laisse sur l'enfant une humeur visqueuse blanchâtre, et quelquefois assez tenace pour qu'on soit obligé de la détremper avec quelque liqueur douce afin de la pouvoir enlever ; on a toujours, dans ce pays-ci, la sage précaution de ne laver l'enfant qu'avec des liqueurs tièdes ; cependant des nations entières, celles même qui habitent les climats froids, sont dans l'usage de plonger leurs enfants dans l'eau

(*) Opinion fausse ; les cornes n'ont rien de commun avec le cerveau ; elles sont formées, soit par des excroissances osseuses, soit par des productions analogues aux poils.

froide aussitôt qu'ils sont nés, sans qu'il leur en arrive aucun mal; on dit même que les Laponnes laissent leurs enfants dans la neige jusqu'à ce que le froid les ait saisis au point d'arrêter la respiration, et qu'alors elles les plongent dans un bain d'eau chaude; ils n'en sont pas même quittes pour être lavés avec si peu de ménagement au moment de leur naissance : on les lave encore de la même façon trois fois chaque jour pendant la première année de leur vie, et dans les suivantes on les baigne trois fois chaque semaine dans l'eau froide. Les peuples du Nord sont persuadés que les bains froids rendent les hommes plus forts et plus robustes, et c'est par cette raison qu'ils les forcent de bonne heure à en contracter l'habitude. Ce qu'il y a de vrai, c'est que nous ne connaissons pas assez jusqu'où peuvent s'étendre les limites de ce que notre corps est capable de souffrir, d'acquérir ou de perdre par l'habitude : par exemple, les Indiens de l'isthme de l'Amérique se plongent impunément dans l'eau froide pour se rafraîchir lorsqu'ils sont en sueur; leurs femmes les y jettent quand ils sont ivres pour faire passer leur ivresse plus promptement; les mères se baignent avec leurs enfants dans l'eau froide un instant après leur accouchement; avec cet usage, que nous regarderions comme fort dangereux, ces femmes périssent très rarement par les suites des couches, au lieu que, malgré tous nos soins, nous en voyons périr un grand nombre parmi nous.

Quelques instants après sa naissance, l'enfant urine; c'est ordinairement lorsqu'il sent la chaleur du feu; quelquefois il rend en même temps le *méconium*, ou les excréments qui se sont formés dans les intestins pendant le temps de son séjour dans la matrice; cette évacuation ne se fait pas toujours aussi promptement, souvent elle est retardée; mais, si elle n'arrivait pas dans l'espace du premier jour, il serait à craindre que l'enfant ne s'en trouvât incommodé et qu'il ne ressentît des douleurs de colique; dans ce cas, on tâche de faciliter cette évacuation par quelques moyens. Le *méconium* est de couleur noire; on connaît que l'enfant en est absolument débarrassé lorsque les excréments qui succèdent ont une autre couleur; ils deviennent blanchâtres; ce changement arrive ordinairement le deuxième ou le troisième jour; alors leur odeur est beaucoup plus mauvaise que n'est celle du *méconium*, ce qui prouve que la bile et les sucs amers du corps commencent à s'y mêler.

Cette remarque paraît confirmer ce que nous avons dit ci-devant dans le chapitre du développement du fœtus, au sujet de la manière dont il se nourrit; nous avons insinué que ce devait être par intussusception, et qu'il ne prenait aucune nourriture par la bouche; ceci semble prouver que l'estomac et les intestins ne font aucune fonction dans le fœtus, du moins aucune fonction semblable à celles qui s'opèrent dans la suite, lorsque la respiration a commencé à donner du mouvement au diaphragme et à toutes les parties intérieures sur lesquelles il peut agir, puisque ce n'est qu'alors que se fait la digestion et le mélange de la bile et du suc pancréatique avec la nourriture que l'estomac laisse passer aux intestins; ainsi, quoique la sécrétion de la bile et du suc du pancréas se fasse dans le fœtus, ces liqueurs demeurent alors dans leurs réservoirs et ne passent point dans les intestins, parce qu'ils sont, aussi bien que l'estomac, sans mouvement et sans action, par rapport à la nourriture ou aux excréments qu'ils peuvent contenir.

On ne fait pas teter l'enfant aussitôt qu'il est né; on lui donne auparavant le temps de rendre la liqueur et les glaires qui sont dans son estomac, et le *méconium* qui est dans ses intestins : ces matières pourraient faire aigrir le lait et produire un mauvais effet; ainsi, on commence par lui faire avaler un peu de vin sucré pour fortifier son estomac et procurer les évacuations qui doivent le disposer à recevoir de la nourriture et à la digérer; ce n'est que dix ou douze heures après la naissance qu'il doit teter pour la première fois.

A peine l'enfant est-il sorti du sein de sa mère, à peine jouit-il de la liberté de mouvoir et d'étendre ses membres, qu'on lui donne de nouveaux liens : on l'emmaillote; on le couche la tête fixe et les jambes allongées, les bras pendants à côté du corps; il est entouré de linges et de bandages de toute espèce qui ne lui permettent pas de changer de situation; heureux! si on ne l'a pas serré au point de l'empêcher de respirer, et si l'on a eu la précaution de le coucher sur le côté, afin que les eaux qu'il doit rendre par la bouche puissent tomber d'elles-mêmes, car il n'aurait pas la liberté de tourner la tête sur le côté pour en faciliter l'écoulement. Les peuples qui se contentent de couvrir ou de vêtir leurs enfants, sans les mettre au maillot, ne font-ils pas mieux que nous? Les Siamois, les Japonais, les Indiens, les Nègres, les sauvages du Canada, ceux de Virginie, du Brésil, et la plupart des peuples de la partie méridionale de l'Amérique, couchent les enfants nus sur des lits de coton suspendus, ou les mettent dans des espèces de berceaux couverts et garnis de pelleteries. Je crois que ces usages ne sont pas sujets à autant d'inconvénients que le nôtre; on ne peut pas éviter, en emmaillotant les enfants, de les gêner au point de leur faire ressentir de la douleur; les efforts qu'ils font pour se débarrasser sont plus capables de corrompre l'assemblage de leur corps que les mauvaises situations où ils pourraient se mettre eux-mêmes s'ils étaient en liberté. Les bandages du maillot peuvent être comparés aux corps que l'on fait porter aux filles dans leur jeunesse; cette espèce de cuirasse, ce vêtement incommode qu'on a imaginé pour soutenir la taille et l'empêcher de se déformer, cause cependant plus d'incommodités et de difformités qu'il n'en prévient.

Si le mouvement que les enfants veulent se donner dans le maillot peut leur être funeste, l'inaction dans laquelle cet état les retient peut aussi leur être nuisible. Le défaut d'exercice est capable de retarder l'accroissement des membres et de diminuer les forces du corps; ainsi les enfants, qui ont

Les yeux des enfants se portent toujours du côté le plus éclairé de l'endroit qu'ils habitent, et, s'il n'y a que l'un de leurs yeux qui puisse s'y fixer, l'autre n'étant pas exercé n'acquerra pas autant de force : pour prévenir cet inconvénient, il faut placer le berceau de façon qu'il soit éclairé par les pieds, soit que la lumière vienne d'une fenêtre ou d'un flambeau ; dans cette position les deux yeux de l'enfant peuvent la recevoir en même temps, et acquérir par l'exercice une force égale ; si l'un des yeux prend plus de force que l'autre, l'enfant deviendra louche, car nous avons prouvé que l'inégalité de force dans les yeux est la cause du regard louche. (Voyez les *Mémoires de l'Académie des Sciences*, année 1743.)

La nourrice ne doit donner à l'enfant que le lait de ses mamelles pour toute nourriture, au moins pendant les deux premiers mois ; il ne faudrait même lui faire prendre aucun autre aliment pendant le troisième et le quatrième mois, surtout lorsque son tempérament est faible et délicat. Quelque robuste que puisse être un enfant, il pourrait en arriver de grands inconvénients, si on lui donnait d'autre nourriture que le lait de la nourrice avant la fin du premier mois. En Hollande, en Italie, en Turquie, et en général dans tout le Levant, on ne donne aux enfants que le lait des mamelles pendant un an entier ; les sauvages du Canada les allaitent jusqu'à l'âge de quatre ou cinq ans, et quelquefois jusqu'à six ou sept ans : dans ce pays-ci, comme la plupart des nourrices n'ont pas assez de lait pour fournir à l'appétit de leurs enfants, elles cherchent à l'épargner, et pour cela elles leur donnent un aliment composé de farine et de lait, même dès les premiers jours de leur naissance ; cette nourriture apaise la faim, mais l'estomac et les intestins de ces enfants étant à peine ouverts, et encore trop faibles pour digérer un aliment grossier et visqueux, ils souffrent, deviennent malades, et périssent quelquefois de cette espèce d'indigestion.

Le lait des animaux peut suppléer au défaut de celui des femmes ; si les nourrices en manquaient dans certains cas, ou s'il y avait quelque chose à craindre pour elles de la part de l'enfant, on pourrait lui donner à teter le mamelon d'un animal, afin qu'il reçût le lait dans un degré de chaleur toujours égal et convenable, et surtout afin que sa propre salive se mêlât avec le lait pour en faciliter la digestion, comme cela se fait, par le moyen de la succion, parce que les muscles qui sont alors en mouvement font couler la salive en pressant les glandes et les autres vaisseaux. J'ai connu à la campagne quelques paysans qui n'ont pas eu d'autres nourrices que des brebis, et ces paysans étaient aussi vigoureux que les autres.

Après deux ou trois mois, lorsque l'enfant a acquis des forces, on commence à lui donner une nourriture un peu plus solide ; on fait cuire de la farine avec du lait, c'est une sorte de pain qui dispose peu à peu son estomac à recevoir le pain ordinaire et les autres aliments dont il doit se nourrir dans la suite.

Pour parvenir à l'usage des aliments solides, on augmente peu à peu la consistance des aliments liquides : ainsi, après avoir nourri l'enfant avec de la farine délayée et cuite dans du lait, on lui donne du pain trempé dans une liqueur convenable. Les enfants, dans la première année de leur âge, sont incapables de broyer les aliments; les dents leur manquent, ils n'en ont encore que le germe enveloppé dans des gencives si molles, que leur faible résistance ne ferait aucun effet sur des matières solides. On voit certaines nourrices, surtout dans le bas peuple, qui mâchent les aliments pour les faire avaler ensuite à leurs enfants. Avant que de réfléchir sur cette pratique, écartons toute idée de dégoût, et soyons persuadés qu'à cet âge les enfants ne peuvent en avoir aucune impression; en effet, ils ne sont pas moins avides de recevoir leur nourriture de la bouche de la nourrice que de ses mamelles; au contraire, il semble que la nature même ait introduit cet usage dans plusieurs pays fort éloignés les uns des autres : il est en Italie, en Turquie et dans presque toute l'Asie; on le retrouve en Amérique, dans les Antilles, au Canada, etc. Je le crois fort utile aux enfants et très convenable à leur état : c'est le seul moyen de fournir à leur estomac toute la salive qui est nécessaire pour la digestion des aliments solides; si la nourrice mâche du pain, sa salive le détrempe et en fait une nourriture bien meilleure que s'il était détrempé avec toute autre liqueur; cependant cette précaution ne peut être nécessaire que jusqu'à ce qu'ils puissent faire usage de leurs dents, broyer les aliments et les détremper de leur propre salive.

Les dents que l'on appelle *incisives* sont au nombre de huit, quatre au devant de chaque mâchoire; leurs germes se développent ordinairement les premiers; communément, ce n'est pas plus tôt qu'à l'âge de sept mois, souvent à celui de huit ou dix mois, et d'autres fois à la fin de la première année; ce développement est quelquefois très prématuré; on voit assez souvent des enfants naître avec des dents assez grandes pour déchirer le sein de leurs nourrices; on a aussi trouvé des dents bien formées dans des fœtus longtemps avant le terme ordinaire de la naissance.

Le germe des dents est d'abord contenu dans l'alvéole et recouvert par la gencive; en croissant, il pousse des racines au fond de l'alvéole, et il s'étend du côté de la gencive. Le corps de la dent presse peu à peu contre cette membrane et la distend au point de la rompre et de la déchirer pour passer au travers; cette opération, quoique naturelle, ne suit pas les lois ordinaires de la nature, qui agit à tout instant dans le corps humain sans y causer la moindre douleur, et même sans exciter aucune sensation; ici, il se fait un effort violent et douloureux qui est accompagné de pleurs et de cris, et qui a quelquefois des suites fâcheuses; les enfants perdent d'abord leur gaieté et leur enjouement, on les voit tristes et inquiets : alors leur gencive est rouge et gonflée, et ensuite elle blanchit lorsque la pression est au point d'intercepter le cours du sang dans les vaisseaux; ils y portent le doigt à tout moment pour tâcher d'apaiser la démangeaison qu'ils y ressentent; on leur facilite ce petit soulagement en mettant au bout de leur hochet un morceau d'ivoire ou de corail, ou de quelque autre corps dur et poli; ils le portent d'eux-mêmes à leur bouche, ils le serrent entre les gencives à l'endroit douloureux : cet effort opposé à celui de la dent relâche la gencive et calme la douleur pour un instant; il contribue aussi à l'amincissement de la membrane de la gencive, qui, étant pressée des deux côtés à la fois, doit se rompre plus aisément; mais souvent cette rupture ne se fait qu'avec beaucoup de peine et de danger. La nature s'oppose à elle-même ses propres forces; lorsque les gencives sont plus fermes qu'à l'ordinaire par la solidité des fibres dont elles sont tissues, elles résistent plus longtemps à la pression de la dent, alors l'effort est si grand de part et d'autre qu'il cause une inflammation accompagnée de tous ses symptômes, ce qui est, comme on le sait, capable de causer la mort; pour prévenir ces accidents, on a recours à l'art, on coupe la gencive sur la dent; au moyen de cette petite opération, la tension et l'inflammation de la gencive cessent, et la dent trouve un libre passage.

Les dents canines sont à côté des incisives au nombre de quatre, elles sortent ordinairement dans le neuvième ou le dixième mois. Sur la fin de la première ou dans le courant de la seconde année, on voit paraître seize autres dents que l'on appelle *molaires* ou *mâchelières*, quatre à côté de chacune des canines. Ces termes pour la sortie des dents varient; on prétend que celles de la mâchoire supérieure paraissent ordinairement plus tôt; cependant il arrive aussi quelquefois qu'elles sortent plus tard que celles de la mâchoire inférieure.

Les dents incisives, les canines et les quatre premières mâchelières tombent naturellement dans la cinquième, la sixième ou la septième année; mais elles sont remplacées par d'autres qui paraissent dans la septième année, souvent plus tard, et quelquefois elles ne sortent qu'à l'âge de puberté; la chute de ces seize dents est causée par le développement d'un second germe placé au fond de l'alvéole, qui en croissant les pousse au dehors; ce germe manque aux autres mâchelières : aussi ne tombent-elles que par accident, et leur perte n'est presque jamais réparée.

Il y a encore quatre autres dents qui sont placées à chacune des deux extrémités des mâchoires; ces dents manquent à plusieurs personnes; leur développement est plus tardif que celui des autres dents : il ne se fait ordinairement qu'à l'âge de puberté, et quelquefois dans un âge beaucoup plus avancé; on les a nommées *dents de sagesse;* elles paraissent successivement l'une après l'autre ou deux en même temps, indifféremment en haut ou en bas, et le nombre des dents, en général, ne varie que parce que celui des dents de sagesse n'est pas toujours le même; de là vient la différence de vingt-huit à trente-deux dans le nombre total des dents; on croit avoir observé que les femmes en ont ordinairement moins que les hommes.

Quelques auteurs ont prétendu que les dents croissaient pendant tout le cours de la vie, et qu'elles augmenteraient en longueur dans l'homme, comme dans de certains animaux, à mesure qu'il avancerait en âge, si le frottement des aliments ne les usait pas continuellement; mais cette opinion paraît être démentie par l'expérience, car les gens qui ne vivent que d'aliments liquides n'ont pas les dents plus longues que ceux qui mangent des choses dures, et si quelque chose est capable d'user les dents, c'est leur frottement mutuel des unes contre les autres plutôt que celui des aliments; d'ailleurs, on a pu se tromper au sujet de l'accroissement des dents de quelques animaux, en confondant les dents avec les défenses; par exemple, les défenses des sangliers croissent pendant toute la vie de ces animaux; il en est de même de celles de l'éléphant, mais il est fort douteux que leurs dents prennent aucun accroissement lorsqu'elles sont une fois arrivées à leur grandeur naturelle. Les défenses ont beaucoup plus de rapport avec les cornes qu'avec les dents (*); mais ce n'est pas ici le lieu d'examiner ces différences. Nous remarquerons seulement que les premières dents ne sont pas d'une substance aussi solide que l'est celle des dents qui leur succèdent; ces premières dents n'ont aussi que fort peu de racine, elles ne sont pas infixées dans la mâchoire, et elles s'ébranlent très aisément.

Bien des gens prétendent que les cheveux que l'enfant apporte en naissant sont toujours bruns, mais que ces premiers cheveux tombent bientôt, et qu'ils sont remplacés par d'autres de couleur différente; je ne sais si cette remarque est vraie : presque tous les enfants ont les cheveux blonds, et souvent presque blancs; quelques-uns les ont roux, et d'autres les ont noirs; mais tous ceux qui doivent être un jour blonds, châtains ou bruns, ont les cheveux plus ou moins blonds dans le premier âge. Ceux qui doivent être blonds ont ordinairement les yeux bleus, les roux ont les yeux d'un jaune ardent, les bruns d'un jaune faible et brun; mais ces couleurs ne sont pas bien marquées dans les yeux des enfants qui viennent de naître; ils ont alors, presque tous, les yeux bleus.

Lorsqu'on laisse crier les enfants trop fort et trop longtemps, ces efforts leur causent des descentes qu'il faut avoir grand soin de rétablir promptement par un bandage, ils guérissent aisément par ce secours; mais si l'on négligeait cette incommodité, ils seraient en danger de la garder toute leur vie. Les bornes que nous nous sommes prescrites ne permettent pas que nous parlions des maladies particulières aux enfants; je ne ferai sur cela qu'une remarque, c'est que les vers et les maladies vermineuses auxquelles ils sont sujets ont une cause bien marquée dans la qualité de leurs aliments; le lait est une espèce de chyle, une nourriture dépurée qui contient, par conséquent, plus de nourriture réelle, plus de cette matière organique et

(*) Quoi qu'en dise Buffon, les défenses sont des dents véritables.

productive dont nous avons tant parlé, et qui, lorsqu'elle n'est pas digérée par l'estomac de l'enfant pour servir à sa nutrition et à l'accroissement de son corps, prend, par l'activité qui lui est essentielle, d'autres formes, et produit des êtres animés, des vers en si grande quantité que l'enfant est souvent en danger d'en périr (*). En permettant aux enfants de boire de temps en temps un peu de vin, on préviendrait peut-être une partie des mauvais effets que causent les vers; car les liqueurs fermentées s'opposent à leur génération, elles contiennent fort peu de parties organiques et nutritives, et c'est principalement par son action sur les solides que le vin donne des forces; il nourrit moins le corps qu'il ne le fortifie : au reste, la plupart des enfants aiment le vin, ou du moins s'accoutument fort aisément à en boire.

Quelque délicat que l'on soit dans l'enfance, on est à cet âge moins sensible au froid que dans tous les autres temps de la vie; la chaleur intérieure est apparemment plus grande; on sait que le pouls des enfants est bien plus fréquent que celui des adultes : cela seul suffirait pour faire penser que la chaleur intérieure est plus grande dans la même proportion, et l'on ne peut guère douter que les petits animaux n'aient plus de chaleur que les grands par cette même raison, car la fréquence du battement du cœur et des artères est d'autant plus grande que l'animal est plus petit; cela s'observe dans les différentes espèces, aussi bien que dans la même espèce; le pouls d'un enfant ou d'un homme de petite stature est plus fréquent que celui d'une personne adulte ou d'un homme de haute taille; le pouls d'un bœuf est plus lent que celui d'un homme, celui d'un chien est plus fréquent, et les battements du cœur d'un animal encore plus petit, comme d'un moineau, se succèdent si promptement qu'à peine peut-on les compter.

La vie de l'enfant est fort chancelante jusqu'à l'âge de trois ans; mais, dans les deux ou trois années suivantes, elle s'assure, et l'enfant de six ou sept ans est plus assuré de vivre qu'on ne l'est à tout autre âge : en consultant les nouvelles tables (*a*) qu'on a faites à Londres sur les degrés de la mortalité du genre humain dans les différents âges, il paraît que d'un certain nombre d'enfants nés en même temps, il en meurt plus d'un quart dans la première année, plus d'un tiers en deux ans, et au moins la moitié dans les trois premières années. Si ce calcul était juste, on pourrait donc parier lorsqu'un enfant vient au monde qu'il ne vivra que trois ans, observation bien triste pour l'espèce humaine; car on croit vulgairement qu'un homme qui meurt à vingt-cinq ans doit être plaint sur sa destinée et sur le peu de

(*a*) Voyez les tables de M. Simpson, publiées à Londres en 1742.

(*) Les vers ne naissent pas le moins du monde de cette façon; ils viennent du dehors et sont introduits à l'état de larves dans le tube digestif des enfants avec les aliments ou les boissons.

durée de sa vie, tandis que, suivant ces tables, la moitié du genre humain devrait périr avant l'âge de trois ans ; par conséquent, tous les hommes qui ont vécu plus de trois ans, loin de se plaindre de leur sort, devraient se regarder comme traités plus favorablement que les autres par le Créateur. Mais cette mortalité des enfants n'est pas à beaucoup près aussi grande partout qu'elle l'est à Londres; car M. Dupré de Saint-Maur s'est assuré par un grand nombre d'observations faites en France qu'il faut sept ou huit années pour que la moitié des enfants nés en même temps soit éteinte; on peut donc parier en ce pays qu'un enfant qui vient de naître vivra sept ou huit ans. Lorsque l'enfant a atteint l'âge de cinq, six ou sept ans, il paraît par ces mêmes observations que sa vie est plus assurée qu'à tout autre âge, car on peut parier pour quarante-deux ans de vie de plus, au lieu qu'à mesure que l'on vit au delà de cinq, six ou sept ans, le nombre des années que l'on peut espérer de vivre va toujours en diminuant, de sorte qu'à douze ans on ne peut plus parier que pour trente-neuf ans, à vingt ans pour trente trois ans et demi, à trente ans pour vingt-huit années de vie de plus, et ainsi de suite jusqu'à quatre-vingt-cinq ans qu'on peut encore parier raisonnablement de vivre trois ans. (Voyez, ci-après, les *Tables*.)

Il y a quelque chose d'assez remarquable dans l'accroissement du corps humain : le fœtus dans le sein de la mère croît toujours de plus en plus jusqu'au moment de la naissance; l'enfant, au contraire, croît toujours de moins en moins jusqu'à l'âge de puberté, auquel il croît, pour ainsi dire, tout à coup, et arrive en fort peu de temps à la hauteur qu'il doit avoir pour toujours. Je ne parle pas du premier temps après la conception, ni de l'accroissement qui succède immédiatement à la formation du fœtus; je prends le fœtus à un mois, lorsque toutes ses parties sont développées; il a un pouce de hauteur alors, à deux mois deux pouces un quart, à trois mois trois pouces et demi, à quatre mois cinq pouces et plus, à cinq mois six pouces et demi ou sept pouces, à six mois huit pouces et demi ou neuf pouces, à sept mois onze pouces et plus, à huit mois quatorze pouces, à neuf mois dix-huit pouces. Toutes ces mesures varient beaucoup dans les différents sujets, et ce n'est qu'en prenant les termes moyens que je les ai déterminées ; par exemple, il naît des enfants de vingt-deux pouces et de quatorze, j'ai pris dix-huit pouces pour le terme moyen ; il en est de même des autres mesures; mais, quand il y aurait des variétés dans chaque mesure particulière, cela serait indifférent à ce que j'en veux conclure · le résultat sera toujours que le fœtus croît de plus en plus en longueur, tant qu'il est dans le sein de sa mère; mais, s'il a dix-huit pouces en naissant, il ne grandira pendant les douze mois suivants que de six ou sept pouces au plus, c'est-à-dire qu'à la fin de la première année il aura vingt-quatre ou vingt-cinq pouces, à deux ans il n'en aura que vingt-huit ou vingt-neuf, à trois ans trente ou trente-deux au plus, et ensuite il ne grandira guère que d'un pouce et demi ou deux pouces par an jusqu'à l'âge de puberté : ainsi le fœtus croît plus en un mois, sur la fin de son séjour dans la matrice, que l'enfant ne croît en un an jusqu'à cet âge de puberté où la nature semble faire un effort pour achever de développer et de perfectionner son ouvrage, en le portant, pour ainsi dire, tout à coup au dernier dernier degré de son accroissement.

Tout le monde sait combien il est important pour la santé des enfants de choisir de bonnes nourrices; il est absolument nécessaire qu'elles soient saines et qu'elles se portent bien; on n'a que trop d'exemples de la communication réciproque de certaines maladies de la nourrice à l'enfant, et de l'enfant à la nourrice; il y a eu des villages entiers dont tous les habitants ont été infectés du virus vénérien que quelques nourrices malades avaient communiqué en donnant à d'autres femmes leurs enfants à allaiter.

Si les mères nourrissaient leurs enfants, il y a apparence qu'ils en seraient plus forts et plus vigoureux; le lait de leur mère doit leur convenir mieux que le lait d'une autre femme, car le fœtus se nourrit dans la matrice d'une liqueur laiteuse (*) qui est fort semblable au lait qui se forme dans les mamelles; l'enfant est donc déjà, pour ainsi dire, accoutumé au lait de sa mère, au lieu que le lait d'une autre nourrice est une nourriture nouvelle pour lui, et qui est quelquefois assez différente de la première pour qu'il ne puisse pas s'y accoutumer, car on voit des enfants qui ne peuvent s'accommoder du lait de certaines femmes; ils maigrissent, ils deviennent languissants et malades; dès qu'on s'en aperçoit, il faut prendre une autre nourrice; si l'on n'a pas cette attention, ils périssent en fort peu de temps.

Je ne puis m'empêcher d'observer ici que l'usage où l'on est de rassembler un grand nombre d'enfants dans un même lieu, comme dans les hôpitaux des grandes villes, est extrêmement contraire au principal objet qu'on doit se proposer, qui est de les conserver; la plupart de ces enfants périssent par une espèce de scorbut ou par d'autres maladies qui leur sont communes à tous, auxquelles ils ne seraient pas sujets s'ils étaient élevés séparément les uns des autres, ou du moins s'ils étaient distribués en plus petit nombre dans différentes habitations à la ville, et encore mieux à la campagne. Le même revenu suffirait sans doute pour les entretenir, et on éviterait la perte d'une infinité d'hommes qui, comme l'on sait, sont la vraie richesse d'un État.

Les enfants commencent à bégayer à douze ou quinze mois, la voyelle qu'ils articulent le plus aisément est l'A, parce qu'il ne faut pour cela qu'ouvrir les lèvres et pousser un son; l'E suppose un petit mouvement de plus: la langue se relève en haut en même temps que les lèvres s'ouvrent; il en est de même de l'I : la langue se relève encore plus, et s'approche des dents de la mâchoire supérieure; l'O demande que la langue s'abaisse et que les

(*) C'est une erreur : dans la matrice, le fœtus se nourrit du sang de la mère.

lèvres se serrent ; il faut qu'elles s'allongent un peu, et qu'elles se serrent encore plus pour prononcer l'U. Les premières consonnes que les enfants prononcent sont aussi celles qui demandent le moins de mouvement dans les organes ; le B, l'M et le P sont les plus aisées à articuler ; il ne faut, pour le B et le P, que joindre les deux lèvres et les ouvrir avec vitesse, et pour l'M les ouvrir d'abord et ensuite les joindre avec vitesse : l'articulation de toutes les autres consonnes suppose des mouvements plus compliqués que ceux-ci, et il y a un mouvement de la langue dans le C, le D, le G, l'L, l'N, le Q, l'R, l'S et le T ; il faut, pour articuler l'F, un son continué plus longtemps que pour les autres consonnes ; ainsi, de toutes les voyelles, l'A est la plus aisée, et de toutes les consonnes le B, le P et l'M sont aussi les plus faciles à articuler ; il n'est donc pas étonnant que les premiers mots que les enfants prononcent soient composés de cette voyelle et de ces consonnes, et l'on doit cesser d'être surpris de ce que, dans toutes les langues et chez tous les peuples, les enfants commencent toujours par bégayer *baba, mama, papa ;* ces mots ne sont, pour ainsi dire, que les sons les plus naturels à l'homme, parce qu'ils sont les plus aisés à articuler ; les lettres qui les composent, ou plutôt les caractères qui les représentent, doivent exister chez tous les peuples qui ont l'écriture ou d'autres signes pour représenter les sons.

On doit seulement observer que les sons de quelques consonnes étant à peu près semblables, comme celui du B et du P, celui du C et de l'S, ou du K ou Q dans de certains cas, celui du D et du T, celui de l'F et du V, celui du G et du J, ou du G et du K, celui de l'L et de l'R, il doit y avoir beaucoup de langues où ces différentes consonnes ne se trouvent pas, mais il y aura toujours un B ou un P, un C ou un S, un C ou bien un K ou un Q; dans d'autres cas, un D ou un T, un F ou un V, un G ou un J, un L ou un R, et il ne peut guère y avoir moins de six ou sept consonnes dans le plus petit de tous les alphabets, parce que ces six ou sept sons ne supposent pas des mouvements bien compliqués, et qu'ils sont tous très sensiblement différents entre eux. Les enfants qui n'articulent pas aisément l'R y substituent L ; au lieu du T, ils articulent le D, parce qu'en effet ces premières lettres supposent dans les organes des mouvements plus difficiles que les dernières ; et c'est de cette différence et du choix des consonnes, plus ou moins difficiles à exprimer, que vient la douceur ou la dureté d'une langue ; mais il est inutile de nous étendre sur ce sujet.

Il y a des enfants qui, à deux ans, prononcent distinctement et répètent tout ce qu'on leur dit ; mais la plupart ne parlent qu'à deux ans et demi, et très souvent beaucoup plus tard ; on remarque que ceux qui commencent à parler fort tard ne parlent jamais aussi aisément que les autres ; ceux qui parlent de bonne heure sont en état d'apprendre à lire avant trois ans ; j'en ai connu quelques-uns qui avaient commencé à apprendre à lire à deux ans, qui lisaient à merveille à quatre ans. Au reste, on ne peut guère décider s'il est fort utile d'instruire les enfants d'aussi bonne heure ; on a tant d'exemples du peu de succès de ces éducations prématurées, on a vu tant de prodiges de quatre ans, de huit ans, de douze ans, de seize ans, qui n'ont été que des sots ou des hommes fort communs à vingt-cinq ou à trente ans, qu'on serait porté à croire que la meilleure de toutes les éducations est celle qui est la plus ordinaire, celle par laquelle on ne force pas la nature, celle qui est la moins sévère, celle qui est la plus proportionnée, je ne dis pas aux forces, mais à la faiblesse de l'enfant.

DE LA PUBERTÉ

La puberté accompagne l'adolescence et précède la jeunesse. Jusqu'alors, la nature ne paraît avoir travaillé que pour la conservation et l'accroissement de son ouvrage, elle ne fournit à l'enfant que ce qui lui est nécessaire pour se nourrir et pour croître; il vit, ou plutôt il végète d'une vie particulière, toujours faible, renfermée en lui-même et qu'il ne peut communiquer; mais bientôt les principes de vie se multiplient : il a non seulement tout ce qu'il lui faut pour être, mais encore de quoi donner l'existence à d'autres; cette surabondance de vie, source de la force et de la santé, ne pouvant plus être contenue au dedans, cherche à se répandre au dehors; elle s'annonce par plusieurs signes : l'âge de la puberté est le printemps de la nature, la saison des plaisirs. Pourrons-nous écrire l'histoire de cet âge avec assez de circonspection pour ne réveiller dans l'imagination que des idées philosophiques? La puberté, les circonstances qui l'accompagnent, la circoncision, la castration, la virginité, l'impuissance, sont cependant trop essentielles à l'histoire de l'homme pour que nous puissions supprimer les faits qui y ont rapport; nous tâcherons seulement d'entrer dans ces détails avec cette sage retenue qui fait la décence du style, et de les présenter comme nous les avons vus nous-mêmes, avec cette indifférence philosophique qui détruit tout sentiment dans l'expression, et ne laisse aux mots que leur simple signification.

La circoncision est un usage extrêmement ancien et qui subsiste encore dans la plus grande partie de l'Asie. Chez les Hébreux, cette opération devait se faire huit jours après la naissance de l'enfant; en Turquie, on ne la fait pas avant l'âge de sept ou huit ans, et même on attend souvent jusqu'à onze ou douze; en Perse, c'est à l'âge de cinq ou six ans : on guérit la plaie en y appliquant des poudres caustiques ou astringentes, et particulièrement du papier brûlé, qui est, dit Chardin, le meilleur remède; il ajoute que la circoncison fait beaucoup de douleur aux personnes âgées, qu'elles sont obligées de garder la chambre pendant trois semaines ou un mois, et que quelquefois elles en meurent.

Aux îles Maldives, on circoncit les enfants à l'âge de sept ans, et on les baigne dans la mer pendant six ou sept heures avant l'opération, pour rendre la peau plus tendre et plus molle. Les Israélites se servaient d'un couteau de pierre; les Juifs conservent encore aujourd'hui cet usage dans la plupart de leurs synagogues; mais les mahométans se servent d'un couteau de fer ou d'un rasoir.

Dans de certaines maladies, on est obligé de faire une opération pareille à la circoncision. (Voyez l'*Anat. de Dionis, dém.* 4.) On croit que les Turcs, et plusieurs autres peuples chez qui la circoncision est en usage, auraient naturellement le prépuce trop long si l'on n'avait pas la précaution de le couper. La Boulaye dit qu'il a vu, dans les déserts de Mésopotamie et d'Arabie, le long des rivières du Tigre et de l'Euphrate, quantité de petits garçons arabes qui avaient le prépuce si long, qu'il croit que, sans le secours de la circoncision, ces peuples seraient inhabiles à la génération.

La peau des paupières est aussi plus longue chez les Orientaux que chez les autres peuples, et cette peau est, comme l'on sait, d'une substance semblable à celle du prépuce; mais quel rapport y a-t-il entre l'accroissement de ces deux parties si éloignées?

Une autre circoncision est celle des filles; elle leur est ordonnée comme aux garçons en quelques pays d'Arabie et de Perse, comme vers le golfe Persique et vers la mer Rouge; mais ces peuples ne circoncisent les filles que quand elles ont passé l'âge de puberté, parce qu'il n'y a rien d'excédant avant ce temps-là. Dans d'autres climats, cet accroissement trop grand des nymphes est bien plus prompt, et il est si général chez de certains peuples, comme ceux de la rivière de Benin, qu'ils sont dans l'usage de circoncire toutes les filles, aussi bien que les garçons, huit ou quinze jours après leur naissance; cette circoncision des filles est même très ancienne en Afrique : Hérodote en parle comme d'une coutume des Éthiopiens.

La circoncision peut donc être fondée sur la nécessité, et cet usage a du moins pour objet la propreté; mais l'infibulation et la castration ne peuvent avoir d'autre origine que la jalousie : ces opérations barbares et ridicules ont été imaginées par des esprits noirs et fanatiques qui, par une basse envie contre le genre humain, ont dicté des lois tristes et cruelles, où la privation fait la vertu et la mutilation le mérite.

L'infibulation, pour les garçons, se fait en tirant le prépuce en avant; on le perce et on le traverse par un gros fil que l'on y laisse jusqu'à ce que les cicatrices des trous soient faites, alors on substitue au fil un anneau assez grand qui doit rester en place aussi longtemps qu'il plaît à celui qui a ordonné l'opération, et quelquefois toute la vie. Ceux qui, parmi les moines orientaux, font vœu de chasteté portent un très gros anneau pour se mettre dans l'impossibilité d'y manquer. Nous parlerons dans la suite de l'infibulation des filles : on ne peut rien imaginer de bizarre et de ridicule sur ce sujet que les hommes n'aient mis en pratique, ou par passion, ou par superstition.

Dans l'enfance, il n'y a quelquefois qu'un testicule dans le scrotum, et quelquefois point du tout; on ne doit cependant pas toujours juger que les jeunes gens qui sont dans l'un ou l'autre de ces cas soient en effet privés de ce qui paraît leur manquer; il arrive assez souvent que les testicules sont retenus dans l'abdomen ou engagés dans les anneaux des muscles, mais souvent ils surmontent avec le temps les obstacles qui les arrêtent, et ils descendent à leur place ordinaire; cela se fait naturellement à l'âge de huit ou dix ans, ou même à l'âge de puberté; ainsi, on ne doit pas s'inquiéter pour les enfants qui n'ont point de testicules ou qui n'en ont qu'un. Les adultes sont rarement dans le cas d'avoir les testicules cachés; apparemment qu'à l'âge de puberté la nature fait un effort pour les faire paraître au dehors; c'est aussi quelquefois par l'effet d'une maladie ou d'un mouvement violent, tel qu'un saut ou une chute, etc. Quand même les testicules ne se manifestent pas, on n'en est pas moins propre à la génération; on a même observé que ceux qui sont dans cet état ont plus de vigueur que les autres (*).

Il se trouve des hommes qui n'ont réellement qu'un testicule : ce défaut ne nuit point à la génération; l'on a remarqué que le testicule qui est seul est alors beaucoup plus gros qu'à l'ordinaire : il y a aussi des hommes qui en ont trois; ils sont, dit-on, beaucoup plus vigoureux et plus forts de corps que les autres. On peut voir, par l'exemple des animaux, combien ces parties contribuent à la force et au courage; quelle différence entre un bœuf et un taureau, un bélier et un mouton, un coq et un chapon!

L'usage de la castration des hommes est fort ancien et assez généralement répandu : c'était la peine de l'adultère chez les Égyptiens; il y avait beaucoup d'eunuques chez les Romains; aujourd'hui, dans toute l'Asie et dans une partie de l'Afrique, on se sert de ces hommes mutilés pour garder les femmes. En Italie, cette opération infâme et cruelle n'a pour objet que la perfection d'un vain talent. Les Hottentots coupent un testicule dans l'idée que ce retranchement les rend plus légers à la course; dans d'autres pays, les pauvres mutilent leurs enfants pour éteindre leur postérité, et afin que ces enfants ne se trouvent pas un jour dans la misère et dans l'affliction où ils se trouvent eux-mêmes lorsqu'ils n'ont pas de pain à leur donner.

Il y a plusieurs espèces de castration : ceux qui n'ont en vue que la perfection de la voix se contentent de couper les deux testicules; mais ceux qui sont animés par la défiance qu'inspire la jalousie ne croiraient pas leurs femmes en sûreté si elles étaient gardées par des eunuques de cette espèce, ils ne veulent que ceux auxquels on a retranché toutes les parties extérieures de la génération.

(*) Buffon commet ici une erreur grave. Contrairement à ce qu'il dit, lorsque les testicules restent enfermés dans le canal inguinal, ils subissent un arrêt de développement et ne produisent pas de spermatozoïdes. Cette infirmité, désignée sous le nom de *cryptorchidie*, est donc accompagnée de stérilité, mais non d'impuissance.

L'amputation n'est pas le seul moyen dont on se soit servi; autrefois, on empêchait l'accroissement des testicules, et on les détruisait, pour ainsi dire, sans aucune incision; l'on baignait les enfants dans l'eau chaude et dans des décoctions de plantes, et alors on pressait et on froissait les testicules assez longtemps pour en détruire l'organisation; d'autres étaient dans l'usage de les comprimer avec un instrument : on prétend que cette sorte de castration ne fait courir aucun risque pour la vie.

L'amputation des testicules n'est pas fort dangereuse : on peut la faire à tout âge, cependant on préfère le temps de l'enfance; mais l'amputation entière des parties extérieures de la génération est le plus souvent mortelle, si on la fait après l'âge de quinze ans, et en choisissant l'âge le plus favorable, qui est depuis sept ans jusqu'à dix, il y a toujours du danger. La difficulté qu'il y a de sauver ces sortes d'eunuques dans l'opération les rend bien plus chers que les autres. Tavernier dit que les premiers coûtent cinq ou six fois plus que les autres en Turquie et en Perse. Chardin observe que l'amputation totale est toujours accompagnée de la plus vive douleur; qu'on la fait assez sûrement sur les jeunes enfants, mais qu'elle est très dangereuse passé l'âge de quinze ans, qu'il en réchappe à peine un quart, et qu'il faut six semaines pour guérir la plaie. Pietro della Valle dit, au contraire, que ceux à qui on fait cette opération en Perse pour punition du viol et d'autres crimes du même genre en guérissent fort heureusement, quoique avancés en âge, et qu'on n'applique que de la cendre sur la plaie. Nous ne savons pas si ceux qui subissaient autrefois la même peine en Égypte, comme le rapporte Diodore de Sicile, s'en tiraient aussi heureusement. Selon Thévenot, il périt toujours un grand nombre des nègres que les Turcs soumettent à cette opération, quoiqu'ils prennent des enfants de huit ou dix ans.

Outre ces eunuques nègres, il y a d'autres eunuques à Constantinople, dans toute la Turquie, en Perse, etc., qui viennent pour la plupart du royaume de Golconde, de la presqu'île en deçà du Gange, des royaumes d'Assam, d'Aracan, de Pégu et de Malabar, où le teint est gris; du golfe de Bengale, où ils sont de couleur olivâtre. Il y en a de blancs de Géorgie et de Circassie, mais en petit nombre. Tavernier dit qu'étant au royaume de Golconde en 1657, on y fit jusqu'à vingt-deux mille eunuques. Les noirs viennent d'Afrique, principalement d'Éthiopie; ceux-ci sont d'autant plus recherchés et plus chers qu'ils sont plus horribles; on veut qu'ils aient le nez fort aplati, le regard affreux, les lèvres fort grandes et fort grosses, et surtout les dents noires et écartées les unes des autres. Ces peuples ont communément les dents belles; mais ce serait un défaut pour un eunuque noir, qui doit être un monstre hideux.

Les eunuques auxquels on n'a ôté que les testicules ne laissent pas de sentir de l'irritation dans ce qui leur reste, et d'en avoir le signe extérieur, même plus fréquemment que les autres hommes; cette partie qui leur reste n'a cependant pris qu'un très petit accroissement, car elle demeure à peu près dans le même état où elle était avant l'opération ; un eunuque, fait à l'âge de sept ans, est à cet égard à vingt ans comme un enfant de sept ans ; ceux, au contraire, qui n'ont subi l'opération que dans le temps de la puberté ou un peu plus tard sont à peu près comme les autres hommes.

Il y a des rapports singuliers, dont nous ignorons les causes, entre les parties de la génération et celles de la gorge ; les eunuques n'ont point de barbe, leur voix, quoique forte et perçante, n'est jamais d'un ton grave ; souvent les maladies secrètes se montrent à la gorge. La correspondance qu'ont certaines parties du corps humain avec d'autres fort éloignées et fort différentes, et qui est ici si marquée, pourrait s'observer bien plus généralement ; mais on ne fait pas assez d'attention aux effets lorsqu'on ne soupçonne pas quelles en peuvent être les causes : c'est sans doute par cette raison qu'on n'a jamais songé à examiner avec soin ces correspondances dans le corps humain, sur lesquelles cependant roule une grande partie du jeu de la machine animale : il y a, dans les femmes, une grande correspondance entre la matrice, les mamelles et la tête ; combien n'en trouverait-on pas d'autres si les grands médecins tournaient leurs vues de ce côté-là ? Il me paraît que cela serait peut-être plus utile que la nomenclature de l'anatomie (*). Ne doit-on pas être bien persuadé que nous ne connaîtrons jamais les premiers principes de nos mouvements ? Les vrais ressorts de notre organisation ne sont pas ces muscles, ces veines, ces artères, ces nerfs que l'on décrit avec tant d'exactitude et de soin ; il réside, comme nous l'avons dit, des forces intérieures dans les corps organisés, qui ne suivent point du tout les lois de la mécanique grossière que nous avons imaginée, et à laquelle nous voudrions tout réduire : au lieu de chercher à connaître ces forces par leurs effets, on a tâché d'en écarter jusqu'à l'idée, on a voulu les bannir de la philosophie ; elles ont reparu cependant et avec plus d'éclat que jamais dans la gravitation, dans les affinités chimiques, dans les phénomènes de l'électricité, etc. ; mais, malgré leur évidence et leur universalité, comme elles agissent à l'intérieur, comme nous ne pouvons les atteindre que par le raisonnement, comme en un mot elles échappent à nos yeux, nous avons peine à les admettre : nous voulons toujours juger par l'extérieur, nous nous imaginons que cet extérieur est tout ; il semble qu'il ne nous soit pas permis de pénétrer au delà, et nous négligeons tout ce qui pourrait nous y conduire.

Les anciens, dont le génie était moins limité et la philosophie plus étendue, s'étonnaient moins que nous des faits qu'ils ne pouvaient expliquer ; ils voyaient mieux la nature telle qu'elle est : une sympathie, une correspon-

(*) Buffon manifeste ici qu'il avait compris toute l'importance du phénomène auquel on donne aujourd'hui le nom de « variation corrélatrice, » qui consiste en ce que certains organes sont reliés, dans leur développement et leur variation, à d'autres organes souvent fort distincts. (Voyez pour cette question, De Lanessan, *Le Transformisme.*)

dance singulière n'était pour eux qu'un phénomène, et c'est pour nous un paradoxe dès que nous ne pouvons le rapporter à nos prétendues lois du mouvement; ils savaient que la nature opère par des moyens inconnus la plus grande partie de ses effets; ils étaient bien persuadés que nous ne pouvons pas faire l'énumération de ces moyens et de ces ressources de la nature, qu'il est par conséquent impossible à l'esprit humain de vouloir la limiter en la réduisant à un certain nombre de principes d'action et de moyens d'opération; il leur suffisait, au contraire, d'avoir remarqué un certain nombre d'effets relatifs et du même ordre pour constituer une cause.

Qu'avec les anciens on appelle sympathie cette correspondance singulière des différentes parties du corps, ou qu'avec les modernes on la considère comme un rapport inconnu dans l'action des nerfs, cette sympathie ou ce rapport existe dans toute l'économie animale, et l'on ne saurait trop s'appliquer à en observer les effets, si l'on veut perfectionner la théorie de la médecine; mais ce n'est pas ici le lieu de m'étendre sur ce sujet important. J'observerai seulement que cette correspondance entre la voix et les parties de la génération se reconnaît non seulement dans les eunuques, mais aussi dans les autres hommes, et même dans les femmes; la voix change dans les hommes à l'âge de puberté, et les femmes qui ont la voix forte sont soupçonnées d'avoir plus de penchant à l'amour, etc.

Le premier signe de la puberté est une espèce d'engourdissement aux aines, qui devient plus sensible lorsque l'on marche ou lorsque l'on plie le corps en avant; souvent cet engourdissement est accompagné de douleurs assez vives dans toutes les jointures des membres; ceci arrive presque toujours aux jeunes gens qui tiennent un peu du rachitisme; tous ont éprouvé auparavant, ou éprouvent en même temps une sensation jusqu'alors inconnue dans les parties qui caractérisent le sexe; il s'y élève une quantité de petites proéminences d'une couleur blanchâtre; ces petits boutons sont les germes d'une nouvelle production, de cette espèce de cheveux qui doivent voiler ces parties; le son de la voix change, il devient rauque et inégal pendant un espace de temps assez long, après lequel il se trouve plus plein, plus assuré, plus fort et plus grave qu'il n'était auparavant; ce changement est très sensible dans les garçons, et, s'il l'est moins dans les filles, c'est parce que le son de leur voix est naturellement plus aigu.

Ces signes de puberté sont communs aux deux sexes, mais il y en a de particuliers à chacun; l'éruption des menstrues, l'accroissement du sein pour les femmes; la barbe et l'émission de la liqueur séminale pour les hommes : il est vrai que ces signes ne sont pas aussi constants les uns que les autres; la barbe, par exemple, ne paraît pas toujours précisément au temps de la puberté; il y a même des nations entières où les hommes n'ont presque point de barbe; et il n'y a, au contraire, aucun peuple chez qui la puberté des femmes ne soit marquée par l'accroissement des mamelles.

Dans toute l'espèce humaine les femmes arrivent à la puberté plutôt que les mâles ; mais, chez les différents peuples, l'âge de puberté est différent et semble dépendre en partie de la température du climat et de la qualité des aliments ; dans les villes et chez les gens aisés, les enfants accoutumés à des nourritures succulentes et abondantes arrivent plus tôt à cet état ; à la campagne et dans le pauvre peuple, les enfants sont plus tardifs, par qu'ils sont mal et trop peu nourris : il leur faut deux ou trois années de plus ; dans toutes les parties méridionales de l'Europe et dans les villes, la plupart des filles sont pubères à douze ans et les garçons à quatorze ; mais, dans les provinces du nord et dans les campagnes, à peine les filles le sont-elles à quatorze et les garçons à seize.

Si l'on demande pourquoi les filles arrivent plus tôt à l'état de puberté que les garçons, et pourquoi dans tous les climats, froids ou chauds, les femmes peuvent engendrer de meilleure heure que les hommes, nous croyons pouvoir satisfaire à cette question en répondant que, comme les hommes sont beaucoup plus grands et plus forts que les femmes, comme ils ont le corps plus solide, plus massif, les os plus durs, les muscles plus fermes, la chair plus compacte, on doit présumer que le temps nécessaire à l'accroissement de leur corps doit être plus long que le temps qui est nécessaire à l'accroissement de celui des femelles ; et comme ce ne peut être qu'après cet accroissement pris en entier, ou du moins en grande partie, que le superflu de la nourriture organique commence à être renvoyé de toutes les parties du corps dans les parties de la génération des deux sexes, il arrive que dans les femmes la nourriture est renvoyée plus tôt que dans les hommes, parce que leur accroissement se fait en moins de temps, puisqu'en total il est moindre, et que les femmes sont réellement plus petites que les hommes.

Dans les climats les plus chauds de l'Asie, de l'Afrique et de l'Amérique, la plupart des filles sont pubères à dix et même à neuf ans ; l'écoulement périodique, quoique moins abondant dans ces pays chauds, paraît cependant plus tôt que dans les pays froids : l'intervalle de cet écoulement est à peu près le même dans toutes les nations, et il y a sur cela plus de diversité d'individu à individu que de peuple à peuple ; car, dans le même climat et dans la même nation, il y a des femmes qui tous les quinze jours sont sujettes au retour de cette évacuation naturelle, et d'autres qui ont jusqu'à cinq et six semaines de libres ; mais ordinairement l'intervalle est d'un mois, à quelques jours près.

La quantité de l'évacuation paraît dépendre de la quantité des aliments et de celle de la transpiration insensible. Les femmes qui mangent plus que les autres et qui ne font point d'exercice ont des menstrues plus abondantes ; celles des climats chauds, où la transpiration est plus grande que dans les pays froids, en ont moins. Hippocrate en avait estimé la quantité à la mesure de deux émines, ce qui fait neuf onces pour le poids : il est surprenant que cette estimation, qui a été faite en Grèce, ait été trouvée trop forte en Angleterre, et qu'on ait prétendu la réduire à trois onces et au-dessous; mais il faut avouer que les indices que l'on peut avoir sur ce fait sont fort incertains; ce qu'il y a de sûr, c'est que cette quantité varie beaucoup dans les différents sujets et dans les différentes circonstances; on pourrait peut-être aller depuis une ou deux onces jusqu'à une livre et plus. La durée de l'écoulement est de trois, quatre ou cinq jours dans la plupart des femmes, et de six, sept et même huit dans quelques-unes : la surabondance de la nourriture et du sang est la cause matérielle des menstrues (*); les symptômes qui précèdent leur écoulement sont autant d'indices certains de plénitude, comme la chaleur, la tension, le gonflement, et même la douleur que les femmes ressentent, non seulement dans les endroits mêmes où sont les réservoirs, et dans ceux qui les avoisinent, mais aussi dans les mamelles; elles sont gonflées, et l'abondance du sang y est marquée par la couleur de leur aréole qui devient alors plus foncée; les yeux sont chargés, et au-dessous de l'orbite la peau prend une teinte de bleu ou de violet; les joues se colorent, la tête est pesante et douloureuse, et, en général, tout le corps est dans un état d'accablement causé par la surcharge du sang.

C'est ordinairement à l'âge de puberté que le corps achève de prendre son accroissement en hauteur; les jeunes gens grandissent presque tout à coup de plusieurs pouces; mais, de toutes les parties du corps, celles où l'accroissement est le plus prompt et le plus sensible sont les parties de la génération dans l'un et l'autre sexe; mais cet accroissement n'est, dans les mâles, qu'un développement, une augmentation de volume, au lieu que dans les femelles il produit souvent un rétrécissement auquel on a donné différents noms lorsqu'on a parlé des signes de la virginité.

Les hommes jaloux des primautés en tout genre ont toujours fait grand cas de tout ce qu'ils ont cru pouvoir posséder exclusivement et les premiers; c'est cette espèce de folie qui a fait un être réel de la virginité des filles. La virginité, qui est un être moral, une vertu qui ne consiste que dans la pureté du cœur, est devenue un objet physique dont tous les hommes se sont occupés; ils ont établi sur cela des opinions, des usages, des cérémonies, des superstitions, et même des jugements et des peines; les abus les plus illicites, les coutumes les plus déshonnêtes, ont été autorisés; on a soumis à l'examen de matrones ignorantes, et exposé aux yeux de médecins prévenus les parties les plus secrètes de la nature, sans songer qu'une pareille indécence est un attentat contre la virginité, que c'est la violer que de chercher à la reconnaître, que toute situation honteuse, tout état indécent dont une fille est obligée de rougir intérieurement est une vraie défloration.

(*) Chaque période menstruelle correspond avec l'évacuation d'un œuf. C'est vers la fin de l'écoulement que, d'habitude, se fait cette évacuation; c'est donc à ce moment que la fécondation a le plus de chances d'être effectuée.

Je n'espère pas réussir à détruire les préjugés ridicules qu'on s'est formés sur ce sujet; les choses qui font plaisir à croire seront toujours crues, quelque vaines et quelque déraisonnables qu'elles puissent être; cependant, comme dans une histoire on rapporte non seulement la suite des événements et les circonstancs des faits, mais aussi l'origine des opinions et des erreurs dominantes, j'ai cru que, dans l'histoire de l'homme, je ne pourrais me dispenser de parler de l'idole favorite à laquelle il sacrifie, d'examiner quelles peuvent être les raisons de son culte, et de rechercher si la virginité est un être réel, ou si ce n'est qu'une divinité fabuleuse.

Fallope, Vésale, Diemerbroek, Riolan, Bartholin, Heister, Ruysch, et quelques autres anatomistes, prétendent que la membrane de l'hymen est une partie réellement existante, qui doit être mise au nombre des parties de la génération des femmes, et ils disent que cette membrane est charnue, qu'elle est fort mince dans les enfants, plus épaisse dans les filles adultes, qu'elle est située au-dessous de l'orifice de l'urètre, qu'elle ferme en partie l'entrée du vagin, que cette membrane est percée d'une ouverture ronde, quelquefois longue, etc., que l'on pourrait à peine y faire passer un pois dans l'enfance et une grosse fève dans l'âge de puberté. L'hymen, selon M. Winslow, est un repli membraneux plus ou moins circulaire, plus ou moins large, plus ou moins égal, quelquefois semi-lunaire, qui laisse une ouverture très petite dans les unes, plus grande dans les autres, etc. Ambroise Paré, Dulaurent, Graaf, Pineus, Dionis, Mauriceau, Palfyn, et plusieurs autres anatomistes aussi fameux et tout au moins aussi accrédités que les premiers que nous avons cités, soutiennent, au contraire, que la membrane de l'hymen n'est qu'une chimère, que cette partie n'est point naturelle aux filles, et ils s'étonnent de ce que les autres en ont parlé comme d'une chose réelle et constante; ils leur opposent une multitude d'expériences par lesquelles ils se sont assurés que cette membrane n'existe pas ordinairement; ils rapportent les observations qu'ils ont faites sur un grand nombre de filles de différents âges, qu'ils ont disséquées et dans lesquelles ils n'ont pu trouver cette membrane; ils avouent seulement qu'ils ont vu quelquefois, mais bien rarement, une membrane qui unissait des protubérances charnues qu'ils ont appelées caroncules myrtiformes; mais ils soutiennent que cette membrane était contre l'état naturel. Les anatomistes ne sont pas plus d'accord entre eux sur la qualité et le nombre de ces caroncules; sont-elles seulement des rugosités du vagin? sont-elles des parties distinctes et séparées? sont-elles des restes de la membrane de l'hymen? le nombre en est-il constant? n'y en a-t-il qu'une seule ou plusieurs dans l'état de virginité? chacune de ces questions a été faite, et chacune a été résolue différemment.

Cette contrariété d'opinions, sur un fait qui dépend d'une simple inspection, prouve que les hommes ont voulu trouver dans la nature ce qui n'était que dans leur imagination, puisqu'il y a plusieurs anatomistes qui disent de bonne foi qu'ils n'ont jamais trouvé d'hymen ni de caroncules dans les filles qu'ils ont disséquées, même avant l'âge de puberté, puisque ceux qui soutiennent, au contraire, que cette membrane et ces caroncules existent, avouent en même temps que ces parties ne sont pas toujours les mêmes, qu'elles varient de forme, de grandeur et de consistance dans les différents sujets; que souvent, au lieu de l'hymen, il n'y a qu'une caroncule, que d'autres fois il y en a deux ou plusieurs réunies par une membrane, que l'ouverture de cette membrane est de différente forme, etc. Quelles sont les conséquences qu'on doit tirer de toutes ces observations? qu'en peut-on conclure, sinon que les causes du prétendu rétrécissement de l'entrée du vagin ne sont pas constantes, et que lorsqu'elles existent elles n'ont tout au plus qu'un effet passager qui est susceptible de différentes modifications? L'anatomie laisse, comme l'on voit, une incertitude entière sur l'existence de cette membrane de l'hymen et de ces caroncules; elle nous permet de rejeter ces signes de la virginité, non seulement comme incertains, mais même comme imaginaires (*). Il en est de même d'un autre signe plus ordinaire, mais qui cependant est tout aussi équivoque, c'est le sang répandu; on a cru dans tous les temps que l'effusion de sang était une preuve réelle de la virginité; cependant il est évident que ce prétendu signe est nul dans toutes les ciconstances où l'entrée du vagin a pu être relâchée ou dilatée naturellement. Aussi toutes les filles, quoique non déflorées, ne répandent pas du sang; d'autres, qui le sont en effet, ne laissent pas d'en répandre; les unes en donnent abondamment et plusieurs fois, d'autres très peu et une seule fois, d'autres point du tout; cela dépend de l'âge, de la santé, de la conformation, et d'un grand nombre d'autres circonstances : nous nous contenterons d'en rapporter quelques-unes en même temps que nous tâcherons de démêler sur

(*) Dans un travail récent, M. Budin a démontré que l'hymen n'existe réellement pas « en tant que membrane propre, spéciale, distincte, indépendante, » et qu'il n'est constitué que par l'extrémité antérieure du canal vaginal rétrécie et faisant saillie entre les petites lèvres. « On peut, dit-il, considérer le vagin comme un véritable doigt de gant présentant, à son extrémité, un orifice circulaire, et c'est l'extrémité perforée de ce doigt de gant qui, venant s'insinuer et sortir entre les petites lèvres, forme ce que l'on appelle l'hymen. »

Quant aux modifications qui peuvent être apportées dans la forme de l'orifice vaginal externe et dans ses bords, au moment de la défloration, elles varient suivant que les bords sont ou très souples et facilement dilatables, ou rigides et peu susceptibles de dilatation. Dans le premier cas, les premières tentatives d'intromission sont faciles, non douloureuses, les bords de l'orifice ne se déchirent pas et il n'y a pas d'écoulement sanguin. Dans quelques circonstances, les premières intromissions peuvent être difficiles; mais si elles ne sont qu'incomplètes, elles peuvent déterminer une dilatation graduelle, lente et sans déchirures. Quand les bords de l'orifice vaginal sont rigides, ils sont déchirés par les premières relations sexuelles, et il y a écoulement de sang; les bords des déchirures s'écartent ensuite plus ou moins. Quant aux caroncules myrtiformes, elles ne se produisent qu'après l'accouchement, à la suite de la rupture des bords de l'orifice vaginal.

quoi peut être fondé tout ce qu'on raconte des signes physiques de la virginité.

Il arrive, dans les parties de l'un et de l'autre sexe, un changement considérable dans le temps de la puberté; celles de l'homme prennent un prompt accroissement, et ordinairement elles arrivent en moins d'un an ou deux à l'état où elles doivent rester pour toujours; celles de la femme croissent aussi dans le même temps de la puberté; les nymphes surtout, qui étaient auparavant presque insensibles, deviennent plus grosses, plus apparentes, et même elles excèdent quelquefois les dimensions ordinaires; l'écoulement périodique arrive en même temps, et toutes ces parties se trouvant gonflées par l'abondance du sang, et étant dans un état d'accroissement, elles se tuméfient, elles se serrent mutuellement, et elles s'attachent les unes aux autres dans tous les points où elles se touchent immédiatement; l'orifice du vagin se trouve ainsi plus rétréci qu'il ne l'était, quoique le vagin lui-même ait pris aussi de l'accroissement dans le même temps; la forme de ce rétrécissement doit, comme l'on voit, être fort différente dans les différents sujets et dans les différents degrés de l'accroissement de ces parties : aussi paraît-il, par ce qu'en disent les anatomistes, qu'il y a quelquefois quatre protubérances ou caroncules, quelquefois trois ou deux, et que souvent il se trouve une espèce d'anneau circulaire ou semi-lunaire, ou bien un froncement, une suite de petits plis; mais ce qui n'est pas dit par les anatomistes, c'est que, quelque forme que prenne ce rétrécissement, il n'arrive que dans le temps de la puberté. Les petites filles que j'ai eu occasion de voir disséquer n'avaient rien de semblable, et, ayant recueilli des faits sur ce sujet, je puis avancer que, quand elles ont commerce avec les hommes avant la puberté, il n'y a aucune effusion de sang, pourvu qu'il n'y ait pas une disproportion trop grande ou des efforts trop brusques; au contraire, lorsqu'elles sont en pleine puberté et dans le temps de l'accroissement de ces parties, il y a très souvent effusion de sang pour peu qu'on y touche, surtout si elles ont de l'embonpoint et si les règles vont bien; car celles qui sont maigres ou qui ont des flueurs blanches n'ont pas ordinairement cette apparence de virginité; et ce qui prouve évidemment que ce n'est, en effet, qu'une apparence trompeuse, c'est qu'elle se répète même plusieurs fois, et après des intervalles de temps assez considérables; une interruption de quelque temps fait renaître cette prétendue virginité, et il est certain qu'une jeune personne qui, dans les premières approches, aura répandu beaucoup de sang en répandra encore après une absence, quand même le premier commerce aurait duré pendant plusieurs mois et qu'il aurait été aussi intime et aussi fréquent qu'on le peut supposer : tant que le corps prend de l'accroissement, l'effusion de sang peut se répéter, pourvu qu'il y ait une interruption de commerce assez longue pour donner le temps aux parties de se réunir et de reprendre le premier état; et il est arrivé plus d'une fois que des filles qui avaient eu plus d'une faiblesse n'ont pas laissé de donner ensuite à leur mari cette preuve de leur virginité sans autre artifice que celui d'avoir renoncé pendant quelque temps à leur commerce illégitime. Quoique nos mœurs aient rendu les femmes trop peu sincères sur cet article, il s'en est trouvé plus d'une qui ont avoué les faits que je viens de rapporter; il y en a dont la prétendue virginité s'est renouvelée jusqu'à quatre et même cinq fois dans l'espace de deux ou trois ans : il faut cependant convenir que ce renouvellement n'a qu'un temps, c'est ordinairement de quatorze à dix-sept, ou de quinze à dix-huit ans; dès que le corps a achevé de prendre son accroissement, les choses demeurent dans l'état où elles sont, et elles ne peuvent paraître différentes qu'en employant des secours étrangers et des artifices dont nous nous dispenserons de parler.

Ces filles, dont la virginité se renouvelle, ne sont pas en aussi grand nombre que celles à qui la nature a refusé cette espèce de faveur : pour peu qu'il y ait de dérangement dans la santé, que l'écoulement périodique se montre mal et difficilement, que les parties soient trop humides et que les flueurs blanches viennent à les relâcher, il ne se fait aucun rétrécissement, aucun froncement; ces parties prennent de l'accroissement; mais, étant continuellement humectées, elles n'acquièrent pas assez de fermeté pour se réunir, il ne se forme ni caroncules, ni anneau, ni plis; l'on ne trouve que peu d'obstacles aux premières approches, et elles se font sans aucune effusion de sang.

Rien n'est donc plus chimérique que les préjugés des hommes à cet égard, et rien de plus incertain que ces prétendus signes de la virginité du corps : une jeune personne aura commerce avec un homme avant l'âge de puberté, et pour la première fois, cependant elle ne donnera aucune marque de cette virginité; ensuite la même personne, après quelque temps d'interruption, lorsqu'elle sera arrivée à la puberté, ne manquera guère, si elle se porte bien, d'avoir tous ces signes et de répandre du sang dans de nouvelles approches; elle ne deviendra pucelle qu'après avoir perdu sa virginité, elle pourra même le devenir plusieurs fois de suite et aux mêmes conditions; une autre, au contraire, qui sera vierge en effet ne sera pas pucelle, ou du moins n'en aura pas la moindre apparence. Les hommes devraient donc bien se tranquilliser sur tout cela au lieu de se livrer, comme ils le font souvent, à des soupçons injustes ou à de fausses joies, selon qu'ils s'imaginent avoir rencontré.

Si l'on voulait avoir un signe évident et infaillible de virginité pour les filles, il faudrait le chercher parmi ces nations sauvages et barbares qui, n'ayant point de sentiments de vertu et d'honneur à donner à leurs enfants par une bonne éducation, s'assurent de la chasteté de leurs filles par un moyen que leur a suggéré la grossièreté de leurs mœurs. Les Éthiopiens et plusieurs autres peuples de l'Afrique, les habitants du Pégu et de l'Arabie

Pétrée, et quelques autres nations de l'Asie, aussitôt que leurs filles sont nées, rapprochent par une sorte de couture les parties que la nature a séparées, et ne laissent libre que l'espace qui est nécessaire pour les écoulements naturels; les chairs adhèrent peu à peu à mesure que l'enfant prend son accroissement, de sorte que l'on est obligé de les séparer par une incision lorsque le temps du mariage est arrivé; on dit qu'ils emploient pour cette infibulation des femmes un fil d'amiante, parce que cette matière n'est pas sujette à la corruption. Il y a certains peuples qui passent seulement un anneau; les femmes sont soumises, comme les filles, à cet usage outrageant pour la vertu; on les force de même à porter un anneau, la seule différence est que celui des filles ne peut s'ôter, et que celui des femmes a une espèce de serrure dont le mari seul a la clef. Mais pourquoi citer des nations barbares, lorsque nous avons de pareils exemples aussi près de nous? La délicatesse dont quelques-uns de nos voisins se piquent sur la chasteté de leurs femmes est-elle autre chose qu'une jalousie brutale et criminelle?

Quel contraste dans les goûts et dans les mœurs des différentes nations! quelle contrariété dans leur façon de penser! Après ce que nous venons de rapporter sur le cas que la plupart des hommes font de la virginité, sur les précautions qu'ils prennent et sur les moyens honteux qu'ils se sont avisés d'employer pour s'en assurer, imaginerait-on que d'autres peuples la méprisent, et qu'ils regardent comme un ouvrage servile la peine qu'il faut prendre pour l'ôter?

La superstition a porté certains peuples à céder les prémices des vierges aux prêtres de leurs idoles, ou à en faire une espèce de sacrifice à l'idole même; les prêtres des royaumes de Cochin et de Calicut jouissent de ce droit, et, chez les Canarins de Goa, les vierges sont prostituées de gré ou de force par leurs plus proches parents à une idole de fer; la superstition aveugle de ces peuples leur fait commettre ces excès dans des vues de religion; des vues purement humaines en ont engagé d'autres à livrer avec empressement leurs filles à leurs chefs, à leurs maîtres, à leurs seigneurs; les habitants des îles Canaries, du royaume de Congo, prostituent leurs filles de cette façon sans qu'elles en soient déshonorées : c'est à peu près la même chose en Turquie et en Perse, et dans plusieurs autres pays de l'Asie et de l'Afrique, où les plus grands seigneurs se trouvent honorés de recevoir de la main de leur maître les femmes dont il s'est dégoûté.

Au royaume d'Aracan et aux îles Philippines, un homme se croirait déshonoré s'il épousait une fille qui n'eût pas été déflorée par un autre, et ce n'est qu'à prix d'argent que l'on peut engager quelqu'un à prévenir l'époux. Dans la province de Thibet, les mères cherchent des étrangers et les prient instamment de mettre leurs filles en état de trouver des maris; les Lapons préfèrent aussi les filles qui ont eu commerce avec des étrangers; ils pensent qu'elles ont plus de mérite que les autres, puisqu'elles ont su plaire à des

A. Le Vasseur, Éditeur

FAISAN COMMUN

hommes qu'ils regardent comme plus connaisseurs et meilleurs juges de la beauté qu'ils ne le sont eux-mêmes. A Madagascar et dans quelques autres pays, les filles les plus libertines et les plus débauchées sont celles qui sont le plus tôt mariées ; nous pourrions donner plusieurs autres exemples de ce goût singulier, qui ne peut venir que de la grossièreté ou de la dépravation des mœurs.

L'état naturel des hommes après la puberté est celui du mariage : un homme ne doit avoir qu'une femme, comme une femme ne doit avoir qu'un homme ; cette loi est celle de la nature, puisque le nombre des femelles est à peu près égal à celui des mâles ; ce ne peut donc être qu'en s'éloignant du droit naturel, et par la plus injuste de toutes les tyrannies, que les hommes ont établi des lois contraires ; la raison, l'humanité, la justice réclament contre ces sérails odieux où l'on sacrifie à la passion brutale ou dédaigneuse d'un seul homme la liberté et le cœur de plusieurs femmes dont chacune pourrait faire le bonheur d'un autre homme. Ces tyrans du genre humain en sont-ils plus heureux ? Environnés d'eunuques et de femmes inutiles à eux-mêmes et aux autres hommes, ils sont assez punis, ils ne voient que les malheureux qu'ils ont faits.

Le mariage, tel qu'il est établi chez nous et chez les autres peuples raisonnables et religieux, est donc l'état qui convient à l'homme et dans lequel il doit faire usage des nouvelles facultés qu'il a acquises par la puberté, qui lui deviendraient à charge, et même quelquefois funestes, s'il s'obstinait à garder le célibat. Le long séjour de la liqueur séminale dans ses réservoirs peut causer des maladies dans l'un et dans l'autre sexe, ou du moins des irritations si violentes que la raison et la religion seraient à peine suffisantes pour résister à ces passions impétueuses : elles rendraient l'homme semblable aux animaux qui sont furieux et indomptables lorsqu'ils ressentent ces impressions.

L'effet extrême de cette irritation dans les femmes est la fureur utérine : c'est une espèce de manie qui leur trouble l'esprit et leur ôte toute pudeur ; les discours les plus lascifs, les actions les plus indécentes, accompagnent cette triste maladie et en décèlent l'origine. J'ai vu, et je l'ai vu comme un phénomène, une fille de douze ans très brune, d'un teint vif et fort coloré, d'une petite taille, mais déjà formée, avec de la gorge et de l'embonpoint, faire les actions les plus indécentes au seul aspect d'un homme ; rien n'était capable de l'en empêcher, ni la présence de sa mère, ni les remontrances, ni les châtiments ; elle ne perdait cependant pas la raison, et son accès, qui était marqué au point d'en être affreux, cessait dans le moment qu'elle demeurait seule avec des femmes. Aristote prétend que c'est à cet âge que l'irritation est la plus grande et qu'il faut garder le plus soigneusement les filles : cela peut être vrai pour le climat où il vivait, mais il paraît que, dans les pays plus froids, le tempérament des femmes ne commence à prendre de l'ardeur que beaucoup plus tard.

Lorsque la fureur utérine est à un certain degré, le mariage ne la calme point; il y a des exemples de femmes qui en sont mortes. Heureusement, la force de la nature cause rarement toute seule ces funestes passions, lors même que le tempérament y est disposé; il faut, pour qu'elles arrivent à cette extrémité, le concours de plusieurs causes, dont la principale est une imagination allumée par le feu des conversations licencieuses et des images obscènes. Le tempérament opposé est infiniment plus commun parmi les femmes; la plupart sont naturellement froides ou tout au moins fort tranquilles sur le physique de cette passion; il y a aussi des hommes auxquels la chasteté ne coûte rien : j'en ai connu qui jouissaient d'une bonne santé, et qui avaient atteint l'âge de vingt-cinq et trente ans sans que la nature leur eût fait sentir des besoins assez pressants pour les déterminer à les satisfaire en aucune façon.

Au reste, les excès sont plus à craindre que la continence : le nombre des hommes immodérés est assez grand pour en donner des exemples; les uns ont perdu la mémoire, les autres ont été privés de la vue, d'autres sont devenus chauves, d'autres ont péri d'épuisement : la saignée est, comme l'on sait, mortelle en pareil cas. Les personnes sages ne peuvent trop avertir les jeunes gens du tort irréparable qu'ils font à leur santé; combien n'y en a-t-il pas qui cessent d'être hommes, ou du moins qui cessent d'en avoir les facultés, avant l'âge de trente ans! Combien d'autres prennent, à quinze et à dix-huit ans, les germes d'une maladie honteuse et souvent incurable!

Nous avons dit que c'était ordinairement à l'âge de puberté que le corps achevait de prendre son accroissement : il arrive assez souvent dans la jeunesse que de longues maladies font grandir beaucoup plus qu'on ne grandirait si l'on était en santé ; cela vient, à ce que je crois, de ce que les organes extérieurs de la génération étant sans action pendant tout le temps de la maladie, la nourriture organique n'y arrive pas, parce qu'aucune irritation ne l'y détermine, et que ces organes étant dans un état de faiblesse et de langueur ne font que peu ou point de sécrétion de liqueur séminale ; dès lors, ces particules organiques, restant dans la masse du sang, doivent continuer à développer les extrémités des os, à peu près comme il arrive dans les eunuques : aussi voit-on très souvent des jeunes gens après de longues maladies être beaucoup plus grands, mais plus mal faits qu'ils n'étaient ; les uns deviennent contrefaits des jambes, d'autres deviennent bossus, etc., parce que les extrémités encore ductiles de leurs os se sont développées plus qu'il ne fallait par le superflu des molécules organiques, qui dans un état de santé, n'aurait été employé qu'à former la liqueur séminale.

L'objet du mariage est d'avoir des enfants, mais quelquefois cet objet ne se trouve pas rempli ; dans les différentes causes de la stérilité, il y en a de communes aux hommes et aux femmes ; mais, comme elles sont plus apparentes dans les hommes, on les leur attribue pour l'ordinaire. La stérilité est causée dans l'un et dans l'autre sexe, ou par un défaut de conformation, ou par un vice accidentel dans les organes; les défauts de conformation les plus essentiels dans les hommes arrivent aux testicules ou aux muscles érecteurs; la fausse direction du canal de l'urètre, qui quelquefois est détourné à côté ou mal percé, est aussi un défaut contraire à la génération, mais il faudrait que ce canal fût supprimé en entier pour la rendre impossible; l'adhérence du prépuce par le moyen du frein peut être corrigée, et d'ailleurs ce n'est pas un obstacle insurmontable. Les organes des femmes peuvent aussi être mal conformés; la matrice toujours fermée ou toujours ouverte serait un défaut également contraire à la génération (*); mais la cause de stérilité la plus ordinaire aux hommes et aux femmes, c'est l'altération de la liqueur séminale dans les testicules (**); on peut se souvenir de l'observation de Vallisnieri que j'ai citée ci-devant, qui prouve que les liqueurs des testicules des femmes (***) étant corrompues, elles demeurent stériles; il en est de même de celles de l'homme : si la sécrétion par laquelle se forme la semence est viciée, cette liqueur ne sera plus féconde ; et quoiqu'à l'extérieur tous les les organes de part et d'autre paraissent bien disposés, il n'y aura aucune production.

Dans les cas de stérilité, on a souvent employé différents moyens pour reconnaître si le défaut venait de l'homme ou de la femme : l'inspection est le premier de ces moyens, et il suffit en effet, si la stérilité est causée par un défaut extérieur de conformation; mais si les organes défectueux sont dans l'intérieur du corps, alors on ne reconnaît le défaut des organes que par la nullité des effets. Il y a des hommes qui, à la première inspection, paraissent être bien conformés, auxquels cependant le vrai signe de la bonne conformation manque absolument; il y en a d'autres qui n'ont ce signe que si imparfaitement ou si rarement, que c'est moins un signe certain de la virilité qu'un indice équivoque de l'impuissance.

Tout le monde sait que le mécanisme de ces parties est indépendant de la volonté ; on ne commande point à ces organes, l'âme ne peut les régir; c'est du corps humain la partie la plus animale; elle agit en effet par une espèce d'instinct dont nous ignorons les vraies causes : combien de jeunes gens élevés dans la pureté, et vivant dans la plus parfaite innocence et dans l'ignorance totale des plaisirs, ont ressenti les impressions les plus vives, sans pouvoir deviner quelle en était la cause et l'objet! Combien de gens, au contraire, demeurent dans la plus froide langueur malgré tous les efforts de leurs sens et de leur imagination, malgré la présence des objets, malgré tous les secours de l'art de la débauche!

(*) J'ignore ce qu'entend par là Buffon. La matrice est pourvue d'un orifice toujours ouvert quoique ses bords soient appliqués l'un contre l'autre.

(**) Il y a stérilité chez l'homme toutes les fois que les spermatozoïdes manquent.

(***) Les femmes n'ont pas de testicules; elles ont des ovaires qui produisent des œufs.

Cette partie de notre corps est donc moins à nous qu'aucune autre ; elle agit ou elle languit sans notre participation, ses fonctions commencent et finissent dans de certains temps, à un certain âge ; tout cela se fait sans nos ordres, et souvent contre notre consentement. Pourquoi donc l'homme ne traite-t-il pas cette partie comme rebelle, ou du moins comme étrangère? Pourquoi semble-t-il lui obéir? est-ce parce qu'il ne peut lui commander?

Sur quel fondement étaient donc appuyées ces lois si peu réfléchies dans le principe et si déshonnêtes dans l'exécution? Comment le congrès a-t-il pu être ordonné par des hommes qui doivent se connaître eux-mêmes et savoir que rien ne dépend moins d'eux que l'action de ces organes, par des hommes qui ne pouvaient ignorer que toute émotion de l'âme, et surtout la honte, sont contraires à cet état, et que la publicité et l'appareil seuls de cette épreuve étaient plus que suffisants pour qu'elle fût sans succès?

Au reste, la stérilité vient plus souvent des femmes que des hommes, lorsqu'il n'y a aucun défaut de conformation à l'extérieur; car, indépendamment de l'effet des flueurs blanches qui, quand elles sont continuelles, doivent causer ou du moins occasionner la stérilité, il me paraît qu'il y a une autre cause à laquelle on n'a pas fait attention.

On a vu, par mes expériences (chap. VI), que les testicules des femelles donnent naissance à des espèces de tubérosités naturelles que j'ai appelées *corps glanduleux;* ces corps qui croissent peu à peu, et qui servent à filtrer, à perfectionner et à contenir la liqueur séminale, sont dans un état de changement continuel; ils commencent par grossir au-dessous de la membrane du testicule, ensuite ils la percent, ils se gonflent, leur extrémité s'ouvre d'elle-même, elle laisse distiller la liqueur séminale pendant un certain temps, après quoi ces corps glanduleux s'affaissent peu à peu, se dessèchent, se resserrent et s'oblitèrent enfin presque entièrement ; ils ne laissent qu'une petite cicatrice rougeâtre à l'endroit où ils avaient pris naissance (*). Ces corps glanduleux ne sont pas sitôt évanouis qu'il en pousse d'autres, et même pendant l'affaissement des premiers il s'en forme de nouveaux, en sorte que les testicules des femelles sont dans un état de travail continuel, ils éprouvent des changements et des altérations considérables ; pour peu qu'il y ait donc de dérangement dans cet organe, soit par l'épaississement des liqueurs, soit par la faiblesse des vaisseaux, il ne pourra plus faire ses fonctions, il n'y aura plus de sécrétion de liqueur séminale, ou bien cette même liqueur sera altérée, viciée, corrompue, ce qui causera nécessairement la stérilité.

Il arrive quelquefois que la conception devance les signes de la puberté; il y a beaucoup de femmes qui sont devenues mères avant que d'avoir eu la

(*) Les corps glanduleux dont parle ici Buffon sont des vésicules de Graaff, parties de l'ovaire qui produisent les œufs. Chaque vésicule, en se rompant, met en liberté un œuf qui est saisi par l'oviducte et porté dans l'utérus.

moindre marque de l'écoulement naturel à leur sexe; il y en a même quelques-unes qui, sans être jamais sujettes à cet écoulement périodique, ne laissent pas d'engendrer; on peut en trouver des exemples dans nos climats sans les chercher jusque dans le Brésil, où des nations entières se perpétuent, dit-on, sans qu'aucune femme ait d'écoulement périodique : ceci prouve encore bien clairement que le sang des menstrues n'est qu'une matière accessoire à la génération, qu'elle peut être suppléée, que la matière essentielle et nécessaire est la liqueur séminale de chaque individu; on sait aussi que la cessation des règles, qui arrive ordinairement à quarante ou cinquante ans, ne met pas toutes les femmes hors d'état de concevoir; il y en a qui ont conçu à soixante et soixante et dix ans, et même dans un âge plus avancé. On regardera, si l'on veut, ces exemples, quoique assez fréquents, comme des exceptions à la règle; mais ces exceptions suffisent pour faire voir que la matière des menstrues n'est pas essentielle à la génération.

Dans le cours ordinaire de la nature, les femmes ne sont en état de concevoir qu'après la première éruption des règles, et la cessation de cet écoulement à un certain âge les rend stériles pour le reste de leur vie. L'âge auquel l'homme peut engendrer n'a pas des termes aussi marqués; il faut que le corps soit parvenu à un certain point d'accroissement pour que la liqueur séminale soit produite; il faut peut-être un plus grand degré d'accroissement pour que l'élaboration de cette liqueur soit parfaite; cela arrive ordinairement entre douze et dix-huit ans : mais l'âge où l'homme cesse d'être en état d'engendrer ne semble pas être déterminé par la nature; à soixante ou soixante et dix ans, lorsque la vieillesse commence à énerver le corps, la liqueur séminale est moins abondante, et souvent elle n'est plus prolifique; cependant on a plusieurs exemples de vieillards qui ont engendré jusqu'à quatre-vingts et quatre-vingt-dix ans; les recueils d'observations sont remplis de faits de cette espèce.

Il y a aussi des exemples de jeunes garçons qui ont engendré à l'âge de neuf, dix et onze ans, et de petites filles qui ont conçu à sept, huit et neuf ans; mais ces faits sont extrêmement rares, et on peut les mettre au nombre des phénomènes singuliers. Le signe extérieur de la virilité commence dans la première enfance; mais cela seul ne suffit pas, il faut de plus la production de la liqueur séminale pour que la génération s'accomplisse, et cette production ne se fait que quand le corps a pris la plus grande partie de son accroissement. La première émission est ordinairement accompagnée de quelque douleur, parce que la liqueur n'est pas encore bien fluide; elle est d'ailleurs en très petite quantité, et presque toujours inféconde dans le commencement de la puberté.

Quelques auteurs ont indiqué deux signes pour reconnaître si une femme a conçu : le premier est un saisissement ou une sorte d'ébranlement qu'elle ressent, disent-ils, dans tout le corps au moment de la conception, et qui même dure pendant quelques jours ; le second est pris de l'orifice de la matrice, qu'ils assurent être entièrement fermé après la conception; mais il me paraît que ces signes sont au moins équivoques, s'ils ne sont pas imaginaires.

Le saisissement qui arrive au moment de la conception est indiqué par Hippocrate dans ces termes : « Liquidò constat harum rerum peritis, quòd » mulier, ubi concepit, statim inhorrescit ac dentibus stridet, et articulum » reliquumque corpus convulsio prehendit. » C'est donc une sorte de frisson que les femmes ressentent dans tout le corps au moment de la conception, selon Hippocrate, et le frisson serait assez fort pour faire choquer les dents les unes contre les autres comme dans la fièvre. Galien explique ce symptôme par un mouvement de contraction ou de reserrement dans la matrice, et il ajoute que des femmes lui ont dit qu'elles avaient eu cette sensation au moment où elles avaient conçu; d'autres auteurs l'expriment par un sentiment vague de froid qui parcourt tout le corps, et ils emploient aussi le mot d'*horror* et d'*horripilatio;* la plupart établissent ce fait, comme Galien, sur le rapport de plusieurs femmes. Ce symptôme serait donc un effet de la contraction de la matrice qui se resserrerait au moment de la conception, et qui fermerait par ce moyen son orifice, comme Hippocrate l'a exprimé par ces mots : «Quæ in utero gerunt, harum os uteri clausum » est, » ou, selon un autre traducteur : « Quæcumque sunt gravidæ, illis » os uteri connivet. » Cependant les sentiments sont partagés sur les changements qui arrivent à l'orifice interne de la matrice après la conception : les uns soutiennent que les bords de cet orifice se rapprochent de façon qu'il ne reste aucun espace vide entre eux, et c'est dans ce sens qu'ils interprètent Hippocrate ; d'autres prétendent que ces bords ne sont exactement rapprochés qu'après les deux premiers mois de la grossesse, mais ils conviennent qu'immédiatement après la conception l'orifice est fermé par l'adhérence d'une humeur glutineuse, et ils ajoutent que la matrice qui, hors de la grossesse, pourrait recevoir par son orifice un corps de la grosseur d'un pois, n'a plus d'ouverture sensible après la conception, et que cette différence est si marquée qu'une sage-femme habile peut la reconnaître ; cela supposé, on pourrait donc constater l'état de la grossesse dans les premiers jours. Ceux qui sont opposés à ce sentiment disent que si l'orifice de la matrice était fermé après la conception, il serait impossible qu'il y eût de superfétation. On peut répondre à cette objection qu'il est très possible que la liqueur séminale pénètre à travers les membranes de la matrice, que même la matrice peut s'ouvrir pour la superfétation dans de certaines circonstances, et que d'ailleurs les superfétations arrivent si rarement qu'elles ne peuvent faire qu'une légère exception à la règle générale. D'autres auteurs ont avancé que le changement qui arriverait à l'orifice de la matrice ne pourrait être marqué que dans les femmes qui auraient déjà mis des enfants au monde, et non pas dans celles qui auraient conçu pour la première fois; il est à croire que, dans celles-ci, la différence sera moins sensible; mais, quelque grande qu'elle puisse être, en doit-on conclure que ce signe est réel, constant et certain? ne faut-il pas du moins avouer qu'il n'est pas assez évident? L'étude de l'anatomie et l'expérience ne donnent sur ce sujet que des connaissances générales qui sont fautives dans un examen particulier de cette nature; il en est de même du saisissement ou du froid convulsif que certaines femmes ont dit avoir ressenti au moment de la conception : comme la plupart des femmes n'éprouvent pas le même symptôme, que d'autres assurent, au contraire, avoir ressenti une ardeur brûlante causée par la chaleur de la liqueur séminale du mâle, et que le plus grand nombre avouent n'avoir rien senti de tout cela, on doit en conclure que ces signes sont très équivoques, et que, lorsqu'ils arrivent, c'est peut-être moins un effet de la conception que d'autres causes qui paraissent plus probables.

J'ajouterai un fait qui prouve que l'orifice de la matrice ne se ferme pas immédiatement après la conception (*), ou bien que, s'il se ferme, la liqueur séminale du mâle entre dans la matrice en pénétrant à travers le tissu de ce viscère. Une femme de Charles-Town, dans la Caroline méridionale, accoucha en 1714 de deux jumeaux qui vinrent au monde de suite l'un après l'autre; il se trouva que l'un était un enfant nègre et l'autre un enfant blanc, ce qui surprit beaucoup les assistants. Ce témoignage évident de l'infidélité de cette femme à l'égard de son mari la força d'avouer qu'un nègre qui la servait était entré dans sa chambre un jour que son mari venait de la quitter et de la laisser dans son lit, et elle ajouta pour s'excuser que ce nègre l'avait menacée de la tuer et qu'elle avait été contrainte de le satisfaire. (Voyez *Lectures on muscular motion*, by M. Parsons. London, 1745, p. 78.) Ce fait ne prouve-t-il pas aussi que la conception de deux ou de plusieurs jumeaux ne se fait pas toujours dans le même temps? et ne paraît-il pas favoriser beaucoup mon opinion sur la pénétration de la liqueur séminale au travers du tissu de la matrice (**)?

La grossesse a encore un grand nombre de symptômes équivoques auxquels on prétend communément la reconnaître dans les premiers mois, savoir, une douleur légère dans la région de la matrice et dans les lombes, un engourdissement dans tout le corps et un assoupissement continuel, une mélancolie qui rend les femmes tristes et capricieuses, des douleurs de dents, le mal de tête, des vertiges qui offusquent la vue, le rétrécissement

(*) L'orifice de la matrice ne se ferme jamais complètement; il y a simplement rapprochement de ses deux lèvres, et ce rapprochement est permanent.

(**) L'orifice de la matrice, étant constamment ouvert quoique ses bords soient rapprochés, la liqueur séminale n'a pas besoin de passer « au travers de son tissu, » ce qui d'ailleurs serait impossible.

des prunelles, les yeux jaunes et injectés, les paupières affaissées, la pâleur et les taches du visage, le goût dépravé, le dégoût, les vomissements, les crachements, les symptômes hystériques, les fleurs blanches, la cessation de l'écoulement périodique ou son changement en hémorragie, la sécrétion du lait dans les mamelles, etc. Nous pourrions encore rapporter plusieurs autres symptômes qui ont été indiqués comme des signes de la grossesse, qui ne sont souvent que les effets de quelques maladies.

Mais laissons aux médecins cet examen à faire ; nous nous écarterions trop de notre sujet si nous voulions considérer chacune de ces choses en particulier : pourrions-nous même le faire d'une manière avantageuse, puisqu'il n'y en a pas une qui ne demandât une longue suite d'observations bien faites ? Il en est ici comme d'une infinité d'autres sujets de physiologie et d'économie animale : à l'exception d'un petit nombre d'hommes rares (*a*) qui ont répandu de la lumière sur quelques points particuliers de ces sciences, la plupart des auteurs, qui en ont écrit, les ont traitées d'une manière si vague et les ont expliquées par des rapports si éloignés et par des hypothèses si fausses, qu'il aurait mieux valu n'en rien dire du tout ; il n'y a aucune matière sur laquelle on ait plus raisonné, sur laquelle on ait rassemblé plus de faits et d'observations ; mais ces raisonnements, ces faits et ces observations sont ordinairement si mal digérés et entassés avec si peu de connaissance, qu'il n'est pas surprenant qu'on n'en puisse tirer aucune lumière, aucune utilité.

(*a*) Je mets dans ce nombre l'auteur de l'*Anatomie* d'Heister ; de tous les ouvrages que j'ai lus sur la physiologie, je n'en ai point trouvé qui m'ait paru mieux fait et plus d'accord avec la bonne physique.

DE L'AGE VIRIL

DESCRIPTION DE L'HOMME

Le corps achève de prendre son accroissement en hauteur à l'âge de la puberté et pendant les premières années qui succèdent à cet âge; il y a des jeunes gens qui ne grandissent plus après la quatorzième ou la quinzième année, d'autres croissent jusqu'à vingt-deux ou vingt-trois ans; presque tous dans ce temps sont minces de corps, la taille est effilée, les cuisses et les jambes sont menues, toutes les parties musculeuses ne sont pas encore remplies comme elles le doivent être, mais peu à peu la chair augmente, les muscles se dessinent, les intervalles se remplissent, les membres se moulent et s'arrondissent, et le corps est avant l'âge de trente ans dans les hommes à son point de perfection pour les proportions de sa forme.

Les femmes parviennent ordinairement beaucoup plus tôt à ce point de perfection; elles arrivent d'abord plus tôt à l'âge de puberté; leur accroissement qui, dans le total, est moindre que celui des hommes, se fait aussi en moins de temps; les muscles, les chairs et toutes les autres parties qui composent leur corps, étant moins fortes, moins compactes, moins solides que celles du corps de l'homme, il faut moins de temps pour qu'elles arrivent à leur développement entier, qui est le point de perfection pour la forme : aussi le corps de la femme est ordinairement à vingt ans aussi parfaitement formé que celui de l'homme l'est à trente.

Le corps d'un homme bien fait doit être carré, les muscles doivent être durement exprimés, le contour des membres fortement dessiné, les traits du visage bien marqués. Dans la femme tout est plus arrondi, les formes sont plus adoucies, les traits plus fins; l'homme a la force et la majesté, les grâces et la beauté sont l'apanage de l'autre sexe.

Tout annonce dans tous deux les maîtres de la terre; tout marque dans l'homme, même à l'extérieur, sa supériorité sur tous les êtres vivants; il se soutient droit et élevé, son attitude est celle du commandement, sa tête regarde le ciel et présente une face auguste sur laquelle est imprimé le caractère de sa dignité; l'image de l'âme y est peinte par la physionomie, l'excellence de sa nature perce à travers les organes matériels et anime d'un feu divin les traits de son visage; son port majestueux, sa démarche ferme et hardie annoncent sa noblesse et son rang; il ne touche à la terre que par ses extrémités les plus éloignées, il ne la voit que de loin, et semble la dédaigner; les bras ne lui sont pas donnés pour servir de piliers d'appui à la masse de son corps; sa main ne doit pas fouler la terre, et perdre par des frottements réitérés la finesse du toucher, dont elle est le principal organe; le bras et la main sont faits pour servir à des usages plus nobles, pour exécuter les ordres de la volonté, pour saisir les choses éloignées, pour écarter les obstacles, pour prévenir les rencontres et le choc de ce qui pourrait nuire, pour embrasser et retenir ce qui peut plaire, pour le mettre à portée des autres sens.

Lorsque l'âme est tranquille, toutes les parties du visage sont dans un état de repos : leur proportion, leur union, leur ensemble, marquent encore assez la douce harmonie des pensées, et répondent au calme de l'intérieur; mais lorsque l'âme est agitée, la face humaine devient un tableau vivant où les passions sont rendues avec autant de délicatesse que d'énergie, où chaque mouvement de l'âme est exprimé par un trait, chaque action par un caractère dont l'impression vive et prompte devance la volonté, nous décèle et rend au dehors par des signes pathétiques les images de nos secrètes agitations.

C'est surtout dans les yeux qu'elles se peignent et qu'on peut les reconnaître; l'œil appartient à l'âme plus qu'aucun autre organe, il semble y toucher et participer à tous ses mouvements, il en exprime les passions les plus vives et les émotions les plus tumulteuses, comme les mouvements les plus doux et les sentiments les plus délicats; il les rend dans toute leur force, dans toute leur pureté, tels qu'ils viennent de naître, il les transmet par des traits rapides qui portent dans une autre âme le feu, l'action, l'image de celle dont ils partent, l'œil reçoit et réfléchit en même temps la lumière de la pensée et la chaleur du sentiment : c'est le sens de l'esprit et la langue de l'intelligence.

Les personnes qui ont la vue courte, ou qui sont louches, ont beaucoup moins de cette âme extérieure qui réside principalement dans les yeux; ces défauts détruisent la physionomie et rendent désagréables ou difformes les plus beaux visages; comme l'on n'y peut reconnaître que les passions fortes et qui mettent en jeu les autres parties, et comme l'expression de l'esprit et de la finesse du sentiment ne peut s'y montrer, on juge ces personnes défavorablement lorsqu'on ne les connaît pas, et quand on les connaît, quelque spirituelles qu'elles puissent être, on a encore de la peine à revenir du premier jugement qu'on a porté contre elles.

Nous sommes si fort accoutumés à ne voir les choses que par l'extérieur, que nous ne pouvons plus reconnaître combien cet extérieur influe sur nos jugements, même les plus graves et les plus réfléchis; nous prenons l'idée d'un homme, et nous la prenons par sa physionomie qui ne dit rien, nous jugeons dès lors qu'il ne pense rien; il n'y a pas jusqu'aux habits et à la coiffure qui n'influent sur notre jugement; un homme sensé doit regarder ses vêtements comme faisant partie de lui-même, puisqu'ils en font en effet partie aux yeux des autres, et qu'ils entrent pour quelque chose dans l'idée totale qu'on se forme de celui qui les porte.

La vivacité ou la langueur du mouvement des yeux fait un des principaux caractères de la physionomie, et leur couleur contribue à rendre ce caractère plus marqué. Les différentes couleurs des yeux sont l'orangé foncé, le jaune, le vert, le bleu, le gris, et le gris mêlé de blanc; la substance de l'iris est veloutée et disposée par filets et par flocons: les filets sont dirigés vers le milieu de la prunelle comme des rayons qui tendent à un centre, les flocons remplissent les intervalles qui sont entre les filets, et quelquefois les uns et les autres sont disposés d'une manière si régulière, que le hasard a fait trouver dans les yeux de quelques personnes des figures qui semblaient avoir été copiées sur des modèles connus. Ces filets et ces flocons tiennent les uns aux autres par des ramifications très fines et très déliées; aussi la couleur n'est pas si sensible dans ces ramifications que dans le corps des filets et des flocons, qui paraissent toujours être d'une teinte plus foncée.

Les couleurs les plus ordinaires dans les yeux sont l'orangé et le bleu, et le plus souvent ces couleurs se trouvent dans le même œil. Les yeux, que l'on croit être noirs, ne sont que d'un jaune brun ou d'orangé foncé; il ne faut, pour s'en assurer, que les regarder de près, car lorsqu'on les voit à quelque distance, ou lorsqu'ils sont tournés à contre-jour, ils paraissent noirs, parce que la couleur jaune brun tranche si fort sur le blanc de l'œil, qu'on la juge noire par l'opposition du blanc. Les yeux qui sont d'un jaune moins brun passent aussi pour des yeux noirs, mais on ne les trouve pas si beaux que les autres, parce que cette couleur tranche moins sur le blanc; il y a aussi des yeux jaunes et jaune clair: ceux-ci ne paraissent pas noirs, parce que ces couleurs ne sont pas assez foncées pour disparaître dans l'ombre. On voit très communément dans le même œil des nuances d'orangé, de jaune, de gris et de bleu; dès qu'il y a du bleu, quelque léger qu'il soit, il devient la couleur dominante; cette couleur paraît par filets dans toute l'étendue de l'iris, et l'orangé est par flocons autour et à quelque petite distance de la prunelle; le bleu efface si fort cette couleur que l'œil paraît tout bleu, et on ne s'aperçoit du mélange de l'orangé qu'en le regardant de près. Les plus beaux yeux sont ceux qui paraissent noirs ou bleus; la vivacité et le feu qui font le principal caractère des yeux éclatent davantage dans les couleurs foncées que dans les demi-teintes de couleur; les yeux noirs ont donc plus de force d'expression et plus de vivacité, mais il y a plus de douceur et peut-être plus de finesse dans les yeux bleus; on voit dans les premiers un feu qui brille uniformément, parce que le fond, qui nous paraît de couleur uniforme, renvoie partout les mêmes reflets; mais on distingue des modifications dans la lumière qui anime les yeux bleus, parce qu'il y a plusieurs teintes de couleur qui produisent des reflets différents.

Il y a des yeux qui se font remarquer sans avoir, pour ainsi dire, de couleur, ils paraissent être composés différemment des autres : l'iris n'a que des nuances de bleu ou de gris si faibles qu'elles sont presque blanches dans quelques endroits, les nuances d'orangé qui s'y rencontrent sont si légères qu'on les distingue à peine du gris et du blanc, malgré le contraste de ces couleurs; le noir de la prunelle est alors trop marqué, parce que la couleur de l'iris n'est pas assez foncée; on ne voit, pour ainsi dire, que la prunelle isolée au milieu de l'œil, ces yeux ne disent rien, et le regard en paraît être fixe ou effaré.

Il y a aussi des yeux dont la couleur de l'iris tire sur le vert; cette couleur est plus rare que le bleu, le gris, le jaune et le jaune brun; il se trouve aussi des personnes dont les deux yeux ne sont pas de la même couleur. Cette variété qui se trouve dans la couleur des yeux est particulière à l'espèce humaine, à celle du cheval, etc.; dans la plupart des autres espèces d'animaux, la couleur des yeux de tous les individus est la même: les yeux des bœufs sont bruns, ceux des moutons sont couleur d'eau, ceux des chèvres sont gris, etc. Aristote, qui fait cette remarque, prétend que dans les hommes les yeux gris sont les meilleurs, que les bleus sont les plus faibles, que ceux qui sont avancés hors de l'orbite ne voient pas d'aussi loin que ceux qui y sont enfoncés, que les yeux bruns ne voient pas si bien que les autres dans l'obscurité.

Quoique l'œil paraisse se mouvoir comme s'il était tiré de différents côtés, il n'a cependant qu'un mouvement de rotation autour de son centre, par lequel la prunelle paraît s'approcher ou s'éloigner des angles de l'œil, et s'élever ou s'abaisser. Les deux yeux sont plus près l'un de l'autre dans l'homme que dans tous les autres animaux; cet intervalle est même si considérable dans la plupart des espèces d'animaux qu'il n'est pas possible qu'ils voient le même objet des deux yeux à la fois, à moins que cet objet ne soit à une grande distance.

Après les yeux, les parties du visage qui contribuent le plus à marquer la physionomie sont les sourcils: comme ils sont d'une nature différente des autres parties, ils sont plus apparents par ce contraste et frappent plus qu'aucun autre trait; les sourcils sont une ombre dans le tableau, qui en relève les couleurs et les formes. Les cils des paupières font aussi leur effet; lorsqu'ils sont longs et garnis, les yeux en paraissent plus beaux et le regard plus doux; il n'y a que l'homme et le singe qui aient des cils aux deux paupières; les autres animaux n'en ont point à la paupière inférieure, et dans l'homme même il y en a beaucoup moins à la paupière inférieure qu'à la supérieure; le poil des sourcils devient quelquefois si long dans la vieillesse, qu'on est obligé de le couper. Les sourcils n'ont que deux mouvements qui dépendent des muscles du front, l'un par lequel on les élève, et l'autre par lequel on les fronce et on les abaisse en les approchant l'un de l'autre.

Les paupières servent à garantir les yeux et à empêcher la cornée de se dessécher (*); la paupière supérieure se relève et s'abaisse, l'inférieure n'a que peu de mouvement, et quoique le mouvement des paupières dépende de la volonté, cependant l'on n'est pas maître de les tenir élevées lorsque le sommeil presse, ou lorsque les yeux sont fatigués; il arrive aussi très souvent à cette partie des mouvements convulsifs et d'autres mouvements involontaires, desquels on ne s'aperçoit en aucune façon; dans les oiseaux et les quadrupèdes amphibies la paupière inférieure est celle qui a du mouvement, et les poissons n'ont de paupière ni en haut ni en bas.

Le front est une des grandes parties de la face et l'une de celles qui contribuent le plus à la beauté de la forme; il faut qu'il soit d'une juste proportion, qu'il ne soit ni trop rond, ni trop plat, ni trop étroit, ni trop court, et qu'il soit régulièrement garni de cheveux au-dessus et aux côtés. Tout le monde sait combien les cheveux font à la physionomie: c'est un défaut que d'être chauve; l'usage de porter les cheveux étrangers, qui est devenu si général, aurait dû se borner à cacher les têtes chauves, car cette espèce de coiffure empruntée altère la vérité de la physionomie et donne au visage un air différent de celui qu'il doit avoir naturellement; on jugerait beaucoup mieux les visages si chacun portait ses cheveux et les laissait flotter librement. La partie la plus élevée de la tête est celle qui devient chauve la première, aussi bien que celle qui est au-dessus des tempes; il est rare que les cheveux qui accompagnent le bas des tempes tombent en entier, non plus que ceux de la partie inférieure du derrière de la tête. Au reste, il n'y a que les hommes qui deviennent chauves en avançant en âge : les femmes conservent toujours leurs cheveux, et, quoiqu'ils deviennent blancs comme ceux des hommes lorsqu'elles approchent de la vieillesse, ils tombent beaucoup moins; les enfants et les eunuques ne sont pas plus sujets à être chauves que les femmes, aussi les cheveux sont-ils plus grands et plus abondants dans la jeunesse qu'ils ne le sont à tout autre âge. Les plus longs cheveux tombent peu à peu; à mesure qu'on avance en âge, ils diminuent et se dessèchent; ils commencent à blanchir par la pointe; dès qu'ils sont devenus blancs, ils sont moins forts et se cassent plus aisément. On a des exemples de jeunes gens dont les cheveux devenus blancs par l'effet d'une grande

(*) La cornée est mise à l'abri de la dessiccation par les larmes, qui sont sécrétées en petite quantité d'une manière permanente; quant aux paupières, leur rôle consiste à protéger le globe de l'œil soit contre les contacts nuisibles, soit contre la lumière.

maladie, ont ensuite repris leur couleur naturelle peu à peu, lorsque leur santé a été parfaitement rétablie. Aristote et Pline disent qu'aucun homme ne devient chauve avant d'avoir fait usage des femmes, à l'exception de ceux qui sont chauves dès leur naissance. Les anciens écrivains ont appelé les habitants de l'île de Mycone tête chauves; on prétend que c'était un défaut naturel à ces insulaires, et comme une maladie endémique avec laquelle ils venaient presque tous au monde (*). (Voyez *la Description des îles de l'Archipel* par Dapper, p. 354. — Voyez aussi le second volume de l'édition de Pline par le P. Hardouin, p. 541.)

Le nez est la partie la plus avancée et le trait le plus apparent du visage; mais comme il n'a que très peu de mouvement et qu'il n'en prend ordinairement que dans les plus fortes passions, il fait plus à la beauté qu'à la physionomie, et à moins qu'il ne soit fort disproportionné ou très difforme, on ne le remarque pas autant que les autres parties qui ont du mouvement, comme la bouche ou les yeux. La forme du nez et sa position plus avancée que celle de toutes les autres parties de la face sont particulières à l'espèce humaine, car la plupart des animaux ont des narines ou naseaux avec la cloison qui les sépare, mais dans aucun le nez ne fait un trait élevé et avancé; les singes même n'ont, pour ainsi dire, que des narines, ou du moins leur nez qui est posé comme celui de l'homme, est si plat et si court qu'on ne doit pas le regarder comme une partie semblable; c'est par cet organe que l'homme et la plupart des animaux respirent et sentent les odeurs. Les oiseaux n'ont point de narines : ils ont seulement deux trous ou deux conduits pour la respiration et l'odorat, au lieu que les animaux quadrupèdes ont des naseaux ou des narines cartilagineuses comme les nôtres.

La bouche et les lèvres sont après les yeux les parties du visage qui ont le plus de mouvement et d'expression; les passions influent sur ces mouvements, la bouche en marque les différents caractères par les différentes formes qu'elle prend; l'organe de la voix anime encore cette partie et la rend plus vivante que toutes les autres; la couleur vermeille des lèvres, la blancheur de l'émail des dents tranchent avec tant d'avantage sur les autres couleurs du visage qu'elles paraissent en faire le point de vue principal; on fixe, en effet, les yeux sur la bouche d'un homme qui parle, et on les y arrête plus longtemps que sur toutes les autres parties; chaque mot, chaque articulation, chaque son, produisent des mouvements différents dans les lèvres : quelque variés et quelque rapides que soient ces mouvements, on pourrait les distinguer tous les uns des autres; on a vu des sourds connaître si parfaitement les différences et les nuances successives, qu'ils entendaient parfaitement ce qu'on disait en voyant comme on le disait.

(*) La calvitie est héréditaire.

La mâchoire inférieure est la seule qui ait du mouvement dans l'homme et dans tous les animaux, sans en excepter même le crocodile, quoique Aristote assure en plusieurs endroits que la mâchoire supérieure de cet animal est la seule qui ait du mouvement, et que la mâchoire inférieure à laquelle, dit-il, la langue du crocodile est attachée soit absolument immobile ; j'ai voulu vérifier ce fait, et j'ai trouvé, en examinant le squelette d'un crocodile, que c'est au contraire la seule mâchoire inférieure qui est mobile, et que la supérieure est, comme dans tous les autres animaux, jointe aux autres os de la tête, sans qu'il y ait aucune articulation qui puisse la rendre mobile. Dans le fœtus humain, la mâchoire inférieure est, comme dans le singe, beaucoup plus avancée que la mâchoire supérieure ; dans l'adulte, il serait également difforme qu'elle fut trop avancée ou trop reculée : elle doit être à peu près de niveau avec la mâchoire supérieure. Dans les instants les plus vifs des passions, la mâchoire a souvent un mouvement involontaire, comme dans les mouvements où l'âme n'est affectée de rien : la douleur, le plaisir, l'ennui font également bâiller, mais il est vrai qu'on bâille vivement et que cette espèce de convulsion est très prompte dans la douleur et le plaisir, au lieu que le bâillement de l'ennui en porte le caractère par la lenteur avec laquelle il se fait.

Lorsqu'on vient à penser tout à coup à quelque chose qu'on désire ardemment ou qu'on regrette vivement, on ressent un tressaillement ou un serrement intérieur; ce mouvement du diaphragme agit sur les poumons, les élève et occasionne une inspiration vive et prompte qui forme le soupir ; et lorsque l'âme a réfléchi sur la cause de son émotion et qu'elle ne voit aucun moyen de remplir son désir ou de faire cesser ses regrets, les soupirs se répètent, la tristesse, qui est la douleur de l'âme, succède à ces premiers mouvements, et lorsque cette douleur de l'âme est profonde et subite, elle fait couler des larmes, et l'air entre dans la poitrine par secousses : il se fait plusieurs inspirations réitérées par une espèce de secousse involontaire ; chaque inspiration fait un bruit plus fort que celui du soupir, c'est ce qu'on appelle *sangloter;* les sanglots se succèdent plus rapidement que les soupirs, et le son de la voix se fait entendre un peu dans le sanglot ; les accents en sont encore plus marqués dans le gémissement ; c'est une espèce de sanglot continué dont le son lent se fait entendre dans l'inspiration et dans l'expiration ; son expression consiste dans la continuation et la durée d'un ton plaintif formé par des sons inarticulés : ces sons du gémissement sont plus ou moins longs, suivant le degré de tristesse, d'affliction et d'abattement qui les cause, mais ils sont toujours répétés plusieurs fois ; le temps de l'inspiration est celui de l'intervalle de silence qui est entre les gémissements, et, ordinairement ces intervalles sont égaux pour la durée et pour la distance. Le cri plaintif est un gémissement exprimé avec force et à haute voix ; quelquefois ce cri se soutient dans toute son étendue sur le même ton : c'est surtout lorsqu'il est fort élevé et très aigu; quelquefois aussi il finit par un ton plus bas; c'est ordinairement lorsque la force du cri est modérée.

Le ris est un son entrecoupé subitement et à plusieurs reprises par une sorte de trémoussement qui est marqué à l'extérieur par le mouvement du ventre qui s'élève et s'abaisse précipitamment; quelquefois, pour faciliter ce mouvement, on penche la poitrine et la tête en avant : la poitrine se resserre et reste immobile, les coins de la bouche s'éloignent du côté des joues qui se trouvent resserrées et gonflées; l'air, à chaque fois que le ventre s'abaisse, sort de la bouche avec bruit, et l'on entend un éclat de voix qui se répète plusieurs fois de suite, quelquefois sur le même ton, d'autres fois sur des tons différents qui vont en diminuant à chaque répétition.

Dans le ris immodéré et dans presque toutes les passions violentes, les lèvres sont fort ouvertes; mais dans des mouvements de l'âme plus doux et plus tranquilles, les coins de la bouche s'éloignent sans qu'elle s'ouvre, les joues se gonflent, et dans quelques personnes il se forme sur chaque joue, à une petite distance des coins de la bouche, un léger enfoncement que l'on appelle la *fossette :* c'est un agrément qui se joint aux grâces dont le souris est ordinairement accompagné. Le souris est une marque de bienveillance, d'applaudissement et de satisfaction intérieure; c'est aussi une façon d'exprimer le mépris et la moquerie, mais dans ce souris malin on serre davantage les lèvres l'une contre l'autre par un mouvement de la lèvre inférieure.

Les joues sont des parties uniformes qui n'ont par elles-mêmes aucun mouvement, aucune expression, si ce n'est par la rougeur ou la pâleur qui les couvre involontairement dans des passions différentes; ces parties forment le contour de la face et l'union des traits, elles contribuent plus à la beauté du visage qu'à l'expression des passions : il en est de même du menton, des oreilles et des tempes.

On rougit dans la honte, la colère, l'orgueil, la joie; on pâlit dans la crainte, l'effroi et la tristesse; cette altération de la couleur du visage est absolument involontaire; elle manifeste l'état de l'âme sans son consentement; c'est un effet du sentiment sur lequel la volonté n'a aucun empire; elle peut commander à tout le reste, car un instant de réflexion suffit pour qu'on puisse arrêter les mouvements musculaires du visage dans les passions, et même pour les changer, mais il n'est pas possible d'empêcher le changement de couleur, parce qu'il dépend d'un mouvement du sang occasionné par l'action du diaphragme, qui est le principal organe du sentiment intérieur (*).

La tête en entier prend dans les passions des positions et des mouvements

(*) Le diaphragme, cloison musculaire étendue transversalement entre le thorax et l'abdomen, n'a aucun rôle à jouer dans « le sentiment intérieur. »

différents; elle est abaissée en avant dans l'humilité, la honte, la tristesse; penchée à côté dans la langueur, la pitié; élevée dans l'arrogance; droite et fixe dans l'opiniâtreté; la tête fait un mouvement en arrière dans l'étonnement, et plusieurs mouvements réitérés de côté et d'autre dans le mépris, la moquerie, la colère et l'indignation.

Dans l'affliction, la joie, l'amour, la honte, la compassion, les yeux se gonflent tout à coup, une humeur surabondante les couvre et les obscurcit, il en coule des larmes; l'effusion des larmes est toujours accompagnée d'une tension des muscles du visage, qui fait ouvrir la bouche; l'humeur qui se forme naturellement dans le nez devient plus abondante, les larmes s'y joignent par des conduits intérieurs, elles ne coulent pas uniformément, et elles semblent s'arrêter par intervalles.

Dans la tristesse (*a*), les deux coins de la bouche s'abaissent, la lèvre inférieure remonte, la paupière est abaissée à demi, la prunelle de l'œil est élevée et à moitié cachée par la paupière, les autres muscles de la face sont relâchés, de sorte que l'intervalle qui est entre la bouche et les yeux est plus grand qu'à l'ordinaire, et par conséquent le visage paraît allongé.

Dans la peur, la terreur, l'effroi, l'horreur, le front se ride, les sourcils s'élèvent, la paupière s'ouvre autant qu'il est possible, elle surmonte la prunelle et laisse paraître une partie du blanc de l'œil au-dessus de la prunelle qui est abaissée et un peu cachée par la paupière inférieure; la bouche est en même temps fort ouverte, les lèvres se retirent et laissent paraître les dents en haut et en bas.

Dans le mépris et la dérision, la lèvre supérieure se relève d'un côté et laisse paraître les dents, tandis que de l'autre côté elle a un petit mouvement comme pour sourire, le nez se fronce du même côté que la lèvre s'est élevée, et le coin de la bouche recule; l'œil du même côté est presque fermé, tandis que l'autre est ouvert à l'ordinaire, mais les deux prunelles sont abaissées comme lorsqu'on regarde du haut en bas.

Dans la jalousie, l'envie, la malice, les sourcils descendent et se froncent, les paupières s'élèvent et les prunelles s'abaissent, la lèvre supérieure s'élève de chaque côté, tandis que les coins de la bouche s'abaissent un peu, et que le milieu de la lèvre inférieure se relève pour joindre le milieu de la lèvre supérieure.

Dans le ris, les deux coins de la bouche reculent et s'élèvent un peu, la partie supérieure des joues se relève, les yeux se ferment plus ou moins, la lèvre supérieure s'élève, l'inférieure s'abaisse; la bouche s'ouvre et la peau du nez se fronce dans les ris immodérés.

Les bras, les mains et tout le corps entrent aussi dans l'expression des passions; les gestes concourent avec les mouvements du visage pour ex-

(*a*) Voyez la dissertation de M. Parsons, qui a pour titre : *Human physionomy explain'd*. London, 1747.

primer les différents mouvements de l'âme. Dans la joie, par exemple, les yeux, la tête, les bras et tout le corps sont agités par des mouvements prompts et variés; dans la langueur et la tristesse les yeux sont abaissés, la tête est penchée sur le côté, les bras sont pendants et tout le corps est immobile; dans l'admiration, la surprise, l'étonnement, tout mouvement est suspendu, on reste dans une même attitude. Cette première expression des passions est indépendante de la volonté, mais il y a une autre sorte d'expression qui semble être produite par une réflexion de l'esprit et par le commandement de la volonté qui fait agir les yeux, la tête, les bras et tout le corps : ces mouvements paraissent être autant d'efforts que fait l'âme pour défendre le corps, ce sont au moins autant de signes secondaires qui répètent les passions, et qui pourraient seuls les exprimer; par exemple, dans l'amour, dans le désir, dans l'espérance, on lève la tête et les yeux vers le ciel, comme pour demander le bien que l'on souhaite; on porte la tête et le corps en avant, comme pour avancer, en s'approchant, la possession de l'objet désiré; on étend les bras, on ouvre les mains pour l'embrasser et le saisir : au contraire, dans la crainte, dans la haine, dans l'horreur, nous avançons les bras avec précipitation, comme pour repousser ce qui fait l'objet de notre aversion, nous détournons les yeux et la tête, nous reculons pour l'éviter, nous fuyons pour nous en éloigner. Ces mouvements sont si prompts qu'ils paraissent involontaires; mais c'est un effet de l'habitude qui nous trompe, car ces mouvements dépendent de la réflexion, et marquent seulement la perfection des ressorts du corps humain par la promptitude avec laquelle tous les membres obéissent aux ordres de la volonté.

Comme toutes les passions sont des mouvements de l'âme, la plupart relatifs aux impressions des sens, elles peuvent être exprimées par les mouvements du corps, et surtout par ceux du visage; on peut juger de ce qui se passe à l'intérieur par l'action extérieure, et connaître à l'inspection des changements du visage la situation actuelle de l'âme; mais comme l'âme n'a point de forme qui puisse être relative à aucune forme matérielle, on ne peut pas la juger par la figure du corps ou par la forme du visage; un corps mal fait peut renfermer une fort belle âme, et l'on ne doit pas juger du bon ou du mauvais naturel d'une personne par les traits de son visage, car ces traits n'ont aucun rapport avec la nature de l'âme, aucune analogie sur laquelle on puisse fonder des conjectures raisonnables.

Les anciens étaient cependant fort attachés à cette espèce de préjugé, et dans tous les temps il y a eu des hommes qui ont voulu faire une science divinatoire de leurs prétendues connaissances en physionomie, mais il est bien évident qu'elles ne peuvent s'étendre qu'à deviner les mouvements de l'âme par ceux des yeux, du visage et du corps, et que la forme du nez, de la bouche et des autres traits, ne fait pas plus à la forme de l'âme, au naturel de la personne, que la grandeur ou la grosseur des membres fait à la pensée.

Un homme en sera-t-il plus spirituel parce qu'il aura le nez bien fait? en sera-t-il moins sage parce qu'il aura les yeux petits et la bouche grande? Il faut donc avouer que tout ce que nous ont dit les physionomistes est destitué de tout fondement, et que rien n'est plus chimérique que les inductions qu'ils ont voulu tirer de leurs prétendues observations métoposcopiques.

Les parties de la tête qui font le moins à la physionomie et à l'air du visage sont les oreilles; elles sont placées à côté et cachées par les cheveux : cette partie, qui est si petite et si peu apparente dans l'homme, est fort remarquable dans la plupart des animaux quadrupèdes, elle fait beaucoup à l'air de la tête de l'animal, elle indique même son état de vigueur ou d'abattement, elle a des mouvements musculaires qui dénotent le sentiment et répondent à l'action intérieure de l'animal. Les oreilles de l'homme n'ont ordinairement aucun mouvement volontaire ou involontaire, quoiqu'il y ait des muscles qui y aboutissent; les plus petites oreilles sont, à ce qu'on prétend, les plus jolies, mais les plus grandes et qui sont en même temps bien bordées sont celles qui entendent le mieux. Il y a des peuples qui en agrandissent prodigieusement le lobe en le perçant et en y mettant des morceaux de bois ou de métal, qu'ils remplacent successivement par d'autres morceaux plus gros, ce qui fait avec le temps un trou énorme dans le lobe de l'oreille, qui croît toujours à proportion que le trou s'élargit; j'ai vu de ces morceaux de bois qui avaient plus d'un pouce et demi de diamètre, qui venaient des Indiens de l'Amérique méridionale : ils ressemblent à des dames de trictrac. On ne sait sur quoi peut être fondée cette coutume singulière de s'agrandir si prodigieusement les oreilles; il est vrai qu'on ne sait guère mieux d'où peut venir l'usage presque général dans toutes les nations de percer les oreilles, et quelquefois les narines, pour porter des boucles, des anneaux, etc., à moins que d'en attribuer l'origine aux peuples encore sauvages et nus qui ont cherché à porter de la manière la moins incommode les choses qui leur ont paru les plus précieuses, en les attachant à cette partie.

La bizarrerie et la variété des usages paraissent encore plus dans la manière différente dont les hommes ont arrangé les cheveux et la barbe : les uns, comme les Turcs, coupent leurs cheveux et laissent croître leur barbe; d'autres, comme la plupart des Européens, portent leurs cheveux ou des cheveux empruntés et rasent leur barbe; les sauvages se l'arrachent et conservent soigneusement leurs cheveux; les nègres se rasent la tête par figures, tantôt en étoiles, tantôt à la façon des religieux, et plus communément encore par bandes alternatives, en laissant autant de plein que de rasé, et ils font la même chose à leurs petits garçons; les Talapoins de Siam font raser la tête et les sourcils aux enfants dont on leur confie l'éducation; chaque peuple a sur cela des usages différents : les uns font plus de cas de la barbe de la lèvre supérieure que de celle du menton; d'autres préfèrent celle des joues et celle du dessous du visage; les uns la frisent; les autres la portent lisse. Il n'y a pas bien longtemps que nous portions les cheveux du derrière de la tête épars et flottants, aujourd'hui nous les portons dans un sac; nos habillements sont différents de ceux de nos pères : la variété dans la manière de se vêtir est aussi grande que la diversité des nations, et ce qu'il y a de singulier, c'est que de toutes les espèces de vêtements nous avons choisi l'une des plus incommodes, et que notre manière, quoique généralement imitée par tous les peuples de l'Europe, est en même temps de toutes les manières de se vêtir celle qui demande le plus de temps, celle qui me paraît être le moins assortie à la nature.

Quoique les modes semblent n'avoir d'autre origine que le caprice et la fantaisie, les caprices adoptés et les fantaisies générales méritent d'être examinés : les hommes ont toujours fait et feront toujours cas de tout ce qui peut fixer les yeux des autres hommes et leur donner en même temps des idées avantageuses de richesse, de puissance, de grandeur, etc.; la valeur de ces pierres brillantes, qui de tout temps ont été regardées comme des ornements précieux, n'est fondée que sur leur rareté et sur leur éclat éblouissant; il en est de même de ces métaux éclatants dont le poids nous paraît si léger lorsqu'il est réparti sur tous les plis de nos vêtements pour en faire la parure : ces pierres, ces métaux sont moins des ornements pour nous que des signes pour les autres, auxquels ils doivent nous remarquer et reconnaître nos richesses; nous tâchons de leur en donner une plus grande idée en agrandissant la surface de ces métaux, nous voulons fixer leurs yeux ou plutôt les éblouir; combien peu y en a-t-il, en effet, qui soient capables de séparer la personne de son vêtement et de juger sans mélange l'homme et le métal!

Tout ce qui est rare et brillant sera donc toujours de mode, tant que les hommes tireront plus d'avantage de l'opulence que de la vertu, tant que les moyens de paraître considérable seront si différents de ce qui mérite seul d'être considéré : l'éclat extérieur dépend beaucoup de la manière de se vêtir; cette manière prend des formes différentes, selon les différents points de vue sous lesquels nous voulons être regardés; l'homme modeste, ou qui veut le paraître, veut en même temps marquer cette vertu par la simplicité de son habillement; l'homme glorieux ne néglige rien de ce qui peut étayer son orgueil ou flatter sa vanité; on le reconnaît à la richesse ou à la recherche de ses ajustements.

Un autre point de vue que les hommes ont assez généralement est de rendre leur corps plus grand, plus étendu : peu contents du petit espace dans lequel est circonscrit notre être, nous voulons tenir plus de place en ce monde que la nature ne peut nous en donner; nous cherchons à agrandir notre figure par des chaussures élevées, par des vêtements renflés; quelque amples qu'ils puissent être, la vanité qu'ils couvrent n'est-elle pas encore plus grande? Pourquoi la tête d'un docteur est-elle environnée d'une quantité énorme de cheveux empruntés, et que celle d'un homme du bel air en est si légèrement garnie? L'un veut qu'on juge de l'étendue de sa science par la capacité physique de cette tête dont il grossit le volume apparent, et l'autre ne cherche à le diminuer que pour donner l'idée de la légèreté de son esprit.

Il y a des modes dont l'origine est plus raisonnable : ce sont celles où l'on a eu pour but de cacher des défauts et de rendre la nature moins désagréable. A prendre les hommes en général, il y a beaucoup plus de figures défectueuses et de laids visages que de personnes belles et bien faites : les modes qui ne sont que l'usage du plus grand nombre, usage auquel le reste se soumet, ont donc été introduites, établies par ce grand nombre de personnes intéressées à rendre leurs défauts plus supportables. Les femmes ont coloré leur visage lorsque les roses de leur teint se sont flétries, et lorsqu'une pâleur naturelle les rendait moins agréables que les autres; cet usage est presque universellement répandu chez tous les peuples de la terre; celui de se blanchir les cheveux (*a*) avec de la poudre et de les enfler par la frisure, quoique beaucoup moins général et bien plus nouveau, paraît avoir été imaginé pour faire sortir davantage les couleurs du visage et en accompagner plus avantageusement la forme.

Mais laissons les choses accessoires et extérieures, et, sans nous occuper plus longtemps des ornements et de la draperie du tableau, revenons à la figure. La tête de l'homme est à l'extérieur et à l'intérieur d'une forme différente de celle de la tête de tous les autres animaux, à l'exception du singe, dans lequel cette partie est assez sembable; il a cependant beaucoup moins de cerveau et plusieurs autres différences dont nous parlerons dans la suite. Le corps de presque tous les animaux quadrupèdes vivipares est en entier couvert de poils : le derrière de la tête de l'homme est, jusqu'à l'âge de puberté, la seule partie de son corps qui en soit couverte, et elle en est plus abondamment garnie que la tête d'aucun animal. Le singe ressemble encore à l'homme par les oreilles, par les narines, par les dents : il y a une très grande diversité dans la grandeur, la position et le nombre des dents des différents animaux; les uns en ont en haut et en bas, d'autres n'en ont qu'à la mâchoire inférieure; dans les uns les dents sont séparées les unes des autres, dans d'autres elles sont continues et réunies; le palais de certains poissons n'est qu'une espèce de masse osseuse très dure et garnie d'un très grand nombre de pointes qui font l'office de dents (*b*)

(*a*) Les Papous, habitants de la Nouvelle-Guinée, qui sont des peuples sauvages, ne laissent pas de faire grand cas de leur barbe et de leurs cheveux, et de les poudrer avec de la chaux. Voyez *Recueil des Voyages* qui ont servi à l'établissement de la Compagnie des Indes, t. IV, p. 637.

(*b*) On trouve dans le *Journal des Savants*, année 1675, un extrait de l'*Istoria anatomica dell' ossa del corpo humano, di Bernardino Genga*, etc., par lequel il paraît que cet auteur prétend qu'il s'est trouvé plusieurs personnes qui n'avaient qu'une seule dent qui occupait

Dans presque tous les animaux, la partie par laquelle ils prennent la nourriture est ordinairement solide ou armée de quelques corps durs : dans l'homme, les quadrupèdes et les poissons, les dents, le bec dans les oiseaux, les pinces, les scies, etc., dans les insectes, sont des instruments d'une matière dure et solide avec lesquels tous ces animaux saisissent et broient leurs aliments ; toutes ces parties dures tirent leur origine des nerfs, comme les ongles, les cornes (*), etc. Nous avons dit que la substance nerveuse prend de la solidité et une grande dureté dès qu'elle se trouve exposée à l'air : la bouche est une partie divisée, une ouverture dans le corps de l'animal ; il est donc naturel d'imaginer que les nerfs qui y aboutissent doivent prendre à leurs extrémités de la dureté et de la solidité et produire par conséquent les dents, les palais osseux, les becs, les pinces et toutes les autres parties dures que nous trouvons dans tous les animaux, comme ils produisent aux autres extrémités du corps auxquelles ils aboutissent les ongles, les cornes, les ergots, et même, à la surface, les poils, les plumes, les écailles, etc.

Le col soutient la tête et la réunit avec le corps : cette partie est bien plus considérable dans la plupart des animaux quadrupèdes qu'elle ne l'est dans l'homme ; les poissons et les autres animaux qui n'ont point de poumons semblables aux nôtres n'ont point de col. Les oiseaux sont, en général, les animaux dont le col est le plus long ; dans les espèces d'oiseaux qui ont les pattes courtes, le col est aussi assez court, et dans celles où les pattes sont fort longues, le col est aussi d'une très grande longueur. Aristote dit que les oiseaux de proie qui ont des serres ont tous le col court.

La poitrine de l'homme est à l'extérieur conformée différemment de celle des autres animaux : elle est plus large à proportion du corps, et il n'y a que l'homme et le singe dans lesquels on trouve ces os qui sont immédiatement au-dessus du col et qu'on appelle les *clavicules* (**). Les deux mamelles sont posées sur la poitrine : celles des femmes sont plus grosses et plus éminentes que celles des hommes, cependant elles paraissent être à peu près de la même consistance et leur organisation est assez semblable, car les mamelles des hommes peuvent former du lait comme celles des femmes ; on a plusieurs exemples de ce fait, et c'est surtout à l'âge de puberté que cela arrive. J'ai vu un jeune homme de quinze ans faire sortir d'une de ses mamelles plus d'une cuillerée d'une liqueur laiteuse, ou plutôt de véritable

toute la mâchoire, sur laquelle on voyait de petites lignes distinctes par le moyen desquelles il semblait qu'il y en eût eu plusieurs : il dit avoir trouvé, dans le cimetière de l'hôpital du Saint-Esprit de Rome, une tête qui n'avait point de mâchoire inférieure, et que dans la supérieure il n'y avait que trois dents, savoir, deux molaires dont chacune était divisée en cinq avec les racines séparées, et l'autre formait les quatre dents incisives et les deux qu'on appelle canines, p. 254.

(*) Les cornes ne tirent pas le moins du monde leur origine des nerfs. Elles sont des productions osseuses ou épidermiques, fort souvent les deux à la fois.

(**) Les clavicules existent encore chez un très grand nombre d'autres animaux.

lait. Il y a dans les animaux une grande variété dans la situation et dans le nombre des mamelles : les uns comme le singe, l'éléphant, n'en ont que deux qui sont posées sur le devant de la poitrine ou à côté ; d'autres en ont quatre, comme l'ours ; d'autres, comme les brebis, n'en ont que deux placées entre les cuisses ; d'autres ne les ont ni sur la poitrine, ni entre les cuisses, mais sur le ventre, comme les chiennes, les truies, etc., qui en ont un grand nombre ; les oiseaux n'ont point de mamelles, non plus que tous les autres animaux ovipares ; les poissons vivipares, comme la baleine, le dauphin, le lamentin, etc., ont aussi des mamelles et du lait (*). La forme des mamelles varie dans les différentes espèces d'animaux et dans la même espèce, suivant les différents âges. On prétend que les femmes dont les mamelles ne sont pas bien rondes, mais en forme de poire, sont meilleures nourrices, parce que les enfants peuvent alors prendre dans leur bouche non seulement le mamelon, mais encore une partie même de l'extrémité de la mamelle. Au reste, pour que les mamelles des femmes soient bien placées, il faut qu'il y ait autant d'espace de l'un des mamelons à l'autre qu'il y en a depuis le mamelon jusqu'au milieu de la fossette des clavicules, en sorte que ces trois points fassent un triangle équilatéral.

Au-dessous de la poitrine est le ventre, sur lequel l'ombilic ou le nombril est apparent et bien marqué, au lieu que dans la plupart des espèces d'animaux il est presque insensible et souvent même entièrement oblitéré ; les singes même n'ont qu'une espèce de callosité ou de dureté à la place du nombril.

Les bras de l'homme ne ressemblent point du tout aux jambes de devant des quadrupèdes, non plus qu'aux ailes des oiseaux ; le singe est le seul de tous les animaux qui ait des bras et des mains, mais ces bras sont plus grossièrement formés et dans des proportions moins exactes que le bras et la main de l'homme ; les épaules sont aussi beaucoup plus larges et d'une forme très différente dans l'homme de ce qu'elles sont dans tous les autres animaux ; le haut des épaules est la partie du corps sur laquelle l'homme peut porter les plus grands fardeaux.

La forme du dos n'est pas fort différente dans l'homme de ce qu'elle est dans plusieurs animaux quadrupèdes ; la partie des reins est seulement plus musculeuse et plus forte ; mais les fesses, qui sont les parties les plus inférieures du tronc, n'appartiennent qu'à l'espèce humaine : aucun des animaux quadrupèdes n'a de fesses ; ce que l'on prend pour cette partie sont leurs cuisses. L'homme est le seul qui se soutienne dans une situation droite et perpendiculaire ; c'est à cette position des parties inférieures qu'est relatif ce renflement au haut des cuisses qui forme les fesses.

Le pied de l'homme est aussi très différent de celui de quelque animal que

(*) Les animaux que Buffon appelle « poissons vivipares » ne sont pas des « poissons, » mais des Mammifères.

ce soit et même de celui du singe : le pied du singe est plutôt une main qu'un pied (*), les doigts en sont longs et disposés comme ceux de la main, celui du milieu est plus grand que les autres, comme dans la main ; ce pied du singe n'a d'ailleurs point de talon semblable à celui de l'homme : l'assiette du pied est aussi plus grande dans l'homme que dans tous les amimaux quadrupèdes, et les doigts du pied servent beaucoup à maintenir l'équilibre du corps et à assurer ses mouvements dans la démarche, la course, la danse, etc.

Les ongles sont plus petits dans l'homme que dans tous les autres animaux; s'ils excédaient beaucoup les extrémités des doigts, ils nuiraient à l'usage de la main. Les sauvages, qui les laissent croître, s'en servent pour déchirer la peau des animaux ; mais, quoique leurs ongles soient plus forts et plus grands que les nôtres, ils ne le sont point assez pour qu'on puisse les comparer en aucune façon à la corne ou aux ergots du pied des animaux.

On n'a rien observé de parfaitement exact dans le détail des proportions du corps humain : non seulement les mêmes parties du corps n'ont pas les mêmes dimensions proportionnelles dans deux personnes différentes, mais souvent, dans la même personne, une partie n'est pas exactement semblable à la partie correspondante : par exemple, souvent le bras ou la jambe du côté droit n'a pas exactement les mêmes dimensions que le bras ou la jambe du côté gauche, etc. Il a donc fallu des observations répétées pendant longtemps pour trouver un milieu entre ces différences, afin d'établir au juste les dimensions des parties du corps humain et de donner une idée des proportions qui font ce que l'on appelle la belle nature ; ce n'est pas par la comparaison du corps d'un homme avec celui d'un autre homme, ou par des mesures actuellement prises sur un grand nombre de sujets qu'on a pu acquérir cette connaissance, c'est par les efforts qu'on a faits pour imiter et copier exactement la nature, c'est à l'art du dessin qu'on doit tout ce que l'on peut savoir en ce genre ; le sentiment et le goût ont fait ce que la mécanique ne pouvait faire : on a quitté la règle et le compas pour s'en tenir au coup d'œil, on a réalisé sur le marbre toutes les formes, tous les contours de toutes les parties du corps humain, et on a mieux connu la nature par la représentation que par la nature même ; dès qu'il y a eu des statues, on a mieux jugé de leur perfection en les voyant qu'en les mesurant. C'est par un grand exercice de l'art du dessin et par un sentiment exquis que les grands statuaires sont parvenus à faire sentir aux autres hommes les justes proportions des ouvrages de la nature. Les anciens ont fait de si belles statues, que d'un commun accord on les a regardées comme la représentation exacte du corps humain le plus parfait. Ces statues, qui n'étaient que des copies de l'homme, sont devenues des originaux, parce que ces copies n'étaient pas

(*) Le pied du singe est un véritable pied et non une main.

faites d'après un seul individu, mais d'après l'espèce humaine entière bien observée, et si bien vue qu'on n'a pu trouver aucun homme dont le corps fût aussi bien proportionné que ces statues : c'est donc sur ces modèles que l'on a pris les mesures du corps humain ; nous les rapporterons ici comme les dessinateurs les ont données. On divise ordinairement la hauteur du corps en dix parties égales, que l'on appelle faces en terme d'art, parce que la face de l'homme a été le premier modèle de ces mesures ; on distingue aussi trois parties égales dans chaque face, c'est-à-dire dans chaque dixième partie de la hauteur du corps ; cette seconde division vient de celle que l'on a faite de la face humaine en trois parties égales. La première commence au-dessus du front à la naissance des cheveux, et finit à la racine du nez ; le nez fait la seconde partie de la face, et la troisième, en commençant au-dessous du nez, va jusqu'au-dessous du menton : dans les mesures du reste du corps, on désigne quelquefois la troisième partie d'une face, ou une trentième partie de toute la hauteur, par le mot de nez ou de longueur de nez. La première face dont nous venons de parler, qui est toute la face de l'homme, ne commence qu'à la naissance des cheveux, qui est au-dessus du front : depuis ce point jusqu'au sommet de la tête, il y a encore un tiers de face de hauteur, ou, ce qui est la même chose, une hauteur égale à celle du nez ; ainsi, depuis le sommet de la tête jusqu'au bas du menton, c'est-à-dire dans la hauteur de la tête, il y a une face et un tiers de face ; entre le bas du menton et la fossette des clavicules, qui est au-dessus de la poitrine, il y a deux tiers de face ; ainsi la hauteur, depuis le dessus de la poitrine jusqu'au sommet de la tête, fait deux fois la longueur de la face, ce qui est la cinquième partie de toute la hauteur du corps ; depuis la fossette des clavicules jusqu'au bas des mamelles, on compte une face ; au-dessous des mamelles commence la quatrième face, qui finit au nombril, et la cinquième va à l'endroit où se fait la bifurcation du tronc, ce qui fait en tout la moitié de la hauteur du corps. On compte deux faces dans la longueur de la cuisse jusqu'au genou ; le genou fait une demi-face, qui est la moitié de la huitième ; il y a deux faces dans la longueur de la jambe, depuis le bas du genou jusqu'au cou-de-pied, ce qui fait en tout neuf faces et demie, et depuis le cou-de-pied jusqu'à la plante du pied, il y a une demi-face qui complète les dix faces dans lesquelles on a divisé toute la hauteur du corps. Cette division a été faite pour le commun des hommes ; mais pour ceux qui sont d'une taille haute et fort au-dessus du commun, il se trouve environ une demi-face de plus dans la partie du corps qui est entre les mamelles et la bifurcation du tronc : c'est donc cette hauteur de surplus dans cet endroit du corps qui fait la belle taille ; alors la naissance de la bifurcation du tronc ne se rencontre pas précisément au milieu de la hauteur du corps, mais un peu au-dessous. Lorsqu'on étend les bras de façon qu'ils soient tous les deux sur une même ligne droite et horizontale, la distance qui se trouve entre les extrémités des grands doigts des mains est égale à la hauteur du corps. Depuis la fossette qui est entre les clavicules jusqu'à l'emboîture de l'os de l'épaule avec celui du bras, il y a une face; lorsque le bras est appliqué contre le corps et plié en avant, on y compte quatre faces, savoir, deux entre l'emboîture de l'épaule et l'extrémité du coude et deux autres depuis le coude jusqu'à la première naissance du petit doigt, ce qui fait cinq faces, et cinq pour le côté de l'autre bras; c'est en tout dix faces, c'est-à-dire une longueur égale à toute la hauteur du corps; il reste cependant à l'extrémité de chaque main la longueur des doigts, qui est d'environ une demi-face, mais il faut faire attention que cette demi-face se perd dans les emboîtures du coude et de l'épaule lorsque les bras sont étendus. La main a une face de longueur, le pouce a un tiers de face ou une longueur de nez, de même que le plus long doigt du pied; la longueur du dessous du pied est égale à une sixième partie de la hauteur du corps en entier. Si l'on voulait vérifier ces mesures de longueur sur un seul homme, on les trouverait fautives à plusieurs égards par les raisons que nous en avons données; il serait encore bien plus difficile de déterminer les mesures de la grosseur des différentes parties du corps : l'embonpoint ou la maigreur change si fort ces dimensions, et le mouvement des muscles les fait varier dans un si grand nombre de positions, qu'il est presque impossible de donner là-dessus des résultats sur lesquels on puisse compter.

Dans l'enfance, les parties supérieures du corps sont plus grandes que les parties inférieures; les cuisses et les jambes ne font pas à beaucoup près la moitié de la hauteur du corps; à mesure que l'enfant avance en âge, ces parties inférieures prennent plus d'accroissement que les parties supérieures, et lorsque l'accroissement de tout le corps est entièrement achevé, les cuisses et les jambes font à peu près la moitié de la hauteur du corps.

Dans les femmes, la partie antérieure de la poitrine est plus élevée que dans les hommes, en sorte qu'ordinairement la capacité de la poitrine, formée par les côtes, a plus d'épaisseur dans les femmes et plus de largeur dans les hommes, proportionnellement au reste du corps; les hanches des femmes sont aussi beaucoup plus grosses, parce que les os des hanches et ceux qui y sont joints, et qui composent ensemble cette capacité qu'on appelle le bassin sont plus larges qu'ils ne le sont dans les hommes; cette différence dans la conformation de la poitrine et du bassin est assez sensible pour être reconnue fort aisément, et elle suffit pour faire distinguer le squelette d'une femme de celui d'un homme.

La hauteur totale du corps humain varie assez considérablement; la grande taille pour les hommes est depuis cinq pieds quatre ou cinq pouces jusqu'à cinq pieds huit ou neuf pouces; la taille médiocre est depuis cinq pieds ou cinq pieds un pouce jusqu'à cinq pieds quatre pouces, et la petite taille est au-dessous de cinq pieds : les femmes ont en général deux ou trois pouces de moins que les hommes; nous parlerons ailleurs des géants et des nains.

Quoique le corps de l'homme soit à l'extérieur plus délicat que celui d'aucun des animaux, il est cependant très nerveux, et peut-être plus fort par rapport à son volume que celui des animaux les plus forts; car si nous voulons comparer la force du lion à celle de l'homme, nous devons considérer que cet animal étant armé de griffes et de dents, l'emploi qu'il fait de ses forces nous en donne une fausse idée, nous attribuons à sa force ce qui n'appartient qu'à ses armes; celles que l'homme a reçues de la nature ne sont point offensives : heureux si l'art ne lui en eût pas mis à la main de plus terribles que les ongles du lion!

Mais il y a une meilleure manière de comparer la force de l'homme avec celle des animaux, c'est par le poids qu'il peut porter; on assure que les porte-faix ou crocheteurs de Constantinople portent des fardeaux de neuf cents livres pesant; je me souviens d'avoir lu une expérience de M. Désaguliers au sujet de la force de l'homme : il fit faire une espèce de harnais par le moyen duquel il distribuait sur toutes les parties du corps d'un homme debout un certain nombre de poids, en sorte que chaque partie du corps supportait tout ce qu'elle pouvait supporter relativement aux autres, et qu'il n'y avait aucune partie qui ne fût chargée comme elle devait l'être; on portait au moyen de cette machine, sans être fort surchargé, un poids de deux milliers : si on compare cette charge avec celle que, volume pour volume, un cheval doit porter, on trouvera que comme le corps de cet animal a au moins six ou sept fois plus de volume que celui d'un homme, on pourrait donc charger un cheval de douze à quatorze milliers, ce qui est un poids énorme en comparaison des fardeaux que nous faisons porter à cet animal, même en distribuant le poids du fardeau aussi avantageusement qu'il nous est possible.

On peut encore juger de la force par la continuité de l'exercice et par la légèreté des mouvements; les hommes qui sont exercés à la course devancent les chevaux, ou du moins soutiennent ce mouvement bien plus longtemps; et même dans un exercice plus modéré, un homme accoutumé à marcher fera chaque jour plus de chemin qu'un cheval, et s'il ne fait que le même chemin, lorsqu'il aura marché autant de jours qu'il sera nécessaire pour que le cheval soit rendu, l'homme sera encore en état de continuer sa route sans en être incommodé. Les charters d'Ispahan, qui sont des coureurs de profession, font trente-six lieues en quatorze ou quinze heures. Les voyageurs assurent que les Hottentots devancent les lions à la course, que les sauvages qui vont à la chasse de l'orignal poursuivent ces animaux, qui sont aussi légers que des cerfs, avec tant de vitesse qu'ils les lassent et les attrapent. On raconte mille autres choses prodigieuses de la légèreté des sauvages à la course, et des longs voyages qu'ils entreprennent et qu'ils achèvent à pied dans les montagnes les plus escarpées, dans les pays les plus difficiles, où il n'y a aucun chemin battu, aucun sentier tracé; ces hommes

DE LA VIEILLESSE ET DE LA MORT

Tout change dans la nature, tout s'altère, tout périt; le corps de l'homme n'est pas plus tôt arrivé à son point de perfection qu'il commence à déchoir: le dépérissement est d'abord insensible; il se passe même plusieurs années avant que nous nous apercevions d'un changement considérable : cependant nous devrions sentir le poids de nos années mieux que les autres ne peuvent en compter le nombre; et comme ils ne se trompent pas sur notre âge en le jugeant par les changements extérieurs, nous devrions nous tromper encore moins sur l'effet intérieur qui les produit, si nous nous observions mieux, si nous nous flattions moins, et si dans tout les autres ne nous jugeaient pas toujours beaucoup mieux que nous ne nous jugeons nous-mêmes.

Lorsque le corps a acquis toute son étendue en hauteur et en largeur par le développement entier de toutes ses parties, il augmente en épaisseur; le commencement de cette augmentation est le premier point de son dépérissement, car cette extension n'est pas une continuation de développement ou d'accroissement intérieur de chaque partie par lesquels le corps continuerait de prendre plus d'étendue dans toutes ses parties organiques, et par conséquent plus de force et d'activité, mais c'est une simple addition de matière surabondante qui enfle le volume du corps et le charge d'un poids inutile. Cette matière est la graisse qui survient ordinairement à trente-cinq ou quarante ans; et, à mesure qu'elle augmente, le corps a moins de légèreté et de liberté dans ses mouvements, ses facultés pour la génération diminuent, ses membres s'appesantissent, il n'acquiert de l'étendue qu'en perdant de la force et de l'activité.

D'ailleurs, les os et les autres parties solides du corps, ayant pris toute leur extension en longueur et en grosseur, continuent d'augmenter en solidité; les sucs nourriciers qui y arrivent, et qui étaient auparavant employés à en augmenter le volume par le développement, ne servent plus qu'à l'augmentation de la masse, en se fixant dans l'intérieur de ces parties; les membranes deviennent cartilagineuses, les cartilages deviennent osseux, les os deviennent plus solides, toutes les fibres plus dures, la peau se dessèche, les rides se forment peu à peu, les cheveux blanchissent, les dents tombent, le visage se déforme, le corps se courbe, etc. Les premières nuances de cet état se font apercevoir avant quarante ans, elles augmentent par degrés assez lents jusqu'à soixante, par degrés plus rapides jusqu'à soixante et dix; la caducité commence à cet âge de soixante et dix ans, elle va toujours en augmentant; la décrépitude suit, et la mort termine ordinairement avant l'âge de quatre-vingt-dix ou cent ans la vieillesse et la vie.

Considérons en particulier ces différents objets; et de la même façon que nous avons examiné les causes de l'origine et du développement de notre corps, examinons aussi celles de son dépérissement et de sa destruction. Les os (*), qui sont les parties les plus solides du corps, ne sont dans le commencement que des filets d'une matière ductile qui prend peu à peu de la consistance et de la dureté; on peut considérer les os dans leur premier état comme autant de filets ou de petits tuyaux creux revêtus d'une membrane en dehors et en dedans; cette double membrane fournit la substance qui doit devenir osseuse, ou le devient elle-même en partie, car le petit intervalle qui est entre ces deux membranes, c'est-à-dire entre le périoste intérieur et le périoste extérieur, devient bientôt une lame osseuse : on peut concevoir en partie comment se fait la production et l'accroissement des os et des autres parties solides du corps des animaux, par la comparaison de la manière dont se forment le bois et les autres parties solides des végétaux. Prenons pour exemple une espèce d'arbre dont le bois conserve une cavité à son intérieur, comme un figuier ou un sureau, et comparons la formation du bois de ce tuyau creux de sureau avec celle de l'os de la cuisse d'un animal, qui a de même une cavité : la première année, lorsque le bouton qui doit former la branche commence à s'étendre, ce n'est qu'une matière ductile qui par son extension devient un filet herbacé, et qui se développe sous la forme d'un petit tuyau rempli de moelle; l'extérieur de ce tuyau est revêtu d'une membrane fibreuse, et les parois intérieures de la cavité sont aussi tapissées d'une pareille membrane : ces membranes, tant l'extérieure que l'intérieure, sont, dans leur très petite épaisseur, composées de plusieurs plans superposés de fibres encore molles qui tirent la nourriture nécessaire à l'accroissement du tout, ces plans intérieurs de fibres se durcissent peu à peu par le dépôt de la sève qui y arrive, et la première année il se forme une lame ligneuse entre les deux membranes; cette lame est plus ou moins épaisse à proportion de la quantité de sève nourricière qui a été pompée et déposée dans l'intervalle qui sépare la membrane extérieure de la membrane intérieure; mais quoique ces deux membranes soient devenues solides et ligneuses par leurs surfaces intérieures, elles conservent à leurs surfaces extérieures de la souplesse

(*) Tout ce que Buffon dit du développement des os est erroné. Les phénomènes qui se produisent sont trop compliqués pour qu'il me paraisse convenable de les exposer ici. Je ne puis qu'engager le lecteur, désireux de les étudier, à recourir aux ouvrages spéciaux sur l'anatomie, l'histologie et l'embryologie des vertébrés supérieurs et de l'homme.

et de la ductilité, et l'année suivante, lorsque le bouton qui est à leur sommet commun vient à prendre de l'extension, la sève monte par ces fibres ductiles de chacune de ses membranes, et en se déposant dans les plans intérieurs de leurs fibres, et même dans la lame ligneuse qui les sépare, ces plans intérieurs deviennent ligneux comme les autres qui ont formé la première lame, et en même temps cette première lame augmente en densité; il se fait donc deux couches nouvelles de bois, l'une à la face extérieure, et l'autre à la face intérieure de la première lame, ce qui augmente l'épaisseur du bois et rend plus grand l'intervalle qui sépare les deux membranes ductiles; l'année suivante elles s'éloignent encore davantage par deux nouvelles couches de bois qui se collent contre les trois premières, l'une à l'extérieur et l'autre à l'intérieur, et de cette manière le bois augmente toujours en épaisseur et en solidité; la cavité intérieure augmente aussi à mesure que la branche grossit, parce que la membrane intérieure croît, comme l'extérieure, à mesure que tout le reste s'étend : elles ne deviennent toutes deux ligneuses que dans la partie qui touche au bois déjà formé. Si l'on ne considère donc que la petite branche qui a été produite pendant la première année, ou bien si l'on prend un intervalle entre deux nœuds, c'est-à-dire la production d'une seule année, on trouvera que cette partie de la branche conserve en grand la même figure qu'elle avait en petit; les nœuds qui terminent et séparent les productions de chaque année marquent les extrémités de l'accroissement de cette partie de la branche : ces extrémités sont les points d'appui contre lesquels se fait l'action des puissances qui servent au développement et à l'extension des parties contiguës qui se développent l'année suivante; les boutons supérieurs poussent et s'étendent en réagissant contre ce point d'appui, et forment une seconde partie de la branche de la même façon que s'est formée la première, et ainsi de suite tant que la branche croît.

La manière dont se forment les os serait assez semblable à celle que je viens de décrire, si les points d'appui de l'os au lieu d'être à ses extrémités, comme dans le bois, ne se trouvaient au contraire dans la partie du milieu, comme nous allons tâcher de le faire entendre. Dans les premiers temps, les os du fœtus ne sont encore que des filets d'une matière ductile que l'on aperçoit aisément et distinctement à travers la peau et les autres parties extérieures, qui sont alors extrêmement minces et presque transparentes : l'os de la cuisse, par exemple, n'est qu'un petit filet fort court qui, comme le filet herbacé dont nous venons de parler, contient une cavité; ce petit tuyau creux est fermé aux deux bouts par une matière ductile et il est revêtu à sa surface extérieure et à l'intérieur de sa cavité de deux membranes composées dans leur épaisseur de plusieurs plans de fibres toutes molles et ductiles; à mesure que ce petit tuyau reçoit des sucs nourriciers, les deux extrémités s'éloignent de la partie du milieu : cette partie reste toujours à la même place, tandis que toutes les autres s'en éloignent peu à peu des deux côtés;

elles ne peuvent s'éloigner dans cette direction opposée sans réagir sur cette partie du milieu; les parties qui environnent ce point du milieu prennent donc plus de consistance, plus de solidité, et commencent à s'ossifier les premières : la première lame osseuse est bien, comme la première lame ligneuse, produite dans l'intervalle qui sépare les deux membranes, c'est-à-dire entre le périoste extérieur et le périoste qui tapisse les parois de la cavité intérieure, mais elle ne s'étend pas, comme la lame ligneuse, dans toute la longueur de la partie qui prend de l'extension. L'intervalle des deux périostes devient osseux, d'abord dans la partie du milieu de la longueur de l'os; ensuite les parties qui avoisinent le milieu sont celles qui s'ossifient, tandis que les extrémités de l'os et les parties qui avoisinent ces extrémités restent ductiles et spongieuses; et comme la partie du milieu est celle qui est la première ossifiée, et que quand une fois une partie est ossifiée elle ne peut plus s'étendre, il n'est pas possible qu'elle prenne autant de grosseur que les autres : la partie du milieu doit donc être la partie la plus menue de l'os, car les autres parties et les extrémités, ne se durcissant qu'après celle du milieu, elles doivent prendre plus d'accroissement et de volume, et c'est par cette raison que la partie du milieu des os est plus menue que toutes les autres parties, et que les têtes des os qui se durcissent les dernières et qui sont les parties les plus éloignées du milieu sont aussi les parties les plus grosses de l'os. Nous pourrions suivre plus loin cette théorie sur la figure des os; mais pour ne pas nous éloigner de notre principal objet, nous nous contenterons d'observer qu'indépendamment de cet accroissement en longueur qui se fait, comme l'on voit, d'une manière différente de celle dont se fait l'accroissement du bois, l'os prend en même temps un accroissement en grosseur qui s'opère à peu près de la même manière que celui du bois, car la première lame osseuse est produite par la partie intérieure du périoste, et lorsque cette première lame osseuse est formée entre le périoste intérieur et le périoste extérieur, il s'en forme bientôt deux autres qui se collent de chaque côté de la première, ce qui augmente en même temps la circonférence de l'os et le diamètre de sa cavité, et les parties intérieures des deux périostes continuant ainsi à s'ossifier, l'os continue à grossir par l'addition de toutes ces couches osseuses produites par les périostes, de la même façon que le bois grossit par l'addition des couches ligneuses produites par les écorces.

Mais lorsque l'os est arrivé à son développement entier, lorsque les périostes ne fournissent plus de matière ductile capable de s'ossifier, ce qui arrive lorsque l'animal a pris son accroissement en entier, alors les sucs nourriciers qui étaient employés à augmenter le volume de l'os ne servent plus qu'à en augmenter la densité; ces sucs se déposent dans l'intérieur de l'os; il devient plus solide, plus massif, plus pesant spécifiquement, comme on peut le voir par la pesanteur et la solidité des os d'un bœuf, comparées à la pesanteur et à la solidité des os d'un veau, et enfin la substance de l'os devient avec le temps si compacte qu'elle ne peut plus admettre les sucs nécessaires à cette espèce de circulation qui fait la nutrition de ces parties; dès lors cette substance de l'os doit s'altérer, comme le bois d'un vieil arbre s'altère lorsqu'il a une fois acquis toute sa solidité : cette altération dans la substance même des os est une des premières causes qui rendent nécessaire le dépérissement de notre corps.

Les cartilages, qu'on peut regarder comme des os mous et imparfaits, reçoivent, comme les os, des sucs nourriciers qui en augmentent peu à peu la densité : ils deviennent plus solides à mesure qu'on avance en âge, et dans la vieillesse ils se durcissent presque jusqu'à l'ossification, ce qui rend les mouvements des jointures du corps très difficiles et doit enfin nous priver de l'usage de nos membres et produire une cessation totale du mouvement extérieur, seconde cause très immédiate et très nécessaire d'un dépérissement plus sensible et plus marqué que le premier, puisqu'il se manifeste par la cessation des fonctions extérieures de notre corps.

Les membranes, dont la substance a bien des choses communes avec celle des cartilages, prennent aussi, à mesure qu'on avance en âge, plus de densité et de sécheresse : par exemple, celles qui environnent les os cessent d'être ductiles de bonne heure; dès que l'accroissement du corps est achevé, c'est-à-dire dès l'âge de dix-huit ou vingt ans, elles ne peuvent plus s'étendre, elles commencent donc à augmenter en solidité et continuent à devenir plus denses à mesure qu'on vieillit; il en est de même des fibres qui composent les muscles et la chair : plus on vit, plus la chair devient dure; cependant, à en juger par l'attouchement extérieur, on pourrait croire que c'est tout le contraire, car dès qu'on a passé l'âge de la jeunesse, il semble que la chair commence à perdre de sa fraîcheur et de sa fermeté, et à mesure qu'on avance en âge il paraît qu'elle devient toujours plus molle. Il faut faire attention que ce n'est pas de la chair, mais de la peau que cette apparence dépend : lorsque la peau est bien tendue, comme elle l'est en effet tant que les chairs et les autres parties prennent de l'augmentation de volume, la chair, quoique moins solide qu'elle ne doit le devenir, paraît ferme au toucher; cette fermeté commence à diminuer lorsque la graisse recouvre les chairs, parce que la graisse, surtout lorsqu'elle est trop abondante, forme une espèce de couche entre la chair et la peau : cette couche de graisse que recouvre la peau, étant beaucoup plus molle que la chair sur laquelle la peau portait auparavant, on s'aperçoit au toucher de cette différence et la chair paraît avoir perdu de sa fermeté; la peau s'étend et croît à mesure que la graisse augmente, et ensuite, pour peu qu'elle diminue, la peau se plisse et la chair paraît être alors fade et molle au toucher : ce n'est donc pas la chair elle-même qui se ramollit, mais c'est la peau dont elle est couverte qui, n'étant plus assez tendue, devient molle, car la chair prend toujours plus de dureté à mesure qu'on avance en âge ; on peut s'en assurer par la comparaison de la chair des jeunes animaux avec celle de ceux qui sont vieux ; l'une est tendre et délicate, et l'autre est si sèche et si dure qu'on ne peut en manger.

La peau peut toujours s'étendre tant que le volume du corps augmente ; mais lorsqu'il vient à diminuer, elle n'a pas tout le ressort qu'il faudrait pour se rétablir en entier dans son premier état ; il reste alors des rides et des plis qui ne s'effacent plus : les rides du visage dépendent en partie de cette cause, mais il y a dans leur production une espèce d'ordre relatif à la forme, aux traits et aux mouvements habituels du visage. Si l'on examine bien le visage d'un homme de vingt-cinq ou trente ans, on pourra déjà y découvrir l'origine de toutes les rides qu'il aura dans sa vieillesse ; il ne faut pour cela que voir le visage dans un état de violente action, comme est celle du ris, des pleurs, ou seulement celle d'une forte grimace : tous les plis qui se formeront dans ces différentes actions seront un jour des rides ineffaçables ; elles suivent, en effet, la disposition des muscles et se gravent plus ou moins par l'habitude plus ou moins répétée des mouvements qui en dépendent.

A mesure qu'on avance en âge, les os, les cartilages, les membranes, la chair, la peau et toutes les fibres du corps deviennent donc plus solides, plus dures, plus sèches ; toutes les parties se retirent, se resserrent, tous les mouvements deviennent plus lents, plus difficiles ; la circulation des fluides se fait avec moins de liberté, la transpiration diminue, les sécrétions s'altèrent, la digestion des aliments devient lente et laborieuse, les sucs nourriciers sont moins abondants, et, ne pouvant être reçus dans la plupart des fibres devenues trop solides, ils ne servent plus à la nutrition ; ces parties trop solides sont des parties déjà mortes, puisqu'elles cessent de se nourrir ; le corps meurt donc peu à peu et par parties, son mouvement diminue par degrés, la vie s'éteint par nuances successives, et la mort n'est que le dernier terme de cette suite de degrés, la dernière nuance de la vie.

Comme les os, les cartilages, les muscles et toutes les autres parties qui composent le corps sont moins solides et plus molles dans les femmes que dans les hommes, il faudra plus de temps pour que ces parties prennent cette solidité qui cause la mort ; les femmes, par conséquent, doivent vieillir plus que les hommes : c'est aussi ce qui arrive, et on peut observer, en consultant les tables qu'on a faites sur la mortalité du genre humain, que quand les femmes ont passé un certain âge elles vivent ensuite plus longtemps que les hommes du même âge ; on doit aussi conclure de ce que nous avons dit que les hommes, qui sont en apparence plus faibles que les autres et qui approchent plus de la constitution des femmes, doivent vivre plus longtemps que ceux qui paraissent être les plus forts et les plus robustes, et de même on peut croire que dans l'un et l'autre sexe les personnes qui n'ont achevé de prendre leur accroissement que fort tard sont celles qui doivent vivre le plus, car dans ces deux cas les os, les cartilages et toutes les fibres arriveront plus tard à ce degré de solidité qui doit produire leur destruction.

Cette cause de la mort naturelle est générale et commune à tous les animaux et même aux végétaux : un chêne ne périt que parce que les parties les plus anciennes du bois, qui sont au centre, deviennent si dures et si compactes qu'elles ne peuvent plus recevoir de nourriture; l'humidité qu'elles contiennent, n'ayant plus de circulation et n'étant pas remplacée par une sève nouvelle, fermente, se corrompt et altère peu à peu les fibres du bois ; elles deviennent rouges, elles se désorganisent, enfin elles tombent en poussière.

La durée totale de la vie peut se mesurer en quelque façon par celle du temps de l'accroissement; un arbre ou un animal qui prend en peu de temps tout son accroissement périt beaucoup plus tôt qu'un autre auquel il faut plus de temps pour croître. Dans les animaux, comme dans les végétaux, l'accroissement en hauteur est celui qui est achevé le premier; un chêne cesse de grandir longtemps avant qu'il cesse de grossir : l'homme croît en hauteur jusqu'à seize ou dix-huit ans, et cependant le développement entier de toutes les parties de son corps en grosseur n'est achevé qu'à trente ans : les chiens prennent en moins d'un an leur accroissement en longueur, et ce n'est que dans la seconde année qu'ils achèvent de prendre leur grosseur. L'homme, qui est trente ans à croître, vit quatre-vingt-dix ou cent ans; le chien, qui ne croît que pendant deux ou trois ans, ne vit aussi que dix ou douze ans; il en est de même de la plupart des autres animaux : les poissons, qui ne cessent de croître qu'au bout d'un très grand nombre d'années, vivent des siècles, et comme nous l'avons déjà insinué, cette longue durée de leur vie doit dépendre de la constitution particulière de leurs arêtes, qui ne prennent jamais autant de solidité que les os des animaux terrestres. Nous examinerons dans l'histoire particulière des animaux s'il y a des exceptions à cette espèce de règle que suit la nature dans la proportion de la durée de la vie à celle de l'accroissement, et si en effet il est vrai que les corbeaux et les cerfs vivent, comme on le prétend, un si grand nombre d'années : ce qu'on peut dire en général, c'est que les grands animaux vivent plus longtemps que les petits, parce qu'ils sont plus de temps à croître.

Les causes de notre destruction sont donc nécessaires, et la mort est inévitable : il ne nous est pas plus possible d'en reculer le terme fatal, que de changer les lois de la nature. Les idées que quelques visionnaires ont eues sur la possibilité de perpétuer la vie par des remèdes auraient dû périr avec eux, si l'amour-propre n'augmentait pas toujours la crédulité au point de se persuader ce qu'il y a même de plus impossible, et de douter de ce qu'il y a de plus vrai, de plus réel et de plus constant; la panacée, quelle qu'en fût la composition, la transfusion du sang et les autres moyen qui ont été proposés pour rajeunir ou immortaliser le corps, sont au moins aussi chimériques que la fontaine de Jouvence est fabuleuse.

Lorsque le corps est bien constitué, peut-être est-il possible de le faire durer quelques années de plus en le ménageant; il se peut que la modération dans les passions, la tempérance et la sobriété dans les plaisirs, contribuent à la durée de la vie, encore cela même paraît-il fort douteux; il est peut-être nécessaire que le corps fasse l'emploi de toutes ses forces, qu'il consomme tout ce qu'il peut consommer, qu'il s'exerce autant qu'il en est capable; que gagnera-t-on dès lors par la diète et par la privation? Il y a des hommes qui ont vécu au delà du terme ordinaire, et, sans parler de ces deux vieillards dont il est fait mention dans les *Transactions philosophiques*, dont l'un a vecu cent soixante-cinq ans, et l'autre cent quarante-quatre, nous avons un grand nombre d'exemples d'hommes qui ont vécu cent dix, et même cent vingt ans; cependant ces hommes ne s'étaient pas plus ménagés que d'autres, au contraire, il paraît que la plupart étaient des paysans accoutumés aux plus grandes fatigues, des chasseurs, des gens de travail, des hommes en un mot qui avaient employé toutes les forces de leur corps, qui en avaient même abusé, s'il est possible d'en abuser autrement que par l'oisiveté et la débauche continuelle

D'ailleurs si l'on fait réflexion que l'Européen, le nègre, le Chinois, l'Américain, l'homme policé, l'homme sauvage, le riche, le pauvre, l'habitant de la ville, celui de la campagne, si différents entre eux par tout le reste, se ressemblent à cet égard, et n'ont chacun que la même mesure, le même intervalle de temps à parcourir depuis la naissance à la mort; que la différence des races, des climats, des nourritures, des commodités, n'en fait aucune à la durée de la vie; que les hommes qui ne se nourrissent que de chair crue ou de poisson sec, de sagou ou de riz, de cassave ou de racines, vivent aussi longtemps que ceux qui se nourissent de pain ou de mets préparés; on reconnaîtra encore plus clairement que la durée de la vie ne dépend ni des habitudes, ni des mœurs, ni de la qualité des aliments, que rien ne peut changer les lois de la mécanique, qui règlent le nombre de nos années, et qu'on ne peut guère les altérer que par des excès de nourriture ou par de trop grandes diètes.

S'il y a quelque différence tant soit peu remarquable dans la durée de la vie, il semble qu'on doit l'attribuer à la qualité de l'air. On a observé que dans les pays élevés il se trouve communément plus de vieillards que dans les lieux bas; les montagnes d'Ecosse, de Galles, d'Auvergne, de Suisse, ont fourni plus d'exemples de vieillesses extrêmes que les plaines de Hollande, de Flandre, d'Allemagne et de Pologne; mais, à prendre le genre humain en général, il n'y a, pour ainsi dire, aucune différence dans la durée de la vie; l'homme qui ne meurt point de maladies accidentelles vit partout quatre-vingt-dix ou cent ans; nos ancêtres n'ont pas vécu davantage, et depuis le siècle de David ce terme n'a point du tout varié. Si l'on nous demande pourquoi la vie des premiers hommes était beaucoup plus longue, pourquoi ils vivaient neuf cents, neuf cent trente, et jusqu'à neuf cent soixante-neuf ans, nous pourrions peut-être en donner une raison, en disant que les productions de la terre dont ils faisaient leur nourriture étaient alors d'une nature différente de ce qu'elles sont aujourd'hui. La surface du globe devait être, comme on l'a vu (volume Ier, *Théorie de la Terre*), beaucoup moins solide et moins compacte dans les premiers temps après la création qu'elle ne l'est aujourd'hui, parce que la gravité n'agissant que depuis peu de temps, les matières terrestres n'avaient pu acquérir en aussi peu d'années la consistance et la solidité qu'elles ont eues depuis; les productions de la terre devaient être analogues à cet état; la surface de la terre étant moins compacte, moins sèche, tout ce qu'elle produisait devait être plus ductile, plus souple, plus susceptible d'extension (*); il se pouvait donc que l'accroissement de toutes les productions de la nature, et même celui du corps de l'homme, ne se fît pas en aussi peu de temps qu'il se fait aujourd'hui; les os, les muscles, etc., conservaient peut-être plus longtemps leur ductilité et leur mollesse, parce que toutes les nourritures étaient elles-mêmes plus molles et plus ductiles : dès lors toutes les parties du corps n'arrivaient à leur développement entier qu'après un grand nombre d'années, la génération ne pouvait s'opérer par conséquent qu'après cet accroissement pris en entier ou presque en entier, c'est-à-dire à cent vingt ou cent trente ans, et la durée de la vie était proportionnelle à celle du temps de l'accroissement, comme elle est encore aujourd'hui ; car en supposant que l'âge de puberté des premiers hommes, l'âge auquel ils commençaient à pouvoir engendrer fût celui de cent trente ans, l'âge auquel on peut engendrer aujourd'hui étant celui de quatorze ans, il se trouvera que le nombre des années de la vie des premiers hommes et de ceux d'aujourd'hui sera dans la même proportion, puisqu'en multipliant chacun de ces deux nombres par le même nombre, par exemple, par sept, on verra que la vie des hommes d'aujourd'hui étant de quatre-vingt-dix-huit ans, celle des hommes d'alors devait être de neuf cent dix ans (**); il se peut donc que la durée de la vie de l'homme ait diminué peu à peu à mesure que la surface de la terre a pris plus de solidité par l'action continuelle de la pesanteur, et que les siècles qui se sont écoulés depuis la création jusqu'à celui de David, ayant suffi pour faire prendre aux matières terrestres toute la solidité qu'elles peuvent acquérir par la pression de la gravité, la surface de la terre soit depuis ce temps-là demeurée dans le même état, qu'elle ait acquis dès lors toute la consistance qu'elle devait avoir à jamais, et que tous les termes de l'accroissement de ses productions aient été fixés aussi bien que celui de la durée de la vie.

(*) Cette hypothèse est tout à fait fantaisiste.

(**) Cette opinion ne repose sur rien; nous ne pouvons la considérer que comme une trace de l'enseignement religieux que l'auteur avait reçu.

Indépendamment des maladies accidentelles qui peuvent arriver à tout âge, et qui dans la vieillesse deviennent plus dangereuses et plus fréquentes, les vieillards sont encore sujets à des infirmités naturelles, qui ne viennent que du dépérissement et de l'affaissement de toutes les parties de leur corps; les puissances musculaires perdent leur équilibre, la tête vacille, la main tremble, les jambes sont chancelantes; la sensibilité des nerfs diminuant, les sens deviennent obtus, le toucher même s'émousse; mais ce qu'on doit regarder comme une très grande infirmité, c'est que les vieillards fort âgés sont ordinairement inhabiles à la génération : cette impuissance peut avoir deux causes toutes deux suffisantes pour la produire; l'une est le défaut de tension dans les organes extérieurs, et l'autre l'altération de la liqueur séminale. Le défaut de tension peut aisément s'expliquer par la conformation et la texture de l'organe même : ce n'est, pour ainsi dire, qu'une membrane vide, ou du moins qui ne contient à l'intérieur qu'un tissu cellulaire et spongieux, elle prête, s'étend et reçoit dans ses cavités intérieures une grande quantité de sang qui produit une augmentation de volume apparent et un certain degré de tension; l'on conçoit bien que dans la jeunesse cette membrane a toute la souplesse requise pour pouvoir s'étendre et obéir aisément à l'impulsion du sang, et que pour peu qu'il soit porté vers cette partie avec quelque force, il dilate et développe aisément cette membrane molle et flexible; mais à mesure qu'on avance en âge, elle acquiert, comme toutes les autres parties du corps, plus de solidité, elle perd de sa souplesse et de sa flexibilité; dès lors en supposant même que l'impulsion du sang se fît avec la même force que dans la jeunesse, ce qui est une autre question que je n'examine point ici, cette impulsion ne serait pas suffisante pour dilater aussi aisément cette membrane devenue plus solide, et qui par conséquent résiste davantage à cette action du sang; et lorsque cette membrane aura pris encore plus de solidité et de sécheresse, rien ne sera capable de déployer ses rides et de lui donner cet état de gonflement et de tension nécessaire à l'acte de la génération.

A l'égard de l'altération de la liqueur séminale, ou plutôt de son infécondité dans la vieillesse, on peut aisément concevoir que la liqueur séminale ne peut être prolifique que lorsqu'elle contient, sans exception, des molécules organiques renvoyées de toutes les parties du corps (*); car, comme nous l'avons établi, la production du petit être organisé semblable au grand (voyez ci-devant chap. II, III, etc.) ne peut se faire que par la réunion de toutes ces molécules renvoyées de toutes parties du corps de l'individu; mais dans les vieillards fort âgés, les parties qui, comme les os, les carti-

(*) La liqueur séminale ne jouit du pouvoir fécondateur que quand elle contient des spermatozoïdes; or ces derniers diminuent et finissent par disparaître quand survient la vieillesse. Toutes les considérations qu'émet ici Buffon au sujet du pouvoir fécondateur du sperme sont absolument erronées.

lages, etc., sont devenues trop solides, ne pouvant plus admettre de nourriture, ne peuvent par conséquent s'assimiler cette matière nutritive, ni la renvoyer après l'avoir modelée ni rendue telle qu'elle doit être. Les os et les autres parties devenues trop solides ne peuvent donc ni produire ni renvoyer des molécules organiques de leur espèce : ces molécules manqueront par conséquent dans la liqueur séminale de ces vieillards, et ce défaut suffit pour la rendre inféconde, puisque nous avons prouvé que, pour que la liqueur séminale soit prolifique, il est nécessaire qu'elle contienne des molécules renvoyées de toutes les parties du corps, afin que toutes ces parties puissent, en effet, se réunir d'abord et se réaliser ensuite au moyen de leur développement.

En suivant ce raisonnement, qui me paraît fondé, et en admettant la supposition que c'est, en effet, par l'absence des molécules organiques qui ne peuvent être renvoyées de celles des parties qui sont devenues trop solides, que la liqueur séminale des hommes fort âgés cesse d'être prolifique, on doit penser que ces molécules qui manquent peuvent être quelquefois remplacées par celles de la femelle (voyez ci-devant chap. X) si elle est jeune, et dans ce cas la génération s'accomplira, c'est aussi ce qui arrive. Les vieillards décrépits engendrent, mais rarement, et lorsqu'ils engendrent ils ont moins de part que les autres hommes à leur propre production; de là vient aussi que de jeunes personnes qu'on marie avec des vieillards décrépits, et dont la taille est déformée, produisent souvent des monstres, des enfants contrefaits, plus défectueux encore que leur père. Mais ce n'est pas ici le lieu de nous étendre sur ce sujet.

La plupart des gens âgés périssent par le scorbut, l'hydropisie, ou par d'autres maladies qui semblent provenir du vice du sang, de l'altération de la lymphe, etc. Quelque influence que les liquides contenus dans le corps humain puissent avoir sur son économie, on peut penser que ces liqueurs, n'étant que des parties passives et divisées, elles ne font qu'obéir à l'impulsion des solides, qui sont les vraies parties organiques et actives, desquelles le mouvement, la qualité et même la quantité des liquides doivent dépendre en entier (*). Dans la vieillesse, le calibre des vaisseaux se resserre, le ressort des muscles s'affaiblit, les filtres sécrétoires s'obstruent, le sang, la lymphe et les autres humeurs doivent par conséquent s'épaissir, s'altérer, s'extravaser et produire les symptômes des différentes maladies qu'on a coutume de rapporter au vice des liqueurs, comme à leur principe, tandis que la première cause est en effet une altération dans les solides, produite par leur dépérissement naturel, ou par quelque lésion et quelque dérangement accidentels. Il est vrai que, quoique le mauvais état des liquides provienne d'un vice organique dans les solides, les effets qui résultent de cette altération des liqueurs se manifestent par des symptômes prompts

(*) Ces considérations sont à peu près complètement fantaisistes.

1 Condor. — 2 Grand Duc d'Europe

et menaçants, parce que les liqueurs étant en continuelle circulation et en grand mouvement, pour peu qu'elles deviennent stagnantes par le trop grand rétrécissement des vaisseaux, ou que par leur relâchement forcé elles se répandent en s'ouvrant de fausses routes, elles ne peuvent manquer de se corrompre et d'attaquer en même temps les parties les plus faibles des solides, ce qui produit souvent des maux sans remède, ou du moins elles communiquent à toutes les parties solides qu'elles abreuvent leur mauvaise qualité, ce qui doit en déranger le tissu et en changer la nature; ainsi les moyens de dépérissement se multiplient, le mal intérieur augmente de plus en plus et amène à la hâte l'instant de la destruction.

Toutes les causes de dépérissement que nous venons d'indiquer agissent continuellement sur notre être matériel et le conduisent peu à peu à sa dissolution; la mort, ce changement d'état si marqué, si redouté, n'est donc dans la nature que la dernière nuance d'un état précédent; la succession nécessaire du dépérissement de notre corps amène ce degré, comme tous les autres qui ont précédé; la vie commence à s'éteindre longtemps avant qu'elle s'éteigne entièrement, et dans le réel il y a peut-être plus loin de la caducité à la jeunesse, que de la décrépitude à la mort, car on ne doit pas ici considérer la vie comme une chose absolue, mais comme une quantité susceptible d'augmentation et de diminution. Dans l'instant de la formation du fœtus, cette vie corporelle n'est encore rien ou presque rien; peu à peu elle augmente, elle s'étend, elle acquiert de la consistance à mesure que le corps croît, se développe et se fortifie; dès qu'il commence à dépérir, la quantité de vie diminue; enfin lorsqu'il se courbe, se dessèche et s'affaisse, elle décroît, elle se resserre, elle se réduit à rien; nous commençons de vivre par degrés, et nous finissons de mourir comme nous commençons de vivre.

Pourquoi donc craindre la mort, si l'on a assez bien vécu pour n'en pas craindre les suites? Pourquoi redouter cet instant, puisqu'il est préparé par une infinité d'autres instants du même ordre, puisque la mort est aussi naturelle que la vie, et que l'une et l'autre nous arrivent de la même façon sans que nous le sentions, sans que nous puissions nous en apercevoir? Qu'on interroge les médecins et les ministres de l'Église, accoutumés à observer les actions des mourants et à recueillir leurs derniers sentiments; ils conviendront qu'à l'exception d'un très petit nombre de maladies aiguës, où l'agitation causée par des mouvements convulsifs semble indiquer les souffrances du malade, dans toutes les autres on meurt tranquillement, doucement et sans douleur; et même ces terribles agonies effrayent plus les spectateurs qu'elles ne tourmentent le malade, car combien n'en a-t-on pas vu qui après avoir été à cette dernière extrémité, n'avaient aucun souvenir de ce qui s'était passé, non plus que de ce qu'ils avaient senti! Ils avaient réellement cessé d'être pour eux pendant ce temps, puisqu'ils sont obligés de rayer du nombre de leurs jours tous ceux qu'ils ont passés dans cet état duquel il ne leur reste aucune idée.

La plupart des hommes meurent donc sans le savoir, et dans le petit nombre de ceux qui conservent de la connaissance jusqu'au dernier soupir, il ne s'en trouve peut-être pas un qui ne conserve en même temps de l'espérance, et qui ne se flatte d'un retour vers la vie; la nature a, pour le bonheur de l'homme, rendu ce sentiment plus fort que la raison. Un malade dont le mal est incurable, qui peut juger son état par des exemples fréquents et familiers, qui en est averti par les mouvements inquiets de sa famille, par les larmes de ses amis, par la contenance ou l'abandon des médecins, n'en est pas plus convaincu qu'il touche à sa dernière heure; l'intérêt est si grand qu'on ne s'en rapporte qu'à soi; on n'en croit pas les jugements des autres, on les regarde comme des alarmes peu fondées; tant qu'on se sent et qu'on pense, on ne réfléchit, on ne raisonne que pour soi, et tout est mort que l'espérance vit encore.

Jetez les yeux sur un malade qui vous aura dit cent fois qu'il se sent attaqué à mort, qu'il voit bien qu'il ne peut pas en revenir, qu'il est prêt à expirer, examinez ce qui se passe sur son visage lorsque par zèle ou par indiscrétion quelqu'un vient à lui annoncer que sa fin est prochaine en effet; vous le verrez changer comme celui d'un homme auquel on annonce une nouvelle imprévue; ce malade ne croit donc pas ce qu'il dit lui-même, tant il est vrai qu'il n'est nullement convaincu qu'il doit mourir; il a seulement quelque doute, quelque inquiétude sur son état, mais il craint toujours beaucoup moins qu'il n'espère, et si l'on ne réveillait pas ses frayeurs par ces tristes soins et cet appareil lugubre qui devancent la mort, il ne la verrait point arriver.

La mort n'est donc pas une chose aussi terrible que nous nous l'imaginons, nous la jugeons mal de loin; c'est un spectre qui nous épouvante à une certaine distance, et qui disparaît lorsqu'on vient à en approcher de près; nous n'en avons donc que des notions fausses, nous la regardons non seulement comme le plus grand malheur, mais encore comme un mal accompagné de la plus vive douleur et des plus pénibles angoisses; nous avons même cherché à grossir dans notre imagination ces funestes images, et à augmenter nos craintes en raisonnant sur la nature de la douleur. Elle doit être extrême, a-t-on dit, lorsque l'âme se sépare du corps; elle peut aussi être de très longue durée, puisque le temps n'ayant d'autre mesure que la succession de nos idées, un instant de douleur très vive pendant lequel ces idées se succèdent avec une rapidité proportionnée à la violence du mal, peut nous paraître plus long qu'un siècle pendant lequel elles coulent lentement et relativement aux sentiments tranquilles qui nous affectent ordinairement. Quel abus de la philosophie dans ce raisonnement! il ne mériterait pas d'être relevé s'il était sans conséquence, mais il influe sur le malheur du genre humain, il rend l'aspect de la mort mille fois plus affreux qu'il ne peut être, et n'y eût-il qu'un très petit nombre de gens trompés par l'apparence spécieuse de ces idées, il serait toujours utile de les détruire et d'en faire voir la fausseté.

Lorsque l'âme vient s'unir à notre corps avons-nous un plaisir excessif, une joie vive et prompte qui nous transporte et nous ravisse? non, cette union se fait sans que nous nous en apercevions; la désunion doit s'en faire de même sans exciter aucun sentiment; quelle raison a-t-on pour croire que la séparation de l'âme et du corps ne puisse se faire sans une douleur extrême? quelle cause peut produire cette douleur ou l'occasionner? la fera-t-on résider dans l'âme ou dans la douleur? la douleur de l'âme ne peut être produite que par la pensée, celle du corps est toujours proportionnée à sa force et à sa faiblesse; dans l'instant de la mort naturelle le corps est plus faible que jamais, il ne peut donc éprouver qu'une très-petite douleur, si même il en éprouve aucune.

Maintenant supposons une mort violente; un homme, par exemple, dont la tête est emportée par un boulet de canon, souffre-t-il plus d'un instant? a-t-il dans l'intervalle de cet instant une succession d'idées assez rapide pour que cette douleur lui paraisse durer une heure, un jour, un siècle? c'est ce qu'il faut examiner.

J'avoue que la succession de nos idées est en effet, par rapport à nous, la seule mesure du temps, et que nous devons trouver plus court ou plus long, selon que nos idées se croisent plus uniformément ou se croisent plus régulièrement; mais cette mesure a une unité dont la grandeur n'est point arbitraire ni indéfinie, elle est, au contraire, déterminée par la nature même, et relative à notre organisation : deux idées qui se succèdent, ou qui sont seulement différentes l'une de l'autre, ont nécessairement entre elles un certain intervalle qui les sépare; quelque prompte que soit la pensée, il faut un petit temps pour qu'elle soit suivie d'une autre pensée, cette succession ne peut se faire dans un instant indivisible; il en est de même du sentiment, il faut un certain temps pour passer de la douleur au plaisir, ou même d'une douleur à une autre douleur; cet intervalle de temps qui sépare nécessairement nos pensées, nos sentiments, est l'unité dont je parle : il ne peut être ni extrêmement long, ni extrêmement court, il doit même être à peu près égal dans sa durée, puisqu'elle dépend de la nature de notre âme et de l'organisation de notre corps dont les mouvements ne peuvent avoir qu'un certain degré de vitesse déterminé; il ne peut donc y avoir dans le même individu des successions d'idées plus ou moins rapides au degré qui serait nécessaire pour produire cette différence énorme de durée qui d'une minute de douleur ferait un siècle, un jour, une heure.

Une douleur très vive, pour peu qu'elle dure, conduit à l'évanouissement ou à la mort. Nos organes, n'ayant qu'un certain degré de force, ne peuvent résister que pendant un certain temps à un certain degré de douleur; si elle devient excessive elle cesse, parce qu'elle est plus forte que le corps qui, ne pouvant la supporter, peut encore moins la transmettre à l'âme avec laquelle il ne peut correspondre que quand les organes agissent; ici l'action des organes cesse, le sentiment intérieur qu'ils communiquent à l'âme doit donc cesser aussi.

Ce que je viens de dire est peut-être plus que suffisant pour prouver que l'instant de la mort n'est point accompagné d'une douleur extrême ni de longue durée; mais pour rassurer les gens moins courageux, nous ajouterons encore un mot. Une douleur excessive ne permet aucune réflexion, cependant on a vu souvent des signes de réflexion dans le moment même d'une mort violente; lorsque Charles XII reçut le coup qui termina dans un instant ses exploits et sa vie, il porta la main sur son épée: cette douleur mortelle n'était donc pas excessive, puisqu'elle n'excluait pas la réflexion; il se sentit attaqué, il réfléchit qu'il fallait se défendre, il ne souffrait donc qu'autant que l'on souffre par un coup ordinaire : on ne peut pas dire que cette action ne fut que le résultat d'un mouvement mécanique, car nous avons prouvé à l'article des passions (voyez ci-devant la *Description de l'homme*) que leurs mouvements, même les plus prompts, dépendent toujours de la réflexion, et ne sont que des effets d'une volonté habituelle de l'âme.

Je ne me suis un peu étendu sur ce sujet que pour tâcher de détruire un préjugé si contraire au bonheur de l'homme; j'ai vu des victimes de ce préjugé, des personnes que la frayeur de la mort a fait mourir en effet, des femmes surtout que la crainte de la douleur anéantissait, ces terribles alarmes semblent même n'être faites que pour des personnes élevées et devenues par leur éducation plus sensibles que les autres, car le commun des hommes, surtout ceux de la campagne, voient la mort sans effroi.

La vraie philosophie est de voir les choses telles qu'elles sont; le sentiment intérieur serait toujours d'accord avec cette philosophie, s'il n'était perverti par les illusions de notre imagination et par l'habitude malheureuse que nous avons prise de nous forger des fantômes de douleur et de plaisir. Il n'y a rien de terrible ni rien de charmant que de loin, mais pour s'en assurer, il faut avoir le courage ou la sagesse de voir l'un et l'autre de près.

Si quelque chose peut confirmer ce que nous avons dit au sujet de la cessation graduelle de la vie, et prouver encore mieux que sa fin n'arrive que par nuances, souvent insensibles, c'est l'incertitude des signes de la mort; que l'on consulte les recueils d'observations, et en particulier celles que MM. Winslow et Bruhier nous ont données sur ce sujet, on sera convaincu qu'entre la mort et la vie il n'y a souvent qu'une nuance si faible, qu'on ne peut l'apercevoir même avec toutes les lumières de l'art de la médecine et de l'observation la plus attentive. Selon eux, « le coloris du visage, la cha-

» leur du corps, la mollesse des parties flexibles, sont des signes incertains » d'une vie encore subsistante, comme la pâleur du visage, le froid du corps, » la raideur des extrémités, la cessation des mouvements et l'abolition » des sens externes sont des signes très équivoques d'une mort certaine »; il en est de même de la cessation apparente du pouls et de la respiration, ces mouvements sont quelquefois tellement engourdis et assoupis qu'il n'est pas possible de les apercevoir; on approche un miroir ou une lumière de la bouche du malade, si le miroir se ternit, ou si la lumière vacille, on conclut qu'il respire encore; mais souvent ces effets arrivent par d'autres causes, lors même que le malade est mort en effet, et quelquefois ils n'arrivent pas, quoiqu'il soit encore vivant; ces moyens sont donc très équivoques: on irrite les narines par des sternutatoires, des liqueurs pénétrantes; on cherche à réveiller les organes du tact par des piqûres, des brûlures, etc.; on donne des lavements de fumée, on agite les membres par des mouvements violents, on fatigue l'oreille par des sons aigus et des cris, on scarifie les omoplates, le dedans des mains et la plante des pieds; on y applique des fers rouges, de la cire d'Espagne brûlante, etc., lorsqu'on veut être bien convaincu de la certitude de la mort de quelqu'un; mais il y a des cas où toutes ces épreuves sont inutiles, et on a des exemples, surtout de personnes cataleptiques, qui, les ayant subies sans donner aucun signe de vie, sont ensuite revenues d'elles-mêmes, au grand étonnement des spectateurs.

Rien ne prouve mieux combien un certain état de vie ressemble à l'état de la mort; rien aussi ne serait plus raisonnable et plus selon l'humanité, que de se presser moins qu'on ne fait d'abandonner, d'ensevelir et d'enterrer les corps; pourquoi n'attendre que dix, vingt ou vingt-quatre heures, puisque ce temps ne suffit pas pour distinguer une mort vraie d'une mort apparente, et qu'on a des exemples de personnes qui sont sorties de leur tombeau au bout de deux ou trois jours? Pourquoi laisser avec indifférence précipiter les funérailles des personnes mêmes dont nous aurions ardemment désiré de prolonger la vie? Pourquoi cet usage, au changement duquel tous les hommes sont également intéressés, subsiste-il? ne suffit-il pas qu'il y ait eu quelquefois de l'abus de par les enterrements précipités, pour nous engager à les différer et à suivre les avis des sages médecins, qui nous disent (*a*) « qu'il est incontestable que le corps est quelquefois tellement privé de » toute fonction vitale, et que le souffle de vie y est quelquefois tellement » caché, qu'il ne paraît en rien différent de celui d'un mort; que la charité » et la religion veulent qu'on détermine un temps suffisant pour attendre » que la vie puisse, si elle subsiste encore, se manifester par des signes, » qu'autrement on s'expose à devenir homicide en enterrant des personnes

(*a*) Voyez la Dissertation de M. Winslow *sur l'incertitude des signes de la Mort*, p. 84, où ces paroles sont rapportées d'après Terilly, qu'il appelle l'Esculape vénitien.

» vivantes : or, disent-ils, c'est ce qui peut arriver, si l'on en croit la plus » grande partie des auteurs, dans l'espace de trois jours naturels ou de » soixante-douze heures ; mais si pendant ce temps il ne paraît aucun signe » de vie, et qu'au contraire les corps exhalent une odeur cadavéreuse, » on a une preuve infaillible de la mort, et on peut les enterrer sans » scrupule. »

Nous parlerons ailleurs des usages des différents peuples au sujet des obsèques, des enterrements, des embaumements, etc. ; la plupart même de ceux qui sont sauvages font plus d'attention que nous à ces derniers instants ; ils regardent comme le premier devoir ce qui n'est chez nous qu'une cérémonie ; ils respectent leurs morts, ils les vêtissent, ils leur parlent, ils récitent leurs exploits, louent leurs vertus ; et nous qui nous piquons d'être sensibles, nous ne sommes pas même humains : nous fuyons ; nous les abandonnons, nous ne voulons pas les voir, nous n'avons ni le courage ni la volonté d'en parler, nous évitons même de nous trouver dans les lieux qui peuvent nous en rappeler l'idée : nous sommes donc trop indifférents ou trop faibles.

Après avoir fait l'histoire de la vie et de la mort par rapport à l'individu, considérons l'une et l'autre dans l'espèce entière. L'homme, comme l'on sait, meurt à tout âge, et quoiqu'en général on puisse dire que la durée de sa vie est plus longue que celle de la vie de presque tous les animaux, on ne peut pas nier qu'elle ne soit en même temps plus incertaine et plus variable. On a cherché dans ces derniers temps à connaître les degrés de ces variations, et à établir par des observations quelque chose de fixe sur la mortalité des hommes à différents âges ; si ces observations étaient assez exactes et assez multipliées, elles seraient d'une très grande utilité pour la connaissance de la quantité du peuple, de sa multiplication, de la consommation des denrées, de la répartition des impôts, etc. Plusieurs personnes habiles ont travaillé sur cette matière ; et en dernier lieu M. de Parcieux, de l'Académie des sciences, nous a donné un excellent ouvrage qui servira de règle à l'avenir au sujet des tontines et des rentes viagères ; mais, comme son projet principal a été de calculer la mortalité des rentiers, et qu'en général les rentiers à vie sont des hommes d'élite dans un État, on ne peut pas en conclure pour la mortalité du genre humain en entier ; les tables qu'il a données dans le même ouvrage sur la mortalité dans les différents ordres religieux sont aussi très curieuses, mais étant bornées à un certain nombre d'hommes qui vivent différemment des autres, elles ne sont pas encore suffisantes pour fonder des probabilités exactes sur la durée générale de la vie. MM. Halley, Graunt, Kersboom, Sympson, etc., ont aussi donné des tables de la mortalité du genre humain, et ils les ont fondées sur le dépouillement des registres mortuaires de quelques paroisses de Londres, de Breslau, etc. ; mais il me paraît que leurs recherches, quoique très amples et d'un très long travail, ne peuvent donner que des approximations assez éloignées sur la mortalité du genre humain en général. Pour faire une bonne table de cette espèce, il faut dépouiller non seulement les registres des paroisses d'une ville comme Londres, Paris, etc., où il entre des étrangers, et d'où il sort des natifs, mais encore ceux des campagnes, afin qu'ajoutant ensemble tous les résultats, les uns compensent les autres; c'est ce que M. Dupré de Saint-Maur de l'Académie française a commencé à exécuter sur douze paroisses de la campagne et trois paroisses de Paris; il a bien voulu me communiquer les tables qu'il en a faites, pour les publier; je le fais d'autant plus volontiers, que ce sont les seules sur lesquelles on puisse établir les probabilités de la vie des hommes en général avec quelque certitude.

PAROISSES.	MORTS	ANNÉES DE LA VIE.					ANNÉES DE LA VIE.				
		1	2	3	4	5	6	7	8	9	10
Clemont..........	1391	578	73	36	29	16	16	14	10	8	4
Brinon...........	1141	441	75	31	27	10	16	9	9	8	5
Jouy.............	588	231	43	11	13	5	8	4	6	1	0
Lestiou..........	223	89	16	9	7	1	4	3	1	1	1
Vandeuvre........	672	156	58	18	19	10	11	8	10	3	2
Saint-Agil........	954	359	64	30	21	20	11	4	7	2	7
Thury............	262	103	31	8	4	3	2	2	2	1	2
Saint-Amant.....	748	170	61	24	11	12	15	3	6	8	6
Montigny.........	833	346	57	19	25	16	21	9	7	5	5
Villeneuve........	131	14	3	5	1	1	0	0	0	0	0
Goussainville.....	1615	565	184	63	38	34	21	17	15	12	8
Ivry..............	2247	686	298	96	61	50	29	34	26	13	19
Total des morts.	10805										
Séparation des 10,805 morts dans les années de la vie où ils sont décédés.		3738	963	350	256	178	154	107	99	62	59
Morts avant la fin de leur première, seconde année, etc., sur 10,805 sépultures.		3738	4701	5051	5307	5485	5639	5746	5845	5907	5966
Nombre des personnes entrées dans leur première, seconde année, etc., sur 10,805		10805	7067	6104	5754	5498	5320	5166	5059	4960	4898
Saint-André......	1728	201	122	94	82	50	35	28	14	8	7
Saint-Hippolyte...	2516	754	361	127	64	60	55	25	16	20	8
Saint-Nicolas.....	8945	1761	932	414	298	221	162	147	111	64	40
Total des morts.	13189										
Séparation des 13,189 morts dans les années de la vie où ils sont décédés.		2716	1415	635	444	331	252	200	141	92	55
Morts avant la fin de leur première, seconde année, etc., sur 13,189 sépultures.		2716	4131	4766	5210	5541	5793	5993	6134	6226	6281
Nombre des personnes entrées dans leur première, seconde année, etc., sur 13,189.		13189	10473	9058	8423	7979	7648	7396	7196	7055	6963
Séparation de 23,994 morts sur les trois paroisses de Paris, et sur les douze villages.		6454	2378	985	700	509	406	307	240	154	114
Morts avant la fin de leur première, seconde année, etc., sur 23,994 sépultures.		6454	8832	9817	10517	11026	11432	11639	11979	12133	12247
Nombre des personnes entrées dans leur première, seconde année, etc., sur 23,994.		23994	17540	15162	14177	12477	12968	12562	12255	12015	11861

PAROISSES.	MORTS	ANNÉES DE LA VIE.					ANNÉES DE LA VIE.				
		11	12	13	14	15	16	17	18	19	20
Clemont	1391	6	5	6	5	5	6	6	10	3	13
Brinon	1141	2	12	2	6	4	5	9	4	5	14
Jouy	588	3	0	3	3	1	6	4	4	3	5
Lestiou	223	0	1	0	1	1	1	1	0	0	0
Vandeuvre	672	1	3	3	4	5	6	3	3	4	7
Saint-Agil	954	3	3	3	3	5	2	7	8	5	6
Thury	262	0	0	0	0	1	0	1	1	1	1
Saint-Amant	748	4	4	2	5	1	5	3	6	1	4
Montigny	833	2	4	4	2	4	2	2	3	3	5
Villeneuve	131	0	1	0	0	1	0	2	4	0	1
Goussainville	1615	5	5	9	5	5	2	5	10	9	10
Ivry	2217	9	6	4	4	8	7	4	14	10	12
Total des morts.	10805										
Séparation des 10 805 morts dans les années de la vie où ils sont décédés.		35	44	36	38	41	42	47	67	44	78
Morts avant la fin de leur 11e, 12e année, etc., sur 10,805 sépultures.		6001	6045	6081	6119	6160	6202	6249	6316	6360	6438
Nombre des personnes entrées dans leur 11e, 12e année, etc., sur 10,805.		4839	4804	4760	4724	4686	4645	4603	4556	4489	4445
Saint-André	1728	3	9	6	7	10	13	13	11	10	7
Saint-Hippolyte...	2516	9	9	6	7	6	5	7	9	7	3
Saint-Nicolas	8945	34	38	25	21	33	37	37	28	44	53
Total des morts.	13189										
Séparation des 13,189 morts dans les années de la vie où ils sont décédés.		46	56	37	35	49	55	57	48	61	63
Morts avant la fin de leur 11e, 12e année, etc., sur 13,189 sépultures.		6327	6383	6420	6455	6504	6559	6616	6664	6725	6788
Nombre des personnes entrées dans leur 11e, 12e année, etc., sur 13,189.		6908	6862	6806	6769	6734	6685	6630	6573	6525	6464
Séparation des 23,994 morts sur les trois paroisses de Paris, et sur les douze villages.		81	100	73	73	90	97	104	115	105	141
Morts avant la fin de leur 11e, 12e année, etc., sur 23,994 sépultures.		12328	12428	12501	12574	12664	12761	12865	12980	13085	13226
Nombre des personnes entrées dans leur 11e, 12e année, etc., sur 23,994.		11747	11666	11566	11493	11420	11330	11233	11129	11014	10909

PAROISSES.	MORTS	ANNÉES DE LA VIE.					ANNÉES DE LA VIE.				
		21	22	23	24	25	26	27	28	29	30
Clemont	1391	8	9	10	7	22	9	13	10	7	24
Brinon	1141	8	14	7	11	24	9	7	13	6	28
Jouy	588	2	4	4	4	5	2	2	3	4	8
Lestiou	223	0	0	3	0	1	1	1	3	1	1
Vandeuvre	672	4	6	8	6	22	3	5	10	1	28
Saint-Agil	954	4	6	3	6	11	10	4	9	2	16
Thury	262	1	3	1	1	2	2	0	5	2	2
Saint-Amant	748	7	6	6	4	5	4	4	3	3	8
Montigny	833	4	3	10	8	7	3	3	3	0	6
Villeneuve	131	1	4	1	0	1	0	2	1	1	2
Goussainville	1615	6	10	5	6	11	9	9	8	10	10
Ivry	2247	6	15	10	9	10	14	5	9	5	13
Total des morts.	10805										
Séparation des 10,805 morts dans les années de la vie où ils sont décédés.		51	80	68	62	121	66	55	77	42	146
Morts avant la fin de leur 21e, 22e année, etc., sur 10,805 sépultures.		6480	6569	6637	6699	6820	6886	6941	7018	7060	7206
Nombre des personnes entrées dans leur 21e, 22e année, etc., sur 10,805		4367	4316	4236	4168	4106	3985	3919	3864	3787	3745
Saint-André	1728	9	17	11	9	9	8	17	13	11	21
Saint-Hippolyte	2516	2	8	7	9	10	13	10	10	9	7
Saint-Nicolas	8945	31	56	48	41	59	47	53	51	34	63
Total des morts.	13189										
Séparation des 13,189 morts dans les années de la vie où ils sont décédés.		42	81	66	59	78	68	80	74	54	91
Morts avant la fin de leur 21e, 22e année, etc., sur 13,189 sépultures.		6830	6911	6977	7036	7114	7182	7262	7336	7390	7481
Nombre des personnes entrées dans leur 21e, 22e année, etc., sur 13,189.		6401	6359	6278	6212	6153	C075	6007	5927	5853	5799
Séparation de 23,994 morts sur les trois paroisses de Paris, et sur les douze villages.		93	161	134	121	199	134	135	151	96	237
Morts avant la fin de leur 21e, 22e année, etc., sur 23,994 sépultures.		13319	13480	13614	13735	13934	14068	14203	14354	14150	14687
Nombre des personnes entrées dans leur 21e, 22e année, etc., sur 23,994.		10768	10675	10514	10380	10259	10060	9926	9793	9640	9544

PAROISSES.	MORTS	ANNÉES DE LA VIE.					ANNÉES DE LA VIE.				
		31	32	33	34	35	36	37	38	39	40
Clemont..........	1391	4	13	14	8	17	12	18	15	3	41
Brinon...........	1141	6	15	3	4	20	8	8	8	6	37
Jouy.............	588	2	5	4	3	13	6	7	4	1	20
Lestiou..........	223	4	4	3	1	6	4	4	1	1	4
Vandeuvre........	672	2	9	1	3	17	5	5	4	0	41
Saint-Agil.......	954	8	7	2	5	18	9	4	5	1	22
Thury............	262	0	3	1	0	7	0	1	2	2	4
Saint-Amant......	748	2	8	6	5	7	4	5	5	3	20
Montigny.........	833	1	10	3	4	8	4	1	2	0	8
Villeneuve........	131	1	2	1	0	6	5	0	5	0	7
Goussainville.....	1615	4	14	6	7	8	8	5	2	7	14
Ivry..............	2247	8	11	18	10	19	12	13	23	3	27
Total des morts.	10805										
Séparation des 10,805 morts dans les années de la vie où ils sont décédés.		42	101	62	50	146	77	71	76	27	245
Morts avant la fin de leur 31e, 32e année, etc., sur 10,805 sépultures.		7248	7349	7411	7461	7607	7684	7755	7831	7858	8103
Nombre des personnes entrées dans leur 31e, 32e année, etc., sur 10,805.		3599	3557	3456	3394	3344	3198	3121	3050	2974	2947
Saint-André......	1728	6	10	17	15	21	14	8	12	4	26
Saint-Hippolyte...	2516	9	12	13	13	16	21	15	13	10	24
Saint-Nicolas.....	8945	25	57	41	54	82	75	58	59	46	109
Total des morts.	13189										
Séparation des 13,189 morts dans les années de la vie où ils sont décédés.		40	79	71	82	119	110	81	84	60	159
Morts avant la fin de leur 31e, 32e année, etc., sur 13,189 sépultures.		7521	7600	7671	7753	7872	7982	8063	8147	8207	8366
Nombre des personnes entrées dans leur 31e, 32e année, etc., sur 13,189.		5708	5668	5589	5518	5436	5317	5207	5126	5042	4982
Séparation des 23,994 morts sur les trois paroisses de Paris, et sur les douze villages.		82	180	133	132	265	187	158	160	87	404
Morts avant la fin de leur 31e, 32e année, etc., sur 23,994 sépultures.		14769	14949	15082	15214	15479	15666	15818	15978	16065	16469
Nombre des personnes entrées dans leur 31e, 32e année, etc., sur 23,994.		9307	9245	9045	8912	8770	8515	8328	8176	8016	7929

PAROISSES.	MORTS	ANNÉES DE LA VIE.					ANNÉES DE LA VIE.				
		41	42	43	44	45	46	47	48	49	50
Clemont..........	1391	4	10	10	6	20	5	8	5	6	31
Brinon...........	1141	6	8	3	6	11	5	6	9	0	23
Jouy.............	588	0	3	0	4	13	3	4	2	0	20
Lestiou..........	223	0	2	2	0	3	3	0	3	3	5
Vandeuvre........	672	1	3	2	2	14	5	3	1	0	31
Saint-Agil.......	954	2	8	7	3	14	1	3	3	0	24
Thury............	262	1	3	1	4	3	0	0	0	0	3
Saint-Amant......	748	1	6	2	4	13	3	4	6	0	23
Montigny.........	833	3	6	5	4	13	6	1	6	1	10
Villeneuve.......	131	0	3	1	0	2	1	2	3	0	7
Goussainville....	1615	10	11	4	5	11	9	5	12	6	15
Ivry.............	2247	7	19	7	14	22	10	7	12	6	24
Total des morts.	10803										
Séparation des 10 805 morts dans les années de la vie où ils sont décédés.		35	82	44	52	139	51	43	62	22	216
Morts avant la fin de leur 41e, 42e année, etc., sur 10,805 sépultures.		8138	8220	8264	8316	8455	8506	8549	8611	8633	8849
Nombre des personnes entrées dans leur 41e, 42e année, etc., sur 10,805.		2702	2667	2585	2541	2489	2350	2299	2256	2194	2172
Saint-André......	1728	5	19	12	10	24	21	9	13	10	24
Saint-Hippolyte...	2516	4	18	14	9	33	14	13	15	12	20
Saint-Nicolas.....	8945	37	73	58	45	111	54	47	68	50	120
Total des morts.	13189										
Séparation des 13.189 morts dans les années de la vie où ils sont décédés.		46	110	84	64	168	89	69	96	72	164
Morts avant la fin de leur 41e, 42e année, etc., sur 13,189 sépultures.		8412	8522	8606	8670	8838	8927	8996	9092	9164	9328
Nombre des personnes entrées dans leur 41e, 42e année, etc., sur 13,189.		4823	4777	4667	4583	4519	4351	4262	4193	4097	4025
Séparation de 23,994 morts sur les trois paroisses de Paris, et sur les douze villages.		81	192	128	116	307	140	112	158	94	380
Morts avant la fin de leur 41e, 42e année, etc., sur 23,994 sépultures.		16550	16742	16870	16986	17293	17433	17545	17703	17797	18177
Nombre des personnes entrées dans leur 41e, 42e année, etc., sur 23,994.		7525	7444	7252	7124	7008	6701	6561	6449	6291	6197

PAROISSES.	MORTS	ANNÉES DE LA VIE.					ANNÉES DE LA VIE.				
		51	52	53	54	55	56	57	58	59	60
Clemont..........	1391	0	5	5	5	14	5	5	4	4	52
Brinon...........	1141	1	3	3	2	10	6	2	3	0	24
Jouy.............	588	2	3	2	5	7	4	5	2	0	20
Lestiou..........	223	1	1	0	0	2	2	0	3	0	2
Vandeuvre........	672	0	2	1	1	13	1	1	2	0	35
Saint-Agil........	954	3	9	2	2	10	3	5	3	3	22
Thury............	262	0	0	1	1	4	0	1	3	1	6
Saint-Amant......	748	1	4	4	4	6	5	4	7	2	27
Montigny.........	833	2	5	2	5	10	3	4	9	2	13
Villeneuve........	131	2	1	0	1	0	3	1	2	1	4
Goussainville.....	1615	4	9	5	9	6	10	10	10	3	24
Ivry..............	2247	6	14	13	9	29	12	13	13	3	40
Total des morts.	10805										
Séparation des 10,805 morts dans les années de la vie où ils sont décédés.		22	56	38	44	111	54	51	61	19	269
Morts avant la fin de leur 51e, 52e année, etc., sur 10,805 sépultures.		8871	8927	8965	9009	9120	9174	9225	9286	9305	9574
Nombre des personnes entrées dans leur 51e, 52e année, etc., sur 10,805.		1956	1934	1878	1840	1796	1685	1631	1580	1519	1500
Saint-André......	1728	7	18	8	10	19	11	15	17	11	46
Saint-Hippolyte...	2516	10	19	6	10	25	9	15	18	12	35
Saint-Nicolas.....	8945	40	59	49	46	125	56	48	86	48	184
Total des morts.	13189										
Séparation des 13,189 morts dans les années de la vie où ils sont décédés.		57	96	63	66	169	76	78	121	71	265
Morts avant la fin de leur 51e, 52e année, etc., sur 13,189 sépultures.		9385	9481	9544	9610	9779	9855	9933	10054	10125	10390
Nombre des personnes entrées dans leur 51e, 52e année, etc., sur 13,189.		3861	3804	3708	3645	3579	3410	3334	3256	3135	3064
Séparation des 23,994 morts sur les trois paroisses de Paris, et sur les douze villages.		79	152	101	110	280	130	129	182	90	534
Morts avant la fin de leur 51e, 52e année, etc., sur 23,994 sépultures.		18256	18408	18509	18619	18899	19029	19158	19340	19430	19964
Nombre des personnes entrées dans leur 51e, 52e année, etc., sur 23,994.		5817	5738	5586	5485	5375	5095	4965	4836	4654	4564

PAROISSES.	MORTS	ANNÉES DE LA VIE.					ANNÉES DE LA VIE.				
		61	62	63	64	65	66	67	68	69	70
Clemont..........	1391	2	6	5	2	5	5	3	4	1	11
Brinon	1141	1	3	4	7	7	6	3	6	0	6
Jouy.............	588	0	5	2	4	5	2	1	1	1	3
Lestiou..........	223	0	0	1	0	3	1	1	0	1	0
Vandeuvre........	672	0	0	1	1	5	3	0	2	1	9
Saint-Agil........	954	3	2	7	5	7	3	6	5	2	19
Thury............	262	0	3	2	2	2	1	3	1	0	7
Saint-Amant.....	748	0	4	3	4	12	7	5	6	6	18
Montigny.........	833	3	7	5	5	7	6	2	5	1	9
Villeneuve........	131	3	0	1	1	2	3	0	1	0	4
Goussainville.....	1615	6	9	7	6	13	17	13	15	5	16
Ivry..............	2247	3	12	12	11	14	21	5	23	7	31
Total des morts.	10805										
Séparation des 10,805 morts dans les années de la vie où ils sont décédés.		21	51	50	48	82	75	42	69	25	133
Morts avant la fin de leur 61e, 62e année, etc., sur 10,805 sépultures.		9595	9646	9696	9744	9826	9901	9943	10012	10037	10170
Nombre des personnes entrées dans leur 61e, 62e année, etc., sur 10,805.		1231	1210	1159	1109	1061	979	904	862	793	768
Saint-André	1728	11	21	19	17	20	27	21	25	9	36
Saint-Hippolyte...	2516	7	28	21	23	25	19	12	20	13	35
Saint-Nicolas	8945	42	77	71	73	95	95	67	115	50	177
Total des morts.	13189										
Séparation des 13,189 morts dans les années de la vie où ils sont décédés.		60	126	111	113	140	141	100	160	72	248
Morts avant la fin de leur 61e, 62e année, etc., sur 13,189 sépultures.		10450	10576	10687	10800	10940	11081	11181	11341	11413	11661
Nombre des personnes entrées dans leur 61e, 62e année, etc., sur 13,189.		2799	2739	2613	2502	2389	2249	2108	2008	1848	1776
Séparation de 23,994 morts sur les trois paroisses de Paris, et sur les douze villages.		81	177	161	161	122	216	142	229	97	381
Morts avant la fin de leur 61e, 62e année, etc., sur 23,994 sépultures.		20045	20222	20383	20544	20766	20982	21124	21353	21450	21831
Nombre des personnes entrées dans leur 61e, 62e année, etc., sur 23,994.		4030	3949	3772	3611	3450	3228	3012	2870	2641	2544

PAROISSES.	MORTS	ANNÉES DE LA VIE.					ANNÉES DE LA VIE.				
		71	72	73	74	75	76	77	78	79	80
Clemont	1391	1	3	1	3	5	1	1	2	2	6
Brinon	1141	2	12	2	0	4	2	0	3	0	3
Jouy	588	1	2	0	1	1	0	0	0	0	2
Lestiou	223	0	2	0	0	0	0	0	0	0	1
Vandeuvre	672	1	4	0	0	3	0	1	0	0	7
Saint-Agil	954	1	11	5	5	8	0	3	4	0	6
Thury	262	0	2	1	0	0	0	1	0	0	3
Saint-Amant	748	3	10	2	2	18	2	4	4	2	17
Montigny	833	2	8	3	2	9	1	4	2	0	5
Villeneuve	131	0	3	0	0	0	0	2	1	1	1
Goussainville	1615	8	22	12	12	16	6	6	8	1	17
Ivry	2247	6	21	11	19	24	12	11	14	9	19
Total des morts.	10805										
Séparation des 10,805 morts dans les années de la vie où ils sont décédés.		25	100	37	44	88	24	33	38	15	89
Morts avant la fin de leur 71e, 72e année, etc., sur 10,805 sépultures.		10195	10295	10332	10376	10464	10488	10521	10559	10574	10663
Nombre des personnes entrées dans leur 71e, 72e année, etc., sur 10,805.		635	610	510	473	429	341	317	284	246	231
Saint-André	1728	9	25	14	19	20	16	10	25	8	17
Saint-Hippolyte...	2516	10	28	5	15	23	11	18	15	8	18
Saint-Nicolas	8945	64	118	53	90	127	63	59	69	30	121
Total des morts.	13189										
Séparation des 13,189 morts dans les années de la vie où ils sont décédés.		83	171	72	124	170	90	87	109	46	156
Morts avant la fin de leur 71e, 72e année, etc., sur 13,189 sépultures.		11744	11915	11987	12111	12281	12371	12458	12567	12613	12769
Nombre des personnes entrées dans leur 71e, 72e année, etc., sur 13,189.		1528	1445	1274	1202	1078	908	818	731	622	576
Séparation des 23,994 morts sur les trois paroisses de Paris, et sur les douze villages.		108	271	109	168	258	114	120	147	61	245
Morts avant la fin de leur 71e, 72e année, etc., sur 23,994 sépultures.		21939	22210	22319	22487	22745	22859	22979	23126	23187	23432
Nombre des personnes entrées dans leur 71e, 72e année, etc., sur 23,994.		2160	2155	1784	1675	1507	1249	1135	1015	868	807

PAROISSES.	MORTS	ANNÉES DE LA VIE.					ANNÉES DE LA VIE.				
		81	82	83	84	85	86	87	88	89	90
Clemont..........	1391	0	0	0	3	0	1	0	0	1	
Brinon...........	1141	1									
Jouy.............	588	0	0	0	0	0	0	0	1		
Lestiou..........	223	0	0	0	0	1					
Vandeuvre........	672	0	0	0	0	0	0	1	1		
Saint-Agil.......	954	0	0	0	0	0	0	0	0	0	2
Thury............	262										
Saint-Amant.....	748	1	3	1	3	4	0	1	2	0	4
Montigny........	833	1	4	1	1	0	0	0	0	0	1
Villeneuve.......	131	0	0	0	0	0	0	0	0	1	
Goussainville.....	1615	6	9	5	7	2	4	4	2	2	
Ivry.............	2247	7	14	4	7	5	4	2	3	1	2
Total des morts.	10805										
Séparation des 10,805 morts dans les années de la vie où ils sont décédés.		16	30	11	21	12	9	8	9	5	9
Morts avant la fin de leur 81e, 82e année, etc., sur 10,805 sépultures.		10679	10709	10720	10741	10753	10762	10770	10779	10784	10793
Nombre des personnes entrées dans leur 81e, 82e année, etc., sur 10,805.		142	126	96	85	64	52	43	35	26	21
Saint-André......	1728	4	10	8	7	3	7	4	5	2	4
Saint-Hippolyte...	2516	4	5	16	4	10	4	1	4	2	2
Saint-Nicolas.....	8945	32	41	37	25	35	19	20	25	4	17
Total des morts.	13189										
Séparation des 13,189 morts dans les années de la vie où ils sont décédés.		40	56	61	36	48	30	25	34	8	23
Morts avant la fin de leur 81e, 82e année, etc., sur 13,189 sépultures.		12809	12865	12926	12962	13010	13040	13065	13099	13107	13130
Nombre des personnes entrées dans leur 81e, 82e année, etc., sur 13,189.		420	380	324	263	227	179	149	124	90	82
Séparation de 23,994 morts sur les trois paroisses de Paris, et sur les douze villages.		56	86	72	57	50	39	33	43	13	32
Morts avant la fin de leur 81e, 82e année, etc., sur 23,994 sépultures.		23488	23574	23646	23703	23763	23802	23835	23878	23891	23923
Nombre des personnes entrées dans leur 81e, 82e année, etc., sur 23,994.		562	506	420	348	291	231	192	159	116	103

PAROISSES.	MORTS	ANNÉES DE LA VIE.					ANNÉES DE LA VIE.				
		91	92	93	94	95	96	97	98	99	100
Clemont	1391										
Brinon	1141										
Jouy	588										
Lestiou	223										
Vandeuvre	672										
Saint-Agil	954	0	0	0	0	0	0	0	0	0	1
Thury	262										
Saint-Amant	748	1	1	0	0	2	1	0	3		
Montigny	833										
Villeneuve	131										
Goussainville	1615										
Ivry	2247	0	2	0	0	1					
Total des morts.	10805										
Séparation des 10,805 morts dans les années de la vie où ils sont décédés.		1	3	0	0	3	1	0	3	0	1
Morts avant la fin de leur 91e, 92e année, etc., sur 10,805 sépultures.		10794	10797	10797	10797	10800	10801	10801	10804	10804	10805
Nombre des personnes entrées dans leur 91e, 92e année, etc., sur 10,805.		12	11	8	8	8	5	4	4	1	1
Saint-André	1728	0	2	1	2	0	1	1	0	0	0
Saint-Hippolyte	2516	2	2	1	1	2	1	0	1		
Saint-Nicolas	8945	5	9	5	4	5	2	1	4	1	4
Total des morts.	13189										
Séparation des 13,189 morts dans les années de la vie où ils sont décédés.		7	13	7	7	7	4	2	5	1	4
Morts avant la fin de leur 91e, 92e année, etc., sur 13,189 sépultures.		13137	13150	13157	13164	13171	13175	13177	13182	13183	13187
Nombre des personnes entrées dans leur 91e, 92e année, etc., sur 13,189.		59	52	39	33	25	18	14	12	7	6
Séparation des 23,994 morts sur les trois paroisses de Paris, et sur les douze villages.		8	16	7	7	10	5	2	8	1	5
Morts avant la fin de leur 91e, 92e année, etc., sur 23,994 sépultures.		23931	23947	23954	23961	23971	23976	23978	23986	23987	23992
Nombre des personnes entrées dans leur 91e, 92e année, etc., sur 23,994.		71	63	47	41	33	23	18	16	8	7

On peut tirer plusieurs connaissances utiles de cette table que M. Dupré a faite avec beaucoup de soin, mais je me bornerai ici à ce qui regard les degrés de probabilité de la durée de la vie. On peut observer que dans les colonnes qui répondent à 10, 20, 30, 40, 50, 60, 70, 80 ans, et aux autres nombres ronds, comme 25, 35, etc., il y a dans les paroisses de campagne beaucoup plus de morts que dans les colonnes précédentes ou suivantes : cela vient de ce que les curés ne mettent pas sur leurs registres l'âge au juste, mais à peu près ; la plupart des paysans ne savent pas leur âge à deux ou trois années près ; s'ils meurent à 58 ou 59 ans, on écrit 60 ans sur le registre mortuaire ; il en est de même des autres termes en nombres ronds, mais cette irrégularité peut aisément s'estimer par la loi de la suite des nombres, c'est-à-dire par la manière dont ils se succèdent dans la table : ainsi cela ne fait pas un grand inconvénient.

Par la table des paroisses de la campagne il paraît que la moitié de tous les enfants qui naissent meurent à peu près avant l'âge de quatre ans révolus ; par celle des paroisses de Paris il paraît au contraire qu'il faut seize ans pour éteindre la moitié des enfants qui naissent en même temps ; cette grande différence vient de ce qu'on ne nourrit pas à Paris tous les enfants qui y naissent, même à beaucoup près. On les envoie dans les campagnes, où il doit par conséquent mourir plus de personnes en bas âge qu'à Paris ; mais en estimant les degrés de mortalité par les deux tables réunies, ce qui me paraît approcher beaucoup de la vérité, j'ai calculé les probabilités de la durée de la vie comme il suit :

TABLE

DES PROBABILITÉS DE LA DURÉE DE LA VIE

AGE.	DURÉE DE LA VIE.		AGE.	DURÉE DE LA VIE.		AGE.	DURÉE DE LA VIE.	
ans.	années.	mois.	ans.	années.	mois.	ans.	années.	mois.
0	8	0	29	28	6	58	12	3
1	33	0	30	28	0	59	11	8
2	38	0	31	27	6	60	11	1
3	40	0	32	26	11	61	10	6
4	41	0	33	26	3	62	10	0
5	41	6	34	25	7	63	9	6
6	42	0	35	25	0	64	9	0
7	42	3	36	24	5	65	8	6
8	41	6	37	23	10	66	8	0
9	40	10	38	23	3	67	7	6
10	40	2	39	22	8	68	7	0
11	39	6	40	22	1	69	6	7
12	38	9	41	21	6	70	6	2
13	38	1	42	20	11	71	5	8
14	37	5	43	20	4	72	5	4
15	36	9	44	19	9	73	5	0
16	36	0	45	19	3	74	4	9
17	35	4	46	18	9	75	4	6
18	34	8	47	18	2	76	4	3
19	34	0	48	17	8	77	4	1
20	33	5	49	17	2	78	3	11
21	32	11	50	16	7	79	3	9
22	32	4	51	16	0	80	3	7
23	31	10	52	15	6	81	3	5
24	31	3	53	15	0	82	3	3
25	30	9	54	14	6	83	3	2
26	30	2	55	14	0	84	3	1
27	29	7	56	13	5	85	3	0
28	29	0	57	12	10			

On voit par cette table qu'on peut espérer raisonnablement, c'est-à-dire, parier un contre un qu'un enfant qui vient de naître, ou qui a zéro d'âge, vivra huit ans; qu'un enfant qui a déjà vécu un an, ou qui a un an d'âge, vivra encore trente-trois ans; qu'un enfant de deux ans révolus vivra encore trente-huit ans; qu'un homme de vingt ans révolus vivra encore trente-trois ans cinq mois; qu'un homme de trente ans vivra encore vingt-huit ans, et ainsi de tous les autres âges.

On observera 1° que l'âge auquel on peut espérer une plus longue durée de vie est l'âge de sept ans, puisqu'on peut parier un contre un qu'un enfant de cet âge vivra encore 42 ans 3 mois; 2° qu'à l'âge de douze ou treize ans on a vécu le quart de sa vie, puisqu'on ne peut légitimement espérer que 38 ou 39 ans de plus, et de même qu'à l'âge de 28 ou 29 ans on a vécu la moitié de sa vie, puisqu'on n'a plus que 28 ans à vivre, et enfin qu'avant 50 ans on a vécu les trois quarts de sa vie, puisqu'on n'a plus que 16 ou 17 ans à espérer. Mais ces vérités physiques si mortifiantes en elles-mêmes peuvent se compenser par des considérations morales : un homme doit regarder comme nulles les 15 premières années de sa vie; tout ce qui lui est arrivé, tout ce qui s'est passé dans ce long intervalle de temps est effacé de sa mémoire, ou du moins a si peu de rapport avec les objets et les choses qui l'ont occupé depuis, qu'il ne s'y intéresse en aucune façon; ce n'est pas la même succession d'idées, ni, pour ainsi dire, la même vie; nous ne commençons à vivre moralement que quand nous commençons à ordonner nos pensées, à les tourner vers un certain avenir, et à prendre une espèce de consistance, un état relatif à ce que nous devons être dans la suite. En considérant la durée de la vie sous ce point de vue qui est le plus réel, nous trouverons dans la table qu'à l'âge de 25 ans on n'a vécu que le quart de sa vie, qu'à l'âge de 38 ans on n'en a vécu que la moitié, et que ce n'est qu'à l'âge de 56 ans qu'on a vécu les trois quarts de sa vie.

DES SENS

DU SENS DE LA VUE

Après avoir donné la description des différentes parties qui composent le corps humain, examinons ses principaux organes ; voyons le développement et les fonctions des sens, cherchons à reconnaître leur usage dans toute son étendue, et marquons en même temps les erreurs auxquelles nous sommes, pour ainsi dire, assujettis par la nature.

Les yeux paraissent être formés de fort bonne heure dans le fœtus (*) ; ce sont même des parties doubles celles qui paraissent se développer les premières dans le petit poulet, et j'ai observé sur des œufs de plusieurs espèces d'oiseaux et sur des œufs de lézards que les yeux étaient beaucoup plus gros et plus avancés dans leur développement que toutes les autres parties doubles de leur corps : il est vrai que dans les vivipares, et en particulier dans le fœtus humain, ils ne sont pas à beaucoup près aussi gros à proportion qu'ils le sont dans les embryons des vivipares, mais cependant ils sont plus formés et ils paraissent se développer plus promptement que toutes les autres parties du corps. Il en est de même de l'organe de l'ouïe : les osselets de l'oreille sont entièrement formés dans le temps que d'autres os qui doivent devenir beaucoup plus grands que ceux-ci n'ont pas encore acquis les premiers degrés de leur grandeur et de leur solidité ; dès le cinquième mois, les osselets de

(*) Les yeux commencent à se former dès les premiers jours du développement de l'enfant ; ils apparaissent sous l'aspect de deux diverticulums du cerveau antérieur primitif, auxquels on donne le nom de vésicules optiques primitives. Chez les Mammifères, le cerveau antérieur est encore largement ouvert en dessus au moment où les vésicules optiques se forment, tandis que chez les oiseaux leur développement est postérieur à la fermeture du cerveau antérieur. Les vésicules optiques sont d'abord ouvertes en dessus comme le cerveau antérieur, puis elles se ferment, le point par lequel chacune d'elles se rattache au cerveau se rétrécit et finit par former un pédoncule tubuleux dans la cavité duquel se forment, plus tard, les fibres du nerf optique. Quant aux vésicules optiques primitives, elles s'abaissent peu à peu et finissent par être situées sur la face inférieure du cerveau antérieur, dans la région qui, plus tard, deviendra le cerveau intermédiaire. Elles sont recouvertes par le feuillet épidermique et aussi, d'après quelques auteurs, par une mince couche du feuillet moyen ou mésoderme. Elles ne forment pas seules le globe oculaire ; celui-ci est constitué en majeure partie par une imagination du feuillet épidermique qui produit le cristallin et le corps vitré, tandis que le feuillet moyen forme la cornée.

l'oreille sont solides et durs; il ne reste que quelques petites parties qui sont encore cartilagineuses dans le marteau et dans l'enclume; l'étrier achève de prendre sa forme au septième mois, et dans ce peu de temps tous ces osselets ont entièrement acquis dans le fœtus la grandeur, la forme et la dureté qu'ils doivent avoir dans l'adulte.

Il paraît donc que les parties auxquelles il aboutit une plus grande quantité de nerfs sont les premières qui se développent. Nous avons dit que la vésicule qui contient le cerveau, le cervelet et les autres parties simples du milieu de la tête, est ce qui paraît le premier, aussi bien que l'épine du dos, ou plutôt la moelle allongée qu'elle contient : cette moelle allongée, prise dans toute sa longueur, est la partie fondamentale du corps et celle qui est la première formée; les nerfs sont donc ce qui existe le premier, et les organes auxquels il aboutit un grand nombre de différents nerfs, comme les oreilles, ou ceux qui sont eux-mêmes de gros nerfs épanouis, comme les yeux, sont aussi ceux qui se développent le plus promptement et les premiers.

Si l'on examine les yeux d'un enfant quelques heures ou quelques jours après sa naissance, on reconnaît aisément qu'il n'en fait encore aucun usage; cet organe n'ayant pas encore assez de consistance, les rayons de la lumière ne peuvent arriver que confusément sur la rétine (*); ce n'est qu'au bout d'un mois ou environ qu'il paraît que l'œil a pris de la solidité et le degré de tension nécessaire pour transmettre ces rayons dans l'ordre que suppose la vision; cependant alors même, c'est-à-dire au bout d'un mois, les yeux des enfants ne s'arrêtent encore sur rien : ils les remuent et les tournent indifféremment, sans qu'on puisse remarquer si quelques objets les affectent réellement; mais bientôt, c'est-à-dire à six ou sept semaines, ils commencent à arrêter leurs regards sur les choses les plus brillantes, à tourner souvent les yeux et à les fixer du côté du jour, des lumières ou des fenêtres; cependant l'exercice qu'ils donnent à cet organe ne fait que le fortifier sans leur donner encore aucune notion exacte des différents objets, car le premier défaut du sens de la vue est de représenter tous les objets renversés. Les enfants, avant que de s'être assurés par le toucher de la position des choses et de celle de leur propre corps, voient en bas tout ce qui est en haut, et en haut tout ce qui est en bas (**) : ils prennent donc par les yeux une fausse idée de la po-

(*) Il est certain que l'enfant ne fait pas grand usage de ses yeux pendant les premiers instants qui suivent la naissance, mais ce n'est pas pour le motif qu'indique Buffon. Rien n'empêche les rayons lumineux de frapper la rétine, mais l'éducation des sens n'existe pas encore et l'enfant paraît ne pas se rendre compte de la signification des impressions qu'il reçoit.

(**) Cette opinion est fort douteuse. Buffon l'appuie sans doute sur le fait que les images formées sur la rétine sont renversées comme dans une chambre noire, mais rien ne prouve que chez les enfants et les jeunes animaux elle ne soit redressée, comme les adultes, automatiquement et sans qu'un autre sens doive intervenir pour corriger la perception. Buffon est tellement frappé de ce fait que les images sont renversées sur la rétine, qu'il base toute sa théorie de la vision sur la nécessité de l'intervention du toucher pour redresser les erreurs

sition des objets. Un second défaut, et qui doit induire les enfants dans une autre espèce d'erreur ou de faux jugement, c'est qu'ils voient d'abord tous les objets doubles, parce que dans chaque œil il se forme une image du même objet (*) : ce ne peut encore être que par l'expérience du toucher qu'ils acquièrent la connaissance nécessaire pour rectifier cette erreur et qu'ils apprennent en effet à juger simples les objets qui leur paraissent doubles. Cette erreur de la vue, aussi bien que la première, est dans la suite si bien rectifiée par la vérité du toucher, que, quoique nous voyions en effet tous les objets doubles et renversés, nous nous imaginons cependant les voir réellement simples et droits, et que nous nous persuadons que cette sensation par laquelle nous voyons les objets simples et droits, qui n'est qu'un jugement de notre âme occasionné par le toucher, est une appréhension réelle produite par le sens de la vue : si nous étions privés du toucher, les yeux nous tromperaient donc non seulement sur la position, mais aussi sur le nombre des objets.

La première erreur est une suite de la conformation de l'œil, sur le fond duquel les objets se peignent dans une situation renversée, parce que les rayons lumineux qui forment les images de ces mêmes objets ne peuvent entrer dans l'œil qu'en se croisant dans la petite ouverture de la pupille. On aura une idée bien claire de la manière dont se fait ce renversement des images, si l'on fait un petit trou dans un lieu fort obscur : on verra que les objets du dehors se peindront sur la muraille de cette chambre obscure dans une situation renversée, parce que tous les rayons qui partent des différents points de l'objet ne peuvent pas passer par le petit trou dans la position et dans l'étendue qu'ils ont en partant de l'objet, puisqu'il faudrait alors que le trou fût aussi grand que l'objet même; mais comme chaque partie, chaque point de l'objet renvoie des images de tous côtés, et que les rayons qui forment ces images partent de tous les points de l'objet comme d'autant de centres, il ne peut passer par le petit trou que ceux qui arrivent dans des directions différentes; le petit trou devient un centre pour l'objet entier, auquel les rayons de la partie d'en haut arrivent aussi bien que ceux de la partie d'en bas, sous des directions convergentes : par conséquent ils se

que la vue seule nous ferait commettre. Il parait, en effet, fort difficile d'expliquer pourquoi nous voyons les objets dans leur véritable position alors que leurs images sont renversées sur la rétine. Il a été démontré par des recherches récentes qu'en réalité la rétine ne joue pas seulement le rôle d'un écran; les rayons lumineux la traversent ou plutôt ils déterminent des vibrations dans les bâtonnets rétiniens, vibrations que les bâtonnets transmettent au nerf optique, et qui sont reportées au dehors de l'œil dans la direction des axes prolongés des bâtonnets.

(*) Encore une erreur. Rien ne prouve que les enfants voient les objets doubles. Leurs yeux étant disposés comme les autres, ils doivent, comme nous, voir les objets simples, et le toucher n'a rien à faire dans ce phénomène. Il est dû à ce que les images des objets extérieurs se produisent sur les points similaires des deux rétines. Dès que cette condition manque, il y a strabisme, c'est-à-dire que l'individu perçoit deux images pour un seul objet.

croisent dans ce centre et peignent ensuite les objets dans une situation renversée.

Il est aussi fort aisé de se convaincre que nous voyons réellement tous les objets doubles, quoique nous les jugions simples : il ne faut pour cela que regarder le même objet, d'abord avec l'œil droit, on le verra correspondre à quelque point d'une muraille ou d'un plan que nous supposons au delà de l'objet; ensuite, en le regardant avec l'œil gauche, on verra qu'il correspond à un autre point de la muraille, et enfin, en le regardant des deux yeux, on le verra dans le milieu, entre les deux points auxquels il correspondait auparavant : ainsi, il se forme une image dans chacun de nos yeux, nous voyons l'objet double, c'est-à-dire nous voyons une image de cet objet à droite et une image à gauche, et nous le jugeons simple et dans le milieu parce que nous avons rectifié par le sens du toucher cette erreur de la vue. De même si l'on regarde des deux yeux deux objets qui soient à peu près dans la même direction par rapport à nous, en fixant les yeux sur le premier, qui est le plus voisin, on le verra simple, mais en même temps on verra double celui qui est le plus éloigné; et, au contraire, si l'on fixe ses yeux sur celui-ci, qui est le plus éloigné, on le verra simple, tandis qu'on verra double en même temps l'objet le plus voisin : ceci prouve encore évidemment que nous voyons en effet tous les objets doubles, quoique nous les jugions simples, et que nous les voyons où ils ne sont pas réellement, quoique nous les jugions où ils sont en effet. Si le sens du toucher ne rectifiait donc pas le sens de la vue dans toutes les occasions, nous nous tromperions sur la position des objets, sur leur nombre et encore sur leur lieu; nous les jugerions renversés, nous les jugerions doubles, et nous les jugerions à droite et à gauche du lieu qu'ils occupent réellement; et si au lieu de deux yeux nous en avions cent, nous jugerions toujours les objets simples, quoique nous les vissions multipliés cent fois.

Il se forme donc dans chaque œil une image de l'objet, et lorsque ces deux images tombent sur les parties de la rétine qui sont correspondantes, c'est-à-dire qui sont toujours affectées en même temps, les objets nous paraissent simples, parce que nous avons pris l'habitude de les juger tels; mais si les images des objets tombent sur des parties de la rétine qui ne sont pas ordinairement affectées ensemble et en même temps, alors les objets nous paraissent doubles, parce que nous n'avons pas pris l'habitude de rectifier cette sensation, qui n'est pas ordinaire; nous sommes alors dans le cas d'un enfant qui commence à voir et qui juge en effet d'abord les objets doubles. M. Cheselden rapporte dans son *Anatomie*, page 342, qu'un homme étant devenu louche par l'effet d'un coup à la tête, vit les objets doubles pendant fort longtemps, mais que peu à peu il vint à juger simples ceux qui lui étaient les plus familiers, et qu'enfin après bien du temps il les jugea tous simples comme auparavant, quoique ses yeux eussent toujours la mauvaise disposition que le coup avait occasionnée. Cela ne prouve-t-il pas encore bien évidemment que nous voyons en effet les objets doubles, et que ce n'est que par l'habitude que nous les jugeons simples? et si l'on demande pourquoi il faut si peu de temps aux enfants pour apprendre à les juger simples, et qu'il en faut tant à des personnes avancées en âge, lorsqu'il leur arrive par accident de les voir doubles, comme dans l'exemple que nous venons de citer, on peut répondre que les enfants n'ayant aucune habitude contraire à celle qu'ils acquièrent, il leur faut moins de temps pour rectifier leurs sensations, mais que les personnes qui ont pendant 20, 30 ou 40 ans vu les objets simples, parce qu'ils tombaient sur deux parties correspondantes de la rétine, et qui les voient doubles parce qu'ils ne tombent plus sur ces mêmes parties, ont le désavantage d'une habitude contraire à celle qu'ils veulent acquérir, et qu'il faut peut-être un exercice de 20, 30 ou 40 ans pour effacer les traces de cette ancienne habitude de juger; et l'on peut croire que s'il arrivait à des gens âgés un changement dans la direction des axes optiques de l'œil, et qu'ils vissent les objets doubles, leur vie ne serait plus assez longue pour qu'ils pussent rectifier leur jugement en effaçant les traces de la première habitude, et que par conséquent ils verraient tout le reste de leur vie les objets doubles.

Nous ne pouvons avoir par le sens de la vue aucune idée des distances; sans le toucher tous les objets nous paraîtraient être dans nos yeux, parce que les images de ces objets y sont en effet; et un enfant qui n'a encore rien touché doit être affecté comme si tous ces objets étaient en lui-même; il les voit seulement plus gros ou plus petits, selon qu'ils s'approchent ou qu'ils s'éloignent de ses yeux; une mouche qui s'approche de son œil doit lui paraître un animal d'une grandeur énorme; un cheval ou un bœuf qui en est éloigné lui paraît plus petit que la mouche : ainsi il ne peut avoir par ce sens aucune connaissance de la grandeur relative des objets, parce qu'il n'a aucune idée de la distance à laquelle il les voit; ce n'est qu'après avoir mesuré la distance en étendant la main ou en transportant son corps d'un lieu à un autre, qu'il peut acquérir cette idée de la distance et de la grandeur des objets : auparavant il ne connaît point du tout cette distance, et il ne peut juger de la grandeur d'un objet que par celle de l'image qu'il forme dans son œil. Dans ce cas le jugement de la grandeur n'est produit que par l'ouverture de l'angle formé par les deux rayons extrêmes de la partie supérieure et de la partie inférieure de l'objet : par conséquent il doit juger grand tout ce qui est près, et petit tout ce qui est loin de lui; mais après avoir acquis par le toucher ces idées de distance, le jugement de la grandeur des objets commence à se rectifier; on ne se fie plus à la première appréhension qui nous vient par les yeux pour juger de cette grandeur, on tâche de connaître la distance, on cherche en même temps à reconnaître l'objet par sa forme, et ensuite on juge de sa grandeur.

Il n'est pas douteux que dans une file de vingt soldats, le premier, dont je suppose qu'on soit fort près, ne nous parût beaucoup plus grand que le dernier si nous en jugions seulement par les yeux, et si par le toucher nous n'avions pas pris l'habitude de juger également grand le même objet, ou des objets semblables, à différentes distances. Nous savons que le dernier soldat est un soldat comme le premier, dès lors nous le jugeons de la même grandeur, comme nous jugerions que le premier serait toujours de la même grandeur quand il passerait de la tête à la queue de la file ; et comme nous avons l'habitude de juger le même objet toujours également grand à toutes les distances ordinaires auxquelles nous pouvons en reconnaître aisément la forme, nous ne nous trompons jamais sur cette grandeur que quand la distance devient trop grande, ou bien lorsque l'intervalle de cette distance n'est pas dans la direction ordinaire ; car une distance cesse d'être ordinaire pour nous toutes les fois qu'elle devient trop grande, ou bien qu'au lieu de la mesurer horizontalement nous la mesurons du haut en bas ou du bas en haut. Les premières idées de la comparaison de grandeur entre les objets nous son venues en mesurant, soit avec la main, soit avec le corps en marchant, la distance de ces objets relativement à nous et entre eux : toutes ces expériences par lesquelles nous avons rectifié les idées de grandeur que nous en donnait le sens de la vue ayant été faites horizontalement, nous n'avons pu acquérir la même habitude de juger de la grandeur des objets élevés ou abaissés au-dessous de nous, parce que ce n'est pas dans cette direction que nous les avons mesurés par le toucher, et c'est par cette raison et faute d'habitude à juger les distances dans cette direction, que lorsque nous nous trouvons au-dessus d'une tour élevée, nous jugeons les hommes et les animaux qui sont au-dessous beaucoup plus petits que nous ne les jugerions en effet à une distance égale qui serait horizontale, c'est-à-dire dans la direction ordinaire. Il en est de même d'un coq ou d'une boule qu'on voit au-dessus d'un clocher ; ces objets nous paraissent être beaucoup plus petits que nous ne les jugerions être en effet si nous les voyions dans la direction ordinaire et à la même distance horizontalement à laquelle nous les voyons verticalement.

Quoique avec un peu de réflexion il soit aisé de se convaincre de la vérité de tout ce que nous venons de dire au sujet du sens de la vue, il ne sera cependant pas inutile de rapporter ici les faits qui peuvent la confirmer. M. Cheselden, fameux chirurgien de Londres, ayant fait l'opération de la cataracte à un jeune homme de treize ans, aveugle de naissance, et ayant réussi à lui donner le sens de la vue, observa la manière dont ce jeune homme commençait à voir, et publia ensuite dans les *Transactions philosophiques*, n° 402, et dans le 55e article du *Tattler*, les remarques qu'il avait faites à ce sujet. Ce jeune homme, quoique aveugle, ne l'était pas absolument et entièrement : comme la cécité provenait d'une cataracte, il était dans le cas de tous les aveugles de cette espèce qui peuvent toujours distinguer le jour de la nuit; il distinguait même à une forte lumière le noir, le blanc et le rouge vif qu'on appelle écarlate, mais il ne voyait ni n'entrevoyait en aucune façon la forme des choses. On ne lui fit l'opération d'abord que sur l'un des yeux. Lorsqu'il vit pour la première fois, il était si éloigné de pouvoir juger en aucune façon des distances, qu'il croyait que tous les objets indifféremment touchaient ses yeux (ce fut l'expression dont il se servit) comme les choses qu'il palpait touchaient sa peau. Les objets qui lui étaient le plus agréables étaient ceux dont la forme était unie et la figure régulière quoiqu'il ne pût encore former aucun jugement sur leur forme, ni dire pourquoi ils lui paraissaient plus agréables que les autres ; il n'avait eu pendant le temps de son aveuglement que des idées si faibles des couleurs qu'il pouvait distinguer alors à une forte lumière, qu'elles n'avaient pas laissé des traces suffisantes pour qu'il pût les reconnaître lorsqu'il les vit en effet ; il disait que ces couleurs qu'il voyait n'étaient pas les mêmes que celles qu'il avait vues autrefois; il ne connaissait la forme d'aucun objet, et il ne distinguait aucune chose d'une autre, quelque différentes qu'elles pussent être de figure ou de grandeur : lorsqu'on lui montrait les choses qu'il connaissait auparavant par le toucher, il les regardait avec attention, et les observait avec soin pour les reconnaître une autre fois ; mais comme il avait trop d'objets à retenir à la fois, il en oubliait la plus grande partie, et dans le commencement qu'il apprenait (comme il disait) à voir et à connaître les objets, il oubliait mille choses pour une qu'il retenait. Il était fort surpris que les choses qu'il avait le mieux aimées n'étaient pas celles qui étaient le plus agréables à ses yeux ; il s'attendait à trouver les plus belles les personnes qu'il aimait le mieux. Il se passa plus de deux mois avant qu'il pût reconnaître que les tableaux représentaient des corps solides ; jusqu'alors il ne les avait considérés que comme des plans différemment colorés, et des surfaces diversifiées par la variété des couleurs ; mais lorsqu'il commença à reconnaître que ces tableaux représentaient des corps solides, il s'attendait à trouver en effet des corps solides en touchant la toile du tableau, et il fut extrêmement étonné, lorsqu'en touchant les parties qui par la lumière et les ombres lui paraissaient rondes et inégales, il les trouva plates et unies comme le reste; il demandait quel était donc le sens qui le trompait, si c'était la vue, ou si c'était le toucher. On lui montra alors un petit portrait de son père, qui était dans la boîte de la montre de sa mère; il dit qu'il connaissait bien que c'était la ressemblance de son père, mais il demandait avec un grand étonnement comment il était possible qu'un visage aussi large pût tenir dans un si petit lieu, que cela lui paraissait aussi impossible que de faire tenir un boisseau dans une pinte. Dans les commencements il ne pouvait supporter qu'une très petite lumière, et il voyait tous les objets extrêmement gros ; mais à mesure qu'il voyait des choses plus grosses en effet, il jugeait les premières plus petites : il croyait qu'il n'y avait rien au delà des limites de ce qu'il voyait ; il savait bien que la chambre dans laquelle il était ne faisait qu'une partie de la maison, cependant il ne pouvait concevoir comment la maison pouvait paraître plus grande que sa chambre. Avant qu'on lui eût fait l'opération, il n'espérait pas un grand plaisir du nouveau sens qu'on lui promettait, et il n'était touché que de l'avantage qu'il aurait de pouvoir apprendre à lire et à écrire ; il disait, par exemple, qu'il ne pouvait pas avoir plus de plaisir à se promener dans le jardin, lorsqu'il aurait ce sens, qu'il en avait, parce qu'il s'y promenait librement et aisément, et qu'il en connaissait tous les différents endroits ; il avait même très bien remarqué que son état de cécité lui avait donné un avantage sur les autres hommes, avantage qu'il conserva longtemps après avoir obtenu le sens de la vue, qui était d'aller la nuit plus aisément et plus sûrement que ceux qui voient. Mais lorsqu'il eut commencé à se servir de ce nouveau sens, il était transporté de joie, il disait que chaque nouvel objet était un délice nouveau, et que son plaisir était si grand qu'il ne pouvait l'exprimer. Un an après on le mena à Epsom, où la vue est très belle et très étendue ; il parut enchanté de ce spectacle, et il appelait ce paysage une nouvelle façon de voir. On lui fit la même opération sur l'autre œil plus d'un an après la première, et elle réussit également ; il vit d'abord de ce second œil les objets beaucoup plus grands qu'il ne les voyait de l'autre, mais cependant pas aussi grands qu'il les avait vus du premier œil ; et lorsqu'il regardait le même objet des deux yeux à la fois, il disait que cet objet lui paraissait une fois plus grand qu'avec son premier œil tout seul, mais il ne le voyait pas double, ou du moins on ne put pas s'assurer qu'il eût vu d'abord les objets doubles, lorsqu'on lui eut procuré l'usage de son second œil.

M. Cheselden rapporte quelques autres exemples d'aveugles qui ne se souvenaient pas d'avoir jamais vu, et auxquels il avait fait la même opération, et il assure que lorsqu'ils commençaient à apprendre à voir ils avaient dit les mêmes choses que le jeune homme dont nous venons de parler, mais à la vérité avec moins de détail, et qu'il avait observé sur tous que comme ils n'avaient jamais eu besoin de faire mouvoir leurs yeux pendant le temps de leur cécité, ils étaient fort embarrassés d'abord pour leur donner du mouvement et pour les diriger sur un objet en particulier, et que ce n'était que peu à peu, par degrés et avec le temps, qu'ils apprenaient à conduire leurs yeux et à les diriger sur les objets qu'ils désiraient de considérer (*a*).

(*a*) On trouvera un grand nombre de faits très intéressants au sujet des aveugles-nés dans un petit ouvrage (*) qui vient de paraître, et qui a pour titre : *Lettre sur les aveugles, à l'usage de ceux qui voient*. L'auteur y a répandu partout une métaphysique très fine et très vraie, par laquelle il rend raison de toutes les différences que doit produire dans l'esprit d'un homme la privation absolue du sens de la vue.

(*) De Diderot.

Lorsque par des circonstances particulières nous ne pouvons avoir une idée juste de la distance et que nous ne pouvons juger des objets que par la grandeur de l'angle ou plutôt de l'image qu'ils forment dans nos yeux, nous nous trompons alors nécessairement sur la grandeur de ces objets ; tout le monde a éprouvé qu'en voyageant la nuit, on prend un buisson dont on est près pour un grand arbre dont on est loin, ou bien on prend un grand arbre éloigné pour un buisson qui est voisin : de même si on ne connaît pas les objets par leur forme, et qu'on ne puisse avoir par ce moyen aucune idée de distance, on se trompera encore nécessairement ; une mouche qui passera avec rapidité à quelques pouces de distance de nos yeux nous paraîtra dans ce cas être un oiseau qui en serait à une très grande distance ; un cheval qui serait sans mouvement dans le milieu d'une campagne, et qui serait dans une attitude semblable, par exemple, à celle d'un mouton, ne nous paraîtra pas plus gros qu'un mouton, tant que nous ne reconnaîtrons pas que c'est un cheval ; mais dès que nous l'aurons reconnu, il nous paraîtra dans l'instant gros comme un cheval, et nous rectifierons sur-le-champ notre premier jugement.

Toutes les fois qu'on se retrouvera donc la nuit dans des lieux inconnus où l'on ne pourra juger de la distance, et où l'on ne pourra reconnaître la forme des choses à cause de l'obscurité, on sera en danger de tomber à tout instant dans l'erreur au sujet des jugements que l'on fera sur les objets qui se présenteront : c'est de là que vient la frayeur et l'espèce de crainte intérieure que l'obscurité de la nuit fait sentir à presque tous les hommes ; c'est sur cela qu'est fondée l'apparence des spectres et des figures gigantesques et épouvantables que tant de gens disent avoir vues ; on leur répond communément que ces figures étaient dans leur imagination, cependant elles pouvaient être réellement dans leurs yeux, et il est très possible qu'ils aient en effet vu ce qu'ils disent avoir vu, car il doit arriver nécessairement, toutes les fois qu'on ne pourra juger d'un objet que par l'angle qu'il forme dans l'œil, que cet objet inconnu grossira et grandira à mesure qu'on en sera plus voisin, et que s'il a paru d'abord au spectateur qui ne peut connaître ce qu'il voit, ni juger à quelle distance il le voit, que s'il a paru, dis-je, d'abord de la hauteur de quelques pieds lorsqu'il était à distance de vingt ou trente pas, il doit paraître haut de plusieurs toises lorsqu'il n'en sera plus éloigné que de quelques pieds, ce qui doit en effet l'étonner et l'effrayer, jusqu'à ce qu'enfin il vienne à toucher l'objet ou à le reconnaître, car dans l'instant même qu'il reconnaîtra ce que c'est, cet objet qui lui paraissait gigantesque diminuera tout à coup, et ne lui paraîtra plus avoir que sa grandeur réelle ; mais si l'on fuit, ou qu'on n'ose approcher, il est certain qu'on n'aura d'autre idée de cet objet que celle de l'image qu'il formait dans l'œil, et qu'on aura réellement vu une figure gigantesque ou épouvantable par la grandeur et par la forme. Le préjugé des spectres est donc fondé dans la nature, et ces apparences ne dépendent pas, comme le croient les philosophes, uniquement de l'imagination.

Lorsque nous ne pouvons prendre une idée de la distance par la comparaison de l'intervalle intermédiaire qui est entre nous et les objets, nous tâchons de reconnaître la forme de ces objets pour juger de leur grandeur; mais lorsque nous connaissons cette forme, et qu'en même temps nous voyons plusieurs objets semblables et de cette même forme, nous jugeons que ceux qui sont les plus éclairés sont les plus voisins, et que ceux qui nous paraissent les plus obscurs sont les plus éloignés, et ce jugement produit quelquefois des erreurs et des apparences singulières. Dans une file d'objets disposés sur une ligne droite, comme le sont, par exemple, les lanternes sur le chemin de Versailles en arrivant à Paris, de la proximité ou de l'éloignement desquelles nous ne pouvons juger que par le plus ou moins de lumière qu'elles envoient à notre œil, il arrive souvent que l'on voit toutes ces lanternes à droite au lieu de les voir à gauche, où elles sont réellement lorsqu'on les regarde de loin, comme d'un demi-quart de lieue. Ce changement de situation de gauche à droite est une apparence trompeuse, et qui est produite par la cause que nous venons d'indiquer; car, comme le spectateur n'a aucun indice de la distance où il est de ces lanternes que la quantité de lumière qu'elles lui envoient, il juge que la plus brillante de ces lumières est la première et celle de laquelle il est le plus voisin: or s'il arrive que les premières lanternes soient plus obscures, ou seulement si dans la file de ces lumières il s'en trouve une seule qui soit plus brillante et plus vive que les autres, cette lumière plus vive paraîtra au spectateur comme si elle était la première de la file, et il jugera dès lors que les autres, qui cependant la précèdent réellement, la suivent au contraire: or cette transposition apparente ne peut se faire, ou plutôt se marquer, que par le changement de leur situation de gauche à droite; car juger devant ce qui est derrière dans une longue file, c'est voir à droite ce qui est à gauche, ou à gauche ce qui est à droite.

Voilà les défauts principaux du sens de la vue, et quelques-unes des erreurs que ces défauts produisent; examinons à présent la nature, les propriétés et l'étendue de cet organe admirable, par lequel nous communiquons avec les objets les plus éloignés. La vue n'est qu'une espèce de toucher, mais bien différente du toucher ordinaire: pour toucher quelque chose avec le corps ou avec la main, il faut ou que nous nous approchions de cette chose ou qu'elle s'approche de nous, afin d'être à portée de pouvoir la palper, mais nous la pouvons toucher des yeux à quelque distance qu'elle soit, pourvu qu'elle puisse renvoyer une assez grande quantité de lumière pour faire impression sur cet organe, ou bien qu'elle puisse s'y peindre sous un angle sensible. Le plus petit angle sous lequel les hommes puissent voir les objets est d'environ une minute: il est rare de trouver des yeux qui puissent apercevoir un objet sous un angle plus petit ; cet angle donne, pour la plus grande distance à laquelle les meilleurs yeux peuvent apercevoir un objet, environ 3,436 fois le diamètre de cet objet : par exemple, on cessera de voir à 3,436 pieds de distance un objet haut et large d'un pied ; on cessera de voir un homme haut de cinq pieds, à la distance de 17,180 pieds ou d'une lieue et un tiers de lieue, en supposant même que ces objets soient éclairés du soleil. Je crois que cette estimation que l'on a faite de la portée des yeux est plutôt trop forte que trop faible, et qu'il y a en effet peu d'hommes qui puissent apercevoir les objets à d'aussi grandes distances.

Mais il s'en faut bien qu'on ait par cette estimation une idée juste de la force et de l'étendue de la portée de nos yeux, car il faut faire attention à une circonstance essentielle dont la considération prise généralement a, ce me semble, échappé aux auteurs qui ont écrit sur l'optique, c'est que la portée de nos yeux diminue ou augmente à proportion de la quantité de lumière qui nous environne, quoiqu'on suppose que celle de l'objet reste toujours la même ; en sorte que si le même objet, que nous voyons pendant le jour à la distance de 3,436 fois son diamètre, restait éclairé pendant la nuit de la même quantité de lumière dont il l'était pendant le jour, nous pourrions l'apercevoir à une distance cent fois plus grande, de la même façon que nous apercevons la lumière d'une chandelle pendant la nuit à plus de deux lieues, c'est-à-dire en supposant le diamètre de cette lumière égal à un pouce, à plus de 316,800 fois la longueur de son diamètre, au lieu que pendant le jour, et surtout à midi, on n'apercevra pas cette lumière à plus de dix ou douze mille fois la longueur de son diamètre, c'est-à-dire à plus de deux cent toises, si nous la supposons éclairée aussi bien que nos yeux par la lumière du soleil. Il en est de même d'un objet brillant sur lequel la lumière du soleil se réfléchit avec vivacité ; on peut l'apercevoir pendant le jour à une distance trois ou quatre fois plus grande que les autres objets, mais si cet objet était éclairé pendant la nuit de la même lumière dont il l'était pendant le jour, nous l'apercevrions à une distance infiniment plus grande que nous n'apercevons les autres objets ; on doit donc conclure que la portée de nos yeux est beaucoup plus grande que nous ne l'avons supposée d'abord, et que ce qui empêche que nous ne distinguions les objets éloignés est moins le défaut de lumière, ou la petitesse de l'angle sous lequel ils se peignent dans notre œil, que l'abondance de cette lumière dans les objets intermédiaires et dans ceux qui sont les plus voisins de notre œil, qui causent une sensation plus vive et empêchent que nous nous apercevions de la sensation plus faible que causent en même temps les objets éloignés. Le fond de l'œil est comme une toile sur laquelle se peignent les objets ; ce tableau a des parties plus brillantes, plus lumineuses, plus colorées que les autres parties ; quand les objets sont fort éloignés, ils ne peuvent se représenter que par des nuances très faibles qui disparaissent lorsqu'elles sont environnées de la vive lumière avec laquelle se peignent les objets voisins ; cette faible nuance est donc insensible et disparaît dans le tableau, mais si les objets voisins et intermédiaires n'envoient qu'une lumière plus faible que celle de l'objet éloigné, comme cela arrive dans l'obscurité lorsqu'on regarde une lumière, alors la nuance de l'objet éloigné étant plus vive que celle des objets voisins, elle est sensible et paraît dans le tableau, quand même elle serait réellement beaucoup plus faible qu'auparavant. De là il suit qu'en se mettant dans l'obscurité, on peut avec un long tuyau noirci faire une lunette d'approche sans verre, dont l'effet ne laisserait pas que d'être fort considérable pendant le jour ; c'est aussi par cette raison que du fond d'un puits ou d'une cave profonde on peut voir les étoiles en plein midi, ce qui était connu des anciens, comme il paraît par ce passage d'Aristote : « Manu enim admotâ aut per fistulam » longius cernet. Quidam ex foveis puteisque interdum stellas conspiciunt. »

On peut donc avancer que notre œil a assez de sensibilité pour pouvoir être ébranlé et affecté d'une manière sensible par des objets qui ne formeraient un angle que d'une seconde, et moins d'une seconde, quand ces objets ne réfléchiraient ou n'enverraient à l'œil qu'autant de lumière qu'ils en réfléchissaient lorsqu'ils étaient aperçus sous un angle d'une minute, et que par conséquent la puissance de cet organe est bien plus grande qu'elle ne paraît d'abord ; mais si ces objets, sans former un plus grand angle, avaient une plus grande intensité de lumière, nous les apercevrions encore de beaucoup plus loin. Une petite lumière fort vive, comme celle d'une étoile d'artifice, se verra de beaucoup plus loin qu'une lumière plus obscure et plus grande, comme celle d'un flambeau. Il y a donc trois choses à considérer pour déterminer la distance à laquelle nous pouvons apercevoir un objet éloigné : la première est la grandeur de l'angle qu'il forme dans notre œil, la seconde le degré de lumière des objets voisins et intermédiaires que l'on voit en même temps, et la troisième l'intensité de lumière de l'objet lui-même ; chacune de ces causes influe sur l'effet de la vision, et ce n'est qu'en les estimant et en les comparant qu'on peut déterminer dans tous les cas la distance à laquelle on peut apercevoir tel ou tel objet particulier. On peut donner une preuve sensible de cette influence qu'a sur la vision l'intensité de lumière. On sait que les lunettes d'approche et les microscopes sont des instruments de même genre, qui tous deux augmentent l'angle sous lequel nous apercevons les objets, soit qu'ils soient en effet très petits, soit qu'ils nous paraissent être tels à cause de leur éloignement. Pourquoi donc les lunettes d'approche font-elles si peu d'effet en comparaison des microscopes, puisque la plus longue et la meilleure lunette grossit à peine mille fois l'objet, tandis qu'un bon microscope semble le grossir un million de fois et plus ? Il est bien clair que cette différence ne vient que de l'intensité de la lumière, et que si l'on pouvait éclairer les objets, éloignés avec une lumière additionnelle, comme on éclaire les objets qu'on veut observer au microscope, on les verrait en effet infiniment mieux, quoiqu'on les vît toujours sous le même angle, et que les lunettes feraient sur les objets éloignés le même effet que les microscopes font sur les petits objets; mais ce n'est pas ici le lieu de m'étendre sur les conséquences utiles et pratiques qu'on peut tirer de cette réflexion.

La portée de la vue, ou la distance à laquelle on peut voir le même objet, est assez rarement la même pour chaque œil : il y a peu de gens qui aient les deux yeux également forts; lorsque cette inégalité de force est à un certain degré, on ne se sert que d'un œil, c'est-à-dire de celui dont on voit le mieux : c'est cette inégalité de portée de vue dans les yeux qui produit le regard louche, comme je l'ai prouvé dans ma dissertation sur le strabisme. (Voyez les *Mémoires de l'Académie*, année 1743.) Lorsque les deux yeux sont d'égale force et que l'on regarde le même objet avec les deux yeux, il semble qu'on devrait le voir une fois mieux qu'avec un seul œil; cependant la sensation qui résulte de ces deux espèces de vision paraît être la même. Il n'y a pas de différence sensible entre les sensations qui résultent de l'une et de l'autre façon de voir, et, après avoir fait sur cela des expériences, on a trouvé qu'avec deux yeux égaux en force on voyait mieux qu'avec un seul œil, mais d'une treizième partie seulement (*a*), en sorte qu'avec les deux yeux on voit l'objet comme s'il était éclairé de treize lumières égales, au lieu qu'avec un seul œil on ne le voit que comme s'il était éclairé de douze lumières. Pourquoi y a-t-il si peu d'augmentation? pourquoi ne voit-on pas une fois mieux avec les deux yeux qu'avec un seul? comment se peut-il que cette cause, qui est double, produise un effet simple ou presque simple? J'ai cru qu'on pouvait donner une réponse à cette question, en regardant la sensation comme une espèce de mouvement communiqué aux nerfs. On sait que les deux nerfs optiques se portent, au sortir du cerveau, vers la partie antérieure de la tête, où ils se réunissent, et qu'ensuite ils s'écartent l'un de l'autre en faisant un angle obtus avant que d'arriver aux yeux. Le mouvement, communiqué à ces nerfs par l'impression de chaque image, formée dans chaque œil en même temps, ne peut pas se propager jusqu'au cerveau, où je suppose que se fait le sentiment, sans passer par la partie réunie de ces deux nerfs : dès lors ces deux mouvements se composent et produisent le même effet que deux corps en mouvement sur les deux côtés d'un carré produisent sur un troisième corps, auquel ils font parcourir la diagonale; or, si l'angle avait environ cent quinze ou cent seize degrés d'ouverture, la diagonale du losange serait au côté comme treize à douze, c'est-à-dire comme la sensation résultante des deux yeux est à celle qui résulte d'un seul œil : les deux nerfs optiques étant donc écartés l'un de l'autre à peu près de cette quantité, on peut attribuer à cette position la perte de mouvement ou

(*a*) Voyez le Traité de M. Jurin, qui a pour titre : *Essay on distinct and indistinct vision.*

de sensation qui se fait dans la vision des deux yeux à la fois, et cette perte doit être d'autant plus grande que l'angle formé par les deux nerfs optiques est plus ouvert.

Il y a plusieurs raisons qui pourraient faire penser que les personnes qui ont la vue courte voient les objets plus grands que les autres hommes ne les voient; cependant c'est tout le contraire : ils les voient certainement plus petits. J'ai la vue courte et l'œil gauche plus fort que l'œil droit; j'ai mille fois éprouvé qu'en regardant le même objet, comme les lettres d'un livre, à la même distance, successivement avec l'un et ensuite avec l'autre œil, celui dont je vois le mieux et le plus loin est aussi celui avec lequel les objets me paraissent les plus grands, et en tournant l'un des yeux pour voir le même objet double, l'image de l'œil droit est plus petite que celle de l'œil gauche; ainsi je ne puis pas douter que plus on a la vue courte, et plus les objets paraissent être petits. J'ai interrogé plusieurs personnes dont la force ou la portée de chacun de leurs yeux était fort inégale : elles m'ont toutes assuré qu'elles voyaient les objets bien plus grands avec le bon qu'avec le mauvais œil. Je crois que, comme les gens qui ont la vue courte sont obligés de regarder de très près et qu'ils ne peuvent voir distinctement qu'un petit espace ou un petit objet à la fois, ils se font une unité de grandeur plus petite que les autres hommes dont les yeux peuvent embrasser distinctement un plus grand espace à la fois, et que par conséquent ils jugent relativement à cette unité tous les objets plus petits que les autres hommes ne les jugent. On explique la cause de la vue courte d'une manière assez satisfaisante par le trop grand renflement des humeurs réfringentes de l'œil; mais cette cause n'est pas unique, et l'on a vu des personnes devenir tout d'un coup myopes par accident, comme le jeune homme dont parle M. Smith dans son *Optique*, page 10 des notes, tome II, qui devint myope tout à coup en sortant d'un bain froid, dans lequel cependant il ne s'était pas entièrement plongé, et depuis ce temps-là il fut obligé de se servir d'un verre concave. On ne dira pas que le cristallin et l'humeur vitrée aient pu tout d'un coup se renfler assez pour produire cette différence dans la vision, et quand même on voudrait le supposer, comment concevra-t-on que ce renflement considérable, et qui a été produit en un instant, ait pu se conserver toujours au même point? En effet, la vue courte peut provenir aussi bien de la position respective des parties de l'œil, et surtout de la rétine, que de la forme des humeurs réfringentes; elle peut provenir d'un degré moindre de sensibilité dans la rétine, d'une ouverture moindre dans la pupille, etc.; mais il est vrai que pour ces deux dernières espèces de vues courtes les verres concaves seraient inutiles et même nuisibles. Ceux qui sont dans les deux premiers cas peuvent s'en servir utilement, mais jamais ils ne pourront voir avec le verre concave, qui leur convient le mieux, les objets aussi distinctement ni d'aussi loin que les autres hommes les voient avec les yeux seuls, parce que, comme nous venons de le dire, tous les gens qui ont la vue courte voient les objets plus petits que les autres; et lorsqu'ils font usage du verre concave, l'image de l'objet diminuant encore, ils cesseront de voir dès que cette image deviendra trop petite pour faire une trace sensible sur la rétine; par conséquent ils ne verront jamais aussi loin avec ce verre que les autres hommes voient avec les yeux seuls.

Les enfants, ayant les yeux plus petits que les personnes adultes, doivent aussi voir les objets plus petits, parce que le plus grand angle que puisse faire un objet dans l'œil est proportionné à la grandeur du fond de l'œil, et si l'on suppose que le tableau entier des objets qui se peignent sur la rétine est d'un demi-pouce pour les adultes, il ne sera que d'un tiers ou d'un quart de pouce pour les enfants : par conséquent ils ne verront pas non plus d'aussi loin que les adultes, puisque les objets leur paraissant plus petits, ils doivent nécessairement disparaître plus tôt; mais, comme la pupille des enfants est ordinairement plus large, à proportion du reste de l'œil, que la pupille des personnes adultes, cela peut compenser en partie l'effet que produit la petitesse de leurs yeux et leur faire apercevoir les objets d'un peu plus loin; cependant il s'en faut bien que la compensation soit complète, car on voit par expérience que les enfants ne lisent pas de si loin et ne peuvent pas apercevoir les objets éloignés d'aussi loin que les personnes adultes. La cornée, étant très flexible à cet âge, prend très aisément la convexité nécessaire pour voir de plus près ou de plus loin, et ne peut par conséquent être la cause de leur vue plus courte, et il me paraît qu'elle dépend uniquement de ce que leurs yeux sont plus petits.

Il n'est donc pas douteux que si toutes les parties de l'œil souffraient en même temps une diminution proportionnelle, par exemple de moitié, on ne vît tous les objets une fois plus petits. Les vieillards, dont les yeux, dit-on, se dessèchent, devraient avoir la vue plus courte; cependant c'est tout le contraire, ils voient de plus loin et cessent de voir distinctement de près : cette vue plus longue ne provient donc pas uniquement de la diminution ou de l'aplatissement des humeurs de l'œil, mais plutôt d'un changement de position entre les parties de l'œil, comme entre la cornée et le cristallin, ou bien entre l'humeur vitrée et la rétine, ce qu'on peut entendre aisément en supposant que la cornée devienne plus solide à mesure qu'on avance en âge, car alors elle ne pourra pas prêter aussi aisément, ni prendre la plus grande convexité qui est nécessaire pour voir les objets qui sont près, et elle se sera un peu aplatie en se desséchant avec l'âge, ce qui suffit seul pour qu'on puisse voir de plus loin les objets éloignés.

On doit distinguer dans la vision deux qualités qu'on regarde ordinairement comme la même; on confond mal à propos la vue claire avec la vue distincte, quoique réellement l'une soit bien différente de l'autre : on voit clairement un objet toutes les fois qu'il est assez éclairé pour qu'on puisse le reconnaître en général ; on ne le voit distinctement que lorsqu'on approche d'assez près pour en distinguer toutes les parties. Lorsqu'on aperçoit une tour ou un clocher de loin, on voit clairement cette tour ou ce clocher dès qu'on peut assurer que c'est une tour ou un clocher ; mais on ne les voit distinctement que quand on en est assez près pour reconnaître non seulement la hauteur, la grosseur, mais les parties mêmes dont l'objet est composé, comme l'ordre d'architecture, les matériaux, les fenêtres, etc. On peut donc voir clairement un objet sans le voir distinctement, et on peut le voir distinctement sans le voir en même temps clairement, parce que la vue distincte ne peut se porter que successivement sur les différentes parties de l'objet. Les vieillards ont la vue claire et non distincte : ils aperçoivent de loin les objets assez éclairés ou assez gros pour tracer dans l'œil une image d'une certaine étendue ; ils ne peuvent, au contraire, distinguer les petits objets, comme les caractères d'un livre, à moins que l'image n'en soit augmentée par le moyen d'un verre qui grossit. Les personnes qui ont la vue courte voient, au contraire, très distinctement les petits objets et ne voient pas clairement les grands, pour peu qu'ils soient éloignés, à moins qu'ils n'en diminuent l'image par le moyen d'un verre qui rapetisse. Une grande quantité de lumière est nécessaire pour la vue claire ; une petite quantité de lumière suffit pour la vue distincte : aussi les personnes qui ont la vue courte voient-elles à proportion beaucoup mieux la nuit que les autres.

Lorsqu'on jette les yeux sur un objet trop éclatant ou qu'on les fixe et les arrête trop longtemps sur le même objet, l'organe en est blessé et fatigué, la vision devient indistincte, et l'image de l'objet ayant frappé trop vivement ou occupé trop longtemps la partie de la rétine sur laquelle elle se peint, elle y forme une impression durable, que l'œil semble porter ensuite sur tous les autres objets : je ne dirai rien ici des effets de cet accident de la vue ; on en trouvera l'explication dans ma dissertation sur les couleurs accidentelles. (Voyez les *Mémoires de l'Académie*, année 1743.) Il me suffira d'observer que la trop grande quantité de lumière est peut-être tout ce qu'il y a de plus nuisible à l'œil, que c'est une des principales causes qui peuvent occasionner la cécité. On en a des exemples fréquents dans les pays du nord, où la neige, éclairée par le soleil, éblouit les yeux des voyageurs au point qu'ils sont obligés de se couvrir d'un crêpe pour n'être pas aveuglés. Il en est de même des plaines sablonneuses de l'Afrique : la réflexion de la lumière y est si vive qu'il n'est pas possible d'en soutenir l'effet sans courir le risque de perdre la vue ; les personnes qui écrivent ou qui lisent trop longtemps de suite doivent donc, pour ménager leurs yeux, éviter de travailler à une lumière trop forte ; il vaut beaucoup mieux faire usage d'une lumière trop faible, l'œil s'y accoutume bientôt : on ne peut tout au plus que le fatiguer en diminuant la quantité de lumière, et on ne peut manquer de le blesser en la multipliant.

DU SENS DE L'OUIE

Comme le sens de l'ouïe a de commun avec celui de la vue de nous donner la sensation des choses éloignées, il est sujet à des erreurs semblables et il doit nous tromper toutes les fois que nous ne pouvons pas rectifier par le toucher les idées qu'il produit : de la même façon que le sens de la vue ne nous donne aucune idée de la distance des objets, le sens de l'ouïe ne nous donne aucune idée de la distance des corps qui produisent le son ; un grand bruit fort éloigné et un petit bruit fort voisin produisent la même sensation, et à moins qu'on n'ait déterminé la distance par les autres sens, on ne sait point si ce qu'on a entendu est en effet un grand ou un petit bruit.

Toutes les fois qu'on entend un son inconnu, on ne peut donc pas juger par ce son de la distance, non plus que de la quantité d'action du corps qui le produit; mais dès que nous pouvons rapporter ce son à une unité connue, c'est-à-dire dès que nous pouvons savoir que ce bruit est de telle ou telle espèce, nous pouvons juger alors à peu près non seulement de la distance, mais encore de la quantité d'action : par exemple, si l'on entend un coup de canon ou le son d'une cloche, comme ces effets sont des bruits qu'on peut comparer avec des bruits de même espèce qu'on a autrefois entendus, on pourra juger grossièrement de la distance à laquelle on se trouve du canon ou de la cloche, et aussi de leur grosseur, c'est-à-dire de la quantité d'action.

Tout corps qui en choque un autre produit un son, mais ce son est simple dans les corps qui ne sont pas élastiques, au lieu qu'il se multiplie dans ceux qui ont du ressort. Lorsqu'on frappe une cloche ou un timbre de pendule, un seul coup produit d'abord un son qui se répète ensuite par les ondulations du corps sonore et se multiplie réellement autant de fois qu'il y a d'oscillations ou de vibrations dans le corps sonore. Nous devrions donc juger ces sons non pas comme simples, mais comme composés, si par l'habitude nous n'avions pas appris à juger qu'un coup ne produit qu'un son. Je dois rapporter ici une chose qui m'arriva il y a trois ans. J'étais dans mon lit à demi endormi ; ma pendule sonna et je comptai cinq heures, c'est-à-dire j'entendis distinctement cinq coups de marteau sur le timbre : je me levai sur-le-champ, et ayant approché la lumière, je vis qu'il n'était qu'une heure, et la pendule n'avait en effet sonné qu'une heure, car la sonnerie n'était point dérangée ; je conclus, après un moment de réflexion, que si l'on ne savait pas par expérience qu'un coup ne doit produire qu'un son, chaque vibration du timbre serait entendue comme un différent son et comme si plusieurs coups se succédaient réellement sur le corps sonore. Dans le moment que j'entendis sonner ma pendule, j'étais dans le cas où serait qualqu'un qui entendrait pour la première fois et qui, n'ayant aucune idée de la manière dont se produit le son, jugerait de la succession des différents sons sans préjugé aussi bien que sans règle, et par la seule impression qu'ils font sur l'organe, et dans ce cas il entendrait en effet autant de sons distincts qu'il y a de vibrations successives dans le corps sonore.

C'est la succession de tous ces petits coups répétés, ou, ce qui revient au même, c'est le nombre des vibrations du corps élastique qui fait le ton du son ; il n'y a point de ton dans un son simple ; un coup de fusil, un coup de fouet, un coup de canon, produisent des sons différents qui cependant n'ont aucun ton ; il en est de même de tous les autres sons qui ne durent qu'un instant. Le ton consiste donc dans la continuité du même son pendant un certain temps ; cette continuité de son peut être opérée de deux manières différentes : la première et la plus ordinaire est la succession des vibrations dans les corps élastiques et sonores, et la seconde pourrait être la répétition prompte et nombreuse du même coup sur les corps qui sont incapables de vibrations (*), car un corps à ressort qu'un seul coup ébranle et met en vibration agit à l'extérieur et sur notre oreille comme s'il était en effet frappé par autant de petits coups égaux qu'il fait de vibrations ; chacune de ces vibrations équivaut à un coup, et c'est ce qui fait la continuité de ce son et ce qui lui donne un ton ; mais si l'on veut trouver cette même continuité de son dans un corps non élastique et incapable de former des vibrations, il faudra le frapper de plusieurs coups égaux, successifs et très prompts : c'est le seul moyen de donner un ton au son que produit ce corps, et la répétition de ces coups égaux pourra faire dans ce cas ce que fait dans l'autre la succession des vibrations.

En considérant sous ce point de vue la production du son et des différents tons qui le modifient, nous reconnaîtrons que puisqu'il ne faut que la répétition de plusieurs coups égaux sur un corps incapable de vibrations pour produire un ton, si l'on augmente le nombre de ces coups égaux dans le même temps, cela ne fera que rendre le ton plus égal et plus sensible, sans rien changer ni au son ni à la nature du ton que ces coups produiront, mais qu'au contraire si on augmente la force des coups égaux, le son deviendra plus fort et le ton pourra changer : par exemple, si la force des coups est double de la

(*) Par l'expression « corps incapables de vibrations » Buffon entend bien certainement ceux qui ne sont que fort peu sonores ; tous les corps sont, en effet, capables de vibrations et vibrent réellement quand on les choque.

1 Perdrix rouge. 2 Pintade commune.

A. Le Vasseur Editeur

première elle produira un effet double, c'est-à-dire un son une fois plus fort que le premier, dont le ton sera à l'octave ; il sera une fois plus grave, parce qu'il appartient à un son qui est une fois plus fort, et qu'il n'est que l'effet continué d'une force double · si la force, au lieu d'être double de la première, est plus grande dans un autre rapport, elle produira des sons plus forts dans le même rapport, qui par conséquent auront chacun des tons proportionnels à cette quantité de force du son, ou, ce qui revient au même, de la force des coups qui le produisent, et non pas de la fréquence plus ou moins grande de ces coups égaux.

Ne doit-on pas considérer les corps élastiques qu'un seul coup met en vibration comme des corps dont la figure ou la longueur détermine précisément la force de ce coup, et la borne à ne produire que tel son qui ne peut être ni plus fort ni plus faible ? Qu'on frappe sur une cloche un coup une fois moins fort qu'un autre coup, on n'entendra pas d'aussi loin le son de cette cloche, mais on entendra toujours le même ton ; il en est de même d'une corde d'instrument, la même longueur donnera toujours le même ton : dès lors ne doit-on pas croire que dans l'explication qu'on a donnée de la production des différents tons par le plus ou le moins de fréquence des vibrations, on a pris l'effet pour la cause ? car les vibrations dans les corps sonores ne pouvant faire que ce que font les coups égaux répétés sur des corps incapables de vibrations, la plus grande ou la moindre fréquence de ces vibrations ne doit pas plus faire à l'égard des tons qui en résultent, que la répétition plus ou moins prompte des coups successifs doit faire au ton des corps non sonores : or, cette répétition plus ou moins prompte n'y change rien ; la fréquence des vibrations ne doit donc rien changer non plus, et le ton qui dans le premier cas dépend de la force du coup, dépend dans le second de la masse du corps sonore : s'il est une fois plus gros dans la même longueur, ou une fois plus long dans la même grosseur, le ton sera une fois plus grave, comme il l'est lorsque le coup est donné avec une fois plus de force sur un corps incapable de vibrations.

Si donc l'on frappe un corps incapable de vibrations avec une masse double, il produira un son qui sera double, c'est-à-dire, à l'octave en bas du premier, car c'est la même chose que si l'on frappait le même corps avec deux masses égales, au lieu de ne le frapper qu'avec une seule, ce qui ne peut manquer de donner au son une fois plus d'intensité. Supposons donc qu'on frappe deux corps incapables de vibrations, l'un avec une seule masse, et l'autre avec deux masses chacune égale à la première, le premier de ces corps produira un son dont l'intensité ne sera que la moitié de celle du son que produira le second ; mais si l'on frappe l'un de ces corps avec deux masses et l'autre avec trois, alors ce premier corps produira un son dont l'intensité sera moindre d'un tiers que celle du son que produira le second corps ; et de même si l'on frappe l'un de ces corps avec trois masses égales et l'autre avec quatre, le premier produira un son dont l'intensité sera moindre d'un quart que celle du son produit par le second : or de toutes les comparaisons possibles de nombre à nombre, celles que nous faisons le plus facilement sont celles d'un à deux, d'un à trois, d'un à quatre, etc. ; et de tous les rapports compris entre le simple et le double, ceux que nous apercevons le plus aisément sont ceux de deux contre un, de trois contre deux, de quatre contre trois, etc. ; ainsi nous ne pouvons pas manquer, en jugeant les sons, de trouver que l'octave est le son qui convient ou qui s'accorde le mieux avec le premier, et qu'ensuite ce qui s'accorde le mieux est la quinte et la quarte, parce que ces tons sont en effet dans cette proportion ; car, supposons que les parties osseuses de l'intérieur des oreilles soient des corps durs et incapables de vibrations, qui reçoivent les coups frappés par ces masses égales, nous rapporterons beaucoup mieux à une certaine unité de son, produit par une de ces masses, les autres sons qui seront produits par des masses dont les rapports seront à la première masse comme 1 à 2, ou 2 à 3, ou 3 à 4 parce que ce sont en effet les rapports que l'âme aperçoit le plus aisément. En considérant donc le son comme sensation, on peut donner la raison du plaisir que font les sons harmoniques ; il consiste dans la proportion du son fondamental aux autres sons : si ces autres sons mesurent exactement et par grandes parties le son fondamental, ils seront toujours harmoniques et agréables ; si au contraire ils sont incommensurables ou seulement commensurables par parties, ils seront discordants et désagréables.

On pourrait me dire qu'on ne conçoit pas trop comment une proportion peut causer du plaisir, et qu'on ne voit pas pourquoi tel rapport, parce qu'il est exact, est plus agréable que tel autre qui ne peut pas se mesurer exactement. Je répondrai que c'est cependant dans cette justesse de proportion que consiste la cause du plaisir, puisque toutes les fois que nos sens sont ébranlés de cette façon il en résulte un sentiment agréable, et qu'au contraire ils sont toujours affectés désagréablement par la disproportion. On peut se souvenir de ce que nous avons dit au sujet de l'aveugle-né auquel M. Cheselden donna la vue en lui abattant la cataracte : les objets qui lui étaient les plus agréables lorsqu'il commençait à voir étaient les formes régulières et unies ; les corps pointus et irréguliers étaient pour lui des objets désagréables ; il n'est donc pas douteux que l'idée de la beauté et le sentiment du plaisir, qui nous arrive par les yeux, ne naisse de la proportion et de la régularité ; il en est de même du toucher : les formes égales, rondes et uniformes nous font plus de plaisir à toucher que les angles, les pointes et les inégalités des corps raboteux ; le plaisir du toucher a donc pour cause, aussi bien que celui de la vue, la proportion des corps et des objets ; pourquoi le plaisir de l'oreille ne viendrait-il pas de la proportion des sons ?

Le son a, comme la lumière, non seulement la propriété de se propager au loin, mais encore celle de se réfléchir ; les lois de cette réflexion du son ne sont pas à la vérité aussi bien connues que celles de la réflexion de la lumière; on est seulement assuré qu'il se réfléchit à la rencontre des corps durs (*). Une montagne, un bâtiment, une muraille réfléchissent le son, quelquefois si parfaitement, qu'on croit qu'il vient réellement de ce côté opposé, et lorsqu'il se trouve des concavités dans ces surfaces planes, ou lorsqu'elles sont elles-mêmes régulièrement concaves, elles forment un écho qui est une réflexion du son plus parfaite et plus distincte; les voûtes dans un bâtiment, les rochers dans une montagne, les arbres dans une forêt, forment presque toujours des échos : les voûtes, parce qu'elles ont une figure concave régulière ; les rochers, parce qu'ils forment des voûtes et des cavernes, ou qu'ils sont disposés en forme concave et régulière, et les arbres, parce que dans le grand nombre de pieds d'arbres qui forment la forêt, il y en a presque toujours un certain nombre qui sont disposés et plantés les uns à l'égard des autres, de manière qu'ils forment une espèce de figure concave.

La cavité extérieure de l'oreille paraît être un écho où le son se réfléchit avec la plus grande précision ; cette cavité est creusée dans la partie pierreuse de l'os temporal, comme une concavité dans un rocher ; le son se répète et s'articule dans cette cavité, et ébranle ensuite la partie solide de la lame du limaçon ; cet ébranlement se communique à la partie membraneuse de cette lame ; cette partie membraneuse est une expansion du nerf auditif, qui transmet à l'âme ces différents ébranlements dans l'ordre où elle les reçoit : comme les parties osseuses sont solides et insensibles, elles ne peuvent servir qu'à recevoir et réfléchir le son ; les nerfs sont capables d'en produire la sensation. Or, dans l'organe de l'ouïe, la seule partie qui soit nerf est cette portion de la lame spirale; tout le reste est solide, et c'est par cette raison que je fais consister dans cette partie l'organe immédiat du son : on peut même le prouver par les réflexions suivantes.

L'oreille extérieure n'est qu'un accessoire à l'oreille intérieure : sa concavité, ses plis, peuvent servir à augmenter la quantité de son, mais on entend encore fort bien sans oreilles extérieures; on le voit par les animaux auxquels on les a coupées. La membrane du tympan, qui est ensuite la partie la plus extérieure de cet organe, n'est pas plus essentielle que l'oreille extérieure à la sensation du son ; il y a des personnes dans lesquelles cette membrane est détruite en tout ou en partie, qui ne laissent pas d'entendre fort distinctement : on voit des gens qui font passer de la bouche dans l'oreille et font sortir au dehors de la fumée de tabac, des cordons de soie, des lames de plomb, etc., et qui cependant ont le sens de l'ouïe tout aussi bon que les autres. Il en est encore à peu près de même des osselets de l'oreille: ils ne sont pas absolument nécessaires à l'exercice du sens de l'ouïe ; il est arrivé plus

(*) Les lois de la réflexion du son sont aujourd'hui aussi bien connues que celles de la lumière.

d'une fois que ces osselets se sont cariés et sont même sortis de l'oreille par morceaux après des suppurations, et ces personnes, qui n'avaient plus d'osselets, ne laissaient pas d'entendre ; d'ailleurs on sait que ces osselets ne se trouvent pas dans les oiseaux, qui cependant ont l'ouïe très fine et très bonne ; les canaux semi-circulaires paraissent être plus nécessaires : ce sont des espèces de tuyaux courbés dans l'os pierreux, qui semblent servir à diriger et conduire les parties sonores jusqu'à la partie membraneuse du limaçon sur laquelle se fait l'action du son et la production de la sensation.

Une incommodité des plus communes dans la vieillesse est la surdité : cela se peut expliquer fort naturellement par le plus de densité que doit prendre la partie membraneuse de la lame du limaçon ; elle augmente en solidité à mesure qu'on avance en âge : dès qu'elle devient trop solide on a l'oreille dure, et lorsqu'elle s'ossifie (*) on est entièrement sourd, parce qu'alors il n'y a plus aucune partie sensible dans l'organe qui puisse transmettre la sensation du son. La surdité qui provient de cette cause est incurable, mais elle peut aussi quelquefois venir d'une cause plus extérieure ; le canal auditif peut se trouver rempli et bouché par des matières épaisses : dans ce cas il me semble qu'on pourrait guérir la surdité, soit en seringuant des liqueurs ou en introduisant même des instruments dans ce canal ; et il y a un moyen fort simple pour reconnaître si la surdité est intérieure ou si elle n'est qu'extérieure, c'est-à-dire pour reconnaître si la lame spirale est en effet insensible, ou bien si c'est la partie extérieure du canal auditif qui est bouchée ; il ne faut pour cela que prendre une petite montre à répétition, la mettre dans la bouche du sourd et la faire sonner ; s'il entend ce son, sa surdité sera certainement causée par un embarras extérieur auquel il est toujours possible de remédier en partie.

J'ai aussi fait remarquer sur plusieurs personnes qui avaient l'oreille et la voix fausses, qu'elles entendaient mieux d'une oreille que d'une autre : on peut se souvenir de ce que j'ai dit au sujet des yeux louches ; la cause de ce défaut est l'inégalité de force ou de portée dans les yeux ; une personne louche ne voit pas d'aussi loin avec l'œil qui se détourne qu'avec l'autre ; l'analogie m'a conduit à faire quelques épreuves sur des personnes qui ont la voix fausse, et jusqu'à présent j'ai trouvé qu'elles avaient en effet une oreille meilleure que l'autre ; elles reçoivent donc à fois par les deux oreilles deux sensations inégales, ce qui doit produire une discordance dans le résultat total de la sensation, et c'est par cette raison qu'entendant toujours faux, ils chantent faux nécessairement, et sans pouvoir même s'en apercevoir (**). Ces

(*) Il n'y a jamais ossification du nerf auditif.

(**) L'opinion émise ici par Buffon ne repose sur aucun fait ; c'est une simple vue de l'esprit, et nous ignorons encore l'explication véritable des défauts si fréquents que l'on nomme « oreille fausse » et « voix fausse. »

personnes, dont les oreilles sont inégales en sensibilité, se trompent souvent sur le côté doù vient le son ; si leur bonne oreille est à droite, le son leur paraîtra venir beaucoup plus souvent du côté droit que du côté gauche. Au reste je ne parle ici que des personnes nées avec ce défaut ; ce n'est que dans ce cas que l'inégalité de sensibilité des deux oreilles leur rend l'oreille et la voix fausses, car ceux auxquels cette différence n'arrive que par accident, et qui viennent avec l'âge à avoir une des oreilles plus dure que l'autre n'auront pas pour cela l'oreille et la voix fausses, parce qu'ils avaient auparavant les oreilles également sensibles, qu'ils ont commencé par entendre et chanter juste, et que si dans la suite leurs oreilles deviennent inégalement sensibles et produisent une sensation de faux, ils la rectifient sur-le-champ par l'habitude où ils ont toujours été d'entendre juste et de juger en conséquence.

Les cornets ou entonnoirs servent à ceux qui ont l'oreille dure, comme les verres convexes servent à ceux dont les yeux commencent à baisser lorsqu'ils approchent de la vieillesse ; ceux-ci ont la rétine et la cornée plus dure et plus solide, et peut être aussi les humeurs de l'œil plus épaisses et plus denses ; ceux-là ont la partie membraneuse de la lame spirale plus solide et plus dure, il leur faut donc des instruments qui augmentent la quantité des parties lumineuses ou sonores qui doivent frapper ces organes : les verres convexes et les cornets produisent cet effet. Tout le monde connaît ces longs cornets avec lesquels on porte la voix à des distances assez grandes ; on pourrait aisément perfectionner cette machine, et la rendre à l'égard de l'oreille ce qu'est la lunette d'approche à l'égard des yeux ; mais il est vrai qu'on ne pourrait se servir de ce cornet d'approche que dans des lieux solitaires où toute la nature serait dans le silence, car les bruits voisins se confondent avec les sons éloignés beaucoup plus que la lumière des objets qui sont dans le même cas. Cela vient de ce que la propagation de la lumière se fait toujours en ligne droite, et que quand il se trouve un obstacle intermédiaire elle est presque totalement interceptée, au lieu que le son se propage à la vérité en ligne droite, mais quand il rencontre un obstacle intermédiaire, il circule autour de cet obstacle et ne laisse pas d'arriver ainsi obliquement à l'oreille presque en aussi grande quantité que s'il n'eût pas changé de direction.

L'ouïe est bien plus nécessaire à l'homme qu'aux animaux ; ce sens n'est dans ceux-ci qu'une propriété passive capable seulement de leur transmettre les impressions étrangères. Dans l'homme c'est non seulement une propriété passive, mais une faculté qui devient active par l'organe de la parole ; c'est en effet par ce sens que nous vivons en société, que nous recevons la pensée des autres, et que nous pouvons leur communiquer la nôtre : les organes de la voix seraient des instruments inutiles s'ils n'étaient mis en mouvement par ce sens ; un sourd de naissance est nécessairement muet, il ne doit avoir aucune connaissance des choses abstraites et générales (*). Je dois rapporter ici l'histoire abrégée d'un sourd de cette espèce, qui entendit tout à coup pour la première fois à l'âge de vingt-quatre ans, telle qu'on la trouve dans le volume de l'*Académie*, année 1703, page 18.

« M. Félibien, de l'Académie des Inscriptions, fit savoir à l'Académie des » sciences un événement singulier, peut-être inouï, qui venait d'arriver à » Chartres. Un jeune homme de vingt-trois à vingt-quatre ans, fils d'un » artisan, sourd et muet de naissance, commença tout d'un coup à parler, » au grand étonnement de toute la ville ; on sut de lui que quelque trois ou » quatre mois auparavant il avait entendu le son des cloches et avait été » extrêmement surpris de cette sensation nouvelle et inconnue; ensuite il » lui était sorti une espèce d'eau de l'oreille gauche, et il avait entendu par» faitement des deux oreilles; il fut ces trois ou quatre mois à écouter sans » rien dire, s'accoutumant à répéter tout bas les paroles qu'il entendait, et » s'affermissant dans la prononciation et dans les idées attachées aux mots; » enfin il se crut en état de rompre le silence, et il déclara qu'il parlait » quoique ce ne fût encore qu'imparfaitement; aussitôt des théologiens » habiles l'interrogèrent sur son état passé, et leurs principales questions » roulèrent sur Dieu, sur l'âme, sur la bonté ou la malice morale des actions ; » il ne parut pas avoir poussé ses pensées jusque-là ; quoiqu'il fût né de » parents catholiques, qu'il assistât à la messe, qu'il fut instruit à faire le » signe de la croix et à se mettre à genoux dans la contenance d'un homme » qui prie, il n'avait jamais joint à tout cela aucune intention, ni compris » celle que les autres y joignaient ; il ne savait pas bien distinctement ce que » c'était que la mort, et il n'y pensait jamais; il menait une vie purement » animale, tout occupé des objets sensibles et présents, et du peu d'idées » qu'il recevait par les yeux ; il ne tirait pas même de la comparaison de » ces idées tout ce qu'il semble qu'il en aurait pu tirer : ce n'est pas qu'il » n'eût naturellement de l'esprit, mais l'esprit d'un homme privé du com» merce des autres est si peu exercé et si peu cultivé, qu'il ne pense » qu'autant qu'il y est indispensablement forcé par les objets extérieurs ; » le plus grand fonds des idées des hommes est dans leur commerce » réciproque. »

Il serait cependant très possible de communiquer aux sourds ces idées qui leur manquent, et même de leur donner des notions exactes et précises des choses abstraites et générales par des signes et par l'écriture; un sourd de

(*) Les notions abstraites et générales résultent de la comparaison des connaissances acquises par les sens et par nos rapports avec nos semblables ou avec leurs œuvres; il est certain qu'un sourd et muet laissé sans instruction ne pourrait acquérir que des notions générales imparfaites; mais la vue, le toucher, le goût, lui permettraient encore d'en acquérir un certain nombre. L'instruction qu'on lui fait subir répare, dans une très large mesure, l'imperfection de ses sens.

naissance pourrait, avec le temps et des soins assidus, lire et comprendre tout ce qui serait écrit, et par conséquent écrire lui-même et se faire entendre sur les choses même les plus compliquées; il y en a, dit-on, dont on a suivi l'éducation avec assez de soin pour les amener à un point plus difficile encore, qui est de comprendre le sens des paroles par le mouvement des lèvres de ceux qui les prononcent; rien ne prouverait mieux combien les sens se ressemblent au fond, et jusqu'à quel point ils peuvent se suppléer; cependant il me paraît que comme la plus grande partie des sons se forment et s'articulent au dedans de la bouche par des mouvements de la langue qu'on n'aperçoit pas dans un homme qui parle à la manière ordinaire, un sourd et muet ne pourrait connaître de cette façon que le petit nombre des syllabes qui sont en effet articulées par le mouvement des lèvres.

Nous pouvons citer à ce sujet un fait tout nouveau, duquel nous venons d'être témoins. M. Rodrigue Pereire, portugais, ayant cherché les moyens les plus faciles pour faire parler les sourds et muets de naissance, s'est exercé assez longtemps dans cet art singulier pour le porter à un grand point de perfection; il m'amena, il y a environ quinze jours, son élève, M. d'Azy d'Étavigny; ce jeune homme, sourd et muet de naissance, est âgé d'environ 19 ans; M. Pereire entreprit de lui apprendre à parler, à lire, etc., au mois de juillet 1746; au bout de quatre mois, il prononçait déjà des syllabes et des mots, et, après dix mois, il avait l'intelligence d'environ treize cents mots, et il les prononçait tous assez distinctement. Cette éducation si heureusement commencée fut interrompue pendant neuf mois par l'absence du maître, et il ne reprit son élève qu'au mois de février 1748; il le retrouva bien moins instruit qu'il ne l'avait laissé; sa prononciation était devenue très vicieuse, et la plupart des mots qu'il avait appris étaient déjà sortis de sa mémoire, parce qu'il ne s'en était pas servi pendant un assez long temps pour qu'ils eussent fait des impressions durables et permanentes. M. Pereire commença donc à l'instruire, pour ainsi dire, de nouveau au mois de juin 1748, et depuis ce temps-là il ne l'a pas quitté jusqu'à ce jour (au mois de juin 1749). Nous avons vu ce jeune sourd et muet à l'une de nos assemblées de l'Académie; on lui a fait plusieurs questions par écrit : il y a très bien répondu, tant par l'écriture que par la parole; il a, à la vérité, la prononciation lente et le son de la voix rude, mais cela ne peut guère être autrement, puisque ce n'est que par l'imitation que nous amenons peu à peu nos organes à former des sons précis, doux et bien articulés, et comme ce jeune sourd et muet n'a pas même l'idée d'un son, et qu'il n'a par conséquent jamais tiré aucun secours de l'imitation, sa voix ne peut manquer d'avoir une certaine rudesse que l'art de son maître pourra bien corriger peu à peu jusqu'à un certain point. Le peu de temps que le maître a employé à cette éducation, et les progrès de l'élève qui, à la vérité, paraît avoir de la vivacité et de l'esprit, sont plus que suffisants pour démontrer qu'on peut, avec de l'art, amener tous les sourds et muets de naissance au point de commercer avec les autres hommes, car je suis persuadé que si l'on eût commencé à instruire ce jeune sourd dès l'âge de sept ou huit ans, il serait actuellement au même point où sont les sourds et muets qui ont autrefois parlé, et qu'il aurait un aussi grand nombre d'idées que les autres hommes en ont communément.

DES SENS EN GÉNÉRAL

Le corps animal est composé de plusieurs matières différentes dont les unes, comme les os, la graisse, le sang, la lymphe, etc., sont insensibles, et dont les autres, comme les membranes et les nerfs, paraissent être des matières actives desquelles dépendent le jeu de toutes les parties et l'action de tous les membres (*); les nerfs surtout sont l'organe immédiat du sentiment qui se diversifie et change, pour ainsi dire, de nature suivant leur différente disposition, en sorte que, selon leur position, leur arrangement, leur qualité, ils transmettent à l'âme des espèces différentes de sentiments, qu'on a distinguées par le nom de sensations, qui semblent, en effet, n'avoir rien de semblable entre elles. Cependant, si l'on fait attention que tous ces sens externes ont un sujet commun et qu'ils ne sont tous que des membranes nerveuses différemment disposées et placées, que les nerfs sont l'organe général du sentiment, que, dans le corps animal, nulle autre matière que les nerfs n'a cette propriété de produire le sentiment, on sera porté à croire que, les sens ayant tous un principe commun et n'étant que des formes variées de la même substance, n'étant en un mot que des nerfs différemment ordonnés et disposés, les sensations qui en résultent ne sont pas aussi essentiellement différentes entre elles qu'elles le paraissent.

L'œil doit être regardé comme une expansion du nerf optique, ou plutôt l'œil lui-même n'est que l'épanouissement d'un faisceau de nerfs, qui, étant exposé à l'extérieur plus qu'aucun autre nerf, est aussi celui qui a le sentiment le plus vif et le plus délicat (**) : il sera donc ébranlé par les plus petites parties de la matière, telles que sont celles de la lumière, et il nous donnera par conséquent une sensation de toutes les substances les plus éloignées, pourvu qu'elles soient capables de produire ou de réfléchir ces petites parti-

(*) Les membranes, telles que la peau, la muqueuse des intestins, etc., ne sont pas « sensibles » par elles-mêmes; elles doivent leur sensibilité aux nerfs qu'elles contiennent.

(**) Ce n'est pas parce que le nerf optique est « plus exposé à l'extérieur qu'aucun autre nerf » qu'il perçoit les impressions lumineuses; cela dépend de la nature même des éléments qui entrent dans la composition de la rétine. Toute cette page est plus fantaisiste que scientifique. Buffon admet une matière lumineuse, une matière sonore; en réalité la lumière, le son, etc., ne sont que des mouvements, des vibrations de la matière.

cules de matière. L'oreille, qui n'est pas un organe aussi extérieur que l'œil, et dans lequel il n'y a pas un aussi grand épanouissement de nerfs, n'aura pas le même degré de sensibilité et ne pourra pas être affectée par des parties de matière aussi petites que celles de la lumière, mais elle le sera par des parties plus grosses, qui sont celles qui forment le son, et nous donnera encore une sensation des choses éloignées qui pourront mettre en mouvement ces parties de matière : comme elles sont beaucoup plus grosses que celles de la lumière et qu'elles ont moins de vitesse, elles ne pourront s'étendre qu'à de petites distances, et par conséquent l'oreille ne nous donnera la sensation que de choses beaucoup moins éloignées que celles dont l'œil nous donne la sensation. La membrane qui est le siège de l'odorat, étant encore moins fournie de nerfs que celle qui fait le siège de l'ouïe, elle ne nous donnera la sensation que des parties de matière qui sont plus grosses et moins éloignées, telles que sont les particules odorantes des corps, qui sont probablement celles de l'huile essentielle qui s'en exhale et surnage, pour ainsi dire, dans l'air, comme les corps légers nagent dans l'eau ; et comme les nerfs sont encore en moindre quantité et qu'ils sont plus divisés sur le palais et sur la langue, les particules odorantes ne sont pas assez fortes pour ébranler cet organe : il faut que ces parties huileuses ou salines se détachent des autres corps et s'arrêtent sur la langue pour produire une sensation qu'on appelle le *goût* et qui diffère principalement de l'odorat, parce que ce dernier sens nous donne la sensation des choses à une certaine distance et que le goût ne peut nous la donner que par une espèce de contact qui s'opère au moyen de la fonte de certaines parties de matière, telles que les sels, les huiles, etc. Enfin, comme les nerfs sont le plus divisés qu'il est possible et qu'ils sont très légèrement parsemés dans la peau, aucune partie aussi petite que celles qui forment la lumière ou les sons, les odeurs ou les saveurs, ne pourra les ébranler ni les affecter d'une manière sensible, et il faudra de très grosses parties de matière, c'est-à-dire des corps solides, pour qu'ils puissent en être affectés : aussi le sens du toucher ne nous donne aucune sensation des choses éloignées, mais seulement de celles dont le contact est immédiat.

Il me paraît donc que la différence qui est entre nos sens ne vient que de la position plus ou moins extérieure des nerfs et de leur quantité plus ou moins grande dans les différentes parties qui constituent les organes (*). C'est par cette raison qu'un nerf ébranlé par un coup ou découvert par une blessure nous donne souvent la sensation de la lumière sans que l'œil y ait part, comme on a souvent aussi, par la même cause, des tintements et des sensations de sons, quoique l'oreille ne soit affectée par rien d'extérieur.

(*) C'est une erreur ; la différence qui existe entre nos sens, au point de vue des impressions qu'ils sont capables de percevoir, vient de la différence des éléments anatomiques qui les constituent.

Lorsque les petites particules de la matière lumineuse ou sonore se trouvent réunies en très grande quantité, elles forment une espèce de corps solide qui produit différentes espèces de sensations (*), lesquelles ne paraissent avoir aucun rapport avec les premières, car toutes les fois que les parties qui composent la lumière sont en très grande quantité, alors elles affectent non seulement les yeux, mais aussi toutes les parties nerveuses de la peau, et elles produisent dans l'œil la sensation de la lumière et dans le reste du corps la sensation de la chaleur, qui est une autre espèce de sentiment différent du premier, quoiqu'il soit produit par la même cause. La chaleur n'est donc que le toucher de la lumière qui agit comme corps solide ou comme une masse de matière en mouvement; on reconnaît évidemment l'action de cette masse en mouvement lorsqu'on expose des matières légères au foyer d'un bon miroir ardent : l'action de la lumière concentrée leur communique, avant même que de les échauffer, un mouvement qui les pousse et les déplace; la chaleur agit donc comme agissent les corps solides sur les autres corps, puisqu'elle est capable de les déplacer en leur communiquant un mouvement d'impulsion.

De même, lorsque les parties sonores se trouvent réunies en très grande quantité, elles produisent une secousse et un ébranlement très sensibles, et cet ébranlement est fort différent de l'action du son sur l'oreille. Une violente explosion, un grand coup de tonnerre ébranle les maisons, nous frappe et communique une espèce de tremblement à tous les corps voisins : le son agit donc aussi comme corps solide sur les autres corps, car ce n'est pas l'agitation de l'air qui cause cet ébranlement, puisque dans le temps qu'il se fait on ne remarque pas qu'il soit accompagné de vent, et que d'ailleurs, quelque violent que fût le vent, il ne produirait pas d'aussi fortes secousses. C'est par cette action des parties sonores qu'une corde en vibration en fait remuer une autre, et c'est par ce toucher du son que nous sentons nous-mêmes, lorsque le bruit est violent, une espèce de trémoussement fort différent de la sensation du son par l'oreille, quoiqu'il dépende de la même cause.

Toute la différence qui se trouve dans nos sensations ne vient donc que du nombre plus ou moins grand et de la position plus ou moins extérieure des nerfs, ce qui fait que les uns de ces sens peuvent être affectés par de petites particules de matière qui émanent des corps, comme l'œil, l'oreille et l'odorat; les autres par des parties plus grosses qui se détachent des corps au moyen du contact, comme le goût, et les autres par les corps ou même par les émanations des corps, lorsqu'elles sont assez réunies et assez abondantes pour former une espèce de masse solide, comme le toucher qui nous donne des sensations de la solidité, de la fluidité et de la chaleur des corps.

(*) Nous avons dit plus haut qu'il n'existe ni matière lumineuse ni matière sonore. La lumière est due aux vibrations de l'éther et le son aux vibrations des corps pondérables.

Un fluide diffère d'un solide parce qu'il n'a aucune partie assez grosse pour que nous puissions la saisir et la toucher par différents côtés à la fois ; c'est ce qui fait aussi que les fluides sont liquides ; les particules qui les composent ne peuvent être touchées par les particules voisines que dans un point ou un si petit nombre de points, qu'aucune partie ne peut avoir d'adhérence avec une autre partie. Les corps solides réduits en poudre, même impalpable, ne perdent pas absolument leur solidité parce que les parties, se touchant par plusieurs côtés, conservent de l'adhérence entre elles, et c'est ce qui fait qu'on en peut faire des masses et les serrer pour en palper une grande quantité à la fois.

Le sens du toucher est répandu dans le corps entier, mais il s'exerce différemment dans les différentes parties. Le sentiment qui résulte du toucher ne peut être excité que par le contact et l'application immédiate de la superficie de quelque corps étranger sur celle de notre propre corps : qu'on applique contre la poitrine ou sur les épaules d'un homme un corps étranger, il le sentira, c'est-à-dire il saura qu'il y a un corps étranger qui le touche, mais il n'aura aucune idée de la forme de ce corps parce que la poitrine ou les épaules ne touchant le corps que dans un seul plan, il ne pourra en résulter aucune connaissance de la figure de ce corps ; il en est de même de toutes les autres parties du corps qui ne peuvent pas s'ajuster sur la surface des corps étrangers et se plier pour embrasser à la fois plusieurs parties de leur superficie ; ces parties de notre corps ne peuvent donc nous donner aucune idée juste de leur forme ; mais celles qui, comme la main, sont divisées en plusieurs petites parties flexibles et mobiles, et qui peuvent par conséquent s'appliquer en même temps sur les différents plans de la superficie des corps, sont celles qui nous donnent en effet les idées de leur forme et de leur grandeur.

Ce n'est donc pas uniquement parce qu'il y a une plus grande quantité de houppes nerveuses à l'extrémité des doigts que dans les autres parties du corps, ce n'est pas, comme on le prétend vulgairement, parce que la main a le sentiment plus délicat qu'elle est en effet le principal organe du toucher : on pourrait dire, au contraire, qu'il y a des parties plus sensibles et dont le toucher est plus délicat, comme les yeux, la langue, etc.; mais c'est uniquement parce que la main est divisée en plusieurs parties toutes mobiles, toutes flexibles, toutes agissantes en même temps et obéissantes à la volonté, qu'elle est le seul organe qui nous donne des idées distinctes de la forme des corps. Le toucher n'est qu'un contact de superficie : qu'on suppute la superficie de la main et des cinq doigts, on la trouvera plus grande à proportion que celle de toute autre partie du corps, parce qu'il n'y en a aucune qui soit autant divisée ; ainsi elle a d'abord l'avantage de pouvoir présenter aux corps étrangers plus de superficie ; ensuite les doigts peuvent s'étendre, se raccourcir, se plier, se séparer, se joindre et s'ajuster à toutes sortes de surfaces, autre avantage qui suffirait pour rendre cette partie l'organe de ce sentiment exact et précis qui est nécessaire pour nous donner l'idée de la forme des corps. Si la main avait encore un plus grand nombre de parties, qu'elle fût, par exemple, divisée en vingt doigts, que ces doigts eussent un plus grand nombre d'articulations et de mouvements, il n'est pas douteux que le sentiment du toucher ne fût infiniment plus parfait dans cette conformation qu'il ne l'est, parce que cette main pourrait alors s'appliquer beaucoup plus immédiatement et plus précisément sur les différentes surfaces des corps ; et si nous supposions qu'elle fût divisée en une infinité de parties toutes mobiles et flexibles, et qui pussent toutes s'appliquer en même temps sur tous les points de la surface des corps, un pareil organe serait une espèce de géométrie universelle (si je puis m'exprimer ainsi) par le secours de laquelle nous aurions, dans le moment même de l'attouchement, des idées exactes et précises de la figure de tous les corps et de la différence, même infiniment petite, de ces figures. Si, au contraire, la main était sans doigts, elle ne pourrait nous donner que des notions très imparfaites de la forme des choses les plus palpables, et nous n'aurions qu'une connaissance très confuse des objets qui nous environnent, ou du moins il nous faudrait beaucoup plus d'expériences et de temps pour les acquérir.

Les animaux qui ont des mains paraissent être les plus spirituels (*) : les singes font des choses si semblables aux actions mécaniques de l'homme, qu'il semble qu'elles aient pour cause la même suite de sensations corporelles : tous les autres animaux qui sont privés de cet organe ne peuvent avoir aucune connaissance assez distincte de la forme des choses ; comme ils ne peuvent rien saisir et qu'ils n'ont aucune partie assez divisée et assez flexible pour pouvoir s'ajuster sur la superficie des corps, ils n'ont certainement aucune notion précise de la forme non plus que de la grandeur de ces corps ; c'est pour cela que nous les voyons souvent incertains ou effrayés à l'aspect des choses qu'ils devraient le mieux connaître et qui leur sont les plus familières. Le principal organe de leur toucher est dans leur museau, parce que cette partie est divisée en deux par la bouche et que la langue est une autre partie qui leur sert en même temps pour toucher les corps qu'on leur voit tourner et retourner avant que de les saisir avec les dents. On peut aussi conjecturer que les animaux qui, comme les seiches, les polypes et d'autres insectes, ont un grand nombre de bras ou de pattes qu'ils peuvent réunir et joindre, et avec lesquels ils peuvent saisir par différents endroits les corps étrangers, que ces animaux, dis-je, ont de l'avantage sur les autres et qu'ils connaissent et choisissent beaucoup mieux les choses qui leur

(*) Il me paraît presque inutile de prévenir le lecteur contre les idées fausses contenues dans les pages suivantes et si bien résumées dans cette proposition « les animaux qui ont des mains paraissent être les plus spirituels. » Il n'est pas douteux que les sens soient la source de toutes nos connaissances, mais le toucher est loin d'être le plus parfait de nos sens.

conviennent. Les poissons dont le corps est couvert d'écailles et qui ne peuvent se plier doivent être les plus stupides de tous les animaux, car ils ne peuvent avoir aucune connaissance de la forme des corps, puisqu'ils n'ont aucun moyen de les embrasser, et d'ailleurs l'impression du sentiment doit être très faible et le sentiment fort obtus, puisqu'ils ne peuvent sentir qu'à travers les écailles : ainsi tous les animaux dont le corps n'a point d'extrémités qu'on puisse regarder comme des parties divisées, telles que les bras, les jambes, les pattes, etc., auront beaucoup moins de sentiment par le toucher que les autres ; les serpents sont cependant moins stupides que les poissons, parce que, quoiqu'ils n'aient point d'extrémités et qu'ils soient recouverts d'une peau rude et écailleuse, ils ont la faculté de plier leur corps en plusieurs sens sur les corps étrangers, et par conséquent de les saisir en quelque façon et de les toucher beaucoup mieux que ne peuvent le faire les poissons dont le corps ne peut se plier.

Les deux grands obstacles à l'exercice du sens du toucher sont donc premièrement l'uniformité de la forme du corps de l'animal, ou, ce qui est la même chose, le défaut de parties différentes, divisées et flexibles, et secondement le revêtement de la peau, soit par du poil, de la plume, des écailles, des taies, des coquilles, etc. ; plus ce revêtement sera dur et solide, et moins le sentiment du toucher pourra s'exercer ; plus, au contraire, la peau sera fine et déliée, et plus le sentiment sera vif et exquis. Les femmes ont, entre autres avantages sur les hommes, celui d'avoir la peau plus belle et le toucher plus délicat.

Le fœtus, dans le sein de la mère, a la peau très déliée ; il doit donc sentir vivement toutes les impressions extérieures ; mais comme il nage dans une liqueur et que les liquides reçoivent et rompent l'action de toutes les causes qui peuvent occasionner des chocs, il ne peut être blessé que rarement et seulement par des coups ou des efforts très violents ; il a donc fort peu d'exercice de cette partie même du toucher qui ne dépend que de la finesse de la peau et qui est commune à tout le corps : comme il ne fait aucun usage de ses mains, il ne peut avoir de sensations ni acquérir aucune connaissance dans le sein de sa mère, à moins qu'on ne veuille supposer qu'il peut toucher avec ses mains différentes parties de son corps, comme son visage, sa poitrine, ses genoux, car on trouve souvent les mains du fœtus ouvertes ou fermées, appliquées contre son visage.

Dans l'enfant nouveau-né, les mains restent aussi inutiles que dans le fœtus parce qu'on ne lui donne la liberté de s'en servir qu'au bout de six ou sept semaines : les bras sont emmaillotés avec tout le reste du corps jusqu'à ce terme, et je ne sais pourquoi cette manière est en usage. Il est certain qu'on retarde par là le développement de ce sens important, duquel toutes nos connaissances dépendent, et qu'on ferait bien de laisser à l'enfant le libre usage de ses mains dès le lendemain de sa naissance : il acquerrait plus tôt les premières notions de la forme des choses, et qui sait jusqu'à quel point ces premières idées influent sur les autres? Un homme n'a peut-être beaucoup plus d'esprit qu'un autre que pour avoir fait, dans sa première enfance, un plus grand et un plus prompt usage de ce sens. Dès que les enfants ont la liberté de se servir de leurs mains, ils ne tardent pas à en faire un grand usage ; ils cherchent à toucher tout ce qu'on leur présente ; on les voit s'amuser et prendre plaisir à manier les choses que leur petite main peut saisir : il semble qu'ils cherchent à connaître la forme des corps en les touchant de tous côtés et pendant un temps considérable ; ils s'amusent ainsi, ou plutôt ils s'instruisent de choses nouvelles. Nous-mêmes dans le reste de la vie, si nous y faisons réflexion, nous amusons-nous autrement qu'en faisant ou en cherchant à faire quelque chose de nouveau ?

C'est par le toucher seul que nous pouvons acquérir des connaissances complètes et réelles ; c'est ce sens qui rectifie tous les autres sens dont les effets ne seraient que des illusions et ne produiraient que des erreurs dans notre esprit, si le toucher ne nous apprenait à juger. Mais comment se fait le développement de ce sens important? Comment nos premières connaissances arrivent-elles à notre âme? n'avons-nous pas oublié tout ce qui s'est passé dans les ténèbres de notre enfance? Comment retrouverons-nous la première trace de nos pensées? n'y a-t-il pas même de la témérité à vouloir remonter jusque-là? Si la chose était moins importante, on aurait raison de nous blâmer ; mais elle est peut-être plus que toute autre digne de nous occuper, et ne sait-on pas qu'on doit faire des efforts toutes les fois qu'on veut atteindre à quelque grand objet?

J'imagine donc un homme tel qu'on peut croire qu'était le premier homme au moment de la création, c'est-à-dire un homme dont le corps et les organes seraient parfaitement formés, mais qui s'éveillerait tout neuf pour lui-même et tout ce qui l'environne. Quels seraient ses premiers mouvements, ses premières sensations, ses premiers jugements? Si cet homme voulait nous faire l'histoire de ses premières pensées, qu'aurait-il à nous dire? quelle serait cette histoire? Je ne puis me dispenser de le faire parler lui-même, afin d'en rendre les faits plus sensibles : ce récit philosophique, qui sera court, ne sera pas une digression inutile.

« Je me souviens de cet instant plein de joie et de trouble, où je sentis » pour la première fois ma singulière existence; je ne savais ce que j'étais, » où j'étais, d'où je venais. J'ouvris les yeux, quel surcroît de sensations! » la lumière, la voûte céleste, la verdure de la terre, le cristal des eaux, » tout m'occupait, m'animait et me donnait un sentiment inexprimable de » plaisir; je crus d'abord que tous ces objets étaient en moi et faisaient » partie de moi-même.

» Je m'affermissais dans cette pensée naissante lorsque je tournai les yeux

» vers l'astre de la lumière; son éclat me blessa, je fermai involontairement » la paupière, et je sentis une légère douleur. Dans ce moment d'obscurité » je crus avoir perdu presque tout mon être.

» Affligé, saisi d'étonnement, je pensais à ce grand changement, quand » tout à coup j'entendis des sons; le chant des oiseaux, le murmure des airs, » formaient un concert dont la douce impression me remuait jusqu'au fond » de l'âme; j'écoutai longtemps, et je me persuadai bientôt que cette harmo- » nie était moi.

» Attentif, occupé tout entier de ce nouveau genre d'existence, j'oubliais » déjà la lumière, cette autre partie de mon être que j'avais connue la pre- » mière, lorsque je rouvris les yeux. Quelle joie de me retrouver en pos- » session de tant d'objets brillants! mon plaisir surpassa tout ce que j'avais » senti la première fois, et suspendit pour un temps le charmant effet des » sons.

» Je fixai mes regards sur mille objets divers, je m'aperçus bientôt que » je pouvais perdre et retrouver ces objets, et que j'avais la puissance de » détruire et de reproduire à mon gré cette belle partie de moi-même, et » quoiqu'elle me parût immense en grandeur par la quantité des accidents » de lumière et par la variété des couleurs, je crus reconnaître que tout » était contenu dans une portion de mon être.

» Je commençais à voir sans émotion et à entendre sans trouble, lorsqu'un » air léger, dont je sentis la fraîcheur, m'apporta des parfums qui me cau- » sèrent un épanouissement intime et me donnèrent un sentiment d'amour » pour moi-même.

» Agité par toutes ces sensations, pressé par les plaisirs d'une si belle » et si grande existence, je me levai tout d'un coup, et je me sentis trans- » porté par une force inconnue.

» Je ne fis qu'un pas; la nouveauté de ma situation me rendit immobile, » ma surprise fut extrême, je crus que mon existence fuyait; le mouvement » que j'avais fait avait confondu les objets, je m'imaginais que tout était en » désordre.

» Je portai la main sur ma tête, je touchai mon front et mes yeux, je par- » courus mon corps, ma main me parut alors être le principal organe de » mon existence; ce que je sentais dans cette partie était si distinct et si » complet, la jouissance m'en paraissait si parfaite en comparaison du plaisir » que m'avaient causé la lumière et les sons, que je m'attachai tout entier à » cette partie solide de mon être, et je sentis que mes idées prenaient de la » profondeur et de la réalité.

» Tout ce que je touchais sur moi semblait rendre à ma main senti- » ment pour sentiment, et chaque attouchement produisait dans mon âme » une double idée.

» Je ne fus pas longtemps sans m'apercevoir que cette faculté de sentir

» était répandue dans toutes les parties de mon être ; je reconnus bientôt » les limites de mon existence, qui m'avait paru d'abord immense en » étendue.

» J'avais jeté les yeux sur mon corps, je le jugeais d'un volume énorme » et si grand, que tous les objets qui avaient frappé mes yeux ne me parais- » saient être en comparaison que des points lumineux.

» Je m'examinai longtemps, je me regardais avec plaisir, je suivais ma » main de l'œil, et j'observais ses mouvements ; j'eus sur tout cela les idées » les plus étranges, je croyais que le mouvement de ma main n'était qu'une » espèce d'existence fugitive, une succession de choses semblables ; je l'ap- » prochai de mes yeux, elle me parut alors plus grande que tout mon corps, » et elle fit disparaître à ma vue un nombre infini d'objets.

» Je commençai à soupçonner qu'il y avait de l'illusion dans cette sensa- » tion qui me venait par les yeux ; j'avais vu distinctement que ma main » n'était qu'une petite partie de mon corps, et je ne pouvais comprendre » qu'elle fut augmentée au point de me paraître d'une grandeur démesurée ; » je résolus donc de ne me fier qu'au toucher, qui ne m'avait pas encore » trompé, et d'être en garde sur toutes les autres façons de sentir et d'être.

» Cette précaution me fut utile ; je m'étais remis en mouvement et je » marchais la tête haute et levée vers le ciel ; je me heurtai légèrement » contre un palmier ; saisi d'effroi, je portai ma main sur ce corps étranger, » je le jugeai tel, parce qu'il ne me rendit pas sentiment pour sentiment ; je » me détournai avec une espèce d'horreur, et je connus pour la première » fois qu'il y avait quelque chose hors de moi.

» Plus agité par cette nouvelle découverte que je ne l'avais été par toutes » les autres, j'eus peine à me rassurer, et après avoir médité sur cet événe- » ment je conclus que je devais juger des objets extérieurs comme j'avais » jugé des parties de mon corps, et qu'il n'y avait que le toucher qui pût » m'assurer de leur existence.

» Je cherchai donc à toucher tout ce que je voyais, je voulais toucher le » soleil, j'étendais les bras pour embrasser l'horizon, et je ne trouvais que le » vide des airs.

» A chaque expérience que je sentais, je tombais de surprise en surprise, » car tous les objets me paraissaient être également près de moi, et ce ne » fut qu'après une infinité d'épreuves que j'appris à me servir de mes yeux » pour guider ma main ; et comme elle me donnait des idées toutes diffé- » rentes des impressions que je recevais par le sens de la vue, mes sensa- » tions n'étant pas d'accord entre elles, mes jugements n'en étaient que plus » imparfaits, et le total de mon être n'était encore pour moi-même qu'une » existence de confusion.

» Profondément occupé de moi, de ce que j'étais, de ce que je pouvais » être, les contrariétés que je venais d'éprouver m'humilièrent ; plus je ré-

» fléchissais, plus il se présentait de doutes : lassé de tant d'incertitudes, » fatigué des mouvements de mon âme, mes genoux fléchirent et je me » trouvai dans une situation de repos. Cet état de tranquillité donna de nou- » velles forces à mes sens; j'étais assis à l'ombre d'un bel arbre, des fruits » d'une couleur vermeille descendaient en forme de grappe à la portée de ma » main; je les touchai légèrement, aussitôt ils se séparèrent de la branche, » comme la figue s'en sépare dans le temps de sa maturité.

» J'avais saisi un de ces fruits, je m'imaginais avoir fait une conquête, et » je me glorifiais de la faculté que je sentais de pouvoir contenir dans ma » main un autre être tout entier; sa pesanteur, quoique peu sensible, me » parut une résistance animée que je me faisais un plaisir de vaincre.

» J'avais approché ce fruit de mes yeux, j'en considérais la forme et les » couleurs; une odeur délicieuse me le fit approcher davantage, il se trouva » près de mes lèvres, je tirais à longues inspirations le parfum, et goûtais à » longs traits les plaisirs de l'odorat; j'étais intérieurement rempli de cet air » embaumé, ma bouche s'ouvrit pour l'exhaler, elle se rouvrit pour en re- » prendre, je sentis que je possédais un odorat intérieur plus fin, plus délicat » encore que le premier : enfin je goûtai.

» Quelle saveur! quelle nouveauté de sensation! Jusque-là je n'avais eu » que des plaisirs, le goût me donna le sentiment de la volupté, l'intimité de » la jouissance fit naître l'idée de la possession, je crus que la substance de » ce fruit était devenue la mienne, et que j'étais le maître de transformer les » êtres.

» Flatté de cette idée de puissance, incité par le plaisir que j'avais senti, » je cueillis un second et un troisième fruit, et je ne me lassais pas d'exercer » ma main pour satisfaire mon goût; mais une langueur agréable s'emparant » peu à peu de tous mes sens, appesantit mes membres et suspendit l'activité » de mon âme; je jugeai de son inaction par la mollesse de mes pensées; » mes sensations émoussées arrondissaient tous les objets et ne me présen- » taient que des images faibles et mal terminées; dans cet instant mes yeux, » devenus inutiles, se fermèrent, et ma tête n'étant plus soutenue par la » force des muscles, pencha pour trouver un appui sur le gazon.

» Tout fut effacé, tout disparut, la trace de mes pensées fut interrompue, » je perdis le sentiment de mon existence : ce sommeil fut profond, mais je » ne sais s'il fut de longue durée, n'ayant point encore l'idée du temps, et » ne pouvant le mesurer; mon réveil ne fut qu'une seconde naissance, et je » sentis seulement que j'avais cessé d'être.

» Cet anéantissement que je venais d'éprouver me donna quelque idée de » crainte, et me fit sentir que je ne devais pas exister toujours.

» J'eus une autre inquiétude : je ne savais si je n'avais pas laissé dans le » sommeil quelque partie de mon être; j'essayai mes sens, je cherchai à me » reconnaître.

» Mais tandis que je parcourais des yeux les bornes de mon corps pour » m'assurer que mon existence m'était demeurée tout entière, quelle fut ma » surprise de voir à mes côtés une forme semblable à la mienne! je la pris » pour un autre moi-même : loin d'avoir rien perdu pendant que j'avais » cessé d'être, je crus m'être doublé.

» Je portai ma main sur ce nouvel être, quel saisissement! ce n'était pas » moi, mais c'était plus que moi, mieux que moi ; je crus que mon exis- » tence allait changer de lieu et passer tout entière à cette seconde moitié » de moi-même.

» Je la sentis s'animer sous ma main, je la vis prendre de la pensée dans » mes yeux ; les siens firent couler dans mes veines une nouvelle source de » vie, j'aurais voulu lui donner tout mon être; cette volonté vive acheva mon » existence, je sentis naître un sixième sens.

» Dans cet instant l'astre du jour, sur la fin de sa course, éteignit son » flambeau ; je m'aperçus à peine que je perdais le sens de la vue, j'existais » trop pour craindre de cesser d'être, et ce fut vainement que l'obscurité où » je me trouvais me rappela l'idée de mon premier sommeil. »

VARIÉTÉS DANS L'ESPÈCE HUMAINE

Tout ce que nous avons dit jusqu'ici de la génération de l'homme, de sa formation, de son développement, de son état dans les différents âges de sa vie, de ses sens et de la structure de son corps, telle qu'on la connaît par les dissections anatomiques, ne fait encore que l'histoire de l'individu ; celle de l'espèce demande un détail particulier, dont les faits principaux ne peuvent se tirer que des variétés qui se trouvent entre les hommes des différents climats. La première et la plus remarquable de ces variétés est celle de la couleur (*), la seconde est celle de la forme et de la grandeur, et la troisième est celle du naturel des différents peuples: chacun de ces objets, considéré dans toute son étendue, pourrait fournir un ample traité; mais nous nous bornerons à ce qu'il y a de plus général et de plus avéré (**).

En parcourant, dans cette vue, la surface de la terre, et en commençant par le Nord, on trouve en Laponie et sur les côtes septentrionales de la Tartarie une race d'hommes de petite stature, d'une figure bizarre, dont la physionomie est aussi sauvage que les mœurs (***). Ces hommes, qui paraissent

(*) Buffon commet une erreur en considérant la couleur comme le plus important des caractères dont on doit tenir compte dans les classifications anthropologiques. Dans beaucoup de cas, la couleur coïncide avec d'autres caractères ethnologiques dont elle est, pour ainsi dire, corrélative et elle a pu servir à dénommer les races, mais, par elle-même, elle n'a qu'une importance secondaire; c'est surtout dans la forme du crâne et de la face et dans leurs dimensions relatives qu'il faut chercher les caractères ethnologiques principaux.

(**) Buffon ne discute pas la question de savoir s'il existe une ou plusieurs espèces d'hommes; il n'admet qu'une seule espèce subdivisée en plusieurs variétés. Les anthropologistes modernes sont à peu près tous du même avis. Le commencement de ce siècle a été marqué par d'âpres querelles entre les partisans des deux doctrines.

(***) On voit que Buffon réunit en une seule variété tous les peuples de petite taille qui habitent l'extrême nord des deux mondes. En cela il commet une erreur. Les Esquimaux se distinguent très nettement des Lapons par la forme du crâne; celui des premiers est très allongé, tandis que celui des seconds est d'une remarquable brièveté. La différence est tellement grande entre les deux qu'on peut les considérer comme les extrêmes opposés de la série des formes crâniennes présentées actuellement par l'espèce humaine. Les Esquimaux se rapprochent à cet égard des Néo-Calédoniens et des Bochimans, et surtout des Australiens, tandis que les Lapons ont la tête encore plus courte que les habitants à tête ronde des Alpes. Le crâne du Lapon a une capacité beaucoup moindre que celle du crâne des Esquimaux, etc. (Voy. : Hovelacque, *Buffon anthropologiste*, in *Revue internat. des sc. biolog.*; 1882, janvier, p. 33.)

avoir dégénéré de l'espèce humaine, ne laissent pas que d'être assez nombreux et d'occuper de très vastes contrées. Les lapons danois, suédois, moscovites et indépendants, les Zembliens, les Borandiens, les Samoïèdes, les Tartares septentrionaux, et peut-être les Ostiaques dans l'ancien continent, les Groenlandais et les sauvages au nord des Esquimaux, dans l'autre continent, semblent être tous de la même race qui s'est étendue et multipliée le long des côtes des mers septentrionales, dans des déserts et sous un climat inhabitable pour toutes les autres nations. Tous ces peuples ont le visage large (*a*), le nez camus et écrasé, l'iris de l'œil jaune brun et tirant sur le noir (*b*), les paupières retirées vers les tempes (*c*), les joues extrêmement élevées, la voix grêle, la tête grosse, les cheveux noirs et lisses, la peau basanée; ils sont très petits, trapus quoique maigres; la plupart n'ont que quatre pieds de hauteur, et les plus grands n'en ont que quatre et demi. Cette race est, comme l'on voit, bien différente des autres; il semble que ce soit une espèce particulière dont tous les individus ne sont que des avortons, car s'il y a des différences parmi ces peuples, elles ne tombent que sur le plus ou moins de difformité : par exemple, les Borandiens sont encore plus petits que les Lapons, ils ont l'iris de l'œil de la même couleur, mais le blanc est d'un jaune plus rougeâtre; ils sont aussi plus basanés et ils ont les jambes grosses, au lieu que les Lapons les ont menues. Les Samoïèdes sont plus trapus que les Lapons; ils ont la tête plus grosse, le nez plus large et le teint plus obscur; les jambes plus courtes, les genoux plus en dehors, les cheveux plus longs et moins de barbe. Les Groenlandais ont encore la peau plus basanée qu'aucun des autres; ils sont couleur d'olive foncée : on prétend même qu'il y en a parmi eux d'aussi noirs que les Éthiopiens. Chez tous ces peuples, les femmes sont aussi laides que les hommes et leur ressemblent si fort qu'on ne les distingue pas d'abord : celles de Groenland sont de fort petite taille, mais elles ont le corps proportionné; elles ont aussi les cheveux plus noirs et la peau moins douce que les femmes samoïèdes; leurs mamelles sont molles et si longues, qu'elles donnent à téter à leurs enfants par-dessus l'épaule; le bout de ces mamelles est noir comme du charbon, et la peau de leur corps est couleur olivâtre très foncé. Quelques voyageurs disent qu'elles n'ont de poil que sur la tête et qu'elles ne sont pas sujettes à l'évacuation périodique qui est ordinaire à leur sexe; elles ont le visage large, les yeux petits, très noirs et très vifs, les pieds courts aussi bien que les mains, et elles ressemblent pour le reste aux femmes samoïèdes. Les sauvages qui sont au nord des Esquimaux, et même dans la

(*a*) Voyez le *Voyage de Regnard*, t. Ier. de ses *Œuvres*, page 169. Voyez aussi *Il Genio vagante del conte Aurelio degli Anzi*. In Parma, 1691. Et les Voyages du Nord faits par les Hollandais.

(*b*) Voyez *Linnæi Fauna Suecica*. Stokholm, 1746. page 1.

(*c*) Voyez la Martinière, page 39.

partie septentrionale de l'île de Terre-Neuve, ressemblent à ces Groenlandais : ils sont, comme eux, de très petite stature, leur visage st large et plat, ils ont le nez camus, mais les yeux plus gros que les Lapons (*a*).

Non-seulement ces peuples se ressemblent par la laideur, la petitesse de la taille, la couleur des cheveux et des yeux, mais ils ont aussi tous à peu près les mêmes inclinations et les mêmes mœurs : ils sont tous également grossiers, superstitieux, stupides. Les Lapons danois ont un gros chat noir auquel ils disent tous leurs secrets et qu'ils consultent dans toutes leurs affaires, qui se réduisent à savoir s'il faut aller ce jour-là à la chasse ou à la pêche. Chez les Lapons suédois, il y a dans chaque famille un tambour pour consulter le diable, et, quoiqu'ils soient robustes et grands coureurs, ils sont si peureux, qu'on n'a jamais pu les faire aller à la guerre. Gustave-Adolphe avait entrepris d'en faire un régiment, mais il ne put jamais en venir à bout ; il semble qu'ils ne peuvent vivre que dans leur pays et à leur façon. Ils se servent, pour courir sur la neige, de patins fort épais de bois de sapin, longs d'environ deux aunes et larges d'un demi-pied ; ces patins sont relevés en pointe sur le devant et percés dans le milieu pour y passer un cuir qui tient le pied ferme et immobile ; ils courent sur la neige avec tant de vitesse qu'ils attrapent aisément les animaux les plus légers à la course ; ils portent un bâton ferré, pointu d'un bout et arrondi de l'autre : ce bâton leur sert à se mettre en mouvement, à se diriger, se soutenir, s'arrêter, et aussi à percer les animaux qu'ils poursuivent à la course ; ils descendent avec ces patins les fonds les plus précipités et montent les montagnes les plus escarpées. Les patins dont se servent les Samoïèdes sont bien plus courts et n'ont que deux pieds de longueur. Chez les uns et les autres, les femmes s'en servent comme les hommes ; ils ont aussi tous l'usage de l'arc, de l'arbalète, et on prétend que les Lapons moscovites lancent un javelot avec tant de force et de dextérité, qu'ils sont sûrs de mettre à trente pas dans un blanc de la largeur d'un écu, et qu'à cet éloignement ils perceraient un homme d'outre en outre ; ils vont tous à la chasse de l'hermine, du loup-cervier, du renard, de la marte, pour en avoir les peaux, et ils changent ces pelleteries contre de l'eau-de-vie et du tabac qu'ils aiment beaucoup. Leur nourriture est du poisson sec, de la chair de renne ou d'ours ; leur pain n'est que de la farine d'os de poisson broyée et mêlée avec de l'écorce tendre de pin ou de bouleau ; la plupart ne font aucun usage du sel ; leur boisson est de l'huile de baleine et de l'eau, dans laquelle ils laissent infuser des grains de genièvre. Ils n'ont, pour ainsi dire, aucune idée de religion ni d'un être suprême ; la plupart sont idolâtres et tous sont très superstitieux ; ils sont plus grossiers que sauvages, sans courage, sans respect pour soi-même, sans pudeur : ce peuple abject n'a de mœurs qu'assez pour être méprisé. Ils se baignent nus

(*a*) Voyez le *Recueil des voyages du Nord*, 1716, t. Ier, page 130, et t. III, page 6.

et tous ensemble, filles et garçons, mères et fils, frères et sœurs, et ne craignent point qu'on les voie dans cet état; en sortant de ces bains extrêmement chauds, ils vont se jeter dans une rivière très froide. Ils offrent aux étrangers leurs femmes et leurs filles et tiennent à grand honneur qu'on veuille bien coucher avec elles; cette coutume est également établie chez les Samoïèdes, les Borandiens, les Lapons et les Groenlandais. Les Lapones sont habillées l'hiver de peaux de rennes, et l'été de peaux d'oiseaux qu'elles ont écorchés; l'usage du linge leur est inconnu. Les Zembliennes ont le nez et les oreilles percés pour porter des pendants de pierre bleue; elles se font aussi des raies bleues au front et au menton; leurs maris se coupent la barbe en rond et ne portent point de cheveux. Les Groenlandaises s'habillent de peaux de chiens de mer; elles se peignent aussi le visage de bleu et de jaune, et portent des pendants d'oreilles. Tous vivent sous terre et dans des cabanes presque entièrement enterrées et couvertes d'écorces d'arbres ou d'os de poissons; quelques-uns font des tranchées souterraines pour communiquer de cabane en cabane chez leurs voisins pendant l'hiver. Une nuit de plusieurs mois les oblige à conserver de la lumière dans ce séjour par des espèces de lampes qu'ils entretiennent avec la même huile de baleine qui leur sert de boisson. L'été ils ne sont plus guère à leur aise que l'hiver, car ils sont obligés de vivre continuellement dans une épaisse fumée: c'est le seul moyen qu'ils aient imaginé pour se garantir de la piqûre des moucherons, plus abondants peut-être dans ce climat glacé qu'ils ne le sont dans les pays les plus chauds. Avec cette manière de vivre si dure et si triste, ils ne sont presque jamais malades et ils parviennent tous à une vieillesse extrême: les vieillards sont même si vigoureux qu'on a peine à les distinguer d'avec les jeunes; la seule incommodité à laquelle ils soient sujets, et qui est fort commune parmi eux, est la cécité; comme ils sont continuellement éblouis par l'éclat de la neige pendant l'hiver, l'automne et le printemps, et toujours aveuglés par la fumée pendant l'été, la plupart perdent les yeux en avançant en âge.

Les Samoïèdes, les Zembliens, les Borandiens, les Lapons, les Groenlandais et les sauvages du Nord au-dessus des Esquimaux, sont donc tous des hommes de même espèce, puisqu'ils se ressemblent par la forme, par la taille, par la couleur, par les mœurs et même par la bizarrerie des coutumes: celle d'offrir aux étrangers leurs femmes et d'être fort flattés qu'on veuille bien en faire usage peut venir de ce qu'ils connaissent leur propre difformité et la laideur de leurs femmes; ils trouvent apparemment moins laides celles que les étrangers n'ont pas dédaignées. Ce qu'il y a de certain, c'est que cet usage est général chez tous ces peuples, qui sont cependant fort éloignés les uns des autres et même séparés par une grande mer, et qu'on le retrouve chez les Tartares de Crimée, chez les Calmoucks et plusieurs autres peuples de Sibérie et de Tartarie qui sont presque aussi laids que ces peuples du Nord, au lieu que dans toutes les nations voisines, comme à la Chine, en Perse (*a*), où les femmes sont belles, les hommes sont jaloux à l'excès.

En examinant tous les peuples voisins de cette longue bande de terre qu'occupe la race lapone, on trouvera qu'ils n'ont aucun rapport avec cette race; il n'y a que les Ostiaques et les Tonguses qui leur ressemblent; ces peuples touchent aux Samoïèdes du côté du midi et du sud-est. Les Samoïèdes et les Borandiens ne ressemblent point aux Russiens; les Lapons ne ressemblent en aucune façon aux Finnois, aux Goths, aux Danois, aux Norvégiens; les Groenlandais sont tout aussi différents des sauvages du Canada; ces autres peuples sont grands, bien faits, et quoiqu'ils soient assez différents entre eux, ils le sont infiniment plus des Lapons. Mais les Ostiaques semblent être des Samoïèdes un peu moins laids et moins raccourcis que les autres, car ils sont petits et mal faits (*b*); ils vivent de poissons ou de viande crue, ils mangent la chair de toutes les espèces d'animaux sans aucun apprêt, ils boivent plus volontiers du sang que de l'eau; ils sont pour la plupart idolâtres et errants, comme les Lapons et les Samoïèdes; enfin ils me paraissent faire la nuance entre la race lapone et la race tartare, ou, pour mieux dire, les Lapons, les Samoïèdes, les Borandiens, les Zembliens, et peut-être les Groenlandais et les Pygmées du nord de l'Amérique sont des Tartares dégénérés autant qu'il est possible; les Ostiaques sont des Tartares qui ont moins dégénéré; les Tonguses encore moins que les Ostiaques, parce qu'ils sont moins petits et moins mal faits, quoique tout aussi laids. Les Samoïèdes et les Lapons sont environ sous le 68e ou 69e degré de latitude, mais les Ostiaques et les Tonguses habitent sous le 60e degré. Les Tartares, qui sont au 55e degré le long du Volga, sont grossiers, stupides et brutaux; ils ressemblent aux Tonguses, qui n'ont, comme eux, presque aucune idée de religion : ils ne veulent pour femmes que des filles qui ont eu commerce avec d'autres hommes.

La nation tartare (*), prise en général, occupe des pays immenses en Asie; elle est répandue dans toute l'étendue de terre qui est depuis la Russie jusqu'au Kamtchatka, c'est-à-dire dans un espace de onze à douze cents lieues en longueur sur plus de sept cent cinquante lieues de largeur, ce qui fait un terrain plus de vingt fois plus grand que celui de la France. Les Tar-

(*a*) La Boullaye dit qu'après la mort des femmes du Schah l'on ne sait où elles sont enterrées, afin de lui ôter tout sujet de jalousie, de même que les anciens Egyptiens ne voulaient point faire embaumer leurs femmes que quatre ou cinq jours après leur mort, de crainte que les chirurgiens n'eussent quelque tentation. *Voyage de La Boullaye*, page 110.

(*b*) Voyez le *Voyage d'Evertisbrand*, pages 212, 217, etc., et les nouveaux *Mémoires sur l'état de la Russie*, 1725, t. Ier, page 270.

(*) La deuxième variété de Buffon répond à la race mongolique de Cuvier et des anthropologistes modernes.

tares bornent la Chine du côté du nord et de l'ouest, les royaumes de Boutan, d'Ava, l'empire du Mogol et celui de Perse jusqu'à la mer Caspienne du côté du nord; ils se sont aussi répandus le long du Volga et de la côte occidentale de la mer Caspienne jusqu'au Daghestan; ils ont pénétré jusqu'à la côte septentrionale de la mer Noire, et ils se sont établis dans la Crimée et dans la petite Tartarie, près de la Moldavie et de l'Ukraine. Tous ces peuples ont le haut du visage fort large et ridé, même dans leur jeunesse, le nez court et gros, les yeux petits et enfoncés (*a*), les joues fort élevées, le bas du visage étroit, le menton long et avancé, la mâchoire supérieure enfoncée, les dents longues et séparées, les sourcils gros qui leur couvrent les yeux, les paupières épaisses, la face plate, le teint basané et olivâtre, les cheveux noirs; ils sont de stature médiocre, mais très forts et très robustes; ils n'ont que peu de barbe, et elle est par petits épis comme celle des Chinois; ils ont les cuisses grosses et les jambes courtes : les plus laids de tous sont les Calmoucks, dont l'aspect a quelque chose d'effroyable; ils sont tous errants et vagabonds, habitants sous des tentes de toile, de feutre, de peaux; ils mangent la chair de cheval, de chameau, etc., crue ou un peu mortifiée sous la selle de leur chevaux; ils mangent aussi du poisson desséché au soleil. Leur boisson la plus ordinaire est du lait de jument fermenté avec de la farine de millet; ils ont presque tous la tête rasée, à l'exception du toupet qu'ils laissent croître assez pour en faire une tresse de chaque côté du visage. Les femmes, qui sont aussi laides que les hommes, portent leurs cheveux; elles les tressent et y attachent de petites plaques de cuivre et d'autres ornements de cette espèce; la plupart de ces peuples n'ont aucune religion, aucune retenue dans leurs mœurs, aucune décence; ils sont tous voleurs, et ceux du Daghestan qui sont voisins des pays policés font un grand commerce d'esclaves et d'hommes, qu'ils enlèvent par force pour les vendre ensuite aux Turcs et aux Persans. Leurs principales richesses consistent en chevaux : il y en a peut-être plus en Tartarie qu'en aucun autre pays du monde. Ces peuples se font une habitude de vivre avec leurs chevaux, ils s'en occupent continuellement; ils les dressent avec tant d'adresse et les exercent si souvent, qu'il semble que ces animaux n'aient qu'un même esprit avec ceux qui les manient, car non seulement ils obéissent parfaitement au moindre mouvement de la bride, mais ils sentent, pour ainsi dire, l'intention et la pensée de celui qui les monte.

Pour connaître les différences particulières qui se trouvent dans cette race tartare, il ne faut que comparer les descriptions que les voyageurs ont faites de chacun des différents peuples qui la composent. Les Calmoucks qui habitent dans le voisinage de la mer Caspienne, entre les Moscovites et les grands

(*a*) Voyez les Voyages de Rubruquis, de Marc Paul, de Jean Struys, du P. Avril, etc.

Tartares, sont, selon Tavernier, des hommes robustes, mais les plus laids et les plus difformes qui soient sous le ciel; ils ont le visage si plat et si large que d'un œil à l'autre, il y a l'espace de cinq ou six doigts; leurs yeux sont extraordinairement petits, et le peu qu'ils ont de nez est si plat qu'on n'y voit que deux trous au lieu de narines; ils ont les genoux tournés en dehors et les pieds en dedans. Les Tartares du Daghestan sont, après les Calmoucks, les plus laids de tous les Tartares : les petits Tartares ou Tartares Nogais, qui habitent près de la mer Noire, sont beaucoup moins laids que les Calmoucks, mais ils ont cependant le visage large, les yeux petits, et la forme du corps semblable à celle des Calmoucks; et on peut croire que cette race de petits Tartares a perdu une partie de sa laideur, parce qu'ils se sont mêlés avec les Circassiens, les Moldaves et les autres peuples dont ils sont voisins. Les Tartares Vagolistes en Sibérie ont le visage large comme les Calmoucks, le nez court et gros, les yeux petits, et quoique leur langage soit différent de celui des Calmoucks, ils ont tant de ressemblance qu'on doit les regarder comme étant de la même race. Les Tartares Bratski sont, selon le P. Avril, de la même race que les Calmoucks. A mesure qu'on avance vers l'orient de la Tartarie indépendante, les traits des Tartares se radoucissent un peu, mais les caractères essentiels à leur race restent toujours; et enfin les Tartares Mongoux, qui ont conquis la Chine, et qui de tous ces peuples étaient les plus policés, sont encore aujourd'hui ceux qui sont les moins laids et les moins mal faits; ils ont cependant, comme tous les autres, les yeux petits, le visage large et plat, peu de barbe, mais toujours noire ou rousse (*a*), le nez écrasé et court, le teint basané, mais moins olivâtre. Les peuples du Thibet et des autres provinces méridionales de la Tartarie sont, aussi bien que les Tartares voisins de la Chine, beaucoup moins laids que les autres. M. Sanchez, premier médecin des armées russiennes, homme distingué par son mérite et par l'étendue de ses connaissances, a bien voulu me communiquer par écrit les remarques qu'il a faites en voyageant en Tartarie.

Dans les années 1735, 1736 et 1737, il a parcouru l'Ukraine, les bords du Don jusqu'à la mer de Zabache et les confins du Cuban jusqu'à Azoff; il a traversé les déserts qui sont entre les pays de Crimée et de Backmut; il a vu les Calmoucks qui habitent, sans avoir de demeure fixe, depuis le royaume de Cazan jusqu'au bord du Don; il a aussi vu les Tartares de Crimée et de Nogai, qui errent dans les déserts qui sont entre la Crimée et l'Ukraine, et aussi les Tartares Kergissi et Tcheremissi, qui sont au nord d'Astracan, depuis le 50e jusqu'au 60e degré de latitude. Il a observé que les Tartares de Crimée et de la province de Cuban jusqu'à Astracan sont de taille médiocre, qu'ils ont les épaules larges, le flanc étroit, les membres nerveux, les yeux

(*a*) Voyez Palafox, page 444.

noirs et le teint basané ; les Tartares Kergissi et Tcheremissi sont plus petits et plus trapus, ils sont moins agiles et plus grossiers, ils ont aussi les yeux noirs, le teint basané, le visage encore plus large que les premiers. Il observe que parmi ces Tartares on trouve plusieurs hommes et femmes qui ne leur ressemblent pas du tout ou qui ne leur ressemblent qu'imparfaitement, et dont quelques-uns sont aussi blancs que les Polonais. Comme il y a parmi ces nations plusieurs esclaves, hommes et femmes, enlevés en Pologne et en Russie, que leur religion leur permet la polygamie et la multiplicité des concubines, et que leurs sultans ou murzas, qui sont les nobles de ces nations, prennent leurs femmes en Circassie ou en Géorgie, les enfants qui naissent de ces alliances sont moins laids et plus blancs que les autres. Il y a même parmi ces Tartares un peuple entier dont les hommes et les femmes sont d'une beauté singulière : ce sont les Kabardinski. M. Sanchez dit en avoir rencontré trois cents à cheval qui venaient au service de la Russie, et il assure qu'il n'a jamais vu de plus beaux hommes, et d'une figure plus noble et plus mâle ; ils ont le visage beau, frais et vermeil, les yeux grands, vifs et noirs, la taille haute et bien prise ; il dit que le lieutenant général de Serapikin, qui avait demeuré longtemps en Kabarda, lui avait assuré que les femmes étaient aussi belles que les hommes ; mais cette nation si différente des Tartares qui l'environnent, vient originairement de l'Ukraine, à ce que dit M. Sanchez, et a été transportée en Kabarda il y a environ 150 ans.

Ce sang tartare s'est mêlé d'un côté avec les Chinois et de l'autre avec les Russes orientaux ; et ce mélange n'a pas fait disparaître en entier les traits de cette race, car il y a parmi les Moscovites beaucoup de visages tartares, et quoique en général cette nation soit du même sang que les autres nations européennes, on y trouve cependant beaucoup d'individus qui ont la forme du corps carrée, les cuisses grosses et les jambes courtes comme les Tartares ; mais les Chinois ne sont pas à beaucoup près aussi différents des Tartares que le sont les Moscovites, et il n'est pas même sûr qu'ils soient d'une autre race ; la seule chose qui pourrait le faire croire, c'est la différence totale du naturel, des mœurs et des coutumes de ces deux peuples. Les Tartares en général sont naturellement fiers, belliqueux, chasseurs ; ils aiment la fatigue, l'indépendance ; ils sont durs et grossiers jusqu'à la brutalité. Les Chinois ont des mœurs tout opposées ; ce sont des peuples mous, pacifiques, indolents, superstitieux, soumis, dépendants jusqu'à l'esclavage, cérémonieux, complimenteurs jusqu'à la fadeur et à l'excès ; mais si on les compare aux Tartares par la figure et par les traits, on y trouvera des caractères d'une ressemblance non équivoque.

Les Chinois, selon Jean Hugon, ont les membres bien proportionnés, et sont gros et gras ; ils ont le visage large et rond, les yeux petits, les sourcils grands, les paupières élevées, le nez petit et écrasé ; ils n'ont que sept ou huit épis de barbe noire à chaque lèvre, et fort peu au menton : ceux qui habitent les provinces méridionales sont plus bruns et ont le teint plus basané que les autres; ils ressemblent par la couleur aux peuples de la Mauritanie et aux Espagnols les plus basanés, au lieu que ceux qui habitent les provinces du milieu de l'empire sont blancs comme les Allemands. Selon Dampier et quelques autres voyageurs, les Chinois ne sont pas tous à beaucoup près gros et gras, mais il est vrai qu'ils font grand cas de la grosse taille et de l'embonpoint. Ce voyageur dit même, en parlant des habitants de l'île Saint-Jean, sur les côtes de la Chine, que les Chinois sont grands, droits et peu chargés de graisse, qu'ils ont le visage long et le front haut, les yeux petits, le nez assez large et assez élevé dans le milieu, la bouche ni grande ni petite, les lèvres assez déliées, le teint couleur de cendre, les cheveux noirs, qu'ils ont peu de barbe, qu'ils l'arrachent et n'en laissent venir que quelques poils au menton et à la lèvre supérieure. Selon Le Gentil, les Chinois n'ont rien de choquant dans la physionomie; ils sont naturellement blancs, surtout dans les provinces septentrionales; ceux que la nécessité oblige de s'exposer aux ardeurs du soleil sont basanés, surtout dans les provinces du Midi; ils ont en général les yeux petits et ovales, le nez court, la taille épaisse et d'une hauteur médiocre : il assure que les femmes font tout ce qu'elles peuvent pour faire paraître leurs yeux petits, et que les jeunes filles instruites par leur mère se tirent continuellement les paupières, afin d'avoir les yeux petits et longs, ce qui, joint à un nez écrasé et à des oreilles longues, larges, ouvertes et pendantes, les rend beautés parfaites; il prétend qu'elles ont le teint beau, les lèvres fort vermeilles, la bouche bien faite, les cheveux fort noirs, mais que l'usage du bétel leur noircit les dents, et que celui du fard dont elles se servent leur gâte si fort la peau qu'elles paraissent vieilles avant l'âge de trente ans.

Palafox assure que les Chinois sont plus blancs que les Tartares orientaux leurs voisins, qu'ils ont aussi moins de barbe, mais qu'au reste il y a peu de différence entre les visages de ces deux nations; il dit qu'il est très rare de voir à la Chine ou aux Philippines des yeux bleus, et que jamais on n'en a vu dans ce pays qu'aux Européens ou à des personnes nées dans ces climats de parents européens.

Inigo de Biervillas prétend que les femmes chinoises sont mieux faites que les hommes : ceux-ci, selon lui, ont le visage large et le teint assez jaune, le nez gros et fait à peu près comme une nèfle, et pour la plupart écrasé, la taille épaisse à peu près comme celle des Hollandais; les femmes, au contraire, ont la taille dégagée, quoiqu'elles aient presque toutes de l'embonpoint, le teint et la peau admirables, les yeux les plus beaux du monde; mais à la vérité il y en a peu, dit-il, qui aient le nez bien fait, parce qu'on le leur écrase dans leur jeunesse.

Les voyageurs hollandais s'accordent tous à dire que les Chinois ont, en général, le visage large, les yeux petits, le nez camus et presque point de barbe ; que ceux qui sont nés à Canton et tout le long de la côte méridionale sont aussi basanés que les habitants de Fez en Afrique, mais que ceux des provinces intérieures sont blancs pour la plupart. Si nous comparons maintenant les descriptions de tous ces voyageurs que nous venons de citer avec celles que nous avons faites des Tartares, nous ne pourrons guère douter que, quoiqu'il y ait de la variété dans la forme du visage et de la taille des Chinois, ils n'aient cependant beaucoup plus de rapport avec les Tartares qu'avec aucun autre peuple, et que ces différences et cette variété ne viennent du climat et du mélange des races : c'est le sentiment de Chardin.

« Les petits Tartares, dit ce voyageur, ont communément la taille plus » petite de quatre pouces que la nôtre, et plus grosse à proportion ; leur teint » est rouge et basané ; leurs visages sont plats, larges et carrés ; ils ont le » nez écrasé et les yeux petits. Or, comme ce sont là tout à fait les traits des » habitants de la Chine, j'ai trouvé, après avoir bien observé la chose durant » mes voyages, qu'il y a la même configuration de visage et de taille dans » tous les peuples qui sont à l'orient et au septentrion de la mer Caspienne » et à l'orient de la presqu'île de Malacca, ce qui depuis m'a fait croire que » ces divers peuples sortent tous d'une même souche, quoiqu'il paraisse des » différences dans leur teint et dans leurs mœurs, car, pour ce qui est du » teint, la différence vient de la qualité du climat et de celle des aliments, » et à l'égard des mœurs la différence vient aussi de la nature du terroir et » de l'opulence plus ou moins grande (a). »

Le père Parennin, qui, comme l'on sait, a demeuré si longtemps à la Chine et en a si bien observé les peuples et les mœurs, dit que les voisins des Chinois du côté de l'occident depuis le Thibet en allant au nord jusqu'à Chamo, semblent être différents des Chinois par les mœurs, par la langue, par les traits du visage et par la configuration extérieure ; que ce sont gens ignorants, grossiers, fainéants, défauts rares parmi les Chinois ; que, quand il vient quelqu'un de ces Tartares à Pékin et qu'on demande aux Chinois la raison de cette différence, ils disent que cela vient de l'eau et de la terre, c'est-à-dire de la nature du pays qui opère ce changement sur le corps et même sur l'esprit des habitants. Il ajoute que cela paraît encore plus vrai à la Chine que dans tous les autres pays qu'il ait vus, et qu'il se souvient qu'ayant suivi l'empereur jusqu'au 48e degré de latitude nord dans la Tartarie, il y trouva des Chinois de Nankin qui s'y étaient établis, et que leurs enfants y étaient devenus de vrais Mongoux, ayant la tête enfoncée dans les épaules, les jambes cagneuses, et dans tout l'air une grossièreté et une malpropreté qui rebutait. (Voyez la *Lettre du P. Parennin*, datée de Pékin le 28 septembre 1735. Recueil XXIV des *Lettres édifiantes*.)

(a) Voyez les *Voyages de Chardin*. Amsterdam. 1711, t. III, page 86.

Les Japonais sont assez semblables aux Chinois pour qu'on puisse les regarder comme ne faisant qu'une seule et même race d'hommes; ils sont seulement plus jaunes ou plus bruns, parce qu'ils habitent un climat plus méridional; en général, ils sont de forte complexion, ils ont la taille ramassée, le visage large et plat, le nez de même, les yeux petits (*a*), peu de barbe, les cheveux noirs; ils sont d'un naturel fort altier, aguerris, adroits, vigoureux, civils et obligeants, parlant bien, féconds en compliments, mais inconstants et fort vains; ils supportent avec une constance admirable la faim, la soif, le froid, le chaud, les veilles, la fatigue et toutes les incommodités de la vie, de laquelle ils ne font pas grand cas; ils se servent, comme les Chinois, de petits bâtons pour manger, et font aussi plusieurs cérémonies ou plutôt plusieurs grimaces et plusieurs mines fort étranges pendant le repas; ils sont laborieux et très habiles dans les arts et dans tous les métiers; ils ont, en un mot, à très peu près le même naturel, les mêmes mœurs et les mêmes coutumes que les Chinois.

L'une des plus bizarres, et qui est commune à ces deux nations, est de rendre les pieds des femmes si petits, qu'elles ne peuvent presque se soutenir. Quelques voyageurs disent qu'à la Chine, quand une fille a passé l'âge de trois ans, on lui casse le pied, en sorte que les doigts sont rabattus sous la plante, qu'on y applique une eau forte qui brûle les chairs et qu'on l'enveloppe de plusieurs bandages jusqu'à ce qu'il ait pris son pli; ils ajoutent que les femmes ressentent cette douleur pendant toute leur vie, qu'elles peuvent à peine marcher, et que rien n'est plus désagréable que leur démarche; que cependant elles souffrent cette incommodité avec joie, et que, comme c'est un moyen de plaire, elles tâchent de se rendre le pied aussi petit qu'il leur est possible. D'autres voyageurs ne disent pas qu'on leur casse le pied dans leur enfance, mais seulement qu'on le serre avec tant de violence qu'on l'empêche de croître, et ils conviennent assez unanimement qu'une femme de condition, ou seulement une jolie femme, à la Chine, doit avoir le pied assez petit pour trouver trop aisée la pantoufle d'un enfant de six ans.

Les Japonais et les Chinois sont donc une seule et même race d'hommes qui se sont très anciennement civilisés et qui diffèrent des Tartares plus par les mœurs que par la figure. La bonté du terrain, la douceur du climat, le voisinage de la mer ont pu contribuer à rendre ces peuples policés, tandis que les Tartares, éloignés de la mer et du commerce des autres nations, et séparés des autres peuples du côté du midi par de hautes montagnes, sont demeurés errants dans leurs vastes déserts sous un ciel dont la rigueur, surtout du côté du nord, ne peut être supportée que par des hommes durs et grossiers. Le pays d'Yeço, qui est au nord du Japon, quoique situé sous

(*a*) Voyez les *Voyages de Jean Struys*, Rouen, 1719, t. Ier, page 112.

un climat qui devrait être tempéré, est cependant très froid, très stérile et très montueux: aussi les habitants de cette contrée sont-ils tout différents des Japonais et des Chinois; ils sont grossiers, brutaux, sans mœurs, sans arts; ils ont le corps court et gros, les cheveux longs et hérissés, les yeux noirs, le front plat, le teint jaune, mais un peu moins que celui des Japonais; ils sont fort velus sur le corps et même sur le visage; ils vivent comme des sauvages et se nourrissent de lard de baleine et d'huile de poisson; ils sont très paresseux, très malpropres dans leurs vêtements: les enfants vont presque nus; les femmes n'ont trouvé, pour se parer, d'autre moyen que de se peindre de bleu les sourcils et les lèvres; les hommes n'ont d'autre plaisir que d'aller à la chasse des loups-marins, des ours, des élans, des rennes, et à la pêche de la baleine; il y en a cependant qui ont quelques coutumes japonaises, comme celle de chanter d'une voix tremblante; mais, en général, ils ressemblent plus aux Tartares septentrionaux ou aux Samoïèdes qu'aux Japonais.

Maintenant, si l'on examine les peuples voisins de la Chine au midi et à l'occident, on trouvera que les Cochinchinois, qui habitent un pays montueux et plus méridional que la Chine, sont plus basanés et plus laids que les Chinois, et que les Tunquinois, dont le pays est meilleur, et qui vivent sous un climat moins chaud que les Cochinchinois, sont mieux faits et moins laids. Selon Dampier, les Tunquinois sont, en général, de moyenne taille; ils ont le teint basané comme les Indiens, mais avec cela la peau si belle et si unie qu'on peut s'apercevoir du moindre changement qui arrive sur leur visage lorsqu'ils pâlissent ou qu'ils rougissent, ce qu'on ne peut pas reconnaître sur le visage des autres Indiens. Ils ont communément le visage plat et ovale, le nez et les lèvres assez bien proportionnés, les cheveux noirs, longs et fort épais; ils se rendent les dents aussi noires qu'il leur est possible. Selon les Relations qui sont à la suite des Voyages de Tavernier, les Tunquinois sont de belle taille et d'une couleur un peu olivâtre; ils n'ont pas le nez et le visage si plats que les Chinois, et ils sont en général mieux faits.

Ces peuples, comme l'on voit, ne diffèrent pas beaucoup des Chinois : ils ressemblent par la couleur à ceux des provinces méridionales; s'ils sont plus basanés, c'est parce qu'ils habitent sous un climat plus chaud, et quoiqu'ils aient le visage moins plat et le nez moins écrasé que les Chinois, on peut les regarder comme des peuples de même origine.

Il en est de même des Siamois, des Péguans, des habitants d'Aracan, de Laos, etc. : tous ces peuples ont les traits assez ressemblants à ceux des Chinois, et quoiqu'ils en diffèrent plus ou moins par la couleur, ils ne diffèrent cependant pas tant des Chinois que des autres Indiens. Selon La Loubère, les Siamois sont plutôt petits que grands, ils ont le corps bien fait; la figure de leur visage tient moins de l'ovale que du losange, il est large et élevé par le haut des joues, et tout d'un coup leur front se rétrécit et se termine autant en pointe que leur menton ; ils ont les yeux petits et fendus obliquement, le blanc de l'œil jaunâtre, les joues creuses parce qu'elles sont trop élevées par le haut, la bouche grande, les lèvres grosses et les dents noircies; leur teint est grossier et d'un brun mêlé de rouge, d'autres voyageurs disent d'un gris cendré, à quoi le hâle continuel contribue autant que la naissance; ils ont le nez court et arrondi par le bout, les oreilles plus grandes que les nôtres, et plus elles sont grandes, plus ils les estiment. Ce goût pour les longues oreilles est commun à tous les peuples d'Orient; mais les uns tirent leurs oreilles par le bas pour les allonger, sans les percer qu'autant qu'il le faut pour y attacher des boucles; d'autres, comme au pays de Laos, en agrandissent le trou si prodigieusement qu'on pourrait presque y passer le poing, en sorte que leurs oreilles descendent jusque sur les épaules. Pour les Siamois, ils ne les ont qu'un peu plus grandes que les nôtres, et c'est naturellement et sans artifice ; leurs cheveux sont gros, noirs et plats : les hommes et les femmes les portent si courts qu'ils ne leur descendent qu'à hauteur des oreilles tout autour de la tête. Ils mettent sur leurs lèvres une pommade parfumée qui les fait paraître encore plus pâles qu'elles ne le seraient naturellement; ils ont peu de barbe et ils arrachent le peu qu'ils en ont; ils ne coupent point leurs ongles, etc. Struys dit que les femmes siamoises portent des pendants d'oreilles si massifs et si pesants, que les trous où ils sont attachés deviennent assez grands pour y passer le pouce : il ajoute que le teint des hommes et des femmes est basané; que leur taille n'est pas avantageuse, mais qu'elle est bien prise et dégagée, et qu'en général les Siamois sont doux et polis. Selon le Père Tachard, les Siamois sont très dispos : ils ont parmi eux d'habiles sauteurs et des faiseurs de tours d'équilibre aussi agiles que ceux d'Europe, il dit que la coutume de se noircir les dents vient de l'idée qu'ont les Siamois qu'il ne convient point à des hommes d'avoir les dents blanches comme les animaux, que c'est pour cela qu'ils se les noircissent avec une espèce de vernis qu'il faut renouveler de temps en temps, et que, quand ils appliquent ce vernis, ils sont obligés de se passer de manger pendant quelques jours, afin de donner le temps à cette drogue de s'attacher.

Les habitants des royaumes de Pégu, d'Aracan, ressemblent assez aux Siamois et ne diffèrent pas beaucoup des Chinois par la forme du corps, ni par la physionomie : ils sont seulement plus noirs (*a*); ceux d'Aracan estiment un front large et plat, et pour le rendre tel, ils appliquent une plaque de plomb sur le front des enfants qui viennent de naître. Ils ont les narines larges et ouvertes, les yeux petits et vifs, et les oreilles si allongées qu'elles leur pendent jusque sur les épaules; ils mangent sans dégoût des souris, des

(*a*) *Vide primam partem Indiæ Orientalis per Pigafettam.* Francofurti, 1598, page 46.

rats, des serpents et du poisson corrompu (*a*). Les femmes y sont passablement blanches, et portent les oreilles aussi allongées que celles des hommes (*b*). Les peuples d'Achen, qui sont encore plus au nord que ceux d'Aracan, ont aussi le visage plat et la couleur olivâtre; ils sont grossiers et laissent aller leurs enfants tout nus; les filles ont seulement une plaque d'argent sur leurs parties naturelles. (Voyez le *Recueil des Voyages de la Compagnie Hollandaise*, t. IV, p. 63, et le *Voyage de Mandelslo*, t. II, p. 328.)

Tous ces peuples, comme l'on voit, ne diffèrent pas beoucoup des Chinois et tiennent encore des Tartares les petits yeux, le visage plat, la couleur olivâtre; mais, en descendant vers le midi, les traits commencent à changer d'une manière plus sensible, ou du moins à se diversifier. Les habitants de la presqu'île de Malacca et de l'île de Sumatra sont noirs, petits, vifs et bien proportionnés dans leur petite taille; ils ont même l'air fier, quoiqu'ils soient nus de la ceinture en haut, à l'exception d'une petite écharpe qu'ils portent tantôt sur l'une et tantôt sur l'autre épaule (*c*). Ils sont naturellement braves et même redoutables lorsqu'ils ont pris de l'opium, dont ils font souvent usage et qui leur cause une espèce d'ivresse furieuse (*d*). Selon Dampier, les habitants de Sumatra et ceux de Malacca sont de même race; ils parlent à peu près la même langue; ils ont tous l'humeur fière et hautaine, ils ont la taille médiocre, le visage long, les yeux noirs, le nez d'une grandeur médiocre, les lèvres minces et des dents noircies par le fréquent usage du bétel (*e*). Dans l'île de Pugniatan ou Pissagan, à seize lieues en deçà de Sumatra, les naturels sont de grande taille et d'un teint jaune, comme celui des Brésiliens; ils portent de longs cheveux fort lisses et absolument nus (*f*). Ceux des îles Nicobar, au nord de Sumatra, sont d'une couleur basanée et jaunâtre, et ils vont aussi presque nus (*g*). Dampier dit que les naturels de ces îles Nicobar sont grands et bien proportionnés, qu'ils ont le visage assez long, les cheveux noirs et lisses, et le nez d'une grandeur médiocre; que les femmes n'ont point de sourcils, qu'apparemment elles se les arrachent, etc. Les habitants de l'île de Sombrero au nord de Nicobar sont fort noirs, et ils se bigarrent le visage de diverses couleurs, comme de vert, de jaune, etc. (Voyez l'*Histoire générale des Voyages*; Paris, 1746, t. Ier, p. 387.) Ces peuples de Malacca, de Sumatra et des petites îles voisines, quoique différents entre eux, le sont encore plus des Chinois, des Tartares, etc., et semblent être issus d'une autre race (*); cependant les habitants de Java, qui sont voi-

(*a*) Voyez les *Voyages de Jean Ovington*. Paris, 1725, t. II, p. 274.
(*b*) Voyez le *Recueil des voyages de la Comp. Holl.* Amsterd. 1702. t. VI, p. 251.
(*c*) Voyez les *Voyages de Gherardini*. Paris, 1700, p. 40 et suiv.
(*d*) Voyez les *Lettres édifiantes*, Recueil II, p. 60.
(*e*) Voyez les *Voyages de Gill. Dampier*. Rouen, 1715, t. III, p. 156.
(*f*) Voyez le *Recueil de la Comp. de Holl.* Amsterd. 1702, t. Ier, p. 281.
(*g*) Voyez les *Lettres édifiantes*, Recueil II, p. 172.

(*) Buffon ne pouvait connaître que très imparfaitement cette race et cependant il là dis-

sins de Sumatra et de Malacca, ne leur ressemblent point et sont assez semblables aux Chinois, à la couleur près, qui est, comme celle des Malais, rouge, mêlée de noir; ils sont assez semblables, dit Pigafetta (*a*), aux habitants du Brésil; ils sont d'une forte complexion et d'une taille carrée; ils ne sont ni trop grands, ni trop petits, mais bien musclés; ils ont le visage plat, les joues pendantes et gonflées, les sourcils gros et inclinés, les yeux petits, la barbe noire; ils en ont fort peu et fort peu de cheveux, qui sont très courts et très noirs. Le P. Tachard dit que ces peuples de Java sont bien faits et robustes, qu'ils paraissent vifs et résolus, et que l'extrême chaleur du climat les oblige à aller presque nus (*b*). Dans les *Lettres édifiantes,* on trouve que ces habitants de Java ne sont ni noirs ni blancs, mais d'un rouge pourpré, et qu'ils sont doux, familiers et caressants (*c*). François Legat rapporte que les femmes de Java, qui ne sont pas exposées comme les hommes aux grandes ardeurs du soleil, sont moins basanées qu'eux, et qu'elles ont le visage beau, le sein élevé et bien fait, le teint uni et beau, quoique brun, la main belle, l'air doux, les yeux vifs, le rire agréable, et qu'il y en a qui dansent fort joliment (*d*). La plus grande partie des voyageurs hollandais s'accordent à dire que les habitants naturels de cette île, dont ils sont actuellement les possesseurs et les maîtres, sont robustes, bien faits, nerveux et bien musclés; qu'ils ont le visage plat, les joues larges et élevées, de grandes paupières, de petits yeux, les mâchoires grandes, les cheveux longs, le teint basané, et qu'ils n'ont que peu de barbe, qu'ils portent les cheveux et les ongles fort longs, et qu'ils se font limer les dents (*e*). Dans une petite île qui est en face de celle de Java, les femmes ont le teint basané, les yeux petits, la bouche grande, le nez écrasé, les cheveux noirs et longs (*f*). Par toutes ces relations, on peut juger que les habitants de Java ressemblent beaucoup aux Tartares et aux Chinois, tandis que les Malais et les peuples de Sumatra et des petites îles voisines en diffèrent et par les traits et par la forme du corps, ce qui a pu arriver très naturellement, car la presqu'île de Malacca et les îles de Sumatra et de Java, aussi bien que toutes les autres îles de l'Archipel indien, doivent avoir été peuplées par les nations des continents voisins et même par les Européens, qui s'y sont habitués depuis plus de deux cent cinquante ans, ce qui fait qu'on doit y trouver une très grande variété

(*a*) *Vid. Indiæ Orientalis, partem primam*, p. 51.
(*b*) Voyez le premier ouvrage du P. Tachard. Paris, 1686, p. 134.
(*c*) Voyez les *Lettres édifiantes*, Recueil XVI, p. 13.
(*d*) Voyez les *Voyages de François Legat*. Amsterd., 1708, t. II, p. 130.
(*e*) Voyez le *Recueil des Voyages de la Comp. de Holl*. Amsterd., 1702, t. Ier, p. 372. Voyez les *Voyages de Mandelslo*, t. II, p. 344.
(*f*) Voyez les *Voyages de Le Gentil*. Paris, 1725, t. III, p. 92.

tingue avec raison de la race mongolique. On en a fait dans ces derniers temps une race « Malaise » mais on n'a pas encore débrouillé suffisamment ses origines qui sont très certainement multiples.

dans les hommes, soit pour les traits du visage et la couleur de la peau, soit pour la forme du corps et la proportion des membres; par exemple, il y a dans cette île de Java une nation qu'on appelle *Chacrelas*, qui est toute différente non seulement des autres habitants de cette île, mais même de tous les autres Indiens. Ces Chacrelas sont blancs et blonds; ils ont les yeux faibles et ne peuvent supporter le grand jour (*); au contraire, ils voient bien la nuit : le jour ils marchent les yeux baissés et presque fermés (*a*). Tous les habitants des îles Moluques sont, selon François Pyrard, semblables à ceux de Sumatra et de Java pour les mœurs, la façon de vivre, les armes, les habits, le langage, la couleur, etc. (*b*). Selon Mandelslo, les hommes des Molusques sont plutôt noirs que basanés, et les femmes le sont moins; ils ont tous les cheveux noirs et lisses, les yeux gros, les sourcils et les paupières larges, le corps fort et robuste; ils sont adroits et agiles, ils vivent longtemps, quoique leurs cheveux deviennent blancs de bonne heure. Ce voyageur dit aussi que chaque île a son langage particulier, et qu'on doit croire qu'elles ont été peuplées par différentes nations (*c*). Selon lui, les habitants de Bornéo et de Baly ont le teint plutôt noir que basané (*d*); mais, selon les autres voyageurs, ils sont seulement bruns comme les autres Indiens (*e*). Gemelli-Careri dit que les habitants de Ternate sont de la même couleur que les Malais, c'est-à-dire un peu plus bruns que ceux des Philippines; que leur physionomie est belle, que les hommes sont mieux faits que les femmes, et que les uns et les autres ont grand soin de leurs cheveux (*f*). Les voyageurs hollandais rapportent que les naturels de l'île de Banda vivent fort longtemps et qu'ils y ont vu un homme âgé de 130 ans et plusieurs autres qui approchaient de cet âge, qu'en général ces insulaires sort fort fainéants, que les hommes ne font que se promener et que ce sont les femmes qui travaillent (*g*). Selon Dampier, les naturels originaires de l'île de Timor, qui est l'une des plus voisines de la Nouvelle-Hollande, ont la taille médiocre, le corps droit, les membres déliés, le visage long, les cheveux noirs et pointus, et la peau fort noire ; ils sont adroits et agiles, mais paresseux au suprême degré (*h*). Il dit cependant que, dans la même île, les habitants de la baie de Laphao sont pour la plupart basanés et de couleur de cuivre jaune, et qu'ils ont les cheveux noirs et tout plats (*i*).

(*a*) Voyez les *Voyages de François Legat*. Amsterd., 1708, t. II, p. 137.
(*b*) Voyez les *Voyages de François Pyrard*. Paris, 1619, t. II, p. 178.
(*c*) Voyez les *Voyages de Mandelslo*, t. II, p. 370.
(*d*) Voyez *ibid*, t. II, p. 363 et 366.
(*e*) Voyez le *Recueil des Voyages de la Comp. de Holl.*, t. II, p. 120.
(*f*) Voyez les *Voyages de Gemelli-Careri*, t. V, p. 224.
(*g*) Voyez le *Recueil des Voyages de la Comp. Holl.*, t. Ier, p. 566.
(*h*) Voyez les *Voyages de Dampier*. Rouen, 1715, t. V, p. 631.
(*i*) Voyez *ibid*, t. Ier, p. 52.

(*) Buffon parle d'albinos, c'est-à-dire d'hommes à peau et poils décolorés; c'est une infirmité héréditaire et non un caractère de race.

Si l'on remonte vers le nord, on trouve Manille et les autres îles Philippines, dont le peuple est peut-être le plus mêlé de l'univers, par les alliances qu'ont faites ensemble les Espagnols, les Indiens, les Chinois, les Malabares, les Noirs, etc. Ces Noirs, qui vivent dans les rochers et les bois de cette île, diffèrent entièrement des autres habitants ; quelques-uns ont les cheveux crépus, comme les nègres d'Angola, les autres les ont longs ; la couleur de leur visage est comme celle des autres nègres : quelques-uns sont un peu moins noirs ; on en a vu plusieurs parmi eux qui avaient des queues longues de quatre ou cinq pouces, comme les insulaires dont parle Ptolomée. (Voyez les *Voyages de Gemelli-Careri*. Paris, 1719, t. V, p. 68.) Ce voyageur ajoute que des jésuites, très dignes de foi, lui ont assuré que, dans l'île de Mindoro, voisine de Manille, il y a une race d'hommes appelés Manghiens, qui tous ont des queues de quatre ou cinq pouces de longueur, et même que quelques-uns de ces hommes à queue avaient embrassé la foi catholique (voyez *id.*, t. V, p. 92), et que ces Manghiens ont le visage de couleur olivâtre et les cheveux longs (voyez *id.*, t. V, p. 298). Dampier dit que les habitants de l'île de Mindanao, qui est une des principales et des plus méridionales des Philippines, sont de taille médiocre, qu'ils ont les membres petits, le corps droit et la tête menue, le visage ovale, le front plat, les yeux noirs et peu fendus, le nez court, la bouche assez grande, les lèvres petites et rouges, les dents noires et fort saines, les cheveux noirs et lisses, le teint tanné, mais tirant plus sur le jaune clair que celui de certains autres Indiens ; que les femmes ont le teint plus clair que les hommes ; qu'elles sont aussi mieux faites, qu'elles ont le visage plus long, et que leurs traits sont assez réguliers, si ce n'est que leur nez est fort court et tout à fait plat entre les yeux ; qu'elles ont les membres très petits, les cheveux noirs et longs, et que les hommes en général sont spirituels et agiles, mais fainéants et larrons. On trouve dans les Lettres édifiantes que les habitants des Philippines ressemblent aux Malais, qui ont autrefois conquis ces îles ; qu'ils ont, comme eux, le nez petit, les yeux grands, la couleur olivâtre-jaune, et que leurs costumes et leurs langues sont à peu près les mêmes (*a*).

Au nord de Manille on trouve l'île Formose, qui n'est pas éloignée de la côte de la province de Fokien à la Chine ; ces insulaires ne ressemblent cependant pas aux Chinois. Selon Struys, les hommes y sont de petite taille particulièrement ceux qui habitent les montagnes : la plupart ont le visage large ; les femmes ont les mamelles grosses et pleines, et de la barbe comme les hommes ; elles ont les oreilles fort longues, et elles en augmentent encore la longueur par certaines grosses coquilles qui leur servent de pendants ; elles ont les cheveux fort noirs et fort longs, le teint jaune noir : il y en a aussi de jaunes blanches et de tout à fait jaunes ; ces peuples sont fort fai-

(*a*) Voyez les *Lettres édifiantes*, Recueil II, p. 140.

néants; leurs armes sont le javelot et l'arc dont ils tirent très bien; ils sont aussi excellents nageurs, et ils courent avec une vitesse incroyable. C'est dans cette île où Struys dit avoir vu de ses propres yeux un homme qui avait une queue longue de plus d'un pied, toute couverte d'un poil roux, et fort semblable à celle d'un bœuf: cet homme à queue assurait que ce défaut, si c'en était un, venait du climat, et que tous ceux de la partie méridionale de cette île avaient des queues comme lui (a). Je ne sais si ce que dit Struys des habitants de cette île mérite une entière confiance, et surtout si le dernier fait est vrai; il me paraît au moins exagéré et différent de ce qu'ont dit les autres voyageurs au sujet de ces hommes à queues, et même de ce qu'en ont dit Ptolomée, que j'ai cité ci-dessus, et Marc Paul, dans sa description géographique imprimée à Paris en 1556, où il rapporte que dans le royaume de Lambry il y a des hommes qui ont des queues de la longueur de la main, qui vivent dans les montagnes. Il paraît que Struys s'appuie de l'autorité de Marc Paul, comme Gemelli-Careri de celle de Ptolomée, et la queue qu'il dit avoir vue est fort différente pour les dimensions de celles que les autres voyageurs donnent aux Noirs de Manille, aux habitants de Lambry, etc. L'éditeur des Mémoires de Plasmanasar sur l'île de Formose ne parle point de ces hommes extraordinaires et si différents des autres ; il dit même que, quoiqu'il fasse fort chaud dans cette île, les femmes y sont fort belles et fort blanches, surtout celles qui ne sont pas obligées de s'exposer aux ardeurs du soleil; qu'elles ont un grand soin de se laver avec certaines eaux préparées pour se conserver le teint; qu'elles ont le même soin de leurs dents, qu'elles tiennent blanches autant qu'elles le peuvent, au lieu que les Chinois et les Japonais les ont noires par l'usage du bétel; que les hommes ne sont point de grande taille, mais qu'ils ont en grosseur ce qui leur manque en grandeur; qu'ils sont communément vigoureux, infatigables, bons soldats, fort adroits, etc. (b).

Les voyageurs hollandais ne s'accordent point, avec ceux que je viens de citer, au sujet des habitants de Formose : Mandelslo, aussi bien que ceux dont les relations ont été publiées dans le Recueil des voyages qui ont servi à l'établissement de la Compagnie des Indes de Hollande, disent que ces insulaires sont fort grands et beaucoup plus hauts de taille que les Européens; que la couleur de leur peau est entre le blanc et le noir, ou d'un brun tirant sur le noir; qu'ils ont le corps velu; que les femmes y sont de petite taille, mais qu'elles sont robustes, grasses et assez bien faites. La plupart des écrivains qui ont parlé de l'île de Formose n'ont donc fait aucune mention de ces hommes à queue, et ils diffèrent beaucoup entre eux dans la description qu'ils donnent de la forme et des traits de ces insulaires, mais ils

(a) Voyez les *Voyages de Jean Struys*. Rouen, 1719, t. Ier, p. 100.

(b) Voyez la *Description de l'île Formose*, dressée sur les Mémoires de George Plasmanasar, par le sieur N. F. D. B R. Amsterd., 1705, p. 103 et suiv.

semblent s'accorder sur un fait qui n'est peut-être pas moins extraordinaire que le premier : c'est que dans cette île il n'est pas permis aux femmes d'accoucher avant trente-cinq ans, quoiqu'il leur soit libre de se marier longtemps avant cet âge. Rechteren parle de cette coutume dans les termes suivants : « D'abord que les femmes sont mariées, elles ne mettent point » d'enfants au monde, il faut au moins pour cela qu'elles aient 35 ou 37 ans ; » quand elles sont grosses, leurs prêtresses vont leur fouler le ventre avec » les pieds s'il le faut, et les font avorter avec autant ou plus de douleur » qu'elles n'en souffriraient en accouchant : ce serait non seulement une » honte, mais même un gros péché de laisser venir un enfant avant l'âge » prescrit. J'en ai vu qui avaient déjà fait quinze ou seize fois périr leur » fruit, et qui étaient grosses pour la dix-septième fois, lorsqu'il leur était » permis de mettre un enfant au monde (*a*). »

Les îles Mariannes ou des Larrons, qui sont, comme l'on sait, les îles les plus éloignées du côté de l'orient, et, pour ainsi dire, les dernières terres de notre hémisphère, sont peuplées d'hommes très grossiers. Le P. Gobien dit qu'avant l'arrivée des Européens ils n'avaient jamais vu de feu, que cet élément si nécessaire leur était entièrement inconnu, qu'ils ne furent jamais si surpris que quand ils en virent pour la première fois, lorsque Magellan descendit dans l'une de leurs îles ; ils ont le teint basané, mais cependant moins brun et plus clair que celui des habitants des Philippines ; ils sont plus forts et plus robustes que les Européens ; leur taille est haute, et leur corps est bien proportionné ; quoiqu'ils ne se nourrissent que de racines, de fruits et de poissons, ils ont tant d'embonpoint qu'ils en paraissent enflés, mais cet embonpoint ne les empêche pas d'être souples et agiles. Ils vivent longtemps, et ce n'est pas une chose extraordinaire que de voir chez eux des personnes âgées de cent ans, et cela sans avoir jamais été malades (*b*). Gemelli-Careri dit que les habitants de ces îles sont tous d'une figure gigantesque, d'une grosse corpulence et d'une grande force ; qu'ils peuvent aisément lever sur leurs épaules un poids de cinq cents livres (*c*). Ils ont pour la plupart les cheveux crépus (*d*), le nez gros, de grands yeux et la couleur du visage comme les Indiens. Les habitants de Guan, l'une de ces îles, ont les cheveux noirs et longs, les yeux ni trop gros ni trop petits, le nez grand, les lèvres grosses, les dents assez blanches, le visage long, l'air féroce ; ils sont très robustes et d'une taille fort avantageuse : on dit même qu'ils ont jusqu'à sept pieds de hauteur (*e*).

(*a*) Voyez les Voyages de Rechteren dans le *Recueil des voyages de la Comp. Hollandaise*, t. V, p. 96.

(*b*) Voyez l'*Histoire des îles Mariannes*, par le P. Charles le Gobien, 1700.

(*c*) Voyez les *Voyages de Gemelli-Careri*, t. V, p. 298.

(*d*) Voyez les *Lettres édifiantes*, Recueil XVIII, p. 198.

(*e*) Voyez les *Voyages de Dampier*, t. Ier, p. 378. Voyez aussi le *Voyage autour du monde* de Cowley.

Au midi des îles Mariannes et à l'orient des îles Moluques, on trouve la terre des Papous et la Nouvelle-Guinée, qui paraissent être les parties les plus méridionales des terres australes. Selon Argensola, ces Papous sont noirs comme les Cafres ; ils ont les cheveux crépus, le visage maigre et fort désagréable, et parmi ce peuble si noir on trouve quelques gens qui sont aussi blancs et aussi blonds que les Allemands ; ces blancs ont les yeux très faibles et très délicats (*a*). On trouve dans la relation de la navigation australe de Lemaire une description des habitants de cette contrée, dont je vais rapporter les principaux traits. Selon ce voyageur, ces peuples sont fort noirs, sauvages et brutaux ; ils portent des anneaux aux deux oreilles, aux deux narines, et quelquefois aussi à la cloison du nez, et des bracelets de nacre de perle au-dessus des coudes et aux poignets, et ils se couvrent la tête d'un bonnet d'écorce d'arbre peinte de différentes couleurs ; ils sont puissants et bien proportionnés dans leur taille ; ils ont les dents noires, assez de barbe, et les cheveux noirs, courts et crépus, qui n'approchent cependant pas autant de la laine que ceux des nègres ; ils sont agiles à la course, ils se servent de massues et de lances, de sabres et d'autres armes faites de bois dur, l'usage du fer leur étant inconnu ; ils se servent aussi de leurs dents comme d'armes offensives, et mordent comme les chiens. Ils mangent du bétel et du piment mêlé avec de la chaux, qui leur sert aussi à poudrer leur barbe et leurs cheveux. Les femmes sont affreuses, elles ont de longues mamelles qui leur tombent sur le nombril, le ventre extrêmement gros, les jambes fort menues, les bras de même, des physionomies de singe, de vilains traits (*b*), etc. Dampier dit que les habitants de l'île de Sabala dans la Nouvelle-Guinée sont une sorte d'Indiens fort basanés, qui ont les cheveux noirs et longs, et qui par les manières ne diffèrent pas beaucoup de ceux de l'île de Mindanao et des autres naturels de ces îles orientales ; mais qu'outre ceux-là, qui paraissent être les principaux de l'île, il y a aussi des nègres, et que ces nègres de la Nouvelle-Guinée ont les cheveux crépus et cotonnés (*c*) ; que les habitants d'une autre île qu'il appelle Garret-Denys, sont noirs, vigoureux et bien taillés ; qu'ils ont la tête grosse et ronde, les cheveux frisés et courts; qu'ils les coupent de différentes manières, et les teignent aussi de différentes couleurs : de rouge, de blanc, de jaune ; qu'ils ont le visage rond et large avec un gros nez plat; que cependant leur physionomie ne serait pas absolument désagréable s'ils ne se défiguraient pas le visage par une espèce de cheville de la grosseur du doigt et longue de quatre pouces, dont ils traversent les deux narines, en sorte que les deux bouts touchent à l'os des joues, qu'il ne paraît qu'un petit brin de nez autour de ce bel ornement, et qu'ils ont

(*a*) Voyez l'*Histoire de la conquête des îles Moluques*. Amsterd., 1706, t. Ier, p. 148.

(*b*) Voyez la navigation australe de Jacques Le Maire, t. IV, du *Recueil des voyages qui ont servi à l'établissement de la Compagnie des Indes de Hollande*, p. 648.

(*c*) Voyez les *Voyages de Dampier*, t. V, p. 82.

aussi de gros trous aux oreilles où ils mettent des chevilles comme au nez (*a*).

Les habitants de la côte de la Nouvelle-Hollande, qui est à 16 degrés 15 minutes de latitude méridionale et au midi de l'île de Timor, sont peut-être les gens du monde les plus misérables et ceux de tous les humains qui approchent le plus des brutes : ils sont grands, droits et menus ; ils ont les membres longs et déliés, la tête grosse, le frond rond, les sourcils épais ; leurs paupières sont toujours à demi fermées : ils prennent cette habitude dès leur enfance pour garantir leurs yeux des moucherons qui les incommodent beaucoup, et comme ils n'ouvrent jamais les yeux, ils ne sauraient voir de loin, à moins qu'ils ne lèvent la tête comme s'ils voulaient regarder quelque chose au-dessus d'eux. Ils ont le nez gros, les lèvres grosses et la bouche grande ; ils s'arrachent apparemment les deux dents du devant de la mâchoire supérieure, car elles manquent à tous, tant aux hommes qu'aux femmes, aux jeunes et aux vieux ; ils n'ont point de barbe : leur visage est long, d'un aspect très désagréable, sans un seul trait qui puisse plaire ; leurs cheveux ne sont pas longs et lisses comme ceux de presque tous les Indiens, mais ils sont courts, noirs et crépus comme ceux des nègres ; leur peau est noire comme celle des nègres de Guinée. Ils n'ont point d'habits, mais seulement un morceau d'écorce d'arbre attaché au milieu du corps en forme de ceinture, avec une poignée d'herbes longues au milieu ; ils n'ont point de maisons, ils couchent à l'air sans aucune couverture et n'ont pour lit que la terre ; ils demeurent en troupe de vingt ou trente, hommes, femmes et enfants, tout cela pêle-mêle. Leur unique nourriture est un petit poisson qu'ils prennent en faisant des réservoirs de pierre dans de petits bras de mer ; ils n'ont ni pain, ni grains, ni légumes, etc. (*b*).

Les peuples d'une autre côte de la Nouvelle-Hollande, à 22 ou 23 degrés latitude sud, semblent être de la même race que ceux dont nous venons de parler : ils sont extrêmement laids, ils ont de même le regard de travers, la peau noire, les cheveux crépus, le corps grand et délié (*c*).

Il paraît, par toutes ces descriptions, que les îles et les côtes de l'océan Indien sont peuplées d'hommes très différents entre eux. Les habitants de Malacca, de Sumatra et des îles Nicobar semblent tirer leur origine des Indiens de la presqu'île de l'Inde ; ceux de Java, des Chinois, à l'exception de ces hommes blancs et blonds qu'on appelle *Chacrelas*, qui doivent venir des Européens ; ceux des îles Moluques paraissent aussi venir pour la plupart des Indiens de la presqu'île ; mais les habitants de l'île de Timor, qui est la plus voisine de la Nouvelle-Hollande, sont à peu près semblables aux peuples de cette contrée. Ceux de l'île Formose et des îles Mariannes se ressemblent

(*a*) Voyez *idem*, t. V, p. 102.
(*b*) Voyez *idem*, t. II, p. 171.
(*c*) Voyez les *Voyages de Dampier*, t. IV, p. 134.

par la hauteur de la taille, la force et les traits : ils paraissent former une race à part, différente de toutes les autres qui les avoisinent. Les Papous et les autres habitants des terres voisines de la Nouvelle-Guinée sont de vrais noirs et ressemblent à ceux d'Afrique(*), quoiqu'ils en soient prodigieusement éloignés et que cette terre soit séparée du continent de l'Afrique par un intervalle de plus de 2,200 lieues de mer. Les habitants de la Nouvelle-Hollande ressemblent aux Hottentots(**); mais avant que de tirer des conséquences de tous ces rapports, et avant que de raisonner sur ces différences, il est nécessaire de continuer notre examen en détail des peuples de l'Asie et de l'Afrique.

Les Mogols et les autres peuples de la presqu'île de l'Inde ressemblent assez aux Européens par la taille et par les traits, mais ils en diffèrent plus ou moins par la couleur. Les Mogols sont olivâtres, quoiqu'en langue indienne *mogol* veuille dire blanc. Les femmes y sont extrêmement propres et elles se baignent très souvent; elles sont de couleur olivâtre comme les hommes et elles ont les jambes et les cuisses fort longues et le corps assez court, ce qui est le contraire des femmes européennes (*a*). Tavernier dit que, lorsqu'on a passé Lahor et le royaume de Cachemire, toutes les femmes du Mogol naturellement n'ont de poil en aucune partie du corps, et que les hommes n'ont que très peu de barbe (*b*). Selon Thévenot, les femmes mogoles sont assez fécondes, quoique très chastes; elles accouchent aussi fort aisément, et on en voit quelquefois marcher par la ville dès le lendemain qu'elles sont accouchées; il ajoute qu'au royaume de Decan on marie les enfants extrêmement jeunes; dès que le mari a dix ans et la femme huit, les parents les laissent coucher ensemble, et il y en a qui ont des enfants à cet âge; mais les femmes qui ont des enfants de si bonne heure cessent ordinairement d'en avoir après l'âge de trente ans, et elles deviennent extrêmement ridées (*c*). Parmi ces femmes, il y en a qui se font découper la chair en fleurs, comme quand on applique des ventouses; elles peignent ces fleurs de diverses couleurs avec du jus de racines, de manière que leur peau paraît comme une étoffe à fleurs (*d*).

Les Bengalais sont plus jaunes que les Mogols; ils ont aussi des mœurs toutes différentes; les femmes sont beaucoup moins chastes : on prétend même que, de toutes les femmes de l'Inde, ce sont les plus lascives. On fait

(*a*) Voyez les *Voyages de la Boullaye le Gouz*. Paris, 1657, p. 153.
(*b*) Voyez les *Voyages de Tavernier*. Rouen, 1713, t. III, p. 80.
(*c*) Voyez les *Voyages de Thevenot*, t. III, p. 246.
(*d*) Voyez les *Voyages de Tavernier*, t. III, p. 34.

(*) Cette ressemblance n'est pas aussi prononcée que l'affirme Buffon; cependant on ne peut la nier et certains anthropologistes se sont demandé si les Papous n'étaient pas d'origine africaine.

(**) Buffon se trompe; la nature des cheveux et la couleur de la peau établissent une différence profonde entre les Hottentots et les hommes de la Nouvelle-Hollande.

à Bengale un grand commerce d'esclaves mâles et femelles; on y fait aussi beaucoup d'eunuques, soit de ceux auxquels on n'ôte que les testicules, soit de ceux à qui on fait l'amputation tout entière. Ces peuples sont beaux et bien faits, ils aiment le commerce et ont beaucoup de douceur dans les mœurs (*a*). Les habitants de la côte de Coromandel sont plus noirs que les Bengalais, ils sont aussi moins civilisés; les gens du peuple vont presque nus. Ceux de la côte de Malabar sont encore plus noirs, ils ont tous les cheveux noirs, lisses et fort longs, ils sont de la taille des Européens; les femmes portent des anneaux d'or au nez; les hommes, les femmes et les filles se baignent ensemble et publiquement dans des bassins au milieu des villes; les femmes sont propres et bien faites, quoique noires, ou du moins très brunes; on les marie dès l'âge de huit ans (*b*). Les coutumes de ces différents peuples de l'Inde sont toutes fort singulières et même bizarres. Les banians ne mangent de rien de ce qui a eu vie, ils craignent même de tuer le moindre insecte, pas même les poux qui les rongent; ils jettent du riz et des fèves dans la rivière pour nourrir les poissons, et des grains sur la terre pour nourrir les oiseaux et les insectes : quand ils rencontrent ou un chasseur ou un pêcheur, ils le prient instamment de se désister de son entreprise, et si on est sourd à leurs prières, ils offrent de l'argent pour le fusil et pour les filets, et quand on refuse leurs offres, ils troublent l'eau pour épouvanter les poissons et crient de toute leur force pour faire fuir le gibier et les oiseaux (*c*). Les naires de Calicut sont des militaires qui sont tous nobles et qui n'ont d'autre profession que celle des armes; ce sont des hommes beaux et bien faits, quoiqu'ils aient le teint de couleur olivâtre; ils ont la taille élevée et ils sont hardis, courageux et très adroits à manier les armes; ils s'agrandissent les oreilles au point qu'elles descendent jusque sur leurs épaules et quelquefois plus bas. Ces naires ne peuvent avoir qu'une femme, mais les femmes peuvent prendre autant de maris qu'il leur plaît. Le P. Tachard, dans sa lettre au P. de la Chaise, datée de Pondichéry du 16 février 1702, dit que dans les castes ou tribus nobles une femme peut avoir légitimement plusieurs maris, qu'il s'en est trouvé qui en avaient eu tout à la fois jusqu'à dix, qu'elles regardaient comme autant d'esclaves qu'elles s'étaient soumis par leur beauté (*d*). Cette liberté d'avoir plusieurs maris est un privilège de noblesse que les femmes de condition font valoir autant qu'elles peuvent, mais les bourgeoises ne peuvent avoir qu'un mari : il est vrai qu'elles adoucissent la dureté de leur condition par le commerce qu'elles ont avec les étrangers, auxquels elles s'abandonnent sans aucune crainte de leurs maris et sans qu'ils osent leur rien dire. Les mères prosti-

(*a*) Voyez les *Voyages de Pyrard*, p. 354.
(*b*) Voyez le *Recueil des Voyages*. Amsterd., t. VI, p. 461.
(*c*) Voyages de *Jean Struys*, t. II, p. 225.
(*d*) Voyez les *Lettres édifiantes*. Recueil II, p. 188.

RATON LAVEUR

tuent leurs filles le plus jeunes qu'elles peuvent. Ces bourgeois de Calicut ou Moucois semblent être d'une autre race que les nobles ou naires, car ils sont, hommes et femmes, plus laids, plus jaunes, plus mal faits et de plus petite taille (*a*). Il y a parmi les naires de certains hommes et de certaines femmes qui ont les jambes aussi grosses que le corps d'un autre homme; cette difformité n'est point une maladie, elle leur vient de naissance; il y en a qui n'ont qu'une jambe et d'autres qui les ont toutes les deux de cette grosseur monstrueuse; la peau de ces jambes est dure et rude comme une verrue : avec cela ils ne laissent pas d'être fort dispos. Cette race d'hommes à grosses jambes s'est plus multipliée parmi les naires que dans aucun autre peuple des Indes; on en trouve cependant quelques-uns ailleurs, et surtout à Ceylan (*b*), où l'on dit que ces hommes à grosses jambes sont de la race de saint Thomas.

Les habitants de Ceylan ressemblent assez à ceux de la côte de Malabar; ils ont les oreilles aussi larges, aussi basses et aussi pendantes, ils sont seulement moins noirs (*c*), quoiqu'ils soient cependant fort basanés; ils ont l'air doux et sont naturellement fort agiles, adroits et spirituels; ils ont tous les cheveux très noirs, les hommes les portent fort courts; les gens du peuple sont presque nus, les femmes ont le sein découvert : cet usage est même assez général dans l'Inde (*d*). Il y a des espèces de sauvages dans l'île de Ceylan, qu'on appelle Bedas; ils demeurent dans la partie septentrionale de l'île et n'occupent qu'un petit canton; ces Bedas semblent être une espèce d'hommes toute différente de celle de ces climats, ils habitent un petit pays tout couvert de bois si épais qu'il est fort difficile d'y pénétrer, et ils s'y tiennent si bien cachés qu'on a de la peine à en découvrir quelques-uns; ils sont blancs comme les Européens, il y en a même quelques-uns qui sont roux; ils ne parlent pas la langue de Ceylan, et leur langage n'a aucun rapport avec toutes les langues des Indes; ils n'ont ni villages, ni maisons, ni communication avec personne; leurs armes sont l'arc et les flèches, avec lesquels ils tuent beaucoup de sangliers, de cerfs, etc.; ils ne font jamais cuire leur viande, mais ils la confisent dans du miel, qu'ils ont en abondance. On ne sait point l'origine de cette nation qui n'est pas fort nombreuse, et dont les familles demeurent séparées les unes des autres (*e*). Il me paraît que ces Bedas de Ceylan, aussi bien que les *Chacrelas* de Java, pourraient bien être de race européenne, d'autant plus que ces hommes blancs et blonds sont en très petit nombre. Il est très possible que quelques hommes et quelques

(*a*) Voyez les *Voyages de François Pyrard*, p. 411 et suiv.

(*b*) Voyez *idem*, p. 410 et suiv. Voyez aussi le *Recueil des Voyages qui ont servi à l'établissement de la Compagnie des Indes de Holl.*, t. IV, p. 362, et le *Voyage de Jean Huguens*.

(*c*) *Vide Philip. Pigafettæ Indiæ Orient. partem primam*, 1598, p. 39.

(*d*) Voyez le *Recueil des Voyages*, etc., t. VII, p. 19.

(*e*) Voyez l'*Histoire de Ceylan*, par Ribeyro, 1701, p. 177 et suiv.

femmes européennes aient été abandonnés autrefois dans ces îles, ou qu'ils y aient abordé dans un naufrage, et que, dans la crainte d'être maltraités des naturels du pays, ils soient demeurés eux et leurs descendants dans les bois et dans les lieux les plus escarpés des montagnes, où ils continuent à mener la vie de sauvages, qui peut-être a ses douceurs lorsqu'on y est accoutumé.

On croit que les Maldivois viennent des habitants de l'île de Ceylan, cependant ils ne leur ressemblent pas, car les habitants de Ceylan sont noirs et mal formés, au lieu que les Maldivois sont bien formés et proportionnés, et qu'il y a peu de différence d'eux aux Européens, à l'exception qu'ils sont d'une couleur olivâtre; au reste, c'est un peuple mêlé de toutes les nations. Ceux qui habitent du côté du nord sont plus civilisés que ceux qui habitent ces îles au sud: ces derniers ne sont pas même si bien faits et sont plus noirs; les femmes y sont assez belles, quoique de couleur olivâtre, il y en a aussi quelques-unes qui sont aussi blanches qu'en Europe; toutes ont les cheveux noirs, ce qu'ils regardent comme une beauté; l'art peut bien y contribuer, car ils tâchent de les faire devenir de cette couleur, en tenant la tête rase à leurs filles jusqu'à l'âge de huit ou neuf ans. Ils rasent aussi leurs garçons et cela tous les huit jours, ce qui avec le temps leur rend à tous les cheveux noirs, car il est probable que sans cet usage ils ne les auraient pas tous de cette couleur, puisqu'on voit des petits enfants qui les ont à demi blonds. Une autre beauté pour les femmes est de les avoir longs et fort épais; ils se frottent la tête et le corps d'huile parfumée: au reste, leurs cheveux ne sont jamais frisés, mais toujours lisses; les hommes y sont velus par le corps plus qu'on ne l'est en Europe. Les Maldivois aiment l'exercice et sont industrieux dans les arts; ils sont superstitieux et fort adonnés aux femmes; elles cachent soigneusement leur sein, quoiqu'elles soient extraordinairement débauchées et qu'elles s'abandonnent fort aisément; elles sont fort oisives et se font bercer continuellement; elles mangent à tout moment du bétel, qui est une herbe fort chaude, et beaucoup d'épices à leurs repas; pour les hommes, ils sont beaucoup moins vigoureux qu'il ne conviendrait à leurs femmes. (Voyez les *Voyages de Pyrard,* p. 120 et 324.)

Les habitants de Cambaye ont le teint gris ou couleur de cendre, les uns plus, les autres moins, et ceux qui sont voisins de la mer sont plus noirs que les autres (*a*): ceux de Guzarate sont jaunâtres (*b*). Les Canarins qui sont les Indiens de Goa et des îles voisines, sont olivâtres (*c*).

Les voyageurs hollandais rapportent que les habitants de Guzarate sont jaunâtres, les uns plus que les autres; qu'ils sont de même taille que les

(*a*) Voyez *Pigafettæ Indiæ Orientalis, partem primam,* p. 34.
(*b*) Voyez les *Voyages de la Boullaye le Gouz,* p. 225.
(*c*) Voyez *idem, ibid.*

Européens ; que les femmes, qui ne s'exposent que très rarement aux ardeurs du soleil, sont un peu plus blanches que les hommes, et qu'il y en a quelques-unes qui sont à peu près aussi blanches que les Portugaises (*a*).

Mandelslo en particulier dit que les habitants de Guzarate sont tous basanés ou de couleur olivâtre plus ou moins foncée, selon le climat où ils demeurent ; que ceux du côté du midi le sont le plus, que les hommes y sont forts et bien proportionnés, qu'ils ont le visage large et les yeux noirs ; que les femmes sont de petite taille, mais propres et bien faites, qu'elles portent les cheveux longs ; qu'elles ont aussi des bagues aux narines et de grands pendants d'oreilles (page 195). Il y a parmi eux fort peu de bossus ou de boîteux ; quelques-uns ont le teint plus clair que les autres, mais ils ont tous les cheveux noirs et lisses. Les anciens habitants de Guzarate sont aisés à reconnaître ; on les distingue des autres par leur couleur qui est beaucoup plus noire ; ils sont aussi plus stupides et plus grossiers. (*Idem*, t. II, p. 222.)

La ville de Goa est, comme l'on sait, le principal établissement des Portugais dans les Indes, et quoiqu'elle soit beaucoup déchue de son ancienne splendeur, elle ne laisse pas d'être encore une ville riche et commerçante ; c'est le pays du monde où il se vendait autrefois le plus d'esclaves ; on y trouvait à acheter des filles et des femmes fort belles de tous les pays des Indes ; ces esclaves savent pour la plupart jouer des instruments, coudre et broder en perfection ; il y en a de blanches, d'olivâtres, de basanées, et de toutes couleurs ; celles dont les Indiens sont le plus amoureux sont les filles Cafres de Mozambique qui sont toutes noires. « C'est, dit Pyrard, une » chose remarquable entre tous ces peuples Indiens, tant mâles que femel- » les, et que j'ai remarquée, que leur sueur ne pue point où les nègres » d'Afrique, tant en deçà que delà le Cap de Bonne-Espérance, sentent de » telle sorte quand ils sont échauffés, qu'il est impossible d'approcher d'eux, » tant ils puent et sentent mauvais comme des poireaux verts. » Il ajoute que les femmes indiennes aiment beaucoup les hommes blancs d'Europe et qu'elles les préfèrent aux blancs des Indes, et à tous les autres Indiens (*b*).

Les Persans sont voisins des Mogols et ils leur ressemblent assez ; ceux surtout qui habitent les parties méridionales de la Perse ne diffèrent presque pas des Indiens ; les habitants d'Ormus, ceux de la province de Bascie et de Balascie sont très bruns et très basanés ; ceux de la province de Chesimur et des autres parties de la Perse, où la chaleur n'est pas aussi grande qu'à Ormus, sont moins bruns, et enfin ceux des provinces septentrionales sont

(*a*) Voyez le *Recueil des Voyages qui ont servi à l'établissement de la Compagnie des Indes de Holl.*, t. VI, p. 403.

(*b*) Voyez la deuxième partie du *Voyage de Pyrard*, t, II, p. 64 et suiv.

assez blancs (*a*). Les femmes des îles du golfe Persique sont, au rapport des voyageurs hollandais, brunes ou jaunes et fort peu agréables ; elles ont le visage large et de vilains yeux ; elles ont aussi des modes et des coutumes semblables à celles des femmes indiennes, comme celles de se passer dans le cartilage du nez des anneaux, et une épingle d'or au travers de la peau du nez près des yeux (*b*) ; mais il est vrai que cet usage de se percer le nez pour porter des bagues et d'autres joyaux s'est étendu beaucoup plus loin, car il y a beaucoup de femmes chez les Arabes qui ont une narine percée pour y passer un grand annean, et c'est une galanterie chez ces peuples de baiser la bouche de leurs femmes à travers ces anneaux, qui sont quelquefois assez grands pour enfermer toute la bouche dans leur rondeur (*c*).

Xénophon, en parlant des Persans, dit qu'ils étaient la plupart gros et gras ; Marcellin dit au contraire que de son temps ils étaient maigres et secs. Olearius, qui fait cette remarque, ajoute qu'ils sont aujourd'hui, comme du temps de ce dernier auteur, maigres et secs, mais qu'ils ne laissent pas d'être fort et robustes ; selon lui, ils ont le teint olivâtre, les cheveux noirs et le nez aquilin (*d*). Le sang de Perse, dit Chardin, est naturellement grossier ; cela se voit aux Guèbres, qui sont le reste des anciens Persans, ils sont laids, mal faits, pesants, ayant la peau rude et le teint coloré : cela se voit aussi dans les provinces les plus proches de l'Inde, où les habitants ne sont guère moins mal faits que les Guèbres, parce qu'ils ne s'allient qu'entre eux; mais, dans le reste du royaume, le sang persan est présentement devenu fort beau par le mélange du sang géorgien et circassien : ce sont les deux nations du monde où la nature forme de plus belles personnes. Aussi il n'y a presque aucun homme de qualité en Perse qui ne soit né d'une mère géorgienne ou circassienne ; le roi lui-même est ordinairement Géorgien ou Circassien d'origine du côté maternel ; et comme il y a un grand nombre d'années que ce mélange a commencé de se faire, le sexe féminin est embelli comme l'autre, et les Persanes sont devenues fort belles et fort bien faites, quoique ce ne soit pas au point des Géorgiennes. Pour les hommes, ils sont communément hauts, droits, vermeil, vigoureux, de bon air et de belle apparence. La bonne température de leur climat et la sobriété dans laquelle on les élève ne contribuent pas peu à leur beauté corporelle ; ils ne la tiennent pas de leurs pères, car, sans le mélange dont je viens de parler, les gens de qualité de Perse seraient les plus laids hommes du monde, puisqu'ils sont originaires de la Tartarie, dont les habitants sont, comme nous l'avons dit,

(*a*) Voyez la *Description des provinces orientales*, par Marc Paul. Paris, 1559, p. 22 et 39. Voyez aussi le *Voyage de Pyrard*, t. II, p. 256.

(*b*) Voyez le *Recueil des voyages de la Campagnie de Holl.* Amsterd., 1702, t. V, p. 191.

(*c*) Voyez le *Voyage fait par ordre du roi dans la Palestine*, par M. D. L. R. Paris, 1717, p. 260.

(*d*) Voyez le *Voyage d'Olearius*. Paris, 1656, t. Ier, p. 501.

laids, mal faits et grossiers ; ils sont au contraire fort polis et ont beaucoup d'esprit; leur imagination est vive, prompte et fertile, leur mémoire aisée et féconde ; ils ont beaucoup de dispositions pour les sciences et les arts libéraux et mécaniques, ils en ont aussi beaucoup pour les armes ; ils aiment la gloire ou la vanité qui en est la fausse image ; leur naturel est pliant et souple, leur esprit facile et intrigant ; ils sont galants, même voluptueux ; ils aiment le luxe, la dépense, et ils s'y livrent jusqu'à la prodigalité ; aussi n'entendent-ils ni l'économie ni le commerce. (Voyez les *Voyages de Chardin*. Amst., 1711, t. II, p. 34.)

Ils sont en général assez sobres, et cependant immodérés dans la quantité de fruits qu'ils mangent ; il est fort ordinaire de leur voir manger un *man* de melons, c'est-à-dire douze livres pesant ; il y en a même qui en mangent trois ou quatre *mans :* aussi en meurt-il quantité par les excès des fruits (*a*).

On voit en Perse une grande quantité de belles femmes de toutes couleurs, car les marchands qui les amènent de tous les côtés choisissent les plus belles. Les blanches viennent de Pologne, de Moscovie, de Circassie, de Géorgie et des frontières de la grande Tartarie ; les basanées, des terres du Grand Mogol et de celles du roi de Golconde et du roi de Visapour ; et, pour les noires, elles viennent de la côte de Melinde et de celles de la mer Rouge (*b*). Les femmes du peuple ont une singulière superstition : celles qui sont stériles s'imaginent que pour devenir fécondes il faut passer sous les corps morts des criminels qui sont suspendus aux fourches patibulaires ; elles croient que le cadavre d'un mâle peut influer, même de loin, et rendre une femme capable de faire des enfants. Lorsque ce remède singulier ne leur réussit pas, elles vont chercher les canaux des eaux qui s'écoulent des bains, elles attendent le temps où il y a dans ces bains un grand nombre d'hommes, alors elles traversent plusieurs fois l'eau qui en sort, et lorsque cela ne leur réussit pas mieux que la première recette, elles se déterminent enfin à avaler la partie du prépuce qu'on retranche dans la circoncision : c'est le souverain remède contre la stérilité (*c*).

Les peuples de la Perse, de la Turquie, de l'Arabie, de l'Égypte et de toute la Barbarie peuvent être regardés comme une même nation qui, dans le temps de Mahomet et de ses successeurs, s'est extrêmement étendue, a envahi des terrains immenses et s'est prodigieusement mêlée avec les peuples naturels de tous ces pays. Les Persans, les Turcs, les Maures, se sont polices jusqu'à un certain point, mais les Arabes sont demeurés pour la plupart dans un état d'indépendance qui suppose le mépris des lois ; ils vivent, comme les Tartares, sans règles, sans police et presque sans société ; le larcin, le rapt, le brigandage, sont autorisés par leurs chefs ; ils se font honneur de

(*a*) Voyez les *Voyages de Thévenot*. Paris, 1664, t. II, p. 181.
(*b*) Voyez les *Voyages de Tavernier*. Rouen, 1713, t. II, p. 368.
(*c*) Voyez les *Voyages de Gemelli-Careri*. Paris, 1719, t. II, p. 200.

leurs vices, ils n'ont aucun respect pour la vertu, et de toutes les conventions humaines ils n'ont admis que celles qu'ont produites le fanatisme et la superstition.

Ces peuples sont fort endurcis au travail ; ils accoutument aussi leurs chevaux à la plus grande fatigue, ils ne leur donnent à boire et à manger qu'une seule fois en vingt-quatre heures ; aussi ces chevaux sont-ils très maigres, mais en même temps ils sont très prompts à la course, et pour ainsi dire infatigables. Les Arabes pour la plupart vivent misérablement : ils n'ont ni pain ni vin, ils ne prennent pas la peine de cultiver la terre ; au lieu de pain, ils se nourrissent de quelques graines sauvages qu'ils détrempent et pétrissent avec le lait de leur bétail (*a*). Ils ont des troupeaux de chameaux, de moutons et de chèvres qu'ils mènent paître çà et là dans les lieux où ils trouvent de l'herbe ; ils y plantent leurs tentes, qui sont faites de poils de chèvre, et ils y demeurent avec leurs femmes et leurs enfants jusqu'à ce que l'herbe soit mangée, après quoi ils décampent pour aller en chercher ailleurs (*b*). Avec une manière de vivre aussi dure et une nourriture aussi simple, les Arabes ne laissent pas d'être très robustes et très forts ; ils sont même d'une assez grande taille et assez bien faits, mais ils ont le visage et le corps brûlés de l'ardeur du soleil, car la plupart vont tout nus ou ne portent qu'une mauvaise chemise (*c*). Ceux des côtés de l'Arabie heureuse et de l'île de Socotora sont plus petits ; ils ont le teint couleur de cendre ou fort basané et ils ressemblent pour la forme aux Abyssins (*d*). Les Arabes sont dans l'usage de se faire appliquer une couleur bleue foncée au bras, aux lèvres et aux parties les plus apparentes du corps ; ils mettent cette couleur par petits points et la font pénétrer dans la chair avec une aiguille faite exprès : la marque en est ineffaçable (*e*). Cette coutume singulière se retrouve chez les Nègres qui ont eu commerce avec les Mahométans.

Chez les Arabes qui demeurent dans les déserts sur les frontières de Tremecen et de Tunis, les filles, pour paraître plus belles, se font des chiffres de couleur bleue sur tout le corps avec la pointe d'une lancette et du vitriol, et les Africaines en font autant à leur exemple, mais non pas celles qui demeurent dans les villes, car elles conservent la même blancheur de visage avec laquelle elles sont venues au monde ; quelques-unes seulement se peignent une petite fleur ou quelque autre chose aux joues, au front ou au menton, avec de la fumée de noix de galle ou du safran, ce qui rend la marque fort noire ; elles se noircissent aussi les sourcils. (Voyez l'*Afrique de Marmol*, p. 88, t. Ier.) La Boullaye dit que les femmes des Arabes du désert ont

(*a*) Voyez les *Voyages de Villamont*. Lyon, 1620, p. 603.

(*b*) Voyez les *Voyages de Thévenot*. Paris, 1664, t. Ier, p. 330.

(*c*) Voyez les *Voyages de Villamont*, p. 604.

(*d*) *Vide Philip. Pigafettæ Ind. Or. part. prim.* Francofurti, 1598, p. 25. Voyez aussi la suite des *Voyages d'Olearius*, t. II, p. 108.

(*e*) Voyez les *Voyages de Pietro della Valle*. Rouen, 1745. t. II, p. 269.

les mains, les lèvres et le menton peints de bleu, que la plupart ont des anneaux d'or ou d'argent au nez, de trois pouces de diamètre, qu'elles sont assez laides parce qu'elles sont perpétuellement au soleil, mais qu'elles naissent blanches ; que les jeunes filles sont très agréables, qu'elles chantent sans cesse et que leur chant n'est pas triste comme celui des Turques ou des Persanes, mais qu'il est bien plus étrange parce qu'elles poussent leur haleine de toute leur force et qu'elles articulent extrêmement vite. (Voyez les *Voyages de La Boullaye le Gouz*, p. 318.)

« Les princesses et les dames arabes, dit un autre voyageur, qu'on m'a » montrées par le coin d'une tente, m'ont paru fort belles et bien faites : on » peut juger par celles-ci et par ce qu'on m'en a dit que les autres ne le sont » guère moins ; elles sont fort blanches, parce qu'elles sont toujours à couvert » du soleil. Les femmes du commun sont extrêmement halées, outre la cou- » leur brune et basanée qu'elles ont naturellement ; je les ai trouvées fort » laides dans toute leur figure et je n'ai rien vu en elles que les agréments » ordinaires qui accompagnent une grande jeunesse. Ces femmes se piquent » les lèvres avec des aiguilles et mettent par dessus de la poudre à canon » mêlée avec du fiel de bœuf qui pénètre la peau et les rend bleues et livides » pour le reste de leur vie ; elles font des petits points de la même façon aux » coins de leur bouche, aux côtés du menton et sur les joues ; elles noircis- » sent le bord de leurs paupières d'une poudre noire composée avec de la » tutie, et tirent une ligne de ce noir au dehors du coin de l'œil pour le faire » paraître plus fendu, car en général la principale beauté des femmes de » l'Orient est d'avoir de grands yeux noirs, bien ouverts et relevés à fleur de » tête. Les Arabes expriment la beauté d'une femme en disant qu'elle a les » yeux d'une gazelle : toutes leurs chansons amoureuses ne parlent que des » yeux noirs et des yeux de gazelle, et c'est à cet animal qu'ils comparent tou- » jours leurs maîtresses ; effectivement, il n'y a rien de si joli que ces gazelles ; » on voit surtout en elles une certaine crainte innocente qui ressemble fort » à la pudeur et à la timidité d'une jeune fille. Les dames et les nouvelles » mariées noircissent leurs sourcils et les font joindre sur le milieu du front ; » elles se piquent aussi les bras et les mains, formant plusieurs sortes de figures » d'animaux, de fleurs, etc. ; elles se peignent les ongles d'une couleur rou- » geâtre, et les hommes peignent aussi de la même couleur les crins et la » queue de leurs chevaux ; elles ont les oreilles percées en plusieurs endroits » avec autant de petites boucles et d'anneaux ; elles portent des bracelets » aux bras et aux jambes. » (Voyez le *Voyage fait par ordre du Roi dans la Palestine*, par M. D.L.R., p. 260.)

Au reste, tous les Arabes sont jaloux de leurs femmes, et quoiqu'ils les achètent ou qu'ils les enlèvent, ils les traitent avec douceur et même avec quelque respect.

Les Égyptiens, qui sont si voisins des Arabes, qui ont la même religion et qui sont comme eux soumis à la domination des Turcs, ont cependant des coutumes fort différentes de celles des Arabes : par exemple, dans toutes les villes et villages le long du Nil, on trouve des filles destinées aux plaisirs des voyageurs, sans qu'ils soient obligés de les payer; c'est l'usage d'avoir des maisons d'hospitalité toujours remplies de ces filles, et les gens riches se font en mourant un devoir de piété de fonder ces maisons et de les peupler de filles qu'ils font acheter dans cette vue charitable : lorsqu'elles accouchent d'un garçon, elles sont obligées de l'élever jusqu'à l'âge de trois ou quatre ans, après quoi elles le portent au patron de la maison ou à ses héritiers, qui sont obligés de recevoir l'enfant et qui s'en servent dans la suite comme d'un esclave; mais les petites filles restent toujours avec leur mère et servent ensuite à les remplacer (*a*). Les Égyptiennes sont fort brunes, elles ont les yeux vifs (*b*); leur taille est au-dessous de la médiocre, la manière dont elles sont vêtues n'est point du tout agréable, et leur conversation est fort ennuyeuse (*c*); au reste, elles font beaucoup d'enfants, et quelques voyageurs prétendent que la fécondité occasionnée par l'inondation du Nil ne se borne pas à la terre seule, mais qu'elle s'étend aux hommes et aux animaux; ils disent qu'on voit, par une expérience qui ne s'est jamais démentie, que les eaux nouvelles rendent les femmes fécondes, soit qu'elles en boivent, soit qu'elles se contentent de s'y baigner; que c'est dans les premiers mois qui suivent l'inondation, c'est-à-dire aux mois de juillet et d'août, qu'elles conçoivent ordinairement et que les enfants viennent au monde dans les mois d'avril et de mai; qu'à l'égard des animaux, les vaches portent presque toujours deux veaux à la fois, les brebis deux agneaux, etc. (*d*). On ne sait pas trop comment concilier ce que nous venons de dire de ces bénignes influences du Nil avec les maladies fâcheuses qu'il produit; car M. Granger dit que l'air de l'Égypte est malsain, que les maladies des yeux y sont très fréquentes, et si difficiles à guérir que presque tous ceux qui en sont attaqués perdent la vue; qu'il y a plus d'aveugles en Égypte qu'en aucun autre pays, et que, dans le temps de la crue du Nil, la plupart des habitants sont attaqués de dysenteries opiniâtres causées par les eaux de ce fleuve, qui dans ce temps-là sont fort chargées de sels (*e*).

Quoique les femmes soient communément assez petites en Égypte, les hommes sont ordinairement de haute taille (*f*). Les uns et les autres sont, généralement parlant, de couleur olivâtre, et plus on s'éloigne du Caire en remontant, plus les habitants sont basanés, jusque-là que ceux qui sont aux

(*a*) Voyez les *Voyages de Paul Lucas*. Paris, 1704, p. 363, etc.
(*b*) Voyez les *Voyages de Gemelli-Careri*, t. Ier, p. 190.
(*c*) Voyez les *Voyages du P. Vansleb*. Paris, 1677, p. 43.
(*d*) Voyez les *Voyages du sieur Lucas*. Rouen, 1719. p. 83.
(*e*) Voyez le *Voyage de M. Granger*. Paris, 1745, p. 21.
(*f*) Voyez les *Voyages de Pietro della Valle*, t. Ier, p. 401.

confins de la Nubie sont presque aussi noirs que les Nubiens mêmes. Les défauts les plus naturels aux Égyptiens sont l'oisiveté et la poltronnerie; ils ne font presque autre chose tout le jour que boire du café, fumer, dormir ou demeurer oisifs en une place, ou causer dans les rues; ils sont fort ignorants, et cependant pleins d'une vanité ridicule. Les Coptes eux-mêmes ne sont pas exempts de ces vices, et quoiqu'ils ne puissent pas nier qu'ils n'aient perdu leur noblesse, les sciences, l'exercice des armes, leur propre histoire et leur langue même, et que d'une nation illustre et vaillante ils ne soient devenus un peuple vil et esclave, leur orgueil va néanmoins jusqu'à mépriser les autres nations et à s'offenser lorsqu'on leur propose de faire voyager leurs enfants en Europe pour y être élevés dans les sciences et dans les arts (*a*).

Les nations nombreuses qui habitent les côtés de la Méditerranée depuis l'Égypte jusqu'à l'Océan, et toute la profondeur des terres de Barbarie jusqu'au mont Atlas et au delà, sont des peuples de différente origine: les naturels du pays, les Arabes, les Vandales, les Espagnols, et plus anciennement les Romains et les Égyptiens, ont peuplé cette contrée d'hommes assez différents entre eux: par exemple, les habitants des montagnes d'Auress ont un air et une physionomie différente de celle de leurs voisins; leur teint, loin d'être basané, est au contraire blanc et vermeil, et leurs cheveux sont d'un jaune foncé, au lieu que les cheveux de tous les autres sont noirs, ce qui, selon M. Shaw, peu faire croire que ces hommes blonds descendent des Vandales, qui, après avoir été chassés, trouvèrent moyen de se rétablir dans quelques endroits de ces montagnes (*b*). Les femmes du royaume de Tripoli ne ressemblent point aux Égyptiennes, dont elles sont voisines: elles sont grandes et elles font même consister la beauté à avoir la taille excessivement longue; elles se font, comme les femmes arabes, des piqûres sur le visage, principalement aux joues et au menton; elles estiment beaucoup les cheveux roux, comme en Turquie, et elles font même peindre en vermillon les cheveux de leurs enfants (*c*).

En général, les femmes maures affectent toutes de porter des cheveux longs jusque sur les talons; celles qui n'ont pas beaucoup de cheveux ou qui ne les ont pas si longs que les autres en portent de postiches, et toutes les tressent avec des rubans; elles se teignent le poil des paupières avec de la poudre de mine de plomb; elles trouvent que la couleur sombre que cela donne aux yeux est une beauté singulière. Cette coutume est fort ancienne et assez générale, puisque les femmes grecques et romaines se brunissaient les yeux comme les femmes de l'Orient. (*Voyage de M. Shaw*, t. Ier, p. 382.)

(*a*) Voyez les *Voyages du sieur Lucas*, t. III, p. 194; et la *Relation d'un voyage fait en Egypte*, par le P. Vansleb, p. 42.

(*b*) Voyez les *Voyages de M. Shaw*. La Haye, 1743, t. Ier, p. 168.

(*c*) Voyez l'*Etat des royaumes de Barbarie*. La Haye, 1704.

La plupart des femmes maures passeraient pour belles, même en ce pays-ci; leurs enfants ont le plus beau teint du monde et le corps fort blanc : il est vrai que les garçons qui sont exposés au soleil brunissent bientôt, mais les filles qui se tiennent à la maison conservent leur beauté jusqu'à l'âge de trente ans qu'elles cessent communément d'avoir des enfants; en récompense elles en ont souvent à onze ans, et se trouvent quelquefois grand'mères à vingt-deux, et comme elles vivent aussi longtemps que les femmes européennes, elles voient ordinairement plusieurs générations. (*Idem*, t. Ier, p. 395.)

On peut remarquer, en lisant la description de ces différents peuples dans Marmol, que les habitants des montagnes de la Barbarie sont blancs, au lieu que les habitants des côtes de la mer et des plaines sont basanés et très bruns. Il dit expressément que les habitants de Capez, ville du royaume de Tunis sur la Méditerranée, sont de pauvres gens fort noirs (*a*); que ceux qui habitent le long de la rivière de Dara dans la province d'Escure, au royaume du Maroc, sont fort basanés (*b*); qu'au contraire les habitants de Zarhou et des montagnes de Fez du côté du mont Atlas sont fort blancs, et il ajoute que ces derniers sont si peu sensibles au froid qu'au milieu des neiges et des glaces de ces montagnes ils s'habillent très légèrement et vont tête nue toute l'année (*c*); et à l'égard des habitants de la Numidie, il dit qu'ils sont plutôt basanés que noirs, que les femmes y sont même assez blanches et ont beaucoup d'embonpoint, quoique les hommes soient maigres (*d*), mais que les habitants de Guaden dans le fond de la Numidie, sur les frontières du Sénégal, sont plutôt noirs que basanés (*e*), au lieu que dans la province de Dara les femmes sont belles, fraîches, et que partout il y a une grande quantité d'esclaves nègres de l'un et de l'autre sexe (*f*).

Tous les peuples qui habitent entre le 20e et le 30e ou le 35e degré de latitude nord dans l'ancien continent, depuis l'empire du Mogol jusqu'en Barbarie, et même depuis le Gange jusqu'aux côtes occidentales du royaume de Maroc, ne sont donc pas fort différents les uns des autres, si l'on excepte les variétés particulières occasionnées par le mélange d'autres peuples plus septentrionaux qui ont conquis ou peuplé quelques-unes de ces vastes contrées. Cette étendue de terre sous les mêmes parallèles est d'environ deux mille lieues; les hommes en général y sont bruns et basanés, mais ils sont en même temps assez beaux et assez bien faits. Si nous examinons maintenant ceux qui habitent sous un climat plus tempéré, nous trouverons que les habitants des provinces septentrionales du Mogol et de la Perse, les

(*a*) Voyez l'*Afrique de Marmol*, t. II, p. 536.
(*b*) Voyez l'*Afrique de Marmol*, t. II, p. 125.
(*c*) *Idem*, t. II, p. 108 et 305.
(*d*) *Idem*, t. III, p. 6.
(*e*) *Idem*, t. III, p. 7.
(*f*) *Idem*, t. III, p. 11.

Arméniens, les Turcs, les Géorgiens, les Mingréliens, les Circassiens, les Grecs et tous les peuples de l'Europe, sont les hommes les plus beaux, les plus blancs et les mieux faits de toute la terre, et que, quoiqu'il y ait fort loin de Cachemire en Espagne, ou de la Circassie à la France, il ne laisse pas d'y avoir une singulière ressemblance entre ces peuples si éloignés les uns des autres, mais situés à peu près à une égale distance de l'équateur. Les Cachemiriens, dit Bernier, sont renommés pour la beauté ; ils sont aussi bien faits que les Européens et ne tiennent en rien du visage tartare ; ils n'ont point ce nez écaché et ces petits yeux de cochon qu'on trouve chez leurs voisins ; les femmes surtout sont très belles : aussi la plupart des étrangers nouveau-venus à la cour du Mogol se fournissent de femmes cachemiriennes afin d'avoir des enfants qui soient plus blancs que les Indiens, et qui puissent aussi passer pour vrais Mogols (*a*). Le sang de Géorgie est encore plus beau que celui de Cachemire ; on ne trouve pas un laid visage dans ce pays, et la nature a répandu sur la plupart des femmes des grâces qu'on ne voit pas ailleurs : elles sont grandes, bien faites, extrêmement déliées à la ceinture, elles ont le visage charmant (*b*). Les hommes sont aussi fort beaux (*c*) ; ils ont naturellement de l'esprit et ils seraient capables des sciences et des arts, mais leur mauvaise éducation les rend très ignorants et très vicieux, et il n'y a peut-être aucun pays dans le monde où le libertinage et l'ivrognerie soient à un si haut point qu'en Géorgie. Chardin dit que les gens d'église, comme les autres, s'enivrent très souvent et tiennent chez eux de belles esclaves dont ils font des concubines ; que personne n'en est scandalisé, parce que la coutume en est générale et même autorisée, et il ajoute que le préfet des Capucins lui a assuré avoir ouï dire au *Catholicos* (on appelle ainsi le patriarche de Géorgie) que celui qui, aux grandes fêtes, comme Pâques et Noël, ne s'enivre pas entièrement, ne passe pas pour chrétien et doit être excommunié (*d*). Avec tous ces vices, les Géorgiens ne laissent pas d'être civils, humains, graves et modérés ; ils ne se mettent que très rarement en colère, quoiqu'ils soient ennemis irréconciliables lorsqu'ils ont conçu de la haine contre quelqu'un.

Les femmes, dit Struys, sont aussi fort belles et fort blanches en Circassie, et elles ont le plus beau teint et les plus belles couleurs du monde ; leur front est grand et uni, et sans le secours de l'art elles ont si peu de sourcils qu'on dirait que ce n'est qu'un filet de soie recourbé ; elles ont les yeux grands, doux et pleins de feu, le nez bien fait, les lèvres vermeilles, la bouche riante et petite, et le menton comme il doit être pour achever un parfait ovale ; elles ont le cou et la gorge parfaitement bien faits, la peau

(*a*) Voyez les *Voyages de Bernier*. Amsterdam, 1710, t. II, p. 281.
(*b*) Voyez les *Voyages de Chardin*, première partie. Londres, 1686. p. 204.
(*c*) Voyez *Il Genio vagante del conte Aurelio degli Anzi*. In Parma, 1691, t. Ier, p. 170.
(*d*) Voyez les *Voyages de Chardin*, p. 205.

blanche comme neige, la taille grande et aisée, les cheveux du plus beau noir; elles portent un petit bonnet d'étoffe noire, sur lequel est attaché un bourrelet de même couleur; mais ce qu'il y a de ridicule, c'est que les veuves portent à la place de ce bourrelet une vessie de bœuf ou de vache des plus enflées, ce qui les défigure merveilleusement. L'été, les femmes du peuple ne portent qu'une simple chemise qui est ordinairement bleue, jaune ou rouge, et cette chemise est ouverte jusqu'à mi-corps; elles ont le sein parfaitement bien fait, elles sont assez libres avec les étrangers, mais cependant fidèles à leurs maris, qui n'en sont point jaloux. (Voyez les *Voyages de Struys*, t. II, p. 75.)

Tavernier dit aussi que les femmes de la Comanie et de la Circassie sont, comme celles de Géorgie, très belles et très bien faites; qu'elles paraissent toujours fraîches jusqu'à l'âge de quarante-cinq ou cinquante ans; qu'elles sont toutes fort laborieuses, et qu'elles s'occupent souvent des travaux les plus pénibles; ces peuples ont conservé la plus grande liberté dans le mariage, car s'il arrive que le mari ne soit pas content de sa femme et qu'il s'en plaigne le premier, le seigneur du lieu envoie prendre la femme, la fait vendre, et en donne une autre à l'homme qui s'en plaint; et de même si la femme se plaint la première, on la laisse libre et on lui ôte son mari (*a*).

Les Mingréliens sont, au rapport des voyageurs, tout aussi beaux et aussi bien faits que les Géorgiens ou les Circassiens, et il semble que ces trois peuples ne fassent qu'une seule et même race d'homme. « Il y a en Mingré- » lie, dit Chardin, des femmes merveilleusement bien faites, d'un air majes- » tueux, de visage et de taille admirables; elles ont outre cela un regard » engageant qui caresse tous ceux qui les regardent : les moins belles et » celles qui sont âgées se fardent grossièrement et se peignent tout le visage, » sourcils, joues, front, nez, menton; les autres se contentent de se peindre » les sourcils; elles se parent le plus qu'elles peuvent. Leur habit est sem- » blable à celui des Persanes; elles portent un voile qui ne couvre que le » dessus et le derrière de la tête; elles ont de l'esprit, elles sont civiles et » affectueuses, mais en même temps très perfides, et il n'y a point de » méchanceté qu'elles ne mettent en usage pour se faire des amants, pour » les conserver ou pour les perdre. Les hommes ont aussi bien de mau- » vaises qualités : ils sont tous élevés au larcin, ils l'étudient, ils en font » leur emploi, leur plaisir et leur honneur; ils content avec une satisfaction » extrême les vols qu'ils ont faits; ils en sont loués, ils en tirent leur plus » grande gloire; l'assassinat, le vol, le mensonge, c'est ce qu'ils appellent » de belles actions; le concubinage, la bigamie, l'inceste, sont des habi- » tudes vertueuses en Mingrélie; l'on s'y enlève les femmes les uns aux » autres, on y prend sans scrupule sa tante, sa nièce, la tante de sa femme;

(*a*) Voyez les *Voyages de Tavernier*. Rouen, 1713, t. 1er, p. 469.

» on épouse deux ou trois femmes à la fois, et chacun entretient autant de » concubines qu'il veut. Les maris sont très peu jaloux, et quand un homme » prend sa femme sur le fait avec son galant, il a droit de le contraindre à » payer un cochon, et d'ordinaire il ne prend pas d'autre vengeance; le co- » chon se mange entre eux trois. Ils prétendent que c'est une très bonne et » très louable coutume d'avoir plusieurs femmes et plusieurs concubines, » parce qu'on engendre beaucoup d'enfants qu'on vend argent comptant, ou » qu'on échange pour des hardes et pour des vivres. » (Voyez les *Voyages de Chardin*, p. 77 et suiv.)

Au reste ces esclaves ne sont pas fort chers, car les hommes âgés depuis vingt-cinq ans jusqu'à quarante ne coûtent que quinze écus : ceux qui sont plus âgés, huit ou dix; les belles filles d'entre treize et dix-huit ans, vingt écus, les autres moins; les femmes douze écus, et les enfants trois ou quatre. (*Idem*, p. 105.)

Les Turcs, qui achètent un très grand nombre de ces esclaves, sont un peuple composé de plusieurs autres peuples : les Arméniens, les Géorgiens, les Turcomans, se sont mêlés avec les Arabes et les Égyptiens, et même avec les Européens dans le temps des croisades; il n'est donc guère possible de reconnaître les habitants naturels de l'Asie Mineure, de la Syrie et du reste de la Turquie : tout ce qu'on peut dire, c'est qu'en général les Turcs sont des hommes robustes et assez bien faits; il est même assez rare de trouver parmi eux des bossus et des boiteux (*a*). Les femmes sont aussi ordinairement belles, bien faites et sans défaut; elles sont fort blanches parce qu'elles sortent peu, et quand elles sortent elles sont toujours voilées (*b*).

« Il n'y a femme de laboureur ou de paysan en Asie, dit Belon, qui n'ait » le teint frais comme une rose, la peau délicate et blanche, si polie et si » bien tendue qu'il semble toucher du velours; elles se servent de terre de » Chio qu'elles détrempent pour en faire une espèce d'onguent dont elles se » frottent tout le corps en entrant au bain, aussi bien que le visage et les » cheveux. Elles se peignent aussi les sourcils en noir, d'autres se les font » abattre avec du rusma, et se font de faux sourcils avec de la teinture noire; » elles les font en forme d'arc et élevés en croissant : cela est beau à voir de » de loin, mais laid lorsqu'on regarde de près; cet usage est pourtant de toute » ancienneté. » (Voyez les *Observations de Pierre Belon*. Paris, 1555, page 199.) Il ajoute que les Turcs, hommes et femmes, ne portent do poil en aucune partie du corps, excepté les cheveux et la barbe; qu'ils se servent du rusma pour l'ôter, qu'ils mêlent moitié autant de chaux vive qu'il y a de rusma, et qu'ils détrempent le tout dans de l'eau; qu'en entrant dans le bain on applique cette pommade, qu'on la laisse sur la peau à peu près autant de

(*a*) Voyez le *Voyage de Thévenot*. Paris, 1664, t. Ier, p. 55.
(*b*) *Idem*, t. Ier, p. 105.

temps qu'il en faut pour cuire un œuf; dès que l'on commence à suer dans ce bain chaud le poil tombe de lui-même en le lavant seulement d'eau chaude avec la main, et la peau demeure lisse et polie sans aucun vestige de poil. (*Idem*, p. 198.) Il dit encore qu'il y a en Égypte un petit arbrisseau nommé *Alcanna*, dont les feuilles desséchées et mises en poudre servent à teindre en jaune; les femmes de toute la Turquie s'en servent pour se teindre les mains, les pieds et les cheveux en couleur jaune ou rouge; ils teignent aussi de la même couleur les cheveux des petits enfants, tant mâles que femelles, et les crins de leurs chevaux; etc. (*Idem*, p. 136.)

Les femmes turques se mettent de la tutie brûlée et préparée dans les yeux pour les rendre plus noirs; elles se servent pour cela d'un petit poinçon d'or ou d'argent qu'elles mouillent de leur salive pour prendre cette poudre noire et la faire passer doucement entre leurs paupières et leurs prunelles (*a*); elles se baignent aussi très souvent, elles se parfument tous les jours, et il n'y a rien qu'elles ne mettent en usage pour conserver ou pour augmenter leur beauté; on prétend cependant que les Persanes se recherchent encore plus sur la propreté que les Turques; les hommes sont aussi de différents goûts sur la beauté; les Persans veulent des brunes, et les Turcs des rousses (*b*).

On a prétendu que les juifs, qui tous sortent originairement de la Syrie et de la Palestine, ont encore aujourd'hui le teint brun comme ils l'avaient autrefois; mais, comme le remarque fort bien Misson, c'est une erreur de dire que tous les juifs sont basanés; cela n'est vrai que des juifs portugais. Ces gens-là se mariant toujours les uns avec les autres, les enfants ressemblent à leurs père et mère, et leur teint brun se perpétue ainsi avec peu de diminution partout où ils habitent, même dans les pays du nord; mais les juifs allemands, comme, par exemple, ceux de Prague, n'ont pas le teint plus basané que tous les autres Allemands (*c*).

Aujourd'hui les habitants de la Judée ressemblent aux autres Turcs; seulement ils sont plus bruns que ceux de Constantinople ou des côtes de la mer Noire, comme les Arabes sont aussi plus bruns que les Syriens, parce qu'ils sont plus méridionaux.

Il en est de même chez les Grecs; ceux de la partie septentrionale de la Grèce sont fort blancs, ceux des îles ou des provinces méridionales sont bruns : généralement parlant, les femmes grecques sont encore plus belles et plus vives que les Turques, et elles ont de plus l'avantage d'une beaucoup plus grande liberté. Gemelli-Careri dit que les femmes de l'île de Chio sont blanches, belles, vives et fort familières avec les hommes, que les filles voient les étrangers fort librement, et que toutes ont la gorge entièrement

(*a*) Voyez la *Nouvelle relation du Levant*, par M. P. A. Paris, 1667, p. 355.
(*b*) Voyez le *Voyage de La Boullaye*, p. 110.
(*c*) Voyez les *Voyages de Misson*, 1717, t. II, p. 225.

découverte (*a*). Il dit aussi que les femmes grecques ont les plus beaux cheveux du monde, surtout dans le voisinage de Constantinople, mais il remarque que ces femmes, dont les cheveux descendent jusqu'aux talons, n'ont pas les traits aussi réguliers que les autres Grecques (*b*).

Les Grecs regardent comme une très grande beauté dans les femmes d'avoir de grands et de gros yeux et les sourcils fort élevés, et ils veulent que les hommes les aient encore plus gros et plus grands (*c*). On peut remarquer, dans tous les bustes antiques, les médailles, etc., des anciens Grecs, que les yeux sont d'une grandeur excessive en comparaison de celle des yeux dans les bustes et les médailles romaines.

Les habitants des îles de l'Archipel sont presque tous grands nageurs et très bons plongeurs. Thévenot dit qu'ils s'exercent à tirer les éponges du fond de la mer, et même les hardes et les marchandises des vaisseaux qui se perdent, et que dans l'île de Samos on ne marie pas les garçons qu'ils ne puissent plonger sous l'eau à huit brasses au moins (*d*) ; Dapper dit vingt brasses (*e*), et il ajoute que dans quelques îles, comme dans celle de Nicarie, ils ont une coutume assez bizarre qui est de se parler de loin, surtout à la campagne, et que ces insulaires ont la voix si forte qu'ils se parlent ordinairement d'un quart de lieue, et souvent d'une lieue, en sorte que la conversation est coupée par de grands intervalles, la réponse n'arrivant que plusieurs secondes après la question.

Les Grecs, les Napolitains, les Siciliens, les habitants de Corse, de Sardaigne, et les Espagnols étant situés à peu près sous le même parallèle, sont assez semblables pour le teint : tous ces peuples sont plus basanés que les Français, les Anglais, les Allemands, les Polonais, les Moldaves, les Circassiens, et tous les autres habitants du nord de l'Europe jusqu'en Laponie, où, comme nous l'avons dit au commencement, on trouve une autre espèce d'hommes. Lorsqu'on fait le voyage d'Espagne, on commence à s'apercevoir, dès Bayonne, de la différence de couleur ; les femmes ont le teint un peu plus brun, elles ont aussi les yeux plus brillants (*f*).

Les Espagnols sont maigres et assez petits ; ils ont la taille fine, la tête belle, les traits réguliers, les yeux beaux, les dents assez bien rangées, mais ils ont le teint jaune et basané ; les petits enfants naissent fort blancs et sont fort beaux, mais en grandissant leur teint change d'une manière surprenante ; l'air les jaunit, le soleil les brûle, et il est aisé de reconnaître un Espagnol de toutes les autres nations européennes (*g*). On a remarqué que dans

(*a*) Voyez les *Voyages de Gemelli-Careri*. Paris, 1719, t. Ier, p. 110.
(*b*) *Idem*, t. Ier, p. 373.
(*c*) Voyez les *Observations de Belon*, p. 200.
(*d*) Voyez le *Voyage de Thévenot*, t. Ier, p. 206.
(*e*) Voyez la *Description des îles de l'Archipel*, par Dapper. Amsterdam, 1703, p. 163.
(*f*) Voyez la *Relation du voyage d'Espagne*. Paris, 1691, p. 4.
(*g*) *Idem*, p. 187.

quelques provinces d'Espagne, comme aux environs de la rivière de Bidassoa, les habitants ont les oreilles d'une grandeur démesurée (*a*).

Les hommes à cheveux noirs ou bruns commencent à être rares en Angleterre, en Flandre, en Hollande et dans les provinces septentrionales de l'Allemagne ; on n'en trouve presque point en Danemark, en Suède, en Pologne. Selon M. Linnæus, les Goths sont de haute taille ; ils ont les cheveux lisses, blonds, argentés, et l'iris de l'œil bleuâtre : *Gothi corpore proceriore, capillis albidis rectis, oculorum iridibus cinereo-cærulescentibus.* Les Finnois ont le corps musculeux et charnu, les cheveux blond jaune et longs, l'iris de l'œil jaune foncé : *Fennones corpore toroso, capillis flavis prolixis, oculorum iridibus fuscis* (*b*).

Les femmes sont fort fécondes en Suède ; Rudbeck dit qu'elles y font ordinairement huit, dix ou douze enfants, et qu'il n'est pas rare qu'elles en fassent dix-huit, vingt, vingt-quatre, vingt-huit et jusqu'à trente ; il dit de plus qu'il s'y trouve souvent des hommes qui passent cent ans, que quelques-uns vivent jusqu'à cent quarante ans, et qu'il y en a même eu deux, dont l'un a vécu cent cinquante-six et l'autre cent soixante et un ans (*c*). Mais il est vrai que cet auteur est un enthousiaste au sujet de sa patrie, et que, selon lui, la Suède est à tous égards le premier pays du monde. Cette fécondité dans les femmes ne suppose pas qu'elles aient plus de penchant à l'amour ; les hommes mêmes sont beaucoup plus chastes dans les pays froids que dans les climats méridionaux. On est moins amoureux en Suède qu'en Espagne ou en Portugal, et cependant les femmes y font beaucoup plus d'enfants. Tout le monde sait que les nations du Nord ont inondé toute l'Europe au point que les historiens ont appelé le Nord : *officina gentium.*

L'auteur des voyages historiques de l'Europe dit aussi, comme Rudbeck, que les hommes vivent ordinairement en Suède plus longtemps que dans la plupart des autres royaumes de l'Europe, et qu'il en a vu plusieurs qu'on lui assurait avoir plus de cent cinquante ans (*d*). Il attribue cette longue durée de la vie des Suédois à la salubrité de l'air de ce climat ; il dit à peu près la même chose du Danemark : selon lui, les Danois sont grands et robustes, d'un teint vif et coloré, et ils vivent fort longtemps à cause de la pureté de l'air qu'ils respirent ; les femmes aussi sont fort blanches, assez bien faites et très fécondes (*e*).

Avant le czar Pierre Ier, les Moscovites étaient, dit-on, encore presque barbares ; le peuple, né dans l'esclavage, était grossier, brutal, cruel, sans courage et sans mœurs. Ils se baignaient très souvent, hommes et femmes

(*a*) Voyez la *Relation du Voyage d'Espagne.* Paris, 1691, p. 326.
(*b*) *Vide Linnæi Faunam Suecicam.* Stockholm, 1746, p. 1.
(*c*) *Vide Olaii Rudbekii Atlantica.* Upsal, 1684.
(*d*) Voyez les *Voyages historiques de l'Europe.* Paris, 1693, t. VIII, p. 229.
(*e*) Voyez les *Voyages historiques de l'Europe.* Paris, 1693, t. VIII, p. 279 et 280.

pêle-mêle dans des étuves échauffées à un degré de chaleur insoutenable pour tout autre que pour eux ; ils allaient ensuite, comme les Lapons, se jeter dans l'eau froide au sortir de ces bains chauds. Ils se nourrissaient fort mal ; leurs mets favoris n'étaient que des concombres ou des melons d'Astracan qu'ils mettaient pendant l'été confire avec de l'eau, de la farine et du sel (*a*). Ils se privaient de quelques viandes, comme de pigeons ou de veau, par des scrupules ridicules ; cependant, dès ce temps-là même, les femmes savaient se mettre du rouge, s'arracher les sourcils, se les peindre ou s'en former d'artificiels ; elles savaient aussi porter des pierreries, parer leurs coiffures de perles, se vêtir d'étoffes riches et précieuses : ceci ne prouve-t-il pas que la barbarie commençait à finir, et que leur souverain n'a pas eu autant de peine à les policer que quelques auteurs ont voulu l'insinuer ? Ce peuple est aujourd'hui civilisé, commerçant, curieux des arts et des sciences, aimant les spectacles et les nouveautés ingénieuses. Il ne suffit pas d'un grand homme pour faire ces changements, il faut encore que ce grand homme naisse à propos.

Quelques auteurs ont dit que l'air de Moscovie est si bon qu'il n'y a jamais eu de peste ; cependant les annales du pays rapportent qu'en 1421, et pendant les six années suivantes, la Moscovie fut tellement affligée de maladies contagieuses que la constitution des habitants et de leurs descendants en fut altérée, peu d'hommes depuis ce temps arrivant à l'âge de cent ans, au lieu qu'auparavant il y en avait beaucoup qui allaient au delà de ce terme (*b*).

Les Ingriens et les Caréliens qui habitent les provinces septentrionales de la Moscovie, et qui sont les naturels du pays des environs de Pétersbourg, sont des hommes vigoureux et d'une constitution robuste ; ils ont pour la plupart les cheveux blancs ou blonds (*c*) ; ils ressemblent assez aux Finnois et ils parlent la même langue, qui n'a aucun rapport avec toutes les autres langues du Nord.

En réfléchissant sur la description historique que nous venons de faire de tous les peuples de l'Europe et de l'Asie, il paraît que la couleur dépend beaucoup du climat, sans cependant qu'on puisse dire qu'elle en dépende entièrement (*) ; il y a en effet plusieurs causes qui doivent influer sur la couleur et même sur la forme du corps et des traits des différents peuples : l'une des principales est la nourriture, et nous examinerons dans la suite les changements qu'elle peut occasionner. Une autre qui ne laisse pas de produire son effet sont les mœurs ou la manière de vivre ; un peuple policé qui vit

(*a*) Voyez la *Relation curieuse de Moscovie*. Paris, 1698, p. 181.

(*b*) Voyez le *Voyage d'un ambassadeur de l'empereur Léopold au czar Michaelowits*. Leyde, 1688, p. 220.

(*c*) Voyez les *Nouveaux mémoires sur l'état de la grande Russie*. Paris, 1725, t. II, p. 64.

(*) Cette réflexion est très juste.

dans une certaine aisance, qui est accoutumé à une vie réglée, douce et tranquille, qui par les soins d'un bon gouvernement est à l'abri d'une certaine misère et ne peut manquer des choses de première nécessité, sera par cette seule raison composé d'hommes plus forts, plus beaux et mieux faits qu'une nation sauvage et indépendante, où chaque individu, ne tirant aucun secours de la société, est obligé de pourvoir à sa subsistance, de souffrir alternativement la faim ou les excès d'une nourriture souvent mauvaise, de s'épuiser de travaux ou de lassitude, d'éprouver les rigueurs du climat sans pouvoir s'en garantir, d'agir en un mot plus souvent comme animal que comme homme. En supposant ces deux différents peuples sous un même climat, on peut croire que les hommes de la nation sauvage seraient plus basanés, plus laids, plus petits, plus ridés que ceux de la nation policée. S'ils avaient quelque avantage sur ceux-ci, ce serait par la force ou plutôt par la dureté de leur corps ; il pourrait se faire aussi qu'il y eût dans cette nation sauvage beaucoup moins de bossus, de boiteux, de sourds, de louches, etc. Ces hommes défectueux vivent et même se multiplient dans une nation policée où l'on se supporte les uns les autres, où le fort ne peut rien contre le faible, où les qualités du corps font beaucoup moins que celles de l'esprit ; mais dans un peuple sauvage, comme chaque individu ne subsiste, ne vit, ne se défend que par ses qualités corporelles, son adresse et sa force, ceux qui sont malheureusement nés faibles, défectueux, ou qui deviennent incommodés, cessent bientôt de faire partie de la nation.

J'admettrais donc trois causes qui toutes trois concourent à produire les variétés que nous remarquons dans les différents peuples de la terre. La première est l'influence du climat ; la seconde, qui tient beaucoup à la première, est la nourriture ; et la troisième, qui tient peut-être encore plus à la première et à la seconde, sont les mœurs ; mais, avant que d'exposer les raisons sur lesquelles nous croyons devoir fonder cette opinion, il est nécessaire de donner la description des peuples de l'Afrique et de l'Amérique, comme nous avons donné celle des autres peuples de la terre.

Nous avons déjà parlé des nations de toute la partie septentrionale de l'Afrique, depuis la mer Méditerranée jusqu'au tropique; tous ceux qui sont au-delà du tropique depuis la mer Rouge jusqu'à l'Océan, sur une largeur d'environ cent ou cent cinquante lieues, sont encore des espèces de Maures, mais si basanés qu'ils paraissent presque tout noirs ; les hommes surtout sont extrêmement bruns ; les femmes sont un peu plus blanches, bien faites et assez belles ; il y a parmi ces Maures une grande quantité de mulâtres qui sont encore plus noirs qu'eux, parce qu'ils ont pour mères des négresses que les Maures achètent, et desquelles ils ne laissent pas d'avoir beaucoup d'enfants (*a*). Au delà de cette étendue de terrain, sous le 17e ou 18e degré de

(*a*) Voyez *l'Afrique de Marmol*, t. III, p. 29 et 33.

latitude nord et au même parallèle, on trouve les nègres du Sénégal et ceux de la Nubie, les uns sur la mer Océane et les autres sur la mer Rouge ; et ensuite tous les autres peuples de l'Afrique qui habitent depuis ce 18e degré de latitude nord jusqu'au 18e degré latitude sud, sont noirs, à l'exception des Ethiopiens ou Abyssins : il paraît donc que la portion du globe, qui est départie par la nature à cette race d'hommes, est une étendue de terrain parallèle à l'équateur, d'environ neuf cent lieues de largeur sur une longueur bien plus grande, surtout au nord de l'équateur ; et au delà des 18 ou 20 degrés de latitude sud les hommes ne sont plus des nègres, comme nous le dirons en parlant des Cafres et des Hottentots.

On a été longtemps dans l'erreur au sujet de la couleur et des traits du visage des Ethiopiens, parce qu'on les a confondus avec les Nubiens, leurs voisins, qui sont cependant d'une race différente. Marmol dit que les Ethiopiens sont absolument noirs, qu'ils ont le visage large et le nez plat (*a*); les voyageurs hollandais disent la même chose (*b*), cependant la vérité est qu'ils sont différents des Nubiens par la couleur et par les traits : la couleur naturelle des Ethiopiens est brune ou olivâtre, comme celle des Arabes méridionaux, desquels ils ont probablement tiré leur origine. Ils ont la taille haute, les traits du visage bien marqués, les yeux beaux et bien fendus, le nez bien fait, les lèvres petites et les dents blanches ; au lieu que les habitants de la Nubie ont le nez écrasé, les lèvres grosses et épaisses, et le visage fort noir (*c*). Ces Nubiens, aussi bien que les Barberins leurs voisins du côté de l'occident, sont des espèces de nègres, assez semblables à ceux du Sénégal.

Les Éthiopiens sont un peuple à demi policé ; leurs vêtements sont de toile de coton, et les plus riches en ont de soie ; leurs maisons sont basses et mal bâties, leurs terres sont fort mal cultivées, parce que les nobles méprisent, maltraitent et dépouillent, autant qu'ils le peuvent, les bourgeois et les gens du peuple ; ils demeurent cependant séparément les uns des autres dans des bourgades ou des hameaux différents, la noblesse dans les uns, la bourgeoisie dans les autres, et les gens du peuple encore dans d'autres endroits. Ils manquent de sel et ils l'achètent au poids de l'or ; ils aiment assez la viande crue, et dans les festins le second service, qu'ils regardent comme le plus délicat, est en effet de viandes crues ; ils ne boivent point de vin, quoiqu'ils aient des vignes ; leur boisson ordinaire est faite avec des tamarins et a un goût aigrelet. Ils se servent de chevaux pour voyager et de mulets pour porter leurs marchandises ; il ont très peu de connaissance des sciences et des arts, car leur langue n'a aucune règle, et leur manière d'écrire est très peu perfectionnée ; ils leur faut plusieurs jours pour écrire une lettre, quoique

(*a*) Voyez *l'Afrique de Marmol*, t. III, p. 68 et 69.

(*b*) Voyez le *Recueil des Voyages de la Compagnie des Indes de Holl.*, t. IV, p. 33.

(*c*) Voyez les *Lettres édifiantes*. Recueil IV, p. 349.

leurs caractères soient plus beaux que ceux des Arabes (*a*). Ils ont une manière singulière de saluer, ils se prennent la main droite les uns aux autres et se la portent mutuellement à la bouche; ils prennent aussi l'écharpe de celui qu'ils saluent et ils se l'attachent autour du corps, de sorte que ceux qu'on salue demeurent à moitié nus, car la plupart ne portent que cette écharpe avec un caleçon de coton (*b*).

On trouve dans la relation du voyage autour du monde, de l'amiral Drack, un fait qui, quoique très extraordinaire, ne me paraît pas incroyable (*) : il y a, dit ce voyageur, sur les frontières des déserts de l'Ethiopie, un peuple qu'on a appelé Acridophages, ou mangeurs de sauterelles; ils sont noirs, maigres, très légers à la course et plus petits que les autres. Au printemps, certains vents chauds qui viennent de l'occident leur amènent un nombre infini de sauterelles ; comme ils n'ont ni bétail ni poisson, ils sont réduits à vivre de ces sauterelles qu'ils ramassent en grande quantité ; ils les saupoudrent de sel et ils les gardent pour se nourrir pendant toute l'année ; cette mauvaise nourriture produit deux effets singuliers : le premier est qu'ils vivent à peine jusqu'à l'âge de quarante ans, et le second c'est que lorsqu'ils approchent de cet âge il s'engendre dans leur chair des insectes ailés qui d'abord leur causent une démangeaison vive, et se multiplie en si grand nombre, qu'en très peu de temps toute leur chair en fourmille; ils commencent par leur manger le ventre, ensuite la poitrine, et les rongent jusqu'aux os ; en sorte que tous ces hommes, qui ne se nourrissent que d'insectes, sont à leur tour mangés par des insectes. Si ce fait était bien avéré, il fournirait matière à d'amples réflexions.

Il y a de vastes déserts de sable en Ethiopie, et dans cette grande pointe de terre qui s'étend jusqu'au cap Gordafu. Ce pays, qu'on peut regarder comme la partie orientale de l'Ethiopie, est presque entièrement inhabité, au midi l'Ethiopie est bornée par les Bédoins et par quelques autres peuples qui suivent la loi mahométane, ce qui prouve encore que les Ethiopiens sont originaires d'Arabie : ils n'en sont en effet séparés que par le détroit de Bab-el-Mandel ; il est donc assez probable que les Arabes auront autrefois envahi l'Éthiopie, et qu'ils en auront chassé les naturels du pays qui auront été forcés de se retirer vers le nord dans la Nubie. Ces Arabes se sont même étendus le long de la côte de Mélinde, car les habitants de cette côte ne sont que basanés et ils sont mahométans de religion (*c*). Ils ne sont pas non plus

(*a*) Voyez le *Recueil des Voyages de la Compagnie des Indes de Holl.*, t. IV, p. 34.

(*b*) Voyez les *Lettres édifiantes*. Recueil IV, p. 349.

(*c*) Voyez *Indiæ Orientalis, partem primam, per Philipp. Pigafettam*. Francofurti, 1598, page 56.

(*) Le lecteur n'aura pas de peine à voir que, contrairement à l'opinion de Buffon, ce fait est aussi incroyable qu'extraordinaire. On n'en est plus à admettre la génération spontanée d'animaux aussi hauts placés que les insectes dans l'arbre généalogique des êtres.

tout à fait noirs dans le Zanguebar; la plupart parlent arabe et sont vêtus de toile de coton. Ce pays d'ailleurs, quoique dans la zone torride, n'est pas excessivement chaud; cependant les naturels ont les cheveux noirs et crépus comme les nègres (*a*); on trouve même sur toute cette côte, aussi bien qu'à Mozambique et à Madagascar, quelques hommes blancs, qui sont, à ce qu'on prétend, Chinois d'origine, et qui s'y sont habitués dans le temps que les Chinois voyageaient dans toutes les mers de l'Orient, comme les Européens y voyagent aujourd'hui : quoi qu'il en soit de cette opinion qui me paraît hasardée, il est certain que les naturels de cette côte orientale de l'Afrique sont noirs d'origine, et que les hommes basanés ou blancs qu'on y trouve viennent d'ailleurs. Mais, pour se former une idée juste des différences qui se trouvent entre ces peuples noirs, il est nécessaire de les examiner plus particulièrement.

Il paraît d'abord, en rassemblant les témoignages des voyageurs, qu'il y a autant de variétés dans la race des noirs que dans celle des blancs; les noirs ont, comme les blancs, leurs Tartares et leurs Circassiens; ceux de Guinée sont extrêmement laids, et ont une odeur insupportable; ceux de Sofala et de Mozambique sont beaux et n'ont aucune mauvaise odeur. Il est donc nécessaire de diviser les noirs en différentes races, et il me semble qu'on peut les réduire à deux principales, celle des Nègres et celle des Cafres : dans la première je comprends les noirs de Nubie, du Sénégal, du cap Vert, de Gambie, de Sierra-Léona, de la côte des Dents, de la côte d'Or, de celle de Juda, de Bénin, de Gabon, de Lowango, de Congo, d'Angola et de Benguela jusqu'au cap Nègre; dans la seconde je mets les peuples qui sont au delà du cap Nègre jusqu'à la pointe de l'Afrique, où ils prennent le nom de *Hottentots*, et aussi tous les peuples de la côte orientale de l'Afrique, comme ceux de la terre de Natal, de Sofala, du Monomotapa, de Mozambique, de Mélinde; les noirs de Madagascar et des îles voisines seront aussi des Cafres et non pas des Nègres. Ces deux espèces d'hommes noirs se ressemblent plus par la couleur que par les traits du visage; leurs cheveux, leur peau, l'odeur de leur corps, leurs mœurs et leur naturel sont aussi très différents.

Ensuite en examinant en particulier les différents peuples qui composent chacune de ces races noires, nous y verrons autant de variétés que dans les races blanches, et nous y trouverons toutes les nuances du brun au noir, comme nous avons trouvé dans les races blanches toutes les nuances du brun au blanc.

Commençons donc par les pays qui sont au nord du Sénégal; et en suivant toutes les côtes de l'Afrique, considérons tous les différents peuples que les voyageurs ont reconnus, et desquels ils ont donné quelque description :

(*a*) Voyez *l'Afrique de Marmol*, p. 107.

d'abord il est certain que les naturels des îles Canaries ne sont pas des Nègres, puisque les voyageurs assurent que les anciens habitants de ces îles étaient bien faits, d'une belle taille, d'une forte complexion; que les femmes étaient belles et avaient les cheveux fort beaux et fort fins, et que ceux qui habitaient la partie méridionale de chacune de ces îles étaient plus olivâtres que ceux qui demeuraient dans la partie septentrionale (*a*). Duret, page 72 de la relation de son voyage à Lima, nous apprend que les anciens habitants de l'île de Ténériffe étaient une nation robuste et de haute taille, mais maigre et basanée, que la plupart avaient le nez plat (*b*). Ces peuples, comme l'on voit, n'ont rien de commun avec les Nègres, si ce n'est le nez plat; ceux qui habitent dans le continent de l'Afrique à la même hauteur de ces îles sont des Maures assez basanés, mais qui appartiennent, aussi bien que ces insulaires, à la race des blancs.

Les habitants du cap Blanc sont encore des Maures qui suivent la loi mahométane; ils ne demeurent pas longtemps dans un même lieu, ils sont errants, comme les Arabes, de place en place, selon les pâturages qu'ils y trouvent pour leur bétail dont le lait leur sert de nourriture; ils ont des chevaux, des chameaux, des bœufs, des chèvres, des moutons; ils commercent avec les Nègres, qui leur donnent huit ou dix esclaves pour un cheval, et deux ou trois pour un chameau (*c*); c'est de ces Maures que nous tirons la gomme arabique, ils en font dissoudre dans le lait dont ils se nourrissent, ils ne mangent que très rarement de la viande, et ils ne tuent guère leurs bestiaux que quand ils les voient près de mourir de vieillesse ou de maladie (*d*).

Ces Maures s'étendent jusqu'à la rivière du Sénégal, qui les sépare d'avec les Nègres; les Maures, comme nous venons de le dire, ne sont que basanés, ils habitent au nord du fleuve; les Nègres sont au midi et sont absolument noirs; les Maures sont errants dans la campagne; les Nègres sont sédentaires et habitent dans les villages; les premiers sont libres et indépendants, les seconds ont des rois qui les tyrannisent et dont ils sont esclaves; les Maures sont assez petits, maigres et de mauvaise mine, avec de l'esprit et de la finesse; les Nègres au contraire sont grands, gros, bien faits, mais niais et sans génie; enfin le pays habité par les Maures n'est que du sable si stérile qu'on n'y trouve de la verdure qu'en très peu d'endroits, au lieu que le pays des Nègres est gras, fécond en pâturages, en millet et en arbres toujours verts qui à la vérité ne portent presque aucun fruit bon à manger.

On trouve en quelques endroits, au nord et au midi du fleuve, une espèce d'hommes qu'on appelle *Foules*, qui semblent faire la nuance entre les

(*a*) Voyez l'*Histoire de la première découverte des Canaries*, par Bontier et Jean le Verrière. Paris, 1630, p. 251.

(*b*) Voyez l'*Histoire générale des voyages*, par M. l'abbé Prévôt. Paris, 1746, t. II, p. 230.

(*c*) Voyez le *Voyage du sieur Le Maire* sous M. Dancourt. Paris, 1695, p. 46 et 47.

(*d*) *Idem*, p. 66.

Maures et les Nègres, et qui pourraient bien n'être que des mulâtres produits par le mélange des deux nations; ces Foules ne sont pas tout à fait noirs comme les Nègres, mais ils sont bien plus bruns que les Maures et tiennent le milieu entre les deux; ils sont aussi plus civilisés que les Nègres, ils suivent la loi de Mahomet comme les Maures, et reçoivent assez bien les étrangers (*a*).

Les îles du cap Vert sont de même toutes peuplées de mulâtres venus des premiers Portugais qui s'y établirent, et des Nègres qu'ils y trouvèrent : on les appelle *Nègres couleur de cuivre*, parce qu'en effet, quoiqu'ils ressemblent assez aux Nègres par les traits, ils sont cependant moins noirs, ou plutôt ils sont jaunâtres; au reste ils sont bien faits et spirituels, mais fort paresseux; ils ne vivent, pour ainsi dire, que de chasse et de pêche; ils dressent leurs chiens à chasser et à prendre les chèvres sauvages; ils font part de leurs femmes et de leurs filles aux étrangers, pour peu qu'ils veuillent les payer; ils donnent aussi pour des épingles, ou d'autres choses de pareille valeur, de fort beaux perroquets très faciles à apprivoiser, de belles coquilles, appelées Porcelaines, et même de l'ambre gris, etc. (*b*).

Les premiers Nègres qu'on trouve sont donc ceux qui habitent le bord méridional du Sénégal; ces peuples, aussi bien que ceux qui occupent toutes les terres comprises entre cette rivière et celle de Gambie s'appellent *Jalofes;* ils sont tous fort noirs, bien proportionnés et d'une taille assez avantageuse : les traits de leur visage sont moins durs que ceux des autres Nègres; il y en a, surtout des femmes, qui ont les traits fort réguliers; ils ont aussi les mêmes idées que nous de la beauté, car ils veulent de beaux yeux, une petite bouche, des lèvres proportionnées, et un nez bien fait; il n'y a que sur le fond du tableau qu'ils pensent différemment : il faut que la couleur soit très noire et très luisante; ils ont aussi la peau très fine et très douce, et il y a parmi eux d'aussi belles femmes, à la couleur près, que dans aucun autre pays du monde; elles sont ordinairement très bien faites, très gaies, très vives et très portées à l'amour; elles ont du goût pour tous les hommes, et particulièrement pour les blancs, qu'elles cherchent avec empressement, tant pour se satisfaire, que pour en obtenir quelque présent; leurs maris ne s'opposent point à leur penchant pour les étrangers, et ils n'en sont jaloux que quand elles ont commerce avec des hommes de leur nation; ils se battent même souvent, à ce sujet, à coups de sabre ou de couteau, au lieu qu'ils offrent souvent aux étrangers leurs femmes, leurs filles ou leurs sœurs, et tiennent à honneur de n'être pas refusés. Au reste, ces femmes ont toujours la pipe à la bouche, et leur peau ne laisse pas d'avoir aussi une odeur désa-

(*a*) Voyez le *Voyage du sieur Le Maire* sous M. Dancourt. Paris, 1695, p. 75. Voyez aussi *l'Afrique de Marmol*, t. Ier, p. 34.

(*b*) Voyez les *Voyages de Roberts*, p. 387; ceux de Jean Struys, t. Ier, p. 11; et ceux d'Innigo de Biervillas, p. 15.

gréable lorsqu'elles sont échauffées, quoique l'odeur de ces Nègres du Sénégal soit beaucoup moins forte que celle des autres Nègres; elles aiment beaucoup à sauter et à danser au bruit d'une calebasse, d'un tambour ou d'un chaudron; tous les mouvements de leurs danses sont autant de postures lascives et de gestes indécents; elles se baignent souvent et elles se liment les dents pour les rendre plus égales; la plupart des filles, avant que de se marier, se font découper et broder la peau de différentes figures d'animaux, de fleurs, etc.

Les Négresses portent presque toujours leurs petits enfants sur le dos pendant qu'elles travaillent; quelques voyageurs prétendent que c'est par cette raison que les Nègres ont communément le ventre gros et le nez aplati : la mère, en se haussant et baissant par secousses, fait donner du nez contre son dos à l'enfant, qui, pour éviter le coup, se retire en arrière autant qu'il le peut, en avançant le ventre (*a*). Ils ont tous les cheveux noirs et crépus comme de la laine frisée; c'est aussi par les cheveux et par la couleur qu'ils diffèrent principalement des autres hommes, car leurs traits ne sont peut-être pas si différents de ceux des Européens que le visage tartare l'est du visage français. Le P. du Tertre dit expressément que si presque tous les Nègres sont camus, c'est parce que les pères et mères écrasent le nez à leurs enfants, qu'ils leur pressent aussi les lèvres pour les rendre plus grosses, et que ceux auxquels on ne fait ni l'une ni l'autre de ces opérations ont les traits du visage aussi beaux, le nez aussi élevé, et les lèvres aussi minces que les Européens; cependant ceci ne doit s'entendre que des Nègres du Sénégal, qui sont de tous les Nègres les plus beaux et les mieux faits, et il paraît que dans presque tous les autres peuples nègres les grosses lèvres et le nez large et épaté sont des traits donnés par la nature, qui ont servi de modèle à l'art, qui est chez eux en usage d'aplatir le nez et de grossir les lèvres à ceux qui sont nés avec cette perfection de moins.

Les Négresses sont fort fécondes et accouchent avec beaucoup de facilité et sans aucun secours; les suites de leurs couches ne sont point fâcheuses, et il ne leur faut qu'un jour ou deux de repos pour se rétablir; elles sont très bonnes nourrices, et elles ont une très grande tendresse pour leurs enfants; elles sont aussi beaucoup plus spirituelles et plus adroites que les hommes; elles cherchent même à se donner des vertus, comme celles de la discrétion et de la tempérance. Le P. du Jaric dit que, pour s'accoutumer à manger et parler peu, les Négresses jalofes prennent de l'eau le matin et la tiennent dans leur bouche pendant tout le temps qu'elles s'occupent à leurs

(*a*) Voyez le *Voyage du sieur Le Maire*, sous M. Dancourt. Paris, 1695, p. 144 jusqu'à 155. Voyez aussi la troisième partie de l'*Histoire des choses mémorables advenues aux Indes*, etc., par le P. du Jaric. Bordeaux, 1614, p. 364; et l'*Histoire des Antilles*, par le P. du Tertre. Paris, 1667, p. 493 jusqu'à 537.

affaires domestiques, et qu'elles ne la rejettent que quand l'heure du premier repas est arrivée (*a*).

Les Nègres de l'île de Gorée et de la côte du cap Vert sont, comme ceux du bord du Sénégal, bien faits et très noirs; ils font un si grand cas de leur couleur, qui est en effet d'un noir d'ébène profond et éclatant, qu'ils méprisent les autres Nègres qui ne sont pas si noirs, comme les blancs méprisent les basanés; quoiqu'ils soient forts et robustes, ils sont très paresseux; ils n'ont point de blé, point de vin, point de fruits, ils ne vivent que de poisson et de millet; ils ne mangent que très rarement de la viande, et quoiqu'ils aient fort peu de mets à choisir ils ne veulent point manger d'herbes, et ils comparent les Européens aux chevaux, parce qu'ils mangent de l'herbe ; au reste, ils aiment passionnément l'eau-de-vie, dont ils s'enivrent souvent; ils vendent leurs enfants, leurs parents, et quelquefois ils se vendent eux-mêmes pour en avoir (*b*). Ils vont presque nus, leur vêtement ne consiste que dans une toile de coton qui les couvre depuis la ceinture jusqu'au milieu de la cuisse : c'est tout ce que la chaleur du pays leur permet, disent-ils, de porter sur eux (*c*); la mauvaise chère qu'ils font et la pauvreté dans laquelle ils vivent ne les empêchent pas d'être contents et très gais ; ils croient que leur pays est le meilleur et le plus beau climat de la terre, qu'ils sont eux-mêmes les plus beaux hommes de l'univers, parce qu'ils sont les plus noirs, et si leurs femmes ne marquaient pas du goût pour les blancs ils en feraient fort peu de cas à cause de leur couleur.

Quoique les Nègres de Sierra-Léona ne soient pas tout à fait aussi noirs que ceux du Sénégal, ils ne sont cependant pas, comme le dit Struys (t. Ier, p. 22), d'une couleur roussâtre et basanée; ils sont, comme ceux de Guinée, d'un noir un peu moins foncé que les premiers; ce qui a pu tromper ce voyageur, c'est que ces Nègres de Sierra-Léona et de Guinée se peignent souvent tout le corps de rouge et d'autres couleurs; ils se peignent aussi le tour des yeux de blanc, de jaune, de rouge, et se font des marques et des raies de différentes couleurs sur le visage; ils se font aussi les uns et les autres déchiqueter la peau pour y imprimer des figures de bêtes ou de plantes; les femmes sont encore plus débauchées que celles du Sénégal : il y en a un très grand nombre qui sont publiques, et cela ne les déshonore en aucune façon; ces Nègres, hommes et femmes, vont toujours la tête découverte; ils se rasent ou se coupent les cheveux, qui sont fort courts, de plusieurs manières différentes, ils portent des pendants d'oreilles qui pèsent jusqu'à trois ou quatre onces : ces pendants d'oreilles sont des dents, des coquilles, des cornes, des morceaux de bois, etc.; il y en a aussi qui se font percer la lèvre supérieure ou les narines pour y suspendre de pareils orne

(*a*) Voyez la troisième partie de l'*Histoire* par le Père du Jaric, p. 365.
(*b*) Voyez le *Voyage de M. de Gennes*, par M. Froger. Paris, 1698, p. 15 et suiv.
(*c*) Voyez les *Lettres édifiantes*. Recueil XI, p. 48 et 49.

ments; leur vêtement consiste en une espèce de tablier fait d'écorce d'arbre et quelques peaux de singe qu'ils portent par-dessus ce tablier; ils attachent à ces peaux des sonnailles semblables à celles que portent nos mulets; ils couchent sur des nattes de jonc, et ils mangent du poisson ou de la viande lorsqu'ils peuvent en avoir; mais leur principale nourriture sont des ignames et des bananes (*a*). Ils n'ont aucun goût que celui des femmes, et aucun désir que celui de ne rien faire; leurs maisons ne sont que de misérables chaumières; ils demeurent très souvent dans des lieux sauvages et dans des terres stériles, tandis qu'il ne tiendrait qu'à eux d'habiter de belles vallées, des collines agréables et couvertes d'arbres, et des campagnes vertes, fertiles et entrecoupées de rivières et de ruisseaux agréables; mais tout cela ne leur fait aucun plaisir, ils ont la même indifférence presque sur tout : les chemins qui conduisent d'un lieu à un autre sont ordinairement deux fois plus longs qu'il ne faut; ils ne cherchent point à les rendre plus courts, et quoiqu'on leur en indique les moyens ils ne pensent jamais à passer par le plus court, ils suivent machinalement le chemin battu (*b*), et se soucient si peu de perdre ou d'employer leur temps, qu'ils ne le mesurent jamais.

Quoique les Nègres de Guinée soient d'une santé ferme et très bonne, rarement arrivent-ils cependant à une certaine vieillesse : un Nègre de cinquante ans est dans son pays un homme fort vieux, ils paraissent l'être dès l'âge de quarante; l'usage prématuré des femmes est peut-être la cause de la brièveté de leur vie : les enfants sont si débauchés et si peu contraints par les pères et mères, que dès leur plus tendre jeunesse ils se livrent à tout ce que la nature leur suggère (*c*) : rien n'est si rare que de trouver dans ce peuple quelque fille qui puisse se souvenir du temps auquel elle a cessé d'être vierge.

Les habitants de l'île Saint-Thomas, de l'île d'Anabon, etc., sont des Nègres semblables à ceux du continent voisin; ils y sont seulement en bien plus petit nombre, parce que les Européens les ont chassés et qu'ils n'ont gardé que ceux qu'ils ont réduits en esclavage. Ils vont nus, hommes et femmes, à l'exception d'un petit tablier de coton (*d*). Mandelslo dit que les Européens qui se sont habitués ou qui s'habituent actuellement dans cette île de Saint-Thomas, qui n'est qu'à un degré et demi de l'équateur, conservent leur couleur et demeurent blancs jusqu'à la troisième génération, et il semble insinuer qu'après cela ils deviennent noirs; mais il ne me paraît pas que ce changement puisse se faire en aussi peu de temps.

Les Nègres de la côte de Juda et d'Arada sont moins noirs que ceux de

(*a*) *Vide Indiæ Orientalis, partem secundam, in qua Johannis Hugonis Linstcotani navigatio*, etc. Francofurti, 1599, p. 11 et 12.

(*b*) Voyez le *Voyage de Guinée*, par Guill. Bosman. Utrecht, 1705, p. 143.

(*c*) Voyez *idem*, p. 118.

(*d*) Voyez les *Voyages de Pyrard*, p. 16.

Sénégal et de Guinée, et même que ceux de Congo; ils aiment beaucoup la chair de chien et la préfèrent à toutes les autres viandes : ordinairement la première pièce de leurs festins est un chien rôti; le goût pour la chair de chien n'est pas particulier aux Nègres; les sauvages de l'Amérique septentrionale et quelques nations tartares ont le même goût; on dit même qu'en Tartarie on châtre les chiens pour les engraisser et les rendre meilleurs à manger. (Voyez les *Nouveaux Voyages des Iles*, Paris, 1722, t. IV, p. 165.)

Selon Pigafetta, et selon l'auteur du Voyage de Drack, qui paraît avoir copié mot à mot Pigafetta sur cet article, les Nègres de Congo sont noirs, mais les uns plus que les autres, et moins que les Sénégalais; ils ont pour la plupart les cheveux noirs et crépus, mais quelques-uns les ont roux; les hommes sont de grandeur médiocre; les uns ont les yeux bruns et les autres couleur de vert de mer; ils n'ont pas les lèvres si grosses que les autres Nègres, et les traits de leur visage sont assez semblables à ceux des Européens (*a*).

Ils ont des usages très singuliers dans certaines provinces de Congo : par exemple, lorsque quelqu'un meurt à Lowango ils placent le cadavre sur une espèce d'amphithéâtre élevé de six pieds, dans la posture d'un homme qui est assis, les mains appuyées sur les genoux; ils l'habillent de ce qu'ils ont de plus beau et ensuite ils allument du feu devant et derrière le cadavre; à mesure qu'il se dessèche et que les étoffes s'imbibent, ils le couvrent d'autres étoffes jusqu'à ce qu'il soit entièrement desséché, après quoi ils le portent en terre avec beaucoup de pompe. Dans celle de Malimba, c'est la femme qui anoblit le mari : quand le roi meurt et qu'il ne laisse qu'une fille, elle est maîtresse absolue du royaume, pourvu néanmoins qu'elle ait atteint l'âge nubile; elle commence par se mettre en marche pour faire le tour de son royaume; dans tous les bourgs et villages où elle passe tous les hommes sont obligés, à son arrivée, de se mettre en haie pour la recevoir, et celui d'entre eux qui lui plaît le plus va passer la nuit avec elle; au retour de son voyage, elle fait venir celui de tous dont elle a été le plus satisfaite, et elle l'épouse ; après quoi elle cesse d'avoir aucun pouvoir sur son peuple, toute l'autorité étant dès lors dévolue à son mari. J'ai tiré ces faits d'une relation qui m'a été communiquée par M. de La Brosse, qui a écrit les principales choses qu'il a remarquées dans un voyage qu'il fit à la côte d'Angola en 1738; il ajoute un fait qui n'est pas moins singulier : « Ces Nègres, dit il, » sont extrêmement vindicatifs; je vais en donner une preuve convaincante : » ils envoient à chaque instant à tous nos comptoirs demander de l'eau-de-» vie pour le roi et pour les principaux du lieu, un jour qu'on refusa de » leur en donner, on eut tout lieu de s'en repentir, car tous les officiers

(*a*) *Vide Indiæ Orientalis, partem primam*, p. 5. Voyez aussi le *Voyage de l'amiral Drack*, p. 110.

» français et anglais ayant fait une partie de pêche dans un petit lac qui est » au bord de la mer, et ayant fait tendre une tente sur le bord du lac pour y » manger leur pêche, comme ils étaient à se divertir à la fin du repas, il vint » sept à huit Nègres en palanquins, qui étaient les principaux de Lowango, » qui leur présentèrent la main pour les saluer selon la coutume du pays; » ces Nègres avaient frotté leurs mains avec une herbe qui est un poison » très subtil, et qui agit dans l'instant lorsque malheureusement on touche » quelque chose ou que l'on prend du tabac sans s'être auparavant lavé les » mains; ces Nègres réussirent si bien dans leur mauvais dessein, qu'il » mourut sur-le-champ cinq capitaines et trois chirurgiens du nombre des» quels était mon capitaine, etc. »

Lorsque ces Nègres de Congo sentent de la douleur à la tête ou dans quelque autre partie du corps, ils font une légère blessure à l'endroit douloureux, et ils appliquent sur cette blessure une espèce de petite corne percée, au moyen de laquelle ils sucent comme avec un chalumeau le sang jusqu'à ce que la douleur soit apaisée (*a*).

Les Nègres du Sénégal, de Gambie, du cap Vert, d'Angola et de Congo, sont d'un plus beau noir que ceux de la côte de Juda, d'Issigni, d'Arada et des lieux circonvoisins : ils sont tous bien noirs quand ils se portent bien, mais leur teint change dès qu'ils sont malades ; ils deviennent alors couleur de bistre, ou même couleur de cuivre (*b*). On préfère dans nos îles les Nègres d'Angola et ceux du cap Vert pour la force du corps, mais ils sentent si mauvais lorsqu'ils sont échauffés, que l'air des endroits par où ils ont passé en est infecté pendant plus d'un quart d'heure ; ceux du cap Vert n'ont pas une odeur si mauvaise à beaucoup près que ceux d'Angola, et ils ont aussi la peau plus belle et plus noire, le corps mieux fait, les traits du visage moins durs, le naturel plus doux et la taille plus avantageuse (*c*). Ceux de Guinée sont aussi très bons pour le travail de la terre et pour les autres gros ouvrages ; ceux du Sénégal ne sont pas si forts, mais ils sont plus propres pour le service domestique, et plus capables d'apprendre des métiers (*d*). Le P. Charlevoix dit que les Sénégalais sont de tous les Nègres les mieux faits, les plus aisés à discipliner et les plus propres au service domestique ; que les Bambaras sont les plus grands, mais qu'ils sont fripons ; que les Aradas sont ceux qui entendent le mieux la culture des terres ; que les Congos sont les plus petits, qu'ils sont fort habiles pêcheurs, mais qu'ils désertent aisément ; que les Nagos sont les plus humains, les Mondongos les plus cruels, les Mimes les plus résolus, les plus capricieux et les plus sujets à se désespérer, et que les Nègres créoles, de quelque nation qu'ils tirent leur origine,

(*a*) *Vide Indiæ Orient., partem primam, per Philipp. Pigafettam*, p. 51.
(*b*) Voyez les *Nouveaux voyages aux îles de l'Amérique*. Paris, 1722, t. IV, p. 138.
(*c*) Voyez *l'Histoire des Antilles*, du P. du Tertre. Paris, 1667, p. 493.
(*d*) Voyez les *Nouveaux voyages aux îles*, t. IV, p. 116.

ne tiennent de leurs pères et mères que l'esprit de servitude et la couleur, qu'ils sont plus spirituels, plus raisonnables, plus adroits, mais plus fainéants et plus libertins que ceux qui sont venus d'Afrique. Il ajoute que tous les Nègres de Guinée ont l'esprit extrêmement borné, qu'il y en a même plusieurs qui paraissent être tout à fait stupides ; qu'on en voit qui ne peuvent jamais compter au delà de trois, que d'eux-mêmes ils ne pensent à rien, qu'ils n'ont point de mémoire, que le passé leur est aussi inconnu que l'avenir; que ceux qui ont de l'esprit font d'assez bonnes plaisanteries et saisissent assez bien le ridicule ; qu'au reste ils sont très dissimulés et qu'ils mourraient plutôt que de dire leur secret ; qu'ils ont communément le naturel fort doux, qu'ils sont humains, dociles, simples, crédules, et même superstitieux ; qu'ils sont assez fidèles, assez braves, et que, si on voulait les discipliner et les conduire, on en ferait d'assez bons soldats (*a*).

Quoique les Nègres aient peu d'esprit, ils ne laissent pas d'avoir beaucoup de sentiment : ils sont gais ou mélancoliques, laborieux ou fainéants, amis ou ennemis, selon la manière dont on les traite ; lorsqu'on les nourrit bien et qu'on ne les maltraite pas, ils sont contents, joyeux, prêts à tout faire, et la satisfaction de leur âme est peinte sur leur visage ; mais quand on les traite mal ils prennent le chagrin fort à cœur et périssent quelquefois de mélancolie ; ils sont donc fort sensibles aux bienfaits et aux outrages, et ils portent une haine mortelle contre ceux qui les ont maltraités ; lorsqu'au contraire ils s'affectionnent à un maître, il n'y a rien qu'ils ne fussent capables de faire pour lui marquer leur zèle et leur dévouement. Ils sont naturellement compatissants et même tendres pour leurs enfants, pour leurs amis, pour leurs compatriotes (*b*); ils partagent volontiers le peu qu'ils ont avec ceux qu'ils voient dans le besoin, sans même les connaître autrement que par leur indigence. Ils ont donc, comme l'on voit, le cœur excellent, ils ont le germe de toutes les vertus. Je ne puis écrire leur histoire sans m'attendrir sur leur état : ne sont-ils pas assez malheureux d'être réduits à la servitude, d'être obligés de toujours travailler sans pouvoir jamais rien acquérir? Faut-il encore les excéder, les frapper, et les traiter comme des animaux ? L'humanité se révolte contre ces traitements odieux que l'avidité du gain a mis en usage, et qu'elle renouvellerait peut-être tous les jours, si nos lois n'avaient pas mis un frein à la brutalité des maîtres, et resserré les limites de la misère de leurs esclaves. On les force de travail, on leur épargne la nourriture, même la plus commune ; ils supportent, dit-on, très aisément la faim ; pour vivre trois jours il ne leur faut que la portion d'un Européen pour un repas; quelque peu qu'ils mangent et qu'ils dorment, ils sont toujours également durs, également forts au travail (*c*). Comment des hommes à qui il reste

(*a*) Voyez l'*Histoire de Saint-Domingue*, par le Père Charlevoix. Paris, 1730.
(*b*) Voyez l'*Histoire des Antilles*, p. 483 jusqu'à 533.
(*c*) Voyez l'*Histoire de Saint-Domingue*, p. 498 et suiv.

quelque sentiment d'humanité peuvent-ils adopter ces maximes, en faire un préjugé, et chercher à légitimer par ces raisons les excès. que la soif de l'or leur fait commettre? Mais laissons ces hommes durs, et revenons à notre objet.

On ne connaît guère les peuples qui habitent les côtes et l'intérieur des terres de l'Afrique, depuis le cap Nègre jusqu'au cap des Voltes, ce qui fait une étendue d'environ quatre cents lieux : on sait seulement que ces hommes sont beaucoup moins noirs que les autres Nègres, et ils resssemblent assez aux Hottentots, desquels ils sont voisins du côté du midi. Ces Hottentots, au contraire, sont bien connus, et presque tous les voyageurs en ont parlé : ce ne sont pas des Nègres, mais des Cafres, qui ne seraient que basanés s'ils ne se noircissaient pas la peau avec des graisses et des couleurs. M. Kolbe, qui a fait une description si exacte de ces peuples, les regarde cependant comme des Nègres; il assure qu'ils ont tous les cheveux courts, noirs, frisés et laineux comme ceux des Nègres (*a*), et qu'il n'a jamais vu un seul Hottentot avec des cheveux longs : cela seul ne suffit pas, ce me semble, pour qu'on doive les regarder comme de vrais Nègres ; d'abord ils en diffèrent absolument par la couleur. M. Kolbe dit qu'ils sont couleur d'olive, et jamais noirs, quelque peine qu'ils se donnent pour le devenir ; ensuite, il me paraît assez difficile de prononcer sur leurs cheveux, puisqu'ils ne les peignent ni ne les lavent jamais, qu'ils les frottent tous les jours d'une très grande quantité de graisse et de suie mêlées ensemble, et qu'il s'y amasse tant de poussière et d'ordure que, se collant à la longue les uns aux autres, ils ressemblent à la toison d'un mouton noir remplie de cette crotte (*b*). D'ailleurs, leur naturel est différent de celui des Nègres : ceux-ci aiment la propreté, sont sédentaires et s'accoutument aisément au joug de la servitude ; les Hottentots, au contraire, sont de la plus affreuse malpropreté; ils sont errants, indépendants et très jaloux de leur liberté ; ces différences sont, comme l'on voit, plus que suffisantes pour qu'on doive les regarder comme un peuple différent des Nègres que nous avons décrits.

Gama, qui le premier doubla le cap de Bonne-Espérance et fraya la route des Indes aux nations européennes, arriva à la baie de Sainte-Hélène le 4 novembre 1497 ; il trouva que les habitants étaient fort noirs, de petite taille et de fort mauvaise mine (*c*), mais il ne dit pas qu'ils fussent naturellement noirs comme les Nègres, et sans doute ils ne lui ont paru fort noirs que par la graisse et la suie dont ils se frottent pour tâcher de se rendre tels; ce voyageur ajoute que l'articulation de leur voix ressemblait à des soupirs, qu'ils étaient vêtus de peaux de bêtes, que leurs armes étaient des bâtons durcis au feu, armés par la pointe d'une corne de quelque

(*a*) *Description du Cap de Bonne-Espérance*, par M. Kolbe. Amsterdam, 1741, p. 95.

(*b*) Voyez *idem*. p. 92.

(*c*) Voyez l'*Histoire générale des voyages*, par M. l'abbé Prévôt, t. Ier, p. 22.

animal, etc. (*a*); ces peuples n'avaient donc aucun des arts en usage chez les Nègres.

Les voyageurs hollandais disent que les sauvages qui sont au nord du Cap sont des hommes plus petits que les Européens, qu'ils ont le teint roux brun, quelques-uns plus roux et d'autres moins, qu'ils sont fort laids et qu'ils cherchent à se rendre noirs par de la couleur qu'ils s'appliquent sur le corps et sur le visage, que leur chevelure est semblable à celle d'un pendu qui a demeuré quelque temps au gibet (*b*). Ils disent dans un autre endroit que les Hottentots sont de la couleur des mulâtres, qu'il ont le visage difforme, qu'ils sont d'une taille médiocre, maigres et fort légers à la course; que leur langage est étrange, et qu'ils gloussent comme les coqs-d'Inde (*c*). Le P. Tachard dit que, quoiqu'ils aient communément les cheveux presque aussi cotonneux que ceux des Nègres, il y en a cependant plusieurs qui les ont plus longs et qui les laissent flotter sur leurs épaules; il ajoute même que parmi eux il s'en trouve d'aussi blancs que les Européens, mais qu'ils se noircissent avec de la graisse et de la poudre d'une certaine pierre noire dont ils se frottent le visage et tout le corps; que leurs femmes sont naturellement fort blanches, mais qu'afin de plaire à leurs maris elles se noircissent comme eux (*d*). Owington dit que les Hottentots sont plus basanés que les autres Indiens, qu'il n'y a point de peuple qui ressemble tant aux Nègres par la couleur et par les traits, que cependant ils ne sont pas si noirs, que leurs cheveux ne sont pas si crépus, ni leur nez si plat (*e*).

Par tous ces témoignages il est aisé de voir que les Hottentots ne sont pas de vrais Nègres, mais des hommes qui dans la race des noirs commencent à se rapprocher du blanc, comme les Maures dans la race blanche commencent à se rapprocher du noir; ces Hottentots sont au reste des espèces de sauvages fort extraordinaires; les femmes surtout, sont beaucoup plus petites que les hommes, ont une espèce d'excroissance ou de peau dure et large qui leur croit au-dessus de l'os pubis, et qui descend jusqu'au milieu des cuisses en forme de tablier (*f*) (*); Thévenot dit la même chose des femmes

(*a*) Voyez l'*Histoire générale des voyages*, par M. l'abbé Prévôt, t. Ier, p. 22.

(*b*) Voyez le *Recueil des voyages de la Compagnie de Holl.*, p. 218.

(*c*) Voyez le *Voyage de Spilberg*, p. 443.

(*d*) Voyez le *Premier voyage du P. Tachard*. Paris, 1686, p. 108.

(*e*) Voyez le *Voyage de Jean Owington*. Paris, 1725, p. 194.

(*f*) Voyez la *Description du Cap*, par M. Kolbe, t. Ier, p. 91; voyez aussi le *Voyage de Courlai*, p. 291.

(*) Le « tablier « dont parle Buffon est présenté par les Hottentots et par les Boschimanes. Il ne consiste pas en « une espèce d'excroissance ou de peau dure et large qui leur croit au-dessus de l'os pubis, » mais il est formé par les petites lèvres développées outre mesure. Bavron en a donné le premier une bonne description : « Tout le monde, dit-il, connaît l'histoire de cet appendice que présentent les femmes hottentotes dans un endroit qu'on expose rarement à la vue, conformation qui n'appartient pas à tout le sexe en général. Ce fait est absolument vrai. Pour les femmes des Bochimans, elles se trouvèrent toutes ainsi consti-

égyptiennes, mais qu'elles ne laissent pas croître cette peau et qu'elles la brûlent avec des fers chauds (*) : je doute que cela soit aussi vrai des Égyptiennes que des Hottentotes. Quoi qu'il en soit, toutes les femmes naturelles du Cap sont sujettes à cette monstrueuse difformité, qu'elles découvrent à ceux qui ont assez de curiosité et d'intrépidité pour demander à la voir ou à la toucher. Les hommes de leur côté sont tous à demi eunuques, mais il est vrai qu'ils ne naissent pas tels et qu'on leur ôte un testicule ordinairement à l'âge de huit ans, et souvent plus tard. M. Kolbe dit avoir vu faire cette opération à un jeune Hottentot de dix-huit ans ; les circonstances dont cette cérémonie est accompagnée sont si singulières, que je ne puis

tuées dans la horde que nous venions de rencontrer, et nous pûmes à cet égard satisfaire notre curiosité sans blesser en rien leur modestie. Après les avoir examinées, il me parut que c'était une prolongation des nymphes ou petites lèvres, plus ou moins étendues suivant l'âge et la manière de vivre du sujet. On les aperçoit dès l'enfance, et elles allongent avec l'âge. Les plus longues que nous ayons mesurées avaient comme cinq pouces de long ; la femme qui les portait était d'âge moyen. On dit que quelques-unes les ont plus longues. Ces nymphes, prolongées, collées et pendantes, paraissent au premier coup d'œil appartenir à l'autre sexe. Leur couleur est d'un bleu livide tirant sur une teinte rougeâtre à peu près pareille à la crête d'un dindon, excroissance qui peut en donner une idée assez juste, tant pour le coup d'œil que pour la couleur, la taille et la forme. Les parties intérieures des nymphes, ridées et plissées chez les sujets européens, perdent ce caractère chez les Hottentotes et deviennent parfaitement unies ; mais alors elles n'ont plus cette nature stimulante pour laquelle quelques anatomistes ont supposé que la nature les avait formées ; elles ont au moins l'avantage de garantir les femmes de toutes violences de l'autre sexe ; car il paraît presque impossible qu'un homme s'unisse à une femme pareille sans son consentement, ou même sans son aide. »

La meilleure description du tablier qui ait été faite est celle que traça Cuvier d'après la Vénus hottentote, dont il eut le cadavre.

« A l'examen nécroscopique, dit-il, on vit nettement que le tablier n'était pas comme l'avait cru Perron, un organe particulier, mais le développement des nymphes ; les grandes lèvres n'étaient pas prononcées, elles interceptaient un ovale de quatre pouces de longueur. De l'angle supérieur descendait entre elles une proéminence demi-cylindrique d'environ dix-huit lignes de longueur, sur environ un pouce de largeur ; chacune d'elles est arrondie par le bout ; leur base s'élargit et descend le long du bord interne de la grande lèvre et se change en une crête charnue qui se termine à l'angle inférieur de la lèvre. Si l'on relève les deux appendices, ils forment ensemble la figure d'un cœur dont les lobes seraient étroits et longs, et dont le milieu serait occupé par l'ouverture de la vulve. Chacun de ces lobes a à sa face antérieure, tout près de son bord interne, un sillon, plus marqué que ses autres rides, qui monte, en devenant plus profond, jusqu'au-dessus de leur bifurcation un double rebord entourant une fossette ; il y a une proéminence grêle qui se termine par une petite pointe à l'endroit où les deux rebords se réunissent.

» Donc les deux lobes charnus se composent en haut du prépuce et de la sommité des nymphes, et tout le reste de leur longueur ne consiste que dans le développement des nymphes seules. »

(*) Les Égyptiennes ne possèdent pas de tablier comme les Hottentotes mais les Assyriennes passent pour offrir souvent des petites lèvres très développées et l'on attribue à la fréquence de cette anomalie l'habitude que l'on avait autrefois d'exciser ces organes lorsque les jeunes filles arrivaient à l'âge adulte. Lorsque la religion catholique s'introduisit en Abyssinie les prêtres empêchèrent d'abord les jeunes filles converties d'obéir à cet usage, mais ils furent obligés de lever leur interdiction parce que les femmes qui n'avaient pas subi l'opération ne trouvaient pas à se marier.

m'empêcher de les rapporter ici d'après le témoin oculaire que je viens de citer.

Après avoir bien frotté le jeune homme de la graisse des entrailles d'une brebis qu'on vient de tuer exprès, on le couche à terre sur le dos ; on lui lie les mains et les pieds, et trois ou quatre de ses amis le tiennent ; alors le prêtre (car c'est une cérémonie religieuse), armé d'un couteau bien tranchant, fait une incision, enlève le testicule gauche (*a*) et remet à la place une boule de graisse de la même grosseur, qui a été préparée avec quelques herbes médicinales ; il coud ensuite la plaie avec l'os d'un petit oiseau qui lui sert d'aiguille, et un filet de nerf de mouton ; cette opération étant finie on délie le patient, mais le prêtre avant que de le quitter le frotte avec de la graisse toute chaude de la brebis tuée, ou plutôt il lui en arrose tout le corps avec tant d'abondance, que lorsqu'elle est refroidie elle forme une espèce de croûte ; il le frotte en même temps si rudement, que le jeune homme, qui ne souffre déjà que trop, sue à grosses gouttes et fume comme un chapon qu'on rôtit ; ensuite l'opérateur fait avec ses ongles des sillons dans cette croûte de suif d'une extrémité du corps à l'autre, et pisse dessus aussi copieusement qu'il le peut, après quoi il recommence à le frotter encore, et il recouvre avec la graisse les sillons remplis d'urine. Aussitôt chacun abandonne le patient, on le laisse seul plus mort que vif ; il est obigé de se traîner comme il peut dans une petite hutte qu'on lui a bâtie exprès tout proche du lieu où s'est faite l'opération ; il y périt ou il y recouvre la santé sans qu'on lui donne aucun secours, et sans aucun autre rafraîchissement ou nourriture que la graisse qui lui couvre tout le corps et qu'il peut lécher s'il le veut : au bout de deux jours il est ordinairement rétabli, alors il peut sortir et se montrer, et pour prouver qu'il est en effet parfaitement guéri, il se met à courir avec autant de légèreté qu'un cerf (*b*).

Tous les Hottentots ont le nez fort plat et fort large : ils ne l'auraient cependant pas tel si les mères ne se faisaient un devoir de leur aplatir le nez peu de temps après leur naissance ; elles regardent un nez proéminent comme une difformité ; ils ont aussi les lèvres fort grosses, surtout la supérieure, les dents fort blanches, les sourcils épais, la tête grosse, le corps maigre, les membres menus ; ils ne vivent guère passé quarante ans : la malpropreté dans laquelle ils se plaisent et croupissent, et les viandes infectées et corrompues dont ils font leur principale nourriture, sont sans doute les causes qui contribuent le plus au peu de durée de leur vie. Je pourrais m'étendre bien davantage sur la description de ce vilain peuple, mais comme presque tous les voyageurs en ont écrit fort au long, je me contenterai d'y renvoyer (*c*). Seulement je ne dois pas passer sous silence un

(*a*) Tavernier dit que c'est le testicule droit, t. IV, p. 297.

(*b*) Voyez la *Description du Cap*, par M. Kolbe, p. 275.

(*c*) Voyez la *Description du Cap*, par M. Kolbe ; le *Recueil des Voyages de la Compagnie*

fait rapporté par Tavernier, c'est que les Hollandais ayant pris une petite fille hottentote peu de temps après sa naissance, et l'ayant élevée parmi eux, elle devint aussi blanche qu'une Européenne, et il présume que tout ce peuple serait assez blanc s'il n'était pas dans l'usage de se barbouiller continuellement avec des drogues noires.

En remontant le long de la côte de l'Afrique au delà du cap de Bonne-Espérance, on trouve la terre de Natal; les habitants sont déjà différents des Hottentots, ils sont beaucoup moins malpropres et moins laids, ils sont aussi naturellement plus noirs, ils ont le visage en ovale, le nez bien proportionné, les dents blanches, la mine agréable, les cheveux naturellement frisés, mais ils ont aussi un peu de goût pour la graisse, car ils portent des bonnets faits de suif de bœuf, et ces bonnets ont huit à dix pouces de hauteur; ils emploient beaucoup de temps à les faire, car il faut pour cela que le suif soit bien épuré : ils ne l'appliquent que peu à peu, et le mêlent si bien dans leurs cheveux qu'il ne se défait jamais (*a*). M. Kolbe prétend qu'ils ont le nez plat, même de naissance et sans qu'on le leur aplatisse, et qu'ils diffèrent aussi des Hottentots en ce qu'ils ne bégaient point, qu'ils ne frappent pas leur palais de leur langue comme ces derniers, qu'ils ont des maisons, qu'ils cultivent la terre, y sèment une espèce de maïs ou blé de Turquie dont ils font de la bière, boisson inconnue aux Hottentots (*b*).

Après la terre de Natal on trouve celle de Sofala et du Monomotapa ; selon Pigafetta, les peuples de Sofala sont noirs, mais plus grands et plus gros que les autres Cafres. C'est aux environs de ce royaume de Sofala que cet auteur place les Amazones (*c*), mais rien n'est plus incertain que ce qu'on a débité sur le sujet de ces femmes guerrières. Ceux du Monomotapa sont, au rapport des voyageurs hollandais, assez grands, bien faits dans leur taille, noirs et de bonne complexion ; les jeunes filles vont nues et ne portent qu'un morceau de toile de coton ; mais dès qu'elles sont mariées elles prennent des vêtements (*d*). Ces peuples, quoique assez noirs, sont différents des Nègres ; ils n'ont pas les traits si durs ni si laids, leur corps n'a point de mauvaise odeur, et ils ne peuvent supporter la servitude ni le travail. Le P. Charlevoix dit qu'on a vu en Amérique de ces noirs du Monomotapa et de Madagascar, qu'ils n'ont jamais pu servir, et qu'ils y périssent même en fort peu de temps (*e*).

Hollandaise; le *Voyage de Robert Lade*, traduit par M. l'abbé Prévôt, t. Ier, p. 88 ; le *Voyage de Jean Ovington;* celui de la Loubère, t. II, p. 134 ; le *Premier voyage du P. Tachard*, p. 95 ; celui d'Innigo de Biervillas, première partie, p. 31 ; ceux de Tavernier, t. IV, p. 296 ; ceux de François Légat, t. II, p. 151 ; ceux de Dampier, t. II, p. 255, etc.

(*a*) Voyez les *Voyages de Dampier*, t. II, page 393.

(*b*) *Description du Cap*, t. Ier, page 136.

(*c*) *Vide Indiæ Orientalis, partem primam*, p. 54.

(*d*) Voyez le *Recueil des voyages de la Compagnie Hollandaise*, t. III, page 623 ; voyez aussi le *Voyage de l'Amiral Drak*, seconde partie, page 99 ; et celui de Jean Moquet, p. 266.

(*e*) Voyez l'*Histoire de Saint-Domingue*, page 499.

Ces peuples de Madagascar et de Mozambique sont noirs, les uns plus et les autres moins; ceux de Madagascar ont les cheveux du sommet de la tête moins crépus que ceux de Mozambique : ni les uns ni les autres ne sont de vrais Négres, et quoique ceux de la côte soient fort soumis aux Portugais, ceux de l'intérieur du continent sont fort sauvages et jaloux de leur liberté; ils vont tous absolument nus, hommes et femmes; ils se nourrissent de chair d'éléphant et font commerce de l'ivoire (*a*). Il y a des hommes de différentes espèces à Madagascar, surtout des noirs et des blancs qui, quoique fort basanés, semblent être d'une autre race; les premiers ont les cheveux noirs et crépus, les seconds les ont moins noirs, moins frisés et plus longs : l'opinion commune des voyageurs est que ces blancs tirent leur origine des Chinois; mais, comme le remarque fort bien François Cauche, il y a plus d'apparence qu'ils sont de race européenne, car il assure que, de tous ceux qu'il a vus, aucun n'avait le nez ni le visage plats comme les Chinois; il dit aussi que ces blancs le sont plus que les Castillans, que leurs cheveux sont longs, et qu'à l'égard des noirs, ils ne sont pas camus comme ceux du continent, et qu'ils ont les lèvres assez minces; il y a aussi dans cette île une grande quantité d'hommes de couleur olivâtre ou basanée; ils proviennent apparemment du mélange des noirs et des blancs. Le voyageur que je viens de citer dit que ceux de la baie de Saint-Augustin sont basanés, qu'ils n'ont point de barbe, qu'ils ont les cheveux longs et lisses, qu'ils sont de haute taille et bien proportionnés, et enfin qu'ils sont tous circoncis, quoiqu'il y ait grande apparence qu'ils n'ont jamais entendu parler de la loi de Mahomet, puisqu'ils n'ont ni temples ni mosquées, ni religion (*b*). Les Français ont été les premiers qui aient abordés et fait un établissement dans cette île, qui ne fut pas soutenu (*c*); lorsqu'ils y descendirent, ils y trouvèrent les hommes blancs dont nous venons de parler, et ils remarquèrent que les noirs, qu'on doit regarder comme les naturels du pays, avaient du respect pour ces blancs (*d*). Cette île de Madagascar est extrêmement peuplée et fort abondante en pâturages et en bétail; les hommes et les femmes sont fort débauchés, et celles qui s'abandonnent publiquement ne sont pas déshonorées; ils aiment tous beaucoup à danser, à chanter et à se divertir, et, quoiqu'ils soient fort paresseux, ils ne laissent pas d'avoir quelque connaissance des arts mécaniques : ils ont des laboureurs, des forgerons, des charpentiers, des potiers, et même des orfèvres; ils n'ont cependant aucune commodité dans leurs maisons, aucuns meubles; ils couchent sur des nattes, ils mangent la chair presque crue et dévorent même le cuir de leurs bœufs après avoir fait un peu

(*a*) Voyez le *Recueil des voyages*, t. III, p. 623; le *Voyage de Mocquet*, page 265; et la *Navigation de Jean Hugues Lintscot*, page 20.
(*b*) Voyez le *Voyage de François Cauche*. Paris, 1671, p. 45.
(*c*) Voyez le *Voyage de Flacour*. Paris, 1661.
(*d*) Voyez la relation d'un *Voyage fait aux Indes*, par M. Delon. Amsterdam, 1699.

griller le poil ; ils mangent aussi la cire avec le miel ; les gens du peuple vont presque tout nus ; les plus riches ont des caleçons ou des jupons de coton et de soie (*a*).

Les peuples qui habitent l'intérieur de l'Afrique ne nous sont pas assez connus pour pouvoir les décrire : ceux que les Arabes appellent Zingues sont des noirs presque sauvages. Marmol dit qu'ils multiplient prodigieusement et qu'ils inonderaient tous les pays voisins, si de temps en temps il n'y avait pas une grande mortalité parmi eux, causée par des vents chauds.

Il paraît, par tout ce que nous venons de rapporter, que les Nègres proprements dits sont différents des Cafres, qui sont des noirs d'une autre espèce ; mais ce que ces descriptions indiquent encore plus clairement, c'est que la couleur dépend principalement du climat, et que les traits dépendent beaucoup des usages où sont les différents peuples de s'écraser le nez, de se tirer les paupières, de s'allonger les oreilles, de se grossir les lèvres, de s'aplatir le visage, etc. Rien ne prouve mieux combien le climat influe sur la couleur, que de trouver sous le même parallèle, à plus de mille lieues de distance, des peuples aussi semblables que le sont les Sénégalais et les Nubiens, et de voir que les Hottentots, qui n'ont pu tirer leur origine que de nations noires, sont cependant les plus blancs de tous ces peuples de l'Afrique, parce qu'en effet ils sont dans le climat le plus froid de cette partie du monde ; et si l'on s'étonne de ce que sur les bords du Sénégal on trouve d'un côté une nation basanée et de l'autre côté une nation entièrement noire, on peut se souvenir de ce que nous avons déjà insinué au sujet des effets de la nourriture ; ils doivent influer sur la couleur comme sur les autres habitudes du corps (*) ; et si on en veut un exemple, on peut en donner un tiré des animaux, que tout le monde est en état de vérifier : les lièvres de plaines et des endroits aquatiques ont la chair bien plus blanche que ceux de montagnes et des terrains secs ; et dans le même lieu ceux qui habitent la prairie sont tout différents de ceux qui demeurent sur les collines ; la couleur de la chair vient de celle du sang et des autres humeurs du corps sur la qualité desquelles la nourriture doit nécessairement influer.

L'origine des noirs a dans tous les temps fait une grande question : les anciens, qui ne connaissaient guère que ceux de Nubie, les regardaient comme faisant la dernière nuance des peuples basanés, et ils les confondaient avec les Éthiopiens et les autres nations de cette partie de l'Afrique, qui, quoique extrêmement bruns, tiennent plus de la race blanche que de la race noire ; ils pensaient donc que la différente couleur des hommes ne

(*a*) Voyez le *Voyage* de Flacour, page 90 ; celui de Struys, t. Ier, p. 32 ; celui de Pyrard, page 38.

(*) Buffon paraît être le premier qui ait compris l'importance du rôle joué par l'alimentation dans le développement des caractères des animaux. Tout ce passage est fort remarquable.

ROI DES VAUTOURS

provenait que de la différence du climat, et que ce qui produisait la noirceur de ces peuples était la trop grande ardeur du soleil, à laquelle ils sont perpétuellement exposés : cette opinion, qui est fort vraisemblable, a souffert de grandes difficultés lorsqu'on reconnut qu'au delà de la Nubie, dans un climat encore plus méridional, et sous l'équateur même, comme à Mélinde et à Mombaze, la plupart des hommes ne sont pas noirs comme les Nubiens, mais seulement fort basanés, et lorsqu'on eut observé qu'en transportant des noirs de leur climat brûlant dans des pays tempérés, ils n'ont rien perdu de leur couleur et l'ont également communiquée à leurs descendants ; mais si l'on fait attention d'un côté à la migration des différents peuples, et de l'autre au temps qu'il faut peut-être pour noircir ou pour blanchir une race, on verra que tout peut se concilier avec le sentiment des anciens, car les habitants naturels de cette partie de l'Afrique sont les Nubiens, qui sont noirs et originairement noirs, et qui demeureront perpétuellement noirs tant qu'ils habiteront le même climat et qu'ils ne se mêleront pas avec les blancs; les Éthiopiens, au contraire, les Abyssins, et même ceux de Mélinde, qui tirent leur origine des blancs, puisqu'ils ont la même religion et les mêmes usages que les Arabes, et qu'ils leur ressemblent par la couleur, sont à la vérité encore plus basanés que les Arabes méridionaux, mais cela même prouve que dans une même race d'hommes le plus ou moins de noir dépend de la plus ou moins grande ardeur du climat; il faut peut-être plusieurs siècles et une succession d'un grand nombre de générations pour qu'une race blanche prenne par nuances la couleur brune et devienne enfin tout à fait noire ; mais il y a apparence qu'avec le temps un peuple blanc transporté du nord à l'équateur pourrait devenir brun et même tout à fait noir, surtout si ce même peuple changeait de mœurs et ne se servait pour nourriture que des productions du pays chaud dans lequel il aurait été transporté.

L'objection qu'on pourrait faire contre cette opinion, et qu'on voudrait tirer de la différence des traits, ne me paraît pas bien forte, car on peut répondre qu'il y a moins de différence entre les traits d'un Nègre qu'on n'aura pas défiguré dans son enfance et les traits d'un Européen, qu'entre ceux d'un Tartare ou d'un Chinois et ceux d'un Circassien ou d'un Grec; et, à l'égard des cheveux, leur nature dépend si fort de celle de la peau, qu'on ne doit les regarder que comme faisant une différence très accidentelle, puisqu'on trouve dans le même pays et dans la même ville des hommes qui, quoique blancs, ne laissent pas d'avoir les cheveux très différents les uns des autres, au point qu'on trouve, même en France, des hommes qui les ont aussi courts et aussi crépus que les Nègres, et que d'ailleurs on voit que le climat, le froid et le chaud, influent si fort sur la couleur des cheveux des hommes et du poil des animaux, qu'il n'y a point de cheveux noirs dans les royaumes du nord, et que les écureuils, les lièvres, les belettes et plusieurs autres animaux y sont blancs ou presque blancs, tandis qu'ils sont bruns ou gris dans les pays moins froids; cette différence, qui est produite par l'influence du froid ou du chaud, est même si marquée, que dans la plupart des pays du nord, comme dans la Suède, certains animaux, comme les lièvres, sont tout gris pendant l'été et tout blancs pendant l'hiver (*a*).

Mais il y a une autre raison beaucoup plus forte contre cette opinion, et qui d'abord paraît invincible, c'est qu'on a découvert un continent entier, un nouveau monde, dont la plus grande partie des terres habitées se trouvent situées dans la zone torride, et où cependant il ne se trouve pas un homme noir, tous les habitants de cette partie de la terre étant plus ou moins rouges, plus ou moins basanés ou couleur de cuivre : car on aurait dû trouver aux îles Antilles, au Mexique, au royaume de Santa-Fé, dans la Guyane, dans le pays des Amazones et dans le Pérou, des Nègres ou du moins des peuples noirs, puisque ces pays de l'Amérique sont situés sous la même latitude que le Sénégal, la Guinée et le pays d'Angola en Afrique. On aurait dû trouver au Brésil, au Paraguay, au Chili, des hommes semblables aux Cafres, aux Hottentots, si le climat ou la distance du pôle était la cause de la couleur des hommes. Mais avant que d'exposer ce qu'on peut dire sur ce sujet, nous croyons qu'il est nécessaire de considérer tous les différents peuples de l'Amérique comme nous avons considéré ceux des autres parties du monde ; après quoi nous serons plus en état de faire de justes comparaisons et d'en tirer des résultats généraux.

En commençant par le nord, on trouve, comme nous l'avons dit, dans les parties les plus septentrionales de l'Amérique, des espèces de Lapons semblables à ceux d'Europe ou aux Samoïèdes d'Asie; et quoiqu'ils soient peu nombreux en comparaison de ceux-ci, ils ne laissent pas d'être répandus dans une étendue de terre fort considérable. Ceux qui habitent les terres du détroit de Davis sont petits, d'un teint olivâtre, ils ont les jambes courtes et grosses, ils sont habiles pêcheurs, ils mangent leur poisson et leur viande crus; leur boisson est de l'eau pure ou du sang de chien de mer; ils sont fort robustes et vivent fort longtemps (*b*). Voilà, comme l'on voit, la figure, la couleur et les mœurs des Lapons, et, ce qu'il y a de singulier, c'est que, de même qu'on trouve auprès des Lapons, en Europe, les Finnois, qui sont blancs, beaux, assez grands et assez bien faits, on trouve aussi, auprès de ces Lapons d'Amérique, une autre espèce d'hommes qui sont grands, bien faits et assez blancs, avec les traits du visage fort réguliers (*c*). Les sauvages de la baie d'Hudson et du nord de la terre de Labrador ne paraissent pas être de la même race que les premiers, quoiqu'ils soient laids, petits, mal faits; ils ont le visage presque entièrement couvert de poil comme les sau-

(*a*) *Lepus apud nos æstate cinereus, hieme semper albus.* Linnæi Fauna Suecica, page 8.

(*b*) Voyez l'*Histoire naturelle des îles*. Rotterdam, 1558, page 189.

(*c*) *Idem, ibidem.*

vages du pays d'Yéço, au nord du Japon; ils habitent l'été sous des tentes faites de peaux d'orignal ou de caribou (a); l'hiver, ils vivent sous terre, comme les Lapons et les Samoïèdes, et se couchent comme eux tous pêle-mêle, sans aucune distinction; ils vivent aussi fort longtemps, quoiqu'ils ne se nourrissent que de chair ou de poisson crus (b). Les sauvages de Terre-Neuve ressemblent assez à ceux du détroit de Davis : ils sont de petite taille, ils n'ont que peu ou point de barbe, leur visage est large et plat, leurs yeux gros, et ils sont généralement assez camus. Le voyageur qui en donne cette description dit qu'ils ressemblent assez bien aux sauvages du continent septentrional et des environs du Groenland (c).

Au-dessous de ces sauvages, qui sont répandus dans les parties les plus septentrionales de l'Amérique, on trouve d'autres sauvages, plus nombreux et tout différents des premiers : ces sauvages sont ceux du Canada et de toute la profondeur des terres jusqu'aux Assiniboïls; ils sont tous assez grands, robustes, forts et assez bien faits; ils ont tous les cheveux et les yeux noirs, les dents très blanches, le teint basané, peu de barbe, et point ou presque point de poil en aucune partie du corps; ils sont durs et infatigables à la marche, très légers à la course; ils supportent aussi aisément la faim que les plus grands excès de nourriture; ils sont hardis, courageux, fiers, graves et modérés; enfin ils ressemblent si fort aux Tartares orientaux par la couleur de la peau, des cheveux et des yeux, par le peu de barbe et de poil, et aussi par le naturel et les mœurs, qu'on les croirait issus de cette nation, si on ne les regardait pas comme séparés les uns des autres par une vaste mer; ils sont aussi sous la même latitude, ce qui prouve encore combien le climat influe sur la couleur et même sur la figure des hommes. En un mot, on trouve dans le nouveau continent, comme dans l'ancien, d'abord des hommes, au nord, semblables aux Lapons, et aussi des hommes blancs et à cheveux blonds, semblables aux peuples du nord de l'Europe, ensuite des hommes velus semblables aux sauvages d'Yéço, et enfin les sauvages du Canada et de toute la Terre-Ferme, jusqu'au golfe du Mexique, qui ressemblent aux Tartares par tant d'endroits qu'on ne douterait pas qu'ils ne fussent Tartares en effet, si l'on n'était embarrassé sur la possibilité de la migration; cependant si l'on fait attention au petit nombre d'hommes qu'on a trouvés dans cette étendue immense des terres de l'Amérique septentrionale, et qu'aucun de ces hommes n'était encore civilisé, on ne pourra guère se refuser à croire que toutes ces nations sauvages ne soient de nouvelles peuplades produites par quelques individus échappés d'un peuple plus nombreux. Il est vrai qu'on prétend que dans l'Amérique septentrionale,

(a) C'est le nom qu'on donne au Renne en Amérique.

(b) Voyez le *Voyage de Robert Lade*, traduit par l'abbé Prévôt. Paris, 1744, t. II, p. 309 et suivantes.

(c) Voyez le *Recueil des voyages au nord*. Rouen, 1716, t. III, page 7.

en la prenant depuis le nord jusqu'aux îles Lucayes et au Mississipi, il ne reste pas actuellement la vingtième partie du nombre des peuples naturels qui y étaient lorsqu'on en fit la découverte, et que ces nations sauvages ont été ou détruites ou réduites à un si petit nombre d'hommes que nous ne devons pas tout à fait en juger aujourd'hui comme nous en aurions jugé dans ce temps; mais quand même on accorderait que l'Amérique septentrionale avait alors vingt fois plus d'habitants qu'il n'en reste aujourd'hui, cela n'empêche pas qu'on ne dût la considérer dès lors comme une terre déserte ou si nouvellement peuplée, que les hommes n'avaient pas encore eu le temps de s'y multiplier. M. Fabry, que j'ai cité (*a*), et qui a fait un très long voyage dans la profondeur des terres au nord-ouest du Mississipi, où personne n'avait encore pénétré, et où par conséquent les nations sauvages n'ont pas été détruites, m'a assuré que cette partie de l'Amérique est si déserte qu'il a souvent fait cent et deux cents lieues sans trouver une face humaine ni aucun autre vestige qui pût indiquer qu'il y eût quelque habitation voisine des lieux qu'il parcourait, et lorsqu'il rencontrait quelques-unes de ces habitations, c'était toujours à des distances extrêmement grandes les unes des autres, et dans chacune il n'y avait souvent qu'une seule famille, quelquefois deux ou trois, mais rarement plus de vingt personnes ensemble, et ces vingt personnes étaient éloignées de cent lieues de vingt autres personnes. Il est vrai que le long des fleuves et des lacs que l'on a remontés ou suivis, on a trouvé des nations sauvages composées d'un bien plus grand nombre d'hommes, et qu'il en reste encore quelques-unes qui ne laissent pas d'être assez nombreuses pour inquiéter qnelquefois les habitants de nos colonies; mais ces nations les plus nombreuses se réduisent à trois ou quatre mille personnes, et ces trois ou quatre mille personnes sont répandues dans un espace de terrain souvent plus grand que tout le royaume de France : de sorte que je suis persuadé qu'on pourrait avancer, sans craindre de se tromper, que dans une seule ville comme Paris il y a plus d'hommes qu'il n'y a de sauvages dans toute cette partie de l'Amérique septentrionale comprise entre la mer du Nord et la mer du Sud, depuis le golfe du Mexique jusqu'au nord, quoique cette étendue de terre soit beaucoup plus grande que toute l'Europe.

La multiplication des hommes tient encore plus à la société qu'à la nature, et les hommes ne sont si nombreux en comparaison des animaux sauvages que parce qu'ils se sont réunis en société, qu'ils se sont aidés, défendus, secourus mutuellement. Dans cette partie de l'Amérique dont nous venons de parler, les bisons (*b*) sont peut-être plus abondants que les hommes; mais de la même façon que le nombre des hommes ne peut augmenter considérablement que par leur réunion en société, c'est le nombre des hommes déjà augmenté à un certain point qui produit presque nécessairement la société;

(*a*) T. Ier, p. 181.
(*b*) Espèce de bœufs sauvages différents de nos bœufs.

il est donc à présumer que, comme l'on n'a trouvé dans toute cette partie de l'Amérique aucune nation civilisée, le nombre des hommes y était encore trop petit, et leur établissement dans les contrées trop nouveau pour qu'ils aient pu sentir la nécessité ou même les avantages de se réunir en société; car quoique ces nations sauvages eussent des espèces de mœurs ou de coutumes particulières à chacune, et que les unes fussent plus ou moins farouches, plus ou moins cruelles, plus ou moins courageuses, elles étaient toutes également stupides, également ignorantes, également dénuées d'art et d'industrie.

Je ne crois donc pas devoir m'étendre beaucoup sur ce qui a rapport aux coutumes de ces nations sauvages : tous les auteurs qui en ont parlé n'ont pas fait attention que ce qu'ils nous donnaient pour des usages constants, et pour les mœurs d'une société d'hommes, n'était que des actions particulières à quelques individus souvent déterminés par les circonstances ou par le caprice; certaines nations, nous disent-ils, mangent leurs ennemis, d'autres les brûlent, d'autres les mutilent, les unes sont perpétuellement en guerre, d'autres cherchent à vivre en paix; chez les unes on tue son père lorsqu'il a atteint un certain âge, chez les autres les pères et mères mangent leurs enfants. Toutes ces histoires sur lesquelles les voyageurs se sont étendus avec tant de complaisance se réduisent à des récits de faits particuliers, et signifient seulement que tel sauvage a mangé son ennemi, tel autre l'a brûlé ou mutilé, tel autre a tué ou mangé son enfant, et tout cela peut se trouver dans une seule nation de sauvages comme dans plusieurs nations, car toute nation où il n'y a ni règle, ni loi, ni maître, ni société habituelle, est moins une nation qu'un assemblage tumultueux d'hommes barbares et indépendants, qui n'obéissent qu'à leurs passions particulières, et qui, ne pouvant avoir un intérêt commun, sont incapables de se diriger vers un même but et de se soumettre à des usages constants, qui tous supposent une suite de desseins raisonnés et approuvés par le plus grand nombre.

La même nation, dira-t-on, est composée d'hommes qui se reconnaissent, qui parlent la même langue, qui se réunissent, lorsqu'il le faut, sous un chef, qui s'arment de même, qui hurlent de la même façon, qui se barbouillent de la même couleur; oui, si ces usages étaient constants, s'ils ne se réunissaient pas souvent sans savoir pourquoi, s'ils ne se séparaient pas sans raison, si leur chef ne cessait pas de l'être par son caprice ou par le leur, si leur langue même n'était pas si simple qu'elle leur est presque commune à tous.

Comme ils n'ont qu'un très petit nombre d'idées, ils n'ont aussi qu'une très petite quantité d'expressions, qui toutes ne peuvent rouler que sur les choses les plus générales et les objets les plus communs; et quand même la plupart de ces expressions seraient différentes, comme elles se réduisent à un fort petit nombre de termes, ils ne peuvent manquer de s'entendre en très peu de temps, et il doit être plus facile à un sauvage d'entendre et de parler toutes les langues des autres sauvages, qu'il ne l'est à un homme d'une nation policée d'apprendre celle d'une autre nation également policée (*).

Autant il est donc inutile de se trop étendre sur les coutumes et les mœurs de ces prétendues nations, autant il serait peut-être nécessaire d'examiner la nature de l'individu ; l'homme sauvage est en effet de tous les animaux le plus singulier, le moins connu, et le plus difficile à décrire ; mais nous distinguons si peu ce que la nature seule nous a donné, de ce que l'éducation, l'imitation, l'art et l'exemple nous ont communiqué, ou nous le confondons si bien, qu'il ne serait pas étonnant que nous nous méconnussions totalement au portrait d'un sauvage, s'il nous était présenté avec les vraies couleurs et les seuls traits naturels qui doivent en faire le caractère.

Un sauvage absolument sauvage, tel que l'enfant élevé avec les ours, dont parle Connor (*a*), le jeune homme trouvé dans les forêts d'Hanowër, ou la petite fille trouvée dans les bois en France, seraient un spectacle curieux pour un philosophe ; il pourrait, en observant son sauvage, évaluer au juste la force des appétits de la nature, il y verrait l'âme à découvert, il en distinguerait tous les mouvements naturels, et peut-être y reconnaîtrait-il plus de douceur, de tranquillité et de calme que dans la sienne ; peut-être verrait-il clairement que la vertu appartient à l'homme sauvage plus qu'à l'homme civilisé, et que le vice n'a pris naissance que dans la société.

Mais revenons à notre principal objet : si l'on n'a rencontré dans toute l'Amérique septentrionale que des sauvages, on a trouvé au Mexique et au Pérou des hommes civilisés, des peuples policés, soumis à des lois et gouvernés par des rois ; ils avaient de l'industrie, des arts et une espèce de religion; ils habitaient dans des villes où l'ordre et la police étaient maintenus par l'autorité du souverain. Ces peuples, qui d'ailleurs étaient assez nombreux, ne peuvent pas être regardés comme des nations nouvelles ou des hommes provenus de quelques individus échappés des peuples de l'Europe ou de l'Asie, dont ils sont si éloignés; d'ailleurs, si les sauvages de l'Amérique septentrionale ressemblent aux Tartares parce qu'ils sont situés sous la même latitude, ceux-ci qui sont, comme les Nègres sous la zone torride, ne leur ressemblent point : quelle est donc l'origine de ces peuples, et quelle est aussi la vraie cause de la différence de couleur dans les hommes, puisque celle de l'influence du climat se trouve ici tout à fait démentie ?

Avant que de satisfaire, autant que je le pourrai, à ces questions, il faut continuer notre examen, et donner la description de ces hommes qui paraissent en effet si différents de ce qu'ils devraient être, si la distance du pôle

(*a*) *Evang. med.*, page 133, etc.

(*) Pensée très juste.

était la cause principale de la variété qui se trouve dans l'espèce humaine ; nous avons déjà donné celle des sauvages du nord et des sauvages du Canada (*a*) ; ceux de la Floride, du Mississipi et des autres parties méridionales du continent de l'Amérique septentrionale sont plus basanés que ceux du Canada, sans cependant qu'on puisse dire qu'ils soient bruns ; l'huile et les couleurs dont ils se frottent le corps les font paraître plus olivâtres qu'ils ne le sont en effet. Coréal dit que les femmes de la Floride sont grandes, fortes et de couleur olivâtre comme les hommes, qu'elles ont les bras, les jambes et le corps peint de plusieurs couleurs qui sont ineffaçables, parce qu'elles ont été imprimées dans les chairs par le moyen de plusieurs piqûres, et que la couleur olivâtre des uns et des autres ne vient pas tant de l'ardeur du soleil que de certaines huiles dont, pour ainsi dire, ils se vernissent la peau ; il ajoute que ces femmes sont fort agiles, qu'elles passent à la nage de grandes rivières en tenant même leur enfant avec le bras, et qu'elle grimpent avec une pareille agilité sur les arbres les plus élevés (*b*) : tout cela leur est commun avec les femmes sauvages du Canada et des autres contrées de l'Amérique. L'auteur de l'Histoire naturelle et morale des Antilles dit que les Apalachites, peuple voisin de la Floride, sont des hommes d'une assez grande stature, de couleur olivâtre, et bien proportionnés, qu'ils ont tous les cheveux noirs et longs, et il ajoute que les Caraïbes ou sauvages des îles Antilles sortent de ces sauvages de la Floride, et qu'ils se souviennent même par tradition du temps de leur migration (*c*).

Les naturels des îles Lucayes sont moins basanés que ceux de Saint-Domingue et de l'île de Cuba, mais il reste si peu des uns et des autres aujourd'hui, qu'on ne peut guère vérifier ce que nous en ont dit les premiers voyageurs qui ont parlé de ces peuples ; ils ont prétendu qu'ils étaient fort nombreux et gouvernés par des espèces de chefs qu'ils appelaient *Caciques*, qu'ils avaient aussi des espèces de prêtres, de médecins ou de devins ; mais tout cela est assez apocryphe, et importe d'ailleurs assez peu à notre histoire. Les Caraïbes en général sont, selon le P. du Tertre, des hommes d'une belle taille et de bonne mine ; ils sont puissants, forts et robustes, très dispos et très sains ; il y en a plusieurs qui ont le front plat et le nez aplati ; mais cette forme du visage et du nez ne leur est pas naturelle, ce sont les pères et mères qui aplatissent ainsi la tête de l'enfant quelque temps après qu'il

(*a*) Voyez à ce sujet les *Voyages du baron de la Hontan*. La Haye, 1702 ; la *Relation de la Gaspésie*, par le P. le Clercq, récollet. Paris, 1601, pages 11 et 392 ; la *Description de la Nouvelle France* par le P. Charlevoix. Paris, 1744, t. Ier, pages 16 et suivantes, t. III, pages 24, 302, 310, 323 ; les *Lettres édifiantes*, Recueil XXIII, pages 203, 242 ; et le *Voyage au pays des Hurons*, par Gabriel Sabard Théodat, récollet. Paris, 1632, pages 128 et 178 ; le *Voyage de la Nouvelle France*, par Dierville. Rouen, 1708, page 122, jusqu'à 191, et les *Découvertes de M. de la Salle, publiées par M. le chevalier Tonti*. Paris, 1697, p. 24, 58, etc.

(*b*) Voyez le *Voyage de Coréal*. Paris, 1722, t. Ier, page 36.

(*c*) Voyez l'*Histoire naturelle et morale des îles Antilles*. Roterd., 1658, pages 351 et 356.

est né ; cette espèce de caprice qu'ont les sauvages d'altérer la figure naturelle de la tête est assez générale dans toutes les nations sauvages : presque tous les Caraïbes ont les yeux noirs et assez petits, mais la disposition de leur front et de leur visage les fait paraître assez gros ; ils ont les dents belles, blanches et bien rangées, les cheveux longs et lisses, et tous les ont noirs, on en n'a jamais vu un seul avec des cheveux blonds ; ils ont la peau basanée ou couleur d'olive, et même le blanc des yeux en tient un peu ; cette couleur basanée leur est naturelle et ne provient pas uniquement, comme quelques auteurs l'ont avancé, du rocou dont ils se frottent continuellement, puisque l'on a remarqué que les enfants de ces sauvages, qu'on a élevés parmi les Européens et qui ne se frottaient jamais de ces couleurs, ne laissaient pas d'être basanés et olivâtres comme leurs pères et mères ; tous ces sauvages ont l'air rêveur, quoiqu'ils ne pensent à rien ; ils ont aussi le visage triste et ils paraissent être mélancoliques ; ils sont naturellement doux et compatissants, quoique très cruels à leurs ennemis ; ils prennent assez indifféremment pour femmes leurs parentes ou des étrangères ; leurs cousines germaines leur appartiennent de droit, et on en a vu plusieurs qui avaient en même temps les deux sœurs ou la mère et la fille, et même leur propre fille ; ceux qui ont plusieurs femmes les voient tour à tour chacune pendant un mois, ou un nombre de jours égal, et cela suffit pour que ces femmes n'aient aucune jalousie ; ils pardonnent assez volontiers l'adultère à leurs femmes, mais jamais à celui qui les a débauchées. Ils se nourrissent de purgaux, de crabes, de tortues, de lézards, de serpents et de poissons qu'ils assaisonnent avec du piment et de la farine de manioc (*a*). Comme ils sont extrêmement paresseux et accoutumés à la plus grande indépendance, ils détestent la servitude, et on n'a jamais pu s'en servir comme on se sert des Nègres ; il n'y a rien qu'ils ne soient capables de faire pour se remettre en liberté, et lorsqu'ils voient que cela leur est impossible, ils aiment mieux se laisser mourir de faim et de mélancolie que de vivre pour travailler ; on s'est quelquefois servi des Arrouagues, qui sont plus doux que les Caraïbes, mais ce n'est que pour la chasse et pour la pêche, exercices qu'ils aiment, et auxquels ils sont accoutumés dans leur pays ; et encore faut-il, si l'on veut conserver ces esclaves sauvages, les traiter avec autant de douceur au moins que nous traitons nos domestiques en France ; sans cela ils s'enfuient ou périssent de mélancolie. Il en est à peu près de même des esclaves brésiliens, quoique ce soient de tous les sauvages ceux qui paraissent être les moins stupides, les moins mélancoliques et les moins paresseux ; cependant on peut en les traitant avec bonté les engager à tout faire, si ce n'est de travailler à la terre, parce qu'ils s'imaginent que la culture de la terre est ce qui caractérise l'esclavage.

(*a*) Voyez l'*Histoire générale des Antilles*, par le P. du Tertre, t. II, page 453 jusqu'à 482. Voyez aussi les *Nouveaux voyages aux îles*. Paris, 1722.

Les femmes sauvages sont toutes plus petites que les hommes ; celles des Caraïbes sont grasses et assez bien faites ; elles ont les yeux et les cheveux noirs, le tour du visage rond, la bouche petite, les dents fort blanches, l'air plus gai, plus riant et plus ouvert que les hommes : elles ont cependant de la modestie et sont assez réservées ; elles se barbouillent de rocou, mais elles ne se font pas des raies noires sur le visage et sur le corps comme les hommes ; elles ne portent qu'un petit tablier de huit ou dix pouces de largeur sur cinq à six pouces de hauteur; ce tablier est ordinairement de toile de coton couverte de petits grains de verre ; ils ont cette toile et cette rassade des Européens, qui en font commerce avec eux. Ces femmes portent aussi plusieurs colliers de rassade qui leur environnent le cou et descendent sur leur sein ; elles ont des bracelets de même espèce aux poignets et au-dessus des coudes, et des pendants d'oreilles de pierre bleue ou de grains de verre enfilés : un dernier ornement qui leur est particulier, et que les hommes n'ont jamais, c'est une espèce de brodequins de toile de coton, garnis de rassade, qui prend depuis la cheville du pied jusqu'au-dessus du gras de la jambe ; dès que les filles ont atteint l'âge de puberté on leur donne un tablier, et on leur fait en même temps des brodequins aux jambes qu'elles ne peuvent jamais ôter ; ils sont si serrés qu'ils ne peuvent ni monter ni descendre, et comme ils empêchent le bas de la jambe de grossir, les mollets deviennent beaucoup plus gros et plus fermes qu'ils ne le seraient naturellement (*a*).

Les peuples qui habitent actuellement le Mexique et la Nouvelle Espagne sont si mêlés, qu'à peine trouve-t-on deux visages qui soient de la même couleur ; il y a dans la ville de Mexico des blancs d'Europe, des Indiens du nord et du sud de l'Amérique, des Nègres d'Afrique, des mulâtres, des métis, en sorte qu'on y voit des hommes de toutes les nuances de couleur qui peuvent être entre le blanc et le noir (*b*). Les naturels du pays sont fort bruns et de couleur d'olive, bien faits et dispos ; ils ont peu de poil, même aux sourcils, ils ont cependant tous les cheveux fort longs et fort noirs (*c*).

Selon Wafer, les habitants de l'isthme de l'Amérique sont ordinairement de bonne taille et d'une jolie tournure ; ils ont la jambe fine, les bras bien faits, la poitrine large, ils sont actifs et légers à la course ; les femmes sont petites et ramassées, et n'ont pas la vivacité des hommes, quoique les jeunes aient de l'embonpoint, la taille jolie et l'œil vif ; les uns et les autres ont le visage rond, le nez gros et court, les yeux grands, et pour la plupart gris, pétillants et pleins de feu, surtout dans la jeunesse, le front élevé, les dents blanches et bien rangées, les lèvres minces, la bouche d'une grandeur médiocre, et en gros tous les traits assez réguliers. Ils ont aussi tous, hommes et femmes,

(*a*) Voyez les *Nouveaux voyages aux îles*, t. II, page 8 et suiv.
(*b*) Voyez les *Lettres édifiantes*. Recueil XI, page 119.
(*c*) Voyez les *Voyages de Coréal*, t. 1er, page 116

les cheveux noirs, longs, plats et rudes, et les hommes auraient de la barbe s'ils ne se la faisaient arracher ; ils ont le teint basané, de couleur de cuivre jaune ou d'orange, et les sourcils noirs comme du jais.

Ces peuples que nous venons de décrire ne sont pas les seuls habitants naturels de l'Isthme ; on trouve parmi eux des hommes tout différents ; et quoiqu'ils soient en très petit nombre, ils méritent d'être remarqués : ces hommes sont blancs, mais ce blanc n'est pas celui des Européens, c'est plutôt un blanc de lait qui approche beaucoup de la couleur du poil d'un cheval blanc ; leur peau est aussi toute couverte, plus ou moins, d'une espèce de duvet court et blanchâtre, mais qui n'est pas si épais sur les joues et sur le front, qu'on ne puisse aisément distinguer la peau ; leurs sourcils sont d'un blanc de lait, aussi bien que leurs cheveux, qui sont très beaux, de la longueur de sept à huit pouces et à demi frisés. Ces Indiens, hommes et femmes, ne sont pas si grands que les autres, et ce qu'ils ont encore de très singulier, c'est que leurs paupières sont d'une figure oblongue, ou plutôt en forme de croissant dont les pointes tournent en bas ; ils ont les yeux si faibles qu'ils ne voient presque pas en plein jour ; ils ne peuvent supporter la lumière du soleil, et ne voient bien qu'à celle de la lune : ils sont d'une complexion fort délicate, en comparaison des autres Indiens ; ils craignent les exercices pénibles ; ils dorment pendant le jour et ne sortent que la nuit ; et lorsque la lune luit, ils courent dans les endroits les plus sombres des forêts aussi vite que les autres le peuvent faire de jour, à cela près qu'ils ne sont ni aussi robustes ni aussi vigoureux. Au reste, ces hommes ne forment pas une race particulière et distincte, mais il arrive quelquefois qu'un père et une mère qui sont tous deux couleur de cuivre jaune ont un enfant tel que nous venons de le décrire. Wafer, qui rapporte ces faits, dit qu'il a vu lui-même un de ces enfants qui n'avait pas encore un an (*a*).

Si cela est, cette couleur et cette habitude singulière du corps de ces Indiens blancs ne seraient qu'une espèce de maladie qu'ils tiendraient de leurs pères et mères ; mais en supposant que ce dernier fait ne fût pas bien avéré, c'est-à-dire qu'au lieu de venir des Indiens jaunes ils fissent une race à part, alors ils ressembleraient aux Chacrelas de Java, et aux Bedas de Ceylan, dont nous avons parlé ; ou, si ce fait est bien vrai, et que ces blancs naissent en effet de pères et mères couleur de cuivre, on pourra croire que les Chacrelas et les Bedas viennent aussi de pères et mères basanés, et que tous ces hommes blancs qu'on trouve à de si grandes distances les uns des autres sont des individus qui ont dégénéré de leur race par quelque cause accidentelle.

J'avoue que cette dernière opinion me paraît la plus vraisemblable, et que si les voyageurs nous eussent donné des descriptions aussi exactes des Bedas et des Chacrelas que Wafer l'a fait des Dariens, nous eussions peut-être

(*a*) Voyez les *Voyages de Dampier*, t. IV, page 252.

reconnu qu'ils ne pouvaient pas, plus que ceux-ci, être d'origine européenne. Ce qui me paraît appuyer beaucoup cette manière de penser, c'est que parmi les Nègres il naît aussi des blancs de pères et mères noirs; on trouve la description de deux de ces Nègres blancs dans l'histoire de l'Académie; j'ai vu moi-même l'un des deux, et on assure qu'il s'en trouve un assez grand nombre en Afrique parmi les autres Nègres (*a*). Ce que j'en ai vu, indépendamment de ce qu'en disent les voyageurs, ne me laisse aucun doute sur leur origine; ces nègres blancs sont des nègres dégénérés de leur race, ce ne sont pas une espèce d'hommes particulière et constante, ce sont des individus singuliers qui ne font qu'une variété accidentelle : en un mot, ils sont parmi les Nègres ce que Wafer dit que nos Indiens blancs sont parmi les Indiens jaunes, et ce que sont apparemment les Chacrelas et les Bedas parmi les Indiens bruns : ce qu'il y a de plus singulier, c'est que cette variation de la nature ne se trouve que du noir au blanc, et non pas du blanc au noir, car elle arrive chez les Nègres, chez les Indiens les plus bruns, et aussi chez les Indiens les plus jaunes, c'est-à-dire dans toutes les races d'hommes qui sont les plus éloignées du blanc, et il n'arrive jamais chez les blancs qu'il naisse des individus noirs; une autre singularité, c'est que tous ces peuples des Indes orientales, de l'Afrique et de l'Amérique, chez lesquels on trouve ces hommes blancs, sont tous sous la même latitude : l'isthme de Darien, le pays des Nègres et Ceylan sont absolument sous le même parallèle. Le blanc paraît donc être la couleur primitive de la nature (*), que le climat, la nourriture et les mœurs altèrent et changent, même jusqu'au jaune, au brun ou au noir, et qui reparaît dans de certaines circonstances, mais avec une si grande altération qu'il ne ressemble point au blanc primitif, qui, en effet, a été dénaturé par les causes que nous venons d'indiquer.

En tout, les deux extrêmes se rapprochent presque toujours : la nature, aussi parfaite qu'elle peut l'être, a fait les hommes blancs, et la nature altérée autant qu'il est possible les rend encore blancs; mais le blanc naturel ou blanc de l'espèce est fort différent du blanc individuel ou accidentel; on en voit des exemples dans les plantes aussi bien que dans les hommes et les animaux : la rose blanche, la giroflée blanche, etc., sont bien différentes, même pour le blanc, des roses et des giroflées rouges, qui dans l'automne deviennent blanches, lorsqu'elles ont souffert le froid des nuits et les petites gelées de cette saison.

Ce qui peut encore faire croire que ces hommes blancs ne sont en effet que des individus qui ont dégénéré de leur espèce, c'est qu'ils sont tous beau-

(*a*) Voyez la *Vénus physique*. Paris, 1745.

(*) C'est probablement le contraire qui est vrai. Les animaux sauvages sont très rarement blancs, tandis que la domestication fait apparaître la couleur blanche et presque tous les animaux domestiques y sont soumis.

coup moins forts et moins vigoureux que les autres, et qu'ils ont les yeux extrêmement faibles; on trouvera ce dernier fait moins extraordinaire, lorsqu'on se rappellera que parmi nous les hommes qui sont d'un blond blanc ont ordinairement les yeux faibles; j'ai aussi remarqué qu'ils avaient souvent l'oreille dure; et on prétend que les chiens qui sont absolument blancs et sans aucune tache sont sourds; je ne sais si cela est généralement vrai, je puis seulement assurer que j'en ai vu plusieurs qui l'étaient en effet.

Les Indiens du Pérou sont aussi couleur de cuivre comme ceux de l'Isthme, surtout ceux qui habitent le bord de la mer et les terres basses, car ceux qui demeurent dans les pays élevés, comme entre les deux chaînes des Cordillières, sont presque aussi blancs que les Européens : les uns sont à une lieue de hauteur au-dessus des autres, et cette différence d'élévation sur le globe fait autant qu'une différence de mille lieues en latitude pour la température du climat. En effet, tous les Indiens naturels de la Terre-Ferme, qui habitent le long de la rivière des Amazones et le continent de la Guyane, sont basanés et de couleur rougeâtre, plus ou moins claire : la diversité de la nuance, dit M. de la Condamine, a vraisemblablement pour cause principale la différente température de l'air des pays qu'ils habitent, variée depuis la plus grande chaleur de la zone torride jusqu'au froid causé par le voisinage de la neige (*a*). Quelques-uns de ces sauvages, comme les Omaguas, aplatissent le visage de leurs enfants, en leur serrant la tête entre deux planches (*b*); quelques autres se percent les narines, les lèvres ou les joues, pour y passer des os de poissons, des plumes d'oiseaux et d'autres ornements : la plupart se percent les oreilles, se les agrandissent prodigieusement, et remplissent le trou du lobe d'un gros bouquet de fleurs ou d'herbes qui leur sert de pendant d'oreilles (*c*). Je ne dirai rien de ces amazones dont on a tant parlé, on peut consulter à ce sujet ceux qui en ont écrit, et après les avoir lus, on n'y trouvera rien d'assez positif pour constater l'existence actuelle de ces femmes (*d*).

Quelques voyageurs font mention d'une nation dans la Guyane, dont les hommes sont plus noirs que tous les autres Indiens : les Arras, dit Raleigh, sont presque aussi noirs que les Nègres; ils sont fort vigoureux, et ils se servent de flèches empoisonnées. Cet auteur parle aussi d'une autre nation d'Indiens qui ont le cou si court et les épaules si élevées, que leurs yeux

(*a*) Voyez le *Voyage de l'Amérique méridionale, en descendant la rivière des Amazones*, par M. de la Condamine. Paris, 1745, page 49.

(*b*) *Idem*, page 72.

(*c*) *Idem*, p. 48 et suiv.

(*d*) Voyez le *Voyage de M. de la Condamine*, p. 101 jusqu'à 113; la *Relation de la Guyane*, par Walter Raleigh, t. II, des *Voyages de Coréal;* p. 25, la *Relation du P. d'Acuña*, traduite par Gomberville. Paris, 1682, vol. Ier, p. 237; les *Lettres édifiantes*, Recueil X. p. 241, et Recueil XII, p. 213; les *Voyages de Mocquet*, p. 101 jusqu'à 105, etc.

paraissent être sur leurs épaules, et leur bouche dans leur poitrine (*a*); cette difformité si monstrueuse n'est sûrement pas naturelle, et il y a grande apparence que ces sauvages qui se plaisent tant à défigurer la nature en aplatissant, en arrondissant, en allongeant la tête de leurs enfants, auront aussi imaginé de leur faire rentrer le cou dans les épaules; il ne faut pour donner naissances à toutes ces bizarreries que l'idée de se rendre, par ces difformités, plus effroyables et plus terribles à leurs ennemis. Les Scythes, autrefois aussi sauvages que le sont aujourd'hui les Américains, avaient apparemment les mêmes idées qu'ils réalisaient de la même façon; et c'est ce qui a sans doute donné lieu à ce que les anciens ont écrit au sujet des hommes acéphales, cynocéphales, etc.

Les sauvages du Brésil sont à peu près de la taille des Européens, mais plus forts, plus robustes et plus dispos; ils ne sont pas sujets à autant de maladies, et ils vivent communément plus longtemps; leurs cheveux, qui sont noirs, blanchissent rarement dans la vieillesse; ils sont basanés, et d'une couleur brune qui tire un peu sur le rouge; ils ont la tête grosse, les épaules larges et les cheveux longs; ils s'arrachent la barbe, le poil du corps, et même les sourcils et les cils, ce qui leur donne un regard extraordinaire et farouche; ils se percent la lèvre de dessous pour y passer un petit os poli comme de l'ivoire, ou une pierre verte assez grosse; les mères écrasent le nez de leurs enfants peu de temps après leur naissance; ils vont tous absolument nus, et se peignent le corps de différentes couleurs (*b*). Ceux qui habitent dans les terres voisines des côtés de la mer se sont un peu civilisés par le commerce volontaire ou forcé qu'ils ont avec les Portugais; ceux de l'intérieur des terres sont encore, pour la plupart, absolument sauvages; ce n'est pas même par la force, et en voulant les réduire à un dur esclavage, qu'on vient à bout de les policer; les Missions ont formé plus d'hommes dans ces nations barbares que les armées victorieuses des princes qui les ont subjuguées. Le Paraguay n'a été conquis que de cette façon; la douceur, le bon exemple, la charité et l'exercice de la vertu, constamment pratiqués par les missionnaires, ont touché ces sauvages, et vaincu leur défiance et leur férocité; ils sont venus souvent d'eux-mêmes demander à connaître la loi qui rendait les hommes si parfaits; ils se sont soumis à cette loi et réunis en société: rien ne fait plus d'honneur à la religion que d'avoir civilisé ces nations et jeté les fondements d'un empire, sans autres armes que celles de la vertu.

Les habitants de cette contrée du Paraguay ont communément la taille

(*a*) Voyez le second tome des *Voyages de Coréal*, p. 58 et 59.

(*b*) Voyez le *Voyage fait au Brésil*, par Jean de Léry. Paris, 1578, p. 108; le *Voyage de Coréal*, t. Ier, p. 163 et suiv.; les *Mémoires pour servir à l'Histoire des Indes*, 1702, p. 287; l'*Histoire des Indes* de Maffée. Paris, 1665, p. 71; la seconde partie des *Voyages de Pyrard*, t. II, p. 337; les *Lettres édifiantes*. Recueil XV, p. 351, etc.

assez belle et assez élevée ; ils ont le visage un peu long et la couleur olivâtre (*a*). Il règne quelquefois parmi eux une maladie extraordinaire ; c'est une espèce de lèpre qui leur couvre tout le corps, et y forme une croûte semblable à des écailles de poisson ; cette incommodité ne leur cause aucune douleur, ni même aucun dérangement dans la santé (*b*).

Les Indiens du Chili sont, au rapport de M. Frezier, d'une couleur basanée qui tire un peu sur celle du cuivre rouge, comme celle des Indiens du Pérou ; cette couleur est différente de celle des mulâtres : comme ils viennent d'un blanc et d'une négresse, ou d'une blanche et d'un nègre, leur couleur est brune, c'est-à-dire mêlée de blanc et de noir, au lieu que dans tout le continent de l'Amérique méridionale les Indiens sont jaunes, ou plutôt rougeâtres. Les habitants du Chili sont de bonne taille : ils ont les membres gros, la poitrine large, le visage peu agréable et sans barbe, les yeux petits, les oreilles longues, les cheveux noirs, plats et gros comme du crin ; ils s'allongent les oreilles, et ils s'arrachent la barbe avec des pinces faites de coquilles ; la plupart vont nus, quoique le climat soit froid ; ils portent seulement sur leurs épaules quelques peaux d'animaux. C'est à l'extrémité du Chili, vers les terres Magellaniques, que se trouve, à ce qu'on prétend, une race d'hommes dont la taille est gigantesque ; M. Frezier dit avoir appris de plusieurs Espagnols qui avaient vu quelques-uns de ces hommes, qu'ils avaient quatre varres de hauteur, c'est-à-dire neuf ou dix pieds ; selon lui, ces géants, appelés Patagons, habitent le côté de l'est de la côte déserte dont les anciennes relations ont parlé, qu'on a ensuite traitées de fables, parce que l'on a vu au détroit de Magellan des Indiens dont la taille ne surpassait pas celle des autres hommes. C'est, dit-il, ce qui a pu tromper Froger dans sa relation du voyage de M. de Gennes ; car quelques vaisseaux ont vu en même temps les uns et les autres : en 1709 les gens du vaisseau *le Jacques*, de Saint-Malo, virent sept de ces géants dans la baie Grégoire, et ceux du vaisseau *le Saint-Pierre*, de Marseille, en virent six, dont ils s'approchèrent pour leur offrir du pain, du vin et de l'eau-de-vie, qu'ils refusèrent, quoiqu'ils eussent donné à ces matelots quelques flèches, et qu'ils les eussent aidés à échouer le canot du navire (*c*). Au reste, comme M. Frezier ne dit pas avoir vu lui-même aucun de ces géants, et que les relations qui en parlent sont remplies d'exagérations sur d'autres choses, on peut encore douter qu'il existe en effet une race d'hommes toute composée de géants, surtout lorsqu'on leur supposera dix pieds de hauteur ; car le volume du corps d'un tel homme serait huit fois plus considérable que celui d'un homme ordinaire ; il semble que la hauteur ordinaire des hommes étant de cinq pieds,

(*a*) Voyez les *Voyages de Coréal*, t. Ier, p. 240 et 259 ; les *Lettres édifiantes*, Recueil XI, p. 391 ; Recueil XII, p. 6.

(*b*) Voyez les *Lettres édifiantes*, Recueil XXV, p. 122.

(*c*) Voyez le *Voyage de M. Frezier*. Paris, 1732, p. 75 et suiv.

les limites ne s'étendent guère qu'à un pied au-dessus et au-dessous; un homme de six pieds est en effet un très grand homme, et un homme de quatre pieds est très petit; les géants et les nains qui sont au-dessus et au-dessous de ces termes de grandeur doivent être regardés comme des variétés individuelles et accidentelles, et non pas comme des différences permanentes qui produiraient des races constantes.

Au reste, si ces géants des terres Magellaniques existent, ils sont en fort petit nombre, car les habitants des terres du détroit et des îles voisines sont des sauvages d'une taille médiocre; ils sont de couleur olivâtre, ils ont la poitrine large, le corps assez carré, les membres gros, les cheveux noirs et plats (*a*); en un mot, ils ressemblent par la taille à tous les autres hommes, et par la couleur et les cheveux aux autres Américains.

Il n'y a donc, pour ainsi dire, dans tout le nouveau continent, qu'une seule et même race d'hommes, qui tous sont plus ou moins basanés; et à l'exception du nord de l'Amérique, où il se trouve des hommes semblables aux Lapons, et aussi quelques hommes à cheveux blonds, semblables aux Européens du Nord, tout le reste de cette vaste partie du monde ne contient que des hommes parmi lesquels il n'y presque aucune diversité, au lieu que dans l'ancien continent nous avons trouvé une prodigieuse variété dans les différents peuples. Il me paraît que la raison de cette uniformité dans les hommes de l'Amérique vient de ce qu'ils vivent tous de la même façon; tous les Américains naturels étaient, ou sont encore, sauvages ou presque sauvages; les Mexicains et les Péruviens étaient si nouvellement policés qu'ils ne doivent pas faire une exception. Quelle que soit donc l'origine de ces nations sauvages, elle paraît leur être commune à toutes; tous les Américains sortent d'une même souche, et ils ont conservé jusqu'à présent les caractères de leur race sans grande variation, parce qu'il sont tous demeurés sauvages, qu'ils ont tous vécu à peu près de la même façon, que leur climat n'est pas à beaucoup près aussi inégal pour le froid et pour le chaud que celui de l'ancien continent, et qu'étant nouvellement établis dans leur pays, les causes qui produisent des variétés n'ont pu agir assez longtemps pour opérer des effets bien sensibles.

Chacune des raisons que je viens d'avancer mérite d'être considérée en particulier. Les Américains sont des peuples nouveaux : il me semble qu'on n'en peut pas douter lorsqu'on fait attention à leur petit nombre, à leur ignorance et au peu de progrès que les plus civilisés d'entre eux avaient faits dans les arts; car quoique les premières relations de la découverte et

(*a*) Voyez le *Voyage du Cap Narbrugh*, second volume de Coréal, p. 231 et 284; l'*Histoire de la conquête des Moluques*, par Argensola, t. Ier, p. 35 et 255; le *Voyage de M. de Gennes*, par Froger, p. 97; le *Recueil des Voyages qui ont servi à l'établissement de la Comp. de Holl.*, t. Ier, p. 651; les *Voyages du capitaine Wood*, cinquième volume de Dampier, p. 179, etc.

des conquêtes de l'Amérique nous parlent du Mexique, du Pérou, de Saint-Domingue, etc., comme de pays très peuplés, et qu'elles nous disent que les Espagnols ont eu à combattre partout des armées très nombreuses, il est aisé de voir que ces faits sont fort exagérés, premièrement par le peu de monuments qui restent de la prétendue grandeur de ces peuples; secondement par la nature même de leur pays qui, quoique peuplé d'Européens plus industrieux sans doute que ne l'étaient les naturels, est cependant encore sauvage, inculte, couvert de bois, et n'est d'ailleurs qu'un groupe de montagnes inaccessibles, inhabitables, qui ne laissent par conséquent que de petits espaces propres à être cultivés et habités; troisièmement, par la tradition même de ces peuples sur le temps qu'ils se sont réunis en société : les Péruviens ne comptaient que douze rois, dont le premier avait commencé à les civiliser (*a*); ainsi il n'y avait pas trois cents ans qu'ils avaient cessé d'être, comme les autres, entièrement sauvages; quatrièmement, par le petit nombre d'hommes qui ont été employés à faire la conquête de ces vastes contrées : quelque avantage que la poudre à canon pût leur donner, ils n'auraient jamais subjugué ces peuples, s'ils eussent été nombreux; une preuve de ce que j'avance, c'est qu'on n'a jamais pu conquérir le pays des Nègres ni les assujettir, quoique les effets de la poudre fussent aussi nouveaux et aussi terribles pour eux que pour les Américains; la facilité avec laquelle on s'est emparé de l'Amérique me paraît prouver qu'elle était très peu peuplée et par conséquent nouvellement habitée.

Dans le nouveau continent, la température des différents climats est bien plus égale que dans l'ancien continent; c'est encore par l'effet de plusieurs causes : il fait beaucoup moins chaud sous la zone torride, en Amérique, que sous la zone torride en Afrique; les pays compris sous cette zone, en Amérique, sont le Mexique, la Nouvelle-Espagne, le Pérou, la terre des Amazones, le Brésil et la Guyane. La chaleur n'est jamais fort grande au Mexique, à la Nouvelle-Espagne et au Pérou, parce que ces contrées sont des terres extrêmement élevées au-dessus du niveau ordinaire de la surface du globe; le thermomètre, dans les grandes chaleurs, ne monte pas si haut au Pérou qu'en France; la neige qui couvre le sommet des montagnes refroidit l'air, et cette cause, qui n'est qu'un effet de la première, influe beaucoup sur la température de ce climat. Aussi les habitants, au lieu d'être noirs ou très bruns, sont seulement basanés; dans la terre des Amazones, il y a une prodigieuse quantité d'eaux répandues, de fleuves et de forêts; l'air y est donc extrêmement humide, et par conséquent beaucoup plus frais qu'il ne le serait dans un pays plus sec; d'ailleurs on doit observer que le vent d'est qui souffle constamment entre les tropiques, n'arrive au Brésil, à la terre des Amazones et à la Guyane, qu'après avoir traversé une vaste mer

(*a*) Voyez l'*Histoire des Incas*, par Garcilasso, etc. Paris, 1744.

sur laquelle il prend de la fraîcheur qu'il porte ensuite sur toutes les terres orientales de l'Amérique équinoxiale ; c'est par cette raison, aussi bien que par la quantité des eaux et des forêts et par l'abondance et la continuité des pluies, que ces parties de l'Amérique sont beaucoup plus tempérées qu'elles ne le seraient en effet sans ces circonstances particulières. Mais lorsque le vent d'est a traversé les terres basses de l'Amérique, et qu'il arrive au Pérou, il a acquis un degré de chaleur plus considérable : aussi ferait-il plus chaud au Pérou qu'au Brésil ou à la Guyane, si l'élévation de cette contrée et les neiges qui s'y trouvent ne refroidissaient pas l'air et n'ôtaient pas au vent d'est toute la chaleur qu'il peut avoir acquise en traversant les terres ; il lui en reste cependant assez pour influer sur la couleur des habitants, car ceux qui, par leur situation, y sont le plus exposés, sont les plus jaunes, et ceux qui habitent les vallées entre les montagnes, et qui sont à l'abri de ce vent, sont beaucoup plus blancs que les autres. D'ailleurs ce vent, qui vient frapper contre les hautes montagnes des Cordillières, doit se réfléchir à d'assez grandes distances dans les terres voisines de ces montagnes, et y porter la fraîcheur qu'il a prise sur les neiges qui couvrent leurs sommets ; ces neiges elles-mêmes doivent produire des vents froids dans les temps de leur fonte. Toutes ces causes concourant donc à rendre le climat de la zone torride en Amérique beaucoup moins chaud, il n'est point étonnant qu'on n'y trouve pas des hommes noirs, ni même bruns, comme on en trouve sous la zone torride en Afrique et en Asie, où les circonstances sont fort différentes, comme nous le dirons tout à l'heure : soit que l'on suppose donc que les habitants de l'Amérique soient très anciennement naturalisés dans leur pays, ou qu'ils y soient venus plus nouvellement, on ne devait pas y trouver des hommes noirs, puisque leur zone torride est un climat tempéré.

La dernière raison que j'ai donnée de ce qu'il se trouve peu de variété dans les hommes en Amérique, c'est l'uniformité dans leur manière de vivre ; tous étaient sauvages ou très nouvellement civilisés, tous vivaient ou avaient vécu de la même façon : en supposant qu'ils eussent tous une origine commune, les races s'étaient dispersées sans s'être croisées ; chaque famille faisait une nation toujours semblable à elle-même, et presque semblable aux autres, parce que le climat et la nourriture étaient aussi à peu près semblables ; ils n'avaient aucun moyen de dégénérer ni de se perfectionner, ils ne pouvaient donc que demeurer toujours les mêmes, et partout à peu près les mêmes (*).

Quant à leur première origine, je ne doute pas, indépendamment même des raisons théologiques, qu'elle ne soit la même que la nôtre ; la ressemblance des sauvages de l'Amérique septentrionale avec les Tartares orien-

(*) Cette considération est pleinement justifiée par les observations faites dans ces derniers temps sur les effets du croisement et de la ségrégation. (Voy. DE LANESSAN, *Le Transformisme*.)

taux doit faire soupçonner qu'ils sortent anciennement de ces peuples; les nouvelles découvertes que les Russes ont faites, au delà du Kamtschatka, de plusieurs terres et de plusieurs îles qui s'étendent jusqu'à la partie de l'ouest du continent de l'Amérique, ne laisseraient aucun doute sur la possibilité de la communication, si ces découvertes étaient bien constatées et que ces terres fussent à peu près contiguës; mais, en supposant même qu'il y ait des intervalles de mer assez considérables, n'est-il pas très possible que des hommes aient traversé ces intervalles, et qu'ils soient allés d'eux-mêmes chercher ces nouvelles terres, ou qu'ils y aient été jetés par la tempête? Il y a peut-être un plus grand intervalle de mer entre les îles Mariannes et le Japon qu'entre aucune des terres qui sont au delà du Kamtschatka et celle de l'Amérique, et cependant les îles Mariannes se sont trouvées peuplées d'hommes qui ne peuvent venir que du continent oriental. Je serais donc porté à croire que les premiers hommes qui sont venus en Amérique ont abordé aux terres qui sont au nord-ouest de la Californie; que le froid excessif de ce climat les obligea à gagner les parties plus méridionales de leur nouvelle demeure, qu'ils se fixèrent d'abord au Mexique et au Pérou, d'où ils se sont ensuite répandus dans toutes les parties de l'Amérique septentrionale et méridionale; car le Mexique et le Pérou peuvent être regardés comme les terres les plus anciennes de ce continent, et les plus anciennement peuplées, puisqu'elles sont les plus élevées et les seules où l'on ait trouvé des hommes réunis en société. On peut aussi présumer avec une très grande vraisemblance que les habitants du nord de l'Amérique au détroit de Davis, et des parties septentrionales de la terre de Labrador, sont venus du Groenland, qui n'est séparé de l'Amérique que par la largeur de ce détroit, qui n'est pas fort considérable; car, comme nous l'avons dit, ces sauvages du détroit de Davis et ceux du Groenland se ressemblent parfaitement; et quant à la manière dont le Groenland aura été peuplé, on peut croire, avec tout autant de vraisemblance, que les Lapons y auront passé depuis le cap Nord, qui n'en est éloigné que d'environ cent cinquante lieues; et d'ailleurs, comme l'île d'Islande est presque contiguë au Groenland, que cette île n'est pas éloignée des Orcades septentrionales, qu'elle a été très anciennement habitée et même fréquentée des peuples de l'Europe, que les Danois avaient même fait des établissements et formé des colonies dans le Groenland, il ne serait pas étonnant qu'on trouvât dans ce pays des hommes blancs et à cheveux blonds, qui tireraient leur origine de ces Danois; et il y a quelque apparence que les hommes blancs qu'on trouve aussi au détroit de Davis viennent de ces blancs d'Europe qui se sont établis dans les terres du Groenland, d'où ils auront aisément passé en Amérique, en traversant le petit intervalle de mer qui forme le détroit de Davis.

Autant il y a d'uniformité dans la couleur et dans la forme des habitants naturels de l'Amérique, autant on trouve de variété dans les peuples de l'Afrique : cette partie du monde est très anciennement et très abondamment peuplée; le climat y est brûlant, et cependant d'une température très inégale suivant les différentes contrées; et les mœurs des différents peuples sont aussi toutes différentes, comme on a pu le remarquer par les descriptions que nous en avons données. Toutes ces causes ont donc concouru pour produire en Afrique une variété dans les hommes plus grande que partout ailleurs; car en examinant d'abord la différence de la température des contrées africaines, nous trouverons que la chaleur n'étant pas excessive en Barbarie et dans toute l'étendue des terres voisines de la mer Méditerranée, les hommes y sont blancs et seulement un peu basanés; toute cette terre de la Barbarie est rafraîchie, d'un côté par l'air de la mer Méditerranée, et de l'autre par les neiges du mont Atlas; elle est d'ailleurs située dans la zone tempérée en deçà du tropique : aussi tous les peuples qui sont depuis l'Égypte jusqu'aux îles Canaries sont seulement un peu plus ou un peu moins basanés. Au delà du tropique, et de l'autre côté du mont Atlas, la chaleur devient beaucoup plus grande et les hommes sont très bruns, mais ils ne sont pas encore noirs; ensuite, au 17e ou 18e degré de latitude nord, on trouve le Sénégal et la Nubie, dont les habitants sont tout à fait noirs, aussi la chaleur y est-elle excessive; on sait qu'au Sénégal elle est si grande que la liqueur du thermomètre monte jusqu'à 38 degrés, tandis qu'en France elle ne monte que très rarement à 30 degrés, et qu'au Pérou, quoique situé sous la zone torride, elle est presque toujours au même degré, et ne s'élève presque jamais au-dessus de 25 degrés. Nous n'avons pas d'observations faites avec le thermomètre en Nubie, mais tous les voyageurs s'accordent à dire que la chaleur y est excessive : les déserts sablonneux qui sont entre la haute Égypte et la Nubie échauffent l'air au point que le vent du nord des Nubiens doit être un vent brûlant; d'autre côté, le vent d'est qui règne le plus ordinairement entre les tropiques n'arrive en Nubie qu'après avoir parcouru les terres de l'Arabie, sur lesquelles il prend une chaleur que le petit intervalle de la mer Rouge ne peut guère tempérer; on ne doit donc pas être surpris d'y trouver les hommes tout à fait noirs; cependant ils doivent l'être encore plus au Sénégal, car le vent d'est ne peut y arriver qu'après avoir parcouru toutes les terres de l'Afrique dans leur plus grande largeur, ce qui doit le rendre d'une chaleur insoutenable. Si l'on prend donc en général toute la partie de l'Afrique qui est comprise entre les tropiques, où le vent d'est souffle plus constamment qu'aucun autre, on concevra aisément que toutes les côtes occidentales de cette partie du monde doivent éprouver et éprouvent en effet une chaleur bien plus grande que les côtes orientales, parce que le vent d'est arrive sur les côtes orientales avec la fraîcheur qu'il a prise en parcourant une vaste mer, au lieu qu'il prend une ardeur brûlante en traversant les terres de l'Afrique avant que d'arriver aux côtes occidentales de cette partie du monde : aussi les côtes du Sénégal, de Sierra-Léona, de la

Guinée, en un mot, toutes les terres occidentales de l'Afrique qui sont situées sous la zone torride sont les climats les plus chauds de la terre, et il ne fait pas à beaucoup près aussi chaud sur les côtes orientales de l'Afrique, comme à Mozambique, à Mombaze, etc. Je ne doute donc pas que ce ne soit par cette raison qu'on trouve les vrais Nègres, c'est-à-dire les plus noirs de tous les Noirs, dans les terres occidentales de l'Afrique, et qu'au contraire on trouve les Cafres, c'est-à-dire des Noirs moins noirs, dans les terres orientales : la différence marquée qui est entre ces deux espèces de Noirs vient de celle de la chaleur de leur climat, qui n'est que très grande dans la partie de l'orient, mais excessive dans celle de l'occident en Afrique. Au delà du tropique, du côté du sud, la chaleur est considérablement diminuée, d'abord par la hauteur de la latitude, et aussi parce que la pointe de l'Afrique se rétrécit, et que cette pointe de terre étant environnée de la mer de tous côtés, l'air doit y être beaucoup plus tempéré qu'il ne le serait dans le milieu d'un continent : aussi les hommes de cette contrée commencent à blanchir, et sont même naturellement plus blancs que noirs, comme nous l'avons dit ci-dessus. Rien ne me paraît prouver plus clairement que le climat est la principale cause de la variété dans l'espèce humaine que cette couleur des Hottentots, dont la noirceur ne peut avoir été affaiblie que par la température du climat; et si l'on joint à cette preuve toutes celles qu'on doit tirer des convenances que je viens d'exposer, il me semble qu'on n'en pourra plus douter.

Si nous examinons tous les autres peuples qui sont sous la zone torride au delà de l'Afrique, nous nous confirmerons encore plus dans cette opinion : les habitants des Maldives, de Ceylan, de la pointe de la presqu'île de l'Inde, de Sumatra, de Malacca, de Bornéo, de Célèbes, des Philippines, etc., sont tous extrêmement bruns, sans être absolument noirs, parce que toutes ces terres sont des îles ou des presqu'iles; la mer tempère dans ces climats l'ardeur de l'air, qui d'ailleurs ne peut jamais être aussi grande que dans l'intérieur ou sur les côtes occidentales de l'Afrique, parce que le vent d'est ou d'ouest qui règne alternativement dans cette partie du globe n'arrive sur ces terres de l'archipel Indien qu'après avoir passé sur des mers d'une très vaste étendue. Toutes ces îles ne sont donc peuplées que d'hommes bruns, parce que la chaleur n'y est pas excessive; mais dans la Nouvelle-Guinée, ou terre des Papous, on retrouve des hommes noirs et qui paraissent être de vrais Nègres par les descriptions des voyageurs, parce que ces terres forment un continent du côté de l'est, et que le vent qui traverse ces terres est beaucoup plus ardent que celui qui règne dans l'océan Indien. Dans la Nouvelle-Hollande, où l'ardeur du climat n'est pas si grande parce que cette terre commence à s'éloigner de l'équateur, on retrouve des peuples moins noirs et assez semblables aux Hottentots; ces Nègres et ces Hottentots, que l'on trouve sous la même latitude, à une si grande distance des autres Nègres et des autres Hottentots, ne prouvent-ils pas que leur couleur ne dépend que de l'ardeur du climat? car on ne peut pas soupçonner qu'il y ait jamais eu de communication de l'Afrique à ce continent austral, et cependant on y retrouve les mêmes espèces d'hommes, parce qu'on y trouve les circonstances qui peuvent occasionner les mêmes degrés de chaleur. Un exemple pris des animaux pourra confirmer encore tout ce que je viens de dire : on a observé qu'en Dauphiné tous les cochons sont noirs, et qu'au contraire de l'autre côté du Rhône, en Vivarais, où il fait plus froid qu'en Dauphiné, tous les cochons sont blancs; il n'y a pas d'apparence que les habitants de ces deux provinces se soient accordés pour n'élever les uns que des cochons noirs, et les autres des cochons blancs, et il me semble que cette différence ne peut venir que de celle de la température du climat, combinée peut-être avec celle de la nourriture de ces animaux.

Les Noirs qu'on a trouvés, mais en fort petit nombre, aux Philippines et dans quelques autres îles de l'océan Indien, viennent apparemment de ces Papous ou Nègres de la Nouvelle-Guinée, que les Européens ne connaissent que depuis environ cinquante ans. Dampier découvrit en 1700 la partie la plus orientale de cette terre, à laquelle il donna le nom de Nouvelle-Bretagne, mais on ignore encore l'étendue de cette contrée; on sait seulement qu'elle n'est pas fort peuplée dans les parties qu'on a reconnues.

On ne trouve donc des Nègres que dans les climats de la terre où toutes les circonstances sont réunies pour produire une chaleur constante et toujours excessive; cette chaleur est si nécessaire, non seulement à la production, mais même à la conservation des Nègres, qu'on a observé dans nos îles où la chaleur, quoique très forte, n'est pas comparable à celle du Sénégal, que les enfants nouveau-nés des Nègres sont si susceptibles des impressions de l'air, que l'on est obligé de les tenir pendant les neuf premiers jours après leur naissance dans des chambres bien fermées et bien chaudes; si l'on ne prend pas ces précautions et qu'on les expose à l'air au moment de leur naissance, il leur survient une convulsion à la mâchoire qui les empêche de prendre de la nourriture, et qui les fait mourir. M. Littre, qui fit en 1702 la dissection d'un Nègre, observa que le bout du gland, qui n'était pas couvert du prépuce, était noir comme toute la peau, et que le reste, qui était couvert, était parfaitement blanc (*a*): cette observation prouve que l'action de l'air est nécessaire pour produire la noirceur de la peau des Nègres; leurs enfants naissent blancs, ou plutôt rouges, comme ceux des autres hommes, mais deux ou trois jours après qu'il sont nés la couleur change, ils paraissent d'un jaune basané qui se brunit peu à peu, et au septième ou huitième jour ils sont déjà tout noirs. On sait que deux ou trois jours après la naissance tous les enfants ont une espèce de jaunisse : cette jaunisse dans les blancs n'a qu'un effet passager, et ne laisse à la peau aucune impression;

(*a*) Voyez l'*Histoire de l'Académie des sciences*, année 1702, p. 32.

dans les Nègres, au contraire, elle donne à la peau une couleur ineffaçable, et qui noircit toujours de plus en plus. M. Kolbe dit avoir remarqué que les enfants des Hottentots, qui naissent blancs comme ceux d'Europe, devenaient olivâtres par l'effet de cette jaunisse qui se répand dans toute la peau trois ou quatre jours après la naissance de l'enfant, et qui dans la suite ne disparaît plus. Cependant cette jaunisse et l'impression actuelle de l'air ne me paraissent être que des causes occasionnelles de la noirceur, et non pas la cause première; car on remarque que les enfants des Nègres ont, dans le moment même de leur naissance, du noir à la racine des ongles et aux parties génitales : l'action de l'air et la jaunisse serviront, si l'on veut, à étendre cette couleur, mais il est certain que le germe de la noirceur est communiqué aux enfants par les pères et mères, qu'en quelque pays qu'un Nègre vienne au monde il sera noir comme s'il était né dans son propre pays, et que s'il y a quelque différence dès la première génération, elle est si insensible qu'on ne s'en est pas aperçu. Cependant cela ne suffit pas pour qu'on soit en droit d'assurer qu'après un certain nombre de générations cette couleur ne changerait pas sensiblement; il y a au contraire toutes les raisons du monde pour présumer que, comme elle ne vient originairement que de l'ardeur du climat et de l'action longtemps continuée de la chaleur, elle s'effacerait peu à peu par la température d'un climat froid, et que par conséquent si l'on transportait des Nègrès dans une province du Nord, leurs descendants à la huitième, dixième ou douzième génération, seraient beaucoup moins noirs que leurs ancêtres, et peut-être aussi blancs que les peuples originaires du climat froid où ils habiteraient.

Les anatomistes ont cherché dans quelle partie de la peau résidait la couleur noire des Nègres : les uns prétendent que ce n'est ni dans le corps de la peau ni dans l'épiderme, mais dans la membrane réticulaire qui se trouve entre l'épiderme et la peau (*a*); que cette membrane lavée et tenue dans l'eau tiède pendant fort longtemps ne change pas de couleur et reste toujours noire, au lieu que la peau et la surpeau paraissent être à peu près aussi blanches que celles des autres hommes. Le docteur Towns, et quelques autres, ont prétendu que le sang des Nègres était beaucoup plus noir que celui des blancs; je n'ai pas été à portée de vérifier ce fait, que je serais assez porté à croire, car j'ai remarqué que les hommes, parmi nous, qui ont le teint basané, jaunâtre et brun, ont le sang plus noir que les autres, et ces auteurs prétendent que la couleur des Nègres vient de celle de leur sang (*b*). M. Barrère qui paraît avoir examiné la chose de plus près qu'aucun autre (*c*), dit, aussi bien que M. Winslow (*d*), que l'épiderme des Nègres

(*a*) Voyez l'*Histoire de l'Académie des sciences*, année 1702, p. 32.
(*b*) Voyez l'Écrit du docteur Towns, adressé à la Société royale de Londres.
(*c*) Voyez la *Dissertation sur la couleur des Nègres*, par M. Barrère. Paris, 1741.
(*d*) Voyez *Exposition anatomique du corps humain*, par M. Winslow, p. 489.

est noir, et que s'il a paru blanc à ceux qui l'ont examiné, c'est parce qu'il est extrêmement mince et transparent, mais qu'il est réellement aussi noir que de la corne noire qu'on aurait réduite à une aussi petite épaisseur : ils assurent aussi que la peau des Nègres est d'un rouge brun approchant du noir; cette couleur de l'épiderme et de la peau des Nègres est produite, selon M. Barrère, par la bile qui dans les Nègres n'est pas jaune, mais toujours noire comme de l'encre, comme il croit s'en être assuré sur plusieurs cadavres de Nègres qu'il a eu occasion de disséquer à Cayenne : la bile teint en effet la peau des hommes blancs en jaune lorsquelle se répand, et il y a apparence que, si elle était noire, elle la teindrait en noir; mais dès que l'épanchement de bile cesse, la peau reprend sa blancheur naturelle : il faudrait donc supposer que la bile est toujours répandue dans les Nègres, ou bien que, comme le dit M. Barrère, elle fut si abondante qu'elle se séparât naturellement dans l'épiderme en assez grande quantité pour lui donner cette couleur noire (*). Au reste, il est probable que la bile et le sang sont plus bruns dans les Nègres que dans les blancs, comme la peau est aussi plus noire ; mais l'un de ces faits ne peut pas servir à expliquer la cause de l'autre, car si l'on prétend que c'est le sang ou la bile qui, par leur noirceur, donnent cette couleur à la peau, alors au lieu de demander pourquoi les Nègres ont la peau noire, on demandera pourquoi ils ont la bile ou le sang noir; ce n'est donc qu'éloigner la question, au lieu de la résoudre. Pour moi j'avoue qu'il m'a toujours paru que la même cause qui nous brunit lorsque nous nous exposons au grand air ou aux ardeurs du soleil, cette cause qui fait que les Espagnols sont plus bruns que les Français, et les Maures plus que les Espagnols, fait aussi que les Nègres le sont plus que les Maures : d'ailleurs nous ne voulons pas chercher ici comment cette cause agit, mais seulement nous assurer qu'elle agit, et que ses effets sont d'autant plus grands et plus sensibles qu'elle agit plus fortement et plus longtemps.

La chaleur du climat est la principale cause de la couleur noire (**) : lorsque cette chaleur est excessive, comme au Sénégal et en Guinée, les hommes sont tout à fait noirs ; lorsqu'elle est un peu moins forte, comme sur les côtes orientales de l'Afrique, les hommes sont moins noirs ; lorsqu'elle commence à devenir un peu plus tempérée, comme en Barbarie, au Mogol, en Arabie, etc., les hommes ne sont que bruns ; et enfin lorsqu'elle est tout à fait tempérée, comme en Europe et en Asie les hommes sont blancs ; on y remarque seulement quelques variétés qui ne viennent que de la manière de

(*) La coloration de la peau des Nègres est due à une couche de cellules très riches en pigment noir. Ces cellules existent dans toutes les parties colorées de la race blanche. Le sang des Nègres n'est pas plus noir que celui des blancs et leur bile est de la même couleur que la bile des blancs.

(**) Il est possible que la chaleur du climat ne soit pas la seule cause de la coloration noire de la peau, mais elle joue certainement le plus grand rôle dans la production de ce caractère.

vivre ; par exemple, tous les Tartares sont basanés, tandis que les peuples d'Europe qui sont sous la même latitude sont blancs. On doit, ce me semble, attribuer cette différence à ce que les Tartares sont toujours exposés à l'air, qu'ils n'ont ni ville ni demeures fixes, qu'ils couchent sur la terre, qu'ils vivent d'une manière dure et sauvage : cela seul suffit pour qu'ils soient moins blancs que les peuples de l'Europe auxquels il ne manque rien de tout ce qui peut rendre la vie douce. Pourquoi les Chinois sont-ils plus blancs que les Tartares auxquels ils ressemblent d'ailleurs par tous les traits du visage? c'est parce qu'ils habitent dans des villes, parce qu'ils sont policés, parce qu'il ont tous les moyens de se garantir des injures de l'air et de la terre, et que les Tartares y sont perpétuellement exposés.

Mais lorsque le froid devient extrême, il produit quelques effets semblables à ceux de la chaleur excessive ; les Samoïèdes, les Lapons, les Groenlandais sont fort basanés. On assure même, comme nous l'avons dit, qu'il se trouve parmi les Groenlandais des hommes aussi noirs que ceux de l'Afrique ; les deux extrêmes, comme l'on voit, se rap rochent encore ici : un froid très vif et une chaleur brûlante produisent le même effet sur la peau, parce que l'une et l'autre de ces deux causes agissent par une qualité qui leur est commune. Cette qualité est la sécheresse qui, d ns un air très froid, peut être aussi grande que dans un air chaud ; le froid, comme le chaud, doit dessécher la peau, l'altérer et lui donner cette couleur basanée que l'on trouve dans les Lapons. Le froid resserre, rapetisse et réduit à un moindre volume toutes les productions de la nature ; aussi les Lapons, qui sont perpétuellement exposés à la rigueur du plus grand froid, sont les plus petits de tous les hommes. Rien ne prouve mieux l'influence du climat que cette race lapone qui se trouve placée tout le long du cercle polaire dans une très longue zone, dont la largeur est bornée par l'étendue du climat excessivement froid, et finit dès qu'on arrive dans un pays un peu plus tempéré.

Le climat le plus tempéré est depuis le 40e degré jusqu'au 50e ; c'est aussi sous cette zone que se trouvent les hommes les plus beaux et les mie x faits ; c'est sous ce climat qu'on doit prendre l'idée de la vraie couleur naturelle de l'homme ; c'est là où l'on doit prendre le modèle ou l'unité à l quelle il faut rapporter toutes les autres nuances de couleur et de beauté ; les deux extrêmes sont également éloignés du vrai et du beau : le pays policés situés sous cette zone sont la Géorgie, la Circassie, l'Ukraine, la Turquie d'Europe, la Hongrie, l'Allemagne méridionale, l'Italie, la Suisse, la France et la partie septentrionale de l'Espagne ; tous ces peuples sont aussi les plus beaux et les mieux faits de toute la terre.

On peut donc regarder le climat comme la cause première et presque unique de la couleur des hommes ; mais la nourriture, qui fait à la cou'eur beaucoup moins que le climat, fait beaucoup à la forme. Des nourritures grossières, malsaines ou mal préparées peuvent faire dégénérer l'espèce humaine (*) : tous les peuples qui vivent misérablement sont laids et mal faits; chez nous mêmes les gens de la campagne sont plus laids que ceux des villes, et j'ai souvent remarqué que dans les villages où la pauvreté est moins grande que dans les autres villages voisins, les hommes y sont aussi mieux faits et les visages moins laids. L'air et la terre influent beaucoup sur la forme des hommes, des animaux, des plantes : qu'on examine dans le même canton les hommes qui habitent les terres élevées, comme les coteaux ou le dessus des collines, et qu'on les compare avec ceux qui occupent le milieu des vallées voisines, on trouvera que les premiers sont agiles, dispos, bien faits, spirituels, et que les femmes y sont communément jolies, au lieu que dans le plat pays, où la terre est grosse, l'air épais, et l'eau moins pure, les paysans sont grossiers, pesants, mal faits, stupides, et les paysannes presque toutes laides. Qu'on amène des chevaux d'Espagne ou de Barbarie en France, il ne sera pas possible de perpétuer leur race; ils commencent à dégénérer dès la première génération, et à la troisième ou quatrième ces chevaux de race barbe ou espagnole, sans aucun mélange avec d'autres races, ne laisseront pas de devenir des chevaux français : en sorte que, pour perpétuer les beaux chevaux, on est obligé de croiser les races, en faisant venir de nouveaux étalons d'Espagne ou de Barbarie. Le climat et la nourriture influent donc sur la forme des animaux d'une manière si marquée, qu'on ne peut pas douter de leurs effets ; et quoiqu'ils soient moins prompts, moins apparents et moins sensibles sur les hommes, nous devons conclure par analogie que ces effets ont lieu dans l'espèce humaine, et qu'ils se manifestent par les variétés qu'on y trouve.

Tout concourt donc à prouver que le genre humain n'est pas composé d'espèces essentiellement différentes entre elles ; qu'au contraire il n'y a eu originairement qu'une seule espèce d'hommes, qui, s'étant multipliée et répandue sur toute la surface de la terre (**), a subi différents changements par l'influence du climat, par la différence de la nourriture, par celle de la manière de vivre, par les maladies épidémiques, et aussi par le mélange varié à l'infini des individus plus ou moins ressemblants; que d'abord ces altérations n'étaient pas si marquées, et ne produisaient que des variétés individuelles ; qu'elles sont ensuite devenues variétés de l'espèce, parce qu'elles sont devenues plus générales, plus sensibles et plus constantes par l'action continuée de ces mêmes causes, qu'elles se sont perpétuées et qu'elles se perpétuent de génération en génération, comme les difformités

(*) Observation très exacte. Il en est de même de celles qui suivent.

(**) On admet généralement aujourd'hui que l'espèce humaine, de même que toutes les espèces animales et végétales, n'a eu qu'un seul foyer de formation, autour duquel elle s'est ensuite répandue. Quant à la situation du berceau de l'espèce humaine, on l'ignore d'une manière absolue. Beaucoup de naturalistes pensent qu'il faut le placer dans quelque terre aujourd'hui recouverte par l'Atlantique.

ou les maladies des pères et mères passent à leurs enfants; et qu'enfin, comme elles n'ont été produites originairement que par le concours de causes extérieures et accidentelles, qu'elles n'ont été confirmées et rendues constantes que par le temps et l'action continuée de ces mêmes causes, il est très probable qu'elles disparaîtraient aussi peu à peu, et avec le temps, ou même qu'elles deviendraient différentes de ce qu'elles sont aujourd'hui, si ces mêmes causes ne subsistaient plus, ou si elles venaient à varier dans d'autres circonstances et par d'autres combinaisons.

FIN DE L'HISTOIRE NATURELLE DE L'HOMME.

ADDITIONS

A

L'HISTOIRE NATURELLE DE L'HOMME

ADDITION

A L'ARTICLE DE L'ENFANCE.

I. — *Enfants nouveau-nés auxquels on est obligé de couper le filet de la langue.*

On doit donner à teter aux enfants dix ou douze heures après leur naissance; mais il y a quelques enfants qui ont le filet de la langue si court, que cette espèce de bride les empêche de teter, et l'on est obligé de couper ce filet; ce qui est d'autant plus difficile qu'il est plus court, parce qu'on ne peut pas lever le bout de la langue pour bien voir ce que l'on coupe. Cependant lorsque le filet est coupé, il faut donner à teter à l'enfant tout de suite après l'opération, car il est arrivé quelquefois que faute de cette attention, l'enfant avale sa langue à force de sucer le sang qui coule de la petite plaie qu'on lui a faite (*a*).

II. — *Sur l'usage du maillot et des corps.*

J'ai dit, page 16, que les bandages du maillot, ainsi que les corps qu'on fait porter aux enfants et aux filles dans leur jeunesse, peuvent corrompre l'assemblage du corps et produire plus de difformités qu'ils n'en préviennent. On commence heureusement à revenir un peu de cet usage préjudiciable, et l'on ne saurait trop répéter ce qui a été dit à ce sujet par les plus savants anatomistes. M. Winslow a observé dans plusieurs femmes et filles de condition, que les côtes inférieures se trouvaient plus basses, et que les portions cartilagineuses de ces côtes étaient plus courbées que dans les filles du bas peuple; il jugea que cette différence ne pouvait venir que de l'usage habituel des corps qui sont d'ordinaire extrêmement serrés par en bas. Il explique et démontre par de très bonnes raisons tous les inconvénients qui en résultent; la respiration gênée par le serrement des côtes inférieures et par la voûte forcée du diaphragme trouble la circulation, occasionne des palpitations, des vertiges, des maladies pulmonaires, etc.; la compression forcée de l'estomac, du foie et de la rate, peut aussi produire des accidents plus ou moins fâcheux par rapport aux nerfs, comme des faiblesses, des suffocations, des tremblements, etc. (*b*).

Mais ces maux intérieurs ne sont pas les seuls que l'usage des corps occasionne; bien loin de redresser les tailles défectueuses, ils ne font qu'augmenter les défauts, et toutes

(*a*) Voyez les *Observations de M. Petit, sur les maladies des enfants nouveau-nés. Mémoires de l'Académie des sciences*, année 1742, p. 254.

(*b*) *Mémoires de l'Académie des sciences*, année 1741, p. 36 et suiv.

les personnes sensées devraient proscrire dans leurs familles l'usage du maillot pour leurs enfants, et plus sévèrement encore l'usage des corps pour leurs filles, surtout avant qu'elles aient atteint leur accroissement en entier.

III. — *Sur l'accroissement successif des enfants.*

Voici la table de l'accroissement successif d'un jeune homme de la plus belle venue, né le 11 avril 1759, et qui avait :

	Pieds.	Pouces.	Lignes.
Au moment de sa naissance	1	7	»
A six mois, c'est-à-dire le 11 octobre suivant, il avait	2	»	»
Ainsi son accroissement depuis la naissance dans les premiers six mois a été de cinq pouces.			
A un an, c'est-à-dire le 11 avril 1760, il avait	2	3	»
Ainsi son accroissement pendant ce second semestre a été de trois pouces.			
A dix-huit mois, c'est-à-dire le 11 octobre 1760, il avait	2	6	»
Ainsi il avait augmenté dans le troisième semestre de trois pouces.			
A deux ans, c'est-à-dire le 11 avril 1761, il avait	2	9	3
Et par conséquent il a augmenté dans le quatrième semestre de trois pouces trois lignes.			
A deux ans et demi, c'est-à-dire le 11 octobre 1761, il avait	2	10	3 ½
Ainsi il n'a augmenté dans ce cinquième semestre que d'un pouce et une demi-ligne.			
A trois ans, c'est-à-dire le 11 avril 1762, il avait	3	»	6
Il avait par conséquent augmenté dans ce sixième semestre de deux pouces deux lignes et demie.			
A trois ans et demi, c'est-à-dire le 11 octobre 1762, il avait	3	1	1
Et par conséquent il n'avait augmenté dans ce septième semestre que de sept lignes.			
A quatre ans, c'est-à-dire le 11 avril 1763, il avait	3	2	10 ½
Il avait donc augmenté dans ce huitième semestre d'un pouce neuf lignes et demie.			
A quatre ans sept mois, c'est-à-dire le 11 novembre 1763, il avait	3	4	5 ½
Et avait augmenté dans ces sept mois d'un pouce sept lignes.			
A cinq ans, c'est-à-dire le 11 avril 1764, il avait	3	5	3
Il avait donc augmenté dans ces cinq mois de neuf lignes et demie.			
A cinq ans sept mois, c'est-à-dire le 11 novembre 1764, il avait	3	6	8
Il avait donc augmenté dans ces sept mois d'un pouce cinq lignes.			
A six ans, c'est-à-dire le 11 avril 1765, il avait	3	7	6 ½
Il a augmenté dans ces cinq mois de dix lignes et demie.			
A six ans six mois dix-neuf jours, c'est-à-dire le 30 octobre 1765, il avait	3	9	5
Et par conséquent il avait grandi dans ces six mois dix-neuf jours d'un pouce dix lignes et demie.			
A sept ans, c'est-à-dire le 11 avril 1766, il avait	3	9	11
Il n'avait par conséquent grandi dans ces cinq mois onze jours que de six lignes.			
A sept ans trois mois, c'est-à-dire le 11 juillet 1766, il avait	3	10	11
Ainsi dans ces trois mois il a grandi d'un pouce.			
A sept ans et demi, c'est-à-dire le 11 octobre 1766, il avait	3	11	7
Ainsi dans ces trois mois il a grandi de huit lignes.			
A huit ans, c'est-à-dire le 11 avril 1767, il avait	4	»	4
Et par conséquent il n'a grandi dans ces six mois que de neuf lignes.			
A huit ans et demi, c'est-à-dire le 11 octobre 1767, il avait	4	1	7 ½
Et par conséquent il avait grandi dans ces six mois d'un pouce trois lignes et demie.			

	Pieds.	Pouces.	Lignes.
A neuf ans, c'est-à-dire le 11 avril 1762, il avait	4	2	$7\frac{1}{2}$
Et par conséquent dans ces six mois il a grandi d'un pouce.			
A neuf ans sept mois douze jours, c'est-à-dire le 23 novembre 1768, il avait	4	3	$9\frac{1}{2}$
Et par conséquent il avait augmenté dans ces sept mois douze jours d'un pouce deux lignes.			
A dix ans, c'est-à-dire le 11 avril 1769, il avait	4	4	$5\frac{1}{2}$
Il avait donc grandi dans ces quatre mois dix-huit jours de huit lignes.			
A onze ans et demi, c'est-à-dire le 11 octobre 1770, il avait	4	6	11
Et par conséquent il a grandi dans dix-huit mois de deux pouces cinq lignes et demie.			
A douze ans, c'est-à-dire le 11 avril 1771, il avait	4	7	5
Et par conséquent il n'a grandi dans ces six mois que de six lignes.			
A douze ans huit mois, c'est-à-dire le 11 décembre 1771, il avait	4	8	11
Et par conséquent il a grandi dans ces huit mois d'un pouce six lignes.			
A treize ans, c'est-à-dire le 11 avril 1772, il avait	4	9	$4\frac{1}{2}$
Ainsi dans ces quatre mois il a grandi de cinq lignes et demie.			
A treize ans et demi, c'est-à-dire le 11 octobre 1772, il avait	4	10	7
Il avait donc grandi dans ces six mois d'un pouce deux lignes et demie.			
A quatorze ans, c'est-à-dire le 11 avril 1773, il avait	5	»	2
Il avait donc grandi dans ces six mois d'un pouce sept lignes.			
A quatorze ans six mois dix jours, c'est-à-dire le 21 octobre 1773, il avait.	5	2	6
Et par conséquent il a grandi dans ces six mois dix jours de deux pouces quatre lignes.			
A quinze ans deux jours, c'est-à-dire le 13 avril 1774, il avait	5	4	8
Il a donc grandi dans ces cinq mois dix-huit jours de deux pouces deux lignes.			
A quinze ans six mois huit jours, c'est-à-dire le 19 octobre 1774, il avait.	5	5	7
Il n'a donc grandi dans ces six mois six jours que de 11 lignes.			
A seize ans trois mois huit jours, c'est-à-dire le 19 juillet 1775, il avait...	5	7	» $\frac{1}{2}$
Il a donc grandi dans ces neuf mois d'un pouce cinq lignes et demie.			
A seize ans six mois six jours, c'est-à-dire le 17 octobre 1775, il avait....	5	7	9
Il a donc grandi dans ces deux mois vingt-huit jours de huit lignes et demie.			
A dix-sept ans deux jours, c'est-à-dire le 13 avril 1776, il avait	5	8	2
Il n'avait donc grandi dans ces six mois deux jours que de cinq lignes.			
A dix-sept ans un mois neuf jours, c'est-à-dire le 20 mai 1776, il avait...	5	8	$5\frac{3}{4}$
Il avait donc grandi dans un mois sept jours de trois lignes trois quarts.			
A dix-sept ans cinq mois cinq jours, c'est-à-dire le 16 septembre 1776, il avait	5	8	$10\frac{1}{2}$
Il avait donc grandi dans ces trois mois vingt-six jours de quatre lignes un quart.			
A dix-sept ans sept mois et quatre jours, c'est-à-dire le 11 novembre 1776, il avait	5	9	»
Toujours mesuré pieds nus et de la même manière, et il n'a par conséquent grandi dans ces deux derniers mois que d'une ligne et demie.			

Depuis ce temps, c'est-à-dire depuis quatre mois et demi, la taille de ce grand jeune homme est, pour ainsi dire, stationnaire, et M. son père a remarqué que, pour peu qu'il ait voyagé, couru, dansé la veille du jour où l'on prend sa mesure, il est au-dessous des neuf pouces le lendemain matin; cette mesure se prend toujours avec la même toise, la même équerre et par la même personne. Le 30 janvier dernier, après avoir passé toute la nuit au bal, il avait perdu dix-huit bonnes lignes; il n'avait dans ce moment que cinq pieds sept pouces six lignes faibles; diminution bien considérable que néanmoins vingt-quatre heures de repos ont rétablie.

Il paraît, en comparant l'accroissement pendant les semestres d'été à celui des semestres d'hiver, que jusqu'à l'âge de cinq ans, la somme moyenne de l'accroissement pendant l'hiver est égale à la somme de l'accroissement pendant l'été.

Mais en comparant l'accroissement pendant les semestres d'été à l'accroissement des semestres d'hiver, depuis l'âge de cinq ans jusqu'à dix, on trouve une très grande différence, car la somme moyenne des accroissements pendant l'été est de sept pouces une ligne, tandis que la somme des accroissements pendant l'hiver n'est que de quatre pouces une ligne et demie.

Et lorsque l'on compare, dans les années suivantes, l'accroissement pendant l'hiver à celui de l'été, la différence devient moins grande; mais il me semble néanmoins qu'on peut conclure de cette observation que l'accroissement du corps est bien plus prompt en été qu'en hiver, et que la chaleur, qui agit généralement sur le développement de tous les êtres organisés, influe considérablement sur l'accroissement du corps humain. Il serait à désirer que plusieurs personnes prissent la peine de faire une table pareille à celle-ci sur l'accroissement de quelques-uns de leurs enfants. On en pourrait déduire des conséquences que je ne crois pas devoir hasarder d'après ce seul exemple; il m'a été fourni par M. Gueneau de Montbeillard, qui s'est donné le plaisir de prendre toutes ces mesures sur son fils.

On a vu des exemples d'un accroissement très prompt dans quelques individus; l'Histoire de l'Académie fait mention d'un enfant des environs de Falaise en Normandie qui, n'étant pas plus gros ni plus grand qu'un enfant ordinaire en naissant, avait grandi d'un demi-pied chaque année, jusqu'à l'âge de quatre ans où il était parvenu à trois pieds et demi de hauteur, et dans les trois années suivantes il avait encore grandi de quatorze pouces quatre lignes, en sorte qu'il avait, à l'âge de sept ans, quatre pieds huit pouces quatre lignes, étant sans souliers (*a*). Mais cet accroissement si prompt dans le premier âge de cet enfant s'est ensuite ralenti; car dans les trois années suivantes il n'a crû que de trois pouces deux lignes, en sorte qu'à l'âge de dix ans il n'avait que quatre pieds onze pouces six lignes, et dans les deux années suivantes il n'a crû que d'un pouce de plus; en sorte qu'à douze ans il avait en tout cinq pieds six lignes. Mais comme ce grand enfant était en même temps d'une force extraordinaire et qu'il avait des signes de puberté dès l'âge de cinq à six ans, on pourrait présumer qu'ayant abusé des forces prématurées de son tempérament, son accroissement s'était ralenti par cette cause (*b*).

Un autre exemple d'un très prompt accroissement est celui d'un enfant né en Angleterre, et dont il est parlé dans les *Transactions philosophiques*, nº 475, art. II.

Cet enfant, âgé de deux ans et dix mois, avait trois pieds huit pouces et demi.

A trois ans un mois, c'est-à-dire trois mois après, il avait trois pieds onze pouces.

Il pesait alors quatre stones, c'est-à-dire 56 livres.

Le père et la mère étaient de taille commune, et l'enfant, quand il vint au monde, n'avait rien d'extraordinaire : seulement les parties de la génération étaient d'une grandeur remarquable. A trois ans la verge en repos avait trois pouces de longueur, et en action quatre pouces trois dixièmes, et toutes les parties de la génération étaient accompagnées d'un poil épais et frisé.

A cet âge de trois ans il avait la voix mâle, l'intelligence d'un enfant de cinq à six ans, et il battait et terrassait ceux de neuf ou dix ans.

(*a*) *Histoire de l'Académie des sciences*, année 1736, p. 55.
(*b*) *Ibid.*, année 1741, p. 21.

Il eût été à désirer qu'on eût suivi plus loin l'accroissement de cet enfant si précoce, mais je n'ai rien trouvé de plus à ce sujet dans les *Transactions philosophiques*.

Pline parle d'un enfant de deux ans qui avait trois coudées, c'est-à-dire quatre pieds et demi; cet enfant marchait lentement, il était encore sans raison, quoiqu'il fût déja pubère, avec une voix mâle et forte; il mourut tout à coup à l'âge de trois ans par une contraction convulsive de tous ses membres. Pline ajoute avoir vu lui-même un accroissement à peu près pareil dans le fils de Corneille Tacite, chevalier romain, à l'exception de la puberté qui lui manquait, et il semble que ces individus précoces fussent plus communs autrefois qu'ils ne le sont aujourd'hui, car Pline dit expressément que les Grecs les appelaient *ectrapelos*, mais qu'ils n'ont point de nom dans la langue latine. *Pline*, lib. VII, cap. 16.

ADDITION

A L'ARTICLE DE LA PUBERTÉ.

Dans l'histoire de la nature entière, rien ne nous touche de plus près que l'histoire de l'homme, et dans cette histoire physique de l'homme, rien n'est plus agréable et plus piquant que le tableau fidèle de ces premiers moments où l'homme se peut dire homme. L'âge de la première et de la seconde enfance d'abord ne nous présente qu'un état de misère qui demande toute espèce de secours, et ensuite un état de faiblesse qu'il faut soutenir par des soins continuels. Tant pour l'esprit que pour le corps, l'enfant n'est rien ou n'est que peu de chose jusqu'à l'âge de puberté; mais cet âge est l'aurore de nos premiers beaux jours, c'est le moment où toutes les facultés, tant corporelles qu'intellectuelles, commencent à entrer en plein exercice; où les organes ayant acquis tout leur développement, le sentiment s'épanouit comme une belle fleur qui bientôt doit produire le fruit précieux de la raison. En ne considérant ici que le corps et les sens, l'existence de l'homme ne nous paraîtra complète que quand il peut la communiquer; jusqu'alors sa vie n'est pour ainsi dire qu'une végétation, il n'a que ce qu'il faut pour être et pour croître, toutes les puissances intérieures de son corps se réduisent à sa nutrition et à son développement; les principes de vie qui consistent dans les molécules organiques vivantes qu'il tire des aliments ne sont employés qu'à maintenir la nutrition, et sont tous absorbés par l'accroissement du moule qui s'étend dans toutes ses dimensions; mais lorsque cet accroissement du corps est à peu près à son point, ces mêmes molécules organiques vivantes, qui ne sont plus employées à l'extension du moule, forment une surabondance de vie qui doit se répandre au dehors pour se communiquer : le vœu de la nature n'est pas de renfermer notre existence en nous-mêmes; par la même loi qu'elle a soumis tous les êtres à la mort, elle les a consolés par la faculté de se reproduire; elle veut donc que cette surabondance de matière vivante se répande et soit employée à de nouvelles vies, et quand on s'obstine à contrarier la nature, il en arrive souvent de funestes effets, dont il est bon de donner quelques exemples.

Extrait d'un mémoire adressé à M. de Buffon par M.***, le 1er octobre 1774 :

« Je naquis de parents jeunes et robustes; je passai du sein de ma mère entre ses » bras pour y être nourri de son lait; mes organes et mes membres se développèrent » rapidement, je n'éprouvai aucune des maladies de l'enfance. J'avais de la facilité pour » apprendre et beaucoup d'acquis pour mon âge. A peine avais-je onze ans que la force » et la maturité précoce de mon tempérament me firent sentir vivement les aiguillons

» d'une passion qui communément ne se déclare que plus tard. Sans doute je me serais » livré dès lors au plaisir qui m'entraînait; mais, prémuni par les leçons de mes parents » qui me destinaient à l'état ecclésiastique, envisageant ces plaisirs comme des crimes, » je me contins rigoureusement, en avouant néanmoins à mon père que l'état ecclésias- » tique n'était point ma vocation; mais il fut sourd à mes représentations, et il fortifia » ses vues par le choix d'un directeur, dont l'unique occupation était de former de » jeunes ecclésiastiques; il me remit entre ses mains: je ne lui laissai pas ignorer l'op- » position que je me sentais pour la continence: il me persuada que je n'en aurais que » plus de mérite, et je fis de bonne foi le vœu de n'y jamais manquer. Je m'efforçais » de chasser les idées contraires et d'étouffer mes désirs : je ne me permettais aucun » mouvement qui eût trait à l'inclination de la nature: je captivai mes regards et ne les » portai jamais sur une personne du sexe; j'imposai la même loi à mes autres sens; » cependant le besoin de la nature se faisait sentir si vivement que je faisais des efforts » incroyables pour y résister, et de cette opposition, de ce combat intérieur, il résul- » tait une stupeur, une espèce d'agonie qui me rendait semblable à un automate, et » m'ôtait jusqu'à la faculté de penser. La nature, autrefois si riante à mes yeux, ne » m'offrait plus que des objets tristes et lugubres; cette tristesse, dans laquelle je vivais » éteignit en moi le désir de m'instruire, et je parvins stupidement à l'âge auquel il fut » question de se décider pour la prêtrise : cet état n'exigeant pas de moi une pratique » de la continence plus parfaite que celle que j'avais déjà observée, je me rendis aux » pieds des autels avec cette pesanteur qui accompagnait toutes mes actions; après mon » vœu, je me crus néanmoins lié plus étroitement à celui de chasteté, et à l'observance » de ce vœu auquel je n'avais ci-devant été obligé que comme simple chrétien. Il y » avait une chose qui m'avait fait toujours beaucoup de peine; l'attention avec laquelle » je veillais sur moi pendant le jour empêchait les images obscènes de faire sur mon » imagination une impression assez vive et assez longue pour émouvoir les organes de » la génération au point de procurer l'évacuation de l'humeur séminale; mais pendant » le sommeil la nature obtenait son soulagement, ce qui me paraissait un désordre qui » m'affligeait vivement, parce que je craignais qu'il n'y eût de ma faute, en sorte que je » diminuai considérablement ma nourriture: je redoublai surtout mon attention et ma » vigilance sur moi-même, au point que pendant le sommeil, la moindre disposition » qui tendait à ce désordre m'éveillait sur-le-champ, et je l'évitais en me levant en » sursaut. Il y avait un mois que je vivais dans ce redoublement d'attention, et j'étais » dans la trente-deuxième année de mon âge, lorsque tout à coup cette continence forcée » porta dans tous mes sens une sensibilité ou plutôt une irritation que je n'avais jamais » éprouvée : étant allé dans une maison, je portai mes regards sur deux personnes du » sexe qui firent sur mes yeux et de là dans mon imagination une si forte impression » qu'elles me parurent vivement enluminées et resplendissantes d'un feu semblable à » des étincelles électriques; une troisième femme, qui était auprès des deux autres, ne » me fit aucun effet, et j'en dirai ci-après la raison: je la voyais telle qu'elle était, c'est- » à-dire sans apparence d'étincelles ni de feu. Je me retirai brusquement, croyant que » cette apparence était un prestige du démon; dans le reste de la journée, mes regards » ayant rencontré quelques autres personnes du sexe, j'eus les mêmes illusions. Le » lendemain je vis dans la campagne des femmes qui me causèrent les mêmes impres- » sions, et lorsque je fus arrivé à la ville, voulant me rafraîchir à l'auberge, le vin, le » pain et tous les autres objets me paraissaient troubles et même dans une situation » renversée. Le jour suivant, environ une demi-heure après le repas, je sentis tout à coup » dans tous mes membres une contraction et une tension violentes, accompagnées d'un » mouvement affreux et convulsif, semblable à celui dont sont suivies les attaques » d'épilepsie les plus violentes. A cet état convulsif succéda le délire; la saignée ne

» m'apporta aucun soulagement; les bains froids ne me calmèrent que pour un instant : » dès que la chaleur fut revenue, mon imagination fut assaillie par une foule d'images » obscènes que lui suggérait le besoin de la nature. Cet état de délire convulsif dura » plusieurs jours et mon imagination toujours occupée de ces mêmes objets, auxquels » se mêlèrent des chimères de toute espèce, et surtout des fureurs guerrières, dans les- » quelles je pris les quatre colonnes de mon lit, dont je ne fis qu'un paquet, et en lançai » une avec tant de force contre la porte de ma chambre, que je la fis sortir des gonds; » mes parents m'enchaînèrent les mains et me lièrent le corps. La vue de mes chaînes, » qui étaient de fer, fit une impression si forte sur mon imagination que je restai plus » de quinze jours sans pouvoir fixer mes regards sur aucune pièce de fer sans une » extrême horreur. Au bout de quinze jours, comme je paraissais plus tranquille, on » me délivra de mes chaînes, et j'eus ensuite un sommeil assez calme, mais qui fut » suivi d'un accès de délire aussi violent que les précédents. Je sortis de mon lit brus- » quement, et j'avais déjà traversé les cours et le jardin, lorsque des gens accourus » vinrent me saisir ; je me laissai ramener sans grande résistance ; mon imagination était, » dans ce moment et les jours suivants, si fort exaltée, que je dessinais des plans et des » compartiments sur le sol de ma chambre; j'avais le coup d'œil si juste et la main si » assurée, que sans aucun instrument je les traçais avec une justesse étonnante; mes » parents et d'autres gens simples, étonnés de me voir un talent que je n'avais jamais » cultivé, et d'ailleurs ayant vu beaucoup d'autres singularités dans le cours de ma » maladie, s'imaginèrent qu'il y avait dans tout cela du sortilège, et en conséquence ils » firent venir des charlatans de toute espèce pour me guérir; mais je les reçus fort » mal, car quoiqu'il y eût toujours chez moi de l'aliénation, mon esprit et mon carac- » tère avaient déjà pris une tournure différente de celle que m'avait donnée ma triste » éducation. Je n'étais plus d'humeur à croire les fadaises dont j'avais été infatué; je » tombai donc impétueusement sur ces guérisseurs de sorciers et je les mis en fuite. » J'eus en conséquence plusieurs accès de fureur guerrière dans lesquelles j'imaginai » être successivement Achille, César et Henri IV. J'exprimais par mes paroles et par » mes gestes leurs caractères, leur maintien et leurs principales opérations de guerre, » au point que tous les gens qui m'environnaient en étaient stupéfiés.

» Peu de temps après je déclarai que je voulais me marier; il me semblait voir devant » moi des femmes de toutes les nations et de toutes les couleurs : des blanches, des » rouges, des jaunes, des vertes, des basanées, etc., quoique je n'eusse jamais su qu'il » y eût des femmes d'autres couleurs que des blanches et des noires; mais j'ai depuis » reconnu, à ce trait et à plusieurs autres, que par le genre de maladie que j'avais, mes » esprits exaltés au suprême degré, il se faisait une secrète transmutation d'eux aux » corps qui étaient dans la nature, ou de ceux-ci à moi, qui semblait me faire deviner » ce qu'elle avait de secret; ou peut-être que mon imagination, dans son extrême acti- » vité, ne laissant aucune image à parcourir, devait rencontrer tout ce qu'il y a dans la » nature, et c'est ce qui, je pense, aura fait attribuer aux fous le don de la devination. » Quoi qu'il en soit, le besoin de la nature pressant, et n'étant plus, comme auparavant, » combattu par mon opinion, je fus obligé d'opter entre toutes ces femmes; j'en choisis » d'abord quelques-unes qui répondaient au nombre des différentes nations que j'ima- » ginais avoir vaincues dans mes accès de fureur guerrière; il me semblait devoir » épouser chacune de ces femmes selon les lois et les coutumes de sa nation : il y en » avait une que je regardais comme la reine de toutes les autres; c'était une jeune » demoiselle que j'avais vue quatre jours avant le commencement de ma maladie; j'en » étais dans ce moment éperdument amoureux, j'exprimais mes désirs tout haut de la » manière la plus vive et la plus énergique; je n'avais cependant jamais lu aucun roman » d'amour, de ma vie je n'avais fait aucune caresse ni même donné un baiser à une

» femme; je parlais néanmoins très indécemment de mon amour à tout le monde, sans » songer à mon état de prêtre : j'étais fort surpris de ce que mes parents blâmaient mes » propos et condamnaient mon inclination. Un sommeil assez tranquille suivit cet état » de crise amoureuse, pendant laquelle je n'avais senti que du plaisir, et après ce som- » meil revinrent le sens et la raison. Réfléchissant alors sur la cause de ma maladie, je » vis clairement qu'elle avait été causée par la surabondance et la rétention forcée de » l'humeur séminale, et voici les réflexions que je fis sur le changement subit de mon » caractère et de toutes mes pensées.

» 1° Une bonne nature et un excellent tempérament, toujours contredits dans leurs » inclinations et refusés à leurs besoins, durent s'aigrir et s'indisposer, d'où il arriva » que mon caractère, naturellement porté à la joie et à la gaieté, se tourna au chagrin » et à la tristesse, qui couvrirent mon âme d'épaisses ténèbres, et, engourdissant toutes » ses facultés d'un froid mortel, étouffèrent les germes des talents que j'avais senti » pointer dans ma première jeunesse, dont j'ai dû depuis retrouver les traces, mais, hélas! » presque effacées, faute de culture.

» 2° J'aurais eu bien plus tôt la maladie différée à l'âge de trente-deux ans, si la nature » et mon tempérament n'eussent été souvent et comme périodiquement soulagés par » l'évacuation de l'humeur séminale procurée par l'illusion et les songes de la nuit; en » effet, ces sortes d'évacuations étaient toujours précédées d'une pesanteur de corps et » d'esprit, d'une tristesse et d'un abattement qui m'inspiraient une espèce de fureur, qui » approchait du désespoir d'Origène, car j'avais été tenté mille fois de me faire la même » opération.

» 3° Ayant redoublé mes soins et ma vigilance pour éviter l'unique soulagement que » se procurait furtivement la nature, l'humeur séminale dut augmenter et s'échauffer, et, » d'après cette abondance et effervescence, se porter aux yeux qui sont le siège et les » interprètes des passions, surtout de l'amour, comme on le voit dans les animaux, dont » les yeux, dans l'acte, deviennent étincelants. L'humeur séminale dut produire le même » effet dans les miens, et les parties de feu dont elle était pleine, portant vivement contre » la vitre de mes yeux, durent y exciter un mouvement violent et rapide, semblable à » celui qu'excite la machine électrique, d'où il dut résulter le même effet et les objets me » paraître enflammés, non pas tous indifféremment, mais ceux qui avaient rapport avec mes » dispositions particulières, ceux de qui émanaient certains corpuscules qui, formant une » continuité entre eux et moi, nous mettaient dans une espèce de contact : d'où il arriva » que des trois premières femmes que je vis toutes trois ensemble, il n'y en eut que deux » qui firent sur moi cette impression singulière, et c'est parce que la troisième était » enceinte qu'elle ne me donna point de désirs, et que je ne la vis que telle qu'elle » était.

» 4° L'humeur devenant de jour en jour plus abondante, et ne trouvant point d'issue, » par la résolution constante où j'étais de garder la continence, porta tout d'un coup à » la tête, et y causa le délire suivi de convulsions.

» On comprendra aisément que cette même humeur trop abondante, jointe à une » excellente organisation, devait exalter mon imagination; toute ma vie n'avait été qu'un » effort vers la vertu de la chasteté : la passion de l'amour, qui d'après mes dispositions » naturelles aurait dû se faire sentir la première, fut la dernière à me conquérir : ce n'est » pas qu'elle n'eût formé la première de violentes attaques contre mon âme; mais mon » état, toujours présent à ma mémoire, faisait que je la regardais avec horreur, et ce ne » fut que quand j'eus entièrement oublié mon état, et au bout des six mois que dura ma » maladie, que je me livrai à cette passion, et que je ne repoussai pas les images qui » pouvaient la satisfaire.

» Au reste, je ne me flatte pas d'avoir donné une idée juste, ni un détail exact de

» l'excès et de la multiplicité des maux et des douleurs qu'a soufferts en moi la nature » dans le cours de ma malheureuse jeunesse, ni même dans cette dernière crise; j'en ai » rapporté fidèlement les traits principaux; et après cette étonnante maladie, me consi- » dérant moi-même, je ne vis qu'un triste et infortuné mortel, honteux et confus de son » état, mis entre le marteau et l'enclume, en opposition avec les devoirs de religion et la » nécessité de nature; menacé de maladie s'il refusait celle-ci, de honte et d'ignominie » s'il abandonnait celui-là: affreuse alternative! Aussi fus-je tenté de maudire le jour » qui m'avait rendu la lumière; plus d'une fois je m'écriai avec Job: *Lux, cur data* » *misero!* »

Je termine ici l'extrait de ce mémoire de M.***, qui m'est venu voir de fort loin pour m'en certifier les faits; c'est un homme bien fait, très vigoureux de corps et en même temps spirituel, honnête et très religieux; je ne puis donc douter de sa véracité. J'ai vu sous mes yeux l'exemple d'un autre ecclésiastique qui, désespéré de manquer trop souvent aux devoirs de son état, s'est fait lui-même l'opération d'Origène. La rétention trop longue de la liqueur séminale peut donc causer de grands maux d'esprit et de corps, la démence et l'épilepsie; car la maladie de M.*** n'était qu'un délire épileptique qui a duré six mois. La plupart des animaux entrent en fureur dans le temps du rut, ou tombent en convulsion lorsqu'ils ne peuvent satisfaire ce besoin de nature; les perroquets, les serins, les bouvreuils et plusieurs autres oiseaux éprouvent tous les effets d'une véritable épilepsie lorsqu'ils sont privés de leurs femelles. On a souvent remarqué dans les serins que c'est au moment qu'ils chantent le plus fort. Or, comme je l'ai dit (*a*), le chant est dans les oiseaux l'expression vive du sentiment d'amour; un serin séparé de sa femelle, qui la voit sans pouvoir l'approcher, ne cesse de chanter, et tombe enfin tout à coup faute de jouissance ou plutôt de l'émission de cette liqueur de vie, dont la nature ne veut pas qu'on renferme la surabondance, et qu'au contraire elle a destinée à se répandre au dehors, et passer de corps en corps.

Mais ce n'est que dans la force de l'âge et pour les hommes vigoureux que cette évacuation est absolument nécessaire; elle n'est même salutaire qu'aux hommes qui savent se modérer; pour peu qu'on se trompe en prenant ses désirs pour des besoins, il résulte plus de mal de la jouissance que de la privation : on a peut-être mille exemples de gens perdus par les excès, pour un seul malade de continence. Dans le commun des hommes, dès que l'on a passé cinquante-cinq ou soixante ans, on peut garder en conscience et sans grand tourment cette liqueur, qui, quoique aussi abondante, est bien moins provocante que dans la jeunesse; c'est même un baume pour l'âge avancé; nous finissons à tous égards comme nous avons commencé. L'on sait que dans l'enfance, et jusqu'à la pleine puberté, il y a de l'érection sans aucune émission; la même chose se trouve dans la vieillesse, l'érection se fait encore sentir assez longtemps après que le besoin de l'évacuation a cessé, et rien ne fait plus de mal aux vieillards que de se laisser tromper par ce premier signe qui ne devrait pas leur en imposer, car il n'est jamais aussi plein ni aussi parfait que dans la jeunesse, il ne dure que peu de minutes, il n'est point accompagné de ces aiguillons de la chair, qui seuls nous font sentir le vrai besoin de nature dans la vigueur de l'âge; ce n'est ni le toucher ni la vue qu'on est le plus pressé de satisfaire, c'est un sens différent, un sens intérieur et particulier bien éloigné du siège des autres sens, par lequel la chair se sent vivante, non seulement dans les parties de la génération, mais dans toutes celles qui les avoisinent : dès que ce sentiment n'existe plus, la chair est morte au plaisir, et la continence est plus salutaire qui nuisible.

(*a*) *Histoire naturelle des oiseaux*, t. Ier. Discours sur la nature des oiseaux.

ADDITION

A L'ARTICLE DE LA DESCRIPTION DE L'HOMME.

I. — *Homme d'une grosseur extraordinaire.*

Il se trouve quelquefois des hommes d'une grosseur extraordinaire : l'Angleterre nous en fournit plusieurs exemples. Dans un voyage que le roi Georges II fit en 1724 pour visiter quelques-unes de ses provinces, on lui présenta un homme du comté de Lincoln, qui pesait cinq cent quatre-vingt-trois livres poids de marc; la circonférence de son corps était de dix pieds anglais, et sa hauteur de six pieds quatre pouces; il mangeait dix-huit livres de bœuf par jour; il est mort avant l'âge de vingt-neuf ans, et il a laissé sept enfants (*a*).

Dans l'année 1750, le 10 novembre, un Anglais nommé Édouard Brimht, marchand, mourut âgé de vingt-neuf ans à Malder, en Essex; il pesait six cent neuf livres poids anglais, et cinq cent cinquante-sept livres poids de Nuremberg; sa grosseur était si prodigieuse, que sept personnes d'une taille médiocre pouvaient tenir ensemble dans son habit et le boutonner (*b*).

Un exemple encore plus récent est celui qui est rapporté dans la *Gazette* anglaise du 24 juin 1775, dont voici l'extrait :

« M. Sponer est mort dans la province de Warwick. On le regardait comme l'homme » le plus gros d'Angleterre, car quatre ou cinq semaines avant sa mort il pesait quarante » *stones* neuf livres (c'est-à-dire, 649 livres); il était âgé de cinquante-sept ans, et il » n'avait pas pu se promener à pied depuis plusieurs années; mais il prenait l'air dans » une charrette aussi légère qu'il était pesant, attelée d'un bon cheval; mesuré après » sa mort, sa largeur d'une épaule à l'autre était de quatre pieds trois pouces : il a été » amené au cimetière dans sa charette de promenade. On fit le cercueil beaucoup trop » long, à dessein de donner assez de place aux personnes qui devaient porter le corps, de » la charette à l'église, et de là à la fosse. Treize hommes portaient ce corps, six à chaque » côté et un à l'extrémité. La graisse de cet homme sauva sa vie il y a quelques années; » il était à la foire d'Atherston, où s'étant querellé avec un juif, celui-ci lui donna un » coup de canif dans le ventre; mais la lame étant courte, ne lui perça pas les boyaux, et » même elle n'était pas assez longue pour passer aux travers de la graisse. »

On trouve encore dans les *Transactions philosophiques*, n° 479, art. 2, un exemple de deux frères, dont l'un pesait trente-cinq stones, c'est-à-dire quatre cent quatre-vingt-dix livres et l'autre trente-quatre stones, c'est-à-dire quatre cent soixante-seize livres, à quatorze livres le stone.

Nous n'avons pas d'exemples en France d'une grosseur aussi monstrueuse; je me suis informé des plus gros hommes, soit à Paris, soit en province, et jamais leur poids n'a été de plus de trois cent soixante, et tout au plus trois cent quatre-vingts livres, encore ces exemples sont-ils très rares : le poids d'un homme de cinq pieds six pouces doit être de cent soixante à cent quatre-vingts livres; il est déjà gros s'il pèse deux cents livres, trop gros s'il en pèse deux cent trente, et beaucoup trop épais s'il pèse deux cent cinquante et au dessus; le poids d'un homme de six pieds de hauteur doit être de deux cent vingt

(*a*) Voyez les *Gazettes* anglaises. Décembre 1724.

(*b*) *Linn. Natur. system.* Édit. allemande. Nuremberg, 1773, 1er vol., p. 104, avec la figure de ce très gros homme, pl. 2.

livres; il sera déjà gros, relativement à sa taille, s'il pèse deux cent soixante, trop gros à deux cent quatre-vingts, énorme à trois cents et au-dessus. Et si l'on suit cette même proportion, un homme de six pieds et demi de hauteur peut peser deux cent quatre-vingt-dix livres sans paraître trop gros, et un géant de sept pieds de grandeur doit pour être bien proportionné peser au moins trois cent cinquante livres; un géant de sept pieds et demi, plus de quatre cent cinquante livres; et enfin un géant de huit pieds doit peser cinq cent vingt ou cinq cent quarante livres, si la grosseur de son corps et de ses membres est dans les mêmes proportions que celles d'un homme bien fait.

GÉANTS.

II. — *Exemples de géants d'environ sept pieds de grandeur, et au-dessus.*

Le géant qu'on a vu à Paris en 1735, et qui avait six pieds huit pouces huit lignes, était né en Finlande sur les confins de la Laponie méridionale, dans un village peu éloigné de Tornéo.

Le géant de Toresby en Angleterre, haut de sept pieds cinq pouces anglais.

Le géant, portier du duc de Wurtemberg, en Allemagne, de sept pieds et demi du Rhin.

Trois autres géants vus en Angleterre, l'un de sept pieds six pouces, l'autre de sept pieds sept pouces, et le troisième de sept pieds huit pouces.

Le géant Cajanus en Finlande, de sept pieds huit pouces du Rhin, ou huit pieds mesure de Suède.

Un paysan suédois de même grandeur, de huit pieds mesure de Suède.

Un garde du duc de Brunswick-Hanovre, de huit pieds six pouces d'Amsterdam.

Le géant Gilli, de Trente dans le Tyrol, de huit pieds deux pouces, mesure suédoise.

Un Suédois, garde du roi de Prusse, de huit pieds six pouces, mesure de Suède.

Tous ces géants sont cités, avec d'autres moins grands, par M. Schreber, *Hist. des quadrup.* Erlang., 1775, t. Ier, p. 35 et 36.

Goliath, *de Geth altitudinis sex cubitorum et palmi*, I Reg., c. XVII, v. 4. En donnant à la coudée dix-huit pouces de hauteur, le géant Goliath avait neuf pieds quatre pouces de grandeur.

« Solus quippe Og rex Bazan restiterat de stirpe gigantum : monstratus lectus ejus » ferreus qui est in Rabath..... novem cubitos habens longitudinis et quatuor latitudinis » ad mensuram cubiti virilis manus. » Deuteron., c. III, v. 11.

M. Le Cat, dans un mémoire lu à l'Académie de Rouen, fait mention des géants cités dans l'Écriture sainte et par les auteurs profanes. Il dit avoir vu lui-même plusieurs géants de sept pieds, et quelques-uns de huit, entre autres le géant qui se faisait voir à Rouen en 1735, qui avait huit pieds quelques pouces. Il cite la fille géante, vue par Goropius, qui avait dix pieds de hauteur; le corps d'Oreste, qui, selon les Grecs, avait onze pieds et demi (Pline dit sept coudées, c'est-à-dire dix pieds et demi).

Le géant Gabara, presque contemporain de Pline, qui avait plus de dix pieds, aussi bien que le squelette de Secondilla et de Pusio, conservés dans les jardins de Salluste. M. Le Cat cite aussi l'Écossais Funnam, qui avait onze pieds et demi. Il fait ensuite mention des tombeaux où l'on a trouvé des os de géants de quinze, dix-huit, vingt, trente et trente-deux pieds de hauteur; mais il paraît certain que ces grands ossements ne sont pas des os humains, et qu'ils appartiennent à de grands animaux, tels que l'éléphant, la girafe, le cheval; car il y a eu des temps où l'on enterrait les guerriers avec leur cheval, peut-être avec leur éléphant de guerre.

NAINS.

III. — *Exemples au sujet des Nains.*

Le nommé Bébé du roi de Pologne (Stanislas) avait trente-trois pouces de Paris, la taille droite et bien proportionnée jusqu'à l'âge de quinze ou seize ans qu'elle commença à devenir contrefaite; il marquait peu de raison. Il mourut l'an 1764, à l'âge de vingt-trois ans.

Un autre qu'on a vu à Paris en 1760 : c'était un gentilhomme polonais qui, à l'âge de vingt-deux ans, n'avait que la hauteur de vingt-huit pouces de Paris, mais le corps bien fait et l'esprit vif, et il possédait plusieurs langues. Il avait un frère aîné qui n'avait que trente-quatre pouces de hauteur.

Un autre à Bristol, qui, en 1751, à l'âge de quinze ans, n'avait que trente et un pouces anglais; il était accablé de tous les accidents de la vieillesse; et de dix-neuf livres qu'il avait pesé dans sa septième année, il n'en pesait plus que treize.

Un paysan de Frise, qui en 1751 se fit voir pour de l'argent à Amsterdam; il n'avait, à l'âge de vingt-six ans, que la hauteur de vingt-neuf pouces d'Amsterdam.

Un nain de Norfolk, qui se fit voir dans la même année à Londres, avait à l'âge de vingt-deux ans trente-huit pouces anglais, et pesait vingt-sept livres et demie. *Transactions philosophiques*, n° 495.

On a des exemples de nains qui n'avaient que deux pieds (*a*), vingt et un et dix-huit pouces (*b*); et même d'un qui, à l'âge de trente-sept ans, n'avait que seize pouces (*c*).

Dans les *Transactions philosophiques*, n° 467, art. 10, il est parlé d'un nain âgé de vingt-deux ans, qui ne pesait que trente-quatre livres étant tout habillé, et qui n'avait que trente-huit pouces de hauteur avec ses souliers et sa perruque.

« Marcum Maximum et Marcum Tullium, equites romanos binum cubitorum fuisse auctor » est M. Varro, et ipsi vidimus in loculis asservatos. » Plin., lib. VII, cap. XVI.

Dans tout ordre de productions, la nature nous offre les mêmes rapports en plus et en moins; les nains doivent avoir avec l'homme ordinaire les mêmes proportions en diminution que les géants en augmentation. Un homme de quatre pieds et demi de hauteur ne doit peser que quatre-vingt-dix ou quatre-vingt-quinze livres; un homme de quatre pieds, soixante-cinq ou tout au plus soixante-dix livres; un nain de trois pieds et demi, quarante-cinq livres; un de trois pieds, vingt-huit ou trente livres, si leur corps et leurs membres sont bien proportionnés, ce qui est tout aussi rare en petit qu'en grand; car il arrive presque toujours que les géants sont trop minces et les nains trop épais : ils ont surtout la tête beaucoup trop grosse, les cuisses et les jambes trop courtes, au lieu que les géants ont communément la tête petite, les cuisses et les jambes trop longues. Le géant disséqué en Prusse avait une vertèbre de plus que les autres hommes, et il y a quelque apparence que dans les géants bien faits le nombre des vertèbres est plus grand que dans les autres hommes. Il serait à désirer qu'on fît la même recherche sur les nains, qui peut-être ont quelques vertèbres de moins.

En prenant cinq pieds pour la mesure commune de la taille des hommes, sept pieds pour celle des géants, et trois pieds pour celle des nains, on trouvera encore des géants plus grands et des nains plus petits. J'ai vu moi-même des géants de sept pieds et demi et de sept pieds huit pouces; j'ai vu des nains qui n'avaient que vingt-huit et trente pouces

(*a*) *Cardanus, De subtil.*, p. 357.
(*b*) *Journal de Méd. et Telliamed.*
(*c*) *Birch, Hist. of the R. Soc.*, t. IV, p. 500.

de haut; il paraît donc qu'on doit fixer les limites de la nature actuelle, pour la grandeur du corps humain, depuis deux pieds et demi jusqu'à huit pieds de hauteur; et quoique cet intervalle soit bien considérable, et que la différence paraisse énorme, elle est cependant encore plus grande dans quelques espèces d'animaux, tels que les chiens; un enfant qui vient de naître est plus grand, relativement à un géant, qu'un bichon de Malte adulte ne l'est en comparaison du chien d'Albanie ou d'Irlande.

IV. — *Nourriture de l'homme dans les différents climats.*

En Europe et dans la plupart des climats tempérés de l'un et de l'autre continent, le pain, la viande, le lait, les œufs, les légumes et les fruits, sont les aliments ordinaires de l'homme; et le vin, le cidre et la bière sa boisson, car l'eau pure ne suffirait pas aux hommes de travail pour maintenir leurs forces.

Dans les climats les plus chauds, le sagou, qui est la moelle d'un arbre, sert de pain, et les fruits des palmiers suppléent au défaut de tous les autres fruits; on mange aussi beaucoup de dattes en Égypte, en Mauritanie, en Perse, et le sagou est d'un usage commun dans les Indes méridionales, à Sumatra, Malacca, etc. Les figues sont l'aliment le plus commun en Grèce, en Morée et dans les îles de l'Archipel, comme les châtaignes dans quelques provinces de France et d'Italie.

Dans la plus grande partie de l'Asie, en Perse, en Arabie, en Égypte, et de là jusqu'à la Chine, le riz fait la principale nourriture.

Dans les parties les plus chaudes de l'Afrique, le grand et le petit millet sont la nourriture des Nègres.

Le maïs dans les contrées tempérées de l'Amérique.

Dans les îles de la mer du Sud, le fruit d'un arbre appelé l'*arbre de pain.*

A Californie, le fruit appelé *Pitahaïa.*

La cassave dans toute l'Amérique méridionale, ainsi que les pommes de terre, les ignames et les patates.

Dans les pays du Nord, la bistorte, surtout chez les Samoïèdes et les Jakutes.

La saranne au Kamtschatka.

En Islande et dans les pays encore plus voisins du Nord, on fait bouillir des mousses et du varec.

Les Nègres mangent volontiers de l'éléphant et des chiens.

Les Tartares de l'Asie et les Patagons de l'Amérique vivent également de la chair de leurs chevaux.

Tous les peuples voisins des mers du Nord mangent la chair des phoques, des morses et des ours.

Les Africains mangent aussi la chair des panthères et des lions.

Dans tous les pays chauds de l'un et de l'autre continent, on mange de presque toutes les espèces de singes.

Tous les habitants des côtes de la mer, soit dans les pays chauds, soit dans les climats froids, mangent plus de poisson que de chair. Les habitants des îles Orcades, les Islandais, les Lapons, les Groenlandais, ne vivent pour ainsi dire que de poisson.

Le lait sert de boisson à quantité de peuples; les femmes tartares ne boivent que du lait de jument; le petit-lait, tiré du lait de vache, est la boisson ordinaire en Islande.

Il serait à désirer qu'on rassemblât un plus grand nombre d'observations exactes sur la différence des nourritures de l'homme dans les climats divers, et qu'on pût faire la comparaison du régime ordinaire des différents peuples; il en résulterait de nouvelles lumières sur la cause des maladies particulières, et pour ainsi dire indigènes dans chaque climat.

ADDITION

A L'ARTICLE DE LA VIEILLESSE ET DE LA MORT.

J'ai cité, d'après les Transactions philosophiques, deux vieillesses extraordinaires, l'une de cent soixante-cinq ans et l'autre de cent quarante-quatre. On vient d'imprimer en danois la vie d'un Norvégien, Christian-Jacobsen Drachenberg, qui est mort en 1772, âgé de cent quarante-six ans; il était né le 18 novembre 1626, et pendant presque toute sa vie il a servi et voyagé sur mer, ayant même subi l'esclavage en Barbarie pendant près de seize ans; il a fini par se marier à l'âge de cent onze ans (*a*).

Un autre exemple est celui du vieillard de Turin, nommé André-Brisio de Bra, qui a vécu cent vingt-deux ans sept mois et vingt-cinq jours, et qui aurait probablement vécu plus longtemps, car il a péri par accident, s'étant fait une forte contusion à la tête en tombant; il n'avait à cent vingt-deux ans encore aucune des infirmités de la vieillesse; c'était un domestique actif, et qui a continué son service jusqu'à cet âge (*b*).

Un quatrième exemple est celui du sieur de Lahaye qui a vécu cent vingt ans; il était né en France, il avait fait par terre, et presque toujours à pied, le voyage des Indes, de la Chine, de la Perse et de l'Égypte (*c*); cet homme n'avait atteint la puberté qu'à l'âge de cinquante ans, il s'est marié à soixante-dix ans et a laissé cinq enfants.

Exemple que j'ai pu recueillir de personnes qui ont vécu cent dix ans et au delà.

Guillaume Lecomte, berger de profession, mort subitement le 17 janvier 1776 en la paroisse de Theuville-aux-Maillots, dans le pays de Caux, âgé de cent dix ans; il s'était marié en secondes noces à quatre-vingts ans. *Journal de Politique et de Littérature*, 15 mars 1776, art. Paris.

Dans la nomenclature d'un professeur de Dantzick, nommé Hanovius, on cite un médecin impérial, nommé Cramers, qui avait vu à Temesward deux frères, l'un de cent dix ans, l'autre de cent douze ans, qui tous deux devinrent pères à cet âge. *Idem*, 15 février 1775, page 197.

La nommée Marie Cocu, morte vers le nouvel an 1776 à Websborong, en Irlande, à l'âge de cent douze ans.

Le sieur Istwan Horwaths, chevalier de l'ordre royal et militaire de Saint-Louis, ancien capitaine de hussards au service de France, mort à Sar-Albe, en Lorraine, le 4 décembre 1775, âgé de cent douze ans dix mois et vingt-six jours; il était né à Raab, en Hongrie, le 8 janvier 1663, et avait passé en France, en 1712, avec le régiment de Berchény; il se retira du service en 1756. Il a joui jusqu'à la fin de sa vie de la santé la plus robuste, que l'usage peu modéré des liqueurs fortes n'a pu altérer. Les exercices du corps et surtout la chasse, dont il se délassait par l'usage des bains, étaient pour lui des plaisirs vifs; quelque temps avant sa mort, il entreprit un voyage très long et le fit à cheval. *Journal de Politique et de Littérature*, 15 mars 1776, art. Paris.

Rosine Jwiwarowska, morte à Minsk, en Lithuanie, âgée de cent treize ans. *Idem*, 5 mai 1776, *ibid.*

Le 26 novembre 1773, il est mort dans la paroisse de Frise, au village d'Oldeborn, une

(*a*) *Gazette de France* du vendredi 11 novembre 1774, article de Varsovie.
(*b*) *Ibid.* du lundi 14 novembre 1774, article de Turin.
(*c*) *Ibid.* du 18 février 1774, article de La Haye.

veuve nommé Fockjd Johannes, âgée de cent treize ans seize jours; elle a conservé tous ses sens jusqu'à sa mort. *Journal Histor. et Polit.*, 30 décembre 1773, p. 47.

La nommée Jenneken Maghbargh, veuve Faus, morte le 2 février 1776 à la maison de charité de Zutphen, dans la province de Gueldres, à l'âge de cent treize ans et sept mois; elle avait toujours joui de la santé la plus ferme, et n'avait perdu la vue qu'un an avant sa mort. *Journal de Politique et de Littérature*, 15 mars 1776, art. Paris.

Le nommé Patrick Meriton, cordonnier à Dublin, paraît encore fort robuste, quoiqu'il soit actuellement (en 1773) âgé de cent quatorze ans : il a été marié onze fois, et la femme qu'il a présentement a soixante-dix-huit ans. *Journal Historique et Politique*, 10 septembre 1773. art. Londres.

Marguerite Bonefaut est morte à Wear-Gifford, au comté de Devon, le 26 mars 1774, âgée de cent quatorze ans. *Idem*, 10 avril 1774, page 59.

M. Eastemann, procureur, mort à Londres, le 11 janvier 1776, à l'âge de cent quinze ans. *Journal de Politique et de Littérature*, 15 mars 1776, art. Paris.

Térence Gallabar, mort le 21 février 1776, dans la paroisse de Killymon, près de Dungannon, en Irlande, âgé de cent seize ans et quelques mois. *Ib.*, 5 mai 1776, art. Paris.

David Bian, mort au mois de mars 1776, à Tismerane, dans le comté de Clark, en Irlande, à l'âge de cent dix-sept ans. *Idem*, *ibidem*.

A Villejack, en Hongrie, un paysan nommé Marsk Jonas est mort le 20 janvier 1775, âgé de cent dix-neuf ans, sans jamais avoir été malade. Il n'avait été marié qu'une fois, et n'a perdu sa femme qu'il y a deux ans. *Idem*, 15 février 1775, page 197.

Éléonore Spicer est morte au mois de juillet 1773, à Accomak, dans la Virginie, âgée de cent vingt et un ans. Cette femme n'avait jamais bu aucune liqueur spiritueuse, et a conservé l'usage de ses sens jusqu'au dernier terme de sa vie. *Journal Historique et Politique*, 30 décembre 1773, page 47.

Les deux vieillards cités dans les Transactions philosophiques, âgés l'un de cent quarante-quatre ans et l'autre de cent soixante-cinq ans. *Hist. Nat.*, tome II, in-4°, p. 571.

Hanovius, professeur de Dantzick, fait mention dans sa nomenclature d'un vieillard mort à l'âge de cent quatre-ving-quatre ans.

Et encore d'un vieillard trouvé en Valachie, qui, selon lui, était âgé de cent quatre-vingt-dix ans. *Journal de Politique et de Littérature*, 15 février 1775, page 197.

D'après des registres où l'on inscrivait la naissance et la mort de tous les citoyens du temps des Romains, il paraît que l'on trouva dans la moitié seulement du pays, compris entre les Apennins et le Pô, plusieurs vieillards d'un âge fort avancé ; savoir, à Parme, trois vieillards de cent vingt ans et deux de cent trente ; à Brixillum, un de cent vingt-cinq ; à Plaisance, un de cent trente-un ; à Faventin, une femme de cent trente-deux ; à Bologne, un homme de cent cinquante ; à Rimini, un homme et une femme de cent trente-sept ; dans les collines autour de Plaisance, six persones de cent dix ans, quatre de cent vingt, et une de cent cinquante : enfin, dans la huitième partie de l'Italie seulement, d'après un dénombrement authentique fait par les censeurs, on trouva cinquante-quatre hommes âgés de cent ans ; vingt-sept âgés de cent dix ans ; deux de cent vingt-cinq ;-quatre de cent trente ; autant de cent trente cinq ou cent trente sept, et trois de cent quarante, sans compter celui de Bologne âgé d'un siècle et demi. Pline observe que l'empereur Claude, alors régnant, fut curieux de constater ce dernier fait : on le vérifia avec le plus grand soin, et, après la plus scrupuleuse recherche, on trouva qu'il était exact. *Journal de Politique et de Littérature*, 15 février 1775, page 197.

Il y a dans les animaux, comme dans l'espèce humaine, quelques individus privilégiés dont la vie s'étend presque au double du terme ordinaire, et je puis citer l'exemple d'un cheval qui a vécu plus de cinquante ans ; la note m'en a été donnée par M. le duc de la Rochefoucault qui non seulement s'intéresse au progrès des sciences, mais les cultive avec grand succès.

« En 1734, M. le duc de Saint-Simon étant à Frescati en Lorraine vendit à son cousin, » évêque de Metz, un cheval normand qu'il réformait de son attelage, comme étant plus » vieux que les autres : ce cheval ne marquant plus à la dent, M. de Saint-Simon assura » son cousin qu'il n'avait que dix ans, et c'est de cette assurance dont on part pour fixer » la naissance du cheval à l'année 1724.

» Cet animal était bien proportionné et de belle taille, si ce n'est l'encolure, qu'il » avait un peu trop épaisse.

» M. l'évêque de Metz (Saint-Simon) employa ce cheval jusqu'en 1760 à traîner une » voiture dont son maître d'hôtel se servait pour aller à Metz chercher les provisions de » la table; il faisait tous les jours au moins deux fois, et quelquefois quatre, le chemin » de Frescati à Metz, qui est de 3,000 toises.

» M. l'évêque de Metz étant mort en 1760, ce cheval fut employé jusqu'à l'arrivée de » M. l'évêque actuel, en 1762, et sans aucun ménagement, à tous les travaux du jardin, » et à conduire souvent un cabriolet du concierge.

» M. l'évêque actuel, à son arrivée à Frescati, employa ce cheval au même usage que » son prédécesseur; et comme on le faisait fort souvent courir, on s'aperçut en 1766 que » son flanc commençait à s'altérer, et dès lors M. l'évêque cessa de l'employer à con- » duire la voiture de son maître d'hôtel, et ne le fit plus servir qu'à traîner une ratis- » soire dans les allées du jardin. Il continua ce travail jusqu'en 1772, depuis la pointe » du jour jusqu'à l'entrée de la nuit, excepté le temps des repas des ouvriers. On s'aper- » çut alors que ce travail lui devenait trop pénible, et on lui fit faire un petit tombereau, » de moitié moins grand que les tombereaux ordinaires, dans lequel il traînait » tous les jours du sable, de la terre, du fumier, etc. M. l'évêque, qui ne voulait pas qu'on » laissât cet animal sans rien faire, dans la crainte qu'il ne mourut bientôt, et voulant le » conserver, recommanda que pour peu que le cheval parût fatigué, on le laissât repo- » ser pendant vingt-quatre heures; mais on a été rarement dans ce cas : il a continué à » bien manger, à se conserver gras, et à se bien porter jusqu'à la fin de l'automne 1773, » qu'il commença à ne pouvoir presque plus broyer son avoine, et à la rendre pres- » que entière dans ses excréments. Il commença à maigrir; M. l'évêque ordonna qu'on » lui fit concasser son avoine, et le cheval parût reprendre de l'embonpoint pendant » l'hiver; mais au mois de février 1774, il avait beaucoup de peine à traîner son petit » tombereau deux ou trois heures par jour, et maigrissait à vue d'œil. Enfin le mardi de » la semaine sainte, dans le moment où on venait de l'atteler, il se laissa tomber au » premier pas qu'il voulut faire; on eut peine à le relever; on le ramena à l'écurie où il » se coucha sans vouloir manger, se plaignit, enfla beaucoup et mourut le vendredi sui- » vant, répandant une infection horrible.

» Ce cheval avait toujours bien mangé son avoine et fort vite; il n'avait pas, à sa » mort, les dents plus longues que ne les ont ordinairement les chevaux à douze ou » quinze ans; les seules marques de vieillesse qu'il donnait étaient les jointures et articu- » lations des genoux, qu'il avait un peu grosses, beaucoup de poils blancs et les salières » fort enfoncées : il n'a jamais eu les jambes engorgées. »

Voilà donc, dans l'espèce du cheval, l'exemple d'un individu qui a vécu cinquante ans, c'est-à-dire le double du temps de la vie ordinaire de ces animaux; l'analogie confirme en général ce que nous ne connaissons que par quelques faits particuliers, c'est qu'il doit se trouver dans toutes les espèces, et par conséquent dans l'espèce humaine, comme dans celle du cheval, quelques individus dont la vie se prolonge au double de la vie ordinaire, c'est-à dire à cent soixante ans au lieu de quatre-vingts. Ces privilèges de la nature sont à la vérité placés de loin en loin pour le temps, et à de grandes distances dans l'espace : ce sont les gros lots dans la loterie universelle de la vie ; néanmoins ils suffisent pour donner aux vieillards, même les plus âgés, l'espérance d'un âge encore plus grand.

Nous avons dit qu'une raison pour vivre est d'avoir vécu, et nous l'avons démontrée par l'échelle des probabilités de la durée de la vie ; cette probabilité est à la vérité d'autant plus petite que l'âge est plus grand ; mais lorsqu'il est complet, c'est-à-dire à quatre-vingt ans, cette même probabilité qui décroît de moins en moins, devient pour ainsi dire stationnaire et fixe. Si l'on peut parier un contre un qu'un homme de quatre-vingts ans vivra trois ans de plus, on peut le parier de même pour un homme de quatre-vingt trois, de quatre-vingt-six, et peut-être encore de même pour un homme de quatre-vingt-dix ans. Nous avons donc toujours dans l'âge, même le plus avancé, l'espérance légitime de trois années de vie. Et trois années ne sont-elles pas une vie complète, ne suffisent-elles pas à tous les projets d'un homme sage ? nous ne sommes donc jamais vieux, si notre moral n'est pas trop jeune ; le philosophe doit dès lors regarder la vieillesse comme un préjugé, comme une idée contraire au bonheur de l'homme et qui ne trouble pas celui des animaux. Les chevaux de dix ans, qui voyaient travailler ce cheval de cinquante ans, ne le jugeaient pas plus près qu'eux de la mort : ce n'est que par notre arithmétique que nous en jugeons autrement ; mais cette même arithmétique bien entendue nous démontre que dans notre grand âge nous sommes toujours à trois ans de distance de la mort, tant que nous nous portons bien ; que vous autres jeunes gens vous en êtes souvent bien plus près, pour peu que vous abusiez des forces de votre âge ; que d'ailleurs, et tout abus égal, c'est-à-dire proportionnel, nous sommes aussi sûrs à quatre-vingts ans de vivre encore trois ans, que vous l'êtes à trente ans d'en vivre vingt-six. Chaque jour que je me lève en bonne santé, n'ai-je pas la jouissance de ce jour aussi présente, aussi plénière que la vôtre ? Si je conforme mes mouvements, mes appétits, mes désirs aux seules impulsions de la sage nature, ne suis-je pas aussi sage et plus heureux que vous ? ne suis-je pas même plus sûr de mes projets, puisqu'elle me défend de les étendre au-delà de trois ans ? et la vue du passé qui cause les regrets des vieux fous ne m'offre-t-elle pas au contraire des jouissances de mémoire, des tableaux agréables, des images précieuses, qui valent bien vos objets de plaisir ? car elles sont douces ces images, elles sont pures, elles ne portent dans l'âme qu'un souvenir aimable ; les inquiétudes, les chagrins, toute la triste cohorte qui accompagne vos jouissances de jeunesse, disparaissent dans le tableau qui me les représente ; les regrets doivent disparaître de même, ils ne sont que les derniers élans de cette folle vanité qui ne vieillit jamais.

N'oublions pas un autre avantage, ou du moins une forte compensation pour le bonheur dans l'âge avancé : c'est qu'il y a plus de gain au moral que de perte au physique ; tout au moral est acquis, et si quelque chose au physique est perdu, on en est pleinement dédommagé. Quelqu'un demandait au philosophe Fontenelle, âgé de quatre-vingt-quinze ans, quelles étaient les vingt années de sa vie qu'il regrettait le plus, il répondit qu'il regrettait peu de chose, que néanmoins l'âge où il avait été le plus heureux était de cinquante-cinq à soixante-quinze ans ; il fit cet aveu de bonne foi, et il prouva son dire par des vérités sensibles et consolantes. A cinquante-cinq ans la fortune est établie, la réputation faite, la considération obtenue, l'état de la vie fixe, les prétentions évanouies ou remplies, les projets avortés ou mûris, la plupart des passions calmées, ou du moins refroidies, la carrière à peu près remplie pour les travaux que chaque homme doit à la société, moins d'ennemis ou plutôt moins d'envieux nuisibles, parce que le contre-poids du mérite est connu par la voix du public ; tout concourt dans le moral à l'avantage de l'âge, jusqu'au temps où les infirmités et les autres maux physiques viennent à troubler la jouissance tranquille et douce de ces biens acquis par la sagesse, qui seuls peuvent faire notre bonheur.

L'idée la plus triste, c'est-à-dire la plus contraire au bonheur de l'homme, est la vue fixe de sa prochaine fin : cette idée fait le malheur de la plupart des vieillards, même de ceux qui se portent le mieux et qui ne sont pas encore dans un âge fort avancé ; je les prie de s'en rapporter à moi ; ils ont encore à soixante-dix ans l'espérance légitime de six ans deux mois, à soixante-quinze ans l'espérance tout aussi légitime de quatre ans six mois de vie ; enfin, à quatre-vingts et même à quatre-vingt-six ans, celle de trois années de plus ; il n'y a donc de fin prochaine que pour ces âmes faibles qui se plaisent à la rapprocher ; néanmoins le meilleur usage que l'homme puisse faire de la vigueur de son esprit, c'est d'agrandir les images de tout ce qui peut lui plaire en les rapprochant et de diminuer au contraire, en les éloignant, tous les objets désagréables, et surtout les idées qui peuvent faire son malheur ; et souvent il suffit pour cela de voir les choses telles qu'elles sont en effet. La vie, ou si l'on veut la continuité de notre existence, ne nous appartient qu'autant que nous la sentons ; or ce sentiment de l'existence n'est-il pas détruit par le sommeil ? Chaque nuit nous cessons d'être, et dès lors nous ne pouvons regarder la vie comme une suite non interrompue d'existences senties, ce n'est point une trame continue, c'est un fil divisé par des nœuds ou plutôt par des coupures qui toutes appartiennent à la mort : chacune nous rappelle l'idée du dernier coup de ciseau, chacune nous représente ce que c'est que de cesser d'être ; pourquoi donc s'occuper de la longueur plus ou moins grande de cette chaîne qui se rompt chaque jour ? Pourquoi ne pas regarder et la vie et la mort pour ce qu'elles sont en effet ? Mais comme il y a plus de cœurs pusillanimes que d'âmes fortes, l'idée de la mort se trouve toujours exagérée, sa marche toujours précipitée, ses approches trop redoutées, et son aspect insoutenable ; on ne pense pas que l'on anticipe malheureusement sur son existence toutes les fois que l'on s'affecte de la destruction de son corps ; car cesser d'être n'est rien, mais la crainte est la mort de l'âme. Je ne dirai pas avec le stoïcien, *Mors homini summum bonum Diis denegatum*, je ne la vois ni comme un grand bien ni comme un grand mal, et j'ai tâché de la représenter telle qu'elle est (page 80 et suiv.) ; j'y renvoie mes lecteurs, par le désir que j'ai de contribuer à leur bonheur.

ADDITION

A L'ARTICLE DU SENS DE LA VUE, SUR LA CAUSE DU STRABISME OU DES YEUX LOUCHES.

Le strabisme (*) est non seulement un défaut, mais une difformité qui détruit la physionomie, et rend désagréables les plus beaux visages ; cette difformité consiste dans la fausse direction de l'un des yeux, en sorte que quand un œil pointe à l'objet, l'autre s'en

(*) Le strabisme résulte de ce que les images des objets ne se forment pas dans les deux yeux sur des points correspondants de la rétine. Dans ce cas, les deux images ne se confondent pas et l'on voit double. Cette disposition vicieuse des yeux est déterminée par une inégalité des muscles de l'œil ; d'habitude ce sont les muscles internes qui sont plus courts que les autres et qui tirent le globe oculaire en dedans. Dans quelques cas, les deux yeux sont atteints ; quand ils regardent en dedans, on dit que le strabisme est convergent ; quand ils regardent en dehors, on dit qu'il est divergent. On a conseillé, pour guérir le strabisme, de couper les muscles trop courts ; il y a presque toujours guérison momentanée de l'infirmité ; mais, au bout de peu de temps, ou bien le strabisme reparaît dans le même sens, ou bien l'œil est entraîné par les muscles sains du côté opposé. On corrige le strabisme en

1. MÉNOBRANCHE à raies latérales. 2. SIRÈNE lacertine

A. Le Vasseur, Editeur.

écarte et se dirige vers un autre point. Je dis que ce défaut consiste dans la fausse direction de l'un des yeux, parce qu'en effet les yeux n'ont jamais tous deux ensemble cette mauvaise disposition, et que si on peut mettre les deux yeux dans cet état en quelque cas, cet état ne peut durer qu'un instant et ne peut pas devenir une habitude.

Le strabisme ou le regard louche ne consiste donc que dans l'écart de l'un des yeux, tandis que l'autre paraît agir indépendamment de celui-là.

On attribue ordinairement cet effet à un défaut de correspondance entre les muscles de chaque œil; la différence du mouvement de chaque œil vient de la différence du mouvement de leurs muscles qui, n'agissant pas de concert, produisent la fausse direction des yeux louches; d'autres prétendent (et cela revient à peu près au même) qu'il y a équilibre entre les muscles des deux yeux, que cette égalité de force est la cause de la direction des deux yeux ensemble vers l'objet, et que c'est par le défaut de cet équilibre que les deux yeux ne peuvent se diriger vers le même point.

M. de la Hire et plusieurs autres après lui ont pensé que le strabisme n'est pas causé par le défaut d'équilibre ou de correspondance entre les muscles, mais qu'il provient d'un défaut dans la rétine; ils ont prétendu que l'endroit de la rétine qui répond à l'extrémité de l'axe optique était beaucoup plus sensible que tout le reste de la rétine. Les objets, ont-ils dit, ne se peignent distinctement que dans cette partie plus sensible, et si cette partie ne se trouve pas correspondre exactement à l'extrémité de l'axe optique, dans l'un ou l'autre des deux yeux, ils s'écarteront et produiront le regard louche par la nécessité où l'on sera dans ce cas de les tourner de façon que leurs axes optiques puissent atteindre cette partie plus sensible et mal placée de la rétine. Mais cette opinion a été réfutée par plusieurs physiciens et en particulier par M. Jurin (*a*). En effet il semble que M. de la Hire n'ait pas fait attention à ce qui arrive aux personnes louches lorsqu'elles ferment le bon œil, car alors l'œil louche ne reste pas dans la même situation, comme cela devait arriver si cette situation était nécessaire pour que l'extrémité de l'axe optique atteignît la partie la plus sensible de la rétine; au contraire, cet œil se redresse pour pointer directement à l'objet et pour chercher à le voir; par conséquent l'œil ne s'écarte pas pour trouver cette partie prétendue plus sensible de la rétine, et il faut chercher une autre cause à cet effet. M. Jurin en rapporte quelques causes particulières, et il semble qu'il réduit le strabisme à une simple mauvaise habitude dont on peut se guérir dans plusieurs cas; il fait voir aussi que le défaut de correspondance ou d'équilibre entre les muscles des deux yeux ne doit pas être regardé comme la cause de cette fausse direction des yeux; et, en effet, ce n'est qu'une circonstance qui même n'accompagne ce défaut que dans de certains cas.

Mais la cause la plus générale, la plus ordinaire du strabisme, et dont personne que je sache n'a fait mention, c'est l'inégalité de force dans les yeux. Je vais faire voir que cette inégalité, lorsqu'elle est d'un certain dégré, doit nécessairement produire le regard louche, et que dans ce cas, qui est assez commun, ce défaut n'est pas une mauvaise habitude dont on puisse se défaire, mais une habitude nécessaire qu'on est obligé de conserver pour pouvoir se servir de ses yeux.

Lorsque les yeux sont dirigés vers le même objet, et qu'on regarde des deux yeux cet objet, si tous deux sont d'égale force, il paraît plus distinct et plus éclairé que quand on le regarde avec un seul œil. Des expériences assez aisées à répéter ont appris à M. Jurin (*b*)

(*a*) *Essay upon distinct and indistinct vision*, etc. Optique de Smith, à la fin du second volume.

(*b*) *Idem*, *ibidem*.

plaçant devant l'œil dévié un prisme qui ramène l'image des objets dans un point symétrique à celui où l'image se forme dans l'autre œil. On fait également usage des prismes pour mesurer le degré du strabisme des yeux déviés.

que cette différence de vivacité de l'objet, vu de deux yeux égaux en force ou d'un seul œil, est d'environ une treizième partie, c'est-à-dire qu'un objet vu des deux yeux paraît comme s'il était éclairé de treize lumières égales, et que l'objet vu d'un seul œil paraît comme s'il était éclairé de douze lumières seulement, les deux yeux étant supposés parfaitement égaux en force, mais lorsque les yeux sont de force inégale, j'ai trouvé qu'il en était tout autrement; un petit degré d'inégalité fera que l'objet vu de l'œil le plus fort sera aussi distinctement aperçu que s'il était vu des deux yeux; un peu plus d'inégalité rendra l'objet, quand il sera vu des deux yeux, moins distinct que s'il est vu du seul œil le plus fort; et enfin une plus grande inégalité rendra l'objet vu des deux yeux si confus, que, pour l'apercevoir distinctement, on sera obligé de tourner l'œil faible et de le mettre dans une situation où il ne puisse pas nuire.

Pour être convaincu de ce que je viens d'avancer, il faut observer que les limites de la vue distincte sont assez étendues dans la vision de deux yeux égaux; j'entends par limites de la vue distincte les bornes de l'intervalle de distance dans lequel un objet est vu distinctement; par exemple, si une personne qui a les yeux également forts peut lire un petit caractère d'impression à huit pouces de distance, à vingt pouces et à toutes les distances intermédiaires, et si, en approchant plus près de huit ou en éloignant au delà de vingt pouces, elle ne peut lire avec facilité ce même caractère, dans ce cas les limites de la vue distincte de cette personne seront huit et vingt pouces, et l'intervalle de douze pouces sera l'étendue de la vue distincte. Quand on passe ces limites, soit au-dessus, soit au-dessous, il se forme une pénombre qui rend les caractères confus et quelquefois vacillants, mais avec des yeux de force inégale, ces limites de la vue distincte sont fort resserrées; car supposons que l'un des yeux soit de moitié plus faible que l'autre, c'est-à-dire que, quand avec un œil on voit distinctement depuis huit jusqu'à vingt pouces, on ne puisse voir avec l'autre œil que depuis quatre pouces jusqu'à dix, alors la vision opérée par les deux yeux sera distincte et confuse depuis dix jusqu'à vingt, et depuis huit jusqu'à quatre, en sorte qu'il ne restera qu'un intervalle de deux pouces, savoir, depuis huit jusqu'à dix, où la vision pourra se faire distinctement, parce que, dans tous les autres intervalles, la netteté de l'image de l'objet vu par le bon œil est ternie par la confusion de l'image du même objet vu par le mauvais œil; or, cet intervalle de deux pouces de vue distincte, en se servant des deux yeux, n'est que la sixième partie de l'intervalle de douze pouces, qui est l'intervalle de la vue distincte, en ne se servant que du bon œil; donc il y a un avantage de cinq contre un à se servir du bon œil seul, et par conséquent à écarter l'autre.

On doit considérer les objets qui frappent nos yeux comme placés indifféremment et au hasard à toutes les distances différentes auxquelles nous pouvons les apercevoir; dans ces distances différentes il faut distinguer celles où ces mêmes objets se peignent distinctement à nos yeux et celles où nous ne les voyons que confusément; toutes les fois que nous n'apercevons que confusément les objets, les yeux font effort pour les voir d'une manière plus distincte, et quand les distances ne sont pas de beaucoup trop petites ou trop grandes, cet effort ne se fait pas vainement. Mais, en ne faisant attention ici qu'aux distances auxquelles on aperçoit distinctement les objets, on sent aisément que plus il y a de ces points de distance, plus aussi la puissance des yeux, par rapport aux objets, est étendue; et qu'au contraire plus ces intervalles de vue distincte sont petits, et plus la puissance de voir nettement est bornée; et lorsqu'il y aura quelque cause qui rendra ces intervalles plus petits, les yeux feront effort pour les étendre, car il est naturel de penser que les yeux, comme toutes les autres parties d'un corps organisé, emploient tous les ressorts de leur mécanique pour agir avec le plus grand avantage; ainsi, dans le cas où les deux yeux sont de force inégale, l'intervalle de vue distincte se trouvant plus petit en se servant des deux yeux qu'en ne se servant que d'un œil, les yeux chercheront à se mettre dans la situation la plus avantageuse, et cette situation la plus avantageuse est que l'œil le plus fort agisse seul et que le plus faible se détourne.

Pour exprimer tous les cas : supposons que $a - c$ exprime l'intervalle de la vision distincte pour le bon œil, et $b - \frac{bc}{a}$ l'intervalle de la vision distincte pour l'œil faible, $b - c$ exprimera l'intervalle de la vision distincte des deux yeux ensemble, et l'inégalité de force des yeux sera $1 - \frac{b - \frac{bc}{a}}{a - c}$, et le nombre des cas où l'on se servira du bon œil sera $a - b$, et le nombre des cas où l'on se servira des deux yeux sera $b - c$; égalant ces deux quantités, on aura $a - b = b - c$ ou $b = \frac{a + c}{2}$. Substituant cette valeur de b dans l'expression de l'inégalité, on aura $1 \frac{\frac{2}{1} a + c - \frac{1}{2}\overline{a + c}.\frac{c}{a}}{a - c}$ ou $\frac{a - c}{2a}$ pour la mesure de l'inégalité, lorsqu'il y a autant d'avantage à se servir des deux yeux qu'à ne se servir que du bon œil tout seul. Si l'inégalité est plus grande que $\frac{a - c}{2a}$, on doit contracter l'habitude de ne se servir que d'un œil ; et si cette inégalité est plus petite, on se servira des deux yeux. Dans l'exemple précédent, $a = 20$, $c = 8$; ainsi l'inégalité des yeux doit être $= \frac{3}{10}$ au plus, pour qu'on puisse se servir ordinairement des deux yeux ; si cette inégalité était plus grande, on serait obligé de tourner l'œil faible pour ne se servir que du bon œil seul.

On peut observer que dans toutes les vues dont les intervalles sont proportionnels à ceux de cet exemple, le degré d'inégalité sera toujours $\frac{3}{10}$. Par exemple, si, au lieu d'avoir un intervalle de vue distincte du bon œil depuis huit pouces jusqu'à vingt pouces, cet intervalle n'était que depuis six pouces à quinze pouces, ou depuis quatre pouces à dix, ou etc., ou bien encore si cet intervalle était depuis dix pouces à vingt-cinq, ou depuis douze pouces à trente, ou etc., le degré d'inégalité qui fera tourner l'œil faible sera toujours $\frac{3}{10}$. Mais si l'intervalle absolu de la vue distincte du bon œil augmente des deux côtés, en sorte qu'au lieu de voir depuis six pouces jusqu'à quinze, ou depuis huit jusqu'à vingt, ou depuis dix jusqu'à vingt-cinq, ou etc., on voie distinctement depuis quatre pouces et demi jusqu'à dix-huit, ou depuis six pouces jusqu'à vingt-quatre ou depuis sept pouces et demi jusqu'à trente, ou etc., alors il faudra un plus grand degré d'inégalité pour faire tourner l'œil ; on trouve par la formule que cette inégalité doit être pour tous ces cas $= \frac{3}{8}$.

Il suit de ce que nous venons de dire qu'il y a des cas où un homme peut avoir la vue beaucoup plus courte qu'un autre, et cependant être moins sujet à avoir les yeux louches, parce qu'il faudra une plus grande inégalité de force dans ses yeux que dans ceux d'une personne qui aurait la vue plus longue ; cela paraît assez paradoxe, cependant cela doit être : par exemple, à un homme qui ne voit distinctement du bon œil que depuis un pouce et demi jusqu'à six pouces, il faut $\frac{3}{8}$ d'inégalité pour qu'il soit forcé de tourner le mauvais œil, tandis qu'il ne faut que $\frac{3}{10}$ d'inégalité pour mettre dans ce cas un homme qui voit distinctement depuis huit pouces jusqu'à vingt pouces. On en verra aisément la raison si l'on fait attention que dans toutes les vues, soit courtes, soit longues, dont les intervalles sont proportionnels à l'intervalle de huit pouces à vingt pouces, la mesure réelle de cet intervalle est $\frac{12}{20}$ ou $\frac{3}{5}$, au lieu que dans toutes les vues dont les intervalles sont proportionnels à l'intervalle de six pouces à vingt-quatre, ou d'un pouce et demi à six pouces, la mesure réelle est $\frac{3}{4}$, et c'est cette mesure réelle qui produit celle de l'inégalité, car cette mesure étant toujours $\frac{a - c}{a}$, celle de l'inégalité est $\frac{a - c}{2a}$, comme on l'a vu ci-dessus.

Pour avoir la vue parfaitement distincte, il est donc nécessaire que les yeux soient absolument d'égale force, car si les yeux sont inégaux, on ne pourra pas se servir des deux yeux dans un assez grand intervalle, et même dans l'intervalle de vue distincte qui reste en employant les deux yeux, les objets seront moins distincts. On a remarqué

est une espèce de strabisme inné, la plus ordinaire de toutes, et si commune que tous les louches que j'ai examinés sont dans le cas de cette inégalité; je dis, de plus, que c'est une cause dont l'effet est nécessaire : de sorte qu'il n'est peut-être pas possible de guérir de ce défaut une personne dont les yeux sont de force trop inégale. J'ai observé, en examinant la portée des yeux de plusieurs enfants qui n'étaient pas louches, qu'ils ne voient pas si loin à beaucoup près que les adultes, et que, proportion gardée, ils ne peuvent voir distinctement d'aussi près : de sorte qu'en avançant en âge, l'intervalle absolu de la vue distincte augmente des deux côtés, et c'est une des raisons pourquoi il y a parmi les enfants plus de louches que parmi les adultes, parce que s'il ne leur faut que $\frac{3}{10}$ ou même beaucoup moins d'inégalité dans les yeux pour les rendre louches, lorsqu'ils n'ont qu'un petit intervalle absolu de vue distincte, il leur faudra une plus grande inégalité, comme $\frac{3}{8}$ ou davantage, pour les rendre louches quand l'intervalle absolu de vue distincte sera augmenté; en sorte qu'ils doivent se corriger de ce défaut en avançant en âge.

Mais quand les yeux, quoique de force inégale, n'ont pas cependant le degré d'inégalité que nous avons déterminé par la formule ci-dessus, on peut trouver un remède au strabisme; il me paraît que le plus simple, le plus naturel et peut-être le plus efficace de tous les moyens, est de couvrir le bon œil pendant un temps : l'œil difforme serait obligé d'agir et de se tourner directement vers les objets, et prendrait en peu de temps ce mouvement habituel. J'ai ouï dire que quelques oculistes s'étaient servis assez heureusement de cette pratique; mais avant que d'en faire usage sur une personne, il faut s'assurer du degré d'inégalité des yeux, parce qu'elle ne réussira jamais que sur des yeux peu inégaux. Ayant communiqué cette idée à plusieurs personnes, et entre autres à M. Bernard de Jussieu, à qui j'ai lu cette partie de mon mémoire, j'ai eu le plaisir de voir mon opinion confirmée par une expérience qu'il m'indiqua, et qui est rapportée par M. Allen, médecin anglais, dans son *Synopsis universæ Medicinæ*.

Il suit de tout ce que nous venons de dire que, pour avoir la vue parfaitement bonne, il faut avoir les yeux absolument égaux en force; que, de plus, il faut que l'intervalle absolu soit fort grand, en sorte qu'on puisse voir aussi bien de fort près que de fort loin, ce qui dépend de la facilité avec laquelle les yeux se contractent en se dilatant, et changent de figure selon le besoin; car si les yeux étaient solides, on ne pourrait avoir qu'un très petit intervalle de vue distincte. Il suit aussi de nos observations qu'un borgne, à qui il reste un bon œil, voit mieux et plus distinctement que le commun des hommes, parce qu'il voit mieux que tous ceux qui ont les yeux un peu inégaux, et, défaut pour défaut, il vaudrait mieux être borgne que louche, si ce premier défaut n'était pas accompagné d'une plus grande difformité et d'autres incommodités. Il suit encore évidemment de tout ce que nous avons dit que les louches ne voient jamais que d'un œil, et qu'ils doivent ordinairement tourner le mauvais œil tout près de leur nez, parce que dans cette situation la direction de ce mauvais œil est aussi écartée qu'elle peut l'être de la direction du bon œil; à la vérité, en écartant ce mauvais œil du côté de l'angle externe, la direction serait aussi éloignée que dans le premier cas; mais il y a un avantage de tourner l'œil du côté du nez, parce que le nez fait un gros objet qui, à cette très petite distance de l'œil, paraît uniforme et cache la plus grande partie des objets qui pourraient être aperçus du mauvais œil, et par conséquent cette situation du mauvais œil est la moins désavantageuse de toutes.

On peut ajouter à cette raison, quoique suffisante, une autre raison tirée de l'observation que M. Winslow a faite sur l'inégalité de la largeur de l'iris (*a*); il assure que l'iris est plus étroite du côté du nez et plus large du côté des tempes, en sorte que la

(*a*) Voyez les *Mémoires de l'Académie des sciences*, année 1721.

prunelle n'est point au milieu de l'iris, mais qu'elle est plus près de la circonférence extérieure du côté du nez; la prunelle pourra donc s'approcher de l'angle interne, et il y aura par conséquent plus d'avantage à tourner l'œil du côté du nez que de l'autre côte, et le champ de l'œil sera plus petit dans cette situation que dans aucune autre.

Je ne vois donc pas qu'on puisse trouver de remède aux yeux louches, lorsqu'ils sont tels à cause de leur trop grande inégalité de force; la seule chose qui me paraît raisonnable à proposer serait de raccourcir la vue de l'œil le plus fort, afin que, les yeux se trouvant moins inégaux, on fût en état de les diriger tous deux vers le même point, sans troubler la vision autant qu'elle l'était auparavant; il suffirait, par exemple, à un homme qui a $\frac{4}{10}$ d'inégalité de force dans les yeux, auquel cas il est nécessairement louche, il suffirait, dis-je, de réduire cette inégalité à $\frac{2}{10}$ pour qu'il cessât de l'être. On y parviendrait peut-être en commençant par couvrir le bon œil pendant quelque temps afin de rendre au mauvais œil la direction et toute la force que le défaut d'habitude à s'en servir peut lui avoir ôtée, et ensuite en faisant porter des lunettes dont le verre opposé au mauvais œil sera plan, et le verre du bon œil sera convexe : insensiblement cet œil perdrait de sa force, et serait par conséquent moins en état d'agir indépendamment de l'autre.

En observant les mouvements des yeux de plusieurs personnes louches, j'ai remarqué que dans tous les cas les prunelles des deux yeux ne laissent pas de se suivre assez exactement, et que l'angle d'inclinaison des deux axes de l'œil est presque toujours le même, au lieu que dans les yeux ordinaires, quoiqu'ils se suivent très exactement, cet angle est plus petit ou plus grand, à proportion de l'éloignement ou de la proximité des objets, cela seul suffirait pour prouver que les louches ne voient que d'un œil.

Mais il est aisé de s'en convaincre entièrement par une épreuve facile : faites placer la personne louche à un beau jour, vis-à-vis une fenêtre; présentez à ses yeux un petit objet, comme une plume à écrire, et dites-lui de la regarder; examinez ses yeux, vous reconnaîtrez aisément l'œil qui est dirigé vers l'objet; couvrez cet œil avec la main, et sur-le-champ la personne qui croyait voir des deux yeux sera fort étonnée de ne plus voir la plume, et elle sera obligée de redresser son autre œil et de le diriger vers cet objet pour l'apercevoir; cette observation est générale pour tous les louches : ainsi il est sûr qu'ils ne voient que d'un œil.

Il y a des personnes qui, sans être absolument louches, ne laissent pas d'avoir une fausse direction dans l'un des yeux, qui cependant n'est pas assez considérable pour causer une grande difformité : leurs deux prunelles vont ensemble, mais les deux axes optiques, au lieu d'être inclinés proportionnellement à la distance des objets, demeurent toujours un peu plus ou un peu moins inclinés, ou même presque parallèles; ce défaut, qui est assez commun et qu'on peut appeler *un faux trait dans les yeux*, a souvent pour cause l'inégalité de force dans les yeux, et s'il provient d'autre chose, comme de quelque accident ou d'une habitude prise au berceau, on peut s'en guérir facilement. Il est à remarquer que ces espèces de louches ont dû voir les objets doubles dans le commencement qu'ils ont contracté cette habitude, de la même façon qu'en voulant tourner les yeux comme les louches, on voit les objets doubles avec deux bons yeux.

En effet tous les hommes voient les objets doubles puisqu'ils ont deux yeux, dans chacun desquels se peint une image, et ce n'est que par expérience et par habitude qu'on apprend à les juger simples, de la même façon que nous jugeons droits les objets qui cependant sont renversés sur la rétine; toutes les fois que les deux images tombent sur les points correspondants des deux rétines sur lesquels elles ont coutume de tomber, nous jugeons les objets simples, mais dès que l'une ou l'autre des images tombe sur un autre point, nous les jugeons doubles. Un homme qui a dans les yeux la fausse direction, ou le faux trait dont nous venons de parler, a dû voir les objets doubles d'abord, et ensuite par l'habitude il les a jugés simples, tout de même que nous jugeons les objets simples, quoique nous les voyions en effet tous doubles : ceci est confirmé par une observation de M. Folkes, rapportée dans les notes de M. Smith (a); il assure qu'un homme, étant devenu louche par un coup violent à la tête, vit les objets doubles pendant quelque temps, mais qu'enfin il était parvenu à les voir simples comme auparavant, quoiqu'il se servît de ses deux yeux à la fois. M. Folkes ne dit pas si cet homme était entièrement louche, il est à croire qu'il ne l'était que légèrement, sans quoi il n'aurait pas pu se servir de ses deux yeux pour regarder le même objet. J'ai fait moi-même une observation à peu près pareille sur une dame qui, à la suite d'une maladie accompagnée de grands maux de tête, a vu les objets doubles pendant près de quatre mois; et cependant elle ne paraissait pas être louche, sinon dans des instants, car comme cette double sensation l'incommodait beaucoup, elle était venue au point d'être louche, tantôt d'un œil et tantôt de l'autre, afin de voir les objets simples, mais peu à peu ses yeux se sont fortifiés avec sa santé, et actuellement elle voit les objets simples, et ses yeux sont parfaitement droits.

Parmi le grand nombre de personnes louches que j'ai examinées, j'en ai trouvé plusieurs dont le mauvais œil, au lieu de se tourner du côté du nez, comme cela arrive le plus ordinairement, se tourne au contraire du côté des tempes; j'ai observé que ces louches n'ont pas les yeux aussi inégaux en force que les louches dont l'œil est tourné vers le nez; cela m'a fait penser que c'est là le cas de la mauvaise habitude prise au berceau, dont parlent les médecins, et en effet on conçoit aisément que si le berceau est tourné de façon qu'il présente le côté au grand jour des fenêtres, l'œil de l'enfant, qui sera du côté de ce grand jour, tournera du côté des tempes pour se diriger vers la lumière, au lieu qu'il est assez difficile d'imaginer comment il pourrait se faire que l'œil se tournât du côté du nez, à moins qu'on ne dit que c'est pour éviter cette trop grande lumière; quoi qu'il en soit, on peut toujours remédier à ce défaut dès que les yeux ne sont pas de force trop inégale, en couvrant le bon œil pendant une quinzaine de jours.

Il est évident, par tout ce que nous avons dit ci-dessus, qu'on ne peut pas être louche des deux yeux à la fois (*); pour peu qu'on ait réfléchi sur la conformation de l'œil et sur les usages de cet organe, on sera persuadé de l'impossibilité de ce fait, et l'expérience achèvera d'en convaincre; mais il y a des personnes qui, sans être louches des deux yeux à la fois, sont alternativement quelquefois louches de l'un et ensuite de l'autre œil, et j'ai fait cette remarque sur trois personnes différentes : ces trois personnes avaient les yeux de force inégale, mais il ne paraissait pas qu'il y eût plus de $\frac{2}{10}$ d'inégalité de force dans les yeux de la personne qui les avait le plus inégaux. Pour regarder les objets éloignés, elles se servaient de l'œil le plus fort, et l'autre œil tournait vers le nez ou vers les tempes; et pour regarder les objets trop voisins, comme des caractères d'impression à une petite distance, ou des objets brillants, comme la lumière d'une chandelle, elles se servaient de l'œil le plus faible, et l'autre se tournait vers l'un ou l'autre des angles. Après les avoir examinées attentivement, je reconnus que ce défaut provenait d'une autre espèce d'inégalité dans les yeux; ces personnes pouvaient lire très-distinctement à deux et à trois pieds de distance avec l'un des yeux, et ne pouvaient pas lire plus près de quinze ou dix-huit pouces avec ce même œil, tandis qu'avec l'autre œil elles pouvaient lire à quatre pouces de distance et à vingt et trente pouces; cette espèce d'inégalité faisait qu'elles ne se servaient que de l'œil le plus fort, toutes les fois qu'elles voulaient

(a) *A compleat systhem of Optiks*, vol. II.

(*) Buffon se trompe. Les deux yeux peuvent être déviés, ainsi que nous l'avons dit plus haut.

apercevoir des objets éloignés, et qu'elles étaient forcées d'employer l'œil le plus faible pour voir les objets trop voisins. Je ne crois pas qu'on puisse remédier à ce défaut, si ce n'est en portant des lunettes, dont l'un des verres serait convexe et l'autre concave, proportionnellement à la force ou à la faiblesse de chaque œil; mais il faudrait avoir fait sur cela plus d'expériences que je n'en ai fait, pour être sûr de quelque succès.

J'ai trouvé plusieurs personnes qui, sans être louches, avaient les yeux fort inégaux en force; lorsque cette inégalité est très considérable, comme par exemple, de $\frac{3}{4}$ ou de $\frac{4}{5}$, alors l'œil faible ne se détourne pas, parce qu'il ne voit presque point, et on est dans le cas des borgnes, dont l'œil obscurci ou couvert d'une taie ne laisse pas de suivre les mouvements du bon œil; ainsi, dès que l'inégalité est trop petite ou de beaucoup trop grande, les yeux ne sont pas louches, ou s'ils le sont, on peut les rendre droits en ouvrant, dans les deux cas, le bon œil pendant quelque temps; mais si l'inégalité est d'un tel degré que l'un des yeux ne serve qu'à offusquer l'autre et en troubler la sensation, on sera louche d'un seul œil sans remède; et si l'inégalité est telle que l'un des yeux soit presbyte, tandis que l'autre est myope, on sera louche des deux yeux alternativement, et encore sans aucun remède.

J'ai vu quelques personnes que tout le monde disait être louches, qui le paraissaient en effet, et qui cependant ne l'étaient pas réellement, mais dont les yeux avaient un autre défaut, peut-être plus grand et plus difforme : les deux yeux vont ensemble, ce qui prouve qu'ils ne sont pas louches, mais ils sont vacillants, et ils se tournent si rapidement et si subitement qu'on ne peut jamais reconnaître le point vers lequel ils sont dirigés. Cette espèce de vue égarée n'empêche pas d'apercevoir les objets, mais c'est toujours d'une manière indistincte; ces personnes lisent avec peine, et lorsqu'on les regarde, l'on est fort étonné de n'apercevoir quelquefois que le blanc des yeux, tandis qu'elles disent vous voir et vous regarder, mais ce sont des coups d'œil imperceptibles par lesquels elles aperçoivent; et quand on les examine de près, on distingue aisément tous les mouvements dont les directions sont inutiles, et tous ceux qui leur servent à reconnaître les objets.

Avant de terminer ce mémoire, il est bon d'observer une chose essentielle au jugement qu'on doit porter sur le degré d'inégalité de force dans les yeux des louches; j'ai reconnu dans toutes les expériences que j'ai faites que l'œil louche, qui est toujours le plus faible, acquiert de la force par l'exercice, et que plusieurs personnes dont je jugeais le strabisme incurable, parce que par les premiers essais j'avais trouvé un trop grand degré d'inégalité, ayant couvert leur bon œil seulement pendant quelques minutes, et ayant par conséquent été obligées d'exercer le mauvais œil pendant ce petit temps, elles étaient elles-mêmes surprises de ce que ce mauvais œil avait gagné beaucoup de force, en sorte que mesure prise après cette exercice, de la portée de cet œil, je la trouvais plus étendue, et je jugeais le strabisme curable : ainsi, pour prononcer avec quelque espèce de certitude sur le degré d'inégalité des yeux et sur la possibilité de remédier au défaut des yeux louches, il faut auparavant couvrir le bon œil pendant quelque temps, afin d'obliger le mauvais œil à faire de l'exercice et reprendre toutes ses forces; après quoi on sera bien plus en état de juger des cas où l'on peut espérer que le remède simple que nous proposons pourra réussir.

ADDITION

A L'ARTICLE DU SENS DE L'OUÏE.

J'ai dit dans cet article qu'en considérant le son comme sensation, on peut donner la raison du plaisir que font les sons harmoniques, et qu'ils consistent dans la proportion du son fondamental aux autres sons. Mais je ne crois pas que la nature ait déterminé cette proportion dans le rapport que M. Rameau établit pour principe. Ce grand musicien, dans son Traité de l'harmonie, déduit ingénieusement son système d'une hypothèse qu'il appelle le principe fondamental de la musique : cette hypothèse est que le son n'est pas simple, mais composé, en sorte que l'impression qui résulte dans notre oreille d'un son quelconque n'est jamais une impression simple qui nous fait entendre ce seul son, mais une impression composée qui nous fait entendre plusieurs sons ; que c'est là ce qui fait la différence du son et du bruit ; que le bruit ne produit dans l'oreille qu'une impression simple, au lieu que le son produit toujours une impression composée. « Toute cause, dit » l'auteur, qui produit sur mon oreille une impression unique et simple me fait entendre » du bruit ; toute cause qui produit sur mon oreille une impression composée de plusieurs » autres me fait entendre du son. » Et de quoi est composée cette impression d'un seul son, de *ut* par exemple ? Elle est composée : 1° du son même de *ut*, que l'auteur appelle le son fondamental ; 2° de deux autres sons très aigus, dont l'un est la douzième au-dessus du son fondamental, c'est-à-dire l'octave de sa quinte en montant, et l'autre la dix-septième majeure au-dessus de ce même son fondamental, c'est-à-dire la double octave de sa tierce majeure en montant. Cela étant une fois admis, M. Rameau en déduit tout le système de la musique, et il explique la formation de l'échelle diatonique, les règles du mode majeur, l'origine du mode mineur, les différents genres de musique, qui sont le diatonique, le chromatique et l'enharmonique : ramenant tout à ce système, il donne des règles plus fixes et moins arbitraires que toutes celles qu'on a données jusqu'à présent pour la composition.

C'est en cela que consiste la principale utilité du travail de M. Rameau. Qu'il existe en effet dans un son trois sons, savoir, le son fondamental, la douzième et la dix-septième, ou que l'auteur les y suppose, cela revient au même pour la plupart des conséquences qu'on en peut tirer, et je ne serais pas éloigné de croire que M. Rameau, au lieu d'avoir trouvé ce principe dans la nature, l'a tiré des combinaisons de la pratique de son art : il a vu qu'avec cette supposition il pouvait tout expliquer, dès lors il l'a adoptée, et a cherché à la trouver dans la nature. Mais y existe-t-elle ? toutes les fois qu'on entend un son, est-il bien vrai qu'on entend trois sons différents ? Personne avant M. Rameau ne s'en était aperçu ; c'est donc un phénomène qui tout au plus n'existe dans la nature que pour des oreilles musiciennes : l'auteur semble en convenir, lorsqu'il dit que ceux qui sont insensibles au plaisir de la musique n'entendent sans doute que le son fondamental, et que ceux qui ont l'oreille assez heureuse pour entendre en même temps le son fondamental et les sons concomitants sont nécessairement très sensibles aux charmes de l'harmonie. Ceci est une seconde supposition qui, bien loin de confirmer la première hypothèse, ne peut qu'en faire douter. La condition essentielle d'un phénomène physique et réellement existant dans la nature est d'être général et généralement aperçu de tous les hommes ; mais ici on avoue qu'il n'y a qu'un petit nombre de personnes qui soient capables de le reconnaître ; l'auteur dit qu'il est le premier qui s'en soit aperçu, que les musiciens même ne s'en étaient pas doutés. Ce phénomène n'est donc pas général ni réel, il n'existe que pour M. Rameau et pour quelques oreilles également musiciennes.

Les expériences par lesquelles l'auteur a voulu se démontrer à lui-même qu'un son est accompagné de deux autres sons, dont l'un est la douzième et l'autre la dix-septième au-dessus de ce même son, ne me paraissent pas concluantes; car M. Rameau conviendra que, dans tous les sons aigus et même dans tous les sons ordinaires, il n'est pas possible d'entendre en même temps la douzième et la dix-septième en haut, et il est obligé d'avouer que ces sons concomitants ne s'entendent que dans les sons graves, comme ceux d'une grosse cloche ou d'une longue corde; l'expérience, comme l'on voit, au lieu de donner ici un fait général, ne donne même pour les oreilles musiciennes qu'un effet particulier, et encore cet effet particulier sera différent de ce que prétend l'auteur; car un musicien qui n'aurait jamais entendu parler du système de M. Rameau, pourrait bien ne point entendre la douzième et la dix-septième dans les sons graves; et quand même on le préviendrait que le son de cette grosse cloche qu'il entend n'est pas un son simple, mais composé de trois sons, il pourrait convenir qu'il entend en effet trois sons, mais il dirait que ces trois sons sont le son fondamental, la tierce et la quinte.

Il aurait donc été plus facile à M. Rameau de faire recevoir ces derniers rapports que ceux qu'il emploie : s'il eût dit que tout son est de sa nature composé de trois sons, savoir, le son fondamental, la tierce et la quinte, cela eût été moins difficile à croire, et plus aisé à juger par l'oreille que ce qu'il affirme, en nous disant que tout son est de sa nature composé du son fondamental, de la douzième et de la dix-septième; mais comme dans cette première supposition il n'aurait pu expliquer la génération harmonique, il a préféré la seconde, qui s'ajuste mieux avec les règles de son art. Personne ne l'a en effet porté à un plus haut point de perfection dans la théorie et dans la pratique que cet illustre musicien, dont le talent supérieur a mérité les plus grands éloges.

La sensation de plaisir que produit l'harmonie semble appartenir à tous les êtres doués du sens de l'ouïe. Nous avons dit (*a*) que l'éléphant a le sens de l'ouïe très bon, qu'il se délecte au son des instruments et paraît aimer la musique, qu'il apprend aisément à marquer la mesure, à se remuer en cadence, et à joindre à propos quelques accents au bruit des tambours et au son des trompettes, et ces faits sont attestés par un grand nombre de témoignages.

J'ai vu aussi quelques chiens qui avaient un goût marqué pour la musique, et qui arrivaient de la basse-cour ou de la cuisine au concert, y restaient tout le temps qu'il durait, et s'en retournaient ensuite à leur demeure ordinaire. J'en ai vu d'autres prendre assez exactement l'unisson d'un son aigu qu'on leur faisait entendre de près en criant à leur oreille. Mais cette espèce d'instinct ou de faculté n'appartient qu'à quelques individus; la plus grande partie des chiens sont indifférents aux sons musicaux, quoique presque tous soient vivement agités par un grand bruit, comme celui des tambours, ou des voitures rapidement roulées.

Les chevaux, ânes, mulets, chameaux, bœufs et autres bêtes de somme, paraissent supporter plus volontiers la fatigue, et s'ennuyer moins dans leurs longues marches, lorsqu'on les accompagne avec des instruments; c'est par la même raison qu'on leur attache des clochettes ou sonnailles : l'on chante ou l'on siffle presque continuellement les bœufs pour les entretenir en mouvement dans leurs travaux les plus pénibles; ils s'arrêtent et paraissent découragés dès que leurs conducteurs cessent de chanter ou de siffler; il y a même certaines chansons rustiques qui conviennent aux bœufs par préférence à toutes autres, et ces chansons renferment ordinairement les noms des quatre ou des six bœufs qui composent l'attelage; l'on a remarqué que chaque bœuf paraît être

(*a*) Dans l'*Histoire de l'éléphant*.

excité par son nom prononcé dans la chanson. Les chevaux dressent les oreilles et paraissent se tenir fiers et fermes au son de la trompette, etc., comme les chiens de chasse s'animent aussi par le son du cor.

On prétend que les marsouins, les phoques et les dauphins approchent des vaisseaux lorsque dans un temps calme on y fait une musique retentissante; mais ce fait, dont je doute, n'est rapporté par aucun auteur grave.

Plusieurs espèces d'oiseaux, tels que les serins, linottes, chardonnerets, bouvreuils, tarins, sont très susceptibles des impressions musicales, puisqu'ils apprennent et retiennent des airs assez longs. Presque tous les autres oiseaux sont aussi modifiés par les sons; les perroquets, les geais, les pies, les sansonnets, les merles, etc., apprennent à imiter le sifflet et même la parole; ils imitent aussi la voix et les cris des chiens, des chats et des autres animaux.

En général, les oiseaux des pays habités et anciennement policés ont la voix plus douce ou le cri moins aigre que dans les climats déserts et chez les nations sauvages. Les oiseaux de l'Amérique, comparés à ceux de l'Europe et de l'Asie, en offrent un exemple frappant : on peut avancer avec vérité que dans le nouveau continent il ne s'est trouvé que des oiseaux criards, et qu'à l'exception de trois ou quatre espèces, telles que celles de l'organiste, du scarlate et du merle moqueur, presque tous les autres oiseaux de cette vaste région avaient et ont encore la voix choquante pour notre oreille.

On sait que la plupart des oiseaux chantent d'autant plus fort qu'ils entendent plus de bruit ou de son dans le lieu qui les renferme. On connaît les assauts du rossignol contre la voix humaine, et il y a mille exemples particuliers de l'instinct musical des oiseaux, dout on n'a pas pris la peine de recueillir les détails.

Il y a même quelques insectes qui paraissent être sensibles aux impressions de la musique : le fait des araignées qui descendent de leur toile et se tiennent suspendues, tant que le son des instruments continue, et qui remontent ensuite à leur place, m'a été attesté par un assez grand nombre de témoins oculaires pour qu'on ne puisse guère le révoquer en doute.

Tout le monde sait que c'est en frappant sur des chaudrons qu'on rappelle les essaims fugitifs des abeilles, et que l'on fait cesser par un grand bruit la strideur incommode des grillons.

Sur la voix des animaux.

Je puis me tromper, mais il m'a paru que le mécanisme par lequel les animaux font entendre leur voix est différent de celui de la voix de l'homme; c'est par l'expiration que l'homme forme sa voix : les animaux au contraire semblent la former par l'inspiration (*). Les coqs, quand ils chantent, s'étendent autant qu'ils peuvent, leur cou s'allonge, leur poitrine s'élargit, le ventre se rapproche des reins, et le croupion s'abaisse; tout cela ne convient qu'à une forte inspiration. Un agneau nouvellement né, appelant sa mère, offre une attitude toute semblable; il en est de même d'un veau dans les premiers jours de sa vie : lorsqu'ils veulent former leur voix le cou s'allonge et s'abaisse, de sorte que la trachée-artère est ramenée presque au niveau de la poitrine : celle-ci s'élargit, l'abdomen se relève beaucoup, apparemment parce que les intestins restent presque vides, les genoux se plient, les cuisses s'écartent, l'équilibre se perd, et le petit animal chancelle en formant sa voix : tout cela paraît être l'effet d'une forte inspiration. J'invite les

(*) C'est une erreur. La voix se forme chez les animaux comme chez l'homme. Quelques animaux seuls, comme l'âne, ont des sons inspiratoires en même temps que des sons expiratoires, mais ces derniers dominent toujours.

physiciens et les anatomistes à vérifier ces observations, qui me paraissent dignes de leur attention.

Il paraît certain que les loups et les chiens ne hurlent que par inspiration : on peut s'en assurer aisément en faisant hurler un petit chien près du visage; on verra qu'il tire l'air dans sa poitrine au lieu de le pousser au dehors; mais lorsque le chien aboie, il ferme la gueule à chaque coup de voix, et le mécanisme de l'aboiement est différent de celui du hurlement.

Sur le degré de chaleur que l'homme et les animaux peuvent supporter.

Quelques physiciens se sont convaincus que le corps de l'homme pouvait résister à un degré de chaud fort au-dessus de sa propre chaleur : M. Ellis est, je crois, le premier qui ait fait cette observation en 1758. M. l'abbé Chappe d'Auteroche nous a informé qu'en Russie l'on chauffe les bains à soixante degrés du thermomètre de Réaumur.

Et en dernier lieu le docteur Fordice a construit plusieurs chambres de plain-pied, qu'il a échauffées par des tuyaux de chaleur pratiqués dans le plancher, en y versant encore de l'eau bouillante. Il n'y avait point de cheminée dans ces chambres ni aucun passage à l'air, excepté par les fentes de la porte.

Dans la première chambre, la plus haute élévation du thermomètre était à cent vingt degrés, la plus basse à cent dix. (Il y avait dans cette chambre trois thermomètres placés dans différents endroits.) Dans la seconde chambre, la chaleur était de quatre-vingt-dix a quatre-vingt-cinq degrés. Dans la troisième, la chaleur était modérée, tandis que l'air extérieur était au-dessous du point de la congélation. Environ trois heures après le déjeuner, le docteur Fordice ayant quitté dans la première chambre tous ses vêtements, à l'exception de sa chemise, et ayant pour chaussures des sandales attachées avec des lisières, entra dans la seconde chambre. Il y demeura cinq minutes à quatre-vingt-dix degrés de chaleur, et il commença à suer modérément. Il entra alors dans la première chambre et se tint dans la partie échauffée à cent-dix degrés. Au bout d'une demi-minute sa chemise devint si humide qu'il fut obligé de la quitter. Aussitôt l'eau coula comme un ruisseau sur tout son corps. Ayant encore demeuré dix minutes dans cette partie de la chambre échauffée à cent-dix degrés, il vint à la partie échauffée à cent vingt degrés, et après y avoir resté vingt minutes, il trouva que le thermomètre, sous sa langue et dans ses mains, était exactement à cent degrés, et que son urine était au même point. Son pouls s'éleva successivement jusqu'à donner cent quarante-cinq battements dans une minute. La circulation extérieure s'accrut grandement. Les veines devinrent grosses, et une rougeur enflammée se répandit sur tout son corps : sa respiration cependant ne fut que peu affectée.

Ici, dit M. Blagden, le docteur Fordice remarque que la condensation de la vapeur sur son corps, dans la première chambre, était très probablement la principale cause de l'humidité de sa peau. Il revint enfin dans la seconde chambre, où s'étant plongé dans l'eau échauffée à cent degrés, et s'étant bien fait essuyer, il se fit porter en chaise chez lui. La circulation ne s'abaissa entièrement qu'au bout de deux heures. Il sortit alors pour se promener au grand air, et il sentit à peine le froid de la saison (a).

M. Tillet, de l'Académie des sciences de Paris, a voulu reconnaître par des expériences les degrés de chaleur que l'homme et les animaux peuvent supporter. pour cela il fit entrer dans un four une fille portant un thermomètre; elle soutint pendant assez longtemps la chaleur intérieure du four jusqu'à cent douze degrés.

M. de Marantin, ayant répété cette expérience dans le même four, trouva que les sœurs

(a) *Journal anglais*, mois d'octobre 1775, p. 19 et suiv.

de la fille qu'on vient de citer soutinrent, sans être incommodées, une chaleur de cent quinze à cent vingt degrés pendant quatorze ou quinze minutes, et pendant dix minutes une chaleur de cent trente degrés, enfin, pendant cinq minutes une chaleur de cent quarante degrés. L'une de ces filles, qui a servi à cette opération de M. Marantin, soutenait la chaleur du four dans lequel cuisaient des pommes et de la viande de boucherie pendant l'expérience. Le thermomètre de M. Marantin était le même que celui dont s'était servi M. Tillet; il était à esprit de vin (a).

On peut ajouter à ces expériences celles qui ont été faites par M. Boërhave sur quelques oiseaux et animaux, dont le résultat semble prouver que l'homme est plus capable que la plupart des animaux de supporter un très grand degré de chaleur. Je dis que la plupart des animaux parce que M. Boërhave n'a fait ses expériences que sur des oiseaux et des animaux de notre climat, et qu'il y a grande apparence que les éléphants, les rhinocéros et les autres animaux des climats méridionaux pourraient supporter un plus grand degré de chaleur que l'homme. C'est par cette raison que je ne rapporte pas ici les expériences de M. Boërhave, ni celles que M. Tillet a faites sur les poulets, les lapins, etc., quoique très curieuses.

On trouve dans les eaux thermales des plantes et des insectes qui y naissent et croissent, et qui par conséquent supportent un très grand degré de chaleur. Les Chaudes-Aigues, en Auvergne, ont jusqu'à soixante-cinq degrés de chaleur au thermomètre de Réaumur, et néanmoins il y a des plantes qui croissent dans ces eaux : dans celles de Plombières, dont la chaleur est de quarante-quatre degrés, on trouve au fond de l'eau une espèce de *tremella* différente néanmoins de la *tremella* ordinaire, et qui paraît avoir comme elle un certain degré de sensibilité ou de tremblement.

Dans l'île de Luçon, à peu de distance de la ville de Manille, est un ruisseau considérable d'une eau dont la chaleur est de soixante-neuf degrés, et dans cette eau si chaude il y a non seulement des plantes, mais même des poissons de trois à quatre pouces de longueur. M. Sonnerat, correspondant du Cabinet, m'a assuré qu'il avait vu dans le lieu même ces plantes et ces poissons, et il m'a écrit ensuite à ce sujet une lettre dont voici l'extrait :

« En passant dans un petit village situé à environ quinze lieues de Manille, capitale » des Philippines, sur les bords du grand lac de l'île de Luçon, je trouvai un ruisseau d'eau » chaude ou plutôt d'eau bouillante; car la liqueur du thermomètre de M. de Réaumur » monta à soixante-neuf degrés. Cependant le thermomètre ne fut plongé qu'à une lieue de » la source : avec un pareil degré de chaleur la plupart des hommes jugeront que toute » production de la nature doit s'éteindre; votre système et ma note suivante prouveront » le contraire. Je trouvai trois arbrisseaux très vigoureux, dont les racines trempaient » dans cette eau bouillante, et dont les têtes étaient environnées de sa vapeur, si considé- » rable que les hirondelles qui osaient traverser le ruisseau à la hauteur de sept à huit » pieds tombaient sans mouvement; l'un de ces trois arbrisseaux était un *Agnus Castus*, » et les deux autres des *Aspalathus*. Pendant mon séjour dans ce village, je n'ai bu d'autre » eau que celle de ce ruisseau que je faisais refroidir; je lui trouvai un petit goût terreux » et ferrugineux : le gouvernement espagnol, ayant cru apercevoir des propriétés dans » cette eau, a fait construire différents bains, dont le degré de chaleur va en gradation, » selon qu'ils sont éloignés du ruisseau. Ma surprise fut extrême, lorsque je visitai le » premier bain, de trouver des êtres vivants dans cette eau dont le degré de chaleur ne » me permit pas d'y plonger les doigts; je fis mes efforts pour retirer quelques-uns de » ces poissons, mais leur agilité et la maladresse des sauvages rustiques de ce canton » m'empêchèrent de pouvoir en prendre un pour en connaître l'espèce; je les examinai

(a) *Mémoires de l'Académie des sciences*, année 1764, p. 186 et suiv.

» en nageant, mais les vapeurs de l'eau ne me permirent pas de les distinguer assez bien
» pour les rapprocher de quelque genre; je les reconnus seulement pour des poissons à
» écailles de couleur brunâtre; les plus longs avaient environ quatre pouces..... Je laisse
» au Pline de notre siècle à expliquer cette singularité de la nature. Je n'aurais point osé
» avancer un fait qui paraît si extraordinaire à bien des personnes, si je ne pouvais
» l'appuyer du certificat de M. Prévost, commissaire de la marine, qui a parcouru avec
» moi l'intérieur de l'île de Luçon. »

ADDITIONS

A L'ARTICLE QUI A POUR TITRE : VARIÉTÉS DANS L'ESPÈCE HUMAINE.

Dans la suite entière de mon ouvrage sur l'histoire naturelle, il n'y a peut-être pas un seul des articles qui soit plus susceptible d'additions et même de corrections que celui des variétés de l'espèce humaine; j'ai néanmoins traité ce sujet avec beaucoup d'étendue, et j'y ai donné toute l'attention qu'il mérite; mais on sent bien que j'ai été obligé de m'en rapporter, pour la plupart des faits, aux relations des voyageurs les plus accrédités; malheureusement ces relations, fidèles à de certains égards, ne le sont pas à d'autres; les hommes qui prennent la peine d'aller voir des choses au loin croient se dédommager de leurs travaux pénibles en rendant ces choses plus merveilleuses; à quoi bon sortir de son pays si l'on n'a rien d'extraordinaire à présenter ou à dire à son retour? de là les exagérations, les contes et les récits bizarres dont tant de voyageurs ont souillé leurs écrits en croyant les orner. Un esprit attentif, un philosophe instruit reconnaît aisément les faits purement controuvés qui choquent la vraisemblance ou l'ordre de la nature; il distingue de même le faux du vrai, le merveilleux du vraisemblable, et se met surtout en garde contre l'exagération. Mais, dans les choses qui ne sont que de simple description, dans celles où l'inspection et même le coup d'œil suffirait pour les désigner, comment distinguer les erreurs qui semblent ne porter que sur des faits aussi simples qu'indifférents? comment se refuser à admettre comme vérités tous ceux que le relateur assure, lorsqu'on n'aperçoit pas la source de ses erreurs, et même qu'on ne devine pas les motifs qui ont pu le déterminer à dire faux? ce n'est qu'avec le temps que ces sortes d'erreurs peuvent être corrigées, c'est-à-dire lorsqu'un grand nombre de nouveaux témoignages viennent à détruire les premiers. Il y a trente ans que j'ai écrit cet article des variétés de l'espèce humaine; il s'est fait dans cet intervalle de temps plusieurs voyages dont quelques-uns ont été entrepris et rédigés par des hommes instruits; c'est d'après les nouvelles connaissances qui nous ont été rapportées que je vais tâcher de réintégrer les choses dans la plus exacte vérité, soit en supprimant quelques faits que j'ai trop légèrement affirmés sur la foi des premiers voyageurs, soit en confirmant ceux que quelques critiques ont impugnés et niés mal à propos.

Pour suivre le même ordre que je me suis tracé dans cet article, je commencerai par les peuples du Nord. J'ai dit que les Lapons, les Zembliens, les Borandiens, les Samoïèdes, les Tartares septentrionaux, et peut-être les Ostiaques dans l'ancien continent, les Groenlandais et les sauvages, au nord des Esquimaux dans l'autre continent, semblent être tous d'une seule et même race qui s'est étendue et multipliée le long des côtes des mers septentrionales, etc. (*a*). M. Klingstedt, dans un mémoire imprimé en 1762, prétend que je me suis trompé: 1° en ce que les Zembliens n'existent qu'en idée; il est certain, dit-il, que le

(*a*) Voyez page 138.

pays qu'on appelle *la nova Zembla, ce qui signifie en langue russe nouvelle terre, n'a guère d'habitants.* Mais, pour peu qu'il y en ait, ne doit-on pas les appeler Zembliens? d'ailleurs les voyageurs hollandais les ont décrits et en ont même donné les portraits gravés; ils ont fait un grand nombre de voyages dans cette Nouvelle-Zemble, et y ont hiverné dès 1596, sur la côte orientale à quinze degrés du pôle; ils font mention des animaux et des hommes qu'ils y ont rencontrés; je ne me suis donc pas trompé, et il est plus que probable que c'est M. Klingstedt qui se trompe lui-même à cet égard. Néanmoins je vais rapporter les preuves qu'il donne de son opinion.

« La Nouvelle-Zemble est une île séparée du continent par le détroit de Waigats, sous » le soixante-onzième degré, et qui s'étend en ligne droite vers le nord jusqu'au » soixante-quinzième..... L'île est séparée dans son milieu par un canal ou détroit qui » la traverse dans toute son étendue, en tournant vers le nord-ouest, et qui tombe dans » la mer du Nord du côté de l'occident, sous le soixante-treizième degré trois minutes » de latitude. Ce détroit coupe l'île en deux portions presque égales, on ignore s'il est » quelquefois navigable; ce qu'il y a de certain c'est qu'on l'a toujours trouvé couvert » de glaces. Le pays de la Nouvelle-Zemble, du moins autant qu'on en connaît, est tout » à fait désert et stérile, il ne produit que très peu d'herbes, et il est entièrement » dépourvu de bois, jusque-là même qu'il manque de broussailles; il est vrai que per- » sonne n'a encore pénétré dans l'intérieur de l'île au delà de cinquante ou soixante » verstes, et que par conséquent on ignore si dans cet intérieur il n'y a pas quelque terroir » plus fertile et *peut-être des habitants;* mais comme les côtes sont fréquentées tour » à tour et depuis plusieurs années par un grand nombre de gens que la pêche y attire » sans qu'on ait jamais découvert la moindre trace d'habitants, et qu'on a remarqué » qu'on n'y trouve d'autres animaux que ceux qui se nourrissent des poissons que la » mer jette sur le rivage, ou bien de mousse, tels que les ours blancs, les renards blancs » et les rennes, et peu de ces autres animaux qui se nourrissent de baies, de racines et » bourgeons de plantes et de broussailles, il est très probable que le pays ne renferme » point d'habitants, et qu'il est aussi peu fourni de bois dans l'intérieur que sur les » côtes. On doit donc présumer que le petit nombre d'hommes que quelques voyageurs » disent y avoir vus, n'étaient pas des naturels du pays, mais des étrangers qui, pour » éviter la rigueur du climat, s'étaient habillés comme les Samoïèdes, parce que les » Russes ont coutume, dans ces voyages, de se couvrir d'habillements à la façon des » Samoïèdes..... Le froid de la Nouvelle-Zemble est très modéré, en comparaison de » celui de Spitzberg; dans cette dernière île on ne jouit pendant les mois de l'hiver » d'aucune lueur ou crépuscule; ce n'est qu'à la seule position des étoiles qui sont con- » tinuellement visibles qu'on peut distinguer le jour de la nuit, au lieu que dans la » Nouvelle-Zemble on les distingue par une faible lumière qui se fait toujours remar- » quer aux heures de midi, même dans le temps où le soleil n'y paraît point.

» Ceux qui ont le malheur d'être obligés d'hiverner dans la Nouvelle-Zemble ne » périssent pas, comme on le croit, par l'excès du froid, mais par l'effet des brouillards » épais et malsains occasionnés souvent par la putréfaction des herbes et des mousses » du rivage de la mer, lorsque la gelée tarde trop à venir.

» On sait par une ancienne tradition qu'il y a eu quelques familles qui se réfugièrent » et s'établirent avec leurs femmes et enfants dans la Nouvelle-Zemble, du temps de » la destruction de *Nowogorod.* Sous le règne du czar Iwan Wasilewitz, un paysan » serf échappé, appartenant à la maison des *Stroganows*, s'y était aussi retiré avec sa » femme et ses enfants, et les Russes connaissent encore jusqu'à présent les endroits » où ces gens-là ont demeuré et les indiquent par leurs noms; mais les descendants de » ces malheureuses familles ont tous péri en un même temps, apparemment par l'infec- » tion des mêmes brouillards. »

On voit par ce récit de M. Klingstedt que les voyageurs ont rencontré des hommes dans la Nouvelle-Zemble; dès lors n'ont-ils pas dû prendre ces hommes pour les naturels du pays, puisqu'ils étaient vêtus à peu près comme les Samoïèdes? Ils auront donc appelé *Zembliens* ces hommes qu'ils ont vus dans la Zemble : cette erreur, si c'en est une, est fort pardonnable; car cette île étant d'une grande étendue et très voisine du continent, l'on aura bien de la peine à se persuader qu'elle fût entièrement inhabitée avant l'arrivée de ce paysan russe.

2° M. Klingstedt dit *que je ne parais pas mieux fondé à l'égard des Borandiens, dont on ignore jusqu'au nom même dans tout le Nord, et que l'on pourrait d'ailleurs reconnaître difficilement à la description que j'en donne.* Ce dernier reproche ne doit pas tomber sur moi : si la description des Borandiens, donnée par les voyageurs hollandais dans le Recueil des Voyages du Nord, n'est pas assez détaillée pour qu'on puisse reconnaître ce peuple, ce n'est pas ma faute; je n'ai pu rien ajouter à leurs indications. Il en est de même à l'égard du nom, je ne l'ai point imaginé; je l'ai trouvé, non seulement dans ce recueil de Voyages que M. Klingstedt aurait dû consulter, mais encore sur des cartes et sur les globes anglais de M. Senex, membre de la Société royale de Londres, dont les ouvrages ont la plus grande réputation, tant pour l'exactitude que pour la précision. Je ne vois donc pas jusqu'à présent que le témoignage négatif de M. Klingstedt seul doive prévaloir contre les témoignages positifs des auteurs que je viens de citer. Mais pour le mettre plus à portée de reconnaître les Borandiens, je lui dirai que ce peuple dont il nie l'existence occupe néanmoins un vaste terrain qui n'est guère qu'à deux cents lieues d'Archangel à l'orient; que la bourgade de Boranda, qui a pris ou donné le nom du pays, est située à vingt-deux degrés du pôle sur la côte occidentale d'un petit golfe, dans lequel se décharge la grande rivière de Petzora; que ce pays, habité par les Borandiens, est borné au nord par la mer Glaciale, vis-à-vis l'île de Kolgo, et les petites îles Toxar et Maurice; au couchant, il est séparé des terres de la province de Jugori par d'assez hautes montagnes; au midi, il confine avec les provinces de Zirania et de Permia; et au levant, avec les provinces de Condoria et de Montizar, lesquelles confinent elles-mêmes avec le pays des Samoïèdes. Je pourrais encore ajouter qu'indépendamment de la bourgade de Boranda il existe dans ce pays plusieurs autres habitations remarquables, telles que Ustzilma, Nicolaï, Issemskaia et Petzora; qu'enfin ce même pays est marqué sur plusieurs cartes par le nom de *Petzora sive Borandai.* Je suis étonné que M. Klingstedt et M. de Voltaire, qui l'a copié, aient ignoré tout cela et m'aient également reproché d'avoir décrit un peuple imaginaire et dont on ignorait même le nom. M. Klingstedt a demeuré pendant plusieurs années à Archangel, où les Lapons-Moscovites et les Samoïèdes viennent, dit-il, tous les ans en assez grand nombre avec leurs femmes et enfants, et quelquefois même avec leurs rennes pour y amener des huiles de poisson; il semble dès lors qu'on devrait s'en rapporter à ce qu'il dit sur ces peuples, et d'autant plus qu'il commence sa critique par ces mots : *M. de Buffon qui s'est acquis un si grand nom dans la république des lettres, et au mérite distingué duquel je rends toute la justice qui lui est due, se trompe, etc.* L'éloge joint à la critique la rend plus plausible, en sorte que M. de Voltaire et quelques autres personnes qui ont écrit d'après M. Klingstedt ont eu quelque raison de croire que je m'étais en effet trompé sur les trois points qu'il me reproche. Néanmoins je crois avoir démontré que je n'ai fait aucune erreur au sujet des Zembliens, et que je n'ai dit que la vérité au sujet des Borandiens. Lorsqu'on veut critiquer quelqu'un dont on estime les ouvrages et dont on fait l'éloge, il faut au moins s'instruire assez pour être de niveau avec l'auteur que l'on attaque. Si M. Klingstedt eût seulement parcouru tous les Voyages du Nord dont j'ai fait l'extrait, s'il eût recherché les journaux des voyageurs hollandais et les globes de M. Senex, il aurait reconnu que je n'ai rien avancé qui ne fût bien fondé. S'il eût consulté la Géographie du roi Ælfred, ouvrage écrit sur les témoignages des anciens voyageurs Othere et Wulfstant (a), il aurait vu que les peuples que j'ai nommés *Borandiens*, d'après les indications modernes, s'appelaient anciennement *Beormas* ou *Boranas*, dans le temps de ce roi géographe; que de Boranas on dérive aisément Boranda, et que c'est par conséquent le vrai et ancien nom de ce même pays qu'on appelle à présent *Petzora*, lequel est situé entre les Lapons-Moscovites et les Samoïèdes, dans la partie de la terre coupée par le cercle polaire, et traversée dans sa longueur du midi au nord par le fleuve Petzora. Si l'on ne connaît pas maintenant à Archangel le nom des Borandiens, il ne fallait pas en conclure que c'était un peuple imaginaire, mais seulement un peuple dont le nom avait changé, ce qui est souvent arrivé, non seulement pour les nations du Nord, mais pour plusieurs autres, comme nous aurons occasion de le remarquer dans la suite, même pour les peuples d'Amérique, quoiqu'il n'y ait pas deux cents ou deux cent cinquante ans qu'on y ait imposé ces noms qui ne subsistent plus aujourd'hui (b).

3° M. Klingstedt assure que j'ai avancé « une chose destituée de tout fondement, lors- » que je prends pour une même nation les Lapons, les Samoïèdes et tous les peuples » Tartares du Nord, puisqu'il ne faut que faire attention à la diversité des physiono- » mies, des mœurs et du langage même de ces peuples, pour se convaincre qu'ils sont » d'une race différente, comme j'aurai, *dit-il*, occasion de le prouver dans la suite. » Ma réponse à cette troisième imputation sera satisfaisante pour tous ceux qui, comme moi, ne cherchent que la vérité : je n'ai pas pris pour une même nation les Lapons, les Samoïèdes et les Tartares du Nord, puisque je les ai nommés et décrits séparément, que je n'ai pas ignoré que leurs langues étaient différentes, et que j'ai exposé en particulier leurs usages et leurs mœurs; mais ce que j'ai seulement prétendu et que je soutiens encore, c'est que tous ces hommes du cercle arctique sont à peu près semblables entre eux; que le froid et les autres influences de ce climat les ont rendus très différents des peuples de la zone tempérée; qu'indépendamment de leur courte taille, ils ont tant d'autres rapports de ressemblance entre eux, qu'on peut les considérer comme étant d'une même nature ou d'une même « race qui s'est étendue et multipliée le long des côtes » des mers septentrionales, dans des déserts et sous un climat inhabitable pour toutes » les autres nations (c). » J'ai pris ici, comme l'on voit, le mot de race dans le sens le plus étendu, et M. Klingstedt le prend au contraire dans le sens le plus étroit; ainsi sa critique porte à faux. Les grandes différences qui se trouvent entre les hommes dépendent de la diversité des climats; c'est dans ce point de vue général qu'il faut saisir ce que j'en ai dit; et dans ce point de vue il est très certain que non seulement les Lapons, les Borandiens, les Samoïèdes et les Tartares du nord de notre continent, mais encore les Groenlandais et les Esquimaux de l'Amérique, sont tous des hommes dont le climat a rendu les races semblables, des hommes d'une nature également rapetissée, dégénérée, et qu'on peut dès lors regarder comme ne faisant qu'une seule et même race dans l'espèce humaine.

Maintenant que j'ai répondu à ces critiques, auxquelles je n'aurais fait aucune attention si des gens célèbres par leurs talents ne les eussent pas copiées, je vais rendre compte des connaissances particulières que nous devons à M. Klingstedt au sujet de ces peuples du Nord.

(a) Voyez la traduction d'Orosius, par le roi Ælfred. Note sur le premier chapitre du premier livre, par M. Forster, de la Société royale de Londres, 1773, in-8°, p. 241 et suiv.

(b) Un exemple remarquable de ces changements de nom, c'est que l'Écosse s'appelait *Iraland* ou *Irland* dans ce même temps où les Borandiens *ou* Borandas étaient nommés *Beormas* ou *Boranas*.

(c) Voyez page 138.

« Selon lui, le nom de Samoïède n'est connu que depuis environ cent ans; le commencement des habitations des Samoïèdes se trouve au delà de la rivière de Mezène, à trois ou quatre cents verstes d'Archangel..... Cette nation sauvage, qui n'est pas nombreuse, occupe néanmoins l'étendue de plus de trente degrés en longitude le long des côtes de l'océan du Nord et de la mer Glaciale, entre les soixante-sixième et soixante-dixième degrés de latitude, à compter depuis la rivière de Mezène jusqu'au fleuve Jeniscé, et peut-être plus loin. »

J'observerai qu'il y a trente degrés environ de longitude, pris sur le cercle polaire, depuis le fleuve Jeniscé jusqu'à celui de Petzora : ainsi les Samoïèdes ne se trouvent en effet qu'après les Borandiens, lesquels occupent ou occupaient ci-devant la contrée de Petzora; on voit que le témoignage même de M. Klingstedt confirme ce que j'ai avancé, et prouve qu'il fallait en effet distinguer les Borandiens, autrement les habitants naturels du district de Petzora, des Samoïèdes qui sont au delà, du côté de l'orient.

« Les Samoïèdes, dit M. Klingstedt, sont communément d'une taille au-dessous de la moyenne; ils ont le corps dur et nerveux, d'une structure large et carrée, les jambes courtes et menues, les pieds petits, le cou court et la tête grosse à proportion du corps, le visage aplati, les yeux noirs, et l'ouverture des yeux petite mais allongée, le nez tellement écrasé que le bout en est à peu près au niveau de l'os de la mâchoire supérieure, qu'ils ont très forte et élevée, la bouche grande et les lèvres minces. Leurs cheveux, noirs comme le jais, sont extrêmement durs, fort lisses et pendants sur leurs épaules; leur teint est d'un brun fort jaunâtre, et ils ont les oreilles grandes et rehaussées. Les hommes n'ont que très peu ou point de barbe ni de poil, qu'ils s'arrachent, ainsi que les femmes, sur toutes les parties du corps. On marie les filles dès l'âge de dix ans, et souvent elles sont mères à onze ou douze ans, mais passé l'âge de trente ans elles cessent d'avoir des enfants. La physionomie des femmes ressemble parfaitement à celle des hommes, excepté qu'elles ont les traits un peu moins grossiers, le corps plus mince, les jambes plus courtes et les pieds très petits; elles sont sujettes, comme les autres femmes, aux évacuations périodiques, mais faiblement et en très petite quantité; toutes ont les mamelles plates et petites, molles en tout temps, lors même qu'elles sont encore pucelles, et le bout de ces mamelles est toujours noir comme du charbon, défaut qui leur est commun avec les Lapones. »

Cette description de M. Klingstedt s'accorde avec celle des autres voyageurs qui ont parlé des Samoïèdes, et avec ce que j'en ai dit moi-même, page 138; elle est seulement plus détaillée et paraît plus exacte : c'est ce qui m'a engagé à la rapporter ici. Le seul fait qui me semble douteux, c'est que dans un climat aussi froid les femmes soient mûres d'aussi bonne heure; si, comme le dit cet auteur, elles produisent communément dès l'âge de onze ou douze ans, il ne serait pas étonnant qu'elles cessent de produire à trente ans; mais j'avoue que j'ai peine à me persuader ces faits qui me paraissent contraires à une vérité générale et bien constatée, c'est que plus les climats sont chauds, et plus la production des femmes est précoce, comme toutes les autres productions de la nature.

M. Klingstedt dit encore dans la suite de son mémoire que les Samoïèdes ont la vue perçante, l'ouïe fine et la main sûre; qu'ils tirent de l'arc avec une justesse admirable, qu'ils sont d'une légèreté extraordinaire à la course, et qu'ils ont au contraire le goût grossier, l'odorat faible, le tact rude et émoussé.

« La chasse leur fournit leur nourriture ordinaire en hiver, et la pêche en été; leurs rennes sont leurs seules richesses; ils en mangent la chair toujours crue, et en boivent avec délices le sang tout chaud; ils ne connaissent point l'usage d'en tirer le lait; ils mangent aussi le poisson cru. Ils se font des tentes couvertes de peaux de rennes, et

» les transportent souvent d'un lieu à un autre; ils n'habitent pas sous terre, comme » quelques écrivains l'ont assuré; ils se tiennent toujours éloignés à quelque distance » les uns des autres, sans jamais former de société; ils donnent des rennes pour avoir » les filles dont ils font leurs femmes : il leur est permis d'en avoir autant qu'il leur » plaît; la plupart se bornent à deux femmes, et il est rare qu'ils en aient plus de cinq; » il y a des filles pour lesquelles ils paient au père cent et jusqu'à cent cinquante rennes, » mais ils sont en droit de renvoyer leurs femmes et de reprendre leurs rennes, s'ils » ont lieu d'en être mécontents; si la femme confesse qu'elle a eu commerce avec » quelque homme de nation étrangère, ils la renvoient immédiatement à ses parents : » ainsi ils n'offrent pas, comme le dit M. de Buffon, leurs femmes et leurs filles aux » étrangers. »

Je l'ai dit en effet d'après les témoignages d'un si grand nombre de voyageurs que le fait ne me paraissait pas douteux. Je ne sais même si M. Klingstedt est en droit de nier ces témoignages, n'ayant vu des Samoïèdes que ceux qui viennent à Archangel ou dans les autres lieux de la Russie, et n'ayant pas parcouru leur pays comme les voyageurs dont j'ai tiré les faits que j'ai rapportés fidèlement. Dans un peuple sauvage, stupide et grossier, tel que M. Klingstedt peint lui-même ces Samoïèdes, lesquels ne font jamais de société, qui prennent des femmes en tel nombre qu'il leur plaît, qui les renvoient lorsqu'elles déplaisent, serait-il étonnant de les voir offrir au moins celles-ci aux étrangers? Y a-t-il dans un tel peuple des lois communes, des coutumes constantes? Les Samoïèdes, voisins de Jeniscé, se conduisent-ils comme ceux des environs de Petzora, qui sont éloignés de plus de quatre cents lieues? M. Klingstedt n'a vu que ces derniers, il n'a jugé que sur leur rapport; néanmoins ces Samoïèdes occidentaux ne connaissent pas ceux qui sont à l'orient, et n'ont pu lui en donner de justes informations, et je persiste à m'en rapporter aux témoignages précis des voyageurs qui ont parcouru tout le pays; je puis donner un exemple à ce sujet que M. Klingstedt ne doit pas ignorer, car je le tire des voyageurs russes. Au nord du Kamtschatka sont les Koriaques sédentaires et fixes, établis sur toute la partie supérieure du Kamtschatka depuis la rivière Ouka jusqu'à celle d'Anadir : ces Koriaques sont bien plus semblables aux Kamtschadales que les Koriaques errants, qui en diffèrent beaucoup par les traits et par les mœurs. Ces Koriaques errants tuent leurs femmes et leurs amants lorsqu'ils les surprennent en adultère; au contraire les Koriaques fixes offrent par politesse leurs femmes aux étrangers, et ce serait une injure de leur refuser de prendre leur place dans le lit conjugal (a); ne peut-il pas en être de même chez les Samoïèdes, dont d'ailleurs les usages et les mœurs sont à peu près les mêmes que celles des Koriaques?

Voici maintenant ce que M. Klingstedt dit au sujet des Lapons :

« Ils ont la physionomie semblable à celle des Finnois, dont on ne peut guère les distinguer, excepté qu'ils ont *l'os de la machoire supérieure un peu plus fort et plus élevé*; » outre cela, ils ont les yeux bleus, gris et noirs, ouverts et formés comme ceux des autres nations de l'Europe; leurs cheveux sont de différentes couleurs, quoiqu'ils tirent » ordinairement sur le brun foncé et sur le noir; ils ont le corps robuste et bien fait; les » hommes ont la barbe fort épaisse, et du poil, ainsi que les femmes, sur toutes les parties du corps où la nature en produit ordinairement; ils sont pour la plupart d'*une taille au-dessous de la médiocre* : enfin, comme il y a beaucoup d'affinité entre leur » langue et celle des Finnois, au lieu qu'à cet égard ils diffèrent entièrement des Samoïèdes, c'est une preuve évidente que ce n'est qu'aux Finnois que les Lapons doivent leur » origine. Quant aux Samoïèdes, ils descendent sans doute de quelque race tartare des

(a) *Histoire générale des voyages*, vol. XIX, in-4°, p. 350.

» anciens habitants de Sibérie..... On a débité beaucoup de fables au sujet des Lapons: » par exemple, on a dit qu'ils lancent le javelot avec une adresse extraordinaire, et il » est pourtant certain qu'au moins à présent ils en ignorent entièrement l'usage de » même que celui de l'arc etdes flèches: ils ne se servent que de fusils dans leurs chasses. » La chair d'ours ne leur sert jamais de nourriture, ils ne mangent rien de cru, pas » même le poisson, mais c'est ce que font toujours les Samoïèdes: ceux-ci ne font aucun » usage de sel, au lieu que les Lapons en mettent dans tous leurs aliments. Il est encore » faux qu'ils fassent de la farine avec des os de poissons broyés; c'est ce qui n'est en » usage que chez quelques Finnois, habitants de la Carélie, au lieu que les Lapons ne se » servent que de cette substance douce et tendre, ou de cette pellicule fine et déliée qui » se trouve sous l'écorce du sapin, et dont ils font provision au mois de mai; après » l'avoir bien fait sécher ils la réduisent en poudre, et en mêlent avec la farine dont ils » font leur pain. L'huile de baleine ne leur sert jamais de boisson, mais il est vrai qu'ils » emploient aux apprêts de leurs poissons l'huile fraîche qu'on tire des foies et des » entrailles de la morue, huile qui n'est point dégoûtante, et n'a aucune mauvaise odeur » tant qu'elle est fraîche. Les hommes et les femmes portent des chemises, le reste de » leurs habillements est semblable à celui des Samoïèdes qui ne connaissent point l'usage » du linge... Dans plusieurs relations il est fait mention des Lapons indépendants, quoi- » que je ne sache guère qu'il y en ait, à moins qu'on ne veuille faire passer pour tels » un petit nombre de familles établies sur les frontières, qui se trouvent dans l'obliga- » tion de payer le tribut à trois souverains. Leurs chasses et leurs pêches dont ils vivent » uniquement, demandent qu'ils changent souvent de demeure; ils passent sans façon » d'un territoire à l'autre : d'ailleurs, c'est la seule race de Lapons entièrement semblables » aux autres qui n'aient pas encore embrassé le christianisme, et qui tiennent encore » beaucoup du sauvage: ce n'est que chez eux que se trouvent la polygamie et des usa- » ges superstiteux... Les Finnois ont habité, dans les temps reculés, la plus grande par- » tie des contrées du Nord. »

En comparant ce récit de M. Klingstedt avec les relations des voyageurs et des témoins qui l'ont précédé, il est aisé de reconnaître que depuis environ un siècle les Lapons se sont en partie civilisés; ceux qu'on appelle *Lapons-Moscovites*, et qui sont les seuls qui fréquentent à Archangel, les seuls par conséquent que M. Klingstedt ait vus, ont adopté en entier la religion et en partie les mœurs russes; il y a eu par conséquent des alliances et des mélanges. Il n'est donc pas étonnant qu'ils n'aient plus aujourd'hui les mêmes superstitions, les mêmes usages bizarres qu'ils avaient dans le temps des voyageurs qui ont écrit; on ne doit donc pas les accuser d'avoir débité des fables; ils ont dit, et je l'ai dit d'après eux, ce qui était alors et ce qui est encore chez les Lapons sauvages : on n'a pas trouvé et l'on ne trouvera pas chez eux des yeux bleus et de belles femmes, et si l'auteur en a vu parmi les Lapons qui viennent à Archangel, rien ne prouve mieux le mélange qui s'est fait avec les autres nations, car les Suédois et les Danois ont aussi policé leurs plus proches voisins Lapons; et dès que la religion s'établit et devient commune à deux peuples, tous les mélanges s'en suivent, soit au moral pour les opinions, soit au physique pour les actions.

Tout ce que nous avons dit d'après les relations faites il y a quatre-vingts ou cent ans ne doit donc s'appliquer qu'aux Lapons qui n'ont pas embrassé le christianisme; leurs races sont encore pures et leurs figures telles que nous les avons présentées. Les Lapons, dit M. Klingstedt, ressemblent par la physionomie aux autres peuples de l'Europe et particulièrement aux Finnois, à l'exception que les Lapons ont les os et la mâchoire supérieure plus élevés; ce dernier trait les rejoint aux Samoïèdes; leur taille au-dessous de la médiocre les y réunit encore, ainsi que leurs cheveux noirs ou d'un brun foncé; ils ont du poil et de la barbe parce qu'ils ont perdu l'usage de se l'arracher comme font les Samoïèdes. Le teint des uns et des autres est de la même couleur; les mamelles des femmes également molles et les mamelons également noirs dans les deux nations. Les habillements y sont les mêmes; le soin des rennes, la chasse, la pêche, la stupidité et la paresse la même. J'ai donc bien le droit de persister à dire que les Lapons et les Samoïèdes ne sont qu'une seule et même espèce ou race d'hommes très différente de ceux de la zone tempérée.

Si l'on prend la peine de comparer la relation récente de M. Hœgstrœm avec le récit de M. Klingstedt, on sera convaincu que, quoique les usages des Lapons aient un peu varié, ils sont néanmoins les mêmes en général qu'ils étaient jadis, et tels que les premiers relateurs les ont représentés :

« Ils sont, dit M. Hœgstrœm, d'une petite taille, d'un teint basané..... Les femmes, » dans le temps de leurs maladies périodiques, se tiennent à la porte des tentes et mangent » seules..... Les Lapons furent de tout temps des hommes pasteurs, ils ont de grands » troupeaux de rennes dont ils font leur nourriture principale ; il n'y a guère de familles » qui ne consomment au moins un renne par semaine, et ces animaux leur fournissent » encore du lait abondamment dont les pauvres se nourrissent. Ils ne mangent pas par » terre comme les Groenlandais et les Kamtschadales, mais dans des plats faits de gros » drap ou dans des corbeilles posées sur une table ; ils préfèrent pour leur boisson l'eau » de neige fondue à celle des rivières..... Des cheveux noirs, des joues enfoncées, le visage » large, le menton pointu, sont les traits communs aux deux sexes. Les hommes ont peu » de barbe et la taille épaisse, cependant ils sont très légers à la course..... Ils habitent » sous des tentes faites de peau de renne ou de drap ; ils couchent sur des feuilles, sur » lesquelles ils étendent une ou plusieurs peaux de rennes..... Ce peuple en général est » errant plutôt que sédendaire, il est rare que les Lapons restent plus de quinze jours » dans le même endroit ; aux approches du printemps la plupart se transportent avec » leurs familles à vingt ou trente milles de distance dans la montagne pour tâcher d'é- » viter de payer le tribut..... Il n'y a aucun siège dans leurs tentes, chacun s'assied par » terre..... ils attellent les rennes à des traineaux pour transporter leurs tentes et autres » effets, ils ont aussi des bateaux pour voyager sur l'eau et pour pêcher..... Leur première » arme est l'arc simple sans poignée, sans mire, d'environ une toise de longueur..... Ils » baignent leurs enfants au sortir du sein de leur mère dans une décoction d'écorce » d'aulne..... Quand les Lapons chantent, on dirait qu'ils hurlent, ils ne font aucun usage de » la rime, mais ils ont des refrains très fréquents..... Les femmes lapones sont robustes, » elles enfantent avec peu de douleur, elles baignent souvent leurs enfants en les plon- » geant jusqu'au cou dans l'eau froide : toutes les mères nourrissent leurs enfants, et dans » le besoin elles y suppléent par du lait de renne.... La superstition de ce peuple est idiote, » puérile, extravagante, basse et honteuse ; chaque personne, chaque année, chaque mois, » chaque semaine a son dieu ; tous, même ceux qui sont chrétiens, ont des idoles ; ils ont » des formules de divination, des tambours magiques, et certains nœuds avec lesquels ils » prétendent lier ou délier les vents (*a*). »

On voit par le récit de ce voyageur moderne qu'il a vu et jugé les Lapons différemment de M. Klingstedt, et plus conformément aux anciennes relations ; ainsi la vérité est qu'ils sont encore à très peu près tels que nous les avons décrits. M. Hœgstrœm dit avec tous les voyageurs qui l'ont précédé, que les Lapons ont peu de barbe ; M. Klingstedt seul assure qu'ils ont la barbe épaisse et bien fournie, et donne ce fait comme preuve qu'ils diffèrent beaucoup des Samoïèdes; il en est de même de la couleur des cheveux : tous les relateurs s'accordent à dire que leurs cheveux sont noirs, le seul M. Klingstedt dit qu'il se trouve parmi les Lapons des cheveux de toutes couleurs et des yeux bleus et gris;

(*a*) *Histoire générale des voyages*, vol. XIX, p. 496 et suiv.

si ces faits sont vrais, ils ne démentent pas pour cela les voyageurs, ils indiquent seulement que M. Klingstedt a jugé des Lapons en général par le petit nombre de ceux qu'il a vus, et dont probablement ceux aux yeux bleus et à cheveux blonds proviennent du mélange de quelques Danois, Suédois ou Moscovites blonds, avec les Lapons.

M. Hœgstrœm s'accorde avec M. Klingstedt à dire que les Lapons tirent leur origine des Finnois : cela peut être vrai, néanmoins cette question exige quelque discussion. Les premiers navigateurs qui aient fait le tour entier des côtes septentrionales de l'Europe sont Othère et Wulfstan dans le temps du roi Ælfred, Anglo-Saxon, auquel ils en firent une relation que ce roi géographe nous a conservée, et dont il a donné la carte avec les noms propres de chaque contrée dans ce temps, c'est-à-dire dans le neuvième siècle (*a*) : cette carte, comparée avec les cartes récentes, démontre que la partie occidentale des côtes de Norvège, jusqu'au soixante-cinquième degré, s'appelait alors *Halgoland*. Le navigateur Othère vécut pendant quelque temps chez ces Norvégiens, qu'il appelle *Northmen*. De là il continua sa route vers le nord, en côtoyant les terres de la Laponie, dont il nomme la partie méridionale *Finna*, et la partie boréale *Terfenna* : il parcourut en six jours de navigation trois cents lieues, jusqu'auprès du cap Nord, qu'il ne put doubler d'abord faute d'un vent d'ouest ; mais après un court séjour dans les terres voisines de ce cap, il le dépassa et dirigea sa navigation à l'est pendant quatre jours, ainsi il côtoya le cap Nord jusqu'au delà de Wardhus ; ensuite par un vent de nord il tourna vers le midi, et ne s'arrêta qu'auprès de l'embouchure d'une grande rivière habitée par des peuples appelés *Beormas*, qui, selon son rapport, furent les premiers habitants sédentaires qu'il eût trouvés dans tout le cours de cette navigation ; n'ayant, dit-il, point vu d'habitants fixés sur les côtes de Finna et de Terfenna (c'est-à-dire sur toutes les côtes de la Laponie), mais seulement des chasseurs et des pêcheurs encore en assez petit nombre. Nous devons observer que la Laponie s'appelle encore aujourd'hui *Finmark* ou *Finnamark* en danois, et que dans l'ancienne langue danoise *mark* signifie *contrée*. Ainsi nous ne pouvons douter qu'autrefois la Laponie ne se soit appelée *Finna* : les Lapons par conséquent étaient alors les Finnois, et c'est probablement ce qui a fait croire que les Lapons tiraient leur origine des Finnois. Mais si l'on fait attention que la Finlande d'aujourd'hui est située entre l'ancienne terre de Finna (ou Laponie méridionale), le golfe de Bothnie, celui de Finlande et le lac Ladoga, et que cette même contrée que nous nommons maintenant Finlande s'appelait alors Cwenland, et non pas Finmark ou Finland, on doit croire que les habitants de Cwenland, aujourd'hui les Finlandais ou Finnois, étaient un peuple différent des vrais et anciens Finnois, qui sont les Lapons ; et de tout temps la Cwenland ou Finlande d'aujourd'hui n'étant séparée de la Suède et de la Livonie que par des bras de mer assez étroits, les habitants de cette contrée ont dû communiquer avec ces deux nations : aussi les Finlandais actuels sont-ils semblables aux habitants de la Suède ou de la Livonie, et en même temps très différents des Lapons ou Finnois d'autrefois, qui, de temps immémorial, ont formé une espèce ou race particulière d'hommes.

A l'égard des Beormas ou Bormais, il y a, comme je l'ai dit, toute apparence que ce sont les Borandais ou Borandiens, et que la grande rivière dont parlent Othère et Wulfstan est le fleuve Petzora et non la Dwina, car ces anciens voyageurs trouvèrent des vaches marines sur les côtes de ces Beormas, et même ils en rapportèrent des dents au roi Ælfred.

Or, il n'y a point de morses ou vaches marines dans la mer Baltique, ni sur les côtes occidentales, septentrionales et orientales de la Laponie ; on ne les a trouvées que

(*a*) Voyez cette carte à la fin des notes, sur le premier chapitre du premier livre d'Ælfred sur *Orosius*. Londres, 1773, in-8°.

dans la mer Blanche et au delà d'Archangel, dans les mers de la Sibérie septentrionale, c'est-à-dire sur les côtes des Borandiens et des Samoïèdes.

Au reste, depuis un siècle, les côtes occidentales de la Laponie ont été bien reconnues et même peuplées par les Danois ; les côtes orientales l'ont été par les Russes, et celles du golfe de Bothnie par les Suédois : en sorte qu'il ne reste en propre aux Lapons qu'une petite partie de l'intérieur de leur presqu'île.

« A Égedesminde, dit M. P., au soixante-huitième degré dix minutes de latitude, il y a » un marchand, un assistant et des matelots danois qui y habitent toute l'année. Les loges » des Christians-Haab et de Claus-Haven, quoique situées à soixante-huit degrés trente- » quatre minutes de latitude, sont occupées par deux négociants en chef, deux aides et un » train de mousses ; ces loges, dit l'auteur, touchent l'embouchure de l'Eyssiord..... A Jacob- » Haven, au soixante-neuvième degré, cantonnent en tout temps deux assistants de la » compagnie du Groenland, avec deux matelots et un prédicateur pour le service des sau- » vages..... A Rittenbenk, au soixante-neuvième degré trente-sept minutes, est l'établis- » sement fondé en 1755 par le négociant Dalager ; il y a un commis, des pêcheurs, etc..... » La maison de pêche de Noogsoack, au soixante-onzième degré six minutes est tenue par » un marchand avec un train convenable ; et les Danois qui y séjournent depuis ce » temps sont sur le point de reculer encore de quinze lieues vers le nord leur habitation. »

Les Danois se sont donc établis jusqu'au soixante-onzième ou soixante-douzième degré, c'est-à-dire à peu de distance de la pointe septentrionale de la Laponie ; et de l'autre côté les Russes ont les établissements de Waringer et d'Ommegan, sur la côte orientale, à la même hauteur à peu près de soixante-onze et soixante-douze degrés, tandis que les Suédois ont pénétré fort avant dans les terres au-dessus du golfe de Bothnie, en remontant les rivières de Calis, de Tornéo, de Kimi, et jusqu'au soixante-huitième degré, où ils ont les établissements de Lapyerf et Piala. Ainsi les Lapons sont resserrés de toutes parts, et bientôt ce ne sera plus un peuple, si, comme le dit M. Klingstedt, ils sont dès aujourd'hui réduits à douze cents familles.

Quoique depuis longtemps les Russes aillent à la pêche des baleines jusqu'au golfe Linchidolin, et que dans ces dernières trente ou quarante années ils aient entrepris plusieurs grands voyages en Sibérie, jusqu'au Kamtschatka, je ne sache pas qu'ils aient rien publié sur la contrée de la Sibérie septentrionale au delà des Samoïèdes, du côté de l'Orient, c'est-à-dire au delà du fleuve Jeniscé ; cependant il y a une vaste terre située sous le cercle polaire, et qui s'étend beaucoup au delà vers le nord, laquelle est désignée sous le nom de Piasida, et bornée à l'occident par le fleuve Jeniscé jusqu'à son embouchure, à l'orient par le golfe Linchidolin, au nord par les terres découvertes en 1664 par Jelmorsem, auxquelles on a donné le nom de Jelmorland, et au midi par les Tartares Tunguses : cette contrée, qui s'étend depuis le soixante-troisième jusqu'au soixante-treizième degré de hauteur, contient des habitants qui sont désignés sous le nom de Patati, lesquels, par le climat et par leur situation le long de côtes de la mer, doivent ressembler beaucoup aux Lapons et aux Samoïèdes ; ils ne sont même séparés de ces derniers que par le fleuve Jeniscé, mais je n'ai pu me procurer aucune relation ni même aucune notice sur ces peuples Patates, que les voyageurs ont peut-être réunis avec les Samoïèdes ou avec les Tunguses.

En avançant toujours vers l'orient et sous la même latitude, on trouve encore une grande étendue de terre située sous le cercle polaire, et dont la pointe s'étend jusqu'au soixante-treizième degré ; cette terre forme l'extrémité orientale et septentrionale de l'ancien continent : on y a indiqué des habitants sous le nom de Schelati et Tsuktschi, dont nous ne connaissons presque rien que le nom (*a*). Nous pensons néanmoins que comme

(*a*) « On trouve chez ces peuples Tsuktschi, au nord de l'extrémité de l'Asie, les mêmes

ces peuples sont au nord de Kamtschatka, les voyageurs russes les ont réunis, dans leurs relations, avec les Kamtschadales et les Koriaques, dont ils nous ont donné de bonnes descriptions qui méritent d'être ici rapportées.

« Les Kamtschadales, dit M. Steller, sont petits et basanés; ils ont les cheveux noirs, » peu de barbe, le visage large et plat, le nez écrasé, les traits irréguliers, le yeux en- » foncés, la bouche grande, les lèvres épaisses, les épaules larges, les jambes grêles et le » ventre pendant (*a*). »

Cette description, comme l'on voit, rapproche beaucoup les Kamtschadales des Samoïèdes ou des Lapons, qui néanmoins en sont si prodigieusement éloignés qu'on ne peut pas même soupçonner qu'ils viennent les uns des autres, et leur ressemblance ne peut provenir que de l'influence du climat qui est le même, et qui par conséquent a formé des hommes de même espèce à mille lieues de distance les uns des autres.

Les Koriaques habitent la partie septentrionale du Kamtschatka; ils sont errants comme les Lapons, et ils ont des troupeaux de rennes qui font toutes leurs richesses. Ils prétendent guérir les maladies en frappant sur des espèces de petits tambours; les plus riches épousent plusieurs femmes qu'ils entretiennent dans des endroits séparés, avec des rennes qu'ils leur donnent. Ces Koriaques errants diffèrent des Koriaques fixes ou sédentaires, non seulement par les mœurs, mais aussi un peu par les traits; les Koriaques sédentaires ressemblent aux Kamtschadales, mais les Koriaques errants sont encore plus petits de taille, plus maigres, moins robustes, moins courageux; ils ont le visage ovale, les yeux ombragés de sourcils épais, le nez court et la bouche grande; les vêtements des uns et des autres sont de peaux de rennes, et les Koriaques errants vivent sous des tentes et habitent partout où il y a de la mousse pour leurs rennes (*b*). Il paraît donc que cette vie errante des Lapons, des Samoïèdes et des Koriaques, tient au pâturage des rennes: comme ces animaux font non seulement tout leur bien, mais qu'ils leur sont utiles et très nécessaires, ils s'attachent à les entretenir et à les multiplier : ils sont donc forcés de changer de lieu dès que leurs troupeaux en ont consommé les mousses.

Les Lapons, les Samoïèdes et les Koriaques, si semblables par la taille, la couleur, la figure, le naturel et les mœurs, doivent donc être regardés comme une même espèce d'hommes, une même race dans l'espèce humaine prise en général, quoiqu'il soit bien certain qu'ils ne sont pas de la même nation. Les rennes des Koriaques ne proviennent pas des rennes lapones, et néanmoins ce sont bien des animaux de même espèce; il en est de même des Koriaques et des Lapons, leur espèce ou race est la même, et, sans provenir l'une de l'autre, elles proviennent également de leur climat, dont les influences sont les mêmes.

Cette vérité peut se trouver encore par la comparaison des Groenlandais avec les Koriaques, les Samoïèdes et les Lapons : quoique les Groenlandais paraissent être séparés des uns et des autres par d'assez grandes étendues de mer, ils ne leur ressemblent pas moins, parce que le climat est le même; il est donc très inutile pour notre objet de rechercher si les Groenlandais tirent leur origine des Islandais ou des Norvégiens, comme l'ont avancé plusieurs auteurs, ou si, comme le prétend M. P., ils viennent

» mœurs et les mêmes usages, que Paul dit avoir observés chez les habitants de Camul. » Lorsqu'un étranger arrive, ces peuples viennent lui offrir leurs femmes et leurs filles; si » le voyageur ne les trouve pas assez belles et assez jeunes, ils en vont chercher dans les » villages voisins..... Du reste ces peuples ont l'âme élevée; ils idolâtrent l'indépendance et » la liberté, ils préfèrent tous la mort à l'esclavage. » Voilà la seule notice sur ces peuples Tsuktschi que j'aie pu recueillir. *Journal étranger*. Juillet 1762. *Extrait du voyage d'Asie en Amérique*, par M. Muller. Londres, 1762.

(*a*) *Histoire générale des voyages*, t. XIX, p. 276 et suiv.

(*b*) *Ibid.*, t. XIX, p. 349 et suiv.

des Américains (a) ; car, de quelque part que les hommes d'un pays quelconque tirent leur première origine, le climat où ils s'habitueront influera si fort, à la longue, sur leur premier état de nature, qu'après un certain nombre de générations tous ces hommes se ressembleront, quand même ils seraient arrivés de différentes contrées fort éloignées les unes des autres, et que primitivement ils eussent été très dissemblables entre eux : que les Groenlandais soient venus des Esquimaux d'Amérique ou des Islandais ; que les Lapons tirent leur origine des Finlandais, des Norvégiens ou des Russes ; que les Samoïèdes viennent ou non des Tartares, et les Koriaques des Monguls ou des habitants d'Yeço, il n'en sera pas moins vrai que tous ces peuples distribués sous le cercle arctique ne soient devenus des hommes de même espèce dans toute l'étendue de ces terres septentrionales.

Nous ajouterons à la description que nous avons donnée des Groenlandais quelques traits tirés de la relation récente qu'en a donnée M. Crantz. Ils sont de petite taille ; il y en a peu qui aient cinq pieds de hauteur ; ils ont le visage large et plat, les joues rondes, mais dont les os s'élèvent en avant ; les yeux petits et noirs, le nez peu saillant, la lèvre inférieure un peu plus grosse que celle d'en haut, la couleur olivâtre, les cheveux droits, raides et longs ; ils ont peu de barbe, parce qu'ils se l'arrachent ; ils ont aussi la tête grosse, mais les mains et les pieds petits, ainsi que les jambes et les bras, la poitrine élevée, les épaules larges et le corps bien musclé (b). Ils sont tous chasseurs ou pêcheurs et ne vivent que des animaux qu'ils tuent ; les veaux marins et les rennes font leur principale nourriture ; ils en font dessécher la chair avant de la manger, quoiqu'ils en boivent le sang tout chaud ; ils mangent aussi du poisson desséché, des sarcelles et d'autres oiseaux qu'ils font bouillir dans l'eau de mer ; ils font des espèces d'omelettes de leurs œufs, qu'ils mêlent avec des baies de buisson et de l'angélique dans de l'huile de veau marin. Ils ne boivent pas de l'huile de baleine, ils ne s'en servent qu'à brûler, et entretiennent leurs lampes avec cette huile ; l'eau pure est leur boisson ordinaire : les mères et les nourrices ont une sorte d'habillement assez ample par derrière pour y porter leurs enfants ; ce vêtement, fait de pelleteries, est chaud et tient lieu de linge et de berceau : on y met l'enfant nouveau-né tout nu. Ils sont en général si malpropres qu'on ne peut les approcher sans dégoût, ils sentent le poisson pourri ; les femmes, pour corrompre cette mauvaise odeur, se lavent avec de l'urine, et les hommes ne se lavent jamais : ils ont des tentes pour l'été et des espèces de maisonnettes pour l'hiver, et la hauteur de ces habitations n'est que de cinq ou six pieds : elles sont construites ou tapissées de peaux de veaux marins et de rennes ; ces peaux leur servent aussi de lits ; leurs vitres sont des boyaux transparents de poissons de mer. Ils avaient des arcs, et ils ont maintenant des fusils pour la chasse, et pour la pêche, des harpons, des lances et des javelines armées de fer ou d'os de poisson, des bateaux même assez grands, dont quelques-uns portent des voiles faites de chanvre ou de lin qu'ils tirent des Européens, ainsi que le fer et plusieurs autres choses, en échange des pelleteries et des huiles de poisson qu'ils leur donnent. Ils se marient communément à l'âge de vingt ans, et peuvent, s'ils sont aisés, prendre plusieurs femmes. Le divorce, en cas de mécontentement, est non seulement permis, mais d'un usage commun ; tous les enfants suivent la mère, et même après sa mort ne retournent pas auprès de leur père. Au reste, le nombre des enfants n'est jamais grand ; il est rare qu'une femme en produise plus de trois ou quatre. Elles accouchent aisément et se relèvent dès le jour même pour travailler. Elles laissent teter leurs enfants jusqu'à trois ou quatre ans. Les femmes, quoique chargées de l'éducation de leurs enfants, des soins de la préparation des aliments, des vêtements et des

(a) *Recherches sur les Américains*, t. Ier, p. 33.
(b) Crantz, *Historie von Groënland*, t. Ier, p. 178.

meubles de toute la famille, quoique forcées de conduire les bateaux à la rame, et même de construire les tentes d'été et les huttes d'hiver, ne laissent pas, malgré ces travaux continuels, de vivre beaucoup plus longtemps que les hommes qui ne font que chasser ou pêcher. M. Crantz dit qu'ils ne parviennent guère qu'à l'âge de cinquante ans, tandis que les femmes vivent soixante-dix à quatre-vingts ans. Ce fait, s'il était général dans ce peuple, serait plus singulier que tout ce que nous venons d'en rapporter.

Au reste, ajoute M. Crantz, je suis assuré par les témoins oculaires que les Groenlandais ressemblent plus aux Kamtschadales, aux Tunguses et aux Calmoucks de l'Asie, qu'aux Lapons d'Europe. Sur la côte occidentale de l'Amérique septentrionale, vis-à-vis de Kamtschatka, on a vu des nations qui, jusqu'aux traits mêmes, ressemblent beaucoup aux Kamtschadales (a). Les voyageurs prétendent avoir observé en général dans tous les sauvages de l'Amérique septentrionale, qu'ils ressemblent beaucoup aux Tartares orientaux, surtout par les yeux, le peu de poil sur le corps, et la chevelure longue, droite et touffue (b).

Pour abréger, je passe sous silence les autres usages et les superstitions des Groenlandais que M. Crantz expose fort au long ; il suffira de dire que ces usages, soit superstitieux, soit raisonnables, sont assez semblables à ceux des Lapons, des Samoïèdes et des Koriaques ; plus on les comparera et plus on reconnaîtra que tous ces peuples voisins de notre pôle ne forment qu'une seule et même espèce d'hommes, c'est-à-dire, une seule race différente de toutes les autres dans l'espèce humaine, à laquelle on doit encore ajouter celle des Esquimaux du nord de l'Amérique, qui ressemblent aux Groenlandais, et plus encore aux Koriaques du Kamtschatka, selon M. Steller.

Pour peu qu'on descende au-dessous du cercle polaire en Europe, on trouve la plus belle race de l'humanité : les Danois, les Norvégiens, les Suédois, les Finlandais, les Russes, quoiqu'un peu différents entre eux, se ressemblent assez pour ne faire avec les Polonais, les Allemands, et même tous les autres peuples de l'Europe, qu'une seule et même espèce d'hommes diversifiée à l'infini par le mélange des différentes nations. Mais en Asie on trouve au-dessous de la zone froide une race aussi laide que celle de l'Europe est belle : je veux parler de la race tartare qui s'étendait autrefois depuis la Moscovie jusqu'au nord de la Chine ; j'y comprends les Ostiaques, qui occupent de vastes terres au midi des Samoïèdes, les Calmoucks, les Jakutes, les Tunguses, et tous les Tartares septentrionaux, dont les mœurs et les usages ne sont pas les mêmes, mais qui se ressemblent tous par la figure du corps et la difformité des traits. Néanmoins, depuis que les Russes se sont établis dans toute l'étendue de la Sibérie et dans les contrées adjacentes, il y a eu nombre de mélanges entre les Russes et les Tartares, et ces mélanges ont prodigieusement changé la figure et les mœurs de plusieurs peuples de cette vaste contrée. Par exemple, quoique les anciens voyageurs nous représentent les Ostiaques comme ressemblant aux Samoïèdes ; quoiqu'ils soient encore errants et qu'ils changent de demeure comme eux, suivant le besoin qu'ils ont de pourvoir à leur subsistance par la chasse ou par la pêche ; quoiqu'ils se fassent des tentes et des huttes de la même façon ; qu'ils se servent aussi d'arcs, de flèches et de meubles d'écorce de bouleau ; qu'ils aient des rennes et des femmes autant qu'ils peuvent en entretenir ; qu'ils boivent le sang des animaux tout chaud ; qu'en un mot, ils aient presque tous les usages des Samoïèdes, néanmoins MM. Gmelin et Muller assurent que leurs traits diffèrent peu de ceux des Russes, et que leurs cheveux sont toujours ou blonds ou roux. Si les Ostiaques d'aujourd'hui ont les cheveux blonds, ils ne sont plus les mêmes qu'ils étaient ci-devant, car tous avaient des cheveux noirs et les traits du visage à peu près semblables aux Samoïèdes. Au reste, ces

(a) Crantz, *Historie von Groënland*, t. Ier, p. 332 et suiv.
(b) *Histoire des Quadrupèdes*, par Schreber, t. Ier, p. 27.

voyageurs ont pu confondre le blond avec le roux, et néanmoins dans la nature de l'homme ces deux couleurs doivent être soigneusement distinguées, le roux n'étant que le brun ou le noir trop exalté, au lieu que le blond est le blanc coloré d'un peu de jaune, et l'opposé du noir ou du brun. Cela me paraît d'autant plus vraisemblable, que les Wotjackes ou Tartares vagolisses ont tous les cheveux roux au rapport de ces mêmes voyageurs, et qu'en général les roux sont aussi communs dans l'Orient que les blonds y sont rares.

A l'égard des Tunguses, il paraît, par le témoignage de MM. Gmelin et Muller, qu'ils avaient ci-devant des troupeaux de rennes et plusieurs usages semblables à ceux des Samoïèdes, et qu'aujourd'hui ils n'ont plus de rennes et se servent de chevaux. Ils ont, disent ces voyageurs, assez de ressemblance avec les Calmoucks, quoiqu'ils n'aient pas la face aussi large et qu'ils soient de plus petite taille; ils ont tous les cheveux noirs et peu de barbe, ils l'arrachent aussitôt qu'elle paraît, ils sont errants et transportent leurs tentes et leurs meubles avec eux. Ils épousent autant de femmes qu'il leur plaît; ils ont des idoles de bois ou d'argile, auxquelles ils adressent des prières pour obtenir une bonne pêche ou une chasse heureuse : ce sont les seuls moyens qu'ils aient de se procurer leur subsistance (*a*). On peut inférer de ce récit que les Tunguses font la nuance entre la race des Samoïèdes et celle des Tartares, dont le prototype, ou si l'on veut la caricature, se trouve chez les Calmoucks, qui sont les plus laids de tous les hommes. Au reste, cette vaste partie de notre continent, laquelle comprend la Sibérie, et s'étend de Tobolsk à Kamtschatka, et de la mer Caspienne à la Chine, n'est peuplée que de Tartares, les uns indépendants, les autres plus ou moins soumis à l'empire de Russie ou bien à celui de la Chine; mais tous encore trop peu connus pour que nous puissions rien ajouter à ce que nous en avons dit, p. 141 et suiv.

Nous passerons des Tartares aux Arabes qui ne sont pas aussi différents par les mœurs qu'ils le sont par le climat. M. Niebuhr, de la Société royale de Gottingen, a publiée une relation curieuse et savante de l'Arabie, dont nous avons tiré quelques faits que nous allons rapporter. Les Arabes ont tous la même religion sans avoir les mêmes mœurs; les uns habitent dans des villes ou villages, les autres sous des tentes en familles séparées. Ceux qui habitent les villes travaillent rarement en été depuis les onze heures du matin jusqu'à trois heures du soir, à cause de la grande chaleur; pour l'ordinaire ils emploient ce temps à dormir dans un souterrain où le vent vient d'en haut par une espèce de tuyau, pour faire circuler l'air. Les Arabes tolèrent toutes les religions et en laissent le libre exercice aux Juifs, aux Chrétiens, aux Banians; ils sont plus affables pour les étrangers, plus hospitaliers, plus généreux que les Turcs. Quand ils sont à table, ils invitent ceux qui surviennent à manger avec eux; au contraire, les Turcs se cachent pour manger, crainte d'inviter ceux qui pourraient les trouver à table.

La coiffure des femmes Arabes, quoique simple, est galante; elles sont toutes à demi ou au quart voilées. Le vêtement du corps est encore plus piquant; ce n'est qu'une chemise sur un léger caleçon, le tout brodé ou garni d'agréments de différentes couleurs; elles se peignent les ongles de rouge, les pieds et les mains de jaune brun, et les sourcils et le bord des paupières de noir : celles qui habitent la campagne dans les plaines ont le teint et la peau du corps d'un jaune foncé; mais dans les montagnes on trouve de jolis visages, même parmi les paysannes. L'usage de l'inoculation, si nécessaire pour conserver la beauté, est ancien et pratiqué avec succès en Arabie; les pauvres Arabes-Bédouins qui manquent de tout inoculent leurs enfants avec une épine, faute de meilleurs instruments.

En général les Arabes sont fort sobres, et même ils ne mangent pas de tout à beaucoup près, soit superstition, soit faute d'appétit; ce n'est pas néanmoins délicatesse de goût,

(*a*) Relation de MM. Gmelin et Muller. *Histoire générale des Voyages*, t. XVIII, p. 243.

car la plupart mangent des sauterelles; depuis Bal-el-Mandel jusqu'à Bara on enfile les sauterelles pour les porter au marché. Ils broient leur blé entre deux pierres, dont la supérieure se tourne avec la main. Les filles se marient de fort bonne heure, à neuf, dix et onze ans dans les plaines, mais dans les montagnes les parents les obligent d'attendre quinze ans.

« Les habitants des villes arabes, dit M. Niebuhr, surtout de celles qui sont situées » sur les côtes de la mer, ou sur la frontière, ont, à cause de leur commerce, tellement » été mêlés avec les étrangers, qu'ils ont perdu beaucoup de leurs mœurs et coutumes » anciennes; mais les Bédouins, les vrais Arabes, qui ont toujours fait plus de cas de » leur liberté que de l'aisance et des richesses, vivent en tribus séparées sous des tentes, » et gardent encore la même forme de gouvernement, les mêmes mœurs et les mêmes » usages qu'avaient leurs ancêtres dès les temps les plus reculés. Ils appellent en général » tous leurs nobles *Schechs* ou *Schæch;* quand ces Schechs sont trop faibles pour se dé- » fendre contre leurs voisins, ils s'unissent avec d'autres, et choisissent un d'entre eux » pour leur grand Chef. Plusieurs des Grands élisent enfin, de l'aveu des petits Schechs, » un plus puissant encore, qu'ils nomment *Schech-el-kbir* ou *Schech-es-Schiüch*, et alors » la famille de ce dernier donne son nom à toute la tribu..... L'on peut dire qu'ils naissent » tous soldats, et qu'ils sont tous pâtres. Les Chefs des grandes tribus ont beaucoup de » chameaux qu'ils emploient à la guerre, au commerce, etc.; les petites tribus élèvent » des troupeaux de moutons; les Schechs vivent sous des tentes, et laissent le soin de » l'agriculture et des autres travaux pénibles à leurs sujets qui logent dans de misérables » huttes. Ces Bédouins, accoutumés à vivre en plein air, ont l'odorat très fin : les villes » leur plaisent si peu, qu'ils ne comprennent pas comment des gens qui se piquent » d'aimer la propreté peuvent vivre au milieu d'un air si impur..... Parmi ces peuples, » l'autorité reste dans la famille du grand ou du petit Schech qui règne, sans qu'ils soient » assujettis à en choisir l'aîné; ils élisent le plus capable des fils ou des parents, pour » succéder au gouvernement; ils paient très peu ou rien à leurs supérieurs. Chacun des » petits Schechs porte la parole pour sa famille, et il en est le chef et le conducteur : le » grand Schech est obligé par là de les regarder plus comme ses alliés que comme ses » sujets; car si son gouvernement leur déplaît, et qu'ils ne puissent pas le déposer, ils » conduisent leurs bestiaux dans la possession d'une autre tribu, qui d'ordinaire est char- » mée d'en fortifier son parti. Chaque petit Schech est intéressé à bien diriger sa famille, » s'il ne veut pas être déposé ou abandonné..... Jamais ces Bédouins n'ont pu être entiè- » rement subjugués par des étrangers....., mais les Arabes d'auprès de Bagdad, Mosul, » Orfa, Damask et Haleb, sont en apparence soumis au Sultan. »

Nous pouvons ajouter à cette relation de M. Nieburh, que toutes les contrées de l'Arabie, quoique fort éloignées les unes des autres, sont également sujettes à de grandes chaleurs, et jouissent constamment du ciel le plus serein; et que tous les monuments historiques attestent que l'Arabie était peuplée dès la plus haute antiquité. Les Arabes, avec une assez petite taille, un corps maigre, une voix grêle, ont un tempérament robuste, le poil brun, le visage basané, les yeux noirs et vifs, une physionomie ingénieuse, mais rarement agréable : ils attachent de la dignité à leur barbe, parlent peu, sans gestes, sans s'interrompre, sans se choquer dans leurs expressions; ils sont flegmatiques, mais redoutables dans la colère; ils ont de l'intelligence, et même de l'ouverture pour les sciences qu'ils cultivent peu : ceux de nos jours n'ont aucun monument de génie. Le nombre des Arabes établis dans le désert peut monter à deux millions : leurs habits, leurs tentes, leurs cordages, leurs tapis, tout se fait avec la laine de leurs brebis, le poil de leurs chameaux et de leurs chèvres (*a*).

(*a*) *Histoire philosophique et politique*. Amsterdam. 1772, t. Ier, p. 410 et suiv.

Les Arabes, quoique flegmatiques, le sont moins que leurs voisins les Égyptiens; M. le chevalier Bruce, qui a vécu longtemps chez les uns et chez les autres, m'assure que les Égyptiens sont beaucoup plus sobres et plus mélancoliques que les Arabes, qu'ils se sont fort peu mêlés les uns avec les autres, et que chacun de ces deux peuples conserve séparément sa langue et ses usages : cet illustre voyageur, M. Bruce, m'a encore donné les notes suivantes que je me fais un plaisir de publier.

A l'article où j'ai dit qu'en Perse et en Turquie il y a grande quantité de belles femmes de toutes couleurs, M. Bruce ajoute qu'il se vend tous les ans à Moka plus de trois mille jeunes Abyssines, et plus de mille dans les autres ports de l'Arabie, toutes destinées pour les Turcs. Ces Abyssines ne sont que basanées; les femmes noires arrivent des côtes de la mer Rouge, ou bien on les amène de l'intérieur de l'Afrique, et nommément du district de Darfour; car quoiqu'il y ait des peuples noirs sur les côtes de la mer Rouge, ces peuples sont tous Mahométans, et l'on ne vend jamais les Mahométans, mais seulement les Chrétiens ou Païens, les premiers venant de l'Abyssinie, et les derniers de l'intérieur de l'Afrique.

J'ai dit (*page* 165), d'après quelques relations, que les Arabes sont fort endurcis au travail; M. Bruce remarque, avec raison, que les Arabes étant tous pasteurs, ils n'ont point de travail suivi, et que cela ne doit s'entendre que des longues courses qu'ils entreprennent, paraissant infatigables, et souffrant la chaleur, la faim et la soif, mieux que tous les autres hommes.

J'ai dit (*page* 165) que les Arabes, au lieu de pain, se nourrissent de quelques graines sauvages qu'ils détrempent et pétrissent avec le lait de leur bétail. M. Bruce m'a appris que tous les Arabes se nourrissent de *couscoussou*, c'est une espèce de farine cuite à l'eau; ils se nourrissent aussi de lait, et surtout de celui des chameaux; ce n'est que dans les jours de fêtes qu'ils mangent de la viande, et cette bonne chère n'est que du chameau et de la brebis. A l'égard de leurs vêtements, M. Bruce dit que tous les Arabes riches sont vêtus, qu'il n'y a que les pauvres qui soient presque nus, mais qu'en Nubie la chaleur est si grande en été, qu'on est forcé de quitter ses vêtements, quelque légers qu'ils soient. Au sujet des empreintes que les Arabes se font sur la peau, il observe qu'ils font ces marques ou empreintes avec de la poudre à tirer et de la mine de plomb; ils se servent pour cela d'une aiguille et non d'une lancette. Il n'y a que quelques tribus dans l'Arabie déserte et les Arabes de Nubie qui se peignent les lèvres; mais les Nègres de la Nubie ont tous les lèvres peintes ou les joues cicatrisées et empreintes de cette même poudre noire. Au reste, ces différentes impressions que les Arabes se font sur la peau désignent ordinairement leurs différentes tribus.

Sur les habitants de la Barbarie (*page* 166), M. Bruce assure que non seulement les enfants des Barbaresques sont fort blancs en naissant, mais il ajoute un fait que je n'ai trouvé nulle part; c'est que les femmes qui habitent dans les villes de Barbarie sont d'une blancheur presque rebutante, d'un blanc de marbre qui tranche trop avec le rouge très vif de leurs joues, et que ces femmes aiment la musique et la danse au point d'en être transportées; il leur arrive même de tomber en convulsion et en syncope, lorsqu'elles s'y livrent avec excès. Ce blanc mat des femmes de Barbarie se trouve quelquefois en Languedoc et sur toutes nos côtes de la Méditerranée. J'ai vu plusieurs femmes de ces provinces avec le teint blanc mat et les cheveux bruns ou noirs.

Au sujet des Cophtes (*page* 167), M. Bruce observe qu'ils sont les ancêtres des Égyptiens actuels, et qu'ils étaient autrefois Chrétiens et non Mahométans; que plusieurs de leurs descendants sont encore Chrétiens, et qu'ils sont obligés de porter une sorte de turban différent et moins honorable que celui des Mahométans. Les autres habitants de l'Égypte sont des Arabes-Sarrasins qui ont conquis le pays, et se sont mêlés par force avec les naturels. Ce n'est que depuis très peu d'années (dit M. Bruce) que ces maisons de piété ou plutôt de libertinage, établies pour le service des voyageurs, ont été supprimées : ainsi cet usage a été aboli de nos jours.

Au sujet de la taille des Égyptiens (*page* 167), M. Bruce observe que la différence de la taille des hommes, qui sont assez grands et menus, et des femmes qui généralement sont courtes et trapues en Égypte, surtout dans les campagnes, ne vient pas de la nature, mais de ce que les garçons ne portent jamais de fardeaux sur la tête, au lieu que les jeunes filles de la campagne vont tous les jours plusieurs fois chercher de l'eau du Nil, qu'elles portent toujours dans une jarre sur leur tête, ce qui leur affaisse le cou et la taille, les rend trapues et plus carrées aux épaules; elles ont néanmoins les bras et les jambes bien faits, quoique fort gros; elles vont presque nues, ne portant qu'un petit jupon très court. M. Bruce remarque aussi que, comme je l'ai dit, le nombre des aveugles en Égypte est très considérable, et qu'il y a vingt-cinq mille personnes aveugles nourries dans les hôpitaux de la seule ville du Caire.

Au sujet du courage des Égyptiens (*page* 168), M. Bruce observe qu'ils n'ont jamais été vaillants, qu'anciennement ils ne faisaient la guerre qu'en prenant à leur solde des troupes étrangères; qu'ils avaient une si grande peur des Arabes, que pour s'en défendre ils avaient bâti une muraille depuis *Pelusium* jusqu'à *Héliopolis*, mais que ce grand rempart n'a pas empêché les Arabes de les subjuguer. Au reste, les Égyptiens actuels sont très paresseux, grands buveurs d'eau-de-vie, si tristes et si mélancoliques qu'ils ont besoin de plus de fêtes qu'aucun autre peuple. Ceux qui sont Chrétiens ont beaucoup plus de haine contre les Catholiques romains que contre les Mahométans.

Au sujet des Nègres (*page* 177), M. Bruce m'a fait une remarque de la dernière importance; c'est qu'il n'y a de Nègres que sur les côtes, c'est-à-dire, sur les terres basses de l'Afrique, et que dans l'intérieur de cette partie du monde, les hommes sont blancs, même sous l'Équateur, ce qui prouve encore plus démonstrativement que je n'avais pu le faire, qu'en général la couleur des hommes dépend entièrement de l'influence et de la chaleur du climat, et que la couleur noire est aussi accidentelle dans l'espèce humaine que le basané, le jaune ou le rouge; enfin que cette couleur noire ne dépend uniquement, comme je l'ai dit, que des circonstances locales et particulières à certaines contrées où la chaleur est excessive.

Les Nègres de la Nubie (m'a dit M. Bruce) ne s'étendent pas jusqu'à la mer Rouge; toutes les côtes de cette mer sont habitées ou par les Arabes ou par leurs descendants. Dès le huitième degré de latitude nord, commence le peuple de Galles, divisé en plusieurs tribus, qui s'étendent peut-être de là jusqu'aux Hottentots, et ces peuples de Galles sont pour la plupart blancs. Dans ces vastes contrées, comprises entre le dix-huitième degré de latitude nord et le dix-huitième degré de latitude sud, on ne trouve des Nègres que sur les côtes et dans les pays bas voisins de la mer, mais dans l'intérieur où les terres sont élevées et montagneuses, tous les hommes sont blancs. Ils sont même presque aussi blancs que les Européens, parce que toute cette terre de l'intérieur de l'Afrique est fort élevée sur la surface du globe, et n'est point sujette à d'excessives chaleurs; d'ailleurs il y tombe de grandes pluies continuelles dans certaines saisons qui rafraîchissent encore la terre et l'air, au point de faire de ce climat une région tempérée. Les montagnes, qui s'étendent depuis le tropique du Cancer jusqu'à la pointe de l'Afrique, partagent cette grande presqu'île dans sa longueur, et sont toutes habitées par des peuples blancs; ce n'est que dans les contrées où les terres s'abaissent que l'on trouve des Nègres; or, elles se dépriment beaucoup du côté de l'occident vers les pays de Congo, d'Angole, etc., et tout autant du côté de l'orient vers Mélinde et Zanguebar; c'est dans ces contrées basses excessivement chaudes, que se trouvent des hommes noirs, les Nègres à l'occident et les Cafres à l'orient. Tout le centre de l'Afrique est un pays tempéré et assez pluvieux, une terre très élevée et presque partout peuplée d'hommes blancs ou seulement basanés et non pas noirs.

Sur les Barbarins (*page* 1778), M. Bruce fait une observation; il dit que ce nom est équivoque: les habitants de Barberenna, que les voyageurs ont appelés *Barbarins*, et qui habitent le haut du fleuve Niger ou Sénégal, sont en effet des hommes noirs, des Nègres même plus beaux que ceux du Sénégal. Mais les Barbarins proprement dits sont les habitants du pays de Berber ou Barabra, situé entre le seizième et le vingt-deuxième ou le vingt-troisième degré de latitude nord; ce pays s'étend le long des deux bords du Nil, et comprend la contrée de Dongola. Or, les habitants de cette terre, qui sont les vrais Barbarins voisins des Nubiens, ne sont pas noirs comme eux; ils ne sont que basanés, ils ont des cheveux et non pas de la laine, leur nez n'est point écrasé, leurs lèvres sont minces, enfin ils ressemblent aux Abyssins montagnards, desquels ils ont tiré leur origine.

A l'égard de ce que j'ai dit de la boisson ordinaire des Éthiopiens ou Abyssins, M. Bruce remarque qu'ils n'ont point l'usage des tamarins, que cet arbre leur est même inconnu. Ils ont une graine qu'on appelle *Teef* (*a*), de laquelle ils font du pain; ils en font aussi une espèce de bière en la laissant fermenter dans l'eau, et cette liqueur a un goût aigrelet qui a pu la faire confondre avec la boisson faite de tamarins.

Au sujet de la langue des Abyssins, que j'ai dit (*page* 179) n'avoir aucune règle, M. Bruce observe qu'il y a à la vérité plusieurs langues en Abyssinie, mais que toutes ces langues sont à peu près assujetties aux mêmes règles que les autres langues orientales: la manière d'écrire des Abyssins est plus lente que celle des Arabes, ils écrivent néanmoins presque aussi vite que nous. Au sujet de leurs habillements et de leur manière de se saluer, M. Bruce assure que les Jésuites ont fait des contes dans leurs Lettres édifiantes, et qu'il n'y a rien de vrai dans tout ce qu'ils disent sur cela: les Abyssins se saluent sans cérémonie, ils ne portent point d'écharpes, mais des vêtements fort amples, dont j'ai vu les dessins dans les portefeuilles de M. Bruce.

Sur ce que j'ai dit des *Acridophages* ou *mangeurs de sauterelles* (*page* 179), M. Bruce observe qu'on mange des sauterelles, non seulement dans les déserts voisins de l'Abyssinie, mais aussi dans la Libye intérieure, près le *Palus-Tritonides*, et dans quelques endroits du royaume de Maroc. Ces peuples font frire ou rôtir les sauterelles avec du beurre; ils les écrasent ensuite pour les mêler avec du lait et en faire des gâteaux. M. Bruce dit avoir souvent mangé de ces gâteaux sans en avoir été incommodé.

J'ai dit (*page* 180) que vraisemblablement les Arabes ont autrefois envahi l'Éthiopie ou Abyssinie, et qu'ils en ont chassé les naturels du pays. Sur cela M. Bruce observe que les historiens Abyssins qu'il a lus assurent que de tout temps, ou du moins très anciennement, l'Arabie Heureuse appartenait au contraire à l'empire d'Abyssinie; et cela s'est en effet trouvé vrai à l'avènement de Mahomet. Les Arabes ont aussi des époques ou

(*a*) Manière de faire le pain avec la graine de la plante appelée teef, en Abyssinie. — Il faut commencer par tamiser la graine de teef et en ôter tous les corps étrangers, après quoi l'on en fait de la farine; ensuite on prend une cruche dans laquelle on met un morceau de levain de la grosseur d'une noix; ce levain doit être mis dans le milieu de la farine dont la cruche est remplie. Si l'on fait cette opération sur les sept à huit heures du soir, il faudra, le lendemain matin, à sept ou huit heures, prendre un morceau de la masse déjà devenue levain, proportionné à la quantité de pain que l'on veut faire. On étend la pâte en l'aplatissant, comme un gâteau fort mince sur une pierre polie, sous laquelle il y a du feu; cette pâte ne doit être ni trop liquide ni trop consistante, et il vaut mieux qu'elle soit un peu trop molle que d'être trop dure. On la couvre ensuite d'un vase ou d'un couvercle élevé de paille, et en huit ou dix minutes et moins encore, selon le feu, le pain est cuit, et on l'expose à l'air. Les Abyssins mettent du levain dans la cruche pour la première fois seulement, après quoi ils n'en mettent plus; la seule chaleur de la cruche suffit pour faire lever le pain. Chaque matin ils font leur pain pour le jour entier. (*Note communiquée par M. le chevalier Bruce à M. de Buffon.*)

dates fort anciennes de l'invasion des Abyssins en Arabie, et de la conquête de leur propre pays. Mais il est vrai qu'après Mahomet les Arabes se sont répandus dans les contrées basses de l'Abyssinie, les ont envahies et se sont étendus le long des côtes de la mer jusqu'à Mélinde, sans avoir jamais pénétré dans les terres élevées de l'Éthiopie ou Haute-Abyssinie : ces deux noms n'expriment que la même région, connue des anciens sous le nom d'Éthiopie, et des modernes sous celui d'Abyssinie.

(Page 195). J'ai fait une erreur en disant que les Abyssins et les peuples de Mélinde ont la même religion; car les Abyssins sont chrétiens, et les habitants de Mélinde sont mahométans, comme les Arabes qui les ont subjugués; cette différence de religion semble indiquer que les Arabes ne se sont jamais établis à demeure dans la Haute-Abyssinie.

Au sujet des Hottentots et de cette excroissance de peau que les voyageurs ont appelé le tablier des Hottentotes, et que Thévenot dit se trouver aussi chez les Égyptiennes, M. Bruce assure, avec toute raison, que ce fait n'est pas vrai pour les Égyptiennes, et très douteux pout les Hottentotes. Voici ce qu'en rapporte M. le vicomte de Querhoënt dans le journal de son voyage, qu'il a eu la bonté de me communiquer (*a*).

« Il est faux que les femmes hottentotes aient un tablier naturel qui recouvre les par- » ties de leur sexe; tous les habitants du cap de Bonne-Espérance assurent le contraire, » et je l'ai ouï dire au lord Gordon, qui était allé passer quelque temps chez ces peuples » pour en être certain; mais il m'a assuré en même temps que toutes les femmes qu'il » avait vues avaient deux protubérances charnues qui sortaient d'entre les grandes lèvres » au-dessus du clitoris, et tombaient d'environ deux ou trois travers de doigt; qu'au pre- » mier coup d'œil ces deux excroissances ne paraissent point séparées. Il m'a dit aussi » que quelquefois ces femmes s'entouraient le ventre de quelque membrane d'animal, et » que c'est ce qui aura pu donner lieu à l'histoire du tablier. Il est fort difficile de faire » cette vérification, elles sont naturellement très modestes, il faut les enivrer pour en » venir à bout. Ce peuple n'est pas si excessivement laid que la plupart des voyageurs » veulent le faire accroire; j'ai trouvé qu'il avait les traits plus approchants des Euro- » péens que les Nègres d'Afrique. Tous les Hottentots que j'ai vus étaient d'une taille » très médiocre; ils sont peu courageux, aiment avec excès les liqueurs fortes et pa- » raissent fort flegmatiques. Un Hottentot et sa femme passaient dans une rue l'un au- » près de l'autre, et causaient sans paraître émus; tout d'un coup je vis le mari donner à » sa femme un soufflet si fort qu'il l'étendit par terre; il parût d'un aussi grand sang-froid » après cette action qu'auparavant; il continua sa route sans faire seulement attention à » sa femme qui, revenue un instant après de son étourdissement, hâta le pas pour re- » joindre son mari. »

Par une lettre que M. de Querhoënt m'a écrite le 15 février 1775, il ajoute :

« J'eusse désiré vérifier par moi-même si le tablier des Hottentotes existe, mais c'est » une chose très difficile, premièrement par la répugnance qu'elles ont de se laisser voir » à des étrangers, et en second lieu par la grande distance qu'il y a entre leurs habita- » tions et la ville du Cap dont les Hottentots s'éloignent même de plus en plus; tout ce » que je puis vous dire à ce sujet, c'est que les Hollandais du Cap qui m'en ont parlé » croient le contraire, et M. Bergh, homme instruit, m'a assuré qu'il avait eu la curiosité » de le vérifier par lui-même. »

Ce témoignage de M. Bergh et celui de M. Gordon me paraissent suffire pour faire tomber ce prétendu tablier, qui m'a toujours paru contre tout ordre de nature. Le fait, quoique affirmé par plusieurs voyageurs, n'a peut-être d'autre fondement que le ventre

(*a*) Remarques d'histoire naturelle, faites à bord du vaisseau du Roi *la Victoire*, pendant les années 1773 et 1774, par M. le vicomte de Querhoënt, enseigne de vaisseau.

pendant de quelques femmes malades ou mal soignées après leurs couches. Mais à l'égard des protubérances entre les lèvres, lesquelles proviennent du trop grand accroissement des nymphes, c'est un défaut connu et commun au plus grand nombre des femmes africaines. Ainsi l'on doit ajouter foi à ce que M. de Querhoënt en dit ici d'après M. Gordon, d'autant qu'on peut joindre à leurs témoignages celui du capitaine Cook. Les Hottentotes (dit-il) n'ont pas ce tablier de chair dont on a souvent parlé : un médecin du Cap, qui a guéri plusieurs de ces femmes de maladies vénériennes, assure qu'il a seulement vu deux appendices de chair ou plutôt de peau, tenant à la partie supérieure des lèvres, et qui ressemblaient en quelque sorte aux tettes d'une vache, excepté qu'elles étaient plates ; il ajoute qu'elles pendaient devant les parties naturelles et qu'elles étaient de différentes longueurs dans différentes femmes ; que quelques-unes n'en avaient qu'un demi-pouce, et d'autres de trois à quatre pouces de long (*a*).

Sur la couleur des Nègres.

Tout ce que j'ai dit sur la cause de la couleur des Nègres me paraît de la plus grande vérité : c'est la chaleur excessive dans quelques contrées du globe qui donne cette couleur, ou pour mieux dire cette teinture aux hommes, et cette teinture pénètre à l'intérieur, car le sang des Nègres est plus noir que celui des hommes blancs. Or cette chaleur excessive ne se trouve dans aucune contrée montagneuse, ni dans aucune terre fort élevée sur le globe, et c'est par cette raison que sous l'équateur même les habitants du Pérou et ceux de l'intérieur de l'Afrique ne sont pas noirs. De même cette chaleur excessive ne se trouve point sous l'équateur, sur les côtes ou terres basses voisines de la mer du côté de l'orient, parce que ces terres basses sont continuellement rafraîchies par le vent d'est qui passe sur de grandes mers avant d'y arriver ; et c'est par cette raison que les peuples de la Guyane, les Brésiliens, etc., en Amérique, ainsi que les peuples de Mélinde et des autres côtes orientales de l'Afrique, non plus que les habitants des îles méridionales de l'Asie, ne sont pas noirs. Cette chaleur excessive ne se trouve donc que sur les côtes et terres basses occidentales de l'Afrique, où le vent d'est qui règne continuellement, ayant à traverser une immense étendue de terre, ne peut que s'échauffer en passant, et augmenter par conséquent de plusieurs degrés la température naturelle de ces contrées occidentales de l'Afrique. C'est par cette raison, c'est-à-dire par cet excès de chaleur provenant des deux circonstances combinées de la dépression des terres et de l'action du vent chaud, que sur cette côte occidentale de l'Afrique on trouve les hommes les plus noirs. Les deux mêmes circonstances produisent à peu près le même effet en Nubie et dans les terres de la Nouvelle-Guinée, parce que dans ces deux contrées basses le vent d'est n'arrive qu'après avoir traversé une vaste étendue de terre. Au contraire, lorsque ce même vent arrive après avoir traversé de grandes mers, sur lesquelles il prend de la fraîcheur, la chaleur seule de la zone torride, non plus que celle qui provient de la dépression du terrain, ne suffisent pas pour produire des nègres, et c'est la vraie raison pourquoi il ne s'en trouve que dans ces trois régions sur le globe entier, savoir : 1° le Sénégal, la Guinée, et les autres côtes occidentales de l'Afrique ; 2° la Nubie ou Nigritie ; 3° la terre des Papous ou Nouvelle-Guinée ; ainsi le domaine des Nègres n'est pas aussi vaste, ni leur nombre à beaucoup près aussi grand qu'on pourrait l'imaginer, et je ne sais sur quel fondement M. P. prétend que le nombre des Nègres est à celui des Blancs comme un est à vingt-trois (*b*) ; il ne peut avoir sur cela que des aperçus bien vagues, car, autant que je puis en juger, l'espèce entière des vrais Nègres est beaucoup moins nombreuse ; je ne crois pas même qu'elle

(*a*) *Voyage du capitaine Cook*, chap. XII, p. 223 et suiv.
(*b*) *Recherches sur les Américains*, t. Ier, p. 211.

fasse la centième partie du genre humain, puisque nous sommes maintenant informés que l'intérieur de l'Afrique est peuplé d'hommes blancs.

M. P. prononce affirmativement sur un grand nombre de choses sans citer ses garants; cela serait pourtant à désirer, surtout pour les faits importants.

« Il faut absolument, dit-il, quatre générations mêlées pour faire disparaître entièrement la couleur des Nègres, et voici l'ordre que la nature observe dans les quatre générations mêlées :

» 1° D'un nègre et d'une femme blanche naît le mulâtre à demi noir, à demi blanc, à longs cheveux ;

» 2° Du mulâtre et de la femme blanche provient le quarteron basané, à cheveux longs ;

» 3° Du quarteron et d'une femme blanche sort l'octavon, moins basané que le quarteron ;

» 4° De l'octavon et d'une femme blanche vient un enfant parfaitement blanc.

» Il faut quatre filiations en sens inverse pour noircir les blancs.

» 1° D'un blanc et d'une négresse sort le mulâtre à longs cheveux ;

» 2° Du mulâtre et de la négresse vient le quarteron, qui a trois quarts de noir et un quart de blanc ;

» 3° Du quarteron et d'une négresse provient l'octavon, qui a sept huitièmes de noir et un huitième de blanc ;

» 4° De cet octavon et de la négresse vient enfin le vrai nègre, à cheveux entortillés » (a).

Je ne veux pas contredire ces assertions de M. P., je voudrais seulement qu'il nous eût appris d'où il a tiré ces observations, d'autant que je n'ai pu m'en procurer d'aussi précises, quelques recherches que j'aie faites. On trouve dans l'*Histoire de l'Académie des sciences*, année 1724, page 17, l'observation ou plutôt la notice suivante :

« Tout le monde sait que les enfants d'un blanc et d'une noire ou *d'un noir et d'une blanche, ce qui est égal,* sont d'une couleur jaune, et qu'ils ont des cheveux noirs, courts et frisés ; on les appelle *mulâtres.* Les enfants d'un mulâtre et d'une noire ou *d'un noir ou d'une mulâtresse,* qu'on appelle *griffes,* sont d'un jaune plus noir et ont les cheveux noirs, de sorte qu'il semble qu'une nation originairement formée de noirs et de mulâtres retournerait au noir parfait. Les enfants des mulâtres et des mulâtresses, qu'on nomme *casques,* sont d'un jaune plus clair que les griffes, et apparemment une nation qui en serait originairement formée retournerait au blanc. »

Il paraît par cette notice, donnée à l'Académie par M. de Hauterive, que non seulement tous les mulâtres ont des cheveux et non de la laine, mais que les griffes, nés d'un père nègre et d'une mulâtresse, ont aussi des cheveux et point de laine, ce dont je doute; il est fâcheux que l'on n'ait pas sur ce sujet important un certain nombre d'observations bien faites.

Sur les Nains de Madagascar.

Les habitants des côtes orientales de l'Afrique et de l'île de Madagascar, quoique plus ou moins noirs, ne sont pas nègres, et il y a dans les parties montagneuses de cette grande île, comme dans l'intérieur de l'Afrique, des hommes blancs. On a même nouvellement débité qu'il se trouvait, dans le centre de l'île dont les terres sont les plus élevées, un peuple de nains blancs; M. Meunier, médecin, qui a fait quelque séjour dans cette île, m'a rapporté ce fait, et j'ai trouvé, dans les papiers de feu M. Commerson, la relation suivante :

(a) *Recherches sur les Américains*, t. Ier, p. 217.

« Les amateurs du merveilleux, qui nous auront sans doute su mauvais gré d'avoir » réduit à six pieds de haut la taille prétendue gigantesque des Patagons, accepteront » peut-être en dédommagement une race de pygmées qui donne dans l'excès opposé; » je veux parler de ces demi-hommes qui habitent les hautes montagnes de l'intérieur » dans la grande île de Madagascar, et qui y forment un corps de nation considérable » appelée *Quimos* ou *Kimos* en langue *Madécasse*. Otez-leur la parole ou donnez-la aux » singes grands et petits, ce serait le passage insensible de l'espèce humaine à la gent » quadrupède. Le caractère naturel et distinctif de ces petits hommes est d'être blancs » ou du moins plus pâles en couleur que tous les noirs connus; d'avoir les bras très- » allongés, de façon que la main atteint au-dessous du genou sans plier le corps, et pour » les femmes de marquer à peine leur sexe par les mamelles, excepté dans le temps » qu'elles nourrissent; encore veut-on assurer que la plupart sont forcées de recourir » au lait de vache pour nourrir leurs nouveau-nés. Quant aux facultés intellectuelles, » ces Quimos le disputent aux autres Malgaches (c'est ainsi qu'on appelle en général tous » les naturels de Madagascar) que l'on sait être fort spirituels et fort adroits, quoique » livrés à la plus grande paresse. Mais on assure que les Quimos, beaucoup plus actifs, » sont aussi plus belliqueux; de façon que leur courage étant, si je puis m'exprimer » ainsi, en raison double de leur taille, ils n'ont jamais pu être opprimés par leurs » voisins qui ont souvent maille à partir avec eux. Quoique attaqués avec des forces et » des armes inégales (car ils n'ont pas l'usage de la poudre et des fusils comme leurs » ennemis), ils se sont toujours battus courageusement et maintenus libres dans leurs » rochers, leur difficile accès contribuant sans doute beaucoup à leur conservation; ils y » vivent de riz, de différents fruits, légumes et racines, et y élèvent un grand nombre » de bestiaux (bœufs à bosse et moutons à grosse queue), dont ils empruntent aussi en » partie leur subsistance. Ils ne communiquent avec les différentes castes Malgaches dont » ils sont environnés ni par commerce, ni par alliances, ni de quelque autre manière que » ce soit, tirant tous leurs besoins du sol qu'ils possèdent. Comme l'objet de toutes les » petites guerres, qui se font entre eux et les autres habitants de cette île, est de s'en- » lever réciproquement quelque bétail ou quelques esclaves, la petitesse de nos Quimos » les mettant presque à l'abri de cette dernière injure, ils savent par amour de la paix se » résoudre à souffrir la première jusqu'à un certain point; c'est-à-dire que, quand ils » voient du haut de leurs montagnes quelque formidable appareil de guerre qui s'avance » dans la plaine, ils prennent d'eux-mêmes le parti d'attacher à l'entrée des défilés, par » où il faudrait passer pour aller à eux, quelque superflu de leurs troupeaux, dont ils » font, disent-ils, volontairement le sacrifice à l'indigence de leurs frères aînés; mais » avec protestation en même temps de se battre à toute outrance, si l'on passe à main » armée plus avant sur leur terrain : preuve que ce n'est pas par sentiment de faiblesse, » encore moins par lâcheté qu'ils font précéder les présents; leurs armes sont la zagaie » et le trait, qu'ils lancent on ne peut pas plus juste; on prétend que s'ils pouvaient, comme » ils en ont grande envie, s'aboucher avec les Européens et en tirer des fusils et des » munitions de guerre, ils passeraient volontiers de la défensive à l'offensive contre leurs » voisins, qui seraient peut-être alors trop heureux de pouvoir entretenir la paix.

» A trois ou quatre journées du fort Dauphin (qui est presque dans l'extrémité du sud » de Madagascar), les gens du pays montrent avec beaucoup de complaisance une suite » de petits mondrains ou tertres de terre élevés en forme de tombeaux qu'ils assurent » devoir leur origine à un grand massacre de Quimos défaits en plein champ par leurs » ancêtres, ce qui semblerait prouver que nos braves petits guerriers ne se sont pas » toujours tenus cois et rencoignés dans leurs hautes montagnes, qu'ils ont peut-être » aspiré à la conquête du plat pays, et que ce n'est qu'après cette défaite calamiteuse » qu'ils ont été obligés de regagner leurs âpres demeures. Quoi qu'il en soit, cette tradi-

» tion constante dans ces cantons, ainsi qu'une notion généralement répandue par tout » Madagascar, de l'existence encore actuelle des Quimos, ne permettent pas de douter » qu'une partie au moins de ce qu'on en raconte ne soit véritable. Il est étonnant que » tout ce qu'on sait de cette nation ne soit que recueilli des témoignages de celles qui » les avoisinent, qu'on n'ait encore aucunes observations faites sur les lieux, et que, soit » les gouverneurs des îles de France et de Bourbon, soit les commandants particuliers » des différents postes que nous avons tenus sur les côtes de Madagascar, n'aient pas » entrepris de faire pénétrer à l'intérieur des terres dans le dessein de joindre cette » découverte à tant d'autres qu'on aurait pu faire en même temps. La chose a été tentée » dernièrement, mais sans succès : l'homme qu'on y envoyait, manquant de résolution, » abandonna à la seconde journée son monde et ses bagages, et n'a laissé, lorsqu'il a » fallu réclamer ces derniers, que le germe d'une guerre où il a péri quelques blancs et » un grand nombre de noirs; la mésintelligence qui, depuis lors, a succédé à la con- » fiance qui régnait précédemment entre les deux nations, pourrait bien pour la troi- » sième fois devenir funeste à cette poignée de Français qu'on a laissés au fort Dauphin, » en retirant ceux qui y étaient anciennement. Je dis pour la troisième fois, parce qu'il » y a déjà eu deux *Saint-Barthélemi* complètement exercées sur nos garnisons dans cette » île, sans compter celle des Portugais et des Hollandais qui nous y avaient précédés.

» Pour revenir à nos Quimos et en terminer la note, j'attesterai, comme témoin » oculaire, que dans le voyage que je viens de faire au fort Dauphin (sur la fin de 1770), » M. le comte de Modave, dernier gouverneur, qui m'avait déjà communiqué une partie » de ces observations, me procura enfin la satisfaction de me faire voir, parmi ses » esclaves, une femme Quimose âgée d'environ trente ans, haute de trois pieds sept à » huit pouces, dont la couleur était en effet de la nuance la plus éclaircie que j'aie vue » parmi les habitants de cette île; je remarquai qu'elle était très membrue dans sa petite » stature, ne ressemblant point aux petites personnes fluettes, mais plutôt à une femme » de proportions ordinaires dans le détail, mais seulement raccourcie dans sa hauteur..... ; » que les bras en étaient effectivement très longs et atteignant, sans qu'elle se courbât, » à la rotule du genou; que ses cheveux étaient courts et laineux, la physionomie assez » bonne, se rapprochant plus de l'Européenne que de la Malgache, qu'elle avait habituel- » lement l'air riant, l'humeur douce et complaisante, et le bon sens commun, à en juger » par sa conduite, car elle ne savait pas parler français. Quant au fait des mamelles, il » fut aussi vérifié, et il ne s'en trouva que le bouton, comme dans une fille de dix ans, » sans la moindre flaccidité de la peau qui pût faire croire qu'elles fussent passées. Mais » cette observation seule est bien loin de suffire pour établir une exception à la loi com- » mune de la nature : combien de filles et de femmes européennes à la fleur de leur âge » n'offrent que trop souvent cette défectueuse conformation... Enfin, peu avant notre » départ de Madagascar, l'envie de recouvrer sa liberté, autant que la crainte d'un embar- » quement prochain, portèrent la petite esclave à s'enfuir dans les bois; on la ramena » bien quelques jours après, mais tout exténuée et presque morte de faim, parce que se » défiant des noirs comme des blancs, elle n'avait vécu pendant son marronnage que de » mauvais fruits et de racines crues; c'est vraisemblablement autant à cette cause qu'au » chagrin d'avoir perdu de vue les pointes des montagnes où elle était née, qu'il faut » attribuer sa mort, arrivée environ un mois après à Saint-Paul, île de Bourbon, où le » navire qui nous ramenait à l'île de France a relâché pendant quelques jours. M. de » Modave avait eu cette Quimose en présent d'un chef malgache; elle avait passé par les » mains de plusieurs maîtres, ayant été ravie fort jeune sur les confins de son pays.

» Tout considéré, je conclus (autant sur cet échantillon que sur les preuves acces- » soires) par croire assez fermement à cette nouvelle dégradation de l'espèce humaine, » qui a son signalement caractéristique comme ses mœurs propres..... Et si quelqu'un,

» trop difficile à persuader, ne veut pas se rendre aux preuves alléguées (qu'on désire» rait vraiment plus multipliées), qu'il fasse du moins attention qu'il existe des Lapons » à l'extrémité boréale de l'Europe..... que la diminution de notre taille à celle du » Lapon est à peu près graduée comme celle du Lapon au Quimos..... que l'un et l'autre » habitent les zones les plus froides, ou les montagnes les plus élevées de la terre..... que » celles de Madagascar sont évidemment trois ou quatre fois plus exhaussées que celles » de l'île de France, c'est-à-dire d'environ seize à dix-huit cent toises au-dessus du niveau » de la mer..... les végétaux qui croissent naturellement sur ces plus grandes hauteurs » ne semblent être que des avortons, comme le pin et le bouleau nains et tant d'autres, » qui de la classe des arbres passent à celle des plus humbles arbustes, par la seule » raison qu'ils sont devenus alpicoles, c'est-à-dire habitants des plus hautes montagnes..... » qu'enfin ce serait le comble de la témérité que de vouloir, avant de connaître toutes » les variétés de la nature, en fixer le terme, comme si elle ne pouvait pas s'être habituée » dans quelques coins de la terre à faire sur toute une race ce qu'elle ne nous paraît » avoir qu'ébauché, comme par écart, sur certains individus qu'on a vus parfois ne » s'élever qu'à la taille des poupées ou des marionnettes. »

Je me suis permis de donner ici cette relation en entier à cause de la nouveauté, quoique je doute encore beaucoup de la vérité des faits allégués et de l'existence réelle d'un peuple de trois pieds et demi de taille, cela est au moins exagéré; il en sera de ces Quimos de trois pieds et demi, comme des Patagons de douze pieds; ils se sont réduits à sept ou huit pieds au plus, et les Quimos s'élèveront au moins à quatre pieds ou quatre pieds trois pouces; si les montagnes où ils habitent ont seize ou dix-huit cents toises au-dessus du niveau de la mer, il doit y faire assez froid pour les blanchir et rapetisser leur taille à la même mesure que celle des Groenlandais ou des Lapons, et il serait assez singulier que la nature eût placé l'extrême du produit du froid sur l'espèce humaine dans des contrées voisines de l'équateur; car on prétend qu'il existe dans les montagnes du Tucuman une race de pygmées de trente et un pouces de hauteur, au-dessus du pays habité par les Patagons. On assure même que les Espagnols ont transporté en Europe quatre de ces petits hommes sur la fin de l'année 1755 (*a*). Quelques voyageurs parlent aussi d'une autre race d'Américains blancs et sans aucun poil sur le corps, qui se trouve également dans les terres voisines du Tucuman; mais tous ces faits ont grand besoin d'être vérifiés.

Au reste, l'opinion ou le préjugé de l'existence des pygmées est extrêmement ancien : Homère, Hésiode et Aristote en font également mention. M. l'abbé Banier a fait une savante dissertation sur ce sujet, qui se trouve dans la collection des Mémoires de l'Académie des belles-lettres, tome V, page 101. Après avoir comparé tous les témoignages des anciens sur cette race de petits hommes, il est d'avis qu'ils formaient en effet un peuple dans les montagnes d'Éthiopie, et que ce peuple était le même que celui que les historiens et les géographes ont désigné depuis sous le nom de Péchiniens; mais il pense avec raison que ces hommes, quoique de très petite taille, avaient bien plus d'une ou deux coudées de hauteur, et qu'ils étaient à peu près de la taille des Lapons. Les Quimos des montagnes de Madagascar et les Péchiniens d'Éthiopie pourraient bien n'être que la même race qui s'est maintenue dans les plus hautes montagnes de cette partie du monde.

Sur les Patagons.

Nous n'avons rien à ajouter à ce que nous avons écrit sur les autres peuples de l'ancien continent; et comme nous venons de parler des plus petits hommes, il faut aussi faire

(*a*) Voyez les notes sur la dernière édition de Lamotte-Levayer, t. IX, p. 82.

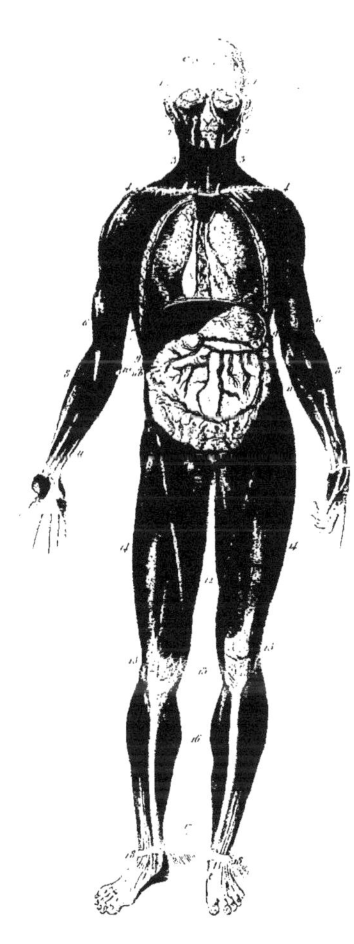

Imp. R. Taneur

MYOLOGIE ET SPLANCHNOLOGIE DE L'HOMME

A. Le Vasseur Éditeur

mention des plus grands : ce sont certainement les Patagons; mais comme il y a encore beaucoup d'incertitudes sur leur grandeur et sur le pays qu'ils habitent, je crois faire plaisir au lecteur en lui mettant sous les yeux un extrait fidèle de tout ce qu'on en sait.

« Il est bien singulier, dit M. Commerson, qu'on ne veuille pas revenir de l'erreur que » les Patagons soient des géants, et je ne puis assez m'étonner que des gens que j'aurais » pris à témoin du contraire, en leur supposant quelque amour pour la vérité, osent, » contre leur propre conscience, déposer vis-à-vis du public d'avoir vu au détroit de » Magellan ces titans prodigieux qui n'ont jamais existé que dans l'imagination échauffée » des poètes et des marins..... *Ed io anche :* et moi aussi je les ai vus, ces Patagons! je » me suis trouvé au milieu de plus d'une centaine d'eux (sur la fin de 1769) avec M. de » Bougainville et M. le prince de Nassau, que j'accompagnai dans la descente qu'on fit à » la baie Boucault; je puis assurer, et ces messieurs sont trop vrais pour ne le pas cer- » tifier de même, que les Patagons ne sont que d'une taille un peu au-dessus de la nôtre » ordinaire, c'est-à-dire communément de cinq pieds huit pouces à six pieds. J'en ai vu » bien peu qui excédassent ce terme, mais aucun qui passât six pieds quatre pouces. Il » est vrai que dans cette hauteur ils ont presque la corpulence de deux Européens, étant » très larges de carrure et ayant la tête et les membres en proportion. Il y a encore bien » loin de là au gigantisme, si je puis me servir de ce terme inusité, mais expressif. Outre » ces Patagons avec lesquels nous restâmes environ deux heures à nous accabler mutuel- » lement de marques d'amitié, nous en avons vu un bien plus grand nombre d'autres » nous suivre au galop le long de leurs côtes; ils étaient de même acabit que les pre- » miers. Au surplus, il ne sera pas hors de propos d'observer, pour porter le dernier » coup aux exagérations qu'on a débitées sur ces sauvages, qu'ils vont errants comme » les Scythes et sont presque sans cesse à cheval. Or, leurs chevaux n'étant que de race » espagnole, c'est-à-dire de vrais bidets, comment est-ce qu'on prétend leur *affourcher* » des géants sur le dos? Déjà même nos Patagons, quoique réduits à la simple toise, » sont-ils obligés d'étendre les pieds en avant, ce qui ne les empêche pas d'aller toujours » au galop, soit à la montée, soit à la descente, leurs chevaux sans doute étant formés à » cet exercice de longue main. D'ailleurs l'espèce s'en est si fort multipliée dans les gras » pâturages de l'Amérique méridionale, qu'on ne cherche pas à les ménager. »

M. de Bougainville, dans la curieuse relation de son grand voyage, confirme les faits que je viens de citer d'après M. Commerson.

« Il paraît attesté, dit ce célèbre voyageur, par le rapport uniforme des Français, qui » n'eurent que trop le temps de faire leurs observations sur ce peuple des Patagons, qu'ils » sont, en général, de la stature la plus haute et de la complexion la plus robuste qui » soient connues parmi les hommes : aucun n'avait au-dessous de cinq pieds cinq à six » pouces, et plusieurs avaient six pieds. Leurs femmes sont presque blanches et d'une » figure assez agréable; quelques-uns de nos gens qui ont hasardé d'aller jusqu'à leur » camp y virent des vieillards qui portaient encore sur leur visage l'apparence de la » vigueur et de la santé (a). Dans un autre endroit de sa relation, M. de Bougainville dit » que ce qui lui a paru être gigantesque dans la stature des Patagons, c'est leur énorme » carrure, la grosseur de leur tête et l'épaisseur de leurs membres; ils sont robustes et » bien nourris; leurs muscles sont tendus et leur chair ferme et soutenue; leur figure » n'est ni dure ni désagréable; plusieurs l'ont jolie; leur visage est long et un peu plat; » leurs yeux sont vifs et leurs dents extrêmement blanches, seulement trop larges. Ils » portent de longs cheveux noirs, attachés sur le sommet de la tête. Il y en a qui ont » sous le nez des moustaches qui sont plus longues que bien fournies; leur couleur est » bronzée comme l'est, sans exception, celle de tous les Américains, tant de ceux qui

(a) *Voyage autour du monde*, par M. de Bougainville, t. Ier, in-8°, p. 87 et 88.

» habitent la zone torride que de ceux qui naissent sous les zones tempérées et froides » de ce même continent; quelques-uns de ces Patagons avaient les joues peintes en rouge; » leur langue est assez douce et rien n'annonce en eux un caractère féroce. Leur habille» ment est un simple bragué de cuir qui leur couvre les parties naturelles, et un grand » manteau de peau de guanaque (lama) ou de sourilios (probablement le zorilla, espèce » de moufette); ce manteau est attaché autour du corps avec une ceinture, il descend » jusqu'aux talons, et ils laissent communément retomber en bas la partie faite pour » couvrir les épaules; de sorte que, malgré la rigueur du climat, ils sont presque toujours » nus de la ceinture en haut. L'habitude les a sans doute rendus insensibles au froid, car » quoique nous fussions ici en été, dit M. de Bougainville, le thermomètre de Réaumur » n'y avait encore monté qu'un seul jour à dix degrés au-dessus de la congélation.....Les » seules armes qu'on leur ait vues sont deux cailloux ronds attachés aux deux bouts d'un » boyau cordonné, semblable à ceux dont on se sert dans toute cette partie de l'Amérique. » Leurs chevaux petits et fort maigres, étaient sellés et bridés à la manière des habitants » de la rivière de la Plata. Leur nourriture principale paraît être la chair des lamas et des » vigognes; plusieurs en avaient des quartiers attachés à leurs chevaux; nous leur en » avons vu manger des morceaux crus. Ils avaient aussi avec eux des chiens petits et » vilains, lesquels, ainsi que leurs chevaux, boivent de l'eau de mer, l'eau douce étant » fort rare sur cette côte et même dans les terres. Quelques-uns de ces Patagons nous » dirent quelques mots espagnols; il semble que, comme les Tartares, ils mènent une vie » errante dans les plaines immenses de l'Amérique méridionale, sans cesse à cheval. » hommes, femmes et enfants, suivant le gibier et les bestiaux dont les plaines sont cou» vertes, se vêtant et se cabanant avec des peaux. Je terminerai cet article, ajoute M. de » Bougainville, en disant que nous avons depuis trouvé dans la mer Pacifique une nation » d'une taille plus élevée que ne l'est celle des Patagons (*a*). » Il veut parler des habitants de l'île d'Othaïti, dont nous ferons mention ci-après.

Ces récits de MM. Bougainville et Commerson me paraissent très fidèles, mais il faut considérer qu'ils ne parlent que des Patagons des environs du détroit, et que peut-être il y en a d'encore plus grands dans l'intérieur des terres. Le commodore Byron assure qu'à quatre ou cinq lieues de l'entrée du détroit de Magellan, on aperçut une troupe d'hommes, les uns à cheval, les autres à pied, qui pouvaient être au nombre de cinq cents; que ces hommes n'avaient point d'armes, et que les ayant invités par signes, l'un d'entre eux vint à sa rencontre; que cet homme était d'une taille gigantesque; la peau d'un animal sauvage lui couvrait les épaules; il avait le corps peint d'une manière hideuse; l'un de ses yeux était entouré d'un cercle noir et l'autre d'un cercle blanc. Le reste du visage était bizarrement sillonné par des lignes de diverses couleurs : sa hauteur paraissait avoir sept pieds anglais.

Ayant été jusqu'au gros de la troupe, on vit plusieurs femmes proportionnées aux hommes pour la taille; tous étaient peints et à peu près de la même grandeur; leurs dents, qui ont la blancheur de l'ivoire, sont unies et bien rangées. La plupart étaient nus, à l'exception de cette peau d'animal qu'ils portent sur les épaules avec le poil en dedans; quelques-uns avaient des bottines, ayant à chaque talon une cheville de bois qui leur sert d'éperon. Ce peuple paraît docile et paisible. Ils avaient avec eux un grand nombre de chiens et de très petits chevaux, mais très vifs à la course; les brides sont des courroies de cuir avec un bâton pour servir de mors; leurs selles ressemblent aux coussinets dont les paysans se servent en Angleterre. Les femmes montent à cheval comme les hommes et sans étriers (*b*). Je pense qu'il n'y a point d'exagération dans ce récit, et que

(*a*) *Voyage autour du monde*, par le commodore Byron, chap. III, p. 243 jusqu'à 247.
(*b*) *Idem*, *ibid.*, p. 34 et suiv.

ces Patagons, vus par Byron, peuvent être un peu plus grands que ceux qui ont été vus par MM. de Bougainville et Commerson.

Le même voyageur, Byron, rapporte que, depuis le cap Monday jusqu'à la sortie du détroit, on voit le long de la baie Tuesday d'autres sauvages très stupides et nus malgré la rigueur du froid, ne portant qu'une peau de loup de mer sur les épaules; qu'ils sont doux et dociles; qu'ils vivent de chair de baleine, etc. (*a*); mais il ne fait aucune mention de leur grandeur, en sorte qu'il est à présumer que ces sauvages sont différents des Patagons, et seulement de la taille ordinaire des hommes.

M. P. observe avec raison le peu de proportion qui se trouve entre les mesures de ces hommes gigantesques, données par différents voyageurs: qui croirait, dit-il, que les différents voyageurs qui parlent des Patagons varient entre eux de quatre-vingt-quatre pouces sur leur taille? Cela est néanmoins très vrai.

Selon La Giraudais, ils sont hauts d'environ.....	6 pieds.
Selon Pigafetta..................................	8
Selon Byron......................................	9
Selon Harris.....................................	10
Selon Jautzon....................................	11
Selon Argensola..................................	13

Ce dernier serait, suivant M. P., le plus menteur de tous, et M. de la Giraudais le seul des six qui fut véridique; mais, indépendamment de ce que le pied est fort différent chez les différentes nations, je dois observer que Byron dit seulement que le premier Patagon qui s'approcha de lui était d'une taille gigantesque, et que sa hauteur paraissait être de sept pieds anglais; ainsi la citation de M. P. n'est pas exacte à cet égard. Samuel Wallis, dont on a imprimé la relation à la suite de celle de Byron, s'exprime avec plus de précision. Les plus grands, dit-il, étant mesurés, se trouvèrent avoir six pieds sept pouces; plusieurs autres avaient six pieds cinq pouces, mais le plus grand nombre n'avaient que cinq pieds dix pouces; leur teint est couleur de cuivre foncé; ils ont les cheveux droits et presque aussi durs que les soies de cochon... Ils sont bien faits et robustes; ils ont de gros os, mais leurs pieds et leurs mains sont d'une petitesse remarquable..... Chacun avait à sa ceinture une arme de trait d'une espèce singulière : c'étaient deux pierres rondes couvertes de cuir et pesant chacune environ une livre, qui étaient attachées aux deux bouts d'une corde d'environ huit pieds de long; ils s'en servent comme d'une fronde, en tenant une des pierres dans la main et faisant tourner l'autre autour de la tête jusqu'à ce qu'elle ait acquis une force suffisante; alors ils la lancent contre l'objet qu'ils veulent atteindre; ils sont si adroits à manier cette arme, qu'à la distance de quinze verges ils peuvent frapper un but qui n'est pas plus grand qu'un schelling. Quand ils sont à la chasse du guanaque (le lama), ils jettent leur fronde de manière que la corde, rencontrant les jambes de l'animal, les enveloppe par la force de la rotation et du mouvement des pierres, et l'arrête (*b*).

Le premier ouvrage où l'on ait fait mention des Patagons est la relation du voyage de Magellan, en 1519, et voici ce qui se trouve sur ce sujet dans l'abrégé qu'Harris a fait de cette relation.

« Lorsqu'ils eurent passé la ligne et qu'ils virent le pôle austral, ils continuèrent leur » route sud et arrivèrent à la côte du Brésil environ au vingt-deuxième degré; ils observèrent que tout ce pays était un continent, plus élevé depuis le cap Saint-Augustin. » Ayant continué leur navigation encore à deux degrés et demi plus loin, toujours sud.

(*a*) *Voyage autour du monde*, par le commodore Byron, chap. VII, p. 107.
(*b*) *Voyage de Samuel Wallis*, chap. I, p. 15,

» ils arrivèrent à un pays habité par un peuple fort sauvage et d'une stature prodigieuse ; » ces géants faisaient un bruit effroyable, plus ressemblant au mugissement des bœufs » qu'à des voix humaines. Nonobstant leur taille gigantesque, ils étaient si agiles qu'aucun » Espagnol ni Portugais ne pouvait les atteindre à la course. »

J'observerai que d'après cette relation il semble que ces grands hommes ont été trouvés à vingt-quatre degrés et demi de latitude sud ; cependant à la vue de la carte, il paraît qu'il y a ici de l'erreur, car le cap Saint-Augustin, que la relation place à vingt-deux degrés de latitude sud, se trouve sur la carte à dix degrés, de sorte qu'il est douteux si ces premiers géants ont été rencontrés à douze degrés et demi ou à vingt-quatre degrés et demi ; car si c'est à deux degrés et demi au delà du cap Saint-Augustin, ils ont été trouvés à douze degrés et demi ; mais si c'est à deux degrés et demi au delà de cette partie à l'endroit de la côte du Brésil que l'auteur dit être à vingt-deux degrés, ils ont été trouvés à vingt-quatre degrés et demi : telle est l'exactitude d'Harris. Quoi qu'il en soit, la relation poursuit ainsi :

« Ils poussèrent ensuite jusqu'à quarante-neuf degrés et demi de latitude sud, où la » rigueur du temps les obligea de prendre des quartiers d'hiver et d'y rester cinq mois. » Ils crurent longtemps le pays inhabité, mais enfin un sauvage des contrées voisines vint » les visiter ; il avait l'air vif, gai, vigoureux, chantant et dansant tout le long du chemin. » Étant arrivé au port, il s'arrêta et répandit de la poussière sur sa tête ; sur cela quelques » gens du vaisseau descendirent, allèrent à lui, et ayant répandu de même de la poussière » sur leur tête, il vint avec eux au vaisseau sans crainte ni soupçon : sa taille était si » haute que la tête d'un homme de taille moyenne de l'équipage de Magellan ne lui allait » qu'à la ceinture, et il était gros à proportion.....

» Magellan fit boire et manger ce géant, qui fut fort joyeux jusqu'à ce qu'il eût regardé » par hasard un miroir qu'on lui avait donné avec d'autres bagatelles ; il tressaillit, et » reculant d'effroi il renversa deux hommes qui se trouvaient près de lui. Il fut longtemps » à se remettre de sa frayeur. Nonobstant cela il se trouva si bien avec les Espagnols que » ceux-ci eurent bientôt la compagnie de plusieurs de ces géants, dont l'un surtout se » familiarisa promptement, et montra tant de gaieté et de bonne humeur, que les Euro- » péens se plaisaient beaucoup avec lui.

» Magellan eut envie de faire prisonniers quelques-uns de ces géants ; pour cela on » leur emplit les mains de divers colifichets dont ils paraissaient curieux, et pendant qu'ils » les examinaient on leur mit les fers aux pieds ; ils crurent d'abord que c'était une autre » curiosité, et parurent s'amuser du cliquetis de ces fers, mais quand ils se trouvèrent » serrés et trahis, ils implorèrent le secours d'un être invisible et supérieur, sous le nom » de *Setebos*. Dans cette occasion leur force parut proportionnée à leur stature, car l'un » d'eux surmonta tous les efforts de neuf hommes, quoiqu'ils l'eussent terrassé et qu'ils » lui eussent fortement lié les mains ; il se débarrassa de tous ses liens et s'échappa malgré » tout ce qu'ils purent faire. Leur appétit était proportionné aussi à leur taille ; Magellan » les nomma *Patagons.* »

Tels sont les détails que donne Harris touchant les Patagons, après avoir, dit-il, pris les plus grandes peines à comparer les relations des divers écrivains espagnols et portugais.

Il est ensuite question de ces géants dans la relation d'un voyage autour du monde par Thomas Cavendish, dont voici l'abrégé par le même Harris.

« En faisant voile du cap Frio dans le Brésil, ils arrivèrent sur la côte d'Amérique, à » quarante-sept degrés vingt minutes de latitude sud. Ils avancèrent jusqu'au port Désiré, » à cinquante degrés de latitude. Là les sauvages leur blessèrent deux hommes avec des » flèches qui étaient faites de roseau et armées de caillou. C'étaient des gens sauvages et » grossiers, et, à ce qu'il parut, une race de géants, la mesure d'un de leurs pieds ayant

» dix-huit pouces de long ; ce qui, en suivant la proportion ordinaire, donne environ sept » pieds et demi pour leur stature. »

Harris ajoute que cela s'accorde parfaitement avec le récit de Magellan ; mais, dans son abrégé de la relation de Magellan, il dit que la tête d'un homme de taille moyenne de l'équipage de Magellan n'atteignait qu'à la ceinture d'un Patagon. Or, en supposant que cet homme eût seulement cinq pieds ou cinq pieds deux pouces, cela fait au moins huit pieds et demi pour la hauteur du Patagon. Il dit, à la vérité, que Magellan les nomma Patagons, parce que leur stature était de cinq coudées ou sept pieds six pouces, mais si cela est il y a contradiction dans son propre récit; il ne dit pas non plus dans quelle langue le mot Patagon exprime cette stature.

Sebald de Veert, Hollandais, dans son voyage autour du monde, aperçut dans une île voisine du détroit de Magellan sept canots à bord desquels étaient des sauvages qui lui parurent avoir dix à onze pieds de hauteur.

Dans la relation du voyage de George Spilbergen, il est dit que sur la côte de la Terre-de-Feu, qui est au sud du détroit de Magellan, ses gens virent un homme d'une stature gigantesque, grimpant sur les montagnes pour regarder la flotte ; mais quoiqu'ils allassent sur le rivage ils ne virent point d'autres créatures humaines : seulement ils virent des tombeaux contenant des cadavres de taille ordinaire ou même au-dessous, et les sauvages qu'ils virent de temps à autre dans des canots leur parurent au-dessous de six pieds.

Frézier parle de géants au Chili, de neuf ou dix pieds de hauteur.

M. Le Cat rapporte qu'au détroit de Magellan, le 17 décembre 1615, on vit au port Désiré des tombeaux couverts par des tas de pierres, et qu'ayant écarté ces pierres et ouvert ces tombeaux, on y trouva des squelettes humains de dix à onze pieds.

Le P. d'Acuna parle de géants de seize palmes de hauteur, qui habitent vers la source de la rivière de Cuchigan.

M. de Brosse, premier président du parlement de Bourgogne (*a*), paraît être du sentiment de ceux qui croient à l'existence des géants patagons, et il prétend avec quelque fondement que ceux qui sont pour la négative n'ont pas vu les mêmes hommes, ni dans les mêmes endroits.

« Observons d'abord, dit-il, que la plupart de ceux qui tiennent pour l'affirmative » parlent des peuples patagons habitants des côtes de l'Amérique méridionale à l'est et » à l'ouest, et qu'au contraire la plupart de ceux qui soutiennent la négative parlent des » habitants du détroit à la pointe de l'Amérique sur les côtes du nord et du sud. Les » nations de l'un et de l'autre canton ne sont pas les mêmes ; si les premiers ont été vus » quelquefois dans le détroit, cela n'a rien d'extraordinaire à un si médiocre éloigne- » ment du Port Saint-Julien, où il paraît qu'est leur habitation ordinaire. L'équipage de » Magellan les y a vus plusieurs fois, a commercé avec eux, tant à bord des navires que » dans leurs propres cabanes. »

M. de Brosse fait ensuite mention des voyageurs qui disent avoir vu ces géants patagons ; il nomme Loise, Sarmiente, Nodal parmi les Espagnols ; Cavendish, Hawkins, Knivet parmi les Anglais ; Sebald de Noort, Le Maire, Spilberg parmi les Hollandais ; nos équipages des vaisseaux de Marseille et de Saint-Malo parmi les Français ; il cite comme nous venons de le dire, des tombeaux qui renfermaient des squelettes de dix à onze pieds de haut.

« Ceci, dit-il avec raison, est un examen fait de sang froid, où l'épouvante n'a pu » grossir les objets..... Cependant Narbrugh... nie formellement que leur taille soit gigan- » tesque... son témoignage est précis à cet égard, ainsi que celui de Jacques l'Hermite, » sur les naturels de la Terre-de-Feu, qu'il dit être puissants, bien proportionnés, à peu

(*a*) *Histoire des navigations aux terres australes*, t. II, p. 327 et suiv.

» près de la même grandeur que les Européens ; enfin, parmi ceux que M. de Gennes vit » au port de Famine, aucun n'avait six pieds de haut.

» En voyant tous ces témoignages pour et contre, on ne peut guère se défendre de » croire que tous ont dit vrai, c'est-à-dire que chacun a rapporté les choses telles qu'il » les a vues : d'où il faut conclure que l'existence de cette espèce d'hommes particulière » est un fait réel, et que ce n'est pas assez, pour les traiter d'apocryphes, qu'une partie » des marins n'aient pas aperçu ce que les autres ont fort bien vu. C'est aussi l'opinion » de M. Frézier, écrivain judicieux, qui a été à portée de rassembler les témoignages sur » les lieux mêmes.....

» Il paraît constant que les habitants des deux rives du détroit sont de taille ordi- » naire, et que l'espèce particulière (les Patagons gigantesques) faisait il y a deux siècles » sa demeure habituelle sur le côtes de l'est et de l'ouest, plusieurs degrés au-dessus du » détroit de Magellan..... Probablement la trop fréquente arrivée des vaisseaux sur ce » rivage les a déterminés depuis à l'abandonner tout à fait, ou à n'y venir qu'en cer- » tain temps de l'année, et à faire, comme on nous le dit, leur résidence dans l'intérieur » du pays. Anson présume qu'ils habitent dans les Cordillères, vers la côte d'occident, » d'où ils ne viennent sur le bord oriental que par intervalles peu fréquents, tellement » que si les vaisseaux qui depuis plus de cent ans ont touché sur la côte des Patagons » n'en ont vu que si rarement, la raison, selon les apparences, est que ce peuple farouche » et timide s'est éloigné du rivage de la mer depuis qu'il y voit venir si fréquemment » des vaisseaux d'Europe, et qu'il s'est, à l'exemple de tant d'autres nations indiennes, » retiré dans les montagnes pour se dérober à la vue des étrangers. »

On a pu remarquer dans mon ouvrage que j'ai toujours paru douter de l'existence réelle de ce prétendu peuple de géants. On ne peut être trop en garde contre les exagérations, surtout dans les choses nouvellement découvertes ; néanmoins je serais fort porté à croire, avec M. de Brosse, que la différence de grandeur donnée par les voyageurs aux Patagons ne vient que de ce qu'ils n'ont pas vu les mêmes hommes, ni dans les mêmes contrées, et que tout étant bien comparé, il en résulte que, depuis le vingt-deuxième degré de latitude sud jusqu'au quarante ou quarante-cinquième, il existe en effet une race d'hommes plus haute et plus puissante qu'aucune autre dans l'univers. Ces hommes ne sont pas tous des géants, mais tous sont plus hauts et beaucoup plus larges et plus carrés que les autres hommes ; et comme il se trouve des géants, presque dans tous les climats, de sept pieds ou sept pieds et demi de grandeur, il n'est pas étonnant qu'il s'en trouve de neuf et dix pieds parmi les Patagons.

Des Américains.

A l'égard des autres nations qui habitent l'intérieur du nouveau continent, il me paraît que M. P. prétend et affirme sans aucun fondement, qu'en général tous les Américains, quoique légers et agiles à la course, étaient destitués de force, qu'ils succombaient sous le moindre fardeau, que l'humidité de leur constitution est cause qu'ils n'ont point de barbe et qu'ils ne sont chauves que parce qu'ils ont le tempérament froid (page 42) ; et plus loin il dit que c'est parce que les Américains n'ont point de barbe qu'ils ont, comme les femmes, de longues chevelures, qu'on n'a pas vu un seul Américain à cheveux crépus ou bouclés, qu'ils ne grisonnent presque jamais et ne *perdent leurs cheveux à aucun âge* (page 60), tandis qu'il vient d'avancer (page 42) que l'humidité de leur tempérament les rend chauves, tandis qu'il ne devait pas ignorer que les Caraïbes, les Iroquois, les Hurons, les Floridiens, les Mexicains, les Tlascalteques, les Péruviens, etc., étaient des hommes nerveux, robustes et même plus courageux que l'infériorité de leurs armes à celles des Européens ne semblait le permettre.

Le même auteur donne un tableau généalogique des générations mêlées des Européens et des Américains qui, comme celui du mélange des nègres et des blancs, demanderait caution et suppose au moins des garants que M. P. ne cite pas; il dit :

« 1° D'une femme européenne et d'un sauvage de la Guyane naissent les métis : deux » quarts de chaque espèce; ils sont basanés, et les garçons de cette première combinai- » son ont de la barbe, quoique le père Américain soit imberbe; l'hybride tient donc » cette singularité du sang de sa mère seule ;

» 2° D'une femme européenne et d'un métis provient l'espèce quarteronne : elle est » moins basanée, parce qu'il n'y a qu'un quart de l'Américain dans cette génération ;

» 3° D'une femme européenne et d'un quarteron ou quart d'homme vient l'espèce » octavone qui a une huitième partie du sang américain; elle est très faiblement hâlée, » mais assez pour être reconnue d'avec les véritables hommes blancs de nos climats. » quoiqu'elle jouisse des mêmes privilèges, en conséquence de la bulle du pape Clé- » ment XI ;

» 4° D'une femme européenne et de l'octavon mâle sort l'espèce que les Espagnols » nomment *Puchuella*. Elle est totalement blanche, et l'on ne peut pas la discerner » d'avec les Européens. Cette quatrième race, qui est la race parfaite, a les yeux bleus ou » bruns, les cheveux blonds ou noirs, selon qu'ils ont été de l'une ou de l'autre couleur » dans les quatre mères qui ont servi dans cette filiation (*a*). »

J'avoue que je n'ai pas assez de connaissances pour pouvoir confirmer ou infirmer ces faits dont je douterais moins si cet auteur n'en eût pas avancé un très grand nombre d'autres qui se trouvent démentis ou directement opposés aux choses les plus connues et les mieux constatées ; je ne prendrai la peine de citer ici que les monuments des Mexicains et des Péruviens dont il nie l'existence, et dont néanmoins les vestiges existent encore et démontrent la grandeur et le génie de ces peuples, qu'il traite comme des êtres stupides, dégénérés de l'espèce humaine, tant pour le corps que pour l'entendement. Il paraît que M. P. a voulu rapporter à cette opinion tous les faits ; il les choisit dans cette vue. Je suis fâché qu'un homme de mérite, et qui d'ailleurs paraît être instruit, se soit livré à cet excès de partialité dans ses jugements, et qu'il les appuie sur des faits équivoques. N'a-t-il pas le plus grand tort de blâmer aigrement les voyageurs et les naturalistes qui ont pu avancer quelques faits suspects puisque lui-même en donne beaucoup qui sont plus que suspects? Il admet et avance ces faits, dès qu'ils peuvent favoriser son opinion; il veut qu'on le croie sur parole et sans citer de garants : par exemple, sur ces grenouilles qui beuglent, dit-il, comme des veaux; sur la chair de l'iguane qui donne le mal vénérien à ceux qui la mangent; sur le froid glacial de la terre à un ou deux pieds de profondeur, etc. Il prétend que les Américains, en général, sont des hommes dégénérés; qu'il n'est pas aisé de concevoir que des êtres, au sortir de leur création, puissent être dans un état de décrépitude ou de caducité (*b*), et que c'est là l'état des Américains; qu'il n'y a point de coquilles ni d'autres débris de la mer sur les hautes montagnes, ni même sur celles de moyenne hauteur (*c*); qu'il n'y avait point de bœufs en Amérique avant sa découverte (*d*); qu'il n'y a que ceux qui n'ont pas assez réfléchi sur la constitution du climat de l'Amérique qui ont cru qu'on pouvait regarder comme très nouveaux les peuples de ce continent (*e*); qu'au delà du quatre-vingtième degré de latitude, des êtres constitués comme nous ne sauraient

(*a*) *Recherches sur les Américains*, t. Ier, p. 241.
(*b*) *Idem, ibidem*, t. Ier, p. 24.
(*c*) *Idem, ibidem*, p. 25.
(*d*) *Recherches sur les Américains*, p. 133.
(*e*) *Idem, ibidem*, p. 238.

respirer pendant les douze mois de l'année, à cause de la densité de l'atmosphère (a); que les Patagons sont d'une taille pareille à celle des Européens, etc. (b); mais il est inutile de faire un plus long dénombrement de tous les faits faux ou suspects que cet auteur s'est permis d'avancer avec une confiance qui indisposera tout lecteur ami de la vérité.

L'imperfection de nature qu'il reproche gratuitement à l'Amérique en général ne doit porter que sur les animaux de la partie méridionale de ce continent, lesquels se sont trouvés bien plus petits et tous différents de ceux des parties méridionales de l'ancien continent :

« Et cette imperfection, comme le dit très bien le judicieux et éloquent auteur de » l'*Histoire des deux Indes*, ne prouve pas la nouveauté de cet hémisphère, mais sa » renaissance; il a dû être peuplé dans le même temps que l'ancien, mais il a pu être » submergé plus tard; les ossements d'éléphants, de rhinocéros, que l'on trouve en » Amérique, prouvent que ces animaux y ont autrefois habité (c). »

Il est vrai qu'il y a quelques contrées de l'Amérique méridionale, surtout dans les parties basses du continent, telles que la Guyane, l'Amazone, les terres basses de l'Isthme, etc., où les naturels du pays paraissent être moins robustes que les Européens ; mais c'est par des causes locales et particulières. A Carthagène, les habitants, soit Indiens, soit étrangers, vivent pour ainsi dire dans un bain chaud pendant six mois de l'été; une transpiration trop forte et continuelle leur donne la couleur pâle et livide des malades. Leurs mouvements se ressemblent de la mollesse du climat, qui relâche les fibres. On s'en aperçoit même par les paroles, qui sortent de leur bouche à voix basse et par de longs et fréquents intervalles (d). Dans la partie de l'Amérique, située sur les bords de l'Amazone et du Napo, les femmes ne sont pas fécondes et leur stérilité augmente lorsqu'on les fait changer de climat; elles se font néanmoins avorter assez souvent. Les hommes sont faibles et se baignent trop fréquemment pour pouvoir acquérir des forces; le climat n'est pas sain et les maladies contagieuses y sont fréquentes (e). Mais on doit regarder ces exemples comme des exceptions, ou, pour mieux dire, des différences communes aux deux continents; car, dans l'ancien, les hommes des montagnes et des contrées élevées sont sensiblement plus forts que les habitants des côtes et des autres terres basses. En général, tous les habitants de l'Amérique septentrionale et ceux des terres élevées dans la partie méridionale, telles que le nouveau Mexique, le Pérou, le Chili, etc., étaient des hommes peut-être moins agissants, mais aussi robustes que les Européens. Nous savons par un témoignage respectable, par le célèbre Francklin, qu'en vingt-huit ans la population, sans secours étrangers, s'est doublée à Philadelphie; j'ai donc bien de la peine à me rendre à une espèce d'imputation que M. Kalm fait à cette heureuse contrée. Il dit (f) qu'à Philadelphie on croirait que les hommes ne sont pas de la même nature que les Européens.

« Selon lui, leur corps et leur raison sont bien plus tôt formés : aussi vieillissent-ils » de meilleure heure. Il n'est pas rare d'y voir des enfants répondre avec tout le bon » sens d'un âge mûr, mais il l'est d'y trouver des vieillards octogénaires. Cette dernière » observation ne porte que sur les colons; car les anciens habitants parviennent à une » extrême vieillesse, beaucoup moins pourtant depuis qu'ils boivent des liqueurs fortes. » Les Européens y dégénèrent sensiblement. Dans la dernière guerre, l'on observa que

(a) *Recherches sur les Américains*, p. 296.
(b) *Idem, ibidem*, t. Ier, p. 351.
(c) *Histoire philosophique et politique*, t. VI, p. 292.
(d) *Idem, ibidem*, t. III, p. 292.
(e) *Idem, ibidem*, p. 515.
(f) Voyage en Amérique, par M. Kalm. *Journal étranger*, juillet 1761.

» les enfants des Européens, nés en Amérique, n'étaient pas en état de suppotrer les » fatigues de la guerre et le changement de climat comme ceux qui avaient été élevés en » Europe. Dès l'âge de trente ans les femmes cessent d'y être fécondes. »

Dans un pays où les Européens multiplient si promptement, où la vie des naturels du pays est plus longue qu'ailleurs, il n'est guère possible que les hommes dégénèrent, et je crains que cette observation de M. Kalm ne soit aussi mal fondée que celle de ces serpents qui, selon lui, enchantent les écureuils et les obligent par la force du charme de venir tomber dans leur gueule.

On n'a trouvé que des hommes forts et robustes en Canada et dans toutes les autres contrées de l'Amérique septentrionale; toutes les relations sont d'accord sur cela; les Californiens, qui ont été découverts les derniers, sont bien faits et fort robustes; ils sont plus basanés que les Mexicains, quoique sous un climat plus tempéré (a); mais cette différence provient de ce que les côtes de la Californie sont plus basses que les parties montagneuses du Mexique, où les habitants ont d'ailleurs toutes les commodités de la vie qui manquent aux Californiens.

Au nord de la presqu'île de Californie, s'étendent de vastes terres découvertes par Drake en 1578, auxquelles il a donné le nom de Nouvelle-Albion, et au delà des terres découvertes par Drake, d'autres terres dans le même continent, dont les côtes ont été vues par Martin d'Aguilar en 1603. Cette région a été reconnue depuis en plusieurs endroits des côtes du quarantième degré de latitude jusqu'au soixante-cinquième, c'est-à dire à la même hauteur que les terres de Kamtschatka, par les capitaines Tschirikow et Behring : ces voyageurs russes ont découvert plusieurs terres qui s'avancent au delà vers la partie de l'Amérique qui nous est encore très peu connue. M. Krassinikoff, professeur à Pétersbourg, dans sa description de Kamtschatka, imprimée en 1749, rapporte les faits suivants :

« Les habitants de la partie de l'Amérique la plus voisine de Kamtschatka sont aussi » sauvages que les Koriaques ou les Tsuktschi; leur stature est avantageuse; ils ont les » épaules larges et rondes, les cheveux longs et noirs, les yeux aussi noirs que le jais, » les lèvres grosses, la barbe faible et le cou court. Leurs culottes et leurs bottes, qu'ils » font de peaux de veaux marins, et leurs chapeaux faits de plantes pliées en forme de » parasols, ressemblent beaucoup à ceux des Kamtschadales. Ils vivent comme eux de » poisson, de veaux marins et d'herbes douces qu'ils préparent de même; ils font sécher » l'écorce tendre du peuplier et du pin, qui leur sert de nourriture dans les cas de nécessité; ces mêmes usages sont connus, non seulement à Kamtschatka, mais aussi dans » toute la Sibérie et la Russie jusqu'à Viatka; mais les liqueurs spiritueuses et le tabac » ne sont point connus dans cette partie nord-ouest de l'Amérique, preuve certaine que » les habitants n'ont point eu précédemment de communication avec les Européens. Voici, » ajoute M. Krassinikoff, les ressemblances qu'on a remarquées entre les Kamtschadales » et les Américains :

» 1° Les Américains ressemblent aux Kamtschadales par la figure;

» 2° Ils mangent de l'herbe douce de la même manière que les Kamtschadales, chose » qu'on n'a point remarquée ailleurs;

» 3° Ils se servent de la même machine de bois pour allumer le feu;

» 4° On a plusieurs motifs pour imaginer qu'ils se servent de haches faites de pierre » ou d'os; et ce n'est pas sans fondement que Steller imagine qu'ils avaient autrefois » communication avec le peuple de Kamtschatka;

» 5° Leurs habits et leurs chapeaux ne diffèrent aucunement de ceux des Kamtschadales;

(a) *Histoire philosophique et politique*, t. VI, p. 312.

» 6° Ils teignent les peaux avec le jus de l'aune, ainsi que cela est d'usage à Kamt-» schatka;

» 7° Ils portent pour armes un arc et des flèches; on ne peut pas dire comment l'arc » est fait, car jamais on n'en a vu; mais les flèches sont longues et bien polies : ce qui » fait croire qu'ils se servent d'outils de fer. » (NOTA. Ceci paraît être en contradiction avec l'article 4.);

» 8° Ces Américains se servent de canots faits de peaux, comme les Koriaki et Tsuk-» tschi, qui ont quatorze pieds de long sur deux de haut : les peaux sont de chiens » marins, teintes d'une couleur rouge; ils se servent d'une seule rame, avec laquelle ils » vont avec tant de vitesse que les vents contraires ne les arrêtent guère, même quand » la mer est agitée. Leurs canots sont si légers qu'ils les portent d'une seule main;

» 9° Quand les Américains voient sur leurs côtes des gens qu'ils ne connaissent point, » ils rament vers eux et font un grand discours; mais on ignore si c'est quelque charme » ou une cérémonie particulière usitée parmi eux à la réception des étrangers, car l'un » et l'autre usage se trouvent aussi chez les Kuriles. Avant de s'approcher ils se peignent » le visage avec du crayon noir, et se bouchent les narines avec quelques herbes. Quand » ils ont quelque étranger parmi eux, ils paraissent affables et veulent converser avec » lui, sans détourner les yeux de dessus les siens. Ils le traitent avec beaucoup de sou-» mission et lui présentent du gras de baleine, et du plomb noir avec lequel ils se bar-» bouillent le visage, sans doute parce qu'ils croient que ces choses sont aussi agréables » aux étrangers qu'à eux-mêmes (a). »

J'ai cru devoir rapporter ici tout ce qui est parvenu à ma connaissance de ces peuples septentrionaux de la partie occidentale du nord de l'Amérique, mais j'imagine que les voyageurs russes, qui ont découvert ces terres en arrivant par les mers au delà de Kamtschatka, ont donné des descriptions plus précises de cette contrée, à laquelle il semble qu'on pourrait également arriver par l'autre côté, c'est-à-dire par la baie d'Hudson ou par celle de Baffin. Cette voie a cependant été vainement tentée par la plupart des nations commerçantes, et surtout par les Anglais et les Danois; et il est à présumer que ce sera par l'orient qu'on achèvera la découverte de l'occident, soit en partant de Kamtschatka, soit en remontant du Japon ou des îles des Larrons, vers le nord et le nord-est. Car l'on peut présumer, par plusieurs raisons que j'ai rapportées ailleurs, que les deux continents sont contigus, ou du moins très voisins vers le nord à l'orient de l'Asie.

Je n'ajouterai rien à ce que j'ai dit des Esquimaux, nom sous lequel on comprend tous les sauvages qui se trouvent depuis la terre de Labrador jusqu'au nord de l'Amérique, et dont les terres se joignent probablement à celles du Groenland. On a reconnu que les Esquimaux ne diffèrent en rien des Groenlandais, et je ne doute pas, dit M. P., que les Danois, en s'approchant davantage du pôle, ne s'aperçoivent un jour que les Esquimaux et les Groenlandais communiquent ensemble. Ce même auteur présume que les Américains occupaient le Groenland avant l'année 700 de notre ère, et il appuie sa conjecture sur ce que les Islandais et les Norvégiens trouvèrent, dès le VIIIe siècle, dans le Groenland, des habitants qu'ils nommèrent *Skralins*. Ceci me paraît prouver seulement que le Groenland a toujours été peuplé, et qu'il avait comme toutes les autres contrées de la terre ses propres habitants, dont l'espèce ou la race se trouve semblable aux Esquimaux, aux Lapons, aux Samoïèdes et aux Koriaques, parce que tous ces peuples sont sous la même zone, et que tous en ont reçu les mêmes impressions. La seule chose singulière qu'il y ait par rapport au Groenland, c'est, comme je l'ai déjà observé, que cette partie de la terre ayant été connue il y a bien des siècles, et même habitée par des

(a) *Journal étranger*, mois de novembre 1761.

colonies de Norvège du côté oriental qui est le plus voisin de l'Europe, cette même côte est aujourd'hui perdue pour nous, inabordable par les glaces, et quand le Groenland a été une seconde fois découvert dans des temps plus modernes, cette seconde découverte s'est faite par la côte d'occident qui fait face à l'Amérique, et qui est la seule que nos vaisseaux fréquentent aujourd'hui.

Si nous passons de ces habitants des terres arctiques à ceux qui, dans l'autre hémisphère, sont les moins éloignés du cercle antarctique, nous trouverons que, sous la latitude de cinquante à cinquante-cinq degrés, les voyageurs disent que le froid est aussi grand et les hommes encore plus misérables que les Groenlandais ou les Lapons, qui néanmoins sont de vingt degrés, c'est-à-dire de six cents lieues plus près de leur pôle.

« Les habitants de la Terre-de-Feu, dit M. Cook, logent dans des cabanes faites grossièrement avec des pieux plantés en terre, inclinés les uns vers les autres par leurs sommets, et formant une espèce de cône semblable à nos ruches. Elles sont recouvertes du côté du vent par quelques branchages et par une espèce de foin. Du côté sous le vent, il y a une ouverture d'environ la huitième partie du cercle, et qui sert de porte et de cheminée... Un peu de foin répandu à terre sert tout à la fois de sièges et de lits. Tous les meubles consistent en un panier à porter à la main, un sac pendant sur leur dos, et la vessie de quelque animal pour contenir de l'eau.

» Ils sont d'une couleur approchant de la rouille de fer mêlée avec de l'huile ; ils ont de longs cheveux noirs : les hommes sont gros et mal faits ; leur stature est de cinq pieds huit à dix pouces, les femmes sont plus petites et ne passent guère, cinq pieds ; toute leur parure consiste dans une peau de guanaque (lama) ou de veau marin jetée sur leurs épaules dans le même état où elle a été tirée de dessus l'animal, un morceau de la même peau qui leur enveloppe les pieds et qui se ferme comme une bourse au-dessus de la cheville, et un petit tablier qui tient lieu aux femmes de la *feuille de figuier*. Les hommes portent leur manteau ouvert ; les femmes le lient autour de la ceinture avec une courroie ; mais, quoiqu'elles soient à peu près nues, elles ont un grand désir de paraître belles ; elles peignent leur visage, les parties voisines des yeux communément en blanc, et le reste en ligne horizontales rouges et noires ; mais tous les visages sont peints différemment.

» Les hommes et les femmes portent des bracelets de grains, tels qu'ils peuvent les faire avec de petites coquilles et des os ; les femmes en ont un au poignet et au bas de la jambe ; les hommes au poignet seulement.

» Il paraît qu'ils se nourrissent de coquillages ; leurs côtes sont néanmoins abondantes en veaux marins, mais ils n'ont point d'instruments pour les prendre. Leurs armes consistent en un arc et des flèches qui sont d'un bois bien poli, et dont la pointe est de caillou.

» Ce peuple paraît être errant, car auparavant on avait vu des huttes abandonnées, et d'ailleurs les coquillages étant une fois épuisés dans un endroit de la côte, ils sont obligés d'aller s'établir ailleurs ; de plus, ils n'ont ni bateaux, ni canots, ni rien de semblable. En tout, ces hommes sont les plus misérables et les plus stupides des créatures humaines ; leur climat est si froid que deux Européens y ont péri au milieu de l'été (*a*). »

On voit, par ce récit, qu'il fait bien froid dans cette Terre-de-Feu, qui n'a été ainsi appelée que pour quelques volcans qu'on y a vus de loin. On sait d'ailleurs que l'on trouve des glaces dans ces mers australes dès le quarante-septième degré en quelques endroits, et en général on ne peut guère douter que l'hémisphère austral ne soit plus

(*a*) *Voyage autour du monde*, par M. Cook, t. II, p. 281 et suiv.

froid que le boréal, parce que le soleil y fait un peu moins de séjour, et aussi parce que cet hémisphère austral est composé de beaucoup plus d'eau que de terre, tandis que notre hémisphère boréal présente plus de terre que d'eau. Quoi qu'il en soit, ces hommes de la Terre-de-Feu, où l'on prétend que le froid est si grand et où ils vivent plus misérablement qu'en aucun lieu du monde, n'ont pas perdu pour cela les dimensions du corps: et comme ils n'ont d'autres voisins que les Patagons, lesquels, déduction faite de toutes les exagérations, sont les plus grands de tous les hommes connus, on doit présumer que ce froid du continent austral a été exagéré, puisque ses impressions sur l'espèce humaine ne se sont pas marquées. Nous avons vu, par les observations citées précédemment, que dans la Nouvelle-Zemble, qui est de vingt degrés plus voisine du pôle arctique que la Terre-de-Feu ne l'est de l'antarctique; nous avons vu, dis-je, que ce n'est pas la rigueur du froid, mais l'humidité malsaine des brouillards qui fait périr les hommes: il en doit être de même et à plus forte raison dans les terres environnées des mers australes, où la brume semble voiler l'air dans toutes les saisons, et le rendre encore plus malsain que froid; cela me paraît prouvé par le seul fait de la différence des vêtements; les Lapons, les Groenlandais, les Samoïèdes et tous les hommes des contrées vraiment froides à l'excès, se couvrent tout le corps de fourrures, tandis que les habitants de la Terre-de-Feu et de celles du détroit de Magellan vont presque nus et avec une simple couverture sur les épaules; le froid n'y est donc pas aussi grand que dans les terres arctiques, mais l'humidité de l'air doit y être plus grande, et c'est très probablement cette humidité qui a fait périr, même en été, les deux Européens dont parle M. Cook.

Insulaires de la mer du Sud.

A l'égard des peuplades qui se sont trouvées dans toutes les îles nouvellement découvertes dans la mer du Sud et sur les terres du continent austral, nous rapporterons simplement ce qu'en ont dit les voyageurs, dont le récit semble nous démontrer que les hommes de nos antipodes sont, comme les Américains, tout aussi robustes que nous et, qu'on ne doit pas plus les accuser les uns que les autres d'avoir dégénéré.

Dans les îles de la mer Pacifique, situées à quatorze degrés cinq minutes latitude sud, et à cent quarante-cinq degrés quatre minutes de longitude ouest du méridien de Londres, le commodore Byron dit avoir trouvé des hommes armés de piques de seize pieds au moins de longueur, qu'ils agitaient d'un air menaçant. Ces hommes sont d'une couleur basanée, bien proportionnés dans leur taille, et paraissent joindre à un air de vigueur une grande agilité; je ne sache pas, dit ce voyageur, avoir vu des hommes si légers à la course. Dans plusieurs autres îles de cette même mer, et particulièrement dans celles qu'il a nommées îles du prince de Galles, situées à quinze degrés latitude sud, et cent cinquante et un degrés cinquante-trois minutes longitude ouest; et dans une autre à laquelle son équipage donna le nom d'île Byron, située à dix-huit degrés dix-huit minutes latitude sud, et cent soixante treize degrés quarante-six minutes de longitude, ce voyageur trouva des peuplades nombreuses. Ces insulaires, dit-il, sont d'une taille avantageuse, bien pris et bien proportionnés dans tous leurs membres, leur teint est bronzé, mais clair, les traits de leur visage n'ont rien de désagréable : on y remarque un mélange d'intrépidité et d'enjouement dont on est frappé; leurs cheveux, qu'ils laissent croître, sont noirs; on en voit qui portent de longues barbes, d'autres qui n'ont que des moustaches, et d'autres un seul petit bouquet à la pointe du menton (*a*).

Dans plusieurs autres îles, toutes situées au delà de l'équateur, dans cette même mer, le capitaine Carteret dit avoir trouvé des hommes en très grand nombre, les uns dans des

(*a*) *Voyage autour du monde,* par le commodore Byron, t. Ier, chap. VII et X.

espèces de villages fortifiés de parapets de pierre, les autres en pleine campagne, mais tous armés d'arcs, de flèches ou de lances et de massues, tous très vigoureux et fort agiles; ces hommes vont nus ou presque nus, et il assure avoir observé dans plusieurs de ces îles, et notamment dans celles qui se trouvent à onze degrés dix minutes latitude sud, et à cent soixante-quatre degrés quarante-trois minutes de longitude, que les naturels du pays ont la tête laineuse comme celle des Nègres, mais qu'ils sont moins noirs que les Nègres de Guinée. Il dit qu'il en est de même des habitants de l'île d'Egmont, qui est à dix degrés quarante minutes latitude sud, et à cent soixante degrés quarante-neuf minutes de longitude, et encore de ceux qui se trouvent dans les îles découvertes par Abel Tasman, lesquelles sont situées à quatre degrés trente-six minutes latitude sud, et cent cinquante-quatre degrés dix-sept minutes de longitude. Elles sont, dit Carteret, remplies d'habitants noirs qui ont la tête laineuse comme les Nègres d'Afrique. Dans les terres de la Nouvelle-Bretagne il trouva de même que les naturels du pays ont de la laine à la tête comme les Nègres, mais qu'ils n'en ont ni le nez plat ni les grosses lèvres. Ces derniers qui paraissent être de la même race que ceux des îles précédentes, poudrent leurs cheveux de blanc et même leur barbe. J'ai remarqué que cet usage de la poudre blanche sur les cheveux se trouve chez les Papous, qui sont aussi des Nègres assez voisins de ceux de la Nouvelle-Bretagne. Cette espèce d'hommes noirs à tête laineuse semble se trouver dans toutes les îles et terres basses, entre l'équateur et le tropique, dans la mer du Sud. Néanmoins, dans quelques-unes de ces îles, on trouve des hommes qui n'ont plus de laine sur la tête et qui sont couleur de cuivre, c'est-à-dire plutôt rouges que noirs, avec peu de barbe et de grands et longs cheveux noirs; ceux-ci ne sont pas entièrement nus comme les autres dont nous avons parlé; ils portent une natte en forme de ceinture, et quoique les îles qu'ils habitent soient plus voisines de l'équateur, il paraît que la chaleur n'y est pas aussi grande que dans toutes les terres où les hommes vont absolument nus, et où ils ont en même temps de la laine au lieu de cheveux (*a*).

« Les insulaires d'Otahiti (dit Samuel Wallis) sont grands, bien faits, agiles, dispos et » d'une figure agréable. La taille des hommes est en général de cinq pieds sept pouces à » cinq pieds dix pouces; celle des femmes est de cinq pieds six pouces. Le teint des hommes » est basané, leurs cheveux sont noirs ordinairement, et quelquefois bruns, roux ou blonds, » ce qui est digne de remarque, parce que les cheveux de tous les naturels de l'Asie méridionale, de l'Afrique et de l'Amérique sont noirs; les enfants des deux sexes les ont » ordinairement blonds. Toutes les femmes sont jolies, et quelques-unes d'une très » grande beauté. Ces insulaires ne paraissent pas regarder la continence comme une vertu, » puisque leurs femmes vendent leurs faveurs librement en public. Leurs pères, leurs » frères les amenaient souvent eux-mêmes. Ils connaissent le prix de la beauté, car la » grandeur des clous qu'on demandait pour la jouissance d'une femme était toujours proportionnée à ses charmes. L'habillement des hommes et des femmes est fait d'une espèce » d'étoffe blanche (*b*) qui ressemble beaucoup au gros papier de la Chine; elle est fabriquée, » comme le papier, avec le liber ou écorce intérieure des arbres qu'on a mise en macération. Les plumes, les fleurs, les coquillages et les perles font partie de leurs ornements : ce sont les femmes surtout qui portent les perles. C'est un usage reçu pour les » hommes et pour les femmes de se peindre les fesses et le derrière des cuisses avec des » lignes noires très serrées, et qui représentent différentes figures. Les garçons et les » filles au-dessous de douze ans ne portent point ces marques. »

» Ils se nourrissent de cochons, de volailles, de chiens et de poissons qu'ils font cuire, » de *fruits à pain*, de bananes, d'ignames, et d'un autre fruit aigre qui n'est pas bon en

(*a*) *Voyage au tour du monde*, par Carteret, chap. IV, V et VII.

(*b*) On peut voir au Cabinet du Roi une toilette entière d'une femme d'Otahiti.

» lui-même, mais qui donne un goût fort agréable au fruit à pain grillé, avec lequel ils le » mangent souvent. Il y a beaucoup de rats dans l'île, mais on ne leur en a point vu man- » ger. Ils ont des filets pour la pêche. Les coquilles leur servent de couteaux. Ils n'ont » point de vases ni poteries qui aillent au feu. Il paraît qu'ils n'ont point d'autre boisson » que de l'eau. »

M. de Bougainville nous a donné des connaissances encore plus exactes sur ces habitants de l'île d'Otahiti ou Taïti. Il paraît par tout ce qu'en dit ce célèbre voyageur, que les Taïtiens parviennent à une grande vieillesse sans aucune incommodité et sans perdre la finesse de leurs sens.

« Le poisson et les végétaux, dit-il, sont leurs principales nourritures; ils mangent » rarement de la viande; les enfants et les jeunes filles n'en mangent jamais; ils ne boi- » vent que de l'eau, l'odeur du vin et de l'eau-de-vie leur donne de la répugnance; ils en » témoignent aussi pour le tabac, pour les épiceries et pour toutes les choses fortes.

» Le peuple de Taïti est composé de deux races d'hommes très différentes, qui cepen- » dant ont la même langue, les mêmes mœurs, et qui paraissent se mêler ensemble sans » distinction. La première, et c'est la plus nombreuse, produit des hommes de la plus » grande taille : il est ordinaire d'en voir de six pieds et plus; ils sont bien faits et bien » proportionnés. Rien ne distingue leurs traits de ceux des Européens, et s'ils étaient » vêtus, s'ils vivaient moins à l'air et au grand soleil, ils seraient aussi blancs que nous; » en général leurs cheveux sont noirs.

» La seconde race est d'une taille médiocre, avec les cheveux crépus et durs comme » du crin, la couleur et les traits peu différents de ceux des mulâtres; les uns et les » autres se laissent croître la partie inférieure de la barbe; mais ils ont tous les mous- » taches et le haut des joues rasés; ils laissent aussi toute leur longueur aux ongles, ex- » cepté à celui du doigt du milieu de la main droite. Ils ont l'habitude de s'oindre les che- » veux ainsi que la barbe avec l'huile de coco. La plupart vont nus sans autre vêtement » qu'une ceinture qui leur couvre les parties naturelles; cependant les principaux s'enve- » loppent ordinairement dans une grande pièce d'étoffe qu'ils laissent tomber jusqu'aux » genoux; c'est aussi le seul habillement des femmes : comme elles ne vont jamais au » soleil sans être couvertes, et qu'un petit chapeau de canne garni de fleurs défend leur » visage de ses rayons, elles sont beaucoup plus blanches que les hommes; elles ont les » traits assez délicats; mais ce qui les distingue c'est la beauté de leur taille et les con- » tours de leur corps, qui ne sont pas déformés comme en Europe par quinze ans de la » torture du maillot et des corps.

» Au reste, tandis qu'en Europe les femmes se peignent en rouge les joues, celles de » Taïti se peignent d'un bleu foncé les reins et les fesses : c'est une parure et en même » temps une marque de distinction. Les hommes ainsi que les femmes ont les oreilles » percées pour porter des perles ou des fleurs de toute espèce; ils sont de la plus grande » propreté et se baignent sans cesse. Leur unique passion est l'amour : le grand nombre » de femmes est le seul luxe des riches (a) ».

Voici maintenant l'extrait de la description que le capitaine Cook donne de cette même île d'Otahiti et de ses habitants; j'en tirerai les faits qu'on doit ajouter aux relations du capitaine Wallis et de M. de Bougainville, et qui les confirment au point de n'en pouvoir douter.

« L'île d'Otahiti est environnée par un récif de rochers de corail (b). Les maisons n'y » forment pas de villages; elles sont rangées à environ cinquante verges les unes des

(a) *Voyage au tour du monde*, par M. Bougainville, t. II, in-8°, p. 75 et suiv.

(b) Cette expression, *rocher de corail*, ne signifie autre chose qu'une roche rougeâtre comme le granit.

» autres; cette île, au rapport d'un naturel du pays, peut fournir six mille sept cents » combattants.

» Ces peuples sont d'une taille et d'une stature supérieure à celle des Européens. Les » hommes sont grands, forts, bien membrés et bien faits. Les femmes d'un rang distin- » gué sont, en général, au-dessus de la taille moyenne de nos Européennes; mais celles » d'une classe inférieure sont au-dessous, et quelques-unes même sont très petites, ce » qui vient peut-être de leur commerce prématuré avec les hommes.

» Leur teint naturel est un brun clair ou olive; il est très foncé dans ceux qui sont » exposés à l'air ou au soleil. La peau des femmes d'une classe supérieure est délicate, » douce et polie; la forme de leur visage est agréable, les os des joues ne sont pas élevés; » ils n'ont point les yeux creux, ni le front proéminent; mais, en général, ils ont le nez » un peu aplati; leurs yeux, et surtout ceux des femmes, sont pleins d'expression, quel » quefois étincelants de feu ou remplis d'une douce sensibilité; leurs dents sont blanches » et égales, et leur haleine pure.

» Ils ont les cheveux ordinairement raides et un peu rudes : les hommes portent leur » barbe de différentes manières; cependant ils en arrachent toujours une très grande par- » tie, et tiennent le reste très propre. Les deux sexes ont aussi la coutume d'épiler tous » les poils qui croissent sous les aisselles. Leurs mouvements sont remplis de vigueur et » d'aisance, leur démarche agréable, leurs manières nobles et généreuses, et leur conduite » entre eux et envers les étrangers affable et civile. Il semble qu'ils sont d'un caractère » brave, sincère, sans soupçon ni perfidie, et sans penchant à la vengeance et à la » cruauté; mais ils sont adonnés au vol. On a vu dans cette île des personnes dont la peau » était d'un blanc mat; ils avaient aussi les cheveux, la barbe, les sourcils et les cils » blancs, les yeux rouges et faibles, la vue courte, la peau teigneuse et revêtue d'une » espèce de duvet blanc; mais il paraît que ce sont de malheureux individus rendus ano- » maux par maladies.

» Les flûtes et les tambours sont leurs seuls instruments : ils font peu de cas de la » chasteté; les hommes offrent aux étrangers leurs sœurs ou leurs filles par civilité ou » en forme de récompense. Ils portent la licence des mœurs et de la lubricité à un point que » les autres nations, dont on a parlé depuis le commencement du monde jusqu'à présent, » n'avaient pas encore atteint.

» Le mariage chez eux n'est qu'une convention entre l'homme et la femme dont les » prêtres ne se mêlent point. Ils ont adopté la circoncision sans autre motif que celui de » la propreté; cette opération, à proprement parler, ne doit pas être appelée circoncision, » parce qu'ils ne font pas au prépuce une amputation circulaire; ils le fendent seulement » à travers la partie supérieure, pour empêcher qu'il ne se recouvre sur le gland, et les » prêtres seuls peuvent faire cette opération (*a*). »

Selon le même voyageur, les habitants de l'île Huaheine, située à seize degrés quarante-trois minutes latitude sud et à cent cinquante degrés cinquante-deux minutes longitude ouest, ressemblent beaucoup aux Otahitiens pour la figure, l'habillement, le langage et toutes les autres habitudes. Leurs habitations, ainsi qu'à Otahiti, sont composées seulement d'un toit soutenu par des poteaux. Dans cette île, qui n'est qu'à trente lieues d'Otahiti, les hommes semblent être plus vigoureux et d'une stature encore plus grande; quelques-uns ont jusqu'à six pieds de haut et plus; les femmes y sont très jolies. Tous ces insulaires se nourrissent de cocos, d'ignames, de volailles, de cochons qui y sont en très grand nombre. Et ils parlent tous la même langue, et cette langue des îles de la mer du Sud s'est étendue jusqu'à la Nouvelle-Zélande.

(*a*) *Voyage au tour du monde*, par le capitaine Cook, t. II, chap. XVII et XVIII.

Habitants des terres Australes.

Pour ne rien omettre de ce que l'on connait sur les terres australes, je crois devoir donner ici par extrait ce qu'il y a de plus avéré dans les découvertes des voyageurs qui ont successivement reconnu les côtes de ces vastes contrées, et finir par ce qu'en a dit M. Cook qui, lui seul, a plus fait de découvertes que tous les navigateurs qui l'ont précédé.

Il paraît, par la déclaration que fit Gonneville en 1503 à l'amirauté (*a*), que l'Australasie est divisée en petits cantons gouvernés par des rois absolus, qui se font la guerre et qui peuvent mettre jusqu'à cinq ou six cents hommes en campagne; mais Gonneville ne donne ni la latitude, ni la longitude de cette terre dont il décrit les habitants.

Par la relation de Fernand de Quiros, on voit que les Indiens de l'île appelée île de la Belle-Nation par les Espagnols, laquelle est située à treize degrés de latitude sud, ont à peu près les mêmes mœurs que les Otahitiens; ces insulaires sont blancs, beaux et très bien faits; on ne peut même trop s'étonner, dit-il, de la blancheur extrême de ce peuple dans un climat où l'air et le soleil devraient les hâler et noircir; les femmes effaceraient nos beautés espagnoles si elles étaient parées; elles sont vêtues de la ceinture en bas de fine natte de palmier, et d'un petit manteau de même étoffe sur les épaules (*b*).

Sur la côte orientale de la Nouvelle-Hollande, que Fernand de Quiros appelle terre du Saint-Esprit, il dit avoir aperçu des habitants de trois couleurs, les uns tout noirs, les autres fort blancs à cheveux et à barbe rouges, les autres mulâtres, ce qui l'étonna fort, et lui parût un indice de la grande étendue de cette contrée. Fernand de Quiros avait bien raison, car par les nouvelles découvertes du grand navigateur, M. Cook, l'on est maintenant assuré que cette contrée de la Nouvelle-Hollande est aussi étendue que l'Europe entière. Sur la même côte, à quelque distance, Quiros vit une autre nation de plus haute taille et d'une couleur plus grisâtre, avec laquelle il ne fut pas possible de conférer; ils venaient en troupes décocher des flèches sur les Espagnols, et on ne pouvait les faire retirer qu'à coups de mousquet (*c*).

« Abel Tasman trouva dans les terres voisines d'une baie dans la Nouvelle-Zélande, à » quarante degrés cinquante minutes latitude sud, et cent quatre-vingt-onze degrés qua- » rante-une minutes de longitude, des habitants qui avaient la voix rude et la taille » grosse.... Ils étaient d'une couleur entre le brun et le jaune, et avaient les cheveux » noirs, à peu près aussi longs et aussi épais que ceux des Japonais, attachés au som- » met de la tête avec une plume longue et épaisse au milieu..... Ils avaient le milieu du » corps couvert, les uns de nattes, les autres de toiles de coton; mais le reste du corps » était nu. »

J'ai donné, dans le troisième volume de mon ouvrage, les découvertes de Dampierre et de quelques autres navigateurs au sujet de la Nouvelle-Hollande et de la Nouvelle-Zélande; la première découverte de cette dernière terre australe a été faite en 1642 par Abel Tasman et Diemen, qui ont donné leurs noms à quelques parties des côtes, mais toutes les notions que nous en avions étaient bien incomplètes avant la belle navigation de M. Cook.

« La taille des habitants de la Nouvelle-Zélande, dit ce grand voyageur, est en général

(*a*) *Histoire des navigations aux terres australes*, par M. de Brosse, t. Ier, p. 108 et suiv.

(*b*) *Idem*, t. Ier, p. 318.

(*c*) *Idem*, t. Ier, p. 325, 327 et 334.

» égale à celle des Européens les plus grands, ils ont les membres charnus, forts et bien » proportionnés; mais ils ne sont pas aussi gras que les oisifs insulaires de la mer du » Sud. Ils sont alertes, vigoureux et adroits des mains; leur teint est en général brun; il y » en a peu qui l'aient plus foncé que celui d'un Espagnol qui a été exposé au soleil, et » celui du plus grand nombre l'est beaucoup moins. »

Je dois observer, en passant, que la comparaison que fait ici M. Cook des Espagnols aux Zélandais, est d'autant plus juste que les uns sont à très peu près les antipodes des autres.

« Les femmes, continue M. Cook, n'ont pas beaucoup de délicatesse dans les traits, » néanmoins leur voix est d'une grande douceur; c'est par là qu'on les distingue des hom- » mes, leurs habillements étant les mêmes : comme les femmes des autres pays, elles » ont plus de gaieté, d'enjouement et de vivacité que les hommes. Les Zélandais ont les » cheveux et la barbe noire; leurs dents sont blanches et régulières; ils jouissent d'une » santé robuste et il y en a de fort âgés. Leur principale nourriture est le poisson qu'ils » ne peuvent se procurer que sur les côtes, lesquelles ne leur en fournissent en abon- » dance que pendant un certain temps. Ils n'ont ni cochons, ni chèvres, ni volailles, et » ils ne savent pas prendre les oiseaux en assez grand nombre pour se nourrir; excepté » les chiens qu'ils mangent, ils n'ont point d'autres subsistances que la racine de fou- » gère, les ignames et les patates... Ils sont aussi décents et modestes que les insulaires » de la mer du Sud sont voluptueux et indécents, mais ils ne sont pas aussi propres..., » parce que, ne vivant pas dans un climat aussi chaud, ils ne se baignent pas » si souvent.

» Leur habillement est, au premier coup d'œil, tout à fait bizarre. Il est composé de » feuilles d'une espèce de glaïeul, qui, étant coupées en trois bandes, sont entrelacées » les unes dans les autres, et forment une sorte d'étoffe qui tient le milieu entre le » réseau et le drap; les bouts des feuilles s'élèvent en saillie, comme de la peluche ou les » nattes que l'on étend sur nos escaliers. Deux pièces de cette étoffe font un habille- » ment complet; l'une est attachée sur les épaules avec un cordon, et pend jsqu'aux » genoux; au bout de ce cordon, est une aiguille d'os qui joint ensemble les deux » parties de ce vêtement. L'autre pièce est enveloppée autour de la ceinture, et pend pres- » que à terre. Les hommes ne portent que dans certaines occasions cet habit de dessous; ils » ont une ceinture, à laquelle pend une petite corde destinée à un usage très singulier. Les » insulaires de la mer du Sud se fendent le prépuce pour l'empêcher de couvrir le gland; » les Zélandais ramènent, au contraire, le prépuce sur le gland, et, afin de l'empêcher de » se retirer, ils en nouent l'extrémité avec le cordon attaché à leur ceinture, et le gland » est la seule partie de leur corps qu'ils montrent avec une honte extrême. »

Cet usage plus que singulier semble être fort contraire à la propreté; mais il a un avantage, c'est de maintenir cette partie sensible et fraîche plus longtemps; car l'on a observé que tous les circoncis et même ceux qui, sans être circoncis ont le prépuce court perdent dans la partie qu'il couvre la sensibilité plus tôt que les autres hommes.

« Au nord de la Nouvelle-Zélande, continue M. Cook, il y a des plantations d'ig- » names, de pommes de terre et de cocos; on n'a pas remarqué de pareilles plantations » au sud, ce qui fait croire que les habitants de cette partie du sud ne doivent vivre que » de racines de fougères et de poisson. Il paraît qu'ils n'ont pas d'autre boisson que de » l'eau. Ils jouissent sans interruption d'une bonne santé, et on n'en a pas vu un seul » qui parût affecté de quelque maladie. Parmi ceux qui étaient entièrement nus, on ne » s'est pas aperçu qu'aucun eût la plus légère éruption sur la peau, ni aucune trace de » pustules ou de boutons; ils ont d'ailleurs un grand nombre de vieillards parmi eux, dont » aucun n'est décrépit...

» Ils paraissent faire moins de cas des femmes que les insulaires de la mer du Sud :

» cependant ils mangent avec elles, et les Otahitiens mangent toujours seuls; mais les » ressemblances qu'on trouve entre ce pays et les îles de la mer du Sud, relativement » aux autres usages, sont une forte preuve que tous ces insulaires ont la même origine. » La conformité du langage paraît établir ce fait d'une manière incontestable; Tupia, » jeune Otahitien que nous avions avec nous, se faisait parfaitement entendre des Zélan- » dais (a). »

M. Cook pense que ces peuples ne viennent pas de l'Amérique, qui est située à l'est de ces contrées, et il dit qu'à moins qu'il n'y ait au sud un continent assez étendu, et s'ensuivra qu'ils viennent de l'ouest. Néanmoins la langue est absolument différente dans la Nouvelle-Hollande, qui est la terre la plus voisine à l'ouest de la Zélande; et comme cette langue d'Otaiti et des autres îles de la mer Pacifique, ainsi que celle de la Zélande, ont plusieurs rapports avec les langues de l'Inde méridionale, on peut présumer que toutes ces petites peuplades tirent leur origine de l'Archipel indien.

« Aucun des habitants de la Nouvelle-Hollande ne porte le moindre vêtement, ajoute » M. Cook; ils parlaient dans un langage si rude et si désagréable, que Tupia, jeune » Otahitien, n'y entendait pas un seul mot. Ces hommes de la Nouvelle-Hollande parais- » sent hardis; ils sont armés de lances et semblent s'occuper de la pêche. Leurs lances » sont de la longueur de six à quinze pieds avec quatre branches, dont chacune est très- » pointue et armée d'un os de poisson.... En général ils paraissent d'un naturel fort sau- » vage, puisqu'on ne put jamais les engager de se laisser approcher. Cependant on par- » vint pour la première fois à voir de près quelques naturels du pays dans les environs » de la rivière d'Endeavour. Ceux-ci étaient armés de javelines et de lances, avaient les « membres d'une petitesse remarquable; ils étaient cependant d'une taille ordinaire pour » la hauteur; leur peau était couleur de suie ou de chocolat foncé; leurs cheveux étaient » noirs sans être laineux, mais coupés court: les uns les avaient lisses et les autres bou- » clés... Les traits de leur visage n'étaient pas désagréables; ils avaient les yeux très » vifs, les dents blanches et unies, la voix douce et harmonieuse, et répétaient quelques » mots, qu'on leur faisait prononcer, avec beaucoup de facilité. Tous ont un trou fait à » travers le cartilage qui sépare les deux narines, dans lequel ils mettent un os d'oiseau » de près de la grosseur d'un doigt et de cinq ou six pouces de long. Ils ont aussi des » trous à leurs oreilles quoiqu'ils n'aient point de pendants : peut-être y en mettent-ils » que l'on n'a pas vus.... Par après on s'est aperçu que leur peau n'était pas aussi » brune qu'elle avait paru d'abord: ce que l'on avait pris pour leur teint de nature, n'était » que l'effet de la poussière et de la fumée dans laquelle ils sont peut-être obligés de dor- » mir, malgré la chaleur du climat, pour se préserver des mosquites, insectes très incom- » modes. Ils sont entièrement nus, et paraissent être d'une activité et d'une agilité » extrêmes...

» Au reste, la Nouvelle-Hollande... est beaucoup plus grande qu'aucune autre contrée » du monde connu qui ne porte pas le nom de continent. La longueur de la côte sur » laquelle on a navigué, réduite en droite ligne, ne comprend pas moins de vingt-sept » degrés; de sorte que sa surface en carré doit être beaucoup plus grande que celle de » toute l'Europe.

» Les habitants de cette vaste terre ne paraissent pas nombreux; les hommes et les » femmes y sont entièrement nus..... On n'aperçoit sur leur corps aucune trace de ma- » ladie ou de plaie, mais seulement de grandes cicatrices en lignes irrégulières, qui sem- » blaient être les suites des blessures qu'ils s'étaient faites eux-mêmes avec un instrument » obtus...

» On n'a rien vu dans tout le pays qui ressemblât à un village. Leurs maisons, si tou-

(a) *Voyage au tour du monde*, par M. Cook, t. III, chap. x.

» tefois on peut leur donner ce nom, sont faites avec moins d'industrie que celles de » tous les autres peuples que l'on avait vus auparavant, excepté celles des habitants de » la Terre-de-Feu. Ces habitations n'ont que la hauteur qu'il faut pour qu'un homme » puisse se tenir debout ; mais elles ne sont pas assez larges pour qu'il puisse s'y étendre » de sa longueur dans aucun sens. Elles sont construites en forme de four, avec des » baguettes flexibles à peu près aussi grosses que le pouce ; ils enfoncent les deux extré- » mités de ces baguettes dans la terre, et ils les recouvrent ensuite avec des feuilles de » palmier et de grands morceaux d'écorce. La porte n'est qu'une ouverture opposée à » l'endroit où l'on fait le feu. Ils se couchent sous ces hangars en se repliant le corps en » rond, de manière que les talons de l'un touchent la tête de l'autre ; dans cette position » forcée une des huttes contient trois ou quatre personnes. En avançant au nord, le climat » devient plus chaud et les cabanes encore plus minces. Une horde errante construit ces » cabanes dans les endroits qui lui fournissent de la subsistance pour un temps, et elle » les abandonne lorsqu'on ne peut plus y vivre. Dans les endroits où ils ne sont que » pour une nuit ou deux, ils couchent sous les buissons ou dans l'herbe, qui a près de » deux pieds de hauteur.

» Ils se nourrissent principalement de poisson ; ils tuent quelquefois des kanguros » (grosses gerboises (*) et même des oiseaux... Ils font griller la chair sur des charbons, ou » ils la font cuire dans un trou avec des pierres chaudes, comme les insulaires de la mer » du Sud. »

J'ai cru devoir rapporter par extrait cet article de la relation du capitaine Cook, parce qu'il est le premier qui ait donné une description détaillée de cette partie du monde.

La Nouvelle-Hollande est donc une terre peut-être plus étendue que toute notre Europe, et située sous un ciel encore plus heureux ; elle ne paraît stérile que par le défaut de population ; elle sera toujours nulle sur le globe tant qu'on se bornera à la visite des côtes et qu'on ne cherchera pas à pénétrer dans l'intérieur des terres, qui, par leur position, semblent promettre toutes les richesses que la nature a plus accumulées dans les pays chauds que dans les contrées froides ou tempérées.

Par la description de tous ces peuples nouvellement découverts, et dont nous n'avions pu faire l'énumération dans notre article des variétés de l'espèce humaine (*a*), il paraît que les grandes différences, c'est-à-dire les principales variétés, dépendent entièrement de l'influence du climat : on doit entendre par climat non seulement la latitude plus ou moins élevée, mais aussi la hauteur ou la dépression des terres, leur voisinage ou leur éloignement des mers, leur situation par rapport aux vents, et surtout au vent d'est, toutes les circonstances en un mot qui concourent à former la température de chaque contrée ; car c'est de cette température plus ou moins chaude ou froide, humide ou sèche, que dépend non seulement la couleur des hommes, mais l'existence même des espèces d'animaux et de plantes, qui tous affectent de certaines contrées et ne se trouvent pas dans d'autres ; c'est de cette même température que dépend par conséquent la différence de la nourriture des hommes, seconde cause qui influe beaucoup sur leur tempérament, leur naturel, leur grandeur et leur force.

(*a*) Page 137 et suiv.

(*) Les Kanguroos ne ressemblent aux Gerboises que par la brièveté de leurs membres antérieurs et la longeur considérable de leurs membres postérieurs, mais un grand nombre d'autres caractères plus importants les séparent et on les classe dans deux groupes de Mammifères très éloignés l'un de l'autre. Les Kanguroos sont des Marsupiaux ; les Gerboises sont des Rongeurs.

Sur les Blafards et Nègres blancs.

Mais, indépendamment des grandes variétés produites par ces causes générales, il y en a de particulières, dont quelques-unes me paraissent avoir des caractères fort bizarres, et dont nous n'avons pas encore pu saisir toutes les nuances. Ces hommes blafards, dont nous avons parlé, et qui sont différents des blancs, des noirs-nègres, des noirs-cafres, des basanés, des rouges, etc., se trouvent plus répandus que je ne l'ai dit; on les connaît à Ceylan sous le nom de Bedas, à Java sous celui de Chacrelas ou Kacrelas, à l'Ithsme d'Amérique sous le nom d'Albinos, dans d'autres endroits sous celui de Dondos; on les a aussi appelés *Nègres blancs :* il s'en trouve aux Indes méridionales en Asie, à Madagascar en Afrique, à Carthagène et dans les Antilles en Amérique; l'on vient de voir qu'on en trouve aussi dans les îles de la mer du Sud : on serait donc porté à croire que les hommes de toute race et de toute couleur produisent quelquefois des individus blafards, et que dans tous les climats chauds il y a des races sujettes à cette espèce de dégradation; néanmoins, par toutes les connaissances que j'ai pu recueillir, il me paraît que ces blafards forment plutôt des branches stériles de dégénération qu'une tige ou vraie race dans l'espèce humaine; car nous sommes pour ainsi dire assurés que les blafards mâles sont inhabiles ou très peu habiles à la génération, et qu'ils ne produisent pas avec leurs femelles blafardes, ni même avec les négresses. Néanmoins on prétend que les femelles blafardes produisent, avec les nègres, des enfants pies, c'est-à-dire marqués de taches noires et blanches, grandes et très distinctes, quoique semées irrégulièrement. Cette dégradation de nature paraît donc être encore plus grande dans les mâles que dans les femelles, et il y a plusieurs raisons pour croire que c'est une espèce de maladie ou plutôt une sorte de détraction dans l'organisation du corps qu'une affection de nature qui doive se propager; car il est certain qu'on n'en trouve que des individus et jamais des familles entières; et l'on assure que quand par hasard ces individus produisent des enfants, ils se rapprochent de la couleur primitive de laquelle les pères ou mères avaient dégénéré. On prétend aussi que les Dondos produisent avec les Nègres des enfants noirs, et que les Albinos de l'Amérique avec les Européens produisent des mulâtres. M. Schreber, dont j'ai tiré ces deux derniers faits, ajoute qu'on peut encore mettre avec les Dondos les Nègres jaunes ou rouges qui ont des cheveux de cette même couleur, et dont on ne trouve aussi que quelques individus; il dit qu'on en a vu en Afrique et dans l'île de Madagascar, mais que personne n'a encore observé qu'avec le temps ils changent de couleur et deviennent noirs ou bruns (*a*); qu'enfin, on les a toujours vus constamment conserver leur première couleur; mais je doute beaucoup de la réalité de tous ces faits.

« Les blafards du Darien, dit M. P., ont tant de ressemblance avec les Nègres blancs » de l'Afrique et de l'Asie, qu'on est obligé de leur assigner une cause commune et cons- » tante. Les Dondos de l'Afrique et les Kakerlaks de l'Asie sont remarquables par leur » taille qui excède rarement quatre pieds cinq pouces; leur teint est d'un blanc fade, » comme celui du papier ou de la mousseline sans la moindre nuance d'incarnat ou de » rouge; mais on y distingue quelquefois de petites taches lenticulaires grises; leur épiderme » n'est point oléagineux. Ces blafards n'ont pas le moindre vestige de noir sur toute la » surface du corps; ils naissent blancs et ne noircissent en aucun âge; ils n'ont point de » barbe, point de poil sur les parties naturelles; leurs cheveux sont laineux et frisés en » Afrique, longs et traînants en Asie, ou d'une blancheur de neige, ou d'un roux tirant » sur le jaune; leurs cils et leurs sourcils ressemblent aux plumes de l'édredon, ou au » plus fin duvet qui revêt la gorge des cygnes; leur iris est quelquefois d'un bleu mou-

(*a*) *Histoire naturelle des Quadrupèdes*, par M. Schreber, t. Ier, p. 14 et 15.

» rant et singulièrement pâle : d'autres fois, et dans d'autres individus de la même » espèce, l'iris est d'un jaune vif, rougeâtre et comme sanguinolent.

» Il n'est pas vrai que les blafards Albinos aient une membrane clignotante; la pau- » pière couvre sans cesse une partie de l'iris, et on la croit destituée du muscle élévateur, » ce qui ne leur laisse apercevoir qu'une petite section de l'horizon.

» Le maintien des blafards annonce la faiblesse et le dérangement de leur constitution » viciée; leurs mains sont si mal dessinées qu'on devrait les nommer des pattes; le jeu » des muscles de leur mâchoire inférieure ne s'exécute aussi qu'avec difficulté; le tissu » de leurs oreilles est plus mince et plus membraneux que celui de l'oreille des autres » hommes; la conque manque aussi de capacité, et le lobe est allongé et pendant.

» Les blafards du nouveau continent ont la taille plus haute que les blafards de l'an- » cien; leur tête n'est pas garnie de laine, mais de cheveux longs de sept à huit pouces, » blancs et peu frisés; ils ont l'épiderme chargé de poils follets depuis les pieds jusqu'à » la naissance des cheveux; leur visage est velu; leurs yeux sont si mauvais qu'ils ne » voient presque pas en plein jour, et que la lumière leur occasionne des vertiges et des » éblouissements : ces blafards n'existent que dans la zone torride, jusqu'au dixième » degré de chaque côté de l'équateur.

» L'air est très pernicieux dans toute l'étendue de l'Isthme du nouveau monde; à » Carthagène et à Panama les négresses accouchent d'enfants blafards plus souvent » qu'ailleurs (*a*).

» Il existe à Darien (dit l'auteur, vraiment philosophe, de l'*Histoire philosophique et* » *politique des deux Indes*) une race de petits hommes blancs dont on retrouve l'espèce en » Afrique et dans quelques îles de l'Asie; ils sont couverts d'un duvet d'une blancheur » de lait éclatante; ils n'ont point de cheveux, mais de la laine; ils ont la prunelle » rouge; ils ne voient bien que la nuit; ils sont faibles, et leur instinct paraît plus borné » que celui des autres hommes (*b*).

Nous allons comparer à ces descriptions celle que j'ai faite moi-même d'une négresse blanche que j'ai eu occasion d'examiner et de faire dessiner d'après nature. Cette fille, nommée Geneviève, était âgée de près de dix-huit ans, en avril 1777, lorsque je l'ai décrite; elle est née de parents nègres dans l'île de la Dominique, ce qui prouve qu'il naît des Albinos non seulement à dix degrés de l'équateur, mais jusqu'à seize et peut-être vingt degrés, car on assure qu'il s'en trouve à Saint-Domingue et à Cuba. Le père et la mère de cette négresse blanche avaient été amenés de la côte d'Or en Afrique, et tous deux étaient parfaitement noirs. Geneviève était blanche sur tout le corps; elle avait quatre pieds onze pouces six lignes de hauteur, et son corps était assez bien proportionné (*c*) : ceci s'accorde avec ce que dit M. P., que les Albinos d'Amérique sont plus grands que les blafards de l'ancien continent; mais la tête de cette négresse blanche n'était pas aussi bien proportionnée que le corps; en la mesurant, nous l'avons trouvée trop forte, et surtout trop longue; elle avait neuf pouces neuf lignes de hauteur, ce qui fait près d'un sixième de la hauteur entière du corps, au lieu que dans un homme et une femme bien proportionnés, la tête ne doit avoir qu'un septième et demi de la hauteur totale. Le cou au contraire est trop court et trop gros, n'ayant que dix-sept lignes de hauteur et douze pouces trois lignes de circonférence. La longueur des bras est de deux

(*a*) *Recherches sur les Amériains*, t. Ier, p. 410 et suiv.

(*b*) *Histoire philosophique et politique des deux Indes*, t. III, p. 151.

(*c*) Circonférence du corps au-dessus des hanches, 2 pieds 2 pouces 6 lignes; circonférence des hanches à la partie la plus charnue, 2 pieds 11 pouces; hanteur depuis le talon au-dessus des hanches, 3 pieds; depuis la hanche au genou, 1 pied 9 pouces 6 lignes; du genou au talon, 1 pied 3 pouces 9 lignes; longueur du pied, 9 pouces 5 lignes, ce qui est une grandeur démesurée en comparaison des mains.

pieds deux pouces trois lignes; de l'épaule au coude, onze pouces dix lignes; du coude au poignet, neuf pouces dix lignes; du poignet à l'extrémité du doigt du milieu, six pouces six lignes, et en totalité les bras sont trop longs. Tous les traits de la face sont absolument semblables à ceux des négresses noires : seulement les oreilles sont placées trop haut, le haut du cartilage de l'oreille s'élevant au-dessus de la hauteur de l'œil, tandis que le bas du lobe ne descend qu'à la hauteur de la moitié du nez; or le bas de l'oreille doit être au niveau du bas du nez, et le haut de l'oreille au niveau du dessus des yeux; cependant ces oreilles élevées ne paraissent pas faire une grande difformité, et elles étaient semblables pour la forme et pour l'épaisseur aux oreilles ordinaires; ceci ne s'accorde donc pas avec ce que dit M. P., que le tissu de l'oreille de ces blafards est plus mince et plus membraneux que celui de l'oreille des autres hommes; il en est de même de la conque, elle ne manquait pas de capacité, et le lobe n'était pas allongé ni pendant comme il le dit. Les lèvres et la bouche, quoique conformées comme dans les négresses noires, paraissent singulières par le défaut de couleur; elles sont aussi blanches que le reste de la peau, et sans aucune apparence de rouge; en général la couleur de la peau, tant du visage que du corps de cette négresse blanche, est d'un blanc de suif qu'on n'aurait pas encore épuré, ou si l'on veut, d'un blanc mat blafard et inanimé; cependant on voyait une teinte légère d'incarnat sur les joues lorsqu'elle s'approchait du feu, ou qu'elle était remuée par la honte qu'elle avait de se faire voir nue. J'ai aussi remarqué sur son visage quelques petites taches à peine lenticulaires de couleur roussâtre. Les mamelles étaient grosses, rondes, très fermes et bien placées; les mamelons d'un rouge assez vermeil; l'aréole qui environne les mamelons a seize lignes de diamètre, et paraît semée de petits tubercules couleur de chair; cette jeune fille n'avait point fait d'enfant, et sa maîtresse assurait qu'elle était pucelle; elle avait très peu de laine aux environs des parties naturelles, et point du tout sous les aisselles, mais sa tête en était bien garnie; cette laine n'avait guère qu'un pouce et demi de longueur; elle est rude, touffue et frisée naturellement, blanche à la racine, et roussâtre à l'extrémité; il n'y avait pas d'autre laine, poil ou duvet sur aucune partie de son corps. Les sourcils sont à peine marqués par un petit duvet blanc, et les cils sont un peu plus apparents; les yeux ont un pouce d'un angle à l'autre, et la distance entre les deux yeux est de quinze lignes, tandis que cet intervalle entre les yeux doit être égal à la grandeur de l'œil.

Les yeux sont remarquables par un mouvement très singulier : les orbites paraissent inclinées du côté du nez, au lieu que dans la conformation ordinaire les orbites sont plus élevées vers le nez que vers les tempes; dans cette négresse, au contraire, elles étaient plus élevées du côté des tempes que du côté du nez, et le mouvement de ses yeux, que nous allons décrire, suivait cette direction inclinée; ses paupières n'étaient pas plus amples qu'elles le sont ordinairement; elle pouvait les fermer, mais non pas les ouvrir au point de découvrir le dessus de la prunelle, en sorte que le muscle élévateur paraît avoir moins de force dans ces nègres blancs que dans les autres hommes; ainsi les paupières ne sont pas clignotantes, mais toujours à demi fermées. Le blanc de l'œil est assez pur, la pupille et la prunelle assez larges; l'iris est composé à l'intérieur, autour de la pupi le d'un cercle jaune indéterminé, et ensuite d'un cercle mêlé de jaune et de bleu, et enfin d'un cercle d'un bleu foncé qui forme la circonférence de la prunelle; en sorte que, vus d'un peu loin, les yeux paraissent d'un bleu sombre.

Exposée vis-à-vis du grand jour, cette négresse blanche en soutenait la lumière sans clignotement et sans en être offensée, elle resserrait seulement l'ouverture de ses paupières en abaissant un peu plus celle du dessus. La portée de sa vue était fort courte, je m'en suis assuré par des monocles et des lorgnettes : cependant elle voyait distinctement les plus petits objets en les approchant près de ses yeux à trois ou quatre pouces de distance; comme elle ne sait pas lire, on n'a pas pu en juger plus exactement; cette vue courte est néanmoins perçante dans l'obscurité au point de voir presque aussi bien la nuit que le jour; mais le trait le plus remarquable dans les yeux de cette négresse blanche est un mouvement d'oscillation ou de balancement prompt et continuel par lequel les deux yeux s'approchent ou s'éloignent régulièrement tous deux ensemble alternativement du côté du nez et du côté des tempes; on peut estimer à deux ou deux lignes et demie la différence des espaces que les yeux parcourent dans ce mouvement dont la direction est un peu inclinée en descendant des tempes vers le nez; cette fille n'est point maîtresse d'arrêter le mouvement de ses yeux, même pour un moment; il est aussi prompt que celui du balancier d'une montre, en sorte qu'elle doit perdre et retrouver, pour ainsi dire, à chaque instant, les objets qu'elle regarde. J'ai couvert successivement l'un et l'autre de ses yeux avec mes doigts pour reconnaître s'ils étaient d'inégale force; elle en avait un plus faible, mais l'inégalité n'était pas assez grande pour produire le regard louche, et j'ai senti sous mes doigts que l'œil fermé et couvert continuait de balancer comme celui qui était découvert. Elle a les dents bien rangées et du plus bel émail, l'haleine pure, point de mauvaise odeur de transpiration ni d'huileux sur la peau comme les négresses noires; sa peau est au contraire trop sèche, épaisse et dure. Les mains ne sont pas mal conformées, et seulement un peu grosses; mais elles sont couvertes, ainsi que le poignet et une partie du bras, d'un si grand nombre de rides, qu'en ne voyant que ses mains on les aurait jugées appartenir à une vieille décrépite de plus de quatre-vingts ans; les doigts sont gros et assez longs; les ongles, quoique un peu grands, ne sont pas difformes. Les pieds et la partie basse des jambes sont aussi couverts de rides, tandis que les cuisses et les fesses présentent une peau ferme et assez bien tendue. La taille est même ronde et bien prise, et, si l'on en peut juger par l'habitude entière du corps, cette fille est très en état de produire. L'écoulement périodique n'a paru qu'à seize ans, tandis que dans les négresses noires c'est ordinairement à neuf, dix et onze ans. On assure qu'avec un nègre noir elle produirait un nègre pie, tel que celui dont nous donnerons bientôt la description; mais on prétend en même temps qu'avec un nègre blanc qui lui ressemblerait elle ne produirait rien, parce qu'en général les mâles nègres blancs ne sont pas prolifiques.

Au reste, les personnes auxquelles cette négresse blanche appartient m'ont assuré que presque tous les nègres mâles et femelles qu'on a tirés de la côte d'Or en Afrique pour les îles de la Martinique, de la Guadeloupe et de la Dominique, ont produit dans ces îles des nègres blancs, non pas en grand nombre, mais un sur six ou sept enfants; le père et la mère de celle-ci n'ont eu qu'elle de blanche, et tous leurs autres enfants étaient noirs. Ces nègres blancs, surtout les mâles, ne vivent pas bien longtemps, et la différence la plus ordinaire entre les femelles et les mâles est que ceux-ci ont les yeux rouges et la peau encore plus blafarde et plus inanimée que les femelles.

Nous croyons devoir inférer de cet examen, et des faits ci-dessus exposés, que ces blafards ne forment point une race réelle, qui, comme celle des nègres et des blancs, puisse également se propager, se multiplier et conserver à perpétuité, par la génération, tous les caractères qui pourraient la distinguer des autres races; on doit croire au contraire, avec assez de fondement, que cette variété n'est pas spécifique, mais individuelle, et qu'elle subit peut-être autant de changements qu'elle contient d'individus différents, ou tout au moins autant que les divers climats; mais ce ne sera qu'en multipliant les observations qu'on pourra reconnaître les nuances et les limites de ces différentes variétés.

Au surplus, il paraît assez certain que les négresses blanches produisent avec les nègres noirs des nègres pies, c'est-à-dire, marqués de blanc et de noir par grandes taches. Je donne ici la figure d'un de ces nègres pies né à Carthagène en Amérique et dont le portrait colorié m'a été envoyé par M. Taverne, ancien bourguemestre et subdélégué de Dunkerque, avec les renseignements suivants, contenus dans une lettre dont voici l'extrait :

« Je vous envoie, Monsieur, un portrait qui s'est trouvé dans une prise anglaise, faite » dans la dernière guerre par le corsaire *la Royale*, dans lequel j'étais intéressé. C'est » celui d'une petite fille dont la couleur est mi-partie de noir et de blanc ; les mains et » les pieds sont entièrement noirs ; la tête l'est également, à l'exception du menton jus- » ques et compris la lèvre inférieure ; partie du front, y compris la naissance des cheveux » ou laine au-dessus, sont également blancs, avec une tache noire au milieu de la tache » blanche : tout le reste du corps, bras, jambes et cuisses, sont marqués de taches noires » plus ou moins grandes, et sur les grandes taches noires il s'en trouve de plus petites » encore plus noires. On ne peut comparer cet enfant, pour la forme des taches, qu'aux » chevaux gris ou tigrés ; le noir et le blanc se joignent par des teintes imperceptibles de » la couleur des mulâtres.

» Je pense, dit M. Taverne, malgré ce que porte la légende anglaise (*a*) qui est au bas » du portrait de cet enfant, qu'il est provenu de l'union d'un blanc et d'une négresse, et » que ce n'est que pour sauver l'honneur de la mère et de la Société dont elle était » esclave, qu'on a dit cet enfant né de parents nègres (*b*).

Réponse de M. de Buffon.

Montbard, le 13 octobre 1772.

J'ai reçu, Monsieur, le portrait de l'enfant noir et blanc que vous avez eu la bonté de m'envoyer, et j'en ai été assez émerveillé, car je n'en connaissais pas d'exemple dans la nature. On serait d'abord porté à croire avec vous, Monsieur, que cet enfant, né d'une négresse, a eu pour père un blanc, et que de là vient la variété de ses couleurs ; mais lorsqu'on fait réflexion qu'on a mille et millions d'exemples, que le mélange du sang nègre avec le blanc n'a jamais produit que du brun, toujours uniformément répandu, on vient à douter de cette supposition, et je crois qu'en effet on serait moins mal fondé à rapporter l'origine de cet enfant à des nègres, dans lesquels il y a des individus blancs ou blafards, c'est-à-dire, d'un blanc tout différent de celui des autres hommes blancs, car ces nègres blancs dont vous avez peut-être entendu parler, Monsieur, et dont j'ai fait quelque mention dans mon livre, ont de la laine au lieu de cheveux, et tous les autres attributs des véritables nègres, à l'exception de la couleur de la peau, et de la structure des yeux que ces nègres blancs ont très faibles. Je penserais donc que, si quelqu'un des ascendants de cet enfant pie était un nègre blanc, la couleur a pu reparaître en partie et se distribuer comme nous la voyons sur ce portrait.

Réponse de M. Taverne.

Dunkerque, le 29 octobre 1772.

« Monsieur, l'original du portrait de l'enfant noir et blanc a été trouvé à bord du » navire *le Chrétien*, de Londres, venant de la Nouvelle-Angleterre pour aller à Londres ; » ce navire fut pris en 1746 par le vaisseau nommé *le comte de Maurepas*, de Dunkerque, » commandé par le capitaine François Meyne.

(*a*) Au-dessous du portrait de cette négresse-pie, on lit l'inscription suivante : « *Marie* » *Sabina*, née le 12 octobre 1736, à Matuna, plantation appartenant aux jésuites de Cartha- » gène en Amérique, de deux nègres esclaves, nommés *Martiniano* et *Padrona*. »

(*b*) Extrait d'une lettre de M. Taverne. Dunkerque, le 10 septembre 1772.

» L'origine et la cause de la bigarrure de la peau de cet enfant, que vous avez la bonté » de m'annoncer par la lettre dont vous m'avez honoré, paraissent très probables; un pareil » phénomène est très rare et peut-être unique. Il se peut cependant que, dans l'intérieur de » l'Afrique, où il se trouve des nègres noirs et d'autres blancs, le cas y soit plus fréquent. » Il me reste néanmoins encore un doute sur ce que vous me faites l'honneur de me » marquer à cet égard, et malgré mille et millions d'exemples que vous citez, que le » mélange du sang nègre avec le blanc n'a jamais produit que du brun toujours unifor- » mément répandu, je crois qu'à l'exemple des quadrupèdes les hommes peuvent naître, » par le mélange des individus noirs et blancs, tantôt bruns comme sont les mulâtres, » tantôt tigrés à petites taches noires ou blanchâtres, et tantôt pies à grandes taches ou » bandes comme il est arrivé à l'enfant ci-dessus; ce que nous voyons arriver par le » mélange des races noires et blanches, parmi les chevaux, les vaches, brebis, porcs, » chiens, chats, lapins, etc. pourrait également arriver parmi les hommes; il est même » surprenant que cela n'arrive pas plus souvent. La laine noire dont la tête de cet enfant » est garnie sur la peau noire, et les cheveux blancs qui naissent sur les parties blanches » de son front, font présumer que les parties noires proviennent d'un sang nègre et les » parties blanches d'un sang blanc, etc. »

S'il était toujours vrai que la peau blanche fît naître des cheveux, et que la peau noire produisît de la laine, on pourrait croire en effet que ces nègres pies proviendraient du mélange d'une négresse et d'un blanc; mais nous ne pouvons savoir par l'inspection du portrait s'il y a en effet des cheveux sur les parties blanches et de la laine sur les parties noires; il y a, au contraire, toute apparence que les unes et les autres de ces parties sont couvertes de laine; ainsi je suis persuadé que cet enfant pie doit sa naissance à un père nègre noir et à une mère négresse blanche. Je le soupçonnais en 1772, lorsque j'ai écrit à M. Taverne, et j'en suis maintenant presque assuré par les nouvelles informations que j'ai faites à ce sujet.

Dans les animaux, la chaleur du climat change la laine en poil. On peut citer pour exemple les brebis du Sénégal, les bisons ou bœufs à bosse qui sont couverts de laine dans les contrées froides, et qui prennent du poil rude, comme celui de nos bœufs, dans les climats chauds, etc. Mais il arrive tout le contraire dans l'espèce humaine; les cheveux ne deviennent laineux que sur les nègres, c'est-à-dire dans les contrées les plus chaudes de la terre, où tous les animaux perdent leur laine.

On prétend que parmi les blafards des différents climats, les uns ont de la laine, les autres des cheveux, et que d'autres n'ont ni laine ni cheveux, mais un simple duvet; que les uns ont l'iris des yeux rouge, et d'autres d'un bleu faible; que tous, en général, sont moins vifs, moins forts et plus petits que les autres hommes, de quelque couleur qu'ils soient; que quelques-uns de ces blafards ont le corps et les membres bien proportionnés; que d'autres paraissent difformes par la longueur des bras, et surtout par les pieds et par les mains dont les doigts sont trop gros ou trop courts. Toutes ces différences rapportées par les voyageurs paraissent indiquer qu'il y a des blafards de bien des espèces, et qu'en général cette dégénération ne vient pas d'un type de nature, d'une empreinte particulière qui doive se propager sans altération et former une race constante, mais plutôt d'une désorganisation de la peau plus commune dans les pays chauds qu'elle ne l'est ailleurs; car les nuances du blanc au blafard se reconnaissent dans les pays tempérés et même froids. Le blanc mat et fade des blafards se trouve dans plusieurs individus de tous les climats; il y a même en France plusieurs personnes des deux sexes dont la peau est de ce blanc inanimé : cette sorte de peau ne produit jamais que des cheveux et des poils blancs ou jaunes. Ces blafards de notre Europe ont ordinairement la vue faible, le tour des yeux rouges, l'iris bleu, la peau parsemée de taches grandes comme des lentilles, non seulement sur le visage, mais même sur le corps; et cela me confirme encore dans l'idée que les blafards, en général, ne doivent être regardés que comme des individus plus ou moins disgraciés de la nature, dont le vice principal réside dans la texture de la peau.

Nous allons donner des exemples de ce que peut produire cette désorganisation de la peau. On a vu en Angleterre un homme auquel on avait donné le surnom de *porc-épic:* il est né en 1710 dans la province de Suffolk. Toute la peau de son corps était chargée de petites excroissances ou verrues en forme de piquants gros comme une ficelle. Le visage, la paume des mains, la plante des pieds étaient les seules parties qui n'eussent pas de piquants; ils étaient d'un brun rougeâtre et en même temps durs et élastiques, au point de faire du bruit lorsqu'on passait la main dessus; ils avaient un demi-pouce de longueur en de certains endroits et moins dans d'autres; ces excroissances ou piquants n'ont paru que deux mois après sa naissance; ce qu'il y avait encore de singulier, c'est que ces verrues tombaient chaque hiver pour renaître au printemps. Cet homme, au reste, se portait très bien; il a eu six enfants qui tous six ont été comme leur père couverts de ces mêmes excroissances. On peut voir la main d'un de ces enfants gravée dans les *Glanures* de M. Edwards, planche 212, et la main du père dans les *Transactions philosophiques*, volume XLIX, page 21.

Nous donnons ici la figure d'un enfant que j'ai fait dessiner sous mes yeux et qui a été vu de tout Paris dans l'année 1774. C'était une petite fille nommée Anne-Marie Hérig, née le 11 novembre 1770 à Dackstul, comté de ce nom, dans la Lorraine allemande, à sept lieues de Trèves. Son père, sa mère, ni aucun de ses parents n'avaient de taches sur la peau, au rapport d'un oncle et d'une tante qui la conduisaient; cette petite fille avait néanmoins tout le corps, le visage et les membres parsemés et couverts en beaucoup d'endroits de taches plus ou moins grandes, dont la plupart étaient surmontées d'un poil semblable à du poil de veau; quelques autres endroits étaient couverts d'un poil plus court et semblable à du poil de chevreuil; ces taches étaient toutes de couleur fauve, chair et poil; il y avait aussi des taches sans poil, et la peau dans ces endroits nus ressemblait à du cuir tanné. Telles étaient les petites taches rondes et autres, grosses comme des mouches, que cet enfant avait aux bras, aux jambes, sur le visage et sur quelques endroits du corps: les taches velues étaient bien plus grandes; il y en avait sur les jambes, les cuisses, les bras et sur le front; ces taches couvertes de beaucoup de poil étaient proéminentes, c'est-à-dire un peu élevées au-dessus de la peau nue. Au reste, cette petite fille était d'une figure très agréable; elle avait de fort beaux yeux, quoique surmontés de sourcils très extraordinaires, car ils étaient mêlés de poils humains et de poil de chevreuil, la bouche petite, la physionomie gaie, les cheveux bruns. Elle n'était âgée que de trois ans et demi lorsque je l'observai au mois de juin 1774, et elle avait deux pieds sept pouces de hauteur, ce qui est la taille ordinaire des filles de cet âge; seulement elle avait le ventre un peu plus gros que les autres enfants; elle était très vive et se portait à merveille, mais mieux en hiver qu'en été; car la chaleur l'incommodait beaucoup, parce qu'indépendamment des taches que nous venons de décrire, et dont le poil lui échauffait la peau, elle avait encore l'estomac et le ventre couverts d'un poil clair assez long, d'une couleur fauve du côté droit et un peu moins foncée du côté gauche, et son dos semblait être couvert d'une tunique en peau velue qui n'était adhérente au corps que dans quelques endroits, et qui était formée par un grand nombre de petites loupes ou tubercules très voisins les uns des autres, lesquels prenaient sous les aisselles et lui couvraient toute la partie du dos jusque sur les reins. Ces espèces de loupes ou excroissances d'une peau qui était pour ainsi dire étrangère au corps de cet enfant, ne lui faisaient aucune douleur lors même qu'on les pinçait; elles étaient de formes différentes, toutes couvertes de poil sur un cuir grenu et ridé dans quelques endroits. Il partait de ces rides des poils bruns assez clairsemés, et les intervalles entre chacune des excroissances étaient garnis d'un poil brun plus long que l'autre; enfin, le bas des reins et le haut des épaules étaient surmontés d'un poil de plus de deux pouces de longueur:

ces deux endroits du corps étaient les plus remarquables par la couleur et la quantité du poil ; car celui du haut des fesses, des épaules et de l'estomac était plus court, et ressemblait à du poil de veau fin et soyeux, tandis que les longs poils du bas des reins et du dessus des épaules étaient rudes et forts bruns : l'intérieur des cuisses, le dessous des fesses et les parties naturelles, étaient absolument sans poil et d'une chair très blanche, très délicate et très fraîche. Toutes les parties du corps qui n'étaient pas tachées présentaient de même une peau très fine et même plus belle que celle des autres enfants. Les cheveux étaient châtain brun et fins. Le visage, quoique fort taché, ne laissait pas de paraître agréable par la régularité des traits et par la blancheur de la peau. Ce n'était qu'avec répugnance que cet enfant se laissait habiller, tous les vêtements lui étant incommodes par la grande chaleur qu'ils donnaient à son petit corps déjà vêtu par la nature : aussi n'était-il nullement sensible au froid.

A l'occasion du portrait et de la description de cette petite fille, des personnes dignes de foi m'ont assuré avoir vu à Bar une femme qui, depuis les clavicules jusqu'aux genoux, est entièrement couverte d'un poil de veau fauve et touffu : cette femme a aussi plusieurs poils semés sur le visage, mais on n'a pu m'en donner une meilleure description. Nous avons vu à Paris, dans l'année 1774, un Russe, dont le front et tout le visage étaient couverts d'un poil noir comme sa barbe et ses cheveux. J'ai dit qu'on trouve de ces hommes à face velue à Yeço et dans quelques autres endroits ; mais, comme ils sont en petit nombre, on doit présumer que ce n'est point une race particulière ou variété constante, et que ces hommes à face velue ne sont, comme les blafards, que des individus dont la peau est organisée différemment de celle des autres hommes ; car le poil et la couleur peuvent être regardés comme des qualités accidentelles produites par des circonstances particulières, que d'autres circonstances particulières, et souvent si légères qu'on ne les devine pas, peuvent néanmoins faire varier et même changer du tout au tout.

Mais, pour en revenir aux nègres, l'on sait que certaines maladies leur donnent communément une couleur jaune ou pâle et quelquefois presque blanche : leurs brûlures et leurs cicatrices restent même assez longtemps blanches ; les marques de leur petite vérole sont d'abord jaunâtres, et elles ne deviennent noires comme le reste de la peau que beaucoup de temps après. Les nègres en vieillissant perdent une partie de leur couleur noire, ils pâlissent ou jaunissent, leur tête et leur barbe grisonnent ; M. Schreber (*a*) prétend qu'on a trouvé parmi eux plusieurs hommes tachetés, et que même en Afrique les mulâtres sont quelquefois marqués de blanc, de brun et de jaune ; enfin que, parmi ceux qui sont bruns, on en voit quelques-uns qui, sur un fond de cette couleur, sont marqués de taches blanches : ce sont là, dit-il, les véritables chacrelas auxquels la couleur a fait donner ce nom par la ressemblance qu'ils ont avec l'insecte du même nom ; il ajoute qu'on a vu aussi à Tobolsk et dans d'autres contrées de la Sibérie des hommes marquetés de brun et dont les taches étaient d'une peau rude, tandis que le reste de la peau, qui était blanche, était fine et très douce. Un de ces hommes de Sibérie avait même les cheveux blancs d'un côté de la tête et de l'autre côté ils étaient noirs, et on prétend qu'ils sont les restes d'une nation qui portait le nom de *Piegaga* ou *Piestra-Horda*, la horde bariolée ou tigrée.

Nous croyons qu'on peut rapporter ces hommes tachés de Sibérie à l'exemple que nous venons de donner de la petite fille à poil de chevreuil, et nous ajouterons à celui des nègres qui perdent leur couleur un fait bien certain, et qui prouve que dans de certaines circonstances la couleur des nègres peut changer du noir au blanc.

« La nommée *Françoise* (*négresse*), cuisinière du colonel Barnet, née en Virginie, âgée » d'environ quarante ans, d'une très bonne santé, d'une constitution forte et robuste, a eu » originairement la peau tout aussi noire que l'Africain le plus brûlé ; mais, dès l'âge de

(*a*) *Histoire naturelle des Quadrupèdes*, par M. Schreber. Erlang, 1775, t. Ier, in-4°.

» quinze ans environ, elle s'est aperçue que les parties de sa peau, qui avoisinent les » ongles et les doigts, devenaient blanches. Peu de temps après, le tour de sa bouche subit » le même changement, et le blanc a depuis continué à s'étendre peu à peu sur le corps, » en sorte que toutes les parties de sa surface se sont ressenties plus ou moins de cette » altération surprenante.

» Dans l'état présent, sur les quatre cinquièmes environ de la surface de son corps, la » peau est blanche, douce et transparente comme celle d'une belle Européenne, et laisse » voir agréablement les ramifications des vaisseaux sanguins qui sont dessous. Les parties » qui sont restées noires perdent journellement leur noirceur; en sorte qu'il est vraisem- » blable qu'un petit nombre d'années amènera un changement total.

» Le cou et le dos, le long des vertèbres, ont plus conservé de leur ancienne couleur » que tout le reste, et semblent encore, par quelques taches, rendre témoignage de leur état » primitif. La tête, la face, la poitrine, le ventre, les cuisses, les jambes et les bras, ont » presque entièrement acquis la couleur blanche; les parties naturelles et les aisselles ne » sont pas d'une couleur uniforme, et la peau de ces parties est couverte de poil blanc » (*laine*) où elle est blanche, et de poil noir où elle est noire.

» Toutes les fois qu'on a excité en elle des passions, telles que la colère, la honte, etc., » on a vu sur-le-champ son visage et sa poitrine s'enflammer de rougeur. Pareillement » lorsque ces endroits du corps ont été exposés à l'action du feu, on y a vu paraître » quelques marques de rousseur.

» Cette femme n'a jamais été dans le cas de se plaindre d'une douleur qui ait duré » vingt-quatre heures de suite; seulement elle a eu une couche il y a environ dix-sept » ans. Elle ne se souvient pas que ses règles aient jamais été supprimées, hors le temps » de sa grossesse. Jamais elle n'a été sujette à aucune maladie de la peau, et n'a usé » d'aucun médicament appliqué à l'extérieur, auquel on puisse attribuer ce changement » de couleur. Comme on sait que par la brûlure la peau des nègres devient blanche, et » que cette femme est tous les jours occupée aux travaux de la cuisine, on pourrait » peut-être supposer que ce changement de couleur aurait été l'effet de la chaleur; mais » il n'y a pas moyen de se prêter à cette supposition dans ce cas-ci, puisque cette femme » a toujours été bien habillée, et que le changement est aussi remarquable dans les » parties qui sont à l'abri de l'action du feu, que dans celles qui y sont le plus expo- » sées.

» La peau, considérée comme émonctoire, paraît remplir toutes ses fonctions aussi » parfaitement qu'il est possible, puisque la sueur traverse indifféremment avec la plus » grande liberté les parties noires et les parties blanches (*a*). »

Mais s'il y a des exemples de femmes ou d'hommes noirs devenus blancs, je ne sache pas qu'il y en ait d'hommes blancs devenus noirs; la couleur la plus constante dans l'espèce humaine est donc le blanc, que le froid excessif des climats du pôle change en gris obscur, et que la chaleur trop forte de quelques endroits de la zone torride change en noir; les nuances intermédiaires, c'est-à-dire, les teintes de basané, de jaune, de rouge, d'olive et de brun, dépendent des différentes températures et des autres circonstances locales de chaque contrée; l'on ne peut donc attribuer qu'à ces mêmes causes la différence dans la couleur des yeux et des cheveux, sur laquelle néanmoins il y a beaucoup plus d'uniformité que dans la couleur de la peau; car presque tous les hommes de l'Asie, de l'Afrique et de l'Amérique, ont les cheveux noirs ou bruns; et parmi les Européens, il y a peut-être encore beaucoup plus de bruns que de blonds, lesquels sont aussi presque les seuls qui aient les yeux bleus.

(*a*) Extrait d'une lettre de Mre Jacques Bate à M. Alexandre Williamson, en date du 26 juin 1760. *Journal étranger*, mois d'août 1760.

Sur les Monstres.

A ces variétés, tant spécifiques qu'individuelles, dans l'espèce humaine, on pourrait ajouter les monstruosités, mais nous ne traitons que des faits ordinaires de la nature et non des accidents; néanmoins nous devons dire qu'on peut réduire à trois classes tous les monstres possibles : la première est celle des monstres par excès, la seconde des monstres par défaut, et la troisième de ceux qui le sont par le renversement ou la fausse position des parties. Dans le grand nombre d'exemples qu'on a recueillis des différents monstres de l'espèce humaine, nous n'en citerons ici qu'un seul de chacune de ces trois classes.

Dans la première, qui comprend tous les monstres par excès, il n'y en a pas de plus frappants que ceux qui ont un double corps et forment deux personnes. Le 26 octobre 1701, il est né à Tzoni en Hongrie deux filles qui tenaient ensemble par les reins; elles ont vécu vingt et un ans; à l'âge de sept ans, on les amena en Hollande, en Angleterre, en France, en Italie, en Russie et presque dans toute l'Europe : âgées de neuf ans, un bon prêtre les acheta pour les mettre au couvent à Pétersbourg, où elles sont restées jusqu'à l'âge de vingt et un ans, c'est-à-dire jusqu'à leur mort qui arriva le 23 février 1723. M. Justus-Joannes Tortos, docteur en médecine, a donné à la Société royale de Londres, le 3 juillet 1757, une histoire détaillée de ces jumelles, qu'il avait trouvée dans les papiers de son beau-père, Carl. Rayger, qui était le chirurgien ordinaire du couvent où elles étaient.

L'une de ces jumelles se nommait *Hélène,* et l'autre *Judith.* Dans l'accouchement Hélène parut d'abord jusqu'au nombril, et trois heures après on tira les jambes, et avec elle parut Judith. Hélène devint grande et était fort droite, Judith fut plus petite et un peu bossue; elles étaient attachées par les reins, et pour se voir elles ne pouvaient tourner que la tête. Il n'y avait qu'un anus commun : à les voir chacune par-devant lorsqu'elles étaient arrêtées, on ne voyait rien de différent des autres femmes. Comme l'anus était commun, il n'y avait qu'un même besoin pour aller à la selle; mais pour le passage des urines, cela était différent; chacune avait ses besoins, ce qui leur occasionnait de fréquentes querelles, parce que quand le besoin prenait à la plus faible, et que l'autre ne voulait pas s'arrêter, celle-ci l'emportait malgré elle; pour tout le reste elles s'accordaient, car elles paraissaient s'aimer tendrement. A six ans, Judith devint percluse du côté gauche, et quoique par la suite elle parût guérie, il lui resta toujours une impression de ce mal, et l'esprit lourd et faible. Au contraire, Hélène était belle et gaie, elle avait de l'intelligence et même de l'esprit. Elles ont eu en même temps la petite vérole et la rougeole; mais toutes leurs autres maladies ou indispositions leur arrivaient séparément, car Judith était sujette à une toux et à la fièvre, au lieu que Hélène était d'une bonne santé; à seize ans leurs règles parurent presque en même temps, et ont toujours continué de paraître séparément à chacune. Comme elles approchaient de vingt-deux ans, Judith prit la fièvre, tomba en léthargie et mourut le 23 février; la pauvre Hélène fut obligée de suivre son sort; trois minutes avant la mort de Judith, elle tomba en agonie et mourut presque en même temps. En les disséquant on a trouvé qu'elles avaient chacune leurs entrailles bien entières, et même que chacune avait un conduit séparé pour les excréments, lequel néanmoins aboutissait au même anus (*a*).

Les monstres par défaut sont moins communs que les monstres par excès; nous ne pouvons guère en donner un exemple plus remarquable que celui de l'enfant que nous avons fait représenter d'après une tête en cire qui a été faite par Mlle Biheron, dont on

(*a*) *Linn.*, *Syst. nat.*, édition allemande, t. Ier.

connaît le grand talent pour le dessin et la représentation des sujets anatomiques. Cette tête appartient à M. Dubourg, habile naturaliste et médecin de la Faculté de Paris; elle a été modelée d'après un enfant femelle qui est venu au monde vivant au mois d'octobre 1766, mais qui n'a vécu que quelques heures. Je n'en donnerai pas la description détaillée, parce qu'elle a été insérée dans les journaux de ce temps, et particulièrement dans le *Mercure de France*.

Enfin, dans la troisième classe, qui contient les monstres par renversement ou fausse position des parties, les exemples sont encore plus rares, parce que cette espèce de monstruosité étant intérieure ne se découvre que dans les cadavres qu'on ouvre.

« M. Méry fit en 1688, dans l'Hôtel royal des Invalides, l'ouverture du cadavre d'un » soldat qui était âgé de soixante-douze ans, et il y trouva généralement toutes les parties » internes de la poitrine et du bas-ventre situées à contresens, celles qui dans l'ordre » commun de la nature occupent le côté droit, étant situées au côté gauche, et celles du » côté gauche, l'étant au droit; le cœur était transversalement dans la poitrine; sa base, » tournée du côté gauche, occupait justement le milieu, tout son corps et sa pointe » s'avançant dans le côté droit..... La grande oreillette et la veine-cave étaient placées à » la gauche et occupaient aussi le même côté dans le bas-ventre jusqu'à l'os sacrum..... » Le poumon droit n'était divisé qu'en deux lobes, et le gauche en trois.

» Le foie était placé au côté gauche de l'estomac, son grand lobe occupant entièrement » l'hypocondre de ce côté-là..... La rate était placée dans l'hypocondre droit, et le pan» créas se portait transversalement de droite à gauche au duodénum (*a*). »

M. Winslow cite deux autres exemples d'une pareille transposition de viscères : la première observée en 1650, et rapportée par Riolan (*b*); la seconde observée en 1657 sur le cadavre du sieur Audran, commissaire du régiment des Gardes à Paris (*c*). Ces renversements ou transpositions sont peut-être plus fréquents qu'on ne l'imagine; mais comme ils sont intérieurs, on ne peut les remarquer que par hasard; je pense néanmoins qu'il en existe quelque indication au dehors : par exemple, les hommes qui naturellement se servent de la main gauche de préférence à la main droite pourraient bien avoir les viscères renversés, ou du moins le poumon gauche plus grand et composé de plus de lobes que le poumon droit; car c'est l'étendue plus grande et la supériorité de force dans le poumon droit qui est la cause de ce que nous nous servons de la main, du bras ou de la jambe droite de préférence à la main ou à la jambe gauche.

Nous finirons par observer que quelques anatomistes, préoccupés du système des germes préexistants, ont cru de bonne foi qu'il y avait aussi des germes monstrueux préexistants comme les autres germes, et que Dieu avait créé ces germes monstrueux dès le commencement; mais n'est-ce pas ajouter une absurdité ridicule et indigne du Créateur à un système mal conçu, que nous avons assez réfuté (volume Ier, p. 617), et qui ne peut être adopté ni soutenu dès qu'on prend la peine de l'examiner?

(*a*) *Mémoires de l'Académie des sciences*, année 1733, p. 374 et 375.

(*b*) *Disquisitio de transpositione partium naturalium et vitalium in corpore humano.*

(*c*) Journal de dom Pierre de Saint-Romual. Paris, 1661.

ESSAI D'ARITHMÉTIQUE MORALE

I. — Je n'entreprends point ici de donner des essais sur la morale en général, cela demanderait plus de lumières que je ne m'en suppose et plus d'art que je ne m'en reconnais. La première et la plus saine partie de la morale est plutôt une application des maximes de notre divine religion qu'une science humaine ; et je me garderai bien d'oser tenter des matières où la loi de Dieu fait nos principes et la foi notre calcul. La reconnaissance respectueuse ou plutôt l'adoration que l'homme doit à son Créateur, la charité fraternelle ou plutôt l'amour qu'il doit à son prochain, sont des sentiments naturels et des vertus écrites dans une âme bien faite : tout ce qui émane de cette source pure porte le caractère de la vérité ; la lumière en est si vive que le prestige de l'erreur ne peut l'obscurcir, l'évidence si grande qu'elle n'admet ni raisonnement, ni délibération, ni doute, et n'a d'autre mesure que la conviction.

La mesure des choses incertaines fait ici mon objet : je vais tâcher de donner quelques règles pour estimer les rapports de vraisemblance, les degrés de probabilité, le poids des témoignages, l'influence des hasards, l'inconvénient des risques, et juger en même temps de la valeur réelle de nos craintes et de nos espérances.

II. — Il y a des vérités de différents genres, des certitudes de différents ordres, des probabilités de différents degrés. Les vérités qui sont purement intellectuelles, comme celles de la géométrie, se réduisent toutes à des vérités de définition : il ne s'agit pour résoudre le problème le plus difficile que de le bien entendre, et il n'y a, dans le calcul et dans les autres sciences purement spéculatives, d'autres difficultés que celles de démêler ce que nous y avons mis, et de délier les nœuds que l'esprit humain s'est fait une étude de nouer et serrer d'après les définitions et les suppositions qui servent de fondement et de trame à ces sciences. Toutes leurs propositions peuvent toujours être démontrées évidemment, parce qu'on peut toujours remonter de chacune de ces propositions à d'autres propositions antécédentes qui leur sont identiques, et de celles-ci à d'autres jusqu'aux définitions. C'est par cette raison que l'évidence, proprement dite, appartient aux sciences mathémathiques et n'appartient qu'à elles ; car on doit distinguer l'évidence du raisonnement, et l'évidence qui nous vient par les sens, c'est-à-dire l'évidence intellectuelle, de l'intuition corporelle ; celle-ci n'est qu'une appréhension nette d'objets ou d'images, l'autre est une comparaison d'idées semblables ou identiques ; ou plutôt c'est la perception immédiate de leur identité.

III. — Dans les sciences physiques, l'évidence est remplacée par la certitude : l'évidence n'est pas susceptible de mesure, parce qu'elle n'a qu'une seule propriété absolue, qui est la négation nette ou l'affirmation de la chose qu'elle démontre ; mais la certitude n'étant jamais d'un positif absolu, a des rapports que l'on doit comparer et dont on peut estimer la mesure. La certitude physique, c'est-à-dire la certitude de toutes la plus certaine, n'est néanmoins que la probabilité presque infinie qu'un effet, un événement qui n'a jamais manqué d'arriver, arrivera encore une fois ; par exemple, puisque le soleil s'est toujours levé, il est dès lors physiquement certain qu'il se lèvera physiquement demain : une raison pour être, c'est d'avoir été ; mais une raison pour cesser d'être, c'est d'avoir commencé d'être ; et par conséquent l'on ne peut pas dire qu'il soit également certain que le soleil se lèvera toujours, à moins de lui supposer une éternité antécédente, égale à la perpétuité subséquente ; autrement il finira puisqu'il a commencé. Car nous ne devons juger de l'avenir que par la vue du passé ; dès qu'une chose a toujours été ou s'est toujours faite de la même façon, nous devons être assurés qu'elle sera ou se fera toujours de cette même façon : par toujours, j'entends un très long temps et non pas une éternité absolue, le toujours de l'avenir n'étant jamais qu'égal au toujours du passé. L'absolu, de quelque genre qu'il soit, n'est ni du ressort de la nature ni de celui de l'esprit humain. Les hommes ont regardé comme des effets ordinaires et naturels tous les événements qui ont cette espèce de certitude physique : un effet qui arrive toujours cesse de nous étonner ; au contraire, un phénomène qui n'aurait jamais paru, ou qui étant toujours arrivé de même façon, cesserait d'arriver ou arriverait d'une façon différente, nous étonnerait avec raison et serait un événement qui nous paraîtrait si extraordinaire, que nous le regarderions comme surnaturel.

IV. — Ces effets naturels qui ne nous surprennent pas ont néanmoins tout ce qu'il faut pour nous étonner : quel concours de causes, quel assemblage de principes ne faut-il pas pour produire un seul insecte, une seule plante ! quelle prodigieuse combinaison d'éléments, de mouvement et de ressort dans la machine animale ! Les plus petits ouvrages de la nature sont des sujets de la plus grande admiration. Ce qui fait que nous ne sommes point étonnés de toutes ces merveilles, c'est que nous sommes nés dans ce monde de merveilles, que nous les avons toujours vues, que notre entendement et nos yeux y sont également accoutumés ; enfin que toutes ont été avant et seront encore après nous. Si nous étions nés dans un autre monde avec une autre forme de corps et d'autres sens, nous aurions eu d'autres rapports avec les objets extérieurs, nous aurions vu d'autres merveilles et n'en aurions pas été plus surpris ; les unes et les autres sont fondées sur l'ignorance des causes, et sur l'impossibilité de connaître la réalité des choses dont il ne nous est permis d'apercevoir que les relations qu'elles ont avec nous-mêmes.

Il y a donc deux manières de considérer les effets naturels, la première est de les voir tels qu'ils se présentent à nous sans faire attention aux causes, ou plutôt sans leur chercher de causes ; la seconde, c'est d'examiner les effets dans la vue de les rapporter à des principes et à des causes : ces deux points de vue sont fort différents et produisent des raisons différentes d'étonnement ; l'un cause la sensation de la surprise, et l'autre fait naître le sentiment de l'admiration.

V. — Nous ne parlerons ici que de cette première manière de considérer les effets de la nature ; quelque incompréhensibles, quelque compliqués qu'ils nous paraissent, nous les jugerons comme les plus évidents et les plus simples, et uniquement par leurs résultats ; par exemple, nous ne pouvons concevoir ni même imaginer pourquoi la matière s'attire, et nous nous contenterons d'être sûrs que réellement elle s'attire ; nous jugerons dès lors qu'elle s'est toujours attirée et qu'elle continuera toujours de s'attirer. Il en est de même des autres phénomènes de toute espèce : quelque incroyable qu'ils puissent nous paraître, nous les croirons si nous sommes sûrs qu'ils sont arrivés très souvent ; nous en douterons s'ils ont manqué aussi souvent qu'ils sont arrivés ; enfin nous les nierons si nous croyons être sûrs qu'ils ne sont jamais arrivés ; en un mot, selon que nous les aurons vus et reconnus, ou que nous aurons vu et reconnu le contraire.

Mais si l'expérience est la base de nos connaissances physiques et morales, l'analogie en est le premier instrument : lorsque nous voyons qu'une chose arrive constamment d'une certaine façon, nous sommes assurés par notre expérience qu'elle arrivera encore de la même façon, et lorsque l'on nous rapporte qu'une chose est arrivée de telle ou telle manière, si ces faits ont de l'analogie avec les autres faits que nous connaissons par nous-mêmes, dès lors nous les croyons ; au contraire, si le fait n'a aucune analogie avec les effets ordinaires, c'est-à-dire avec les choses qui nous sont connues, nous devons en douter ; et s'il est directement opposé à ce que nous connaissons, nous n'hésitons pas à le nier.

VI. — L'expérience et l'analogie peuvent nous donner des certitudes différentes à peu près égales et quelquefois de même genre : par exemple, je suis presque aussi certain de l'existence de la ville de Constantinople que je n'ai jamais vue, que de l'existence de la lune que j'ai vue si souvent, et cela parce que les témoignages en grand nombre peuvent produire une certitude presque égale à la certitude physique, lorsqu'ils portent sur des choses qui ont une pleine analogie avec celles que nous connaissons. La certitude physique doit se mesurer par un nombre immense de probabilités, puisque cette certitude est produite par une suite constante d'observations, qui font ce qu'on appelle l'*expérience de tous les temps*. La certitude morale doit se mesurer par un moindre nombre de probabilités, puisqu'elle ne suppose qu'un certain nombre d'analogies avec ce qui nous est connu.

En supposant un homme qui n'eût jamais rien vu, rien entendu, cherchons comment la croyance et le doute se produiraient dans son esprit ; supposons le frappé pour la première fois par l'aspect du soleil ; il le voit briller au haut des cieux, ensuite décliner et enfin disparaître ; qu'en peut-il conclure ? rien, sinon qu'il a vu le soleil, qu'il l'a vu suivre une certaine route, et qu'il ne le voit plus ; mais cet astre reparaît et disparaît encore le lendemain ; cette seconde vision est une première expérience qui doit produire en lui l'espérance de revoir le soleil, et il commence à croire qu'il pourrait revenir, cependant il en doute beaucoup ; le soleil reparait de nouveau ; cette troisième vision fait une seconde expérience qui diminue le doute autant qu'elle augmente la probabilité d'un troisième retour ; une troisième expérience l'augmente au point qu'il ne doute plus guère que le soleil ne revienne une quatrième fois ; et enfin quand il aura vu cet astre de lumière paraître et disparaître régulièrement dix, vingt, cent fois de suite, il croira être certain qu'il le verra toujours paraître, disparaître et se mouvoir de la même façon : plus il aura d'observations semblables, plus la certitude de voir le soleil se lever le lendemain sera grande ; chaque observation, c'est-à-dire chaque jour, produit une probabilité, et la somme de ces probabilités réunies, dès qu'elle est très grande, donne la certitude physique ; l'on pourra donc toujours exprimer cette certitude par les nombres, en datant de l'origine du temps de notre expérience, et il en sera de même de tous les autres effets de la nature : par exemple, si l'on veut réduire ici l'ancienneté du monde et de notre expérience à six mille ans, le soleil ne s'est levé pour nous (*a*) que 2 millions 190 mille fois, et comme, à dater du second jour qu'il s'est levé, les probabilités de se lever le lendemain augmentent comme la suite 1, 2, 4, 8, 16, 32, 64.... 2^{n-1}, on aura lorsque dans la suite naturelle des nombres, n est égale à 2,190,000, on aura, dis-je, $2^{n-1}=2^{2,189999}$; ce qui est déjà un nombre si prodigieux que nous ne pouvons nous en former une idée, et c'est par cette raison qu'on doit regarder la certitude physique comme composée d'une immensité de probabilités ; puisqu'en reculant la date de la création seulement de deux milliers d'années, cette immensité de probabilités devient 2^{2000} fois plus que $2^{2,189999}$.

(*a*) Je dis pour nous, ou plutôt pour notre climat, car cela ne serait pas exactement vrai pour le climat des pôles.

VII. Mais il n'est pas aussi aisé de faire l'estimation de la valeur de l'analogie, ni par conséquent de trouver la mesure de la certitude morale; c'est, à la vérité, le degré de probabilité qui fait la force du raisonnement analogique; et en elle-même l'analogie n'est que la somme des rapports avec les choses connues; néanmoins selon que cette somme ou ce rapport en général sera plus ou moins grand, la conséquence du raisonnement analogique sera plus ou moins sûre, sans cependant être jamais absolument certaine: par exemple, qu'un témoin, que je suppose de bon sens, me dise qu'il vient de naitre un enfant dans cette ville, je le croirai sans hésiter, le fait de la naissance d'un enfant n'ayant rien que de fort ordinaire, mais ayant au contraire une infinité de rapports avec les choses connues; c'est-à-dire avec la naissance de tous les autres enfants; je croirai donc ce fait sans cependant en être absolument certain; si le même homme me disait que cet enfant est né avec deux têtes, je le croirais encore, mais plus faiblement, un enfant avec deux têtes ayant moins de rapport avec les choses connues; s'il ajoutait que ce nouveau-né a non seulement deux têtes, mais qu'il a encore six bras et huit jambes, j'aurais avec raison bien de la peine à le croire, et cependant, quelque faible que fût ma croyance, je ne pourrais la lui refuser en entier; ce monstre, quoique fort extraordinaire, n'étant néanmoins composé que de parties qui ont toutes quelque rapport avec les choses connues, et n'y ayant que leur assemblage et leur nombre de fort extraordinaire. La force du raisonnement analogique sera donc toujours proportionnelle à l'analogie elle-même, c'est-à-dire au nombre des rapports avec les choses connues, et il ne s'agira pour faire un bon raisonnement analogique que de se mettre bien au fait de toutes les circonstances, les comparer avec les circonstances analogues, sommer le nombre de celles-ci, prendre ensuite un modèle de comparaison auquel on rapportera cette valeur trouvée, et l'on aura au juste la probabilité, c'est-à-dire le degré de force du raisonnement analogique.

VIII. — Il y a donc une distance prodigieuse entre la certitude physique et l'espèce de certitude qu'on peut déduire de la plupart des analogies: la première est une somme immense de probabilités qui nous force à croire; l'autre n'est qu'une probabilité plus ou moins grande et souvent si petite qu'elle nous laisse dans la perplexité. Le doute est toujours en raison inverse de la probabilité, c'est-à-dire qu'il est d'autant plus grand que la probabilité est plus petite. Dans l'ordre des certitudes produites par l'analogie, on doit placer la certitude morale: elle semble même tenir le milieu entre le doute et la certitude physique; et ce milieu n'est pas un point, mais une ligne très étendue, et de laquelle il est bien difficile de déterminer les limites: on sent bien que c'est un certain nombre de probabilités qui fait la certitude morale, mais quel est ce nombre? et pouvons-nous espérer de le déterminer aussi précisément que celui par lequel nous venons de représenter la certitude physique?

Après y avoir réfléchi, j'ai pensé que de toutes les probabilités morales possibles, celle qui affecte le plus l'homme en général, c'est la crainte de la mort, et j'ai senti dès lors que toute crainte ou toute espérance, dont la probabilité serait égale à celle qui produit la crainte de la mort, peut dans le moral être prise pour l'unité à laquelle on doit rapporter la mesure des autres craintes; et j'y rapporte de même celle des espérances, car il n'y a de différence entre l'espérance et la crainte, que celle du positif au négatif; et les probabilités de toutes deux doivent se mesurer de la même manière. Je cherche donc quelle est réellement la probabilité qu'un homme qui se porte bien et qui par conséquent n'a nulle crainte de la mort, meure néanmoins dans les vingt-quatre heures. En consultant les tables de mortalité, je vois qu'on en peut déduire qu'il n'y a que dix mille cent quatre-vingt-neuf à parier contre un, qu'un homme de cinquante-six ans vivra plus d'un jour (*a*). Or, comme tout homme de cet âge, où la raison a acquis toute sa maturité

(*a*) Voyez ci-après le résultat des *Tables de mortalité.*

et l'expérience toute sa force, n'a néanmoins nulle crainte de la mort dans les vingt-quatre heures, quoiqu'il n'y ait que dix mille cent quatre-vingt-neuf à parier contre un qu'il ne mourra pas dans ce court intervalle de temps, j'en conclus que toute probabilité égale ou plus petite doit être regardée comme nulle, et que toute crainte ou toute espérance qui se trouve au-dessous de dix mille ne doit ni nous affecter, ni même nous occuper un seul instant le cœur ou la tête (*a*).

Pour mieux me faire entendre, supposons que dans une loterie où il n'y a qu'un seul lot et dix mille billets, un homme ne prenne qu'un billet, je dis que la probabilité d'obtenir le lot n'étant que d'un contre dix mille, son espérance est nulle, puisqu'il n'y a pas plus de probabilité, c'est-à-dire de raison d'espérer le lot, qu'il y en a de craindre la mort dans les vingt-quatre heures; et que cette crainte ne l'affectant en aucune façon, l'espérance du lot ne doit pas l'affecter davantage, et même encore beaucoup moins, puisque l'intensité de la crainte de la mort est bien plus grande que l'intensite de toute autre crainte ou de toute autre espérance. Si, malgré l'évidence de cette démonstration, cet homme s'obstinait à vouloir espérer, et qu'une semblable loterie se tirant tous les jours, il prît chaque jour un nouveau billet, comptant toujours obtenir le lot, on pourrait, pour le détromper, parier avec lui but-à-but qu'il serait mort avant d'avoir gagné le lot.

Ainsi dans tous les jeux, les paris, les risques, les hasards; dans tous les cas, en un mot, où la probabilité est plus petite que $\frac{1}{10000}$, elle doit être, et elle est en effet pour nous absolument nulle; et par la même raison dans tous les cas où cette probabilité est plus grande que 10000, elle fait pour nous la certitude morale la plus complète

IX. — De là nous pouvons conclure que la certitude physique est à la certitude morale :: $2^{2,189999}$: 10000; et que toutes les fois qu'un effet, dont nous ignorons absolument la cause, arrive de la même façon, treize ou quatorze fois de suite, nous sommes moralement certains qu'il arrivera encore de même une quinzième fois, car $2^{13}=8,192$, et $2^{14}=16,384$, et par conséquent lorsque cet effet est arrivé treize fois, il y a 8,192 à parier contre 1 qu'il arrivera une quatorzième fois; et lorsqu'il est arrivé quatorze fois, il y a 16,384 à parier contre 1 qu'il arrivera de même une quinzième fois, ce qui est une probabilité plus grande que celle de 10,000 contre 1, c'est-à-dire plus grande que la probabilité qui fait la certitude morale.

(*a*) Ayant communiqué cette idée à M. Daniel Bernoulli, l'un des plus grands géomètres de notre siècle et le plus versé de tous dans la science des probabilités, voici la réponse qu'il m'a faite par sa lettre datée de Bâle le 19 mars 1762.

« J'approuve fort, monsieur, votre manière d'estimer les limites des probabilités morales;
» vous consultez la nature de l'homme par ses actions, et vous supposez en fait que personne
» ne s'inquiète le matin s'il mourra ce jour-là; cela étant, comme il meurt, selon vous, un
» sur dix mille, vous concluez qu'un dix-millième de probabilité ne doit faire aucune im-
» pression dans l'esprit de l'homme, et par conséquent que ce dix-millième doit être regardé
» comme un rien absolu. C'est sans doute raisonner en mathématicien philosophe, mais ce
» principe ingénieux semble conduire à une quantité plus petite, car l'exemption de frayeur
» n'est assurément pas dans ceux qui sont déjà malades. Je ne combats pas votre principe,
» mais il paraît plutôt conduire à $\frac{1}{10000}$ qu'à $\frac{1}{1000}$. »

J'avoue à M. Bernoulli, que comme le dix-millième est pris d'après les *Tables de mortalité* qui ne représentent jamais que l'*homme moyen*, c'est-à-dire les hommes en général, bien portants ou malades, sains ou infirmes, vigoureux ou faibles, il y a peut-être un peu plus de dix mille à parier contre un, qu'un homme bien portant, sain et vigoureux, ne mourra pas dans les vingt-quatre heures, mais il s'en faut bien que cette probabilité doive être augmentée jusqu'à cent mille. Au reste, cette différence, quoique très grande, ne change rien aux principales conséquences que je tire de mon principe.

On pourra peut-être me dire que, quoique nous n'ayons pas la crainte ou la peur de la mort subite, il s'en faut bien que la probabilité de la mort subite soit zéro, et que son influence sur notre conduite soit nulle moralement. Un homme dont l'âme est belle, lorsqu'il aime quelqu'un, ne se reprocherait-il pas de retarder d'un jour les mesures qui doivent assurer le bonheur de la personne aimée? Si un ami nous confie un dépôt considérable, ne mettons-nous pas le jour même une apostille à ce dépôt? Nous agissons donc dans ces cas comme si la probabilité de la mort subite était quelque chose, et nous avons raison d'agir ainsi. Donc l'on ne doit pas regarder la probabilité de la mort subite comme nulle en général.

Cette espèce d'objection s'évanouira, si l'on considère que l'on fait souvent plus pour les autres que l'on ne le ferait pour soi. Lorsqu'on met une apostille au moment même qu'on reçoit un dépôt, c'est uniquement par honnêteté pour le propriétaire du dépôt, pour sa tranquillité, et point du tout par la crainte de notre mort dans les vingt-quatre heures: il en est de même de l'empressement qu'on met à faire le bonheur de quelqu'un ou le nôtre, ce n'est pas le sentiment de la crainte d'une mort si prochaine qui nous guide, c'est notre propre satisfaction qui nous anime; nous cherchons à jouir en tout le plus tôt qu'il nous est possible.

Un raisonnement qui pourrait paraître plus fondé, c'est que tous les hommes sont portés à se flatter; que l'espérance semble naître d'un moindre degré de probabilité que la crainte; et que par conséquent on n'est pas en droit de substituer la mesure de l'une à la mesure de l'autre: la crainte et l'espérance sont des sentiments et non des déterminations; il est possible, il est même plus que vraisemblable que ces sentiments ne se mesurent pas sur le degré précis de probabilité; et dès lors, doit-on leur donner une mesure égale ou même leur assigner aucune mesure?

A cela je réponds, que la mesure dont il est question ne porte pas sur les sentiments, mais sur les raisons qui doivent les faire naître, et que tout homme sage ne doit estimer la valeur de ces sentiments de crainte ou d'espérance que par le degré de probabilité; car, quand même la nature, pour le bonheur de l'homme, lui aurait donné plus de pente vers l'espérance que vers la crainte, il n'en est pas moins vrai que la probabilité ne soit la vraie mesure et de l'une et de l'autre. Ce n'est même que par l'application de cette mesure que l'on peut se détromper sur ses fausses espérances, ou se rassurer sur ses craintes mal fondées.

Avant de terminer cet article, je dois observer qu'il faut prendre garde de se tromper sur ce que j'ai dit des effets dont nous ne connaissons pas la cause, car j'entends seulement les effets dont les causes, quoique ignorées, doivent être supposées constantes, telles que celles des effets naturels: toute nouvelle découverte en physique constatée par treize ou quatorze expériences, qui toutes se confirment, a déjà un degré de certitude égal à celui de la certitude morale, et ce degré de certitude augmente du double à chaque nouvelle expérience; en sorte qu'en les multipliant l'on approche de plus en plus de la certitude physique. Mais il ne faut pas conclure de ce raisonnement que les effets du hasard suivent la même loi; il est vrai qu'en un sens ces effets sont du nombre de ceux dont nous ignorons les causes immédiates; mais nous savons qu'en général ces causes, bien loin de pouvoir être supposées constantes, sont au contraire nécessairement variables et versatiles autant qu'il est possible. Ainsi, par la notion même du hasard, il est évident qu'il n'y a nulle liaison, nulle dépendance entre ses effets; que par conséquent le passé ne peut influer en rien sur l'avenir, et l'on se tromperait beaucoup et même du tout au tout, si l'on voulait inférer des événements antérieurs quelque raison pour ou contre les événements postérieurs. Qu'une carte, par exemple, ait gagné trois fois de suite, il n'en est pas moins probable qu'elle gagnera une quatrième fois, et l'on peut parier également qu'elle gagnera ou qu'elle perdra, quelque nombre de fois qu'elle ait gagné ou perdu, dès que les lois du jeu sont telles que les hasards y sont égaux. Présumer ou croire le contraire, comme le font certains joueurs, c'est aller contre le principe même du hasard, ou ne pas se souvenir que par les conventions du jeu il est toujours également réparti.

X. — Dans les effets dont nous voyons les causes, une seule épreuve suffit pour opérer la certitude physique : par exemple, je vois que dans une horloge le poids fait tourner les roues et que les roues font aller le balancier ; je suis certain dès lors, sans avoir besoin d'expériences réitérées, que le balancier ira toujours de même tant que le poids fera tourner les roues ; ceci est une conséquence nécessaire d'un arrangement que nous avons fait nous-mêmes en construisant la machine ; mais lorsque nous voyons un phénomène nouveau, un effet dans la nature encore inconnu, comme nous en ignorons les causes, et qu'elles peuvent être constantes ou variables, permanentes ou intermittentes, naturelles ou accidentelles, nous n'avons d'autres moyens pour acquérir la certitude que l'expérience réitérée aussi souvent qu'il est nécessaire ; ici rien ne dépend de nous, et nous ne connaissons qu'autant que nous expérimentons ; nous ne sommes assurés que par l'effet même et par la répétition de l'effet. Dès qu'il sera arrivé treize ou quatorze fois de la même façon, nous avons déjà un degré de probabilité égal à la certitude morale qu'il arrivera de même une quinzième fois, et de ce point nous pouvons bientôt franchir un intervalle immense, et conclure par analogie que cet effet dépend des lois générales de la nature, qu'il est par conséquent aussi ancien que tous les autres effets, et qu'il y a certitude physique qu'il arrivera toujours comme il est toujours arrivé, et qu'il ne lui manquait que d'avoir été observé.

Dans les hasards que nous avons arrangés, balancés et calculés nous-mêmes, on ne doit pas dire que nous ignorons les causes des effets : nous ignorons à la vérité la cause immédiate de chaque effet en particulier ; mais nous voyons clairement la cause première et générale de tous les effets. J'ignore, par exemple, et je ne peux même imaginer en aucune façon, quelle est la différence des mouvements de la main pour passer ou ne pas passer dix avec trois dés, ce qui néanmoins est la cause immédiate de l'événement, mais je vois évidemment, par le nombre et la marque des dés qui sont ici les causes premières et générales, que les hasards sont absolument égaux, qu'il est indifférent de parier qu'on passera ou qu'on ne passera pas dix ; je vois, de plus que ces mêmes événements, lorsqu'ils se succèdent, n'ont aucune liaison, puisqu'à chaque coup de dés le hasard est toujours le même, et néanmoins toujours nouveau ; que le coup passé ne peut avoir aucune influence sur le coup à venir ; que l'on peut toujours parier également pour ou contre, qu'enfin plus longtemps on jouera, plus le nombre des effets pour, et le nombre des effets contre, approcheront de l'égalité. En sorte que chaque expérience donne ici un produit tout opposé à celui des expériences sur les effets naturels, je veux dire la certitude de l'inconstance au lieu de celle de la constance des causes : dans ceux-ci chaque épreuve augmente au double la probabilité du retour de l'effet, c'est-à-dire la certitude de la constance de la cause ; dans les effets du hasard chaque épreuve au contraire augmente la certitude de l'inconstance de la cause, en nous démontrant toujours de plus en plus qu'elle est absolument versatile et totalement indifférente à produire l'un ou l'autre de ces effets.

Lorsqu'un jeu de hasard est par sa nature parfaitement égal, le joueur n'a nulle raison pour se déterminer à tel ou tel parti ; car enfin de l'égalité supposée de ce jeu, il résulte nécessairement qu'il n'y a point de bonnes raisons pour préférer l'un ou l'autre parti ; et par conséquent si l'on délibérait, l'on ne pourrait être déterminé que par de mauvaises raisons : aussi la logique des joueurs m'a paru tout à fait vicieuse, et même les bons esprits qui se permettent de jouer tombent, en qualité de joueurs, dans des absurdités dont ils rougissent bientôt en qualité d'hommes raisonnables.

XI. — Au reste, tout cela suppose qu'après avoir balancé les hasards et les avoir rendus égaux, comme au jeu de *passe-dix* avec trois dés, ces mêmes dés qui sont les instruments du hasard soient aussi parfaits qu'il est possible, c'est-à-dire qu'ils soient exactement cubiques, que la matière en soit homogène, que les nombres y soient peints et non marqués en creux pour qu'ils ne pèsent pas plus sur une face que sur l'autre; mais comme il n'est pas donné à l'homme de rien faire de parfait, et qu'il n'y a point de dés travaillés avec cette rigoureuse précision, il est souvent possible de reconnaître par l'observation de quel côté l'imperfection des instruments du sort fait pencher le hasard. Il ne faut pour cela qu'observer attentivement et longtemps la suite des événements, les compter exactement, en comparer les nombres relatifs; et si de ces deux nombres l'un excède de beaucoup l'autre, on en pourra conclure avec grande raison que l'imperfection des instruments du sort détruit la parfaite égalité du hasard, et lui donne réellement une pente plus forte d'un côté que de l'autre. Par exemple, je suppose qu'avant de jouer au *passe-dix*, l'un des joueurs fût assez fin, ou pour mieux dire assez fripon pour avoir jeté d'avance mille fois les trois dés dont on doit se servir, et avoir reconnu que dans ces mille épreuves il y en a eu six cents qui ont passé dix; il aura dès lors un très grand avantage contre son adversaire en pariant de passer, puisque par l'expérience la probabilité de passer dix avec ces mêmes dés sera à la probabilité de ne pas passer dix :: 600: 400 :: 3: 2. Cette différence qui provient de l'imperfection des instruments peut donc être reconnue par l'observation, et c'est par cette raison que les joueurs changent souvent de dés et de cartes lorsque la fortune leur est contraire.

Ainsi quelque obscures que soient les destinées, quelque impénétrable que nous paraisse l'avenir, nous pourrions néanmoins par des expériences réitérées devenir, dans quelques cas, aussi éclairés sur les événements futurs que le seraient des êtres ou plutôt des natures supérieures qui déduiraient immédiatement les effets de leurs causes. Et dans les choses même qui paraissent être de pur hasard, comme les jeux et les loteries, on peut encore connaître la pente du hasard. Par exemple, dans une loterie qui se tire tous les quinze jours, et dont on publie les numéros gagnants, si l'on observe ceux qui ont le plus souvent gagné pendant un an, deux ans, trois ans de suite, on peut en déduire avec raison que ces mêmes numéros gagneront encore plus souvent que les autres; car de quelque manière que l'on puisse varier le mouvement et la position des instruments du sort, il est impossible de les rendre assez parfaits pour maintenir l'égalité absolue du hasard : il y a une certaine routine à faire, à placer, à mêler les billets, laquelle dans le sens même de la confusion produit un certain ordre, et fait que certains billets doivent sortir plus souvent que les autres; il en est de même de l'arrangement des cartes à jouer; elles ont une espèce de suite dont on peut saisir quelques termes à force d'observations; car en les assemblant chez l'ouvrier on suit une certaine routine, le joueur lui-même en les mêlant a sa routine; le tout se fait d'une certaine façon plus souvent que d'une autre, et dès lors l'observateur, attentif aux résultats recueillis en grand nombre, pariera toujours avec grand avantage qu'une telle carte, par exemple, suivra telle autre carte. Je dis que cet observateur aura un grand avantage, parce que les hasards devant être absolument égaux, la moindre inégalité, c'est-à-dire le moindre degré de probabilité de plus, a de très grandes influences au jeu, qui n'est en lui-même qu'un pari multiplié et toujours répété. Si cette différence reconnue par l'expérience de la pente du hasard était seulement d'un centième, il est évident qu'en cent coups l'observateur gagnerait sa mise, c'est-à-dire la somme qu'il hasarde à chaque fois; en sorte qu'un joueur, muni de ces observations malhonnêtes, ne peut manquer de ruiner à la longue tous ses adversaires. Mais nous allons donner un puissant antidote contre le mal épidémique de la passion du jeu, et en même temps quelques préservatifs contre l'illusion de cet art dangereux.

XII. — On sait en général que le jeu est une passion avide, dont l'habitude est ruineuse, mais cette vérité n'a peut-être jamais été démontrée que par une triste expérience sur laquelle on n'a pas assez réfléchi pour se corriger par la conviction. Un joueur, dont la fortune exposée chaque jour aux coups du hasard, se mine peu à peu et se trouve enfin nécessairement détruite, n'attribue ses pertes qu'à ce même hasard qu'il accuse d'injustice; il regrette également et ce qu'il a perdu et ce qu'il n'a pas gagné; l'avidité et la fausse espérance lui faisaient des droits sur le bien d'autrui : aussi humilié de se trouver dans la nécessité qu'affligé de n'avoir plus moyen de satisfaire sa cupidité, dans son désespoir il s'en prend à son étoile malheureuse; il n'imagine pas que cette aveugle puissance, la fortune du jeu, marche à la vérité d'un pas indifférent et incertain, mais qu'à chaque démarche elle tend néanmoins à un but, et tire à un terme certain qui est la ruine de ceux qui la tentent; il ne voit pas que l'indifférence apparente qu'elle a pour le bien ou pour le mal produit avec le temps la nécessité du mal, qu'une longue suite de hasards est une chaîne fatale, dont le prolongement amène le malheur; il ne sent pas qu'indépendamment du dur impôt des cartes et du tribut encore plus dur qu'il a payé à la friponnerie de quelques adversaires, il a passé sa vie à faire des conventions ruineuses; qu'enfin le jeu par sa nature même est un contrat vicieux jusque dans son principe, un contrat nuisible à chaque contractant en particulier, et contraire au bien de toute société.

Ceci n'est point un discours de morale vague, ce sont des vérités précises de métaphysique que je soumets au calcul ou plutôt à la force de la raison; des vérités que je prétends démontrer mathématiquement à tous ceux qui ont l'esprit assez net, et l'imagination assez forte pour combiner sans géométrie et calculer sans algèbre.

Je ne parlerai point de ces jeux inventés par l'artifice et supputés par l'avarice, où le hasard perd une partie de ses droits, où la fortune ne peut jamais balancer, parce qu'elle est invinciblement entraînée et toujours contrainte à pencher d'un côté, je veux dire tous ces jeux où les hasards inégalement répartis, offrent un gain aussi assuré que malhonnête à l'un, et ne laissent à l'autre qu'une perte sûre et honteuse, comme au *Pharaon*, où le banquier n'est qu'un fripon avoué, et le ponte une dupe, dont on est convenu de ne se pas moquer.

C'est au jeu en général, au jeu le plus égal, et par conséquent le plus honnête que je trouve une essence vicieuse : je comprends même sous le nom de jeu toutes les conventions, tous les paris où l'on met au hasard une partie de son bien pour obtenir une pareille partie du bien d'autrui; et je dis qu'en général le jeu est un pacte mal entendu, un contrat désavantageux aux deux parties, dont l'effet est de rendre la perte toujours plus grande que le gain; et d'ôter au bien pour ajouter au mal. La démonstration en est aussi aisée qu'évidente.

XIII. — Prenons deux hommes de fortune égale, qui, par exemple, aient chacun cent mille livres de bien, et supposons que ces deux hommes jouent en un ou plusieurs coups de dés cinquante mille livres, c'est-à-dire la moitié de leur bien : il est certain que celui qui gagne, n'augmente son bien que d'un tiers, et que celui qui perd, diminue le sien de moitié; car chacun d'eux avait cent mille livres avant le jeu, mais après l'événement du jeu, l'un aura cent cinquante mille livres, c'est-à-dire un tiers de plus qu'il n'avait, et l'autre n'a plus que cinquante mille livres, c'est-à-dire moitié moins qu'il n'avait; donc la perte est d'une sixième partie plus grande que le gain, car il y a cette différence entre le tiers et la moitié; donc la convention est nuisible à tous deux, et par conséquent essentiellement vicieuse.

Ce raisonnement n'est point captieux, il est vrai et exact; car quoique l'un des joueurs n'ait perdu précisément que ce que l'autre a gagné, cette égalité numérique de la somme n'empêche pas l'inégalité vraie de la perte et du gain; l'égalité n'est qu'apparente, et l'inégalité très réelle. Le pacte que ces deux hommes font, en jouant la moitié de leur bien, est égal pour l'effet à un autre pacte que jamais personne ne s'est avisé de faire, qui serait de convenir de jeter dans la mer chacun la douzième partie de son bien. Car on peut leur démontrer, avant qu'ils hasardent cette moitié de leur bien, que la perte étant nécessairement d'un sixième plus grande que le gain, ce sixième doit être regardé comme une perte réelle, qui, pouvant tomber indifféremment ou sur l'un ou sur l'autre, doit par conséquent être également partagée.

Si deux hommes s'avisaient de jouer tout leur bien, quel serait l'effet de cette convention? l'un ne ferait que doubler sa fortune, et l'autre réduirait la sienne à zéro; or, quelle proportion y a-t-il ici entre la perte et le gain? la même qu'entre tout et rien; le gain de l'un n'est qu'égal à une somme assez modique, et la perte de l'autre est numériquement infinie, et moralement si grande, que le travail de toute sa vie ne suffirait peut-être pas pour regagner son bien.

La perte est donc infiniment plus grande que le gain lorsqu'on joue tout son bien; elle est plus grande d'une sixième partie lorsqu'on joue la moitié de son bien, elle est plus grande d'une vingtième partie lorsqu'on joue le quart de son bien; en un mot, quelque petite portion de sa fortune qu'on hasarde au jeu, il y a toujours plus de perte que de gain : ainsi le pacte du jeu est un contrat vicieux, et qui tend à la ruine des deux contractants. Vérité nouvelle, mais très utile, et que je désire qui soit connue de tous ceux qui, par cupidité ou par oisiveté, passent leur vie à tenter le hasard.

On a souvent demandé pourquoi l'on est plus sensible à la perte qu'au gain; on ne pouvait faire à cette question une réponse pleinement satisfaisante, tant qu'on ne s'est pas douté de la vérité que je viens de présenter; maintenant la réponse est aisée : on est plus sensible à la perte qu'au gain, parce qu'en effet, en les supposant numériquement égaux, la perte est néanmoins toujours et nécessairement plus grande que le gain; le sentiment n'est en général qu'un raisonnement implicite moins clair, mais souvent plus fin, et toujours plus sûr que le produit direct de la raison. On sentait bien que le gain ne nous faisait pas autant de plaisir que la perte nous causait de peine : ce sentiment n'est que le résultat implicite du raisonnement que je viens de présenter.

XIV. — L'argent ne doit pas être estimé par sa quantité numérique : si le métal, qui n'est que le signe des richesses, était la richesse même, c'est-à-dire si le bonheur ou les avantages qui résultent de la richesse étaient proportionnels à la quantité de l'argent, les hommes auraient raison de l'estimer numériquement et par sa quantité; mais il s'en faut bien que les avantages qu'on tire de l'argent soient en juste proportion avec sa quantité : un homme riche à cent mille écus de rente n'est pas dix fois plus heureux que l'homme qui n'a que dix mille écus; il y a plus, c'est que l'argent, dès qu'on passe de certaines bornes, n'a presque plus de valeur réelle et ne peut augmenter le bien de celui qui le possède; un homme qui découvrirait une montagne d'or ne serait pas plus riche que celui qui n'en trouverait qu'une toise cube.

L'argent a deux valeurs toutes deux arbitraires, toutes deux de convention, dont l'une est la mesure des avantages du particulier et dont l'autre fait le tarif du bien de la société : la première de ces valeurs n'a jamais été estimée que d'une manière fort vague; la seconde est susceptible d'une estimation juste par la comparaison de la quantité d'argent avec le produit de la terre et du travail des hommes.

Pour parvenir à donner quelques règles précises sur la valeur de l'argent, j'examinerai des cas particuliers dont l'esprit saisit aisément les combinaisons et qui, comme des exemples, nous conduiront par induction à l'estimation générale de la valeur de l'argent pour le pauvre, pour le riche, et même pour l'homme plus ou moins sage.

Pour l'homme qui dans son état, quel qu'il soit, n'a que le nécessaire, l'argent est d'une valeur infinie; pour l'homme qui, dans son état, abonde en superflu, l'argent n'a presque plus de valeur. Mais, qu'est-ce que le nécessaire, qu'est-ce que le superflu ? J'entends par le nécessaire *la dépense qu'on est obligé de faire pour vivre comme l'on a toujours vécu :* avec ce nécessaire on peut avoir ses aises et même des plaisirs; mais bientôt l'habitude en a fait des besoins. Ainsi dans la définition du superflu, je compterai pour rien les plaisirs auxquels nous sommes accoutumés, et je dis que le superflu est *la dépense qui peut nous procurer des plaisirs nouveaux :* la perte du nécessaire est une perte qui se fait ressentir infiniment, et lorsqu'on hasarde une partie considérable de ce nécessaire le risque ne peut être compensé par aucune espérance, quelque grande qu'on la suppose; au contraire, la perte du superflu a des effets bornés; et si dans le superflu même on est encore plus sensible à la perte qu'au gain, c'est parce qu'en effet la perte étant en général toujours plus grande que le gain, ce sentiment se trouve fondé sur ce principe, que le raisonnement n'avait pas développé, car les sentiments ordinaires sont fondés sur des notions communes ou sur des inductions faciles; mais les sentiments délicats dépendent d'idées exquises et relevées, et ne sont en effet que les résultats de plusieurs combinaisons souvent trop fines pour être aperçues nettement et presque toujours trop compliquées pour être réduites à un raisonnement qui puisse les démontrer.

XV. — Les mathématiciens qui ont calculé les jeux de hasard, et dont les recherches en ce genre méritent des éloges, n'ont considéré l'argent que comme une quantité susceptible d'augmentation et de diminution sans autre valeur que celle du nombre; ils ont estimé par la quantité numérique de l'argent les rapports du gain et de la perte; ils ont calculé le risque et l'espérance relativement à cette même quantité numérique. Nous considérons ici la valeur de l'argent dans un point de vue différent, et par nos principes nous donnerons la solution de quelques cas embarrassants pour le calcul ordinaire. Cette question, par exemple, du jeu de croix et pile, où l'on suppose que deux hommes (Pierre et Paul) jouent l'un contre l'autre, à ces conditions que Pierre jettera en l'air une pièce de monnaie autant de fois qu'il sera nécessaire pour qu'elle présente croix, et que si cela arrive du premier coup, Paul lui donnera un écu; si cela n'arrive qu'au second coup, Paul lui donnera deux écus; si cela n'arrive qu'au troisième coup, il lui donnera quatre écus; si cela n'arrive qu'au quatrième coup, Paul donnera huit écus; si cela n'arrive qu'au cinquième coup, il donnera seize écus, et ainsi de suite en doublant toujours le nombre des écus : il est visible que par cette condition Pierre ne peut que gagner, et que son gain sera au moins un écu, peut-être deux écus, peut-être quatre écus, peut-être huit écus, peut-être seize écus, peut-être trente-deux écus, etc.; peut-être cinq cent douze écus, etc.; peut-être seize mille trois cent quatre-vingt-quatre écus, etc.; peut-être cinq cent vingt-quatre mille quatre cent quarante-huit écus, etc.; peut-être même dix millions, cent millions, cent mille millions d'écus, peut-être enfin une infinité d'écus. Car il n'est pas impossible de jeter cinq fois, dix fois, quinze fois, vingt fois, mille fois, cent mille fois la pièce sans qu'elle présente croix. On demande donc combien Pierre doit donner à Paul pour l'indemniser, ou, ce qui revient au même, quelle est la somme équivalente à l'espérance de Pierre qui ne peut que gagner.

Cette question m'a été proposée pour la première fois par feu M. Cramer, célèbre professeur de mathématiques à Genève, dans un voyage que je fis en cette ville en l'année 1730; il me dit qu'elle avait été proposée précédemment par M. Nicolas Bernoulli à M. de Montmort, comme en effet on la trouve pages 402 et 407 de l'*Analyse des jeux de hasard*, de cet auteur. Je rêvai quelque temps à cette question sans en trouver le nœud; je ne voyais pas qu'il fût possible d'accorder le calcul mathématique avec le bon sens, sans y faire entrer quelques considérations morales; et ayant fait part de mes idées à

M. Cramer (a), il me dit que j'avais raison, et qu'il avait aussi résolu cette question par une voie semblable; il me montra ensuite sa solution à peu près telle qu'on l'a imprimée depuis dans les *Mémoires de l'Académie de Pétersbourg*, en 1738, à la suite d'un Mémoire excellent de M. Daniel Bernoulli, sur *la mesure du sort*, où j'ai vu que la plupart des idées de M. Daniel Bernoulli s'accordent avec les miennes, ce qui m'a fait grand plaisir; car j'ai toujours, indépendamment de ses grands talents en géométrie, regardé et reconnu M. Daniel Bernoulli comme l'un des meilleurs esprits de ce siècle. Je trouvai aussi l'idée de M. Cramer très juste et digne d'un homme qui nous a donné des preuves de son habileté dans toutes les sciences mathématiques, et à la mémoire duquel je rends cette justice, avec d'autant plus de plaisir que c'est au commerce et à l'amitié de ce savant que j'ai dû une partie des premières connaissances que j'ai acquises en ce genre. M. de Montmort donne la solution de ce problème par les règles ordinaires, et il dit que la somme équivalente à l'espérance de celui qui ne peut que gagner est égale a la somme de la suite $\frac{1}{2}, \frac{1}{2}, \frac{1}{2}, \frac{1}{2}, \frac{1}{2}, \frac{1}{2}, \frac{1}{2}$ écu, etc., continuée à l'infini, et que, par conséquent, cette somme équivalente est une somme d'argent infinie. La raison sur laquelle est fondé ce calcul, c'est qu'il y a un demi de probabilite que Pierre, qui ne peut que gagner, aura un écu; un quart de probabilité qu'il en aura deux; un huitieme de probabilité qu'il en aura quatre; un seizième de probabilité qu'il en aura huit; un trente-deuxième de probabilité qu'il en aura seize, etc., à l'infini; et que, par conséquent, son espérance pour le premier cas est un demi-écu, car l'espérance se mesure par la probabilité multipliée par la somme qui est à obtenir; or la probabilité est un demi, et la somme à obtenir pour le premier coup est un écu; donc l'espérance est un demi-écu : de même son espérance pour le second cas est encore un demi-écu, car la probabilité est un quart, et la somme à obtenir est de deux écus; or un quart, multiplié par deux écus, donne encore un demi-écu. On trouvera de même que son espérance pour le troisième cas est encore un demi-écu; pour le quatrième cas un demi-écu, en un mot, pour tous les cas à l'infini, toujours

(a) Voici ce que j'en laissai alors par écrit à M. Cramer, et dont j'ai conservé la copie originale : « M. de Montmort se contente de répondre à M. Nic. Bernoulli, que l'équivalent est » égal à la somme de la suite $\frac{1}{2}, \frac{1}{2}, \frac{1}{2}, \frac{1}{2}$, etc., écus continué à l'infini, c'est-à-dire $= \frac{\infty}{2}$ et je ne » crois pas qu'en effet on puisse contester son calcul mathématique ; cependant, loin de donner » un équivalent infini, il n'y a point d'homme de bon sens qui voulût donner vingt écus, » ni même dix.

» La raison de cette contrariété, entre le calcul mathématique et le bon sens, me semble » consister dans le peu de proportion qu'il y a entre l'argent et l'avantage qui en résulte. Un » mathématicien, dans son calcul, n'estime l'argent que par sa quantité, c'est-à-dire par sa » valeur numérique ; mais l'homme moral doit l'estimer autrement et uniquement par les avan» tages ou le plaisir qu'il peut procurer ; il est certain qu'il doit se conduire dans cette vue, » et n'estimer l'argent qu'à proportion des avantages qui en résultent, et non pas relative» ment à la quantité qui, passé de certaines bornes, ne pourrait nullement augmenter son » bonheur : il ne serait, par exemple, guère plus heureux avec mille millions qu'il ne le » serait avec cent, ni avec cent millions plus qu'avec mille millions ; ainsi, passé de certaines » bornes, il aurait très grand tort de hasarder son argent. Si, par exemple, dix mille écus » étaient tout son bien, il aurait un tort infini de les hasarder, et plus ces dix mille écus » seront un objet par rapport à lui, plus il aura de tort ; je crois donc que son tort serait » infini, tant que ces dix mille écus feront une partie de son nécessaire, c'est-à-dire tant que » ces dix mille écus lui seront absolument nécessaires pour vivre comme il a été élevé et » comme il a toujours vécu ; si ces dix mille écus sont de son superflu, son tort diminue, » et plus ils seront une petite partie de son superflu et plus son tort diminuera ; mais il ne » sera jamais nul, à moins qu'il ne puisse regarder cette partie de son superflu comme indif» férente, ou bien qu'il ne regarde la somme espérée comme nécessaire pour réussir dans un » dessein qui lui donnera à proportion autant de plaisir que cette même somme est plus » grande que celle qu'il hasarde, et c'est sur cette façon d'envisager un bonheur à venir,

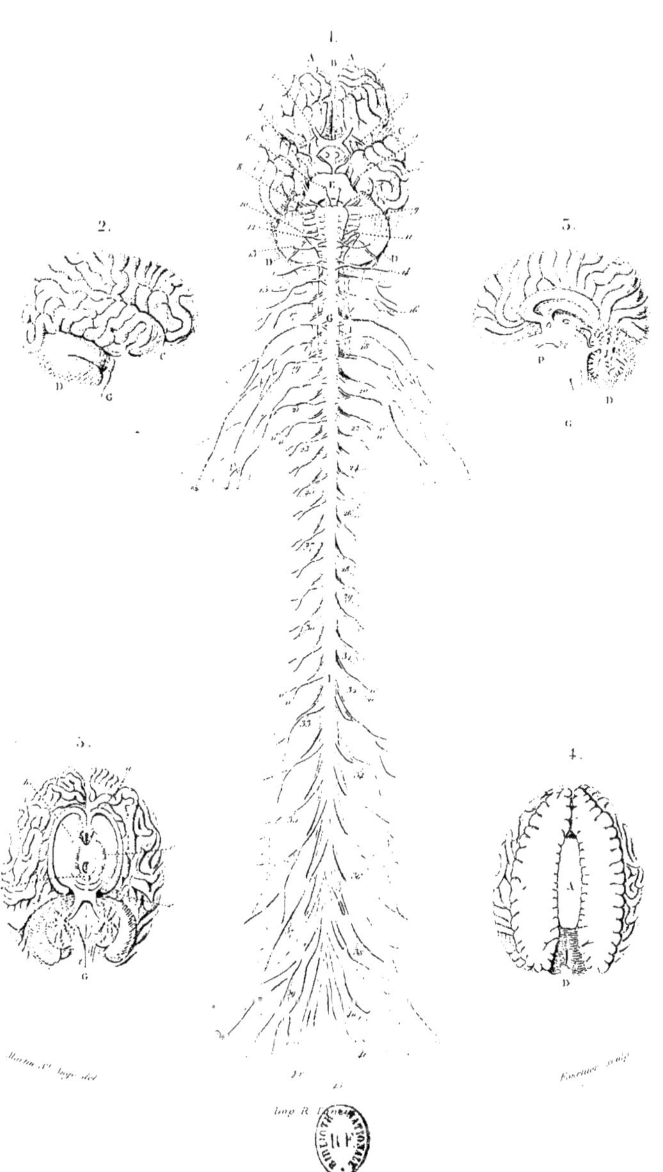

SYSTÈME NERVEUX DE L'HOMME

A. Le Vasseur Editeur

un demi-écu pour chacun, puisque le nombre des écus augmente en même proportion que le nombre des probabilités diminue; donc la somme de toutes ces espérances est une somme d'argent infinie, et, par conséquent, il faut que Pierre donne à Paul, pour équivalent, la moitié d'une infinité d'écus.

Cela est mathématiquement vrai, et on ne peut pas contester ce calcul : aussi M. de Montmort et les autres géomètres ont regardé cette question comme bien résolue; cependant cette solution est si éloignée d'être la vraie, qu'au lieu de donner une somme infinie, ou même une très grande somme, ce qui est déjà fort différent, il n'y a point d'homme de bon sens qui voulût donner vingt écus, ni même dix, pour acheter cette espérance en se mettant à la place de celui qui ne peut que gagner.

XVI. — La raison de cette contrariété extraordinaire du bon sens et du calcul vient de deux causes : la première est que la probabilité doit être regardée comme nulle, dès qu'elle est très petite, c'est-à-dire au dessous de $\frac{1}{10000}$; la seconde cause est le peu de proportion qu'il y a entre la quantité de l'argent et les avantages qui en résultent; le mathématicien, dans son calcul, estime l'argent par sa quantité, mais l'homme moral doit l'estimer autrement; par exemple, si l'on proposait à un homme d'une fortune médiocre de mettre cent mille livres à une loterie, parce qu'il n'y a que cent mille à parier contre un qu'il y gagnera cent mille fois cent mille livres, il est certain que la probabilité d'obtenir cent mille fois cent mille livres, étant un contre cent mille, il est certain, dis-je, mathématiquement parlant, que son espérance vaudra sa mise de cent mille livres; cependant cet homme aurait très grand tort de hasarder cette somme, et d'autant plus grand tort, que la probabilité de gagner serait plus petite, quoique l'argent à gagner augmentât à proportion, et cela parce qu'avec cent mille fois cent mille livres, il n'aura pas le double des avantages qu'il aurait avec cinquante mille fois cent mille livres, ni dix fois autant d'avantage qu'il en aurait avec dix mille fois cent mille livres; et comme la valeur de l'argent, par rapport à l'homme moral, n'est pas proportionnelle à sa quantité,

» qu'on ne peut point donner de règles : il y a des gens pour qui l'espérance elle-même est un » plaisir plus grand que ceux qu'ils pourraient se procurer par la jouissance de leur mise. » Pour raisonner donc plus certainement sur toutes ces choses, il faudrait établir quelques » principes; je dirais, par exemple, que le nécessaire est égal à la somme qu'on est obligé » de dépenser pour continuer à vivre comme on a toujours vécu : le nécessaire d'un roi sera, » par exemple, dix millions de rente (car un roi qui aurait moins serait un roi pauvre); le » nécessaire d'un homme de condition sera dix mille livres de rente (car un homme de con- » dition qui aurait moins serait un pauvre seigneur); le nécessaire d'un paysan sera cinq » cents livres, parce qu'à moins que d'être dans la misère, il ne peut moins dépenser pour » vivre et nourrir sa famille. Je supposerais que le nécessaire ne peut nous procurer des » plaisirs nouveaux, ou, pour parler plus exactement, je compterais pour rien les plaisirs ou » avantages que nous avons toujours eus, et, d'après cela, je définirais le superflu, ce qui » pourrait nous procurer d'autres plaisirs ou des avantages nouveaux; je dirais de plus, que » la perte du nécessaire se fait ressentir infiniment; qu'ainsi, elle ne peut être compensée » par aucune espérance, qu'au contraire le sentiment de la perte du superflu est borné, et que » par conséquent il peut être compensé : je crois qu'on sent soi-même cette vérité lorsqu'on » joue, car la perte, pour peu qu'elle soit considérable, nous fait toujours plus de peine qu'un » gain égal ne nous fait de plaisir, et cela sans qu'on puisse y faire entrer l'amour propre » mortifié, puisque je suppose le jeu d'entier et pur hasard. Je dirais aussi que la quantité » de l'argent dans le nécessaire est proportionnelle à ce qu'il nous en revient, mais que dans » le superflu cette proportion commence à diminuer, et diminue d'autant plus que le superflu » devient plus grand.

» Je vous laisse, Monsieur, juge de ces idées, etc.

» Genève, ce 3 octobre 1730. » *Signé* LE CLERC DE BUFFON.

mais plutôt aux avantages que l'argent peut procurer, il est visible que cet homme ne doit hasarder qu'à proportion de l'espérance de ces avantages, qu'il ne doit pas calculer sur la quantité numérique des sommes qu'il pourrait obtenir, puisque la quantité de l'argent, au delà de certaines bornes, ne pourrait plus augmenter son bonheur, et qu'il ne serait pas plus heureux avec cent mille millions de rente qu'avec mille millions.

XVII. — Pour faire sentir la liaison et la vérité de tout ce que je viens d'avancer, examinons de plus près que n'ont fait les géomètres la question que l'on vient de proposer : puisque le calcul ordinaire ne peut la résoudre à cause du moral qui se trouve compliqué avec le mathématique, voyons si nous pourrons, par d'autres règles, arriver à une solution qui ne heurte pas le bon sens, et qui soit en même temps conforme à l'expérience; cette recherche ne sera pas inutile et nous fournira des moyens sûrs pour estimer au juste le prix de l'argent et la valeur de l'espérance dans tous les cas. La première chose que je remarque, c'est que dans le calcul mathématique qui donne pour équivalent de l'espérance de Pierre une somme infinie d'argent, cette somme infinie d'argent est la somme d'une suite composée d'un nombre infini de termes qui valent tous un demi-écu; et je vois que cette suite, qui mathématiquement doit avoir une infinité de termes, ne peut pas moralement en avoir plus de trente, puisque si le jeu durait jusqu'à ce trentième terme, c'est-à-dire si *croix* ne se présentait qu'après vingt-neuf coups, il serait dû à Pierre une somme de cinq cent vingt millions huit cent soixante-dix mille neuf cent douze écus, c'est-à-dire autant d'argent qu'il en existe peut-être dans tout le royaume de France. Une somme infinie d'argent est un être de raison qui n'existe pas, et toutes les espérances, fondées sur les termes à l'infini qui sont au delà de trente, n'existent pas non plus. Il y a ici une impossibilité morale qui détruit la possibilité mathématique; car il est possible mathématiquement et même physiquement de jeter trente fois, cinquante, cent fois de suite, etc., la pièce de monnaie sans qu'elle présente croix; mais il est impossible de satisfaire à la condition du problème (*a*), c'est-à-dire de payer le nombre d'écus qui serait dû, dans le cas où cela arriverait; car tout l'argent qui est sur la terre ne suffirait pas pour faire la somme qui serait due, seulement au quarantième coup, puisque cela supposerait mille vingt-quatre fois plus d'argent qu'il n'en existe dans tout le royaume de France, et qu'il s'en faut bien que sur toute la terre il y ait mille vingt-quatre royaumes aussi riches que la France.

Or, le mathématicien n'a trouvé cette somme infinie d'argent pour l'équivalent à l'espérance de Pierre, que parce que le premier cas lui donne un demi-écu, le second cas un demi-écu, et chaque cas à l'infini toujours un demi-écu; donc l'homme moral, en comptant d'abord de même, trouvera vingt écus au lieu de la somme infinie, puisque tous les termes qui sont au delà du quarantième donnent des sommes d'argent si grandes, qu'elles n'existent pas; en sorte qu'il ne faut compter qu'un demi-écu pour le premier cas, un demi-écu pour le second, un demi-écu pour le troisième, etc., jusqu'à quarante, ce qui fait en tout vingt écus pour l'équivalent de l'espérance de Pierre, somme déjà bien réduite et bien différente de la somme infinie. Cette somme de vingt écus se réduira encore beaucoup en considérant que le trente-unième terme donnerait plus de mille millions d'écus, c'est-à-dire supposerait que Pierre aurait beaucoup plus d'argent qu'il n'y en a dans le plus riche royaume de l'Europe, chose impossible à supposer, et dès lors les termes depuis trente jusqu'à quarante sont encore imaginaires, et les espérances fondées sur ces termes

(*a*) C'est par cette raison qu'un de nos plus habiles géomètres, feu M. Fontaine, a fait entrer dans la solution qu'il nous a donnée de ce problème la déclaration du bien de Pierre, parce qu'en effet il ne peut donner pour équivalent que la totalité du bien qu'il possède. (Voyez cette solution dans les *Mémoires mathématiques de M. Fontaine*; in-4°, Paris, 1764.)

doivent être regardées comme nulles; ainsi l'équivalent de l'espérance de Pierre est déjà réduit à quinze écus.

On la réduira encore en considérant que la valeur de l'argent ne devant pas être estimée par sa quantité, Pierre ne doit pas compter que mille millons d'écus lui serviront au double de cinq cents millions d'écus, ni au quadruple de deux cent cinquante millions d'écus, etc. et que par conséquent l'espérance du trentième terme n'est pas un demi-écu, non plus que l'espérance du vingt-neuvième, du vingt-huitième, etc., la valeur de cette espérance, qui mathématiquement se trouve être un demi-écu pour chaque terme, doit être diminuée dès le second terme, et toujours diminuée jusqu'au dernier terme de la suite, parce qu'on ne doit pas estimer la valeur de l'argent par sa quantité numérique.

XVIII. — Mais comment donc l'estimer, comment trouver la proportion de cette valeur suivant les différentes quantités? qu'est-ce donc que deux millions d'argent, si ce n'est pas le double d'un million du même métal? pouvons-nous donner des règles précises et générales pour cette estimation? il paraît que chacun doit juger son état, et ensuite estimer son sort et la quantité de l'argent proportionnellement à cet état et à l'usage qu'il en peut faire; mais cette manière est encore vague et trop particulière pour qu'elle puisse servir de principe, et je crois qu'on peut trouver des moyens plus généraux et plus sûrs de faire cette estimation: le premier moyen qui se présente est de comparer le calcul mathématique avec l'expérience; car dans bien des cas, nous pouvons par des expériences réitérées arriver, comme je l'ai dit, à connaître l'effet du hasard aussi sûrement que si nous le déduisions immédiatement des causes.

J'ai donc fait deux mille quarante-huit expériences sur cette question, c'est-à-dire j'ai joué deux mille quarante-huit fois ce jeu en faisant jeter la pièce en l'air par un enfant: les deux mille quarante-huit parties de jeu ont produit dix mille cinquante-sept écus en tout; ainsi la somme équivalente à l'espérance de celui qui ne peut que gagner, est à peu près cinq écus pour chaque partie. Dans cette expérience, il y a eu mille soixante-une parties qui n'ont produit qu'un écu, quatre cent quatre-vingt-quatorze parties qui ont produit deux écus, deux cent trente-deux parties qui ont en produit quatre, cent trente-sept parties qui ont produit huit écus, cinquante-six parties qui en ont produit seize, vingt-neuf parties qui ont produit trente-deux écus, vingt-cinq parties qui en ont produit soixante-quatre, huit parties qui en ont produit cent vingt-huit, et enfin six parties qui en ont produit deux cent cinquante-six. Je tiens ce résultat général pour bon, parce qu'il est fondé sur un grand nombre d'expériences, et que d'ailleurs il s'accorde avec un autre raisonnement mathémathique et incontestable, par lequel on trouve à peu près ce même équivalent de cinq écus. Voici ce raisonnement: Si l'on joue deux mille quarante-huit parties, il doit y avoir naturellement mille vingt-quatre parties qui ne produiront qu'un écu chacune, cinq cent douze parties qui en produiront deux, deux cent cinquante-six parties qui en produiront quatre, cent vingt-huit parties qui en produiront huit, soixante-quatre parties qui en produiront seize, trente deux parties qui en produiront trente-deux, seize parties qui en produiront soixante-quatre, huit parties qui en produiront cent vingt-huit, quatre parties qui en produiront deux cent cinquante six, deux parties qui en produiront cinq cent douze, une partie qui produira mille vingt-quatre; et enfin une partie qu'on ne peut pas estimer, mais qu'on peut négliger sans erreur sensible, parce que je pouvais supposer, sans blesser que très légèrement l'égalité du hasard, qu'il y aurait mille vingt cinq au lieu de mille vingt-quatre parties qui ne produiraient qu'un écu: d'ailleurs l'équivalent de cette partie étant mis au plus fort, ne peut être de plus de quinze écus, puisque l'on a vu que pour une partie de ce jeu tous les termes au delà du trentième terme de la suite donnent des sommes d'argent si grandes, qu'elles n'existent pas, et que par conséquent le plus fort équivalent qu'on puisse supposer est quinze écus. Ajoutant ensemble tous ces écus, que je dois naturellement attendre de l'indifférence du hasard, j'ai onze mille deux cent soixante-cinq écus pour deux mille quarante-huit parties. Ainsi ce raisonnement donne à très peu près cinq écus et demi pour l'équivalent, ce qui s'accorde avec l'expérience à $\frac{1}{11}$ près. Je sens bien qu'on pourra m'objecter que cette espèce de calcul, qui donne cinq écus et demi d'équivalent lorsqu'on joue deux mille quarante-huit parties, donnerait un équivalent plus grand, si on ajoutait un beaucoup plus grand nombre de parties; car, par exemple, il se trouve que si, au lieu de jouer deux mille quarante-huit parties, on n'en joue que mille vingt-quatre, l'équivalent est à très-peu près cinq écus; que si l'on ne joue que cinq cent douze parties, l'équivalent n'est plus que quatre écus et demi à très peu près; que si l'on n'en joue que deux cent cinquante-six, il n'est plus que quatre écus, et ainsi toujours en diminuant; mais la raison en est que le coup qu'on ne peut pas estimer, fait alors une partie considérable du tout, et d'autant plus considérable, qu'on joue moins de parties, et que par conséquent il faut un grand nombre de parties, comme mille vingt-quatre ou deux mille quarante-huit pour que ce coup puisse être regardé comme de peu de valeur, ou même comme nul. En suivant la même marche, on trouvera que, si l'on joue un million quarante-huit mille cinq cent soixante-seize parties, l'équivalent par ce raisonnement se trouverait être à peu près dix écus; mais on doit considérer tout dans la morale, et par là on verra qu'il n'est pas possible de jouer un million quarante-huit mille cinq cent soixante-seize parties à ce jeu, car à ne supposer que deux minutes de temps pour la durée de chaque partie, y compris le temps qu'il faut pour payer, etc., on trouverait qu'il faudrait jouer pendant deux millions quatre-vingt-dix-sept mille cent cinquante-deux minutes, c'est-à-dire plus de treize ans de suite, six heures par jour, ce qui est une convention moralement impossible. Et si l'on y fait attention, on trouvera qu'entre ne jouer qu'une partie et jouer le plus grand nombre de parties moralement possibles, ce raisonnement, qui donne des équivalents différents pour tous les différents nombres de parties, donne pour l'équivalent moyen cinq écus. Ainsi je persiste à dire que la somme équivalente à l'espérance de celui qui ne peut que gagner est cinq écus, au lieu de la moitié d'une somme infinie d'écus, comme l'ont dit les mathématiciens, et comme leur calcul paraît l'exiger.

XIX. — Voyons maintenant si, d'après cette détermination, il ne serait pas possible de tirer la proportion de la valeur de l'argent par rapport aux avantages qui en résultent.

La progression des probabilités est

$$\frac{1}{2},\ \frac{1}{4},\ \frac{1}{8},\ \frac{1}{16},\ \frac{1}{32},\ \frac{1}{64},\ \frac{1}{128},\ \frac{1}{256},\ \frac{1}{512}\cdots\frac{1}{2.\infty}$$

La progression des sommes d'argent à obtenir est

$$1,\ 2,\ 4,\ 8,\ 16,\ 32,\ 64,\ 128,\ 256\ldots\ 2^{\infty-1}.$$

La somme de toutes ces probabilités, multipliée par celle de toutes les sommes d'argent à obtenir, est $\frac{\infty}{2}$, qui est l'équivalent donné par le calcul mathématique, pour l'espérance de celui qui ne peut que gagner. Mais nous avons vu que cette somme $\frac{\infty}{2}$ ne peut, dans le réel, être que cinq écus; il faut donc chercher une suite, telle que la somme, multipliée par la suite des probabilités, soit égale à cinq écus, et cette suite étant géométrique, comme celle des probabilités, on trouvera qu'elle est $\frac{9}{5}$, $\frac{81}{25}$, $\frac{729}{125}$, $\frac{6561}{625}$, $\frac{59049}{3125}$, au lieu de 1, 2, 4, 8, 16, 32.

Or cette suite 1, 2, 4, 8, 16, 32, etc., représente la quantité de l'argent, et par conséquent sa valeur numérique et mathématique.

Et l'autre suite 1, $\frac{9}{5}$, $\frac{81}{25}$, $\frac{729}{125}$, $\frac{6561}{625}$, $\frac{59049}{3125}$, représente la quantité géométrique de l'argent donnée par l'expérience, et par conséquent sa valeur morale et réelle.

Voilà donc une estimation générale et assez juste de la valeur de l'argent dans tous les cas possibles, et indépendamment d'aucune supposition. Par exemple, l'on voit, en comparant les deux suites, que deux mille livres ne produisent pas le double d'avantage de mille livres; qu'il s'en faut $\frac{1}{5}$, et que deux mille livres ne sont dans le moral et dans la réalité que $\frac{9}{5}$ deux mille livres, c'est-à-dire dix-huit cents livres. Un homme qui a vingt mille livres de bien, ne doit pas l'estimer comme le double du bien d'un autre qui a dix mille livres, car il n'a réellement que dix-huit mille livres d'argent de cette même monnaie, dont la valeur se compte par les avantages qui en résultent; et de même un homme, qui a quarante mille livres n'est pas quatre fois plus riche que celui qui a dix mille livres, car il n'est en comparaison réellement riche que de 32 mille 400 livres: un homme qui a 80 mille livres n'a, par la même règle, que 58 mille 300 livres; celui qui a 160 mille livres ne doit compter que 104 mille 900 livres, c'est-à-dire que, quoiqu'il ait seize fois plus de bien que le premier, il n'a guère que dix fois autant de notre vraie monnaie; de même encore, un homme qui a trente-deux fois autant d'argent qu'un autre, par exemple 320 mille livres en comparaison d'un homme qui a 10 mille livres, n'est riche dans la réalité que de 188 mille livres, c'est-à-dire dix-huit ou dix-neuf fois plus riche, au lieu de trente-deux fois, etc.

L'avare est comme le mathématicien: tous deux estiment l'argent par sa quantité numérique; l'homme sensé n'en considère ni la masse ni le nombre, il n'y voit que les avantages qu'il peut en tirer, il raisonne mieux que l'avare, et sent mieux que le mathématicien. L'écu que le pauvre a mis à part pour payer un impôt de nécessité, et l'écu qui complète les sacs d'un financier, n'ont pour l'avare et pour le mathématicien que la même valeur: celui-ci les comptera par deux unités égales, l'autre se les appropriera avec un plaisir égal, au lieu que l'homme sensé comptera l'écu du pauvre pour un louis, et l'écu du financier pour un liard.

XX. — Une autre considération qui vient à l'appui de cette estimation de la valeur morale de l'argent, c'est qu'une probabilité doit être regardée comme nulle dès qu'elle n'est que $\frac{1}{10000}$, c'est-à-dire, dès qu'elle est aussi petite que la crainte non sentie de la mort dans les vingt-quatre heures. On peut même dire, qu'attendu l'intensité de cette crainte de la mort qui est bien plus grande que l'intensité de tous les autres sentiments de crainte ou d'espérance, l'on doit regarder comme presque nulle une crainte ou une espérance qui n'aurait que $\frac{1}{1000}$ de probabilité. L'homme le plus faible pourrait tirer au sort sans aucune émotion, si le billet de mort était mêlé avec dix mille billets de vie; et l'homme ferme doit tirer sans crainte, si ce billet est mêlé sur mille: ainsi dans tous les cas où la probabilité est au-dessous d'un millième, on doit la regarder comme presque nulle. Or, dans notre question, la probabilité se trouvant être $\frac{1}{1024}$ dès le dixième terme de la suite $\frac{1}{2}$, $\frac{1}{4}$, $\frac{1}{8}$, $\frac{1}{16}$, $\frac{1}{32}$, $\frac{1}{64}$, $\frac{1}{128}$, $\frac{1}{256}$, $\frac{1}{512}$, $\frac{2}{1024}$, il s'ensuit que, moralement pensant, nous devons négliger tous les termes suivants, et borner toutes nos espérances à ce dixième terme; ce qui produit encore cinq écus pour l'équivalent que nous avons cherché, et confirme par conséquent la justesse de notre détermination.

En réformant et abrégeant ainsi tous les calculs où la probabilité devient plus petite qu'un millième, il ne restera plus de contradiction entre le calcul mathématique et le bon sens. Toutes les difficultés de ce genre disparaissent. L'homme, pénétré de cette vérité, ne se livrera plus à de vaines espérances ou à de fausses craintes; il ne donnera pas volontiers son écu pour en obtenir mille, à moins qu'il ne voie clairement que la probabilité est plus grande qu'un millième. Enfin, il se corrigera du frivole espoir de faire une grande fortune avec de petits moyens.

XXI. — Jusqu'ici je n'ai raisonné et calculé que pour l'homme vraiment sage, qui ne se détermine que par le poids de la raison; mais ne devons-nous pas faire aussi quelque attention à ce grand nombre d'hommes que l'illusion ou la passion déçoivent, et qui souvent sont fort aises d'être déçus? N'y a-t-il pas même à perdre en présentant toujours les choses telles qu'elles sont? L'espérance, quelque petite qu'en soit la probabilité, n'est-elle pas un bien pour tous les hommes, et le seul bien des malheureux? Après avoir calculé pour le sage, calculons donc aussi pour l'homme bien moins rare, qui jouit de ses erreurs souvent plus que de sa raison. Indépendamment des cas où, faute de tous moyens, une lueur d'espoir est un souverain bien; indépendamment de ces circonstances où le cœur agité ne peut se reposer que sur les objets de son illusion, et ne jouit que de ses désirs, n'y a-t-il pas mille et mille occasions où la sagesse même doit jeter en avant un volume d'espérance au défaut d'une masse de bien réel? Par exemple, la volonté de faire le bien, reconnue dans ceux qui tiennent les rênes du gouvernement, fût-elle sans exercice, répand sur tout un peuple une somme de bonheur qu'on ne peut estimer: l'espérance, fût-elle vaine, est donc un bien réel dont la jouissance se prend par anticipation sur tous les autres biens. Je suis forcé d'avouer que la pleine sagesse ne fait pas le plein bonheur de l'homme; que malheureusement la raison seule n'eut en tout temps qu'un petit nombre d'auditeurs froids, et ne fit jamais d'enthousiastes; que l'homme comblé de biens ne se trouverait pas encore heureux s'il n'en espérait de nouveaux; que le superflu devient avec le temps chose très nécessaire, et que la seule différence qu'il y ait ici entre le sage et le non sage, c'est que ce dernier, au moment même qu'il lui arrive une surabondance de bien, convertit ce beau superflu en triste nécessaire, et monte son état à l'égal de sa nouvelle fortune, tandis que l'homme sage, n'usant de cette surabondance que pour répandre des bienfaits et pour se procurer quelques plaisirs nouveaux, ménage la consommation de ce superflu en même temps qu'il en multiplie la jouissance.

XXII. — L'étalage de l'espérance est le leurre de tous les piqueurs d'argent. Le grand art du faiseur de loterie est de présenter de grosses sommes à de très petites probabilités, bientôt enflées par le ressort de la cupidité. Ces piqueurs grossissent encore ce produit idéal en le partageant, et donnant pour un très petit argent, dont tout le monde peut se défaire, une espérance qui, quoique bien plus petite, paraît participer de la grandeur de la somme totale. On ne sait pas que, quand la probabilité est au-dessous d'un millième, l'espérance devient nulle, quelque grande que soit la somme promise, puisque toute chose, quelque grande qu'elle puisse être, se réduit à rien dès qu'elle est nécessairement multipliée par rien, comme l'est ici la grosse somme d'argent multipliée par la probabilité nulle, comme l'est en général tout nombre qui, multiplié par zéro, est toujours zéro. On ignore encore qu'indépendamment de cette réduction des probabilités à rien, dès qu'elles sont au-dessous d'un millième, l'espérance souffre un déchet successif et proportionnel à la valeur morale de l'argent, toujours moindre que sa valeur numérique, en sorte que celui dont l'espérance numérique paraît double de celle d'un autre, n'a néanmoins que $\frac{9}{5}$ d'espérance réelle au lieu de 2; et que de même celui dont l'espérance numérique est 4, n'a que $3\,\frac{6}{25}$ de cette espérance morale, dont le produit est le seul réel; qu'au lieu de 8, ce produit n'est que $5\,\frac{104}{125}$; qu'au lieu de 16, il n'est que $10\,\frac{311}{625}$; au lieu de 32, $18\,\frac{2799}{3125}$; au lieu de 64, $34\,\frac{191}{15625}$; au lieu de 128, $61\,\frac{17342}{78125}$; au lieu de 256, $10\,\frac{77971}{390625}$; au lieu de 512, $198\,\frac{701739}{1953125}$; au lieu de 1024, $357\,\frac{456276}{9765625}$, etc., d'où l'on voit combien l'espérance morale diffère dans tous les cas de l'espérance numérique pour le produit réel qui en résulte; l'homme sage doit donc rejeter comme fausses toutes les propositions, quoique démontrées par le calcul, où la très grande quantité d'argent semble compenser la très petite probabilité; et s'il veut risquer avec moins de désavantage, il ne doit jamais mettre ses fonds à la grosse aventure, il faut les partager. Hasarder cent mille francs sur un seul vaisseau, ou vingt-cinq mille francs sur quatre vaisseaux, n'est pas la même chose; car on aura cent pour le produit de l'espérance morale dans ce dernier cas, tandis qu'on n'aura que quatre-vingt-un pour ce même produit dans le premier cas. C'est par cette même raison que les commerces les plus sûrement lucratifs sont ceux où la masse du débit est divisée en un grand nombre de *créditeurs*. Le propriétaire de la masse ne peut essuyer que de légères banqueroutes, au lieu qu'il n'en faut qu'une pour le ruiner, si cette masse de son commerce ne peut passer que par une seule main, ou même ne se partager qu'entre un petit nombre de débiteurs. Jouer gros jeu dans le sens moral est jouer un mauvais jeu ; un *ponte au pharaon*, qui se mettrait dans la tête de pousser toutes ses cartes jusqu'au *quinze* et *le va* perdrait près d'un quart sur le produit de son espérance morale ; car tandis que son espérance numérique est de tirer 16, l'espérance morale n'est que de $13\frac{104}{125}$. Il en est de même d'une infinité d'autres exemples que l'on pourrait donner ; et de tous il résultera toujours que l'homme sage doit mettre au hasard le moins qu'il est possible, et que l'homme prudent qui, par sa position ou son commerce, est forcé de risquer de gros fonds, doit les partager, et retrancher de ses spéculations toutes les espérances dont la probabilité est très petite, quoique la somme à obtenir soit proportionnellement aussi grande.

XXIII. — L'analyse est le seul instrument dont on se soit servi jusqu'à ce jour, dans la science des probabilités, pour déterminer et fixer les rapports du hasard ; la géométrie paraissait peu propre à un ouvrage aussi délié ; cependant si l'on y regarde de près, il sera facile de reconnaître que cet avantage de l'analyse sur la géométrie est tout à fait accidentel, et que le hasard, selon qu'il est modifié et conditionné, se trouve du ressort de la géométrie aussi bien que de celui de l'analyse : pour s'en assurer, il suffira de faire attention que les jeux et les questions de conjecture ne roulent ordinairement que sur des rapports de quantités discrètes ; l'esprit humain, plus familier avec les nombres qu'avec les mesures de l'étendue, les a toujours préférés ; les jeux en sont une preuve, car leurs lois sont une arithmétique continuelle ; pour mettre donc la géométrie en possession de ses droits sur la science du hasard, il ne s'agit que d'inventer des jeux qui roulent sur l'étendue et sur ses rapports, ou calculer le petit nombre de ceux de cette nature qui sont déjà trouvés. Le jeu du franc-carreau peut nous servir d'exemple : voici ses conditions qui sont fort simples.

Dans une chambre parquetée ou pavée de carreaux égaux, d'une figure quelconque, on jette en l'air un écu ; l'un des joueurs parie que cet écu après sa chute se trouvera à franc-carreau, c'est-à-dire sur un seul carreau ; le second parie que cet écu se trouvera sur deux carreaux, c'est-à-dire qu'il couvrira un des joints qui les séparent ; un troisième joueur parie que l'écu se trouvera sur deux joints ; un quatrième parie que l'écu se trouvera sur trois, quatre ou six joints : on demande le sort de chacun de ces joueurs.

Je cherche d'abord le sort du premier joueur et du second : pour le trouver, j'inscris dans l'un des carreaux une figure semblable, éloignée des côtés du carreau, de la longueur du demi-diamètre de l'écu ; le sort du premier joueur sera à celui du second comme la superficie de la couronne circonscrite est à la superficie de la figure inscrite : cela peut se démontrer aisément, car tant que le centre de l'écu est dans la figure inscrite, cet écu ne peut être que sur un seul carreau, puisque par construction cette figure inscrite est partout éloignée du contour du carreau, d'une distance égale au rayon de l'écu ; et, au contraire, dès que le centre de l'écu tombe au dehors de la figure inscrite, l'écu est nécessairement sur deux ou plusieurs carreaux, puisque alors son rayon est plus grand que la distance du contour de cette figure inscrite au contour du carreau ; or, tous les points où peut tomber ce centre de l'écu sont représentés dans le premier cas par la superficie de la couronne qui fait le reste du carreau ; donc le sort du premier joueur est au sort du second, comme cette première superficie est à la seconde : ainsi pour rendre égal le sort de ces deux joueurs, il faut que la superficie de la figure inscrite soit égale à celle de la couronne, ou, ce qui est la même chose, qu'elle soit la moitié de la surface totale du carreau.

Je me suis amusé à en faire le calcul, et j'ai trouvé que pour jouer à jeu égal sur des carreaux carrés, le côté du carreau devait être au diamètre de l'écu comme $1 : 1 - \sqrt{\frac{1}{2}}$; c'est-à-dire à peu près trois et demie fois plus grand que le diamètre de la pièce avec laquelle on joue.

Pour jouer sur des carreaux triangulaires équilatéraux, le côté du carreau doit être au diamètre de la pièce, comme $1 : \frac{\frac{1}{2}\sqrt{3}}{3+3\sqrt{\frac{1}{2}}}$, c'est-à-dire presque six fois plus grand que le diamètre de la pièce.

Sur des carreaux en losange, le côté du carreau doit être au diamètre de la pièce, comme $1 : \frac{\frac{1}{2}\sqrt{3}}{2+\sqrt{2}}$, c'est-à-dire presque quatre fois plus grand.

Enfin sur des carreaux hexagones, le côté du carreau doit être au diamètre de la pièce, comme $1 : \frac{\frac{1}{2}\sqrt{3}}{1+\sqrt{\frac{1}{2}}}$, c'est-à-dire presque double.

Je n'ai pas fait le calcul pour d'autres figures, parce que celles-ci sont les seules dont on puisse remplir un espace sans y laisser des intervalles d'autres figures ; et je n'ai pas cru qu'il fût nécessaire d'avertir que les joints des carreaux ayant quelque largeur, ils donnent de l'avantage au joueur qui parie pour le joint, et que par conséquent l'on fera bien, pour rendre le jeu encore plus égal, de donner aux carreaux carrés un peu plus de trois et demie fois, aux triangulaires six fois, aux losanges quatre fois, et aux hexagones deux fois la longueur du diamètre de la pièce avec laquelle on joue.

Je cherche maintenant le sort du troisième joueur qui parie que l'écu se trouvera sur deux joints : et, pour le trouver, j'inscris dans l'un des carreaux une figure semblable, comme j'ai déjà fait ; ensuite je prolonge les côtés de cette figure inscrite jusqu'à ce qu'ils rencontrent ceux du carreau, le sort du troisième joueur sera à celui de son adversaire, comme la somme des espaces compris entre le prolongement de ces lignes et les côtés du carreau est au reste de la surface du carreau. Ceci n'a besoin, pour être pleinement démontré, que d'être bien entendu.

J'ai fait aussi le calcul de ce cas, et j'ai trouvé que, pour jouer à jeu égal sur des carreaux carrés, le côté du carreau doit être au diamètre de la pièce, comme $1 : \frac{1}{\sqrt{2}}$, c'est-à-dire plus grand d'un peu moins d'un tiers.

Sur des carreaux triangulaires équilatéraux, le côté du carreau doit être au diamètre de la pièce, comme $1 : \frac{1}{2}$, c'est-à-dire double.

Sur des carreaux en losange, le côté du carreau doit être au diamètre de la pièce, comme $1 : \frac{\frac{1}{2}\sqrt{3}}{\sqrt{2}}$, c'est-à-dire plus grand d'environ deux cinquièmes.

Sur des carreaux hexagones, le côté du carreau doit être au diamètre de la pièce, comme $1 : \frac{1}{2}\sqrt{3}$, c'est-à-dire plus grand d'un demi-quart.

Maintenant le quatrième joueur parie que, sur des carreaux triangulaires équilatéraux, l'écu se trouvera sur six joints : que sur des carreaux carrés ou en losanges, il se trouvera sur quatre joints, et sur des carreaux hexagones, il se trouvera sur trois joints ; pour déterminer son sort, je décris, de la pointe d'un angle du carreau, un cercle égal à l'écu, et je dis que, sur des carreaux triangulaires équilatéraux, son sort sera à celui de son adversaire comme la moitié de la superficie de ce cercle est à celle du reste du carreau ; que sur des carreaux carrés ou en losanges, son sort sera à celui de l'autre comme la superficie entière du cercle est à celle du reste du carreau ; et que sur des carreaux hexagones, son sort sera à celui de son adversaire comme le double de cette superficie du cercle est au reste du carreau. En supposant donc que la circonférence du cercle est au diamètre, comme 22 sont à 7; on trouvera que pour jouer à jeu égal sur des carreaux triangulaires équilatéraux, le côté du carreau doit être au diamètre de la pièce comme $1 : \frac{\sqrt{7\sqrt{3}}}{22}$, c'est-à-dire plus grand d'un peu plus d'un quart.

Sur des carreaux en losanges, le sort sera le même que sur des carreaux triangulaires équilatéraux.

Sur des carreaux carrés, le côté du carreau doit être au diamètre de la pièce, comme $1 : \frac{\sqrt{11}}{7}$, c'est-à-dire plus grand d'environ un cinquième.

Sur des carreaux hexagones, le côte du carreau doit être au diamètre de la pièce, comme $1 : \frac{\sqrt{12\sqrt{3}}}{44}$, c'est-à-dire plus grand d'environ un treizième.

J'omets ici la solution de plusieurs autres cas, comme lorsque l'un des joueurs parie que l'écu ne tombera que sur un joint ou sur deux, sur trois, etc. Ils n'ont rien de plus difficile que les précédents; et d'ailleurs on joue rarement ce jeu avec d'autres conditions que celles dont nous avons fait mention.

Mais si au lieu de jeter en l'air une pièce ronde, comme un écu, on jetait une pièce d'une autre figure comme une pistole d'Espagne carrée, ou une aiguille, une baguette, etc., le problème demanderait un peu plus de géométrie, quoiqu'en général il fût toujours possible d'en donner la solution par des comparaisons d'espaces, comme nous allons le démontrer.

Je suppose que dans une chambre, dont le parquet est simplement divisé par des joints parallèles, on jette en l'air une baguette, et que l'un des joueurs parie que la baguette ne croisera aucune des parallèles du parquet, et que l'autre au contraire parie que la baguette croisera quelques-unes de ces parallèles; on demande le sort de ces deux joueurs. *On peut jouer ce jeu sur un damier avec une aiguille à coudre ou une épingle sans tête.*

Pour le trouver, je tire d'abord entre les deux joints parallèles $A B$ et $C D$ du parquet,

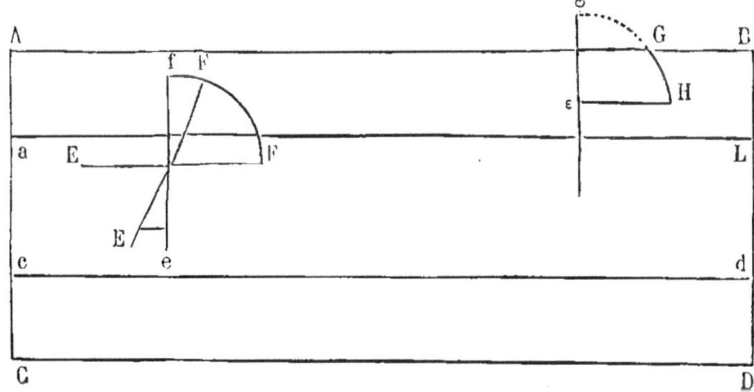

deux autres lignes parallèles $a\ b$ et $c\ d$, éloignées des premières de la moitié de la longueur de la baguette $E\ F$, et je vois évidemment que tant que le milieu de la baguette sera entre ces deux secondes parallèles, jamais elle ne pourra croiser les premières dans quelque situation $E\ F$, $e\ f$, qu'elle puisse se trouver; et comme tout ce qui peut arriver au-dessus de $a\ b$ arrive de même au-dessous de $c\ d$, il ne s'agit que de déterminer l'un ou l'autre; pour cela je remarque que toutes les situations de la baguette peuvent être représentées par le quart de la circonférence du cercle dont la longueur de la baguette est le diamètre ; appelant donc $2\,a$ la distance $C\,A$ des joints du parquet, C le quart de la circonférence du cercle dont la longueur de la baguette est le diamètre, appelant $2\,b$ la longueur de la baguette, et f la longueur $A\,B$ des joints, j'aurai $f\,\overline{(a-b)}\,c$ pour l'expression qui représente la probabilité de ne pas croiser le joint du parquet, ou ce qui est la même chose, pour l'expression de tous les cas où le milieu de la baguette tombe au-dessous de la ligne $a\,b$ et au-dessus de la ligne $c\,d$.

Mais lorsque le milieu de la baguette tombe hors de l'espace $a\,b\,d\,c$, compris entre les secondes parallèles, elle peut, suivant sa situation, croiser ou ne pas croiser le joint ; de sorte que le milieu de la baguette étant, par exemple, en ε, l'arc $\varphi\,G$ représentera toutes les situations où elle croisera le joint, et l'arc $G\,H$ toutes celles où elle ne le croisera pas, et comme il en sera de même de tous les points de la ligne $\varepsilon\,\varphi$, j'appelle $d\,x$ les petites parties de cette ligne, et y les arcs de cercle $\varphi\,G$, et j'ai $f\,(s\,y\,d\,x)$ pour l'expression de tous les cas où la baguette croisera, et $f\,\overline{(bc - s\,y\,d\,x)}$ pour celle des cas où elle ne croi-

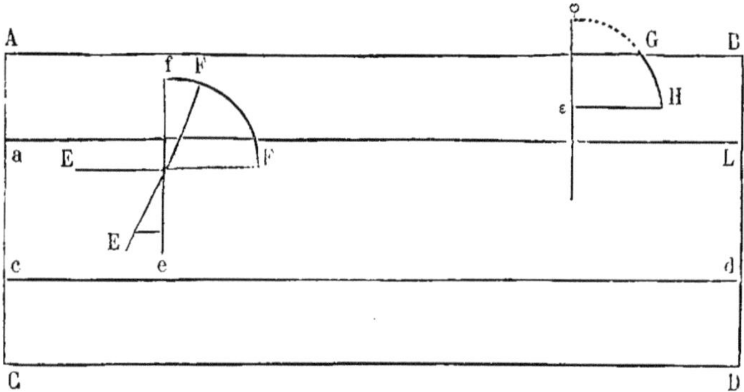

sera pas ; j'ajoute cette dernière expression à celle trouvée ci dessus $f\,\overline{(a-b)}\,c$, afin d'avoir la totalité des cas où la baguette ne croisera pas, et dès lors je vois que le sort du premier joueur est à celui du second, comme $a\,c - s\,y\,d\,x : s\,y\,d\,x$.

Si l'on veut donc que le jeu soit égal, l'on aura $a\,c = 2\,s\,y\,d\,x$ ou $a = \frac{s\,y\,d\,x}{\frac{1}{2}c}$, c'est-à-dire à l'aire d'une partie de cycloïde dont le cercle générateur a pour diamètre $2\,b$, longueur de la baguette ; or, on sait que cette aire de cycloïde est égale au carré du rayon, donc $a = \frac{b\,b}{\frac{1}{2}c}$, c'est-à-dire que la longueur de la baguette doit faire à peu près les trois quarts de la distance des joints du parquet.

La solution de ce premier cas nous conduit aisément à celle d'un autre qui d'abord aurait paru plus difficile, qui est de déterminer le sort de ces deux joueurs dans une chambre pavée de carreaux carrés, car en inscrivant dans l'un des carreaux carrés un carré éloigné partout des côtés du carreau de la longueur b, l'on aura d'abord $c\,\overline{(a-b)}^2$ pour l'expression d'une partie des cas où la baguette ne croisera pas le joint ; ensuite on trouvera $\overline{(2a-b)}\,s\,y\,d\,x$ pour celle de tous les cas où elle croisera, et enfin $c\,b\,\overline{(2\,a-b)} - \overline{(2\,a-b)}\,s\,y\,d\,x$ pour le reste des cas où elle ne croisera pas ; ainsi le sort du premier joueur est à celui du second, comme $c\,\overline{(a-b)}^2 + c\,b\,\overline{(2\,a-b)} - \overline{(c\,a-b)}\,s\,y\,d\,x : \overline{(2\,a-b)}\,s\,y\,d\,x$.

Si l'on veut donc que le jeu soit égal, l'on aura

$$c\,\overline{(a-b)}^2 + c\,b\,\overline{(2\,a-b)} - \overline{(2\,a-b)}\,2\,s\,y\,d\,x$$

ou $\frac{\frac{1}{2}c\,a\,a}{2\,a-b} = S\,y\,d\,x$; mais comme nous l'avons vu ci-dessus, $s\,y\,d\,x = b\,b$; donc $\frac{\frac{1}{2}c\,a\,a}{2\,a-b} = b\,b$; ainsi le côté du carreau doit être à la longueur de la baguette, à peu près comme $\frac{41}{42}$: 1, c'est-à-dire pas tout à fait double. Si l'on jouait donc sur un damier avec une aiguille dont la longueur serait la moitié de la longueur du côté des carrés du damier, il y aurait de l'avantage à parier que l'aiguille croisera les joints.

On trouvera, par un calcul semblable, que si on joue avec une pièce de monnaie carrée, la somme des sorts sera au sort du joueur qui parie pour le joint, comme $a\,a\,c$: $4\,a\,b\,b\sqrt{\frac{1}{2}} - b^3 - \frac{1}{2}A\,b$. A marque ici l'excès de la superficie du cercle circonscrit au carré, et b la demi-diagonale de ce carré.

Ces exemples suffisent pour donner une idée des jeux que l'on peut imaginer sur les rapports de l'étendue. L'on pourrait se proposer plusieurs autres questions de cette espèce, qui ne laisseraient pas d'être curieuses et même utiles : si l'on demandait, par exemple, combien l'on risque à passer une rivière sur une planche plus ou moins étroite ; quelle doit être la peur que l'on doit avoir de la foudre ou de la chute d'une bombe, et nombre d'autres problèmes de conjecture, où l'on ne doit considérer que le rapport de l'étendue, et qui par conséquent appartiennent à la géométrie tout autant qu'à l'analyse.

XXIV. — Dès les premiers pas qu'on fait en géométrie, on trouve l'infini, et dès les temps les plus reculés les géomètres l'ont entrevu ; la quadrature de la parabole et le traité *de Numero arenæ* d'Archimède, prouvent que ce grand homme avait des idées de l'infini, et même des idées telles qu'on doit les avoir ; on a étendu ces idées, on les a maniées de différentes façons, enfin on a trouvé l'art d'y appliquer le calcul : mais le fond de la métaphysique de l'infini n'a point changé, et ce n'est que dans ces derniers temps que quelques géomètres nous ont donné sur l'infini des vues différentes de celles des anciens, et si éloignées de la nature des choses et de la vérité, qu'on l'a méconnue jusque dans les ouvrages de ces grands mathématiciens. De là sont venues toutes les oppositions, toutes les contradictions qu'on a fait souffrir au calcul infinitésimal ; de là sont venues les disputes entre les géomètres sur la façon de prendre ce calcul, et sur les principes dont il dérive ; on a été étonné des espèces de prodiges que ce calcul opérait; cet étonnement a été suivi de confusion ; on a cru que l'infini produisait toutes ces merveilles ; on s'est imaginé que la connaissance de cet infini avait été refusée à tous les siècles et réservée pour le nôtre ; enfin on a bâti sur cela des systèmes qui n'ont servi qu'à obscurcir les idées. Disons donc ici deux mots de la nature de cet infini, qui en éclairant les hommes semble les avoir éblouis,

Nous avons des idées nettes de la grandeur, nous voyons que les choses en général peuvent être augmentées ou diminuées, et l'idée d'une chose devenue plus grande ou plus petite est une idée qui nous était aussi présente et aussi familière que celle de la chose même ; une chose quelconque nous étant donc présentée ou étant seulement imaginée nous voyons qu'il est possible de l'augmenter ou de la diminuer ; rien n'arrête, rien ne détruit cette possibilité, on peut toujours concevoir la moitié de la plus petite chose, et le double de la plus grande chose ; on peut même concevoir qu'elle peut devenir cent fois, mille fois, cent mille fois plus petite ou plus grande ; et c'est cette possibilité d'augmentation sans bornes en quoi consiste la véritable idée qu'on doit avoir de l'infini ; cette idée nous vient de l'idée du fini ; une chose finie est une chose qui a des termes, des bornes ; une chose infinie n'est que cette même chose finie à laquelle nous ôtons ces termes et ces bornes : ainsi l'idée de l'infini n'est qu'une idée de privation, et n'a point d'objet réel.

Ce n'est pas ici le lieu de faire voir que l'espace, le temps, la durée, ne sont pas des infinis réels ; il nous suffira de prouver qu'il n'y a point de nombre actuellement infini ou infiniment petit, ou plus grand ou plus petit qu'un infini, etc.

Le nombre n'est qu'un assemblage d'unités de même espèce ; l'unité n'est point un nombre, l'unité désigne une seule chose en général ; mais le premier nombre 2 marque non seulement deux choses, mais encore deux choses semblables, deux choses de même espèce ; il en est de même de tous les autres nombres : or ces nombres ne sont que des représentations et n'existent jamais indépendamment des choses qu'ils représentent ; les caractères qui les désignent ne leur donnent point de réalité, il leur faut un sujet ou plutôt un assemblage de sujets à représenter pour que leur existence soit possible ; j'entends leur existence intelligible, car ils n'en peuvent avoir de réelle ; or un assemblage d'unités ou de sujets ne peut jamais être que fini, c'est-à-dire qu'on pourra toujours assigner les parties dont il est composé ; par conséquent le nombre ne peut être infini, quelque augmentation qu'on lui donne.

Mais, dira-t-on, le dernier terme de la suite naturelle 1, 2, 3, 4, etc., n'est-il pas infini? n'y a-t-il pas des derniers termes d'autres suites encore plus infinis que le dernier terme de la suite naturelle ? il paraît qu'en général les nombres doivent à la fin devenir infinis, puisqu'ils sont toujours susceptibles d'augmentation ? A cela je réponds, que cette augmentation dont ils sont susceptibles prouve évidemment qu'ils ne peuvent être infinis ; je dis de plus, que dans ces suites il n'y a point de dernier terme ; que même leur supposer un dernier terme, c'est détruire l'essence de la suite qui consiste dans la succession des termes qui peuvent être suivis d'autres termes, et ces autres termes encore d'autres, mais qui tous sont de même nature que les précédents, c'est-à-dire tous finis, tous composés d'unités : ainsi lorsqu'on suppose qu'une suite a un dernier terme, et que ce dernier terme est un nombre infini, on va contre la définition du nombre et contre la loi générale des suites.

La plupart de nos erreurs, en métaphysique, viennent de la réalité que nous donnons aux idées de privation : nous connaissons le fini, nous y voyons des propriétés réelles, nous l'en dépouillons, et, en le considérant après ce dépouillement, nous ne le reconnaissons plus, et nous croyons avoir créé un être nouveau, tandis que nous n'avons fait que détruire quelque partie de celui qui nous était anciennement connu.

On ne doit donc considérer l'infini, soit en petit, soit en grand, que comme une privation, un retranchement à l'idée du fini, dont on peut se servir comme d'une supposition qui, dans quelques cas, peut aider à simplifier les idées, et doit généraliser leurs résultats dans la pratique des sciences : ainsi tout l'art se réduit à tirer parti de cette supposition, en tâchant de l'appliquer aux sujets que l'on considère. Tout le mérite est donc dans l'application, en un mot, dans l'emploi qu'on en fait.

XXV. — Toutes nos connaissances sont fondées sur des rapports et des comparaisons : tout est donc relation dans l'univers ; et dès lors tout est susceptible de mesure ; nos idées même étant toutes relatives n'ont rien d'absolu. Il y a, comme nous l'avons démontré, des degrés différents de probabilités et de certitude. Et même l'évidence a plus ou moins de clarté, plus ou moins d'intensité, selon les différents aspects, c'est-à-dire suivant les rapports sous lesquels elle se présente : la vérité, transmise et comparée par différents esprits, paraît sous des rapports plus ou moins grands, puisque le résultat de l'affirmation, ou de la négation d'une proposition par tous les hommes en général, semble donner encore du poids aux vérités les mieux démontrées et les plus indépendantes de toute convention.

Les propriétés de la matière, qui nous paraissent évidemment distinctes les unes des autres, n'ont aucune relation entre elles ; l'étendue ne peut se comparer avec la pesanteur, l'impénétrabilité avec le temps, le mouvement avec la surface, etc. Ces propriétés n'ont de commun que le sujet qui les lie, et qui leur donne l'être; chacune de ces propriétés, considérée séparément, demande donc une mesure de son genre, c'est-à-dire une mesure différente de toutes les autres.

Mesures arithmétiques.

Il n'était donc pas possible de leur appliquer une mesure commune qui fût réelle, mais la mesure intellectuelle s'est présentée naturellement; cette mesure est le nombre qui, pris généralement, n'est autre chose que l'*ordre des quantités :* c'est une mesure universelle et applicable à toutes les propriétés de la matière, mais elle n'existe qu'autant que cette application lui donne de la réalité, et même elle ne peut être conçue indépendamment de son sujet; cependant on est venu à bout de la traiter comme une chose réelle, on a représenté les nombres par des caractères arbitraires, auxquels on a attaché les idées de relation prises du sujet, et par ce moyen on s'est trouvé en état de mesurer leurs rapports, sans aucun égard aux relations des quantités qu'ils représentent.

Cette mesure est même devenue plus familière à l'esprit humain que les autres mesures; c'est en effet le produit pur de ses réflexions : celles qu'il fait sur les mesures d'un autre genre ont toujours pour objet la matière, et tiennent souvent des obscurités qui l'environnent. Mais ce nombre, cette mesure qui, dans l'abstrait, nous paraît si parfaite, a bien des défauts dans l'application, et souvent la difficulté des problèmes dans les sciences mathématiques ne vient que de l'emploi forcé et de l'application contrainte qu'on est obligé de faire d'une mesure numérique absolument trop longue ou trop courte; les nombres sourds, les quantités qui ne peuvent s'intégrer, et toutes les approximations prouvent l'imperfection de la mesure, et plus encore la difficulté des applications.

Néanmoins il n'était pas permis aux hommes de rendre dans l'application cette mesure numérique parfaite à tous égards, il aurait fallu pour cela que nos connaissances sur les différentes propriétés de la matière se fussent trouvées être du même ordre, et que ces propriétés elles-mêmes eussent eu des rapports analogues, accord impossible et contraire à la nature de nos sens, dont chacun produit une idée d'un genre différent et incommensurable.

XXVI. — Mais on aurait pu manier cette mesure avec plus d'adresse, en traitant les rapports des nombres d'une manière plus commode et plus heureuse dans l'application : ce n'est pas que les lois de notre arithmétique ne soient très bien entendues, mais leurs principes ont été posés d'une manière trop arbitraire, et sans avoir égard à ce qui était nécessaire pour leur donner une juste convenance avec les rapports réels des quantités.

L'expression de la marche de cette mesure numérique, autrement l'échelle de notre arithmétique, aurait pu être différente : le nombre 10 était peut-être moins propre qu'un autre nombre à lui servir de fondement; car, pour peu qu'on y réfléchisse, on aperçoit aisément que toute notre arithmétique roule sur ce nombre 10 et sur ses puissances, c'est-à-dire sur ce même nombre 10 multiplié par lui-même; les autres nombres primitifs ne sont que les signes de la quotité, ou les coefficients et les indices de ces puissances, en sorte que tout nombre est toujours un multiple, ou une somme de multiples des puissances de 10; pour le voir clairement, on doit remarquer que la suite des puissances de dix, 10^0, 10^1, 10^2, 10^3, 10^4, etc., est la suite des nombres 1, 10, 100, 1,000, 10,000, etc., et qu'ainsi un nombre quelconque, comme *huit mille six cent quarante-deux* n'est autre chose que $8 \times 10^3 + 6 \times 10^2 + 4 \times 10^1 + 2 \times 10^0$; c'est-à-dire une suite de puissances de 10, multipliée par différents coefficients; dans la notation ordinaire, la valeur des places de droite à gauche est donc toujours proportionnelle à cette suite 10^0, 10^1, 10^2, 10^3, etc., et l'uniformité de cette suite a permis que dans l'usage on pût se contenter des coefficients et sous-entendre cette suite de 10 aussi bien que les signes + qui, dans toute collection de choses déterminées et homogènes, peuvent être supprimés; en sorte que l'on écrit simplement 8642.

Le nombre 10 est donc la racine de tous les autres nombres entiers, c'est-à-dire la racine de notre échelle d'arithmétique ascendante; mais ce n'est que depuis l'invention des fractions décimales que 10 est aussi la racine de notre échelle d'arihtmétique descendante; les fractions $\frac{1}{2}$, $\frac{1}{3}$, $\frac{1}{4}$, etc., ou $\frac{2}{3}$, $\frac{3}{4}$, $\frac{4}{5}$, etc., toutes les fractions en un mot dont on s'est servi jusqu'à l'invention des décimales, et dont on se sert encore tous les jours, n'appartiennent pas à la même échelle d'arithmétique, ou plutôt donnent chacune une nouvelle échelle; et de là sont venus les embarras du calcul, les réductions à moindres termes, le peu de rapidité des convergences dans les suites, et souvent la difficulté de les sommer; en sorte que les fractions décimales ont donné à notre échelle d'arithmétique une partie qui lui manquait, et à nos calculs l'uniformité nécessaire pour les comparaisons immédiates : c'est là tout le parti qu'on pouvait tirer de cette idée.

Mais ce nombre 10, cette racine de notre échelle d'arithmétique, était-elle ce qu'il y avait de mieux? Pourquoi l'a-t-on préféré aux autres nombres, qui tous pouvaient aussi être la racine d'une échelle d'arithmétique? On peut imaginer que la conformation de la main a déterminé plutôt qu'une connaissance de réflexion. L'homme a d'abord compté par ses doigts; le nombre 10 a paru lui appartenir plus que les autres nombres, et s'est trouvé le plus près de ses yeux : on peut donc croire que ce nombre 10 a eu la préférence, peut-être sans aucune autre raison; il ne faut, pour en être persuadé, qu'examiner la nature des autres échelles, et les comparer avec notre échelle dénaire.

Sans employer des caractères, il serait aisé de faire une bonne échelle dénaire, bien raisonnée, par les inflexions et les différents mouvements des doigts et des deux mains, échelle qui suffirait à tous les besoins dans la vie civile, et à toutes les indications nécessaires : cette arithmétique est même naturelle à l'homme, et il est probable qu'elle a été et qu'elle sera encore souvent en usage, parce qu'elle est fondée sur un rapport physique et invariable, qui durera autant que l'espèce humaine, et qu'elle est indépendante du temps et de la réflexion que les arts présupposent.

Mais en prenant même notre échelle dénaire dans la perfection que l'invention des caractères lui a procurée, il est évident que comme on compte jusqu'à neuf, après quoi on recommence en joignant le deuxième caractère au premier, et ensuite le second au second, puis le deuxième au troisième, etc., on pourrait, au lieu d'aller jusqu'à neuf, n'aller que jusqu'à huit, et de là recommencer, ou jusqu'à sept, ou jusqu'à quatre, ou même n'aller qu'à deux; mais, par la même raison, il était libre d'aller au delà de dix avant que de recommencer, comme jusqu'à onze, jusqu'à douze, jusqu'à soixante, jusqu'à cent, etc., et de là on voit clairement que plus les échelles sont longues, et moins les calculs tiennent de place; de sorte que dans l'échelle centenaire, où on emploierait cent différents caractères, il n'en faudrait qu'un, comme *C*, pour exprimer cent; dans l'échelle duodénaire, où l'on se servirait de douze différents caractères, il en faudrait deux, savoir, 8, 4; dans l'échelle dénaire, il en faut trois, savoir, 1, 0, 0; dans l'échelle quaternaire, où l'on n'emploierait que les quatre caractères 0, 1, 2 et 3, il en faudrait quatre, savoir, 1, 2, 1, 0; dans l'échelle trinaire cinq, savoir, 1, 0, 2, 0, 1; et enfin d.ns l'échelle binaire, sept, savoir, 1, 1, 0, 0, 1, 0 pour exprimer cent.

XXVII. — Mais de toutes ces échelles, quelle est la plus commode, quelle est celle qu'on aurait dû préférer? D'abord il est certain que la dénaire est plus expéditive que toutes celles qui sont au-dessous, c'est-à-dire plus expéditive que les échelles qui ne s'élèveraient que jusqu'à neuf, ou jusqu'à huit ou sept, ou etc., puisque les nombres y occupent moins de place : toutes ces échelles inférieures tiennent donc plus ou moins du défaut d'une trop longue expression, défaut qui n'est d'ailleurs compensé par aucun avantage que celui de n'employer que deux caractères 1 et 0 dans l'arithmétique binaire, trois caractères, 2, 1 et 0 dans la trinaire, quatre caractères 3, 2, 1 et 0 dans l'échelle quartenaire, etc, ce qui, à le prendre dans le vrai, n'en est pas un, puisque la mémoire de l'homme en retient fort aisément un plus grand nombre, comme dix ou douze, et plus encore s'il le faut.

Il est aisé de conclure de là que tous les avantages que Leibnitz a supposés à l'arithmétique binaire se réduisent à expliquer son énigme chinoise; car comment serait-il possible d'exprimer de grands nombres par cette échelle, comment les manier, et quelle voie d'abréger ou de faciliter des calculs dont les expressions sont trop étendues?

Le nombre dix a donc été préféré avec raison à tous ses subalternes; mais nous allons voir qu'on ne devait pas lui accorder cet avantage sur tous les autres nombres supérieurs. Une arithmétique, dont l'échelle aurait eu le nombre douze pour racine, aurait été bien plus commode, les grands nombres auraient occupe moins de place, et en même temps les fractions auraient été plus grandes; les hommes ont si bien senti cette vérité, qu'après avoir adopté l'arithmétique dénaire, ils ne laissent pas que de se servir de l'échelle duodénaire; on compte souvent par douzaines, par douzaines de douzaines ou grosses; le pied est dans l'échelle duodénaire la troisième puissance de la ligne, le pouce la seconde puissance. On prend le nombre douze pour l'unité; l'année se divise en douze mois, le jour en douze heures, le zodiaque en douze signes, le sou en douze deniers : toutes les plus petites ou dernières mesures affectent le nombre douze, parce qu'on peut le diviser par deux, par trois, par quatre et par six; au lieu que dix ne peut se diviser que par deux et par cinq, ce qui fait une différence essentielle dans la pratique pour la facilité des calculs et des mesures. Il ne faudrait dans cette échelle que deux caractères de plus, l'un pour marquer dix et l'autre pour màrquer onze; au moyen de quoi l'on aurait une arithmétique bien plus aisée à manier que notre arithmétique ordinaire.

On pourrait, au lieu de douze, prendre pour racine de l'échelle quelque nombre, comme vingt-quatre ou trente-six, qui eussent de plus grands avantages encore pour la division, c'est-à-dire un plus grand nombre de parties aliquotes que le nombre douze; en ce cas il faudrait quatorze caractères nouveaux pour l'échelle de vingt-quatre, et vingt-six caractères pour celle de trente-six, qu'on serait obligé de retenir par mémoire, mais cela ne ferait aucune peine, puisqu'on retient si facilement lès vingt-quatre lettres de l'alphabet lorsqu'on apprend à lire.

J'avoue que l'on pourrait faire une échelle d'arithmétique, dont la racine serait si grande qu'il faudrait beaucoup de temps pour en apprendre tous les caractères : l'alphabet des Chinois est si mal entendu, ou plutôt si nombreux, qu'on passe sa vie à apprendre à lire. Cet inconvénient est le plus grand de tous : ainsi, l'on a parfaitement bien fait d'adopter un alphabet de peu de lettres, et une racine d'arithmétique de peu d'unités, et c'est déjà une raison de préférer douze à de très grands nombres dans le choix d'une échelle d'arithmétique; mais ce qui doit décider en sa faveur, c'est que, dans l'usage de la vie, les hommes n'ont pas besoin d'une si grande mesure; ils ne pourraient même la manier aisément; il en faut une qui soit proportionnée à leur propre grandeur, à leurs mouvements et aux distances qu'ils peuvent parcourir. Douze doit déjà être bien grand, puisque dix nous suffit, et vouloir se servir d'un beaucoup plus grand nombre pour racine de notre échelle d'usage, ce serait vouloir mesurer à la lieue la longueur d'un appartement.

Les astronomes, qui ont toujours été occupés de grands objets et qui ont eu de grandes distances à mesurer, ont pris soixante pour la racine de leur échelle d'arithmétique, et ils ont adopté les caractères de l'échelle ordinaire pour coefficient : cette mesure expédie et arrive très promptement à une grande précision; ils comptent par degrés, minutes, secondes, tierces, etc., c'est-à-dire par les puissances successives de soixante; les coefficients sont tous les nombres plus petits que soixante; mais comme cette échelle n'est en usage que dans certains cas, et qu'on ne s'en sert que pour des calculs simples, on a négligé d'exprimer chaque nombre par un seul caractère, ce qui cependant est essentiel pour conserver l'analogie avec les autres échelles et pour fixer la valeur des places. Dans cette arithmétique, les grands nombres occupent moins d'espace; mais, outre l'incommodité des cinquante nouveaux caractères, les raisons que j'ai données ci-dessus doivent faire préférer, dans l'usage ordinaire, l'arithmétique de douze.

Il serait même fort à souhaiter qu'on voulût substituer cette échelle à l'échelle dénaire; mais à moins d'une refonte générale dans les sciences, il n'est guère permis d'espérer qu'on change jamais notre arithmétique, parce que toutes les grandes pièces de calcul, les tables des tangentes, des sinus, des logarithmes, les éphémérides, etc., sont faites sur cette échelle, et que l'habitude d'arithmétique, comme l'habitude de toutes les choses qui sont d'un usage universel et nécessaire, ne peut être réformée que par une loi qui abrogerait l'ancienne coutume, et contraindrait les peuples à se servir de la nouvelle méthode.

Après tout, il serait fort aisé de ramener tous les calculs à cette échelle; et le changement des tables ne demanderait pas beaucoup de temps, car, en général, il n'est pas difficile de transporter un nombre d'une échelle d'arithmétique dans une autre, et de trouver son expression. Voici la manière de faire cette opération :

Tout nombre, dans une échelle donnée, peut être exprimé par une suite.

$$a\,x^{n} + b\,x^{n-1} + c\,x^{n-2} + d\,x^{n-3} + \text{etc.}$$

x représente la racine de l'échelle arithmétique; n la plus haute puissance de cette racine, ou, ce qui est la même chose, le nombre des places moins 1; a, b, c, d, sont les coefficients ou les signes de la quotité. Par exemple, 1738 dans l'échelle dénaire donnera

$$x = 10,\ n = 4 - 1 = 3,\ a = 1,\ b = 7,\ c = 3,\ d = 8;$$

en sorte que

$$\begin{aligned} &a\,x^{n} + b\,x^{n-1} + c\,x^{n-2} + d\,x^{n-3} \\ &1.\,10^{3} + 7.\,10^{2} + 3.\,10^{1} + 8.\,10^{0} = \\ &1000 + 700 + 30 + 8 = 1738. \end{aligned}$$

L'expression de ce même nombre dans une autre échelle arithmétique, sera $m\,(x \pm)^{v} + p\,(x \pm y)^{v-1} + q\,(x \pm y)^{v-2} + r\,(x \pm y)^{v-3}$.

y représente la différence de la racine de l'échelle proposée, et de la racine de l'échelle demandée; y est donc donné aussi bien que x. On déterminera v, en faisant le nombre proposé $a\,x^{n} + b\,x^{n-1} + c\,x^{n-2} + d\,x^{n-3}$, etc., égal $(x - y)^{v}$ ou $A = B^{v}$; car, en passant aux logarithmes, on aura $v = \frac{l.\ A}{l.\ B}$. Pour déterminer les coefficients m, p, q, r, il n'y aura qu'à diviser le nombre proposé A par $(x \pm y)^{v}$, et faire m égal au quotient en nombres entiers; ensuite diviser le reste par $(x \pm y)^{v-1}$, et faire p égal au quotient en nombres entiers; et de même diviser le reste par $(x \pm y)^{v-2}$, et faire q égal au quotient en nombres entiers, et ainsi de suite jusqu'au dernier terme.

Par exemple, si l'on demande l'expression dans l'échelle arithmétique quinaire du nombre 1738 de l'échelle dénaire,

$$x = 10,\ y = -5,\ A = 1738,\ B = 5;$$

donc,

$$v = \frac{\text{log. } 1738}{\text{log. } 5} = \frac{3.\,2400498}{0.\,6989700} = 4 \text{ en nombres entiers.}$$

Je divise 1738 par 5^{4} ou 625, le quotient en nombres entiers est $2 = m$, ensuite je divise le reste 488 par 5^{3} ou 125, le quotient en nombres entiers est $3 = p$; et de même je divise le reste 113 par 5^2 ou 25, le quotient en nombres entiers est $4 = q$; et divisant encore le reste 13 par 5^1 le quotient est $2 = r$: et enfin divisant le dernier reste 3 par 5^0 = s, le quotient est $3 = s$; ainsi l'expression du nombre 1738 de l'échelle dénaire sera 23423 dans l'échelle arithmétique quinaire.

Si l'on demande l'expression du même nombre 1738 de l'échelle dénaire dans l'échelle arithmétique duodénaire, on aura

$$x = 10,\ y = 2,\ A = 1738,\ B = 12;$$

donc

$$v = \frac{\log.\ 1738}{\log.\ 12} = \frac{3.2400198}{1.0791812} = 3 \text{ en nombres entiers.}$$

Je divise 1,738 par 12^3 ou 1,728, le quotient en nombres entiers est $1 = m$; ensuite je divise le reste 10 par 12^2, le quotient en nombres entiers est $0 = p$, et de même je divise ce reste 10 par 12^1, le quotient en nombres entiers est $0 = q$; et enfin je divise encore ce reste 10 par 12^0, le quotient est $10 = r$; le nombre 1,738 de l'échelle dénaire sera donc $100K$ dans l'échelle duodénaire, en supposant que le caractère K exprime le nombre 10.

Si l'on veut avoir l'expression de ce nombre 1,738 dans l'échelle arithmétique binaire, on aura $y = -8$, $B = 2$, $v = \frac{\log.\ 1738}{\log.\ 2} = \frac{3.2400198}{0.3010300} = 10$ en nombre entiers; je divise 1,738 par 2^{10} ou 1,024, le quotient en nombres entiers est $1 = m$; puis je divise le reste 714 par 2^9 ou 512, le quotient est $1 = p$; de même, je divise le reste 202 par 2^8 ou 256, le quotient est $0 = q$; je divise encore ce reste 202 par 2^7 ou 128, le quotient est $1 = r$; de même, le reste 74, divisé par 2^6 ou 64, donne $1 = s$, et le reste 10, divisé par 2^5 ou 32, donne $0 = t$, et ce même reste 10, divisé par 2^4 ou 16, donne encore $0 = u$; mais ce même reste 10, divisé par 2^3 ou 8, donne $1 = w$, et le reste 2, divisé par 2^2 ou 4, donne $0 = x$; mais ce même reste 2, divisé par 2^1, donne $1 = y$, et le reste 0, divisé par 2^0 ou 1, donne $0 = z$. Donc le nombre 1,738 de l'échelle dénaire sera 11,011,001,010 dans l'échelle binaire; il en sera de même de toutes les autres échelles arithmétiques.

L'on voit qu'au moyen de cette formule on peut ramener aisément une échelle d'arithmétique quelconque à telle autre échelle qu'on voudra et que, par conséquent, on pourrait ramener tous les calculs et comptes faits à l'échelle duodénaire ; et, puisque cela est si facile, qu'il me soit permis d'ajouter encore un mot des avantages qui résulteraient de ce changement : le toisé, l'arpentage et tous les arts de mesure, où le pied, le pouce et la ligne sont employés, deviendraient bien plus faciles, parce que ces mesures se trouveraient dans l'ordre des puissances de douze, et, par conséquent, feraient partie nécessaire de l'échelle, et partie qui sauterait aux yeux ; tous les arts et métiers, où le tiers, le quart et le demi-tiers se présentent souvent, trouveraient plus de facilité dans toutes leurs applications; ce qu'on gagnerait en arithmétique se pourrait compter au centuple de profit pour les autres sciences et pour les arts.

XXVIII. — Nous avons vu qu'un nombre peut toujours, dans toutes les échelles d'arithmétique, être exprimé par les puissances successives d'un autre nombre, multipliées par des coefficients qui suffisent pour nous indiquer le nombre cherché, quand par l'habitude on s'est familiarisé avec les puissances du nombre sous-entendu : cette manière, toute générale qu'elle est, ne laisse pas d'être arbitraire comme toutes les autres qu'on pourrait et qu'il serait même facile d'imaginer.

Les jetons, par exemple, se réduisent à une échelle dont les puissances successives, au lieu de se placer de droite à gauche, comme dans l'arithmétique ordinaire, se mettent de bas en haut chacune dans une ligne, où il faut autant de jetons qu'il y a d'unités dans les coefficients : cet inconvénient de la quantité de jetons vient de ce qu'on n'emploie qu'une seule figure ou caractère, et c'est pour y remédier en partie qu'on abrège dans la même ligne en marquant les nombres 5, 50, 500, etc., par un seul jeton séparé des autres. Cette façon de compter est très ancienne, et elle ne laisse pas d'être utile; les femmes et tant d'autres gens, qui ne savent ou ne veulent pas écrire, aiment à manier des jetons; ils plaisent par l'habitude, on s'en sert au jeu, c'en est assez pour les mettre en faveur.

Il serait facile de rendre plus parfaite cette manière d'arithmétique; il faudrait se servir de jetons de différentes figures, de dix, neuf, ou mieux encore de douze figures, toutes de valeur différente; on pourrait alors calculer aussi promptement qu'avec la plume, et les plus grands nombres seraient exprimés, comme dans l'arithmétique ordinaire, par un très petit nombre de caractères. Dans l'Inde, les Brahmanes se servent de petites coquilles de différentes couleurs pour faire les calculs, même les plus difficiles, tels que ceux des éclipses.

On aura d'autres échelles et d'autres expressions par des lois différentes ou par d'autres suppositions : par exemple, on peut exprimer tous les nombres par un seul nombre élevé à une certaine puissance : cette supposition sert de fondement à l'invention de toutes les échelles logarithmiques possibles, et donne les logarithmes ordinaires, en prenant 10 pour le nombre à élever, et en exprimant les puissances par les fractions décimales, car 2 peut être exprimé par 10 $\frac{10000000}{3010300}$, etc.; 3 par 10 $\frac{10000000}{4771212}$, etc.; et, en général, un nombre quelconque n peut être exprimé par un autre nombre quelconque m, élevé à une certaine puissance x. L'application de cette combinaison, que nous devons à Niéper, est peut-être ce qui s'est fait de plus ingénieux et de plus utile en arithmétique : en effet, ces nombres logarithmiques donnent la mesure immédiate des rapports de tous les nombres et sont proprement les exposants de ces rapports, car les puissances d'un nombre quelconque sont en progression géométrique; ainsi, le rapport arithmétique de deux nombres étant donné, on a toujours leur rapport géométrique par leurs logarithmes, ce qui réduit toutes les multiplications et divisions à de simples additions et soustractions, et les extractions de racines à de simples partitions.

Mesures géométriques.

XXIX. — L'étendue, c'est-à-dire l'extension de la matière, étant sujette à la variation de grandeur, a été le premier objet des mesures géométriques. Les trois dimensions de cette extension ont exigé des mesures de trois espèces différentes, qui, sans pouvoir se comparer, ne laissent pas dans l'usage de se prêter à des rapports d'ordre et de correspondance. La ligne ne peut être mesurée que par la ligne; il en est de même de la surface et du solide, il faut une surface ou un solide pour les mesurer; cependant avec la ligne on peut souvent les mesurer tous trois par une correspondance sous-entendue de l'unité linéaire à l'unité de surface ou à l'unité de solide : par exemple, pour mesurer la surface d'un carré, il suffit de mesurer la longueur d'un des côtés, et de multiplier cette longueur par elle-même, car cette multiplication produit une autre longueur, que l'on peut représenter par un nombre qui ne manquera pas de représenter aussi la surface cherchée, puisqu'il y a le même rapport entre l'unité linéaire, le côté du carré et la longueur produite, qu'entre l'unité de surface, la surface qui ne s'étend que sur le côté du carré et la surface totale, et, par conséquent, on peut prendre l'une pour l'autre; il en est de même des solides, et, en général, toutes les fois que les mêmes rapports de nombre pourront s'appliquer à différentes qualités ou quantités, on pourra toujours les mesurer les unes par les autres, et c'est pour cela qu'on a eu raison de représenter les vitesses par des lignes, les espaces par des surfaces, etc., et de mesurer plusieurs propriétés de la matière par les rapports qu'elles ont avec ceux de l'étendue.

L'extension en longueur se mesure toujours par une ligne droite prise arbitrairement pour l'unité, avec un pied ou une toise, prise pour l'unité ou mesure juste; une longueur de cent pieds ou de cent toises, avec un demi-pied ou une demi-toise prise de même pour l'unité ou mesure juste; cent pieds et demi ou cent toises et demie, et ainsi des autres longueurs : celles qui sont incommensurables, comme la diagonale et le côté du carré, font une exception.

Mais elle est bien légitime, car elle dépend de l'incommensurabilité primordiale de la surface avec la ligne, et du défaut de correspondance en certains cas des échelles de ces mesures ; leur marche est différente, et il n'est point étonnant qu'une surface double d'une autre appuie sur une ligne dont on ne peut trouver le rapport en nombres, avec l'autre ligne sur laquelle appuie la première surface ; car, dans l'arithmétique, l'élévation aux puissances entières, comme au carré, au cube, etc., n'est qu'une multiplication ou même une addition d'unités ; elle appartient par conséquent à l'échelle d'arithmétique qui est en usage ; et la suite de toutes ces puissances doit s'y trouver et s'y trouve, mais l'extraction des racines, ou, ce qui est la même chose, l'élévation aux puissances rompues, n'appartient plus à cette même échelle, et tout de même qu'on ne peut, dans l'échelle dénaire, exprimer la fraction $\frac{1}{3}$ que par une suite infinie $\frac{0.333333}{1000000}$, etc., on ne peut aussi exprimer les puissances rompues ou les racines $\frac{1}{2}$, $\frac{1}{3}$, $\frac{3}{4}$, etc., de plusieurs nombres, que par des suites infinies, et par conséquent ces racines ne peuvent être mesurées par la marche d'aucune échelle commune ; et, comme la diagonale d'un carré est toujours la racine carrée du double d'un nombre carré, et que ce nombre double ne peut lui-même être un nombre carré, il s'ensuit que le nombre qui représente cette diagonale ne se trouve pas dans l'échelle d'arithmétique et ne peut s'y trouver, quoique le nombre qui représente la surface s'y trouve, parce que la surface est représentée par une puissance entière, et la diagonale par la puissance rompue $\frac{1}{2}$ de 2, laquelle n'existe point dans notre échelle.

De la même manière qu'on mesure avec une ligne droite, prise arbitrairement pour l'unité, une longueur droite, on peut aussi mesurer un assemblage de lignes droites, quelle que puisse être leur position entre elles : aussi la mesure des figures polygones n'a-t-elle d'autre difficulté que celle d'une répétition de mesures en longueur, et d'une addition de leurs résultats ; mais les courbes se refusent à cette forme, et notre unité de mesure, quelque petite qu'elle soit, est toujours trop grande pour pouvoir s'appliquer à quelques-unes de leurs parties ; la nécessité d'une mesure infiniment petite s'est donc fait sentir, et a fait éclore la métaphysique des nouveaux calculs, sans lesquels, ou quelque chose d'équivalent, on aurait vainement tenté la mesure des lignes courbes.

On avait déjà trouvé moyen de les contraindre, en les asservissant à une loi qui déterminait l'un de leurs principaux rapports ; cette équation, l'échelle de leur marche, a fixé leur nature, et nous a permis de la considérer : chaque courbe a la sienne toujours indépendante, et souvent incomparable avec celle d'une autre ; c'est l'espèce algébrique qui fait ici l'office du nombre ; et l'existence des relations des courbes, ou plutôt des rapports de leur marche et de leur forme, ne se voit qu'à la faveur de cette mesure indéfinie, qu'on a su appliquer à tous leurs pas, et par conséquent à tous leurs points.

On a donné le nom de *courbes géométriques* à celles dont on a su mesurer exactement la marche ; mais, lorsque l'expression ou l'échelle de cette marche s'est refusée à cette exactitude, les courbes se sont appelées *courbes mécaniques*, et on n'a pu leur donner une loi comme aux autres ; car les équations aux courbes mécaniques, dans lesquelles on suppose une quantité qui ne peut être exprimée que par une suite infinie, comme un arc de cercle, d'ellipse, etc., égale à une quantité finie, ne sont pas des lois de rigueur, et ne contraignent ces courbes qu'autant que la supposition de pouvoir à chaque pas sommer la suite infinie se trouve près de la vérité.

Les géomètres avaient donc trouvé l'art de représenter la forme des allures de la plupart des courbes, mais la difficulté d'exprimer la marche des courbes mécaniques, et l'impossibilité de les mesurer toutes subsistait encore en entier ; et, en effet, paraissait-il possible de connaître cette mesure infiniment petite ? devait-on espérer de pouvoir la manier et l'appliquer ? On a cependant surmonté ces obstacles, on a vaincu les impossibilités apparentes, on a reconnu que des parties, supposées infiniment plus petites, pouvaient et devaient avoir entre elles des rapports finis; on a banni de la métaphysique les idées d'un infini absolu, pour y substituer celles d'un infini relatif plus traitable que l'autre, ou plutôt le seul que les hommes puissent apercevoir : cet infini relatif s'est prêté à toutes les relations d'ordre et de convenance, de grandeur et de petitesse; on a trouvé moyen de tirer de l'équation à la courbe le rapport de ses côtés infiniment petits, avec une droite infiniment petite, prise pour l'unité; et, par une opération inverse, on a su remonter de ces éléments infiniment petits à la longueur réelle et finie de la courbe; il en est de même des surfaces et des solides, les nouvelles méthodes nous ont mis en état de tout mesurer; la géométrie est maintenant une science complète, et les travaux de la postérité dans ce genre n'aboutiront guère qu'à des facilités de calcul, et à des constructions de tables d'intégrales, qu'on ira consulter au besoin.

XXX. — Dans la pratique, on a proportionné aux différentes étendues en longueur différentes unités plus ou moins grandes; les petites longueurs se mesurent avec des pieds, des pouces, des lignes, des aunes, des toises, etc.; les grandes distances se mesurent avec des lieues, des degrés, des demi-diamètres de la terre, etc. : ces différentes mesures ont été introduites pour une plus grande commodité, mais sans faire assez d'attention aux rapports qu'elles doivent avoir entre elles; de sorte que les petites mesures sont rarement parties aliquotes des grandes; combien ne serait-il pas à souhaiter qu'on eût fait ces unités commensurables entre elles, et quel service ne nous aurait-on pas rendu, si l'on avait fixé la longueur de ces unités par une détermination invariable; mais il en est ici comme de toutes les choses arbitraires; on saisit celle qui se présente la première et qui paraît convenir, sans avoir égard aux rapports généraux qui ont paru de tout temps aux hommes vulgaires des vérités inutiles et de pure spéculation; chaque peuple a fait et adopté ses mesures; chaque État, chaque province a les siennes; l'intérêt et la mauvaise foi dans la société ont dû les multiplier; la valeur plus ou moins grande des choses les a rendues plus ou moins exactes, et une partie de la science du commerce est née de ces obscurités.

Chez les peuples plus dénués d'arts, et moins éclairés pour leurs intérêts que nous ne le sommes, la multiplication des mesures n'aurait peut-être pas eu d'aussi mauvais effets; dans les pays stériles, où les terrains ne rapportent que peu, on voit rarement des procès pour les défauts de contenance, et plus rarement encore des lieues courtes et des chemins trop étroits; mais plus un terrain est précieux, plus une denrée est chère, plus aussi les mesures sont épluchées et contestées, plus on met d'art et de combinaison dans les abus qu'on en fait; la fraude est allée jusqu'à imaginer plusieurs mesures difficiles à comparer, elle a su se couvrir en mettant en avant ses embarras de convention; enfin il a fallu les lumières de plusieurs arts qui supposent de l'intelligence et de l'étude, et qui, sans les entraves de la comparaison des différentes mesures, n'auraient demandé qu'un coup d'œil et un peu de mémoire; je veux parler du toisé et de l'arpentage, de l'art de l'essayeur, de celui du changeur, et de quelques autres dont le but unique est de découvrir la vérité des mesures.

Rien ne serait plus utile que de rapporter à quelques unités invariables toutes ces unités arbitraires; mais il faut pour cela que ces unités de mesures soient quelque chose de constant et de commun à tous les peuples, et ce ne peut être que dans la nature même qu'on peut trouver cette convenance générale. La longueur du pendule, qui bat les secondes sous l'équateur, a toutes les conditions nécessaires pour être l'étalon universel des mesures géométriques, et ce projet pourrait nous procurer, dans l'exécution, des avantages dont il est aisé de sentir toute l'étendue.

Cette mesure, une fois reçue, fixe d'une manière invariable pour le présent, et détermine à jamais pour l'avenir la longueur de toutes les autres mesures : pour peu qu'on se familiarise avec elle, l'incertitude et les embarras du commerce ne peuvent manquer de disparaître; on pourra l'appliquer aux surfaces et aux solides de la même façon qu'on y applique les mesures en usage; elle a toutes leurs commodités, et n'a aucun de leurs défauts; rien ne peut l'altérer, que des changements qu'il serait ridicule de prévoir; une diminution ou une augmentation dans la vitesse de la terre autour de son axe, une variation dans la figure du globe, son attraction diminuée par l'approche d'une comète, sont des causes trop éloignées pour qu'on doive en rien craindre, et sont cependant les seules qui pourraient altérer cette unité de la mesure universelle.

La mesure des liquides n'embarrassera pas davantage que celle des surfaces et des solides : la longueur du pendule sera la jauge universelle, et l'on viendra par ce moyen aisément à bout d'épurer cette partie du commerce si sujette à la friponerie, par la difficulté de connaître exactement les mesures, difficulté qui en a produit d'autres, et qui a fait mal à propos imaginer, pour cet usage, les mesures mécaniques, et substituer les poids aux mesures géométriques pour les liquides, ce qui, outre l'incertitude de la vérité des balances et de la fidélité des poids, a fait naître l'embarras de la tare et la nécessité des déductions. Nous préférons, avec raison, la longueur du pendule sous l'équateur, à la longueur du pendule en France, ou dans un autre climat. On prévient par ce choix la jalousie des nations, et on met la postérité plus en état de retrouver aisément cette mesure. La minute-seconde est une partie du temps, dont on reconnaîtra toujours la durée, puisqu'elle est une partie déterminée du temps qu'emploie la terre à faire sa révolution sur son axe, c'est-à-dire la quatre-vingt-six mille quatre-centième partie juste : ainsi cet élément, qui entre dans notre unité de mesure, ne peut y faire aucun tort.

XXXI. — Nous avons dit ci-devant qu'il y a des vérités de différents genres, des certitudes de différents ordres, des probabilités de différents degrés. Les vérités qui sont purement intellectuelles, comme celles de la géométrie, se réduisent toutes à des vérités de définition : il ne s'agit, pour résoudre le problème le plus difficile, que de le bien entendre, et il n'y a, dans le calcul et dans les autres sciences purement spéculatives, d'autres difficultés que celles de démêler ce que l'esprit humain y a confondu ; prenons pour exemple la quadrature du cercle, cette question si fameuse et qu'on a regardée longtemps comme le plus difficile de tous les problèmes ; et examinons un peu ce qu'on nous demande, lorsqu'on nous propose de trouver au juste la mesure d'un cercle. Qu'est-ce qu'un cercle en géométrie? ce n'est point cette figure que vous venez de tracer avec un compas, dont le contour n'est qu'un assemblage de petites lignes droites, lesquelles ne sont pas toutes également et rigoureusement éloignées du centre, mais qui forment différents petits angles, ont une largeur visible, des inégalités, et une infinité d'autres propriétés physiques inséparables de l'action des instruments et du mouvement de la main qui les guide. Au contraire, le cercle en géométrie est une figure plane, comprise par une seule ligne courbe appelée *circonférence;* de tous les points de laquelle circonférence, toutes les lignes droites, menées à un seul point qu'on appelle *centre*, sont égales entre elles. Toute la difficulté du problème de la quadrature du cercle consiste à bien entendre tous les termes de cette définition; car, quoiqu'elle paraisse très claire et très intelligible, elle renferme cependant un grand nombre d'idées et de suppositions, desquelles dépend la solution de toutes les questions qu'on peut faire sur le cercle. Et, pour prouver que toute la difficulté ne vient que de cette définition, supposons pour un instant qu'au lieu de prendre la circonférence du cercle pour une courbe, dont tous les points sont à la rigueur également éloignés du centre, nous prenions cette circonférence pour un assemblage de lignes droites aussi petites que vous voudrez ; alors cette grande difficulté de mesurer un cercle s'évanouit, et il devient aussi facile à mesurer qu'un triangle. Mais ce n'est pas là ce qu'on demande, et il faut trouver la mesure du cercle dans l'esprit de la définition. Considérons donc tous les termes de cette définition, et pour cela souvenons-nous que les géomètres appellent un point ce qui n'a aucune partie : première supposition qui influe beacoup sur toutes les questions mathématiques et qui, étant combinée avec d'autres suppositions aussi peu fondées, ou plutôt de pures abstractions, ne peut manquer de produire des difficultés insurmontables à tous ceux qui s'éloigneront de l'esprit de ces premières définitions, ou qui ne sauront pas remonter, de la question qu'on leur propose, à ces premières suppositions d'abstraction ; en un mot, à tous ceux qui n'auront appris de la géométrie que l'usage des signes et des symboles, lesquels sont la langue et non pas l'esprit de la science.

Mais suivons : le point est donc ce qui n'a aucune partie, la ligne est une longueur sans largeur. La ligne droite est celle dont tous les points sont posés également; la ligne courbe, celle dont tous les points sont posés inégalement. La superficie plane est une quantité qui a de la longueur et de la largeur sans profondeur. Les extrémités d'une ligne sont des points ; les extrémités des superficies sont des lignes; voilà les définitions ou plutôt les suppositions sur lesquelles roule toute la géométrie, et qu'il ne faut jamais perdre de vue, en tâchant dans chaque question de les appliquer dans le sens même qui leur convient, mais en même temps en ne leur donnant réellement que leur vraie valeur, c'est-à-dire en les prenant pour des abstractions et non pour des réalités.

Cela posé, je dis qu'en entendant bien la définition que les géomètres donnent du cercle, on doit être en état de résoudre toutes les questions qui ont rapport au cercle, et entre autres la question de la possibilité ou de l'impossibilité de sa quadrature, en supposant qu'on sache mesurer un carré ou un triangle ; or, pour mesurer un carré, on multiplie la longueur d'un des côtés par la longueur de l'autre côté, et le produit est une longueur qui, par un rapport sous-entendu de l'unité linéaire à l'unité de surface, représente la superficie du carré. De même, pour mesurer un triangle, on multiplie sa hauteur par sa base, et on prend la moitié du produit. Ainsi, pour mesurer un cercle, il faut de même multiplier la circonférence par son demi-diamètre et en prendre la moitié. Voyons donc à quoi est égale cette circonférence.

La première chose qui se présente, en réfléchissant sur la définition de la ligne courbe, c'est qu'elle ne peut jamais être mesurée par une ligne droite, puisque dans toute son étendue et dans tous les points elle est ligne courbe, et, par conséquent, d'un autre genre que la ligne droite ; en sorte que, par la seule définition de la ligne bien entendue, on voit clairement que la ligne droite ne peut pas plus mesurer la ligne courbe que celle-ci ne peut mesurer la ligne droite ; or la quadrature du cercle dépend, comme nous venons de le faire voir, de la mesure exacte de la circonférence, par quelque partie du diamètre prise pour l'unité; mesure impossible, puisque le diamètre est une droite, et la circonférence une courbe : donc la quadrature du cercle est impossible.

XXXII. — Pour mieux faire sentir la vérité de ce que je viens d'avancer, et pour prouver d'une manière entièrement convaincante que les difficultés des questions de géométrie ne viennent que des définitions, et que ces difficultés ne sont pas réelles, mais dépendent absolument des suppositions qu'on a faites, changeons pour un moment quelques définitions de la géométrie, et faisons d'autres suppositions : appelons la circonférence d'un cercle une ligne dont tous les points sont également posés, et la ligne droite une ligne dont tous les points sont inégalement posés, alors nous mesurerons exactement la circonférence du cercle, sans pouvoir mesurer la ligne droite : or je vais faire voir qu'il m'est loisible de donner à la ligne droite et à cette ligne courbe ces définitions ; car la ligne droite, suivant sa définition ordinaire, est celle dont tous les points sont également posés ; et la ligne courbe, celle dont tous les points sont inégalement posés ; cela ne peut s'entendre qu'en imaginant que c'est par rapport à une autre ligne droite que cette position est égale ou inégale ; et de même que les géomètres, en vertu de leurs définitions, rapportent tout à une ligne droite, je puis rapporter tout à un point en vertu de mes définitions; et, au lieu de prendre une ligne droite pour l'unité de mesure, je prendrai une ligne circulaire pour cette unité, et je me trouverai par là en état de mesurer juste la circonférence du cercle, mais je ne pourrai plus mesurer le diamètre; et comme, pour trouver la mesure exacte de la superficie du cercle dans le sens des géomètres, il faut nécessairement avoir la mesure juste de la circonférence et du diamètre, je vois clairement que, dans cette supposition comme dans l'autre, la mesure exacte de la surface du cercle n'est pas possible.

C'est donc à cette rigueur des définitions de la géométrie qu'on doit attribuer la difficulté des questions de cette science : et aussi nous avons vu que, dès qu'on s'est départi de cette trop grande rigueur, on est venu à bout de tout mesurer, et de résoudre toutes les questions qui paraissaient insolubles; car, dès qu'on a cessé de regarder les courbes comme courbes en toute rigueur, et qu'on les a réduites à n'être que ce qu'elles sont en effet dans la nature, des polygones dont les côtés sont indéfiniment petits, toutes les difficultés ont disparu. On a rectifié les courbes, c'est-à-dire mesuré leur longueur, en les supposant enveloppées d'un fil inextensible et parfaitement flexible, qu'on développe successivement (voyez *Fluxions de Newton*, page 131, etc.), et on a mesuré les surfaces par les mêmes suppositions, c'est-à-dire en changeant les courbes en polygones dont les côtés sont indéfiniment petits.

XXXIII. — Une autre difficulté qui tient de près à celle de la quadrature du cercle, et de laquelle on peut même dire que cette quadrature dépend, c'est l'incommensurabilité de la diagonale du carré avec le côté; difficulté invincible et générale pour toutes les grandeurs que les géomètres appellent *incommensurables;* il est aisé de faire sentir que toutes ces difficultés ne viennent que des définitions et des conventions arbitraires qu'on a faites, en posant les principes de l'arithmétique et de la géométrie; car nous supposons, en géométrie, que les lignes croissent comme les nombres 1, 2, 3, 4, 5, etc., c'est-à-dire suivant notre échelle d'arithmétique; et, par une correspondance sous-entendue de l'unité de surface avec l'unité linéaire, nous voyons que les surfaces des carrés croissent comme 1, 4, 9, 16, 25, etc. Par ces suppositions, il est clair que, de la même façon que la suite 1, 2, 3, 4, 5, etc., est l'échelle des lignes, la suite 1, 4, 9, 16, 25, etc., est aussi l'échelle des surfaces, et que, si vous interposez dans cette dernière échelle d'autres nombres, comme 2, 3, 5, 6, 7, 8, 10, 11, 12, 13, 14, 15, 17, 18, 19, 20, 22, 23, 24, tous ces nombres n'auront pas leurs correspondants dans l'échelle des lignes, et que, par conséquent, la ligne qui correspond à la surface 2, est une ligne qui n'a point d'expression en nombres et qui, par conséquent, ne peut pas être mesurée par l'unité numérique. Il serait inutile de prendre une partie de l'unité pour mesure, cela ne change point l'impossibilité de l'expression en nombres; car, si l'on prend pour l'échelle des lignes $\frac{1}{2}$, 1, $\frac{3}{2}$, 2, $\frac{5}{2}$, 3, $\frac{7}{2}$, 4, etc., on aura pour échelle correspondante des surfaces $\frac{1}{4}$, 1, $\frac{9}{4}$, $\frac{25}{4}$, 9, $\frac{49}{4}$, 16, etc., ou plutôt on aura pour l'échelle des lignes $\frac{1}{2}$, $\frac{2}{2}$, $\frac{3}{2}$, $\frac{4}{2}$, $\frac{5}{2}$, $\frac{6}{2}$, $\frac{7}{2}$, $\frac{8}{2}$, etc., et pour celle des surfaces $\frac{1}{4}$, $\frac{4}{4}$, $\frac{9}{4}$, $\frac{16}{4}$, $\frac{25}{4}$, $\frac{36}{4}$, $\frac{49}{4}$, $\frac{64}{4}$, etc., ce qui retombe dans le même cas que les échelles 1, 2, 3, 4, 5, etc., etc., et 1, 4, 9, 16, 25, etc., de lignes et de surfaces dont l'unité est entière; et il en sera toujours de même, quelque partie de l'unité que vous preniez pour mesure, comme $\frac{1}{3}$, ou $\frac{1}{5}$, ou $\frac{1}{7}$, etc.; les nombres incommensurables dans l'échelle ordinaire le seront toujours, parce que le défaut de correspondance de ces échelles subsistera toujours. Toute la difficulté des incommensurables ne vient donc que de ce qu'on a voulu mesurer les surfaces comme les lignes : or il est clair qu'une ligne étant supposée l'unité, vous ferez avec deux de ces unités une ligne dont la longueur sera double; mais il n'est pas moins clair qu'avec deux carrés, dont chacun est pris de même pour l'unité, vous ne pouvez pas faire un carré. Tout cela vient de ce que la matière ayant trois différentes dimensions ou plutôt trois différents aspects sous lesquels nous la considérons, il aurait fallu trois échelles différentes d'arithmétique, l'une pour la ligne qui n'a que de la longueur, l'autre pour la superficie qui a de la longueur et de la largeur, et la troisième pour le solide qui a de la longueur, de la largeur et de la profondeur.

XXXIV. — Nous venons de démontrer les difficultés que les abstractions produisent dans les sciences ; il nous reste à faire voir l'utilité qu'on en peut tirer, et à examiner l'origine et la nature de ces abstractions sur lesquelles portent presque toutes nos idées scientifiques.

Comme nous avons des relations différentes avec les différents objets qui sont hors de nous, chacune de ces relations produit un genre de sensations et d'idées différentes : lorsque nous voulons connaître la distance où nous sommes d'un objet, nous n'avons d'autre idée que celle de la longueur du chemin à parcourir, et, quoique cette idée soit une abstraction, elle nous paraît réelle et complète, parce qu'en effet il ne s'agit, pour déterminer cette distance, que de connaître la longueur de ce chemin ; mais, si l'on y fait attention de plus près, on reconnaîtra que cette idée de longueur ne nous paraît réelle et complète que parce qu'on est sûr que la largeur ne nous manquera pas, non plus que la profondeur. Il en est de même lorsque nous voulons juger de l'étendue superficielle d'un terrain : nous n'avons égard qu'à la longueur et à la largeur, sans songer à la profondeur ; et, lorsque nous voulons juger de la quantité solide d'un corps, nous avons égard aux trois dimensions. Il eût été fort embarrassant d'avoir trois mesures diffréentes ; il aurait fallu mesurer la ligne par une longueur, la superficie par une autre superficie prise pour l'unité, et le solide par un autre solide. La géométrie, en se servant des abstractions et des correspondances d'unités et d'échelles, nous apprend à tout mesurer avec la ligne seule, et c'est dans cette vue qu'on a considéré la matière sous trois dimensions, longueur, largeur et profondeur, qui toutes trois ne sont que des lignes dont les dénominations sont arbitraires ; car si on s'était servi des surfaces pour tout mesurer, ce qui était possible, quoique moins commode que les lignes, alors, au lieu de dire longueur, largeur et profondeur, on eût dit le dessus, le dessous et les côtés, et ce langage eût été moins abstrait ; mais les mesures eussent été moins simples, et la géométrie plus difficile à traiter.

Quand on a vu que les abstractions, bien entendues, rendaient faciles des opérations, à la connaissance et à la perfection desquelles les idées complètes n'auraient pas pu nous faire parvenir aussi aisément, on a suivi ces abstractions aussi loin qu'il a été possible ; l'esprit humain les a combinées, calculées, transformées de tant de façons, qu'elles ont formé une science d'une vaste étendue, mais de laquelle ni l'évidence qui la caractérise partout, ni les difficultés qu'on y rencontre souvent, ne doivent nous étonner, parce que nous y avons mis les unes et les autres, et que toutes les fois que nous n'aurons pas abusé des définitions ou des suppositions, nous n'aurons que de l'évidence sans difficultés, et toutes les fois que nous en aurons abusé, nous n'aurons que des difficultés sans aucune évidence. Au reste, l'abus consiste autant à proposer une mauvaise question qu'à mal résoudre un bon problème, et celui qui propose une question comme celle de la quadrature du cercle abuse plus de la géométrie que celui qui entreprend de la résoudre, car il a le désavantage de mettre l'esprit des autres à une épreuve que le sien n'a pu supporter, puisqu'en proposant cette question, il n'a pas vu que c'était demander une chose impossible.

Jusqu'ici nous n'avons parlé que de cette espèce d'abstraction qui est prise du sujet même, c'est-à-dire d'une seule propriété de la matière, c'est-à-dire de son extension ; l'idée de la surface n'est qu'un retranchement à l'idée complète du solide, c'est-à-dire une idée privative, une abstraction ; celle de la ligne est une abstraction d'abstraction ; et le point est l'abstraction totale : or toutes ces idées privatives ont rapport au même sujet et dépendent de la même qualité ou propriété de la matière, je veux dire de son étendue ; mais elles tirent leur origine d'une autre espèce d'abstraction, par laquelle on ne retranche rien du sujet, et qui ne vient que de la différence des propriétés que nous apercevons dans la matière; le mouvement est une propriété de la matière, très différente de l'étendue ; cette propriété ne renferme que l'idée de la distance parcourue, et c'est cette idée de distance qui a fait naître celle de la longueur ou de la ligne. L'expression de cette idée du mouvement entre donc naturellement dans les considérations géométriques, et il y a de l'avantage à employer ces abstractions naturelles, et qui dépendent des différentes propriétés de la matière, plutôt que les abstractions purement intellectuelles, car tout en devient plus clair et plus complet.

XXXV. — On serait porté à croire que la pesanteur est une des propriétés de la matière susceptibles de mesure; on a vu de tout temps des corps plus ou moins pesants que d'autres, il était donc assez naturel d'imaginer que la matière avait, sous des formes différentes, des degrés différents de pesanteur, et ce n'est que depuis l'invention de la machine du vide, et les expériences des pendules, qu'on est assuré que la matière est toute également pesante. On a vu, et peut-être l'a-t-on vu avec surprise, les corps les plus légers tomber aussi vite que les plus pesants dans le vide; et on a démontré, au moyen des pendules, que le poids des corps est proportionnel à la quantité de matières qu'ils contiennent : la pesanteur de la matière ne paraît donc pas être une qualité relative qui puisse augmenter et diminuer, en un mot qui puisse se mesurer.

Cependant, en y faisant attention de plus près encore, on voit que cette pesanteur est l'effet d'une force répandue dans l'univers, qui agit plus ou moins à une distance plus ou moins grande de la surface de la terre; elle réside dans la masse même du globe, et toutes ses parties ont une portion de cette force active, qui est toujours proportionnelle à la quantité de matière qu'elles contiennent; mais elle s'exerce dans l'éloignement avec moins d'énergie; et, dans le point de contact, elle agit avec une puissance infinie : donc cette qualité de la matière paraît augmenter ou diminuer par ses effets, et par conséquent elle devient un objet de mesures, mais de mesures philosophiques que le commun des hommes, dont le corps et l'esprit sont bornés à leur habitation terrestre, ne considérera pas comme utiles, parce qu'il ne pourra jamais en faire un usage immédiat : s'il nous était permis de nous transporter vers la lune ou vers quelque autre planète, ces mesures seraient bientôt en pratique, car en effet nous aurions besoin, pour ces voyages, d'une mesure de pesanteur qui nous servirait de mesure itinéraire; mais, confinés comme nous le sommes, on peut se contenter de se souvenir que la vitesse inégale de la chute des corps dans différents climats de la terre, et les spéculations de Newton nous ont appris que, si nous en avons jamais besoin, nous pourrons mesurer cette propriété de la matière avec autant de précision que toutes les autres.

Mais autant les mesures de la pesanteur de la matière en général nous paraissent indifférentes, autant les mesures du poids de ses formes doivent nous paraître utiles : chaque forme de la matière a son poids spécifique qui la caractérise; c'est le poids de cette matière en particulier, ou plutôt c'est le produit de la force de la gravité par la densité de cette matière. Le poids absolu d'un corps est par conséquent le poids spécifique de la matière de ce corps multiplié par la masse; et comme dans les corps d'une matière homogène la masse est proportionnelle au volume, on peut, dans l'usage, prendre l'un pour l'autre; et de la connaissance du poids spécifique d'une matière, tirer celle du poids absolu d'un corps composé de cette matière; savoir, en multipliant le poids spécifique par le volume, et *vice versâ* de la connaissance du poids absolu d'un corps tirer celle du poids spécifique de la matière dont ce corps est composé en divisant le poids par le volume : c'est sur ces principes qu'est fondée la théorie de la balance hydrostatique et celle des opérations qui en dépendent. Disons un mot sur ce sujet très important pour les physiciens.

Tous les corps seraient également denses si, sous un volume égal, ils contenaient le même nombre de parties, et par conséquent la différence de leur poids ne vient que de celle de leur densité : en comprimant l'air et le réduisant dans un espace neuf cent fois plus petit que celui qu'il occupe, on augmenterait en même raison sa densité, et cet air comprimé se trouverait aussi pesant que l'eau; il en est de même des poudres, etc. La densité d'une matière est donc toujours réciproquement proportionnelle à l'espace que cette matière occupe : ainsi l'on peut très bien juger de la densité par le volume; car plus le volume d'un corps sera grand, par rapport au volume d'un autre corps, le poids étant supposé le même, plus la densité du premier sera petite et en même raison; de sorte que si une livre d'eau occupe dix-neuf fois plus d'espace qu'une livre d'or, on peut en conclure que l'or est dix-neuf fois plus dense, et par conséquent dix-neuf fois plus pesant que l'eau. C'est cette pesanteur que nous avons appelée *spécifique*, et qu'il est si important de connaître, surtout dans les matières précieuses, comme les métaux, afin de s'assurer de leur pureté, et de pouvoir découvrir les fraudes et les mélanges qui peuvent les falsifier : la mesure du volume est la seule qu'on puisse employer pour cet effet; celle de la densité ne tombe pas assez sous nos sens, car cette mesure de la densité dépend de la position des parties intérieures et de la somme des vides qu'elles laissent entre elles; nos yeux ne sont pas assez perçants pour démêler et comparer ces différents rapports de formes; ainsi nous sommes obligés de mesurer cette densité par le résultat qu'elle produit, c'est-à-dire par le volume apparent.

La première manière qui se présente pour mesurer le volume des corps est la géométrie des solides : un volume ne diffère d'un autre que par son extension plus ou moins grande, et dès lors il semble que le poids des corps devient un objet des mesures géométriques; mais l'expérience a fait voir combien la pratique de la géométrie était fautive à cet égard. En effet, il s'agit de reconnaître dans des corps de figure très irrégulière, et souvent dans de très petits corps, des différences encore plus petites, et cependant considérables par la valeur de la matière; il n'était donc pas possible d'appliquer aisément ici les mesures de longueur, qui d'ailleurs auraient demandé de grands calculs, quand même on aurait trouvé le moyen d'en faire usage. On a donc imaginé un autre moyen aussi sûr qu'il est aisé, c'est de plonger le volume à mesurer dans une liqueur contenue dans un vase régulier, et dont la capacité est connue et divisée par plusieurs lignes : l'augmentation du volume de la liqueur se reconnait par ces divisions, et elle est égale au volume du solide qui est plongé dedans ; mais cette façon a encore ses inconvénients dans la pratique. On ne peut guère donner au vase la perfection de la figure qui serait nécessaire; on ne peut ôter aux divisions les inégalités qui échappent aux yeux, de sorte qu'on a eu recours à quelque chose de plus simple et de plus certain : on s'est servi de la balance; et je n'ai plus qu'un mot à dire sur cette façon de mesurer les solides.

On vient de voir que les corps irréguliers et fort petits se refusent aux mesures de la géométrie, quelque exactitude qu'on leur suppose; elles ne nous donnent jamais que des résultats très imparfaits : aussi la pratique de la géométrie des solides a été obligée de se borner à la mesure des grands corps et des corps réguliers, dont le nombre est bien petit en comparaison de celui des autres corps. On a donc cherché à mesurer ces corps par une autre propriété de la matière, par leur pesanteur dans les solides de même matière : cette pesanteur est proportionnelle à l'étendue, c'est-à-dire le poids est en même rapport que le volume; on a substitué avec raison la balance aux mesures de longueur, et par là on s'est trouvé en état de mesurer exactement tous les petits corps de quelque figure qu'ils soient, parce que la pesanteur n'a aucun égard à la figure, et qu'un corps rond ou carré, ou de telle autre figure qu'on voudra, pèse toujours également. Je ne prétends pas dire ici que la balance n'a été imaginée que pour suppléer au défaut des mesures géométriques : il est visible qu'elle a son usage sans cela, mais j'ai voulu faire sentir combien elle était utile à cet égard même, qui n'est qu'une partie des avantages qu'elle nous procure.

On a de tout temps senti la nécessité de connaître exactement le poids des corps; j'imaginerais volontiers que les hommes ont d'abord mesuré ces poids par les forces de leur corps; on a levé, porté, tiré des fardeaux, et l'on a jugé du poids par les résistances qu'on a trouvées. Cette mesure ne pouvait être que très imparfaite, et d'ailleurs n'étant pas du même genre que le poids, elle ne pouvait s'appliquer à tous les cas; on a donc ensuite cherché à mesurer les poids par des poids, et de là l'origine des balances de toutes façons, qui cependant peuvent à la rigueur se réduire à quatre espèces : la première, qui, pour peser différentes masses, demande différents poids, et qui se rapporte par conséquent à toutes les balances communes à fléau soutenu ou appuyé, à bras égaux ou inégaux, etc. ; la seconde, qui, pour différentes masses, n'emploie qu'un seul poids, mais des bras de longueur différente, comme toutes les espèces de statères ou balances romaines; la troisième espèce qu'on appelle *peson* ou *balance à ressort*, n'a pas besoin de poids et donne la pesanteur des masses par un index numéroté; enfin la quatrième espèce est celle où l'on emploie un seul poids attaché à un fil ou à une chaîne qu'on suppose parfaitement flexible, et dont les différents angles indiquent les différentes pesanteurs des masses. Cette dernière sorte de balance ne peut être d'un usage commun, par la difficulté des calculs et même par celle de la mesure des angles; mais la troisième sorte, dans laquelle il ne faut point de poids, est la plus commode de toutes pour peser de grosses masses. Le sieur Hanin, habile artiste en ce genre, m'en a fait une avec laquelle on peut peser trois milliers à la fois, et aussi juste que l'on pèse cinq cents livres avec une autre balance.

DES PROBABILITÉS DE LA DURÉE DE LA VIE

La connaissance des probabilités de la durée de la vie est une des choses les plus intéressantes dans l'histoire naturelle de l'homme; on peut la tirer des tables de mortalité que j'ai publiées. Plusieurs personnes m'ont paru désirer d'en voir les résultats en détail, et les applications pour tous les âges, et je me suis déterminé à les donner ici par supplément, d'autant plus volontiers que je me suis aperçu qu'on se trompait souvent en raisonnant sur cette matière, et qu'on tirait même de fausses inductions des rapports que présentent ces tables.

J'ai fait observer que dans ces tables, les nombres qui correspondent à 5, 10, 15, 20, 25, etc., années d'âge, sont beaucoup plus grands qu'ils ne doivent l'être, parce que les curés, surtout ceux de la campagne ne mettent pas sur leurs registres l'âge au juste, mais à peu près : la plupart des paysans ne sachant pas leur âge à une ou deux années près on écrit 60 ans s'ils sont morts à 59 ou 61 ans; on écrit 70 ans s'ils sont morts à 69 ou 71 ans, et ainsi des autres. Il faut donc, pour faire des applications exactes, commencer par corriger ces termes, au moyen de la suite graduelle que présentent les nombres pour les autres âges.

Il n'y a point de correction à faire jusqu'au nombre 154 qui correspond à la neuvième année, parce qu'on ne se trompe guère d'un an sur l'âge d'un enfant de 1, 2, 3, 4, 5, 6, 7 ou 8 ans; mais le nombre 114, qui correspond à la dixième année, est trop fort, aussi bien que le nombre 100 qui correspond à la douzième, tandis que le nombre 81, qui correspond à la onzième, est trop faible. Le seul moyen de rectifier ces défauts et ces excès, et d'approcher de la vérité, c'est de prendre les nombre cinq à cinq et de les partager de manière qu'ils augmentent proportionnellement à mesure que leurs sommes vont en augmentant; et, au contraire, de les partager de manière qu'ils aillent en diminuant si leurs sommes vont aussi en diminuant : par exemple, j'ajoute ensemble les cinq nombres 114, 81, 100, 73 et 73 qui correspondent dans la table à la 10e, 11e, 12e, 13e et 14e année, leur somme est 441 ; je partage cette somme d'abord en cinq parties égales, ce qui me donne 88 $\frac{1}{5}$. J'ajoute de même les cinq nombres suivants 90, 97, 104, 115 et 105, leur somme est 511, et je vois par là que ces sommes vont en augmentant; dès lors, je partage la somme 441 des cinq nombres précédents, en sorte qu'ils aillent en augmentant, et j'écris 87, 87, 88, 89 et 90, au lieu de 114, 81, 100, 73 et 73. De même, avant de partager la somme 511 des cinq nombres 90, 97, 104, 115 et 105 qui correspondent à la 15e, 16e, 17e, 18e et 19e année, j'ajoute ensemble les cinq nombres suivants pour voir si leur somme est plus ou moins forte que 511 : et, comme je la trouve plus forte, je partage 511 comme j'ai partagé 441 en cinq parties qui aillent en augmentant; et si au contraire cette somme des cinq nombres suivants était plus petite que celle des cinq nombres précédents (comme cela se trouve dans la suite), je partagerai cette somme de manière que les nombres aillent en diminuant. De cette façon, nous approcherons de la vérité autant qu'il est possible, d'autant que je ne me suis déterminé à commencer mes corrections au terme 114 qu'après avoir tâtonné toutes les autres suites que donnaient les sommes des nombres pris cinq à cinq et même dix à dix, et que c'est à ce terme que je me suis fixé, parce que leur marche s'est trouvée avoir le plus d'uniformité.

Voici donc cette table corrigée, de manière à pouvoir en tirer exactement tous les rapports des probabilités de la vie.

	ANNÉES DE LA VIE				
	1re	2e	3e	4e	5e
Séparation des 23994 morts	6454	2378	985	700	509
Morts avant la fin de leur 1re, 2e année, etc., sur les 23994 sépultures....	6454	8832	9817	10517	11026
Nombre des personnes entrées dans leur 1re, 2e année, etc., sur 23994........	23994	17540	15162	14177	13477
	6e	7e	8e	9e	10e
Séparation des 23994 morts............	406	307	240	154	112
Morts avant la fin de leur 6e, 7e année, etc., sur les 23994 sépultures.....	11432	11739	11979	12133	12245
Nombre des personnes entrées dans leur 6e, 7e année, etc., sur 23994..........	12968	12562	12255	12015	11861
	11e	12e	13e	14e	15e
Séparation des 23994 morts............	100	93	88	84	85
Morts avant la fin de leur 11e, 12e année, etc., sur les 23994 sépultures....	12345	12438	12526	12610	12695
Nombre des personnes entrées dans leur 11e, 12e année, etc., sur 23994	11749	11649	11556	11468	11384
	16e	17e	18e	19e	20e
Séparation des 23994 morts	90	95	100	107	116
Morts avant la fin de leur 16e, 17e année, etc., sur les 23994 sépultures....	12785	12880	12980	13087	13203
Nombre des personnes entrées dans leur 16e, 17e année, etc., sur 23994	11299	11209	11114	11014	10907
	21e	22e	23e	24e	25e
Séparation des 23994 morts............	124	133	136	140	141
Morts avant la fin de leur 21e, 22e année, etc., sur les 23994 sépultures....	13327	13460	13596	13736	13877
Nombre des personnes entrées dans leur 21e, 22e année, etc., sur 23994........	10791	10667	10534	10398	10256

	ANNÉES DE LA VIE				
Séparation des 23994 morts	26e 142	27e 143	28e 144	29e 145	30e 148
Morts avant la fin de leur 26e, 27e année, etc., sur les 23994 sépultures	14019	14162	14306	14451	14599
Nombre des personnes entrées dans leur 26e 27e année, etc., sur 23994	10117	9975	9832	9688	9543
Séparation des 23994 morts	31e 151	32e 153	33e 154	34e 158	35e 160
Morts avant la fin de leur 31e, 32e année, etc., sur les 23994 sépultures	14750	14903	15057	15215	15375
Nombre des personnes entrées dans leur 31e, 32e année, etc., sur 23994	9395	9244	9091	8937	8779
Séparation des 23994 morts	36e 165	37e 170	38e 175	39e 181	40e 187
Morts avant la fin de leur 36e, 37e année, etc., sur les 23994 sépultures	15540	15710	15885	16066	16253
Nombre des personnes entrées dans leur 36e, 37e année, etc., 23994	8619	8454	8284	8109	7928
Séparation des 23994 morts	41e 186	42e 185	43e 184	44e 179	45e 172
Morts avant la fin de leur 41e, 42e année, etc., sur les 23994 sépultures	16439	16624	16808	16987	17159
Nombre des personnes entrées dans leur 41e, 42e année, etc., sur 23994	7741	7555	7370	7186	7007
Séparation des 23994 morts	46e 166	47e 153	48e 159	49e 161	50e 162
Morts avant la fin de leur 45e, 46e année, etc., sur les 23994 sépultures	17325	17478	17637	17798	17960
Nombre des personnes entrées dans leur 46e, 47e année, etc., sur 23994	6835	6669	6516	6357	6196
Séparation des 23994 morts	51e 163	52e 164	53e 165	54e 168	55e 170
Morts avant la fin de leur 50e, 51e année, etc., sur les 23994 sépultures	18123	18287	18452	18620	18790
Nombre des personnes entrées dans leur 51e, 52e année, etc., sur 23994	6034	5871	5707	5542	5374
Séparation des 23994 morts	56e 173	57e 174	58e 177	59e 179	60e 183
Morts avant la fin de leur 56e, 57e année, etc., sur les 23994 sépultures	18963	19137	19314	19493	19676
Nombre des personnes entrées dans leur 56e, 57e année, etc., sur 23994	5204	5031	4857	4680	4501
Séparation des 23994 morts	61e 185	62e 186	63e 189	64e 190	65e 197
Morts avant la fin de leur 61e, 62e année, etc., sur les 23994 sépultures	19861	20047	20236	20426	20623
Nombre des personnes entrées dans leur 61e, 62e année, etc., sur 23994	4318	4133	3947	3758	3568
Séparation des 23994 morts	66e 196	67e 195	68e 194	69e 191	70e 190
Morts avant la fin de leur 66e, 67e année, etc., sur les 23994 sépultures	20819	21014	21208	21399	21589
Nombre des personnes entrées dans leur 66e, 67e année, etc., sur 23994	3371	3175	2980	2786	2595

	ANNÉES DE LA VIE				
	71e	72e	73e	74e	75e
Séparation des 23994 morts............	189	188	187	181	177
Morts avant la fin de leur 71e, 72e année, etc., sur les 23994 sépultures....	21778	21966	22153	22334	22511
Nombre des personnes entrées dans leur 71e, 72e année, etc., sur 23994.......	2405	2216	2028	1841	1660
	76e	77e	78e	79e	80e
Séparation des 23994 morts............	175	174	170	157	144
Morts avant la fin de leur 76e, 77e année, etc., sur les 23994 sépultures....	22686	22860	23030	23107	23331
Nombre des personnes entrées dans leur 76e, 77e année, etc., sur 23994........	1483	1308	1134	964	807
	81e	82e	83e	84e	85e
Séparation des 23994 morts............	123	103	83	63	54
Morts avant la fin de leur 81e, 82e année, etc., sur les 23994 sépultures....	23454	23557	23640	23703	23757
Nombre des personnes entrées dans leur 81e, 82e année, etc., sur 23994........	663	540	437	354	291
	86e	87e	88e	89e	90e
Séparation des 23994 morts............	44	38	32	20	18
Morts avant la fin de leur 86e, 87e année, etc., sur les 23994 sépultures....	23801	23839	23871	23891	23909
Nombre des personnes entrées dans leur 86e, 87e année, etc., sur 23994........	237	193	155	123	103
	91e	92e	93e	94e	95e
Séparation des 23994 morts............	16	14	12	10	9
Morts avant la fin de leur 91e, 92e année, etc., sur les 23994 sépultures....	23925	23939	23951	23961	23970
Nombre des personnes entrées dans leur 91e, 92e année, etc., sur 23994.......	85	69	55	43	33
	96e	97e	98e	99e	100e
Séparation de 23994 morts.............	7	5	4	3	3
Morts avant la fin de leur 96e, 97e année, etc., sur les 23994 sépultures....	23977	23982	23986	23989	23992
Nombre des personnes entrées dans leur 96e, 97e année, etc., sur 23994.......	24	17	12	8	5
	101e	102e			
Séparation des 23994 morts............	2	0			
Morts avant la fin de leur 101e, 102e année, sur les 23994 sépultures.........	23994	22994			
Nombre des personnes entrées dans leur 101e, 102e année, sur 23994..........	2	0			

TABLE DE LA PROBABILITÉ DE LA VIE.

Pour un enfant qui vient de naitre.

On peut parier 17,540 contre 6.454, ou, pour abréger, 2 $\frac{3}{4}$ environ contre 1, qu'un enfant qui vient de naitre vivra un an;

Et en supposant la mort également répartie dans tout le courant de l'année :

17540 contre $\frac{6454}{2}$ ou $\frac{7}{10}$ contre 1 qu'il vivra 6 mois.
17540 contre $\frac{6454}{4}$ ou près de 11 contre 1 qu'il vivra 3 mois.
1754 contre $\frac{6454}{365}$ ou environ 1,030 contre 1 qu'il ne mourra pas dans les vingt-quatre heures.

De même on peut parier 15,162 contre 8,832 ou 1 $\frac{3}{4}$ environ contre 1 qu'un enfant qui vient de naitre vivra 2 ans.

14177 contre 9817 ou 1 $\frac{4}{9}$ contre 1 qu'il vivra 3 ans.
13477 contre 10517 ou 1 $\frac{1}{5}$ contre 1 qu'il vivra 4 ans.
12968 contre 11026 ou 1 $\frac{2}{11}$ contre 1 qu'il vivra 5 ans.
12562 contre 11432 ou 1 $\frac{1}{11}$ contre 1 qu'il vivra 6 ans.
12255 contre 11739 ou 1 $\frac{1}{23}$ environ contre 1 qu'il vivra 7 ans.
12015 contre 11979 ou 1 $\frac{1}{333}$ contre 1 qu'il vivra 8 ans.
12433 contre 11861 ou 1 $\frac{1}{43}$ contre 1 qu'il ne vivra pas 9 ans.
12245 contre 11749 ou 1 $\frac{1}{24}$ contre 1 qu'il ne vivra pas 10 ans.
12345 contre 11649 ou 1 $\frac{1}{17}$ contre 1 qu'il ne vivra pas 11 ans.
12438 contre 11556 ou 1 $\frac{1}{13}$ contre 1 qu'il ne vivra pas 12 ans.
12526 contre 11468 ou 1 $\frac{1}{11}$ contre 1 qu'il ne vivra pas 13 ans.
12610 contre 11384 ou 1 $\frac{1}{9}$ contre 1 qu'il ne vivra pas 14 ans.
12695 contre 11299 ou 1 $\frac{1}{8}$ contre 1 qu'il ne vivra pas 15 ans.
12785 contre 11209 ou 1 $\frac{1}{7}$ contre 1 qu'il ne vivra pas 16 ans.
12880 contre 11114 ou 1 $\frac{1}{6}$ contre 1 qu'il ne vivra pas 17 ans.
12980 contre 11014 ou 1 $\frac{2}{11}$ contre 1 qu'il ne vivra pas 18 ans.
13087 contre 10907 ou 1 $\frac{1}{5}$ contre 1 qu'il ne vivra pas 19 ans.
13203 contre 10791 ou 1 $\frac{2}{9}$ contre 1 qu'il ne vivra pas 20 ans.
13327 contre 10667 ou 1 $\frac{1}{4}$ contre 1 qu'il ne vivra pas 21 ans.
13460 contre 10534 ou 1 $\frac{2}{7}$ contre 1 qu'il ne vivra pas 22 ans.
13596 contre 10398 ou 1 $\frac{4}{13}$ contre 1 qu'il ne vivra pas 23 ans.
13736 contre 10258 ou 1 $\frac{1}{3}$ contre 1 qu'il ne vivra pas 24 ans.
13877 contre 10117 ou 1 $\frac{3}{8}$ contre 1 qu'il ne vivra pas 25 ans.
14019 contre 9975 ou 1 $\frac{2}{5}$ contre 1 qu'il ne vivra pas 26 ans.
14162 contre 9832 ou 1 $\frac{4}{9}$ contre 1 qu'il ne vivra pas 27 ans.
14306 contre 9688 ou 1 $\frac{1}{2}$ à très peu près contre 1, c'est-à-dire 3 contre 2 qu'il ne vivra pas 28 ans.
14451 contre 9543 ou 1 $\frac{10}{17}$ contre 1 qu'il ne vivra pas 29 ans.
14599 contre 9395 ou 1 $\frac{26}{47}$ contre 1 qu'il ne vivra pas 30 ans.

14750 contre	9244 ou	$1\frac{5}{9}$ contre 1 qu'il ne vivra pas 31 ans.
14903 contre	9091 ou	$1\frac{2}{3}$ contre 1 qu'il ne vivra pas 32 ans.
15057 contre	8937 ou	$1\frac{32}{45}$ contre 1 qu'il ne vivra pas 33 ans.
15215 contre	8779 ou	$1\frac{3}{4}$ contre 1 qu'il ne vivra pas 34 ans.
15375 contre	8619 ou	$1\frac{67}{86}$ contre 1 qu'il ne vivra pas 35 ans.
15540 contre	8454 ou	$1\frac{5}{6}$ contre 1 qu'il ne vivra pas 36 ans.
15710 contre	8284 ou	$1\frac{37}{41}$ contre 1 qu'il ne vivra pas 37 ans.
15855 contre	8109 ou	$1\frac{77}{81}$ contre 1 qu'il ne vivra pas 38 ans.
16066 contre	7928 ou	$1\frac{2}{79}$ contre 1 qu'il ne vivra pas 39 ans.
16253 contre	7741 ou	$2\frac{1}{11}$ contre 1 qu'il ne vivra pas 40 ans.
16439 contre	7555 ou	$2\frac{13}{75}$ contre 1 qu'il ne vivra pae 41 ans.
16624 contre	7370 ou	$2\frac{18}{73}$ contre 1 qu'il ne vivra pas 42 ans.
16808 contre	7186 ou	$2\frac{24}{70}$ contre 1 qu'il ne vivra pas 43 ans.
16987 contre	7807 ou	$2\frac{29}{71}$ contre 1 qu'il ne vivra pas 44 ans.
17159 contre	6835 ou	$2\frac{1}{2}$ contre 2, c'est-à-dire 5 contre 2 qu'il ne vivra pas 45 ans.
17325 contre	6669 ou	$2\frac{13}{22}$ contre 1 qu'il ne vivra pas 46 ans.
17478 contre	6516 ou	$2\frac{44}{65}$ contre 1 qu'il ne vivra pas 47 ans.
17637 contre	6357 ou	$2\frac{49}{63}$ contre 1 qu'il ne vivra pas 48 ans.
17798 contre	6196 ou	$2\frac{54}{62}$ contre 1 qu'il ne vivra pas 49 ans.
17960 contre	6034 ou	$2\frac{29}{30}$ contre 1 qu'il ne vivra pas 50 ans.
17123 contre	5873 ou	$1\frac{5}{58}$ contre 1 qu'il ne vivra pas 51 ans.
18287 contre	5707 ou	$3\frac{11}{57}$ contre 1 qu'il ne vivra pas 52 ans.
18452 contre	4552 ou	$3\frac{18}{55}$ contre 1 qu'il ne vivra pas 53 ans.
18620 contre	5374 ou	$3\frac{21}{45}$ contre 1 qu'il ne vivra pas 54 ans.
18790 contre	5204 ou	$3\frac{31}{52}$ contre 1 qu'il ne vivra pas 55 ans.
18963 contre	5031 ou	$3\frac{19}{25}$ contre 1 qu'il ne vivra pas 56 ans.
19137 contre	4857 ou	$3\frac{15}{16}$ contre 1 qu'il ne vivra pas 57 ans.
19314 contre	4680 ou	$4\frac{5}{46}$ contre 1 qu'il ne vivra pas 58 ans.
19493 contre	4501 ou	$4\frac{11}{35}$ contre 1 qu'il ne vivra pas 59 ans.
19676 contre	4318 ou	$4\frac{24}{43}$ contre 1 qu'il ne vivra pas 60 ans.
19861 contre	4133 ou	$4\frac{33}{41}$ contre 1 qu'il ne vivra pas 61 ans.
20047 contre	3947 ou	$2\frac{1}{13}$ contre 1 qu'il ne vivra pas 62 ans.
20236 contre	3758 ou	$5\frac{14}{37}$ contre 1 qu'il ne vivra pas 63 ans.
20426 contre	3568 ou	$5\frac{5}{7}$ contre 1 qu'il ne vivra pas 64 ans.
20623 contre	3371 ou	$6\frac{4}{34}$ contre 1 qu'il ne vivra pas 65 ans.
20819 contre	3175 ou	$6\frac{17}{31}$ contre 1 qu'il ne vivra pas 66 ans.
21014 contre	2980 ou	$7\frac{2}{29}$ contre 1 qu'il ne vivra pas 67 ans.
21208 contre	2786 ou	$7\frac{17}{27}$ contre 1 qu'il ne vivra pas 68 ans.
21399 contre	2595 ou	$8\frac{6}{25}$ contre 1 qu'il ne vivra pas 69 ans.
21589 contre	2405 ou	$8\frac{23}{24}$ contre 1 qu'il ne vivra pas 70 ans.
21778 contre	2216 ou	$9\frac{9}{11}$ contre 1 qu'il ne vivra pas 71 ans.
21966 contre	2028 ou	$10\frac{4}{5}$ contre 1 qu'il ne vivra pas 72 ans.
22153 contre	1841 ou	$12\frac{3}{92}$ contre 1 qu'il ne vivra pas 73 ans.
22334 contre	1660 ou	$13\frac{7}{16}$ contre 1 qu'il ne vivra pas 74 ans.
22511 contre	1483 ou	$15\frac{2}{11}$ contre 1 qu'il ne vivra pas 75 ans.

22686 contre	1308 ou	17 $\frac{4}{13}$	contre 1 qu'il ne vivra pas	76 ans.
22860 contre	1134 ou	20 $\frac{18}{113}$	contre 1 qu'il ne vivra pas	77 ans.
23030 contre	964 ou	24	contre 1 qu'il ne vivra pas	78 ans.
23287 contre	807 ou	28 $\frac{59}{80}$	contre 1 qu'il ne vivra pas	79 ans.
23331 contre	663 ou	35 $\frac{6}{33}$	contre 1 qu'il ne vivra pas	80 ans.
23454 contre	540 ou	43 $\frac{13}{54}$	contre 1 qu'il ne vivra pas	81 ans.
23557 contre	437 ou	53 $\frac{39}{43}$	contre 1 qu'il ne vivra pas	82 ans.
23640 contre	354 ou	66 $\frac{27}{35}$	contre 1 qu'il ne vivra pas	83 ans.
23703 contre	291 ou	81 $\frac{13}{29}$	contre 1 qu'il ne vivra pas	84 ans.
23757 contre	237 ou	100 $\frac{5}{23}$	contre 1 qu'il ne vivra pas	85 ans.
23801 contre	193 ou	123 $\frac{6}{19}$	contre 1 qu'il ne vivra pas	86 ans.
23839 contre	155 ou	153 $\frac{4}{5}$	contre 1 qu'il ne vivra pas	87 ans.
23871 contre	123 ou	194	contre 1 qu'il ne vivra pas	88 ans.
23891 contre	103 ou	232	contre 1 qu'il ne vivra pas	89 ans.
23909 contre	85 ou	281 $\frac{24}{85}$	contre 1 qu'il ne vivra pas	90 ans.
23925 contre	69 ou	346 $\frac{51}{69}$	contre 1 qu'il ne vivra pas	91 ans.
23939 contre	55 ou	435 $\frac{14}{55}$	contre 1 qu'il ne vivra pas	92 ans.
23951 contre	43 ou	557	contre 1 qu'il ne vivra pas	93 ans.
23961 contre	33 ou	726 $\frac{1}{11}$	contre 1 qu'il ne vivra pas	94 ans.
23970 contre	24 ou	998 $\frac{3}{4}$	contre 1 qu'il ne vivra pas	95 ans.
23977 contre	17 ou	1410 $\frac{7}{17}$	contre 1 qu'il ne vivra pas	96 ans.
23982 contre	12 ou	1998 $\frac{1}{2}$	contre 1 qu'il ne vivra pas	97 ans.
23986 contre	8 ou	2998 $\frac{1}{4}$	contre 1 qu'il ne vivra pas	98 ans.
23989 contre	5 ou	4798 $\frac{4}{5}$	contre 1 qu'il ne vivra pas	99 ans.
23992 contre	2 ou	11996	contre 1 qu'il ne vivra pas	100 ans.

Voici les vérités que nous présente cette table.

Le quart du genre humain périt, pour ainsi dire, avant d'avoir vu la lumière, puisqu'il en meurt près d'un quart dans les premiers onze mois de la vie, et que dans ce court espace de temps il en meurt beaucoup plus au-dessous de cinq mois qu'au-dessus.

Le tiers du genre humain périt avant d'avoir atteint l'âge de vingt-trois mois, c'est-à-dire avant d'avoir fait usage de ses membres et de la plupart de ses autres organes.

La moitié du genre humain périt avant l'âge de huit ans un mois, c'est-à-dire avant que le corps soit développé, et avant que l'âme ne se manifeste par la raison.

Les deux tiers du genre humain périssent avant l'âge de trente-neuf ans, en sorte qu'il n'y a guère qu'un tiers des hommes qui puissent propager l'espèce, et qu'il n'y en a pas un tiers qui puissent prendre état de consistance dans la société.

Les trois quarts du genre humain périssent avant l'âge de cinquante et un ans, c'est-à-dire avant d'avoir rien achevé pour soi-même, peu fait pour sa famille, et rien pour les autres.

De neuf enfants qui naissent, un seul arrive à soixante-dix ans; de trente-trois qui naissent, un seul arrive à quatre-vingts ans; un seul sur deux cent quatre-vingt-onze qui se traîne jusqu'à quatre-vingt-dix ans; et enfin un seul sur onze mille neuf cent quatre-vingt-seize qui languit jusqu'à cent ans révolus.

On peut parier également 11 contre 4 qu'un enfant qui vient de naître vivra un an et n'en vivra pas quarante-sept; de même 7 contre 4 qu'il vivra deux ans, et qu'il n'en vivra pas trente-quatre.

13 contre 9 qu'il vivra 3 ans et qu'il n'en vivra pas 27.
6 contre 5 qu'il vivra 4 ans et qu'il n'en vivra pas 19.
13 contre 11 qu'il vivra 5 ans et qu'il n'en vivra pas 18.
12 contre 11 qu'il vivra 6 ans et qu'il n'en vivra pas 13.
et enfin 1 contre 1 qu'il vivra 8 ans 1 mois et qu'il ne vivra pas 8 ans et 2 mois.

La vie moyenne, à la prendre du jour de la naissance, est donc de huit ans à peu près, et je suis fâché qu'il se soit glissé dans les tables que j'ai publiées une faute d'impression, sur laquelle il paraît qu'un de nos plus grands géomètres (a) s'est fondé lorsqu'il a dit que la vie moyenne des enfants nouveau-nés est à peu près de quatre ans. Cette faute d'impression est à la page 87, tome II, au bas de la cinquième colonne verticale : il y a 12,477, et il faut lire 13,477, ce qui se trouve aisément en soustrayant le quatrième nombre 10,517 de la pénultième colonne transversale du premier nombre 23,994.

Un homme âgé de soixante-six ans peut parier de vivre aussi longtemps qu'un enfant qui vient de naître, et par conséquent un père qui n'a point atteint l'âge de soixante-six ans ne doit pas compter que son fils qui vient de naître lui succède, puisqu'on peut parier qu'il vivra plus longtemps que son fils.

De même un homme âgé de cinquante et un ans, ayant encore seize ans à vivre, il y a 2 contre 1 à parier que son fils qui vient de naître ne lui survivra pas; il y a 3 contre 1 pour un homme de trente-six ans, et 4 contre 1 pour un homme de vingt-deux ans; un père de cet âge pouvant espérer avec autant de fondement trente-deux ans de vie pour lui que huit pour son fils nouveau-né.

Une raison pour vivre est donc d'avoir vécu : cela est évident dans les sept premières années de la vie, où le nombre des jours que l'on doit espérer va toujours en augmentant, et cela est encore vrai pour tous les autres âges, puisque la probabilité de la vie ne décroît pas aussi vite que les années s'écoulent, et qu'elle décroît d'autant moins vite que l'on a vécu plus longtemps. Si la probabilité de la vie décroissait comme le nombre des années augmente, une personne de dix ans, qui doit espérer quarante ans de vie, ne pourrait en espérer que trente lorsqu'elle aurait atteint l'âge de vingt ans : or il y a trente-trois ans et cinq mois, au lieu de trente ans d'espérance de vie. De même, un homme de trente ans, qui a vingt-huit ans à vivre, n'en aurait plus que dix-huit lorsqu'il aurait atteint l'âge de quarante ans, et l'on voit qu'il doit en espérer vingt-deux. Un homme de cinquante ans, qui a seize ans sept mois à vivre, n'aurait plus, à soixante ans, que six ans sept mois, et il a onze ans un mois. Un homme de soixante-dix ans, qui a six ans deux mois à vivre, n'aurait plus qu'un an deux mois à soixante-quinze ans, et néanmoins il a quatre ans et six mois. Enfin, un homme de quatre-vingts ans, qui ne doit espérer que trois ans et sept mois de vie, peut encore espérer tout aussi légitimement trois ans lorsqu'il a atteint quatre-vingt-cinq ans. Ainsi plus la mort s'approche et plus sa marche se ralentit : un homme de quatre-vingts ans, qui vit un an de plus, gagne sur elle cette année presque tout entière, puisque de quatre-vingts à quatre-vingt un ans, il ne perd que deux mois d'espérance de vie sur trois ans et sept mois.

(a) M. d'Alembert, *Opuscules mathématiques*, t. II; et *Mélanges*, t. V.

TABLE DES PROBABILITÉS DE LA VIE.

Pour un enfant d'un an d'âge.

On peut parier 15,162 contre 2,378 ou 6 $\frac{8}{23}$ contre 1, qu'un enfant d'un an vivra un an de plus ; et en supposant la mort également répartie dans tout le courant de l'année :

15162 contre $\frac{2378}{2}$ ou 12 $\frac{2}{3}$ contre 1 qu'il vivra six mois.
15162 contre $\frac{2378}{4}$ ou 25 $\frac{1}{3}$ contre 1 qu'il vivra six mois.
et 15162 contre $\frac{2378}{365}$ ou 2332 contre un qu'il ne mourra pas dans les vingt-quatre heures.
14177 contre 3363 ou 4 $\frac{7}{33}$ contre 1 qu'il vivra 2 ans de plus.
13477 contre 4063 ou 3 $\frac{3}{10}$ contre 1 qu'il vivra 3 ans de plus.
12968 contre 4372 ou 2 $\frac{38}{40}$ contre 1 qu'il vivra 4 ans de plus.
12562 contre 4978 ou 2 $\frac{26}{49}$ contre 1 qu'il vivra 5 ans de plus.
12255 contre 5285 ou 2 $\frac{4}{13}$ contre 1 qu'il vivra 6 ans de plus.
12015 contre 5525 ou 2 $\frac{9}{55}$ contre 1 qu'il vivra 7 ans de plus.
11861 contre 5679 ou 2 $\frac{5}{56}$ contre 1 qu'il vivra 8 ans de plus.
11749 contre 5791 ou 2 $\frac{1}{57}$ contre 1 qu'il vivra 9 ans de plus.
11649 contre 5891 ou 1 $\frac{57}{58}$ contre 1 qu'il vivra 10 ans de plus.
11556 contre 5984 ou 1 $\frac{55}{59}$ contre 1 qu'il vivra 11 ans de plus.
11468 contre 6072 ou 1 $\frac{53}{60}$ contre 1 qu'il vivra 12 ans de plus.
11384 contre 6156 ou 1 $\frac{51}{61}$ contre 1 qu'il vivra 13 ans de plus.
11299 contre 6241 ou 1 $\frac{25}{31}$ contre 1 qu'il vivra 14 ans de plus.
11209 contre 6331 ou 1 $\frac{48}{63}$ contre 1 qu'il vivra 15 ans de plus.
11114 contre 6426 ou 1 $\frac{23}{32}$ contre 1 qu'il vivra 16 ans de plus.
11014 contre 6526 ou 1 $\frac{44}{65}$ contre 1 qu'il vivra 17 ans de plus.
10907 contre 6633 ou 1 $\frac{21}{33}$ contre 1 qu'il vivra 18 ans de plus.
10791 contre 6749 ou 1 $\frac{40}{67}$ contre 1 qu'il vivra 19 ans de plus.
10667 contre 6873 ou 1 $\frac{37}{68}$ contre 1 qu'il vivra 20 ans de plus.
10534 contre 7006 ou 1 $\frac{1}{2}$ contre 1 c'est-à-dire 3 contre 2 qu'il vivra 21 ans de plus.
10398 contre 7142 ou 1 $\frac{32}{71}$ contre 1 qu'il vivra 22 ans de plus.
10258 contre 7282 ou 1 $\frac{29}{72}$ contre 1 qu'il vivra 23 ans de plus.
10117 contre 7423 ou 1 $\frac{13}{37}$ contre 1 qu'il vivra 24 ans de plus.
9975 contre 7565 ou 2 $\frac{24}{75}$ contre 1 qu'il vivra 25 ans de plus.
9832 contre 7708 ou 1 $\frac{21}{77}$ contre 1 qu'il vivra 26 ans de plus.
9688 contre 7852 ou 1 $\frac{3}{13}$ contre 1 qu'il vivra 27 ans de plus.
9543 contre 7997 ou 1 $\frac{15}{79}$ contre 1 qu'il vivra 28 ans de plus.
9395 contre 8145 ou 1 $\frac{12}{81}$ contre 1 qu'il vivra 29 ans de plus.
9244 contre 8296 ou 1 $\frac{9}{82}$ contre 1 qu'il vivra 30 ans de plus.
9091 contre 8449 ou 1 $\frac{3}{42}$ contre 1 qu'il vivra 31 ans de plus.
8937 contre 8603 ou 1 $\frac{3}{86}$ contre 1 qu'il vivra 32 ans de plus.
8779 contre 8761 ou 1 tant soit peu plus de 1 contre 1 qu'il vivra 33 ans de plus.
8921 contre 8619 ou 1 $\frac{3}{86}$ contre 1 qu'il ne vivra pas 34 ans de plus.
9086 contre 8454 ou 1 $\frac{1}{14}$ contre 1 qu'il ne vivra pas 35 ans de plus.

9256 contre 8284 ou $1 \frac{9}{82}$ contre 1 qu'il ne vivra pas 36 ans de plus.
9431 contre 8109 ou $1 \frac{13}{81}$ contre 1 qu'il ne vivra pas 37 ans de plus.
9612 contre 7928 ou $1 \frac{16}{79}$ contre 1 qu'il ne vivra pas 38 ans de plus.
9799 contre 7741 ou $1 \frac{20}{77}$ contre 1 qu'il ne vivra pas 39 ans de plus.
9985 contre 7555 ou $1 \frac{8}{25}$ contre 1 qu'il ne vivra pas 40 ans de plus,
10170 contre 7370 ou $1 \frac{28}{71}$ contre 1 qu'il ne vivra pas 41 ans de plus.
10354 contre 7186 ou $1 \frac{31}{71}$ contre 1 qu'il ne vivra pas 42 ans de plus.
10533 contre 7007 ou $1 \frac{1}{2}$ contre 1, c'est-à-dire 3 contre 2, qu'il ne vivra pas 43 ans de plus.
10705 contre 6835 ou $1 \frac{19}{34}$ contre 1 qu'il ne vivra pas 44 ans de plus.
10871 contre 6669 ou $1 \frac{21}{33}$ contre 1 qu'il ne vivra pas 45 ans de plus.
11024 contre 6516 ou $1 \frac{9}{13}$ contre 1 qu'il ne vivra pas 46 ans de plus.
11183 contre 6357 ou $1 \frac{48}{63}$ contre 1 qu'il de vivra pas 47 ans de plus.
11344 contre 6196 ou $1 \frac{51}{61}$ contre 1 qu'il ne vivra pas 48 ans de plus.
11506 contre 6034 ou $1 \frac{9}{10}$ contre 1 qu'il ne vivra pas 49 ans de plus.
11669 contre 5871 ou 2 a très peu près contre 1 qu'il ne vivra pas 50 ans de plus.
11833 contre 5707 ou $2 \frac{4}{57}$ contre 1 qu'il ne vivra pas 51 ans de plus.
11998 contre 5542 ou $2 \frac{9}{55}$ contre 1 qu'il ne vivra pas 52 ans de plus.
12166 contre 5374 ou $2 \frac{14}{53}$ contre 1 qu'il ne vivra pas 53 ans de plus.
12336 contre 5204 ou $2 \frac{19}{52}$ contre 1 qu'il ne vivra pas 54 ans de plus.
12509 contre 5031 ou $2 \frac{12}{25}$ contre 1 qu'il ne vivra pas 55 ans de plus.
12683 contre 4857 ou $2 \frac{29}{48}$ contre 1 qu'il ne vivra pas 56 ans de plus.
12860 contre 4680 ou $2 \frac{35}{46}$ contre 1 qu'il ne vivra pas 57 ans de plus.
13039 contre 4501 ou $2 \frac{8}{9}$ contre 1 qu'il ne vivra pas 58 ans de plus.
13222 contre 4318 ou $3 \frac{2}{43}$ contre 1 qu'il ne vivra pas 59 ans de plus.
13407 contre 4133 ou $3 \frac{10}{41}$ contre 1 qu'il ne vivra pas 60 ans de plus.
13593 contre 3947 ou $3 \frac{17}{39}$ contre 1 qu'il ne vivra pas 61 ans de plus.
13782 contre 3758 ou $3 \frac{25}{37}$ contre 1 qu'il ne vivra pas 62 ans de plus.
13972 contre 3568 ou $3 \frac{32}{35}$ contre 1 qu'il ne vivra pas 63 ans de plus.
14169 contre 3371 ou $4 \frac{6}{33}$ contre 1 qu'il ne vivra pas 64 ans de plus.
14365 contre 3175 ou $4 \frac{16}{31}$ contre 1 qu'il ne vivra pas 65 ans de plus.
14560 contre 2980 ou $4 \frac{25}{29}$ contre 1 qu'il ne vivra pas 66 ans de plus.
14754 contre 2786 ou $5 \frac{8}{27}$ contre 1 qu'il ne vivra pas 67 ans de plus.
14945 contre 2595 ou $5 \frac{19}{25}$ contre 1 qu'il ne vivra pas 68 ans de plus.
15135 contre 2405 ou $6 \frac{7}{24}$ contre 1 qu'il ne vivra pas 69 ans de plus.
15324 contre 2216 ou $6 \frac{10}{11}$ contre 1 qu'il ne vivra pas 70 ans de plus.
15512 contre 2028 ou $7 \frac{13}{20}$ contre 1 qu'il ne vivra pas 71 ans de plus.
15699 contre 1841 ou $8 \frac{1}{2}$ contre 1 qu'il ne vivra pas 72 ans de plus.
15880 contre 1660 ou $9 \frac{9}{16}$ contre 1 qu'il ne vivra pas 73 ans de plus.
16057 contre 1483 ou $10 \frac{6}{7}$ contre 1 qu'il ne vivra pas 74 ans de plus.
16232 contre 1308 ou $12 \frac{5}{13}$ contre 1 qu'il ne vivra pas 75 ans de plus.
16406 contre 1134 ou $14 \frac{5}{11}$ contre 1 qu'il ne vivra pas 76 ans ds plus.
16576 contre 964 ou $17 \frac{1}{9}$ contre 1 qu'il ne vivra pas 77 ans de plus.
16733 contre 807 ou $20 \frac{5}{8}$ contre 1 qu'il ne vivra pas 78 ans de plus.
16877 contre 663 ou $25 \frac{1}{2}$ contre 1 qu'il ne vivra pas 79 ans de plus.

17000 contre 540 ou 31 $\frac{2}{5}$ contre 1 qu'il ne vivra pas 80 ans de plus.
17103 contre 437 ou 39 $\frac{6}{31}$ contre 1 qu'il ne vivra pas 81 ans de plus.
17186 contre 354 ou 48 $\frac{1}{3}$ contre 1 qu'il ne vivra pas 82 ans de plus.
17249 contre 291 ou 59 $\frac{8}{29}$ contre 1 qu'il ne vivra pas 83 ans de plus.
17303 contre 237 ou 73 contre 1 qu'il ne vivra pas 84 ans de plus.
17347 contre 193 ou 89 $\frac{17}{19}$ contre 1 qu'il ne vivra pas 85 ans de plus.
17385 contre 155 ou 112 contre 1 qu'il ne vivra pas 86 ans de plus.
17417 contre 123 ou 141 contre 1 qu'il ne vivra pas 87 ans de plus.
17437 contre 103 ou 160 contre 1 qu'il ne vivra pas 88 ans de plus.
17455 contre 85 ou 205 contre 1 qu'il ne vivra pas 89 ans de plus.
17471 contre 69 ou 253 contre 1 qu'il ne vivra pas 90 ans de plus.
17485 contre 55 ou 318 contre 1 qu'il ne vivra pas 91 ans de plus.
17497 contre 43 ou 407 contre 1 qu'il ne vivra pas 92 ans de plus.
17507 contre 33 ou 530 contre 1 qu'il ne vivra pas 93 ans de plus.
17516 contre 24 ou 730 contre 1 qu'il ne vivra pas 94 ans de plus.
17523 contre 17 ou 1031 contre 1 qu'il ne vivra pas 95 ans de plus.
17528 contre 12 ou 1401 contre 1 qu'il ne vivra pas 96 ans de plus.
17532 contre 8 ou 2191 contre 1 qu'il ne vivra pas 97 ans de plus.
17535 contre 5 ou 3507 contre 1 qu'il ne vivra pas 98 ans de plus.
17538 contre 2 ou 8769 contre 1 qu'il ne vivra pas 99 ans de plus,
c'est-à-dire 100 ans en tout.

Ainsi, le quart des enfants d'un an périt avant l'âge de cinq ans révolus ; le tiers avant l'âge de dix ans révolus : la moitié avant trente-cinq ans révolus; les deux tiers avant cinquante-deux ans révolus ; les trois quarts avant soixante et un ans révolus.

De six ou sept enfants d'un an, il n'y en a qu'un qui aille à soixante-dix ans; de dix ou onze enfants, un qui aille à soixante-quinze ans ; de dix-sept, un qui aille à soixante-dix-huit : de vingt-cinq ou vingt-six, un qui aille à quatre-vingts; de soixante-treize, un qui aille à quatre-vingt-cinq ans ; de deux cent cinq enfants, un qui aille à quatre-vingt-dix ans ; de sept cent trente, un qui aille à quatre-vingt-quinze ans ; et enfin de huit mille cent soixante-dix-neuf, un seul qui puisse aller jusqu'à cent ans révolus.

On peut parier également, à peu près 6 contre 1, qu'un enfant d'un an vivra un an, et n'en vivra pas soixante-neuf de plus ; de même 4 à peu près contre 1, qu'il vivra deux ans et qu'il n'en vivra pas soixante-quatre de plus; 3 à peu près contre 1, qu'il vivra trois ans, et qu'il n'en vivra pas cinquante-neuf de plus ; 2 à peu près contre 1, qu'il vivra neuf ans, et qu'il n'en vivra pas cinquante de plus ; et enfin, 1 contre 1, qu'il vivra trente-trois ans, et qu'il n'en vivra pas trente-quatre de plus.

La vie moyenne des enfants d'un an est de trente-trois ans; celle d'un homme de vingt et un ans est aussi à très peu près de trente-trois ans ; un père qui n'aurait pas l'âge de vingt et un ans peut espérer de vivre plus longtemps que son enfant d'un an; mais, si le père a quarante ans, il y a déjà 3 contre 2 que son fils d'un an lui survivra; s'il a quarante-huit ans, il y a 2 contre 1 ; et 3 contre 1, s'il en a soixante.

Une rente viagère sur la tête d'un enfant d'un an vaut le double d'une rente viagère sur une personne de quarante-huit ans, et le triple de celle que l'on placerait sur la tête d'une personne de soixante ans. Tout père de famille qui veut placer de l'argent à fonds perdu, doit préférer de le mettre sur la tête de son enfant d'un an, plutôt que sur la sienne, s'il est âgé de plus de vingt et un ans.

Pour un enfant de deux ans d'âge.

Comme ces tables deviendraient trop volumineuses si elles étaient aussi détaillées que les précédentes, j'ai cru devoir les abréger en ne donnant les probabilités de la vie que de cinq ans en cinq ans; il ne sera pas difficile de suppléer les probabilités des années intermédiaires au cas qu'on en ait besoin.

On peut parier 14,177 contre 985 ou 14 $\frac{1}{3}$ contre 1 qu'un enfant de deux ans vivra un an de plus; et en supposant la mort également répartie dans tout le courant de l'année :

14177 contre $\frac{985}{2}$ ou 28 $\frac{77}{98}$ contre 1 qu'il vivra 6 mois.
14177 contre $\frac{985}{4}$ ou 57 $\frac{28}{49}$ contre 1 qu'il vivra 3 mois.
14177 contre $\frac{985}{365}$ ou 5253 contre 1 qu'il ne mourra pas dans les vingt-quatre heures.
13477 contre 1685 ou à très peu près 8 contre 1 qu'il vivra 2 ans de plus.
12968 contre 2194 ou un peu moins de 6 contre 1 qu'il vivra 3 ans de plus.
12562 contre 2600 ou un peu moins de 5 contre 1 qu'il vivra 4 ans de plus.
12255 contre 2907 ou environ 4 $\frac{1}{4}$ contre 1 qu'il vivra 5 ans de plus.
12015 contre 3147 ou environ 3 $\frac{3}{4}$ contre 1 qu'il vivra 6 ans de plus.
11861 contre 3301 ou 3 $\frac{19}{33}$ contre 1 qu'il vivra 7 ans de plus.
11749 contre 3413 ou 3 $\frac{15}{34}$ contre 1 qu'il vivra 8 ans de plus.
11299 contre 3863 ou 2 $\frac{35}{38}$ contre 1 qu'il vivra 13 ans de plus.
10791 contre 4371 ou 2 $\frac{20}{43}$ contre 1 qu'il vivra 18 ans de plus.
10117 contre 5045 ou un peu plus de 2 contre 1 qu'il vivra 23 ans de plus.
9395 contre 5767 ou 1 $\frac{36}{57}$ contre 1 qu'il vivra 28 ans de plus.
8619 contre 6543 ou 1 $\frac{4}{13}$ contre 1 qu'il vivra 33 ans de plus.
7741 contre 7421 ou 1 $\frac{3}{71}$ contre 1 qu'il vivra 38 ans de plus.
8327 contre 6835 ou 1 $\frac{7}{34}$ contre 1 qu'il ne vivra pas 43 ans de plus.
9128 contre 6034 ou 1 $\frac{1}{2}$ contre 1, c'est-à-dire 3 contre 2 qu'il ne vivra pas 48 ans de plus.
9958 contre 5204 ou 1 $\frac{17}{52}$ contre 1 qu'il ne vivra pas 53 ans de plus.
10844 contre 4318 ou 2 $\frac{22}{43}$ contre 1 qu'il ne vivra pas 58 ans de plus.
11791 contre 3371 ou 3 $\frac{16}{33}$ contre 1 qu'il ne vivra pas 63 ans de plus.
12744 contre 2405 ou 5 $\frac{7}{24}$ contre 1 qu'il ne vivra pas 68 ans de plus.
13124 contre 2028 ou 6 $\frac{9}{20}$ contre 1 qu'il ne vivra pas 70 ans de plus.
13669 contre 1483 ou 9 $\frac{3}{14}$ contre 1 qu'il ne vivra pas 73 ans de plus.
13844 contre 1308 ou 10 $\frac{7}{13}$ contre 1 qu'il ne vivra pas 74 ans de plus.
14018 contre 1134 ou 12 $\frac{4}{11}$ contre 1 qu'il ne vivra pas 75 ans de plus.
14188 contre 964 ou 14 $\frac{2}{3}$ contre 1 qu'il ne vivra pas 76 ans de plus.
14345 contre 807 ou 17 $\frac{3}{4}$ contre 1 qu'il ne vivra pas 77 ans de plus.
14489 contre 663 ou 21 $\frac{5}{6}$ contre 1 qu'il ne vivra pas 78 ans de plus.
14162 contre 540 ou un peu plus de 27 contre 1 qu'il ne vivra pas 79 ans de plus.
14715 contre 437 ou 33 $\frac{29}{43}$ contre 1 qu'il ne vivra pas 80 ans de plus.
14798 contre 354 ou 41 $\frac{4}{5}$ contre 1 qu'il ne vivra pas 81 ans de plus.
14861 contre 291 ou un peu plus de 51 contre 1 qu'il ne vivra pas 82 ans de plus.

1.

2.

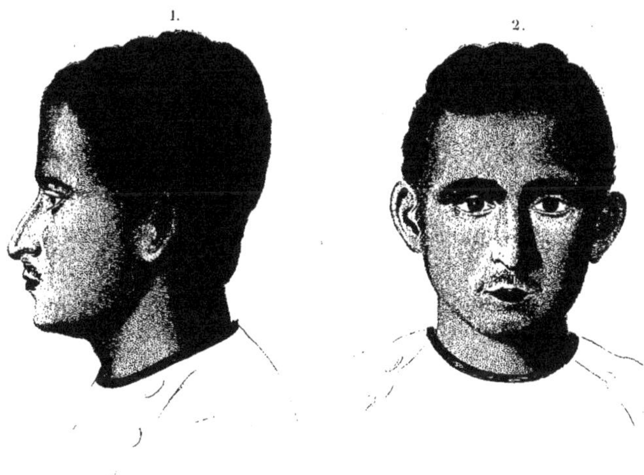

3.

4.

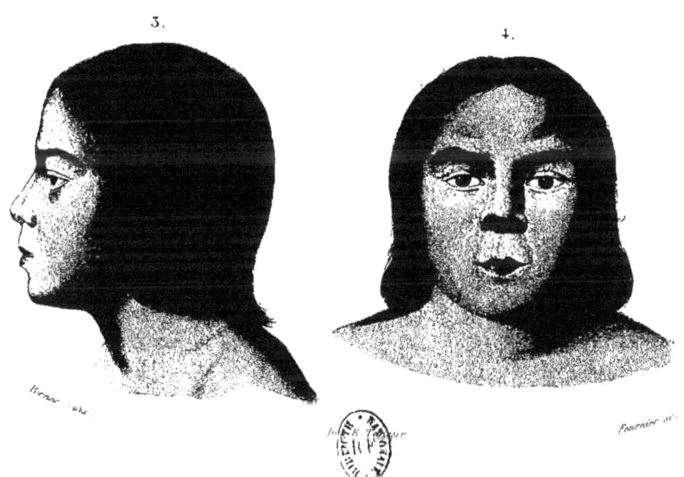

Fournier sc.

1.2 _ Bengalais _ 3.4 _ Indien des bords du lac Huron

A. Le Vasseur Éditeur

14915 contre 237 ou à peu près 63 contre 1 qu'il ne vivra pas 83 ans de plus.
14959 contre 193 ou 77 $\frac{9}{19}$ contre 1 qu'il ne vivra pas 84 ans de plus.
14997 contre 155 ou 96 $\frac{11}{15}$ contre 1 qu'il ne vivra pas 85 ans de plus.
15029 contre 123 ou 122 $\frac{1}{6}$ contre 1 qu'il ne vivra pas 86 ans de plus.
15049 contre 103 ou un peu plus de 146 contre 1 qu'il ne vivra pas 87 ans de plus.
15067 contre 85 ou un peu plus de 177 contre 1 qu'il ne vivra pas 88 ans de plus.
15097 contre 55 ou environ 274 $\frac{1}{2}$ contre 1 qu'il ne vivra pas 90 ans de plus.
15128 contre 24 ou plus de 632 contre 1 qu'il ne vivra pas 93 ans de plus.
15150 contre 2 c'est-à-dire 7575 contre 1 qu'il ne vivra pas 98 ans de plus, c'est-à-dire en tout 100 ans révolus.

Pour un enfant de trois ans d'âge.

On peut parier 13477 contre 700 ou 19 $\frac{17}{70}$ contre 1 qu'un enfant de trois ans vivra un an de plus.

Et en supposant la mort également répartie dans tout le courant de l'année :

13477 contre $\frac{700}{2}$ ou 38 $\frac{17}{85}$ contre 1 qu'il vivra 6 mois.
13477 contre $\frac{700}{4}$ ou à très peu près 77 contre 1 qu'il vivra 3 mois.
13477 contre $\frac{700}{365}$ ou un peu plus de 7027 contre 1 qu'il ne mourra pas dans les vingt-quatre heures.
12968 contre 1209 ou 10 $\frac{2}{3}$ contre 1 qu'il vivra 2 ans de plus.
12562 contre 1615 ou 7 $\frac{3}{4}$ contre 1 qu'il vivra 3 ans de plus.
12255 contre 1922 ou 6 $\frac{7}{19}$ contre 1 qu'il vivra 4 ans de plus.
12015 contre 2162 ou 5 $\frac{4}{7}$ contre 1 qu'il vivra 5 ans de plus.
11861 contre 2316 ou 5 $\frac{2}{23}$ contre 1 qu'il vivra 6 ans de plus.
11749 contre 2428 ou 4 $\frac{5}{6}$ contre 1 qu'il vivra 7 ans de plus.
11299 contre 2878 ou 3 $\frac{13}{14}$ contre 1 qu'il vivra 12 ans de plus.
10791 contre 3386 ou 3 $\frac{2}{11}$ contre 1 qu'il vivra 17 ans de plus.
10117 contre 4060 ou 2 $\frac{19}{40}$ contre 1 qu'il vivra 22 ans de plus.
9395 contre 4782 ou 1 $\frac{46}{47}$ contre 1 qu'il vivra 27 ans de plus.
8619 contre 5558 ou 1 $\frac{6}{11}$ contre 1 qu'il vivra 32 ans de plus.
7741 contre 6436 ou 1 $\frac{13}{64}$ contre 1 qu'il vivra 37 ans de plus.
7333 contre 6835 ou 1 $\frac{1}{17}$ contre 1 qu'il ne vivra pas 42 ans de plus.
8134 contre 6034 ou 1 $\frac{21}{60}$ contre 1 qu'il ne vivra pas 47 ans de plus.
8964 contre 5204 ou 1 $\frac{37}{52}$ contre 1 qu'il ne vivra pas 52 ans de plus.
9850 contre 4318 ou 2 $\frac{12}{43}$ contre 1 qu'il ne vivra pas 57 ans de plus.
10797 contre 3371 ou 3 $\frac{2}{11}$ contre 1 qu'il ne vivra pas 62 ans de plus.
11763 contre 2405 ou 4 $\frac{7}{8}$ contre 1 qu'il ne vivra pas 67 ans de plus.
12685 contre 1483 ou 8 $\frac{4}{7}$ contre 1 qu'il ne vivra pas 72 ans de plus.
13505 contre 663 ou 20 $\frac{1}{3}$ contre 1 qu'il ne vivra pas 77 ans de plus.
13931 contre 237 ou à peu près 59 contre 1 qu'il ne vivra pas 82 ans de plus.
14083 contre 85 ou à peu près 166 contre 1 qu'il ne vivra pas 87 ans de plus.
14144 contre 24 ou 589 contre 1 qu'il ne vivra pas 92 ans de plus.
14166 contre 2 ou 7083 contre 1 qu'il ne vivra pas 97 ans de plus, c'est-à-dire, en tout 100 ans révolus.

Pour un enfant de quatre ans.

On peut parier 12968 contre 509 ou environ 25 $\frac{1}{2}$ contre 1 qu'un enfant de quatre ans vivra un an de plus.

12968 contre $\frac{509}{2}$ ou environ 51 contre 1 qu'il vivra 6 mois.
12968 contre $\frac{509}{4}$ ou environ 102 contre 1 qu'il vivra 3 mois.
12968 contre $\frac{509}{365}$ ou 9299 contre 1 qu'il ne mourra pas dans les vingt-quatre heures.
12562 contre 915 ou environ 13 $\frac{1}{3}$ contre 1 qu'il vivra 2 ans de plus.
12255 contre 1222 ou un peu plus de 10 contre 1 qu'il vivra 3 ans de plus.
12015 contre 1462 ou 8 $\frac{3}{14}$ contre 1 qu'il vivra 4 ans de plus.
11861 contre 1616 ou 7 $\frac{5}{16}$ contre 1 qu'il vivra 5 ans de plus.
11749 contre 1728 ou 6 $\frac{13}{17}$ contre 1 qu'il vivra 6 ans de plus.
11299 contre 2178 ou 5 $\frac{4}{21}$ contre 1 qu'il vivra 11 ans de plus.
10791 contre 2686 ou un peu plus de 4 contre 1 qu'il vivra 16 ans de plus.
10117 contre 3360 ou un peu plus de 3 contre 1 qu'il vivra 21 ans de plus.
9395 contre 4082 ou 2 $\frac{3}{10}$ contre 1 qu'il vivra 26 ans de plus.
8619 contre 4858 ou 1 $\frac{37}{48}$ contre 1 qu'il vivra 31 ans de plus.
7741 contre 5736 ou 1 $\frac{1}{3}$ contre 1 qu'il vivra 36 ans de plus.
6835 contre 6642 ou 1 $\frac{1}{66}$ contre 1 qu'il vivra 41 ans de plus.
7443 contre 6034 ou 1 $\frac{7}{30}$ contre 1 qu'il ne vivra pas 46 ans de plus.
8273 contre 5204 ou 1 $\frac{15}{26}$ contre 1 qu'il ne vivra pas 51 ans de plus.
9159 contre 4318 ou 2 $\frac{5}{13}$ contre 1 qu'il ne vivra pas 56 ans de plus.
10106 contre 3371 ou un peu moins de 3 contre 1 qu'il ne vivra pas 61 ans de plus.
11072 contre 2405 ou 4 $\frac{7}{12}$ contre 1 qu'il ne vivra pas 66 ans de plus.
11994 contre 1483 ou 8 $\frac{1}{14}$ contre 1 qu'il ne vivra par 71 ans de plus.
12814 contre 663 ou 19 $\frac{1}{3}$ contre 1 qu'il ne vivra pas 76 ans de plus.
13240 contre 237 ou près de 56 contre 1 qu'il ne vivra pas 81 ans de plus.
13392 contre 85 ou 157 $\frac{1}{2}$ contre 1 qu'il ne vivra pas 86 ans de plus.
13453 contre 24 ou 560 $\frac{1}{2}$ contre 1 qu'il ne vivra pas 91 ans de plus.
13475 contre 2 ou 6737 $\frac{1}{2}$ contre 1 qu'il ne vivra pas 96 ans de plus, c'est-à-dire, en tout, 100 ans révolus.

Pour un enfant de cinq ans.

On peut parier 12562 contre 406 ou près de 31 contre 1 qu'un enfant de cinq ans vivra un an de plus.

12562 contre $\frac{406}{2}$ ou près de 62 contre 1 qu'il vivra 6 mois.
12562 contre $\frac{406}{4}$ ou près de 124 contre 1 qu'il vivra 3 mois.
12562 contre $\frac{406}{365}$ ou 11293 contre 1 qu'il ne mourra pas dans les vingt-quatre heures.
12255 contre 713 ou 17 $\frac{1}{5}$ contre 1 qu'il vivra 2 ans de plus.
12015 contre 953 ou 12 $\frac{5}{9}$ contre 1 qu'il vivra 3 ans de plus.
11861 contre 1107 ou 10 $\frac{7}{11}$ contre 1 qu'il vivra 4 ans de plus.
11749 contre 1219 ou 9 $\frac{7}{12}$ contre 1 qu'il vivra 5 ans de plus.
11299 contre 1669 ou 6 $\frac{3}{4}$ contre 1 qu'il vivra 10 ans de plus.

10791 contre 2177 ou près de 5 contre 1 qu'il vivra 15 ans de plus.
10117 contre 2851 ou 3 $\frac{15}{28}$ contre 1 qu'il vivra 20 ans de plus.
9395 contre 3573 ou 2 $\frac{22}{35}$ contre 1 qu'il vivra 25 ans de plus.
8619 contre 4349 ou près de 2 contre 1 qu'il vivra 30 ans de plus.
7741 contre 5227 ou 1 $\frac{23}{52}$ contre 1 qu'il vivra 35 ans de plus.
6835 contre 6133 ou 1 $\frac{7}{61}$ contre 1 qu'il vivra 40 ans de plus.
6934 contre 6034 ou 1 $\frac{3}{20}$ contre 1 qu'il ne vivra pas 45 ans de plus.
7764 contre 5204 ou 1 $\frac{25}{52}$ contre 1 qu'il ne vivra pas 50 ans de plus.
8650 contre 4318 ou un peu plus de 2 contre 1 qu'il ne vivra pas 55 ans de plus.
9597 contre 3371 ou 2 $\frac{28}{33}$ contre 1 qu'il ne vivra pas 60 ans de plus.
10563 contre 2405 ou 4 $\frac{3}{8}$ contre 1 qu'il ne vivra pas 65 ans de plus.
11485 contre 1483 ou 7 $\frac{11}{14}$ contre 1 qu'il ne vivra pas 70 ans de plus.
12305 contre 663 ou un peu plus de 18 contre 1 qu'il ne vivra pas 75 ans de plus.
12731 contre 237 ou près de 54 contre 1 qu'il ne vivra pas 80 ans de plus.
12883 contre 85 ou 151 $\frac{1}{2}$ contre 1 qu'il ne vivra pas 85 ans de plus.
12994 contre 24 ou 539 contre 1 qu'il ne vivra pas 90 ans de plus.
12966 contre 2 ou 6483 contre 1 qu'il ne vivra pas 95 ans de plus, c'est-à-dire, en tout, 100 ans révolus.

Pour un enfant de six ans.

On peut parier 12255 contre 307 ou près de 40 contre 1 qu'en enfant de six ans vivra un an de plus.

12255 contre $\frac{307}{2}$ ou près de 80 contre 1 qu'il vivra 6 mois.
12255 contre $\frac{307}{4}$ ou 159 contre 1 qu'il vivra 3 mois.
11255 contre $\frac{307}{365}$ ou 14570 contre 1 qu'il ne mourra pas dans les vingt-quatre heures.
12015 contre 547 ou près de 22 contre 1 qu'il vivra 2 ans de plus.
11861 contre 701 ou près de 17 contre 1 qu'il vivra 3 ans de plus.
11749 contre 813 ou 14 $\frac{3}{8}$ contre 1 qu'il vivra 4 ans de plus.
11649 contre 913 ou 12 $\frac{2}{3}$ contre 1 qu'il vivra 5 ans de plus.
11556 contre 1006 ou 11 $\frac{2}{5}$ contre 1 qu'il vivra 6 ans de plus.
11299 contre 1263 ou 8 $\frac{11}{12}$ contre 1 qu'il vivra 9 ans de plus.
10791 contre 1771 ou 6 $\frac{1}{17}$ contre 1 qu'il vivra 14 ans de plus.
10117 contre 2445 ou 4 $\frac{1}{8}$ contre 1 qu'il vivra 19 ans de plus.
9395 contre 3167 ou près de 3 contre 1 qu'il vivra 24 ans de plus.
8619 contre 3943 ou 2 $\frac{7}{39}$ contre 1 qu'il vivra 29 ans de plus.
7741 contre 4821 ou 1 $\frac{29}{48}$ contre 1 qu'il vivra 34 ans de plus.
6035 contre 6720 ou 1 $\frac{11}{57}$ contre 1 qu'il vivra 39 ans de plus.
6520 contre 6034 ou 1 $\frac{1}{6}$ contre 1 qu'il ne vivra pas 44 ans de plus.
7358 contre 5204 ou 1 $\frac{21}{52}$ contre 1 qu'il ne vivra pas 49 ans de plus.
8244 contre 4018 ou 1 $\frac{39}{43}$ contre 1 qu'il ne vivra pas 54 ans de plus.
9191 contre 3371 ou 2 $\frac{8}{11}$ contre 1 qu'il ne vivra pas 59 ans de plus.
10157 contre 2405 ou 4 $\frac{5}{24}$ contre 1 qu'il ne vivra pas 64 ans de plus.
11079 contre 1483 ou 7 $\frac{3}{7}$ contre 1 qu'il ne vivra pas 69 ans de plus.
11899 contre 663 ou près de 18 contre 1 qu'il ne vivra pas 74 ans de plus.

12325 contre 237 ou 52 contre 1 qu'il ne vivra pas 79 ans de plus.
12473 contre 85 ou 146 $\frac{3}{4}$ contre 1 qu'il ne vivra pas 84 ans de plus.
12534 contre 24 ou 522 contre 1 qu'il ne vivra pas 89 ans de plus.
12534 contre 2 ou 6278 contre 1 qu'il ne vivra pas 94 ans de plus, c'est-à-dire, en tout, 100 ans révolus.

Pour un enfant de sept ans.

On peut parier 12015 contre 240 ou un peu plus de 50 contre 1 qu'un enfant de sept ans vivra un an de plus.

12015 contre $\frac{240}{2}$ ou un plus de 100 contre 1 qu'il vivra 6 mois.
12015 contre $\frac{240}{2}$ ou 200 $\frac{1}{4}$ contre 1 qu'il vivra 3 mois.
12015 contre $\frac{240}{365}$ ou 18272 contre 1 qu'il ne mourra pas dans les vingt-quatre heures.
11861 contre 394 ou un peu plus de 30 contre 1 qu'il vivra 2 ans de plus.
11749 contre 506 ou un peu plus de 23 contre 1 qu'il vivra 3 ans de plus.
11556 contre 699 ou 16 $\frac{1}{2}$ contre 1 qu'il vivra 5 ans de plus.
11299 contre 956 ou 11 $\frac{7}{9}$ contre 1 qu'il vivra 8 ans de plus.
10791 contre 1464 ou 7 $\frac{5}{14}$ contre 1 qu'il vivra 13 ans de plus.
10117 contre 2138 ou 4 $\frac{5}{7}$ contre 1 qu'il vivra 18 ans de plus.
9395 contre 2860 ou 3 $\frac{2}{7}$ contre 1 qu'il vivra 23 ans de plus.
8619 contre 3636 ou 2 $\frac{13}{16}$ contre 1 qu'il vivra 28 ans de plus.
7741 contre 4514 ou 1 $\frac{32}{45}$ contre 1 qu'il vivra 33 ans de plus.
6835 contre 5420 ou 1 $\frac{7}{27}$ contre 1 qu'il vivra 38 ans de plus.
6221 contre 6034 ou 1 $\frac{1}{60}$ contre 1 qu'il ne vivra pas 43 ans de plus.
7051 contre 5204 ou 1 $\frac{9}{26}$ contre 1 qu'il ne vivra pas 48 ans de plus.
7937 contre 4318 ou 1 $\frac{36}{43}$ contre 1 qu'il ne vivra pas 53 ans de plus.
8834 contre 3371 ou 2 $\frac{20}{33}$ contre 1 qu'il ne vivra pas 58 ans de plus.
9850 contre 2505 ou 4 $\frac{1}{12}$ contre 1 qu'il ne vivra pas 63 ans de plus.
10772 contre 1483 ou 7 $\frac{3}{14}$ contre 1 qu'il ne vivra pas 68 ans de plus.
11592 contre 663 ou 17 $\frac{76}{33}$ contre 1 qu'il ne vivra pas 73 ans de plus.
12018 contre 237 ou 50 $\frac{16}{23}$ contre 1 qu'il ne vivra pas 78 ans de plus.
12170 contre 85 ou un peu plus de 143 contre 1 qu'il ne vivra pas 83 ans de plus.
12231 contre 24 ou près de 510 contre 1 qu'il ne vivra pas 88 ans de plus.
12253 contre 2 ou 6126 $\frac{1}{2}$ contre 1 qu'il ne vivra pas 93 ans de plus, c'est-à-dire, en tout, 100 ans révolus.

Pour un enfant de huit ans.

On peut parier 11861 contre 154 ou 77 contre 1 qu'un enfant de huit ans vivra un an de plus.

11861 contre $\frac{154}{2}$ ou 154 contre 1 qu'il vivra 6 mois.
11861 contre $\frac{154}{4}$ ou 308 contre 1 qu'il vivra 3 mois.
11861 contre $\frac{154}{365}$ ou 28115 contre 1 qu'il ne mourra pas dans les vingt-quatre heures.
11749 contre 266 ou un peu plus de 44 contre 1 qu'il vivra 2 ans de plus.
11556 contre 459 ou un peu plus de 25 contre 1 qu'il vivra 4 ans de plus.
11299 contre 716 ou près de 16 contre 1 qu'il vivra 7 ans de plus.
10791 contre 1224 ou 8 $\frac{3}{4}$ contre 1 qu'il vivra 12 ans de plus.

10117 contre 1898 ou 5 $\frac{1}{3}$ contre 1 qu'il vivra 17 ans de plus.
9395 contre 2620 ou 3 $\frac{15}{26}$ contre 1 qu'il vivra 22 ans de plus.
8619 contre 3396 ou 2 $\frac{6}{11}$ contre 1 qu'il vivra 27 ans de plus.
7741 contre 4274 ou 1 $\frac{17}{21}$ contre 1 qu'il vivra 32 ans de plus.
6835 contre 5180 ou 1 $\frac{16}{51}$ contre 1 qu'il vivra 37 ans de plus.
6034 contre 5981 ou un plus de 1 contre 1 qu'il vivra 42 ans de plus.
6811 contre 5204 ou 1 $\frac{8}{26}$ contre 1 qu'il ne vivra pas 47 ans de plus,
7697 contre 4318 ou 1 $\frac{33}{43}$ contre 1 qu'il ne vivra pas 52 ans de plus.
8644 contre 3371 ou 2 $\frac{19}{33}$ contre 1 qu'il ne vivra pas 57 ans de plus.
9610 contre 2405 ou à très peu près 4 contre 1 qu'il ne vivra pas 62 ans de plus.
10532 contre 1483 ou un peu plus de 7 contre 1 qu'il ne vivra pas 67 ans de plus.
11352 contre 663 ou un peu plus de 17 contre 1 qu'il ne vivra pas 72 ans de plus.
11778 contre 237 ou 49 $\frac{16}{23}$ contre 1 qu'il ne vivra pas 77 ans de plus.
11930 contre 85 ou un peu plus de 140 contre 1 qu'il ne vivra pas 82 ans de plus.
11991 contre 24 ou près de 500 contre 1 qu'il ne vivra pas 87 ans de plus.
12013 contre 2 ou 6006 $\frac{1}{2}$ contre 1 qu'il ne vivra pas 92 ans de plus, c'est-à-dire, en tout, 100 ans révolus.

Pour un enfant de neuf ans.

On peut parier 11749 contre 112 ou près de 105 contre 1 qu'un enfant de neuf ans vivra un an de plus.

11749 contre $\frac{112}{2}$ ou près de 210 contre 1 qu'il vivra 6 mois.
11749 contre $\frac{112}{4}$ ou près de 420 contre 1 qu'il vivra 3 mois.
11749 contre $\frac{112}{365}$ ou 38289 contre 1 qu'il ne mourra pas dans les vingt-quatre heures.
11556 contre 305 ou 37 $\frac{9}{10}$ contre 1 qu'il vivra 3 ans de plus.
11299 contre 562 ou un peu plus de 20 contre 4 qu'il vivra 6 ans de plus.
10791 contre 1070 ou un peu plus de 10 contre 1 qu'il vivra 11 ans de plus.
10117 contre 1744 ou 5 $\frac{13}{17}$ contre 1 qu'il vivra 16 ans de plus.
9395 contre 2466 ou 3 $\frac{19}{24}$ contre 1 qu'il vivra 21 ans de plus.
8619 contre 3242 ou 2 $\frac{21}{32}$ contre 1 qu'il vivra 26 ans de plus.
7741 contre 4120 ou 1 $\frac{36}{41}$ contre 1 qu'il vivra 31 ans de plus.
6835 contre 5026 ou 1 $\frac{9}{25}$ contre 1 qu'il vivra 36 ans de plus.
6034 contre 5827 ou 1 $\frac{1}{29}$ contre 1 qu'il vivra 41 ans de plus.
6657 contre 5204 ou 1 $\frac{7}{26}$ contre 1 qu'il ne vivra pas 46 ans de plus.
7543 contre 4318 ou 1 $\frac{32}{43}$ contre 1 qu'il ne vivra pas 51 ans de plus.
8490 contre 3371 ou 2 $\frac{17}{33}$ contre 1 qu'il ne vivra pas 56 ans de plus.
9456 contre 2405 ou 3 $\frac{11}{12}$ contre 1 qu'il ne vivra pas 61 ans de plus.
10378 contre 1483 ou à très peu près 7 contre 1 qu'il ne vivra pas 66 ans de plus.
11198 contre 663 ou 16 $\frac{59}{66}$ contre 1 qu'il ne vivra pas 71 ans de plus.
11624 contre 237 ou un peu plus de 4 contre 1 qu'il ne vivra pas 76 ans de plus.
11776 contre 85 ou 138 $\frac{1}{2}$ contre 1 qu'il ne vivra pas 81 ans de plus.
11837 contre 24 ou 493 contre 1 qu'il ne vivra pas 86 ans de plus.
11859 contre 2 ou 5929 $\frac{1}{2}$ contre 1 qu'il ne vivra pas 91 ans de plus, c'est-à-dire, en tout, 100 ans révolus.

Pour un enfant de dix ans.

On peut parier 11649 contre 100, ou a très peu près 116 $\frac{1}{2}$ contre 1, qu'un enfant de 10 ans vivra un an de plus.

11649 contre $\frac{100}{2}$ ou près de 233 contre 1 qu'il vivra 6 mois.
11649 contre $\frac{100}{4}$ ou près de 466 contre 1 qu'il vivra 3 mois.
11649 contre $\frac{100}{365}$ ou 42518 contre 1 qu'il ne mourra pas dans les vingt-quatre heures.
11556 contre 193 ou 54 $\frac{13}{19}$ contre 1 qu'il vivra 2 ans de plus.
11299 contre 450 ou 25 $\frac{1}{4}$ contre 1 qu'il vivra 5 ans de plus.
10791 contre 958 ou 11 $\frac{5}{19}$ contre 1 qu'il vivra 10 ans de plus.
10117 contre 1632 ou 6 $\frac{3}{16}$ contre 1 qu'il vivra 15 ans de plus.
9395 contre 2354 ou à très peu près 4 contre 1 qu'il vivra 20 ans de plus.
8619 contre 3130 ou 2 $\frac{23}{31}$ contre 1 qu'il vivra 25 ans de plus.
7741 contre 4008 ou 1 $\frac{37}{40}$ contre 1 qu'il vivra 30 ans de plus.
6835 contre 4914 ou 1 $\frac{19}{49}$ contre 1 qu'il vivra 35 ans de plus.
6034 contre 5715 ou 1 $\frac{3}{57}$ contre 1 qu'il vivra 40 ans de plus.
6545 contre 5204 ou 1 $\frac{13}{52}$ contre 1 qu'il ne vivra pas 45 ans de plus.
7431 contre 4318 ou 1 $\frac{31}{43}$ contre 1 qu'il ne vivra pas 50 ans de plus.
8378 contre 3371 ou 2 $\frac{16}{33}$ contre 1 qu'il ne vivra pas 55 ans de plus.
9344 contre 2405 ou 3 $\frac{7}{8}$ contre 1 qu'il ne vivra pas 60 ans de plus.
10266 contre 1483 ou 6 $\frac{13}{14}$ contre 1 qu'il ne vivra pas 65 ans de plus.
11086 contre 663 ou 16 $\frac{2}{3}$ contre 1 qu'il ne vivra pas 70 ans de plus.
11512 contre 237 ou 48 $\frac{1}{2}$ contre 1 qu'il ne vivra pas 75 ans de plus.
11664 contre 85 ou 137 contre 1 qu'il ne vivra pas 80 ans de plus.
11725 contre 24 ou 488 $\frac{1}{2}$ contre 1 qu'il ne vivra pas 85 ans de plus.
11747 contre 2 ou 5873 $\frac{1}{2}$ contre 1 qu'il ne vivra pas 90 ans de plus, c'est-à-dire, en tout, 100 ans révolus.

Pour un enfant de onze ans.

On peut parier 11556 contre 93 ou 124 $\frac{2}{9}$ contre 1 qu'un enfant de onze ans vivra un an de plus.

11556 contre $\frac{93}{2}$ ou 248 $\frac{4}{9}$ contre 1 qu'il vivra 6 mois.
11556 contre $\frac{93}{4}$ ou 496 $\frac{8}{9}$ contre 1 qu'il vivra 3 mois.
11556 contre $\frac{93}{365}$ ou 43554 contre 1 qu'il ne mourra pas dans les vingt-quatre heures.
11299 contre 350 ou 32 $\frac{9}{35}$ contre 1 qu'il vivra 4 ans de plus.
10791 contre 858 ou 12 $\frac{1}{2}$ contre 1 qu'il vivra 9 ans de plus.
10117 contre 1532 ou 6 $\frac{3}{5}$ contre 1 qu'il vivra 14 ans de plus.
9395 contre 2253 ou 4 $\frac{3}{22}$ contre 1 qu'il vivra 19 ans de plus.
8619 contre 3030 ou 2 $\frac{5}{6}$ contre 1 qu'il vivra 24 ans de plus.
7741 contre 3908 ou 1 $\frac{38}{39}$ contre 1 qu'il vivra 29 ans de plus.
6835 contre 4814 ou 1 $\frac{5}{12}$ contre 1 qu'il vivra 34 ans de plus.
6034 contre 5615 ou 1 $\frac{1}{14}$ contre 1 qu'il vivra 39 ans de plus.
6445 contre 5204 ou 1 $\frac{13}{52}$ contre 1 qu'il ne vivra pas 44 ans de plus.

7331 contre 4318 ou 1 $\frac{3}{4}$ contre 1 qu'il ne vivra pas 49 ans de plus.
8278 contre 337» ou 2 $\frac{5}{11}$ contre 1 qu'il ne vivra pas 54 ans de plus.
9244 contre 2405 ou 3 $\frac{5}{6}$ contre 1 qu'il ne vivra pas 59 ans de plus.
10166 contre 1483 ou 6 $\frac{6}{7}$ contre 1 qu'il ne vivra pas 64 ans de plus.
10986 contre 663 ou 16 $\frac{1}{2}$ contre 1 qu'il ne vivra pas 69 ans de plus.
11412 contre 237 ou 48 $\frac{3}{21}$ contre 1 qu'il ne vivra pas 74 ans de plus.
11564 contre 85 ou 136 contre 1 qu'il ne vivra pas 79 ans de plus.
11625 contre 24 ou 484 contre 1 qu'il ne vivra pas 84 ans de plus.
11647 contre 2 ou 5823 $\frac{1}{2}$ contre 1 qu'il ne vivra pas 89 ans de plus, c'est-à-dire, en tout, 100 ans révolus.

Pour un enfant de douze ans.

On peut parier 11468 contre 88 ou 130 $\frac{1}{4}$ contre 1 qu'un enfant de douze ans vivra un an de plus.

11468 contre $\frac{88}{2}$ ou 260 $\frac{1}{2}$ contre 1 qu'il vivra 6 mois.
11468 contre $\frac{88}{4}$ ou 521 contre 1 qu'il vivra 3 mois.
11468 contre $\frac{88}{365}$ ou 47566 contre 1 qu'il ne mourra pas dans les vingt-quatre heures.
11299 contre 237 ou près de 44 contre 1 qu'il vivra 3 ans de plus.
10791 contre 765 ou 14 $\frac{3}{38}$ contre 1 qu'il vivra 8 ans de plus.
10117 contre 1439 ou un peu plus de 7 contre 1 qu'il vivra 13 ans de plus.
9395 contre 2161 ou 4 $\frac{1}{3}$ contre 1 qu'il vivra 18 ans de plus.
8619 contre 2937 ou près de 3 contre 1 qu'il vivra 23 ans de plus.
7741 contre 3815 ou 2 $\frac{1}{38}$ contre 1 qu'il vivra 28 ans de plus.
6835 contre 4721 ou 1 $\frac{21}{47}$ contre 1 qu'il vivra 33 ans de plus.
6034 contre 5522 ou 1 $\frac{1}{11}$ contre 1 qu'il vivra 38 ans de plus.
6352 contre 5204 ou 1 $\frac{11}{52}$ contre 1 qu'il ne vivra pas 43 ans de plus.
7238 contre 4318 ou 1 $\frac{29}{43}$ contre 1 qu'il ne vivra pas 48 ans de plus.
8185 contre 3371 ou 2 $\frac{14}{33}$ contre 1 qu'il ne vivra pas 53 ans de plus.
9151 contre 2405 ou 3 $\frac{19}{24}$ contre 1 qu'il ne vivra pas 58 ans de plus.
10073 contre 1483 ou 6 $\frac{11}{14}$ contre 1 qu'il ne vivra pas 63 ans de plus.
10893 contre 663 ou 16 $\frac{14}{33}$ contre 1 qu'il ne vivra pas 68 ans de plus.
11319 contre 237 ou 47 $\frac{18}{23}$ contre 1 qu'il ne vivra pas 73 ans de plus.
11471 contre 85 ou 135 contre 1 qu'il ne vivra pas 78 ans de plus.
11532 contre 24 ou 480 $\frac{1}{2}$ contre 1 qu'il ne vivra pas 83 ans de plus.
11154 contre 2 ou 5777 contre 1 qu'il ne vivra pas 88 ans de plus, c'est-à-dire, en tout, 100 ans révolus.

Pour un enfant de treize ans.

On peut parier 11384 contre 84 ou 135 $\frac{1}{2}$ contre 1 qu'un enfant de treize ans vivra un an de plus.

11384 contre $\frac{84}{2}$ ou 271 contre 1 qu'il vivra 6 mois.
11384 contre $\frac{84}{4}$ ou 542 contre 1 qu'il vivra 3 mois.
11384 contre $\frac{84}{365}$ ou 49585 contre 1 qu'il ne mourra pas dans les vingt-quatre heures.
11299 contre 169 ou 66 $\frac{7}{8}$ contre 1 qu'il vivra 2 ans de plus.

10791 contre 677 ou près de 16 contre 1 qu'il vivra 7 ans de plus.
10117 contre 1351 ou 7 $\frac{6}{13}$ contre 1 qu'il vivra 12 ans de plus.
9395 contre 2073 ou 4 $\frac{11}{20}$ contre 2 qu'il vivra 7 ans de plus.
8619 contre 2849 ou un peu plus de 3 contre 1 qu'il vivra 22 ans de plus.
7741 contre 3727 ou 2 $\frac{2}{37}$ contre 1 qu'il vivra 27 ans de plus.
6835 contre 4633 ou 1 $\frac{11}{23}$ contre 1 qu'il vivra 32 ans de plus.
6034 contre 5434 ou 1 $\frac{1}{9}$ contre 1 qu'il vivra 37 ans de plus.
6264 contre 5204 ou 1 $\frac{5}{26}$ contre 1 qu'il ne vivra pas 42 ans de plus.
7150 contre 4318 ou 1 $\frac{28}{43}$ contre 1 qu'il ne vivra pas 47 ans de plus.
8097 contre 3371 ou 2 $\frac{13}{33}$ contre 1 qu'il ne vivra pas 52 ans de plus.
9063 contre 2405 ou 3 $\frac{3}{4}$ contre 1 qu'il ne vivra pas 57 ans de plus.
9985 contre 1483 ou 6 $\frac{15}{7}$ contre 1 qu'il ne vivra pas 62 ans de plus.
10805 contre 663 ou 16 $\frac{19}{66}$ contre 1 qu'il ne vivra pas 67 ans de plus.
11231 contre 237 ou 47 $\frac{12}{23}$ contre 1 qu'il ne vivra pas 72 ans de plus.
11383 contre 82 ou 133 $\frac{7}{8}$ contre 1 qu'il ne vivra pas 77 ans de plus.
11444 contre 24 ou 476 contre 1 qu'il ne vivra pas 82 ans de plus.
11466 contre 2 ou 5733 contre 1 qu'il ne vivra pas 87 ans de plus, c'est-à-dire, en tout, 100 ans révolus.

Pour un enfant de quatorze ans.

On peut parier 11299 contre 85 ou 132 $\frac{7}{8}$ contre 1 qu'un enfant de quatorze ans vivra un an de plus.

11299 contre $\frac{85}{2}$ ou 265 $\frac{3}{4}$ contre 1 qu'il vivra 6 mois.
11299 contre $\frac{85}{4}$ ou 531 $\frac{1}{2}$ contre 1 qu'il vivra 3 mois.
11299 contre $\frac{85}{365}$ ou 48519 contre 1 qu'il ne mourra pas dans les vingt-quatre heures.
10791 contre 591 ou 18 $\frac{14}{59}$ contre 1 qu'il vivra 6 ans de plus.
10117 contre 1267 ou près de 8 contre 1 qu'il vivra 11 ans de plus.
9395 contre 1989 ou 4 $\frac{14}{19}$ contre 1 qu'il vivra 16 ans de plus,
8619 contre 2765 ou 3 $\frac{1}{9}$ contre 1 qu'il vivra 21 ans de plus.
7741 contre 3643 ou 2 $\frac{1}{3}$ contre 1 qu'il vivra 26 ans de plus.
6835 contre 4549 ou 1 $\frac{22}{45}$ contre 1 qu'il vivra 31 ans de plus.
6034 contre 5350 ou 1 $\frac{6}{51}$ contre 1 qu'il vivra 36 ans de plus.
6180 contre 5204 ou 1 $\frac{9}{52}$ contre 1 qu'il ne vivra pas 41 ans de plus.
7066 contre 4318 ou 1 $\frac{27}{43}$ contre 1 qu'il ne vivra pas 46 ans de plus.
8013 contre 3371 ou 2 $\frac{4}{11}$ contre 1 qu'il ne vivra pas 51 ans de plus.
8979 contre 2405 ou 3 $\frac{17}{24}$ contre 1 qu'il ne vivra pas 56 ans de plus.
9901 contre 1483 ou 6 $\frac{5}{7}$ contre 1 qu'il ne vivra pas 61 ans de plus.
10721 contre 663 ou 16 $\frac{11}{66}$ contre 1 qu'il ne vivra pas 66 ans de plus.
11147 contre 237 ou un peu plus de 47 contre 1 qu'il ne vivra pas 71 ans de plus.
11299 contre 85 ou 132 $\frac{7}{8}$ contre 1 qu'il ne vivra pas 76 ans de plus.
11360 contre 24 ou 473 $\frac{1}{2}$ contre 1 qu'il ne vivra pas 81 ans de plus.
11382 contre 2 ou 5691 contre 1 qu'il ne vivra pas 86 ans de plus, c'est-à-dire, en tout, 100 ans révolus.

Pour une personne de quinze ans.

On peut parier 11209 contre 90 ou 124 $\frac{4}{9}$ contre 1 qu'une personne de quinze ans vivra un an de plus.

11209 contre $\frac{90}{2}$ ou 248 $\frac{8}{9}$ contre 1 qu'elle vivra 6 mois.
11209 contre $\frac{90}{4}$ ou 497 $\frac{7}{9}$ contre 1 qu'elle vivra 3 mois.
11209 contre $\frac{90}{365}$ ou 45458 contre 1 qu'elle ne mourra pas dans les vingt-quatre heures.
10791 contre 508 ou 21 $\frac{6}{23}$ contre 1 qu'elle vivra 5 ans de plus.
10117 contre 1182 ou 8 $\frac{6}{11}$ contre 1 qu'elle vivra 10 ans de plus,
9395 contre 1904 ou 4 $\frac{17}{19}$ contre 1 qu'elle vivra 15 ans de plus.
8619 contre 2680 ou 3 $\frac{5}{26}$ contre 1 qu'elle vivra 20 ans de plus.
7741 contre 3558 ou 2 $\frac{6}{35}$ contre 1 qu'elle vivra 25 ans de plus.
6835 contre 4464 ou 1 $\frac{23}{44}$ contre 1 qu'elle vivra 30 ans de plus.
6034 contre 5265 ou 1 $\frac{7}{52}$ contre 1 qu'elle vivra 35 ans de plus.
6095 contre 5204 ou 1 $\frac{2}{13}$ contre 1 qu'elle ne vivra pas 40 ans de plus.
6981 contre 4318 ou 1 $\frac{26}{43}$ contre 1 qu'elle ne vivra pas 45 ans de plus.
7928 contre 3371 ou 2 $\frac{1}{3}$ contre 1 qu'elle ne vivra pas 50 ans de plus.
8894 contre 2405 ou 3 $\frac{2}{3}$ contre 1 qu'elle ne vivra pas 55 ans de plus.
9816 contre 1483 ou 6 $\frac{9}{11}$ contre 1 qu'elle ne vivra pas 60 ans de plus.
10636 contre 663 ou 16 $\frac{1}{33}$ contre 1 qu'elle ne vivra pas 65 ans de plus.
11062 contre 237 ou 46 $\frac{16}{23}$ contre 1 qu'elle ne vivra pas 70 ans de plus.
11214 contre 85 ou 131 $\frac{7}{8}$ contre 1 qu'elle ne vivra pas 75 ans de plus.
11275 contre 24 ou près de 470 contre 1 qu'elle ne vivra pas 80 ans de plus.
11297 contre 2 ou 5648 $\frac{1}{2}$ contre 1 qu'elle ne vivra pas 85 ans de plus, c'est-à-dire, en tout, 100 ans révolus.

Pour une personne de seize ans.

On peut parier 11114 contre 95 ou près de 117 contre 1 qu'une personne de seize ans vivra un an de plus.

11114 contre $\frac{95}{2}$ ou près de 234 contre 1 qu'elle vivra 6 mois.
11114 contre $\frac{95}{4}$ ou près de 468 contre 1 qu'elle vivra 3 mois.
11114 contre $\frac{95}{365}$ ou 42701 contre 1 qu'elle ne mourra pas dans les vingt-quatre heures.
10791 contre 418 ou 25 $\frac{34}{41}$ contre 1 qu'elle vivra 4 ans de plus.
10117 contre 1092 ou 9 $\frac{1}{5}$ contre 1 qu'elle vivra 9 ans de plus.
9395 contre 1814 ou 5 $\frac{1}{6}$ contre 1 qu'elle vivra 14 ans de plus.
8619 contre 2590 ou 3 $\frac{8}{15}$ contre 1 qu'elle vivra 19 ans de plus.
7741 contae 3468 ou 2 $\frac{4}{17}$ contre 1 qu'elle vivra 24 ans de plus.
6835 contre 4374 ou 1 $\frac{24}{43}$ contre 1 qu'elle vivra 29 ans de plus.
6034 contre 5175 ou 1 $\frac{8}{51}$ contre 1 qu'elle vivra 34 ans de plus.
6005 contre 5204 ou 1 $\frac{2}{13}$ contre 1 qu'elle ne vivra pas 39 ans de plus.
6891 contre 4318 ou 1 $\frac{25}{43}$ contre 1 qu'elle ne vivra pas 44 ans de plus.
7838 contre 3371 ou 2 $\frac{5}{33}$ contre 1 qu'elle ne vivra pas 49 ans de plus.
8804 contre 2405 ou 3 $\frac{5}{8}$ contre 1 qu'elle ne vivra pas 54 ans de plus.

9726 contre 1483 ou 6 $\frac{4}{7}$ contre 1 qu'elle ne vivra pas 59 ans de plus.
10546 contre 663 ou près de 16 contre 1 qu'elle ne vivra pas 64 ans de plus.
10972 contre 237 ou 46 $\frac{7}{23}$ contre 1 qu'elle ne vivra pas 69 ans de plus.
11124 contre 85 ou 130 $\frac{7}{8}$ contre 1 qu'elle ne vivra pas 74 ans de plus.
11185 contre 24 ou 466 contre 1 qu'elle ne vivra pas 79 ans de plus.
11207 contre 2 ou 5603 $\frac{1}{2}$ contre 1 qu'elle ne vivra pas 84 ans de plus, c'est-à-dire en tout, 100 ans révolus.

Pour une personne de dix-sept ans.

On peut parier 11,014 contre 100 ou 100 $\frac{1}{10}$ contre 1 qu'une personne de dix-sept ans vivra un an de plus.

11014 contre $\frac{100}{2}$ ou 220 $\frac{2}{19}$ contre 1 qu'elle vivra 6 mois.
11014 contre $\frac{100}{4}$ ou 440 $\frac{4}{10}$ contre 1 qu'elle vivra 3 mois.
11014 contre $\frac{100}{365}$ ou 40201 contre 1 qu'elle ne mourra pas dans les vingt-quatre heures.
10791 contre 923 ou 33 $\frac{13}{22}$ contre 1 qu'elle vivra 3 ans de plus.
10117 contre 997 ou 10 $\frac{14}{95}$ contre 1 qu'elle vivra 8 ans de plus.
9395 contre 1719 ou 5 $\frac{8}{17}$ contre 1 qu'elle vivra 13 ans de plus.
8619 contre 2495 ou 3 $\frac{1}{2}$ contre 1 qu'elle vivra 18 ans de plus.
7741 contre 3373 ou 2 $\frac{3}{11}$ contre 1 qu'elle vivra 21 ans de plus.
6335 contre 4279 ou 1 $\frac{25}{52}$ contre 1 qu'elle vivra 28 ans de plus.
6034 contre 5080 ou 1 $\frac{9}{50}$ contre 1 qu'elle vivra 33 ans de plus.
5910 contre 5204 ou 1 $\frac{7}{52}$ contre 1 qu'elle ne vivra pas 38 ans de plus.
6796 contre 4318 ou 1 $\frac{24}{43}$ contre 1 qu'elle ne vivra pas 43 ans de plus.
7743 contre 3371 ou 2 $\frac{10}{33}$ contre 1 qu'elle ne vivra pas 48 ans de plus.
8709 contre 2405 ou 3 $\frac{7}{12}$ contre 1 qu'elle ne vivra pas 53 ans de plus.
9631 contre 3 ou 1483 $\frac{1}{2}$ contre 1 qu'elle ne vivra pas 58 ans de plus.
10451 contre 663 ou 15 $\frac{25}{33}$ contre 1 qu'elle ne vivra pas 63 ans de plus.
10877 contre 237 ou 45 $\frac{21}{23}$ contre 1 qu'elle ne vivra pas 68 ans de plus.
11029 contre 85 ou 129 $\frac{3}{4}$ contre 1 qu'elle ne vivra pas 73 ans de plus.
11090 contre 24 ou 462 contre 1 qu'elle ne vivra pas 78 ans de plus.
11112 contre 2 ou 5556 contre 1 qu'elle ne vivra pas 83 ans de plus, c'est-à-dire, en tout, 100 ans révolus.

Pour une personne de dix-huit ans.

On peut parier 10,907 contre 107 ou à peu près 102 contre 1 qu'une personne de dix-huit ans vivra un an de plus.

10907 contre $\frac{107}{2}$ ou près de 204 contre 1 qu'elle vivra 6 mois.
10907 contre $\frac{107}{5}$ ou près de 408 contre 1 qu'elle vivra 3 mois.
10907 contre $\frac{107}{365}$ ou 37,206 contre 1 qu'elle ne mourra pas dans les vingt-quatre heures.
10791 contre 223 ou 48 $\frac{4}{11}$ contre 1 qu'elle vivra 2 ans de plus.
10117 contre 897 ou 11 $\frac{25}{89}$ contre 1 qu'elle vivra 7 ans de plus.
9395 contre 1619 ou 5 $\frac{13}{16}$ contre 1 qu'elle vivra 12 ans de plus.
8619 contre 2395 ou 3 $\frac{17}{23}$ contre 1 qu'elle vivra 17 ans de plus.

7741 contre 3273 ou $2 \frac{21}{32}$ contre 1 qu'elle vivra 22 ans de plus.

6835 contre 4179 ou $1 \frac{26}{41}$ contre 1 qu'elle vivra 27 ans de plus.

6034 contre 4980 ou $1 \frac{10}{49}$ contre 1 qu'elle vivra 32 ans de plus.

5810 contre 5204 ou $1 \frac{3}{27}$ contre 1 qu'elle ne vivra pas 37 ans de plus.

6696 contre 4318 ou $1 \frac{23}{43}$ contre 1 qu'elle ne vivra pas 42 ans de plus.

7643 contre 3371 ou $2 \frac{3}{11}$ contre 1 qu'elle ne vivra pas 47 ans de plus.

8609 contre 2405 ou $3 \frac{13}{24}$ contre 1 qu'elle ne vivra pas 52 ans de plus.

9531 contre 1483 ou $6 \frac{3}{7}$ contre 1 qu'elle ne vivra pas 57 ans de plus.

10351 contre 663 ou $15 \frac{20}{33}$ contre 1 qu'elle ne vivra pas 62 ans de plus.

10777 contre 237 ou $45 \frac{11}{23}$ contre 1 qu'elle ne vivra pas 67 ans de plus.

10929 contre 85 ou $128 \frac{1}{2}$ contre 1 qu'elle ne vivra pas 72 ans de plus.

10990 contre 24 ou $457 \frac{11}{12}$ contre 1 qu'elle ne vivra pas 77 ans de plus.

11012 contre 2 ou 5506 contre 1 qu'elle ne vivra pas 82 ans de plus, c'est-à-dire, en tout, 100 ans révolus.

Pour une personne de dix-neuf ans.

On peut parier 10,791 contre 116 ou un peu plus de 93 contre 1, qu'une personne de dix-neuf ans vivra un an de plus.

10791 contre $\frac{116}{2}$ ou un peu plus de 186 contre 1 qu'elle vivra 6 mois.

10791 contre $\frac{116}{4}$ ou un peu plus de 372 contre 1 qu'elle vivra 3 mois.

10791 contre $\frac{116}{365}$ ou 33,963 contre 1 qu'elle ne mourra pas dans les vingt-quatre heures.

10117 contre 790 ou $12 \frac{63}{79}$ contre 1 qu'elle vivra 6 ans de plus.

9395 contre 1512 ou $6 \frac{1}{5}$ contre 1 qu'elle vivra 11 ans de plus.

8619 contre 2288 ou $3 \frac{17}{22}$ contre 1 qu'elle vivra 16 ans de plus.

7741 contre 3166 ou $2 \frac{14}{31}$ contre 1 qu'elle vivra 21 ans de plus.

6835 contre 4072 ou $1 \frac{27}{40}$ contre 1 qu'elle vivra 26 ans de plus.

6034 contre 4873 ou $1 \frac{11}{48}$ contre 1 qu'elle vivra 31 ans de plus.

5703 contre 5204 ou $1 \frac{1}{13}$ contre 1 qu'elle ne vivra pas 36 ans de plus.

6589 contre 4318 ou $1 \frac{22}{43}$ contre 1 qu'elle ne vivra pas 41 ans de plus.

7536 contre 3371 ou $2 \frac{7}{33}$ contre 1 qu'elle ne vivra pas 46 ans de plus.

8502 contre 2405 ou $3 \frac{1}{2}$ contre 1 qu'elle ne vivra pas 51 ans de plus.

9424 contre 1483 ou $6 \frac{5}{14}$ contre 1 qu'elle ne vivra pas 56 ans de plus.

10244 contre 663 ou $15 \frac{29}{66}$ contre 1 qu'elle ne vivra pas 61 ans de plus.

10670 contre 237 ou un peu plus de 45 contre 1 qu'elle ne vivra pas 66 ans de plus.

10822 contre 85 ou $127 \frac{1}{4}$ contre 1 qu'elle ne vivra pas 71 ans de plus.

10883 contre ou 24 $453 \frac{11}{24}$ contre 1 qu'elle ne vivra pas 76 ans de plus.

10904 contre 2 ou $5452 \frac{1}{2}$ contre 1 qu'elle ne vivra pas 81 ans de plus, c'est-à-dire, en tout, 100 ans révolus.

Pour une personne de vingt ans.

On peut parier 10667 contre 124 ou un peu plus de 86 contre 1, qu'une personne de vingt ans vivra un an de plus.

10667 contre $\frac{124}{2}$ ou un peu plus de 172 contre 1 qu'elle vivra 6 mois.

10667 contre $\frac{124}{4}$ ou un peu plus de 344 contre 1 qu'elle vivra 3 mois.

10667 contre $\frac{124}{365}$ ou près de 31399 contre 1 qu'elle ne mourra pas dans les vingt-quatre heures.
10117 contre 674 ou un peu plus de 15 contre 1 qu'elle vivra cinq ans de plus.
9393 contre 1396 ou $6 \frac{10}{13}$ contre 1 qu'elle vivra 10 ans de plus.
8619 contre 2172 ou près de 4 contre 1 qu'elle vivra 15 ans de plus.
7741 contre 3050 ou $2 \frac{8}{15}$ contre 1 qu'elle vivra 20 ans de plus.
6835 contre 3956 ou $1 \frac{38}{39}$ contre 1 qu'elle vivra 25 ans de plus.
6034 contre 4757 ou $1 \frac{12}{47}$ contre 1 qu'elle vivra 30 ans de plus.
5587 contre 5204 ou $1 \frac{3}{52}$ contre 1 qu'elle ne vivra pas 35 ans de plus.
6473 contre 43»8 ou $1 \frac{21}{43}$ contre 1 qu'elle ne vivra pas 40 ans de plus.
7420 contre 337» ou $2 \frac{2}{11}$ contre 1 qu'elle ne vivra pas 25 ans de plus.
8386 contre 2405 ou $3 \frac{11}{24}$ contre 1 qu'elle ne vivra pas 50 ans de plus.
9308 contre 1483 ou $6 \frac{2}{7}$ contre 1 qu'elle ne vivra pas 55 ans de plus.
10128 contre 663 ou $15 \frac{3}{11}$ contre 1 qu'elle ne vivra pas 60 ans de plus.
10554 contre 237 ou $44 \frac{12}{23}$ contre 1 qu'elle ne vivra pas 65 ans de plus.
10706 contre 86 ou près de 126 contre 1 qu'elle ne vivra pas 70 ans de plus.
10767 contre 24 ou $448 \frac{5}{8}$ contre 1 qu'elle ne vivra pas 75 ans de plus.
10789 contre 2 ou $5394 \frac{1}{2}$ contre 1 qu'elle ne vivra pas 80 ans de plus, c'est-à-dire, en tout, 100 ans révolus.

Pour une personne de vingt et un ans.

On peut parier 10524 contre 1[illegible]3 ou $79 \frac{2}{13}$ contre 1, qu'une personne de vingt et un ans vivra un an de plus.

10534 contre $\frac{132}{2}$ ou $158 \frac{4}{13}$ contre 1 qu'elle vivra 6 mois.
10534 contre $\frac{132}{365}$ ou $316 \frac{8}{13}$ contre 1 qu'elle vivra 3 mois.
10534 contre $\frac{132}{365}$ ou 28886 contre 1 qu'elle ne mourra pas dans les vingt-quatre heures.
10117 contre 550 ou $18 \frac{21}{55}$ contre 1 qu'elle vivra 4 ans de plus.
9395 contre 1272 ou $7 \frac{1}{3}$ contre 1 qu'elle vivra 9 ans de plus.
8619 contre 2048 ou $4 \frac{1}{3}$ contre 1 qu'elle vivra 14 ans de plus.
7741 contre 2926 ou $2 \frac{18}{29}$ contre 1 qu'elle vivra 19 ans de plus.
6835 contre 3832 ou $1 \frac{15}{19}$ contre 1 qu'elle vivra 24 ans de plus.
6034 contre 4633 ou $1 \frac{7}{23}$ contre 1 qu'elle vivra 29 ans de plus.
5463 contre 5204 ou $1 \frac{25}{52}$ contre 1 qu'elle ne vivra pas 34 ans de plus.
6349 contre 4318 ou $1 \frac{20}{43}$ contre 1 qu'elle ne vivra pas 39 ans de plus.
7296 contre 3371 ou $2 \frac{5}{33}$ contre 1 qu'elle ne vivra pas 44 ans de plus.
8262 contre 2405 ou $3 \frac{5}{12}$ contre 1 qu'elle ne vivra pas 49 ans de plus.
9184 contre 1483 ou $1 \frac{1}{7}$ contre 1 qu'elle ne vivra pas 54 ans de plus.
10004 contre 663 ou $15 \frac{3}{33}$ contre 1 qu'elle ne vivra pas 59 ans de plus.
10430 contre 237 ou $44 \frac{10}{23}$ contre 1 qu'elle ne vivra pas 64 ans de plus.
10582 contre 85 ou $124 \frac{1}{2}$ contre 1 qu'elle ne vivra pas 69 ans de plus.
10143 contre 24 ou $443 \frac{1}{2}$ à peu près contre 1 qu'elle ne vivra pas 74 ans de plus.
10765 contre 2 ou $5332 \frac{1}{2}$ contre 1 qu'elle ne vivra pas 79 ans de plus, c'est-à-dire, en tout, 100 ans révolus.

Pour une personne de vingt-deux ans.

On peut parier 10397 contre 136 ou 76 $\frac{6}{13}$ contre 1, qu'une personne de vingt-deux ans vivra un an de plus.

10398 contre $\frac{136}{2}$ ou 152 $\frac{12}{13}$ contre 1 qu'elle vivra 6 mois.
10398 contre $\frac{136}{4}$ ou 305 $\frac{11}{13}$ contre 1 qu'elle vivra 3 mois.
10398 contre $\frac{136}{365}$ ou 27906 contre 1 qu'elle ne mourra pas dans les vingt-quatre heures.
10117 contre 417 ou 24 $\frac{10}{41}$ contre 1 qu'elle vivra 3 ans de plus.
9395 contre 1139 ou 8 $\frac{2}{11}$ contre 1 qu'elle vivra 8 ans de plus.
8619 contre 1915 ou 4 $\frac{9}{19}$ contre 1 qu'elle vivra 13 ans de plus.
7741 contre 2793 ou 2 $\frac{22}{27}$ contre 1 qu'elle vivra 18 ans de plus.
6835 contre 3699 ou 1 $\frac{31}{36}$ contre 1 qu'elle vivra 23 ans de plus.
6034 contre 4500 ou 1 $\frac{1}{3}$ contre 1 qu'elle vivra 28 ans de plus.
5330 contre 5204 ou 1 $\frac{1}{52}$ contre 1 qu'elle vivra 33 ans de plus.
6216 contre 4318 ou 1 $\frac{18}{43}$ contre 1 qu'elle ne vivra pas 38 ans de plus.
7163 contre 3371 ou 2 $\frac{4}{33}$ contre 1 qu'elle ne vivra pas 43 ans de plus.
8129 contre 2405 ou 3 $\frac{13}{8}$ contre 1 qu'elle ne vivra pas 48 ans de plus.
9051 contre 1483 ou 6 $\frac{1}{14}$ contre 1 qu'elle ne vivra pas 53 ans de plus.
9871 contre 663 ou 14 $\frac{5}{6}$ contre 1 qu'elle ne vivra pas 58 ans de plus.
10297 contre 237 ou 43 $\frac{10}{23}$ contre 1 qu'elle ne vivra pas 63 ans de plus.
10449 contre 85 ou 122 $\frac{7}{8}$ contre 1 qu'elle ne vivra pas 68 ans de plus.
10510 contre 24 ou 437 $\frac{11}{12}$ contre 1 qu'elle ne vivra pas 73 ans de plus.
10532 contre 2 ou 5266 contre 1 qu'elle ne vivra pas 78 ans de plus, c'est-à-dire, en tout, 100 ans révolus.

Pour une personne de vingt-trois ans.

On peut parier 10,258 contre 140 ou 73 $\frac{3}{14}$ contre 1, qu'une personne de vingt-trois ans vivra un an de plus.

10258 contre $\frac{140}{2}$ ou 146 $\frac{3}{7}$ contre 1 qu'elle vivra 6 mois.
10258 contre $\frac{140}{4}$ ou 292 $\frac{6}{7}$ contre 1 qu'elle vivra 3 mois.
10258 contre $\frac{140}{365}$ ou 26,744 contre 1 qu'elle ne mourra pas dans les vingt-quatre heures.
10117 contre 281 ou un peu plus de 36 contre 1 qu'elle vivra deux ans de plus.
9395 contre 1003 ou 9 $\frac{3}{10}$ contre 1 qu'elle vivra 7 ans de plus.
8619 contre 1779 ou 4 $\frac{15}{17}$ contre 1 qu'elle vivra 12 ans de plus.
7741 contre 2657 ou 2 $\frac{12}{13}$ contre 1 qu'elle vivra 17 ans de plus.
6835 contre 3563 ou 1 $\frac{32}{35}$ contre 1 qu'elle vivra 22 ans de plus.
6034 contre 4364 ou 1 $\frac{16}{10}$ contre 1 qu'elle vivra 27 ans de plus.
5204 contre 5194 ou 1 $\frac{1}{519}$ contre 1 qu'elle vivra 32 ans de plus.
6080 contre 4318 ou 1 $\frac{17}{43}$ contre 1 qu'elle ne vivra pas 37 ans de plus.
7027 contre 3371 ou 2 $\frac{2}{33}$ contre 1 qu'elle ne vivra pas 42 ans de plus.
7993 contre 2405 ou 3 $\frac{7}{24}$ contre 1 qu'elle ne vivra pas 47 ans de plus.
8915 contre 1483 ou un peu plus de 6 contre 1 qu'elle ne vivra pas 52 ans de plus.
9735 contre 663 ou 14 $\frac{2}{3}$ contre 1 qu'elle ne vivra pas 57 ans de plus.

10161 contre 237 ou 42 $\frac{20}{23}$ contre 1 qu'elle ne vivra pas 62 ans de plus.
10313 contre 85 ou 121 $\frac{1}{4}$ contre 1 qu'elle ne vivra pas 67 ans de plus.
10374 contre 24 ou 432 $\frac{1}{4}$ contre 1 qu'elle ne vivra pas 72 ans de plus.
10396 contre 2 ou 5198 contre 1 qu'elle ne vivra pas 77 ans de plus, c'est-à-dire, en tout, 100 ans révolus.

Pour une personne de vingt-quatre ans.

On peut parier 10,117 contre 141 ou 71 $\frac{5}{7}$ contre 1, qu'une personne de vingt-quatre ans vivra un an de plus.

10117 contre $\frac{141}{2}$ ou 143 $\frac{3}{7}$ contre 1 qu'elle vivra 6 mois.
10117 contre $\frac{141}{4}$ ou 286 $\frac{6}{7}$ contre 1 qu'elle vivra 3 mois.
10117 contre $\frac{141}{365}$ ou 26,189 contre 1 qu'elle ne mourra pas dans les vingt-quatre heures.
9395 contre 863 ou 10 $\frac{7}{8}$ contre 1 qu'elle vivra 6 ans de plus.
8619 contre 1639 ou 5 $\frac{1}{4}$ contre 1 qu'elle vivra 11 ans de plus.
7741 contre 2517 ou 1 $\frac{1}{25}$ contre 1 qu'elle vivra 16 ans de plus.
6815 contre 3423 ou près de 2 contre 1 qu'elle vivra 21 ans de plus.
6034 contre 4224 ou 1 $\frac{5}{7}$ contre 1 qu'elle vivra 26 ans de plus.
5204 contre 5054 ou 1 $\frac{1}{50}$ contre 1 qu'elle vivra 31 ans de plus.
5940 contre 4318 ou 1 $\frac{16}{43}$ contre 1 qu'elle ne vivra pas 36 ans de plus.
6887 contre 3371 ou 2 $\frac{1}{33}$ contre 1 qu'elle ne vivra pas 41 ans de plus.
7853 contre 2405 ou 3 $\frac{2}{3}$ contre 1 qu'elle ne vivra pas 46 ans de plus.
8775 contre 1483 ou 5 $\frac{13}{14}$ contre 1 qu'elle ne vivra pas 51 ans de plus.
9595 contre 663 ou 14 $\frac{31}{66}$ contre 1 qu'elle ne vivra pas 56 ans de plus.
10021 contre 237 ou 42 $\frac{6}{23}$ contre 1 qu'elle ne vivra pas 61 ans de plus.
10173 contre 85 ou 119 $\frac{5}{8}$ contre 1 qu'elle ne vivra pas 66 ans de plus.
10234 contre 24 ou 426 $\frac{1}{2}$ contre 1 qu'elle ne vivra pas 71 ans de plus.
10256 contre 2 ou 5128 contre 1 qu'elle ne vivra pas 76 ans de plus, c'est-à-dire, en tout, 100 ans révolus.

Pour une personne de vingt-cinq ans.

On peut parier 9,975 contre 142 ou 70 $\frac{3}{17}$ contre 1, qu'une personne de vingt-cinq ans vivra un an de plus.

9975 contre $\frac{142}{2}$ ou 146 $\frac{3}{7}$ contre 1 qu'elle vivra 6 mois.
9975 contre $\frac{142}{4}$ ou 280 $\frac{6}{7}$ contre 1 qu'elle vivra 3 mois.
9975 contre $\frac{142}{365}$ ou 25,640 contre 1 qu'elle ne mourra pas dans les vingt-quatre heures.
9395 contre 722 ou un peu plus de 13 contre 1 qu'elle vivra 5 ans de plus.
8619 contre 1498 ou 5 $\frac{11}{14}$ contre 1 qu'elle vivra 10 ans de plus.
7741 contre 2376 ou 3 $\frac{6}{23}$ contre 1 qu'elle vivra 15 ans de plus.
6835 contre 3282 ou 2 $\frac{1}{16}$ contre 1 qu'elle vivra 20 ans de plus.
6034 contre 4083 ou 1 $\frac{19}{40}$ contre 1 qu'elle vivra 25 ans de plus.
5204 contre 4913 ou 1 $\frac{2}{49}$ contre 1 qu'elle vivra 30 ans de plus.
5799 contre 4318 ou 1 $\frac{11}{43}$ contre 1 qu'elle ne vivra pas 35 ans de plus.
6746 contre 3371 ou 2 $\frac{1}{33}$ contre 1 qu'elle ne vivra pas 40 ans de plus.

7712 contre 2405 ou 3 $\frac{1}{6}$ contre 1 qu'elle ne vivra pas 45 ans de plus.
8634 contre 1483 ou 5 $\frac{6}{7}$ contre 1 qu'elle ne vivra pas 50 ans de plus.
9454 contre 663 ou 14 $\frac{1}{2}$ contre 1 qu'elle ne vivra pas 55 ans de plus.
9880 contre 237 ou 41 $\frac{16}{23}$ contre 1 qu'elle ne vivra pas 60 ans de plus.
10032 contre 85 ou un peu plus de 118 contre 1 qu'elle ne vivra pas 65 ans de plus.
10093 contre 24 ou 420 $\frac{1}{2}$ contre 1 qu'elle ne vivra pas 70 ans de plus.
10115 contre 2 ou 5057 $\frac{1}{2}$ contre 1 qu'elle ne vivra pas 75 ans de plus, c'est-à-dire, en tout, 100 ans révolus.

Pour une personne de vingt-six ans.

On peut parier 9,832 contre 143 ou 68 $\frac{5}{6}$ contre 1, qu'une personne de vingt-six ans vivra un an de plus.

9832 contre $\frac{143}{2}$ ou 127 $\frac{3}{7}$ contre 1 qu'elle vivra 6 mois.
9832 contre $\frac{143}{4}$ ou 274 $\frac{6}{7}$ contre 1 qu'elle vivra 3 mois.
9832 contre $\frac{143}{365}$ ou 25091 $\frac{3}{7}$ contre 1 qu'elle ne mourra pas dans les vingt-quatre heures.
9395 contre 580 ou 16 $\frac{11}{58}$ contre 1 qu'elle vivra 4 ans de plus.
8619 contre 1356 ou 6 $\frac{4}{13}$ contre 1 qu'elle vivra 9 ans de plus.
7741 contre 2234 ou 3 $\frac{5}{11}$ contre 1 qu'elle vivra 14 ans de plus
6835 contre 3140 ou 2 $\frac{5}{31}$ contre 1 qu'elle vivra 19 ans de plus.
6034 contre 3941 ou 1 $\frac{20}{39}$ contre 1 qu'elle vivra 24 ans de plus.
5204 contre 4771 ou 1 $\frac{4}{47}$ contre 1 qu'elle vivra 29 ans de plus.
5657 contre 4318 ou 1 $\frac{13}{43}$ contre 1 qu'elle ne vivra pas 34 ans de plus.
6604 contre 3371 ou 1 $\frac{32}{33}$ contre 1 qu'elle ne vivra pas 39 ans de plus.
7570 contre 2405 ou 3 $\frac{1}{8}$ contre 1 qu'elle ne vivra pas 44 ans de plus.
8492 contre 1483 ou 5 $\frac{5}{7}$ contre 1 qu'elle ne vivra pas 49 ans de plus.
9312 contre 663 ou 14 $\frac{1}{33}$ contre 1 qu'elle ne vivra pas 54 ans de plus.
9738 contre 237 ou 41 $\frac{2}{23}$ contre 1 qu'elle ne vivra pas 59 ans de plus.
9890 contre 85 ou 116 $\frac{3}{8}$ contre 1 qu'elle ne vivra pas 64 ans de plus.
9951 contre 24 ou 414 $\frac{5}{8}$ contre 1 qu'elle ne vivra pas 69 ans de plus.
9973 contre 2 ou 4986 $\frac{1}{2}$ contre 1 qu'elle ne vivra pas 74 ans de plus, c'est-à-dire, en tout, 100 ans révolus.

Pour une personne de vingt-sept ans.

On peut parier 9,688 contre 144 ou 67 $\frac{2}{7}$ contre 1, qu'une personne de vingt-sept ans vivra un an de plus.

9688 contre $\frac{144}{2}$ ou 134 $\frac{4}{7}$ contre 1 qu'elle vivra 6 mois.
9688 contre $\frac{144}{4}$ ou 200 $\frac{1}{7}$ contre 1 qu'elle vivra 3 mois.
9688 contre $\frac{144}{365}$ ou près de 24,556 contre 1 qu'elle ne mourra pas dans les vingt-quatre heures.
9385 contre 437 ou 21 $\frac{21}{43}$ contre 1 qu'elle vivra 3 ans de plus.
8619 contre 1213 ou 7 $\frac{1}{12}$ contre 1 qu'elle vivra 8 ans de plus.
7741 contre 2091 ou 3 $\frac{7}{10}$ contre 1 qu'elle vivra 13 ans de plus.
6835 contre 2997 ou 2 $\frac{8}{29}$ contre 1 qu'elle vivra 18 ans de plus.
6034 contre 3798 ou 1 $\frac{22}{37}$ contre 1 qu'elle vivra 23 ans de plus.

5204 contre 4628 ou 1 $\frac{5}{46}$ contre 1 qu'elle vivra 28 ans de plus.
5514 contre 4318 ou 1 $\frac{11}{43}$ contre 1 qu'elle ne vivra pas 33 ans de plus.
6461 contre 3371 ou 1 $\frac{10}{11}$ contre 1 qu'elle ne vivra pas 38 ans de plus.
7427 contre 2405 ou 3 $\frac{1}{12}$ contre 1 qu'elle ne vivra pas 43 ans de plus.
8349 contre 1483 ou 5 $\frac{9}{14}$ contre 1 qu'elle ne vivra pas 48 ans de plus.
9169 contre 663 ou 13 $\frac{5}{6}$ contre 1 qu'elle ne vivra pas 53 ans de plus.
9595 contre 237 ou 40 $\frac{11}{23}$ contre 1 qu'elle ne vivra pas 58 ans de plus.
9747 contre 85 ou 114 $\frac{5}{8}$ contre 1 qu'elle ne vivra pas 63 ans de plus.
9808 contre 24 ou 408 $\frac{2}{3}$ contre 1 qu'elle ne vivra pas 68 ans de plus.
9830 contre 2 ou 4915 contre 1 qu'elle ne vivra pas 73 ans de plus, c'est-à-dire, en tout, 100 ans révolus.

Pour une personne de vingt-huit ans.

On peut parier 9,543 contre 145 ou 65 $\frac{11}{14}$ contre 1, qu'une personne de vingt-huit ans vivra un an de plus.

9543 contre $\frac{145}{2}$ ou 131 $\frac{4}{7}$ contre 1 qu'elle vivra 6 mois.
9543 contre $\frac{145}{4}$ ou 263 $\frac{1}{7}$ contre 1 qu'elle vivra 3 mois.
9543 contre $\frac{145}{365}$ ou 24,022 contre 1 qu'elle ne mourra pas dans les vingt-quatre heures.
9395 contre 293 ou 32 $\frac{1}{29}$ contre 1 qu'elle vivra 2 ans de plus.
8619 contre 1069 ou 8 $\frac{3}{53}$ contre 1 qu'elle vivra 7 ans de plus.
7741 contre 1947 ou près de 4 contre 1 qu'elle vivra 12 ans de plus.
6835 contre 2853 ou 2 $\frac{11}{28}$ contre 1 qu'elle vivra 17 ans de plus.
6034 contre 3654 ou 1 $\frac{23}{36}$ contre 1 qu'elle vivra 22 ans de plus.
5204 contre 4484 ou 1 $\frac{7}{44}$ contre 1 qu'elle vivra 27 ans de plus.
5370 contre 4318 ou 1 $\frac{10}{43}$ contre 1 qu'elle ne vivra pas 32 ans de plus.
6317 contre 3371 ou 1 $\frac{29}{33}$ contre 1 qu'elle ne vivra pas 37 ans de plus.
7283 contre 2405 ou 3 $\frac{1}{10}$ contre 1 qu'elle ne vivra pas 42 ans de plus.
8205 contre 1483 ou 5 $\frac{1}{2}$ contre 1 qu'elle ne vivra pas 47 ans de plus.
9025 contre 663 ou 13 $\frac{2}{3}$ contre 1 qu'elle ne vivra pas 52 ans de plus.
9451 contre 237 ou 39 $\frac{20}{23}$ contre 1 qu'elle ne vivra pas 57 ans de plus.
9603 contre 85 ou près de 113 contre 1 qu'elle ne vivra pas 62 ans de plus.
9664 contre 24 ou 402 $\frac{2}{3}$ contre 1 qu'elle ne vivra pas 67 ans de plus.
9686 contre 2 ou 4843 contre 1 qu'elle ne vivra pas 72 ans de plus, c'est-à-dire, en tout, 100 ans révolus.

Pour une personne de vingt-neuf ans.

On peut parier 9395 contre 148 ou 63 $\frac{7}{14}$ contre 1, qu'une personne de vingt-neuf ans vivra un an de plus.

9395 contre $\frac{148}{2}$ ou 127 contre 1 qu'elle vivra 6 mois.
9395 contre $\frac{148}{4}$ ou 254 contre 1 qu'elle vivra 3 mois.
9395 contre $\frac{148}{365}$ ou 23170 contre 1 qu'elle ne mourra pas dans les vingt-quatre heures.
8619 contre 924 ou 9 $\frac{1}{3}$ contre 1 qu'elle vivra 6 ans de plus.
7741 contre 1802 ou 4 $\frac{5}{18}$ contre 1 qu'elle vivra 11 ans de plus.

6835 contre 2708 ou $2 \frac{14}{17}$ contre 1 qu'elle vivra 16 ans de plus.
6034 contre 3509 ou $1 \frac{5}{7}$ contre 1 qu'elle vivra 21 ans de plus.
5204 contre 4339 ou $1 \frac{8}{43}$ contre 1 qu'elle vivra 26 ans de plus.
5225 contre 4318 ou $1 \frac{9}{43}$ contre 1 qu'elle ne vivra pas 31 ans de plus.
6172 contre 3371 ou $1 \frac{28}{33}$ contre 1 qu'elle ne vivra pas 36 ans de plus.
7138 contre 2405 ou $2 \frac{23}{24}$ contre 1 qu'elle ne vivra pas 41 ans de plus.
8060 contre 1483 ou $5 \frac{3}{7}$ contre 1 qu'elle ne vivra pas 46 ans de plus.
8880 contre 663 ou $13 \frac{1}{3}$ contre 1 qu'elle ne vivra pas 51 ans de plus.
9306 contre 237 ou $39 \frac{6}{23}$ contre 1 qu'elle ne vivra pas 56 ans de plus.
9458 contre 85 ou $111 \frac{1}{4}$ contre 1 qu'elle ne vivra pas 61 ans de plus.
9519 contre 24 ou $396 \frac{5}{8}$ contre 1 qu'elle ne vivra pas 66 ans de plus.
9541 contre 2 ou $4770 \frac{1}{2}$ contre 1 qu'elle ne vivra pas 71 ans de plus, c'est-à-dire, en tout, 100 ans révolus.

Pour une personne de trente ans.

On peut parier 9244 contre 151 ou $61 \frac{1}{5}$ contre 1, qu'une personne de trente ans vivra un an de plus.

9244 contre $\frac{151}{2}$ ou $122 \frac{2}{5}$ contre 1 qu'elle vivra 6 mois.
9244 contre $\frac{151}{4}$ ou $244 \frac{4}{5}$ contre 1 qu'elle vivra 3 mois.
9244 contre $\frac{151}{365}$ ou 22345 contre 1 qu'elle ne mourra pas dans les vingt-quatre heures.
8619 contre 776 ou $11 \frac{8}{77}$ contre 1 qu'elle vivra 5 ans de plus.
7741 contre 1654 ou $4 \frac{11}{16}$ contre 1 qu'elle vivra 10 ans de plus.
6835 contre 2560 ou $2 \frac{17}{25}$ contre 1 qu'elle vivra 15 ans de plus.
6034 contre 3361 ou $1 \frac{26}{33}$ contre 1 qu'elle vivra 20 ans de plus.
5204 contre 4191 ou $1 \frac{10}{41}$ contre 1 qu'elle vivra 25 ans de plus.
5077 contre 4318 ou $1 \frac{7}{43}$ contre 1 qu'elle ne vivra pas 30 ans de plus.
6024 contre 3371 ou $1 \frac{26}{33}$ contre 1 qu'elle ne vivra pas 35 ans de plus.
6990 contre 2405 ou $2 \frac{7}{8}$ contre 1 qu'elle ne vivra pas 40 ans de plus.
7912 contre 1483 ou $5 \frac{2}{7}$ contre 1 qu'elle ne vivra pas 45 ans de plus.
8732 contre 663 ou $13 \frac{11}{66}$ contre 1 qu'elle ne vivra pas 50 ans de plus.
9158 contre 237 ou $38 \frac{15}{23}$ contre 1 qu'elle ne vivra pas 55 ans de plus.
9310 contre 85 ou $109 \frac{1}{2}$ contre 1 qu'elle ne vivra pas 60 ans de plus.
9371 contre 24 ou $390 \frac{1}{2}$ contre 1 qu'elle ne vivra pas 65 ans de plus.
9393 contre 2 ou $4696 \frac{1}{2}$ contre 1 qu'elle ne vivra pas 70 ans de plus, c'est-à-dire, en tout, 100 ans révolus.

Pour une personne de trente et un ans.

On peut parier 9091 contre 153 ou $59 \frac{6}{13}$ contre 1, qu'une personne de trente-un ans vivra un an de plus.

9091 contre $\frac{153}{2}$ ou $118 \frac{4}{5}$ contre 1 qu'elle vivra 6 mois.
9091 contre $\frac{153}{4}$ ou $237 \frac{3}{5}$ contre 1 qu'elle vivra 3 mois.
9091 contre $\frac{153}{365}$ ou 21638 contre 1 qu'elle ne mourra pas dans les vingt-quatre heures.
8619 contre 625 ou $13 \frac{2}{3}$ contre 1 qu'elle vivra 4 ans de plus.

7741 contre 1503 ou 5 $\frac{2}{15}$ contre 1 qu'elle vivra 9 ans de plus.
6835 contre 2409 ou 2 $\frac{5}{6}$ contre 1 qu'elle vivra 14 ans de plus.
6034 contre 3210 ou 1 $\frac{7}{8}$ contre 1 qu'elle vivra 19 ans de plus.
5204 contre 4040 ou 1 $\frac{11}{40}$ contre 1 qu'elle vivra 24 ans de plus.
4926 contre 4318 ou 1 $\frac{6}{43}$ contre 1 qu'elle vivra 29 ans de plus.
5873 contre 3371 ou 1 $\frac{25}{33}$ contre 1 qu'elle ne vivra pas 34 ans de plus.
6839 contre 2405 ou 2 $\frac{5}{6}$ contre 1 qu'elle ne vivra pas 39 ans de plus.
7761 contre 1483 ou 5 $\frac{3}{14}$ contre 1 qu'elle ne vivra pas 44 ans de plus.
8581 contre 663 ou 12 $\frac{31}{33}$ contre 1 qu'elle ne vivra pas 49 ans de plus.
9007 contre 237 ou 38 contre 1 qu'elle ne vivra pas 54 ans de plus.
9159 contre 85 ou 107 $\frac{3}{4}$ contre 1 qu'elle ne vivra pas 59 ans de plus.
9220 contre 24 ou 384 $\frac{1}{6}$ contre 1 qu'elle ne vivra pas 64 ans de plus.
9242 contre 2 ou 4621 contre 1 qu'elle ne vivra pas 69 ans de plus, c'est-à-dire, en tout, 100 ans révolus.

Pour une personne de trente-deux ans.

On peut parier 8937 contre 154 ou un peu plus de 58 contre 1, qu'une personne de trentre-deux ans vivra un an de plus.

8937 contre $\frac{154}{2}$ ou un peu plus de 216 contre 1 qu'elle vivra 6 mois.
8937 contre $\frac{154}{4}$ ou un peu plus de 432 contre 1 qu'elle vivra 3 mois.
8937 contre $\frac{154}{365}$ ou 21182 contre 1 qu'elle ne mourra pas dans les vingt-quatre heures.
8619 contre 472 ou 18 $\frac{12}{47}$ contre 1 qu'elle vivra 3 ans de plus.
7741 contre 1350 ou 5 $\frac{9}{13}$ contre 1 qu'elle vivra 8 ans de plus.
6835 contre 2256 ou un peu plus de 3 contre 1 qu'elle vivra 13 ans de plus.
6034 contre 3057 ou 1 $\frac{29}{30}$ contre 1 qu'elle vivra 18 ans de plus.
5204 contre 3887 ou 1 $\frac{13}{38}$ contre 1 qu'elle vivra 23 ans de plus.
4773 contre 4318 ou 1 $\frac{4}{43}$ contre 1 qu'elle ne vivra pas 28 ans de plus.
5720 contre 3371 ou 1 $\frac{23}{33}$ contre 1 qu'elle ne vivra pas 33 ans de plus.
6686 contre 2405 ou 2 $\frac{3}{4}$ contre 1 qu'elle ne vivra pas 38 ans de plus.
7608 contre 1483 ou 5 $\frac{1}{14}$ contre 1 qu'elle ne vivra pas 43 ans de plus.
8428 contre 663 ou 12 $\frac{2}{23}$ contre 1 qu'elle ne vivra pas 48 ans de plus.
8854 contre 237 ou 37 $\frac{8}{23}$ contre 1 qu'elle ne vivra pas 53 ans de plus.
9006 contre 85 ou près de 106 contre 1 qu'elle ne vivra pas 58 ans de plus.
9067 contre 24 ou 377 $\frac{3}{4}$ contre 1 qu'elle ne vivra pas 63 ans de plus.
9089 contre 2 ou 4544 $\frac{1}{2}$ contre 1 qu'elle ne vivra pas 68 ans de plus, c'est-à-dire, en tout, 100 ans révolus.

Pour une personne de trente-trois ans.

On peut parier 8779 contre 158 ou 55 $\frac{8}{15}$ contre 1, qu'une personne de trente-trois ans vivra un an de plus.

8779 contre $\frac{158}{2}$ ou 111 $\frac{1}{5}$ contre 1 qu'elle vivra 6 mois.
8779 contre $\frac{158}{4}$ ou 222 $\frac{2}{5}$ contre 1 qu'elle vivra 3 mois.
8779 contre $\frac{158}{365}$ ou 20280 contre 1 qu'elle ne mourra pas dans les vingt-quatre heures.

8619 contre 318 ou 27 $\frac{3}{31}$ contre 1 qu'elle vivra 2 ans de plus.
7741 contre 1196 ou 6 $\frac{5}{11}$ contre 1 qu'elle vivra 7 ans de plus.
6835 contre 2102 ou 3 $\frac{5}{21}$ contre 1 qu'elle vivra 12 ans de plus.
6034 contre 2903 ou 2 $\frac{2}{29}$ contre 1 qu'elle vivra 17 ans de plus.
5204 contre 3733 ou 1 $\frac{14}{37}$ contre 1 qu'elle vivra 22 ans de plus.
4619 contre 4318 ou 1 $\frac{3}{43}$ contre 1 qu'elle ne vivra pas 27 ans de plus.
5566 contre 3371 ou 1 $\frac{7}{11}$ contre 1 qu'elle ne vivra pas 32 ans de plus.
6532 contre 2405 ou 2 $\frac{17}{24}$ contre 1 qu'elle ne vivra pas 37 ans de plus.
7454 contre 1483 ou un peu plus de 5 contre 1 qu'elle ne vivra pas 42 ans de plus.
8274 contre 663 ou 12 $\frac{31}{63}$ contre 1 qu'elle ne vivra pas 47 ans de plus.
8700 contre 237 ou 36 $\frac{16}{23}$ contre 1 qu'elle ne vivra pas 52 ans de plus.
8852 contre 85 ou 104 $\frac{1}{8}$ contre 1 qu'elle ne vivra pas 57 ans de plus.
8913 contre 24 ou 371 $\frac{3}{8}$ contre 1 qu'elle ne vivra pas 62 ans de plus.
8935 contre 2 ou 4468 $\frac{1}{2}$ contre 1 qu'elle ne vivra pas 67 ans de plus, c'est-à-dire, en tout, 100 ans révolus.

Pour une personne de trente-quatre ans.

On peut parier 8619 contre 160 ou 53 $\frac{13}{16}$ contre 1, qu'une personne de trente-quatre ans vivra un an de plus.

8619 contre $\frac{160}{2}$ ou 107 $\frac{5}{8}$ contre 1 qu'elle vivra 6 mois.
8619 contre $\frac{160}{4}$ ou 215 $\frac{1}{4}$ contre 1 qu'elle vivra 3 mois.
8619 contre $\frac{160}{365}$ ou 19662 contre 1 qu'elle ne mourra pas dans les vingt-quatre heures.
8454 contre 325 ou 26 contre 1 qu'elle vivra 2 ans de plus.
8284 contre 495 ou 16 $\frac{3}{4}$ contre 1 qu'elle vivra 3 ans de plus.
8109 contre 670 ou 12 $\frac{6}{67}$ contre 1 qu'elle vivra 4 ans de plus.
7928 contre 851 ou 9 $\frac{1}{4}$ contre 1 qu'elle vivra 5 ans de plus.
7741 contre 1038 ou 7 $\frac{2}{5}$ contre 1 qu'elle vivra 6 ans de plus.
6836 contre 1944 ou 3 $\frac{10}{19}$ contre 1 qu'elle vivra 11 ans de plus.
6034 contre 2745 ou 2 $\frac{5}{27}$ contre 1 qu'elle vivra 16 ans de plus.
5204 contre 3575 ou 1 $\frac{16}{35}$ contre 1 qu'elle vivra 21 ans de plus.
4461 contre 4318 ou 1 $\frac{1}{43}$ contre 1 qu'elle ne vivra pas 26 ans de plus.
5408 contre 3371 ou 1 $\frac{20}{33}$ contre 1 qu'elle ne vivra pas 31 ans de plus.
6374 contre 6405 ou 2 $\frac{5}{8}$ contre 1 qu'elle ne vivra pas 36 ans de plus.
7296 contre 1483 ou 4 $\frac{13}{14}$ contre 1 qu'elle ne vivra pas 41 ans de plus.
8116 contre 663 ou 12 $\frac{8}{33}$ contre 1 qu'elle ne vivra pas 46 ans de plus.
8442 contre 237 ou un peu plus de 36 contre 1 qu'elle ne vivra pas 51 ans de plus.
8694 contre 85 ou 102 $\frac{1}{4}$ contre 1 qu'elle ne vivra pas 56 ans de plus.
8755 contre 24 ou 364 $\frac{3}{4}$ contre 1 qu'elle ne vivra pas 61 ans de plus.
8777 contre 2 ou 4388 contre 1 qu'elle ne vivra pas 65 ans de plus, c'est-à-dire, en tout, cent ans révolus.

Pour une personne de trente-cinq ans.

On peut parier 8454 contre 165 ou 51 $\frac{3}{16}$ contre 1, qu'une personne de trente-cinq ans vivra un an de plus.

8454 contre $\frac{165}{2}$ ou 182 $\frac{3}{8}$ contre 1 qu'elle vivra 6 mois.
8454 contre $\frac{165}{4}$ ou 204 $\frac{3}{4}$ contre 1 qu'elle vivra 3 mois.
8454 contre $\frac{165}{365}$ ou 18701 contre 1 qu'elle ne mourra pas dans les vingt-quatre heures.
8284 contre 335 ou 24 $\frac{8}{12}$ contre 1 qu'elle vivra 2 ans de plus.
8109 contre 510 ou 15 $\frac{45}{51}$ contre 1 qu'elle vivra 3 ans de plus.
7928 contre 691 ou 11 $\frac{32}{69}$ contre 1 qu'elle vivra 4 ans de plus.
7741 contre 878 ou 8 $\frac{7}{8}$ contre 1 qu'elle vivra 5 ans de plus.
7555 contre 1064 ou 7 $\frac{1}{10}$ contre 1 qu'elle vivra 6 ans de plus.
7370 contre 1249 ou 5 $\frac{11}{12}$ contre 1 qu'elle vivra 7 ans de plus.
7186 contre 1433 ou un peu plus de 5 contre 1 qu'elle vivra 8 ans de plus.
6835 contre 1784 ou 3 $\frac{34}{17}$ contre 1 qu'elle vivra 10 ans de plus.
6034 contre 2585 ou 2 $\frac{8}{25}$ contre 1 qu'elle vivra 15 ans de plus.
5204 contre 3415 ou 1 $\frac{1}{2}$ contre 1 qu'elle vivra 20 ans de plus.
4318 contre 4301 ou un peu plus de 1 contre 1 qu'elle vivra 25 ans de plus.
5248 contre 3371 ou 1 $\frac{6}{11}$ contre 1 qu'elle ne vivra pas 30 ans de plus.
6214 contre 2405 ou 2 $\frac{7}{12}$ contre 1 qu'elle ne vivra pas 35 ans de plus.
7136 contre 1483 ou 4 $\frac{6}{7}$ contre 1 qu'elle ne vivra pas 40 ans de plus.
7956 contre 663 ou 12 contre 1 qu'elle ne vivra pas 45 ans de plus.
8382 contre 237 ou 35 $\frac{8}{23}$ contre 1 qu'elle ne vivra pas 50 ans de plus.
8534 contre 85 ou 100 $\frac{3}{8}$ contre 1 qu'elle ne vivra pas 55 ans de plus.
8595 contre 24 ou 358 contre 1 qu'elle ne vivra pas 60 ans de plus.
8617 contre 2 ou 4308 $\frac{1}{2}$ contre 1 qu'elle ne vivra pas 65 ans de plus, c'est-à-dire, en tout, 100 ans révolus.

Pour une personne de trente-six ans.

On peut parier 8284 contre 170 ou 48 $\frac{12}{17}$ contre 1, qu'une personne de trente-six ans vivra un an de plus.

8284 contre $\frac{170}{2}$ ou 97 $\frac{7}{17}$ contre 1 qu'elle vivra 6 mois.
8284 contre $\frac{170}{4}$ ou 194 $\frac{14}{17}$ contre 1 qu'elle vivra 3 mois.
8284 contre $\frac{170}{365}$ ou 17786 contre 1 qu'elle ne mourra pas dans les vingt-quatre heures.
8109 contre 345 ou 23 $\frac{1}{2}$ contre 1 qu'elle vivra 2 ans de plus.
7928 contre 526 ou 15 $\frac{3}{52}$ contre 1 qu'elle vivra 3 ans de plus.
7741 contre 713 ou 10 $\frac{6}{7}$ contre 1 qu'elle vivra 4 ans de plus.
7555 contre 899 ou 8 $\frac{1}{3}$ contre 1 qu'elle vivra 5 ans de plus.
7370 contre 1084 ou 6 $\frac{4}{5}$ contre 1 qu'elle vivra 6 ans de plus.
7186 contre 1268 ou 5 $\frac{2}{3}$ contre 1 qu'elle vivra 7 ans de plus.
7007 contre 1447 ou 4 $\frac{6}{7}$ contre 1 qu'elle vivra 8 ans de plus.
6835 contre 1619 ou 4 $\frac{3}{16}$ contre 1 qu'elle vivra 9 ans de plus.
6034 contre 2420 ou 2 $\frac{11}{24}$ contre 1 qu'elle vivra 14 ans de plus.

5204 contre 3250 ou 1 $\frac{19}{32}$ contre 1 qu'elle vivra 19 ans de plus.
4318 contre 4136 ou 1 $\frac{1}{41}$ contre 1 qu'elle vivra 24 ans de plus.
5083 contre 3371 ou 1 $\frac{17}{33}$ contre 1 qu'elle ne vivra pas 29 ans de plus.
6049 contre 2405 ou 2 $\frac{1}{2}$ contre 1 qu'elle ne vivra pas 34 ans de plus.
6971 contre 1483 ou 4 $\frac{5}{7}$ contre 1 qu'elle ne vivra pas 39 ans de plus.
7791 contre 663 ou 11 $\frac{2}{3}$ contre 1 qu'elle ne vivra pas 44 ans de plus.
8217 contre 237 ou 34 $\frac{2}{3}$ contre 1 qu'elle ne vivra pas 49 ans de plus.
8369 contre 85 ou 98 $\frac{3}{8}$ contre 1 qu'elle ne vivra pas 54 ans de plus.
8430 contre 24 ou 351 $\frac{1}{4}$ contre 1 qu'elle ne vivra pas 59 ans de plus.
8452 contre 2 ou 4226 contre 1 qu'elle ne vivra pas 64 ans de plus, c'est-à-dire, en tout, 100 ans révolus.

Pour une personne de trente-sept ans.

On peut parier 8109 contre 175 ou 46 $\frac{5}{17}$ contre 1 qu'une personne de trente-sept ans vivra un an de plus.

8109 contre $\frac{175}{2}$ ou 92 $\frac{10}{17}$ contre 1 qu'elle vivra 6 mois.
8109 contre $\frac{175}{4}$ ou 185 $\frac{3}{17}$ contre 1 qu'elle vivra 3 mois.
8109 contre $\frac{175}{365}$ ou 16907 contre 1 qu'elle ne mourra pas dans les vingt-quatre heures.
7928 contre 356 ou 22 $\frac{9}{35}$ contre 1 qu'elle vivra 2 ans de plus.
7741 contre 543 ou 14 $\frac{1}{18}$ contre 1 qu'elle vivra 3 ans de plus.
7555 contre 729 ou 10 $\frac{13}{36}$ contre 1 qu'elle vivra 4 ans de plus.
7370 contre 914 ou 8 $\frac{5}{91}$ contre 1 qu'elle vivra 5 ans de plus.
7186 contre 1098 ou 6 $\frac{1}{2}$ contre 1 qu'elle vivra 6 ans de plus.
7007 contre 1277 ou 5 $\frac{1}{2}$ contre 1 qu'elle vivra 7 ans de plus.
6835 contre 1449 ou 4 $\frac{5}{7}$ contre 1 qu'elle vivra 8 ans de plus.
6034 contre 2250 ou 2 $\frac{15}{22}$ contre 1 qu'elle vivra 13 ans de plus.
5204 contre 3080 ou 1 $\frac{7}{10}$ contre 1 qu'elle vivra 18 ans de plus.
4318 contre 3966 ou 1 $\frac{1}{13}$ contre 1 qu'elle vivra 23 ans de plus.
4913 contre 3371 ou 1 $\frac{5}{11}$ contre 1 qu'elle ne vivra pas 28 ans de plus.
5879 contre 2405 ou 2 $\frac{5}{12}$ contre 1 qu'elle ne vivra pas 33 ans de plus.
6801 contre 1483 ou 4 $\frac{4}{7}$ contre 1 qu'elle ne vivra pas 38 ans de plus.
7621 contre 663 ou 11 $\frac{1}{2}$ contre 1 qu'elle ne vivra pas 43 ans de plus.
8047 contre 237 ou près de 34 contre 1 qu'elle ne vivra pas 48 ans de plus.
8199 contre 85 ou 96 $\frac{3}{8}$ contre 1 qu'elle ne vivra pas 53 ans de plus.
8260 contre 24 ou 344 contre 1 qu'elle ne vivra pas 58 ans de plus.
8282 contre 2 ou 4141 contre 1 qu'elle ne vivra pas 63 ans de plus, c'est-à-dire, en tout, 100 ans révolus.

Pour une personne de trente-huit ans.

On peut parier 7,928 contre 181 ou 43 $\frac{7}{9}$ contre 1, qu'une personne de trente-huit ans vivra un an de plus.

7928 contre $\frac{181}{2}$ ou 87 $\frac{5}{9}$ contre 1 qu'elle vivra 6 mois.
7928 contre $\frac{181}{4}$ ou 175 $\frac{1}{9}$ contre 1 qu'elle vivra 3 mois.

7928 contre $\frac{181}{365}$ ou 15987 contre 1 qu'elle ne mourra pas dans les vingt-quatre heures.
7741 contre 368 ou 21 $\frac{1}{36}$ contre 1 qu'elle vivra 2 ans de plus.
7555 contre 554 ou 13 $\frac{7}{11}$ contre 1 qu'elle vivra 3 ans de plus.
7370 contre 739 ou près de 10 contre 1 qu'elle vivra 4 ans de plus.
7186 contre 923 ou 7 $\frac{7}{9}$ contre 1 qu'elle vivra 5 ans de plus.
7007 contre 1102 ou 6 $\frac{3}{11}$ contre 1 qu'elle vivra 6 ans de plus.
6835 contre 1274 ou 5 $\frac{1}{3}$ contre 1 qu'elle vivra 7 ans de plus.
6034 contre 2075 ou 2 $\frac{9}{10}$ contre 1 qu'elle vivra 12 ans de plus.
5204 contre 2905 ou 1 $\frac{22}{29}$ contre 1 qu'elle vivra 17 ans de plus.
4318 contre 3791 ou 1 $\frac{5}{37}$ contre 1 qu'elle vivra 22 ans de plus.
4738 contre 3371 ou 1 $\frac{13}{33}$ contre 1 qu'elle ne vivra pas 27 ans de plus.
5704 contre 2405 ou 2 $\frac{1}{3}$ contre 1 qu'elle ne vivra pas 32 ans de plus.
6626 contre 1483 ou 4 $\frac{3}{7}$ contre 1 qu'elle ne vivra pas 37 ans de plus.
7446 contre 663 ou 11 $\frac{15}{66}$ contre 1 qu'elle ne vivra pas 42 ans de plus.
7872 contre 237 ou 33 $\frac{5}{23}$ contre 1 qu'elle ne vivra pas 47 ans de plus.
8024 contre 85 ou 94 $\frac{3}{8}$ contre 1 qu'elle ne vivra pas 52 ans de plus.
8085 contre 24 ou près de 337 contre 1 qu'elle ne vivra pas 57 ans de plus.
8107 contre 2 ou 4053 $\frac{1}{2}$ contre 1 qu'elle ne vivra pas 62 ans de plus, c'est-à-dire, en tout, 100 ans révolus.

Pour une personne de trente-neuf ans.

On peut parier 7741 contre 187 ou 41 $\frac{7}{18}$ contre 1, qu'une personne de trente-neuf ans vivra un an de plus.

7741 contre $\frac{187}{2}$ ou 82 $\frac{7}{9}$ contre 1 qu'elle vivra 6 mois.
7741 contre $\frac{187}{4}$ ou 165 $\frac{5}{9}$ contre 1 qu'elle vivra 3 mois.
7741 contre $\frac{187}{365}$ ou 15109 contre 1 qu'elle ne mourra pas dans les vingt-quatre heures.
7555 contre 373 ou 20 $\frac{9}{37}$ contre 1 qu'elle vivra 2 ans de plus.
7370 contre 558 ou 13 $\frac{1}{11}$ contre 1 qu'elle vivra 3 ans de plus.
7186 contre 742 ou 9 $\frac{25}{27}$ contre 1 qu'elle vivra 4 ans de plus.
7007 contre 921 ou 7 $\frac{13}{23}$ contre 1 qu'elle vivra 5 ans de plus.
6835 contre 1093 ou 6 $\frac{1}{5}$ contre 1 qu'elle vivra 6 ans de plus.
6034 contre 1894 ou 3 $\frac{1}{6}$ contre 1 qu'elle vivra 11 ans de plus.
5204 contre 2724 ou 1 $\frac{8}{9}$ contre 1 qu'elle vivra 16 ans de plus.
4318 contre 3610 ou 1 $\frac{7}{36}$ contre 1 qu'elle vivra 21 ans de plus.
4557 contre 3371 ou 1 $\frac{1}{3}$ contre 1 qu'elle ne vivra pas 26 ans de plus.
5523 contre 2405 ou 2 $\frac{7}{24}$ contre 1 qu'elle ne vivra pas 31 ans de plus.
6445 contre 1483 ou 4 $\frac{5}{14}$ contre 1 qu'elle ne vivra pas 36 ans de plus.
7265 contre 663 ou 10 $\frac{21}{22}$ contre 1 qu'elle ne vivra pas 41 ans de plus.
7691 contre 237 ou 32 $\frac{10}{23}$ contre 1 qu'elle ne vivra pas 46 ans de plus.
7843 contre 85 ou 92 $\frac{1}{4}$ contre 1 qu'elle ne vivra pas 51 ans de plus.
7904 contre 24 ou 329 $\frac{1}{3}$ contre 1 qu'elle ne vivra pas 56 ans de plus.
7926 contre 2 ou 3963 contre 1 qu'elle ne vivra pas 61 ans de plus, c'est-à-dire, en tout, 100 ans révolus.

Pour une personne de quarante ans.

On peut parier 7555 contre 186 ou 40 $\frac{11}{18}$ contre 1 qu'une personne de quarante ans vivra un an de plus.

7555 contre $\frac{186}{2}$ ou 81 $\frac{2}{9}$ contre 1 qu'elle vivra 6 mois.
7555 contre $\frac{186}{4}$ ou 162 $\frac{4}{9}$ contre 1 qu'elle vivra 3 mois.
7335 contre $\frac{186}{365}$ ou près de 14826 contre 1 qu'elle ne mourra pas dans les vingt-quatre heures.
7370 contre 371 ou 19 $\frac{32}{37}$ contre 1 qu'elle vivra 2 ans de plus.
7186 contre 555 ou 12 $\frac{52}{55}$ contre 1 qu'elle vivra 3 ans de plus.
7007 contre 734 ou 9 $\frac{4}{73}$ contre 1 qu'elle vivra 4 ans de plus.
6835 contre 906 ou 7 $\frac{49}{90}$ contre 1 qu'elle vivra 5 ans de plus.
6669 contre 1072 ou 6 $\frac{1}{5}$ contre 1 qu'elle vivra 6 ans de plus.
6516 contre 1225 ou 5 $\frac{1}{4}$ contre 1 qu'elle vivra 7 ans de plus.
6357 contre 1384 ou 4 $\frac{6}{13}$ contre 1 qu'elle vivra 8 ans de plus.
6196 contre 1545 ou un peu plus de 4 contre 1 qu'elle vivra 9 ans de plus.
6034 contre 1707 ou 3 $\frac{9}{17}$ contre 1 qu'elle vivra 10 ans de plus.
5204 contre 2537 ou 2 $\frac{1}{25}$ contre 1 qu'elle vivra 15 ans de plus.
4318 contre 3423 ou 1 $\frac{4}{17}$ contre 1 qu'elle vivra 20 ans de plus.
4370 contre 3371 ou 1 $\frac{3}{11}$ contre 1 qu'elle ne vivra pas 25 ans de plus.
5336 contre 2405 ou 2 $\frac{5}{24}$ contre 1 qu'elle ne vivra pas 30 ans de plus.
6258 contre 1483 ou 4 $\frac{3}{14}$ contre 1 qu'elle ne vivra pas 35 ans de plus.
7078 contre 663 ou 10 $\frac{2}{3}$ contre 1 qu'elle ne vivra pas 40 ans de plus.
7504 contre 237 ou 31 $\frac{15}{23}$ contre 1 qu'elle ne vivra pas 45 ans de plus.
7656 contre 85 ou 90 $\frac{6}{85}$ contre 1 qu'elle ne vivra pas 50 ans de plus.
7717 contre 24 ou 321 $\frac{13}{24}$ contre 1 qu'elle ne vivra pas 55 ans de plus.
7739 contre 2 ou 3869 contre 1 qu'elle ne vivra pas 60 ans de plus, c'est-à-dire, en tout, 100 ans révolus.

Pour une personne de quarante et un ans.

On peut parier 7370 contre 186 ou 39 $\frac{7}{11}$ contre 1 qu'une personne de quarante et un ans vivra un an de plus.

7370 contre $\frac{186}{3}$ ou 79 $\frac{3}{11}$ contre 1 qu'elle vivra 6 mois.
7370 contre $\frac{186}{4}$ ou 158 $\frac{7}{11}$ contre 1 qu'elle vivra 3 mois.
7370 contre $\frac{186}{365}$ ou 14463 contre 1 qu'elle ne mourra pas dans les vingt-quatre heures.
7186 contre 369 ou 19 $\frac{17}{36}$ contre 1 qu'elle vivra 2 ans de plus.
7007 contre 548 ou 12 $\frac{43}{54}$ contre 1 qu'elle vivra 3 ans de plus.
6835 contre 720 ou près de 9 $\frac{1}{2}$ contre 1 qu'elle vivra 4 ans de plus.
6669 contre 886 ou 7 $\frac{23}{44}$ contre 1 qu'elle vivra 5 ans de plus.
6516 contre 1039 ou 6 $\frac{1}{5}$ contre 1 qu'elle vivra 6 ans de plus,
6357 contre 1198 ou 5 $\frac{3}{11}$ contre 1 qu'elle vivra 7 ans de plus.
6196 contre 1359 ou 4 $\frac{7}{13}$ contre 1 qu'elle vivra 8 ans de plus.
6034 contre 1521 ou 3 $\frac{14}{15}$ contre 1 qu'elle vivra 9 ans de plus.

5204 contre 2351 ou 2 $\frac{5}{23}$ contre 1 qu'elle vivra 14 ans de plus.
4318 contre 2237 ou 1 $\frac{5}{14}$ contre 1 qu'elle vivra 19 ans de plus.
4184 contre 3771 ou 1 $\frac{8}{36}$ contre 1 qu'elle ne vivra pas 24 ans de plus.
5150 contre 2405 ou 2 $\frac{1}{8}$ contre 1 qu'elle ne vivra pas 29 ans de plus.
6072 contre 1483 ou 4 $\frac{1}{14}$ contre 1 qu'elle ne vivra pas 34 ans de plus.
6892 contre 663 ou 10 $\frac{13}{33}$ contre 1 qu'elle ne vivra pas 39 ans de plus.
7318 contre 237 ou 30 $\frac{20}{23}$ contre 1 qu'elle ne vivra pas 44 ans de plus.
7470 contre 85 ou 87 $\frac{7}{8}$ contre 1 qu'elle ne vivra pas 49 ans de plus.
7531 contre 24 ou 313 $\frac{19}{14}$ contre 1 qu'elle ne vivra pas 54 ans de plus.
7553 contre 2 ou 3776 $\frac{1}{2}$ contre 1 qu'elle ne vivra pas 59 ans de plus, c'est-à-dire, en tout, 100 ans révolus.

Pour une personne de quarante-deux ans.

On peut parier 7186 contre 175 ou 38 $\frac{9}{11}$ contre 1, qu'une personne de quarante-deux ans vivra un an de plus.

7186 contre $\frac{185}{2}$ ou 77 $\frac{7}{11}$ contre 1 qu'elle vivra 6 mois.
7186 contre $\frac{185}{4}$ ou 155 $\frac{3}{11}$ contre 1 qu'elle vivra 3 mois.
7186 contre $\frac{185}{365}$ ou près de 14178 contre 1 qu'elle ne mourra pas dans les vingt-quatre heures.
7007 contre 363 ou 19 $\frac{11}{36}$ contre 1 qu'elle vivra 2 ans de plus.
6835 contre 535 ou 12 $\frac{41}{53}$ contre 1 qu'elle vivra 3 ans de plus.
6369 contre 701 ou 9 $\frac{18}{35}$ contre 1 qu'elle vivra 4 ans de plus.
6516 contre 854 ou 7 $\frac{63}{85}$ contre 1 qu'elle vivra 5 ans de plus.
6357 contre 1013 ou près de 6 $\frac{1}{4}$ contre 1 qu'elle vivra 6 ans de plus.
6196 contre 1174 ou 5 $\frac{1}{11}$ contre 1 qu'elle vivra 7 ans de plus.
6034 contre 1336 ou 4 $\frac{6}{13}$ contre 1 qu'elle vivra 8 ans de plus.
5204 contre 2166 ou 2 $\frac{8}{21}$ contre 1 qu'elle vivra 13 ans de plus.
4318 contre 3052 ou 1 $\frac{2}{5}$ contre 1 qu'elle vivra 18 ans de plus.
3999 contre 3371 ou 1 $\frac{2}{11}$ contre 1 qu'elle ne vivra pas 23 ans de plus.
4965 contre 2405 ou 2 $\frac{1}{14}$ contre 1 qu'elle ne vivra pas 28 ans de plus.
5887 contre 1483 ou près de 4 contre 1 qu'elle ne vivra pas 33 ans de plus.
6707 contre 663 ou 10 $\frac{7}{66}$ contre 1 qu'elle ne vivra pas 38 ans de plus.
7133 contre 237 ou 30 $\frac{2}{23}$ contre 1 qu'elle ne vivra pas 43 ans de plus.
7285 contre 85 ou 85 $\frac{12}{17}$ contre 1 qu'elle ne vivra pas 48 ans de plus.
7346 contre 24 ou 306 contre 1 qu'elle ne vivra pas 53 ans de plus.
7368 contre 2 ou 3684 contre 1 qu'elle ne vivra pas 58 ans de plus, c'est-à-dire, en tout, 100 ans révolus.

Pour une personne de quarante-trois ans.

On peut parier 7007 contre 184 ou 38 $\frac{2}{3}$ contre 1, qu'une personne de quarante-trois ans vivra un an de plus.

7007 contre $\frac{184}{2}$ ou 76 $\frac{4}{23}$ contre 1 qu'elle vivra 6 mois.
7007 contre $\frac{184}{4}$ ou 152 $\frac{3}{23}$ contre 1 qu'elle vivra 3 mois.
7007 contre $\frac{184}{365}$ ou 13900 contre 1 qu'elle ne mourra pas dans les vingt-quatre heures.

6835 contre 351 ou 19 $\frac{16}{35}$ contre 1 qu'elle vivra 2 ans de plus.
6669 contre 517 ou 12 $\frac{46}{51}$ contre 1 qu'elle vivra 3 ans de plus.
6516 contre 670 ou 9 $\frac{48}{67}$ contre 1 qu'elle vivra 4 ans de plus.
6357 contre 829 ou 7 $\frac{55}{82}$ contre 1 qu'elle vivra 5 ans de plus.
6196 contre 990 ou un peu plus de 6 $\frac{1}{4}$ contre 1 qu'elle vivra 6 ans de plus.
6034 contre 1152 ou 5 $\frac{2}{11}$ contre 1 qu'elle vivra 7 ans de plus.
5204 contre 1982 ou 2 $\frac{12}{19}$ contre 1 qu'elle vivra 12 ans de plus.
4318 contre 2868 ou 1 $\frac{1}{2}$ contre 1 qu'elle vivra 17 ans de plus.
3815 contre 3371 ou 1 $\frac{4}{33}$ contre 1 qu'elle ne vivra pas 22 ans de plus.
4781 contre 2405 ou près de 2 contre 1 qu'elle ne vivra pas 27 ans de plus.
5703 contre 1483 ou 3 $\frac{6}{7}$ contre 1 qu'elle ne vivra pas 32 ans de plus.
6523 contre 663 ou 9 $\frac{5}{6}$ contre 1 qu'elle ne vivra pas 37 ans de plus.
6949 contre 237 ou 20 $\frac{7}{23}$ contre 1 qu'elle ne vivra pas 42 ans de plus.
7101 contre 85 ou 83 $\frac{46}{86}$ contre 1 qu'elle ne vivra pas 47 ans de plus.
7162 contre 24 ou 298 $\frac{5}{12}$ contre 1 qu'elle ne vivra pas 52 ans de plus.
7184 contre 2 ou 3592 contre 1 qu'elle ne vivra pas 57 ans de plus, c'est-à-dire, en tout, 100 ans révolus.

Pour une personne de quarante quatre ans.

On peut parier 6835 contre 179 ou 38 $\frac{11}{60}$ contre 1, qu'une personne de quarante-quatre ans vivra un an de plus.

6835 contre $\frac{179}{2}$ ou 76 $\frac{11}{30}$ contre 1 qu'elle vivra 6 mois.
6835 contre $\frac{179}{4}$ ou 152 $\frac{2}{3}$ contre 1 qu'elle vivra 3 mois.
6835 contre $\frac{179}{365}$ 13937 contre 1 qu'elle ne mourra pas dans les vingt-quatre heures.
6669 contre 338 ou 19 $\frac{8}{11}$ contre 1 qu'elle vivra 2 ans de plus.
6516 contre 491 ou 13 $\frac{13}{49}$ contre 1 qu'elle vivra 3 ans de plus.
6357 contre 650 ou 9 $\frac{10}{13}$ contre 1 qu'elle vivra 4 ans de plus.
6196 contre 811 ou 7 $\frac{5}{8}$ contre 1 qu'elle vivra 5 ans de plus.
6034 contre 973 ou 6 $\frac{1}{9}$ contre 1 qu'elle vivra 6 ans de plus.
5204 contre 1803 ou 2 $\frac{9}{9}$ contre 1 qu'elle vivra 11 ans de plus.
4318 contre 2689 ou 1 $\frac{8}{13}$ contre 1 qu'elle vivra 16 ans de plus.
3636 contre 3371 ou 1 $\frac{2}{33}$ contre 1 qu'elle vivra 21 ans de plus.
4602 contre 2405 ou 1 $\frac{3}{4}$ contre 1 qu'elle ne vivra pas 26 ans de plus.
5524 contre 1483 ou 3 $\frac{5}{7}$ contre 1 qu'elle ne vivra pas 31 ans de plus.
6344 contre 663 ou 9 $\frac{37}{66}$ contre 1 qu'elle ne vivra pas 36 ans de plus.
6770 contre 237 ou 28 $\frac{13}{23}$ contre 1 qu'elle ne vivra pas 41 ans de plus.
6922 contre 85 ou 81 $\frac{37}{85}$ contre 1 qu'elle ne vivra pas 46 ans de plus.
6983 contre 24 ou près de 291 contre 1 qu'elle ne vivra pas 51 ans de plus.
7005 contre 2 ou 3502 $\frac{1}{2}$ contre 1 qu'elle ne vivra pas 56 ans de plus, c'est-à-dire, en tout, 100 ans révolus.

Pour une personne de quarante-cinq ans.

On peut parier 6669 contre 172 ou 39 $\frac{7}{57}$ contre 1, qu'une personne de quarante-cinq ans vivra un an de plus.

6669 contre $\frac{172}{4}$ ou 78 $\frac{11}{4}$ contre 1 qu'elle vivra mois.

6669 contre $\frac{172}{4}$ ou 156 $\frac{1}{4}$ contre 1 qu'elle vivra 3 mois.

6669 contre $\frac{172}{365}$ ou 14152 contre 1 qu'elle ne mourra pas dans les vingt-quatre heures.

6516 contre 319 ou 20 $\frac{13}{31}$ contre 1 qu'elle vivra 2 ans de plus.

6357 contre 478 ou 13 $\frac{14}{47}$ contre 1 qu'elle vivra 3 ans de plus.

6196 contre 639 ou 9 $\frac{44}{63}$ contre 1 qu'elle vivra 4 ans de plus.

6034 contre 801 ou 7 $\frac{21}{40}$ contre 1 qu'elle vivra 5 ans de plus.

5871 contre 964 ou 6 $\frac{1}{12}$ contre 1 qu'elle vivra 6 ans de plus.

5707 contre 1128 ou 5 $\frac{3}{56}$ contre 1 qu'elle vivra 7 ans de plus.

5542 contre 1293 ou 4 $\frac{1}{4}$ contre 1 qu'elle vivra 8 ans de plus.

5374 contre 1461 ou 3 $\frac{9}{14}$ contre 1 qu'elle vivra 9 ans de plus.

5204 contre 1631 ou 3 $\frac{3}{16}$ contre 1 qu'elle vivra 10 ans de plus.

4318 contre 2517 ou 1 $\frac{18}{25}$ contre 1 qu'elle vivra 15 ans de plus.

3464 contre 3371 ou un peu plus de 1 contre 1 qu'elle ne vivra pas 20 ans de plus.

4430 contre 2405 ou 1 $\frac{5}{6}$ contre 1 qu'elle vivra 25 ans de plus.

5352 contre 1483 ou 3 $\frac{45}{74}$ contre 1 qu'elle ne vivra pas 30 ans de plus.

6172 contre 633 ou 9 $\frac{1}{11}$ contre 1 qu'elle ne vivra pas 35 ans de plus.

6598 contre 237 ou 27 $\frac{19}{23}$ contre 1 qu'elle ne vivra pas 40 ans de plus.

6750 contre 85 ou 79 $\frac{3}{8}$ contre 1 qu'elle ne vivra pas 45 ans de plus.

6811 contre 24 ou 283 $\frac{19}{24}$ contre 1 qu'elle ne vivra pas 50 ans de plus.

6833 contre 2 ou 3416 contre 1 qu'elle ne vivra pas 55 ans de plus, c'est-à-dire, en tout, 100 ans révolus.

Pour une personne de quarante-six ans.

On peut parier 6516 contre 166 ou 39 $\frac{1}{4}$ contre 1, qu'une personne de quarante-six ans vivra un an de plus.

6516 contre $\frac{166}{2}$ ou 78 $\frac{1}{2}$ contre 1 qu'elle vivra 6 mois.

6516 contre $\frac{166}{4}$ ou 157 contre 1 qu'elle vivra 3 mois.

6516 contre $\frac{166}{365}$ ou 14327 $\frac{1}{3}$ contre 1 qu'elle ne mourra pas dans les vingt-quatre heures.

6357 contre 312 ou 20 $\frac{11}{31}$ contre 1 qu'elle vivra 2 ans de plus.

6196 contre 473 ou 1 $\frac{4}{47}$ contre 1 qu'elle vivra 3 ans de plus.

6034 contre 635 ou 9 $\frac{31}{63}$ contre 1 qu'elle vivra 4 ans de plus.

5871 contre 798 ou 7 $\frac{28}{79}$ contre 1 qu'elle vivra 5 ans de plus.

5707 contre 962 ou 5 $\frac{89}{96}$ contre 1 qu'elle vivra 6 ans de plus.

5542 contre 1127 ou 4 $\frac{10}{11}$ contre 1 qu'elle vivra 7 ans de plus.

5374 contre 1295 ou 4 $\frac{1}{12}$ contre 1 qu'elle vivra 8 ans de plus.

5204 contre 1465 ou 3 $\frac{40}{73}$ contre 1 qu'elle vivra 9 ans de plus.

5031 contre 1638 ou 3 $\frac{1}{16}$ contre 1 qu'elle vivra 10 ans de plus.

4680 contre 1989 ou pres de 2 $\frac{7}{20}$ contre 1 qu'elle vivra 12 ans de plus.

4318 contre 2541 ou $1 \frac{19}{23}$ contre 1 qu'elle vivra 14 ans de plus.

3371 contre 3298 ou 1 peu plus de 1 contre 1 qu'elle ne vivra pas 10 ans de plus.

4264 contre 2405 ou $1 \frac{3}{4}$ contre 1 qu'elle ne vivra pas 24 ans de plus.

5186 contre 1483 ou à peu près $3 \frac{1}{2}$ contre 1 qu'elle ne vivra pas 29 ans de plus.

6006 contre 663 ou $9 \frac{1}{22}$ contre 1 qu'elle ne vivra pas 34 ans de plus.

6432 contre 237 ou $27 \frac{3}{23}$ contre 1 qu'elle ne vivra pas 39 ans de plus.

6584 contre 85 ou $77 \frac{8}{3}$ contre 1 qu'elle ne vivra pas 44 ans de plus.

6645 contre 24 ou $276 \frac{7}{8}$ contre 1 qu'elle ne vivra pas 49 ans de plus.

6667 contre 2 ou $3333 \frac{1}{2}$ contre 1 qu'elle ne vivra pas 54 ans de plus, c'est-à-dire, en tout, 100 ans révolus.

Pour une personne de quarante-sept ans.

On peut parier 6357 contre 159 ou près de 40 contre 1 qu'une personne de quarante-sept ans vivra 1 an de plus.

6357 contre $\frac{159}{2}$ ou près de 80 contre 1 qu'elle vivra 6 mois.

6357 contre $\frac{159}{4}$ ou près de 160 contre 1 qu'elle vivra 5 mois.

6357 contre $\frac{159}{365}$ ou 14593 contre 1 qu'elle ne mourra pas dans les vingt-quatre heures.

6196 contre 320 ou $19 \frac{11}{32}$ contre 1 qu'elle vivra 2 ans de plus.

6034 contre 482 ou $12 \frac{25}{48}$ contre 1 qu'elle vivra 3 ans de plus.

5871 contre 645 ou $9 \frac{3}{32}$ contre 1 qu'elle vivra 4 ans de plus.

5707 contre 809 ou $7 \frac{1}{20}$ contre 1 qu'elle vivra 5 ans de plus.

5542 contre 974 ou $5 \frac{2}{3}$ contre 1 qu'elle vivra 6 ans de plus.

5374 contre 1142 ou $4 \frac{8}{11}$ contre 1 qu'elle vivra 7 ans de plus.

5204 contre 1312 ou près de 4 contre 1 qu'elle vivra 8 ans de plus.

4857 contre 1659 ou $2 \frac{15}{16}$ contre 1 qu'elle vivra 10 ans de plus.

4501 contre 2015 ou $2 \frac{1}{5}$ contre 1 qu'elle vivra 12 ans de plus.

4318 contre 2198 ou près de 2 contre 1 qu'elle vivra 13 ans de plus.

3947 contre 2569 ou $1 \frac{13}{25}$ contre 1 qu'elle vivra 15 ans de plus.

3371 contre 3145 ou $1 \frac{2}{31}$ contre 1 qu'elle vivra 18 ans de plus.

4111 contre 2405 ou $1 \frac{17}{24}$ contre 1 qu'elle ne vivra pas 23 ans de plus.

5033 contre 1483 ou $3 \frac{5}{14}$ contre 1 qu'elle ne vivra pas 28 ans de plus.

5853 contre 663 ou $8 \frac{5}{6}$ contre 1 qu'elle ne vivra pas 33 ans de plus.

6279 contre 237 ou près de $26 \frac{1}{2}$ contre 1 qu'elle ne vivra pas 38 ans de plus.

6431 contre 85 ou $75 \frac{5}{8}$ contre 1 qu'elle ne vivra pas 43 ans de plus.

6492 contre 24 ou $270 \frac{1}{2}$ contre 1 qu'elle ne vivra pas 48 ans de plus.

6514 contre 2 ou 3257 contre 1 qu'elle ne vivra pas 53 ans de plus, c'est-à-dire, en tout, 100 ans révolus.

Pour une personne de quarante-huit ans.

On peut parier 6196 contre 161 ou $38 \frac{7}{16}$ contre 1 qu'une personne de quarante-huit ans vivra un an de plus.

6196 contre $\frac{161}{2}$ ou $76 \frac{7}{8}$ contre 1 qu'elle vivra 6 mois.

6196 contre $\frac{161}{4}$ ou $153 \frac{3}{4}$ contre 1 qu'elle vivra 3 mois.

6196 contre $\frac{161}{365}$ ou 14047 contre 1 qu'elle ne mourra pas dans les vingt-quatre heures.

6034 contre 323 ou 18 $\frac{2}{3}$ contre 1 qu'elle vivra 2 ans de plus.
5871 contre 486 ou 12 $\frac{1}{16}$ contre 1 qu'elle vivra 3 ans de plus.
5707 contre 650 ou 8 $\frac{10}{13}$ contre 1 qu'elle vivra 4 ans de plus.
5542 contre 815 ou 6 $\frac{65}{81}$ contre 1 qu'elle vivra 5 ans de plus.
5374 contre 983 ou 5 $\frac{45}{98}$ contre 1 qu'elle vivra 6 ans de plus.
5204 contre 1153 ou un peu plus de 4 $\frac{1}{2}$ contre 1 qu'elle vivra 7 ans de plus.
4680 contre 1677 ou 2 $\frac{13}{16}$ contre 1 qu'elle vivra 10 ans de plus.
4318 contre 2039 ou 2 $\frac{1}{10}$ contre 1 qu'elle vivra 12 ans de plus.
3758 contre 2599 ou 1 $\frac{23}{52}$ contre 1 qu'elle vivra 15 ans de plus.
3371 contre 2986 ou 1 $\frac{3}{29}$ contre 1 qu'elle vivra 17 ans de plus.
3182 contre 3175 ou un peu plus de 1 contre 1 qu'elle ne vivra pas 18 ans de plus.
3952 contre 2405 ou 1 $\frac{13}{20}$ contre 1 qu'elle ne vivra pas 22 ans de plus.
4874 contre 1483 ou près de 3 $\frac{7}{25}$ contre 1 qu'elle ne vivra pas 27 ans de plus.
5694 contre 663 ou 8 $\frac{13}{22}$ contre 1 qu'elle ne vivra pas 32 ans de plus.
6120 contre 237 ou 25 $\frac{17}{23}$ contre 1 qu'elle ne vivra pas 37 ans de plus.
6272 contre 85 ou près de 75 contre 1 qu'elle ne vivra pas 42 ans de plus.
6333 contre 24 ou 263 $\frac{7}{8}$ contre 1 qu'elle ne vivra pas 47 ans de plus.
6355 contre 2 ou 3177 $\frac{1}{2}$ contre 1 qu'elle ne vivra pas 52 ans de plus, c'est-à-dire, en tout, 100 ans révolus.

Pour une personne de quarante-neuf ans.

On peut parier 6,034 contre 162 ou 37 $\frac{1}{4}$ contre 1 qu'une personne de quarante-neuf ans vivra un an de plus.

6034 contre $\frac{162}{2}$ ou 74 $\frac{1}{2}$ contre 1 qu'elle vivra 6 mois.
6034 contre $\frac{162}{4}$ ou 149 contre 1 qu'elle vivra 3 mois.
6034 contre $\frac{162}{365}$ ou 13595 contre 1 qu'elle ne mourra pas dans les vingt-quatre heures.
5871 contre 325 ou 18 $\frac{1}{16}$ contre 1 qu'elle vivra 2 ans de plus.
5707 contre 489 ou 11 $\frac{2}{3}$ contre 1 qu'elle vivra 3 ans de plus.
5542 contre 654 ou 8 $\frac{31}{65}$ contre 1 qu'elle vivra 4 ans de plus.
5374 contre 822 ou 6 $\frac{22}{41}$ contre 1 qu'elle vivra 5 ans de plus.
5204 contre 992 ou 5 $\frac{8}{33}$ contre 1 qu'elle vivra 6 ans de plus.
5031 contre 1165 ou 4 $\frac{3}{11}$ contre 1 qu'elle vivra 7 ans de plus.
4857 contre 1339 ou 3 $\frac{8}{13}$ contre 1 qu'elle vivra 8 ans de plus.
4501 contre 1695 ou 2 $\frac{11}{17}$ contre 1 qu'elle vivra 10 ans de plus.
4318 contre 1878 ou 2 $\frac{5}{18}$ contre 1 qu'elle vivra 11 ans de plus.
4133 contre 2063 ou un peu plus de 2 contre 1 qu'elle vivra 12 ans de plus.
3568 contre 2628 ou 1 $\frac{4}{13}$ contre 1 qu'elle vivra 15 ans de plus.
3371 contre 2825 ou 1 $\frac{5}{28}$ contre 1 qu'elle vivra 16 ans de plus.
3216 contre 2980 ou 1 $\frac{2}{29}$ contre 1 qu'elle ne vivra pas 18 ans de plus.
3791 contre 2405 ou 1 $\frac{23}{40}$ contre 1 qu'elle ne vivra pas 21 ans de plus.
4713 contre 1483 ou 3 $\frac{1}{7}$ contre 1 qu'elle ne vivra pas 26 ans de plus.
5533 contre 663 ou 8 $\frac{1}{3}$ contre 1 qu'elle ne vivra pas 31 ans de plus.
5959 contre 237 ou 25 $\frac{3}{23}$ contre 1 qu'elle ne vivra pas 36 ans de plus.
6111 contre 85 ou 71 $\frac{7}{8}$ contre 1 qu'elle ne vivra pas 41 ans de plus.

6162 contre 24 ou 257 $\frac{1}{7}$ contre 1 qu'elle ne vivra pas 46 ans de plus.
6194 contre 2 ou 3097 contre 1 qu'elle ne vivra pas 51 ans de plus, c'est-à-dire, en tout, 100 ans révolus.

Pour une personne de cinquante ans.

On peut parier 5871 contre 163 ou un peu plus de 36 contre 1 qu'une personne de cinquante ans vivra un an de plus.

5871 contre $\frac{163}{2}$ ou un peu plus de 72 contre 1 qu'elle vivra 6 mois.
5871 contre $\frac{163}{4}$ ou un peu plus de 144 contre 1 qu'elle vivra 3 mois.
5871 contre $\frac{163}{365}$ ou près de 13147 contre 1 qu'elle ne mourra pas dans les vingt-quatre heures.
5707 contre 327 ou 17 $\frac{7}{16}$ contre 1 qu'elle vivra 2 ans de plus.
5542 contre 492 ou 11 $\frac{13}{49}$ contre 1 qu'elle vivra 3 ans de plus.
5374 contre 660 ou 8 $\frac{3}{23}$ contre 1 qu'elle vivra 4 ans de plus.
5204 contre 830 ou 6 $\frac{1}{4}$ contre 1 qu'elle vivra 5 ans de plus.
5031 contre 1003 ou un peu plus de 5 contre 1 qu'elle vivra 6 ans de plus.
4680 contre 1354 ou 3 $\frac{6}{13}$ contre 1 qu'elle vivra 8 ans de plus.
4318 contre 1716 ou un peu plus de 2 $\frac{1}{2}$ contre 1 qu'elle vivra 10 ans de plus.
3947 contre 2087 ou 1 $\frac{9}{10}$ contre 1 qu'elle vivra 12 ans de plus.
3371 contre 2663 ou 1 $\frac{7}{26}$ contre 1 qu'elle vivra 15 ans de plus.
3054 contre 2980 ou un peu plus de 1 contre 1 qu'elle ne vivra pas 17 ans de plus.
3629 contre 2405 ou un peu plus de 1 $\frac{1}{2}$ contre 1 qu'elle ne vivra pas 20 ans de plus.
4551 contre 1483 ou 3 $\frac{5}{74}$ contre 1 qu'elle ne vivra pas 25 ans de plus.
5371 contre 663 ou 8 $\frac{1}{11}$ contre 1 qu'elle ne vivra pas 30 ans de plus.
5797 contre 237 ou 24 $\frac{10}{23}$ contre 1 qu'elle ne vivra pas 35 ans de plus.
5949 contre 85 ou 67 $\frac{5}{8}$ contre 1 qu'elle ne vivra pas 40 ans de plus.
6010 contre 24 ou 250 $\frac{5}{12}$ contre 1 qu'elle ne vivra pas 45 ans de plus.
6032 contre 2 ou 3016 contre 1 qu'elle ne vivra pas 50 ans de plus, c'est-à-dire, en tout, 100 ans révolus.

Pour une personne de cinquante et un ans.

On peut parier 5707 contre 164 ou 34 $\frac{13}{16}$ contre 1 qu'une personne de cinquante et un ans vivra un an de plus.

5707 contre $\frac{164}{2}$ ou 69 $\frac{5}{8}$ contre 1 qu'elle vivra 6 mois.
5707 contre $\frac{164}{4}$ ou 139 $\frac{1}{4}$ contre 1 qu'elle vivra 3 mois.
5707 contre $\frac{164}{365}$ ou près de 12702 contre 1 qu'elle ne mourra pas dans les vingt-quatre heures.
5542 contre 329 ou 16 $\frac{27}{32}$ contre 1 qu'elle vivra 2 ans de plus.
5374 contre 497 ou 10 $\frac{4}{5}$ contre 1 qu'elle vivra 3 ans de plus.
5204 contre 667 ou 7 $\frac{53}{66}$ contre 1 qu'elle vivra 4 ans de plus.
5031 contre 840 ou près de 6 contre 1 qu'elle vivra 5 ans de plus.
4680 contre 1191 ou 3 $\frac{11}{12}$ contre 1 qu'elle vivra 7 ans de plus.
4318 contre 1553 ou 2 $\frac{4}{5}$ contre 1 qu'elle vivra 9 ans de plus.

3758 contre 2113 ou $1 \frac{16}{21}$ contre 1 qu'elle vivra 12 ans de plus.
3371 contre 2500 ou $1 \frac{8}{25}$ contre 1 qu'elle vivra 14 ans de plus.
2980 contre 2891 ou peu plus de 1 contre 1 qu'elle vivra 16 ans de plus.
3466 contre 2405 ou $1 \frac{5}{12}$ contre 1 qu'elle ne vivra pas 19 ans de plus.
4388 contre 1483 ou près de 3 contre 1 qu'elle ne vivra pas 24 ans de plus.
5208 contre 663 ou $7 \frac{5}{6}$ contre 1 qu'elle ne vivra pas 29 ans de plus.
5634 contre 237 ou $23 \frac{18}{23}$ contre 1 qu'elle ne vivra pas 34 ans de plus.
5786 contre 85 ou un peu plus de 68 contre 1 qu'elle ne vivra pas 39 ans de plus.
5847 contre 24 ou $243 \frac{5}{8}$ contre 1 qu'elle ne vivra pas 44 ans de plus.
5869 contre 2 ou $2934 \frac{1}{2}$ contre 1 qu'elle ne vivra pas 49 ans de plus, c'est-à-dire, en tout, 100 ans révolus.

Pour une personne de cinquante-deux ans.

On peut parier 5542 contre 165 ou $33 \frac{9}{16}$ contre 1 qu'une personne de cinquante-deux ans vivra un an de plus.

5542 contre $\frac{165}{2}$ ou $67 \frac{1}{6}$ contre 1 qu'elle vivra 6 mois.
5542 contre $\frac{165}{4}$ ou $134 \frac{1}{4}$ contre 1 qu'elle vivra 3 mois.
5542 contre $\frac{165}{365}$ ou $12259 \frac{9}{16}$ contre 1 qu'elle ne mourra pas dans les vingt-quatre heures.
5374 contre 333 ou $16 \frac{4}{3}$ contre 1 qu'elle vivra 2 ans de plus.
5204 contre 503 ou $17 \frac{17}{50}$ contre 1 qu'elle vivra 3 ans de plus.
5031 contre 676 ou un peu plus de $7 \frac{2}{6}$ contre 1 qu'elle vivra 4 ans de plus.
4857 contre 580 ou $5 \frac{12}{17}$ contre 1 qu'elle vivra 5 ans de plus.
4680 contre 1027 ou un peu plus de $4 \frac{1}{2}$ contre 1 qu'elle vivra 6 ans de plus.
4318 contre 1389 ou $3 \frac{1}{13}$ contre 1 qu'elle vivra 8 ans de plus.
3947 contre 1760 ou $2 \frac{4}{17}$ contre 1 qu'elle vivra 10 ans de plus.
3371 contre 2336 ou $1 \frac{10}{23}$ contre 1 qu'elle vivra 13 ans de plus.
2980 contre 2727 ou $1 \frac{2}{27}$ contre 1 qu'elle vivra 15 ans de plus.
2921 contre 2786 ou $1 \frac{1}{27}$ contre 1 qu'elle ne vivra pas 16 ans de plus.
3302 contre 2405 ou $1 \frac{3}{8}$ contre 1 qu'elle ne vivra pas 18 ans de plus.
4224 contre 1483 ou $2 \frac{6}{7}$ contre 1 qu'elle ne vivra pas 23 ans de plus.
5044 contre 663 ou $7 \frac{20}{33}$ contre 1 qu'elle ne vivra pas 28 ans de plus.
5470 contre 237 ou $23 \frac{1}{23}$ contre 1 qu'elle ne vivra pas 33 ans de plus.
5622 contre 85 ou $66 \frac{1}{8}$ contre 1 qu'elle ne vivra pas 38 ans de plus.
5683 contre 24 ou $236 \frac{19}{24}$ contre 1 qu'elle ne vivra pas 43 ans de plus.
5705 contre 2 ou $2852 \frac{1}{2}$ contre 1 qu'elle ne vivra pas 48 ans de plus, c'est-à-dire, en tout, 100 ans révolus.

Pour une personne de cinquante-trois ans.

On peut parier 5,374 contre 168 ou près de 32 contre 1 qu'une personne de cinquante-trois ans vivra un an de plus.

5374 contre $\frac{168}{2}$ ou près de 64 contre 1 qu'elle vivra 6 mois.
5374 contre $\frac{168}{4}$ ou près de 128 contre 1 qu'elle vivra 3 mois.
5374 contre $\frac{168}{365}$ ou $11675 \frac{5}{8}$ contre 1 qu'elle ne mourra pas dans les vingt-quatre heures.
5204 contre 338 ou $15 \frac{13}{33}$ contre 1 qu'elle vivra 2 ans de plus.

5031 contre 511 ou 9 $\frac{43}{51}$ contre 1 qu'elle vivra 3 ans de plus.

4857 contre 685 ou 7 $\frac{3}{34}$ contre 1 qu'elle vivra 4 ans de plus.

4680 contre 862 ou 5 $\frac{3}{8}$ contre 1 qu'elle vivra 5 ans de plus.

4501 contre 1041 ou 4 $\frac{3}{10}$ contre 1 qu'elle vivra 6 ans de plus.

4318 contre 1224 ou 3 $\frac{4}{7}$ contre 1 qu'elle vivra 7 ans de plus.

4133 contre 1409 ou 2 $\frac{13}{14}$ contre 1 qu'elle vivra 8 ans de plus.

3947 contre 1595 ou 2 $\frac{7}{15}$ contre 1 qu'elle vivra 9 ans de plus.

3758 contre 1784 ou 2 $\frac{1}{17}$ contre 1 qu'elle vivra 10 ans de plus.

3568 contre 1974 ou 1 $\frac{15}{19}$ contre 1 qu'elle vivra 11 ans de plus.

3371 contre 2171 ou 1 $\frac{12}{21}$ contre 1 qu'elle vivra 12 ans de plus.

2786 contre 2756 ou un peu plus de 1 contre 1 qu'elle vivra 15 ans de plus.

3137 contre 2405 ou 1 $\frac{7}{24}$ contre 1 qu'elle ne vivra pas 17 ans de plus.

4059 contre 1483 ou 2 $\frac{5}{7}$ contre 1 qu'elle ne vivra pas 22 ans de plus.

4879 contre 663 ou 7 $\frac{23}{66}$ contre 1 qu'elle ne vivra pas 27 ans de plus.

5305 contre 237 ou 22 $\frac{9}{23}$ contre 1 qu'elle ne vivra pas 32 ans de plus.

5457 contre 85 ou 64 $\frac{1}{8}$ contre 1 qu'elle ne vivra pas 37 ans de plus.

5518 contre 24 ou 229 $\frac{11}{22}$ contre 1 qu'elle ne vivra pas 42 ans de plus.

5540 contre 2 ou 2770 contre 1 qu'elle ne vivra pas 47 ans de plus, c'est-à-dire en tout, 100 ans révolus.

Pour une personne de cinquante-quatre ans.

On peut parier 5,204 contre 70 ou 30 $\frac{10}{17}$ contre 1 qu'une personne de cinquante-quatre ans vivra un an de plus.

5204 contre $\frac{170}{2}$ ou 61 $\frac{2}{17}$ contre 1 qu'elle vivra 6 mois.

5204 contre $\frac{170}{4}$ ou 122 $\frac{6}{17}$ contre 1 qu'elle vivra 3 mois.

5204 contre $\frac{170}{365}$ ou 11173 contre 1 qu'elle ne mourra pas dans les vingt-quatre heures.

5031 contre 343 ou 14 $\frac{11}{17}$ contre 1 qu'elle vivra 2 ans de plus.

4857 contre 517 ou 9 $\frac{2}{5}$ contre 1 qu'elle vivra 3 ans de plus.

4680 contre 694 ou 6 $\frac{51}{69}$ contre 1 qu'elle vivra 4 ans de plus.

4501 contre 873 ou 5 $\frac{13}{87}$ contre 1 qu'elle vivra 5 ans de plus.

4318 contre 1056 ou 4 $\frac{9}{105}$ contre 1 qu'elle vivra 6 ans de plus.

3947 contre 1427 ou 2 $\frac{53}{71}$ contre 1 qu'elle vivra 8 ans de plus.

3568 contre 1806 ou près de 2 contre 1 qu'elle vivra 10 ans de plus.

3371 contre 2003 ou 1 $\frac{17}{25}$ contre 1 qu'elle vivra 11 ans de plus.

3175 contre 2199 ou 1 $\frac{3}{7}$ contre 1 qu'elle vivra 12 ans de plus.

2786 contre 2588 ou 1 $\frac{1}{25}$ contre 1 qu'elle vivra 14 ans de plus.

2969 contre 2405 ou 1 $\frac{7}{30}$ contre 1 qu'elle ne vivra pas 16 ans de plus.

3891 contre 1483 ou 2 $\frac{9}{14}$ contre 1 qu'elle ne vivra pas 21 ans de plus.

4711 contre 663 ou 7 $\frac{7}{65}$ contre 1 qu'elle ne vivra pas 26 ans de plus.

5137 contre 237 ou 21 $\frac{16}{23}$ contre 1 qu'elle ne vivra pas 31 ans de plus.

5289 contre 85 ou 62 $\frac{1}{8}$ contre 1 qu'elle ne vivra pas 36 ans de plus.

5350 contre 24 ou 222 $\frac{11}{12}$ contre 1 qu'elle ne vivra pas 41 ans de plus.

5372 contre 2 ou 2686 contre 1 qu'elle ne vivra pas 46 ans de plus, c'est-à--dire, en tout, 100 ans révolus.

Pour une personne de cinquante-cinq ans.

On peut parier 5,031 contre 173 ou 29 $\frac{1}{17}$ contre 1 qu'une personne de cinquante-cinq ans vivra un an de plus.

5031 contre $\frac{173}{2}$ ou 58 $\frac{2}{17}$ contre 1 qu'elle vivra 6 mois.
5031 contre $\frac{173}{4}$ ou 116 $\frac{4}{17}$ contre 1 qu'elle vivra 3 mois.
5031 contre $\frac{173}{365}$ ou un peu plus de 16,014 $\frac{1}{2}$ contre 1 qu'elle ne mourra pas dans les vingt-quatre heures.
4857 contre 347 ou 14 contre 1 qu'elle vivra 2 ans de plus.
4630 contre 524 ou 8 $\frac{12}{13}$ contre 1 qu'elle vivra 3 ans de plus.
4501 contre 703 ou 6 $\frac{2}{5}$ contre 1 qu'elle vivra 4 ans de plus.
4318 contre 886 ou 4 $\frac{5}{8}$ contre 1 qu'elle vivra 5 ans de plus.
4133 contre 1071 ou 3 $\frac{9}{10}$ contre 1 qu'elle vivra 6 ans de plus.
3758 contre 1446 ou 2 $\frac{4}{7}$ contre 1 qu'elle vivra 8 ans de plus.
3371 contre 1833 ou 1 $\frac{5}{6}$ contre 1 qu'elle vivra 10 ans de plus.
2980 contre 2224 ou 1 $\frac{7}{22}$ contre 1 qu'elle vivra 12 ans de plus.
2609 contre 2595 ou un peu plus de 1 contre 1 qu'elle ne vivra pas 14 ans de plus.
2799 contre 2405 ou 1 $\frac{1}{6}$ contre 1 qu'elle ne vivra pas 15 ans de plus.
3721 contre 1483 ou 2 $\frac{1}{2}$ contre 1 qu'elle ne vivra pas 20 ans de plus.
4541 contre 663 ou 6 $\frac{5}{6}$ contre 1 qu elle ne vivra pas 25 ans de plus.
4967 contre 237 ou près de 21 contre 1 qu'elle ne vivra pas 30 nns de plus.
5119 contre 85 ou 60 $\frac{4}{17}$ contre 1 qu'elle ne vivra pas 35 ans de plus.
5180 contre 24 ou 215 $\frac{5}{6}$ contre 1 qu'elle ne vivra pas 40 ans de plus.
5202 contre 2 ou 2601 contre 1 qu'elle ne vivra pas 45 ans de plus, c'est-à-dire, en tout, 100 ans révolus.

Pour une personne de cinquante-six ans.

On peut parier 4,857 contre 174 ou 27 $\frac{15}{17}$ contre 1 qu'une personne de cinquante-six ans vivra 1 an de plus.

4857 contre $\frac{174}{2}$ ou 55 $\frac{13}{17}$ contre 1 qu'elle vivra 9 mois.
4857 contre $\frac{174}{4}$ ou 111 $\frac{9}{17}$ contre 1 qu'elle vivra 3 mois.
4857 contre $\frac{174}{365}$ ou 10189 à peu près contre 1 qu'elle ne mourra pas dans les vingt-quatre heures.
4680 contre 351 ou 13 $\frac{11}{35}$ contre 1 qu'elle vivra 2 ans de plus.
4501 contre 530 ou 8 $\frac{26}{53}$ contre 1 qu'elle vivra 3 ans de plus.
4318 contre 713 ou 6 $\frac{4}{71}$ contre 1 qu'elle vivra 4 ans de plus.
3947 contre 1084 ou 3 $\frac{3}{5}$ contre 1 qu'elle vivra 6 ans de plus.
3568 contre 1463 ou 2 $\frac{3}{7}$ contre 1 qu'elle vivra 8 ans de plus.
3371 contre 1660 ou un peu plus de 2 contre 1 qu'elle vivra 9 ans de plus.
2786 contre 2245 ou 1 $\frac{5}{22}$ contre 1 qu'elle vivra 12 ans de plus.
2595 contre 2436 ou 1 $\frac{1}{24}$ contre 1 qu'elle vivra 13 ans de plus.
2626 contre 2405 ou 1 $\frac{1}{12}$ contre 1 qu'elle ne vivra pas 14 ans de plus.

3548 contre 1483 ou $2\frac{5}{14}$ contre 1 qu'elle ne vivra pas 19 ans de plus.
4368 contre 663 ou $6\frac{1}{4}$ contre 1 qu'elle ne vivra pas 24 ans de plus.
4794 contre 237 ou $20\frac{5}{23}$ contre 1 qu'elle ne vivra pas 29 ans de plus.
4946 contre 85 ou $58\frac{1}{8}$ contre 1 qu'elle ne vivra pas 34 ans de plus.
5007 contre 24 ou $208\frac{5}{8}$ contre 1 qu'elle ne vivra pas 39 ans de plus.
5029 contre 2 ou $2514\frac{1}{2}$ contre 1 qu'elle ne vivra pas 44 ans de plus, c'est-à-dire, en tout, 100 ans révolus.

Pour une personne de cinquante-sept ans.

On peut parier 4,680 contre 177 ou $26\frac{7}{17}$ contre 1 qu'une personne de cinquante-sept ans vivra un an de plus.

4680 contre $\frac{177}{2}$ ou $52\frac{14}{17}$ contre 1 qu'elle vivra 6 mois.
4680 contre $\frac{177}{4}$ ou $105\frac{11}{17}$ contre 1 qu'elle vivra 3 mois.
4680 contre $\frac{177}{365}$ ou près de 9651 contre 1 qu'elle ne mourra pas dans les vingt-quatre heures.
4501 contre 356 ou $12\frac{22}{35}$ contre 1 qu'elle vivra 2 ans de plus.
4318 contre 539 ou un peu plus de 8 contre 1 qu'elle vivra 3 ans de plus.
4133 contre 724 ou $5\frac{7}{6}$ contre 1 qu'elle vivra 4 ans de plus.
3947 contre 910 ou $4\frac{1}{3}$ contre 1 qu'elle vivra 5 ans de plus.
3758 contre 1099 ou $3\frac{2}{5}$ contre 1 qu'elle vivra 6 ans de plus.
3568 contre 1280 ou $2\frac{3}{4}$ contre 1 qu'elle vivra 7 ans de plus.
3371 contre 1486 ou $2\frac{3}{14}$ contre 1 qu'elle vivra 8 ans de plus.
3175 contre 1682 ou $1\frac{7}{8}$ contre 1 qu'elle vivra 9 ans de plus.
2980 contre 1877 ou $1\frac{11}{18}$ contre 1 qu'elle vivra 10 ans de plus.
2786 contre 2871 ou $1\frac{7}{20}$ contre 1 qu'elle vivra 11 ans de plus.
2595 contre 2262 ou $1\frac{3}{22}$ contre 1 qu'elle vivra 12 ans de plus.
2452 contre 2405 ou un peu plus de 1 contre 1 qu'elle ne vivra pas 13 ans de plus.
3374 contre 1483 ou $2\frac{10}{37}$ contre 1 qu'elle ne vivra pas 18 ans de plus.
4194 contre 663 ou $6\frac{7}{22}$ contre 1 qu'elle ne vivra pas 23 ans de plus.
4620 contre 237 ou $19\frac{11}{23}$ contre 1 qu'elle ne vivra pas 28 ans de plus.
4772 contre 85 ou $56\frac{1}{8}$ contre 1 qu'elle ne vivra pas 33 ans de plus.
4833 contre 24 ou $201\frac{3}{8}$ contre 1 qu'elle ne vivra pas 38 ans de plus.
4855 contre 2 ou $2427\frac{1}{2}$ contre 1 qu'elle ne vivra pas 43 ans de plus, c'est-à-dire, en tout, 100 ans révolus.

Pour une personne de cinquante-huit ans.

On peut parier 4,501 contre 179 ou $25\frac{2}{17}$ contre 1 qu'une personne de cinquante-huit ans vivra un an de plus.

4501 contre $\frac{179}{2}$ ou $50\frac{4}{17}$ contre 1 qu'elle vivra 6 mois.
4501 contre $\frac{179}{4}$ ou $100\frac{8}{17}$ contre 1 qu'elle vivra 3 mois de plus.
4501 contre $\frac{179}{365}$ ou 9178 contre 1 qu'elle ne mourra pas dans les vingt-quatre heures.
4318 contre 362 ou $11\frac{11}{12}$ contre 1 qu'elle vivra 2 ans de plus.
4133 contre 547 ou $7\frac{5}{9}$ contre 1 qu'elle vivra 3 ans de plus.
3947 contre 733 ou $5\frac{28}{73}$ contre 1 qu'elle vivra 4 ans de plus.

3758 contre 922 ou 4 $\frac{7}{92}$ contre 1 qu'elle vivra 5 ans de plus.
3568 contre 1112 ou 3 $\frac{2}{11}$ contre 1 qu'elle vivra 6 ans de plus.
3371 contre 1309 ou 2 $\frac{15}{26}$ contre 1 qu'elle vivra 7 ans de plus.
3175 contre 1505 ou 2 $\frac{8}{75}$ contre 1 qu'elle vivra 8 ans de plus.
2980 contre 1700 ou 1 $\frac{3}{4}$ contre 1 qu'elle vivra 9 ans de plus.
2786 contre 1894 ou 1 $\frac{4}{9}$ contre 1 qu'elle vivra 10 ans de plus.
2595 contre 2085 ou 1 $\frac{1}{4}$ contre 1 qu'elle vivra 11 ans de plus.
2405 contre 2275 ou 1 $\frac{1}{22}$ contre 1 qu'elle vivra 12 ans de plus.
2464 contre 2216 ou 1 $\frac{1}{11}$ contre 1 qu'elle ne vivra pas 13 ans de plus.
2839 contre 1841 ou un peu plus de 1 $\frac{1}{2}$ contre 1 qu'elle ne vivra pas 15 ans de plus.
3197 contre 1483 ou 2 $\frac{1}{7}$ contre 1 qu'elle ne vivra pas 17 ans de plus.
4017 contre 663 ou 6 $\frac{1}{22}$ contre 1 qu'elle ne vivra pas 22 ans de plus.
4443 contre 237 ou 18 $\frac{17}{23}$ contre 1 qu'elle ne vivra pas 27 ans de plus.
4595 contre 85 ou un peu plus de 54 contre 1 qu'elle ne vivra pas 32 ans de plus.
4656 contre 24 ou 194 contre 1 qu'elle ne vivra pas 37 ans de plus.
4678 contre 2 ou 2339 contre 1 qu'elle ne vivra pas 42 ans de plus, c'est-à-dire, en tout, 100 ans révolus.

Pour une personne de cinquante-neuf ans.

On peut parier 4,318 contre 183 ou 23 $\frac{5}{9}$ contre 1 qu'une personne de cinquante-neuf ans vivra un an de plus.

4318 contre $\frac{183}{2}$ ou 47 $\frac{1}{2}$ contre 1 qu'elle vivra 6 mois.
4318 contre $\frac{183}{4}$ ou 94 $\frac{2}{9}$ contre 1 qu'elle vivra 3 mois.
4318 contre $\frac{183}{365}$ ou 8612 $\frac{7}{18}$ contre 1 qu'elle ne mourra pas dans les vingt-quatre heures.
4133 contre 368 ou 11 $\frac{2}{9}$ contre 1 qu'elle vivra 2 ans de plus.
3947 contre 554 ou 7 $\frac{6}{55}$ contre 1 qu'elle vivra 3 ans de plus.
3758 contre 743 ou 5 $\frac{2}{37}$ contre 1 qu'elle vivra 4 ans de plus.
3568 contre 933 ou 3 $\frac{7}{9}$ contre 1 qu'elle vivra 5 ans de plus.
3371 contre 1130 ou près de 3 contre 1 qu'elle vivra 6 ans de plus.
3175 contre 1326 ou 2 $\frac{5}{13}$ contre 1 qu'elle vivra 7 ans de plus.
2980 contre 1521 ou un peu moins de 2 contre 1 qu'elle vivra 8 ans de plus.
2786 contre 1715 ou 1 $\frac{10}{17}$ contre 1 qu'elle vivra 9 ans de plus.
2595 contre 1906 ou 1 $\frac{7}{17}$ contre 1 qu'elle vivra 10 ans de plus.
2405 contre 2096 ou 1 $\frac{3}{20}$ contre 1 qu'elle vivra 11 ans de plus,
2285 contre 2216 ou un peu plus de 1 contre 1 qu'elle ne vivra pas 12 ans de plus.
2841 contre 1660 ou 1 $\frac{11}{16}$ contre 1 qu'elle ne vivra pas 15 ans de plus.
3018 contre 1483 ou un peu plus de 2 contre 1 qu'elle ne vivra pas 16 ans de plus.
3838 contre 663 ou 5 $\frac{26}{33}$ contre 1 qu'elle ne vivra pas 21 ans de plus.
4264 contre 237 ou près de 18 contre 1 qu'elle ne vivra pas 26 ans de plus.
4416 contre 95 ou 53 $\frac{1}{8}$ contre 1 qu'elle ne vivra pas 31 ans de plus.
4477 contre 14 ou 186 $\frac{13}{24}$ contre 1 qu'elle ne vivra pas 36 ans de plus.
4499 contre 2 ou 2249 $\frac{1}{2}$ contre 1 qu'elle ne vivra pas 41 ans de plus, c'est-à-dire, en tout, 100 ans révolus.

Pour une personne de soixante ans.

On peut parier 4,133 contre 185 ou 22 $\frac{1}{3}$ contre 1 qu'une personne de soixante ans vivra un an de plus.

4133 contre $\frac{185}{2}$ ou 44 $\frac{2}{3}$ contre 1 qu'elle vivra 6 mois.

4133 contre $\frac{185}{4}$ ou 89 $\frac{1}{3}$ contre 1 qu'elle vivra 3 mois.

4133 contre $\frac{185}{365}$ ou 8154 contre 1 qu'elle ne mourra pas dans les vingt-quatre heures.

3957 contre 371 ou 10 $\frac{23}{37}$ contre 1 qu'elle vivra 2 ans de plus.

3758 contre 560 ou 6 $\frac{39}{56}$ contre 1 qu'elle vivra 3 ans de plus.

3568 contre 750 ou 4 $\frac{5}{7}$ contre 1 qu'elle vivra 4 ans de plus.

3371 contre 947 ou 3 $\frac{5}{9}$ contre 1 qu'elle vivra 5 ans de plus.

3175 contre 1143 ou 2 $\frac{44}{57}$ contre 1 qu'elle vivra 6 ans de plus.

2980 contre 1338 ou 2 $\frac{3}{13}$ contre 1 qu'elle vivra 7 ans de plus.

2786 contre 1532 ou 1 $\frac{4}{5}$ contre 1 qu'elle vivra 8 ans de plus.

2595 contre 1723 ou 1 $\frac{8}{17}$ contre 1 qu'elle vivra 9 ans de plus.

2405 contre 1913 ou 1 $\frac{5}{19}$ contre 1 qu'elle vivra 10 ans de plus.

2216 contre 2102 ou 1 $\frac{1}{21}$ contre 1 qu'elle vivra 11 ans de plus.

2290 contre 2028 ou 1 $\frac{1}{10}$ contre 1 qu'elle ne vivra pas 12 ans de plus.

2835 contre 1483 ou près de 2 contre 1 qu'elle ne vivra pas 15 ans de plus.

3354 contre 964 ou 3 $\frac{4}{9}$ contre 1 qu'elle ne vivra pas 18 ans de plus.

3635 contre 663 ou 5 $\frac{17}{33}$ contre 1 qu'elle ne vivra pas 20 ans de plus.

4081 contre 237 ou 17 $\frac{5}{23}$ contre 1 qu'elle ne vivra pas 25 ans de plus.

4233 contre 85 ou 49 $\frac{3}{4}$ contre 1 qu'elle ne vivra pas 30 ans de plus.

4294 contre 24 ou 178 $\frac{11}{12}$ contre 1 qu'elle ne vivra pas 35 ans de plus.

4316 contre 2 ou 2159 contre 1 qu'elle ne vivra pas 40 ans de plus, c'est-à-dire, en tout, 100 ans révolus.

Pour une personne de soixante et un ans.

On peut parier 3,947 contre 186 ou 21 $\frac{2}{9}$ contre 1 qu'une personne de soixante et un ans vivra un an de plus.

3947 contre $\frac{186}{2}$ ou 42 $\frac{4}{9}$ contre 1 qu'elle vivra 6 mois.

3947 contre $\frac{186}{4}$ ou 84 $\frac{8}{9}$ contre 1 qu'elle vivra 3 mois.

3947 contre $\frac{186}{365}$ ou 7745 contre 1 qu'elle ne mourra pas dans les vingt-quatre heures.

3758 contre 375 ou un peu peu plus de 10 contre 1 qu'elle vivra 1 an de plus.

3568 contre 565 ou 6 $\frac{1}{6}$ contre 1 qu'elle vivra 3 ans de plus.

3371 contre 762 ou 4 $\frac{8}{13}$ contre 1 qu'elle vivra 4 ans de plus.

3175 contre 958 ou 3 $\frac{6}{19}$ contre 1 qu'elle vivra 5 ans de plus.

2980 contre 1153 ou 2 $\frac{6}{11}$ contre 1 qu'elle vivra 6 ans de plus.

2786 contre 1347 ou 2 $\frac{3}{44}$ contre 1 qu'elle vivra 7 ans de plus.

2595 contre 1538 ou 1 $\frac{2}{3}$ contre 1 qu'elle vivra 8 ans de plus.

2405 contre 1728 ou 1 $\frac{6}{17}$ contre 1 qu'elle vivra 9 ans de plus.

2216 contre 1917 ou 1 $\frac{2}{19}$ contre 1 qu'elle vivra 10 ans de plus.

2105 contre 2028 ou un peu plus de 1 contre 1 qu'elle ne vivra pas 11 ans de plus.

2292 contre 1841 ou $1 \frac{2}{9}$ contre 1 qu'elle ne vivra pas 12 ans de plus.
2650 contre 1483 ou $1 \frac{11}{14}$ contre 1 qu'elle ne vivra pas 14 ans de plus.
2825 contre 1308 ou $2 \frac{2}{13}$ contre 1 qu'elle ne vivra pas 15 ans de plus.
3169 contre 964 ou $3 \frac{2}{9}$ contre 1 qu'elle ne vivra pas 17 ans de plus.
3470 contre 663 ou $5 \frac{5}{6}$ contre 1 qu'elle ne vivra pas 19 ans de plus.
3593 contre 540 ou $6 \frac{3}{5}$ contre 1 qu'elle ne vivra pas 20 ans de plus.
3779 contre 354 ou $10 \frac{2}{3}$ contre 1 qu'elle ne vivra pas 22 ans de plus.
3896 contre 237 ou $16 \frac{10}{23}$ contre 1 qu'elle ne vivra pas 24 ans de plus.
4048 contre 85 ou $47 \frac{5}{8}$ contre 1 qu'elle ne vivra pas 29 ans de plus.
4109 contre 24 ou $171 \frac{5}{24}$ contre 1 qu'elle ne vivra pas 34 ans de plus.
4131 contre 2 ou $2065 \frac{1}{2}$ contre 1 qu'elle ne vivra pas 39 ans de plus, c'est-à-dire, en tout, 100 ans révolus.

Pour une personne de soixante-deux ans.

On peut parier 3758 contre 189 ou $19 \frac{8}{9}$ contre 1 qu'une personne de soixante-deux ans vivra un an de plus.

3758 contre $\frac{189}{2}$ ou $39 \frac{7}{9}$ contre 1 qu'elle vivra 6 mois.
3758 contre $\frac{189}{4}$ ou $79 \frac{5}{9}$ contre 1 qu'elle vivra 3 mois.
3758 contre $\frac{189}{365}$ ou $7204 \frac{11}{18}$ contre 1 qu'elle ne mourra pas dans les vingt-quatre heures.
3568 contre 379 ou $9 \frac{15}{37}$ contre 1 qu'elle vivra 2 ans de plus.
3371 contre 576 ou $5 \frac{4}{5}$ contre 1 qu'elle vivra 3 ans de plus.
3175 contre 772 ou $4 \frac{8}{77}$ contre 1 qu'elle vivra 4 ans de plus.
2380 contre 967 ou $3 \frac{7}{96}$ contre 1 qu'elle vivra 5 ans de plus.
2786 contre 1161 ou $2 \frac{4}{11}$ contre 1 qu'elle vivra 6 ans de plus.
2595 contre 1352 ou $1 \frac{12}{13}$ contre 1 qu'elle vivra 7 ans de plus.
2405 contre 1542 ou $1 \frac{8}{15}$ contre 1 qu'elle vivra 8 ans de plus.
2216 contre 1731 ou $1 \frac{4}{17}$ contre 1 qu'elle vivra 9 ans de plus.
2028 contre 1919 ou $1 \frac{1}{19}$ contre 1 qu'elle vivra 10 ans de plus.
2106 contre 1841 ou $1 \frac{1}{9}$ contre 1 qu'elle vivra 11 ans de plus.
2287 contre 1660 ou $1 \frac{3}{8}$ contre 1 qu'elle ne vivra pas 12 ans de plus.
2464 contre 1483 ou $1 \frac{9}{14}$ contre 1 qu'elle ne vivra pas 13 ans de plus.
2639 contre 1308 ou un peu plus de 1 contre 1 qu'elle ne vivra pas 14 ans de plus.
2813 contre 1134 ou $2 \frac{5}{11}$ contre 1 qu'elle ne vivra pas 15 ans de plus.
2983 contre 964 ou près de 3 contre 1 qu'elle ne vivra pas 16 ans de plus.
3140 contre 807 ou $3 \frac{7}{8}$ contre 1 qu'elle ne vivra pas 17 ans de plus.
3284 contre 663 ou près de 5 contre 1 qu'elle ne vivra pas 18 ans de plus.
3510 contre 437 ou $8 \frac{1}{43}$ contre 1 qu'elle ne vivra pas 20 ans de plus.
3710 contre 237 ou $15 \frac{15}{23}$ contre 1 qu'elle ne vivra pas 23 ans de plus.
3862 contre 85 ou $45 \frac{3}{8}$ contre 1 qu'elle ne vivra pas 28 ans de plus.
3923 contre 24 ou $163 \frac{11}{24}$ contre 1 qu'elle ne vivra pas 33 ans de plus.
3945 contre 2 ou $1972 \frac{1}{2}$ contre 1 qu'elle ne vivra pas 38 ans de plus, c'est-à-dire, en tout, 100 ans révolus.

Pour une personne de soixante-trois ans.

On peut parier 3568 contre 190 ou à peu près 18 $\frac{15}{19}$ contre 1 qu'une personne de soixante-trois ans vivra un an de plus.

3568 contre $\frac{190}{2}$ ou à peu près 37 $\frac{11}{19}$ contre qu'elle vivra 6 mois.
3568 contre $\frac{190}{4}$ ou à peu près 75 $\frac{3}{19}$ contre 1 qu'elle vivra 3 mois.
3568 contre $\frac{190}{365}$ ou 6854 contre 1 qu'elle ne mourra pas dans les vingt-quatre heures.
3371 contre 387 ou 8 $\frac{2}{3}$ contre 1 qu'elle vivra 2 ans de plus.
3175 contre 483 ou 5 $\frac{13}{29}$ contre 1 qu'elle vivra 3 ans de plus.
2980 contre 778 ou 3 $\frac{6}{7}$ contre 1 qu'elle vivra 4 ans de plus.
2786 contre 972 ou 2 $\frac{8}{9}$ contre 1 qu'elle vivra 5 ans de plus.
2595 contre 1163 ou 2 $\frac{2}{11}$ contre 1 qu'elle vivra 6 ans de plus.
2404 contre 1353 ou 1 $\frac{10}{13}$ contre 1 qu'elle vivra 7 ans de plus.
2216 contre 1542 ou 1 $\frac{2}{5}$ contre 1 qu'elle vivra 8 ans de plus.
2028 contre 1730 ou 1 $\frac{2}{17}$ contre 1 qu'elle vivra 9 ans de plus.
1917 contre 1841 ou un peu plus de 1 contre 1 qu'elle ne vivra pas 10 ans de plus.
2098 contre 1660 ou 1 $\frac{1}{4}$ contre 1 qu'elle ne vivra pas 11 ans de plus.
2275 contre 1483 ou 1 $\frac{1}{2}$ contre 1 qu'elle ne vivra pas 12 ans de plus.
2450 contre 1308 ou 1 $\frac{5}{6}$ contre 1 qu'elle ne vivra pas 13 ans de plus.
2624 contre 1134 ou 2 $\frac{3}{11}$ contre 1 qu'elle ne vivra pas 14 ans de plus.
2794 contre 964 ou 2 $\frac{8}{9}$ contre 1 qu'elle ne vivra pas 15 ans de plus.
2951 contre 807 ou 3 $\frac{5}{8}$ contre 1 qu'elle ne vivra pas 16 ans de plus.
3095 contre 663 ou 4 $\frac{2}{3}$ contre 1 qu'elle ne vivra pas 17 ans de plus.
3218 contre 540 ou 5 $\frac{17}{18}$ contre 1 qu'elle ne vivra pas 18 ans de plus.
3404 contre 354 ou 9 $\frac{3}{5}$ contre 1 qu'elle ne vivra pas 19 ans de plus.
3521 contre 237 ou 14 $\frac{20}{23}$ contre 1 qu'elle ne vivra pas 22 ans de plus.
3673 contre 85 ou 43 $\frac{1}{8}$ contre 1 qu'elle ne vivra pas 27 ans de plus.
3734 contre 24 ou 154 $\frac{7}{12}$ contre 1 qu'elle ne vivra pas 32 ans de plus.
3756 contre 2 ou 1878 contre 1 qu'elle ne vivra pas 37 ans de plus, c'est-à-dire, en tout, 100 ans révolus.

Pour une personne de soixante-quatre ans.

On peut parier 3371 contre 197 ou 17 $\frac{2}{19}$ contre 1 qu'une personne de soixante-quatre ans vivra un an de plus.

3371 contre $\frac{197}{2}$ ou 34 $\frac{4}{19}$ contre 1 qu'elle vivra 6 mois.
3371 contre $\frac{197}{4}$ ou 68 $\frac{8}{19}$ contre 1 qu'elle vivra 3 mois.
3371 contre $\frac{197}{365}$ ou 6246 contre 1 qu'elle ne mourra pas dans les vingt-quatre heures.
3175 contre 393 ou 8 $\frac{1}{17}$ contre 1 qu'elle vivra 2 ans de plus.
2980 contre 582 ou 5 $\frac{7}{58}$ contre 1 qu'elle vivra 3 ans de plus.
2786 contre 782 ou 3 $\frac{22}{39}$ contre 1 qu'elle vivra 4 ans de plus.
2595 contre 973 ou 2 $\frac{2}{3}$ contre 1 qu'elle vivra 5 ans de plus.
2405 contre 1163 ou 2 $\frac{7}{116}$ contre 1 qu'elle vivra 6 ans de plus.
2216 contre 1352 ou 1 $\frac{8}{13}$ contre 1 qu'elle vivra 7 ans de plus.

2028 contre 1540 ou 1 $\frac{24}{77}$ contre 1 qu'elle vivra 8 ans de plus.

1841 contre 1727 ou 1 $\frac{1}{17}$ contre 1 qu'elle vivra 9 ans de plus.

1908 contre 1660 ou 1 $\frac{12}{83}$ contre 1 qu'elle ne vivra pas 10 ans de plus.

2085 contre 1483 ou 1 $\frac{15}{37}$ contre 1 qu'elle ne vivra pas 11 ans de plus.

2260 contre 1308 ou 1 $\frac{9}{13}$ contre 1 qu'elle ne vivra pas 12 ans de plus.

2434 contre 1134 ou 2 $\frac{1}{11}$ contre 1 qu'elle ne vivra pas 13 ans de plus.

2604 contre 964 ou 2 $\frac{2}{3}$ contre 1 qu'elle ne vivra pas 14 ans de plus.

2761 contre 807 ou 3 $\frac{17}{40}$ contre 1 qu'elle ne vivra pas 15 ans de plus.

2905 contre 663 ou 4 $\frac{1}{3}$ contre 1 qu'elle ne vivra pas 16 ans de plus.

3131 contre 437 ou 7 $\frac{7}{43}$ contre 1 qu'elle ne vivra pas 18 ans de plus.

3331 contre 237 ou 14 $\frac{1}{23}$ contre 1 qu'elle ne vivra pas 21 ans de plus.

3483 contre 85 ou près de 41 contre 1 qu'elle ne vivra pas 26 ans de plus.

3544 contre 24 ou 147 $\frac{2}{3}$ contre 1 qu'elle ne vivra pas 31 ans de plus.

3566 contre 2 ou 1783 contre 1 qu'elle ne vivra pas 36 ans de plus, c'est-à-dire, en tout, 100 ans révolus.

Pour une personne de soixante-cinq ans.

On peut parier 3175 contre 196 ou 16 $\frac{3}{19}$ contre 1 qu'une personne de soixante-cinq ans vivra un an de plus.

3175 contre $\frac{196}{2}$ ou 32 $\frac{6}{19}$ contre 1 qu'elle vivra 6 mois.

3175 contre $\frac{196}{4}$ ou 64 $\frac{12}{19}$ contre 1 qu'elle vivra 3 mois.

3175 contre $\frac{196}{365}$ ou 5913 contre 1 qu'elle ne mourra pas dans les vingt-quatre heures.

2980 contre 391 ou 7 $\frac{2}{3}$ contre 1 qu'elle vivra 2 ans de plus.

2786 contre 585 ou 4 $\frac{22}{29}$ contre 1 qu'elle vivra 3 ans de plus.

2595 contre 776 ou 3 $\frac{2}{7}$ contre 1 qu'elle vivra 4 ans de plus.

2405 contre 966 ou 2 $\frac{4}{9}$ contre 1 qu'elle vivra 5 ans de plus.

2216 contre 1155 ou 1 $\frac{10}{11}$ contre 1 qu'elle vivra 6 ans de plus.

2028 contre 1343 ou 1 $\frac{34}{67}$ contre 1 qu'elle vivra 7 ans de plus.

1841 contre 1530 ou 1 $\frac{1}{5}$ contre 1 qu'elle vivra 8 ans de plus.

1711 contre 1660 ou un peu plus de 1 contre 1 qu'elle ne vivra pas 9 ans de plus.

1888 contre 1483 ou 1 $\frac{2}{7}$ contre 1 qu'elle ne vivra pas 10 ans de plus.

2063 contre 1308 ou 1 $\frac{7}{13}$ contre 1 qu'elle ne vivra pas 11 ans de plus.

2237 contre 1134 ou près de 2 contre 1 qu'elle ne vivra pas 12 ans de plus.

2407 contre 964 ou 2 $\frac{4}{9}$ contre 1 qu'elle ne vivra pas 13 ans de plus.

2564 contre 807 ou 3 $\frac{7}{40}$ contre 1 qu'elle ne vivra pas 14 ans de plus.

2708 contre 663 ou 4 $\frac{5}{65}$ contre 1 qu'elle ne vivra pas 15 ans de plus.

2934 contre 437 ou 6 $\frac{3}{4}$ contre 1 qu'elle ne vivra pas 17 ans de plus.

3017 contre 354 ou 8 $\frac{18}{35}$ contre 1 qu'elle ne vivra pas 18 ans de plus.

3134 contre 237 ou 13 $\frac{5}{23}$ contre 1 qu'elle ne vivra pas 20 ans de plus.

3286 contre 86 ou 38 $\frac{5}{8}$ contre 1 qu'elle ne vivra pas 25 ans de plus.

3347 contre 24 ou 139 $\frac{11}{12}$ contre 1 qu'elle ne vivra pas 30 ans de plus.

3369 contre 2 ou 7684 contre 1 qu'elle ne vivra pas 35 ans de plus, c'est-à-dire, en tout, 100 ans révolus.

Pour une personne de soixante-six ans.

On peut parier 2980 contre 195 ou 15 $\frac{5}{19}$ contre 1 qu'une personne de soixante-six ans vivra un an de plus.

2980 contre $\frac{195}{2}$ ou 30 $\frac{10}{19}$ contre 1 qu'elle vivra 6 mois.
2980 contre $\frac{195}{4}$ ou 61 $\frac{1}{19}$ contre 1 qu'elle vivra 3 mois.
2980 contre $\frac{195}{365}$ ou 5578 contre 1 qu'elle ne mourra pas dans les vingt-quatre heures.
2786 contre 389 ou 7 $\frac{6}{38}$ contre 1 qu'elle vivra 2 ans de plus.
2595 contre 580 ou 4 $\frac{2}{5}$ contre 1 qu'elle vivra 3 ans de plus.
2405 contre 770 ou 3 $\frac{9}{77}$ contre 1 qu'elle vivra 4 ans de plus.
2216 contre 959 ou 2 $\frac{6}{19}$ contre 1 qu'elle vivra 5 ans de plus.
2028 contre 1147 ou 1 $\frac{44}{57}$ contre 1 qu'elle vivra 6 ans de plus.
1841 contre 1334 ou 1 $\frac{5}{13}$ contre 1 qu'elle vivra 7 ans de plus.
1660 contre 1515 ou 1 $\frac{1}{15}$ contre 1 qu'elle vivra 8 ans de plus.
1692 contre 1483 ou 1 $\frac{5}{37}$ contre 1 qu'elle ne vivra pas 9 ans de plus.
1867 contre 1308 ou 1 $\frac{11}{26}$ contre 1 qu'elle ne vivra pas 10 ans de plus.
2041 contre 1134 ou 1 $\frac{9}{11}$ contre 1 qu'elle ne vivra pas 11 ans de plus.
2211 contre 964 ou 2 $\frac{7}{24}$ contre 1 qu'elle ne vivra pas 12 ans de plus.
2368 contre 807 ou 2 $\frac{15}{16}$ contre 1 qu'elle ne vivra pas 13 ans de plus.
2512 contre 663 ou 3 $\frac{26}{33}$ contre 1 qu'elle ne vivra pas 14 ans de plus.
2635 contre 540 ou 4 $\frac{4}{5}$ contre 1 qu'elle ne vivra pas 15 ans de plus.
2738 contre 437 ou 6 $\frac{1}{4}$ contre 1 qu'elle ne vivra pas 16 ans de plus.
2884 contre 291 ou 9 $\frac{26}{29}$ contre 1 qu'elle ne vivra pas 18 ans de plus.
2938 contre 237 ou 12 $\frac{9}{23}$ contre 1 qu'elle ne vivra pas 19 ans de plus.
3090 contre 85 ou 36 $\frac{3}{8}$ contre 1 qu'elle ne vivra pas 24 ans de plus.
3151 contre 24 ou 131 $\frac{7}{24}$ contre 1 qu'elle ne vivra pas 29 ans de plus.
3173 contre 2 ou 1586 $\frac{1}{2}$ contre 1 qu'elle ne vivra pas 34 ans de plus, c'est-à-dire, en tout, 100 ans révolus.

Pour une personne de soixante-sept ans.

On peut parier 2786 contre 194 ou 14 $\frac{7}{19}$ contre 1 qu'une personne de soixante-sept ans vivra un an de plus.

2786 contre $\frac{194}{2}$ ou 28 $\frac{11}{19}$ contre 1 qu'elle vivra 6 mois.
2786 contre $\frac{194}{4}$ ou 57 $\frac{9}{19}$ contre 1 qu'elle vivra 3 mois.
2786 contre $\frac{194}{365}$ ou 5242 contre 1 qu'elle ne mourra pas dans les vingt-quatre heures.
2595 contre 385 ou 6 $\frac{18}{19}$ contre 1 qu'elle vivra 2 ans de plus.
2405 contre 575 ou 4 $\frac{10}{57}$ contre 1 qu'elle vivra 3 ans de plus.
2216 contre 764 ou 2 $\frac{17}{19}$ contre 1 qu'elle vivra 4 ans de plus.
2028 contre 952 ou 2 $\frac{1}{9}$ contre 1 qu'elle vivra 5 ans de plus.
1841 contre 1139 ou 1 $\frac{7}{11}$ contre 1 qu'elle vivra 6 ans de plus.
1660 contre 1320 ou 1 $\frac{3}{13}$ contre 1 qu'elle vivra 7 ans de plus.
1497 contre 1483 ou un peu plus de 1 contre 1 qu'elle ne vivra pas 8 ans de plus.

1672 contre 1308 ou $1\frac{18}{65}$ contre 1 qu'elle ne vivra pas 9 ans de plus.

1846 contre 1134 ou $1\frac{7}{11}$ contre 1 qu'elle ne vivra pas 10 ans de plus.

2016 contre 964 ou $2\frac{1}{12}$ contre 1 qu'elle ne vivra pas 11 ans de plus.

2173 contre 807 ou $2\frac{11}{16}$ contre 1 qu'elle ne vivra pas 12 ans de plus.

2317 contre 663 ou $3\frac{16}{33}$ contre 1 qu'elle ne vivra pas 13 ans de plus.

2440 contre 540 ou $4\frac{14}{27}$ contre 1 qu'elle ne vivra pas 14 ans de plus.

2543 contre 437 ou $5\frac{3}{4}$ contre 1 qu'elle ne vivra pas 15 ans de plus.

2626 contre 354 ou $7\frac{14}{35}$ contre 1 qu'elle ne vivra pas 16 ans de plus.

2743 contre 237 ou $11\frac{13}{23}$ contre 1 qu'elle ne vivra pas 18 ans de plus.

2895 contre 85 ou un peu plus de 34 contre 1 qu'elle ne vivra pas 23 ans de plus.

2956 contre 24 ou $123\frac{1}{6}$ contre 1 qu'elle ne vivra 28 ans de plus.

2978 contre 2 ou 1489 contre 1 qu'elle ne vivra pas 33 ans de plus, c'est-à-dire, en tout, 100 ans révolus.

Pour une personne de soixante-huit ans.

On peut parier 2595 contre 191 ou $13\frac{11}{19}$ contre 1 qu'une personne de soixante-huit ans vivra un an de plus.

2595 contre $\frac{191}{2}$ ou $27\frac{3}{19}$ contre 1 qu'elle vivra 6 mois.

2595 contre $\frac{191}{4}$ ou $54\frac{6}{19}$ contre 1 qu'elle vivra 3 mois.

2595 contre $\frac{191}{365}$ ou 4959 contre 1 qu'elle ne mourra pas dans les vingt-quatre heures.

2405 contre 481 ou $6\frac{11}{38}$ contre 1 qu'elle vivra 2 ans de plus.

2216 contre 570 ou $3\frac{50}{57}$ contre 1 qu'elle vivra 3 ans de plus.

2028 contre 758 ou $2\frac{5}{7}$ contre 1 qu'elle vivra 4 ans de plus.

1841 contre 945 ou près de 2 contre 1 qu'elle vivra 5 ans de plus.

1660 contre 1126 ou $1\frac{5}{11}$ contre 1 qu'elle vivra 6 ans de plus.

1483 contre 1303 ou $1\frac{9}{55}$ contre 1 qu'elle vivra 7 ans de plus.

1478 contre 1308 ou $1\frac{3}{22}$ contre 1 qu'elle ne vivra pas 8 ans de plus.

1652 contre 1134 ou $1\frac{5}{11}$ contre 1 qu'elle ne vivra pas 9 ans de plus.

1822 contre 964 ou $1\frac{8}{9}$ contre 1 qu'elle ne vivra pas 10 ans de plus.

1979 contre 807 ou $2\frac{9}{20}$ contre 1 qu'elle ne vivra pas 11 ans de plus.

2123 contre 663 ou $3\frac{1}{6}$ contre 1 qu'elle ne vivra pas 12 ans de plus.

2246 contre 540 ou $4\frac{4}{27}$ contre 1 qu'elle ne vivra pas 13 ans de plus.

2349 contre 437 ou $5\frac{16}{43}$ contre 1 qu'elle ne vivra pas 14 ans de plus.

2432 contre 354 ou $6\frac{6}{7}$ contre 1 qu'elle ne vivra pas 15 ans de plus.

2495 contre 291 ou $8\frac{16}{29}$ contre 1 qu'elle ne vivra pas 16 ans de plus.

2549 contre 237 ou $10\frac{17}{23}$ contre 1 qu'elle ne vivra pas 17 ans de plus.

2663 contre 123 ou $21\frac{3}{4}$ contre 1 qu'elle ne vivra pas 20 ans de plus.

2701 contre 85 ou $31\frac{3}{4}$ contre 1 qu'elle ne vivra pas 22 ans de plus.

2762 contre 24 ou $115\frac{1}{12}$ contre 1 qu'elle ne vivra pas 27 ans de plus.

2784 contre 2 ou 1392 contre 1 qu'elle ne vivra pas 32 ans de plus, c'est-à-dire, en tout, 100 ans révolus.

Pour une personne de soixante-neuf ans.

On peut parier 2405 contre 190 ou $12\frac{12}{29}$ contre 1 qu'une personne de soixante-neuf ans vivra un an de plus.

2405 contre $\frac{190}{2}$ ou $25\frac{5}{19}$ contre 1 qu'elle vivra 6 mois.
2405 contre $\frac{190}{2}$ ou $50\frac{10}{19}$ contre 1 qu'elle vivra 3 mois.
2405 contre $\frac{190}{365}$ ou 4620 contre 1 qu'elle ne mourra pas dans les vingt-quatre heures.
2216 contre 379 ou $4\frac{32}{37}$ contre 1 qu'elle vivra 2 ans de plus.
2028 contre 567 ou $3\frac{32}{56}$ contre 1 qu'elle vivra 3 ans de plus.
1841 contre 754 ou $2\frac{11}{25}$ contre 1 qu'elle vivra 4 ans de plus.
1660 contre 935 ou $1\frac{7}{9}$ contre 1 qu'elle vivra 5 ans de plus.
1483 contre 1112 ou $1\frac{1}{3}$ contre 1 qu'elle vivra 6 ans de plus.
1308 contre 1287 ou $1\frac{1}{64}$ contre 1 qu'elle vivra 7 ans de plus.
1461 contre 1134 ou $1\frac{3}{11}$ contre 1 qu'elle ne vivra pas 8 ans de plus.
1631 contre 964 ou $1\frac{2}{3}$ contre 1 qu'elle ne vivra pas 9 ans de plus.
1788 contre 807 ou $2\frac{1}{5}$ contre 1 qu'elle ne vivra pas 10 ans de plus.
1932 contre 663 ou $2\frac{10}{11}$ contre 1 qu'elle ne vivra pas 11 ans de plus.
2055 contre 540 ou $3\frac{4}{5}$ contre 1 qu'elle ne vivra pas 12 ans de plus.
2158 contre 437 ou $4\frac{41}{43}$ contre 1 qu'elle ne vivra pas 13 ans de plus.
2241 contre 354 ou $6\frac{11}{35}$ contre 1 qu'elle ne vivra pas 14 ans de plus.
2304 contre 291 ou $7\frac{26}{29}$ contre 1 qu'elle ne vivra pas 15 ans de plus.
2358 contre 237 ou près de 10 contre 1 qu'elle ne vivra pas 16 ans de plus.
2440 contre 155 ou $15\frac{11}{15}$ contre 1 qu'elle ne vivra pas 18 ans de plus.
2510 contre 85 ou $29\frac{1}{2}$ contre 1 qu'elle ne vivra pas 21 ans de plus.
2571 contre 24 ou $107\frac{1}{8}$ contre 1 qu'elle ne vivra pas 26 ans de plus.
2593 contre 2 ou $1296\frac{1}{2}$ contre 1 qu'elle ne vivra pas 31 ans de plus, c'est-à-dire, en tout, 100 ans révolus.

Pour personne de soixante-dix ans.

On peut parier 2216 contre 189 ou $11\frac{13}{18}$ contre 1 qu'une personne de soixante-dix ans vivra un an de plus.

2216 contre $\frac{189}{2}$ ou $23\frac{4}{9}$ contre 1 qu'elle vivra 6 mois.
2216 contre $\frac{189}{4}$ ou $46\frac{8}{9}$ contre 1 qu'elle vivra 3 mois.
2216 contre $\frac{189}{365}$ ou $4332\frac{1}{2}$ contre 1 qu'elle ne mourra pas dans les vingt-quatre heures.
2028 contre 377 ou $5\frac{14}{37}$ contre 1 qu'elle vivra 2 ans de plus.
1841 contre 564 ou $3\frac{1}{4}$ contre 1 qu'elle vivra 3 ans de plus.
1660 contre 745 ou $2\frac{9}{37}$ contre 1 qu'elle vivra 4 ans de plus.
1483 contre 922 ou $1\frac{14}{23}$ contre 1 qu'elle vivra 5 ans de plus.
1308 contre 1097 ou $1\frac{1}{5}$ contre 1 qu'elle vivra 6 ans de plus.
1271 contre 1134 ou $1\frac{1}{11}$ contre 1 qu'elle ne vivra pas 7 ans de plus.
1441 contre 964 ou $1\frac{4}{9}$ contre 1 qu'elle ne vivra pas 8 ans de plus.
1598 contre 807 ou près de 2 contre 1 qu'elle ne vivra pas 9 ans de plus.
1742 contre 663 ou $2\frac{2}{3}$ contre 1 qu'elle ne vivra pas 10 ans de plus.

1863 contre 540 ou 3 $\frac{2}{5}$ contre 1 qu'elle ne vivra pas 11 ans de plus.
1963 contre 437 ou un peu plus de 4 $\frac{1}{2}$ contre 1 qu'elle ne vivra pas 12 ans de plus.
2051 contre 354 ou 5 $\frac{4}{5}$ contre 1 qu'elle ne vivra pas 13 ans de plus.
2114 contre 291 ou 7 $\frac{7}{29}$ contre 1 qu'elle ne vivra pas 14 ans de plus.
2168 contre 237 ou 9 $\frac{3}{23}$ contre 1 qu'elle ne vivra pas 15 ans de plus.
2212 contre 193 ou 11 $\frac{8}{19}$ contre 1 qu'elle ne vivra pas 16 ans de plus.
2282 contre 123 ou 17 $\frac{3}{4}$ contre 1 qu'elle ne vivra pas 18 ans de plus.
2320 contre 85 ou 27 $\frac{1}{4}$ contre 1 qu'elle ne vivra pas 20 ans de plus.
2381 contre 24 ou 99 $\frac{5}{24}$ contre 1 qu'elle ne vivra pas 25 ans de plus.
2403 contre 2 ou 1201 $\frac{1}{2}$ contre 1 qu'elle ne vivra pas 30 ans de plus, c'est-à-dire, en tout, 100 ans révolus.

Pour une personne de soixante et onze ans.

On peut parier 2028 contre 188 ou 10 $\frac{7}{9}$ contre 1 qu'une personne de soixante et onze ans vivra un an de plus.

2028 contre $\frac{188}{2}$ ou 21 $\frac{5}{9}$ contre 1 qu'elle vivra 6 mois.
2028 contre $\frac{188}{4}$ ou 43 $\frac{1}{9}$ contre 1 qu'elle vivra 3 mois.
2028 contre $\frac{188}{365}$ ou 3937 contre 1 qu'elle ne mourra pas dans les vingt-quatre heures.
1841 contre 375 ou 4 $\frac{34}{37}$ contre 1 qu'elle vivra 2 ans de plus.
1660 contre 556 ou près de 3 contre 1 qu'elle vivra 3 ans de plus.
1483 contre 733 ou un peu plus de 2 contre 1 qu'elle vivra 4 ans de plus.
1308 contre 908 ou 1 $\frac{1}{9}$ contre 1 qu'elle vivra 5 ans de plus.
1134 contre 1082 ou 1 $\frac{2}{43}$ contre 1 qu'elle vivra 6 ans de plus.
1252 contre 964 ou 1 $\frac{7}{24}$ contre 1 qu'elle ne vivra pas 7 ans de plus.
1409 contre 807 ou 1 $\frac{3}{4}$ contre 1 qu'elle ne vivra pas 8 ans de plus.
1553 contre 663 ou 2 $\frac{1}{3}$ contre 1 qu'elle ne vivra pas 9 ans de plus.
1676 contre 540 ou 3 $\frac{1}{11}$ contre 1 qu'elle ne vivra pas 10 ans de plus.
1779 contre 437 ou 4 $\frac{3}{41}$ contre 1 qu'elle ne vivra pas 11 ans de plus.
1862 contre 354 ou 5 $\frac{1}{4}$ contre 1 qu'elle ne vivra pas 12 ans de plus.
1925 contre 291 ou 6 $\frac{17}{29}$ contre 1 qu'elle ne vivra pas 13 ans de plus.
1979 contre 237 ou un peu plus de 8 $\frac{1}{3}$ contre 1 qu'elle ne vivra pas 14 ans de plus.
2023 contre 193 ou 10 $\frac{9}{19}$ contre 1 qu'elle ne vivra pas 15 ans de plus.
2061 contre 155 ou 13 $\frac{4}{15}$ contre 1 qu'elle ne vivra pas 16 ans de plus.
2131 contre 85 ou 25 $\frac{1}{14}$ contre 1 qu'elle ne vivra pas 19 ans de plus.
2192 contre 24 ou 91 $\frac{1}{3}$ contre 1 qu'elle ne vivra pas 24 ans de plus.
2214 contre 2 ou 1107 contre 1 qu'elle ne vivra pas 29 ans de plus, c'est-à-dire, n tout, 100 ans révolus.

Pour une personne de soixante-douze ans.

On peut parier 1841 contre 187 ou 9 $\frac{5}{6}$ contre 1, qu'une personne de soixante-douze ans vivra un an de plus.

1841 contre $\frac{187}{2}$ ou 19 $\frac{2}{3}$ contre 1 qu'elle vivra 6 mois.
1841 contre $\frac{187}{4}$ ou 39 $\frac{1}{3}$ contre 1 qu'elle vivra 3 mois

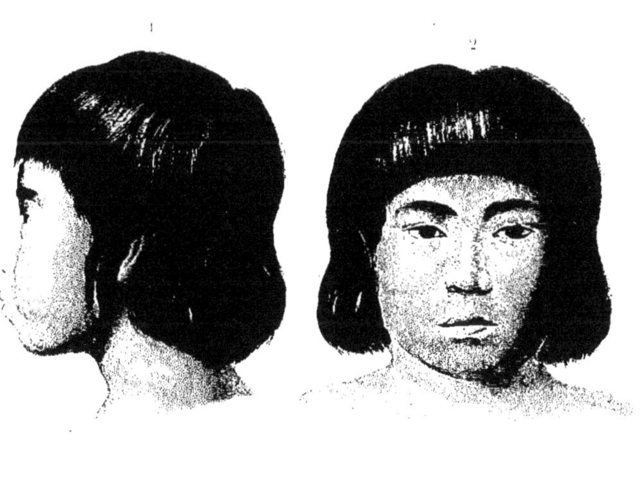

[illegible] BRESI[illegible]

[illegible] MA[illegible]AIS

1841 contre $\frac{187}{365}$ ou 3593 contre 1 qu'elle ne mourra pas dans les vingt-quatre heures.
1660 contre 368 ou 4 $\frac{1}{2}$ contre 1 qu'elle vivra 2 ans de plus.
1483 contre 545 ou 2 $\frac{13}{18}$ contre 1 qu'elle vivra 3 ans de plus.
1338 contre 720 ou 1 $\frac{6}{7}$ contre 1 qu'elle vivra 4 ans de plus.
1134 contre 894 ou 1 $\frac{4}{15}$ contre 1 qu'elle vivra 5 ans de plus.
1064 contre 964 ou 1 $\frac{5}{48}$ contre 1 qu'elle ne vivra pas 6 ans de plus
1221 contre 807 ou un peu plus de 1 $\frac{1}{2}$ contre 1 qu'elle ne vivra pas 7 ans de plus.
1365 contre 663 ou 2 $\frac{1}{22}$ contre 1 qu'elle ne vivra pas 8 ans de plus.
1488 contre 540 ou 2 $\frac{20}{27}$ contre 1 qu'elle ne vivra pas 9 ans de plus.
1591 contre 437 ou un peu plus de 3 $\frac{2}{3}$ contre 1 qu'elle ne vivra pas 10 ans de plus.
1674 contre 354 ou 4 $\frac{5}{7}$ contre 1 qu'elle ne vivra pas 11 ans de plus.
1737 contre 291 ou près 6 contre 1 qu'elle ne vivra pas 12 ans de plus.
1791 contre 237 ou 7 $\frac{13}{21}$ contre 1 qu'elle ne vivra pas 13 ans de plus.
1835 contre 193 ou 9 $\frac{9}{19}$ contre 1 qu'elle ne vivra pas 14 ans de plus.
1873 contre 153 ou 12 $\frac{1}{15}$ contre 1 qu'elle ne vivra pas 15 ans de plus.
1905 contre 123 ou 15 $\frac{1}{2}$ contre 1 qu'elle ne vivra pas 16 ans de plus.
1925 contre 103 ou 18 $\frac{7}{10}$ contre 1 qu'elle ne vivra pos 17 ans de plus.
1943 contre 85 ou 22 $\frac{7}{8}$ contre 1 qu'elle ne vivra pas 18 ans de plus.
1973 contre 55 ou 35 $\frac{4}{5}$ contre 1 qu'elle ne vivra pas 20 ans de plus.
2004 contre 24 ou 83 $\frac{1}{2}$ contre 1 qu'elle ne vivra pas 23 ans de plus.
2026 contre 2 ou 1013 contre 1 qu'elle ne vivra pas 28 ans de plus, c'est-à-dire, en tout, 100 ans révolus.

Pour une personne de soixante-treize ans.

On peut parier 1660 contre 181 ou 9 $\frac{1}{6}$ contre 1 qu'une personne de soixante-treize ans vivra un an de plus.

1660 contre $\frac{181}{2}$ ou 18 $\frac{1}{3}$ contre 1 qu'elle vivra 6 mois.
1660 contre $\frac{181}{4}$ ou 36 $\frac{2}{3}$ contre 1 qu'elle vivra 3 mois.
1660 contre $\frac{181}{365}$ ou 3347 contre 1 qu'elle ne mourra pas dans les vingt-quatre heures.
1483 contre 358 ou 4 $\frac{1}{7}$ contre 1 qu'elle vivra 2 ans de plus.
1308 contre 533 ou 2 $\frac{4}{9}$ contre 1 qu'elle vivra 3 ans de plus.
1134 contre 707 ou 1 $\frac{5}{9}$ contre 1 qu'elle vivra 4 ans de plus.
964 contre 877 ou 1 $\frac{8}{87}$ contre 1 qu'elle vivra 5 ans de plus.
1034 contre 807 ou 1 $\frac{11}{40}$ contre 1 qu'elle ne vivra pas 6 ans de plus.
1178 contre 663 ou 1 $\frac{17}{22}$ contre 1 qu'elle ne vivra pas 7 ans de plus.
1301 contre 540 ou 2 $\frac{11}{27}$ contre 1 qu'elle ne vivra pas 8 ans de plus.
1434 contre 407 ou 3 $\frac{9}{43}$ contre 1 qu'elle ne vivra pas 9 ans de plus.
1487 contre 354 ou 4 $\frac{1}{5}$ contre 1 qu'elle ne vivra pas 10 ans de plus.
1550 contre 291 ou 5 $\frac{9}{29}$ contre 1 qu'elle ne vivra pas 11 ans de plus.
1604 contre 237 ou 6 $\frac{18}{21}$ contre 1 qu'elle ne vivra pas 12 ans de plus.
1648 contre 193 ou 8 $\frac{10}{19}$ contre 1 qu'elle ne vivra pas 13 ans de plus.
1686 contre 155 ou 10 $\frac{13}{15}$ contre 1 qu'elle ne vivra pas 14 ans de plus.
1718 contre 123 ou près de 14 contre 1 qu'elle ne vivra pas 15 ans de plus.
1756 contre 85 ou 20 $\frac{5}{8}$ contre 1 qu'elle ne vivra pas 17 ans de plus.

1798 contre 43 ou 41 $\frac{35}{43}$ contre 1 qu'elle ne vivra pas 20 ans de plus.
1817 contre 24 ou 75 $\frac{17}{24}$ contre 1 qu'elle ne vivra pas 22 ans de plus.
1839 contre 2 ou 919 contre 1 qu'elle ne vivra pas 27 ans de plus, c'est-à-dire, en tout, 100 ans révolus.

Pour une personne de soixante-quatorze ans.

On peut parier 1483 contre 177 ou 8 $\frac{6}{17}$ contre 1 qu'une personne de soixante-quatorze ans vivra un an de plus.

1483 contre $\frac{177}{2}$ ou 16 $\frac{12}{17}$ contre 1 qu'elle vivra 6 mois.
1483 contre $\frac{177}{4}$ ou 33 $\frac{7}{12}$ contre 1 qu'elle vivra 3 mois.
1483 contre $\frac{177}{368}$ ou 3055 contre 1 qu'elle ne mourra pas dans les vingt-quatre heures.
1308 contre 352 ou 3 $\frac{5}{7}$ contre 1 qu'elle vivra 2 ans de plus.
1134 contre 526 ou 2 $\frac{2}{13}$ contre 1 qu'elle vivra 3 ans de plus.
964 contre 696 ou 1 $\frac{1}{3}$ contre 1 qu'elle vivra 4 ans de plus.
853 contre 807 ou un peu plus de 1 contre 1 qu'elle ne vivra pas 5 ans de plus.
997 contre 663 ou 1 $\frac{1}{2}$ contre 1 qu'elle ne vivra pas 6 ans de plus.
1120 contre 540 ou 2 $\frac{2}{27}$ contre 1 qu'elle ne vivra pas 7 ans de plus.
1223 contre 437 ou 2 $\frac{3}{4}$ contre 1 qu'elle ne vivra pas 8 ans de plus.
1306 contre 354 ou 3 $\frac{2}{3}$ contre 1 qu'elle ne vivra pas 9 ans de plus.
1369 contre 291 ou 4 $\frac{2}{3}$ contre 1 qu'elle ne vivra pas 10 ans de plus.
1423 contre 237 ou 6 contre 1 qu'elle ne vivra pas 11 ans de plus.
1467 contre 193 ou 7 $\frac{11}{19}$ contre 1 qu'elle ne vivra pas 12 ans de plus.
1505 contre 155 ou 9 $\frac{11}{15}$ contre 1 qu'elle ne vivra pas 13 ans de plus.
1557 contre 103 ou 15 $\frac{1}{10}$ contre 1 qu'elle ne vivra pas 15 ans de plus.
1575 contre 85 ou 18 $\frac{1}{2}$ contre 1 qu'elle ne vivra pas 16 ans de plus.
1605 contre 55 ou 27 $\frac{2}{5}$ contre 1 qu'elle ne vivra pas 18 ans de plus.
1636 contre 24 ou 68 $\frac{5}{6}$ contre 1 qu'elle ne vivra pas 21 ans de plus.
1658 contre 2 ou 829 contre 1 qu'elle ne vivra pas 26 ans de plus, c'est-à-dire, en tout, 100 ans révolus.

Pour une personne de soixante-quinze ans.

On peut parier 1308 contre 175 ou 7 $\frac{6}{17}$ contre 1 qu'une personne de soixante-quinze ans vivra un an de plus.

1308 contre $\frac{175}{2}$ ou 14 $\frac{16}{17}$ contre 1 qu'elle vivra 6 mois,
1308 contre $\frac{175}{4}$ ou 29 $\frac{15}{17}$ contre 1 qu'elle vivra 3 mois.
1308 contre $\frac{175}{365}$ ou 2728 contre 1 qu'elle ne mourra pas dans les vingt-quatre heures.
1134 contre 349 ou 3 $\frac{4}{17}$ contre 1 qu'elle vivra 2 ans de plus.
964 contre 519 ou 1 $\frac{44}{51}$ contre 1 qu'elle vivra 3 ans de plus.
807 contre 676 ou 1 $\frac{13}{67}$ contre 1 qu'elle vivra 4 ans de plus.
820 contre 663 ou 1 $\frac{5}{22}$ contre 1 qu'elle ne vivra pas 5 ans de plus.
943 contre 540 ou 1 $\frac{20}{27}$ contre 1 qu'elle ne vivra pas 6 ans de plus.
1046 contre 437 ou 2 $\frac{17}{43}$ contre 1 qu'elle ne vivra pas 7 ans de plus.
1129 contre 354 ou 3 $\frac{6}{35}$ contre 1 qu'elle ne vivra pas 8 ans de plus.

1192 contre 291 ou 4 $\frac{2}{29}$ contre 1 qu'elle ne vivra pas 9 ans de plus.
1246 contre 237 ou 5 $\frac{6}{23}$ contre 1 qu'elle ne vivra pas 10 ans de plus.
1290 contre 193 ou 6 $\frac{13}{19}$ contre 1 qu'elle ne vivra pas 11 ans de plus.
1328 contre 155 ou 8 $\frac{5}{15}$ contre 1 qu'elle ne vivra pas 12 ans de plus.
1360 contre 123 ou un peu plus de 11 contre 1 qu'elle ne vivra pas 13 ans de plus.
1398 contre 85 ou 16 $\frac{3}{8}$ contre 1 qu'elle ne vivra pas 15 ans de plus.
1440 contre 43 ou 33 $\frac{1}{2}$ contre 1 qu'elle ne vivra pas 18 ans de plus.
1459 contre 24 ou 60 $\frac{19}{24}$ contre 1 qu'elle ne vivra pas 20 ans de plus.
1481 contre 2 ou 740 $\frac{1}{2}$ contre 1 qu'elle ne vivra pas 25 ans de plus, c'est-à-dire, en tout, 100 ans révolus.

Pour une personne de soixante-seize ans.

On peut parier 1,134 contre 174 ou 6 $\frac{9}{17}$ contre 1 qu'une personne de soixante-seize ans vivra un an de plus.

1134 contre $\frac{174}{2}$ ou 13 $\frac{1}{17}$ contre 1 qu'elle vivra 6 mois.
1134 contre $\frac{174}{4}$ ou 26 $\frac{2}{17}$ contre 1 qu'elle vivra 3 mois.
1134 contre $\frac{174}{365}$ ou 2379 contre 1 qu'elle ne mourra pas dans les 24 heures.
964 contre 344 ou 2 $\frac{27}{34}$ contre 1 qu'elle vivra 2 ans de plus.
807 contre 501 ou 1 $\frac{3}{5}$ contre 1 qu'elle vivra 3 ans de plus.
663 contre 645 ou un peu plus de 1 contre 1 qu'elle vivra 4 ans de plus.
768 contre 540 ou 1 $\frac{11}{27}$ contre 1 qu'elle ne vivra pas 5 ans de plus.
871 contre 437 ou près de 2 contre 1 qu'elle ne vivra pas 6 ans de plus.
954 contre 354 ou un peu plus de 2 $\frac{2}{3}$ contre 1 qu'elle ne vivra pas 7 ans de plus.
1017 contre 291 ou 3 $\frac{14}{29}$ contre 1 qu'elle ne vivra pas 8 ans de plus.
1071 contre 237 ou un peu de 4 $\frac{1}{2}$ contre 1 qu'elle ne vivra pas 9 ans de plus.
1115 contre 193 ou 5 $\frac{15}{19}$ contre 1 qu'elle ne vivra pas 10 ans de plus.
1153 contre 155 ou 7 $\frac{2}{5}$ contre 1 qu'elle ne vivra pas 11 ans de plus.
1185 contre 123 ou 9 $\frac{7}{12}$ contre 1 qu'elle ne vivra pas 12 ans de plus.
1205 contre 103 ou 11 $\frac{7}{10}$ contre 1 qu'elle ne vivra pas 13 ans de plus.
1223 contre 85 ou 14 $\frac{3}{8}$ contre 1 qu'elle ne vivra pas 14 ans de plus.
1239 contre 69 ou près de 18 contre 1 qu'elle ne vivra pas 15 ans de plus.
1253 contre 55 ou 22 $\frac{4}{5}$ contre 1 qu'elle ne vivra pas 16 ans de plus.
1265 contre 43 ou 29 $\frac{18}{43}$ contre 1 qu'elle ne vivra pas 17 ans de plus.
1284 contre 24 ou 53 $\frac{1}{2}$ contre 1 qu'elle ne vivra pas 19 ans de plus.
1291 contre 17 ou près de 76 contre 1 qu'elle ne vivra pas 20 ans de plus.
1306 contre 2 ou 653 contre 1 qu'elle ne vivra pas 24 ans de plus, c'est-à-dire, en tout, 100 ans révolus.

Pour une personne de soixante-dix-sept ans.

On peut parier 964 contre 170 ou 5 $\frac{11}{17}$ contre 1 qu'une personne de soixante-dix-sept ans vivra un an de plus.

964 contre $\frac{170}{2}$ ou 11 $\frac{5}{17}$ contre 1 qu'elle vivra 6 mois.
964 contre $\frac{170}{4}$ ou 22 $\frac{10}{17}$ contre 1 qu'elle vivra 3 mois.

964 contre $\frac{170}{365}$ ou 2070 contre 1 qu'elle ne mourra pas dans les vingt-quatre heures.
809 contre 327 ou 2 $\frac{15}{32}$ contre 1 qu'elle vivra 2 ans de plus.
663 contre 471 ou 1 $\frac{19}{47}$ contre 1 qu'elle vivra 3 ans de plus.
594 contre 540 ou 1 $\frac{1}{11}$ contre 1 qu'elle ne vivra pas 4 ans de plus.
697 contre 437 ou 1 $\frac{26}{43}$ contre 1 qu'elle ne vivra pas 5 ans de plus.
780 contre 354 ou 2 $\frac{1}{5}$ contre 1 qu'elle ne vivra pas 6 ans de plus.
843 contre 291 ou 2 $\frac{26}{29}$ contre 1 qu'elle ne vivra pas 7 ans de plus.
897 contre 237 ou 3 $\frac{18}{23}$ contre 1 qu'elle ne vivra pas 8 ans de plus.
941 contre 193 ou près de 5 contre 1 qu'elle ne vivra pas 9 ans de plus.
979 contre 155 ou 6 $\frac{4}{15}$ contre 1 qu'elle ne vivra pas 10 ans de plus.
1011 contre 123 ou 8 $\frac{1}{6}$ contre 1 qu'elle ne vivra pas 11 ans de plus.
1031 contre 103 ou un peu plus de 10 contre 1 qu'elle ne vivra pas 12 ans de plus.
1049 contre 85 ou 12 $\frac{1}{4}$ contre 1 qu'elle ne vivra pas 13 ans de plus.
1079 contre 55 ou 19 $\frac{3}{5}$ contre 1 qu'elle ne vivra pas 15 ans de plus.
1110 contre 24 ou 46 $\frac{1}{4}$ contre 1 qu'elle ne vivra pas 18 ans de plus.
1122 contre 12 ou 93 $\frac{1}{2}$ contre 1 qu'elle ne vivra pas 20 ans de plus.
1132 contre 2 ou 566 contre 1 qu'elle ne vivra pas 23 ans de plus, c'est-à-dire, en tout, 100 ans révolus.

Pour une personne de soixante-dix-huit ans.

On peut parier 807 contre 157 ou 5 $\frac{2}{13}$ contre 1 qu'une personne de soixante-dix-huit ans vivra un an de plus.

807 contre $\frac{157}{2}$ ou 10 $\frac{4}{15}$ contre 1 qu'elle vivra 6 mois.
807 contre $\frac{157}{4}$ ou 20 $\frac{8}{15}$ contre 1 qu'elle vivra 3 mois.
807 contre $\frac{157}{365}$ ou 1876 contre 1 qu'elle ne mourra pas dans les vingt-quatre heures.
663 contre 301 ou 2 $\frac{1}{5}$ contre 1 qu'elle vivra 2 ans de plus.
540 contre 424 ou 1 $\frac{11}{42}$ contre 1 qu'elle vivra 3 ans de plus.
527 contre 437 ou 1 $\frac{9}{43}$ contre 1 qu'elle ne vivra pas 4 ans de plus.
610 contre 354 ou 1 $\frac{5}{7}$ contre 1 qu'elle ne vivra pas 5 ans de plus.
673 contre 291 ou 2 $\frac{9}{29}$ contre 1 qu'elle ne vivra pas 6 ans de plus.
727 contre 237 ou 3 $\frac{1}{23}$ contre 1 qu'elle ne vivra pas 7 ans de plus.
771 contre 193 ou près de 4 contre 1 qu'elle ne vivra pas 8 ans de plus.
809 contre 155 ou 5 $\frac{1}{5}$ contre 1 qu'elle ne vivra pas 9 ans de plus.
841 contre 123 ou 6 $\frac{5}{6}$ contre 1 qu'elle ne vivra pas 10 ans de plus.
861 contre 103 ou 8 $\frac{3}{10}$ contre 1 qu'elle ne vivra pas 11 ans de plus.
879 contre 85 ou 10 $\frac{1}{4}$ contre 1 qu'elle ne vivra pas 12 ans de plus.
895 contre 69 ou près de 13 contre 1 qu'elle ne vivra pas 13 ans de plus.
909 contre 55 ou 16 $\frac{2}{5}$ contre 1 qu'elle ne vivra pas 14 ans de plus,
921 contre 43 ou 21 $\frac{1}{4}$ contre 1 qu'elle ne vivra pas 15 ans de plus.
940 contre 24 ou 39 $\frac{1}{6}$ contre 1 qu'elle ne vivra pas 17 ans de plus.
947 contre 17 ou 55 $\frac{12}{17}$ contre 1 qu'elle ne vivra pas 18 ans de plus.
962 contre 2 ou 481 contre 1 qu'elle ne vivra pas 22 ans de plus, c'est-à-dire, en tout, 100 ans révolus.

Pour une personne de soixante-dix-neuf ans.

On peut parier 663 contre 144 ou 4 $\frac{1}{7}$ contre 1 qu'une personne de soixante-dix-neuf ans vivra un an de plus.

663 contre $\frac{144}{2}$ ou 9 $\frac{1}{7}$ contre 1 qu'elle vivra 6 mois.
663 contre $\frac{144}{4}$ ou 18 $\frac{2}{7}$ contre 1 qu'elle vivra 3 mois.
663 contre $\frac{144}{365}$ ou 1680 contre 1 qu'elle ne mourra pas dans les vingt-quatre heures.
540 contre 267 ou un peu plus de 2 contre 1 qu'elle vivra 2 ans de plus.
437 contre 370 ou 1 $\frac{6}{37}$ contre 1 qu'elle vivra 3 ans de plus.
453 contre 354 ou un peu plus de 1 $\frac{1}{4}$ contre 1 qu'elle ne vivra pas 4 ans de plus.
516 contre 291 ou 1 $\frac{22}{29}$ contre 1 qu'elle ne vivra pas 5 ans de plus.
570 contre 237 ou 2 $\frac{9}{23}$ contre 1 qu'elle ne vivra pas 6 ans de plus.
614 contre 193 ou 3 $\frac{3}{19}$ contre 1 qu'elle ne vivra pas 7 ans de plus.
652 contre 155 ou 4 $\frac{1}{5}$ contre 1 qu'elle ne vivra pas 8 ans de plus.
684 contre 123 ou 5 $\frac{1}{2}$ contre 1 qu'elle ne vivra pas 9 ans de plus.
704 contre 103 ou 6 $\frac{4}{5}$ contre 1 qu'elle ne vivra pas 10 ans de plus.
722 contre 85 ou 8 $\frac{1}{2}$ contre 1 qu'elle ne vivra pas 11 ans de plus.
738 contre 69 ou 10 $\frac{2}{3}$ contre 1 qu'elle ne vivra pas 12 ans de plus.
752 contre 55 ou 13 $\frac{3}{5}$ contre 1 qu'elle ne vivra pas 13 ans de plus.
764 contre 43 ou 17 $\frac{3}{4}$ contre 1 qu'elle ne vivra pas 14 ans de plus.
774 contre 33 ou 23 $\frac{5}{11}$ contre 1 qu'elle ne vivra pas 15 ans de plus.
783 contre 24 ou 32 $\frac{5}{8}$ contre 1 qu'elle ne vivra pas 16 ans de plus.
795 contre 12 ou 66 $\frac{5}{12}$ contre 1 qu'elle ne vivra pas 18 ans de plus.
805 contre 2 ou 402 $\frac{1}{2}$ contre 1 qu'elle ne vivra pas 21 ans de plus, c'est-à-dire, en tout, 100 ans révolus.

Pour une personne de quatre-vingts ans.

On peut parier 540 contre 123 ou 4 $\frac{2}{21}$ contre 1 qu'une personne de quatre-vintgs ans vivra un an de plus.

540 contre $\frac{123}{2}$ ou 8 $\frac{4}{21}$ contre 1 qu'elle vivra 6 mois.
540 contre $\frac{123}{4}$ ou 16 $\frac{8}{21}$ contre 1 qu'elle vivra 3 mois.
540 contre $\frac{123}{365}$ ou 1586 contre 1 qu'elle ne mourra pas dans les vingt-quatre heures.
437 contre 226 ou 1 $\frac{21}{22}$ contre 1 qu'elle vivra 2 ans de plus.
354 contre 309 ou 1 $\frac{2}{15}$ contre 1 qu'elle vivra 3 ans de plus.
372 contre 291 ou 1 $\frac{8}{29}$ contre 1 qu'elle ne vivra pas 4 ans de plus.
426 contre 237 ou 1 $\frac{18}{23}$ contre 1 qu'elle ne vivra pas 5 ans de plus.
470 contre 193 ou 2 $\frac{8}{19}$ contre 1 qu'elle ne vivra pas 6 ans de plus.
508 contre 155 ou 3 $\frac{4}{15}$ contre 1 qu'elle ne vivra pas 7 ans de plus.
540 contre 123 ou 4 $\frac{1}{3}$ contre 1 qu'elle ne vivra pas 8 ans de plus.
560 contre 103 ou 5 $\frac{2}{5}$ contre 1 qu'elle ne vivra pas 9 ans de plus.
578 contre 85 ou 6 $\frac{3}{4}$ contre 1 qu'elle ne vivra pas 10 ans de plus.
594 contre 69 ou 8 $\frac{2}{3}$ contre 1 qu'elle ne vivra pas 11 ans de plus.
608 contre 55 ou un peu plus de 1 contre 1 qu'elle ne vivra pas 12 ans de plus.

620 contre 43 ou 14 $\frac{1}{4}$ contre 1 qu'elle ne vivra pas 13 ans de plus.
630 contre 33 ou 19 $\frac{1}{11}$ contre 1 qu'elle ne vivra pas 14 ans de plus.
639 contre 24 ou 26 $\frac{5}{8}$ contre 1 qu'elle ne vivra pas 15 ans de plus.
646 contre 17 ou 38 contre 1 qu'elle ne vivra pas 16 ans de plus.
651 contre 12 ou 54 $\frac{1}{4}$ contre 1 qu'elle ne vivra pas 17 ans de plus.
655 contre 8 ou 81 $\frac{7}{8}$ contre 1 qu'elle ne vivra pas 18 ans de plus.
658 contre 5 ou 131 $\frac{3}{5}$ contre 1 qu'elle ne vivra pas 19 ans de plus.
661 contre 2 ou 330 $\frac{1}{2}$ contre 1 qu'elle ne vivra pas 20 ans de plus, c'est-à-dire, en tout, 100 ans révolus.

Pour une personne de quatre-vingt et un ans.

On peut parier 437 contre 103 ou 4 $\frac{1}{5}$ contre 1 qu'une personne de quatre-vingt et un ans vivra un an de plus.

437 contre $\frac{103}{2}$ ou 8 $\frac{2}{5}$ contre 1 qu'elle vivra 6 mois.
437 contre $\frac{103}{4}$ ou 16 $\frac{4}{5}$ contre 1 qu'elle vivra 3 mois.
437 contre $\frac{103}{365}$ ou 1649 contre 1 qu'elle ne mourra pas dans les vingt-quatre heures.
354 contre 186 ou 1 $\frac{9}{9}$ contre 1 qu'elle vivra 2 ans de plus.
291 contre 249 ou 1 $\frac{1}{6}$ contre 1 qu'elle vivra 3 ans de plus.
303 contre 237 ou 1 $\frac{6}{23}$ contre 1 qu'elle ne vivra pas 4 ans de plus.
347 contre 193 ou 1 $\frac{16}{19}$ contre 1 qu'elle ne vivra pas 5 ans de plus.
385 contre 155 ou 2 $\frac{7}{15}$ contre 1 qu'elle ne vivra pas 6 ans de plus.
417 contre 123 ou 3 $\frac{1}{3}$ contre 1 qu'elle ne vivra pas 7 ans de plus.
437 contre 103 ou 4 $\frac{1}{5}$ contre 1 qu'elle ne vivra pas 8 ans de plus.
455 contre 85 ou 5 $\frac{3}{8}$ contre 1 qu'elle ne vivra pas 9 ans de plus.
471 contre 69 ou 6 $\frac{5}{6}$ contre 1 qu'elle ne vivra pas 10 ans de plus.
485 contre 55 ou 8 $\frac{4}{5}$ contre 1 qu'elle ne vivra pas 11 ans de plus.
497 contre 43 ou 11 $\frac{1}{2}$ contre 1 qu'elle ne vivra pas 12 ans de plus.
507 contre 33 ou 15 $\frac{4}{11}$ contre 1 qu'elle ne vivra pas 13 ans de plus.
516 contre 24 ou 21 $\frac{1}{2}$ contre 1 qu'elle ne vivra pas 14 ans de plus.
523 contre 17 ou 30 $\frac{13}{17}$ contre 1 qu'elle ne vivra pas 15 ans de plus.
528 contre 12 ou 44 contre 1 qu'elle ne vivra pas 16 ans de plus.
532 contre 8 ou 66 $\frac{1}{2}$ contre 1 qu'elle ne vivra pas 17 ans de plus.
535 contre 5 ou 107 contre 1 qu'elle ne vivra pas 18 ans de plus.
538 contre 2 ou 219 contre 1 qu'elle ne vivra pas 19 ans de plus, c'est-à-dire, en tout, 100 ans révolus.

Pour une personne de quatre-vingt-deux ans.

On peut parier 354 contre 83 ou 4 $\frac{1}{4}$ contre 1 qu'une personne de quatre-vingt-deux ans vivra un an de plus.

354 contre $\frac{83}{2}$ ou 8 $\frac{1}{2}$ contre 1 qu'elle vivra 6 mois.
354 contre $\frac{83}{4}$ ou 17 contre 1 qu'elle vivra 3 mois.
354 contre $\frac{83}{365}$ ou 1557 contre 1 qu'elle ne mourra pas dans les vingt-quatre heures.
291 contre 146 ou à très peu près 2 contre 1 qu'elle vivra 2 ans de plus.

237 contre 200 ou $1\frac{9}{51}$ contre 1 qu'elle vivra 3 ans de plus.
244 contre 193 ou $1\frac{5}{19}$ contre 1 qu'elle ne vivra pas 4 ans de plus.
282 contre 155 ou $1\frac{4}{5}$ contre 1 qu'elle ne vivra pas 5 ans de plus.
314 contre 123 ou $2\frac{1}{2}$ contre 1 qu'elle ne vivra pas 6 ans de plus.
334 contre 103 ou $3\frac{1}{5}$ contre 1 qu'elle ne vivra pas 7 ans de plus.
352 contre 85 ou $4\frac{1}{8}$ contre 1 qu'elle ne vivra pas 8 ans de plus.
368 contre 69 ou $5\frac{1}{3}$ contre 1 qu'elle ne vivra pas 9 ans de plus.
382 contre 55 ou près de 7 contre 1 qu'elle ne vivra pas 10 ans de plus.
394 contre 43 ou $9\frac{7}{43}$ contre 1 qu'elle ne vivra pas 11 ans de plus.
404 contre 33 ou $12\frac{1}{4}$ contre 1 qu'elle ne vivra pas 12 ans de plus.
413 contre 24 ou $17\frac{5}{24}$ contre 1 qu'elle ne vivra pas 13 ans de plus.
420 contre 17 ou $24\frac{12}{17}$ contre 1 qu'elle ne vivra pas 14 ans de plus.
425 contre 12 ou $35\frac{5}{12}$ contre 1 qu'elle ne vivra pas 15 ans de plus.
429 contre 8 ou $53\frac{5}{8}$ contre 1 qu'elle ne vivra pas 16 ans de plus.
432 contre 5 ou $86\frac{2}{5}$ contre 1 qu'elle ne vivra pas 17 ans de plus.
435 contre 2 ou $217\frac{1}{2}$ contre 1 qu'elle ne vivra pas 18 ans de plus, c'est-à-dire, en tout, 100 ans révolus.

Pour une personne de quatre-vingt-trois ans.

On peut parier 291 contre 63 ou $4\frac{13}{21}$ contre 1 qu'une personne de quatre-vingt-trois ans vivra un an de plus.

291 contre $\frac{63}{2}$ ou $9\frac{5}{21}$ contre 1 qu'elle vivra 6 mois.
291 contre $\frac{63}{4}$ ou $18\frac{10}{21}$ contre 1 qu'elle vivra 3 mois.
291 contre $\frac{63}{365}$ ou 1686 contre 1 qu'elle ne mourra pas dans les vingt-quatre heures.
237 contre 117 ou un peu plus de 2 contre 1 qu'elle vivra 2 ans de plus.
193 contre 161 ou $1\frac{3}{16}$ contre 1 qu'elle vivra 3 ans de plus.
199 contre 155 ou $1\frac{4}{15}$ contre 1 qu'elle ne vivra pas 4 ans de plus.
231 contre 123 ou $1\frac{5}{6}$ contre 1 qu'elle ne vivra pas 5 ans de plus.
251 contre 103 ou $2\frac{2}{5}$ contre 1 qu'elle ne vivra pas 6 ans de plus.
269 contre 85 ou $3\frac{1}{8}$ contre 1 qu'elle ne vivra pas 7 ans de plus.
285 contre 69 ou $4\frac{9}{69}$ contre 1 qu'elle ne vivra pas 8 ans de plus.
299 contre 55 ou $5\frac{2}{5}$ contre 1 qu'elle ne vivra pas 9 ans de plus.
311 contre 43 ou $7\frac{10}{43}$ contre 1 qu'elle ne vivra pas 10 ans de plus.
321 contre 33 ou $9\frac{8}{11}$ contre 1 qu'elle ne vivra pas 11 ans de plus.
330 contre 24 ou $13\frac{6}{8}$ contre 1 qu'elle ne vivra pas 12 ans de plus.
337 contre 17 ou $19\frac{14}{17}$ contre 1 qu'elle ne vivra pas 13 ans de plus.
342 contre 12 ou $28\frac{1}{2}$ contre 1 qu'elle ne vivra pas 14 ans de plus.
346 contre 8 ou $43\frac{1}{4}$ contre 1 qu'elle ne vivra pas 15 ans de plus.
349 contre 5 ou $69\frac{1}{4}$ contre 1 qu'elle ne vivra pas 16 ans de plus.
352 contre 2 ou 176 contre 1 qu'elle ne vivra pas 17 ans de plus, c'est-à-dire, en tout, 100 ans révolus.

Pour une personne de quatre-vingt-quatre ans.

On peut parier 237 contre 54 ou 4 $\frac{7}{18}$ contre 1 qu'une personne de quatre-vingt-quatre ans vivra un an de plus.

237 contre $\frac{54}{2}$ ou 8 $\frac{7}{8}$ contre 1 qu'elle vivra 6 mois.
237 contre $\frac{54}{4}$ ou 17 $\frac{5}{9}$ contre 1 qu'elle vivra 3 mois.
237 contre $\frac{54}{365}$ ou 1602 contre 1 qu'elle ne mourra pas dans les vingt-quatre heures.
193 contre 98 ou près de 2 contre 1 qu'elle vivra 2 ans de plus.
155 contre 136 ou 1 $\frac{1}{13}$ contre 1 qu'elle vivra 3 ans de plus.
168 contre 123 ou 1 $\frac{1}{3}$ contre 1 qu'elle ne vivra pas 4 ans de plus.
188 contre 103 ou 1 $\frac{4}{5}$ contre 1 qu'elle ne vivra pas 5 ans de plus.
206 contre 85 ou 2 $\frac{3}{8}$ contre 1 qu'elle ne vivra pas 6 ans de plus.
222 contre 69 ou 3 $\frac{5}{23}$ contre 1 qu'elle ne vivra pas 7 ans de plus.
236 contre 55 ou 4 $\frac{1}{5}$ contre 1 qu'elle ne vivra pas 8 ans de plus.
248 contre 43 ou 5 $\frac{3}{4}$ contre 1 qu'elle ne vivra pas 9 ans de plus.
258 contre 33 ou 7 $\frac{9}{11}$ contre 1 qu'elle ne vivra pas 10 ans de plus.
267 contre 24 ou 11 $\frac{1}{8}$ contre 1 qu'elle ne vivra pas 11 ans de plus.
274 contre 17 ou 16 $\frac{2}{17}$ contre 1 qu'elle ne vivra pas 12 ans de plus.
279 contre 12 ou 23 $\frac{1}{4}$ contre 1 qu'elle ne vivra pas 13 ans de plus.
283 contre 8 ou 35 $\frac{3}{8}$ contre 1 qu'elle ne vivra pas 14 ans de plus.
286 contre 5 ou 57 $\frac{1}{5}$ contre 1 qu'elle ne vivra pas 15 ans de plus.
289 contre 2 ou 144 $\frac{1}{2}$ contre 1 qu'elle ne vivra pas 16 ans de plus, c'est-à-dire, en tout, 100 ans révolus.

Pour une personne de quatre-vingt-cinq ans.

On peut parier 193 contre 44 ou un peu plus de 4 $\frac{4}{11}$ contre 1 qu'une personne de quatre-vingt-cinq ans vivra un an de plus.

193 contre $\frac{44}{2}$ ou un peu plus de 8 $\frac{8}{11}$ contre 1 qu'elle vivra 6 mois.
193 contre $\frac{44}{4}$ ou un peu plus de 17 $\frac{8}{11}$ contre 1 qu'elle vivra 3 mois.
193 contre $\frac{44}{365}$ ou 1601 contre 1 qu'elle ne mourra pas dans les vingt-quatre heures.
155 contre 82 ou 1 $\frac{6}{8}$ contre 1 qu'elle vivra 2 ans de plus.
123 contre 114 ou 1 $\frac{1}{12}$ contre 1 qu'elle vivra 3 ans de plus.
134 contre 103 ou 1 $\frac{3}{10}$ contre 1 qu'elle ne vivra pas 4 ans de plus.
152 contre 85 ou 1 $\frac{3}{4}$ contre 1 qu'elle ne vivra pas 5 ans de plus.
168 contre 69 ou 2 $\frac{10}{23}$ contre 1 qu'elle ne vivra pas 6 ans de plus.
182 contre 55 ou 3 $\frac{1}{3}$ contre 1 qu'elle ne vivra pas 7 ans de plus.
194 contre 43 ou 4 $\frac{1}{2}$ contre 1 qu'elle ne vivra pas 8 ans de plus.
204 contre 33 ou 6 $\frac{2}{11}$ contre 1 qu'elle ne vivra pas 9 ans de plus.
213 contre 24 ou 8 $\frac{7}{8}$ contre 1 qu'elle ne vivra pas 10 ans de plus.
220 contre 17 ou près de 13 contre 1 qu'elle ne vivra pas 11 ans de plus.
225 contre 12 ou 18 $\frac{3}{4}$ contre 1 qu'elle ne vivra pas 12 ans de plus.
229 contre 8 ou 28 $\frac{5}{8}$ contre 1 qu'elle ne vivra pas 13 ans de plus.

232 contre 5 ou 46 $\frac{2}{5}$ contre 1 qu'elle ne vivra pas 14 ans de plus.
245 contre 2 ou 117 $\frac{1}{2}$ contre 1 qu'elle ne vivra pas 15 ans de plus, c'est-à-dire, en tout. 100 ans révolus.

Pour une personne de quatre-vingt-six ans.

On peut parier 155 contre 38 ou près de 4 $\frac{1}{13}$ contre 1 qu'une personne de quatre-vingt-six ans vivra un an de plus.

155 contre $\frac{38}{2}$ ou 8 $\frac{2}{13}$ contre 1 qu'elle vivra 6 mois.
155 contre $\frac{38}{4}$ ou 16 $\frac{4}{13}$ contre 1 qu'elle vivra 3 mois.
155 contre $\frac{38}{365}$ ou 1489 contre 1 qu'elle ne mourra pas dans les vingt-quatre heures.
123 contre 70 ou 1 $\frac{5}{7}$ contre 1 qu'elle vivra 2 ans de plus.
103 contre 90 ou 1 $\frac{1}{9}$ contre 1 qu'elle vivra 3 ans de plus (a).
108 contre 85 ou 1 $\frac{1}{4}$ contre 1 qu'elle ne vivra pas 4 ans de plus.
124 contre 69 ou 1 $\frac{5}{6}$ contre 1 qu'elle ne vivra pas 5 ans de plus.
138 contre 55 ou près de 2 $\frac{1}{2}$ contre 1 qu'elle ne vivra pas 6 ans de plus.
150 contre 43 ou 3 $\frac{1}{2}$ contre 1 qu'elle ne vivra pas 7 ans de plus.
160 contre 33 ou un peu plus de 4 $\frac{9}{11}$ contre 1 qu'elle ne vivra pas 8 ans de plus.
169 contre 24 ou 7 $\frac{1}{24}$ contre 1 qu'elle ne vivra pas 9 ans de plus.
176 contre 17 ou 10 $\frac{6}{17}$ contre 1 qu'elle ne vivra pas 10 ans de plus.
181 contre 12 ou 15 $\frac{1}{12}$ contre 1 qu'elle ne vivra pas 11 ans de plus.
185 contre 8 ou 23 $\frac{1}{8}$ contre 1 qu'elle ne vivra pas 12 ans de plus.
188 contre 5 ou 37 $\frac{3}{5}$ contre 1 qu'elle ne vivra pas 13 ans de plus.
191 contre 2 ou 95 $\frac{1}{2}$ contre 1 qu'elle ne vivra pas 14 ans de plus, c'est-à-dire, en tout, 100 ans révolus.

Pour une personne de quatre-vingt-sept ans.

On peut parier 123 contre 32 ou près de 3 $\frac{9}{11}$ contre 1 qu'une personne de quatre-vingt-sept ans vivra un an de plus.

123 contre $\frac{32}{2}$ ou près de 7 $\frac{7}{11}$ contre 1 qu'elle vivra 6 mois.
123 contre $\frac{32}{4}$ ou près de 15 $\frac{3}{11}$ contre 1 qu'elle vivra 3 mois.
123 contre $\frac{32}{365}$ ou 1403 contre 1 qu'elle ne mourra pas dans les vingt-quatre heures.
103 contre 52 ou près de 2 contre 1 qu'elle vivra 2 ans de plus.
85 contre 70 ou 1 $\frac{3}{14}$ contre 1 qu'elle vivra 3 ans de plus.
86 contre 69 ou 1 $\frac{1}{6}$ contre 1 qu'elle ne vivra pas 4 ans de plus.
100 contre 55 ou 1 $\frac{9}{11}$ contre 1 qu'elle ne vivra pas 5 ans de plus.
112 contre 43 ou 2 $\frac{26}{43}$ contre 1 qu'elle ne vivra pas 6 ans de plus.
122 contre 33 ou 3 $\frac{9}{11}$ contre 1 qu'elle ne vivra pas 7 ans de plus.
131 contre 24 ou 5 $\frac{11}{24}$ contre 1 qu'elle ne vivra pas 8 ans de plus.
138 contre 17 ou 8 $\frac{2}{17}$ contre 1 qu'elle ne vivra pas 9 ans de plus.
143 contre 12 ou près de 12 contre 1 qu'elle ne vivra pas 10 ans de plus.
147 contre 8 ou 18 $\frac{3}{8}$ contre 1 qu'elle ne vivra pas 11 ans de plus.
150 contre 5 ou 30 contre 1 qu'elle ne vivra pas 12 ans de plus.
153 contre 2 ou 76 $\frac{1}{2}$ contre 1 qu'elle ne vivra pas 13 ans de plus, c'est-à-dire, en tout, 100 ans révolus.

Pour une personne de quatre-vingt-huit ans.

On peut parier 103 contre 20 ou près de 5 $\frac{1}{7}$ contre 1 qu'une personne de quatre-vingt-huit ans vivra un an de plus.

103 contre $\frac{20}{2}$ ou près de 10 $\frac{2}{5}$ contre 1 qu'elle vivra 6 mois.
103 contre $\frac{20}{4}$ ou près de 20 $\frac{4}{7}$ contre 1 qu'elle vivra 3 mois.
103 contre $\frac{20}{365}$ ou près de 1880 contre 1 qu'elle ne mourra pas dans les vingt-quatre heures.
85 contre 38 ou 2 $\frac{9}{38}$ contre 1 qu'elle vivra 2 ans de plus.
69 contre 54 ou 1 $\frac{5}{18}$ contre 1 qu'elle vivra 3 ans de plus.
68 contre 55 ou 1 $\frac{13}{55}$ contre 1 qu'elle ne vivra pas 4 ans de plus.
80 contre 43 ou 1 $\frac{37}{43}$ contre 1 qu'elle ne vivra pas 5 ans de plus.
90 contre 33 ou 2 $\frac{8}{11}$ contre 1 qu'elle ne vivra pas 6 ans de plus.
99 contre 24 ou 4 $\frac{1}{8}$ contre 1 qu'elle ne vivra pas 7 ans de plus.
106 contre 17 ou 6 $\frac{4}{17}$ contre 1 qu'elle ne vivra pas 8 ans de plus.
111 contre 12 ou 9 $\frac{1}{4}$ contre 1 qu'elle ne vivra pas 9 ans de plus.
115 contre 8 ou 14 $\frac{3}{8}$ contre 1 qu'elle ne vivra pas 10 ans de plus.
118 contre 5 ou 23 $\frac{3}{5}$ contre 1 qu'elle ne vivra pas 11 ans de plus.
121 contre 2 ou 60 $\frac{1}{2}$ contre 1 qu'elle ne vivra pas 12 ans de plus, c'est-à-dire, en tout, 100 ans révolus.

Pour une personne de quatre-vingt-neuf ans.

On peut parier 85 contre 18 ou 4 $\frac{13}{18}$ contre 1 qu'une personne de quatre-vingt-neuf ans vivra un an de plus.

85 contre $\frac{18}{2}$ ou 9 $\frac{1}{9}$ contre 1 qu'elle vivra 6 mois.
85 contre $\frac{18}{4}$ ou 18 $\frac{8}{9}$ contre 1 qu'elle vivra 3 mois.
85 contre $\frac{18}{365}$ ou 1724 contre 1 qu'elle ne mourra pas dans les vingt-quatre heures.
69 contre 34 ou 2 $\frac{1}{34}$ contre 1 qu'elle vivra 2 ans de plus.
55 contre 48 ou 1 $\frac{7}{48}$ contre 1 qu'elle vivra 3 ans de plus.
60 contre 43 ou 1 $\frac{17}{43}$ contre 1 qu'elle ne vivra pas 4 ans de plus.
70 contre 33 ou 2 $\frac{4}{33}$ contre 1 qu'elle ne vivra pas 5 ans de plus.
79 contre 24 ou 3 $\frac{7}{24}$ contre 1 qu'elle ne vivra pas 6 ans de plus.
86 contre 17 ou 5 $\frac{1}{17}$ contre 1 qu'elle ne vivra pas 7 ans de plus.
91 contre 12 ou 7 $\frac{7}{12}$ contre 1 qu'elle ne vivra pas 8 ans de plus.
95 contre 8 ou près de 12 contre 1 qu'elle ne vivra pas 9 ans de plus.
98 contre 5 ou 19 $\frac{3}{5}$ contre 1 qu'elle ne vvira pas 10 ans de plus.
101 contre 2 ou 50 $\frac{1}{2}$ contre 1 qu'elle ne vivra pas 11 ans de plus, c'est-à-dire, en tout, 100 ans révolus.

Pour une personne de quatre-vingt-dix ans.

On peut parier 69 contre 16 ou près de 4 $\frac{1}{3}$ contre 1 qu'une personne de quatre-vingt-dix ans vivra un an de plus.

69 contre $\frac{16}{2}$ ou près de 8 $\frac{2}{3}$ contre 1 qu'elle vivra 6 mois.
69 contre $\frac{16}{4}$ ou près de 17 $\frac{1}{3}$ contre 1 qu'elle vivra 3 mois.

69 contre $\frac{16}{365}$ ou 1574 contre 1 qu'elle ne mourra pas dans les vingt-quatre heures.
53 contre 30 ou 1 $\frac{5}{6}$ contre 1 qu'elle vivra 2 ans de plus.
43 contre 37 ou un peu plus de 1 contre 1 qu'elle ne vivra pas 3 ans de plus.
52 contre 33 ou 1 $\frac{19}{33}$ contre 1 qu'elle ne vivra pas 4 ans de plus.
61 contre 24 ou 2 $\frac{13}{24}$ contre 1 qu'elle ne vivra pas 5 ans de plus.
68 contre 17 ou 4 contre 1 qu'elle ne vivra pas 6 ans de plus.
73 contre 12 ou 6 $\frac{1}{12}$ contre 1 qu'elle ne vivra pas 7 ans de plus.
77 contre 8 ou 9 $\frac{5}{8}$ contre 1 qu'elle ne vivra pas 8 ans de plus.
80 contre 5 ou 16 contre 1 qu'elle ne vivra pas 9 ans de plus.
83 contre 2 ou 41 $\frac{1}{2}$ contre 1 qu'elle ne vivra pas 10 ans de plus, c'est-à-dire, en tout, 100 ans révolus.

Pour une personne de quatre-vingt-onze ans.

On peut parier 55 contre 14 ou 3 $\frac{13}{14}$ contre 1 qu'une personne de quatre-vingt-onze ans vivra un an de plus.

55 contre $\frac{14}{2}$ ou 7 $\frac{6}{7}$ contre 1 qu'elle vivra 6 mois.
55 contre $\frac{14}{4}$ ou 15 $\frac{5}{7}$ contre 1 qu'elle vivra 3 mois.
55 contre $\frac{14}{365}$ ou 1434 contre 1 qu'elle ne mourra pas dans les vingt-quatre heures.
43 contre 26 ou 1 $\frac{17}{26}$ contre 1 qu'elle vivra 2 ans de plus.
36 contre 33 ou 1 $\frac{1}{11}$ contre 1 qu'elle ne vivra pas 3 ans de plus.
45 contre 24 ou 1 $\frac{7}{8}$ contre 1 qu'elle ne vivra pas 4 ans de plus.
52 contre 17 ou 3 $\frac{1}{17}$ contre 1 qu'elle ne vivra pas 5 ans de plus.
57 contre 12 ou 4 $\frac{3}{4}$ contre 1 qu'elle ne vivra pas 6 ans de plus.
61 contre 8 ou 7 $\frac{5}{8}$ contre 1 qu'elle ne vivra pas 7 ans de plus.
64 contre 5 ou 12 $\frac{4}{5}$ contre 1 qu'elle ne vivra pas 8 ans de plus.
67 contre 2 ou 33 $\frac{1}{2}$ contre 1 qu'elle ne vivra pas 9 ans de plus, c'est-à-dire, en tout, 100 ans révolus.

Pour une personne de quatre-vingt-douze ans.

On peut parier 43 contre 12 ou 3 $\frac{7}{12}$ contre 1 qu'une personne de quatre-vingt-douze ans vivra un an de plus.

43 contre $\frac{12}{2}$ ou 7 $\frac{1}{6}$ contre 1 qu'elle vivra 6 mois.
43 contre $\frac{12}{4}$ ou 14 $\frac{1}{3}$ contre 1 qu'elle vivra 3 mois.
43 contre $\frac{12}{365}$ ou 1308 contre 1 qu'elle ne mourra pas dans les vingt-quatre heures.
33 contre 22 ou 1 $\frac{1}{2}$ contre 1 qu'elle vivra 2 ans de plus.
31 contre 24 ou 1 $\frac{7}{24}$ contre 1 qu'elle ne vivra pas 3 ans de plus.
38 contre 17 ou 2 $\frac{4}{17}$ contre 1 qu'elle ne vivra pas 4 ans de plus.
43 contre 12 ou 3 $\frac{7}{12}$ contre 1 qu'elle ne vivra pas 5 ans de plus.
47 contre 8 ou 5 $\frac{7}{8}$ contre 1 qu'elle ne vivra pas 6 ans de plus.
53 contre 2 ou 26 $\frac{1}{2}$ contre 1 qu'elle ne vivra pas 7 ans de plus, c'est-à-dire, en tout, 100 ans révolus.

Pour une personne de quatre-vingt-treize ans.

On peut parier 33 contre 10 ou 3 $\frac{9}{10}$ contre 1 qu'une personne de quatre-vingt-treize ans vivra un an de plus.

33 contre $\frac{10}{2}$ ou 6 $\frac{3}{5}$ contre 1 qu'elle vivra 6 mois.
33 contre $\frac{10}{4}$ ou 13 $\frac{1}{5}$ contre 1 qu'elle vivra 3 mois.
33 contre $\frac{10}{365}$ ou 1204 contre 1 qu'elle ne mourra pas dans dans les vingt-quatre heures.
24 contre 19 ou 1 $\frac{5}{19}$ contre 1 qu'elle vivra 2 ans de plus.
26 contre 17 ou 1 $\frac{9}{17}$ contre 1 qu'elle ne vivra pas 3 ans de plus.
31 contre 12 ou 2 $\frac{7}{12}$ contre 1 qu'elle ne vivra pas 4 ans de plus.
35 contre 8 ou 4 $\frac{3}{8}$ contre 1 qu'elle ne vivra pas 5 ans de plus.
38 contre 5 ou 7 $\frac{3}{5}$ contre 1 qu'elle ne vivra pas 6 ans de plus.
41 contre 2 ou 20 $\frac{1}{2}$ contre 1 qu'elle ne vivra pas 7 ans de plus, c'est-à-dire, en tout, 100 ans révolus.

Pour une personne de quatre-vingt-quatorze ans.

On peut parier 24 contre 9 ou 2 $\frac{2}{3}$ contre 1 qu'une personne de quatre-vingt-quatorze ans vivra un an de plus.

24 contre $\frac{9}{2}$ ou 5 $\frac{1}{3}$ contre 1 qu'elle vivra 6 mois.
24 contre $\frac{9}{4}$ ou 10 $\frac{2}{3}$ contre 1 qu'elle vivra 3 mois.
24 contre $\frac{9}{365}$ ou 973 $\frac{1}{3}$ contre 1 qu'elle ne mourra pas dans les vingt-quatre heures.
17 contre 16 ou 1 $\frac{1}{16}$ contre 1 qu'elle vivra 2 ans de plus.
21 contre 12 ou 1 $\frac{3}{4}$ contre 1 qu'elle ne vivra pas 3 ans de plus.
25 contre 8 ou 3 $\frac{1}{8}$ contre 1 qu'elle ne vivra pas 4 ans de plus.
28 contre 5 ou 5 $\frac{2}{5}$ contre 1 qu'elle ne vivra pas 5 ans de plus.
31 contre 2 ou 15 $\frac{1}{2}$ contre 1 qu'elle ne vivra pas 6 ans de plus, c'est-à-dire, en tout, 100 ans révolus.

Pour une personne de quatre-vingt-quinze ans.

On peut parier 17 contre 7 ou 2 $\frac{3}{7}$ contre 1 qu'une personne de quatre-vingt-quinze ans vivra un an de plus.

17 contre $\frac{7}{2}$ ou 4 $\frac{6}{7}$ contre 1 qu'elle vivra 6 mois.
17 contre $\frac{7}{4}$ ou 9 $\frac{5}{7}$ contre 1 qu'elle vivra 3 mois.
1 contre $\frac{7}{365}$ ou 886 contre 1 qu'elle ne mourra pas dans les vingt-quatre heures.
12 contre 12 ou 1 contre 1 qu'elle vivra 2 ans de plus.
16 contre 8 ou 2 contre 1 qu'elle ne vivra pas 3 ans de plus.
19 contre 5 ou 3 $\frac{4}{5}$ contre 1 qu'elle ne vivra pas 4 ans de plus.
22 contre 2 ou 11 contre 1 qu'elle ne vivra pas 5 ans de plus, c'est-à-dire, en tout, 100 ans révolus.

Pour une personne de quatre-vingt-seize ans.

On peut parier 12 contre 5 ou 2 $\frac{2}{5}$ contre 1 qu'une personne de quatre-vingt-seize ans vivra un an de plus.

12 contre $\frac{5}{2}$ ou 4 $\frac{4}{5}$ contre 1 qu'elle vivra 6 mois.
12 contre $\frac{5}{4}$ ou 9 $\frac{3}{5}$ contre 1 qu'elle vivra 3 mois.
12 contre $\frac{5}{365}$ ou 876 contre 1 qu'elle ne mourra pas dans les vingt-quatre heures.
9 contre 8 ou 1 $\frac{1}{8}$ contre 1 qu'elle ne vivra pas 2 ans de plus.
12 contre 5 ou 2 $\frac{2}{6}$ contre 1 qu'elle ne vivra pas 3 ans de plus.
15 contre 2 ou 7 $\frac{1}{2}$ contre 1 qu'elle ne vivra pas 4 ans de plus, c'est-à-dire, en tout, 100 ans révolus.

Pour une personne de quatre-vingt-dix-sept ans.

On peut parier 8 contre 4 ou 2 contre 1 qu'une personne de quatre-vingt-dix-sept ans vivra un an de plus.

8 contre $\frac{4}{2}$ ou 4 contre 1 qu'elle vivra 6 mois.
8 contre $\frac{4}{4}$ ou 8 contre 1 qu'elle vivra 3 mois.
8 contre $\frac{4}{365}$ ou 730 contre 1 qu'elle ne mourra pas dans les vingt-quatre heures.
7 contre 5 ou 1 $\frac{2}{5}$ contre 1 qu'elle ne vivra pas 2 ans de plus.
10 contre 2 ou 5 contre 1 qu'elle ne vivra pas 3 ans de plus, c'est-à-dire, en tout, 100 ans révolus.

Pour une personne de quatre-vingt-dix-huit ans.

On peut parier 5 contre 3 ou 1 $\frac{2}{3}$ contre 1 qu'une personne de quatre-vingt-dix-huit ans vivra un an de plus.

5 contre $\frac{3}{2}$ ou 3 $\frac{1}{3}$ contre 1 qu'elle vivra 6 mois.
5 contre $\frac{3}{4}$ ou 6 $\frac{2}{3}$ contre 1 qu'elle vivra 3 mois.
5 contre $\frac{3}{365}$ ou 608 contre 1 qu'elle ne mourra pas dans les vingt-quatre heures.
6 contre 2 ou 3 contre 1 qu'elle ne vivra pas 2 ans de plus, c'est-à-dire, en tout, 100 ans révolus.

Pour une personne de quatre-vingt-dix-neuf ans.

On peut parier 2 contre 3 qu'une personne de quatre-vingt-dix-neuf ans ne vivra pas un an de plus, c'est-à-dire, en tout, cent ans révolus.

ÉTAT GÉNÉRAL

DES NAISSANCES, DES MARIAGES ET DES MORTS DANS LA VILLE DE PARIS

Depuis l'année 1709 jusques et y compris l'année 1766 inclusivement.

ANNÉES.	BAPTÊMES.	MARIAGES.	MORTS.
1709	16910	3047	29288
1710	13634	3382	23389
1711	16593	4484	15920
1712	16589	4264	15721
1713	16763	4289	14860
1714	16866	4553	16380
1715	17631	4555	15478
1716	17719	3795	17410
1717	18660	4527	13533
1718	18547	4290	12954
1719	18620	4378	24151
1720	17679	6105	20371
1721	19917	4467	15978
1722	19073	4464	15517
1723	19622	4255	20024
1724	19828	4278	19719
1725	18564	3311	18039
1726	18209	3295	19022
1727	18715	3813	19100
1728	18189	4198	16887
1729	18163	4231	19852
1730	18966	4403	17452
1731	18877	4169	20832
1732	18605	3983	17532
1733	17825	4132	17466
1734	19835	4133	15122
1735	18862	3876	16196
1736	18877	3990	18900
1737	19767	4158	18678
1738	18617	4247	19581
1739	19781	4108	21986
1740	18632	4017	25284
1741	18578	3928	23574
1742	17722	4178	22784
1743	17873	5143	19033
1744	18318	4210	16205
1745	18840	4185	17322
1746	18347	4146	18051
1747	18446	4169	17930
1748	17907	4003	19529
1749	19158	4263	18607
1750	19035	4619	18084
1751	19321	5013	16673
1752	20227	4359	17762
1753	19729	4146	21716
1754	18909	4143	21724
1755	19412	4501	20095
1756	20006	4710	17236
1757	19369	4089	20120
1758	19148	4342	19202
1759	19058	4039	18446
1760	17991	3787	18531
1761	18374	3947	17684
1762	17809	4113	19967
1763	17469	4479	20171
1764	19404	4838	17199
1765	19439	4782	18034
1766	18773	4693	19694
TOTAL	1074367	246022	1087959

Ensuite est l'état plus détaillé des baptêmes, mariages et mortuaires de la ville et faubourgs de Paris, depuis l'année 1745 jusqu'en 1766.

ANNÉE 1745.

MOIS.	BAPTÊMES.		MARIAGES.	MORTUAIRES.	
	GARÇONS.	FILLES.		HOMMES.	FEMMES.
Janvier	806	849	368	711	633
Février	729	794	590	725	611
Mars	791	829	356	997	841
Avril	836	835	176	888	709
Mai	779	822	334	945	773
Juin	736	692	340	724	571
Juillet	734	684	340	616	587
Août	847	755	351	630	556
Septembre	791	773	331	691	630
Octobre	829	845	333	743	651
Novembre	784	777	582	698	504
Décembre	792	731	84	804	749
	9454	9386	4185	9142	7905
Religieux				96	
Religieuses				....	153
Étrangers				93	3
				9261	8061
TOTAL	18840		4185	17322	

ANNÉE 1746.

MOIS.	BAPTÊMES.		MARIAGES.	MORTUAIRES.	
	GARÇONS.	FILLES.		HOMMES.	FEMMES.
Janvier	833	765	445	777	733
Février	895	853	718	781	753
Mars	874	819	104	1029	888
Avril	778	816	240	942	816
Mai	807	807	342	917	864
Juin	704	655	348	723	713
Juillet	750	703	309	696	603
Août	787	797	341	635	630
Septembre	751	760	396	679	605
Octobre	869	786	359	708	641
Novembre	765	613	478	732	647
Décembre	640	610	66	701	612
	9363	8984	4146	9320	8505
Religieux				75	
Religieuses				....	108
Étrangers				23	20
				9418	8633
TOTAL	18347		4146	18051	

ANNÉE 1747.

MOIS.	BAPTÊMES.		MARIAGES.	MORTUAIRES.	
	GARÇONS.	FILLES.		HOMMES.	FEMMES.
Janvier	796	812	527	783	757
Février	755	744	581	705	617
Mars	840	790	90	929	853
Avril	782	764	377	1061	828
Mai	780	749	435	838	710
Juin	703	680	286	569	614
Juillet	758	691	349	592	579
Août	845	804	297	706	580
Septembre	818	757	309	867	769
Octobre	819	823	371	796	730
Novembre	802	705	452	717	677
Décembre	696	733	95	783	657
	9394	9052	4169	9346	8371
Religieux				75	
Religieuses				....	84
Étrangers				37	17
				9458	8472
TOTAL	18446		4169	17930	

ANNÉE 1748.

MOIS.	BAPTÊMES.		MARIAGES.	MORTUAIRES.	
	GARÇONS.	FILLES.		HOMMES.	FEMMES.
Janvier	844	873	388	1045	959
Février	811	806	785	1047	999
Mars	894	840	37	1332	1283
Avril	786	744	208	1214	1054
Mai	687	651	369	1036	831
Juin	681	631	278	786	664
Juillet	718	718	342	565	521
Août	785	743	285	599	612
Septembre	806	715	340	595	520
Octobre	825	726	391	649	541
Novembre	665	665	553	630	567
Décembre	695	598	27	658	590
	9197	8710	4003	10156	9141
Religieux				81	
Religieuses				....	106
Étrangers				28	17
				10265	9264
TOTAL	17907		4003	19529	

ANNÉE 1749.

MOIS.	BAPTÊMES.		MARIAGES.	MORTUAIRES.	
	GARÇONS.	FILLES.		HOMMES.	FEMMES.
Janvier	865	739	442	696	674
Février	823	789	605	688	604
Mars	896	904	36	828	720
Avril	794	749	329	912	813
Mai	836	847	396	883	762
Juin	810	751	335	745	676
Juillet	886	706	449	860	708
Août	809	783	306	803	668
Septembre	823	769	419	820	743
Octobre	782	788	370	821	682
Novembre	804	763	549	787	746
Décembre	741	731	27	929	847
	9819	9339	4263	9772	8643
Religieux				63	
Religieuses				....	87
Étrangers				29	13
				9864	8743
TOTAL	19158		4263	18607	

ANNÉE 1750.

MOIS.	BAPTÊMES.		MARIAGES.	MORTUAIRES.	
	GARÇONS.	FILLES.		HOMMES.	FEMMES.
Janvier	895	843	534	1001	897
Février	765	769	554	890	690
Mars	846	831	34	958	669
Avril	790	755	522	1044	804
Mai	835	762	420	937	649
Juin	743	697	406	790	566
Juillet	813	737	410	680	556
Août	803	812	323	643	560
Septembre	803	792	416	681	606
Octobre	827	756	404	742	634
Novembre	817	749	557	802	684
Décembre	774	821	39	682	688
	9711	9324	4619	9850	8003
Religieux				70	
Religieuses				....	101
Étrangers				41	19
				9961	8123
TOTAL	19035		4619	18084	

ANNÉE 1751.

MOIS.	BAPTÊMES.		MARIAGES.	MORTUAIRES.	
	GARÇONS.	FILLES.		HOMMES.	FEMMES.
Janvier	951	907	412	737	655
Février	858	839	808	764	729
Mars	947	799	29	911	772
Avril	825	781	239	867	779
Mai	770	746	443	909	804
Juin	750	710	418	706	625
Juillet	725	699	390	636	523
Août	840	830	393	538	501
Septembre	868	804	348	661	532
Octobre	870	825	368	598	534
Novembre	779	778	1129	671	624
Décembre	722	698	36	704	662
	9905	9416	5013	8702	7742
Religieux				68	
Religieuses				....	117
Étrangers				30	14
				8800	7873
TOTAL	19321		5013	16673	

ANNÉE 1752.

MOIS.	BAPTÊMES.		MARIAGES.	MORTUAIRES.	
	GARÇONS.	FILLES.		HOMMES.	FEMMES.
Janvier	930	831	507	773	676
Février	865	871	671	761	720
Mars	920	898	26	918	765
Avril	893	857	422	1059	827
Mai	913	857	448	996	749
Juin	798	778	289	796	824
Juillet	763	755	409	609	585
Août	899	776	328	601	536
Septembre	853	822	319	636	545
Octobre	880	846	368	688	643
Novembre	784	810	478	731	663
Décembre	810	818	94	912	724
	10318	9919	4359	9480	8057
Religieux				69	
Religieuses				....	108
Étrangers				34	14
				9583	8179
TOTAL	20237		4359	17762	

ANNÉE 1753.

MOIS.	BAPTÊMES.		MARIAGES.	MORTUAIRES.	
	GARÇONS.	FILLES.		HOMMES.	FEMMES.
Janvier	1011	940	348	1204	989
Février	897	808	539	1119	888
Mars	888	928	340	1110	884
Avril	894	813	78	969	923
Mai	919	837	454	1021	883
Juin	777	692	395	783	744
Juillet	795	763	406	767	744
Août	865	782	310	843	678
Septembre	809	736	306	882	779
Octobre	780	763	438	1057	810
Novembre	796	798	458	844	768
Décembre	798	640	54	963	812
	10229	9500	4146	11562	9902
Religieux				69	
Religieuses				....	107
Étrangers				45	31
				11676	10040
TOTAL	19729		4146	21716	

ANNÉE 1754.

MOIS.	BAPTÊMES.		MARIAGES.	MORTUAIRES.	
	GARÇONS.	FILLES.		HOMMES.	FEMMES.
Janvier	918	881	406	991	856
Février	849	892	736	1183	946
Mars	884	814	30	1495	1077
Avril	754	801	220	1715	1259
Mai	769	804	388	1312	915
Juin	776	737	305	806	681
Juillet	767	717	426	747	572
Août	770	787	277	552	589
Septembre	817	769	365	625	574
Octobre	750	799	424	740	676
Novembre	724	711	548	789	601
Décembre	729	690	18	896	740
	9507	9402	4143	11851	9486
Religieux				76	
Religieuses				....	113
Étrangers				51	21
				11978	9620
TOTAL	18909		4143	21598 (*a*)	

(a) Il est mort à l'Hôtel Dieu 126 enfants, dont les sexes n'ont pu être désignés; par conséquent le nombre des morts, pour cette année, est de 21,724.

ANNÉE 1755.

MOIS.	BAPTÊMES.		MARIAGES.	MORTUAIRES.	
	GARÇONS.	FILLES.		HOMMES.	FEMMES.
Janvier	882	887	500	1083	887
Février	838	874	552	997	939
Mars	955	930	20	1259	1063
Avril	906	868	513	1063	901
Mai	836	840	390	1093	827
Juin	743	720	343	935	748
Juillet	816	774	387	785	644
Août	756	809	331	716	596
Septembre	839	781	394	740	615
Octobre	743	768	426	721	583
Novembre	657	705	618	719	605
Décembre	754	731	27	680	629
	9725	9687	4501	10794	9037
Religieux				89	
Religieuses					109
Étrangers				47	19
				10930	9165
TOTAL	19412		4501	20095	

ANNÉE 1756.

MOIS.	BAPTÊMES.		MARIAGES.	MORTUAIRES.	
	GARÇONS.	FILLES.		HOMMES.	FEMMES.
Janvier	893	893	437	793	621
Février	868	837	693	902	690
Mars	899	867	288	920	802
Avril	839	783	213	967	808
Mai	863	895	460	1028	878
Juin	837	848	390	739	646
Juillet	850	829	422	633	556
Août	870	854	376	563	529
Septembre	772	841	388	566	515
Octobre	831	781	405	588	555
Novembre	886	722	595	647	610
Décembre	761	717	43	737	744
	10169	9837	4710	9083	7954
Religieux				63	
Religieuses					83
Étrangers				33	20
				9179	8057
TOTAL	20006		4710	17236	

ANNÉE 1757.

MOIS.	BAPTÊMES.		MARIAGES.	MORTUAIRES.	
	GARÇONS.	FILLES.		HOMMES.	FEMMES.
Janvier	866	873	411	1006	950
Février	933	811	721	1051	852
Mars	897	904	35	1210	1000
Avril	832	783	242	2159	969
Mai	864	803	427	1059	840
Juin	748	712	330	825	716
Juillet	826	804	309	741	682
Août	767	776	389	732	667
Septembre	840	749	334	688	625
Octobre	817	820	379	680	666
Novembre	817	692	481	649	694
Décembre	724	711	31	649	672
	9931	9438	4089	10549	9333
Religieux				83	
Religieuses				....	83
Étrangers				50	92
				10682	9438
TOTAL	19369		4089	20120	

ANNÉE 1758.

MOIS.	BAPTÊMES.		MARIAGES.	MORTUAIRES.	
	GARÇONS.	FILLES.		HOMMES.	FEMMES.
Janvier	867	843	731	831	749
Février	800	782	423	754	697
Mars	885	932	26	865	827
Avril	810	747	454	979	863
Mai	769	757	485	1094	952
Juin	778	747	312	1047	954
Juillet	749	783	366	825	713
Août	867	828	308	785	758
Septembre	777	812	317	704	640
Octobre	825	811	364	746	642
Novembre	739	690	457	599	563
Décembre	811	739	99	715	700
	9677	9471	4342	9944	9058
Religieux				56	
Religieuses				....	97
Étrangers				27	20
				10027	9175
TOTAL	19148		4342	19202	

ANNÉE 1759.

MOIS.	BAPTÊMES.		MARIAGES.	MORTUAIRES.	
	GARÇONS.	FILLES.		HOMMES.	FEMMES.
Janvier	861	843	331	700	724
Février	850	769	806	830	729
Mars	788	708	41	978	875
Avril	775	727	203	961	922
Mai	823	797	445	885	756
Juin	737	680	298	794	744
Juillet	858	810	378	640	667
Août	796	768	301	686	611
Septembre	860	837	346	650	589
Octobre	843	818	397	709	591
Novembre	830	779	414	750	718
Décembre	777	724	79	873	844
	9798	9260	4039	9456	8770
Religieux				67	
Religieuses				....	95
Étrangers				37	21
				9560	8886
TOTAL	19058		4039	18446	

ANNÉE 1760.

MOIS.	BAPTÊMES.		MARIAGES.	MORTUAIRES.	
	GARÇONS.	FILLES.		HOMMES.	FEMMES.
Janvier	878	793	348	977	869
Février	857	835	587	931	809
Mars	881	778	57	1033	941
Avril	802	749	291	1106	894
Mai	701	712	369	863	745
Juin	756	635	354	722	742
Juillet	709	744	368	676	641
Août	720	658	247	639	616
Septembre	734	748	348	681	573
Octobre	759	791	316	681	625
Novembre	704	663	501	660	575
Décembre	713	671	31	710	623
	9214	8777	3787	9679	8653
Religieux				61	
Religieuses				....	97
Étrangers				24	47
				9764	8767
TOTAL	17991		3787	18531	

ANNÉE 1761.

MOIS.	BAPTÊMES.		MARIAGES.	MORTUAIRES.	
	GARÇONS.	FILLES.		HOMMES.	FEMMES.
Janvier	886	864	695	866	700
Février	767	740	201	829	757
Mars	848	842	103	889	828
Avril	784	752	393	949	886
Mai	782	741	348	897	690
Juin	675	624	342	748	632
Juillet	753	708	322	650	516
Août	839	781	302	674	560
Septembre	797	747	339	633	574
Octobre	814	745	346	703	636
Novembre	688	710	515	678	645
Décembre	781	706	41	842	741
	9414	8960	3947	9358	8135
Religieux				59	
Religieuses				....	87
Étrangers				29	16
				9446	8238
TOTAL	18374		3947	17684	

ANNÉE 1762.

MOIS.	BAPTÊMES.		MARIAGES.	MORTUAIRES.	
	GARÇONS.	FILLES.		HOMMES.	FEMMES.
Janvier	854	760	371	822	719
Février	767	731	771	880	721
Mars	805	818	55	1101	991
Avril	726	721	257	1014	844
Mai	757	701	392	823	709
Juin	650	648	306	781	633
Juillet	726	743	360	903	790
Août	795	754	371	834	756
Septembre	819	715	340	871	697
Octobre	768	765	345	838	755
Novembre	697	745	520	904	740
Décembre	683	661	25	835	790
	9047	8762	4113	10606	9145
Religieux				58	
Religieuses				....	114
Étrangers				27	17
				10691	9276
TOTAL	17809		4113	19967	

ANNÉE 1763.

MOIS.	BAPTÊMES.		MARIAGES.	MORTUAIRES.	
	GARÇONS.	FILLES.		HOMMES.	FEMMES.
Janvier	861	753	421	1162	1083
Février	750	691	653	861	814
Mars	811	767	29	1048	875
Avril	687	683	385	1215	927
Mai	787	680	455	1034	734
Juin	684	716	351	941	692
Juillet	728	698	335	905	619
Août	765	729	424	751	652
Septembre	724	703	376	771	590
Octobre	730	741	473	779	669
Novembre	751	699	541	654	597
Décembre	667	664	36	901	663
	8945	8524	4479	11022	8915
Religieux				67	
Religieuses				....	111
Étrangers				37	19
				11126	9045
TOTAL	17469		4479	20171	

ANNÉE 1764.

MOIS.	BAPTÊMES.		MARIAGES.	MORTUAIRES.	
	GARÇONS.	FILLES.		HOMMES.	FEMMES.
Janvier	813	839	496	889	663
Février	839	858	636	766	648
Mars	870	901	387	1005	881
Avril	792	809	90	969	717
Mai	836	832	464	892	682
Juin	747	776	435	745	594
Juillet	819	798	484	631	566
Août	821	786	340	592	554
Septembre	793	756	368	674	574
Octobre	874	740	495	730	597
Novembre	764	783	545	744	560
Décembre	777	781	98	724	625
	9745	9659	4838	9361	7661
Religieux				47	
Religieuses				....	81
Étrangers				30	19
				9438	7761
TOTAL	19404		4838	17199	

ANNÉE 1765.

MOIS.	BAPTÊMES.		MARIAGES.	MORTUAIRES.	
	GARÇONS.	FILLES.		HOMMES.	FEMMES.
Janvier	789	806	504	748	619
Février	825	801	793	748	696
Mars	916	840	46	641	745
Avril	771	771	419	891	710
Mai	850	805	415	824	646
Juin	796	743	378	738	597
Juillet	792	773	471	694	669
Août	819	860	350	810	743
Septembre	833	790	374	826	749
Octobre	850	849	426	902	736
Novembre	833	768	579	734	637
Décembre	798	761	27	806	723
	9872	9567	4782	9559	8270
Religieux				50	
Religieuses				....	96
Étrangers				42	17
				9651	8383
TOTAL	19439		4782	18034	

ANNÉE 1766.

MOIS.	BAPTÊMES.		MARIAGES.	MORTUAIRES.	
	GARÇONS.	FILLES.		HOMMES.	FEMMES.
Janvier	948	880	505	1130	952
Février	893	778	588	1055	819
Mars	969	835	26	1199	991
Avril	810	768	536	1164	840
Mai	768	757	420	1052	741
Juin	678	694	396	891	657
Juillet	787	774	448	757	548
Août	830	771	316	663	573
Septembre	779	766	399	660	602
Octobre	744	734	426	753	599
Novembre	708	717	613	740	626
Décembre	728	757	20	743	708
	9542	9231	4693	10807	8656
Religieux				76	
Religieuses				....	81
Étrangers				57	17
				10940	8754
TOTAL	18773		4693	19694	

De la première table des naissances, des mariages et des morts à Paris, depuis l'année 1709 jusqu'en 1766, on peut inférer :

1° Que dans l'espèce humaine la fécondité dépend de l'abondance des subsistances, et que la disette produit la stérilité; car on voit qu'en 1710 il n'est né que 13,634 enfants, tandis que dans l'année précédente 1709, et dans la suivante 1711, il en est né 16,910 et 16,593. La différence, qui est d'un cinquième au moins, ne peut provenir que de la famine de 1709; pour produire abondamment il faut être nourri largement; l'espèce humaine, affligée pendant cette cruelle année, a donc non seulement perdu le cinquième sur sa régénération, mais encore elle a perdu presque au double de ce qu'elle aurait dû perdre par la mort, car le nombre des morts a été de 29,288 en 1709, tandis qu'en 1711 et dans les années suivantes, ce nombre n'a été que de 15 ou 16,000, et s'il se trouve être de 23,389 en 1710, c'est encore par la mauvaise influence de l'année 1709, dont le mal s'est étendu sur une partie de l'année suivante et jusqu'au temps des récoltes. C'est par la même raison qu'en 1709 et 1710, il y a eu un quart moins de mariages que dans les années ordinaires;

2° Tous les grands hivers augmentent la mortalité; si nous la supposons d'après cette même Table de 18 à 19,000 personnes, année commune à Paris, elle s'est trouvée de 29,288 en 1709, de 23,389 en 1710, de 25,284 en 1740, de 23,574 en 1741, et de 22,784 en 1742, parce que l'hiver de 1740 à 1741, et celui de 1742 à 1743 ont été les plus rudes que l'on ait éprouvés depuis 1709. L'hiver de 1754 est aussi marqué par une mortalité plus grande, puisqu'au lieu de 18 ou 19,000 qui est la mortalité moyenne, elle s'est trouvée, en 1753, de 21,716, et en 1754, de 21,724;

3° C'est par une raison différente que la mortalité s'est trouvée beaucoup plus grande en 1719 et en 1720 : il n'y eut dans ces deux années ni grand hiver ni disette, mais le système des finances attira un si grand nombre de gens de province à Paris, que la mortalité, au lieu de 18 à 19,000, fut de 24,151 en 1719, et de 20,371 en 1720;

4° Si l'on prend le nombre total des morts pendant les cinquante-huit années, et qu'on divise 1,087,995 par 58 pour avoir la mortalité moyenne, on aura 18,758, et c'est par cette raison que je viens de dire, que cette mortalité moyenne était de 18 ou 19,000 par chacun an. Néanmoins, comme l'on peut présumer que dans les commencements cette recherche des naissances et des morts ne s'est pas faite aussi exactement, ni aussi complètement que dans la suite, je serais porté à retrancher les douze premières années, et j'établirais la mortalité moyenne sur les quarante-six années depuis 1721 jusqu'en 1766, d'autant plus que la disette de 1709, et l'affluence des provinciaux à Paris en 1719, ont augmenté considérablement la mortalité dans ces années, et que ce n'est qu'en 1721 qu'on a commencé à comprendre les religieux et religieuses dans la liste des mortuaires. En prenant donc le total des morts depuis 1721 jusqu'en 1766, on trouve 868,510, ce qui, divisé par 46, nombre des années de 1721 à 1766, donne 18.881 pour le nombre qui représente la mortalité moyenne à Paris pendant ces quarante-six années. Mais, comme cette fixation de la moyenne mortalité est la base sur laquelle doit porter l'estimation du nombre des vivants, nous pensons que l'on approchera de plus près encore du vrai nombre de cette mortalité moyenne si l'on n'emploie que les mortuaires depuis l'année 1745, car ce ne fut qu'en cette année qu'on distingua dans le relevé des baptêmes les garçons et les filles et dans celui des mortuaires les hommes et les femmes, ce qui prouve que ces relevés furent faits plus exactement que ceux des années précédentes. Prenant donc le total des morts depuis 1745 jusqu'en 1766, on a 414,777, ce qui, divisé par 22, nombre des années depuis 1745 jusqu'en 1766, donne 18,853, nombre qui ne s'éloigne pas beaucoup de 18,881; en sorte qu'il me paraît qu'on peut, sans se tromper, établir la mortalité moyenne de Paris, pour chaque année, à 18,800, avec d'autant plus de raison que les dix dernières années, depuis 1757 jusqu'en 1766, ne donnent que 18,681 pour cette moyenne mortalité;

5° Maintenant, si l'on veut juger du nombre des vivants par celui des morts, je ne crois pas qu'on doive s'en rapporter à ceux qui ont écrit que ce rapport était de 32 ou de 33 à 1, et j'ai quelques raisons que je donnerai dans la suite, qui me font estimer ce rapport de 35 à 1, c'est-à-dire que, selon moi, Paris contient trente-cinq fois 18,800 ou six cent cinquante-huit mille personnes; au lieu que selon les auteurs qui ne comptent que trente-deux vivants pour un mort, Paris ne contiendrait que six cent un mille six cents personnes (*a*);

6° Cette première table semble démontrer que la population de cette grande ville ne va pas en augmentant aussi considérablement qu'on serait porté à le croire, par l'augmentation de son étendue et des bâtiments en très grand nombre dont on allonge ses faubourgs. Si dans les quarante-six années, depuis 1721 jusqu'en 1766, nous prenons les dix premières années et les dix dernières, on trouve 181,590 naissances pour les dix premières années, et 186,813 naissances pour les dix dernières, dont la différence 5,223 ne fait qu'un trente-sixième environ. Or, je crois qu'on peut supposer, sans se tromper, que Paris s'est, depuis 1721, augmenté de plus d'un dix-huitième en étendue. La moitié de cette augmentation doit donc se rapporter à la commodité, puisque la nécessité, c'est-à-dire l'accroissement de la population, ne demandait qu'un trente-sixième de plus d'étendue.

De la seconde Table des baptêmes, mariages et mortuaires, qui contient vingt-deux années, depuis 1745 jusques et y compris 1766, on peut inférer : 1° que les mois dans lesquels il naît le plus d'enfants sont les mois de mars, janvier et février, et que ceux pendant lesquels il en naît le moins sont juin, décembre et novembre, car en prenant le total des naissances dans chacun de ces mois, pendant les vingt-deux années, on trouve qu'en mars il est né 37,778, en janvier 37,691, et en février 35,816 enfants; tandis qu'en juin il n'en est né que 31,857, en décembre 32,064, et en novembre 32,836. Ainsi, les mois les plus heureux pour la fécondation des femmes sont juin, août et juillet, et les moins favorables sont septembre, mars et février; d'où l'on peut inférer que dans notre climat la chaleur de l'été contribue au succès de la génération;

2° Que les mois dans lesquels il meurt le plus de monde sont mars, avril et mai, et que ceux pendant lesquels il en meurt le moins sont août, juillet et septembre; car en prenant le total des morts dans chacun de ces mois pendant les vingt-deux années, on trouve qu'en mars il est mort 42,438 personnes, en avril 42,299, et en mai 38,444, tandis qu'en août il n'en est mort que 28,520, en juillet 29,197, et en septembre 29,251. Ainsi, c'est après l'hiver et au commencement de la nouvelle saison que les hommes, comme les plantes, périssent en plus grand nombre;

3° Qu'il naît à Paris plus de garçons que de filles, mais seulement dans la proportion d'environ 27 à 26, tandis que dans d'autres endroits cette proportion du nombre des garçons et des filles est de 17 à 16; car, pendant ces vingt-deux années, la somme totale des naissances des mâles est 211,976, et la somme des naissances des femelles est 204,205, c'est à-dire d'un vingt-septième de moins à très peu près;

4° Qu'il meurt à Paris plus d'hommes que de femmes, non seulement dans la proportion des naissances des mâles, qui excèdent d'un vingt-septième les naissances des femelles, mais encore considérablement au delà de ce rapport, car le total des mortuaires pendant ces vingt-deux années est pour les hommes de 221,608, et pour les femmes 191,753; et comme il naît à Paris vingt-sept mâles pour vingt-six femelles, le nombre des mortuaires pour les femmes devrait être de 213,487, celui des hommes étant de 221,608, si les nais-

(*a*) Tout ceci a été écrit en 1767; il se pourrait que depuis ce temps le nombre des habitants de Paris fût augmenté, car je vois, dans la *Gazette* du 22 janvier 1773, qu'en 1772 il y a eu 20,374 morts. S'il en est de même des autres années, et que la mortalité moyenne soit actuellement de vingt mille par an, il y aura sept cent mille personnes vivantes à Paris, en comptant trente-cinq vivants pour un mort.

sances et la mort des uns et des autres étaient dans la même proportion; mais le nombre des mortuaires des femmes n'étant que de 191,753, au lieu de 213,487, il s'ensuit (en supposant toutes choses égales d'ailleurs) que, dans cette ville, les femmes vivent plus que les hommes, dans la raison de 213,487 à 191,753, c'est-à-dire un neuvième de plus à très peu près. Ainsi, sur dix ans de vie courante, les femmes ont un an de plus que les hommes à Paris; et comme l'on peut croire que la nature seule ne leur a pas fait ce don, c'est aux peines, aux travaux et aux risques subis ou courus par les hommes qu'on doit rapporter en partie cette abréviation de leur vie. Je dis en partie, car les femmes ayant les os plus ductiles que les hommes, arrivent en général à une plus grande vieillesse. (Voyez cet article *De la Vieillesse*.) Mais cette cause seule ne serait pas suffisante pour produire à beaucoup près cette différence d'un neuvième entre le sort final des hommes et des femmes.

Une autre considération, c'est qu'il naît à Paris plus de femmes qu'il n'y en meurt, au lieu qu'il y naît moins d'hommes qu'il en meurt, puisque le total des naissances pour les femmes, pendant les vingt-deux années est de 204,205, et que le total des morts n'est que que de 191,753, tandis que le total des morts pour les hommes est de 221,698, et que le total des naissances n'est que de 221,976; ce qui semble prouver qu'il arrive à Paris plus d'hommes et moins de femmes qu'il n'en sort.

5° Le nombre des naissances, tant des garçons que des filles, pendant les vingt-deux années étant de 416,181, et celui des mariages de 95,366, il s'ensuivrait que chaque mariage donnerait plus de quatre enfants. Mais il faut déduire sur le total des naissaaces le nombre des enfants trouvés, qui ne laisse pas d'être fort considérable et dont voici la liste, prise sur le relevé des mêmes Tables, pour les vingt-deux années, depuis 1745 jusqu'en 1766.

NOMBRE DES ENFANTS TROUVÉS PAR CHAQUE ANNÉE

Année 1745......	3223	*Ci-contre*......	28690	*Ci-contre*......	61560
— 1746......	3283	Année 1753......	4329	Année 1760......	5031
— 1747......	3369	— 1754......	4231	— 1761......	5418
— 1748......	3429	— 1755......	4273	— 1762......	5289
— 1749......	3775	— 1756......	4722	— 1763......	5253
— 1750......	3785	— 1757......	4969	— 1764......	5560
— 1751......	3783	— 1758......	5082	— 1765......	5495
— 1752......	4033	— 1759......	5264	— 1766......	5604
	28690		61560	TOTAL..	99210

Ce nombre des enfants trouvés monte, pour ces mêmes vingt-deux années, à 99,210, lesquels étant retranchés de 416,181, reste 316,971; ce qui ne ferait que $3\frac{1}{3}$ enfants environ, ou si l'on veut dix enfants pour trois mariages; mais il faut considérer que dans ce grand nombre d'enfants trouvés, il y en a peut-être plus d'une moitié de légitimes que les parents ont exposés; ainsi on peut croire que chaque mariage donne à peu près quatre enfants.

Le nombre des enfants trouvés, depuis 1745 jusqu'en 1766, a augmenté depuis 3,233 jusqu'à 5,604, et ce nombre va encore en augmentant tous les ans, car en 1772 il est né à Paris 18,713 enfants, dont 9,557 garçons et 9,50 filles, en y comprenant 7,676 enfants trouvés; ce qui semble démontrer qu'il y a même plus de moitié d'enfants légitimes dans ce nombre.

ÉTAT DES BAPTÊMES, MARIAGES ET SÉPULTURES DANS LA VILLE DE MONTBARD EN BOURGOGNE, DEPUIS 1765 INCLUSIVEMENT, JUSQUE ET COMPRIS L'ANNÉE 1774.

ANNÉES.	BAPTÊMES.		MARIAGES.	MORTUAIRES.	
	GARÇONS.	FILLES.		HOMMES.	FEMMES.
1765	45	49	14	31	32
1766	38	53	14	29	31
1767	45	46	13	34	33
1768	37	42	12	38	39
1769	57	35	14	27	24
1770	33	40	13	33	36
1771	38	34	4	22	33
1772	36	34	13	51	50
1773	44	44	20	39	30
1774	40	36	20	17	22
	413	413	137	321	330
TOTAL...	826			651	

De cette table, on peut conclure : 1° que les mariages sont plus prolifiques en province qu'à Paris, trois mariages donnant ici plus de dix-huit enfants, au lieu qu'à Paris trois mariages n'en donnent que douze ;

2° On voit qu'il naît précisément autant de filles que de garçons dans cette petite ville ;

3° Qu'il naît dans ce même lieu près d'un quart de plus d'enfants qu'il ne meurt de personnes ;

4° Qu'il meurt un peu plus de femmes que d'hommes, au lieu qu'à Paris il en meurt beaucoup moins que d'hommes, ce qui vient de ce qu'à la campagne elles travaillent tout autant que les hommes, et souvent plus à proportion de leurs forces ; et que d'ailleurs produisant beaucoup plus d'enfants, elles sont épuisées et courent plus souvent les risques de couches ;

5° L'on peut remarquer, dans cette table, qu'il n'y a eu que quatre mariages en l'année 1771, tandis que dans toutes les autres années il y en a eu douze, treize, quatorze et même vingt ; cette grande différence provient de la misère du peuple dans cette année 1771 ; le grain était au double et demi de sa valeur, et les pauvres, au lieu de penser à se marier, ne songeaient qu'aux moyens de leur propre subsistance ; ce seul petit exemple suffit pour démontrer combien la cherté du grain nuit à la population ; aussi l'année suivante 1772 est-elle la plus faible de toutes pour la production, n'étant né que soixante-dix enfants, tandis que dans les neuf autres années le nombre moyen des naissances est de quatre-vingt-quatre ;

6° On voit que le nombre des morts a été beaucoup plus grand en 1772 que dans toutes les autres années ; il y a eu cent un morts, tandis qu'année commune la mortalité pendant les neuf autres années n'a été que d'environ soixante et une personnes ; la cause de cette plus grande mortalité doit être attribuée aux maladies qui suivirent la misère, et à la petite vérole qui se déclara dès le commencement de l'année 1772, et enleva un assez grand nombre d'enfants ;

7° On voit par cette petite table, qui a été faite avec exactitude, que rien n'est moins constant que les rapports qu'on a voulu établir entre le nombre des naissances des garçons et des filles. On a vu, par le relevé des premières tables, que ce rapport était de 17 à 16; on a vu ensuite qu'à Paris, ce rapport n'est que de 27 à 26, et l'on vient de voir qu'ici le nombre des garçons et celui des filles est précisément le même. Il est donc probable que, suivant les différents pays, et peut-être selon les différents temps, le rapport du nombre des naissances des garçons et des filles varie considérablement;

8° Par un dénombrement exact des habitants de cette petite ville de Montbard, on y a trouvé 2,337 habitants; et, comme le nombre moyen des morts pour chaque année est de 65, et qu'en multipliant 65 par 36 on a 2,340, il est évident qu'il ne meurt qu'une personne sur 36 dans cette ville.

ÉTAT DES NAISSANCES, MARIAGES ET MORTS DANS LA VILLE DE SEMUR EN AUXOIS, DEPUIS L'ANNÉE 1770 JUSQUE ET COMPRIS L'ANNÉE 1774.

ANNÉES.	BAPTÊMES.		MARIAGES.	MORTUAIRES.	
	GARÇONS.	FILLES.		HOMMES.	FEMMES.
1770	92	73	37	77	75
1771	69	88	25	54	64
1772	79	69	22	52	56
1773	81	76	37	59	60
1774	83	66	20	52	73
	404	372	141	294	328
TOTAL. . .	776			622	

Par cette table, il paraît : 1° que trois mariages donnent 16 ½ enfants à peu près, tandis qu'à Montbard, qui n'en est qu'à trois lieues, trois mariages donnent plus de dix-huit enfants;

2° Qu'il naît plus de garçons que de filles, dans la proportion à peu près de 25 à 23, ou de 12 ½ à 11 ½, tandis qu'à Montbard le nombre des garçons et des filles est égal;

3° Qu'il naît ici un cinquième à peu près d'enfants de plus qu'il ne meurt de personnes;

4° Qu'il meurt plus de femmes que d'hommes, dans la proportion de 164 à 147, ce qui est à peu près la même chose qu'à Montbard;

5° Par un dénombrement exact des habitants de cette ville de Semur, on y a trouvé 4,345 personnes; et comme le nombre des morts est 622, divisé par 5 ou 124 ⅖, et qu'en multipliant ce nombre par 35, on a 4,354, il en résulte qu'il meurt une personne sur trente-cinq dans cette ville

ÉTAT DES NAISSANCES, MARIAGES ET MORTS DANS LA PETITE VILLE DE FLAVIGNY, DEPUIS 1770 JUSQUE ET COMPRIS L'ANNÉE 1774.

ANNÉES.	BAPTÊMES.		MARIAGES.	MORTUAIRES.	
	GARÇONS.	FILLES.		HOMMES.	FEMMES.
1770	24	19	6	11	14
1771	21	19	5	22	22
1772	15	13	4	23	24
1773	23	20	12	9	8
1774	19	10	13	17	12
	102	81	40	82	80
TOTAL. . .	183			162	

1° Par cette table, trois mariages ne donnent que 13 $\frac{3}{4}$ enfants ; par celle de Semur, trois trois mariages donnent 16 $\frac{1}{2}$ enfants : et par celle de Montbard, trois mariages donnent plus de dix-huit enfants, cette différence vient de ce que Flavigny est une petite ville presque toute composée de bourgeois, et que le petit peuple n'y est pas nombreux, au lieu qu'à Montbard le peuple y est en très grand nombre en comparaison des bourgeois, et à Semur la proportion des bourgeois est plus grande qu'à Montbard. Les familles sont généralement toujours plus nombreuses dans le peuple que dans les autres conditions ;

2° Il naît plus de garçons que de filles, dans une proportion si considérable, qu'elle est de près d'un cinquième de plus ; en sorte qu'il paraît que les lieux où les mariages produisent le plus d'enfants sont ceux où il y a plus de petit peuple, et où le nombre des naissances des filles est plus grand ;

3° Il naît ici à peu près un neuvième de plus d'enfants qu'il ne meurt de personnes ;

4° Il meurt un peu plus d'hommes que de femmes, et c'est le contraire à Semur et à Montbard ; ce qui vient de ce qu'il naît dans ce lieu de Flavigny beaucoup plus de garçons que de filles.

ÉTAT DES NAISSANCES, MARIAGES ET MORTS DANS LA PETITE VILLE DE VITTEAUX, DEPUIS 1770 JUSQUE ET COMPRIS L'ANNÉE 1774.

ANNÉES.	BAPTÊMES.		MARIAGES.	MORTUAIRES.	
	GARÇONS.	FILLES.		HOMMES.	FEMMES.
1770	37	50	21	17	31
1771	34	54	6	35	33
1772	44	32	14	32	32
1773	42	44	17	29	37
1774	46	32	10	29	33
	203	212	68	142	166
TOTAL. . .	415			308	

1° Par cette table, trois mariages donnent plus de dix-huit enfants comme à Montbard. Vitteaux est en effet un lieu où il y a, comme à Montbard, beaucoup plus de peuple que de bourgeois;

2° Il naît plus de filles que de garçons, et c'est ici le premier exemple que nous en ayons, car à Montbard le nombre des naissances des garçons et des filles n'est qu'égal, ce qui fait présumer qu'il y a encore plus de peuple à Vitteaux proportionnellement aux bourgeois;

3° Il naît ici environ un quart plus d'enfants qu'il ne meurt de personnes, à peu près comme à Montbard;

4° Il meurt plus de femmes que d'hommes, dans la proportion de 83 à 71, c'est-à-dire de près d'un huitième, parce que les femmes du peuple travaillent presque autant que les hommes, et que d'ailleurs il naît dans cette petite ville plus de filles que de garçons;

5° Comme elle est composée presque en entier de petit peuple, la cherté des grains, en 1771, a diminué le nombre des mariages, ainsi qu'à Montbard où il n'y en a eu que quatre, et à Vitteaux six, au lieu de treize ou quatorze qu'il doit y en avoir, année commune, dans cette dernière ville.

ÉTAT DES NAISSANCES, MARIAGES ET MORTS DANS LE BOURG D'ÉPOISSES, ET DANS LES VILLAGES DE GENAY, MARIGNY-LE-CAHOUET ET TOUTRY, BAILLIAGE DE SEMUR EN AUXOIS, DEPUIS 1770 JUSQUE ET COMPRIS 1774, AVEC LEUR POPULATION ACTUELLE.

ANNÉES.	BAPTÊMES.		MARIAGES.	MORTUAIRES.	
	GARÇONS.	FILLES.		HOMMES.	FEMMES.
1770	59	57	20	37	41
1771	38	48	13	36	37
1772	44	46	13	45	44
1773	57	37	18	26	27
1774	60	45	18	43	42
	258	233	82	187	191
TOTAL. . .	491			378	

1° Par cette table, trois mariages donnent à peu près dix-huit enfants; ainsi les villages, bourgs et petites villes où il y a beaucoup de peuple et peu de gens aisés produisent beaucoup plus que les villes où il y a beaucoup de bourgeois ou gens riches;

2° Il naît plus de garçons que de filles, dans la proportion de 25 à 23 à peu près;

3° Il naît plus d'un quart de personnes de plus qu'il n'en meurt;

4° Il meurt un peu plus de femmes que d'hommes;

5° Le nombre des mariages a été diminué très considérablement par la cherté des grains en 1,771 et 1,772;

6° Enfin, la population d'Époisses s'est trouvée, par un dénombrement exact, de 1,001 personnes; celle de Genay, de 599 personnes, celle de Marigny-le-Cahouet, de 671 personnes, et celle de Toutry, de 390 personnes; ce qui fait en totalité 2,661 personnes. Et comme le nombre moyen des morts, pendant ces cinq années, est de 75 $\frac{3}{5}$, et qu'en multipliant ce nombre par 35 $\frac{1}{5}$ on retrouve ce même nombre 2,661, il est certain qu'il ne meurt dans ces bourgs et villages qu'une personne sur trente-cinq au plus.

ÉTAT DES NAISSANCES, MARIAGES ET MORTS DANS LE BAILLIAGE ENTIER DE SEMUR EN AUXOIS, CONTENANT QUATRE-VINGT-DIX-NEUF, TANT VILLES QUE BOURGS ET VILLAGES, POUR LES ANNÉES DEPUIS 1770 JUSQUE ET COMPRIS 1774

ANNÉES.	BAPTÊMES.		MARIAGES.	MORTUAIRES.	
	GARÇONS.	FILLES.		HOMMES.	FEMMES.
1770	915	802	323	596	594
1771	776	788	245	633	611
1772	853	770	297	797	674
1773	850	788	377	639	620
1774	891	732	309	635	609
	4285	3880	1551	3300	3108
TOTAL...	8165			6408	

On voit par cette table : 1° qu'en général le nombre des naissances des garçons excède celui des filles de plus d'un dixième, ce qui est bien considérable, et d'autant plus singulier, que dans les quatre-vingt-dix-neuf paroisses contenues dans ce bailliage, il y en a quarante-deux dans lesquelles il naît plus de filles que de garçons, ou tout au moins un nombre égal des deux sexes; et dans ces quarante-deux lieux sont comprises les villes de Montbard, Vitteaux, et nombre de gros villages, tels que Braux, Miliery, Savoisy, Thorrey, Touillou, Villaine-les-Prévôtes, Villeberny, Grignon, Étivey, etc. En prenant la somme des garçons et des filles nés dans ces quarante-deux paroisses pendant les dix années pour Montbard, et les cinq années pour les autres lieux depuis 1770 à 1774, on a 1,840 filles et 1,690 garçons, c'est-à-dire un dixième à très peu près de filles plus que de garçons. D'où il résulte que dans les cinquante-sept autres paroisses où se trouvent les villes de Semur et de Flavigny, et les bourgs d'Époisses, Moutier-Saint-Jean, etc., il est né 2,695 garçons et 2,040 filles, c'est-à-dire à très peu près un quart de garçons plus que de filles ; en sorte qu'il paraît que dans les lieux où toutes les circonstances s'accordent pour la plus nombreuse production des filles, la nature agit bien plus faiblement que dans ceux où les circonstances s'accordent pour la production des garçons, et c'est ce qui fait qu'en général le nombre des garçons, dans notre climat, est plus grand que celui des filles ; mais il ne serait guère possible de déterminer ce rapport au juste, à moins d'avoir le relevé de tous les registres du royaume. Si l'on s'en rapporte sur cela au travail de M. l'abbé d'Expilly, il se trouve un treizième plus de garçons que de filles, et je ne serais pas éloigné de croire que ce résultat est assez juste;

2° Que le nombre moyen des mariages pendant les années 1770, 1772, 1773 et 1774, étant de 326 $\frac{1}{2}$, la misère de l'année 1771 a diminué ce nombre de mariages d'un quart, puisqu'il n'y en a eu que 245 dans cette année ;

3° Que trois mariages donnent à peu près seize enfants ;

4° Qu'il meurt plus d'hommes que de femmes, dans la proportion de 33 à 31, et qu'il naît aussi plus de mâles que de femelles, mais dans une plus grande proportion, puisqu'elle est à peu près de 43 à 39 ;

5° Qu'en général il naît plus d'un quart de monde qu'il n'en meurt dans ce bailliage

6° Que le nombre des morts s'est trouvé plus grand en 1772, par les suites de la misère de 1771.

Voici la liste des lieux dont j'ai parlé, et dans lesquels il naît autant ou plus de filles que de garçons dans ce même bailliage d'Auxois.

	Garçons.	Filles.
Montbard, pour dix ans	413	413
Vitteaux, pour cinq ans	203	212
Millery, pour cinq ans	48	55
Braux, pour cinq ans	50	42
Savoisy, pour cinq ans	53	53
Thorrey sous Charny, pour cinq ans	40	56
Villaine-les-Prévôtes, pour cinq ans	40	43
Villeberny, pour cinq ans	46	50
Grignon, pour cinq ans	54	54
Étivey, pour cinq ans	48	48
Corcelle-les-Grignon, pour cinq ans	36	37
Grosbois, pour cinq ans	33	37
Nesles, pour cinq ans	38	40
Vizerny, pour cinq ans	34	34
Touillon, pour cinq ans	38	40
Saint-Thibaut, pour cinq ans	33	34
Saint-Beury, pour cinq ans	39	12
Pisy, pour cinq ans	33	41
Toutry, pour cinq ans	22	31
Athie, pour cinq ans	21	32
Corcelle-les-Semur, pour cinq ans	23	24
Crépend, pour cinq ans	23	25
Étais, pour cinq ans	20	28
Flée, pour cinq ans	22	26
Magny-la-Ville, pour cinq ans	26	26
Nogent-les-Montbard, pour cinq ans	20	20
Normier, pour cinq ans	22	30
Saint-Manin, pour cinq ans	23	24
Vieux-Château, pour cinq ans	22	22
Charigny, pour cinq ans	20	23
Lucenay-le-Duc, pour cinq ans	28	30
Dampierre, pour cinq ans	16	18
Dracy, pour cinq ans	12	12
Marsigny-sous-Thil, pour cinq ans	17	28
Montigny-Saint-Barthélemy, pour cinq ans	13	18
Planay, pour cinq ans	13	19
Verré-sous-Drée, pour cinq ans	11	14
Massingy-les-Vitteaux, pour cinq ans	18	23
Cessey, pour cinq ans	9	9
Corcelotte en montagne, pour cinq ans	8	9
Masilly-les-Vitteaux, pour cinq ans	6	9
Saint-Authot, pour cinq ans	6	9
Total	1,690	1,840

Les causes qui concourent à la plus nombreuse production des filles sont très difficiles à deviner. J'ai rapporté dans cette table les lieux où cet effet arrive, et je ne vois rien qui les distingue des autres lieux du même pays, sinon que généralement ils sont situés plus en montagnes qu'en vallées, et, qu'en gros, ce sont les endroits les moins riches et où le peuple est le plus mal à l'aise; mais cette observation demanderait à être suivie et fondée sur un beaucoup plus grand nombre que sur celui de ces quarante-deux paroisses, et l'on trouverait peut-être quelque rapport commun, sur lequel on pourrait appuyer des conjectures raisonnables, et reconnaître quels sont les inconvénients qui, dans de certains endroits de notre climat, déterminent la nature à s'écarter de la loi commune, laquelle est de produire plus de mâles que de femelles.

ÉTAT DES NAISSANCES, MARIAGES ET MORTS DANS LE BAILLIAGE DE SAULIEU EN BOURGOGNE, CONTENANT QUARANTE, TANT VILLES QUE BOURGS ET VILLAGES, POUR LES ANNÉES DEPUIS 1770 JUSQUES ET COMPRIS 1772.

ANNÉES.	BAPTÊMES.		MARIAGES.	MORTUAIRES.	
	GARÇONS.	FILLES.		HOMMES.	FEMMES.
1770	559	485	181	262	275
1771	532	499	117	337	308
1772	484	484	190	489	547
	1575	1468	488	1088	1130
TOTAL...	3043			2218	

On voit par cette table : 1° que le nombre des naissances des garçons excède celui des naissances des filles d'environ un quart, quoique dans les trente-neuf paroisses qui composent ce bailliage (*a*) il y en ait dix-huit où il naît plus de filles que de garçons, et dont voici la liste :

	Garçons.	Filles.
Saint-Léger-de-Foucheret, pour trois ans	66	76
Saint-Léger-de-Fourche, pour trois ans......	52	55
Schissey, pour trois ans	45	51
Rouvray, pour trois ans	38	44
Villargoix, pour trois ans	37	40
Saint-Agnan, pour trois ans	34	37
Cencerey, pour trois ans	29	35
Marcilly, pour trois ans	23	24
Blanot, pour trois ans.......................	22	24
Saint-Didier, pour trois ans................	21	25
Minery, pour trois ans......................	19	29
Pressy, pour trois ans......................	19	26
Brascy, pour trois ans	18	21
Aisy, pour trois ans	17	24
Noidan, pour trois ans......................	15	29
Molphey, pour trois ans	13	14
Villen, pour trois ans	10	14
Charny, pour trois ans......................	10	13
Total..........	488	581

(*a*) Ce bailliage de Saulieu est réellement composé de quarante paroisses, mais l'on n'a pu avoir les registres de celle de Savilly, qui n'est, par conséquent, pas comprise dans l'état ci-dessus.

Le nombre total des filles pour trois ans étant 581, et celui des garçons 488, il est, par conséquent, né presque un sixième de filles plus que de garçons, ou six filles pour cinq garçons dans ces dix-huit paroisses. D'où il résulte : 2° que dans les vingt et une autres paroisses, où se trouvent la ville de Saulieu, le bourg d'Aligny et les autres lieux les moins pauvres de ce bailliage, il est né 1,077 garçons et 897 filles, c'est-à-dire un cinquième de garçons plus que de filles ;

3° Que le nombre des mariages n'ayant été que de 117 en 1771, au lieu qu'il a été de 181 en 1770, et de 150 en 1772, on retrouve ici, comme dans le bailliage d'Auxois, que cela ne peut être attribué qu'à la cherté des grains en 1771 ; et comme ce bailliage de Saulieu est beaucoup plus pauvre que celui de Semur, le nombre des mariages, qui s'est trouvé diminué d'un quart dans le bailliage de Semur, se trouve ici diminué de moitié par la misère de cette année 1771 ;

4° Que trois mariages donnent dix-huit trois quarts d'enfants dans ce même bailliage, où il n'y a, pour ainsi dire, que du peuple, duquel, comme je l'ai dit, les mariages sont toujours plus prolifiques que dans les conditions plus élevées ;

5° Qu'il meurt plus de femmes que d'hommes, par la raison qu'elles y travaillent plus que dans un district moins pauvre, tel que celui de Semur, où il meurt au contraire plus d'hommes que de femmes ;

6° Qu'il naît plus d'un tiers d'enfants de plus qu'il ne meurt de personnes dans ce bailliage ;

7° Que le nombre des morts s'est trouvé beaucoup plus grand dans l'année 1772, comme dans les autres districts, et par les mêmes raisons.

Si l'on prend le nombre moyen des morts pour une année, on trouvera que ce nombre dans le bailliage de Saulieu est de 739 $\frac{1}{3}$, et que ce nombre, dans le bailliage de Semur, est 1,281 $\frac{3}{5}$, dont la somme est 2,020 $\frac{14}{15}$; or le dernier de ces bailliages contient quatre-vingt-dix-neuf paroisses, et le premier trente-neuf, ce qui fait pour les deux cent trente-huit lieux ou paroisses. Or, suivant M. l'abbé d'Expilly, tout le royaume de France contient 41,000 paroisses ; la population, dans ces deux bailliages de Semur et de Saulieu, est donc à la population de tout le royaume, à très peu près, comme 138 sont à 41,000. Mais nous avons trouvé, par les observations précédentes, qu'il faut multiplier par 35 au moins le nombre des morts annuels pour connaître le nombre des vivants ; multipliant donc 2,020 $\frac{14}{15}$, nombre des morts annuels dans ces deux bailliages, on aura 70,732 $\frac{2}{3}$ pour la population de ces deux bailliages, et, par conséquent, 21 millions 14 mille 777 pour la population totale du royaume, sans y comprendre la ville de Paris, dont nous avons estimé la population à 658 mille, ce qui ferait en tout 21 millions 672 mille 777 personnes dans tout le royaume, nombre qui ne s'éloigne pas beaucoup de 22 millions 14 mille 357, donné par M. l'abbé d'Expilly, pour cette même population. Mais une chose qui ne me paraît pas aussi certaine, c'est ce que ce très estimable auteur avance au sujet du nombre des femmes, qu'il dit surpasser constamment le nombre des hommes vivants ; ce qui me fait douter de cet allégué, c'est qu'à Paris il est démontré, par les tables précédentes, qu'il naît annuellement plus de garçons que de filles, et de même qu'il meurt annuellement dans cette ville plus d'hommes que de femmes, par conséquent, le nombre des hommes vivants doit surpasser celui des femmes vivantes. Et, à l'égard de la province, si nous prenons le nombre des naissances annuelles des garçons et des filles, et le nombre annuel des morts des hommes et des femmes dans les deux bailliages dont nous venons de donner les tables, nous trouverons 1,370 garçons et 1,265 filles nés annuellement, et nous aurons 1,023 hommes et 998 femmes morts annuellement. Dès lors, il doit y avoir un peu plus d'hommes que de femmes vivants dans les provinces, quoiqu'en moindre proportion qu'à Paris, et malgré les émigrations auxquelles les hommes sont bien plus sujets que les femmes.

COMPARAISON

DE LA MORTALITÉ DANS LA VILLE DE PARIS ET DANS LES CAMPAGNES A DIX, QUINZE ET VINGT LIEUES DE DISTANCE DE CETTE VILLE.

Par les tables que j'ai données, *De la Mortalité*, il paraît que, sur 13,189 personnes, il en meurt dans les deux premières années de la vie :

A Paris.................. 4,131 | A la campagne......... 5,738

Il en meurt depuis 2 ans jusqu'à 5 ans révolus :

A Paris.................. 1,410 | A la campagne......... 957

Il en meurt depuis 5 ans jusqu'à 10 ans :

A Paris.................. 740 | A la campagne......... 585

Il en meurt depuis 10 ans jusqu'à 20 ans :

A Paris.................. 507 | A la campagne......... 576

Il en meurt depuis 20 ans jusqu'à 30 ans :

A Paris.................. 693 | A la campagne......... 937

Il en meurt depuis 30 ans jusqu'à 40 ans :

A Paris.................. 883 | A la campagne......... 1,095

Il en meurt depuis 40 ans jusqu'à 50 ans :

A Paris.................. 962 | A la campagne......... 912

Il en meurt depuis 50 ans jusqu'à 60 ans :

A Paris.................. 1,062 | A la campagne......... 885

Il en meurt depuis 60 ans jusqu'à 70 ans :

A Paris.................. 1,271 | A la campagne......... 727

Il en meurt depuis 70 ans jusqu'à 80 ans :

A Paris.................. 1,108 | A la campagne......... 602

Il en meurt depuis 80 ans jusqu'à 90 ans :

A Paris.................. 361 | A la campagne......... 159

Il en meurt depuis 90 ans jusqu'à 100 ans et au-dessus.

A Paris.................. 59 | A la campagne.......... 16

En comparant la mortalité de Paris avec celle de la campagne, aux environs de cette ville, à dix et vingt lieues, on voit donc que sur un même nombre de 13,189 personnes, il en meurt dans les deux premières années de la vie 5,738 à la campagne, tandis qu'il n'en meurt à Paris que 4,131. Cette différence vient principalement de ce qu'on est dans l'usage, à Paris, d'envoyer les enfants en nourrice à la campagne, en sorte qu'il doit nécessairement y mourir beaucoup plus d'enfants qu'à Paris. Par exemple, si l'on fait une somme des 5,738 enfants morts à la campagne et des 4,131 morts à Paris, on aura 9,869, dont la moitié, 4,935, est proportionnelle au nombre des enfants qui seraient morts à Paris s'ils y eussent été nourris. En ôtant donc 4,131 de 4,935, le nombre 804 qui reste représente celui des enfants qu'on a envoyé nourrir à la campagne; d'où l'on peut conclure que, de tous les enfants qui naissent à Paris, il y en a plus d'un sixième que l'on nourrit à la campagne.

Mais ces enfants, dès qu'ils ont atteint l'âge de deux ans, et même auparavant, sont ramenés à Paris, pour la plus grande partie, et rendus à leurs parents; c'est par cette raison que, sur ce nombre 13,189, il paraît qu'il meurt plus d'enfants à Paris, depuis deux jusqu'à cinq ans, qu'il n'en meurt à la campagne; ce qui est tout le contraire de ce qui arrive dans les deux premières années.

Il en est de même de la troisième division des âges, c'est-à-dire de cinq à dix ans; il meurt plus d'enfants de cet âge à Paris qu'à la campagne.

Mais, depuis l'âge de dix ans jusqu'à quarante, on trouve constamment qu'il meurt moins de personnes à Paris qu'à la campagne, malgré le grand nombre de jeunes gens qui arrivent dans cette grande ville de tous côtés; ce qui semblerait prouver qu'il sort autant de natifs de Paris qu'il en vient du dehors. Il paraît aussi qu'on pourrait prouver ce fait par la table précédente, qui contient les extraits de baptêmes, comparés avec les extraits mortuaires, dont la différence, prise sur cinquante-huit années consécutives, n'est pas fort considérable, le total des naissances, à Paris, étant, pendant ces cinquante-huit années, de 1 million 74 mille 367, et le total des morts, 1 million 87 mille 995, ce qui ne fait que 13,628, sur 1 million 87 mille 995, ou une soixante-quinzième partie de plus environ; en sorte que tout compensé, il sort de Paris à peu près autant de monde qu'il y en entre; d'où l'on peut conclure que la fécondité de cette grande ville suffit à sa population, à une soixante-quinzième partie près.

Ensuite, en comparant, comme ci-dessus, la mortalité de Paris à celle de la campagne, depuis l'âge de quarante ans jusqu'à la fin de la vie, on voit qu'il meurt constamment plus de monde à Paris qu'à la campagne, et cela d'autant plus que l'âge est plus avancé; ce qui paraît prouver que les douceurs de la vie font beaucoup à sa durée, et que les gens de la campagne, plus fatigués, plus mal nourris, périssent en général beaucoup plus tôt que ceux de la ville.

COMPARAISON

DES TABLES DE LA MORTALITÉ EN FRANCE AVEC LES TABLES DE LA MORTALITÉ A LONDRES.

Les meilleures tables qui aient été faites à Londres sont celles que M. Corbyn-Morris a publiées en 1759, pour trente années, depuis 1728 jusqu'à 1757; ces tables sont partagées, pour le nombre des mourants, en douze parties, savoir : depuis la naissance jusqu'à deux ans accomplis, de deux ans jusqu'à cinq ans révolus, de cinq ans jusqu'à dix ans, de dix à vingt ans, de vingt à trente ans, de trente à quarante ans, de quarante à cinquante ans, de cinquante à soixante ans, de soixante à soixante-dix ans, de soixante-dix à quatre-vingts ans, de quatre-vingts à quatre-vingt-dix ans, et de quatre-vingt-dix ans a cent ans et au-dessus.

J'ai partagé mes tables de même, et j'ai trouvé, par des règles de proportion, les rapports suivants :

Sur 23,994, il en meurt dans les deux premières années de la vie :
En France............. 8,832 | A Londres............... 8,028

Il en meurt de 2 à 5 ans révolus :
En France............. 2.194 | A Londres............... 1,394

Il en meurt de 5 à 10 ans révolus :
En France............. 1.219 | A Londres............... 896

Il en meurt de 10 à 20 ans révolus :
En France............. 958 | A Londres............... 722

Il en meurt de 20 à 30 ans révolus :
En France............. 1,396 | A Londres............... 2,085

Il en meurt de 30 à 40 ans révolus :
En France............. 1,634 | A Londres............... 2,491

1.

2.

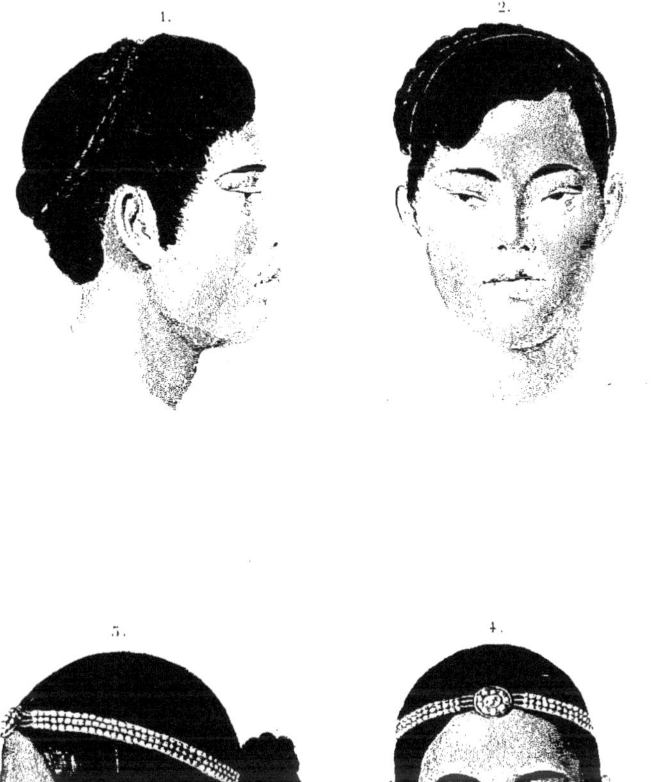

3.

4.

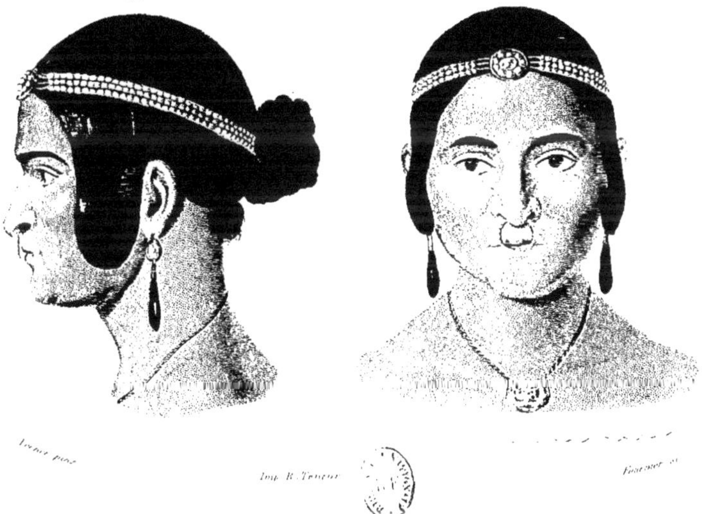

Imp. B. Tenier

1. 2. _ Un des deux frères Siamois.

3. 4. _ Femme de Calcutta.

Il en meurt de 40 à 50 ans révolus :

En France	1,707	A Londres	2,622

Il en meurt de 50 à 60 ans révolus :

En France	1,716	A Londres	2,026

Il en meurt de 60 à 70 ans révolus :

En France	1,913	A Londres	1,584

Il en meurt de 70 à 80 ans révolus :

En France	1,742	A Londres	1,136

Il en meurt de 80 à 90 ans révolus :

En France	578	A Londres	513

Il en meurt de 90 à 100 ans révolus :

En France	85	A Londres	76

Mais, comme le remarque très bien M. Corbyn, les nombres qui représentent les gens adultes, depuis vingt ans et au-dessus, sont beaucoup trop forts en comparaison de ceux qui précèdent et qui représentent les personnes de dix à vingt ans, ou les enfants de cinq à dix ans, parce qu'en effet il vient à Londres, comme dans toutes les autres grande villes, un très grand nombre d'étrangers et des gens de la campagne, et beaucoup plus de gens adultes et au-dessus de vingt ans qu'au-dessous. Ainsi, pour faire notre comparaison plus exactement, nous avons séparé, dans notre table, les douze paroisses de la campagne, et ne prenant que les trois paroisses de Paris, nous en avons tiré les rapports suivants, pour la mortalité de Paris, relativement à celle de Londres.

Sur 13,189, il en meurt dans les deux premières années de la vie :

A Paris	4,131	A Londres	4,413

Il en meurt de 2 à 5 ans révolus :

A Paris	1,410	A Londres	1,046

Il en meurt de 5 à 10 ans révolus :

A Paris	740	A Londres	443

Il en meurt de 10 à 20 ans révolus :

A Paris	507	A Londres	396

Il en meurt de 20 à 30 ans révolus :

A Paris	693	A Londres	1,146

Il en meurt de 30 à 40 ans révolus :

A Paris	885	A Londres	1,370

Il en meurt de 40 à 50 ans révolus :

A Paris	962	A Londres	1,442

Il en meurt de 50 à 60 sns révolus :

A Paris	1,062	A Londres	1,113

Il en meurt de 60 à 70 ans révolus :

A Paris	1,274	A Londres	870

Il en meurt de 70 à 80 ans révolus :

A Paris	1,108	A Londres	626

Il en meurt de 80 à 90 ans révolus :

A Paris	361	A Londres	282

Il en meurt de 90 à 100 ans et au-dessus :

A Paris	59	A Londres	42

Par la comparaison de ces tables, il paraît qu'on envoie plus d'enfants en nourrice à la campagne à Paris qu'à Londres, puisque sur le même nombre 13,189, il n'en meurt à Paris que 4,131, tandis qu'il en meurt à Londres 4,413, et que, comme par la même raison il en rentre moins à Londres qu'à Paris, il en meurt moins aussi à proportion depuis l'âge de deux ans jusqu'à cinq, et même de cinq à dix, et de dix à vingt.

Mais depuis vingt jusqu'à soixante ans, le nombre des morts de Londres excède beaucoup celui des morts de Paris, et le plus grand excès est de vingt à quarante ans; ce qui prouve qu'il entre à Londres un très grand nombre de gens adultes, qui viennent des provinces, et que la fécondité de cette ville ne suffit pas pour en entretenir la population, sans de grands suppléments tirés d'ailleurs. Cette même vérité se confirme par la comparaison des extraits de baptêmes avec les extraits mortuaires par laquelle on voit que pendant les neuf années, depuis 1728 jusqu'en 1736, le nombre des baptêmes à Londres ne s'est trouvé que de 151,957, tandis que celui des morts est de 239,327; en sorte que Londres a besoin de se recruter de plus de moitié du nombre de ses naissances pour s'entretenir; tandis que Paris se suffit à lui-même à un soixante-quinzième près. Mais cette nécessité de supplément, pour Londres, paraît aller en diminuant un peu, car, en prenant le nombre des naissances et des morts pour neuf autres années plus récentes, savoir, depuis 1749 jusqu'en 1757, celui des naissances se trouve être 133,299, et celui des morts 196,830, dont la différence proportionnelle est un peu moindre que celle de 151,957 à 239,327 qui représente les naissances et morts des neuf années, depuis 1728 jusqu'en 1736. Le total de ces nombres marque seulement qu'en général la population de Londres a diminué depuis 1736 jusqu'en 1757 d'environ un sixième, et qu'à mesure que la population a diminué, les suppléments étrangers se sont trouvés un peu moins nécessaires.

Le nombre des morts est donc plus grand à Paris qu'à Londres, depuis deux ans jusqu'à vingt ans; ensuite plus petit à Paris qu'à Londres, depuis vingt ans jusqu'à cinquante ans, à peu près égal depuis cinquante à soixante ans, et enfin beaucoup plus grand à Paris qu'à Londres, depuis soixante ans jusqu'à la fin de la vie, ce qui paraît prouver qu'en général on vieillit beaucoup moins à Londres qu'à Paris, puisque sur 13,189 personnes, il y en a 2,799 qui ne meurent qu'après soixante ans révolus à Paris, tandis que sur ce même nombre 13,189, il n'y en a que 1,820 qui meurent après soixante ans à Londres; en sorte que la vieillesse paraît avoir un tiers plus de faveur à Paris qu'à Londres.

Si l'on veut estimer la population de Londres d'après les tables de mortalité des neuf années, depuis 1749 jusqu'en 1757, on aura pour le nombre annuel des morts 21,870, ce qui, étant multiplié par 35, donne 765,450; en sorte que Londres contiendrait à ce compte 107,450 personnes de plus que Paris, mais cette règle de 35 vivants pour un mort, que je crois bonne pour Paris, et plus juste encore pour les provinces de France, pourrait bien ne pas convenir à l'Angleterre. Le chevalier Petty (*a*), dans son arithmétique politique, ne compte que trente vivants pour un mort, ce qui ne donnerait que 656,100 personnes, à Londres; mais je crois que cet auteur, très judicieux d'ailleurs, se trompe à cet égard; quelque différence qu'il y ait entre les influences du climat de Paris et de celui de Londres, elle ne peut aller à un septième pour la mortalité; seulement il me paraît que dans le fait, comme l'on vieillit moins à Londres qu'à Paris, il conviendrait d'estimer à 31 le nombre des vivants relativement aux morts; et prenant 31 pour ce nombre réel, on trouvera que Londres contient 677,970 personnes, tandis que Paris n'en contient que 658,000. Ainsi Londres sera plus peuplé que Paris d'environ un trente-troisième, puisque le nombre des habitants de Londres ne surpasse celui des habitants de Paris que de 19,970 personnes sur 658,000.

Ce qui me fait estimer 31 le nombre des vivants, relativement au nombre des morts

(*a*) *Essais in political arithmetick*. London, 1755.

à Londres, c'est que tous les auteurs qui ont recueilli des observations de mortalité s'accordent à dire qu'à la campagne en Angleterre, il meurt un sur trente-deux, et à Londres, un sur trente, et je pense que les deux estimations sont un peu trop faibles; on verra, dans la suite, qu'en estimant 31 pour Londres, et 33 pour la campagne en Angleterre, on approche plus de la vérité.

L'ouvrage du chevalier Petty est déjà ancien, et les Anglais l'ont assez estimé pour qu'il y en ait eu quatre éditions, dont la dernière est de 1755. Ses premières tables de mortalité commencent à 1665 et finissent à 1682; mais en ne prenant que depuis l'année 1667 jusqu'à 1682, parce qu'il y eut une espèce de peste à Londres qui augmenta du triple le nombre des morts, on trouve pour seize années 196,196 naissances et 308,325 morts; ce qui prouve invinciblement que dès ce temps Londres, bien loin de suffire à sa population avait besoin de se recruter tous les ans de plus de la moitié du nombre de ses naissances.

Prenant sur ces seize ans la mortalité moyenne annuelle, on trouve 19,270 $\frac{15}{16}$, qui, multipliés par 31, donnent 597,399 pour le nombre des habitants de Londres, dans ce temps. L'auteur dit 669,930 en 1682, parce qu'il n'a pris que les deux dernières années de la table; savoir, 23,971 morts en 1681, et 20,691 en 1682, dont le nombre moyen est 22,331, qu'il ne multiplie que par 30 (1 *sur* 30 dit-il, *mourant annuellement; suivant les observations sur les billets de mortalité à Londres imprimés en* 1676) et cela pouvait être vrai dans ce temps: car dans une ville où il ne naît que deux tiers et ou il meurt trois tiers, il est certain que le dernier tiers qui vient du dehors n'arrive qu'adulte ou du moins à un certain âge, et doit par conséquent mourir plus tôt que si ce même nombre était né dans la ville. En sorte qu'on doit estimer à trente-cinq vivants contre un mort la population dans tous les lieux dont la fécondité suffit à l'entretien de leur population et qu'on doit au contraire estimer au-dessous, c'est-à-dire à 33, 32, 31, etc., vivants pour un mort, la population des villes qui ont besoin de recrues étrangères pour s'entretenir au même degré de population.

Le même auteur observe que, dans la campagne en Angleterre, il meurt un sur trente-deux, et qu'il naît cinq pour quatre qui meurent; ce dernier fait s'accorde assez avec ce qui arrive en France; mais si le premier fait est vrai, il s'ensuit que la salubrité de l'air en France est plus grande qu'en Angleterre, dans le rapport de 35 à 32; car il est certain que dans la campagne, en France, il n'en meurt qu'un sur trente-cinq.

Par d'autres tables de mortalité, tirées des registres de la ville de Dublin pour les années 1668, 1672, 1674, 1678, 1679 et 1680, on voit que le nombre des naissances dans cette ville, pendant ces six années, a été de 6,157, ce qui fait 1,026, année moyenne. On voit de même que, pendant ces six années, le nombre des morts a été de 9,865, c'est-à-dire de 1,644, année moyenne; d'où il résulte: 1° que Dublin a besoin, comme Londres, de secours étrangers pour maintenir sa population dans la proportion de 16 à 10; en sorte qu'il est nécessaire qu'il arrive à Dublin tous les ans trois huitièmes d'étrangers.

2° La population de cette ville doit s'estimer comme celle de Londres en multipliant par 31 le nombre annuel des morts, ce qui donne 50,964 personnes pour Dublin, et 597,399 pour Londres; et, si l'on s'en rapporte aux observations de l'auteur, qui dit qu'il ne faut compter que trente vivants pour un mort, on ne trouvera pour Londres que 578,130 personnes, et pour Dublin, 49,320, ce qui me paraît s'éloigner un peu de la vérité, mais Londres a pris depuis ce temps beaucoup d'accroissement, comme nous le dirons dans la suite.

Par une autre table des naissances et des morts pour les mêmes six années à Londres, et dans lesquelles on a distingué les mâles et les femelles, il est né 6,332 garçons et 5,940 filles, année moyenne, c'est-à-dire un peu plus d'un quinzième de garçons que de filles; et par les mêmes tables, il est mort 10,424 hommes et 9,505 femmes, c'est-à-dire environ un dixième d'hommes plus que de femmes. Et si l'on prend le total des naissances, qui est de 12,272, et le total des morts, qui est de 19,929, on voit que dès ce temps la ville de Londres tirait de l'étranger plus de moitié de ce qu'elle produit elle-même pour l'entretien de sa population.

Par d'autres tables, pour les années 1683, 1684 et 1685, le nombre des morts à Londres s'est trouvé de 22,337, année moyenne, et l'auteur dit qu'à Paris le nombre des morts, dans les trois mêmes années, a été de 19,887, année moyenne; d'où il conclut, en multipliant par 30, que le nombre des habitants de Londres était dans ce temps de 700,110, et celui des habitants de Paris de 596,610; mais, comme nous l'avons dit, on doit multiplier à Paris le nombre des morts par 35, ce qui donne 696,045; et il serait singulier qu'au lieu d'être augmenté, Paris eût diminué d'habitants depuis ce temps; car, à prendre les trois dernières années de notre table de la mortalité de Paris, savoir, les années 1764, 1765 et 1766, on trouve que le nombre des morts, année moyenne, est de 19,205 $\frac{1}{3}$, ce qui, multiplié par 35, donne 672,167 pour la population actuelle de Paris, c'est-à-dire 23,878 de moins qu'en l'année 1685.

Prenant ensuite la table des naissances et des morts dans la ville de Londres, depuis l'année 1686 jusques et compris l'année 1758, où finissent les tables de M. Corbyn-Morris, on trouve que dans les dix premières années, c'est-à-dire depuis 1686 jusques et compris 1695, il est né 75,100 garçons et 71,454 filles, et qu'il est mort dans ces mêmes dix années 112,825 hommes et 106,798 femmes, ce qui fait, année moyenne, 7,510 garçons et 7,146 filles, en tout 14,686 naissances; et pour l'année moyenne des morts 11,282 hommes et 10,680 femmes, en tout 21,962. Comparant ensuite les naissances et les morts pendant ces dix premières années, avec les naissances et les morts pendant les dix dernières, c'est-à-dire depuis 1749 jusques et compris 1758, on trouve qu'il est né 75,594 garçons et 71,910 filles; et qu'il est mort, dans ces mêmes dix dernières années, 106,519 hommes et 107 mille 892 femmes, ce qui fait, année moyenne, 7,559 garçons et 7,191 filles, en tout 14,750 naissances; et pour l'année moyenne des morts 10,652 hommes et 10,789 femmes, en tout, 21,441 morts : en sorte que le nombre des naissances à cette dernière époque, n'excède celui des naissances à la première époque que de 64 sur 14,686, et le nombre des morts est moindre de 521; d'où il suit qu'en soixante-treize années la population de Londres n'a point augmenté, et qu'elle était encore en 1758 ce qu'elle était en 1686, c'est-à-dire trente et une fois 21,701 $\frac{1}{2}$ ou 672,746, et cela tout au plus; car, si l'on ne multipliait le nombre des morts que par 30, on ne trouverait que 651,045 pour la population réelle de cette ville; ce nombre de 30 vivants pour un mort, dans la ville de Londres, a été adopté par tous les auteurs anglais qui ont écrit sur cette matière : Graunt, Petty, Corbyn-Morris, Smart et quelques autres, semblent être d'accord sur ce point; néanmoins, je crois qu'ils ont pu se tromper, attendu qu'il y a plus de différence entre 30 et 35 qu'on n'en doit présumer dans la salubrité de l'air de Paris relativement à celui de Londres.

On voit aussi, par cette comparaison, que le nombre des enfants mâles surpasse celui des femelles à peu près en même proportion dans les deux époques; savoir, d'un dix-huitième dans la première époque, et d'un peu plus d'un dix-neuvième dans la seconde.

Et enfin, cette comparaison démontre que Londres a toujours eu besoin d'un grand supplément tiré du dehors pour maintenir sa population, puisque, dans ces deux époques éloignées de soixante-dix ans, le nombre des naissances à celui des morts n'est que de 7 à 10 ou de 7 à 11, tandis qu'à Paris les naissances égalent les morts à un soixante-quinzième près.

Mais, dans cette suite d'années depuis 1686 jusqu'à 1758, il y a eu une période de temps, même assez longue, pendant laquelle la population de Londres était bien plus considérable, savoir, depuis l'année 1714 jusqu'à l'année 1734; car, pendant cette période qui est de vingt et un ans, le nombre total des naissances a été de 377,569, c'est-à-dire 17,979 $\frac{10}{21}$, année moyenne, tandis que dans les vingt et une premières années depuis 1686 jusqu'à 1706, le nombre des naissances, année moyenne, n'a été que de 15,131 $\frac{1}{3}$, et dans les vingt et une dernières années, savoir, depuis 1738 jusqu'à 1758, ce même nombre de naissances, année moyenne, n'a aussi été que de 14,797 $\frac{13}{21}$; en sorte qu'il paraît que la population de Londres a considérablement augmenté depuis 1686 jusqu'à 1706, qu'elle était au plus haut point dans la période qui s'est écoulée depuis 1706 jusqu'à 1737, et qu'ensuite elle a toujours été en diminuant jusqu'en 1758; et cette diminution est fort considérable, puisque le nombre des naissances, qui était de 17,979 dans la période intermédiaire, n'est que de 14,797 dans la dernière période; ce qui fait plus d'un cinquième de moins. Or la meilleure manière de juger de l'accroissement et du décroissement de la population d'une ville, c'est par l'augmentation et la diminution du nombre des naissances, et d'ailleurs, les suppléments qu'elle est obligée de tirer de l'étranger sont d'autant plus considérables que le nombre des naissances y devient plus petit : on peut donc assurer que Londres est beaucoup moins peuplé qu'il ne l'était dans l'époque intermédiaire de 1714 à 1734, et que même il l'est moins qu'il ne l'était à la première époque de 1686 à 1706.

Cette vérité se confirme par l'inspection de la liste des morts dans ces trois époques.

Dans la première, de 1686 à 1706, le nombre des morts, année moyenne, a été 21,159 $\frac{2}{3}$. Dans la dernière époque, depuis 1738 jusqu'à 1758, ce nombre des morts, année moyenne, a été 23,845 $\frac{1}{3}$; et dans l'époque intermédiaire, depuis 1714 jusqu'en 1734, ce nombre des morts, année moyenne, se trouve être de 26,463 $\frac{13}{21}$; en sorte que la population de Londres devant être estimée par la multiplication du nombre annuel des morts par 31, on trouvera que ce nombre étant, dans la première période, de 1686 à 1706, de 21,159 $\frac{2}{3}$, le nombre des habitants de cette ville était alors de 655,949; que, dans la dernière période de 1738 à 1758, ce nombre était de 739,205, mais que dans la période intermédiaire de 1714 à 1734, ce nombre des habitants de Londres était 820,370, c'est-à-dire beaucoup plus d'un quart sur la première époque, et d'un peu moins d'un neuvième sur la dernière. La population de cette ville, prise depuis 1686, a donc d'abord augmenté de plus d'un quart jusqu'aux années 1724 et 1725, et, depuis ce temps, elle a diminué d'un neuvième jusqu'à 1758; mais c'est seulement en l'estimant par le nombre des morts, car si l'on veut l'évaluer par le nombre des naissances, cette diminution serait beaucoup plus grande, et je l'arbitrerais au moins à un septième. Nous laissons aux politiques anglais le soin de rechercher quelles peuvent être les causes de cette diminution de la population dans leur ville capitale.

Il résulte un autre fait de cette comparaison : c'est que le nombre des naissances étant moindre et le nombre des morts plus grand dans la dernière période que dans la première, les suppléments que cette ville a tirés du dehors ont toujours été en augmentant, et qu'elle n'a par conséquent jamais été en état, à beaucoup près, de suppléer à sa population par sa fécondité, puisqu'il y a dans la dernière période 23,845 morts sur 14,797 naissances, ce qui fait plus d'une moitié en sus dont elle est obligée de se suppléer par les secours du dehors.

Dans ce même ouvrage (*a*), l'auteur donne, d'après les observations de Graunt, le résultat d'une table des naissances, des morts et des mariages, d'un certain nombre de paroisses dans la province de Hampshire en Angleterre, pendant quatre-vingt-dix ans; et par cette table il paraît que chaque mariage a produit quatre enfants, ce qui est très différent du produit de chaque mariage en France à la campagne, qui est de cinq enfants au moins, et souvent de six comme on l'a vu par les tables des bailliages de Semur et de Saulieu que nous avons données ci-devant.

Une seconde observation tirée de cette table de mortalité à la campagne, en Angleterre, c'est qu'il naît seize mâles pour quinze femelles, tandis qu'à Londres il ne naît que qua-

(*a*) *Collection of the yearly Bills of mortality*. London, 1759.

torze mâles sur treize femelles; et dans nos campagnes il naît en Bourgogne un sixième environ de garçons plus que de filles, comme on l'a vu par les tables du bailliage de Semur et de Saulieu; mais aussi il ne naît à Paris que vingt-sept garçons pour vingt-six filles, tandis qu'à Londres il en naît quatorze pour treize.

On voit encore par cette même table, pour quatre-vingt-dix ans, que le nombre moyen des naissances est au nombre moyen des morts comme 5 sont à 4, et que cette différence, entre le nombre des naissances et des morts à Londres et à la campagne, vient principalement des suppléments que cette province fournit à Londres pour sa population. En France, dans les deux bailliages que nous avons cités, la perte est encore plus grande, car elle est entre un tiers et un quart, c'est-à-dire qu'il naît entre un tiers et un quart plus de monde dans ces districts qu'il n'en meurt; ce qui semble prouver que les Francais, du moins ceux de ce canton, sont moins sédentaires que les provinciaux d'Angleterre.

L'auteur observe encore que, suivant cette table, les années où il naît le plus de monde sont celles où il en périt le moins, et l'on peut être assuré de cette vérité en France comme en Angleterre, car dans l'année 1770, qu'il est né plus d'enfants que dans les quatre années suivantes, il est aussi mort moins de monde, tant dans le bailliage de Semur que dans celui de Saulieu.

Dans un appendix, l'auteur ajoute que, par plusieurs autres observations faites dans les provinces du Sud de l'Angleterre, il s'est toujours trouvé que chaque mariage produisait quatre enfants; que non seulement cette proportion est juste pour l'Angleterre, mais même pour Amsterdam, où il a pris les informations nécessaires pour s'en assurer.

On trouve ensuite une table recueillie par Graunt, des naissances, mariages et morts dans la ville de Paris pendant les années 1670, 1671 et 1672; et voici l'extrait de cette table.

ANNÉES.	NAISSANCES.	MARIAGES.	MORTS.
1670	16810	3930	21461
1671	18532	3986	17398
1672	18427	3562	17584
TOTAL ...	53769	11478	56443

D'où l'on doit conclure : 1° que, dans ce temps, c'est-à-dire il y a près de cent ans, chaque mariage produisait à Paris environ quatre enfants deux tiers, au lieu qu'à présent chaque mariage ne produit tout au plus que quatre enfants.

2° Que le nombre moyen des naissances des trois années 1670, 1671 et 1672 étant 17,923, et celui des dernières années de nos tables de Paris, savoir, 1764, 1765 et 1766, étant 19,205, la force de cette ville pour le maintien de sa population a augmenté depuis cent ans d'un quart, et même que sa fécondité est plus que suffisante pour sa population, puisque le nombre des naissances, dans ces trois dernières années, est de 57,616, et celui des morts de 54,927; tandis que, dans les trois années 1670, 1671 et 1672, le nombre total des naissances étant de 53,769, et celui des morts de 56,443, la fécondité de Paris ne suffisait pas en entier à sa population, laquelle, en multipliant par 35 le nombre moyen des morts, était dans ce temps de 658,501, et qu'elle n'est à présent que de 640,815, si l'on veut en juger par le nombre des morts dans ces trois dernières années; mais, comme le nombre des naissances surpasse celui des morts, la force de la population est augmentée, quoiqu'elle paraisse diminuée par le nombre des morts. On serait porté à croire que le nombre des morts devrait toujours excéder de beaucoup, dans une ville telle que Paris, le nombre des naissances, parce qu'il y arrive continuellement un très grand nombre de gens adultes, soit des provinces, soit de l'étranger, et que dans ce nombre il y a fort peu de gens mariés en comparaison de ceux qui ne le sont pas; et cette affluence, qui n'augmente pas le nombre des naissances, doit augmenter le nombre des morts. Les domestiques, qui sont en si grand nombre dans cette ville, sont pour la plus grande partie filles et garçons; cela ne devrait pas augmenter le nombre des naissances, mais bien celui des morts: cependant l'on peut croire que c'est à ce grand nombre de gens non mariés qu'appartiennent les enfants trouvés, au moins par moitié; et, comme actuellement le nombre des enfants trouvés fait à peu près le tiers du total des naissances, ces gens non mariés ne laissent donc pas d'y contribuer du moins pour un sixième, et d'ailleurs la vie d'un garçon ou d'une fille qui arrivent adultes à Paris est plus assurée que celle d'un enfant qui naît.

PRÉFACE

A LA TRADUCTION DU LIVRE DE NEWTON

INTITULÉ

LA MÉTHODE DES FLUXIONS

ET DES SUITES INFINIES

L'ouvrage dont on donne ici la traduction a été commencé en 1664, et achevé en 1671 (*a*). Newton, encore peu connu dans ce temps, voulait le faire imprimer à la suite d'une introduction à l'algèbre d'un certain Kinckhuysen, qu'il avait corrigée et augmentée : on ne voit pas pourquoi ce livre ne fut pas imprimé; on voit seulement que dans la même année Newton changea d'avis, et prit le dessein de le publier avec son *Optique*, dont il avait déjà composé la plus grande partie; mais les objections et les chicanes qu'on lui fit sur ses principes et sur ses expériences d'optique le chagrinèrent et l'empêchèrent de donner au public ces deux ouvrages. Voici ce qu'il en dit lui-même : *Et subortæ statim (per diversorum Epistolas objectionibus refertas) crebræ interpellationes me prorsus à consilio deterruerunt et effecerunt ut me arguerem imprudentiæ quod umbram captando, eatenus perdideram quietem meam, rem prorsus substantialem.* Il semble même qu'il ait entièrement oublié son ouvrage jusqu'en 1704, qu'il en a tiré son *Traité des quadratures*. Plusieurs années après, M. Pemberton (*b*) obtint son consentement pour faire imprimer l'ouvrage entier : on ne sait encore pourquoi cela a manqué; enfin l'auteur est mort avant que le livre ait paru, et encore il n'a paru que traduit. Newton l'a composé en latin; M. Colson, entre les mains de qui le manuscrit a été remis, n'a pas voulu le donner en original, il l'a traduit, et en 1736 il l'a fait imprimer en anglais, afin, dit-il, que les Anglais ses compatriotes pussent jouir des travaux du grand Newton avant les autres nations. Il ajoute une raison qui me paraît meilleure et plus naturelle : c'est qu'il avait envie de joindre un commentaire et des notes de sa main. Ces notes sont en anglais, et apparemment il a voulu éviter la peine de les mettre en latin.

Quoi qu'il en soit, c'est sur cette version anglaise que j'ai fait ma traduction : elle n'en sera pas plus mauvaise pour cela, car j'ai suivi en tout l'esprit de l'auteur encore plus que le sens littéral. Dans des matières de cette espèce, il suffit d'entendre les choses pour les bien rendre; d'ailleurs la géométrie, et surtout la géométrie de Newton, n'a qu'un style. Je n'ai pas traduit le commentaire de M. Colson; cependant j'en fais cas, et j'avoue qu'il contient plusieurs bonnes choses, mais il faut avouer aussi que ces bonnes choses se trouvent noyées dans une diffusion de calcul qui rebute; que d'ailleurs ce long commentaire n'est qu'un commencement de commentaire, et que l'auteur nous promet une suite bien complète au cas que ce commencement soit bien reçu. Ajoutez à tout cela que ces longues gloses sont suivies de deux grands chapitres qui n'ont aucun rap-

(*a*) Voyez le *Com. Epistolicum*, p. 101, 102, etc. *Newtoni Princip.* 3ᵉ. ed. pag. 246.
(*b*) Voyez A Wiew of sir Isaac Newton's Philosophy.

port avec l'ouvrage ou le commentaire : en voilà plus qu'il n'en faut pour justifier ma répugnance à le traduire.

On n'aura donc ici que Newton tout seul, mais Newton plus clair, plus traitable et plus à la portée du commun des géomètres qu'il ne l'est dans aucun autre de ses ouvrages. En 1671, dans le temps que ce livre a été composé, il aurait eu besoin de commentaire; mais la géométrie a fait de grands progrès depuis soixante-dix ans, et je ne crois pas que les géomètres soient arrêtés à la lecture de cet ouvrage, qui a toute la clarté et toute l'étendue nécessaires pour être facilement entendu, dont les principaux articles ont déjà été commentés (a), et qui d'ailleurs ne contient guère de choses entièrement nouvelles et dont on ne sache au moins les résultats, tant par les morceaux que Newton lui-même nous a donnés en 1704, 1711, etc., que par les différentes pièces et les traités que les autres géomètres ont publiés sur ces matières.

On sera bien aise de voir, en un seul petit volume, le calcul différentiel et le calcul intégral avec toutes leurs applications. On reconnaîtra, à la manière dont les sujets sont traités, la main du grand maître et le génie de l'inventeur, et on demeurera convaincu que Newton seul est l'auteur de ces merveilleux calculs, comme il l'est aussi de bien d'autres productions tout aussi merveilleuses.

Tout le monde sait que Leibniz a voulu partager la gloire de l'invention, et bien des gens lui donnent encore au moins le titre de second inventeur. Il a publié en 1684 les règles du calcul différentiel, et il a été comblé d'éloges par de très grands géomètres qui, non contents de lui avoir rendu ces brillants hommages, travaillaient encore pour lui et ajoutaient à sa réputation en lui attribuant leurs propres découvertes. D'un autre côté, Newton se soutenait par la masse de ses ouvrages, et semblait se reposer sur la supériorité qu'il se sentait : il se passa plusieurs années sans aucune plainte de sa part, sans qu'il revendiquât cette découverte; mais enfin il y eut procès, procès où les nations entières se sont intéressées, procès qui n'est pas encore terminé, ou du moins qui a été suivi jusqu'à ce jour de chicanes, et qui peut-être est la source de la plupart des querelles qu'on a faites au calcul infinitésimal. On ne sera pas fâché de voir ici une relation abrégée de cette époque littéraire, et par occasion les principaux faits de l'histoire de la géométrie et du calcul de l'infini.

Dès les premiers pas qu'on fait en géométrie, on trouve l'infini, et dès les temps les plus reculés les géomètres l'ont entrevu : la quadrature de la parabole et le traité *de Numero Arenæ* d'Archimède prouvent que ce grand homme avait des idées de l'infini, et même des idées telles qu'on les doit avoir; on a étendu ces idées, on les a maniées de différentes façons, enfin on a trouvé l'art d'y appliquer le calcul; mais le fond de la métaphysique de l'infini n'a point changé, et ce n'est que dans ces derniers temps que quelques géomètres nous ont donné sur l'infini des vues différentes de celles des anciens, et si éloignées de la nature des choses, qu'on les a méconnues jusque dans les ouvrages de ces grands hommes; et de là sont venues toutes les oppositions, toutes les contradictions qu'on a fait et qu'on fait encore souffrir au calcul infinitésimal; de là sont venues les disputes entre les géomètres sur la façon de prendre ce calcul, et sur les principes dont il dérive, on a été étonné des prodiges que ce calcul opérait, cet étonnement a été suivi de confusion; on a cru que l'infini produisait toutes ces merveilles; on s'est imaginé que la connaissance de cet infini avait été refusée à tous les siècles et réservée pour le nôtre; enfin on a bâti sur cela des systèmes qui n'ont servi qu'à embrouiller les faits et obscurcir les idées. Avant que d'aller plus loin, disons donc deux mots de la nature de cet infini, qui en éclairant les hommes semble les avoir éblouis.

Nous avons des idées nettes de la grandeur; nous voyons que les choses en général

(a) Voyez les ouvrages de MM. Stirling, Maclaurin.

peuvent être augmentées ou diminuées, et l'idée d'une chose devenue plus grande ou plus petite est une idée qui nous est aussi présente et aussi familière que celle de la chose même; une chose quelconque nous étant donc présentée ou étant seulement imaginée, nous voyons qu'il est possible de l'augmenter ou de la diminuer; rien n'arrête, rien ne détruit cette possibilité. on peut toujours concevoir la moitié de la plus petite chose imaginable, et le double de la plus grande chose; on peut même concevoir qu'elle peut devenir cent fois, mille fois, cent mille fois plus petite ou plus grande; et c'est cette possibilité d'augmentation ou de diminution sans bornes en quoi consiste la véritable idée qu'on doit avoir de l'infini : cette idée nous vient de l'idée du fini; une chose finie est une chose qui a des termes, des bornes; une chose infinie n'est que cette même chose finie à laquelle nous ôtons ces termes et ces bornes; ainsi l'idée de l'infini n'est qu'une idée de privation, et n'a point d'objet réel. Ce n'est pas ici le lieu de faire voir que l'espace, le temps, la durée, ne sont pas des infinis réels; il nous suffira de prouver qu'il n'y a point de nombre actuellement infini ou infiniment petit. ou plus grand ou plus petit qu'un infini, etc.

Le nombre n'est qu'un assemblage d'unités de même espèce; l'unité n'est point un nombre, l'unité désigne une seule chose en général; mais le premier nombre 2 marque non seulement deux choses, mais encore deux choses semblables, deux choses de même espèce : il en est de même de tous les autres nombres; mais ces nombres ne sont que des représentations et n'existent jamais indépendamment des choses qu'ils représentent: les caractères qui les désignent ne leur donnent point de réalité, il leur faut un sujet, ou plutôt un assemblage de sujets à représenter pour que leur existence soit possible; j'entends leur existence intelligible, car ils n'en peuvent avoir de réelle; or, un assemblage d'unités ou de sujets ne peut jamais être que fini, c'est-à-dire on pourra toujours assigner les parties dont il est composé, par conséquent le nombre ne peut être infini, quelque augmentation qu'on lui donne.

Mais, dira-t-on, le dernier terme de la suite naturelle 1, 2, 3, 4, etc., n'est-il pas infini? n'y a-t-il pas des derniers termes d'autres suites encore plus infinis que le dernier terme de la suite naturelle? Il parait que les nombres doivent à la fin devenir infinis, puisqu'ils sont toujours susceptibles d'augmentation; à cela je réponds que cette augmentation, dont ils sont susceptibles, prouve évidemment qu'ils ne peuvent être infinis; je dis de plus que dans ces suites il n'y a point de derniers termes, que même leur supposer un dernier terme, c'est détruire l'essence de la suite qui consiste dans la succession des termes qui peuvent être suivis d'autres termes, et ces autres termes encore d'autres, mais qui tous sont de même nature que les précédents, c'est-à-dire tous finis, tous composés d'unités : ainsi lorsqu'on suppose qu'une suite a un dernier terme, et que ce dernier terme est un nombre infini, on va contre la définition du nombre et contre la loi générale des suites.

La plupart de nos erreurs en métaphysique viennent de la réalité que nous donnons aux idées de privation; nous connaissons le fini, nous y voyons des propriétés réelles, nous l'en dépouillons, et en le considérant après ce dépouillement, nous ne le reconnaissons plus, et nous croyons avoir créé un être nouveau, tandis que nous n'avons fait que détruire quelque partie de celui qui nous était anciennement connu.

On ne doit donc considérer l'infini, soit en petit, soit en grand, que comme une privation, un retranchement à l'idée du fini, dont on peut se servir comme d'une supposition qui dans quelques cas peut aider à simplifier les idées, et doit généraliser leurs résultats dans la pratique des sciences : ainsi tout l'art se réduit à tirer parti de cette supposition, en tâchant de l'appliquer aux sujets que l'on considère. Tout le mérite est donc dans l'application, en un mot dans l'emploi qu'on en fait.

Avant que Descartes eût appliqué l'algèbre à la géométrie, les principes et la métaphysique de la géométrie étaient bien connus et bien certains; cependant cette application a beaucoup augmenté nos connaissances géométriques et s'est étendue sur toutes les opérations de cette science; de même l'infini était connu, et la métaphysique de l'infini était familière aux anciens; mais l'application qu'on a faite de nos jours du calcul à cet infini nous a mis au-dessus d'eux et nous a valu toutes les nouvelles découvertes.

Archimède, Apollonius, Viviani, Grégoire de Saint-Vincent, ont connu l'infini; leurs méthodes d'approximation et d'exhaustion en sont tirées, et ils s'en sont servis pour carrer et rectifier quelques courbes; mais ces connaissances de l'infini, dénuées de calcul, n'ont produit que des méthodes particulières souvent embarrassées et toujours confinées à quelques cas assez simples; la généralité était réservée au calcul, il embrasse tout, il donne tout : aussi la géométrie qui a précédé le calcul est-elle devenue moins nécessaire, et peut-être aussi a-t-elle été un peu trop négligée.

Les anciens géomètres ont considéré les courbes comme des polygones composés de côtés infiniment petits; ils ont inscrit et circonscrit autour des courbes des figures composées de parties finies et connues dont ils ont augmenté le nombre et diminué la grandeur à l'infini; et par là ils sont venus à bout de mesurer quelques courbes; Cavalieri et, vingt ans après, Fermat et Wallis ont été les premiers qui aient appliqué quelques idées de calcul à cette géométrie de l'infini; leurs méthodes de sommer sont des germes de calcul, et les premiers germes de cette espèce qui se soient développés.

Cavalieri cependant n'avait pas pris la vraie route; il avait des idées (*a*) qui, réduites en calcul réel, auraient fructifié, mais il n'en put tirer que des choses déjà connues : il considère la ligne comme une partie indivisible de la surface, la surface comme une partie indivisible du solide, et il cherche la mesure des surfaces et des solides par des sommes infinies de lignes et de surfaces; les résultats de sa méthode sont bons, sa méthode est même générale, et cependant avec cet avantage il ne va pas au delà des anciens : il ne donne rien de nouveau, et lui-même paraît borner le mérite de son ouvrage à l'accord parfait des conséquences de sa méthode avec les vérités de la géométrie ancienne.

Fermat s'éleva bien au-dessus de Cavalieri; il trouva moyen de calculer l'infini, et donna une méthode excellente pour la résolution *des plus grands et des moindres :* cette méthode est la même, à la notation près, que celle dont on se sert encore aujourd'hui; enfin cette méthode était le calcul différentiel, si son auteur l'eût généralisée.

Mais Wallis prit un autre chemin; il appliqua réellement l'arithmétique aux idées de l'infini; il réduisit en suites infinies les fractions composées; il se servit même assez heureusement de ses suites arithmétiques pour la quadrature et la rectification des courbes; cependant il marchait en tâtonnant; et, faute d'un calcul assez puissant et assez général, il employait les combinaisons, les affections particulières et individuelles des nombres, etc. Brownker et Mercator profitèrent des vues de Wallis; ils étendirent sa méthode, et on peut dire qu'ils furent les premiers qui osèrent s'avancer dans cette route et frayer la bonne voie : Brownker carra l'hyperbole par une suite infinie toute composée de termes finis et connus, et Mercator en donna la démonstration par la division infinie à la manière de Wallis; Jacques Grégory donna, presque aussitôt que Mercator, une démonstration de cette même quadrature de l'hyperbole, et c'est probablement là l'époque de la naissance des nouveaux calculs; il est même étonnant que ces géomètres ne se soient pas élevés jusqu'à la méthode générale des suites après avoir trouvé la suite particulière de l'hyperbole; il paraît qu'un moment de réflexion aurait au moins dû leur donner par une même méthode la quadrature de l'ellipse et du cercle; cependant ils ne l'ont pas trouvée, et même on ne voit pas qu'ils aient fait d'autre usage de cette théorie des suites infinies que celui de carrer l'hyperbole; mais il est vrai que Newton ne leur en donna pas le temps : au mois de juin 1669, toutes ces méthodes furent envoyées à Barrow comme des nouveautés brillantes; il les communiqua à Newton, pour qui elles

(*a*) *Heom. Indivisibil.*; Bonom., 1635.

n'eurent pas le même mérite; car il remit entre les mains de Barrow des papiers qui contenaient : 1° la méthode générale des suites qu'il avait trouvée quelques années auparavant, méthode par laquelle il fait sur toutes les courbes ce que les autres n'avaient fait que sur l'hyperbole; 2° la résolution numérique et littérale des équations affectées; 3° la méthode des fluxions; 4° la méthode inverse des tangentes, la quadrature, la rectification des courbes, et un mot sur la mesure des solides, sur l'invention des centres de gravité, etc., savoir *que comme ces mesures se réduisent à celles des surfaces, il n'est pas nécessaire qu'il avertisse que sa méthode donne tout cela.* Ainsi, dès 1669, Newton avait trouvé les suites infinies, le calcul différentiel et le calcul intégral : tout cela fut envoyé par Barrow à Collins qui en tira copie et le communiqua à Brownker et à Oldembourg; celui-ci l'envoya à Slusius; de plus Collins l'avait encore envoyé par lettres à Jacques Grégory, à Bertet, à Borelli, à Vernon, à Strode et à plusieurs autres géomètres; ces lettres sont imprimées dans le *Commercium epistolicum*, et c'est dans ces lettres qu'on voit que Newton avait trouvé toutes ces choses, même avant que Brownker eût carré l'hyperbole, c'est-à-dire dès l'année 1664 ou 1665; c'est dans ces lettres que l'on voit aussi que Newton voulait faire imprimer, dès l'année 1671, l'ouvrage dont nous donnons ici la traduction.

De plus en 1672, Newton, dans une lettre écrite à Collins, lui envoie un exemple de sa méthode des tangentes, comme un corollaire, dit-il, d'une méthode générale, qu'aucune complication de calcul n'arrête, et qui s'étend non seulement aux courbes géométriques, mais même aux courbes mécaniques, et qui, outre la solution complète de la question des tangentes, donne encore celle de plusieurs problèmes beaucoup plus difficiles, comme des courbures des courbes, de leurs aires, de leurs longueurs, de leurs centres de gravité : *J'ai*, dit-il, *joint cette méthode à une autre qui donne la résolution des équations par des suites infinies*, etc. On voit bien que ces deux méthodes sont la méthode directe et inverse des fluxions, et celle des suites infinies telles qu'elles sont dans ce Traité, fait en 1671. Tschirnhaus, au mois de mai 1675, Leibniz, au mois de juin 1676, et Slusius, dès le 29 janvier 1673, avaient reçu des copies de cette lettre : c'était même à l'occasion de la méthode des tangentes de Slusius que Newton l'avait écrite; il loue beaucoup l'invention de Slusius, qui en effet avait trouvé sa méthode avant que d'avoir vu celle de Newton, et il l'avait envoyée, le 17 janvier 1673, à Oldembourg. Wallis, Mercator, Brownker, Grégory, Barrow, Slusius étaient alors les seuls qui eussent pénétré les mystères des nouveaux calculs; Leibniz ne travaillait pas encore sur ces matières, car, dans une de ses lettres à Oldembourg du 3 février 1672, il donne une manière de sommer des suites de nombres comme une invention qu'il estimait, et cette invention était une méthode que Mouton avait autrefois donnée; et, sur la remarque que Pell lui en fit faire, il dit qu'il va montrer qu'il n'est pas assez dénué de méditations qui lui soient propres pour être obligé d'en emprunter; il répète plusieurs fois qu'il va donner quelque chose qui empêchera qu'on ne le prenne pour un copiste, et cette grande chose est une propriété des nombres figurés qu'il dit avoir trouvée le premier, et qu'il est étonné que Pascal n'ait pas observée; mais il se trompe, comme le remarque le *Com. epist.* Car Pascal, dans ce traité appelé le *Triangle arithmétique* imprimé à Paris en 1665, donne la prétendue découverte de Leibniz dès la deuxième page dans la définition antépénultième : outre cette lettre de Leibniz qui roule toute sur des bagatelles d'arithmétique, il y en a encore cinq autres dans le même goût, la première datée de Londres le 20 février, les autres de Paris, 30 mars, 26 avril, 24 mai et 8 juin 1673. Jusque-là Leibniz, dit le *Commercium epistolicum*, ne se mêlait que d'arithmétique, mais l'année suivante il se tourna du côté de la géométrie; et dans une lettre qu'il écrivit à Oldembourg le 15 juillet 1674, il dit qu'il a des choses d'une grande importance, et surtout un théorème admirable par lequel l'aire d'un cercle ou d'un secteur peut être exprimée exactement par une suite de nombres rationnels; il ajoute qu'il a des méthodes analytiques générales et fort étendues, qu'il estime plus que les plus beaux théorèmes particuliers; dans une seconde lettre à Oldembourg datée du 26 octobre même année, Leibniz dit : *Vous savez que mylord Brownker et M. Mercator ont donné une suite infinie de nombres rationnels égale à l'espace hyperbolique; mais personne n'a pu encore le faire dans le cercle :* le *Com. epist.* remarque que quatre ans auparavant Collins avait communiqué à tout le monde les suites infinies de Newton, et un an après, celle de Grégory, et que Leibniz ne donna les siennes qu'après avoir vu celles-là; tout cela est prouvé plus au long dans le *Commercium epistolicum*, où l'on voit clairement par les lettres de Leibniz et les réponses à ces lettres, qu'il a eu connaissance de la théorie générale des suites avant que d'avoir donné sa suite pour le cercle, et que Newton lui-même la lui avait envoyée par la voie d'Oldembourg. Il paraît même que Leibniz, qui dans ce temps se disait auteur de ce théorème, n'en avait pas la démonstration, puisqu'il la demande à Oldembourg par une lettre du 12 mai 1676. Il paraît encore, par une lettre de Newton datée du 13 juin 1676, que dans ce temps il a communiqué directement à Leibniz son binome avec plusieurs exemples d'extractions de racines, plusieurs suites infinies pour le cercle, l'ellipse, l'hyperbole, la quadratrice, etc. Et par une autre lettre de Newton du 24 octobre 1676, il paraît qu'il a communiqué à Leibniz : 1° tout le procédé des suites, et la façon dont il est arrivé à cette découverte; 2° une manière de faire des logarithmes par les aires hyperboliques; 3° la quadrature des courbes en entier, avec plusieurs exemples; 4° son parallélogramme, autrement l'artifice dont il se sert pour la résolution des équations affectées; 5° le retour des suites. Jusque-là Leibniz avait toujours reçu et n'avait rendu que les mêmes suites qu'on lui avait envoyées; il paraît même qu'il ignorait jusqu'alors le calcul infinitésimal parce qu'il dit, dans une lettre du 27 août 1676, que les problèmes de la méthode inverse des tangentes ne dépendent ni des équations, ni des quadratures. Enfin en 1677, dans une lettre à Oldembourg, il donne une méthode pour les tangentes par le calcul différentiel : cette méthode est la même que celle de Barrow publiée en 1670, et le calcul est le même, à la notation près, que celui de Newton communiqué par Collins en 1669. Oldembourg mourut à la fin de l'année 1677, et sa mort termina ce commerce de lettres. Collins mourut en 1682, et la même année Leibniz publia dans les Actes de Leipsick la quadrature du cercle et de l'hyperbole; et, en 1684, les éléments du calcul différentiel; et enfin Newton, en 1686, publia son livre des Principes.

Voilà en raccourci l'histoire de ce calcul : c'est au lecteur à juger de la part à cette découverte qu'on doit accorder à Leibniz.

Cependant Newton, loin de se plaindre, semblait convenir que Leibniz avait trouvé une méthode de calcul semblable à la sienne : bien des années s'écoulèrent sans qu'il se souciât de détromper le public; tout le monde savant, à l'exception de l'Angleterre, regardait Leibniz comme l'inventeur; à peine le livre des *Principes de Newton* était-il connu, toutes les vues, tous les travaux des géomètres se tournèrent du côté du calcul différentiel, tous les éloges furent pour l'auteur prétendu de ce calcul; enfin Leibniz était en possession, et en possession non contestée, de tout ce que la géométrie avait produit de plus brillant depuis vingt siècles; mais cet éclat de gloire n'a pas duré : des partisans trop zélés et des disciples éblouis, en voulant élever leur maître, ont été cause de l'abaissement de sa réputation. En 1695, les ouvrages de Wallis parurent en deux gros volumes; les journalistes de Leipsick se plaignirent assez mal à propos de ce que ce géomètre n'avait pas parlé de Leibniz et de sa grande découverte autant qu'il aurait dû le faire : sur cela Willis écrivit à Leibniz qu'il était bien fâché de n'avoir pu parler de lui, mais qu'il n'avait aucune connaissance de ses découvertes, sinon de sa suite du cercle et de sa *voûte carrable;* qu'il n'avait jamais vu sa géométrie des Incomparables, ou son analyse des infinis, ni son calcul différentiel; que seulement il avait ouï dire que ce calcul était tout à fait semblable à la méthode des fluxions; Leibniz lui répondit que son calcul était différent de celui de Newton, Wallis lui récrivit pour le prier de lui marquer la différence, mais Leibniz ne répondit rien.

En 1699, M. Fatio de Duilliers publia une dissertation sur la ligne de la plus courte descente, etc., et en parlant du calcul infinitésimal, il dit que Newton en est le premier et de plusieurs années le premier inventeur, que l'évidence de la chose l'oblige d'avouer ce fait, et qu'il laisse à ceux qui ont vu les lettres et les manuscrits de Newton à juger ce que Leibniz, le second inventeur de ce calcul, a emprunté de Newton : à cela Leibniz répondit, dans les *Actes de Leipsick*, qu'il n'avait aucune connaissance des découvertes de Newton, lorsqu'il publia son calcul différentiel en 1684. Cependant on a vu ci-dessus, par l'extrait des lettres de Collins et de Newton, qu'il avait eu copie de la méthode des suites, de celle des fluxions, et de tout ce que Newton avait fait en ce genre : aussi les journalistes de Leipsick refusèrent d'imprimer la réponse de M. Fatio, qui sans doute contenait la preuve de tous ces faits; mais ces mêmes journalistes, lorsque parurent les traités de Newton sur le nombre des courbes du second genre et sur les quadratures, ces journalistes, dis-je, firent des extraits où ils rabaissèrent autant qu'ils purent la gloire de Newton; ils dirent, à l'égard des courbes du second genre, que Tschirnahaus avait été plus loin que Newton, et à l'égard des quadratures ils publièrent que Leibniz était l'inventeur du calcul différentiel, calcul nécessaire pour trouver les quadratures; qu'au lieu des différences de Leibniz, Newton employait et avait toujours employé les fluxions, comme Fabri avait autrefois substitué à la méthode de Cavalieri la progression des mouvements, etc. Keill, piqué de cette injuste comparaison et du peu de respect de ces journalistes pour Newton, imprima en 1708, dans les *Transactions philosophiques*, une lettre où il dit qu'il est clair que Newton est le premier inventeur de la méthode des fluxions, et cependant que Leibniz, après avoir changé le nom et la notation de cette méthode des fluxions de Newton, l'a publiée comme la sienne dans les *Actes de Leipsick*. En 1711, Leibniz se plaignit et cria à la calomnie contre Kiell; il écrivit à M. Hans Sloane alors secrétaire, et maintenant président de la Société royale, pour demander justice à cette compagnie, exigeant en même temps un désaveu de Kiell, et une reconnaissance qu'il n'avait emprunté de personne son calcul différentiel : Kiell se défendit par les preuves et par les lettres dont nous venons de donner les extraits, et soutint que Leibniz n'était que le second inventeur, et que même il était très vraisemblable, pour ne pas dire avéré, qu'il avait pris de Newton les principes et le fond de son calcul différentiel, et qu'il ne lui en appartenait en propre que la notation et le nom. Sur cela, Leibniz répondit que Keill était un homme trop nouveau pour savoir ce qui s'était passé auparavant, et continua de demander justice à la Société royale; on nomma plusieurs commissaires de toutes les nations, on fouilla les archives, les lettres, les papiers manuscrits; et les commissaires firent leur rapport contre Leibniz en faveur de Keill, ou plutôt de Newton; la Société royale fit imprimer ce rapport avec l'extrait de toutes les pièces du procès, sous le titre de *Commercium epistolicum*, et ne voulant pas juger, s'est contentée de laisser juger le public; c'est des pièces mêmes du procès dont nous avons tiré la plus grande partie des faits que nous avons cités : Leibniz se plaignit verbalement à ses amis, cria beaucoup par lettres, mais il n'écrivit rien contre ce qui venait de se passer, rien du moins qu'on puisse citer; il ne parut qu'une feuille volante, sans nom d'auteur, datée du 7 juillet 1713, sous le titre de *Jugement d'un Mathématicien du premier ordre*, etc. Dans ce jugement, on convient que Newton a le premier trouvé les suites; mais on dit que dans ce temps où il a trouvé les suites, il n'avait pas encore même songé à son calcul des fluxions, parce que, dans toutes ses lettres citées dans le *Com. epist.* non plus que dans son livre des *Principes*, on ne voit pas le moindre vestige des lettres ponctuées $\dot{x}$, $\ddot{x}$, $\dddot{x}$, etc., dont il s'est servi ensuite, et qui ont paru pour la première fois dans le livre de Wallis, c'est-à-dire plusieurs années après le calcul différentiel de Leibniz; et que par conséquent le calcul des fluxions était postérieur au calcul différentiel. Ce jugement porte aussi que Newton n'avait connu la méthode des secondes différences que longtemps après les autres. Tout cela n'avait pas besoin de réfutation et tombait de soi-même; cependant on répondit que la notation ne faisait point la méthode, que Newton, pour marquer les fluxions, se servait tantôt de lettres ponctuées $\dot{x}$, $\dot{y}$, $\dot{z}$, etc., tantôt de lettres majuscules X, Y, Z, etc., tantôt d'autres lettres p, q, r, etc., tantôt de lignes; que Leibniz, au contraire, n'avait jamais désigné les fluxions, et qu'il n'avait point de caractère pour cela, car les dx, dy, dz, etc., ne marquent que les différences, c'est-à-dire les moments que Newton marque par $o\dot{x}$, $o\dot{y}$, $o\dot{z}$, etc., c'est-à-dire par le rectangle formé du moment o, et de la fluxion; que la méthode des secondes, troisièmes et quatrièmes différences, est donnée en général dans la première proposition du traité des quadratures communiqué à Leibniz dès l'année 1675, que Wallis avait appliqué cette règle à des exemples de secondes différences en 1693, trois ans avant que Leibniz eût publié la manière de différentier les différentielles, et qu'il était évident que Newton l'avait trouvée dès 1666, dans le même temps qu'il a trouvé le calcul des suites et des fluxions, etc.

Nous n'avons pris que les points principaux de cette petite histoire de la découverte du calcul infinitésimal, nous n'avons donné que le gros de la querelle entre Leibniz et Newton; car il y eut des hostilités particulières, des défis, des problèmes proposés de la part de Leibniz et de ses adhérents. Newton, sans s'émouvoir, résolut les problèmes et ne chercha point à se venger; la seule chose qu'on pourrait lui reprocher, c'est d'avoir laissé retrancher de la dernière édition de son livre des *Principes*, faite à Londres en 1726, l'article qui concernait Leibniz; et il faut convenir que l'on a fort mal fait, même pour la gloire de l'auteur, qui dans cet article donne des louanges à Leibniz, mais en même temps s'attribue la première invention de ce calcul. *J'ai autrefois*, dit-il, *communiqué par lettres, au très habile géomètre M. Leibniz, ma méthode; il m'a répondu qu'il avait une méthode semblable, et qui ne diffère presque point du tout de la mienne*, etc. Pourquoi supprimer cet article, puisqu'on l'avait laissé subsister dans la seconde édition en 1713, c'est-à-dire dans le temps de la chaleur de la contestation? D'ailleurs, qu'en pouvait-on craindre après l'impression du *Com. epist.*? Nous observerons, en passant, que ce n'est pas la seule chose qu'on ait changée mal à propos dans cette édition de 1726, à laquelle Newton n'a survécu que quelques mois, et peut-être l'éditeur a eu plus de part que lui à ces changements.

Tandis que Leibniz cherchait querelle à l'inventeur du calcul, d'autres géomètres cherchaient querelle au calcul même : Rolle, Ceva et quelques autres prétendirent qu'il était erroné, et ne voulurent pas le recevoir; d'autres, comme Neuwentyt, ne voulurent admettre que les premières différences, et rejetèrent les secondes, troisièmes, etc. Tout cela venait du peu de lumière que Leibniz avait répandu sur cette matière; il chancela lui-même à la vue des difficultés qu'on lui fit, et il réduisit ses infinis à des incomparables, ce qui ruinait l'exactitude de la méthode. MM. Bernoulli, de l'Hopital, Taylor et plusieurs autres géomètres éclaircirent ces difficultés, défendirent le calcul, et le firent triompher à force de le présenter.

On était tranquille depuis plusieurs années, lorsque dans le sein même de l'Angleterre, il s'est élevé un Docteur ennemi de la science qui a déclaré la guerre aux mathématiciens : ce Docteur monte en chaire pour apprendre aux fidèles que la géométrie est contraire à la religion; il leur dit d'être en garde contre les géomètres; ce sont, selon lui, des gens aveugles et indociles qui ne savent ni raisonner ni croire; des visionnaires qui se refusent aux choses simples et qui donnent tête baissée dans les merveilles. Selon lui, le calcul de l'infini est un mystère plus grand que tous les mystères de la religion; il les compare ensemble comme choses de même genre, et il nous dit en même temps que le calcul de l'infini est erroné, fautif, obscur, que les principes n'en sont pas certains, et que ce n'est que par hasard quand il mène au but.

Voilà un plan d'ouvrage bien bizarre, et un assortiment d'objets bien singulier; j'ai recherché, en lisant attentivement son livre, les motifs qui ont pu le pousser à faire cette insulte aux mathématiciens, et j'ai reconnu que ce n'est pas le zèle, mais la vanité qui a conduit sa plume : ce Docteur a l'esprit peu fait pour les mathématiques; car il entasse paralogismes sur paralogismes lorsqu'il veut réfuter les méthodes des géomètres; mais avec cet esprit si peu géomètre il ne laisse pas que d'avoir quelques vues métaphysiques, et une dialectique assez vive; il sent apparemment toute la valeur de ces talents, et il s'efforce de rendre méprisable tout ce qui n'est pas métaphysique : je lui avouerai que la métaphysique est la philosophie première, qu'elle est la vraie science intellectuelle; mais il faut en même temps qu'il m'accorde que c'est la science la plus trompeuse dans les applications qu'on en fait, et la plus difficile à suivre sans s'égarer; on peut dire que son ouvrage est un exemple de cette vérité, puisque avec sa métaphysique il commet des erreurs très grossières et fait des raisonnements très faux; je doute qu'il en convienne, mais au moins tout le monde conviendra pour lui, en lisant ses ouvrages (*a*), que sa fausse métaphysique l'a conduit à une mauvaise morale, et qu'à force de bien penser de lui-même, il est venu à fort mal penser des autres hommes.

Ce qui a donné de la célébrité à ces écrits contre les mathématiques et les mathématiciens sont les réponses d'un savant qui, sous le nom de Philalethes Cantabrigiensis, a réfuté (*b*) le Docteur de la manière du monde la plus solide et la plus brillante, dans deux dissertations (*c*) qui sont admirables par la force de raison et la finesse de raillerie qu'on y trouve partout : je ne sais pas comment le Docteur pense à présent, car il y a de quoi humilier la plus orgueilleuse métaphysique; il n'a pas répondu à la dernière dissertation qui pulvérisait son ouvrage; mais de ses cendres il est sorti un phénix, un homme unique, un homme au-dessus de Newton, ou du moins qui voudrait qu'on le crût tel, car il commence (*d*) par le censurer et par désapprouver sa manière trop brève de présenter les choses; ensuite il donne des explications de sa façon, et ne craint pas de substituer ses notions incomplètes (*e*) aux démonstrations de ce grand homme. Il avoue que la géométrie de l'infini est une science certaine, fondée sur des principes d'une vérité sûre, mais enveloppée, et qui, *selon lui, n'a jamais été bien connue;* Newton n'a pas bien lu les anciens géomètres; son lemme de la méthode des fluxions est obscur et mal exprimé, sa démonstration est hypothétique; ainsi on avait très grande raison de ne rien croire de tout cela; ainsi M. Berckey, le Docteur, n'avait point tort lorsqu'il disait que les mathématiciens croyaient les choses sans les entendre; notre auteur, M. Robins, est venu au monde exprès pour le démontrer, il fait voir que Newton n'a pas les idées nettes ni les expressions claires, et que toute la théorie des fluxions avait besoin d'un commentateur qui fût capable non seulement de corriger les fautes de la parole, mais de réformer les défauts de la pensée : malheureusement, les mathématiciens ont été plus incrédules que jamais; il n'y a pas eu moyen de leur faire croire un seul mot de tout cela, de sorte que Philalethes, comme défenseur de la vérité, s'est chargé de lui signifier qu'on n'en croyait rien, qu'on entendait fort bien Newton sans Robins, que les pensées et les expressions de ce grand philosophe sont justes et très claires, et qu'elles n'ont besoin pour être comprises que d'être méditées et suivies; et, chemin faisant, il fait voir que ce sont les idées de M. Robins qui sont obscures, que ce sont ses phrases qui ne signifient rien, et que son style n'est intelligible que lorsqu'il se loue et qu'il blâme les autres; car il est singulier

(*a*) *The Analyst.* London, 1734. *A Defence of free-thinking in Mathematiks.* London, 1735.
(*b*) M. Colson l'a aussi réfuté dans la Préface de la *Méthode des Fluxions.* Londres, 1736.
(*c*) *Geometry no freind to infidelity.* Lond., 1734, *The minute Mathematician.* Lond., 1735.
(*d*) *A Discourse concerning Nat. and certainty of Fluxions,* by M. Robins. London, 1735.
(*e*) *State of Learning,* 1735 et 1736.

comme ce M. Robins traite les plus grands hommes : il ne craint pas de se déshonorer en disant que M. Jurin est un ignorant aussi bien que M. Smith, deux hommes dont le mérite supérieur est universellement reconnu ; je me garderai bien de le juger lui-même aussi sévèrement; ceux qui voudront le connaître n'ont qu'à parcourir ses écrits, ce sont des pièces d'une mauvaise critique, assez grossièrement écrite, à laquelle il vient de mettre le comble en attaquant sans aucune considération M. Euler (a), et en insultant (b) sans aucune raison le grand Bernoulli. Croit-il être le premier qui ait remarqué qu'il a échappé à M. Euler quelques négligences dans son grand ouvrage sur le mouvement? Ce sont là de petites fautes qu'on doit pardonner, en faveur du très grand nombre de bonnes choses dont ce livre est rempli : qu'il nous donne quelque chose qui vaille le livre de M. Euler, après quoi nous oublierons ses erreurs, et nous lui pardonnerons ses odieuses critiques.

Nous n'ajouterons qu'un mot à cette préface, déjà trop longue, c'est que quiconque apprendra le calcul de l'infini, dans ce traité de Newton, qui en est la vraie source, aura des idées claires de la chose, et fera fort peu de cas de toutes les objections qu'on a faites, qu'on pourrait faire contre cette sublime méthode.

(a) *Remarks on M. Euler's Treatise de Motu.* London, 1738.
(b) *That inelegant.* Ibid. *Computist.*

PRÉFACE

A LA TRADUCTION DU LIVRE DE HALES

INTITULÉ

LA STATIQUE DES VÉGÉTAUX

ET L'ANALYSE DE L'AIR

La première fois que j'ai lu les ouvrages de M. Hales, je me suis aperçu qu'ils valaient bien la peine d'être relus. Comme je voulais le faire avec toute l'attention qu'ils méritent, je pensai qu'il ne m'en coûterait guère plus de les traduire, et l'envie de faire plaisir au public a achevé de m'y déterminer. Ma traduction est littérale, surtout celle des endroits où l'auteur fait le détail de ses expériences. Je me suis donné un peu plus de liberté dans ceux qui sont moins importants; mais, en général, je me suis attaché à bien rendre le sens, et à éclaircir ce qui m'a paru obscur.....

La nouveauté des découvertes, et de la plupart des idées qui composent cet ouvrage, surprendra sans doute les physiciens. Je ne connais rien de mieux dans son genre, et le genre par lui-même est excellent; car ce n'est qu'expérience et observation; mais ce n'est point à moi à faire l'éloge de cet ouvrage; le mérite d'un auteur ne doit pas se mesurer par les louanges du traducteur, le public s'en défie, et ce n'est pas sans raison : ainsi je prie M. Hales de ne pas trouver mauvais si je ne m'étends pas sur celles de son livre: les soins que je me suis donnés pour le traduire témoignent assez le cas que j'en fais; mais il me semble qu'on ne doit jamais décider du goût du public par le sien; et que quand on soumet un ouvrage à son jugement, c'est être trop hardi que de prétendre lui donner le ton. En faveur des longs éloges que je supprime, je ne demande qu'une grâce, c'est de lire ce livre avec quelque confiance : les ouvrages fondés sur l'expérience en méritent plus que les autres; je puis même dire qu'en fait de physique l'on doit rechercher autant les expériences que l'on doit craindre les systèmes. J'avoue que rien ne serait si beau que d'établir d'abord un seul principe, pour ensuite expliquer l'univers; et je conviens que si l'on était assez heureux pour deviner, toute la peine que l'on se donne à faire des expériences serait bien inutile; mais les gens sensés voient assez combien cette idée est vaine et chimérique : le système de la nature dépend peut-être de plusieurs principes; ces principes nous sont inconnus, leur combinaison ne l'est pas moins; comment ose-t-on se flatter de dévoiler ces mystères, sans autre guide que son imagination ? Et comment fait-on pour oublier que l'effet est le seul moyen de connaître la cause ? C'est par des expériences fines, raisonnées et suivies, que l'on force la nature à découvrir son secret; toutes les autres méthodes n'ont jamais réussi, et les vrais physiciens ne peuvent s'empêcher de regarder les anciens systèmes comme d'anciennes rêveries, et sont réduits à lire la plupart des nouveaux, comme on lit les romans : les recueils d'expériences et d'observations sont donc les seuls livres qui puissent augmenter nos connaissances; il ne s'agit pas, pour être physicien, de savoir ce qui arriverait dans telle ou telle hypothèse, en supposant, par exemple, une matière subtile, des tourbillons, une attraction, etc. Il s'agit de bien savoir ce qui arrive, et de bien connaître ce qui se présente à nos yeux : la connaissance des effets nous conduira insensiblement à celle des causes, et l'on ne tombera plus dans les absurdités qui semblent caractériser tous les systèmes. En effet, l'expérience ne les a-t-elle pas détruits successivement ? Ne nous a-t-elle pas montré que ces éléments, que l'on croyait autrefois si simples, sont aussi composés que les autres corps ? Ne nous a-t-elle pas appris ce que l'on doit penser du chaud, du froid, du sec et de l'humide ? de la pesanteur et de la légèreté absolue, de l'horreur du vide, des lois du mouvement autrefois établies, de l'unité des couleurs, du repos et de la sphéricité de la terre, et, si je l'ose dire, des tourbillons ? Amassons donc toujours des expériences, et éloignons-nous, s'il est possible, de tout esprit de système, du moins jusqu'à ce que nous soyons instruits; nous trouverons assurément à placer un jour ces matériaux; et quand même nous ne serions pas assez heureux pour en bâtir l'édifice tout entier, ils nous serviront certainement à le fonder, et peut-être à l'avancer au delà même de nos espérances : c'est cette méthode que mon auteur a suivie; c'est celle du grand Newton; c'est celle que MM. de Verulam, Galilée, Boyle, Stahl, ont recommandée et embrassée; c'est celle que l'Académie des Sciences s'est fait une loi d'adopter, et que ses illustres membres MM. Huygens, de Réaumur, Boerhaave, etc., ont si bien fait et font tous les jours si bien valoir; en un mot c'est la voie qui a conduit de tout temps, et qui conduit encore aujourd'hui les grands hommes : l'exemple seul doit suffire pour nous y faire entrer, et doit prévenir le public en faveur de l'ouvrage qu'on lui présente aujourd'hui : j'ose même dire que, pour peu que l'on soit connaisseur, l'on verra facilement que l'Angleterre elle-même produit rarement d'aussi bonnes choses, et que, malgré tant de brillantes découvertes que nous devons aux génies supérieurs de cette savante nation, celles-ci ne laisseront pas que de se faire distinguer, et peut-être par des lumières plus vives que la plupart de celles qui les ont précédées. Mais il faut tout dire : ces découvertes auraient encore brillé davantage, si M. Hales les eût autrement présentées; son livre n'est pas fait pour être lu, mais pour être étudié; c'est un recueil d'une infinité de faits utiles et curieux, dont l'enchaînement ne se voit pas du premier coup d'œil; il a négligé certaines liaisons nécessaires pour certains esprits; il n'est point entré dans de certains détails; enfin il n'a fait son livre que pour les amateurs de la vérité la plus nue, et il suppose dans ses lecteurs beaucoup de connaissances, et encore plus de pénétration. Le commencement de l'analyse de l'air est le plus bel endroit de son livre, et l'un de ceux qu'il a le moins développés : tout est neuf dans cette partie de son ouvrage; c'est une idée féconde, dont découle une infinité de découvertes sur la nature des différents corps qu'il soumet à un nouveau genre d'épreuve : ce sont des faits surprenants, qu'à peine daigne-t-il annoncer. Aurait-on imaginé que l'air pût devenir un corps solide ? Aurait-on cru qu'on pouvait lui ôter et lui rendre sa vertu de ressort ? Aurions-nous pu penser que certains corps, comme la pierre de la vessie et le tartre, ne sont, pour plus de deux tiers, que de l'air solide et métamorphosé ? M. Hales sait lui rendre son premier être : il nous apprend jusqu'à quel point la flamme, la respiration des animaux et la foudre détruisent le ressort de l'air : il mesure la force de la respiration, et il en imite le mouvement, jusqu'au point de faire respirer et vivre un chien plus d'une heure après avoir coupé la trachée artère; il trouve le moyen de purifier l'air, et de le rendre propre à être respiré plus longtemps; il démontre ses effets sur le feu, sur les végétaux et sur les animaux : ce sont là des échantillons de ses découvertes; car je ne dirai rien de toutes celles qu'il a faites sur les plantes, sur la quantité de leur nourriture et de leur transpiration, sur leur accroissement, leur respiration, leurs maladies, sur la force et la quantité de la sève, sur son mouvement, sa raréfaction, sa qualité, etc., je me contenterai d'assurer que les amateurs de l'agriculture trouveront ici de quoi s'amuser, et les physiciens de quoi s'instruire.

L'auteur a donné au public un second ouvrage, qui a pour titre : *la Statique des Animaux:* comme il travaille actuellement sur ces matières, et qu'il doit joindre ses nouvelles découvertes aux anciennes pour ne faire qu'un seul corps, on n'a pas jugé à propos de traduire cet ouvrage; on s'est contenté de donner la traduction d'un appendice qu'il y a joint, dans lequel on trouvera quelques morceaux excellents, qui tous ont rapport à la statique des végétaux, ou à l'analyse de l'air.

EXPÉRIENCES SUR LES VÉGÉTAUX

PREMIER MÉMOIRE

EXPÉRIENCES SUR LA FORCE DU BOIS.

Le principal usage du bois, dans les bâtiments et dans les constructions de toute espèce, est de supporter des fardeaux : la pratique des ouvriers qui l'emploient n'est fondée que sur des épreuves à la vérité souvent réitérées, mais toujours assez grossières ; ils ne connaissent que très imparfaitement la force et la résistance des matériaux qu'ils mettent en œuvre : j'ai tâché de déterminer avec quelque précision la force du bois, et j'ai cherché les moyens de rendre mon travail utile aux constructeurs et aux charpentiers. Pour y parvenir j'ai été obligé de faire rompre plusieurs poutres et plusieurs solives de différentes longueurs. On trouvera, dans la suite de ce Mémoire, le détail exact de toutes ces expériences, mais je vais auparavant en présenter les résultats généraux, après avoir dit un mot de l'organisation du bois et de quelques circonstances particulières qui me paraissent avoir échappé aux physiciens qui se sont occupés de ces matières.

Un arbre est un corps organisé, dont la structure n'est point encore bien connue : les expériences de Grew, de Malpighi, et surtout celles de Hales, ont à la vérité donné de grandes lumières sur l'économie végétale, et il faut avouer qu'on leur doit presque tout ce qu'on sait en ce genre ; mais dans ce genre, comme dans tous les autres, on ignore beaucoup plus de choses qu'on n'en sait. Je ne ferai point ici la description anatomique des différentes parties d'un arbre, cela serait inutile pour mon dessein ; il me suffira de donner une idée de la manière dont les arbres croissent, et de la façon dont le bois se forme.

Une semence d'arbre, un gland qu'on jette en terre au printemps, produit au bout de quelques semaines un petit jet tendre et herbacé qui augmente, s'étend, grossit, durcit, et contient déjà, dès la fin de la première année, un filet de substance ligneuse. A l'extrémité de ce petit arbre est un bouton qui s'épanouit l'année suivante, et dont il sort un second jet semblable à celui de la première année, mais plus vigoureux, qui grossit et s'étend davantage, durcit dans le même temps et produit un autre bouton qui contient le jet de la troisième année, et ainsi des autres jusqu'à ce que l'arbre soit parvenu à toute sa hauteur : chacun de ces boutons est une espèce de germe qui contient le petit arbre de chaque année. L'accroissement des arbres en hauteur se fait donc par plusieurs productions semblables et annuelles, de sorte qu'un arbre de cent pieds de haut est composé dans sa longueur de plusieurs petits arbres mis bout à bout, dont le plus long n'a souvent pas deux pieds de hauteur. Tous ces petits arbres de chaque année ne changent jamais dans leurs dimensions ; ils existent dans un arbre de cent ans sans avoir grossi ni grandi, ils sont seulement devenus plus solides. Voilà comment se fait l'accroissement en hauteur : l'accroissement en grosseur en dépend. Ce bouton, qui fait le sommet du petit arbre de la première année, tire sa nourriture à travers la substance et le corps même de ce petit arbre ; mais les principaux canaux qui servent à conduire la sève se trouvent entre l'écorce et le filet ligneux ; l'action de cette sève en mouvement dilate ces canaux et les fait grossir, tandis que le bouton en s'élevant les tire et les allonge; de plus, la sève en y coulant continuellement y dépose des parties fixes qui en augmentent la solidité : ainsi dès la seconde année un petit arbre contient déjà dans son milieu un filet ligneux en forme de cône fort allongé, qui est la production en bois de la première année, et une couche ligneuse aussi conique qui enveloppe ce premier filet et le surmonte, et qui est la production de la seconde année. La troisième couche se forme comme la seconde; il en est de même de toutes les autres qui s'enveloppent successivement et continûment, de sorte qu'un gros arbre est un composé d'un grand nombre de cônes ligneux qui s'enveloppent et se recouvrent tant que l'arbre grossit : lorsqu'on vient à l'abattre, on compte aisément, sur la coupe transversale du tronc, le nombre de ces cônes, dont les sections forment des cercles ou plutôt des couronnes concentriques, et on reconnait l'âge de l'arbre par le nombre de ces couronnes, car elles sont distinctement séparées les unes des autres. Dans un chêne vigoureux, l'épaisseur de chaque couche ou couronne est de deux ou trois lignes : cette épaisseur est d'un bois dur et solide, mais la substance qui unit ensemble ces couronnes, dont le prolongement forme les cônes ligneux, n'est pas à beaucoup près aussi ferme; c'est la partie faible du bois dont l'organisation est différente de celle des cônes ligneux, et dépend de la façon dont ces cônes s'attachent et s'unissent les uns aux autres, que nous allons expliquer en peu de mots. Les canaux longitudinaux qui portent la nourriture au bouton, non seulement prennent de l'étendue et acquièrent de la solidité par l'action et le depôt de la sève, mais ils cherchent encore à s'étendre d'une autre façon; ils se ramifient dans toute leur longueur, et poussent de petits filaments comme de petites branches qui d'un côté vont produire l'écorce, et de l'autre vont s'attacher au bois de l'année précédente, et forment, entre les deux couches du bois, un tissu spongieux qui, coupé transversalement, même à une assez grande épaisseur, laisse voir plusieurs petits trous à peu près comme on en voit dans de la dentelle. Les couches du bois sont donc unies les unes aux autres par une espèce de réseau : ce réseau n'occupe pas à beaucoup près autant d'espace que la couche ligneuse, il n'a qu'environ une demi-ligne d'épaisseur; cette épaisseur est à peu près la même dans tous les arbres de même espèce, au lieu que les couches ligneuses sont plus ou moins épaisses, et varient si considérablement dans la même espèce d'arbre, comme dans le chêne, que j'en ai mesuré qui avaient trois lignes et demie, et d'autres qui n'avaient qu'une demi-ligne d'épaisseur.

Par cette simple exposition de la texture du bois, on voit que la cohérence longitudinale doit être bien plus considérable que l'union transversale; on voit que dans les petites pièces de bois, comme dans un barreau d'un pouce d'épaisseur, s'il se trouve quatorze ou quinze couches ligneuses, il y aura treize ou quatorze cloisons, et que par conséquet ce barreau sera moins fort qu'un pareil barreau qui ne contiendra que cinq ou six couches et quatre ou cinq cloisons : on voit aussi que dans ces petites pièces, s'il se trouve une ou deux couches ligneuses qui soient tranchées par la scie, ce qui arrive souvent, leur force sera considérablemente diminuée; mais le plus grand défaut de ces petites pièces de bois, qui sont les seules sur lesquelles on ait jusqu'à ce jour fait des expériences, c'est qu'elles ne sont pas composées comme les grosses pièces; la position des couches ligneuses et des cloisons dans un barreau est fort différente de la position de ces mêmes couches dans une poutre, leur figure est même différente, et par conséquent on ne peut pas estimer la force d'une grosse pièce par celle d'un barreau : un moment de réflexion fera sentir ce que je viens de dire. Pour former une poutre, il ne faut qu'équarrir l'arbre, c'est-à-dire enlever quatre segments cylindriques d'un bois blanc et imparfait qu'on appelle *aubier;* dans le cœur de l'arbre, la première couche ligneuse reste au milieu de la pièce, toutes les autres couches enveloppent la première en forme de cercles ou de couronnes cylindriques; le plus grand de ces cercles entiers a pour diamètre l'épaisseur de la pièce; au delà de ce cercle tous les autres sont tranchés, et ne forment plus que des portions de cercles qui vont toujours en diminuant vers les arêtes de la pièce : ainsi une poutre carrée est composée d'un cylindre continu de bon bois bien solide, et de quatre portions angulaires tranchées d'un bois moins solide et plus jaune. Un barreau tiré du corps d'un gros arbre ou pris dans une planche, est tout autrement composé : ce sont de petits segments longitudinaux des couches annuelles dont la courbure est insensible; des segments qui tantôt se trouvent posés parallèlement à une des surfaces du barreau, et tantôt plus ou moins inclinés; des segments qui sont plus ou moins longs et plus ou moins tranchés, et par conséquent plus ou moins forts; de plus, il y a toujours dans un barreau deux positions, dont l'une est plus avantageuse que l'autre, car ces segments de couches ligneuses forment autant de plans parallèles. Si vous posez le barreau de manière que ces plans soient verticaux, il résistera davantage que dans une position horizontale : c'est comme si on faisait rompre plusieurs planches à la fois, elles résisteraient bien davantage étant posées sur le côté que sur le plat. Ces remarques font déjà sentir combien on doit peu compter sur les tables calculées, ou sur les formules que différents auteurs nous ont données de la force du bois, qu'ils n'avaient éprouvée que sur des pièces dont les plus grosses étaient d'un ou deux pouces d'épaisseur, et dont ils ne donnent ni le nombre des couches ligneuses que ces barreaux contenaient, ni la position de ces couches, ni le sens dans lequel se sont trouvées ces couches lorsqu'ils ont fait rompre le barreau, cisconstances cependant essentielles, comme on le verra par mes expériences et par les soins que je me suis donnés pour découvrir les effets de toutes ces différences. Les physiciens qui ont fait quelques expériences sur la force du bois n'ont fait aucune attention à ces inconvénients, mais il y en a d'autres peut-être encore plus grands qu'ils ont aussi négligé de prévoir ou de prévenir. Le jeune bois est moins fort que le bois plus âgé; un barreau tiré du pied d'un arbre résiste plus qu'un barreau qui vient du sommet du même arbre; un barreau pris à la circonférence, près de l'aubier, est moins fort qu'un pareil morceau pris au centre de l'arbre; d'ailleurs le degré de dessèchement du bois fait beaucoup à sa résistance, le bois vert casse bien plus difficilement que le bois sec; enfin le temps qu'on emploie à charger les pièces pour les faire rompre doit aussi entrer en considération, parce qu'une pièce qui soutiendra pendant quelques minutes un certain poids, ne pourra pas soutenir ce poids pendant une heure; et j'ai trouvé que des poutres, qui avaient chacune supporté sans se rompre pendant un jour entier neuf milliers, avaient rompu au bout de cinq ou six mois sous la charge de six milliers, c'est-à-dire qu'elles n'avaient pas pu porter pendant six mois les deux tiers de la charge qu'elles avaient portée pendant un jour. Tout cela prouve assez combien les expériences que l'on a faites sur cette matière sont imparfaites, et peut-être cela prouve aussi qu'il n'est pas trop aisé de les bien faire.

Mes premières épreuves, qui sont en très grand nombre, n'ont servi qu'à me faire reconnaître tous les inconvénients dont je viens de parler. Je fis d'abord rompre quelques barreaux, et je calculai quelle devait être la force d'un barreau plus long et plus gros que ceux que j'avais mis à l'épreuve; et ensuite, ayant fait rompre de ces derniers et ayant comparé le résultat de mon calcul avec la charge actuelle, je trouvai de si grandes différences que je répétai plusieurs fois la même chose sans pouvoir rapprocher le calcul de l'expérience : j'essayai sur d'autres longueurs et d'autres grosseurs, l'événement fut le même, enfin je me déterminai à faire une suite complète d'expériences qui pût me servir à dresser une table de la force du bois sur laquelle je pouvais compter, et que tout le monde pourra consulter au besoin.

Je vais rapporter, en aussi peu de mots qu'il me sera possible, la manière dont j'ai exécuté mon projet.

J'ai commencé par choisir, dans un canton de mes bois, cent chênes sains et bien vigoureux, aussi voisins les uns des autres qu'il a été possible de les trouver, afin d'avoir du bois venu en même terrain, car les arbres de différents pays et de différents terrains ont des résistances différentes : autre inconvénient qui seul semblait d'abord anéantir toute l'utilité que j'espérais tirer de mon travail. Tous ces chênes étaient aussi de la même espèce, de la belle espèce qui produit du gros gland attaché un à un ou deux à deux sur la branche; les plus petits de ces arbres avaient environ 2 pieds $\frac{1}{2}$ de circonférence, et le plus gros 5 pieds; je les ai choisis de différente grosseur, afin de me rapprocher davantage de l'usage ordinaire : lorsque les charpentiers ont besoin d'une pièce de 5 ou 6 pouces d'équarrissage, ils ne la prennent pas dans un arbre qui peut porter un pied, la dépense serait trop grande, et il ne leur arrive que trop souvent d'employer des arbres trop menus et où ils laissent beaucoup d'aubier; car je ne parle pas ici des solives de sciage qu'on emploie quelquefois et qu'on tire d'un gros arbre; cependant il est bon d'observer en passant que ces solives de sciage sont faibles, et que l'usage en devrait être proscrit. On verra, dans la suite de ce mémoire, combien il est avantageux de n'employer que du bois de brin.

Comme le degré de dessèchement du bois fait varier très considérablement celui de sa résistance, et que d'ailleurs il est fort difficile de s'assurer de ce degré de dessèchement, puisque souvent de deux arbres abattus en même temps, l'un se dessèche en moins de temps que l'autre, j'ai voulu éviter cet inconvénient qui aurait dérangé la suite comparée de mes expériences, et j'ai cru que j'aurais un terme plus fixe et plus certain en prenant le bois tout vert. J'ai donc fait couper mes arbres un à un à mesure que j'en avais besoin : le même jour qu'on abattait un arbre on le conduisait au lieu où il devait être rompu; le lendemain, les charpentiers l'équarrissaient et des menuisiers le travaillaient à la varlope, afin de lui donner des dimensions exactes, et le surlendemain on le mettait à l'épreuve.

Voici en quoi consistait la machine avec laquelle j'ai fait le plus grand nombre de mes expériences : deux forts tréteaux de 7 pouces d'équarrissage, de 3 pieds de hauteur et d'autant de longueur, renforcés dans leur milieu par un bois debout; on posait sur ces tréteaux les deux extrémités de la pièce qu'on voulait rompre; plusieurs boucles carrées de fer rond, dont la plus grosse portait près de 9 pouces de largeur intérieure, et était d'un fer de 7 à 8 pouces de tour; la seconde boucle portait 7 pouces de largeur, et était faite d'un fer de 5 à 6 pouces de tour, les autres plus petites; on passait la pièce à rompre dans la boucle de fer, les grosses boucles servaient pour les grosses pièces, et les petites boucles pour les barreaux. Chaque boucle, à la partie supérieure, avait intérieurement une arête; elle était faite pour empêcher la boucle de s'incliner et aussi pour faire voir la largeur du fer qui portait sur les bois à rompre. A la partie inférieure de cette boucle carrée, on avait forgé deux crochets de fer de même grosseur que le fer de la boucle : ces deux crochets se séparaient et formaient une boucle ronde d'environ 9 pouces de diamètre, dans laquelle on mettait une clef de bois de même grosseur et de 4 pieds de longueur. Cette clef portait une forte table de 14 pieds de longueur sur 6 de largeur, qui était faite de solives de 5 pouces d'épaisseur, mises les unes contre les autres, et retenues par de fortes barres : on la suspendait à la boucle par le moyen de la grosse clef de bois, et elle servait à placer les poids, qui consistaient en trois cents quartiers de pierre, taillés et numérotés, qui pesaient chacun 25, 50, 100, 150, 200 livres; on portait ces pierres sur la table, et on bâtissait un massif de pierres large et long comme la table, et aussi haut qu'il était nécessaire pour faire rompre la pièce. J'ai cru que cela était assez simple pour pouvoir en donner l'idée nette sans le secours d'une figure.

On avait soin de mettre de niveau la pièce et les tréteaux que l'on cramponnait, afin de les empêcher de reculer; huit hommes chargeaient continuellement la table, et commençaient par placer au centre les poids de 200 livres, ensuite ceux de 150, ceux de 100, ceux de 50, et enfin au-dessus ceux de 25 livres. Deux hommes, portés par un échafaud suspendu en l'air par des cordes, plaçaient les poids de 50 et 25 livres, qu'on n'aurait pu arranger depuis le bas sans courir risque d'être écrasé; quatre autres hommes appuyaient et soutenaient les quatre angles de la table pour l'empêcher de vaciller, et pour la tenir en équilibre; un autre, avec une longue règle en bois, observait combien la pièce pliait à mesure qu'on la chargeait, et un autre marquait le temps et écrivait la charge, qui souvent s'est trouvée monter à 20, 25 et jusqu'à près de 28 milliers de livres.

J'ai fait rompre de cette façon plus de cent pièces de bois, tant poutres que solives, sans compter 300 barreaux, et ce grand nombre de pénibles épreuves a été à peine suffisant pour me donner une échelle suivie de la force du bois pour toutes les grosseurs et longueurs; j'en ai dressé une table que je donne à la fin de ce Mémoire: si on la compare avec celles de M. Musschenbroek et des autres physiciens qui ont travaillé sur cette matière, on verra combien leurs résultats sont différents des miens.

Afin de donner d'avance une idée juste de cette opération, par laquelle j'ai fait rompre les pièces de bois pour en reconnaître la force, je vais rapporter le procédé exact de l'une de mes expériences, par laquelle on pourra juger de toutes les autres.

Ayant fait abattre un chêne de 5 pieds de circonférence, je l'ai fait amener et travailler le même jour par des charpentiers; le lendemain des menuisiers l'ont réduit à 8 pouces d'équarrissage et à 12 pieds de longueur. Ayant examiné avec soin cette pièce, je jugeai qu'elle était fort bonne; elle n'avait d'autre défaut qu'un petit nœud à l'une des faces. Le surlendemain j'ai fait peser cette pièce, son poids se trouva être de 409 livres; ensuite l'ayant passée dans la boucle de fer, et ayant tourné en haut la face où était le petit nœud, je fis disposer la pièce de niveau sur les tréteaux, elle portait de 6 pouces sur chaque tréteau; cette portée de 6 pouces était celle des pièces de 12 pieds; celles de 24 pièces portaient de 12 pouces, et ainsi des autres qui portaient toujours d'un demi-pouce par pied de longueur: ayant ensuite fait glisser la boucle de fer jusqu'au milieu de la pièce, on souleva, à force de leviers, la table qui, seule avec les boucles et la clef, pesait 2,500 livres. On commença à trois heures cinquante-six minutes: huit hommes chargeaient continuellement la table; à cinq heures trente-neuf minutes, la pièce n'avait encore plié que de 2 pouces, quoique chargée de 17 milliers; à cinq heures quarante-cinq minutes, elle avait plié de 2 pouces $\frac{1}{2}$, et elle était chargée de 18,500 livres; à cinq heures cinquante et une minutes, elle avait plié de 3 pouces, et était chargée de 21 milliers; à six heures une minute, elle avait plié de 3 pouces $\frac{1}{2}$, et elle était chargée de 23,625 livres; dans cet instant elle fit un éclat comme un coup de pistolet; aussitôt on discontinua de charger, et la pièce plia d'un demi-pouce de plus, c'est-à-dire de 4 pouces en tout. Elle continua d'éclater avec grande violence pendant plus d'une heure, et il en sortait par les bouts une espèce de fumée avec un sifflement. Elle plia de près de 7 pouces avant que de rompre absolument, et supporta pendant tout ce temps la charge de 23,625 livres. Une partie des fibres ligneuses était coupée net comme si on l'eût sciée, et le reste s'était rompu en se déchirant, en se tirant et laissant des intervalles à peu près comme on en voit entre les dents d'un peigne; l'arête de la boucle de fer qui avait trois lignes de largeur, et sur laquelle portait toute la charge, était entrée d'une ligne et demie dans le bois de la pièce, et avait fait refouler de chaque côté un faisceau de fibres, et le petit nœud qui était à la face supérieure n'avait point du tout contribué à la faire rompre.

J'ai un journal où il y a plus de cent expériences aussi détaillées que celle-ci, dont il y en a plusieurs qui sont plus fortes. J'en ai fait sur des pièces de 10, 12, 14, 16, 18, 20, 22, 34, 26 et 28 pieds de longueur et de toutes grosseurs, depuis 4 jusqu'à 8 pouces d'équarrissage, et j'ai toujours, pour une même longueur et grosseur, fait rompre trois ou quatre pièces pareilles, afin d'être assuré de leur force respective.

La première remarque que j'ai faite, c'est que le bois ne casse jamais sans avertir, à moins que la pièce ne soit fort petite ou fort sèche; le bois vert casse plus difficilement que le bois sec, et en général le bois qui a du ressort résiste beaucoup plus que celui qui n'en a pas : l'aubier, le bois des branches, celui du sommet de la tige d'un arbre, tout le bois jeune est moins fort que le bois plus âgé. La force du bois n'est pas proportionnelle à son volume; une pièce double ou quadruple d'une autre pièce de même longueur est beaucoup plus du double ou du quadruple plus forte que la première : par exemple, il ne faut pas quatre milliers pour rompre une pièce de dix pieds de longueur et de 4 pouces d'équarrissage, et il en faut dix pour rompre une pièce double; il faut vingt-six milliers pour rompre une pièce quadruple, c'est-à-dire une pièce de 10 pieds de longueur sur 8 pouces d'équarrissage. Il en est de même pour la longueur : il semble qu'une pièce de 8 pieds, et de même grosseur qu'une pièce de 15 pieds, doit par les règles de la mécanique porter juste le double ; cependant elle porte beaucoup moins. Je pourrais donner les raisons physiques de tous ces faits, mais je me borne à donner des faits : le bois qui, dans le même terrain, croît le plus vite est le plus fort; celui qui a crû lentement, et dont les cercles annuels, c'est-à-dire les couches ligneuses sont minces, est plus faible que l'autre.

J'ai trouvé que la force du bois est proportionnelle à sa pesanteur, de sorte qu'une pièce de même longueur et grosseur, mais plus pesante qu'une autre pièce, sera aussi plus forte à peu près en même raison. Cette remarque donne les moyens de comparer la force des bois qui viennent de différents pays et de différents terrains, et étend infiniment l'utilité de mes expériences ; car, lorsqu'il s'agira d'une construction importante ou d'un ouvrage de conséquence, on pourra aisément au moyen de ma table, et en pesant les pièces ou seulement des échantillons de ces pièces, s'assurer de la force du bois qu'on emploie, et on évitera le double inconvénient d'employer trop ou trop peu de cette matière que souvent on prodigue mal à propos, et que quelquefois on ménage avec encore moins de raison.

On serait porté à croire qu'une pièce qui, comme dans mes expériences, est posée librement sur deux tréteaux, doit porter beaucoup moins qu'une pièce retenue par les deux bouts, et infixée dans une muraille comme sont les poutres et les solives d'un bâtiment; mais si on fait réflexion qu'une pièce que je suppose de 24 pieds de longueur, en baissant de 6 pouces dans son milieu, ce qui est souvent plus qu'il n'en faut pour la faire rompre, ne hausse en même temps que d'un demi-pouce à chaque bout, et que même elle ne hausse guère que de 3 lignes, parce que la charge tire le bout hors de la muraille souvent beaucoup plus qu'elle ne le fait hausser, on verra bien que mes expériences s'appliquent à la position ordinaire des poutres dans un bâtiment : la force qui les fait rompre, en les obligeant de plier dans le milieu et de hausser par les bouts, est cent fois plus considérable que celle des plâtres et des mortiers qui cèdent et se dégradent aisément ; et je puis assurer, après l'avoir éprouvé, que la différence de force d'une pièce posée sur deux appuis et libre par les bouts, et de celle d'une pièce fixée par les deux bouts dans une muraille bâtie à l'ordinaire, est si petite qu'elle ne mérite pas qu'on y fasse attention.

J'avoue qu'en retenant une pièce par des ancres de fer, en la posant sur des pierres de taille dans une bonne muraille, on augmente considérablement sa force. J'ai quelques expériences sur cette position dont je pourrai donner les résultats. J'avouerai même de plus que, si cette pièce était invinciblement retenue et inébranlablement contenue par les deux bouts dans des enchâtres d'une matière inflexible et parfaitement dure, il faudrait une force presque infinie pour la rompre ; car on peut démontrer que, pour rompre une pièce ainsi posée, il faudrait une force beaucoup plus grande que la forme nécessaire pour rompre une pièce de bois debout, qu'on tirerait ou qu'on presserait suivant sa longueur.

Dans les bâtiments et les *contignations* ordinaires, les pièces de bois sont chargées dans toute leur longueur et en différents points, au lieu que dans mes expériences toute la charge est réunie dans un seul point au milieu; cela fait une différence considérable, mais qu'il est aisé de déterminer au juste ; c'est une affaire de calcul que tout constructeur un peu versé dans la mécanique pourra suppléer aisément.

Pour essayer de comparer les effets du temps sur la résistance du bois, et pour reconnaître combien il diminue de sa force, j'ai choisi quatre pièces de 18 pieds de longueur, sur 7 pouces de grosseur ; j'en ai fait rompre deux qui, en nombres ronds, ont porté neuf milliers chacune pendant une heure : j'ai fait charger les deux autres de six milliers seulement, c'est-à-dire des deux tiers de la première charge, et je les ai laissées ainsi chargées, résolu d'attendre l'événement. L'une de ces pièces a cassé au bout de cinq mois et vingt-cinq jours, et l'autre au bout de six mois et dix-sept jours. Après cette expérience, je fis travailler deux autres pièces toutes pareilles, et je ne les fis charger que de la moitié, c'est-à-dire de 4,500 livres ; je les ai tenues pendant plus de deux ans ainsi chargées, elles n'ont pas rompu, mais elles ont plié assez considérablement : ainsi, dans des bâtiments qui doivent durer longtemps, il ne faut donner au bois tout au plus que la moitié de la charge qui peut le faire rompre, et il n'y a que dans des cas pressants et dans des constructions qui ne doivent pas durer, comme lorsqu'il faut faire un pont pour passer une armée, ou un échafaud pour secourir ou assaillir une ville, qu'on peut hasarder de donner au bois les deux tiers de sa charge.

Je ne sais s'il est nécessaire d'avertir que j'ai rebuté plusieurs pièces qui avaient des défauts, et que je n'ai compris dans ma table que les expériences dont j'ai été satisfait. J'ai encore rejeté plus de bois que je n'en ai employé ; les nœuds, le fil tranché et les autres défauts du bois sont assez aisés à voir, mais il est difficile de juger de leur effet par rapport à la force d'une pièce ; il est sûr qu'ils la diminuent beaucoup, et j'ai trouvé un moyen d'estimer à peu près la diminution de force causée par un nœud. On sait qu'un nœud est une espèce de cheville adhérente à l'intérieur du bois ; on peut même connaître à peu près, par le nombre des cercles annuels qu'il contient, la profondeur à laquelle il pénètre : j'ai fait faire des trous en forme de cône et de même profondeur dans des pièces qui étaient sans nœuds, et j'ai rempli ces trous avec des chevilles de même figure ; j'ai fait rompre ces pièces, et j'ai reconnu par là combien les nœuds ôtent de force au bois, ce qui est beaucoup au delà de ce qu'on pourrait imaginer : un nœud qui se trouvera ou une cheville qu'on mettra à la face inférieure, et surtout à l'une des arêtes, diminue quelquefois d'un quart la force de la pièce. J'ai aussi essayé de reconnaître, par plusieurs expériences, la diminution de force causée par le fil tranché du bois. Je suis obligé de supprimer les résultats de ces épreuves qui demandent beaucoup de détail : qu'il me soit permis cependant de rapporter un fait qui paraîtra singulier, c'est qu'ayant fait rompre des pièces courbes, telles qu'on les emploie pour la construction des vaisseaux, des dômes, etc., j'ai trouvé qu'elles résistent davantage en opposant à la charge le côté concave ; on imaginerait d'abord le contraire, et on penserait qu'en opposant le côté convexe, comme la pièce fait voûte, elle devrait résister davantage ; cela serait vrai pour une pièce dont les fibres longitudinales seraient courbes naturellement, c'est-à-dire, pour une pièce courbe, dont le fil du bois serait continu et non tranché ; mais comme les pièces courbes dont je me suis servi, et presque toutes celles dont on se sert dans les constructions, sont prises dans un arbre qui a de l'épaisseur, la partie intérieure de ces couches est beaucoup plus tranchée que la partie extérieure, et par conséquent elle résiste moins, comme je l'ai trouvé par mes expériences.

Il semblerait que des épreuves faites avec tant d'appareil et en si grand nombre ne devraient rien laisser à désirer, surtout dans une matière aussi simple que celle-ci ; cependant je dois convenir, et je l'avouerai volontiers, qu'il reste encore bien des choses à trouver ; je n'en citerai que quelques-unes. On ne connaît pas le rapport de la force de la cohérence longitudinale du bois à la force de son union transversale, c'est-à-dire quelle force il faut pour rompre, et quelle force il faut pour fendre une pièce. On ne connaît pas la résistance du bois dans des positions différentes de celle que supposent mes expériences, positions cependant assez ordinaires dans les bâtiments, et sur lesquelles il serait très important d'avoir des règles certaines ; je veux parler de la force des bois debout, des bois inclinés, des bois retenus par une seule de leurs extrémités, etc. Mais en partant des résultats de mon travail, on pourra parvenir aisément à ces connaissances qui nous manquent. Passons maintenant au détail de mes expériences.

J'ai d'abord recherché quels étaient la densité et le poids du bois de chêne dans les différents âges, quelle proportion il y a entre la pesanteur du bois qui occupe le centre et la pesanteur du bois de la circonférence, et encore entre la pesanteur du bois parfait et celle de l'aubier, etc. M. Duhamel m'a dit qu'il avait fait des expériences à ce sujet : l'attention scrupuleuse avec laquelle les miennes ont été faites me donne lieu de croire qu'elles se trouveront d'accord avec les siennes.

J'ai fait tirer un bloc du pied d'un chêne abattu le même jour, et ayant posé la pointe d'un compas au centre des cercles annuels, j'ai décrit une circonférence de cercle autour de ce centre, et ensuite ayant posé la pointe du compas au milieu de l'épaisseur de l'aubier, j'ai décrit un pareil cercle dans l'aubier; j'ai fait ensuite tirer de ce bloc deux petits cylindres, l'un de cœur de chêne, et l'autre d'aubier, et les ayant posés dans les bassins d'une bonne balance hydrostatique, et qui penchait sensiblement à un quart de grain, je les ai ajustés en diminuant peu à peu le plus pesant des deux, et lorsqu'ils m'ont paru parfaitement en équilibre, je les ai pesés, ils pesaient également chacun 371 grains; les ayant ensuite pesés séparément dans l'eau, où je ne fis que les plonger un moment, j'ai trouvé que le morceau de cœur perdait dans l'eau 317 grains, et le morceau d'aubier 344 des mêmes grains. Le peu de temps qu'ils demeurèrent dans l'eau rendit insensible la différence de leur augmentation de volume par l'imbibition de l'eau, qui est très différente dans le cœur du chêne et dans l'aubier.

Le même jour j'ai fait faire deux autres cylindres, l'un de cœur et l'autre d'aubier de chêne, tirés d'un autre bloc, pris dans un arbre à peu près de même âge que le premier et à la même hauteur de terre : ces deux cylindres pesaient chacun 1,978 grains; le morceau de cœur de chêne perdit dans l'eau 1,635 grains, et le morceau d'aubier 1,784. En comparant cette expérience avec la première, on trouve que le cœur de chêne ne perd dans cette seconde expérience que 307 ou environ sur 371, au lieu de 317 $\frac{1}{2}$; et de même que l'aubier ne perd sur 371 grains que 330, au lieu de 344, ce qui est à peu près la même proportion entre le cœur et l'aubier : la différence réelle ne vient que de la densité différente tant du cœur que de l'aubier du second arbre, dont tout le bois en général était plus solide et plus dur que le bois du premier.

Trois jours après, j'ai pris dans un des morceaux d'un autre chêne, abattu le même jour que les précédents, trois cylindres, l'un au centre de l'arbre, l'autre à la circonférence du cœur, et le troisième à l'aubier, qui pesaient tous trois 975 grains dans l'air, et les ayant pesés dans l'eau, le bois du centre perdit 873 grains; celui de la circonférence du cœur perdit 906 et l'aubier 938 grains. En comparant cette troisième expérience avec les deux précédentes, on trouve que 371 grains du cœur du premier chêne perdant 317 grains $\frac{1}{2}$, 371 grains du cœur du second chêne auraient dû perdre 332 grains à peu près; et de même que 371 grains d'aubier du premier chêne perdant 344 grains, 371 grains du second chêne auraient dû perdre 330 grains, et 371 grains de l'aubier du troisième chêne auraient dû perdre 356 grains, ce qui ne s'éloigne pas beaucoup de la première proportion, la différence réelle de la perte, tant du cœur que de l'aubier de ce troisième chêne, venant de ce que son bois était plus léger et un peu plus sec que celui des deux autres. Prenant donc la mesure moyenne entre ces trois différents bois de chêne, on trouve que 371 grains de cœur perdent dans l'eau 319 grains $\frac{1}{3}$ de leur poids, et que 371 grains d'aubier perdent 343 grains de leur poids : donc le volume du cœur de chêne est au volume de l'aubier : : 319 $\frac{1}{3}$: 343, et les masses : : 343 : 319 $\frac{1}{3}$, ce qui fait environ un quinzième pour la différence entre les poids spécifiques du cœur et de l'aubier.

J'avais choisi, pour faire cette troisième expérience, un morceau de bois dont les couches ligneuses m'avaient paru assez égales dans leur épaisseur, et j'enlevai mes trois cylindres de telle façon que le centre de mon cylindre du milieu, qui était pris à la circonférence du cœur, était également éloigné du centre de l'arbre où j'avais enlevé mon premier cylindre de cœur, et du centre du cylindre d'aubier : par là j'ai reconnu que la pesanteur du bois décroît à peu près en progression arithmétique, car la perte du cylindre du centre étant 873, et celle du cylindre d'aubier étant 938, on trouvera, en prenant la moitié de la somme de ces deux nombres, que le bois de la circonférence du cœur doit perdre 905 $\frac{1}{2}$, et par l'expérience je trouve qu'il a perdu 906; ainsi le bois, depuis le centre jusqu'à la dernière circonférence de l'aubier, diminue de densité en progression arithmétique.

Je me suis assuré, par des épreuves semblables à celles que je viens d'indiquer, de la diminution de pesanteur du bois dans sa longueur ; le bois du pied d'un arbre pèse plus que le bois du tronc au milieu de sa hauteur, et celui de ce milieu pèse plus que le bois du sommet, et cela à peu près en progression arithmétique, tant que l'arbre prend de l'accroissement ; mais il vient un temps où le bois du centre et celui de la circonférence du cœur pèsent à peu près également, et c'est le temps auquel le bois est dans sa perfection.

Les expériences ci-dessus ont été faites sur des arbres de soixante ans, qui croissaient encore, tant en hauteur qu'en grosseur ; et les ayant répétées sur des arbres de quarante-six ans, et encore sur des arbres de trente-trois ans, j'ai toujours trouvé que le bois du centre à la circonférence, et du pied de l'arbre au sommet, diminuait de pesanteur à peu près en progression arithmétique.

Mais, comme je viens de l'observer, dès que les arbres cessent de croître, cette proportion commence à varier. J'ai pris, dans le tronc d'un arbre d'environ cent ans, trois cylindres comme dans les épreuves précédentes, qui tous trois pesaient 2,004 grains dans l'air ; celui du centre perdit dans l'eau 1,713 grains, celui de la circonférence du cœur 1,718 grains, et celui de l'aubier 1,779 grains.

Par une seconde épreuve j'ai trouvé que de trois autres cylindres, pris dans le tronc d'un arbre d'environ cent dix ans, et qui pesaient dans l'air 1,122 grains, celui du centre perdit 1,002 grains dans l'eau, celui de la circonférence du cœur 997 grains, et celui de l'aubier 1,023 grains. Cette expérience prouve que le cœur n'était plus la partie la plus solide de l'arbre, et elle prouve en même temps que l'aubier est plus pesant et plus solide dans les vieux que dans les jeunes arbres.

J'avoue que dans les différents climats, dans les différents terrains, et même dans le même terrain, cela varie prodigieusement, et qu'on peut trouver des arbres situés assez heureusement pour prendre encore de l'accroissement en hauteur à l'âge de cent cinquante ans : ceux-ci font une exception à la règle, mais en général il est constant que le bois augmente de pesanteur jusqu'à un certain âge dans la proportion que nous avons établie ; qu'après cet âge le bois des différentes parties de l'arbre devient à peu près d'égale pesanteur, et c'est alors qu'il est dans sa perfection ; et enfin que, sur son déclin, le centre de l'arbre venant à s'obstruer, le bois du cœur se dessèche faute de nourriture suffisante, et devient plus léger, que le bois de la circonférence à proportion de la profondeur, de la différence du terrain et du nombre des circonstances qui peuvent prolonger ou raccourcir le temps de l'accroissement des arbres.

Ayant reconnu, par les expériences précédentes, la différence de la densité du bois dans les différents âges et dans les différents états où il se trouve avant que d'arriver à sa perfection, j'ai cherché quelle était la différence de la force, aussi dans les mêmes différents âges ; et pour cela j'ai fait tirer du centre de plusieurs arbres, tous de même âge, c'est-à-dire d'environ soixante ans, plusieurs barreaux de trois pieds de longueur sur un pouce d'équarrissage, entre lesquels j'en ai choisi quatre qui étaient les plus parfaits ; ils pesaient :

1er	2e	3e	4e barreau.
onces.	onces.	onces.	onces.
26 $\frac{31}{32}$	26 $\frac{18}{32}$	26 $\frac{15}{32}$	26 $\frac{15}{32}$

Ils ont rompu sous la charge de

301	289^{l}	272^{l}	272^{l}

Ensuite j'ai pris plusieurs morceaux de bois de la circonférence du cœur, de même longueur et de même équarrissage, c'est-à-dire de 3 pieds, sur 1 pouce, entre lesquels j'ai choisi quatre des plus parfaits ; ils pesaient :

1er	2e	3e	4e
onces.	onces.	onces.	onces.
$25 \frac{26}{32}$	$25 \frac{20}{32}$	$25 \frac{14}{32}$	$25 \frac{11}{32}$

Ils ont rompu sous la charge de

262^{l}	258^{l}	255^{l}	253^{l}

Et de même ayant pris quatre morceaux d'aubier, ils pesaient :

1er	2e	3e	4e
onces.	onces.	onces.	onces.
$25 \frac{5}{32}$	$24 \frac{31}{32}$	$24 \frac{26}{32}$	$24 \frac{24}{32}$

Ils ont rompu sous la charge de

248^{l}	242^{l}	241^{l}	250^{l}

Ces épreuves me firent soupçonner que la force du bois pourrait bien être proportionnelle à sa pesanteur, ce qui s'est trouvé vrai, comme on le verra par la suite de ce mémoire. J'ai répété les mêmes expériences sur des barreaux de 2 pieds, sur d'autres de 18 pouces de longueur et d'un pouce d'équarrissage. Voici le résultat de ces expériences.

BARREAUX DE DEUX PIEDS. (a)

Poids.

	1er	2e	3e	4e
	onces.	onces.	onces.	onces.
Centre	$17 \frac{2}{32}$	$16 \frac{31}{32}$	$16 \frac{24}{32}$	$16 \frac{21}{32}$
Circonférence	$15 \frac{28}{32}$	$15 \frac{1}{32}$	$15 \frac{7}{32}$	$15 \frac{16}{32}$
Aubier	$14 \frac{27}{32}$	$14 \frac{26}{32}$	$14 \frac{24}{32}$	$24 \frac{22}{32}$

Charges.

Centre	439^{l}	428^{l}	415^{l}	405^{l}
Circonférence	356	350	346	346
Aubier	340	334	325	316

BARREAUX DE DIX-HUIT POUCES.

Poids.

	1er	2e	3e	4e
	onces.	onces.	onces.	onces.
Centre	$12 \frac{10}{32}$	$13 \frac{6}{32}$	$13 \frac{4}{32}$	23
Circonférence	$12 \frac{16}{32}$	$12 \frac{13}{32}$	$12 \frac{8}{32}$	$12 \frac{4}{32}$
Aubier	$11 \frac{27}{32}$	$11 \frac{23}{32}$	$11 \frac{18}{32}$	$11 \frac{16}{32}$

(a) Il faut remarquer que, comme l'arbre était assez gros, le bois de la circonférence était beaucoup plus éloigné du bois du centre que celui de l'aubier.

Charges.

Centre	488^{l}	486^{l}	478^{l}	477^{l}
Circonférence	460	451	443	441
Aubier	439	438	428	428

BARREAUX D'UN PIED.

Poids.

	1er	2e	3e	4e
	onces.	onces.	onces.	onces.
Centre	$8 \frac{19}{32}$	$8 \frac{19}{32}$	$8 \frac{16}{32}$	$8 \frac{15}{32}$
Circonférence	$8 \frac{1}{32}$	$7 \frac{2}{32}$	$7 \frac{20}{32}$	$7 \frac{20}{32}$
Aubier	$7 \frac{10}{32}$	$7 \frac{2}{32}$	7	$6 \frac{28}{32}$

Charges.

Centre	764^{l}	761^{l}	750^{l}	751^{l}
Circonférence	721	700	693	688
Aubier	668	652	651	643

En comparant toutes ces expériences, on voit que la force du bois ne suit pas bien exactement la même proportion que sa pesanteur; mais on voit toujours que cette pesanteur diminue, comme dans les premières expériences, du centre à la circonférence. On ne doit pas s'étonner de ce que ces expériences ne sont pas suffisantes pour juger exactement de la force du bois; car les barreaux tirés du centre de l'arbre sont autrement composés que les barreaux de la circonférence ou de l'aubier, et je ne fus pas longtemps sans m'apercevoir que cette différence dans la position, tant des couches ligneuses que des cloisons qui les unissent, devait influer beaucoup sur la résistance du bois.

J'examinai donc avec plus d'attention la forme et la situation des couches ligneuses dans les différents barreaux tirés des différentes parties du tronc de l'arbre : je vis que les barreaux tirés du centre contenaient dans le milieu un cylindre de bois rond, et qu'ils n'étaient tranchés qu'aux arêtes; je vis que ceux de la circonférence du cœur formaient des plans presque parallèles entre eux avec une courbure assez sensible, et que ceux de l'aubier étaient presque absolument parallèles avec une courbure insensible. J'observai de plus que le nombre des couches ligneuses variait très considérablement dans les différents barreaux, de sorte qu'il y en avait qui ne contenaient que sept couches ligneuses, et d'autres en contenaient quatorze dans la même épaisseur d'un pouce. Je m'aperçus aussi que la position de ces couches ligneuses, et le sens où elles se trouvaient lorsqu'on faisait rompre le barreau devaient encore faire varier leur résistance, et je cherchai les moyens de connaître au juste la proportion de cette variation.

J'ai fait tirer du même pied d'arbre, à la circonférence du cœur, deux barreaux de trois pieds de longueur sur un pouce et demi d'équarrissage; chacun de ces deux barreaux contenait quatorze couches ligneuses presque parallèles entre elles. Le premier pesait 3 livres 2 onces $\frac{1}{8}$, et le second 3 livres 2 onces $\frac{1}{2}$. J'ai fait rompre ces deux barreaux, en les exposant de façon que dans le premier les couches ligneuses se trouvaient posées horizontalement, et dans le second elles étaient situées verticalement. Je prévoyais que cette dernière position devait être avantageuse; et, en effet, le premier rompit sous la charge de 832 livres, et le second ne rompit que sous celle de 972 livres.

J'ai de même fait tirer plusieurs petits barreaux d'un pouce d'équarrissage sur un pied de longueur : l'un de ces barreaux, qui pesait 7 onces $\frac{30}{32}$, et contenait douze couches ligneuses posées horizontalement, a rompu sous 784 livres; l'autre, qui pesait 8 onces, et contenait aussi douze couches ligneuses posées verticalement, n'a rompu que sous 860 livres.

De deux autres pareils barreaux, dont le premier pesait 7 onces, et contenait huit couches ligneuses, et le second 7 onces $\frac{10}{32}$, et contenait aussi huit couches ligneuses, le premier, dont les couches ligneuses étaient posées horizontalement, a rompu sous 778 livres, et l'autre, dont les couches étaient posées verticalement, a rompu sous 828 livres.

J'ai de même fait tirer des barreaux de deux pieds de longueur, sur un pouce et demi d'équarrissage. L'un de ces barreaux, qui pesait 2 livres 7 onces $\frac{1}{16}$, et contenait douze couches ligneuses posées horizontalement, a rompu sous 1,217 livres; et l'autre, qui pesait 2 livres 7 onces $\frac{1}{8}$, et qui contenait aussi douze couches ligneuses, a rompu sous 1,294 livres.

Toutes ces expériences concourent à prouver qu'un barreau ou une solive résiste bien davantage lorsque les couches ligneuses qui le composent sont situées perpendiculairement; elles prouvent aussi que, plus il y a de couches ligneuses dans les barreaux ou autres petites pièces de bois, plus la différence de la force de ces pièces dans les deux positions opposées est considérable. Mais, comme je n'étais pas encore pleinement satisfait à cet égard, j'ai fait la même expérience sur des planches mises les unes contre les autres, et je les rapporterai dans la suite, ne voulant point interrompre ici l'ordre des temps de mon travail, parce qu'il me paraît plus naturel de donner les choses comme on les a faites.

Les expériences précédentes ont servi à me guider pour celles qui doivent suivre; elles m'ont appris qu'il y a une différence considérable entre la pesanteur et la force du bois dans un même arbre, selon que ce bois est pris au centre ou à la circonférence de l'arbre; elles m'ont fait voir que la situation des couches ligneuses faisait varier la résistance de la même pièce de bois. Elles m'ont encore appris que le nombre des couches ligneuses influe sur la force du bois, et dès lors j'ai reconnu que les tentatives qui ont été faites jusqu'à présent sur cette matière sont insuffisantes pour déterminer la force du bois; car toutes ces tentatives ont été faites sur de petites pièces d'un pouce ou un pouce et demi d'équarrissage, et on a fondé sur ces expériences le calcul des tables qu'on nous a données pour la résistance des poutres, solives et pièces de toute grosseur et longueur, sans avoir fait aucune des remarques que nous avons énoncées ci-dessus.

Après ces premières connaissances de la force du bois, qui ne sont encore que des notions assez peu complètes, j'ai cherché à en acquérir de plus précises : j'ai voulu m'assurer d'abord si de deux morceaux de bois de même longueur et de même figure, mais dont le premier était double du second pour la grosseur, le premier avait une résistance double; et pour cela j'ai choisi plusieurs morceaux pris dans les mêmes arbres et à la même distance du centre, ayant le même nombre d'années, situés de la même façon avec toutes les circonstances nécessaires pour établir une juste comparaison.

J'ai pris, à la même distance du centre d'un arbre, quatre morceaux de bois parfait, chacun de 2 pouces d'équarrissage sur 18 pouces de longueur; ces quatre morceaux ont rompu sous 3,226, 3,062, 2,983 et 2,890 livres; c'est-à-dire sous la charge moyenne de 3,040 livres. J'ai de même pris quatre morceaux de 17 lignes, faibles d'équarrissage sur la même longueur, ce qui fait à très peu près la moitié de grosseur des quatre premiers morceaux, et j'ai trouvé qu'ils ont rompu sous 1,304, 1,274, 1,331, 1,198 livres, c'est-à-dire, au pied moyen, sous 1,252 livres. Et de même j'ai pris quatre morceaux d'un pouce d'équarrissage sur la même longueur de 18 pouces, ce qui fait le quart de grosseur des premiers, et j'ai trouvé qu'ils ont rompu à 526, 517, 500, 496 livres, c'est-à-dire, au pied moyen, sous 510 livres. Cette expérience fait voir que la force d'une pièce n'est pas proportionnelle à sa grosseur, car ces grosseurs étant 1, 2, 4, les charges devraient être 510, 1,020, 2,040, au lieu qu'elles sont en effet 510, 1,252, 3,010, ce qui est fort différent, comme l'avaient déjà remarqué quelques auteurs qui ont écrit sur la résistance des solides.

J'ai pris de même plusieurs barreaux d'un pied, de 18 pouces, de 2 pieds et de 3 pieds de longueur pour reconnaître si les barreaux d'un pied porteraient une fois autant que ceux de 2 pieds; et pour m'assurer si la résistance des pièces diminue justement dans la même raison que leur longueur augmente. Les barreaux d'un pied supportèrent, au pied moyen, 765 livres; ceux de 18 pouces, 500 livres; ceux de 2 pieds, 369 livres, et ceux de 3 pieds, 230 livres. Cette expérience me laissa dans le doute, parce que les charges n'étaient pas fort différentes de ce qu'elles devaient être, car au lieu de 765, 500, 369 et 230, la règle du levier demandait 765, 510 $\frac{1}{2}$, 382 et 255 livres, ce qui ne s'éloigne pas assez pour pouvoir conclure que la résistance des pièces de bois ne diminue pas en même raison que leur longueur augmente; mais, d'un autre côté, cela s'éloigne assez pour qu'on suspende son jugement, et en effet on verra par la suite que l'on a ici raison de douter.

J'ai ensuite cherché quelle était la force du bois, en supposant la pièce inégale dans ses dimensions, par exemple, en la supposant d'un pouce d'épaisseur sur 1 pouce $\frac{1}{2}$ de largeur, et en la plaçant sur l'une et ensuite sur l'autre de ces dimensions, et pour cela j'ai fait faire quatre barreaux d'aubier de 18 pouces de longueur sur 1 pouce $\frac{1}{2}$ d'une face et sur 1 pouce de l'autre face : ces quatre barreaux, posés sur la face d'un pouce, ont supporté, au pied moyen, 723 livres, et quatre autres barreaux tous semblables, posés sur la face d'un pouce $\frac{1}{2}$, ont supporté, au pied moyen, 935 livres $\frac{1}{2}$. Quatre barreaux de bois parfait, posés sur la face d'un pouce, ont supporté au prix moyen 775, et, sur la face d'un pouce $\frac{1}{2}$, 998 livres. Il faut toujours se souvenir que dans ces expériences j'avais soin de choisir des morceaux de bois à peu près de même pesanteur, et qui contenaient le même nombre de couches ligneuses posées du même sens.

Avec toutes ces précautions et toute l'attention que je donnais à mon travail, j'avais souvent peine à me satisfaire : je m'apercevais quelquefois d'irrégularités et de variations qui dérangeaient les conséquences que je voulais tirer de mes expériences, et j'en ai plus de mille, rapportées sur un registre, que j'ai faites à plusieurs desseins, dont cependant je n'ai pu rien tirer, et qui m'ont laissé dans une incertitude manifeste à bien des égards. Comme toutes ces expériences se faisaient avec des morceaux de bois d'un pouce, d'un pouce $\frac{1}{2}$ ou de 2 pouces d'équarrissage, il fallait une attention très scrupuleuse dans le choix du bois, une égalité presque parfaite dans la pesanteur, le même nombre dans les couches ligneuses; et outre cela il y avait un inconvénient presque inévitable, c'était l'obliquité de la direction des fibres, qui souvent rendait les morceaux de bois tranchés les uns d'une couche, les autres d'une demi-couche, ce qui diminuait considérablement la force du barreau : je ne parle pas des nœuds, des défauts du bois, de la direction très oblique des couches ligneuses; on sent bien que tous ces morceaux étaient rejetés sans se donner la peine de les mettre à l'épreuve; enfin de ce grand nombre d'expériences que j'ai faites sur de petits morceaux, je n'en ai pu tirer rien d'assuré que les résultats que j'ai donnés ci-dessus, et je n'ai pas cru devoir hasarder d'en tirer des conséquences générales pour faire des tables sur la résistance du bois.

Ces considérations et les regrets des peines perdues me déterminèrent à entreprendre de faire des expériences en grand : je voyais clairement la difficulté de l'entreprise, mais je ne pouvais me résoudre à l'abandonner, et heureusement j'ai été beaucoup plus satisfait que je ne l'espérais d'abord.

PREMIÈRE EXPÉRIENCE.

I. — J'ai fait abattre un chêne de 3 pieds de circonférence et d'environ 25 pieds de hauteur; il était droit et sans branches jusqu'à la hauteur de 15 à 16 pieds; je l'ai fait scier à

14 pieds afin d'éviter les défauts du bois causés par l'éruption des branches, et ensuite j'ai fait scier par le milieu cette pièce de 14 pieds, cela m'a donné deux pièces de 7 pieds chacune ; je les ai fait équarrir le lendemain par des charpentiers, et le surlendemain je les ai fait travailler à la varlope par des menuisiers pour les réduire à 4 pouces juste d'équarrissage : ces deux pièces étaient fort saines et sans aucun nœud apparent ; celle qui provenait du pied de l'arbre pesait 60 livres, celle qui venait du dessus du tronc pesait 56 livres; on employa à charger la première vingt-neuf minutes de temps, elle plia dans son milieu de 3 pouces $\frac{1}{2}$ avant que d'éclater; à l'instant que la pièce eut éclaté, on discontinua de la charger, elle continua d'éclater et de faire beaucoup de bruit pendant vingt-deux minutes; elle baissa dans son milieu de 4 pouces $\frac{1}{2}$, et rompit sous la charge de 5,350 livres; la seconde pièce, c'est-à-dire celle qui provenait de la partie supérieure du tronc, fut chargée en vingt-deux minutes : elle plia dans son milieu de 4 pouces 6 lignes avant que d'éclater; alors on cessa de la charger; elle continua d'éclater pendant huit minutes, et elle baissa dans son milieu de 6 pouces 6 lignes, et rompit sous la charge de 5,275 livres.

II. — Dans le même terrain où j'avais fait couper l'arbre qui m'a servi à l'expérience précédente, j'en ai fait abattre un autre presque semblable au premier ; il était seulement un peu plus élevé, quoique un peu moins gros; sa tige était assez droite, mais elle laissait paraître plusieurs petites branches de la grosseur du doigt dans la partie supérieure, et à la hauteur de 17 pieds elle se divisait en deux grosses branches. J'ai fait tirer de cet arbre deux solives de 8 pieds de longueur sur 4 pouces d'équarrissage, et je les ai fait rompre deux jours après, c'est-à-dire immédiatement après qu'on les eut travaillées et réduites à la juste mesure : la première solive, qui provenait du pied de l'arbre, pesait 68 livres, et la seconde, tirée de la partie supérieure de la tige, ne pesait que 63 livres; on chargea cette première solive en quinze minutes, elle plia dans son milieu de 3 pouces 9 lignes avant que d'éclater; dès qu'elle eut éclaté, on cessa de charger; la solive continua d'éclater pendant dix minutes, elle baissa dans son milieu de 8 pouces, après quoi elle rompit en faisant beaucoup de bruit sous le poids de 4,600 livres; la seconde solive fut chargée en treize minutes, elle plia de 4 pouces 8 lignes avant que d'éclater, et après le premier éclat, qui se fit à 3 pieds 2 pouces du milieu, elle baissa de 11 pouces en six minutes, et rompit au bout de ce temps sous la charge de 4,500 livres.

III. — Le même jour, je fis abattre un troisième chêne voisin des deux autres, et j'en fis scier la tige par le milieu ; on en tira deux solives de 9 pieds de longueur chacune sur quatre pouces d'équarrissage; celle du pied pesait 77 livres, et celle du sommet 71 livres; et les ayant fait mettre à l'épreuve, la première fut chargée en quatorze minutes, elle plia de 4 pouces 10 lignes avant que d'éclater, et ensuite elle baissa de 7 pouces $\frac{1}{2}$, et rompit sous la charge de 4,100 livres; celle du dessus de la tige, qui fut chargée en douze minutes, plia de 5 pouces $\frac{1}{2}$ et éclata; ensuite elle baissa jusqu'à 9 pouces et rompit net sous la charge de 3,950 livres.

Ces expériences font voir que le bois du pied d'un arbre est plus pesant que le bois du haut de la tige; elles apprennent aussi que le bois du pied est plus fort et moins flexible que celui du sommet.

IV. — J'ai choisi, dans le même canton où j'avais déjà pris les arbres qui m'ont servi aux expériences précédentes, deux chênes de même espèce, de même grosseur, et à peu près semblables en tout; leur tige avait 3 pieds de tour, et n'avait guère que 11 à 12 pieds de hauteur jusqu'aux premières branches; je les fis équarrir et travailler tous deux en même temps, et on tira de chacun une solive de 10 pieds de longueur sur 4 pouces d'équarrissage; l'une de ces solives pesait 84 livres, et l'autre 82; la première rompit sous la charge de 3,625 livres, et la seconde sous celle de 3,600 livres. Je dois observer ici qu'on employa un temps égal à les charger, et qu'elles éclatèrent toutes deux au bout de quinze minutes; la plus légère plia un peu plus que l'autre, c'est-à-dire de 6 pouces $\frac{1}{2}$, et l'autre de 5 pouces 10 lignes.

V. — J'ai fait abattre, dans le même endroit, deux autres chênes de 2 pieds 10 à 11 pouces de grosseur et d'environ 15 pieds de tige; j'en ai fait tirer deux solives de 12 pieds de longueur et de 4 pouces d'équarrissage; la première pesait 100 livres, et la seconde 98; la plus pesante a rompu sous la charge de 3,050 livres, et l'autre sous celle de 2,925 livres, après avoir plié dans leur milieu, la première jusqu'à 7 et la seconde jusqu'à 8 pouces.

Voilà toutes les expériences que j'ai faites sur des solives de 4 pouces d'équarrissage; je n'ai pas voulu aller au delà de la longueur de 12 pieds, parce que dans l'usage ordinaire les constructeurs et les charpentiers n'emploient que très rarement des solives de 12 pieds sur 4 quatre pouces d'équarrissage, et qu'il n'arrive jamais qu'ils se servent de pièces de 14 ou 15 pieds de longueur et de 4 pouces de grosseur seulement.

En comparant la différente pesanteur des solives employées à faire les expériences ci-dessus, on trouve, par la première de ces expériences, que le pied cube de ce bois pesait 74 livres $\frac{1}{7}$, par la seconde 73 livres $\frac{6}{8}$, par la troisième 74, par la quatrième 74 $\frac{7}{10}$, et par la cinquième 74 $\frac{1}{4}$, ce qui marque que le pied cube de ce bois pesait en nombre moyen 74 livres $\frac{3}{10}$.

En comparant les différentes charges des pièces avec leur longueur, on trouve que les pièces de 7 pieds de longueur supportent 5,313 livres, celles de 8 pieds 4,550, celles de 9 pieds 4,025, celles de 10 pieds 3,612, et celles de 12 pieds 2,987; au lieu que, par les règles ordinaires de la mécanique, celles de 7 pieds ayant supporté 5,313 livres, celles de 8 pieds auraient dû supporter 4,649 livres, celles de 9 pieds 4,121, celles de 10 pieds 3,719, et celles de 12 pieds 3,099 livres; d'où l'on peut déjà soupçonner que la force du bois décroît plus qu'en raison inverse de sa longueur. Comme il me paraissait important d'acquérir une certitude entière sur ce fait, j'ai entrepris de faire les expériences suivantes sur des solives de 5 pouces d'équarrissage, et de toutes longueurs, depuis 7 pieds jusqu'à 28.

VI. — Comme je m'étais astreint à prendre dans le même terrain tous les arbres que je destinais à mes expériences, je fus obligé de me borner à des pièces de 28 pieds de longueur, n'ayant pu trouver dans ce canton des chênes plus élevés; j'en ai choisi deux dont la tige avait 28 pieds sans grosses branches, et qui en tout avaient plus de 45 à 50 pieds de hauteur. Ces chênes avaient à peu près 5 pieds de tour au pied; je les ai fait abattre le 14 mars 1740, et les ayant fait amener le même jour, je les ai fait équarrir le lendemain; on tira de chaque arbre une solive de 28 pieds de longueur sur 5 pouces d'équarrissage; je les examinai avec attention pour reconnaître s'il n'y aurait pas quelques nœuds ou quelque défaut de bois vers le milieu, et je trouvai que ces deux longues pièces étaient fort saines : la première pesait 364 livres, et la seconde 360. Je fis charger la plus pesante avec un équipage léger : on commença à deux heures cinquante-cinq minutes; à trois heures, c'est à dire au bout de cinq minutes, elle avait déjà plié de 3 pouces dans son milieu, quoiqu'elle ne fût encore chargée que de 500 livres; à trois heures cinq minutes elle avait plié de 7 pouces, et elle était chargée de 1,000 livres; à trois heures dix minutes elle avait plié de 14 pouces sous la charge de 1,500 livres; enfin à trois heures douze à treize minutes elle avait plié de 18 pouces et elle était chargée de 1,800 livres. Dans cet instant, la pièce éclata violemment; elle continua d'éclater pendant quatorze minutes et baissa de 25 pouces, après quoi elle rompit net au milieu sous ladite charge de 1,800 livres. La seconde pièce fut chargée de la même façon : on commença à quatre heures cinq minutes; on la chargea d'abord de 500 livres, en cinq minutes elle avait plié de 5 pouces; dans les cinq minutes suivantes on la chargea encore de 500 livres, elle avait plié de 11 pouces $\frac{1}{2}$; au bout de cinq autres minutes elle avait plié de 18 pouces $\frac{1}{2}$ sous la charge de 1,500 livres; deux minutes après elle éclata sous celle de 1,750 livres, et dans ce moment elle avait plié de 22 pouces; on cessa de la charger, elle continua d'éclater pendant six minutes, et baissa jusqu'à 28 pouces avant que de rompre entièrement sous cette charge de 1,750 livres.

VII. — Comme la plus pesante des deux pièces de l'expérience précédente avait rompu net dans son milieu, et que le bois n'était point éclaté ni fendu dans les parties voisines de la rupture, je pensai que les deux morceaux de cette pièce rompue pourraient me servir pour faire des expériences sur la longueur de 14 pieds : je prévoyais que la partie supérieure de cette pièce pèserait moins et romprait plus aisément que l'autre morceau qui provenait de la partie inférieure du tronc, mais en même temps je voyais bien qu'en prenant le terme moyen entre les résistances de ces deux solives, j'aurais un résultat qui ne s'éloignerait pas de la résistance réelle d'une pièce de 14 pieds, prise dans un arbre de cette hauteur ou environ. J'ai donc fait scier le reste des fibres qui unissaient encore les deux parties; celle qui venait du pied de l'arbre se trouva peser 185 livres, et celle du sommet 178 livres $\frac{1}{2}$; la première fut chargée d'un millier dans les cinq premières minutes, elle n'avait pas plié sensiblement sous cette charge; on l'augmenta d'un second millier de livres dans les cinq minutes suivantes, ce poids de deux milliers la fit plier d'un pouce dans son milieu; un troisième millier en cinq autres minutes la fit plier en tout de 2 pouces; un quatrième millier la fit plier jusqu'à 3 pouces $\frac{1}{2}$, et un cinquième millier jusqu'à 5 pouces $\frac{1}{2}$; on allait continuer à la charger, mais après avoir ajouté 250 aux cinq milliers dont elle était chargée, il se fit un éclat à une des arêtes inférieures; on discontinua de charger, les éclats continuèrent et la pièce baissa dans le milieu jusqu'à 10 pouces avant que de rompre entièrement sous cette charge de 5,250 livres; elle avait supporté tout ce poids pendant quarante et une minutes.

On chargea la seconde pièce comme on avait chargé la première, c'est-à-dire d'un millier par cinq minutes; le premier millier la fit plier de 3 lignes, le second d'un pouce 4 lignes, le troisième de 3 pouces, le quatrième de 5 pouces 9 lignes; on chargeait le cinquième millier lorsque la pièce éclata tout à coup sous la charge de 4,650 livres; elle avait plié de 8 pouces : après ce premier éclat on cessa de charger, la pièce continua d'éclater pendant une demi-heure, et elle baissa jusqu'à 13 pouces avant que de rompre entièrement sous cette charge de 4,650 livres.

La première pièce, qui provenait du pied de l'arbre, avait porté 5,250 livres, et la seconde, qui venait du sommet, 4,650 livres; cette différence me parut trop grande pour statuer sur cette expérience; c'est pourquoi je crus qu'il fallait réitérer, et je me servis de la seconde pièce de 28 pieds de la sixième expérience; elle avait rompu en éclatant à 2 pieds du milieu, du côté de la partie supérieure de la tige, mais la partie inférieure ne paraissait pas avoir beaucoup souffert de la rupture, elle était seulement fendue de 4 à 5 pieds de longueur, et la fente, qui n'avait pas un quart de ligne d'ouverture, pénétrait jusqu'à la moitié ou environ de l'épaisseur de la pièce; je résolus, malgré ce petit défaut, de la mettre à l'épreuve, je la pesai et je trouvai qu'elle pesait 183 livres; je la fis charger comme les précédentes; on commença à midi vingt minutes; le premier millier la fit plier de près d'un pouce, le second de 2 pouces 10 lignes, le troisième de 5 pouces 3 lignes; et un poids de 150 livres, ajouté aux trois milliers, la fit éclater avec grande force, l'éclat fut rejoindre la fente occasionnée par la première rupture, et la pièce baissa de 15 pouces avant que de rompre entièrement sous cette charge de 3,150 livres. Cette expérience m'apprit à me défier beaucoup des pièces qui avaient été rompues ou chargées auparavant, car il se trouve ici une différence de près de deux milliers sur cinq dans la charge, et cette différence ne doit être attribuée qu'à la fente de la première rupture qui avait affaibli la pièce.

Étant donc encore moins satisfait, après cette troisième épreuve, que je ne l'étais après les deux premières, je cherchai dans le même terrain deux arbres dont la tige pût me fournir deux solives de la même longueur de 14 pieds, sur 5 pouces d'équarrissage; et les ayant fait couper le 17 mars, je les fis rompre le 19 du même mois; l'une des pièces pesait 178 livres et l'autre 176 : elles se trouvèrent heureusement fort saines et sans aucun défaut apparent ou caché; la première ne plia point sous le premier millier, elle plia d'un pouce sous le second, de 2 pouces $\frac{1}{2}$ sous le troisième, de 4 pouces $\frac{1}{2}$ sous le quatrième, et de 7 pouces $\frac{1}{4}$ sous le cinquième; on la chargea encore de 400 livres, après quoi elle fit un éclat violent, et continua d'éclater pendant vingt et une minutes; elle baissa jusqu'à 13 pouces, et rompit enfin sous la charge de 5,400 livres; la seconde plia un peu sous le premier millier, elle plia d'un pouce 3 lignes sous le second, de 3 pouces sous le troisième, de 5 pouces sous le quatrième, et de près de 8 pouces sous le cinquième, 200 livres de plus la firent éclater; elle continua à faire du bruit et à baisser pendant dix-huit minutes, et rompit au bout de ce temps sous la charge de 5,200 livres. Ces deux dernières expériences me satisfirent pleinement, et je fus alors convaincu que les pièces de 14 pieds de longueur, sur 5 pouces d'équarrissage, peuvent porter au moins cinq milliers, tandis que, par la loi du levier, elles n'auraient dû porter que le double des pièces de 28 pieds, c'est-à-dire 3,000 livres ou environ.

VIII. — J'avais fait abattre le même jour deux autres chênes, dont la tige avait environ 16 à 17 pieds de hauteur sans branches, et j'avais fait scier ces deux arbres en deux parties égales; cela me donna quatre solives de 7 pieds de longueur, sur 5 pouces d'équarrissage : de ces quatre solives je fus obligé d'en rebuter une qui provenait de la partie inférieure de l'un de ces arbres à cause d'une tare assez considérable; c'était un ancien coup de cognée que cet arbre avait reçu dans sa jeunesse à 3 pieds $\frac{1}{2}$ au-dessus de terre; cette blessure s'était recouverte avec le temps, mais la cicatrice n'était pas réunie et subsistait en entier, ce qui faisait un défaut très considérable; je jugeai donc que cette pièce devait être rejetée. Les trois autres étaient assez saines et n'avaient aucun défaut; l'une provenait du pied, et les deux autres du sommet des arbres : la différence de leur poids le marquait assez, car celle qui venait du pied pesait 94 livres, et des deux autres, l'une pesait 90 livres et l'autre 88 livres $\frac{1}{2}$. Je les fis rompre toutes trois le même jour, 19 mars; on employa près d'une heure pour charger la première ; d'abord on la chargeait de deux milliers par cinq minutes, on se servit d'un gros équipage qui pesait seul 2,500 livres, au bout de quinze minutes elle était chargée de sept milliers, elle n'avait encore plié que de 5 lignes. Comme la difficulté de charger augmentait, on ne put dans les cinq minutes suivantes la charger que de 1,500 livres; elle avait plié de 9 lignes; mille livres qu'on mit ensuite dans les cinq minutes suivantes, la firent plier d'un pouce 3 lignes, mille autres livres en cinq minutes l'amenèrent à 1 pouce 11 lignes, encore mille livres, à 2 pouces 6 lignes; on continuait de charger, mais la pièce éclata tout à coup et très violemment sous la charge de 11,775 livres; elle continua d'éclater avec grande violence pendant dix minutes, baissa jusqu'à 3 pouces 7 lignes, et rompit net au milieu.

La seconde pièce, qui pesait 90 livres, fut chargée comme la première; elle plia plus aisément et rompit au bout de trente-cinq minutes sous la charge de 10,950 livres, mais il y avait un petit nœud à la surface inférieure qui avait contribué à la faire rompre.

La troisième pièce, qui ne pesait que 88 livres $\frac{1}{2}$, ayant été chargée en cinquante-trois minutes, rompit sous la charge de 11,275 livres. J'observai qu'elle avait encore plus plié que les deux autres, mais on manqua de marquer exactement les quantités dont ces deux dernières pièces plièrent à mesure qu'on les chargeait. Par ces trois épreuves, il est aisé de voir que la force d'une pièce de bois de 7 pieds de longueur, qui ne devrait être que quadruple de la force d'une pièce de bois de 28 pieds, est à peu près sextuple.

IX. — Pour suivre plus loin ces épreuves et m'assurer de cette augmentation de force en détail et dans toutes les longueurs des pièces de bois, j'ai fait abattre, toujours dans le même canton, deux chênes fort lisses, dont la tige portait plus de 25 pieds sans aucunes grosses branches; j'en ai fait tirer deux solives de 24 pieds de longueur sur 5 pouces d'équarrissage : ces deux pièces étaient fort saines et en bois liant qui se travaillait avec facilité. La première pesait 310 livres, et la seconde n'en pesait que 307; je les ai fait charger avec un petit équipage de 500 livres par cinq minutes : la première a plié de 2 pouces sous une charge de 500 livres, de 4 pouces $\frac{1}{2}$ sous celle d'un millier, de 7 pouces $\frac{1}{2}$ sous 1,500 livres, et de près de 11 pouces sous 2,000 livres. La pièce éclata sous 2,200, et rompit au bout de cinq minutes après avoir baissé jusqu'à 15 pouces. La seconde pièce plia de 3 pouces, 6 pouces, 9 pouces $\frac{1}{2}$, 13 pouces sous les charges successives et accumulées de 500, 1.000, 1.500 et 2.000 livres, et rompit sous 2.125 livres après avoir baissé jusqu'à 16 pouces.

X. — Il me fallait deux pièces de 12 pieds de longueur 5 pouces d'équarrissage pour comparer leur force avec celle des pièces de 24 pieds de l'expérience précédente; j'ai choisi pour cela deux arbres qui étaient à la vérité un peu trop gros, mais que j'ai été obligé d'employer faute d'autres; je les ai fait abattre le même jour avec huit autres arbres, savoir, deux de 22 pieds, deux de 20, et quatre de 12 à 13 pieds de hauteur; j'ai fait travailler le lendemain ces deux premiers arbres, et en ayant fait tirer deux solives de 12 pieds de longueur sur 5 pouces d'équarrissage, j'ai été un peu surpris de trouver que l'une des solives pesait 156 livres, et que l'autre ne pesait que 138 livres. Je n'avais pas encore trouvé d'aussi grandes différences, même à beaucoup près, dans le poids de deux pièces semblables; je pensai d'abord, malgré l'examen que j'en avais fait, que l'une des pièces était trop forte et l'autre trop faible d'équarrissage, mais les ayant bien mesurées partout avec un troussequin de menuisier, et ensuite avec un compas courbe, je reconnus qu'elles étaient parfaitement égales; et comme elles étaient saines et sans aucun défaut, je ne laissai pas de les faire rompre toutes deux pour reconnaître ce que cette différence de poids produirait. On les chargea toutes deux de la même façon, c'est-à-dire d'un millier en cinq minutes; la plus pesante plia de $\frac{1}{4}$, $\frac{3}{4}$, 1 $\frac{1}{2}$, 2 $\frac{3}{4}$, 4, 5 pouces $\frac{1}{2}$ dans les cinq, dix, quinze, vingt, vingt-cinq et trente minutes qu'on employa à la charger, et elle éclata sous la charge de 6,050 livres, après avoir baissé jusqu'à 13 pouces avant que de rompre absolument. La moins pesante des deux pièces plia de $\frac{4}{5}$, 1, 2, 3 $\frac{1}{2}$, 5 $\frac{1}{4}$ dans les cinq, dix, quinze, vingt et vingt-cinq minutes, et elle éclata sous la charge de 5,225 livres, sous laquelle au bout de 7 à 8 minutes elle rompit entièrement : on voit que la différence est ici à peu près aussi grande dans les charges que dans les poids, et que la pièce légère était très faible. Pour lever les doutes que j'avais sur cette expérience, je fis tout de suite travailler un autre arbre de 13 pieds de longueur, et j'en fis tirer une solive de 12 pieds de longueur sur 5 pouces d'équarrissage : elle se trouva peser 154 livres, et elle éclata après avoir plié de 5 pouces 9 lignes sous la charge de 6,100 livres. Cela me fit voir que les pièces de 12 pieds sur 5 pouces peuvent supporter environ 6,000 livres, tandis que les pièces de 24 pieds ne portent que 2,200, ce qui fait un poids beaucoup plus fort que le double de 2,200 qu'elles auraient dû porter par la loi du levier. Il me restait, pour me satisfaire sur toutes les circonstances de cette expérience, à trouver pourquoi dans un même terrain il se trouve quelquefois des arbres dont le bois est si différent en pesanteur et en résistance : j'allai, pour le découvrir, visiter le lieu, et ayant sondé le terrain auprès du tronc de l'arbre qui avait fourni la pièce légère, je reconnus qu'il y avait un peu d'humidité qui séjournait au pied de cet arbre par la pente naturelle du lieu, et j'attribuai la faiblesse de ce bois au terrain humide où il avait crû, car je ne m'aperçus pas que la terre fût d'une qualité différente, et ayant sondé dans plusieurs endroits, je trouvai partout une terre semblable. On verra, par l'expérience suivante, que les différents terrains produisent des bois qui sont quelquefois de pesanteur et de force encore plus inégales.

XI. — J'ai choisi dans le même terrain où je prenais tous les arbres qui me servaient à faire mes expériences, un arbre à peu près de la même grosseur que ceux de l'expérience neuvième, et en même temps j'ai cherché un autre arbre à peu près semblable au premier dans un terrain différent : la terre est forte et mêlée de glaise dans le premier terrain, et dans le second ce n'est qu'un sable presque sans aucun mélange de terre. J'ai fait tirer de chacun de ces arbres une solive de 22 pieds sur 5 pouces d'équarrissage : la première solive, qui venait du terrain fort, pesait 281 livres; l'autre, qui venait du terrain sablonneux, ne pesait que 232 livres, ce qui fait une différence de près d'un sixième dans le poids. Ayant mis à l'épreuve la plus pesante de ces deux pièces, elle plia de 11 pouces 3 lignes avant que d'éclater, et elle baissa jusqu'à 19 pouces avant que de rompre absolument; elle supporta, pendant 18 minutes, une charge de 2,975 livres; mais la seconde pièce, qui venait du terrain sablonneux, ne plia que de 5 pouces avant que d'éclater, et ne baissa que de 8 pouces $\frac{1}{2}$ dans son milieu, et elle rompit au bout de 3 minutes sous la charge de 2,350 livres, ce qui fait une différence de plus d'un cinquième dans la charge. Je rapporterai dans la suite quelques autres expériences à ce sujet; mais revenons à notre échelle des résistances suivant les différentes longueurs.

XII. — De deux solives de 20 pieds de longueur sur 5 pouces d'équarrissage, prises dans le même terrain et mises à l'épreuve le même jour, la première, qui pesait 263 livres, supporta pendant dix minutes une charge de 3,275 livres, et ne rompit qu'après avoir plié dans son milieu de 16 pouces 2 lignes; la seconde solive, qui pesait 259 livres, supporta pendant huit minutes une charge de 3,175 livres, et rompit après avoir plié de 20 pouces $\frac{1}{2}$.

XIII. — J'ai ensuite fait faire trois solives de 10 pieds de longueur et du même équarrissage de 5 pouces : la première pesait 132 livres, et a rompu sous la charge de 7,225 livres au bout de vingt minutes, et après avoir baissé de 7 pouces $\frac{1}{2}$; la seconde pesait 130 livres, elle a rompu après vingt minutes sous la charge de 7,050 livres, et elle a baissé de 6 pouces 9 lignes; la troisième pesait 128 livres $\frac{1}{2}$, elle a rompu sous la charge de 7,100 livres après avoir baissé de 8 pouces 7 lignes, et cela au bout de dix-huit minutes.

En comparant cette expérience avec la précédente, on voit que les pièces de 20 pieds, sur 5 pouces d'équarrissage, peuvent porter une charge de 3,225 livres, et celles de 10 pieds de longueur et du même équarrissage de 5 pouces, une charge de 7,125 livres, au lieu que, par les règles de la mécanique, elles n'auraient dû porter que 6,450 livres.

XIV. — Ayant mis à l'épreuve deux solives de 18 pieds de longueur, sur 5 pouces d'équarrissage, j'ai trouvé que la première pesait 232 livres, et qu'elle a supporté pendant onze minutes une charge de 3,750 livres après avoir baissé de 17 pouces, et que la seconde, qui pesait 231 livres, a supporté une charge de 3,650 livres pendant dix minutes, et n'a rompu qu'après avoir baissé de 15 pouces.

XV. — Ayant de même mis à l'épreuve trois solives de 9 pieds de longueur, sur 5 pouces d'équarrissage, j'ai trouvé que la première, qui pesait 118 livres, a porté pendant cinquante-huit minutes une charge de 8,400 livres, après avoir plié dans son milieu de

6 pouces ; la seconde, qui pesait 116 livres, a supporté pendant quarante-six minutes une charge de 8,325 livres, après avoir plié dans son milieu de 5 pouces 4 lignes ; et la troisième, qui pesait 115 livres, a supporté pendant quarante minutes une charge de 8,200 livres, et elle a plié de 5 pouces dans son milieu.

Comparant cette expérience avec la précédente, on voit que les pièces de 18 pieds de longueur sur 5 pouces d'équarrissage portent 3,700 livres, et que celles de 9 pieds portent 8,308 livres $\frac{1}{3}$, au lieu qu'elles n'auraient dû porter, selon les règles du levier, que 7,400 livres.

XVI. — Enfin, ayant mis à l'épreuve deux solives de 16 pieds de longueur, sur 5 pouces d'équarrissage, la première, qui pesait 209 livres, a porté pendant dix-sept minutes une charge de 4,425 livres, et elle a rompu après avoir baissé de 16 pouces ; le seconde, qui pesait 205 livres, a porté pendant 15 minutes une charge de 4,275 livres, et elle a rompu après avoir baissé de 12 pouces $\frac{1}{2}$.

XVII. — Et ayant mis à l'épreuve deux solives de 8 pieds de longueur, sur 5 pouces d'équarrissage, la première, qui pesait 104 livres, porta pendant quarante minutes une charge de 9,900 livres, et rompit après avoir baissé de 5 pouces ; la seconde, qui pesait 102 livres, porta pendant trente-neuf minutes une charge de 9,675 livres, et rompit après avoir plié de 4 pouces 7 lignes.

Comparant cette expérience avec la précédente, on voit que la charge moyenne des pièces de 16 pieds de longueur sur 5 pouces d'équarrissage est 4,350 livres, et que celle des pièces de 8 pieds et du même équarrissage est 9,787 $\frac{1}{4}$, au lieu que par la règle du levier elle devrait être de 8,700 livres.

Il résulte de toutes ces expériences que la résistance du bois n'est point en raison inverse de sa longueur, comme on l'a cru jusqu'ici, mais que cette résistance décroît très considérablement à mesure que la longueur des pièces augmente, ou, si l'on veut, qu'elle augmente beaucoup à mesure que cette longueur diminue ; il n'y a qu'à jeter les yeux sur la table ci-après pour s'en convaincre : on voit que la charge d'une pièce de 10 pieds est le double et un neuvième de celle d'une pièce de 20 pieds ; que la charge d'une pièce de 9 pieds est le double et environ le huitième de celle d'une pièce de 18 pieds ; que la charge d'une pièce de 8 pieds est le double et un huitième presque juste de celle d'une pièce de 16 pieds ; que la charge d'une pièce de 7 pieds est le double et beaucoup plus d'un huitième de celle de 14 pieds : de sorte qu'à mesure que la longueur des pièces diminue la résistance augmente, et cette augmentation de résistance croît de plus en plus.

On peut objecter ici que cette règle de l'augmentation de la résistance, qui croît de plus en plus à mesure que les pièces sont moins longues, ne s'observe pas au delà de la longueur de 20 pieds, et que les expériences rapportées ci-dessus sur des pièces de 24 et de 28 pieds prouvent que la résistance du bois augmente plus dans une pièce de 14 pieds, comparée à une pièce de 28, que dans une pièce de 7 pieds, comparée à une pièce de 14 ; et que de même cette résistance augmente plus que la règle ne le demande dans une pièce de 12 pieds, comparée à une pièce de 24 pieds ; mais il n'y a rien là qui se contrarie, et cela n'arrive ainsi que par un effet bien naturel, c'est que la pièce de 28 pieds et celle de 24 pieds qui n'ont que 5 pouces d'équarrissage, sont trop disproportionnées dans leurs dimensions, et que le poids de la pièce même est une partie considérable du poids total qu'il faut pour la rompre, car il ne faut que 1,775 livres pour rompre une pièce de 28 pieds, et cette pièce pèse 362 livres. On voit bien que le poids de la pièce devient dans ce cas une partie considérable de la charge qui la fait rompre ; et, d'ailleurs, ces longues pièces minces, pliant beaucoup avant de rompre, les plus petits défauts du bois, et surtout le fil tranché, contribuent beaucoup plus à la rupture.

Il serait aisé de faire voir qu'une pièce pourrait rompre par son propre poids, et que la longueur qu'il faudrait supposer à cette pièce proportionnellement à sa grosseur n'est pas à beaucoup près aussi grande qu'on pourrait l'imaginer : par exemple, en partant du fait acquis par les expériences ci-dessus, que la charge d'une pièce de 7 pieds de longueur sur 5 pouces d'équarrissage est de 11,525, on conclurait tout de suite que la charge d'une pièce de 14 pieds est de 5,762 livres ; que celle d'une pièce de 28 pieds est de 2,881 ; que celle d'une pièce de 56 pieds est de 1,440 livres ; c'est-à-dire la huitième partie de la charge de 7 pieds, parce que la pièce de 56 pieds est huit fois plus longue ; cependant, bien loin qu'il fût besoin d'une charge de 1,440 livres pour rompre une pièce de 56 pieds sur 5 pouces seulement d'équarrissage, j'ai de bonnes raisons pour croire qu'elle pourrait rompre par son propre poids. Mais ce n'est pas ici le lieu de rapporter les recherches que j'ai faites à ce sujet, et je passe à une autre suite d'expériences sur des pièces de 6 pouces d'équarrissage, depuis 8 pieds jusqu'à 20 pieds de longueur.

XVIII. — J'ai fait rompre deux solives de 20 pieds de longueur, sur 6 pouces d'équarrissage : l'une de ces solives pesait 377 livres et l'autre 375 ; la plus pesante a rompu au bout de douze minutes sous la charge de 5,025 livres, après avoir plié de 17 pouces ; la seconde, qui était la moins pesante, a rompu en onze minutes sous la charge de 4,875 livres, après avoir plié de 14 pouces.

J'ai ensuite mis à l'épreuve deux pièces de 10 pieds de longueur sur le même équarrissage de 6 pouces ; la première, qui pesait 188 livres, a supporté pendant quarante-six minutes une charge de 11,475 livres, et n'a rompu qu'en se fendant jusqu'à l'une de ses extrémités, elle a plié de 8 pouces ; la seconde, qui pesait 186 livres, a supporté pendant quarante-quatre minutes une charge de 11,025 livres, elle a plié de 6 pouces avant que de rompre.

XIX. — Ayant mis à l'épreuve deux solives de 18 pieds de longueur, sur 6 pouces d'équarrissage, la première, qui pesait 331 livres, a supporté pendant seize minutes une charge de 5,625 livres ; elle avait éclaté avant ce temps, mais je ne pus apercevoir de rupture dans les fibres ; de sorte qu'au bout de deux heures et demie, voyant qu'elle était toujours au même point et qu'elle ne baissait plus dans son milieu où elle avait plié de 12 pouces 3 lignes, je voulus voir si elle pourrait se redresser et je fis ôter peu à peu tous les poids dont elle était chargée : quand tous les poids furent enlevés, elle ne demeura courbe que de 2 pouces, et le lendemain elle s'était redressée au point qu'il n'y avait que 5 lignes de courbure dans son milieu. Je la fis recharger tout de suite, et elle rompit au bout de quinze minutes sous une charge de 5,475 livres, tandis qu'elle avait supporté le jour précédent une charge plus forte de 250 livres pendant deux heures et demie. Cette expérience s'accorde avec les précédentes où l'on a vu qu'une pièce qui a supporté un grand fardeau pendant quelque temps perd de sa force même sans avertir et sans éclater. Elle prouve aussi que le bois a un ressort qui se rétablit jusqu'à un certain point, mais que ce ressort étant bandé autant qu'il peut l'être sans rompre, il ne peut pas se rétablir parfaitement. La seconde solive, qui pesait 331 livres, supporta pendant quatorze minutes la charge de 5,300 livres, et rompit après avoir plié de 10 pouces.

Ensuite ayant éprouvé deux solives de 9 pieds de longueur, sur 6 pouces d'équarrissage, la première, qui pesait 166 livres, supporta pendant cinquante-six minutes la charge de 13,450 livres, et rompit après avoir plié de 5 pouces 2 lignes ; la seconde, qui pesait 164 livres $\frac{1}{2}$, supporta pendant cinquante et une minutes une charge de 12,850 livres, et rompit après avoir plié de 5 pouces.

XX. — J'ai fait rompre deux solives de 16 pieds de longueur, sur 6 pouces d'équarrissage : la première, qui pesait 294 livres, a supporté pendant vingt-six minutes une charge de 6,250 livres, et elle a rompu après avoir plié de 8 pouces; la seconde, qui pesait 233 livres, a supporté pendant vingt-deux minutes une charge de 6,475 livres, et elle a rompu après avoir plié de 10 pouces.

Ensuite, ayant mis à l'épreuve deux solives de 8 pieds de longueur, sur le même équarrissage de 6 pouces, la première solive, qui pesait 149 livres, supporta pendant une heure vingt minutes une charge de 15,700 livres, et rompit après avoir baissé de 3 pouces 7 lignes; la seconde solive, qui pesait 146 livres, porta pendant deux heures cinq minutes une charge de 15,350 livres, et rompit après avoir plié dans le milieu de 4 pouces 2 lignes.

XXI. — Ayant pris deux solives de 14 pieds de longueur, sur 6 pouces d'équarrissage, la première, qui pesait 255 livres, a supporté pendant quarante-six minutes la charge de 7,450 livres, et elle a rompu après avoir plié dans le milieu de 10 pouces; la seconde, qui ne pesait que 254 livres, a supporté pendant une heure quatorze minutes la charge de 7,500 livres, et n'a rompu qu'après avoir plié de 11 pouces 4 lignes.

Ensuite, ayant mis à l'épreuve deux solives de 7 pieds de longueur, sur 6 pouces d'équarrissage, la première qui pesait 128 livres, a supporté pendant deux heures dix minutes une charge de 1,9250 livres, et a rompu après avoir plié dans le milieu de 2 pouces 8 lignes; la seconde, qui pesait 126 livres $\frac{1}{2}$, a supporté pendant une heure quarante-huit minutes une charge de 13,659 livres; elle a rompu après avoir plié de 2 pouces.

XXII. — Enfin, ayant mis à l'épreuve deux solives de 12 pieds de longueur, sur 6 pouces d'équarrissage : la première, qui pesait 224 livres, a supporté pendant quarante-six minutes la charge de 9,200 livres, et a rompu après avoir plié de 7 pouces; la seconde, qui pesait 221 livres, a supporté pendant cinquante-trois minutes la charge de 9,000 livres et a rompu après avoir plié de 5 pouces 10 lignes.

J'aurais bien voulu faire rompre des solives de 6 pieds de longueur, pour les comparer avec celles de 12 pieds, mais il aurait fallu un nouvel équipage, parce que celui dont je me servais était trop large et ne pouvait passer entre les deux tréteaux sur lesquels portaient les deux extrémités de la pièce.

En comparant les résultats de toutes ces expériences, on voit que la charge d'une pièce de 10 pieds de longueur, sur 6 pouces d'équarrissage, est le double et beaucoup plus d'un septième de celle d'une pièce de 20 pieds; que la charge d'une pièce de 9 pieds est le double et beaucoup plus d'un sixième de celle d'une pièce de 18 pieds; que la charge d'une pièce de 8 pieds est le double et beaucoup plus d'un cinquième de celle d'une pièce de 16 pieds; et enfin que la charge d'une pièce de 7 pieds est le double et beaucoup plus d'un quart de celle d'une pièce de 14 pieds, sur 6 pouces d'équarrissage : ainsi l'augmentation de la résistance est encore beaucoup plus grande à proportion que dans les pièces de 5 pouces d'équarrissage. Voyons maintenant les expériences que j'ai faites sur des pièces de 7 pouces d'équarrissage.

XXIII. — J'ai fait rompre deux solives de 20 pieds de longueur, sur 7 pouces d'équarrissage : la première de ces deux solives, qui pesait 505 livres, a supporté pendant trente-sept minutes une charge de 8,550 livres, et a rompu après avoir plié de 12 pouces 7 lignes; la seconde solive, qui pesait 500 livres, a supporté pendant vingt minutes une charge de 8,000 livres, et a rompu après avoir plié de 12 pouces.

Ensuite, ayant mis à l'épreuve deux solives de 10 pieds de longueur, sur 7 pouces d'équarrissage, la première, qui pesait 254 livres, a supporté pendant deux heures six minutes une charge de 19,650 livres, et elle a rompu après avoir plié de 2 pouces 7 lignes avant que d'éclater, et baissé de 13 pouces avant que de rompre absolument; la seconde solive, qui pesait 225 livres, a supporté pendant une heure quarante-neuf minutes une charge de 19,300 livres, et elle a rompu après avoir plié de 3 pouces avant que d'éclater, et de 3 pouces avant que de rompre entièrement.

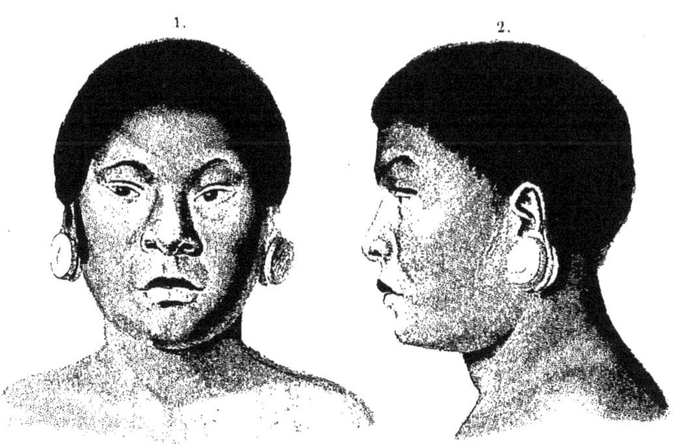

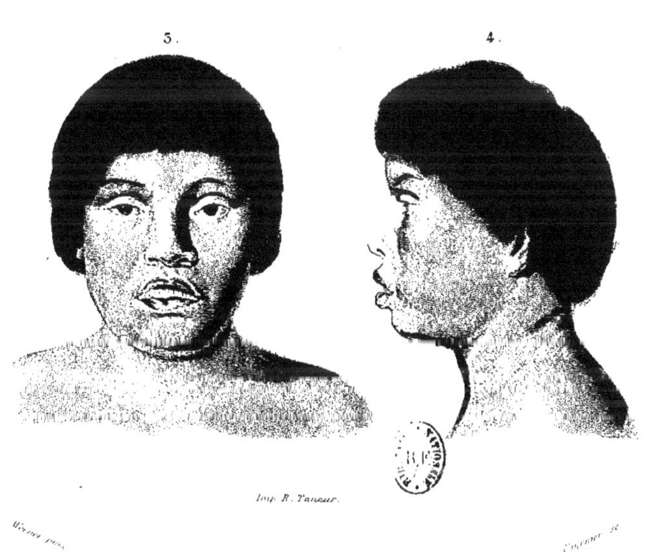

Imp. R. Taneur.

1. 2. Indien Botocudos mâle.

3. 4. Indien Botocudos femelle.

d'équarrissage. Ces expériences ont été faites à ma campagne, où il me fut impossible de trouver du fer plus gros que celui que j'avais employé, et je fus obligé de me contenter de faire faire une autre boucle pareille à la précédente, avec laquelle j'ai fait le reste de mes expériences sur la force du bois.

XXVII. — Ayant mis à l'épreuve deux solives de 12 pieds de longueur, sur 7 pouces d'équarrissage : la première, qui pesait 302 livres, a supporté pendant une heure deux minutes la charge de 16,800 livres, et elle a rompu après avoir plié de deux pouces 11 lignes avant que d'éclater, et de 7 pouces 6 lignes avant que de rompre totalement; la seconde solive, qui pesait 301 livres, a supporté pendant cinquante-cinq minutes une charge de 15,550 livres, et elle a rompu après avoir plié de 3 pouces 4 lignes avant que d'éclater, et de 7 pouces avant que de rompre entièrement.

En comparant toutes ces expériences sur des pièces de 7 pouces d'équarrissage, je trouve que la charge d'une pièce de 10 pieds de longueur est le double et plus d'un sixième de celle d'une pièce de 20 pieds; que la charge d'une pièce de 9 pieds est le double et près d'un cinquième de celle d'une pièce de 18 pieds; que la charge d'une pièce de 8 pieds est le double et beaucoup plus d'un cinquième de celle d'une pièce de 16 pieds; d'où l'on voit que non seulement l'unité qui sert de mesure à l'augmentation de la résistance, et qui est ici le rapport entre la résistance d'une pièce de 10 pieds et le double de la résistance d'une pièce de 20 pieds, que non seulement, dis-je, cette unité augmente, mais même que l'augmentation de la résistance accroît toujours à mesure que les pièces deviennent plus grosses. On doit observer ici que les différences proportionnelles des augmentations de la résistance des pièces de 7 pouces sont moindres, en comparaison des augmentations de la résistance des pièces de 6 pouces, que celles-ci ne le sont en comparaison de celles de 5 pouces; mais cela doit être, comme on le verra par la comparaison que nous ferons des résistances avec les épaisseurs des pièces.

Venons enfin à la dernière suite de mes expériences sur des pièces de 8 pouces d'équarrissage.

XXVIII. — J'ai fait rompre deux solives de 20 pieds de longueur, sur 8 pouces d'équarrissage : la première, qui pesait 664 livres, a supporté pendant quarante-sept minutes une charge de 11,775 livres, et elle a rompu après avoir d'abord plié de 6 pouces $\frac{1}{2}$ avant que d'éclater, et de 11 pouces avant que de rompre absolument; la seconde solive, qui pesait 660 livres $\frac{1}{2}$, a supporté pendant quarante-quatre minutes une charge de 11,200 livres, et elle a rompu après avoir plié de 6 pouces juste avant que d'éclater, et de 9 pouces 3 lignes avant que de rompre entièrement.

Ensuite, ayant mis à l'épreuve deux pièces de 10 pieds de longueur, sur 8 pouces d'équarrissage : la première, qui pesait 331 livres, a supporté pendant trois heures vingt minutes la charge énorme de 27,800 livres, après avoir plié de 3 pouces avant que d'éclater, et de 5 pouces 9 lignes avant que de rompre absolument; la seconde pièce, qui pesait 330 livres, a supporté pendant quatre heures cinq ou six minutes la charge de 27,700 livres, et elle a rompu après avoir d'abord plié de 2 pouces 3 lignes avant que d'éclater, et de 4 pouces 5 lignes avant que de rompre. Ces deux pièces ont fait un bruit terrible en rompant; c'était comme autant de coups de pistolet à chaque éclat qu'elles faisaient, et ces expériences ont été les plus pénibles et les plus fortes que j'aie faites : il fallut user de mille précautions pour mettre les derniers poids, parce que je craignais que la boucle de fer ne cassât sous cette charge de 27 milliers, puisqu'il n'avait fallu que 28 milliers pour rompre une semblable boucle. J'avais mesuré la hauteur de cette boucle avant que de faire ces deux expériences, afin de voir si le fer s'allongerait par le poids d'une charge si considérable et si approchante de celle qu'il fallait pour la faire rompre; mais ayant mesuré une seconde fois la boucle, et cela après les expériences faites, je n'ai pas trouvé la moindre différence, la boucle avait comme auparavant 12 pouces $\frac{1}{2}$ de longueur, et les angles étaient aussi droits qu'ils l'étaient avant l'épreuve.

Ayant mis à l'épreuve deux solives de 18 pieds de longueur, sur 8 pouces d'équarrissage : la première, qui pesait 594 livres, a supporté pendant cinquante-quatre minutes la charge de 13,500 livres, et elle a rompu après avoir plié de 4 pouces $\frac{1}{2}$ avant que d'éclater, et de 10 pouces 2 lignes avant que de rompre; la seconde solive, qui pesait 593 livres, a supporté pendant quarante-huit minutes la charge de 12,900 livres, et elle a rompu après avoir plié de 4 pouces 1 ligne avant que d'éclater, et de 7 pouces 9 lignes avant que de rompre absolument.

XXIX. — J'ai fait rompre deux solives de 16 pieds de longueur sur 8 pouces d'équarrissage : la première de ces solives, qui pesait 528 livres, a supporté pendant une heure huit minutes la charge de 16,800 livres, et elle a plié de 5 pouces 2 lignes avant que d'éclater, et de 10 pouces environ avant que de rompre ; la seconde pièce, qui ne pesait que 524 livres, a supporté pendant cinquante-huit minutes une charge de 15,950 livres, et elle a rompu après avoir plié de 3 pouces 9 lignes avant que d'éclater, et de 7 pouces 5 lignes avant que de rompre totalement.

Ensuite, j'ai fait rompre deux solives de 14 pieds de longueur sur 8 pouces d'équarrissage : la première, qui pesait 461 livres, a supporté pendant une heure vingt-six minutes une charge de 20,050 livres, et elle a rompu après avoir plié de 3 pouces 10 lignes avant que d'éclater, et de 8 pouces $\frac{1}{2}$ avant que de rompre absolument; la seconde solive, qui pesait 459 livres, a supporté pendant une heure et demie la charge de 19,500 livres, et elle a rompu après avoir plié de 3 pouces 2 lignes avant que d'éclater, et de 8 pouces avant que de rompre entièrement.

Enfin, ayant mis à l'épreuve deux solives de 12 pieds de longueur, sur 8 pouces d'équarrissage : la première, qui pesait 397 livres, a supporté pendant deux heures cinq minutes la charge de 23,900 livres, et elle a rompu après avoir plié de 3 pouces juste avant que de rompre; la seconde, qui pesait 395 livres $\frac{1}{2}$, a supporté pendant deux heures quarante-neuf minutes la charge de 23,000 livres, et elle a rompu après avoir plié de 2 pouces 11 lignes avant que d'éclater, et de 6 pouces 8 lignes avant que de rompre entièrement.

Voilà toutes les expériences que j'ai faites sur des pièces de 8 pouces d'équarrissage. J'aurais désiré pouvoir faire rompre des pièces de 9, de 8 et de 7 pieds de longueur et de cette même grosseur de 8 pouces; mais cela me fut impossible, parce que je manquais des commodités nécessaires, et qu'il m'aurait fallu des équipages bien plus forts que ceux dont je me suis servi, et sur lesquels, comme on vient de le voir, on mettait près de 28 milliers en équilibre; car je présume qu'une pièce de 7 pieds de longueur, sur 8 pouces d'équarrissage, aurait porté plus de 45 milliers. On verra dans la suite si les conjectures que j'ai faites sur la résistance du bois, pour des dimensions que je n'ai pas éprouvées, sont justes ou non.

Tous les auteurs qui ont écrit sur la résistance des solides en général, et du bois en particulier, ont donné, comme fondamentale, la règle suivante : *la résistance est en raison inverse de la longueur, en raison directe de la largeur, et en raison doublée de la hauteur.* Cette règle est celle de Galilée, adoptée par tous les mathématiciens, et elle serait vraie pour des solides qui seraient absolument inflexibles, et qui rompraient tout à coup; mais dans les solides élastiques, tels que le bois, il est aisé d'apercevoir que cette règle doit être modifiée à plusieurs égards. M. Bernoulli a fort bien observé que, dans la rupture des corps élastiques, une partie des fibres s'allonge, tandis que l'autre partie se raccourcit, pour ainsi dire, en refoulant sur elle-même. (Voyez son Mémoire dans ceux de l'Académie année 1705.) On voit, par les expériences précédentes, que, dans les pièces de même grosseur, la règle de la résistance, en raison inverse de la longueur, s'observe d'autant moins que les pièces sont plus courtes. Il en est tout autrement de la règle de la résistance en raison directe de la largeur et du carré de la hauteur : j'ai calculé la table septième à dessein de m'assurer de la variation de cette règle; on voit, dans cette table, les résultats des expériences, et au-dessous les produits que donne cette règle; j'ai pris pour unités les expériences faites sur les pièces de 5 pouces d'équarrissage, parce que j'en ai fait un plus grand nombre sur cette dimension que sur les autres. On peut observer, dans cette table, que plus les pièces sont courtes et plus la règle approche de la vérité, et que dans les plus longues pièces, comme celles de 18 à 20 pieds, elle s'en éloigne; cependant, à tout prendre, on peut se servir de la règle générale avec les modifications nécessaires pour calculer la résistance des pièces de bois plus grosses et plus longues que celles dont j'ai éprouvé la résistance; car, en jetant les yeux sur cette même table, on voit un grand accord entre la règle et les expériences pour les différentes grosseurs, et il règne un ordre assez constant dans les différences par rapport aux longueurs et aux grosseurs, pour juger de la modification qu'on doit faire à cette règle.

TABLE DES EXPÉRIENCES SUR LA FORCE DU BOIS

PREMIÈRE TABLE

Pour les pièces de quatre pouces d'équarrissage.

LONGUEUR DES PIÈCES.	POIDS DES PIÈCES.	CHARGES.	TEMPS EMPLOYÉ A CHARGER LES PIÈCES.		FLÈCHES DE LA COURBURE DES PIÈCES DANS L'INSTANT OU ELLES COMMENCENT A ROMPRE	
Pieds.	Livres.	Livres.	Heures.	Minutes.	Pouces.	Lignes.
7	60	5350	0	29	3	6
7	56	5275	0	22	4	6
8	68	4600	0	15	3	9
8	63	4500	0	13	4	8
9	77	4100	0	14	4	10
9	71	3950	0	12	5	6
10	84	3625	0	15	5	10
10	82	3600	0	15	6	6
12	100	3050	0	0	7	0
12	98	2925	0	0	7	0

DEUXIÈME TABLE

Pour les pièces de quatre pouces d'équarrissage.

LONGUEUR DES PIÈCES.	POIDS DES PIÈCES.	CHARGES.	TEMPS DEPUIS LE PREMIER ÉCLAT JUSQU'A L'INSTANT DE LA RUPTURE.		FLÈCHES DE LA COURBURE AVANT QUE D'ÉCLATER	
Pieds.	Livres.	Livres.	Heures.	Minutes.	Pouces.	Lignes.
7	94	11775	0	58	2	6
7	88 ½	11275	0	53	2	6
8	104	9900	0	40	2	8
8	102	9675	0	39	2	11
9	118	8400	0	28	3	0
9	116	8325	0	28	3	3
9	115	8200	0	26	3	6
10	132	7225	0	21	3	2
10	130	7050	0	20	3	6
10	128 ½	7100	0	18	4	0
12	156	6050	0	30	5	6
12	154	6100	0	0	5	9
14	178	5400	0	21	8	0
14	176	5200	0	18	8	3
16	209	4425	0	17	8	1
16	205	4275	0	15	8	2
18	232	3750	0	11	8	0
18	231	3650	0	10	8	2
20	263	3275	0	10	8	10
20	250	3175	0	0	10	0
22	281	2975	0	18	11	3
24	310	2200	0	16	11	0
24	307	2125	0	15	13	6
26						
28	364	1800	0	17	18	
28	360	1750	0	17	22	

TROISIÈME TABLE

Pour les pièces de six pouces d'équarrissage.

LONGUEUR DES PIÈCES.	POIDS DES PIÈCES.	CHARGES.	TEMPS DEPUIS LE PREMIER ÉCLAT JUSQU'A L'INSTANT DE LA RUPTURE.		FLÈCHES DE LA COURBURE AVANT QUE D'ÉCLATER.	
Pieds.	Livres.	Livres.	Heures.	Minutes.	Pouces.	Lignes.
7	128	19250	1	49	On n'a pu observer la quantité dont les pièces de sept pieds ont plié dans leur milieu, à cause de l'épaisseur de la boucle.	
	126 ½	18650	1	38		
8	149	15700	1	12	2	4
	146	15350	1	10	2	5
9	166	13450	0	56	2	6
	164 ½	12850	0	51	2	10
10	188	11475	0	46	3	0
	186	11025	0	44	3	6
12	224	9200	0	31	4	0
	221	9000	0	32	4	1
14	255	7450	0	25	4	6
	254	7500	0	22	4	2
16	294	6250	0	20	5	6
	293	6475	0	19	5	10
18	334	5625	0	16	7	5
	331	5500	0	14	8	6
20	377	5025	0	12	9	6
	375	4875	0	11	8	10

QUATRIÈME TABLE

Pour les pièces de sept pouces d'équarrissage.

LONGUEUR DES PIÈCES.	POIDS DES PIÈCES.	CHARGES.	TEMPS DEPUIS LE PREMIER ÉCLAT JUSQU'A L'INSTANT DE LA RUPTURE.		FLÈCHES DE LA COURBURE AVANT QUE D'ÉCLATER.	
Pieds.	Livres.	Livres.	Heures.	Minutes.	Pouces.	Lignes.
7	0	0	0	0	0	0
8	204	26150	2	6	2	9
	201 ½	25950	2	13	2	6
9	227	22800	1	40	3	1
	225	21900	1	37	2	11
10	254	19650	1	13	2	7
	252	19300	1	16	3	0
12	302	16800	1	3	2	11
	301	15550	1	0	3	4
14	351	13600	0	55	4	2
	351	12850	0	48	3	9
16	406	11100	0	41	4	10
	403	10900	0	36	5	3
18	454	9450	0	27	5	6
	450	9400	0	22	5	10
20	505	8550	0	15	7	10
	500	8000	0	13	8	6

CINQUIÈME TABLE

Pour les pièces de huit pouces d'équarrissage.

LONGUEUR DES PIÈCES.	POIDS DES PIÈCES.	CHARGES.	TEMPS DEPUIS LE PREMIER ÉCLAT JUSQU'À L'INSTANT DE LA RUPTURE.		FLÈCHES DE LA COURBURE AVANT QUE D'ÉCLATER.	
Pieds.	Livres.	Livres.	Heures.	Minutes.	Pouces.	Lignes.
10	231	27800	2	50	3	0
	331	27700	2	58	2	3
12	397	23900	1	30	3	0
	395 ½	23000	1	23	2	11
14	461	20050	1	6	3	10
	459	19500	1	2	3	2
16	528	16800	0	47	5	2
	524	15950	0	50	3	9
18	594	13500	0	32	4	6
	593	12900	0	30	4	1
20	664	11775	0	24	6	6
	660 ½	12200	0	28	6	0

SIXIÈME TABLE

Pour les charges moyennes de toutes les expériences précédentes.

LONGUEUR DES PIÈCES.	GROSSEURS.				
	QUATRE POUCES.	CINQ POUCES.	SIX POUCES.	SEPT POUCES.	HUIT POUCES.
Pieds.	Livres.	Livres.	Livres.	Livres.	Livres.
7	5312	11525	18950		
8	4550	9787 ½	15525	26050	
9	4025	3308 ⅓	13150	22350	
10	3612	7125	11250	19475	27750
12	2987 ½	6075	9100	16175	23450
14	....	5300	7475	13225	19775
16	....	4350	6362 ½	11000	16375
18	....	3700	5562 ½	9245	13200
20	....	3225	4950	8375	11487 ½
22	....	2975			
24	....	2162 ½			
28	....	1775			

SEPTIÈME TABLE

Comparaison de la résistance du bois, trouvée par les expériences précédentes, et de la résistance du bois suivant la règle que cette résistance est comme la largeur de la pièce, multipliée par le carré de la hauteur, en supposant la même longueur.

LONGUEUR DES PIÈCES.	GROSSEURS.				
	QUATRE POUCES.	CINQ POUCES.	SIX POUCES.	SEPT POUCES.	HUIT POUCES.
Pieds.	Livres.	Livres.	Livres.	Livres.	Livres.
7	5312 5901	11535	18950 19915 $\frac{2}{5}$	(*) 32200 31624 $\frac{3}{5}$	48100 47649 $\frac{1}{5}$ 47198 $\frac{2}{5}$
8	4550 5011 $\frac{1}{5}$	9787	15525 16912 $\frac{4}{5}$	26050 26856 $\frac{9}{10}$	(*) 39750 40089 $\frac{3}{5}$
9	4025 4253 $\frac{13}{15}$	8308 $\frac{1}{3}$	13150 14356 $\frac{4}{5}$	22350 22798 $\frac{1}{5}$	(*) 32800 34031
10	3612 3648	7125	11250 12312	19475 19551	27750 29184
12	2987 $\frac{1}{2}$ 3110 $\frac{2}{5}$	6075	9100 10497 $\frac{3}{5}$	16175 16669 $\frac{4}{5}$	23450 24883 $\frac{1}{5}$
14	....	5100	7475 8812 $\frac{4}{5}$	13225 13995 $\frac{1}{5}$	19775 20889 $\frac{3}{5}$
16	....	4350	6362 $\frac{1}{4}$ 9516 $\frac{4}{5}$	11000 11936 $\frac{2}{5}$	16375 17817 $\frac{3}{5}$
18	....	3700	5562 $\frac{1}{2}$ 6393 $\frac{3}{5}$	9425 10152 $\frac{4}{5}$	13200 15115 $\frac{1}{5}$
20	....	3225	4950 5572 $\frac{4}{5}$	8275 8849 $\frac{2}{5}$	11487 $\frac{1}{2}$ 13209 $\frac{3}{5}$

(*) Les astérisques marquent que les expériences n'ont pas été faites.

DEUXIÈME MÉMOIRE

ARTICLE PREMIER

MOYEN FACILE D'AUGMENTER LA SOLIDITÉ, LA FORCE ET LA DURÉE DU BOIS.

Il ne faut pour cela qu'écorcer l'arbre du haut en bas dans le temps de la sève, et le laisser sécher entièrement sur pied avant que de l'abattre; cette préparation ne demande qu'une très petite dépense : on va voir les précieux avantages qui en résultent.

Les choses aussi simples et aussi aisées à trouver que l'est celle-ci n'ont ordinairement aux yeux des physiciens qu'un mérite bien léger, mais leur utilité suffit pour les rendre dignes d'être présentées, et peut-être que l'exactitude et les soins que j'ai joints à mes recherches leur feront trouver grâce devant ceux même qui ont le mauvais goût de n'estimer d'une découverte que la peine et le temps qu'elle a coûté. J'avoue que je suis surpris de me trouver le premier à annoncer celle-ci, surtout depuis que j'ai lu ce que Vitruve et Évelin rapportent à cet égard. Le premier nous dit, dans son *Architecture*, qu'avant d'abattre les arbres il faut les cerner par le pied jusque dans le cœur du bois, et les laisser ainsi sécher sur pied, après quoi ils sont bien meilleurs pour le service auquel on peut même les employer tout de suite. Le second rapporte, dans son *Traité des Forêts*, que le docteur Plot assure, dans son *Histoire naturelle*, qu'autour de Haffon en Angleterre, on écorce les gros arbres sur pied dans le temps de la sève, qu'on les laisse sécher jusqu'à l'hiver suivant, qu'on les coupe alors; qu'ils ne laissent pas que de vivre sans écorce, que le bois en devient bien plus dur, et qu'on se sert de l'aubier comme du cœur. Ces faits sont assez précis, et sont rapportés par des auteurs d'un assez grand crédit, pour avoir mérité l'attention des physiciens et même des architectes; mais il y a tout lieu de croire qu'outre la négligence qui a pu les empêcher jusqu'ici de s'assurer de la vérité de ces faits, la crainte de contrevenir à l'Ordonnance des eaux et forêts a pu retarder leur curiosité. Il est défendu, sous peine de grosses amendes, d'écorcer aucun arbre et de le laisser sécher sur pied : cette défense, qui d'ailleurs est fondée, a dû faire un préjugé contraire, qui sans doute aura fait regarder ce que nous venons de rapporter comme des faits faux, ou du moins hasardés; et je serais encore moi-même dans l'ignorance à cet égard, si les attentions de M. le comte de Maurepas pour les sciences ne m'eussent procuré la liberté de faire mes expériences sans avoir à craindre de les payer trop cher.

Dans un bois taillis nouvellement abattu, et où j'avais fait réserver quelques beaux arbres, le 3 de mai 1733 j'ai fait écorcer sur pied quatre chênes d'environ trente à quarante pieds de hauteur, et de cinq à six pieds de pourtour : ces arbres étaient tous quatre très vigoureux, bien en sève et âgés d'environ soixante-dix ans; j'ai fait enlever l'écorce depuis le sommet de la tige jusqu'au pied de l'arbre avec une serpe. Cette opération est aisée, l'écorce se séparant très facilement du corps de l'arbre dans le temps de la sève. Ces chênes étaient de l'espèce commune dans les forêts, qui porte le plus gros gland. Quand ils furent entièrement dépouillés de leur écorce, je fis abattre quatre autres chênes de la même espèce dans le même terrain, et aussi semblables aux premiers que je pus les trouver. Mon dessein était d'en faire écorcer le même jour encore six, et en abattre six autres, mais je ne pus achever cette opération que le lendemain : de ces six chênes écorcés, il s'en trouva deux qui étaient beaucoup moins en sève que les quatre autres. Je fis conduire sous un hangar les six arbres abattus pour les laisser sécher dans leur écorce jusqu'au temps que j'en aurais besoin, pour les comparer avec ceux que j'avais fait dépouiller. Comme je m'imaginais que cette opération leur avait fait grand tort, et qu'elle devait produire un grand changement, j'allai plusieurs jours de suite visiter très curieusement mes arbres écorcés, mais je n'aperçus aucune altération sensible pendant plus de deux mois. Enfin le 10 juillet, l'un de ces chênes, celui qui était le moins en sève dans le temps de l'écorcement, laissa voir les premiers symptômes de la maladie qui devait bientôt le détruire. Ses feuilles commencèrent à jaunir du côté du midi, et bientôt jaunirent entièrement, séchèrent et tombèrent, de sorte qu'au 26 août il ne lui en restait pas une. Je le fis abattre le 30 du même mois, j'étais présent : il était devenu si dur que la cognée avait peine à entrer, et qu'elle cassa sans que la maladresse du bûcheron me parût y avoir part; l'aubier semblait être plus dur que le cœur du bois, qui était encore humide et plein de sève.

Celui de mes arbres qui, dans le temps de l'écorcement, n'était pas plus en sève que le précédent, ne tarda guère à le suivre : ses feuilles commencèrent à changer de couleur au 13 de juillet, et il s'en défit entièrement avant le 10 de septembre. Comme je craignais d'avoir fait abattre trop tôt le premier, et que l'humidité que j'avais remarquée en dedans indiquait encore quelque reste de vie, je fis réserver celui-ci pour voir s'il pousserait des feuilles au printemps suivant.

Mes quatre autres chênes résistèrent vigoureusement; ils ne quittèrent leus feuilles que quelques jours avant le temps ordinaire; et même l'un des quatre, dont la tête était légère et peu chargée de branches, ne les quitta qu'au temps juste de leur chute naturelle, mais je remarquai que les feuilles et même quelques rejetons de tous quatre s'étaient desséchés du côté du midi plusieurs jours auparavant.

Au printemps suivant, tous ces arbres devancèrent les autres et n'attendirent pas le temps ordinaire du développement des feuilles pour en faire paraître; ils se couvrirent de verdure huit à dix jours avant la saison. Je prévis tout ce que cet effort devait leur coûter : j'observai les feuilles; leur accroissement fut assez prompt, mais bientôt arrêté faute de nourriture suffisante; cependant elles vécurent, mais celui de mes arbres qui l'année précédente s'était dépouillé le premier, sentit aussi le premier tout l'effet de l'état d'inanition et de sécheresse où il était réduit; ses feuilles se fanèrent bientôt et tombèrent pendant les chaleurs de juillet 1734. Je le fis abattre le 30 août, c'est-à-dire une année après celui qui l'avait précédé, je jugeai qu'il était au moins aussi dur que l'autre, et beaucoup plus dur dans le cœur du bois qui était à peine encore un peu humide : je le fis conduire sous un hangar, où l'autre était déjà avec les six arbres dans leur écorce, auxquels je voulais les comparer.

Trois des quatre arbres qui me restaient quittèrent leurs feuilles au commencement de septembre; mais le chêne à tête légère les conserva plus longtemps, et il ne s'en défit entièrement qu'au 22 du même mois. Je le fis réserver pour l'année suivante, avec celui des trois autres qui me parut le moins malade, et je fis abattre les deux plus faibles en octobre 1734. Je laissai deux de ces arbres exposés à l'air et aux injures du temps, et je fis conduire l'autre sous le hangar : ils furent trouvés très durs à la cognée, et le cœur du bois était presque sec.

Au printemps 1735, le plus vigoureux de mes deux arbres réservés donna encore quelques signes de vie, les boutons se gonflèrent, mais les feuilles ne purent se développer. L'autre me parut tout à fait mort; en effet, l'ayant fait abattre au mois de mai, je reconnus qu'il n'avait plus d'humide radical, et je le trouvai d'une très grande dureté, tant en dehors qu'en dedans. Je fis abattre le dernier quelque temps après, et je les fis conduire tous deux au hangar, pour être mis avec les autres à un nouveau genre d'épreuve.

Pour mieux comparer la force du bois des arbres écorcés avec celle du bois ordinaire, j'eus soin de mettre ensemble chacun des six chênes que j'avais fait amener en grume, avec un chêne écorcé, de même grosseur à peu près; car j'avais déjà reconnu, par expérience, que le bois, dans un arbre d'une certaine grosseur, était plus pesant et plus fort que le bois d'un arbre plus petit, quoique de même âge. Je fis scier tous mes arbres par pièces de quatorze pieds de longueur; j'en marquai les centres au-dessus et au-dessous; je fis tracer, aux deux bouts de chaque pièce, un carré de 6 pouces $\frac{1}{2}$, et je fis scier et enlever les quatre faces, de sorte qu'il ne me resta de chacune de ces pièces qu'une solive de 14 pieds de longueur, sur 6 pouces très juste d'équarrissage. Je les fis travailler à la varlope, et réduire avec beaucoup de précaution à cette mesure dans toute leur longueur, et j'en fis rompre quatre de chaque espèce, afin de reconnaître leur force, et d'être bien assuré de la grande différence que j'y trouvai d'abord.

La solive tirée du corps de l'arbre qui avait péri le premier après l'écorcement pesait 242 livres; elle se trouva la moins forte de toutes, et rompit sous 7,940 livres.

Celle de l'arbre en écorce, que je lui comparai, pesait 234 livres; elle rompit sous 7,320 livres.

La solive du second arbre écorcé pesait 249 livres; elle plia plus que la première, et rompit sous la charge de 8,362 livres.

Celle de l'arbre en écorce, que je lui comparai, pesait 236 livres; elle rompit sous la charge de 7,385 livres.

La solive de l'arbre écorcé, et laissé aux injures du temps, pesait 258 livres : elle plia encore plus que la seconde, et ne rompit que sous 8,926 livres.

Celle de l'arbre en écorce, que je lui comparai, pesait 239 livres, et rompit sous 7,420 livres.

Enfin la solive de mon arbre à tête légère, que j'avais toujours jugé le meilleur, se trouva en effet peser 263 livres, et porta avant que de rompre 9,046 livres.

L'arbre, que je lui comparai pesait 238 livres, et rompit sous 7,500 livres.

Les deux autres arbres écorcés se trouvèrent défectueux dans leur milieu, où il se trouva quelques nœuds, de sorte que je ne voulus pas les faire rompre; mais les épreuves ci-dessus suffisent pour faire voir que le bois écorcé et séché sur pied est toujours plus pesant, et considérablement plus fort que le bois gardé dans son écorce. Ce que je vais rapporter ne laissera aucun doute sur ce fait.

Du haut de la tige de mon arbre écorcé et laissé aux injures de l'air, j'ai fait tirer une solive de 6 pieds de longueur et de 5 pouces d'équarrissage; il se trouva qu'à l'une des faces il y avait un petit abreuvoir, mais qui ne pénétrait guère que d'un demi-pouce, et à la face opposée une tache large d'un pouce, d'un bois plus brun que le reste. Comme ces défauts ne me parurent pas considérables, je la fis peser et charger, elle pesait 75 livres : on la chargea en une heure cinq minutes de 8,500 livres, après quoi elle craqua assez violemment; je crus qu'elle allait casser quelque temps après avoir craqué, comme cela arrivait toujours, mais ayant eu la patience d'attendre trois heures, et voyant qu'elle ne baissait ni ne pliait, je continuai à la faire charger, et au bout d'une autre heure elle rompit enfin, après avoir craqué pendant une demi-heure sous la charge de 12,745 livres. Je n'ai rapporté le détail de cette épreuve que pour faire voir que cette solive aurait porté davantage sans les petits défauts qu'elle avait à deux de ses faces.

Une solive toute pareille, tirée d'un pied d'un des arbres en écorce, ne se trouva peser que 72 livres; elle était très saine et sans aucun défaut : on la chargea en une heure trente-huit minutes, après quoi elle craqua très légèrement, et continua de craquer de quart d'heure en quart d'heure pendant trois heures entières, et rompit au bout de ce temps sous la charge de 11,889 livres.

Cette expérience est très avantageuse au bois écorcé, car elle prouve que le bois du dessus de la tige d'un arbre écorcé, même avec des défauts assez considérables, s'est trouvé plus pesant et plus fort que le bois tiré du pied d'un autre arbre non écorcé, qui d'ailleurs n'avait aucun défaut; mais ce qui suit est encore plus favorable.

De l'aubier d'un de mes arbres écorcés, j'ai fait tirer plusieurs barreaux de 3 pieds de longueur, sur un pouce d'équarrissage, entre lesquels j'en ai choisi cinq des plus parfaits pour les rompre : le premier pesait 23 onces $\frac{5}{32}$, et rompit sous 287 livres; le second pesait 23 onces $\frac{6}{32}$, et rompit sous 291 livres $\frac{1}{2}$; le troisième pesait 23 onces $\frac{4}{32}$, et rompit sous 275 livres; le quatrième pesait 23 onces $\frac{28}{32}$, et rompit sous 291 livres, et le cinquième pesait 23 onces $\frac{14}{32}$, et rompit sous 291 livres $\frac{1}{2}$. Le poids moyen est à peu près 23 onces $\frac{11}{32}$, et la charge moyenne à peu près 287 livres. Ayant fait les mêmes épreuves sur plusieurs barreaux d'aubier d'un des chênes en écorce, le poids moyen se trouva de 23 onces $\frac{2}{32}$, et la charge moyenne de 248 livres; et ensuite ayant fait aussi la même chose sur plusieurs barreaux de cœur du même chêne en écorce, le poids moyen s'est trouvé de 25 onces $\frac{10}{32}$, et la charge moyenne de 256 livres.

Ceci prouve que l'aubier du bois écorcé est non seulement plus fort que l'aubier ordinaire, mais même beaucoup plus que le cœur de chêne non écorcé, quoiqu'il soit moins pesant que ce dernier.

Pour en être plus sûr encore, j'ai fait tirer de l'aubier d'un autre de mes arbres écorcés plusieurs petites solives de 2 pieds de longueur, sur 1 pouce $\frac{1}{2}$ d'équarrissage, entre lesquelles je ne pus en trouver que trois d'assez parfaites pour les soumettre à l'épreuve. La première rompit sous 1,294 livres; la seconde sous 1,219 livres; la troisième sous 1,247 livres, c'est-à-dire, au pied moyen, sous 1,253 livres; mais de plusieurs solives semblables que je tirai de l'aubier d'un arbre en écorce, le pied moyen de la charge ne se trouva que de 997 livres, ce qui fait une différence encore plus grande que dans l'expérience précédente.

De l'aubier d'un autre arbre écorcé et séché sur pied, j'ai fait encore tirer plusieurs barreaux de 2 pieds de longueur, sur 1 pouce d'équarrissage, parmi lesquels j'en ai choisi six, qui, au pied moyen, ont rompu sous la charge de 501 livres; et il n'a fallu que 353 livres au pied moyen pour rompre plusieurs solives d'aubier d'un arbre en écorce qui portait la même longueur et le même équarrissage; et même il n'a fallu que 379 livres au pied moyen, pour rompre plusieurs solives de cœur de chêne en écorce.

Enfin, de l'aubier d'un de mes arbres écorcés, j'ai fait tirer plusieurs barreaux d'un pied de longueur, sur un pouce d'équarrissage, parmi lesquels j'en ai trouvé dix-sept assez parfaits pour être mis à l'épreuve; ils pesaient 7 onces $\frac{29}{33}$ au pied moyen, il a fallu pour les rompre la charge de 798 livres; mais le poids moyen de plusieurs barreaux d'aubier, d'un de mes arbres en écorce, n'était que de 6 onces $\frac{28}{32}$, et la charge moyenne qu'il a fallu pour les rompre, de 629 livres; et la charge moyenne pour rompre de semblables barreaux de cœur de chêne en écorce, par huit différentes épreuves, s'est trouvée de 731 livres. L'aubier des arbres écorcés et séchés sur pied est donc considérablement plus pesant que l'aubier des bois ordinaires, et beaucoup plus fort que le cœur même du meilleur bois. Je ne dois pas oublier de dire que j'ai remarqué, en faisant toutes ces épreuves, que la partie extérieure de l'aubier était celle qui résistait davantage; en sorte qu'il fallait constamment une plus grande charge pour rompre un barreau d'aubier pris à la dernière circonférence de l'arbre écorcé, que pour rompre un pareil barreau pris au dedans. Cela est tout à fait contraire à ce qui arrive dans les arbres traités à l'ordinaire, dont le bois est plus léger et plus faible à mesure qu'il est le plus près de la circonférence. J'ai déterminé la proportion de cette diminution, en pesant à la balance hydrostatique des morceaux du centre des arbres, des morceaux de la circonférence du bois parfait, et des morceaux d'aubier; mais ce n'est pas ici le lieu d'en rapporter le détail : je me contenterai de dire que dans les arbres écorcés la diminution de solidité du centre de l'arbre à la circonférence n'est pas à beaucoup près aussi sensible, et qu'elle ne l'est même point du tout dans l'aubier.

Les expériences que nous venons de rapporter sont trop multipliées pour qu'on puisse douter du fait qu'elles concourent à établir; il est donc très certain que le bois des arbres écorcés et séchés sur pied est plus dur, plus solide, plus pesant et plus fort que le bois des arbres abattus dans leur écorce; et de là je pense qu'on peut conclure qu'il est aussi plus durable. Des expériences immédiates sur la durée du bois seraient encore plus concluantes; mais notre propre durée est si courte, qu'il ne serait pas raisonnable de les tenter; il en est ici comme de l'âge des souches, et en général comme d'un très grand nombre de vérités importantes que la brièveté de notre vie semble nous dérober à jamais : il faudrait laisser à la postérité des expériences commencées; il faudrait la mieux traiter que l'on ne nous a traités nous-mêmes; car le peu de traditions physiques que nous ont laissées nos ancêtres devient inutile par le défaut d'exactitude, ou par le peu d'intelligence des auteurs, et plus encore par les faits hasardés ou faux qu'ils n'ont pas eu honte de nous transmettre.

La cause physique de cette augmentation de solidité et de force dans le bois écorcé sur pied se présente d'elle-même : il suffit de savoir que les arbres augmentent en grosseur par des couches additionnelles de nouveau bois qui se forment à toutes les sèves entre l'écorce et le bois ancien; nos arbres écorcés ne forment point de ces nouvelles couches; et, quoiqu'ils vivent après l'écorcement, ils ne peuvent grossir. La substance destinée à former le nouveau bois se trouve donc arrêtée et contrainte de se fixer dans tous les vides de l'aubier et du cœur même de l'arbre, ce qui en augmente nécessairement la solidité, et doit par conséquent augmenter la force du bois; car j'ai trouvé, par plusieurs épreuves, que le bois le plus pesant est aussi le plus fort.

Je ne crois pas que l'explication de cet effet ait besoin d'être plus détaillée; mais, à cause de quelques circonstances particulières qui restent à faire entendre, je vais donner le résultat de quelques autres expériences qui ont rapport à cette matière.

Le 18 décembre, j'ai fait enlever des ceintures d'écorce de trois pouces de largeur à trois pieds au-dessus de terre, à plusieurs chênes de différents âges, en sorte que l'aubier paraissait à nu et entièrement découvert; j'interceptais par ce moyen le cours de la sève qui devait passer par l'écorce et entre l'écorce et le bois; cependant au printemps suivant ces arbres poussèrent des feuilles comme les autres, et ils leur ressemblaient en tout : je n'y trouvai même rien de remarquable qu'au 22 de mai; j'aperçus alors de petits bourrelets d'environ une ligne de hauteur au-dessus de la ceinture, qui sortaient d'entre l'écorce et l'aubier tout autour de ces arbres; au-dessous de cette ceinture, il ne paraissait et il ne parut jamais rien. Pendant l'été, ces bourrelets augmentèrent d'un pouce en descendant et en s'appliquant sur l'aubier; les jeunes arbres formèrent des bourrelets plus étendus que les vieux, et tous conservèrent leurs feuilles, qui ne tombèrent que dans le temps ordinaire de leur chute. Au printemps suivant, elles reparurent un peu avant celles des autres; je crus remarquer que les bourrelets se gonflèrent un peu, mais ils ne s'étendirent plus; les feuilles résistèrent aux ardeurs de l'été, et ne tombèrent que quelques jours avant les autres. Au troisième printemps, mes arbres se parèrent encore de verdure et devancèrent les autres; mais les plus jeunes, ou plutôt les plus petits, ne la conservèrent pas longtemps, les sécheresses de juillet les dépouillèrent, les plus gros arbres ne perdirent leurs feuilles qu'en automne, et j'en ai eu deux qui en avaient encore après le quatrième printemps; mais tous ont péri à la troisième ou dans cette quatrième année depuis l'enlèvement de leur écorce. J'ai essayé la force du bois de ces arbres, elle m'a paru plus grande que celle des bois abattus à l'ordinaire; mais la différence qui, dans les bois entièrement écorcés est de plus d'un quart, n'est pas à beaucoup près aussi considérable ici, et même n'est pas assez sensible pour que je rapporte les épreuves que j'ai faites à ce sujet. Et en effet ces arbres n'avaient pas laissé que de grossir au-dessus de la ceinture; ces bourrelets n'étaient qu'une expansion du *liber* qui s'était formé entre le bois et l'écorce : ainsi la sève qui, dans les arbres entièrememcnt écorcés, se trouvait contrainte de se fixer dans les pores du bois et d'en augmenter la solidité, suivit ici sa route ordinaire, et ne déposa qu'une petite partie de sa substance dans l'intérieur de l'arbre; le reste fut employé à la formation de ce bois imparfait, dont les bourrelets faisaient l'appendice et la nourriture de l'écorce, qui vécut aussi longtemps que l'arbre même : au-dessous de la ceinture, l'écorce vécut aussi, mais il ne se forma ni bourrelets ni nouveau bois; l'action des feuilles et des parties supérieures de l'arbre pompait trop puissamment la sève pour qu'elle pût se porter vers l'écorce de la partie inférieure : et j'imagine que cette écorce du pied de l'arbre a plutôt tiré sa nourriture de l'humidité de l'air que de celle de la sève que les vaisseaux latéraux de l'aubier pouvaient lui fournir.

J'ai fait les mêmes épreuves sur plusieurs espèces d'arbres fruitiers : c'est un moyen sûr de hâter leur production; ils fleurissent quelquefois trois semaines avant les autres, et donnent des fruits hâtifs et assez bons la première année. J'ai même eu des fruits sur un poirier dont j'avais enlevé non seulement l'écorce, mais même tout l'aubier, et ces fruits prématurés étaient aussi bons que les autres. J'ai aussi fait écorcer du haut en bas de gros pommiers et des pruniers vigoureux : cette opération a fait mourir dès la première année les plus petits de ces arbres, mais les gros ont quelquefois résisté pendant deux ou trois ans; ils se couvraient avant la saison d'une prodigieuse quantité de fleurs, mais le fruit qui leur succédait ne venait jamais en maturité, jamais même à une grosseur considérable. J'ai aussi essayé de rétablir l'écorce des arbres qui ne leur est que trop souvent enlevée par différents accidents, et je n'ai pas travaillé sans succès; mais cette matière est toute différente de celle que nous traitons ici, et demande un détail particulier. Je me suis servi des idées que ces expériences m'ont fait naître, pour mettre à fruit des arbres gourmands et qui poussaient trop vigoureusement en bois. J'ai fait le premier essai sur un cognassier : le 3 avril, j'ai enlevé en spirale l'écorce de deux branches de cet arbre; ces deux seules branches donnèrent des fruits, le reste de l'arbre poussa trop vigoureusement et demeura stérile. Au lieu d'enlever l'écorce, j'ai quelquefois serré la branche ou le tronc de l'arbre avec une petite corde ou de la filasse; l'effet était le même, et j'avais le plaisir de recueillir des fruits sur ces arbres stériles depuis longtemps. L'arbre en grossissant ne rompt pas le lien qui le serre, il se forme seulement deux bourrelets, le plus gros au-dessus et le moindre au-dessous de la petite corde, et souvent dès la première ou la seconde année elle se trouve recouverte et incorporée à la substance même de l'arbre.

De quelque façon qu'on intercepte donc la sève, on est sûr de hâter les productions des arbres, surtout l'épanouissement des fleurs et la production des fruits. Je ne donnerai pas l'explication de ce fait, on la trouvera dans la Statique des Végétaux : cette interception de la sève durcit aussi le bois, de quelque façon qu'on la fasse; et plus elle est grande, plus le bois devient dur. Dans les arbres entièrement écorcés, l'aubier ne devient si dur que parce qu'étant plus poreux que le bois parfait, il tire la sève avec plus de force et en plus grande quantité : l'aubier extérieur la pompe plus puissamment que l'aubier intérieur; tout le corps de l'arbre tire jusqu'à ce que les tuyaux capillaires se trouvent remplis et obstrués; il faut une plus grande quantité de parties fixes de la sève pour remplir la capacité des larges pores de l'aubier que pour achever d'occuper les petits interstices du bois parfait, mais tout se remplit à peu près également; et c'est ce qui fait que dans ces arbres la diminution de la pesanteur et de la force du bois, depuis le centre à la circonférence, est bien moins considérable que dans les arbres revêtus de leur écorce; et ceci prouve en même temps que l'aubier de ces arbres écorcés ne doit plus être regardé comme un bois imparfait, puisqu'il a acquis en une année ou deux, par l'écorcement, la solidité et la force qu'autrement il n'aurait acquises qu'en douze ou quinze ans; car il faut à peu près ce temps, dans les meilleurs terrains, pour transformer l'aubier en bois parfait : on ne sera donc pas contraint de retrancher l'aubier, comme on l'a toujours fait jusqu'ici, et de le rejeter; on emploiera les arbres dans toute leur grosseur, ce qui fait une différence prodigieuse, puisque l'on aura souvent quatre solives dans un pied d'arbre, duquel on n'aurait pu en tirer que deux; un arbre de quarante ans pourra servir à tous les usages auxquels on emploie un arbre de soixante ans; en un mot, cette pratique aisée donne le double avantage d'augmenter non seulement la force et la solidité, mais encore le volume du bois.

Mais, dira-t-on, pourquoi l'Ordonnance a-t-elle défendu l'écorcement avec tant de sévérité? n'y aurait-il pas quelque inconvénient à le permettre, et cette opération ne fait-elle pas périr les souches? Il est vrai qu'elle leur fait tort; mais ce tort est bien moindre qu'on ne l'imagine, et d'ailleurs il n'est que pour les jeunes souches, et n'est sensible que dans les taillis. Les vues de l'Ordonnance sont justes à cet égard, et sa sévérité est sage; les marchands de bois font écorcer les jeunes chênes dans les taillis, pour vendre l'écorce qui s'emploie à tanner les cuirs; c'est là le seul motif de l'écorcement. Comme il est plus aisé d'enlever l'écorce lorsque l'arbre est sur pied qu'après qu'il est abattu, et que de cette façon un plus petit nombre d'ouvriers peut faire la même quantité d'écorce, l'usage d'écorcer sur pied se serait rétabli souvent sans la rigueur des lois : or, pour un très léger avantage, pour une façon un peu moins chère d'enlever l'écorce, on faisait un tort considérable aux souches. Dans un canton que j'ai fait écorcer et sécher sur pied, j'en ai compté plusieurs qui ne repoussaient plus, quantité d'autres qui poussaient plus faiblement que les souches ordinaires; leur langueur a même été durable; car après trois ou quatre ans j'ai vu leurs rejetons ne pas égaler la moitié de la hauteur des rejetons ordinaires de même âge. La défense d'écorcer sur pied est donc fondée en raison; il conviendrait seulement de faire quelques exceptions à cette règle trop générale. Il en est tout autrement des futaies que des taillis; il faudrait permettre d'écorcer les baliveaux et tous les arbres de service; car on sait que les futaies abattues ne repoussent presque rien; que plus un arbre est vieux, lorsqu'on l'abat, moins sa souche épuisée peut produire : ainsi, soit qu'on écorce ou non, les souches des arbres de service produiront peu lorsqu'on aura attendu le temps de la vieillesse de ces arbres pour les abattre. A l'égard des arbres de moyen âge, qui laissent ordinairement à leur souche la force de reproduire, l'écorcement ne la détruit pas; car ayant observé les souches de mes six arbres écorcés et séchés sur pied, j'ai eu le plaisir d'en voir quatre couvertes d'un assez grand nombre de rejetons, les deux autres n'ont poussé que très faiblement, et ces deux souches sont précisément celles des deux arbres qui, dans le temps de l'écorcement, étaient moins en sève que les autres. Trois ans après l'écorcement, tous ces rejetons avaient trois à quatre pieds de hauteur; et je ne doute pas qu'ils ne se fussent élevés bien plus haut si le taillis qui les environne, et qui les a devancés, ne les privait pas des influences de l'air libre si nécessaire à l'accroissement de toutes les plantes.

Ainsi l'écorcement ne fait pas autant de mal aux souches qu'on pourrait le croire: cette crainte ne doit donc pas empêcher l'établissement de cet usage facile et très avantageux; mais il faut le restreindre aux arbres destinés pour le service, et il faut choisir le temps de la plus grande sève pour faire cette opération; car alors les canaux sont plus ouverts, la force de succion est plus grande, les liqueurs coulent plus aisément, passent plus librement et par conséquent les tuyaux capillaires conservent plus longtemps leur puissance d'attraction, et tous les canaux ne se ferment que longtemps après l'écorcement; au lieu que, dans les arbres écorcés avant la sève, le chemin des liqueurs ne se trouve pas frayé, et, la route la plus commode se trouvant rompue avant que d'avoir servi, la sève ne peut se faire passage aussi facilement, la plus grande partie des canaux ne s'ouvre pas pour la recevoir, son action pour y pénétrer est impuissante, et ces tuyaux sevrés de nourriture sont obstrués faute de tension; les autres ne s'ouvrent jamais autant qu'ils l'auraient fait dans l'état naturel de l'arbre, et à l'arrivée de la sève ils ne présentent que de petits orifices, qui, à la vérité, doivent pomper avec beaucoup de force, mais qui doivent toujours être plutôt remplis et obstrués que les tuyaux ouverts et distendus des arbres que la sève a humectés et préparés avant l'écorcement : c'est ce qui a fait que, dans nos expériences, les deux arbres qui n'étaient pas aussi en sève que les autres ont péri les premiers, et que leurs souches n'ont pas eu la force de reproduire. Il faut donc attendre le temps de la plus grande sève pour écorcer ; on gagnera encore à cette attention une facilité très grande de faire cette opération, qui, dans un autre temps, ne laisserait pas d'être assez longue, et qui, dans cette saison de la sève, devient un très petit ouvrage, puisqu'un seul homme monté au-dessus d'un grand arbre peut l'écorcer du haut en bas en moins de deux heures.

Je n'ai pas eu occasion de faire les mêmes épreuves sur d'autres bois que le chêne ; mais je ne doute pas que l'écorcement et le desséchement sur pied ne rendent tous les bois, de quelque espèce qu'ils soient, plus compacts et plus fermes ; de sorte que je pense qu'on ne peut trop étendre et trop recommander cette pratique.

ARTICLE II

EXPÉRIENCES SUR LE DESSÉCHEMENT DU BOIS A L'AIR ET SUR SON IMBIBITION DANS L'EAU.

EXPÉRIENCE PREMIÈRE.

Pour reconnaître le temps et la gradation du desséchement.

Le 22 mai 1733, j'ai fait abattre un chêne âgé d'environ quatre-vingt-dix ans, je l'ai fait scier et équarrir tout de suite, et j'en ai fait tirer un bloc en forme de parallélipipède de 14 pouces 2 lignes $\frac{1}{2}$ de hauteur, de 8 pouces 2 lignes d'épaisseur, et 9 pouces 5 lignes de largeur. Je m'étais trouvé réduit à ces mesures, parce que je ne voulais me servir que du bois parfait qu'on appelle *le cœur*, et que j'avais fait enlever exactement tout l'aubier ou bois blanc. Ce morceau de cœur de chêne pesait d'abord 45 livres 10 onces, ce qui revient à très peu près à 72 livres 3 onces le pied cube.

TABLE DU DESSÈCHEMENT DE CE MORCEAU DE BOIS (*a*)

ANNÉES, MOIS ET JOURS.	POIDS DU BOIS.		ANNÉES, MOIS ET JOURS.	POIDS DU BOIS.	
	liv.	onc.		liv.	onc.
1733. Mai 23	45	10	1734. Mai 26	34	7
24	45	1	Juin 26	33	14
25	44	10	Juillet 26	33	6 $\frac{1}{2}$
26	44	5	Août 26	33	»
27	44	» $\frac{1}{4}$	Septembre. 26	32	11
28	43	11 $\frac{3}{4}$	Octobre ... 26	32	7
29	43	7 $\frac{3}{4}$	Novembre. 26	32	11
30	43	4	Décembre. 26	32	12 $\frac{1}{2}$
Juin 2	42	11	1735. Janvier 26	32	12
6	42	1	Février 26	32	12 $\frac{1}{2}$
10	41	6	Mars 26	32	13
14	40	14	Avril 26	32	8
18	40	7	Mai 26	32	7
26	39	15	Juin 26	32	6
Juillet 4	39	8	Juillet 26	32	4
16	38	12	Août 26	32	» $\frac{1}{4}$
26	38	6	Septembre. 26	32	» $\frac{1}{2}$
Août 26	37	3	Octobre ... 26	32	1
Septembre. 26	36	1	Novembre. 26	32	3
Octobre ... 26, temps sec.	35	5	Décembre. 26	32	5 $\frac{1}{2}$
Novembre. 3, sec	35	4 $\frac{1}{4}$	1736. Février 26	32	1
17, pluie	35	4	Mai 27	32	»
Décembre.. 1er, pluie	35	4	Août 26	31	13
15, gelée	35	3 $\frac{1}{4}$	1737. Février 26	31	10 $\frac{1}{2}$
29, humide ..	35	3 $\frac{1}{4}$	1738. Février 27	31	7
1734. Janvier .... 12, variable..	35	3 $\frac{1}{4}$	1739. Février 26	31	5 $\frac{1}{4}$
26, gelée	35	1 $\frac{1}{2}$	1740. Février 25	31	3
Février .... 9, pluie	35	1 $\frac{1}{4}$	1741. Février 26	31	1 $\frac{1}{2}$
23, vent	35	» $\frac{3}{4}$	1742. Février 26	31	1
Mars ...... 9, temps doux..	34	15 $\frac{3}{4}$	1743. Février 26	31	1
23, pluie	34	15 $\frac{1}{2}$	1744. Février 26	31	1 $\frac{1}{4}$
Avril 26	34	10			

Cette table contient, comme l'on voit, la quantité et la proportion du dessèchement pendant dix années consécutives. Dès la septième année, le dessèchement était entier : ce morceau de bois, qui pesait d'abord 45 livres 10 onces, a perdu en se desséchant 14 livres

(*a*) Il était sous un hangar, à l'abri du soleil.

8 onces, c'est-à-dire près d'un tiers de son poids, on peut remarquer qu'il a fallu sept ans pour son dessèchement entier, mais qu'en onze jours il a été sec au quart, et qu'en deux mois il a été à moitié sec, puisqu'au 2 juin il avait déjà perdu 3 livres 9 onces, et qu'au 29 juillet 1733, il avait déjà perdu 7 livres 4 onces, et qu'enfin il était aux trois quarts sec au bout de dix mois. On doit observer aussi que, dès que ce morceau a été sec aux deux tiers ou environ, il repompait autant et même plus d'humidité qu'il n'en exhalait.

EXPÉRIENCE II.

Pour comparer le temps et la gradation du dessèchement.

Le 22 mai 1734, j'ai fait scier, dans le tronc du même arbre qui m'avait servi à l'expérience précédente, un bloc dont j'ai fait tirer un morceau tout pareil au premier, et qu'on a réduit exactement aux mêmes dimensions. Ce tronc d'arbre était depuis un an, c'est-à-dire depuis le 22 mai 1733, exposé aux injures de l'air ; on l'avait laissé dans son écorce, et, pour l'empêcher de pourrir, on avait eu soin de retourner le tronc de temps en temps. Ce second morceau de bois a été pris tout auprès et au-dessous du premier.

TABLE DU DESSÈCHEMENT DE CE MORCEAU.

ANNÉES, MOIS ET JOURS.	POIDS DU BOIS.		ANNÉES, MOIS ET JOURS.	POIDS DU BOIS.	
	liv.	onc.		liv.	onc.
1734. Mai..... 23, à 8 h. du mat.	42	8	1735. Janvier.... 26..........	35	2 $\frac{1}{4}$
24, à 8 h. du mat.	42	»	Février.... 26..........	35	1
24, à 8 h. du soir.	41	12 $\frac{1}{2}$	Mars....... 26..........	35	» $\frac{1}{4}$
25, à 8 h. du mat.	41	10 $\frac{1}{2}$	Avril...... 26..........	34	11
26, —	41	6	Mai....... 26..........	34	5
27.............	41	3 $\frac{1}{4}$	Juin....... 26..........	34	1
28.............	40	15 $\frac{1}{4}$	Juillet..... 26..........	33	11
29.............	40	13 $\frac{1}{4}$	Août....... 26..........	33	2 $\frac{1}{2}$
30.............	40	11	Septembre. 26..........	32	14
Juin.... 2.............	40	7	Octobre.... 26..........	32	14 $\frac{1}{2}$
6.............	40	1 $\frac{1}{4}$	Novembre.. 26..........	32	15 $\frac{1}{2}$
10.............	39	10 $\frac{1}{4}$	Décembre.. 26..........	33	» $\frac{1}{2}$
14.............	39	5 $\frac{1}{4}$	1736. Février.... 26..........	32	13
18.............	39	1 $\frac{1}{4}$	Mai....... 26..........	32	6
26.............	38	12	Août....... 26..........	32	» $\frac{1}{2}$
Juillet... 4.............	37	15 $\frac{3}{4}$	1737. Février.... 26..........	32	»
16.............	37	7	1738. Février.... 26..........	31	13 $\frac{1}{2}$
26.............	37	3 $\frac{3}{4}$	1739. Février.... 26..........	31	10 $\frac{1}{4}$
Août.... 26.............	36	6 $\frac{1}{4}$	1740. Février.... 26..........	31	8
Sept.... 26.............	35	10	1741. Février.... 26..........	31	6
Octobre. 26.............	35	1 $\frac{1}{4}$	1742. Février.... 26..........	31	5
Novemb. 26.............	33	3 $\frac{1}{4}$	1743. Février.... 26..........	32	4 $\frac{1}{8}$
Décemb. 26.............	35	4 $\frac{1}{2}$	1744. Février.... 26..........	31	4

En comparant cette table avec la première, on voit qu'en une année entière le bois en grume ne s'est pas plus desséché que le bois travaillé ne s'est desséché en onze jours; on voit de plus qu'il a fallu huit ans pour l'entier dessèchement de ce morceau de bois qui avait été conservé en grume et dans son écorce pendant un an; au lieu que le bois travaillé d'abord s'est trouvé entièrement sec au bout de sept ans. Je suppose que ce morceau de bois pesait autant et peut-être un peu plus que le premier, et cela lorsqu'il était en grume et que l'arbre venait d'être abattu, le 23 mai 1733, c'est-à-dire qu'il pesait alors 45 livres 10 ou 12 onces : cette supposition est fondée, parce qu'on a coupé et travaillé ce morceau de bois de la même façon et exactement sur les mêmes dimensions, et qu'au bout de dix années, et après son dessèchement entier, il s'est trouvé ne différer du premier que de 3 onces, ce qui est une bien petite différence et que j'attribue à la solidité ou densité du premier morceau, parce que le second avait été pris immédiatement au-dessous du premier, du côté du pied de l'arbre; or, on sait que plus on approche du pied de l'arbre, plus le bois a de densité. A l'égard du dessèchement de ce morceau de bois, depuis qu'il a été travaillé, on voit qu'il a fallu sept ans pour le dessécher entièrement comme le premier morceau; qu'il a fallu vingt jours pour dessécher au quart ce second morceau, deux mois et demi environ pour le dessécher à moitié, et treize mois pour le dessécher aux troix quarts. Enfin on voit qu'il s'est réduit, comme le premier morceau, aux deux tiers environ de sa pesanteur.

Il faut remarquer que cet arbre était en sève lorsqu'on le coupa le 23 mai 1733, et que par conséquent la quantité de la sève se trouve par cette expérience être un tiers de la pesanteur du bois, et qu'ainsi il n'y a dans le bois que deux tiers de parties solides et ligneuses, et un tiers de parties liquides et peut-être moins, comme on le verra par la suite de ces expériences. Ce dessèchement et cette perte considérable de pesanteur n'a rien changé au volume; les deux morceaux de bois ont encore les mêmes dimensions, et je n'y ai remarqué ni raccourcissement ni rétrécissement : ainsi la sève est logée dans les interstices des parties ligneuses, et ces interstices restent vides et les mêmes après l'évaporation des parties humides qu'ils contiennent.

On n'a point observé que ce bois, quoique coupé en pleine sève, ait été piqué des vers : il est très sain, et les deux morceaux ne sont gercés ni l'un ni l'autre.

EXPÉRIENCE III.

Pour reconnaître si le dessèchement se fait proportionnellement aux surfaces.

Le 8 avril 1733, j'ai fait enlever par un menuisier un petit morceau de bois blanc ou aubier d'un chêne qui venait d'être abattu, et, tandis qu'on le façonnait en forme de parallélipipède, un autre menuisier en façonnait un autre morceau en forme de petites planches d'égale épaisseur : sept de ces petites planches se trouvèrent peser autant que le premier morceau, et la superficie de ce morceau était à celles des planches comme 10 est à 34, à très peu près.

TABLE DE LA PROPORTION DU DESSÉCHEMENT (*a*).

MOIS ET JOURS.	POIDS DU SEUL MORCEAU.	POIDS DES SEPT MORCEAUX.	MOIS ET JOURS.	POIDS DU SEUL MORCEAU.	POIDS DES SEPT MORCEAUX.
	grains.	grains.		grains.	grains.
1734. Avril. 8, à 2 h. du s.	2189	2189	1734. Avril. 27, sec......	1518 ½	1458
8, à 10 h. du s.	2130	1981	28, sec......	1509	1449 ½
9, à 10 h. du m.	2070	1851	29, vent.....	1504	1447 ½
10, même h^re.	1973	1712	30, pluie.....	1504	1461
11...........	1887	1628	Mai.. 1er, humide.	1507	1468
12..........	1825	1589	5, pluie	1512	1478
13, temps ser.	1778 ½	1565	9, beau	1510 ½	1475
14, sec.......	1741	1540 ½	13, humide ..	1511	1476
15. sec.......	1708	1525 ½	21, beau	1504 ½	1465
16, sec.......	1684	1518	29, vent et pl.	1503	1466
17, sec.......	1656 ½	1503 ½	Juin. 6, pluie	1517	1489
18, sec.......	1630	1502	Juill. 6, beau	1507	1479
19, couvert...	1608 ½	1497 ½	Août. 6, sec......	1500	1468
20, humide...	1590	1493	10, sec......	1489	1461
21...........	1576	1486	12, sec......	1479	1450
22, variable ..	1564	1481	14, sec......	1470	1448
23, chaud....	1556	1485	15, sec......	1461	1460 ½
24...........	1550 ½	1486	16, pluie	1464	1468
25, sec.......	1543	1482	17, beau.. ..	1463	1450
26, sec.......	1532 ½	1479			

Avant que d'examiner ce qui résulte de cette expérience, il faut observer qu'il fallait 492 des grains dont je me suis servi pour faire une once, et que le pied cube de ce bois, qui était de l'aubier, pesait, à très peu près, 66 livres; que le morceau dont je me suis servi contenait à peu près 7 pouces cubiques, et chaque petit morceau 1 pouce, et que les surfaces étaient comme 10 est à 34. En consultant la table, on voit que le dessèchement dans les huit premières heures est, pour le morceau seul, de 59 grains, et, pour les sept morceaux, de 208 grains. Ainsi, la proportion du dessèchement est plus grande que celle des surfaces, car le morceau perdant 59, les sept morceaux n'auraient dû perdre que 200 $\frac{3}{5}$. Ensuite on voit que, depuis dix heures du soir jusqu'à sept heures du matin, le morceau seul a perdu 60 grains, et que les sept morceaux en ont perdu 130; et que par conséquent le dessèchement, qui d'abord était trop grand proportionnellement aux surfaces, est maintenant trop petit, parce qu'il aurait fallu, pour que la proportion fût juste, que le morceau seul perdant 60, les sept morceaux eussent perdu 204, au lieu qu'ils n'ont perdu que 130.

En comparant le terme suivant, c'est-à-dire le quatrième de la table, on voit que cette proportion diminue très considérablement, en sorte que les sept morceaux ne perdent que très peu en comparaison de leur surface; et dès le cinquième terme, il se trouve que le

(*a*) Les pesanteurs ont été prises par le moyen d'une balance qui penchait à un quart de grain.

morceau seul perd plus que les sept morceaux, puisque son dessèchement est de 93 grains, et que celui des sept morceaux n'est que de 84 grains. Ainsi le dessèchement se fait ici d'abord dans une proportion un peu plus grande que celle des surfaces, ensuite dans une proportion plus petite, et enfin il devient plus grand où la surface est la plus petite. On voit qu'il n'a fallu que cinq jours pour dessécher les sept morceaux, au point que le morceau seul perdait plus ensuite que les sept morceaux.

On voit aussi qu'il n'a fallu que vingt et un jours aux sept morceaux pour se dessécher entièrement, puisqu'au 29 avril ils ne pesaient plus que 1,447 grains $\frac{1}{2}$, ce qui est le plus grand degré de légèreté qu'ils aient acquis, et qu'en moins de vingt-quatre heures ils étaient à moitié secs ; au lieu que le morceau seul ne s'est entièrement desséché qu'en quatre mois et sept jours, puisque c'est au 15 d'août que se trouve sa plus grande légèreté, son poids n'étant alors que de 1,461 grains, et qu'en trois fois vingt-quatre heures il était à moitié sec. On voit aussi que les sept morceaux ont perdu, par le dessèchement, plus du tiers de leur pesanteur, et le morceau seul à très peu près le tiers.

EXPÉRIENCE IV.

Sur le même sujet que la précédente.

Le 9 avril 1734, j'ai fait prendre, dans le tronc d'un chêne qui avait été coupé et abattu trois jours auparavant, un morceau de bois en forme de cylindre, dont j'avais déterminé la grosseur en mettant la pointe du compas dans le centre des couches annuelles, afin d'avoir la partie la plus solide de cet arbre qui avait plus de soixante ans. J'ai fait scier en deux ce cylindre pour avoir deux cylindres égaux, et j'ai fait scier de la même façon en trois l'un de ces cylindres. La superficie des trois morceaux cylindriques était à la superficie du cylindre, dont ils n'avaient que le tiers de la hauteur, comme 43 est à 27, et le poids était égal, en sorte que le cylindre seul pesait, aussi bien que les trois cylindres, 28 onces $\frac{13}{16}$, et ils auraient pesé environ une livre 14 onces si on les eût travaillés le jour même que l'arbre avait été abattu.

TABLE DE DESSÉCHEMENT DE CES MORCEAUX DE BOIS.

MOIS ET JOURS.	POIDS DU SEUL MORCEAU.	POIDS DES TROIS MORCEAUX.	MOIS ET JOURS.	POIDS DU SEUL MORCEAU.	POIDS DES TROIS MORCEAUX.
	onces.	onces.		onces.	onces.
1734. Avril. 9 à 10 h. du m.	28 $\frac{13}{16}$	28 $\frac{13}{16}$	1734. Avril. 30.........	23 $\frac{17}{32}$	21 $\frac{23}{32}$
10 à 6 h. du m.	28 $\frac{10}{16}$	28 $\frac{6}{16}$	Mai.. 1er	23 $\frac{15}{32}$	21 $\frac{23}{32}$
11 même heure.	28 $\frac{4}{16}$	27 $\frac{13}{16}$	2.........	23 $\frac{14}{32}$	21 $\frac{23}{32}$
12...........	27 $\frac{15}{16}$	27 $\frac{6}{16}$	3.........	23 $\frac{11}{32}$	21 $\frac{19}{32}$
13...........	27 $\frac{10}{16}$	26 $\frac{15}{16}$	5.........	23 $\frac{8}{32}$	21 $\frac{17}{32}$
14...........	27 $\frac{4}{16}$	26 $\frac{7}{16}$	9.........	22 $\frac{28}{32}$	21 $\frac{7}{32}$
15...........	26 $\frac{31}{32}$	26 $\frac{1}{32}$	13.........	22 $\frac{21}{32}$	21 $\frac{11}{32}$
16...........	26 $\frac{22}{32}$	25 $\frac{20}{32}$	17.........	22 $\frac{16}{32}$	20 $\frac{25}{32}$
17...........	26 $\frac{10}{32}$	25 $\frac{6}{32}$	21.........	22 $\frac{9}{32}$	20 $\frac{19}{32}$
18...........	26 »	24 $\frac{24}{32}$	25.........	21 $\frac{20}{32}$	20 $\frac{16}{32}$
19...........	25 $\frac{24}{32}$	24 $\frac{14}{32}$	29.........	21 $\frac{23}{32}$	20 $\frac{13}{32}$
20...........	25 $\frac{17}{32}$	24 $\frac{4}{32}$	Juin.. 2.........	21 $\frac{18}{32}$	20 $\frac{11}{32}$
21...........	25 $\frac{6}{32}$	23 $\frac{25}{32}$	6.........	21 $\frac{18}{32}$	20 $\frac{14}{32}$
22...........	24 $\frac{29}{32}$	23 $\frac{18}{32}$	14.........	21 $\frac{13}{32}$	20 $\frac{13}{32}$
23...........	24 $\frac{25}{32}$	23 $\frac{8}{32}$	26.........	21 $\frac{7}{32}$	20 $\frac{14}{32}$
24...........	24 $\frac{19}{32}$	23 $\frac{6}{32}$	Juillet. 26.........	21 $\frac{26}{32}$	20 $\frac{10}{32}$
25...........	24 $\frac{14}{32}$	22 $\frac{31}{32}$	Août.. 26.........	20 $\frac{25}{32}$	20 $\frac{9}{32}$
26...........	24 $\frac{7}{32}$	22 $\frac{23}{32}$	Sept.. 26.........	20 $\frac{20}{32}$	20 $\frac{8}{32}$
27...........	24 »	22 $\frac{14}{32}$	Octob. 26.........	20 $\frac{28}{32}$	20 $\frac{19}{32}$
28...........	23 $\frac{25}{32}$	22 $\frac{6}{32}$	Nov.. 26.........	21 $\frac{3}{32}$	20 $\frac{30}{32}$
29...........	23 $\frac{22}{32}$	22 $\frac{1}{32}$	Déc... 26.........	21 $\frac{2}{32}$	20 $\frac{30}{32}$

On voit par cette expérience, comparée avec la précédente, que le bois du centre ou cœur de chêne ne se dessèche pas tout à fait autant que l'aubier, en supposant même que les morceaux eussent pesé 30 onces, au lieu de 28 $\frac{13}{16}$, et cela à cause du desséchement qui s'est fait pendant trois jours, depuis le 6 avril qu'on a abattu l'arbre dont ces morceaux ont été tirés, jusqu'au 9 du même mois, jour auquel ils ont été tirés du centre de l'arbre et travaillés. Mais en partant de 28 onces $\frac{13}{16}$, ce qui était leur poids réel, on voit que la proportion du desséchement est d'abord beaucoup plus grande que celle des surfaces, car le morceau seul ne perd le premier jour que $\frac{3}{16}$ d'once, et les trois morceaux perdent $\frac{7}{16}$, au lieu qu'ils n'auraient dû perdre que $\frac{4}{16} + \frac{7}{9} \times 16$. En prenant le desséchement du second jour, on voit que le morceau seul a perdu $\frac{4}{16}$ et les trois morceaux $\frac{9}{16}$, et que par conséquent il est à très peu près dans la même proportion avec les surfaces qu'il était le jour précédent, et la différence est en diminution ; mais dès le troisième jour le desséchement est en moindre proportion que celle des surfaces, car les surfaces étant 27 et 43, les desséchements seraient comme 5 et 7 $\frac{26}{27}$, s'ils étaient en même proportion ; au lieu que les desséchements sont comme 5 et 7 ou $\frac{5}{16}$ et $\frac{7}{16}$. Ainsi, dès le troisième jour, le desséchement, qui d'abord s'était fait dans une plus grande proportion que celle des surfaces, devient plus petit, et au douzième jour le desséchement des trois morceaux est égal à celui du morceau seul; et ensuite les trois morceaux continuent à perdre moins que le morceau seul; ainsi le dessèchement se fait comme dans l'expérience précédente, d'abord dans une plus grande raison que celle des surfaces, ensuite dans une moindre proportion; et enfin il devient absolument moindre pour la surface plus grande : l'expérience suivante confirmera encore cette espèce de règle sur le dessèchement du bois.

EXPÉRIENCE V.

J'ai pris, dans le même arbre qui m'avait servi à l'expérience précédente, deux morceaux cylindriques de cœur de chêne, tous deux de 4 pouces 2 lignes de diamètre, et d'un pouce 4 lignes d'épaisseur; j'ai divisé l'un de ces morceaux en huit parties, par huit rayons du centre, et j'ai fait fendre ce morceau en huit, selon la direction de ces rayons : suivant ces mesures, la superficie des huit morceaux est à très peu près double de celle du seul morceau, et ce morceau seul, aussi bien que les huit morceaux, pesaient chacun 11 onces $\frac{11}{16}$, ce qui revient à très peu près à 70 livres le pied cube : voici la table de leur dessèchement. On doit observer, comme dans l'expérience précédente, qu'il y avait trois jours que l'arbre dont j'ai tiré ces morceaux de bois était abattu, et que par conséquent la quantité totale du dessèchement doit être augmentée de quelque chose.

TABLE DU DESSÈCHEMENT D'UN MORCEAU DE BOIS, ET DE HUIT MORCEAUX, DESQUELS LA SUPERFICIE ÉTAIT DOUBLE DE CELLE DU PREMIER MORCEAU, LE POIDS ÉTANT LE MÊME.

MOIS ET JOURS.	POIDS DU SEUL MORCEAU.	POIDS DES HUIT MORCEAUX.	MOIS ET JOURS.	POIDS DU SEUL MORCEAU.	POIDS DES HUIT MORCEAUX.
	onces.	onces.		onces.	onces.
1734. Avril. 9, à 8 h. du s.	11 $\frac{11}{16}$	11 $\frac{11}{16}$	1734. Avril. 29	8 $\frac{29}{32}$	8 $\frac{7}{32}$
10, à 6 h. du m.	11 $\frac{19}{32}$	11 $\frac{14}{32}$	30	8 $\frac{27}{32}$	8 $\frac{7}{32}$
11, même h[re].	11 $\frac{11}{32}$	11 »	Mai.. 1er	8 $\frac{26}{32}$	8 $\frac{7}{32}$
12	11 $\frac{4}{32}$	10 $\frac{23}{32}$	2	8 $\frac{25}{32}$	8 $\frac{7}{32}$
13	10 $\frac{30}{32}$	10 $\frac{14}{32}$	3	8 $\frac{24}{32}$	8 $\frac{7}{32}$
14	10 $\frac{25}{32}$	10 $\frac{5}{32}$	5	8 $\frac{21}{32}$	8 $\frac{7}{32}$
15	10 $\frac{19}{32}$	9 $\frac{28}{32}$	9	8 $\frac{19}{32}$	8 $\frac{7}{32}$
16	10 $\frac{13}{32}$	9 $\frac{18}{32}$	13	8 $\frac{16}{32}$	8 $\frac{7}{32}$
17	10 $\frac{7}{32}$	9 $\frac{11}{32}$	17	8 $\frac{13}{32}$	8 $\frac{6}{32}$
18	10 $\frac{1}{32}$	9 $\frac{7}{32}$	21	8 $\frac{9}{32}$	8 $\frac{5}{32}$
19	9 $\frac{29}{32}$	9 $\frac{1}{32}$	25	8 $\frac{7}{32}$	8 $\frac{4}{32}$
20	9 $\frac{24}{32}$	8 $\frac{29}{32}$	29	8 $\frac{5}{32}$	8 $\frac{4}{32}$
21	9 $\frac{20}{32}$	8 $\frac{29}{32}$	Juin.. 6	8 $\frac{6}{32}$	8 $\frac{6}{32}$
22	9 $\frac{16}{32}$	8 $\frac{23}{32}$	26	8 $\frac{5}{32}$	8 $\frac{7}{32}$
23	9 $\frac{13}{32}$	8 $\frac{21}{32}$	Juill.. 26	8 $\frac{4}{32}$	8 $\frac{5}{32}$
24	9 $\frac{10}{32}$	8 $\frac{19}{32}$	Août. 26	8 $\frac{3}{32}$	8 $\frac{5}{32}$
25	9 $\frac{7}{32}$	8 $\frac{17}{32}$	Sept.. 26	8 $\frac{3}{32}$	8 $\frac{5}{32}$
26	9 $\frac{5}{32}$	8 $\frac{14}{32}$	Oct .. 26	8 $\frac{5}{32}$	8 $\frac{9}{32}$
27	9 $\frac{1}{32}$	8 $\frac{12}{32}$	Nov.. 26	8 $\frac{7}{32}$	8 $\frac{13}{32}$
28	9 $\frac{30}{32}$	8 $\frac{0}{32}$	Déc.. 26	8 $\frac{7}{32}$	8 $\frac{13}{32}$

On voit ici, comme dans les expériences précédentes, que la proportion du dessèchement est d'abord beaucoup plus grande que celle des surfaces, ensuite moindre, puis beaucoup moindre, et enfin que la plus petite surface vient bientôt à perdre plus que la plus grande.

On peut observer aussi, par les derniers termes de cette table, qu'après le dessèchement entier, au 26 août, ces morceaux entiers ont augmenté de pesanteur par l'humidité des mois de septembre, octobre et novembre; et que cette augmentation s'est faite proportionnellement aux surfaces.

EXPÉRIENCE VI.

Pour comparer le dessèchement du bois parfait qu'on appelle le COEUR *avec le dessèchement du bois imparfait qu'on appelle l'*AUBIER.

Le 1er avril 1734, j'ai fait tirer du corps d'un chêne, abattu la veille, deux parallélipipèdes, l'un de cœur et l'autre d'aubier, qui pesaient tous deux 6 onces $\frac{1}{4}$; ils étaient de même figure, mais le morceau d'aubier était d'environ un quinzième plus gros que le morceau de cœur, parce que la densité du cœur de chêne nouvellement abattu est à très peu près d'une quinzième partie plus grande que la densité de l'aubier.

TABLE DU DESSÈCHEMENT DE CES MORCEAUX DE BOIS.

MOIS ET JOURS.	POIDS DU CŒUR DE CHÊNE.	POIDS DU MORCEAU D'AUBIER.	MOIS ET JOURS.	POIDS DU CŒUR DE CHÊNE.	POIDS DU MORCEAU D'AUBIER.
	onces.	onces.		onces.	onces.
1734. Avril. 1er, à midi..	6 $\frac{1}{4}$	6 $\frac{1}{4}$	1734. Avril. 24	4 $\frac{63}{64}$	4 $\frac{32}{64}$
2...........	6 $\frac{3}{32}$	6 $\frac{1}{32}$	25	4 $\frac{62}{64}$	4 $\frac{30}{64}$
3...........	6 $\frac{1}{32}$	5 $\frac{30}{32}$	26	4 [illegible]	4 $\frac{28}{64}$
4...........	5 $\frac{31}{32}$	5 $\frac{26}{32}$	27	4 $\frac{58}{64}$	4 $\frac{26}{64}$
5...........	5 $\frac{29}{32}$	5 $\frac{22}{32}$	28	4 $\frac{55}{64}$	4 $\frac{24}{64}$
6...........	5 $\frac{28}{32}$	5 $\frac{19}{32}$	29	4 $\frac{52}{64}$	4 $\frac{22}{64}$
7	5 $\frac{25}{32}$	5 $\frac{15}{32}$	30	4 $\frac{50}{64}$	4 $\frac{20}{64}$
8...........	5 $\frac{22}{32}$	5 $\frac{8}{32}$	Mai. 1er	4 $\frac{50}{64}$	4 $\frac{20}{64}$
9...........	5 $\frac{18}{32}$	5 $\frac{5}{32}$	5..........	4 $\frac{46}{64}$	4 $\frac{18}{64}$
10...........	5 $\frac{17}{32}$	5 $\frac{3}{32}$	9	4 $\frac{43}{64}$	4 $\frac{15}{64}$
11...........	5 $\frac{15}{32}$	5 $\frac{3}{64}$	13	4 $\frac{42}{64}$	4 $\frac{14}{64}$
12...........	5 $\frac{13}{32}$	5 »	17	4 $\frac{40}{64}$	4 $\frac{12}{64}$
13...........	5 [illegible]	4 $\frac{63}{64}$	25	4 $\frac{35}{64}$	4 $\frac{10}{64}$
14...........	5 $\frac{25}{64}$	4 $\frac{60}{64}$	Juin.. 2	4 $\frac{32}{64}$	4 $\frac{8}{64}$
15...........	5 [illegible]	4 $\frac{58}{64}$	10	4 $\frac{32}{64}$	4 $\frac{8}{64}$
16...........	5 [illegible]	4 $\frac{56}{64}$	26	4 $\frac{32}{64}$	4 $\frac{8}{64}$
17...........	5 $\frac{20}{64}$	4 $\frac{52}{64}$	Juill. 26	4 $\frac{32}{64}$	4 $\frac{8}{64}$
18...........	5 $\frac{18}{64}$	4 $\frac{50}{64}$	Août. 26	4 $\frac{31}{64}$	4 $\frac{7}{64}$
19...........	5 $\frac{14}{64}$	4 $\frac{46}{64}$	Sept.. 26	4 $\frac{30}{64}$	4 $\frac{6}{64}$
20...........	5 $\frac{10}{64}$	4 $\frac{44}{64}$	Oct.. 26	4 $\frac{34}{64}$	4 $\frac{10}{64}$
21...........	5 $\frac{6}{64}$	4 $\frac{40}{64}$	Nov.. 26	4 $\frac{37}{64}$	4 $\frac{13}{64}$
22...........	5 $\frac{4}{64}$	4 $\frac{36}{64}$	Déc.. 26	4 $\frac{37}{64}$	4 $\frac{14}{64}$
23...........	5 »	4 $\frac{34}{64}$			

On voit, par cette table, que sur 6 onces $\frac{1}{4}$, la quantité totale du dessèchement du morceau de cœur de chêne est 1 once $\frac{23}{32}$, et que la quantité totale du dessèchement du morceau d'aubier est de 2 onces $\frac{3}{32}$; de sorte que ces quantités sont entre elles comme 57 est à 69, et comme 14 $\frac{1}{4}$ est à 16 $\frac{1}{4}$, ce qui n'est pas fort différent de la proportion de densité du cœur et de l'aubier qui est de 15 à 14. Cela prouve que le bois le plus dense est aussi celui qui se dessèche le moins. J'ai d'autres expériences qui confirment ce fait : un morceau cylindrique d'alizier, qui pesait 15 onces $\frac{1}{2}$ le 1er avril 1734, ne pesait plus que 10 onces $\frac{1}{4}$ le 26 septembre suivant, et par conséquent ce morceau avait perdu plus d'un tiers de son poids. Un morceau cylindrique de bouleau, qui pesait 7 onces $\frac{1}{2}$ le même jour, 1er avril, ne pesait plus que 4 onces $\frac{4}{5}$ le 26 septembre suivant. Ces bois sont plus légers que le chêne, et perdent aussi un peu plus par le dessèchement, mais la différence n'est pas grande, et on peut prendre, pour règle générale de la quantité du dessèchement dans les bois de toute espèce, la diminution d'un tiers de leur pesanteur en comptant du jour que le bois a été abattu.

On voit encore, par l'expérience précédente, que l'aubier se dessèche d'abord beaucoup plus promptement que le cœur de chêne; car l'aubier était déjà à la moitié de son dessèchement au bout de sept jours, et il a fallu vingt-quatre jours au morceau de cœur pour se dessécher à moitié; et par une table que je ne donne pas ici, pour ne pas trop grossir ce mémoire, je vois que l'alizier avait en huit jours acquis la moitié de son dessèchement, et le bouleau en sept jours; d'où l'on doit conclure que la quantité qui s'évapore par le dessèchement dans les différentes espèces de bois est à peu près proportionnelle à leur densité; mais que le temps nécessaire pour que les bois acquièrent un certain degré de dessèchement, par exemple, celui qui est nécessaire pour qu'on les puisse travailler aisément, que ce temps, dis-je, est bien plus long pour les bois pesants que pour les bois légers, quoiqu'ils arrivent à perdre à peu près également un tiers et plus de leur pesanteur.

EXPÉRIENCE VII.

Le 26 février 1744, j'ai fait exposer au soleil les deux morceaux de bois qui m'ont servi aux deux premières expériences, et que j'ai gardés pendant vingt ans. Le plus ancien de ces morceaux, c'est-à-dire celui qui a servi à la première expérience sur le dessèchement, pesait, le 26 février 1744, 31 livres 1 once 2 gros; et l'autre, c'est-à-dire celui qui avait servi à la seconde expérience, pesait le même jour 26 février 1744, 31 livres 4 onces : ils avaient d'abord été desséchés à l'air pendant dix ans, ensuite ayant été exposés au soleil depuis le 26 février jusqu'au 8 mars, et toujours garantis de la pluie, ils se séchèrent encore, et ne pesaient plus, le premier, que 30 livres 5 onces 4 gros, et le second 30 livres 6 onces 2 gros; pour les dessécher encore davantage, je les fis mettre tous deux dans un four chauffé à 47 degrés au-dessus de la congélation; il était neuf heures quarante minutes du matin, on les a tirés du four deux heures après, c'est-à-dire à onze heures quarante minutes; on les a mesurés exactement, leurs dimensions n'avaient pas changé sensiblement. J'ai seulement remarqué qu'il s'était fait des gercures sur les quatre faces les plus longues qui les rendaient d'une demi-ligne ou d'une ligne plus larges; mais la hauteur était absolument la même. On les a pesés en sortant du four; le morceau de la première expérience ne pesait plus que 29 livres 6 onces 7 gros, et celui de la seconde 29 livres 6 onces : dans le moment même, je les ai fait jeter dans un grand vaisseau rempli d'eau, et on a chargé chaque morceau d'une pierre pour les assujettir au fond du vaisseau.

TABLE DE L'IMBIBITION DE CES DEUX MORCEAUX DE BOIS QUI ÉTAIENT ENTIÈREMENT DESSÉCHÉS LORSQU'ON LES A PLONGÉS DANS L'EAU.

MOIS ET JOURS.	TEMPS pendant lequel LES BOIS ONT RESTÉ AU FOUR ET A L'EAU.	POIDS DES DEUX MORCEAUX DE BOIS.	MOIS ET JOURS.	TEMPS pendant lequel LES BOIS ONT RESTÉ A L'EAU.	POIDS DES DEUX MORCEAUX DE BOIS.
		liv. onc. gr.			liv. onc. gr.
1774. Mars. 8...	....	1er 30 5 4 2e 30 6 2	1744. Mars. 16...	12 heures.	1er 36 8 1 2e 37 3 4
9...	Mis au four (*) à 9 h. 40' et tiré à 11 h. 40'; ils pesaient	1er 29 6 7 2e 29 6 7	16...	12 heures.	1er 36 9 » 2e 37 5 3
9...	Jeté dans l'eau à 11 h. 40' et tiré à midi 40'	1er 32 » 2 2e 32 12 »	17...	12 heures.	1er 36 10 2 2e 37 6 »
9...	1 heure.	1er 32 8 6 2e 33 4 6	17...	12 heures.	1er 36 11 2 2e 37 7 3
9...	1 heure.	1er 32 13 6 2e 33 9 1	18...	12 heures.	1er 36 12 6 2e 37 8 4
9...	1 heure.	1er 33 1 3 2e 33 13 1	18...	12 heures.	1er 36 13 2 2e 37 9 4
9...	1 heure.	1er 33 3 4 2e 34 » »	19...	12 heures.	1er 36 14 7 2e 37 10 7
9...	1 heure.	1er 33 6 » 2e 34 1 7	19...	12 heures.	1er 37 » 2 2e 37 12 2
9...	1 h. 15'.	1er 33 8 » 2e 34 4 2	20...	12 heures	1er 37 1 1 2e 37 13 6
9...	1 h. 45'.	1er 33 9 1 2e 34 5 2	20...	12 heures.	1er 37 2 » 2e 37 14 3
9...	1 h. 55'.	1er 33 16 4 2e 34 6 6	21...	12 heures.	1er 37 3 7 2e 37 15 2
9...	1 h. 55'.	1er 33 11 4 2e 34 7 2	21...	12 heures.	1er 37 3 6 2e 38 » 7
9...	1 heure. Ils pesaient	1er 32 13 2 2e 34 8 7	22...	12 heures.	1er 37 4 5 2e 38 1 4
9...	1 heure.	1er 33 13 6 2e 34 10 2	22...	12 heures.	1er 37 5 2 2e 38 2 4
10...	11 heures.	1er 34 6 6 2e 35 2 6	23...	24 heures.	1er 37 6 4 2e 38 3 2
10...	12 heures.	1er 34 11 2 2e 35 7 5	24...	24 heures.	1er 37 7 7 2e 38 5 »
11...	12 heures.	1er 35 » » 2e 35 12 1	25...	24 heures.	1er 37 9 2 2e 38 6 6
11...	12 heures.	1er 35 3 1 2e 35 14 1	26...	24 heures.	1er 37 10 3 2e 38 7 5
12...	12 heures.	1er 35 6 5 2e 36 2 6	27...	24 heures.	1er 37 11 3 2e 38 8 7
12...	12 heures.	1er 35 9 3 2e 36 5 3	28...	24 heures.	1er 37 12 2 2e 38 10 »
13...	12 heures.	1er 35 11 6 2e 36 7 6	29...	24 heures.	1er 37 13 1 2e 38 10 3
13...	12 heures.	1er 35 14 2 2e 36 10 1	30...	24 heures.	1er 37 13 6 2e 38 11 3
14...	12 heures.	1er 36 1 2 2e 36 13 1	31...	24 heures.	1er 37 14 3 2e 38 11 5
14...	12 heures.	1er 36 3 1 2e 36 15 »	Avril.. 1er.	24 heures.	1er 37 14 7 2e 38 12 4
15...	12 heures.	1er 36 4 6 2e 37 » 7	2...	24 heures.	1er 38 » 1 2e 38 13 1
15...	12 heures.	1er 36 6 2 2e 37 2 2	3...	24 heures.	1er 38 » 6 2e 38 14 »

(*) Le thermomètre a monté à 47 degrés ; il était au degré de la congélation.

MOIS ET JOURS.	TEMPS pendant lequel LES BOIS ONT RESTÉ A L'EAU.	POIDS DES DEUX MORCEAUX DE BOIS.
1744.		liv.onc.gr
Avril. 4........	24 heures.	1er 38 1 2 2e 38 14 2
5........	24 heures.	1er 38 1 7 2e 38 15 1
6, pluie..	24 heures.	1er 38 3 » 2e 39 » 7
7, pluie..	24 heures.	1er 38 3 3 2e 39 1 »
8, pluie..	24 heures.	1er 38 3 6 2e 39 1 2
9, pluie..	24 heures.	1er 38 4 6 2e 39 1 5
10, pluie..	24 heures.	1er 38 5 1 2e 39 2 1
11, pluie..	24 heures.	1er 38 6 7 2e 39 3 4
12, froid..	24 heures.	1er 38 7 5 2e 39 5 »
13, sec....	24 heures.	1er 38 8 7 2e 39 6 4
14, froid..	24 heures.	1er 38 9 6 2e 39 6 6
15, pluie..	24 heures.	1er 38 10 2 2e 39 7 4
16, vent..	24 heures.	1er 38 10 7 2e 39 7 7
17, pluie..	24 heures.	1er 38 11 4 2e 39 8 2
18, beau..	24 heures.	1er 38 12 1 2e 39 9 »
19, pluie..	24 heures.	1er 38 13 1 2e 39 9 4
20, pluie..	24 heures.	1er 38 13 2 2e 39 10 7
21, beau..	24 heures.	1er 38 14 » 2e 39 11 »
22, beau..	24 heures.	1er 38 14 6 2e 39 11 6
23, vent..	24 heures.	1er 38 15 6 2e 39 12 5
24, pluie..	24 heures.	1er 39 » 3 2e 39 13 5
25, pluie..	24 heures.	1er 39 1 5 2e 39 13 7
26, sec....	24 heures.	1er 39 1 6 2e 39 14 2
27, vent..	24 heures.	1er 39 3 » 2e 39 15 4
28, pluie..	24 heures.	1er 39 4 1 2e 40 1 »
29, beau..	24 heures.	1er 39 4 3 2e 40 1 »
30, sec....	24 heures.	1er 39 5 1 2e 40 1 7
Mai... 1er, beau.	24 heures.	1er 39 6 » 2e 40 2 7
2, chaud.	24 heures.	1er 39 6 4 2e 40 4 3
3, beau..	24 heures.	1er 39 6 7 2e 40 3 7
1774.		liv.onc.gr
Mai... 4, beau..	24 heures.	1er 39 7 » 2e 40 4 7
5, beau..	24 heures.	1er 39 7 5 2e 40 4 4
6, vent..	24 heures.	1er 39 7 4 2e 40 4 1
7, pluie..	24 heures.	1er 39 7 5 2e 40 5 3
8, pluie..	24 heures.	1er 39 8 5 2e 40 5 3
9, beau..	24 heures.	1er 39 9 2 2e 40 6 »
11, vent..	2 jours.	1er 39 9 1 2e 40 5 3
13, vent..	2 jours.	1er 39 9 3 2e 40 5 6
15, vent..	2 jours.	1er 39 9 7 2e 40 5 7
17, pluie..	2 jours.	1er 39 10 5 2e 40 6 3
19, pluie..	2 jours.	1er 39 11 5 2e 40 7 2
21, tonn..	2 jours.	1er 39 12 5 2e 40 8 3
23, beau..	2 jours.	1er 39 13 3 2e 40 9 »
25, pluie..	2 jours.	1er 39 14 4 2e 40 10 »
27, beau..	2 jours.	1er 40 1 1 2e 40 12 3
29, beau..	2 jours.	1er 40 2 » 2e 40 12 4
31, beau..	2 jours.	1er 40 1 2 2e 40 12 5
Juin... 2, sec...	2 jours.	1er 40 2 4 2e 40 13 2
4, pluie..	2 jours.	1er 40 4 1 2e 40 14 1
6, sec...	2 jours.	1er 40 5 » 2e 40 14 7
8. sec...	2 jours.	1er 40 5 » 2e 40 14 5
10. sec....	2 jours.	1er 40 5 6 2e 40 » »
12........	2 jours.	1er 40 6 5 2e 41 » 4
14, chaud.	2 jours.	1er 40 7 2 2e 41 1 »
16, pluie..	2 jours.	1er 40 3 3 2e 41 1 5
18, couv..	2 jours.	1er 40 10 1 2e 41 2 7
20, pluie..	2 jours.	1er 40 10 4 2e 41 3 5
22, couv..	2 jours.	1er 40 11 5 2e 41 5 3
24, chaud.	2 jours.	1er 40 11 7 2e 41 5 »
26, sec...	2 jours.	1er 40 13 » 2e 41 6 2

MOIS ET JOURS.	TEMPS pendant lequel LES BOIS ONT RESTÉ A L'EAU.	POIDS DES DEUX MORCEAUX DE BOIS.
1744.		liv. onc. gr.
Juin.. 28, sec....	2 jours.	1er 40 13 3 2e 41 6 5
30, sec....	2 jours.	1er 40 14 6 2e 41 6 7
Juill. 2, chaud..	2 jours.	1er 40 14 1 2e 41 7 »
4, pluie..	2 jours.	1er 40 15 3 2e 41 8 5
6, pluie..	2 jours.	1er 41 » 4 2e 41 8 7
8, vent...	2 jours.	1er 41 1 » 2e 41 10 »
Le 10, on a été obligé de les changer de cuvier, deux cercles s'étant brisés.		
12, pluie..	4 jours.	1er 41 2 6 2e 41 10 6
16, pluie..	4 jours.	1er 41 4 1 2e 41 12 »
20, pluie..	4 jours.	1er 41 5 » 2e 41 13 »
24, couv..	4 jours.	1er 41 6 6 2e 41 4 5
28, beau..	4 jours.	1er 41 8 4 2e 42 » »
Août. 1er, vent.	4 jours.	1er 41 9 4 2e 42 1 »
5, couv..	4 jours.	1er 41 10 » 2e 42 2 3
9, chal...	4 jours.	1er 41 11 4 2e 42 3 2
13, pluie..	4 jours.	1er 41 12 1 2e 42 3 7
17, vent..	4 jours.	1er 41 12 7 2e 42 5 3
21, pluie..	4 jours.	1er 41 13 5 2e 42 5 4
25, variab.	4 jours.	1er 41 14 7 2e 42 6 7
29. beau..	4 jours.	1er 42 » 4 2e 42 7 2
Sept.. 2, beau..	4 jours.	1er 42 1 » 2e 42 8 »
6, beau..	4 jours.	1er 42 2 4 2e 42 9 2
10, variab.	4 jours.	1er 42 3 5 2e 42 10 5
14, beau..	4 jours.	1er 42 5 3 2e 42 11 4
18, chaud.	4 jours.	1er 42 5 4 2e 42 12 »
22, beau..	4 jours.	1er 42 4 7 2e 42 11 6
26, chaud.	4 jours.	1er 42 5 4 2e 42 12 2

MOIS ET JOURS.	TEMPS pendant lequel LES BOIS ONT RESTÉ A L'EAU.	POIDS DES DEUX MORCEAUX DE BOIS.
1744.		liv. onc. gr.
Sept.. 30, beau..	4 jours.	1er 42 6 7 2e 42 13 1
Oct... 4, vent...	4 jours.	1er 42 7 4 2e 42 14 2
8, pluie..	4 jours.	1er 42 7 5 2e 42 14 2
12, pluie..	4 jours.	1er 42 9 » 2e 42 15 »
16, pluie..	4 jours.	1er 42 9 6 2e 43 » 3
20, pluie..	4 jours.	1er 42 10 2 2e 43 1 3
24, pluie..	4 jours.	1er 42 12 » 2e 43 2 4
28, gelée..	4 jours.	1er 42 12 2 2e 43 3 »
Nov.. 1er, beau.	4 jours.	1er 42 12 6 2e 43 3 2
5, pluie..	4 jours.	1er 42 13 2 2e 43 4 »
9, beau..	4 jours.	1er 42 14 » 2e 43 4 6
13, beau..	4 jours.	1er 42 14 4 2e 43 5 2
17, pluie..	4 jours.	1er 42 15 2 2e 43 5 6
21. variab.	4 jours.	1er 43 » 2 2e 43 6 2
25, beau..	4 jours.	1er 43 1 » 2e 43 7 »
29, neige et gelée..	4 jours.	1er 43 2 » 2e 43 8 »
Déc... 3, dégel..	4 jours.	1er 43 2 2 2e 43 8 2
7, variab.	4 jours.	1er 43 2 6 2e 43 8 4
11, gelée..	4 jours.	1er 43 3 » 2e 43 9 »
15, pluie, neige.	4 jours.	1er 43 2 6 2e 43 9 6
19, pluie, brouill.	4 jours.	1er 43 3 4 2e 43 9 4
23, pluie, neige.	8 jours.	1er 43 3 5 2e 43 10 »
31, neige, dégel..	8 jours.	1er 43 5 » 2e 43 10 6
1745.		
Janv.. 8, brouill. et pluie.	8 jours.	1er 43 5 4 2e 43 11 2
16, gelée..	4 jours.	1er 43 7 4 2e 43 13 6
24, gelée, dégel (a)	8 jours.	1er 43 7 3 2e 43 14 »
Fév... 1er, neige.	8 jours.	1er 43 7 7 2e 43 15 4

(a) Le baquet était entièrement gelé ; il n'y avait qu'une pinte d'eau qui ne fût point glacée. On avait changé les bois deux jours auparavant pour relier le baquet.

MOIS ET JOURS.	TEMPS pendant lequel LES BOIS ONT RESTÉ A L'EAU.	POIDS DES DEUX MORCEAUX DE BOIS.	MOIS ET JOURS.	TEMPS pendant lequel LES BOIS ONT RESTÉ A L'EAU.	POIDS DES DEUX MORCEAUX DE BOIS.
1745.		liv.onc.gr.	1745.		liv.onc.gr
Fév.. 9, pluie..	8 jours.	1er 43 8 3 2e 43 15 3	Août.. 20, pluie..	8 jours.	1er 44 9 » 2e 44 15 1
17, pluie, vent, gelée.	8 jours.	1er 43 8 3 2e 44 » »	28, pluie, beau.	8 jours.	1er 44 10 1 2e 45 1 »
27, beau..	8 jours.	1er 43 9 6 2e 44 1 »	Sept.. 5, beau ..	16 jours.	1er 44 10 4 2e 45 2 4
Mars. 5, beau(*a*) gelée..	8 jours.	1er 43 11 4 2e 44 4 »	21, beau ..	16 jours.	1er 44 11 6 2e 45 4 1
13, gelée..	8 jours.	1er 44 12 2 2e 44 5 »	Oct... 7, sec ...	16 jours.	1er 44 13 1 2e 45 5 7
21, vent ..	8 jours.	1er 43 11 » 2e 44 3 1	23, beau ..	16 jours.	1er 44 15 6 2e 45 6 1
29, beau..	8 jours.	1er 43 11 » 2e 44 3 2	Nov .. 8, variab.	16 jours.	1er 45 1 4 2e 45 8 2
Avril. 6, sec....	8 jours.	1er 43 11 2 2e 44 3 4	24, hum ..	16 jours.	1er 45 4 » 2e 45 9 »
14, sec....	8 jours.	1er 43 13 4 2e 44 5 »	Déc.. 10, gelée..	16 jours.	1er 45 4 6 2e 45 10 1
22, pluie..	8 jours.	1er 43 13 » 2e 44 6 »	26, hum ..	16 jours.	1er 45 5 » 2e 45 10 4
30, beau..	8 jours.	1er 43 13 2 2e 44 5 3	1746.		
Mai.. 8, pluie(*b*)	8 jours.	1er 43 14 3 2e 44 7 2	Janv.. 11, variab.	16 jours.	1er 45 4 4 2e 45 9 »
16, beau.. pluie..	8 jours.	1er 43 15 » 2e 44 7 »	27, gelée, pluie..	16 jours.	1er 45 6 8 2e 45 12 »
24, chaud, pluie..	8 jours.	1er 44 1 » 2e 44 8 1	Fév.. 12, pluie, neige.	16 jours.	1er 45 6 4 2e 45 12 »
Juin.. 1er, froid, giboul.	8 jours.	1er 44 2 3 2e 44 8 7	28, dégel..	16 jours.	1er 45 8 » 2e 45 12 4
9, frais, chaud.	8 jours.	1er 44 3 » 2e 44 9 4	Mars. 16, gelée, dégel.	16 jours.	1er 45 9 » 2e 45 13 »
17, fr., v.	8 jours.	1er 44 2 » 2e 44 9 7	Avril. 1er, vent, neige.	16 jours.	1er 45 9 » 2e 45 13 »
25, pluie, vent..	8 jours.	1er 44 3 4 2e 44 11 1	17, sec ...	16 jours.	1er 45 9 » 2e 45 14 »
Juill.. 3, pluie. chaud.	8 jours.	1er 44 3 4 2e 44 11 1	Mai.. 3, variab.	16 jours.	1er 45 10 » 2e 45 13 »
11, variab.	8 jours.	1er 44 4 6 2e 44 11 2	19, sec et chaud.	16 jours.	1er 45 10 » 2e 46 » »
19, pluie, chaud.	8 jours.	1er 44 5 5 2e 44 13 »	Juin.. 4, pluie..	16 jours.	1er 45 9 4 2e 45 14 2
27, beau..	8 jours.	1er 44 6 6 2e 44 12 »	20, variab.	16 jours.	1er 45 10 6 2e 46 » »
Août. 4, pluie..	8 jours.	1er 44 7 4 2e 44 13 4	Juill.. 6, variab. chaud.	16 jours.	1er 45 10 5 2e 46 » 1
12, pluie..	8 jours.	1er 44 8 3 2e 44 14 2	22, sec ...	16 jours.	1er 45 10 5 2e 46 » »

(*a*) Les bois étaient si fort serrés par la glace qu'il a fallu y jeter de l'eau chaude. Ils ont passé la nuit dans la cuisine, auprès de la cheminée, et ils ont été pesés douze heures après l'eau chaude mise dans ce cuvier.

(*b*) Il est visible ici que c'est la vicissitude du temps qui détermine le plus ou le moins d'augmentation, après un pareil nombre de jours; les bois ont considérablement augmenté cette fois, parce que les deux jours qui ont précédé celui qu'on les a pesés il a fait une pluie continuelle par un vent du couchant, et le lendemain il a encore continué de pleuvoir un peu, et ensuite un temps couvert et humide.

MOIS ET JOURS.	TEMPS pendant lequel LES BOIS ONT RESTÉ A L'EAU.	POIDS DES DEUX MORCEAUX DE BOIS.
1746.		liv. onc. gr.
Août.. 7, hum..	16 jours.	1er 45 12 » 2e 45 » 7
23, chaud.	16 jours.	1er 45 15 3 2e 46 2 5
Sept.. 8, pluie..	16 jours.	1er 45 15 6 2e 46 3 »
24, sec....	16 jours.	1er 46 » 6 2e 46 3 6
Oct... 10, hum..	16 jours.	1er 46 1 3 2e 46 4 3
26, beau..	16 jours.	1er 46 1 » 2e 46 5 »
Nov.. 11, variab.	16 jours.	1er 46 2 » 2e 46 6 »
27, frim...	16 jours.	1er 46 3 1 2e 46 6 6
Déc... 13, hum..	16 jours.	1er 46 4 4 2e 46 7 4
29, hum..	16 jours.	1er 46 3 » 2e 46 7 »
1747.		
Janv. 14, gelée..	16 jours.	1er 46 3 » 2e 46 8 »
30, hum..	16 jours.	1er 46 2 » 2e 46 7 »
Fév.. 15, tempéré	16 jours.	1er 46 1 2 2e 46 6 »
Mars. 3, dégel..	16 jours.	1er 46 3 » 2e 46 8 »
19, froid..	16 jours.	1er 46 2 8 2e 46 8 8
Avril. 4, pluie..	16 jours.	1er 46 5 1 2e 46 9 5
20, sec....	16 jours.	1er 46 4 7 2e 46 8 1
Mai.. 6, tempéré	16 jours.	1er 46 6 4 2e 46 9 4
22, variab.	16 jours.	1er 46 7 5 2e 46 9 »
Juin.. 7, pluv...	16 jours.	1er 46 8 2 2e 46 10 3
23, tempéré pluv...	16 jours.	1er 46 9 1 2e 46 12 1
Juill. 9, variab.	16 jours.	1er 46 10 » 2e 46 13 »
25, chaud et humide.	16 jours.	1er 46 12 » 2e 46 14 4
Août. 10, chaud, vent.	16 jours.	1er 46 11 » 2e 46 13 2
26, chaud, pluie.	16 jours.	1er 46 12 » 2e 46 15 »
Sept.. 11, sec....	16 jours.	1er 46 11 » 2e 46 13 »
27, pluv...	16 jours.	1er 46 11 » 2e 46 13 4
Oct... 27, beau, couvert.	30 jours.	1er 46 12 » 2e 46 15 »
Nov.. 27, bruines pend. 8 j.	30 jours.	1er 46 14 » 2e 47 » 4
1747.		liv. onc. gr.
Déc... 27, pluv..	30 jours.	1er 46 15 » 2e 47 1 7
1748.		
Janv.. 27, gelée, neige et dégel.	30 jours.	1er 47 » » 2e 47 2 »
Fév... 27, dégel et doux.	30 jours.	1er 47 1 » 2e 47 2 4
Mars. 27, froid..	30 jours.	1er 47 » 4 2e 47 4 »
Avril.. 27, froid et pluv.	30 jours.	1er 47 2 » 2e 47 3 »
Mai... 27, sec et froid.	30 jours.	1er 47 2 » 2e 47 4 »
Juin.. 27, sec....	30 jours.	1er 46 14 » 2e 47 1 »
Juill.. 27, chaleur et pluie.	30 jours.	1er 46 16 2 2e 47 2 1
Août.. 27, chaleur brouill.	30 jours.	1er 47 2 » 2e 47 4 »
Sept.. 27, pluv...	30 jours.	1er 47 3 » 2e 47 5 5
Oct.. 27, hum..	30 jours.	1er 47 7 3 2e 47 7 4
Nov.. 27, gelée..	30 jours.	1er 47 4 1 2e 47 7 4
Déc... 27, pluie et vent.	30 jours.	1er 47 4 4 2e 47 6 7
1749.		
Janv.. 27, pluv...	30 jours.	1er 47 6 4 2e 47 7 4
Fév... 27, pluie, ensuite sec.	30 jours.	1er 47 6 » 2e 47 8 2
Mars.. 27, pluv...	30 jours.	1er 47 8 » 2e 47 9 4
Avril.. 27, vent..	30 jours.	1er 47 7 » 2e 47 9 »
Mai... 27, chaud.	30 jours.	1er 47 6 » 2e 47 8 »
Juin.. 7, variab.	30 jours.	1er 47 6 4 2e 47 8 »
Juill.. 27, variab.	30 jours.	1er 47 7 2 2e 47 8 2
Août.. 27, pluv..	30 jours.	1er 47 10 » 2e 47 11 »
Sept.. 27, sec....	30 jours.	1er 47 8 » 2e 47 10 »
Oct... 27, sec....	30 jours.	1er 47 6 » 2e 47 7 »
Nov.. 27, pluv..	30 jours.	1er 47 12 » 2e 47 » »
Déc... 27, gelée, dégel.	30 jours.	1er 47 14 » 2e 47 15 »
1750.		
Janv.. 27, hum..	30 jours.	1er 47 15 » 2e 47 13 4
Fév... 27, variab.	30 jours.	1er 47 15 4 2e 47 15 6

MOIS ET JOURS.	TEMPS pendant lequel LES BOIS ONT RESTÉ A L'EAU.	POIDS DES DEUX MORCEAUX DE BOIS.	MOIS ET JOURS.	TEMPS pendant lequel LES BOIS ONT RESTÉ A L'EAU.	POIDS DES DEUX MORCEAUX DE BOIS.
1750.		liv.onc.gr	1751.		liv.onc.gr.
Mars. 27, beau..	30 jours.	1er 47 14 » 2e 48 2 »	Juin.. 27, chaleur	30 jours.	1er 48 8 » 2e 48 12 »
Avril. 27, sec....	30 jours.	1er 47 12 4 2e 47 13 4	Août.. 27, tempéré	60 jours.	1er 48 7 » 2e 48 8 »
Mai.. 27, pluv...	30 jours.	1er 47 14 » 2e 47 15 »	Oct... 27, pluv..	60 jours.	1er 49 » » 2e 49 » »
Juin.. 27, bruine.	30 jours.	1er 47 13 4 2e 47 13 4	Déc.. 27, gelée..	60 jours.	1er 48 10 » 2e 48 10 »
Juill.. 27, chal...	30 jours.	1er 47 13 » 2e 47 14 »	1752.		
Août. 27, pluv...	30 jours.	1er 48 » » 2e 48 » »	Fév... 27, variab.	60 jours.	1er 48 9 » 2e 48 11 »
Sept.. 27, bruine.	30 jours.	1er 48 1 » 2e 48 1 »	Avril. 27, sec....	60 jours.	1er 48 6 » 2e 48 6 »
Oct.. 27, beau, couvert.	30 jours.	1er 48 1 » 2e 48 1 »	Juin.. 27, chaud, pluvieux.	60 jours.	1er 48 8 » 2e 48 8 »
Nov.. 27, pluv...	30 jours.	1er 48 2 » 2e 48 2 »	Août.. 27, variab.	60 jours.	1er 48 10 » 2e 48 10 »
1751 (a).			Oct... 27, beau..	60 jours.	1er 48 10 4 2e 48 11 4
Janv. 27, pluv...	61 jours.	1er 48 10 » 2e 48 13 »	Déc... 27, pluv..	60 jours.	1er 48 11 » 2e 48 12 »
Fév.. 27, gelée..	30 jours.	1er 48 9 » 2e 48 10 »	1753.		
Mars. 27, pluv...	30 jours	1er 48 13 » 2e 48 14 »	Fév.. 27, hum., doux.	60 jours.	1er 48 10 4 2e 48 11 6
Avril. 27, pluie..	30 jours.	1er 48 13 » 2e 48 14 »	Avril. 27, pluv..	60 jours.	1er 48 11 4 2e 48 12 »
Mai.. 27, variab.	30 jours.	1er 48 13 » 2e 48 13 »			

On voit par cette expérience, qui a duré vingt ans :

1° Qu'après le desséchement à l'air pendant dix ans, et ensuite au soleil et au feu pendant dix jours, le bois de chêne, parvenu au dernier degré de son desséchement, perd plus d'un tiers de son poids lorsqu'on le travaille tout vert, et moins d'un tiers de son poids lorsqu'on le garde dans son écorce pendant un an avant de le travailler. Car le morceau de la première expérience s'est en dix ans réduit de 45 livres 10 onces à 29 livres 6 onces 7 gros; et le morceau de la seconde expérience s'est réduit en neuf ans de 42 livres 8 onces à 29 livres 6 onces;

2° Que le bois, gardé dans son écorce avant d'être travaillé, prend plus promptement et plus abondamment l'eau, et par conséquent l'humidité de l'air que le bois travaillé tout vert. Car le premier morceau, qui pesait 29 livres 6 onces 7 gros lorsqu'on l'a mis dans l'eau, n'a pris en une heure que 2 livres 8 onces 3 gros, tandis que le second morceau, qui pesait 29 livres 6 onces, a pris dans le même temps 3 livres 6 onces. Cette différence, dans la plus prompte et la plus abondante imbibition, s'est soutenue très longtemps. Car au bout de vingt-quatre heures de séjour dans l'eau, le premier morceau n'avait pris que 4 livres 15 onces 7 gros, tandis que le second a pris dans le même temps 5 livres 4 onces 6 gros. Au bout de huit jours, le premier morceau n'avait pris que 7 livres 1 once 2 gros, tandis que le second a pris dans le même temps 7 livres 12 onces 2 gros. Au bout d'un mois, le premier

(a) On a oublié de peser les deux morceaux de bois dans le mois de décembre.

morceau n'avait pris que 8 livres 12 onces, tandis que le second a pris dans le même temps 9 livres 11 onces 2 gros. Au bout de trois mois de séjour dans l'eau, le premier morceau n'avait pris que 10 livres 14 onces 1 gros, tandis que le second a pris dans le même temps 11 livres 8 onces 5 gros. Enfin ce n'a été qu'au bout de quatre ans sept mois, que les deux morceaux se sont trouvés à très peu près égaux en pesanteur;

3° Qu'il a fallu vingt mois pour que ces morceaux de bois, d'abord desséchés jusqu'au dernier degré, aient repris dans l'eau autant d'humidité qu'ils en avaient sur pied et au moment qu'on venait d'abattre l'arbre dont ils ont été tirés. Car au bout de ces vingt mois de séjour dans l'eau, ils pesaient 45 livres quelques onces, à peu près autant que quand on les a travaillés;

4° Qu'après avoir pris pendant vingt mois de séjour dans l'eau autant d'humidité qu'ils en avaient d'abord, ces bois ont continué à pomper l'eau pendant cinq ans. Car, au mois d'octobre 1751, il pesaient tous deux également 49 livres. Ainsi le bois plongé dans l'eau tire non seulement autant d'humidité qu'il contenait de sève, mais encore près d'un quart au delà; et la différence en poids de l'entier dessèchement à la pleine imbibition est de 30 à 50, ou de 3 à 5 environ. Un morceau de bois bien sec, qui ne pèse que 3 livres, en pèsera 5 lorsqu'il aura séjourné plusieurs années dans l'eau;

5° Lorsque l'imbibition du bois dans l'eau est plénière, le bois suit au fond de l'eau les vicissitudes de l'atmosphère : il se trouve toujours plus pesant lorsqu'il pleut, et plus léger lorsqu'il fait beau, comme on le voit par les pesées de ces bois dans les dernières années des expériences, en 1751, 1752 et 1753; en sorte qu'on pourrait dire, avec juste raison, qu'il fait plus humide dans l'eau lorsqu'il pleut que quand il fait beau temps

EXPÉRIENCE VIII.

Pour reconnaître la différence de l'imbibition des bois dont la solidité est plus ou moins grande.

Le 2 avril 1735, j'ai fait prendre dans un chêne âgé de soixante ans, qui venait d'être abattu, trois petits cylindres, l'un dans le centre de l'arbre, le second à la circonférence du bois parfait, et l'autre dans l'aubier : ces trois cylindres pesaient chacun 985 grains. Je les ai mis dans un vase rempli d'eau douce tous trois en même temps, et je les ai pesés tous les jours pendant un mois pour voir dans quelle proportion se faisait leur imbibition.

TABLE DE L'IMBIBITION DE CES TROIS CYLINDRES DE BOIS.

DATES DES PESÉES.	POIDS DES TROIS CYLINDRES.			DATES DES PESÉES	POIDS DES TROIS CYLINDRES.		
	Cœur.	Circonférence du cœur.	Aubier.		Cœur.	Circonférence du cœur.	Aubier.
1735.	grains.	grains.	grains.	1735.	grains.	grains.	grains.
Avril. 2..........	985	985	985	Avril. 22, couvert.	1057 ½	1075 ½	1078 ½
3, à 6 h. mat.	1011	1016	1065	23, couvert.	1058	1077	1074 ½
4..........	1021	1027	1065	24, sec......	1059	1078 ½	1074
5, pluie....	1023	1030	1073 ½	25, sec......	1060	1079	1074
6, humide..	1030	1040	1081	29, sec......	1065	1087	1074 ½
7, humide..	1035	1044	1083	Mai.. 4. chaud...	1068 ½	1091	1071
8, pluie....	1036	1048	1088 ½	9, sec......	1072	1093	1071
9, humide..	1037	1051	1000	10, chaud...	1073	1006 ½	1070
10, couvert..	1039	1055	1092 ½	21, pluie....	1075	1101	1070
11, sec......	1040	1056	1084	25, pluie....	1076 ½	1103 ½	1084
12, sec......	1042	1959	1078	Juin. 2, sec......	1078	1103 ½	1071
13, sec......	1045	1061	1078 ½	10, humide..	1082	1108	1078 ½
14, couvert..	1048 ½	1064	1079 ½	18, sec......	1080	1105	1064
15, sec......	1050 ¾	1065	1078	Juillet 6, pluie....	1088	1109	1069
16, chaud...	1051	1066	1074	15, pluie....	1096	1112	1077
17, chaud...	1051 ½	1067	1072	25, pluie....	1113	1126	1098
18, sec......	1052	1068	1073	Août. 25, sec......	1112	1122	1065
19, sec......	1053	1069	1071	Sept. 25, pluie....	1120	1126	1092
20, couvert..	1056	1072	1972	Oct.. 25, pluie....	1128	1130	1124
21, pluie....	1057	1073	1082				

Cette expérience présente quelque chose de fort singulier : on voit que, pendant le premier jour, l'aubier, qui est le moins solide des trois morceaux, tire 80 grains pesant d'eau, tandis que le morceau de la circonférence du cœur n'en tire que 31, le morceau du centre 26, et que le lendemain ce même morceau d'aubier cesse de tirer l'eau, en sorte que, pendant vingt-quatre heures entières, son poids n'a pas augmenté d'un seul grain, tandis que les deux autres morceaux continuent à tirer l'eau et à augmenter de poids; et en jetant les yeux sur la table de l'imbibition de ces trois morceaux, on voit que celui du centre et celui de la circonférence prennent des augmentations de pesanteur depuis le 2 avril jusqu'au 10 juin, au lieu que le morceau d'aubier augmente et diminue de pesanteur par des variations fort irrégulières. Il a été mis dans l'eau le 1er avril à midi, le ciel était couvert et l'air humide : ce morceau pesait, comme les deux autres, 985 grains. Le lendemain, à dix heures du matin, il pesait 1,065 grains : ainsi, en dix-huit heures, il avait augmenté de 80 grains, c'est-à-dire environ $\frac{1}{12}$ de son poids total. Il était naturel de penser qu'il continuerait à augmenter de poids; cependant, au bout de dix-huit heures, il a cessé tout d'un coup de tirer de l'eau, et il s'est passé vingt-quatre heures sans qu'il ait augmenté; ensuite ce morceau d'aubier a repris de l'eau et a continué d'en tirer pendant six jours, en sorte qu'au 10 avril il avait tiré 107 grains $\frac{1}{2}$ d'eau; mais les deux jours suivants, le 11 et le 12, il a reperdu 14 grains $\frac{1}{2}$, ce qui fait plus de la moitié de ce qu'il avait tiré les six jours précédents; il a demeuré presque stationnaire et au même point pendant les trois jours suivants, les 13, 14 et 15, après quoi il a continué à rendre l'eau qu'il a tirée, en sorte que, le 19 du même mois, il se trouve qu'il avait rendu 21 grains $\frac{1}{2}$ depuis le 10. Il a diminué encore plus aux 13 et 21 du mois suivant, et encore plus au 18 de juin, car il se trouve qu'il a perdu 28 grains $\frac{1}{2}$ depuis le 10 avril. Après cela, il a augmenté pendant le mois de juillet, et au 25 de ce mois il s'est trouvé avoir tiré en total 113 grains pesant d'eau. Pendant le mois d'août il en a repris 33 grains; et enfin il a augmenté en septembre et surtout en octobre si considérablement, que, le 25 de ce dernier mois, il avait tiré en total 139 grains.

Une expérience que j'avais faite dans une autre vue a confirmé celle-ci : je vais en rapporter le détail pour en faire la comparaison.

J'avais fait faire quatre petits cylindres d'aubier de l'arbre dont j'avais tiré les petits morceaux de bois qui m'ont servi à l'expérience rapportée ci-dessus. Je les avais fait travailler le 8 avril, et je les avais mis dans le même vase. Deux de ces petits cylindres avaient été coupés dans le côté de l'arbre qui était exposé au nord lorsqu'il était sur pied, et les deux autres petits cylindres avaient été pris dans le côté de l'arbre qui était exposé au midi. Mon but, dans cette expérience, était de savoir si le bois de la partie de l'arbre qui est exposée au midi est plus ou moins solide que le bois qui est exposé au nord. Voici la proportion de leur imbibition.

TABLE DE L'IMBIBITION DE CES QUATRE CYLINDRES.

DATES DES PESÉES	POIDS DES MORCEAUX SEPTENTRIONAUX.		POIDS DES MORCEAUX MÉRIDIONAUX.		DATES DES PESÉES.	POIDS DES MORCEAUX SEPTENTRIONAUX.		POIDS DES MORCEAUX MÉRIDIONAUX.	
	L'UN.	L'AUTRE.	L'UN.	L'AUTRE.		L'UN.	L'AUTRE	L'UN.	L'AUTRE
1735.	grains.	grains.	grains.	grains.	1735.	grains.	grains.	grains.	grains.
Avril. 8	64	64	64	64	Avril. 21	78 $\frac{1}{4}$	77	75	75
9	76 $\frac{1}{4}$	76	73 $\frac{1}{2}$	73 $\frac{1}{2}$	25	77	76	74	74
10	76 $\frac{1}{2}$	76	73 $\frac{3}{4}$	73 $\frac{1}{2}$	29	77 $\frac{1}{2}$	76 $\frac{1}{2}$	74 $\frac{1}{4}$	74
11	76 $\frac{3}{4}$	76	74	74	Mai.. 5	77 $\frac{1}{2}$	76 $\frac{1}{2}$	74	74
12	77	76	74	74	13	77 $\frac{3}{4}$	77 $\frac{1}{2}$	74	74
13	77 $\frac{3}{4}$	76 $\frac{1}{2}$	74 $\frac{1}{2}$	74 $\frac{1}{2}$	28	78	77	75	75
14	76 $\frac{3}{4}$	76 $\frac{1}{4}$	75	74 $\frac{1}{2}$	Juin. 30	78	76 $\frac{3}{4}$	75	75
15	77 $\frac{1}{4}$	77	75 $\frac{1}{4}$	75 $\frac{1}{4}$	Juill. 25	80 $\frac{1}{2}$	80	78 $\frac{1}{2}$	78
16	77	76 $\frac{1}{4}$	74 $\frac{1}{2}$	74 $\frac{1}{2}$	Août. 25	76 $\frac{3}{4}$	76 $\frac{1}{4}$	74 $\frac{3}{4}$	74
17	76 $\frac{1}{2}$	76	74 $\frac{1}{4}$	73 $\frac{3}{4}$	Sept. 25	80 $\frac{3}{4}$	80 $\frac{1}{4}$	79 $\frac{1}{2}$	79 $\frac{1}{4}$
18	77	76 $\frac{1}{4}$	74 $\frac{1}{4}$	73 $\frac{3}{4}$	Oct.. 25	84 $\frac{1}{4}$	84	83	83
19	77	76	74	74 $\frac{3}{4}$					

Cette expérience s'accorde avec l'autre, et on voit que ces quatre morceaux d'aubier augmentent et diminuent de poids les mêmes jours que le morceau d'aubier de l'autre expérience augmente ou diminue et que, par conséquent, il y a une cause générale qui produit ces variations. On en sera encore plus convaincu après avoir jeté les yeux sur la table suivante.

Le 11 avril de la même année, j'ai pris un morceau d'aubier du même arbre qui pesait, avant que d'avoir été mis dans l'eau, 7 onces 3 gros. Voici la proportion de son imbibition.

MOIS ET JOURS.	POIDS DU MORCEAU.	MOIS ET JOURS.	POIDS DU MORCEAU.
	onces.		onces.
1735. Avril...... 11	$7 \frac{24}{36}$	1735. Avril...... 21	$7 \frac{56}{64}$
12	$7 \frac{50}{64}$	25	$7 \frac{55}{64}$
13	$7 \frac{56}{64}$	Mai........ 5	$7 \frac{56}{64}$
14	$7 \frac{56}{64}$	25	$7 \frac{58}{64}$
15	$7 \frac{59}{64}$	Juin 25	$7 \frac{58}{64}$
16	$7 \frac{58}{64}$	Juillet 25	$8 \frac{6}{64}$
17	$7 \frac{56}{64}$	Août....... 25	$7 \frac{58}{64}$
18	$7 \frac{54}{64}$	Septembre.. 25	$7 \frac{60}{64}$
19	$7 \frac{55}{64}$	Octobre.... 25	$8 \frac{8}{64}$

Cette expérience confirme encore les autres; et on ne peut pas douter, à la vue de ces tables, des variations singulières qui arrivent au bois dans l'eau. On voit que tous ces morceaux de bois ont augmenté considérablement au 25 juillet, qu'ils ont tous diminué considérablement au 25 août, et qu'ensuite ils ont tous augmenté encore plus considérablement aux mois de septembre et d'octobre.

Il est donc très certain que le bois, plongé dans l'eau, en tire et rejette alternativement dans une proportion dont les quantités sont très considérables par rapport au total de l'imbibition : ce fait, après que je l'eus absolument vérifié, m'étonna. J'imaginai d'abord que ces variations pouvaient dépendre de la pesanteur de l'air; je pensai que l'air étant plus pesant dans le temps qu'il fait sec et chaud, l'eau chargée alors d'un plus grand poids devait pénétrer dans les pores du bois avec une force plus grande, et qu'au contraire, lorsque l'air est plus léger, l'eau qui y était entrée par la force du plus grand poids de l'atmosphère pouvait en ressortir; mais cette explication ne va pas avec les observations, car il paraît au contraire, par les tables précédentes, que le bois dans l'eau augmente toujours de poids dans les temps de pluie, et diminue considérablement dans les temps secs et chauds; et c'est ce qui me fit proposer, quelques années après, à M. Dalibard, de faire ces expériences sur le bois plongé dans l'eau, en comparant les variations de la pesanteur du bois avec les mouvements du baromètre, du thermomètre et de l'hygromètre, ce qu'il a exécuté avec succès et publié dans le premier volume des Mémoires étrangers, imprimés par ordre de l'Académie.

EXPÉRIENCE IX.

Sur l'imbibition du bois vert.

Le 9 avril 1735, j'ai pris dans le centre d'un chêne abattu le même jour, âgé d'environ soixante ans, un morceau de bois cylindrique qui pesait 11 onces : je l'ai mis tout de suite dans un vase plein d'eau, que j'ai eu soin de tenir toujours rempli à la même hauteur.

TABLE DE L'IMBIBITION DE CE MORCEAU DE CŒUR DE CHÊNE (*a*).

ANNÉE, MOIS ET JOURS.	POIDS DU CŒUR DU CHÊNE.	ANNÉE, MOIS ET JOURS.	POIDS DU CŒUR DU CHÊNE.
	onces.		onces.
1735. Avril.......... 9	11 »	1735. Avril.......... 22	11 $\frac{36}{64}$
10	11 $\frac{16}{64}$	25	11 $\frac{37}{64}$
11	11 $\frac{24}{64}$	29	11 $\frac{40}{64}$
12	11 $\frac{26}{64}$	Mai........... 5	11 $\frac{42}{64}$
13	11 $\frac{28}{64}$	13	11 $\frac{46}{64}$
14	11 $\frac{29}{64}$	29	11 $\frac{54}{64}$
15	11 $\frac{32}{64}$	Juin......... 14	11 $\frac{58}{64}$
16	11 $\frac{34}{64}$	30	11 $\frac{58}{64}$
17	11 $\frac{34}{64}$	Juillet........ 25	11 $\frac{60}{64}$
18	11 $\frac{34}{64}$	Août......... 25	11 $\frac{60}{64}$ (*b*)
19	11 $\frac{34}{64}$	Septembre.... 25	12 »
20	11 $\frac{34}{64}$	Octobre...... 25	12 $\frac{6}{64}$
21	11 $\frac{35}{64}$		

Il paraît, par cette expérience, qu'il y a dans le bois une matière grasse que l'eau dissout fort aisément ; il paraît aussi qu'il y a des parties de fer dans cette matière grasse qui donnent la couleur noire.

On voit que le bois qui vient d'être coupé n'augmente pas beaucoup en pesanteur dans l'eau, puisqu'en six mois l'augmentation n'est ici que d'une douzième partie de la pesanteur totale.

EXPÉRIENCE X.

Sur l'imbibition du bois sec, tant dans l'eau douce que dans l'eau salée.

Le 22 avril 1735, j'ai pris dans une solive de chêne, travaillée plus de vingt ans auparavant et qui avait toujours été à couvert, deux petits parallélipipèdes d'un pouce d'équarrissage sur deux pouces de hauteur. J'avais auparavant fait fondre, dans une quantité de 15 onces d'eau, une once de sel marin. Après avoir pesé les morceaux de bois dont je viens de parler, et avoir écrit leur poids, qui était de 450 grains chacun, j'ai mis l'un de ces morceaux dans l'eau salée, et l'autre dans une égale quantité d'eau commune.

Chaque morceau pesait, avant que d'être dans l'eau, 450 grains ; ils y ont été mis à cinq heures du soir, et on les a laissés surnager librement.

(*a*) L'eau, quoique changée très souvent, prenait une couleur noire peu de temps après que le bois y était plongé ; quelquefois cette eau était recouverte d'une espèce de pellicule huileuse, et le bois a toujours été gluant jusqu'au 20 avril, quoique l'eau se soit clarifiée quelques jours auparavant.

(*b*) On voit que, dans les temps auxquels les aubiers des expériences précédentes diminuent au lieu d'augmenter de pesanteur dans l'eau, le bois de cœur de chêne n'augmente ni ne diminue.

TABLE DE L'IMBIBITION DE DEUX MORCEAUX DE BOIS.

ANNÉE, MOIS ET JOURS.	POIDS DU BOIS IMBIBÉ D'EAU COMMUNE.	POIDS DU BOIS IMBIBÉ D'EAU SALÉE.	ANNÉE, MOIS ET JOURS.	POIDS DU BOIS IMBIBÉ D'EAU COMMUNE.	POIDS DU BOIS IMBIBÉ D'EAU SALÉE.
1735.	grains.	grains.	1735.	grains.	grains.
Avril. 22, à 7 h. du soir	485	491	Mai.. 5...........	628	585
à 10 h. du soir	495	487	9...........	648 $\frac{1}{2}$	597
23, à 6 h. du mat.	506 $\frac{1}{2}$	495	13...........	667	607
à 6 h. du soir.	521 $\frac{1}{2}$	502	17...........	682	616
24, à 6 h. du mat.	531 $\frac{1}{2}$	509 $\frac{1}{2}$	21...........	684	625
25, même heure.	547	517 $\frac{1}{2}$ (*a*)	29...........	704	630
26............	560	528	Juin.. 6..........	712 $\frac{1}{2}$	640
27, à 6 h. du mat.	573	533	14..........	732	648
28............	582	539 $\frac{1}{2}$	30..........	753 $\frac{1}{2}$	663 $\frac{1}{2}$
29............	589 $\frac{1}{2}$	545 $\frac{1}{2}$	Juillet. 25..........	770	701
30............	598	549	Août.. 25..........	782 $\frac{1}{2}$	736
Mai.. 1er..........	603	551	Sept.. 25..........	788 $\frac{1}{2}$	756 $\frac{1}{2}$
2...........	609 $\frac{1}{2}$	553 $\frac{1}{2}$	Octob. 25..........	796 $\frac{1}{2}$	760

J'ai observé, dans le cours de cette expérience, que le bois devient plus glissant et plus huileux dans l'eau douce que dans l'eau salée; l'eau douce devient aussi plus noire. Il se forme dans l'eau salée de petits cristaux qui s'attachent au bois sur la surface supérieure, c'est-à-dire sur la surface qui est la plus voisine de l'air. Je n'ai jamais vu de cristaux sur la surface inférieure. On voit, par cette expérience, que le bois tire l'eau douce en plus grande quantité que l'eau salée. On en sera convaincu en jetant les yeux sur les tables suivantes.

Le même jour, 22 avril, j'ai pris dans la même solive six morceaux de bois d'un pouce d'équarrissage, qui pesaient chacun 430 grains; j'en ai mis trois dans 45 onces d'eau salée de 3 onces de sel, et j'ai mis les trois autres dans 45 onces d'eau douce et dans des vases semblables. Je les avais numérotés : 1, 2, 3 étaient dans l'eau salée, et les numéros 4, 5, 6 étaient dans l'eau douce.

(*a*) Il s'était formé de petits cristaux de sel tout autour du morceau, un peu au-dessous de la ligne de l'eau dans laquelle il surnageait.

TABLE DE L'IMBIBITION DE CES SIX MORCEAUX (*a*).

MOIS ET JOURS DES PESÉES.	POIDS des NUMÉROS 1, 2, 3.	POIDS des NUMÉROS 4, 5, 6.	MOIS ET JOURS DES PESÉES.	POIDS des NUMÉROS 1, 2, 3.	POIDS des NUMÉROS 4, 5, 6.
1735.	grains.	grains.	1735.	grains.	grains.
	450	454		530 ½	582
Avril.. 22, à 6 h. 1/2....	449 ½	452	Mai... 2, à 6 h. du soir.	529	577
	448 ½	451		519 ½	575
	453	459		567	600
à 7 h. 1/2...	452	458	5.....	564	594
	451	455 ½		555	593
	456	463		573	621 ½
à 8 h. 1/2...	455	462	9.............	570	613 ½
	453	459 ½		561 ½	606
	458	466		581	634 ½
à 9 h. 1/2...	457	465	13.............	578	632 ½
	455	462		570	624 ⅓
	467	479 ½		589	653
22, à 6 h. du mat.	464	476 ½	17.............	582	648
	463	473		575	637
	475	494 ½		597	670
à 6 h. du soir.	474	491	21.............	584	655
	471	488		583	649
	482	505 ½		619 ½	682
24, même heure.	480	503	29.............	618	667
	479	501		612	664
	490 ¾	518 ½		622	694
25.............	486 ½	516	Juin.. 6, à 6 h. du soir.	620 ½	680
	485 ½	513		613	679 ½
	501	532		628	703
26.............	497	529	14.............	627	696
	495	527 ½		620	691 ½
	507 ½	545		645	724
27.............	504	540	30.............	642	715
	499 ½	539		634	713 ½
	514	555		633 ½	737 ½
28.............	509	552	Juillet 25.............	657	731 ½
	505 ½	551		648	729
	517	560 ½		688	747
29.............	513	557 ½	Août.. 25.............	694	742
	507	555 ½		686	736
	522	571		718	752
30.........	520 ½	568	Sept.. 25.............	711	748
	512 ½	567		704	740
	527	575		723	757 ½
Mai... 1er...........	525	571 ½	Oct...	713 ½	751
	515	570		707 ½	742

(*a*) Avant d'avoir été mis dans l'eau, ils pesaient tous 430 grains; on les a mis dans l'eau à cinq heures et demie du soir.

Il résulte de cette expérience et de toutes les précédentes :

1° Que le bois de chêne perd environ un tiers de son poids par le desséchement, et que les bois moins solides que le chêne perdent plus d'un tiers de leur poids ;

2° Qu'il faut sept ans au moins pour dessécher des solives de 8 à 9 pouces de grosseur et que, par conséquent, il faudrait beaucoup plus du double de temps, c'est-à-dire plus de 15 ans, pour dessécher une poutre de 16 à 18 pouces d'équarrissage ;

3° Que le bois abattu et gardé dans son écorce se dessèche si lentement que le temps qu'on le garde en son écorce est en pure perte pour le desséchement et que, par conséquent, il faut équarrir les bois peu de temps après qu'ils auront été abattus ;

4° Que, quand le bois est parvenu aux deux tiers de son desséchement, il commence à repomper l'humidité de l'air, et qu'il faut par conséquent conserver dans des lieux fermés les bois secs qu'on veut employer à la menuiserie ;

5° Que le desséchement du bois ne diminue pas sensiblement son volume, et que la quantité de la sève est le tiers de celle des parties solides de l'arbre ;

6° Que le bois de chêne abattu en pleine sève, s'il est sans aubier, n'est pas plus sujet aux vers que le bois de chêne abattu dans toute autre saison ;

7° Que le desséchement du bois est d'abord en raison plus grande que celle des surfaces, et ensuite en moindre raison : que le desséchement total d'un morceau de bois de volume égal, et de surface double d'un autre, se fait en deux ou trois fois moins de temps ; que le desséchement total du bois, à volume égal et surface triple, se fait en cinq ou six fois environ moins de temps ;

8° Que l'augmentation de pesanteur que le bois sec acquiert, en repompant l'humidité de l'air, est proportionnelle à la surface ;

9° Que le desséchement total des bois est proportionnel à leur légèreté, en sorte que l'aubier se dessèche plus que le cœur de chêne dans la raison de sa densité relative, qui est à peu près de $\frac{1}{15}$ moindre que celle du cœur ;

10° Que, quand le bois est entièrement desséché à l'ombre, la quantité dont on peut encore le dessécher en l'exposant au soleil, et ensuite dans un four chauffé à 47 degrés, ne sera guère que d'une dix-septième ou dix-huitième partie du poids total du bois, et que par conséquent ce desséchement artificiel est coûteux et inutile ;

11° Que les bois secs et légers, lorsqu'ils sont plongés dans l'eau, s'en remplissent en très peu de temps ; qu'il ne faut, par exemple, qu'un jour à un petit morceau d'aubier pour se remplir d'eau, au lieu qu'il faut vingt jours à un pareil morceau de cœur de chêne ;

12° Que le bois de cœur de chêne n'augmente que d'une douxième partie de son poids total, lorsqu'on l'a plongé dans l'eau au moment qu'on vient de le couper, et qu'il faut même un très long temps pour qu'il augmente de cette douzième partie en pesanteur ;

13° Que le bois plongé dans l'eau douce la tire plus promptement et plus abondamment que le bois plongé dans l'eau salée ne tire l'eau salée ;

14° Que le bois plongé dans l'eau s'imbibe bien plus promptement qu'il ne se dessèche à l'air, puisqu'il n'a fallu que douze jours aux morceaux des deux premières expériences pour reprendre dans l'eau la moitié de toute l'humidité qu'ils avaient perdue par le desséchement en sept ans, et qu'en vingt-deux mois ils se sont chargés d'autant d'humidité qu'ils en avaient jamais eu ; en sorte qu'au bout de ces vingt-deux mois de séjour dans l'eau, ils pesaient autant que quand on les avait coupés douze ans auparavant ;

15° Enfin, que quand les bois sont entièrement remplis d'eau, ils éprouvent au fond de l'eau des variations relatives à celles de l'atmosphère, et qui se reconnaissent à la variation de leur pesanteur ; et, quoiqu'on ne sache pas bien à quoi correspondent ces variations, on voit cependant en général que le bois plongé dans l'eau est plus humide lorsque l'air est humide, et moins humide lorsque l'air est sec, puisqu'il pèse constamment plus dans les temps de pluie que dans les beaux temps.

ARTICLE III

SUR LA CONSERVATION ET LE RÉTABLISSEMENT DES FORÊTS.

Le bois, qui était autrefois très commun en France, maintenant suffit à peine aux usages indispensables, et nous sommes menacés pour l'avenir d'en manquer absolument; ce serait une vraie perte pour l'État d'être obligé d'avoir recours à ses voisins, et de tirer de chez eux à grands frais ce que nos soins et quelque légère économie peuvent nous procurer. Mais il faut s'y prendre à temps, il faut commencer dès aujourd'hui; car, si notre indolence dure, si l'envie pressante que nous avons de jouir continue à augmenter notre indifférence pour la postérité, enfin si la police des bois n'est pas réformée, il est à craindre que les forêts, cette partie la plus noble du domaine de nos rois, ne deviennent des terres incultes, et que le bois de service, dans lequel consiste une partie des forces maritimes de l'État, ne se trouve consommé et détruit sans espérance prochaine de renouvellement.

Ceux qui sont préposés à la conservation des bois se plaignent eux-mêmes de leur dépérissement; mais ce n'est pas assez de se plaindre d'un mal qu'on ressent déjà et qui ne peut qu'augmenter avec le temps; il en faut chercher le remède, et tout bon citoyen doit donner au public les expériences et les réflexions qu'il peut avoir faites à cet égard. Tel a toujours été le principal objet de l'Académie : l'utilité publique est le but de ses travaux. Ces raisons ont engagé feu M. de Réaumur à nous donner, en 1721, de bonnes remarques sur l'état des bois du royaume. Il pose des faits incontestables, il offre des vues saines, et il indique des expériences qui feront honneur à ceux qui les exécuteront. Engagé par les mêmes motifs, et me trouvant à portée des bois, je les ai observés avec une attention particulière; et enfin, animé par les ordres de M. le comte de Maurepas, j'ai fait plusieurs expériences sur ce sujet. Des vues d'utilité particulière, autant que de curiosité de physicien, m'ont porté à faire exploiter mes bois taillis sous mes yeux; j'ai fait des pépinières d'arbres forestiers, j'ai semé et planté plusieurs cantons de bois, et ayant fait toutes ces épreuves en grand, je suis en état de rendre compte du peu de succès de plusieurs pratiques qui réussissaient en petit, et que les auteurs d'agriculture avaient recommandées. Il en est ici comme de tous les autres arts : le modèle qui réussit le mieux en petit, souvent ne peut s'exécuter en grand.

Tous nos projets sur les bois doivent se réduire à tâcher de conserver ceux qui nous restent et à renouveler une partie de ceux que nous avons détruits. Commençons par examiner les moyens de conservation, après quoi nous viendrons à ceux du renouvellement.

Les bois de service du royaume consistent dans les forêts qui appartiennent à Sa Majesté, dans les réserves des ecclésiastiques et des gens de mainmorte, et enfin dans les baliveaux que l'Ordonnance oblige de laisser dans tous les bois.

On sait, par une expérience déjà trop longue, que le bois des baliveaux n'est pas de bonne qualité, et que d'ailleurs ces baliveaux font tort aux taillis. J'ai observé fort souvent les effets de la gelée du printemps dans deux cantons de bois taillis voisins l'un de l'autre. On avait conservé dans l'un tous les baliveaux de quatre coupes successives; dans l'autre, on n'avait conservé que les baliveaux de la dernière coupe; j'ai reconnu que la gelée avait fait un si grand tort au taillis surchargé de baliveaux, que l'autre taillis l'a devancé de cinq ans sur douze. L'exposition était la même; j'ai sondé le terrain en différents endroits, il était semblable. Ainsi je ne puis attribuer cette différence qu'à

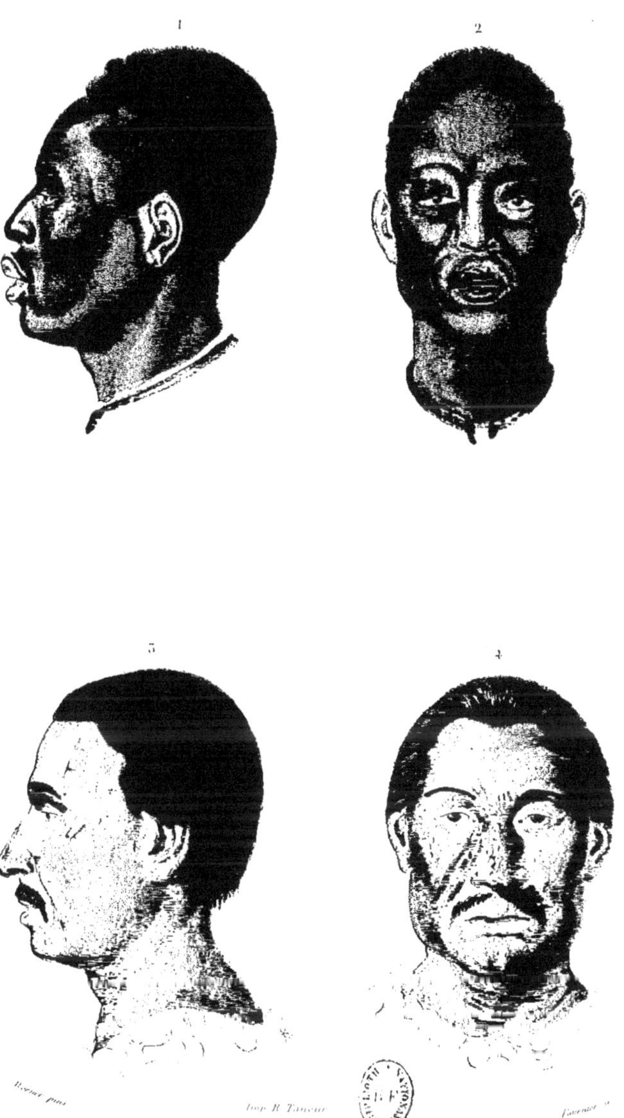

Imp. R. Taneur

1_2 Nègre. 3_4 Indien Charrua

l'ombre et à l'humidité que les baliveaux jetaient sur le taillis, et à l'obstacle qu'ils formaient au desséchement de cette humidité, en interrompant l'action du vent et du soleil.

Les arbres qui poussent vigoureusement en bois produisent rarement beaucoup de fruit; les baliveaux se chargent d'une grande quantité de glands, et annoncent par là leur faiblesse. On imaginerait que ce gland devrait repeupler et garnir les bois, mais cela se réduit à bien peu de chose, car de plusieurs millions de ces graines qui tombent au pied des arbres, à peine en voit-on lever quelques centaines, et ce petit nombre est bientôt étouffé par l'ombre continuelle et le manque d'air, ou supprimé par le *dégouttement* de l'arbre, et par la gelée qui est toujours plus vive près de la surface de la terre, ou enfin détruit par les obstacles que ces jeunes plantes trouvent dans un terrain traversé d'une infinité de racines et d'herbes de toute espèce : on voit, à la vérité, quelques arbres de brin dans les taillis ; ces arbres viennent de graines, car le chêne ne se multiplie pas par rejetons au loin, et ne pousse pas de la racine ; mais ces arbres de brin sont ordinairement dans les endroits clairs des bois, loin des gros baliveaux, et sont dus aux mulots ou aux oiseaux, qui, en transportant les glands, en sèment une grande quantité. J'ai su mettre à profit ces graines que les oiseaux laissent tomber. J'avais observé dans un champ qui, depuis trois ou quatre ans, était demeuré sans culture, qu'autour de quelques petits buissons qui s'y trouvaient fort loin les uns des autres, plusieurs petits chênes avaient paru tout d'un coup ; je reconnus bientôt par mes yeux que cette plantation appartenait à des geais, qui, en sortant des bois, venaient d'habitude se placer sur ces buissons pour manger leur gland, et en laissaient tomber la plus grande partie, qu'ils ne se donnaient jamais la peine de ramasser. Dans un terrain que j'ai planté dans la suite, j'ai eu soin d'y mettre de petits buissons, les oiseaux s'en sont emparés, et ont garni les environs d'une grande quantité de chênes.

Il faut qu'il y ait déjà du temps qu'on ait commencé à s'apercevoir du dépérissement des bois, puisque autrefois nos rois ont donné des ordres pour leur conservation. La plus utile de ces Ordonnances est celle qui établit, dans les bois des ecclésiastiques et gens de mainmorte, la réserve du quart pour croître en futaie : elle est ancienne et a été donnée pour la première fois en 1573, confirmée en 1597, et cependant demeurée sans exécution jusqu'à l'année 1669. Nous devons souhaiter qu'on ne se relâche point à cet égard : ces réserves sont un fonds, un bien réel pour l'État, un bien de bonne nature, car elles ne sont pas sujettes aux défauts des baliveaux ; rien n'a été mieux imaginé, et on en aurait bien senti les avantages, si jusqu'à présent le crédit, plutôt que le besoin, n'en eût pas disposé. On préviendrait cet abus en supprimant l'usage arbitraire des permissions, et en établissant un temps fixe pour la coupe des réserves : ce temps serait plus ou moins long, selon la qualité du terrain, ou plutôt selon la profondeur du sol, car cette attention est absolument nécessaire. On pourrait donc en régler les coupes à cinquante ans dans un terrain de deux pieds et demi de profondeur, à soixante-dix ans dans un terrain de trois pieds et demi, et à cent ans dans un terrain de quatre pieds et demi et au delà de profondeur. Je donne ces termes d'après les observations que j'ai faites, au moyen d'une tarière haute de cinq pieds, avec laquelle j'ai sondé quantité de terrains, où j'ai examiné en même temps la hauteur, la grosseur et l'âge des arbres ; cela se trouvera assez juste pour les terres fortes et pétrissables. Dans les terres légères et sablonneuses, on pourrait fixer les termes des coupes à quarante, soixante et quatre-vingts ans ; on perdrait à attendre plus longtemps, et il vaudrait infiniment mieux garder du bois de service dans des magasins que de le laisser sur pied dans les forêts, où il ne peut manquer de s'altérer après un certain âge.

Dans quelques provinces maritimes du royaume, comme dans la Bretagne près d'Ancenis, il y a des terrains de communes qui n'ont jamais été cultivés, et qui, sans être en nature de bois, sont couverts d'une infinité de plantes inutiles, comme de fougères, de genêts et de bruyères, mais qui sont en même temps plantés d'une assez grande quantité de chênes isolés. Ces arbres, souvent gâtés par l'abroutissement du bétail, ne s'élèvent pas ; ils se courbent, ils se tortillent, et ils portent une mauvaise figure, dont cependant on tire quelque avantage, car ils peuvent fournir un grand nombre de pièces courbes pour la marine, et par cette raison ils méritent d'être conservés. Cependant on dégrade tous les jours ces espèces de plantations naturelles ; les seigneurs donnent ou vendent aux paysans la liberté de couper dans ces communes, et il est à craindre que ces magasins de bois courbes ne soient bientôt épuisés. Cette perte serait considérable, car les bois courbes de bonne qualité, tels que sont ceux dont je viens de parler, sont fort rares. J'ai cherché les moyens de faire des bois courbes, et j'ai sur cela des expériences commencées qui pourront réussir, et que je vais rapporter en deux mots. Dans un taillis j'ai fait couper à différentes hauteurs, savoir à 2, 4, 6, 8, 10 et 12 pieds au-dessus de terre, les tiges de plusieurs jeunes arbres, et quatre années ensuite j'ai fait couper le sommet des jeunes branches que ces arbres étêtés ont produites : la figure de ces arbres est devenue par cette double opération si irrégulière, qu'il n'est pas possible de la décrire, et je suis persuadé qu'un jour ils fourniront du bois courbe. Cette façon de courber le bois serait bien plus simple et bien plus aisée à pratiquer que celle de charger d'un poids, ou d'assujettir par une corde la tête des jeunes arbres, comme quelques gens l'ont proposé (*a*).

Tous ceux qui connaissent un peu les bois savent que la gelée du printemps est le fléau des taillis ; c'est elle qui, dans les endroits bas et dans les petits vallons, supprime continuellement les jeunes rejetons, et empêche le bois de s'élever ; en un mot, elle fait au bois un aussi grand tort qu'à toutes les autres productions de la terre, et si ce tort a jusqu'ici été moins connu, moins sensible, c'est que la jouissance d'un taillis étant éloignée, le propriétaire y fait moins d'attention, et se console plus aisément de la perte qu'il fait ; cependant cette perte n'en est pas moins réelle, puisqu'elle recule son revenu de plusieurs années. J'ai tâché de prévenir, autant qu'il est possible, les mauvais effets de la gelée en étudiant la façon dont elle agit, et j'ai fait sur cela des expériences qui m'ont appris que la gelée agit bien plus violemment à l'exposition du midi qu'à l'exposition du nord ; qu'elle fait tout périr à l'abri du vent, tandis qu'elle épargne tout dans les endroits où il peut passer librement. Cette observation, qui est constante, fournit un moyen de préserver de la gelée quelques endroits des taillis, au moins pendant les deux ou trois premières années, qui sont le temps critique, et où elle les attaque avec plus d'avantage : ce moyen consiste à observer, quand on les abat, de commencer la coupe du côté du nord ; il est aisé d'y obliger les marchands de bois en mettant cette clause dans leur marché, et je me suis déjà très bien trouvé d'avoir pris cette précaution pour quelques-uns de mes taillis.

Un père de famille, un homme rangé qui se trouve propriétaire d'une quantité un peu considérable de bois taillis commence par les faire arpenter, borner, diviser et mettre en coupe réglée ; il s'imagine que c'est là le plus haut point d'économie ; tous les ans il vend le même nombre d'arpents ; de cette façon ses bois deviennent un revenu annuel ; il se sait bon gré de cette règle, et c'est cette apparence d'ordre qui a fait prendre faveur aux coupes réglées ; cependant il s'en faut bien que ce soit là le moyen de tirer de ses taillis tout le profit qu'on en pourrait obtenir : ces coupes réglées ne sont bonnes que pour ceux qui ont des terres éloignées qu'ils ne peuvent visiter ; la coupe réglée de leurs bois est une espèce de ferme, ils comptent sur le produit, et le reçoivent sans se donner aucun soin ; cela doit convenir à grand nombre de gens ; mais, pour ceux dont l'habitation se trouve fixée à la campagne, et même pour ceux qui y vont passer un certain temps toutes les années, il leur est facile de mieux ordonner les coupes de leurs bois taillis. En général, on peut assu-

(*a*) Ces jeunes arbres, que j'avais fait étêter en 1734, et dont on avait encore coupé la principale branche en 1737, m'ont fourni en 1769 plusieurs courbes très bonnes, et dont je me suis servi pour les roues des marteaux et des soufflets de mes forges.

rer que, dans les bons terrains, on gagnera à les attendre et que, dans les terrains où il n'y a pas de fond, il faut les couper fort jeunes; mais il serait à souhaiter qu'on pût donner de la précision à cette règle, et déterminer au juste l'âge où l'on doit couper les taillis : cet âge est celui où l'accroissement du bois commence à diminuer. Dans les premières années, le bois croît de plus en plus, c'est-à-dire que la production de la seconde année est plus considérable que celle de la première année; l'accroissement de la troisième année est plus grand que celui de la seconde; ainsi l'accroissement du bois augmente jusqu'à un certain âge, après quoi il diminue : c'est ce point, ce *maximum*, qu'il faut saisir pour tirer de son taillis tout l'avantage et tout le profit possible. Mais comment le reconnaître? comment s'assurer de cet instant? il n'y a que des expériences faites en grand, des expériences longues et pénibles, des expériences telles que M. de Réaumur les a indiquées, qui puissent nous apprendre l'âge où les bois commencent à croître de moins en moins : ces expériences consistent à couper et peser tous les ans le produit de quelques arpents de bois pour comparer l'augmentation annuelle, et reconnaître au bout de plusieurs années l'âge où elle commence à diminuer.

J'ai fait plusieurs autres remarques sur la conservation des bois, et sur les changements qu'on devrait faire aux règlements des forêts, que je supprime comme n'ayant aucun rapport avec des matières de physique; mais je ne dois pas passer sous silence ni cesser de recommander le moyen que j'ai trouvé d'augmenter la force et la solidité du bois de service, et que j'ai rapporté dans le premier article de ce Mémoire : rien n'est plus simple, car il ne s'agit que d'écorcer les arbres, et les laisser ainsi sécher et mûrir sur pied avant que de les abattre. L'aubier devient, par cette opération, aussi dur que le cœur de chêne ; il augmente considérablement de force et de densité, comme je m'en suis assuré par un grand nombre d'expériences, et les souches de ces arbres écorcés et séchés sur pied ne laissent par que de repousser et de reproduire des rejetons : ainsi il n'y pas le moindre inconvénient à établir cette pratique, qui, en augmentant la force et la durée du bois mis en œuvre, doit en diminuer la consommation, et par conséquent doit être mise au nombre des moyens de conserver les bois. Venons maintenant à ceux qu'on doit employer pour les renouveler.

Cet objet n'est pas moins important que le premier : combien y a-t-il dans le royaume de terres inutiles, de landes, de bruyères, de communes qui sont absolument stériles! La Bretagne, le Poitou, la Guyenne, la Bourgogne, la Champagne, et plusieurs autres provinces ne contiennent que trop de ces terres inutiles : quel avantage pour l'État si on pouvait les mettre en valeur! La plupart de ces terrains étaient autrefois en nature de bois, comme je l'ai remarqué dans plusieurs de ces cantons déserts, ou l'on trouve encore quelques vieilles souches presque entièrement pourries. Il est à croire qu'on a peu à peu dégradé les bois de ces terrains, comme on dégrade aujourd'hui les communes de Bretagne, et que par la succession des temps on les a absolument dégarnis. Nous pouvons donc raisonnablement espérer de rétablir ce que nous avons détruit. On n'a pas de regrets à voir des rochers nus, des montagnes couvertes de glace, ne rien produire ; mais comment peut-on s'accoutumer à souffrir, au milieu des meilleures provinces d'un royaume, de bonnes terres en friches, des contrées entières mortes pour l'État? je dis de bonnes terres, parce que j'en ai vu et j'en ai fait défricher, qui non seulement étaient de qualité à produire de bon bois, mais même des grains de toute espèce. Il ne s'agirait donc que de semer ou de planter ces terrains ; mais il faudrait que cela pût se faire sans grande dépense, ce qui ne laisse pas que d'avoir quelques difficultés, comme on jugera par le détail que je vais faire.

Comme je souhaitais de m'instruire à fond sur la manière de semer et de planter des bois, après avoir lu le peu que nos auteurs d'agriculture disent sur cette matière, je me suis attaché à quelques auteurs anglais, comme Evelyn, Miller, etc., qui me paraissaient être plus au fait, et parler d'après l'expérience. J'ai voulu d'abord suivre leurs méthodes en tout point, et j'ai planté et semé des bois à leur façon, mais je n'ai pas été longtemps sans m'apercevoir que cette façon était ruineuse, et qu'en suivant leurs conseils, les bois, avant que d'être en âge, m'auraient coûté dix fois plus que leur valeur. J'ai reconnu alors que toutes leurs expériences avaient été faites en petit dans des jardins, dans des pépinières, ou tout au plus dans quelques parcs, où l'on pouvait cultiver et soigner les jeunes arbres; mais ce n'est point ce qu'on cherche quand on veut planter des bois; on a bien de la peine à se résoudre à la première dépense nécessaire; comment ne se refuserait-on pas à toutes les autres, comme celles de la culture, de l'entretien, qui d'ailleurs deviennent immenses lorsqu'on plante de grands cantons? J'ai donc été obligé d'abandonner ces auteurs et leurs méthodes, et de chercher à m'instruire par d'autres moyens, et j'ai tenté une grande quantité de façons différentes, dont la plupart, je l'avouerai, ont été sans succès, mais qui du moins m'ont appris des faits, et m'ont mis sur la voie de réussir.

Pour travailler, j'avais toutes les facilités qu'on peut souhaiter : des terrains de toutes espèces, en friche et cultivés, une grande quantité de bois taillis, et des pépinières d'arbres forestiers, où je trouvais tous les jeunes plants dont j'avais besoin; enfin j'ai commencé par vouloir mettre en nature de bois une espèce de terrain de quatre-vingts arpents, dont il y en avait environ vingt en friche, et soixante en terres labourables, produisant tous les ans du froment et d'autres grains, même assez abondamment. Comme mon terrain était assez naturellement divisé en deux parties presque égales par une haie de bois taillis, que l'une des moitiés était d'un niveau fort uni, et que la terre me paraissait être partout de même qualité, quoique de profondeur assez inégale, je pensai que je pourrais profiter de ces circonstances pour commencer une expérience dont le résultat est fort éloigné, mais qui sera fort utile; c'est de savoir dans le même terrain la différence que produit sur un bois l'inégalité de profondeur du sol, afin de déterminer, plus juste que je ne l'ai fait ci-devant, à quel âge on doit couper les bois de futaie. Quoique j'aie commencé fort jeune, je n'espère pas que je puisse me satisfaire pleinement à cet égard, même en me supposant une fort longue vie; mais j'aurai au moins le plaisir d'observer quelque chose de nouveau tous les ans, et pourquoi ne pas laisser à la postérité des expériences commencées? J'ai donc fait diviser mon terrain par quart d'arpent, et à chaque angle j'ai fait sonder la profondeur avec ma tarière; j'ai rapporté sur un plan tous les points où j'ai sondé, avec la note de la profondeur du terrain et de la qualité de la pierre qui se trouvait au-dessous, dont la mèche de la tarière ramenait toujours des échantillons, et de cette façon j'ai le plan de la superficie et du fond de ma plantation, plan qu'il sera aisé quelque jour de comparer avec la production (*a*).

Après cette opération préliminaire, j'ai partagé mon terrain en plusieurs cantons, que j'ai fait travailler différemment. Dans l'un, j'ai fait donner trois labours à la charrue, dans un autre deux labours, dans un troisième un labour seulement; dans d'autres, j'ai fait planter les glands à la pioche, et sans avoir labouré; dans d'autres, j'ai fait simplement jeter des glands, ou je les ai fait placer à la main dans l'herbe; dans d'autres, j'ai planté de petits arbres, que j'ai tirés de mes bois; dans d'autres, des arbres de même espèce, tirés de mes pépinières; j'en ai fait semer et planter quelques-uns à un pouce de profondeur, quelques autres à six pouces; dans d'autres, j'ai semé des glands

(*a*) Cette opération ayant été faite en 1734, et le bois semé la même année, on a recepé les jeunes plants en 1738 pour leur donner plus de vigueur. Vingt ans après, c'est-à-dire en 1758, ils formaient un bois dont les arbres avaient communément 8 à 9 pouces de tour au pied du tronc; on a coupé ce bois la même année, c'est-à-dire vingt-quatre ans après l'avoir semé. Le produit n'a pas été tout à fait moitié du produit d'un bois ancien de pareil âge dans le même terrain; mais aujourd'hui, en 1774, ce même bois, qui n'a que seize ans, est aussi garni et produira tout autant que les bois anciennement plantés, et, malgré l'inégalité de la profondeur du terrain, qui varie depuis 1 pied $\frac{1}{2}$ jusqu'à 4 pieds $\frac{1}{2}$, on ne s'aperçoit d'aucune différence dans la grosseur des baliveaux réservés dans les taillis.

que j'avais auparavant fait tremper dans différentes liqueurs, comme dans l'eau pure, dans de la lie de vin, dans l'eau qui s'était égouttée d'un fumier, dans de l'eau salée. Enfin, dans plusieurs cantons j'ai semé des glands avec de l'avoine; dans plusieurs autres, j'en ai semé que j'avais fait germer auparavant dans de la terre. Je vais rapporter en peu de mots le résultat de toutes ces épreuves, et de plusieurs autres que je supprime ici, pour ne pas rendre cette énumération trop longue.

La nature du terrain où j'ai fait ces essais m'a paru semblable dans toute son étendue; c'est une terre fort pétrissable, un tant soit peu mêlée de glaise, retenant l'eau longtemps, et se séchant assez difficilement, formant par la gelée et par la sécheresse une espèce de croûte avec plusieurs petites fentes à sa surface, produisant naturellement une grande quantité d'hièbles dans les endroits cultivés, et de genièvres dans les endroits en friche : ce terrain est environné de tous côtés de bois d'une belle venue. J'ai fait semer avec soin tous les glands un à un et à un pied de distance les uns des autres, de sorte qu'il en est entré environ douze mesures ou boisseaux de Paris dans chaque arpent. Je crois qu'il est nécessaire de rapporter ces faits pour qu'on puisse juger plus sainement de ceux qui doivent suivre.

L'année d'après, j'ai observé avec grande attention l'état de ma plantation, et j'ai reconnu que dans le canton dont j'espérais le plus, et que j'avais fait labourer trois fois, et semer avant l'hiver, la plus grande partie des glands n'avaient pas levé; les pluies de l'hiver avaient tellement battu et corroyé la terre, qu'ils n'avaient pu percer; le petit nombre de ceux qui avaient pu trouver une issue n'avait paru que fort tard, environ à la fin de juin; ils étaient faibles, effilés, la feuille était jaunâtre, languissante, et ils étaient si loin les uns des autres, le canton était si peu garni, que j'eus quelque regret aux soins qu'ils m'avaient coûtés. Le canton qui n'avait eu que deux labours, et qui avait aussi été semé avant l'hiver, ressemblait assez au premier; cependant il y avait un plus grand nombre de jeunes chênes, parce que la terre étant moins divisée par le labour, la pluie n'avait pu la battre autant que celle du premier canton. Le troisième, qui n'avait eu qu'un seul labour, était par la même raison un peu mieux peuplé que le second, mais cependant il l'était si mal que plus des trois quarts de mes glands avaient encore manqué.

Cette épreuve me fit connaître que dans les terrains forts et mêlés de glaise, il ne faut pas labourer et semer avant l'hiver; j'en fus entièrement convaincu, en jetant les yeux sur les autres cantons. Ceux que j'avais fait labourer et semer au printemps étaient bien mieux garnis; mais ce qui me surprit, c'est que les endroits où j'avais fait planter le gland à la pioche, sans aucune culture précédente, étaient considérablement plus peuplés que les autres; ceux même où l'on n'avait fait que cacher les glands sous l'herbe étaient assez bien fournis, quoique les mulots, les pigeons ramiers, et d'autres animaux en eussent emporté une grande quantité. Les cantons où les glands avaient été semés à six pouces de profondeur se trouvèrent beaucoup moins garnis que ceux où on les avait fait semer à un pouce ou deux de profondeur. Dans un petit canton où j'en avais fait semer à un pied de profondeur, il n'en parut pas un, quoique dans un autre endroit où j'en avais fait mettre à neuf pouces, il en eût levé plusieurs. Ceux qui avaient été trempés pendant huit jours dans la lie de vin et dans l'égout du fumier sortirent de terre plus tôt que les autres. Presque tous les arbres, gros et petits, que j'avais fait tirer de mes taillis, ont péri à la première ou à la seconde année, tandis que ceux que j'avais tirés de mes pépinières ont presque tous réussi. Mais ce qui me donna le plus de satisfaction, ce fut le canton où j'avais fait planter au printemps les glands que j'avais fait auparavant germer dans de la terre, il n'en avait presque point manqué; à la vérité, ils ont levé plus tard que les autres, ce que j'attribue à ce qu'en les transportant ainsi tout germés, on cassa la radicule de plusieurs de ces glands.

Les années suivantes n'ont apporté aucun changement à ce qui s'est annoncé de la première année. Les jeunes chênes du canton labouré trois fois sont demeurés toujours un peu au-dessous des autres : ainsi je crois pouvoir assurer que, pour semer une terre forte et glaiseuse, il faut conserver le gland pendant l'hiver dans la terre, en faisant un lit de deux pouces de glands sur un lit de terre d'un demi-pied, puis un lit de terre et un lit de glands, toujours alternativement, et enfin en couvrant le magasin d'un pied de terre pour que la gelée ne puisse y pénétrer. On en tirera le gland au commencement de mars, et on le plantera à un pied de distance. Ces glands, qui ont germé, sont déjà autant de jeunes chênes, et le succès d'une plantation faite de cette façon n'est pas douteux ; la dépense même n'est pas considérable, car il ne faut qu'un seul labour. Si l'on pouvait se garantir des mulots et des oiseaux, on réussirait tout de même et sans aucune dépense, en mettant en automne le gland sous l'herbe, car il perce et s'enfonce de lui-même, et réussit à merveille sans aucune culture dans les friches dont le gazon est fin, serré et bien garni, ce qui indique presque toujours un terrain ferme et glaiseux.

Comme je pense que la meilleure façon de semer du bois dans un terrain fort et mêlé de glaise est de faire germer les glands dans la terre, il est bon de rassurer sur le petit inconvénient dont j'ai parlé. On transporte le gland germé dans des mannequins, des corbeilles, des paniers, et on ne peut éviter de rompre la radicule de plusieurs de ces glands; mais cela ne leur fait d'autre mal que de retarder leur sortie de terre de quinze jours ou trois semaines, ce qui même n'est pas un mal, parce qu'on évite par là celui que la gelée des matinées de mai fait aux graines qui ont levé de bonne heure, et qui est bien plus considérable. J'ai pris des glands germés auxquels j'ai coupé le tiers, la moitié, les trois quarts, et même toute la radicule; je les ai semés dans un jardin où je pouvais les observer à toute heure : ils ont tous levé, mais les plus mutilés ont levé les derniers. J'ai semé d'autres glands germés auxquels, outre la radicule, j'avais encore ôté l'un des lobes, ils ont encore levé; mais si on retranche les deux lobes, ou si l'on coupe la plume, qui est la partie essentielle de l'embryon végétal, ils périssent également.

Dans l'autre moitié de mon terrain, dont je n'ai pas encore parlé, il y a un canton dont la terre est bien moins forte que celle que j'ai décrite, et où elle est même mêlée de quelques pierres à un pied de profondeur; c'était un champ qui rapportait beaucoup de grain, et qui était bien cultivé. Je le fis labourer avant l'hiver; et aux mois de novembre, décembre et février, j'y plantai une collection nombreuse de toutes les espèces d'arbres des forêts, que je fis arracher dans mes bois taillis de toute grandeur, depuis trois pieds jusqu'à dix et douze de hauteur. Une grande partie de ces arbres n'a pas repris, et de ceux qui ont poussé à la première sève, un grand nombre a péri pendant les chaleurs du mois d'août, plusieurs ont péri à la seconde, et encore d'autres la troisième et la quatrième année; de sorte que de tous ces arbres, quoique plantés et arrachés avec soin, et même avec des précautions peu communes, il ne m'est resté que des cerisiers, des aliziers, des cormiers, des frênes et des ormes : encore les aliziers et les frênes sont-ils languissants, ils n'ont pas augmenté d'un pied de hauteur en cinq ans; les cormiers sont plus vigoureux, mais les merisiers et les ormes sont ceux qui de tous ont le mieux réussi. Cette terre se couvrit pendant l'été d'une quantité prodigieuse de mauvaises herbes, dont les racines détruisirent plusieurs de mes arbres. Je fis semer aussi dans ce canton des glands germés, les mauvaises herbes en étouffèrent une grande partie : ainsi je crois que, dans les bons terrains qui sont d'une nature moyenne entre les terres fortes et les terres légères, il convient de semer de l'avoine avec les glands, pour prévenir la naissance des mauvaises herbes, dont la plupart sont vivaces, et qui font beaucoup plus de tort aux jeunes chênes que l'avoine qui cesse de pousser des racines au mois de juillet. Cette observation est sûre, car, dans le même terrain, les glands que j'avais fait semer avec l'avoine avaient mieux réussi que les autres. Dans le reste de mon terrain, j'ai fait planter de jeunes chênes, de l'ormille et d'autres jeunes plants, tirés de mes pépinières, qui ont bien réussi : ainsi je crois pouvoir conclure, avec connaissance de cause, que c'est perdre de l'argent et du temps que de faire arracher de jeunes arbres dans les bois, pour les transplanter dans des endroits où on est obligé de les abandonner et de les laisser sans culture, et que quand on veut faire des plantations considérables d'autres arbres que de chêne ou de hêtre, dont les graines sont fortes, et surmontent presque tous les obstacles, il faut des pépinières où l'on puisse élever et soigner les jeunes arbres pendant les deux premières années ; après quoi, on les pourra planter avec succès pour faire du bois.

M'étant donc un peu instruit à mes dépens en faisant cette plantation, j'entrepris l'année suivante d'en faire une autre presque aussi considérable dans un terrain tout différent : la terre y est sèche, légère, mêlée de gravier, et le sol n'a pas huit pouces de profondeur, au-dessous duquel on trouve la pierre. J'y fis aussi un grand nombre d'épreuves dont je ne rapporterai pas le détail ; je me contenterai d'avertir qu'il faut labourer ces terrains et les semer avant l'hiver. Si l'on ne sème qu'au printemps, la chaleur du soleil fait périr les graines ; si on se contente de les jeter ou de les placer sur la terre, comme dans les terrains forts, elles se dessèchent et périssent, parce que l'herbe qui fait le gazon de ces terres légères n'est pas assez garnie et assez épaisse pour les garantir de la gelée pendant l'hiver et de l'ardeur du soleil au printemps. Les jeunes arbres arrachés dans les bois réussissent encore moins dans ces terrains que dans les terres fortes ; et, si on veut les planter, il faut le faire avant l'hiver avec de jeunes plants pris en pépinière.

Je ne dois pas oublier de rapporter une expérience qui a un rapport immédiat avec notre sujet. J'avais envie de connaître les espèces de terrains qui sont absolument contraires à la végétation, et pour cela j'ai fait remplir une demi-douzaine de grandes caisses à mettre des orangers, de matières toutes différentes : la première de glaise bleue, la seconde de graviers gros comme des noisettes, la troisième de glaise couleur d'orange, la quatrième d'argile blanche, la cinquième de sable blanc, et la sixième de fumier de vache bien pourri. J'ai semé dans chacune de ces caisses un nombre égal de glands, de châtaignes et de graines de frênes ; et j'ai laissé les caisses à l'air sans les soigner et sans les arroser ; la graine de frêne n'a levé dans aucune de ces terres, les châtaignes ont levé et ont vécu, mais sans faire de progrès dans la caisse de glaise bleue. A l'égard des glands, il en a levé une grande quantité dans toutes les caisses, à l'exception de celle qui contenait la glaise orangée, qui n'a rien produit du tout. J'ai observé que les jeunes chênes qui avaient levé dans la glaise bleue et dans l'argile, quoiqu'un peu effilés au sommet, étaient forts et vigoureux en comparaison des autres ; ceux qui étaient dans le fumier pourri, dans le sable et dans le gravier, étaient faibles, avaient la feuille jaune et paraissaient languissants. En automne, j'en fis enlever deux dans chaque caisse : l'état des racines répondait à celui de la tige, car dans les glaises la racine était forte, et n'était proprement qu'un pivot gros et ferme, long de trois à quatre pouces, qui n'avait qu'une ou deux ramifications. Dans le gravier au contraire, et dans le sable, la racine s'était fort allongée, et s'était prodigieusement divisée ; elle ressemblait, si je puis m'exprimer ainsi, à une longue touffe de cheveux. Dans le fumier, la racine n'avait guère qu'un pouce ou deux de longueur, et s'était divisée, dès sa naissance, en deux ou trois cornes courtes et faibles. Il est aisé de donner les raisons de ces différences ; mais je ne veux ici tirer de cette expérience qu'une vérité utile, c'est que le gland peut venir dans tous les terrains. Je ne dissimulerai pas cependant que j'ai vu, dans plusieurs provinces de France, des terrains d'une vaste étendue, couverts d'une petite espèce de bruyère, où je n'ai pas vu un chêne ni aucune autre espèce d'arbres : la terre de ces cantons est légère comme de la cendre noire, poudreuse, sans aucune liaison. J'ai fait ultérieurement des expériences sur ces espèces de terres, que je rapporterai dans la suite de ce mémoire, et qui m'ont convaincu que, si les chênes n'y peuvent croître, les pins, les sapins, et peut-être quelques autres arbres utiles peuvent y venir. J'ai élevé de graine, et je cultive actuellement une grande quantité de ces arbres; j'ai remarqué qu'ils demandent un terrain semblable à celui que je viens de décrire. Je suis donc persuadé qu'il n'y a point de terrain, quelque mauvais, quelque ingrat qu'il paraisse, dont on ne pût tirer parti, même pour planter des bois : il ne s'agirait que de connaître les espèces d'arbres qui conviendraient aux différents terrains.

ARTICLE IV

SUR LA CULTURE ET L'EXPLOITATION DES FORÊTS.

Dans les arts qui sont de nécessité première, tels que l'agriculture, les hommes, même les plus grossiers, arrivent, à force d'expériences, à des pratiques utiles : la manière de cultiver le blé, la vigne, les légumes et les autres productions de la terre que l'on recueille tous les ans, est mieux et plus généralement connue que la façon d'entretenir et cultiver une forêt; et, quand même la culture des champs serait défectueuse à plusieurs égards, il est pourtant certain que les usages établis sont fondés sur des expériences continuellement répétées, dont les résultats sont des espèces d'approximations du vrai. Le cultivateur, éclairé par un intérêt toujours nouveau, apprend à ne pas se tromper, ou du moins à se tromper peu sur les moyens de rendre son terrain plus fertile.

Ce même intérêt se trouvant partout, il serait naturel de penser que les hommes ont donné quelque attention à la culture des bois; cependant rien n'est moins connu, rien n'est plus négligé : le bois paraît être un présent de la nature, qu'il suffit de recevoir tel qu'il sort de ses mains. La nécessité de le faire valoir ne s'est pas fait sentir, et la manière d'en jouir n'étant pas fondée sur des expériences assez répétées, on ignore jusqu'aux moyens les plus simples de conserver les forêts et d'augmenter leur produit.

Je n'ai garde de vouloir insinuer par là que les recherches et les observations que j'ai faites sur cette matière soient des découvertes admirables; je dois avertir au contraire que ce sont des choses communes, mais que leur utilité peut rendre importantes. J'ai déjà donné, dans l'article précédent, mes vues sur ce sujet, je vais dans celui-ci étendre ces vues en présentant de nouveaux faits.

Le produit d'un terrain peut se mesurer par la culture; plus la terre est travaillée, plus elle rapporte de fruits; mais cette vérité, d'ailleurs si utile, souffre quelques exceptions, et dans les bois une culture prématurée et mal entendue cause la disette au lieu de produire l'abondance : par exemple, on imagine, et je l'ai cru longtemps, que la meilleure manière de mettre un terrain en nature de bois est de nettoyer ce terrain et de le bien cultiver avant que de semer le gland ou les autres graines qui doivent un jour le couvrir de bois, et je n'ai été désabusé de ce préjugé, qui paraît si raisonnable, que par une longue suite d'observations. J'ai fait des semis considérables et des plantations assez vastes, je les ai faites avec précaution; j'ai souvent fait arracher les genièvres, les bruyères, et jusqu'aux moindres plantes que je regardais comme nuisibles, pour cultiver à fond et par plusieurs labours les terrains que je voulais ensemencer; je ne doutais pas du succès d'un semis fait avec tous ces soins; mais, au bout de quelques années, j'ai reconnu que ces mêmes soins n'avaient servi qu'à retarder l'accroissement de mes jeunes plants, et que cette culture précédente, qui m'avait donné tant d'espérance, m'avait causé des pertes considérables : ordinairement on dépense pour acquérir, ici la dépense nuit à l'acquisition.

Si l'on veut donc réussir à faire croître du bois dans un terrain de quelque qualité qu'il soit, il faut imiter la nature, il faut y planter et y semer des épines et des buissons qui puissent rompre la force du vent, diminuer celle de la gelée et s'opposer à l'intempérie des saisons : ces buissons sont des abris qui garantissent les jeunes plants et les protègent contre l'ardeur du soleil et la rigueur des frimas. Un terrain couvert, ou plutôt à demi couvert de genièvres, de bruyères, est un bois à moitié fait, et qui a peut-être dix ans d'avance sur un terrain net et cultivé. Voici les observations qui m'en ont assuré.

J'ai deux pièces de terre d'environ quarante arpents chacune, semées en bois depuis neuf ans; ces deux pièces sont environnées de tous côtés de bois taillis; l'une des deux était un champ cultivé, on a semé également et en même temps plusieurs cantons dans cette pièce, les uns dans le milieu de la pièce, les autres le long des bois taillis; tous les cantons du milieu sont dépeuplés, tous ceux qui avoisinent le bois sont bien garnis : cette différence n'était pas sensible à la première année, pas même à la seconde, mais je me suis aperçu à la troisième année d'une petite diminution dans le nombre des jeunes plants du canton du milieu, et les ayant observés exactement, j'ai vu qu'à chaque été et à chaque hiver des années suivantes, il en a péri considérablement, et les fortes gelées de 1740 ont achevé de désoler ces cantons, tandis que tout est florissant dans les parties qui s'étendent le long des bois taillis; les jeunes arbres y sont verts, vigoureux, plantés tous les uns contre les autres, et ils se sont élevés, sans aucune culture, à quatre ou cinq pieds de hauteur : il est évident qu'ils doivent leur accroissement au bois voisin qui leur a servi d'abri contre les injures des saisons. Cette pièce de quarante arpents est actuellement environnée d'une lisière de cinq à six perches de largeur d'un bois naissant qui donne les plus belles espérances; à mesure qu'on s'éloigne pour gagner le milieu, le terrain est moins garni, et quand on arrive à douze ou quinze perches de distance des bois taillis, à peine s'aperçoit-on qu'il ait été planté : l'exposition trop découverte est la seule cause de cette différence, car le terrain est absolument le même au milieu de la pièce et le long du bois; ces terrains avaient en même temps reçu les mêmes cultures, ils avaient été semés de la même façon et avec les mêmes graines. J'ai eu occasion de répéter cette observation dans des semis encore plus vastes, où j'ai reconnu que le milieu des pièces est toujours dégarni, et que, quelque attention qu'on ait à resemer cette partie du terrain tous les ans, elle ne peut se couvrir de bois, et reste en pure perte au propriétaire.

Pour remédier à cet inconvénient, j'ai fait faire deux fossés qui se coupent à angles droits dans le milieu de ces pièces, et j'ai fait planter des épines, du peuplier et d'autres bois blancs tout le long de ces fossés : cet abri, quoique léger, a suffi pour garantir les jeunes plants voisins du fossé; et, par cette petite dépense, j'ai prévenu la perte totale de la plus grande partie de ma plantation.

L'autre pièce de quarante arpents, dont j'ai parlé, était, avant la plantation, composée de vingt arpents d'un terrain net et bien cultivé, et de vingt autres arpents en friche et recouverts d'un grand nombre de genièvres et d'épines : j'ai fait semer en même temps la plus grande partie de ces deux terrains, mais, comme on ne pouvait pas cultiver celui qui était couvert de genièvres, je me suis contenté d'y faire jeter des glands à la main sous les genièvres, et j'ai fait mettre dans les places découvertes le gland sous le gazon au moyen d'un seul coup de pioche; on y avait même épargné la graine dans l'incertitude du succès, et je l'avais fait prodiguer dans le terrain cultivé. L'événement a été tout différent de ce que j'avais pensé : le terrain découvert et cultivé se couvrit, à la première année, d'une grande quantité de jeunes chênes, mais peu à peu cette quantité a diminué, et elle serait aujourd'hui presque réduite à rien, sans les soins que je me suis donnés pour en conserver le reste. Le terrain, au contraire, qui était couvert d'épines et de genièvres, est devenu en neuf ans un petit bois où les jeunes chênes se sont élevés à cinq, à six pieds de hauteur. Cette observation prouve encore mieux que la première combien l'abri est nécessaire à la conservation et à l'accroissement des jeunes plants; car je n'ai conservé ceux qui étaient dans le terrain trop découvert qu'en plantant au printemps des boutures de peupliers et des épines, qui, après avoir pris racine, ont fait un peu de couvert, et ont défendu les jeunes chênes trop faibles pour résister par eux-mêmes à la rigueur des saisons.

Pour convertir en bois un champ ou tout autre terrain cultivé, le plus difficile est donc de faire du couvert. Si l'on abandonne un champ, il faut vingt ou trente ans à la nature pour y faire croître des épines et des bruyères: ici il faut une culture qui, dans un an ou deux, puisse mettre le terrain au même état où il se trouve après une non-culture de vingt ans.

J'ai fait à ce sujet différentes tentatives; j'ai fait semer de l'épine, du genièvre et plusieurs autres graines avec le gland, mais il faut trop de temps à ces graines pour lever et s'élever; la plupart demeurent en terre pendant deux ans, et j'ai aussi inutilement essayé des graines qui me paraissaient plus hâtives: il n'y a que la graine de marseau qui réussisse et qui croisse assez promptement sans culture; mais je n'ai rien trouvé de mieux pour faire du couvert que de planter des boutures de peuplier, ou quelques pieds de tremble en même temps qu'on sème le gland dans un terrain humide; et, dans des terrains secs, des épines, du sureau et quelques pieds de sumac de Virginie; ce dernier arbre surtout, qui est à peine connu des gens qui ne sont pas botanistes, se multiplie de rejetons avec une telle facilité qu'il suffira d'en mettre un pied dans un jardin pour que tous les ans on puisse en porter un grand nombre dans ses plantations, et les racines de cet arbre s'étendent si loin qu'il n'en faut qu'une douzaine de pieds par arpent pour avoir du couvert au bout de trois ou quatre ans: on observera seulement de les faire couper jusqu'à terre à la seconde année, afin de faire pousser un plus grand nombre de rejetons. Après le sumac, le tremble est le meilleur, car il pousse des rejetons à quarante ou cinquante pas, et j'ai garni plusieurs endroits de mes plantations, en faisant seulement abattre quelques trembles qui s'y trouvaient par hasard. Il est vrai que cet arbre ne se transplante pas aisément, ce qui doit faire préférer le sumac: de tous les arbres que je connais, c'est le seul qui sans aucune culture croisse et se multiplie au point de garnir un terrain en aussi peu de temps; ses racines courent presque à la surface de la terre, ainsi elles ne font aucun tort à celles des jeunes chênes, qui pivotent et s'enfoncent dans la profondeur du sol. On ne doit pas craindre que ce sumac ou les autres mauvaises espèces de bois, comme le tremble, le peuplier et le marseau, puissent nuire aux bonnes espèces, comme le chêne et le hêtre: ceux-ci ne sont faibles que dans leur jeunesse, et après avoir passé les premières années à l'ombre et à l'abri des autres arbres, bientôt ils s'élèveront au-dessus et, devenant plus forts, ils étoufferont tout ce qui les environnera.

Je l'ai dit et je le répète, on ne peut trop cultiver la terre lorsqu'elle nous rend tous les ans le fruit de nos travaux; mais, lorsqu'il faut attendre vingt-cinq ou trente ans pour jouir, lorsqu'il faut faire une dépense considérable pour arriver à cette jouissance, on a raison d'examiner, on a peut-être raison de se dégoûter. Le fonds ne vaut que par le revenu, et quelle différence d'un revenu annuel à un revenu éloigné, même certain!

J'ai voulu m'assurer, par des expériences constantes, des avantages de la culture par rapport au bois, et, pour arriver à des connaissances précises, j'ai fait semer dans un jardin quelques glands de ceux que je semais en même temps et en quantité dans mes bois; j'ai abandonné ceux-ci aux soins de la nature, et j'ai cultivé ceux-là avec toutes les recherches de l'art. En cinq années, les chênes de mon jardin avaient acquis une tige de dix pieds, et de deux à trois pouces de diamètre, et une tête assez formée pour pouvoir se mettre aisément à l'ombre dessous; quelques-uns de ces arbres ont même donné dès la cinquième année du fruit, qui, étant semé au pied de ses pères, a produit d'autres arbres redevables de leur naissance à la force d'une culture assidue et étudiée. Les chênes de mes bois, semés en même temps, n'avaient après cinq ans que deux ou trois pieds de hauteur (je parle des plus vigoureux, car le plus grand nombre n'avait pas un pied); leur tige était à peu près grosse comme le doigt, leur forme était celle d'un petit buisson; leur mauvaise figure, loin d'annoncer de la postérité, laissait douter s'ils auraient assez de force pour se conserver eux-mêmes. Encouragé par ces succès de culture, et ne pouvant souffrir les avortons de mes bois, lorsque je les comparais aux arbres de mon jardin, je cherchai à me tromper moi-même sur la dépense, et j'entrepris de faire dans mes bois un canton assez considérable, où j'élèverais les arbres avec les mêmes soins que dans mon jardin : il ne s'agissait pas moins que de faire fouiller la terre à deux pieds et demi de profondeur, de la cultiver d'abord comme on cultive un jardin; et pour amélioration, de faire conduire dans ce terrain, qui me paraissait un peu trop ferme et trop froid, plus de deux cents voitures de mauvais bois de recoupe et de copeaux que je fis brûler sur la place, et dont on mêla les cendres avec la terre. Cette dépense allait déjà beaucoup au delà du quadruple de la valeur du fonds, mais je me satisfaisais, et je voulais avoir du bois en cinq ans; mes espérances étaient fondées sur ma propre expérience, sur la nature d'un terrain choisi entre cent autres terrains, et plus encore sur la résolution de ne rien épargner pour réussir, car c'était une expérience; cependant elles ont été trompées : j'ai été contraint dès la première année de renoncer à mes idées, et à la troisième j'ai abandonné ce terrain avec un dégoût égal à l'empressement que j'avais eu pour le cultiver. On n'en sera pas surpris lorsque je dirai qu'à la première année, outre les ennemis que j'eus à combattre, comme les mulots, les oiseaux, etc., la quantité des mauvaises herbes fut si grande qu'on était obligé de sarcler continuellement, et qu'en le faisant à la main et avec la plus grande précaution, on ne pouvait cependant s'empêcher de déranger les racines des petits arbres naissants, ce qui leur causait un préjudice sensible; je me souvins alors, mais trop tard, de la remarque des jardiniers, qui, la première année, n'attendent rien d'un jardin neuf, et qui ont bien de la peine dans les trois premières années à purger le terrain des mauvaises herbes dont il est rempli. Mais ce ne fut pas là le plus grand inconvénient : l'eau me manqua pendant l'été, et, ne pouvant arroser mes jeunes plants, ils en souffrirent d'autant plus qu'ils y avaient été accoutumés au printemps; d'ailleurs, le grand soin avec lequel on ôtait les mauvaises herbes, par de petits labours réitérés, avait rendu le terrain net, et sur la fin de l'été la terre était devenue brûlante et d'une sécheresse affreuse, ce qui ne serait point arrivé si on ne l'avait pas cultivée aussi souvent, et si on eût laissé les mauvaises herbes qui avaient crû depuis le mois de juillet. Mais le tort irréparable fut celui que causa la gelée du printemps suivant : mon terrain, quoique bien situé, n'était pas assez éloigné des bois pour que la transpiration des feuilles naissantes des arbres ne se répandît pas sur mes jeunes plants; cette humidité, accompagnée d'un vent du nord, les fit geler au 16 de mai, et dès ce jour je perdis presque toutes mes espérances; cependant je ne voulus point encore abandonner entièrement mon projet : je tâchai de remédier au mal causé par la gelée, en faisant couper toutes les parties mortes ou malades; cette opération fit un grand bien, mes jeunes arbres reprirent de la vigueur, et, comme je n'avais qu'une certaine quantité d'eau à leur donner, je la réservai pour le besoin pressant; je diminuai aussi le nombre des labours, crainte de trop dessécher la terre, et je fus assez content du succès de ces petites attentions : la sève d'août fut abondante, et mes jeunes plants poussèrent plus vigoureusement qu'au printemps; mais le but principal était manqué, le grand et prompt accroissement que je désirais se réduisait au quart de ce que j'avais espéré, et de ce que j'avais vu dans mon jardin : cela ralentit beaucoup mon ardeur, et je me contentai, après avoir fait un peu élaguer mes jeunes plants, de leur donner deux labours l'année suivante, et encore y eut-il un espace d'environ un quart d'arpent qui fut oublié et qui ne reçut aucune culture. Cet oubli me valut une connaissance, car j'observai avec quelque surprise que les jeunes plants de ce canton étaient aussi vigoureux que ceux du canton cultivé; et cette remarque changea mes idées au sujet de la culture, et me fit abandonner ce terrain qui m'avait tant coûté. Avant que de le quitter, je dois avertir que ces cultures ont cependant fait avancer considérablement l'accroissement des jeunes arbres, et que je ne me suis trompé sur cela que du plus au moins; mais la grande erreur de tout ceci est la dépense; le produit n'est point du tout proportionné, et plus on répand d'argent dans un terrain qu'on veut convertir en bois, plus on se trompe; c'est un intérêt qui décroît à mesure qu'on fait de plus grands fonds.

Il faut donc tourner ses vues d'un autre côté; la dépense devenant trop forte, il faut renoncer à ces cultures extraordinaires, et même à ces cultures qu'on donne ordinairement aux jeunes plants deux fois l'année en serfouissant légèrement la terre à leur pied : outre des inconvénients réels de cette dernière espèce de culture, celui de la dépense est suffisant pour qu'on s'en dégoûte aisément, surtout si l'on peut y substituer quelque chose de meilleur et qui coûte beaucoup moins.

Le moyen de suppléer aux labours, et presque à toutes les autres espèces de cultures, c'est de couper les jeunes plants jusqu'auprès de terre : ce moyen, tout simple qu'il paraît, est d'une utilité infinie, et, lorsqu'il est mis en œuvre à propos, il accélère de plusieurs années le succès d'une plantation. Qu'on me permette, à ce sujet, un peu de détail qui peut-être ne déplaira pas aux amateurs de l'agriculture.

Tous les terrains peuvent se réduire à deux espèces, savoir, les terrains forts et les terrains légers : cette division, quelque générale qu'elle soit, suffit à mon dessein. Si l'on veut semer dans un terrain léger, on peut le faire labourer; cette opération fait d'autant plus d'effet, et cause d'autant moins de dépense que le terrain est plus léger : il ne faut qu'un seul labour, et on sème le gland en suivant la charrue. Comme ces terrains sont ordinairement secs et brûlants, il ne faut point arracher les mauvaises herbes que produit l'été suivant; elles entretiennent une fraîcheur bienfaisante et garantissent les petits chênes de l'ardeur du soleil; ensuite, venant à périr et à sécher pendant l'automne, elles servent de chaume et d'abri pendant l'hiver, et empêchent les racines de geler; il ne faut donc aucune espèce de culture dans ces terrains sablonneux. J'ai semé en bois un grand nombre d'arpents de cette nature de terrain, et j'ai réussi au delà de mes espérances : les racines des jeunes arbres, trouvant une terre légère et aisée à diviser, s'étendent et profitent de tous les sucs qui leur sont offerts; les pluies et les rosées pénètrent facilement jusqu'aux racines, il ne faut qu'un peu de couvert et d'abri pour faire réussir un semis dans des terrains de cette espèce; mais il est bien plus difficile de faire croître du bois dans des terrains forts, et il faut une pratique toute différente : dans ces terrains, les premiers labours sont inutiles et souvent nuisibles, la meilleure manière est de planter les glands à la pioche, sans aucune culture précédente; mais il ne faut pas les abandonner comme les premiers, au point de les perdre de vue et de n'y plus penser; il faut au contraire les visiter souvent; il faut observer la hauteur à laquelle ils se seront élevés la première année, observer ensuite s'ils ont poussé plus vigoureusement à la seconde année qu'à la première, et à la troisième qu'à la seconde : tant que l'accroissement va en augmentant, ou même tant qu'il se soutient sur le même pied, il ne faut pas y toucher, mais on s'apercevra ordinairement à la troisième année que l'accroissement va en diminuant, et si on attend la quatrième, la cinquième, la sixième, etc., on reconnaîtra que l'accroissement de chaque année est toujours plus petit : ainsi, dès qu'on s'apercevra que, sans qu'il y ait eu de gelées ou d'autres accidents, les jeunes arbres commencent à croître de moins en moins, il faut les faire couper jusqu'à terre au mois de mars, et l'on gagnera un grand nombre d'années. Le jeune arbre, livré à lui-même dans un terrain fort et serré, ne peut étendre ses racines; la terre trop dure les fait refouler sur elles-mêmes; les petits filets tendres et herbacés, qui doivent nourrir l'arbre et former la nouvelle production de l'année, ne peuvent pénétrer la substance trop ferme de la terre: ainsi l'arbre languit privé de nourriture, et la production annuelle diminue souvent jusqu'au point de ne donner que des feuilles et quelques boutons. Si vous coupez cet arbre, toute la force de la sève se porte aux racines, en développe tous les germes, et agissant avec plus de puissance contre le terrain qui leur résiste, les jeunes racines s'ouvrent des chemins nouveaux, et divisent, par le surcroît de leur force, cette terre qu'elles avaient jusqu'alors vainement attaquée, elles y trouvent abondamment des sucs nourriciers; et, dès qu'elles sont établies dans ce nouveau pays, elles poussent avec vigueur au dehors la surabondance de leur nourriture, et produisent dès la première année un jet plus vigoureux et plus élevé que ne l'était l'ancienne tige de trois ans. J'ai si souvent réitéré cette expérience, que je dois la donner comme un fait sûr, et comme la pratique la plus utile que je connaisse dans la culture du bois.

Dans un terrain qui n'est que ferme sans être trop dur, il suffira de receper une seule fois les jeunes plants pour les faire réussir. J'ai des cantons assez considérables d'une terre ferme et pétrissable, où les jeunes plants n'ont été coupés qu'une fois, où ils croissent à merveille, et où j'aurai du bois taillis prêt à couper dans quelques années. Mais j'ai remarqué, dans un autre endroit où la terre est extrêmement forte et dure, qu'ayant fait couper à la seconde année mes jeunes plants, parce qu'ils étaient languissants, cela n'a pas empêché qu'au bout de quatre autres années on n'ait été obligé de les couper une seconde fois, et je vais rapporter une autre expérience qui fera voir la nécessité de couper deux fois dans de certains cas.

J'ai fait planter, depuis dix ans, un nombre très considérable d'arbres de plusieurs espèces, comme des ormes, des frênes, des charmes, etc. La première année, tous ceux qui reprirent, poussèrent assez vigoureusement; la seconde année ils ont poussé plus faiblement; la troisième année plus languissamment; ceux qui me parurent les plus malades étaient ceux qui étaient les plus gros et les plus âgés lorsque je les fis transplanter. Je voyais que la racine n'avait pas la force de nourrir ces grandes tiges: cela me détermina à les faire couper; je fis faire la même opération aux plus petits les années suivantes, parce que leur langueur devint telle que, sans un prompt secours, elle ne laissait plus rien à espérer; cette première coupe renouvela mes arbres et leur donna beaucoup de vigueur, surtout pendant les deux premières années, mais à la troisième je m'aperçus d'un peu de diminution dans l'accroissement; je l'attribuai d'abord à la température des saisons de cette année, qui n'avait pas été aussi favorable que celle des années précédentes; mais je reconnus clairement pendant l'année suivante, qui fut heureuse pour les plantes, que le mal n'avait pas été causé par la seule intempérie des saisons; l'accroissement de mes arbres continuait à diminuer, et aurait toujours diminué, comme je m'en suis assuré en laissant sur pied quelques-uns d'entre eux, si je ne les avais pas fait couper une seconde fois. Quatre ans se sont écoulés depuis cette seconde coupe, sans qu'il y ait eu de diminution dans l'accroissement; et ces arbres, qui sont plantés dans un terrain qui est en friche depuis plus de vingt ans, et qui n'ont jamais été cultivés au pied, ont autant de force, et la feuille aussi verte que des arbres de pépinière: preuve évidente que la coupe, faite à propos, peut suppléer à toute autre culture.

Les auteurs d'agriculture sont bien éloignés de penser comme nous sur ce sujet; ils répètent tous les uns après les autres que, pour avoir une futaie, pour avoir des arbres d'une belle venue, il faut bien se garder de couper le sommet des jeunes plants, et qu'il faut conserver avec grand soin le *montant*, c'est-à-dire le jet principal. Ce conseil n'est bon que dans de certains cas particuliers; mais il est généralement vrai, et je puis l'assurer après un très grand nombre d'expériences, que rien n'est plus efficace pour redresser les arbres, et pour leur donner une tige droite et nette, que la coupe faite au pied. J'ai même observé souvent que les futaies venues de graines ou de jeunes plants n'étaient pas si belles ni si droites que les futaies venues sur les jeunes souches : ainsi on ne doit pas hésiter à mettre en pratique cette espece de culture si facile et si peu coûteuse.

Il n'est pas nécessaire d'avertir qu'elle est encore plus indispensable lorsque les jeunes plants ont été gelés; il n'y a pas d'autre moyen pour les rétablir que de les receper. On aurait dû, par exemple, receper tous les taillis de deux ou trois ans qui ont été gelés au mois d'octobre 1740; jamais gelée d'automne n'a fait autant de mal : la seule façon d'y remédier, c'est de couper; on sacrifie trois ans pour n'en pas perdre dix ou douze.

A ces observations générales sur la culture du bois, qu'il me soit permis de joindre quelques remarques utiles, et qui doivent même précéder toute culture.

Le chêne et le hêtre sont les seuls arbres, à l'exception des pins et de quelques autres de moindre valeur, qu'on puisse semer avec succès dans des terrains incultes. Le hêtre peut être semé dans les terrains légers; la graine ne peut pas sortir dans une terre forte, parce qu'elle pousse au dehors son enveloppe au-dessus de la tige naissante : ainsi il lui faut une terre meuble et facile à diviser, sans quoi, elle reste et pourrit. Le chêne peut être semé dans presque tous les terrains; toutes les autres espèces d'arbres veulent être semées en pépinière, et ensuite transplantées à l'âge de deux ou trois ans.

Il faut éviter de mettre ensemble les arbres qui ne se conviennent pas : le chêne craint le voisinage des pins, des sapins, des hêtres et de tous les arbres qui poussent de grosses racines dans la profondeur du sol. En général, pour tirer le plus grand avantage d'un terrain, il faut planter ensemble des arbres qui tirent la substance du fond en poussant leurs racines à une grande profondeur, et d'autres arbres qui puissent tirer leur nourriture presque de la surface de la terre, comme sont les trembles, les tilleuls, les marseaux et les autres dont les racines s'étendent et courent à quelques pouces seulement de profondeur sans pénétrer plus avant.

Lorsqu'on veut semer du bois, il faut attendre une année abondante en glands, non seulement parce qu'ils sont meilleurs et moins chers, mais encore parce qu'ils ne seront pas dévorés par les oiseaux, les mulots et les sangliers, qui, trouvant abondamment du gland dans les forêts, ne viendront pas attaquer votre semis, ce qui ne manque jamais d'arriver dans des années de disette. On n'imaginerait pas jusqu'à quel point les seuls mulots peuvent détruire un semis : j'en avais fait un il y a deux ans, de quinze à seize arpents, j'avais semé au mois de novembre; au bout de quelques jours, je m'aperçus que les mulots emportaient tous les glands : ils habitent seuls, ou deux à deux, et quelquefois trois à quatre dans un même trou; je fis découvrir quelques-uns de ces trous, et je fus épouvanté de voir dans chacun un demi-boisseau, et souvent un boisseau de glands que ces petits animaux avaient ramassés. Je donnai ordre sur-le-champ qu'on dressât dans ce canton un grand nombre de pièges, où pour toute amorce on mit une noix grillée; en moins de trois semaines de temps on m'apporta près de treize cents mulots. Je ne rapporte ce fait que pour faire voir combien ils sont nuisibles, et par leur nombre et par leur diligence à serrer autant de glands qu'il peut en entrer dans leurs trous.

ARTICLE V

ADDITION AUX OBSERVATIONS PRÉCÉDENTES.

I. — Dans un grand terrain très ingrat et mal situé, où rien ne voulait croître, où le chêne, le hêtre et les autres arbres forestiers que j'avais semés n'avaient pu réussir, où tous ceux que j'avais plantés ne pouvaient s'élever, parce qu'ils étaient tous les ans saisis par les gelées, je fis planter, en 1734, des arbres toujours verts; savoir, une centaine de petits pins (*a*), autant d'épicéas et de sapins que j'avais élevés dans des caisses pendant trois ans : la plupart des sapins périrent dès la première année, et les épicéas dans les années suivantes; mais les pins ont résisté, et se sont emparés d'eux-mêmes d'un assez grand terrain. Dans les quatre ou cinq premières années, leur accroissement était à peine sensible, on ne les a ni cultivés ni recepés : entièrement abandonnés aux soins de la nature, ils ont commencé au bout de dix ans à se montrer en forme de petits buissons; dix ans après, ces buissons, devenus bien plus gros, rapportaient des cônes, dont le vent dispersait les graines au loin; dix ans après, c'est-à-dire au bout de trente ans, ces buissons avaient pris de la tige, et aujourd'hui, en 1774, c'est-à-dire au bout de quarante ans, ces pins forment d'assez grands arbres dont les graines ont peuplé le terrain à plus de cent pas de distance de chaque arbre. Comme ces petits pins, venus de graine, étaient en trop grand nombre, surtout dans le voisinage de chaque arbre, j'en ai fait enlever un très grand nombre pour les transplanter plus loin, de manière qu'aujourd'hui ce terrain, qui contient près de quarante arpents, est entièrement couvert de pins et forme un petit bois toujours vert, dans un grand espace qui de tout temps avait été stérile.

Lorsqu'on aura donc des terres ingrates, où le bois refuse de croître, et des parties de terrain situées dans de petits vallons en montagne, où la gelée supprime les rejetons des chênes et des autres arbres qui quittent leurs feuilles, la manière la plus sûre et la moins coûteuse de peupler ces terrains est d'y planter de jeunes pins à vingt ou vingt-cinq pas les uns des autres. Au bout de trente ans, tout l'espace sera couvert de pins, et vingt ans après, on jouira du produit de la coupe de ce bois, dont la plantation n'aura presque rien coûté. Et, quoique la jouissance de cette espèce de culture soit fort éloignée, la très petite dépense qu'elle suppose, et la satisfaction de rendre vivantes des terres absolument mortes, sont des motifs plus que suffisants pour déterminer tout père de famille et tout bon citoyen à cette pratique utile pour la postérité : l'intérêt de l'État, et à plus forte raison celui de chaque particulier, est qu'il ne reste aucune terre inculte; celles-ci, qui de toutes sont les plus stériles et paraissent se refuser à toute culture, deviendront néanmoins aussi utiles que les autres. Car un bois de pins peut rapporter autant et peut-être plus qu'un bois ordinaire, et en l'exploitant convenablement devenir un fonds non seulement aussi fructueux, mais aussi durable qu'aucun autre fonds de bois.

La meilleure manière d'exploiter les taillis ordinaires est de faire coupe nette en laissant le moins de baliveaux qu'il est possible : il est très certain que ces baliveaux font plus de tort à l'accroissement des taillis, plus de perte au propriétaire qu'ils ne donnent de bénéfice, et par conséquent il y aurait de l'avantage à les tous supprimer. Mais, comme l'Ordonnance prescrit d'en laisser au moins seize par arpent, les gens les plus soigneux de leurs bois, ne pouvant se dispenser de cette servitude mal entendue, ont au moins grande attention à n'en pas laisser davantage, et font abattre à chaque coupe subséquente ces

(*a*) *Pinus silvestris genevensis.*

baliveaux réservés. Dans un bois de pins, l'exploitation doit se faire autrement : comme cette espèce d'arbre ne repousse pas sur souche ni de rejetons au loin, et qu'il ne se propage et multiplie que par les graines qu'il produit tous les ans, qui tombent au pied ou sont transportées par le vent aux environs de chaque arbre, ce serait détruire ce bois que d'en faire coupe nette; il faut y laisser cinquante ou soixante arbres par arpent, ou, pour mieux faire encore, ne couper que la moitié ou le tiers des arbres alternativement, c'est-à-dire éclaircir seulement le bois d'un tiers ou de moitié, ayant soin de laisser les arbres qui portent le plus de graines : tous les dix ans on fera, pour ainsi dire, une demi-coupe, ou même on pourra tous les ans prendre dans ce taillis le bois dont on aura besoin; cette dernière manière, par laquelle on jouit annuellement d'une partie du produit de son fonds, est de toutes la plus avantageuse.

L'épreuve que je viens de rapporter a été faite en Bourgogne, dans ma terre de Buffon, au-dessus des collines les plus froides et les plus stériles : la graine m'était venue des montagnes voisines de Genève; on ne connaissait point cette espèce d'arbre en Bourgogne, qui y est maintenant naturalisé et assez multiplié pour en faire à l'avenir de très grands cantons de bois dans toutes les terres où les autres arbres ne peuvent réussir. Cette espèce de pin pourra croître et se multiplier avec le même succès dans toutes nos provinces, à l'exception peut-être des plus méridionales, où l'on trouve une autre espèce de pin dont les cônes sont plus allongés, et qu'on connaît sous le nom de *pin maritime*, ou *pin de Bordeaux*, comme l'on connaît celui dont j'ai parlé, sous le nom de *pin de Genève*. Je fis venir et semer, il y a trente-deux ans, une assez grande quantité de ces pins de Bordeaux; ils n'ont pas à beaucoup près aussi bien réussi que ceux de Genève; cependant il y en a quelques-uns qui sont même d'une très belle venue parmi les autres, et qui produisent des graines depuis plusieurs années, mais on ne s'aperçoit pas que ces graines réussissent sans culture, et peuplent les environs de ces arbres, comme les graines du pin de Genève.

A l'égard des sapins et des épicéas, dont j'ai voulu faire des bois par cette même méthode si facile et si peu dispendieuse, j'avouerai qu'ayant fait souvent jeter des graines de ces arbres en très grande quantité dans ces mêmes terres où le pin a si bien réussi, je n'en ai jamais vu le produit, ni même eu la satisfaction d'en voir germer quelques-unes autour des arbres que j'avais fait planter, quoiqu'ils portent des cônes depuis plusieurs années. Il faut donc un autre procédé, ou du moins ajouter quelque chose à celui que je viens de donner, si l'on veut faire des bois de ces deux dernières espèces d'arbres toujours verts.

II. — Dans les bois ordinaires, c'est-à-dire dans ceux qui sont plantés de chênes, de hêtres, de charmes, de frênes, et d'autres arbres dont l'accroissement est plus prompt, tels que les trembles, les bouleaux, les marseaux, les coudriers, etc., il y a du bénéfice à faire couper au bout de douze à quinze ans ces dernières espèces d'arbres, dont on peut faire des cercles ou d'autres menus ouvrages; on coupe en même temps les épines et autres mauvais bois : cette opération ne fait qu'éclaircir les taillis, et, bien loin de lui porter préjudice, elle en accélère l'accroissement; le chêne, le hêtre et les autres bons arbres n'en croissent que plus vite, en sorte qu'il y a le double avantage de tirer d'avance une partie de son revenu par la vente de ces bois blancs, propres à faire des cercles, et de trouver ensuite un taillis tout composé de bois de bonne essence, et d'un plus gros volume. Mais ce qui peut dégoûter de cette pratique utile, c'est qu'il faudrait, pour ainsi dire, la faire par ses mains; car, en vendant le *cerclage* de ces bois aux bûcherons ou aux petits ouvriers qui emploient cette denrée, on risque toujours la dégradation du taillis; il est presque impossible de les empêcher de couper furtivement des chênes ou d'autres bons arbres, et dès lors, le tort qu'ils vous font fait une grande déduction sur le bénéfice, et quelquefois l'excède.

III. — Dans les mauvais terrains qui n'ont que six pouces ou tout au plus un pied de profondeur, et dont la terre est graveleuse et maigre, on doit faire couper les taillis à seize ou dix-huit ans ; dans les terrains médiocres, à vingt-trois ou vingt-quatre ans, et dans les meilleurs fonds, il faut les attendre jusqu'à trente : une expérience de quarante ans m'a démontré que ce sont à très peu près les termes du plus grand profit. Dans mes terres et dans toutes celles qui les environnent, même à plusieurs lieues de distance, on choisit tout le gros bois, depuis sept pouces de tour et au-dessus, pour le faire flotter et l'envoyer à Paris, et tout le menu bois est consommé par le chauffage du peuple ou par les forges ; mais, dans d'autres cantons de la province, où il n'y a point de forges, et où les villages éloignés les uns des autres ne font que peu de consommation, tout le menu bois tomberait en pure perte si l'on n'avait trouvé le moyen d'y remédier en changeant les procédés de l'exploitation. On coupe ces taillis à peu près comme j'ai conseillé de couper les bois de pins, avec cette différence qu'au lieu de laisser les grands arbres, on ne laisse que les petits : cette manière d'exploiter les bois en les *jardinant* est en usage dans plusieurs endroits ; on abat tous les beaux brins, et on laisse subsister les autres, qui dix ans après sont abattus à leur tour, et ainsi de dix ans en dix ans, ou de douze en douze ans, on a plus de moitié coupe, c'est-à-dire plus de moitié de produit. Mais cette manière d'exploitation, quoique utile, ne laisse pas d'être sujette à des inconvénients. On ne peut abattre les plus grands arbres sans faire souffrir les petits. D'ailleurs, le bûcheron, étant presque toujours mal à l'aise, ne peut couper la plupart de ces arbres qu'à un demi-pied, et souvent plus d'un pied au-dessus de terre, ce qui fait un grand tort aux revenues : ces souches élevées ne poussent jamais des rejetons aussi vigoureux ni en aussi grand nombre que les souches coupées à fleur de terre ; et l'une des plus utiles attentions qu'on doive donner à l'exploitation des taillis est de faire couper tous les arbres le plus près de terre qu'il est possible.

IV. — Les bois occupent presque partout le haut des coteaux et les sommets des collines et des montagnes d'une médiocre hauteur. Dans ces espèces de plaines au-dessus des montagnes, il se trouve des terrains enfoncés, des espèces de vallons secs et froids, qu'on appelle des *combes*. Quoique le terrain de ces combes ait ordinairement plus de profondeur et soit d'une meilleure qualité que celui des parties élevées qui les environnent, le bois néanmoins n'y est jamais beau, il ne pousse qu'un mois plus tard, et souvent il y a de la différence de plus de moitié dans l'accroissement total. A quarante ans, le bois du fond de la combe ne vaut pas plus que celui des coteaux qui l'environnent ne vaut à vingt ans. Cette prodigieuse différence est occasionnée par la gelée qui, tous les ans et presque en toute saison, se fait sentir dans ces combes, et, supprimant en partie les jeunes rejetons, rend les arbres raffaus, rabougris et galeux. J'ai remarqué, dans plusieurs coupes où l'on avait laissé quelques bouquets de bois, que tout ce qui était auprès de ces bouquets et situé à l'abri du vent du nord était entièrement gâté par l'effet de la gelée, tandis que tous les endroits exposés au vent du nord n'étaient point du tout gelés : cette observation me fournit la véritable raison pourquoi les combes et les lieux bas dans les bois sont si sujets à la gelée, et si tardifs à l'égard des terrains plus élevés, où les bois deviennent très beaux, quoique souvent la terre y soit moins bonne que dans les combes ; c'est parce que l'humidité et les brouillards qui s'élèvent de la terre séjournent dans les combes, s'y condensent, et par ce froid humide occasionnent la gelée ; tandis que, sur les lieux plus élevés, les vents divisent et chassent les vapeurs nuisibles, et les empêchent de tomber sur les arbres, ou du moins de s'y attacher en aussi grande quantité et en aussi grosses gouttes. Il y a de ces lieux bas où il gèle tous les mois de l'année ; aussi le bois n'y vaut jamais rien : j'ai quelquefois parcouru en été, la nuit, à la chasse, ces différents pays de bois, et je me souviens parfaitement que sur les lieux élevés j'avais chaud, mais qu'aussitôt que je descendais dans ces combes, un froid vif et inquiétant, quoique sans vent, me saisissait, de sorte que souvent à dix pas de distance on aurait cru changer de climat; des charbonniers qui marchaient nu-pieds trouvaient la terre chaude sur ces éminences, et d'une froidure insupportable dans ces petits vallons. Lorsque ces combes se trouvent situées de manière à être enfilées par les vents froids et humides du nord-ouest, la gelée s'y fait sentir même aux mois de juillet et d'août; le bois ne peut y croître, les genièvres même ont bien de la peine à s'y maintenir, et ces combes n'offrent, au lieu d'un beau taillis semblable à ceux qui les environnent, qu'un espace stérile qu'on appelle *une chaume*, et qui diffère d'une friche en ce qu'on peut rendre celle-ci fertile par la culture, au lieu qu'on ne sait comment cultiver ou peupler ces chaumes qui sont au milieu des bois. Les grains qu'on pourrait y semer sont toujours détruits par les grands froids de l'hiver ou par les gelées du printemps : il n'y a guère que le blé noir ou sarrasin qui puisse y croître, et encore le produit ne vaut pas la dépense de la culture. Ces terrains restent donc déserts, abandonnés, et sont en pure perte. J'ai une de ces combes au milieu de mes bois, qui seule contient cent cinquante arpents, dont le produit est presque nul. Le succès de ma plantation de pins, qui n'est qu'à une lieue de cette grande combe, m'a déterminé à y planter de jeunes arbres de cette espèce : je n'ai commencé que depuis quelques années; je vois déjà, par le progrès de ces jeunes plants, que quelque jour cet espace, stérile de temps immémorial, sera un bois de pins tout aussi fourni que le premier que j'ai décrit.

V. — J'ai fait écorcer sur pied des pins, des sapins, et d'autres espèces d'arbres toujours verts; j'ai reconnu que ces arbres, dépouillés de leur écorce, vivent plus longtemps que les chênes auxquels on fait la même opération, et leur bois acquiert de même plus de dureté, plus de force et plus de solidité. Il serait donc très utile de faire écorcer sur pied les sapins qu'on destine aux mâtures des vaisseaux : en les laissant deux, trois et même quatre ans sécher ainsi sur pied, ils acquerront une force et une durée bien plus grandes que dans leur état naturel. Il en est de même de toutes les grosses pièces de chêne que l'on emploie dans la construction des vaisseaux; elles seraient plus résistantes, plus solides et plus durables si on les tirait d'arbres écorcés et séchés sur pied avant de les abattre.

A l'égard des pièces courbes, il vaut mieux prendre des arbres de brin, de la grosseur nécessaire pour faire une seule pièce courbe, que de scier ces courbes dans de plus grosses pièces; celles-ci sont toujours tranchées et faibles, au lieu que les pièces de brin étant courbées dans du sable chaud, conservent presque toute la force de leurs fibres longitudinales : j'ai reconnu, en faisant rompre des courbes de ces deux espèces, qu'il y avait plus d'un tiers de différence dans leur force; que les courbes tranchées cassaient subitement, et que celles qui avaient été courbées par la chaleur graduée et par une charge constamment appliquée, se rétablissaient presque de niveau avant que d'éclater et se rompre.

VI. — On est dans l'usage de marquer avec un gros marteau, portant empreinte des armes du Roi ou des seigneurs particuliers, tous les arbres que l'on veut réserver dans les bois qu'on veut couper : cette pratique est mauvaise, on enlève l'écorce et une partie de l'aubier avant de donner le coup de marteau; la blessure ne se cicatrise jamais parfaitement, et souvent elle produit un abreuvoir au pied de l'arbre. Plus la tige en est menue, plus le mal est grand. On retrouve, dans l'intérieur d'un arbre de cent ans, les coups de marteau qu'on lui aura donnés à vingt-cinq, cinquante et soixante-quinze ans, et tous ces endroits sont remplis de pourriture, et forment souvent des abreuvoirs ou des fusées en bas ou en haut qui gâtent le pied de l'arbre. Il vaudrait mieux marquer avec une couleur à l'huile les arbres qu'on voudrait réserver, la dépense serait à peu près la même, et la couleur ne ferait aucun tort à l'arbre, et durerait au moins pendant tout le temps de l'exploitation.

VII. — On trouve communément dans les bois deux espèces de chêne, ou plutôt deux variétés remarquables et différentes l'une de l'autre à plusieurs égards. La première est le chêne à gros gland, qui n'est qu'un à un, ou tout au plus deux à deux sur la branche : l'écorce de ces chênes est blanche et lisse, la feuille grande et large, le bois blanc, liant, très ferme, et néanmoins très aisé à fendre. La seconde espèce porte ses glands en bouquets ou trochets comme les noisettes, de trois, quatre ou cinq ensemble; l'écorce en est plus brune et toujours gercée, le bois aussi plus coloré, la feuille plus petite, et l'accroissement plus lent. J'ai observé que, dans tous les terrains peu profonds, dans toutes les terres maigres, on ne trouve que des chênes à petits glands en trochets, et qu'au contraire on ne voit guère que des chênes à gros glands dans les très bons terrains. Je ne suis pas assuré que cette variété soit constante et se propage par la graine, mais j'ai reconnu, après avoir semé plusieurs années une très grande quantité de ces glands, tantôt indistinctement et mêlés, et d'autres fois séparés, qu'il ne m'est venu que des chênes à petits glands dans les mauvais terrains et qu'il n'y a que dans quelques endroits de mes meilleures terres où il se trouve des chênes à gros glands. Le bois de ces chênes ressemble si fort à celui du châtaignier par la texture et par la couleur, qu'on les a pris l'un pour l'autre; c'est sur cette ressemblance qui n'a pas été indiquée qu'est fondée l'opinion que les charpentes de nos anciennes églises sont de bois de châtaignier : j'ai eu occasion d'en voir quelques-unes, et j'ai reconnu que ces bois, prétendus de châtaignier, étaient du chêne blanc à gros glands, dont je viens de parler, qui était autrefois bien plus commun qu'il ne l'est aujourd'hui, par une raison bien simple : c'est qu'autrefois, avant que la France ne fût aussi peuplée, il existait une quantité bien plus grande de bois en bon terrain, et par conséquent une bien plus grande quantité de ces chênes, dont le bois ressemble à celui du châtaignier.

Le châtaignier affecte des terrains particuliers; il ne croît point ou vient mal dans toutes les terres dont le fonds est de matière calcaire : il y a donc de très grands cantons et des provinces entières où l'on ne voit point de châtaigniers dans les bois, et néanmoins on nous montre, dans ces mêmes cantons, des charpentes anciennes, qu'on prétend être de châtaignier, et qui sont de l'espèce de chêne dont je viens de parler.

Ayant comparé le bois de ces chênes à gros glands au bois des chênes à petits glands dans un grand nombre d'arbres du même âge, et depuis vingt-cinq ans jusqu'à cent ans et au-dessus, j'ai reconnu que le chêne à gros glands a constamment plus de cœur et moins d'aubier que le chêne à petits glands dans la proportion du double au simple : si le premier n'a qu'un pouce d'aubier, sur huit pouces de cœur, le second n'aura que sept pouces de cœur, sur deux pouces d'aubier, et ainsi de toutes les autres mesures; d'où il résulte une perte du double lorsqu'on équarrit ces bois, car on ne peut tirer qu'une pièce de sept pouces d'un chêne à petits glands, tandis qu'on tire une pièce de huit pouces d'un chêne à gros glands de même âge et de même grosseur. On ne peut donc recommander assez la conservation et le repeuplement de cette belle espèce de chênes, qui a sur l'espèce commune le grand avantage d'un accroissement plus prompt, et dont le bois est non seulement plus plein, plus fort, mais encore plus élastique. Le trou, fait par une balle de mousquet dans une planche de ce chêne, se rétrécit par le ressort du bois de plus d'un tiers de plus que dans le chêne commun; c'est une raison de plus de préférer ce bon chêne pour la construction des vaisseaux; le boulet de canon ne le ferait point éclater, et les trous seraient plus aisés à boucher. En général, plus les chênes croissent vite, plus ils forment de cœur et meilleurs ils sont pour le service, à grosseur égale; leur tissu est plus ferme que celui des chênes qui croissent lentement, parce qu'il y a moins de cloisons, moins de séparation entre les couches ligneuses dans le même espace.

TROISIÈME MÉMOIRE

RECHERCHES

De la cause de l'excentricité des couches ligneuses qu'on aperçoit quand on coupe horizontalement le tronc d'un arbre, de l'inégalité d'épaisseur, et du différent nombre de ces couches, tant dans le bois formé que dans l'aubier;

PAR MM. DUHAMEL ET DE BUFFON.

On ne peut travailler plus utilement pour la physique qu'en constatant des faits douteux et en établissant la vraie origine de ceux qu'on attribuait sans fondement à des causes imaginaires ou insuffisantes. C'est dans cette vue que nous avons entrepris, M. de Buffon et moi. plusieurs recherches d'agriculture ; que nous avons, par exemple, fait des observations et des expériences sur l'accroissement et l'entretien des arbres, sur leurs maladies et sur leurs défauts, sur les plantations et sur le rétablissement des forêts, etc. Nous commençons à rendre compte à l'Académie du succès de ce travail, par l'examen d'un fait dont presque tous les auteurs d'agriculture font mention, mais qui n'a été (nous n'hésitons pas à le dire) qu'entrevu, et qu'on a pour cette raison attribué à des causes qui sont bien éloignées de la vérité.

Tout le monde sait que, quand on coupe horizontalement le tronc d'un chêne, par exemple, on aperçoit dans le cœur et dans l'aubier des cercles ligneux qui l'enveloppent ; ces cercles sont séparés les uns des autres par d'autres cercles ligneux d'une substance plus rare, et ce sont ces derniers qui distinguent et séparent la crue de chaque année : il est naturel de penser que, sans des accidents particuliers, ils devraient être tous à peu près d'égale épaisseur, et également éloignés du centre.

Il en est cependant tout autrement, et la plupart des auteurs d'agriculture, qui ont reconnu cette différence, l'ont attribuée à différentes causes, et en ont tiré diverses conséquences : les uns, par exemple, veulent qu'on observe avec soin la situation des jeunes arbres dans les pépinières, pour les orienter dans la place qu'on leur destine, ce que les jardiniers appellent *planter à la boussole;* ils soutiennent que le côté de l'arbre qui était opposé au soleil dans la pépinière souffre immanquablement de son action lorsqu'il y est exposé.

D'autres veulent que les cercles ligneux de tous les arbres soient excentriques, et toujours plus éloignés du centre ou de l'axe du tronc de l'arbre du côté du midi que du côté du nord : ce qu'ils proposent aux voyageurs qui seraient égarés dans les forêts, comme un moyen assuré de s'orienter et de retrouver leur route.

Nous avons cru devoir nous assurer par nous-mêmes de ces deux faits ; et d'abord, pour reconnaître si les arbres transplantés souffrent lorsqu'ils se trouvent à une situation contraire à celle qu'ils avaient dans la pépinière, nous avons choisi cinquante ormes qui avaient été élevés dans une vigne, et non pas dans une pépinière touffue, afin d'avoir des sujets dont l'exposition fût bien décidée. J'ai fait, à une même hauteur, étêter tous ces arbres, dont le tronc avait douze à treize pouces de circonférence, et avant de les arracher, j'ai marqué d'une petite entaille le côté exposé au midi, ensuite je les ai fait planter sur deux lignes. observant de les mettre alternativement, un dans la situation où il avait été élevé, et l'autre dans une situation contraire, en sorte que j'ai eu vingt-cinq arbres orientés comme dans la vigne, à comparer avec vingt-cinq autres qui étaient dans une situation tout opposée : en les plantant ainsi alternativement, j'ai évité tous les soupçons qui auraient pu naître des veines de terre, dont la qualité change quelquefois tout d'un coup. Mes arbres sont prêts à faire leur troisième pousse, je les ai bien examinés, il ne me paraît pas qu'il y ait aucune différence entre les uns et les autres : il est probable qu'il n'y en aura pas dans la suite, car, si le changement d'exposition doit produire quelque chose, ce ne peut être que dans les premières années, et jusqu'à ce que les arbres se soient accoutumés aux impressions du soleil et du vent, qu'on prétend être capables de produire un effet sensible sur ces jeunes sujets.

Nous ne déciderons cependant pas que cette attention est superflue dans tous les cas ; car nous voyons, dans les terres légères, les pêchers et les abricotiers de haute tige, plantés en espalier au midi, se dessécher entièrement du côté du soleil, et ne subsister que par le côté du mur. Il semble donc que, dans les pays chauds, sur le penchant des montagnes, au midi, le soleil peut produire un effet sensible sur la partie de l'écorce qui lui est exposée ; mais mon expérience décide incontestablement que, dans notre climat et dans les situations ordinaires, il est inutile d'orienter les arbres qu'on transplante ; c'est toujours une attention de moins, qui ne laisserait pas que de gêner lorsqu'on plante des arbres en alignement ; car, pour peu que le tronc des arbres soit un peu courbe, ils font une grande difformité quand on n'est pas le maître de mettre la courbure dans le sens de l'alignement.

A l'égard de l'excentricité des couches ligneuses vers le midi, nous avons remarqué que les gens les plus au fait de l'exploitation des forêts ne sont point d'accord sur ce point. Tous, à la vérité, conviennent de l'excentricité des couches annuelles, mais les uns prétendent que ces couches sont plus épaisses du côté du nord, parce que, disent-ils, le soleil dessèche le côté du midi, et ils appuient leur sentiment sur le prompt accroissement des arbres des pays septentrionaux qui viennent plus vite, et grossissent davantage que ceux des pays méridionaux.

D'autres, au contraire, et c'est le plus grand nombre, prétendent avoir observé que les couches sont plus épaisses du côté du midi ; et pour ajouter à leur observation un raisonnement physique, ils disent que le soleil étant le principal moteur de la sève, il doit la déterminer à passer avec plus d'abondance dans la partie où il a le plus d'action, pendant que les pluies qui viennent souvent du vent du midi humectent l'écorce, la nourrissent, ou du moins préviennent le dessèchement que la chaleur du soleil aurait pu causer.

Voilà donc des sujets de doute entre ceux-là même qui sont dans l'usage actuel d'exploiter des bois, et on ne doit pas s'en étonner ; car les différentes circonstances produisent des variétés considérables dans l'accroissement des couches ligneuses. Nous allons le prouver par plusieurs expériences ; mais, avant que de les rapporter, il est bon d'avertir que nous distinguons ici les chênes, d'abord en deux espèces, savoir, ceux qui portent des glands à longs pédicules, et ceux dont les glands sont presque collés à la branche. Chacune de ces espèces en donne trois autres, savoir : les chênes qui portent de très gros glands, ceux dont les glands sont de médiocre grosseur, et enfin ceux dont les glands sont très petits. Cette division, qui serait grossière et imparfaite pour un botaniste, suffit aux forestiers ; et nous l'avons adoptée, parce que nous avons cru apercevoir quelque différence dans la qualité du bois de ces espèces, et que d'ailleurs il se trouve dans nos forêts un très grand nombre d'espèces différentes de chênes dont le bois est absolument semblable, auxquelles par conséquent nous n'avons pas eu égard.

EXPÉRIENCE PREMIÈRE.

Le 27 mars 1734, pour nous assurer si les arbres croissent du côté du midi plus que du côté du nord, M. de Buffon a fait couper un chêne à gros glands, âgé d'environ soixante ans, à un bon pied et demi au-dessus de la surface du terrain, c'est-à-dire dans l'endroit où la tige commence à se bien arrondir, car les racines causent toujours un élargissement au pied des arbres : celui-ci était situé dans une lisière découverte à l'orient, mais un peu couverte au nord d'un côté, et de l'autre au midi. Il a fait faire la coupe le plus horizontalement qu'il a été possible ; et, ayant mis la pointe d'un compas dans le centre des cercles annuels, il a reconnu qu'il coïncidait avec celui de la circonférence de l'arbre, et qu'ainsi tous les côtés avaient également grossi ; mais ayant fait couper ce même arbre à vingt pieds plus haut, le côté du nord était plus épais que celui du midi ; il a remarqué qu'il y avait une grosse branche du côté du nord, un peu au-dessous des vingt pieds.

EXPÉRIENCE II.

Le même jour, il a fait couper de la même façon, à un pied et demi au-dessus de terre, un chêne à petits glands, âgé d'environ quatre-vingts ans, situé comme le précédent ; il avait plus grossi du côté du midi que du côté du nord. Il a observé qu'il y avait au-dedans de l'arbre un nœud fort serré du coté du nord, qui venait des racines.

EXPÉRIENCE III.

Le même jour, il a fait couper de même un chêne à glands de médiocre grosseur, âgé de soixante ans, dans une lisière exposée au midi ; le côté du midi était plus fort que celui du nord, mais il l'était beaucoup moins que celui du levant. Il a fait fouiller au pied de l'arbre, et il a vu que la plus grosse racine était du côté du levant ; il a ensuite fait couper cet arbre à deux pieds plus haut, c'est-à-dire à près de quatre pieds de terre en tout, et à cette hauteur le côté du nord était plus épais que tous les autres.

EXPÉRIENCE IV.

Le même jour, il a fait couper à la même hauteur un chêne à gros glands, âgé d'environ soixante ans, dans une lisière exposée au levant, et il a trouvé qu'il avait également grossi de tous côtés ; mais à un pied et demi plus haut, c'est-à-dire à trois pieds au-dessus de la terre, le côté du midi était un peu plus épais que celui du nord.

EXPÉRIENCE V.

Un autre chêne à gros glands, âgé d'environ trente-cinq ans, d'une lisière exposée au levant, avait grossi d'un tiers de plus du côté du midi que du côté du nord, à un pied au-dessus de terre ; mais à un pied plus haut cette inégalité diminuait déjà, et à un pied plus haut il avait également grossi de tous côtés : cependant en le faisant encore couper plus haut, le côté du midi était un tant soit peu plus fort.

EXPÉRIENCE VI.

Un autre chêne à gros glands, âgé de trente-cinq ans, d'une lisière exposée au midi, coupé à trois pieds au-dessus de terre, était un peu plus fort au midi qu'au nord, mais bien plus fort du côté du levant que d'aucun autre côté.

EXPÉRIENCE VII.

Un autre chêne de même âge et mêmes glands, situé au milieu des bois, était également crû du côté du midi et du côté du nord, et plus du côté du levant que du côté du couchant.

EXPÉRIENCE VIII.

Le 29 mars 1734, il a continué ces épreuves et il a fait couper, à un pied et demi au-dessus de terre, un chêne à gros glands, d'une très belle venue, âgé de quarante ans, dans une lisière exposée au midi; il avait grossi du côté du nord beaucoup plus que d'aucun autre côté, celui du midi était même le plus faible de tous. Ayant fait fouiller au pied de l'arbre, il a touvé que la plus grosse racine était du côté du nord.

EXPÉRIENCE IX.

Un autre chêne de même espèce, même âge et à la même exposition, coupé à la même hauteur d'un pied et demi au-dessus de la surface du terrain, avait grossi du côté du midi plus que du côté du nord. Il a fait fouiller au pied, et il a trouvé qu'il y avait une grosse racine du côté du midi, et qu'il n'y en paraissait point du côté du nord.

EXPÉRIENCE X.

Un autre chêne de même espèce, mais âgé de soixante ans, et absolument isolé, avait plus grossi du côté du nord que d'aucun autre côté. En fouillant, il a trouvé que la plus grosse racine était du côté du nord.

Je pourrais joindre à ces observations beaucoup d'autres pareilles, que M. de Buffon a fait exécuter en Bourgogne, de même qu'un grand nombre que j'ai faites dans la forêt d'Orléans, qui se montent à l'examen de plus de quarante arbres, mais dont il m'a paru inutile de donner le détail. Il suffit de dire qu'elles décident toutes que l'aspect du midi ou du nord n'est point du tout la cause de l'excentricité des couches ligneuses, mais qu'elle ne doit s'attribuer qu'à la position des racines et des branches, de sorte que les couches ligneuses sont toujours plus épaisses du côté où il y a plus de racines plus vigoureuses. Il ne faut cependant pas manquer de rapporter une expérience que M. de Buffon a faite, et qui est absolument décisive.

Il choisit ce même jour, 29 mars, un chêne isolé auquel il avait remarqué quatre racines à peu près égales et disposées assez régulièrement, en sorte que chacune répondait à très peu près à un des quatre points cardinaux, et l'ayant fait couper à un pied et demi au-dessus de la surface du terrain, il trouva, comme il le soupçonnait, que le centre des couches ligneuses coïncidait avec celui de la circonférence de l'arbre, et que par conséquent il avait grossi de tous côtés également.

Ce qui nous a pleinement convaincus que la vraie cause de l'excentricité des couches ligneuses est la position des racines, et quelquefois des branches, et que si l'aspect du midi ou du nord, etc., influe sur les arbres pour les faire grossir inégalement, ce ne peut être que d'une manière insensible, puisque dans tous ces arbres, tantôt c'étaient les couches ligneuses du côté du midi qui étaient les plus épaisses, et tantôt celles du côté du nord ou de tout autre côté, et que, quand nous avons coupé des troncs d'arbre à différentes hauteurs, nous avons trouvé les couches ligneuses tantôt plus épaisses d'un côté, tantôt d'un autre.

Cette dernière observation m'a engagé à faire fendre plusieurs corps d'arbres par le milieu. Dans quelques-uns, le cœur suivait à peu près en ligne droite l'axe du tronc ; mais dans le plus grand nombre, et dans les bois même les plus parfaits et de la meilleure fente, il faisait des inflexions en forme de zigzag : outre cela, dans le centre de presque tous les arbres, j'ai remarqué, aussi bien que M. de Buffon, que, dans une épaisseur d'un pouce ou un pouce et demi vers le centre, il y avait plusieurs petits nœuds, en sorte que le bois ne s'est trouvé bien franc qu'au delà de cette petite épaisseur.

Ces nœuds viennent sans doute de l'éruption des branches que le chêne pousse en quantité dans sa jeunesse, qui, venant à périr, se recouvrent avec le temps, et forment ces petits nœuds auxquels on doit attribuer en partie cette direction irrégulière du cœur qui n'est pas naturelle aux arbres. Elle peut venir aussi de ce qu'ils ont perdu dans leur jeunesse leur flèche ou montant principal par la gelée, l'abroutissement du bétail, la force du vent ou de quelque autre accident, car ils sont alors obligés de nourrir des branches latérales pour en former leurs tiges, et le cœur de ces branches ne répondant pas à celui du tronc, il s'y fait un changement de direction. Il est vrai que peu à peu ces branches se redressent, mais il reste toujours une inflexion dans le cœur de ces arbres.

Nous n'avons donc pas aperçu que l'exposition produisît rien de sensible sur l'épaisseur des couches ligneuses, et nous croyons que, quand on en remarque plus d'un côté que d'un autre, elle vient presque toujours de l'insertion des racines, ou de l'éruption de quelques branches, soit que ces branches existent actuellement, ou qu'ayant péri, leur place soit recouverte. Les plaies cicatrisées, la gélivure, le double aubier, dans un même arbre, peuvent encore produire cette augmentation d'épaisseur des couches ligneuses ; mais nous la croyons absolument indépendante de l'exposition, ce que nous allons encore prouver par plusieurs observations familières.

OBSERVATION PREMIÈRE.

Tout le monde peut avoir remarqué dans les vergers des arbres qui s'emportent, comme disent les jardiniers, sur une de leurs branches, c'est-à-dire qu'ils poussent sur cette branche avec vigueur, pendant que les autres restent chétives et languissantes. Si l'on fouille au pied de ces arbres pour examiner leurs racines, on trouvera à peu près la même chose qu'au dehors de la terre, c'est-à-dire que du côté de la branche vigoureuse il y aura de vigoureuses racines, pendant que celles de l'autre côté seront en mauvais état.

OBSERVATION II.

Qu'un arbre soit planté entre un gazon et une terre façonnée, ordinairement la partie de l'arbre qui est du côté de la terre labourée sera plus verte et plus vigoureuse que celle qui répond au gazon.

OBSERVATION III.

On voit souvent un arbre perdre subitement une branche, et si l'on fouille au pied, on trouve le plus ordinairement la cause de cet accident dans le mauvais état où se trouvent les racines qui répondent à la branche qui a péri.

OBSERVATION IV.

Si on coupe une grosse racine à un arbre, comme on le fait quelquefois pour mettre un arbre à fruit, ou pour l'empêcher de s'emporter sur une branche, on fait languir la partie de l'arbre à laquelle cette racine correspondait ; mais il n'arrive pas toujours que ce soit celle qu'on voulait affaiblir, parce qu'on n'est pas toujours assuré à quelle partie de l'arbre une racine porte sa nourriture, et une même racine la porte souvent à plusieurs branches : nous en allons dire quelque chose dans un moment.

OBSERVATION V.

Qu'on fende un arbre, depuis une de ses branches, par son tronc, jusqu'à une de ses racines, on pourra remarquer que les racines, de même que les branches, sont formées d'un faisceau de fibres qui sont une continuation des fibres longitudinales du tronc de l'arbre.

Toutes ces observations semblent prouver que le tronc des arbres est composé de différents paquets de fibres longitudinales, qui répondent par un bout à une racine, et par l'autre, quelquefois à une, et d'autres fois à plusieurs branches ; en sorte que chaque faisceau de fibres paraît recevoir sa nourriture de la racine dont il est une continuation. Suivant cela, quand une racine périt, il s'en devrait suivre le dessèchement d'un faisceau de fibres dans la partie du tronc et dans la branche correspondante, mais il faut remarquer :

1° Que dans ce cas les branches ne font que languir, et ne meurent pas entièrement;

2° Qu'ayant greffé par le milieu sur un sujet vigoureux une branche d'orme assez forte qui était chargée d'autres petites branches, les rameaux qui étaient sur la partie inférieure de la branche greffée poussèrent, quoique plus faiblement que ceux du sujet. Et j'ai vu, aux Chartreux de Paris, un oranger subsister et grossir en cette situation quatre ou cinq mois sur le sauvageon où il avait été greffé. Ces expériences prouvent que la nourriture, qui est portée à une partie d'un arbre, se communique à toutes les autres, et par conséquent la sève a un mouvement de communication latérale. On peut voir sur cela les expériences de M. Hales; mais ce mouvement latéral ne nuit pas assez au mouvement direct de la sève pour l'empêcher de se rendre en plus grande abondance à la partie de l'arbre, et au faisceau même des fibres qui correspond à la racine qui la fournit, et c'est ce qui fait qu'elle se distribue principalement à une partie des branches de l'arbre, et qu'on voit ordinairement la partie de l'arbre où répond une racine vigoureuse profiter plus que tout le reste, comme on le peut remarquer sur les arbres des lisières des forêts, car leurs meilleures racines étant presque toujours du côté du champ, c'est aussi de ce côté que les couches ligneuses sont communément les plus épaisses.

Ainsi il paraît, par les expériences que nous venons de rapporter, que les couches ligneuses sont plus épaisses dans les endroits de l'arbre où la sève a été portée en plus grande abondance, soit que cela vienne des racines ou des branches, car on sait que les unes et les autres agissent de concert pour le mouvement de la sève.

C'est cette même abondance de sève qui fait que l'aubier se transforme plutôt en bois, c'est d'elle que dépend l'épaisseur relative du bois parfait avec l'aubier dans les différents terrains et dans les diverses espèces, car l'aubier n'est autre chose qu'un bois imparfait, un bois moins dense, qui a besoin que la sève le traverse, et y dépose des parties fixes pour remplir ses pores, et le rendre semblable au bois : la partie de l'aubier dans laquelle la sève passera en plus grande abondance sera donc celle qui se transformera plus promptement en bois parfait, et cette transformation doit, dans les mêmes espèces, suivre la qualité du terrain.

EXPÉRIENCES.

M. de Buffon a fait scier plusieurs chênes à deux ou trois pieds de terre, et ayant fait polir la coupe avec la plane, voici ce qu'il a remarqué :

Un chêne, âgé de quarante-six ans environ, avait d'un côté quatorze couches annuelles d'aubier, et du côté opposé il en avait vingt; cependant les quatorze couches étaient d'un quart plus épaisses que les vingt de l'autre côté;

Un autre chêne, qui paraissait du même âge, avait d'un côté seize couches d'aubier, et du côté opposé il en avait vingt-deux; cependant les seize couches étaient d'un quart plus épaisses que les vingt-deux;

Un autre chêne de même âge avait d'un côté vingt couches d'aubier, et du côté opposé il en avait vingt-quatre; cependant les vingt couches étaient d'un quart plus épaisses que les vingt-quatre;

Un autre chêne de même âge avait d'un côté dix couches d'aubier, et du côté opposé il en avait quinze; cependant les dix couches étaient d'un sixième plus épaisses que les quinze;

Un autre chêne de même âge avait d'un côté quatorze couches d'aubier, et de l'autre vingt et une; cependant les quatorze couches étaient d'une épaisseur presque double de celle des vingt et une;

Un chêne de même âge avait d'un côté onze couches d'aubier, et du côté opposé il en avait dix-sept; cependant les onze couches étaient d'une épaisseur double de celle des dix-sept.

Il a fait de semblables observations sur les trois espèces de chênes qui se trouvent le plus ordinairement dans les forêts, et il n'y a point aperçu de différence.

Toutes ces expériences prouvent que l'épaisseur de l'aubier est d'autant plus grande que le nombre des couches qui le forment est plus petit. Ce fait paraît singulier; l'explication en est cependant aisée. Pour la rendre plus claire, supposons pour un instant qu'on ne laisse à un arbre que deux racines, l'une à droite, double de celle qui est à gauche; si on n'a point d'attention à la communication latérale de la sève, le côté droit de l'arbre recevrait une fois autant de nourriture que le côté gauche : les cercles annuels grossiraient donc plus à droite qu'à gauche, et en même temps la partie droite de l'arbre se transformerait plus promptement en bois parfait que la partie gauche, parce qu'en se distribuant plus de sève dans la partie droite que dans la gauche, il se déposerait dans les interstices de l'aubier un plus grand nombre de parties fixes propres à former le bois.

Il nous paraît donc assez bien prouvé que de plusieurs arbres plantés dans le même terrain, ceux qui croissent plus vite ont leurs couches ligneuses plus épaisses, et qu'en même temps leur aubier se convertit plus tôt en bois que dans les arbres qui croissent lentement. Nous allons maintenant faire voir que les chênes qui sont crûs dans les terrains maigres ont plus d'aubier, par proportion à la quantité de leur bois, que ceux qui sont crûs dans les bons terrains. Effectivement, si l'aubier ne se convertit en bois parfait qu'à proportion que la sève qui le traverse y dépose des parties fixes, il est clair que l'aubier sera bien plus longtemps à se convertir en bois dans les terrains maigres que dans les bons terrains.

C'est aussi ce que j'ai remarqué en examinant des bois qu'on abattait dans une vente, dont le bois était beaucoup meilleur à une de ses extrémités qu'à l'autre, simplement parce que le terrain y avait plus de fond.

Les arbres qui étaient venus dans la partie où il y avait moins de bonne terre étaient moins gros, leurs couches ligneuses étaient plus minces que dans les autres, ils avaient un plus grand nombre de couches d'aubier, et même généralement plus d'aubier par proportion à la grosseur de leur bois; je dis par proportion au bois, car, si on se contentait de mesurer avec un compas l'épaisseur de l'aubier dans les deux terrains, on le trouverait communément bien plus épais dans le bon terrain que dans l'autre.

M. de Buffon a suivi bien plus loin ces observations, car, ayant fait abattre dans un terrain sec et graveleux, où les arbres commencent à couronner à trente ans, un grand nombre de chênes à médiocres et petits glands, tous âgés de quarante-six ans, il fit aussi abattre autant de chênes de même espèce et du même âge dans un bon terrain, où le bois ne couronne que fort tard. Ces deux terrains sont à une portée de fusil l'un de l'autre, à la même exposition, et ils ne diffèrent que par la qualité et la profondeur de la bonne terre, qui dans l'un est de quelques pieds, et dans l'autre de huit à neuf pouces seulement. Nous avons pris avec une règle et un compas les mesures du cœur et de l'aubier de tous ces différents arbres, et, après avoir fait une table de ces mesures et avoir pris la moyenne entre toutes, nous avons trouvé :

1° Qu'à l'âge de quarante-six ans, dans le terrain maigre, les chênes communs ou de gland médiocre avaient 1 d'aubier et $2+\frac{2}{9}$ de cœur, et les chênes de petits glands 1 d'aubier et $1+\frac{1}{16}$ de cœur : ainsi, dans le terrain maigre, les premiers ont plus du double de cœur que les derniers ;

2° Qu'au même âge de quarante-six ans, dans un bon terrain, les chênes communs avaient 1 d'aubier et 3 de cœur, et les chênes de petits glands 1 d'aubier et $2\frac{1}{2}$ de cœur : ainsi, dans les bons terrains, les premiers ont un sixième de cœur plus que les derniers ;

3° Qu'au même âge de quarante-six ans, dans le même terrain maigre, les chênes communs avaient seize ou dix-sept couches ligneuses d'aubier, et les chênes de petits glands en avaient vingt et une : ainsi l'aubier se convertit plus tôt en cœur dans les chênes communs que dans les chênes de petits glands ;

4° Qu'à l'âge de quarante-six ans, la grosseur du bois de service, y compris l'aubier des chênes à petits glands dans le mauvais terrain, est à la grosseur du bois de service des chênes de même espèce dans le bon terrain comme $21\frac{1}{2}$ sont à 29 ; d'où l'on tire, en supposant les hauteurs égales, la proportion de la quantité de bois de service dans le bon terrain, à la quantité dans le mauvais terrain, comme 841 sont à 462, c'est-à-dire presque double ; et, comme les arbres de même espèce s'élèvent à proportion de la bonté et de la profondeur du terrain, on peut assurer que la quantité du bois que fournit un bon terrain est beaucoup plus du double de celle que produit un mauvais terrain. Nous ne parlons ici que du bois de service, et point du tout du taillis ; car, après avoir fait les mêmes épreuves et les mêmes calculs sur des arbres beaucoup plus jeunes, comme de vingt-cinq à trente ans, dans le bon et le mauvais terrain, nous avons trouvé que les différences n'étaient pas à beaucoup près si grandes ; mais, comme ce détail serait un peu long, et que d'ailleurs il y entre quelques expériences sur l'aubier et le cœur du chêne, selon les différents âges, sur le temps absolu qu'il faut à l'aubier pour se transformer en cœur, et sur le produit des terrains maigres, comparé au produit des bons terrains, nous renvoyons le tout à un autre Mémoire.

Il n'est donc pas douteux que, dans les terrains maigres, l'aubier ne soit plus épais, par proportion au bois, que dans les bons terrains ; et, quoique nous ne rapportions rien ici que sur les proportions des arbres qui se sont trouvés bien sains, cependant nous remarquerons, en passant, que ceux qui étaient un peu gâtés avaient toujours plus d'aubier que les autres. Nous avons pris aussi les mêmes proportions du cœur et de l'aubier dans les chênes de différents âges, et nous avons reconnu que les couches ligneuses étaient plus épaisses dans les jeunes arbres que dans les vieux, mais aussi qu'il y en avait une bien moindre quantité. Concluons donc de nos expériences et de nos observations :

I. Que, dans tous les cas où la sève est portée avec plus d'abondance, les couches ligneuses, de même que les couches d'aubier, y sont plus épaisses, soit que l'abondance de cette sève soit un effet de la bonté du terrain ou de la bonne constitution de l'arbre, soit qu'elle dépende de l'âge de l'arbre, de la position des branches ou des racines, etc. ;

II. Que l'aubier se convertit d'autant plus tôt en bois, que la sève est portée avec plus d'abondance dans des arbres ou dans une portion de ces arbres que dans une autre, ce qui est une suite de ce que nous venons de dire ;

III. Que l'excentricité des couches ligneuses dépend entièrement de l'abondance de la sève qui se trouve plus grande dans une portion d'un arbre que dans une autre, ce qui est toujours produit par la vigueur des racines, ou des branches qui répondent à la partie de l'arbre où les couches sont les plus épaisses et les plus éloignées du centre;

IV. Que le cœur des arbres suit très rarement l'axe du tronc, ce qui est produit quelquefois par l'épaisseur inégale des couches ligneuses dont nous venons de parler, et quelquefois par des plaies recouvertes, ou des extravasions de substance, et souvent par les accidents qui ont fait périr le montant principal.

QUATRIÈME MÉMOIRE

OBSERVATIONS

Des différents effets que produisent sur les végétaux les grandes gelées d'hiver et les petites gelées du printemps;

PAR MM. DUHAMEL ET DE BUFFON.

La physique des végétaux, qui conduit à la perfection de l'agriculture, est une de ces sciences dont le progrès ne s'augmente que par une multitude d'observations qui ne peuvent être l'ouvrage ni d'un homme seul ni d'un temps borné. Aussi ces observations ne passent-elles guère pour certaines que lorsqu'elles ont été répétées et combinées en différents lieux, en différentes saisons, et par différentes personnes qui aient eu les mêmes idées. Ça été dans cette vue que nous nous sommes joints, M. de Buffon et moi, pour travailler de concert à l'éclaircissement d'un nombre de phénomènes difficiles à expliquer dans cette partie de l'histoire de la nature, de la connaissance desquels il peut résulter une infinité de choses utiles dans la pratique de l'agriculture.

L'accueil dont l'Académie a favorisé les prémices de cette association, je veux dire le Mémoire formé de nos observations sur l'excentricité des couches ligneuses, sur l'inégalité de l'épaisseur de ces couches, sur les circonstances qui font que l'aubier se convertit plus tôt en bois, ou reste plus longtemps dans son état d'aubier; cet accueil, dis-je, nous a encouragés à donner également toute notre attention à un autre point de cette physique végétale, qui ne demandait pas moins de recherches, et qui n'a pas moins d'utilité que le premier.

La gelée est quelquefois si forte pendant l'hiver qu'elle détruit presque tous les végétaux, et la disette de 1709 est une époque de ses cruels effets.

Les grains périrent entièrement, quelques espèces d'arbres, comme les noyers, périrent aussi sans ressource; d'autres, comme les oliviers et presque tous les arbres fruitiers, furent moins maltraités; ils repoussèrent de dessus leur souche, leurs racines n'ayant point été endommagées. Enfin plusieurs grands arbres plus vigoureux poussèrent au printemps presque sur toutes leurs branches, et ne parurent pas en avoir beaucoup souffert. Nous ferons cependant remarquer dans la suite les dommages réels et irréparables que cet hiver leur a causés.

Une gelée qui nous prive des choses les plus nécessaires à la vie, qui fait périr entièrement plusieurs espèces d'arbres utiles, et n'en laisse presque aucun qui ne se ressente de sa rigueur, est certainement des plus redoutables; ainsi, nous avons tout à craindre des grandes gelées qui viennent pendant l'hiver, et qui nous réduiraient aux dernières extrémités si nous en ressentions plus souvent les effets; mais, heureusement, on ne peut citer que deux à trois hivers qui, comme celui de l'année 1709, aient produit une calamité si générale.

Les plus grands désordres que causent jamais les gelées du printemps ne portent pas, à beaucoup près, sur des choses aussi essentielles, quoiqu'elles endommagent les grains, et principalement le seigle lorsqu'il est nouvellement épié et en lait; on n'a jamais vu que cela ait produit de grandes disettes : elles n'affectent pas les parties les plus solides des arbres, leur tronc ni leurs branches, mais elles détruisent totalement leurs productions et nous privent de récoltes de vins et de fruits, et par la suppression des nouveaux bourgeons elles causent un dommage considérable aux forêts.

Ainsi, quoiqu'il y ait quelques exemples que la gelée d'hiver nous ait réduits à manquer de pain et à être privés pendant plusieurs années d'une infinité de choses utiles que nous fournissent les végétaux, le dommage que causent les gelées du printemps nous devient encore plus important, parce qu'elles nous affligent beaucoup plus fréquemment; car, comme il arrive presque tous les ans quelques gelées en cette saison, il est rare qu'elles ne diminuent pas nos revenus.

A ne considérer que les effets de la gelée, même très superficiellement, on aperçoit déjà que ceux que produisent les fortes gelées d'hiver sont très différents de ceux qui sont occasionnés par les gelées du printemps, puisque les unes attaquent le corps même et les parties les plus solides des arbres, au lieu que les autres détruisent simplement leurs productions, et s'opposent à leur accroissement. C'est ce qui sera plus amplement prouvé dans la suite de ce Mémoire.

Mais nous ferons voir en même temps qu'elles agissent dans des circonstances bien différentes, et que ce ne sont pas toujours les terroirs, les expositions et les situations où l'on remarque que les gelées d'hiver ont produit de plus grands désordres, qui souffrent le plus des gelées du printemps.

On conçoit bien que nous n'avons pu parvenir à faire cette distinction des effets de la gelée qu'en rassemblant beaucoup d'observations qui rempliront la plus grande partie de ce Mémoire; mais seraient-elles simplement curieuses, et n'auraient-elles d'utilité que pour ceux qui voudraient rechercher la cause physique de la gelée, nous espérons de plus qu'elles seront profitables à l'agriculture, et que, si elles ne nous mettent pas à portée de nous garantir entièrement des torts que nous fait la gelée, elles nous donneront des moyens pour en parer une partie : c'est ce que nous aurons soin de faire sentir, à mesure que nos observations nous en fourniront l'occasion. Il faut donc en donner le détail, que nous commencerons par ce qui regarde les grandes gelées d'hiver; nous parlerons ensuite des gelées du printemps.

Nous ne pouvons pas raisonner avec autant de certitude des gelées d'hiver que de celles du printemps, parce que, comme nous l'avons déjà dit, on est assez heureux pour n'éprouver que rarement leurs tristes effets.

La plupart des arbres étant, dans cette saison, dépouillés de fleurs, de fruits et de feuilles, ont ordinairement leurs bourgeons endurcis et en état de supporter des gelées assez fortes, à moins que l'été précédent n'ait été frais; car, en ce cas, les bourgeons n'étant pas parvenus à ce degré de maturité que les jardiniers appellent *aoûtés*, ils sont hors d'état de résister aux plus médiocres gelées d'hiver, mais ce n'est pas l'ordinaire, et le plus souvent les bourgeons mûrissent avant l'hiver, et les arbres supportent les rigueurs de cette saison sans en être endommagés, à moins qu'il ne vienne des froids excessifs, joints à des circonstances fâcheuses dont nous parlerons dans la suite.

Nous avons cependant trouvé dans les forêts beaucoup d'arbres attaqués de défauts considérables, qui ont certainement été produits par les fortes gelées dont nous venons de parler, et particulièrement par celle de 1709; car, quoique cette énorme gelée commence à être assez ancienne, elle a produit dans les arbres, qu'elle n'a pas entièrement détruits, des défauts qui ne s'effaceront jamais.

Ces défauts sont : 1° des gerçures qui suivent la direction des fibres, et que les gens de forêt appellent *gélivures;*

2° Une portion de bois mort renfermée dans le bon bois, ce que quelques forestiers appellent *la gélivure entrelardée;*

3° Enfin le double aubier, qui est une couronne entière de bois imparfait, remplie et recouverte par de bon bois. Il faut détailler ces défauts et dire d'où ils procèdent. Nous allons commencer par ce qui regarde le double aubier.

L'aubier est, comme l'on sait, une couronne ou une ceinture plus ou moins épaisse de bois blanc et imparfait, qui dans presque tous les arbres se distingue aisément du bois parfait, qu'on appelle le *cœur*, par la différence de sa couleur et de sa dureté. Il se trouve immédiatement sous l'écorce, et il enveloppe le bois parfait, qui dans les arbres sains est à peu près de la même couleur, depuis la circonférence jusqu'au centre; mais, dans ceux dont nous voulons parler, le bois parfait se trouve séparé par une seconde couronne de bois blanc, en sorte que, sur la coupe du tronc d'un de ces arbres, on voit alternativement une couronne d'aubier, puis une de bois parfait, ensuite une seconde couronne d'aubier, et enfin un massif de bois parfait. Ce défaut est plus ou moins grand et plus ou moins commun, selon les différents terrains et les différentes situations : dans les terres fortes et dans le touffu des forêts, il est plus rare et moins considérable que dans les clairières et dans les terres légères.

A la seule inspection de ces couronnes de bois blanc, que nous appellerons dans la suite le *faux aubier*, on voit qu'elles sont de mauvaise qualité; cependant, pour en être plus certain, M. de Buffon en a fait faire plusieurs petits soliveaux de deux pieds de longueur, sur neuf à dix lignes d'équarrissage, et en ayant fait faire de pareils de véritable aubier, il a fait rompre les uns et les autres en les chargeant dans leur milieu, et ceux de faux aubier ont toujours rompu sous un moindre poids que ceux du véritable aubier, quoique, comme l'on sait, la force de l'aubier soit très petite en comparaison de celle du bois formé.

Il a ensuite pris plusieurs morceaux de ces deux espèces d'aubier, il les a pesés dans l'air et ensuite dans l'eau, et il a trouvé que la pesanteur spécifique de l'aubier naturel était toujours plus grande que celle du faux aubier. Il a fait la même expérience avec le bois du centre de ces mêmes arbres, pour le comparer à celui de la couronne qui se trouve entre les deux aubiers, et il a reconnu que la différence était à peu près celle qui se trouve naturellement entre la pesanteur du bois du centre de tous les arbres et celle de la circonférence; ainsi, tout ce qui est devenu bois parfait dans ces arbres défectueux s'est trouvé à peu près dans l'ordre ordinaire. Mais il n'en est pas de même du faux aubier, puisque, comme le prouvent les expériences que nous venons de rapporter, il est plus faible, plus tendre et plus léger que le vrai aubier, quoiqu'il ait été formé vingt et vingt-cinq ans auparavant, ce que nous avons reconnu en comptant les cercles annuels, tant de l'aubier que du bois qui recouvre ce faux aubier; et cette observation, que nous avons répétée sur nombre d'arbres, prouve incontestablement que ce défaut est une suite du grand froid de 1709; car il ne faut pas être surpris de trouver toujours quelques couches de moins que le nombre des années qui se sont écoulées depuis 1709, non seulement parce qu'on ne peut jamais avoir, par le nombre des couches ligneuses, l'âge des arbres qu'à trois ou quatre années près, mais encore parce que les premières couches ligneuses, qui se sont formées depuis 1709, étaient si minces et si confuses, qu'on ne peut les distinguer bien exactement.

Il est encore sûr que c'est la portion de l'arbre qui était en aubier dans le temps de la grande gelée de 1709, qui, au lieu de se perfectionner et de se convertir en bois, est au contraire devenue plus défectueuse; on n'en peut pas douter après les expériences que M. de Buffon a faites pour s'assurer de la qualité de ce faux aubier.

D'ailleurs, il est plus naturel de penser que l'aubier doit plus souffrir des grandes gelées que le bois formé, non seulement parce qu'étant à l'extérieur de l'arbre il est plus exposé au froid, mais encore parce qu'il contient plus de sève, et que les fibres sont plus tendres et plus délicates que celles du bois. Tout cela paraît d'abord souffrir peu de difficulté; cependant on pourrait objecter l'observation rapportée dans l'Histoire de l'Académie, année 1710, par laquelle il paraît qu'en 1709 les jeunes arbres ont mieux supporté le grand froid que les vieux arbres; mais, comme le fait que nous venons de rapporter est certain, il faut bien qu'il y ait quelque différence entre les parties organiques, les vaisseaux, les fibres, les vésicules, etc., de l'aubier des vieux arbres et de celui des jeunes : elles seront peut-être plus souples, plus capables de prêter dans ceux-ci que dans les vieux, de telle sorte qu'une force qui sera capable de faire rompre les unes ne fera que dilater les autres. Au reste, comme ce sont là des choses que les yeux ne peuvent apercevoir, et dont l'esprit reste peu satisfait, nous passerons plus légèrement sur ces conjectures, et nous nous contenterons des faits que nous avons bien observés. Cet aubier a donc beaucoup souffert de la gelée, c'est une chose incontestable; mais a-t-il été entièrement désorganisé? Il pourrait l'être sans qu'il s'en fût suivi la mort de l'arbre; pourvu que l'écorce fût restée saine, la végétation aurait pu continuer. On voit tous les jours des saules et des ormes qui ne subsistent que par leur écorce, et la même chose s'est vue longtemps à la pépinière du Roule, sur un oranger qui n'a péri que depuis quelques années.

Mais nous ne croyons pas que le faux aubier dont nous parlons soit mort; il m'a toujours paru être dans un état bien différent de l'aubier qu'on trouve dans les arbres qui sont attaqués de la gélivure entrelardée, et dont nous parlerons dans un moment : il a aussi paru de même à M. de Buffon, lorsqu'il en a fait faire des soliveaux et des cubes, pour les expériences que nous avons rapportées; et d'ailleurs, s'il eût été désorganisé, comme il s'étend sur toute la circonférence des arbres, il aurait interrompu le mouvement latéral de la sève, et le bois du centre, qui se serait trouvé recouvert par cette enveloppe d'aubier mort, n'aurait pas pu végéter, il serait mort aussi et se serait altéré, ce qui n'est pas arrivé, comme le prouve l'expérience de M. de Buffon, que je pourrais confirmer par plusieurs que j'ai exécutées avec soin, mais dont je ne parlerai pas pour le présent, parce qu'elles ont été faites dans d'autres vues; cependant on ne conçoit pas aisément comment cet aubier a pu être altéré au point de ne pouvoir se convertir en bois, et que, bien qu'il soit mort, il ait même été en état de fournir de la sève aux couches ligneuses qui se sont formées par-dessus dans un état de perfection, qu'on peut comparer aux bois des arbres qui n'ont souffert aucun accident. Il faut bien cependant que la chose se soit passée ainsi, et que le grand hiver ait causé une maladie incurable à cet aubier; car, s'il était mort aussi bien que l'écorce qui le recouvre, il n'est pas douteux que l'arbre aurait péri entièrement : c'est ce qui est arrivé en 1709 à plusieurs arbres dont l'écorce s'est détachée, qui, par un reste de sève qui était dans leur tronc, ont poussé au printemps, mais qui sont morts d'épuisement avant l'automne, faute de recevoir assez de nourriture pour subsister.

Nous avons trouvé de ces faux aubiers qui étaient plus épais d'un côté que d'un autre, ce qui s'accorde à merveille avec l'état le plus ordinaire de l'aubier. Nous en avons aussi trouvé de très minces; apparemment qu'il n'y avait eu que quelques couches d'aubier d'endommagées. Tous ces faux aubiers ne sont pas de la même couleur et n'ont pas souffert une altération égale; ils ne sont pas aussi mauvais les uns que les autres, et cela s'accorde à merveille avec ce que nous avons dit plus haut. Enfin, nous avons fait fouiller au pied de quelques-uns de ces arbres, pour voir si ce même défaut existait aussi dans les racines, mais nous les avons trouvées très saines; ainsi, il est probable que la terre qui les recouvrait les avait garantis du grand froid.

Voilà donc un effet des plus fâcheux des gelées d'hiver, qui, pour être renfermé dans l'intérieur des arbres, n'en est pas moins à craindre, puisqu'il rend les arbres qui en sont attaqués presque inutiles pour toutes sortes d'ouvrages; mais, outre cela, il est très fréquent, et on a toutes les peines du monde à trouver quelques arbres qui en soient totalement exempts; cependant on doit conclure des observations que nous venons de rapporter, que tous les arbres dont le bois ne suit pas une nuance réglée depuis le centre, où il doit être d'une couleur plus foncée jusqu'auprès de l'aubier, où la couleur s'éclaircit un peu, doivent être soupçonnés de quelques défauts, et même entièrement rebutés pour les ouvrages de conséquence, si la différence est considérable. Disons maintenant un mot de cet autre défaut, que nous avons appelé *la gélivure entrelardée.*

En sciant horizontalement des pieds d'arbres, on aperçoit quelquefois un morceau d'aubier mort et d'écorce desséchée, qui sont entièrement recouverts par le bois vif. Cet aubier mort occupe à peu près le quart de la circonférence dans l'endroit du tronc où il se trouve; il est quelquefois plus brun que le bon bois, et d'autres fois presque blanchâtre. Ce défaut se trouve plus fréquemment sur les coteaux exposés au midi que partout ailleurs. Enfin, par la profondeur où cet aubier se trouve dans le tronc, il paraît dans beaucoup d'arbres avoir péri en 1709, et nous croyons qu'il est dans tous une suite des grandes gelées d'hiver, qui ont fait entièrement périr une portion d'aubier et d'écorce, qui ont ensuite été recouverts par le nouveau bois; et cet aubier mort se trouve presque toujours à l'exposition du midi, parce que le soleil venant à fondre la glace de ce côté, il en résulte une humidité qui regèle de nouveau, et sitôt après que le soleil a disparu, ce qui forme un verglas qui, comme l'on sait, cause un préjudice considérable aux arbres. Ce défaut n'occupe pas ordinairement toute la longueur du tronc, de sorte que nous avons vu des pièces équarries qui paraissaient très saines, et que l'on n'a reconnues attaquées de cette gélivure que quand on les a eu refendues pour en faire des planches ou des membrières. Si on les eût employées de toute leur grosseur, on les aurait crues exemptes de tous défauts. On conçoit cependant combien un tel vice dans leur intérieur doit diminuer leur force et précipiter leur dépérissement.

Nous avons dit encore que les fortes gelées d'hiver faisaient quelquefois fendre les arbres suivant la direction de leurs fibres, et même avec bruit : ainsi, il nous reste à rapporter les observations que nous avons pu faire sur cet accident.

On trouve dans les forêts des arbres qui, ayant été fendus suivant la direction de leurs fibres, sont marqués d'une arête qui est formée par la cicatrice qui a recouvert ces gerçures qui restent dans l'intérieur de ces arbres sans se réunir, parce que, comme nous le prouverons dans une autre occasion, il ne se forme jamais de réunion dans les fibres ligneuses sitôt qu'elles ont été séparées ou rompues. Tous les ouvriers regardent toutes ces fentes comme l'effet des gelées d'hiver; c'est pourquoi ils appellent des gélivures toutes les gerçures qu'ils aperçoivent dans les arbres. Il n'est pas douteux que la sève qui augmente de volume lorsqu'elle vient à geler, comme font toutes les liqueurs aqueuses, peut produire plusieurs de ces gerçures; mais nous croyons qu'il y en a aussi qui sont indépendantes de la gelée, et qui sont occasionnées par une trop grande abondance de sève.

Quoi qu'il en soit, nous avons trouvé de ces défectuosités dans tous les terroirs et à toutes les expositions, mais plus fréquemment qu'ailleurs dans tous les terroirs humides, et aux expositions du nord et du couchant : peut-être cela vient-il, dans un cas, de ce que le froid est plus violent à ces expositions, et dans l'autre, de ce que les arbres qui sont dans les terroirs marécageux ont le tissu de leurs fibres ligneuses plus faible et plus rare, et de ce que leur sève est plus abondante et plus aqueuse que dans les terroirs secs, ce qui fait que l'effet de la raréfaction des liqueurs par la gelée est plus sensible et d'autant plus en état de désunir les fibres ligneuses, qu'elles y apportent moins de résistance.

Ce raisonnement paraît être confirmé par une autre observation, c'est que les arbres résineux, comme le sapin, sont rarement endommagés par les grandes gelées, ce qui peut venir de ce que leur sève est résineuse; car on sait que les huiles ne gèlent pas parfaitement, et qu'au lieu d'augmenter de volume à la gelée, comme l'eau, elles en diminuent lorsqu'elles se figent (*a*).

Au reste, nous avons scié plusieurs arbres attaqués de cette maladie, et nous avons presque toujours trouvé, sous la cicatrice proéminente dont nous avons parlé, un dépôt de sève ou du bois pourri, et elle ne se distingue de ce qu'on appelle dans les forêts *des abreuvoirs* ou *des gouttières*, que parce que ces défauts, qui viennent d'une altération des fibres ligneuses qui s'est produite intérieurement, n'ont occasionné aucune cicatrice qui change la forme extérieure des arbres, au lieu que les gélivures qui viennent d'une gerçure qui s'est étendue à l'extérieur, et qui s'est ensuite recouverte par une cicatrice, forment une arête ou une éminence en forme de corde, qui annonce le vice intérieur.

Les grandes gelées d'hiver produisent sans doute bien d'autres dommages aux arbres, et nous avons encore remarqué plusieurs défauts que nous pourrions leur attribuer avec beaucoup de vraisemblance; mais, comme nous n'avons pas pu nous en convaincre pleinement, nous n'ajouterons rien à ce que nous venons de dire, et nous passerons aux observations que nous avons faites sur les effets des gelées du printemps, après avoir dit un mot des avantages et des désavantages des différentes expositions par rapport à la gelée; car cette question est trop intéressante à l'agriculture pour ne pas essayer de l'éclaircir, d'autant que les auteurs se trouvent dans des oppositions de sentiments plus capables de faire naître des doutes que d'augmenter nos connaissances, les uns prétendant que la gelée se fait sentir plus vivement à l'exposition du nord, les autres voulant que ce soit à celle du midi ou du couchant; et tous ces avis ne sont fondés sur aucune observation. Nous sentons cependant bien ce qui a pu partager ainsi les sentiments, et c'est ce qui nous a mis à portée de les concilier. Mais, avant que de rapporter les observations et les expériences qui nous y ont conduits, il est bon de donner une idée plus exacte de la question.

Il n'est pas douteux que c'est à l'exposition du nord qu'il fait le plus grand froid : elle est à l'abri du soleil, qui peut seul dans les grandes gelées tempérer la rigueur du froid; d'ailleurs elle est exposée au vent de nord, de nord-est et de nord-ouest, qui sont les plus froids de tous, non seulement à en juger par les effets que ces vents produisent sur nous, mais encore par la liqueur des thermomètres dont la décision est bien plus certaine.

Aussi voyons-nous le long de nos espaliers que la terre est souvent gelée et endurcie toute la journée au nord pendant qu'elle est meuble, et qu'on la peut labourer au midi.

Quand, après cela, il succède une forte gelée pendant la nuit, il est clair qu'il doit faire bien plus froid dans l'endroit où il y a déjà de la glace que dans celui où la terre aura été échauffée par le soleil; c'est aussi pour cela que, même dans les pays chauds, on trouve encore de la neige à l'exposition du nord, sur les revers des hautes montagnes; d'ailleurs la liqueur du thermomètre se tient toujours plus bas à l'exposition du nord qu'à celle du midi : ainsi il est incontestable qu'il y fait plus froid et qu'il y gèle plus fort.

En faut-il davantage pour faire conclure que la gelée doit faire plus de désordre à cette exposition qu'à celle du midi? et on se confirmera dans ce sentiment par l'observation

(*a*) M. Hales, ce savant observateur qui nous a tant appris de choses sur la végétation, dit dans son livre de la *Statique des végétaux*, p. 19, que ce sont les plantes qui transpirent le moins qui résistent le mieux au froid des hivers, parce qu'elles n'ont besoin, pour se conserver, que d'une très petite quantité de nourriture. Il prouve, dans le même endroit, que les plantes qui conservent leurs feuilles pendant l'hiver sont celles qui transpirent le moins; cependant on sait que l'oranger, le myrte, et encore plus le jasmin d'Arabie, etc., sont très sensibles à la gelée, quoique ces arbres conservent leurs feuilles pendant l'hiver; il faut donc avoir recours à une autre cause pour expliquer pourquoi certains arbres, qui ne se dépouillent pas pendant l'hiver, supportent si bien les plus fortes gelées.

que nous avons faite de la gélivure simple, que nous avons trouvée en plus grande quantité à cette exposition qu'à toutes les autres.

Effectivement, il est sûr que tous les accidents qui dépendront uniquement de la grande force de la gelée, tels que celui dont nous venons de parler, se trouveront plus fréquemment à l'exposition du nord que partout ailleurs. Mais est-ce toujours la grande force de la gelée qui endommage les arbres, et n'y a-t-il pas des accidents particuliers qui font qu'une gelée médiocre leur cause beaucoup plus de préjudice que ne font les gelées beaucoup plus violentes quand elles arrivent dans des circonstances heureuses?

Nous en avons déjà donné un exemple en parlant de la gélivure entrelardée qui est produite par le verglas, et qui se trouve plus fréquemment à l'exposition du midi qu'à toutes les autres, et l'on se souvient bien encore qu'une partie des désordres qu'a produits l'hiver de 1709 doit être attribuée à un faux dégel qui fut suivi d'une gelée encore plus forte que celle qui l'avait précédée; mais les observations que nous avons faites sur les effets des gelées du printemps nous fournissent beaucoup d'exemples pareils, qui prouvent incontestablement que ce n'est pas aux expositions où il gèle le plus fort, et où il fait le plus grand froid, que la gelée fait le plus de tort aux végétaux; nous en allons donner le détail, qui va rendre sensible la proposition générale que nous venons d'avancer, et nous commencerons par une expérience que M. de Buffon a fait exécuter en grand dans ses bois, qui sont situés près de Montbard, en Bourgogne.

Il a fait couper, dans le courant de l'hiver 1734, un bois taillis de sept à huit arpents, situé dans un lieu sec, sur un terrain plat, bien découvert et environné de tous côtés de terres labourables. Il a laissé dans ce même bois plusieurs petits bouquets carrés sans les abattre, et qui étaient orientés de façon que chaque face regardait exactement le midi, le nord, le levant et le couchant. Après avoir bien fait nettoyer la coupe, il a observé avec soin au printemps l'accroissement du jeune bourgeon, principalement autour des bouquets réservés : au 20 avril, il avait poussé sensiblement dans les endroits exposés au midi, et qui par conséquent étaient à l'abri du vent du nord par les bouquets; c'est donc en cet endroit que les bourgeons poussèrent les premiers et parurent les plus vigoureux. Ceux qui étaient à l'exposition du levant parurent ensuite, puis ceux de l'exposition du couchant, et enfin ceux de l'exposition du nord.

Le 28 avril, la gelée se fit sentir très vivement le matin, par un vent du nord, le ciel étant fort serein et l'air fort sec, surtout depuis trois jours.

Il alla voir en quel état étaient les bourgeons autour des bouquets, et il les trouva gâtés et absolument noircis dans tous les endroits qui étaient exposés au midi et à l'abri du vent du nord, au lieu que ceux qui étaient exposés au vent froid du nord, qui soufflait encore, n'étaient que légèrement endommagés, et il fit la même observation autour de tous les bouquets qu'il avait fait réserver. A l'égard des expositions du levant et du couchant, elles étaient ce jour-là à peu près endommagées.

Les 14, 15 et 22 mai, qu'il gela assez vivement par les vents du nord et de nord-nord-ouest, il observa pareillement que tout ce qui était à l'abri du vent par les bouquets était très endommagé, tandis que ce qui avait été exposé au vent avait très peu souffert. Cette expérience nous paraît décisive, et fait voir que, quoiqu'il gèle plus fort aux endroits exposés au vent du nord qu'aux autres, la gelée y fait cependant moins de tort aux végétaux.

Ce fait est assez opposé au préjugé ordinaire, mais il n'en est pas moins certain, et même il est aisé à expliquer : il suffit pour cela de faire attention aux circonstances dans lesquelles la gelée agit, et on reconnaîtra que l'humidité est la principale cause de ses effets, en sorte que tout ce qui peut occasionner cette humidité rend en même temps la gelée dangereuse pour les végétaux, et tout ce qui dissipe l'humidité, quand même ce serait en augmentant le froid, tout ce qui dessèche, diminue les désordres de la gelée. Ce fait va être confirmé par quantité d'observations.

Nous avons souvent remarqué que, dans les endroits bas, et où il règne des brouillards, la gelée se fait sentir plus vivement et plus souvent qu'ailleurs.

Nous avons, par exemple, vu en automne et au printemps les plantes délicates gelées dans un jardin potager qui est situé sur le bord d'une rivière, tandis que les mêmes plantes se conservaient bien dans un autre potager qui est situé sur la hauteur; de même dans les vallons et les lieux bas des forêts, le bois n'est jamais d'une belle venue, ni d'une bonne qualité, quoique souvent ces vallons soient sur un meilleur fonds que le reste du terrain. Le taillis n'est jamais beau dans les endroits bas; et, quoiqu'il y pousse plus tard qu'ailleurs, à cause d'une fraîcheur qui y est toujours concentrée, et que M. de Buffon m'a assuré avoir remarquée même l'été en se promenant la nuit dans les bois, car il y sentait sur les éminences presque autant de chaleur que dans les campagnes découvertes, et dans les vallons il était saisi d'un froid vif et inquiétant; quoique, dis-je, le bois y pousse plus tard qu'ailleurs, ces pousses sont encore endommagées par la gelée, qui, en gâtant les principaux jets, oblige les arbres à pousser des branches latérales, ce qui rend les taillis rabougris et hors d'état de faire jamais de beaux arbres de service; et ce que nous venons de dire ne se doit pas seulement entendre des profondes vallées qui sont si susceptibles de ces inconvénients qu'on en remarque d'exposées au nord et fermées du côté du midi en cul-de-sac, dans lesquelles il gèle souvent les douze mois de l'année; mais on remarquera encore la même chose dans les plus petites vallées, de sorte qu'avec un peu d'habitude, on peut reconnaître simplement à la mauvaise figure du taillis la pente du terrain; c'est aussi ce que j'ai remarqué plusieurs fois, et M. de Buffon l'a particulièrement observé le 28 avril 1734, car ce jour-là les bourgeons de tous les taillis d'un an, jusqu'à six et sept, étaient gelés dans tous les lieux bas, au lieu que dans les endroits élevés et découverts, il n'y avait que les rejets près de terre qui fussent gâtés. La terre était alors fort sèche, et l'humidité de l'air ne lui parut pas avoir beaucoup contribué à ce dommage; les vignes, non plus que les noyers de la campagne, ne gelèrent pas : cela pourrait faire croire qu'ils sont moins délicats que le chêne, mais nous pensons qu'il faut attribuer cela à l'humidité, qui est toujours plus grande dans les bois que dans le reste des campagnes, car nous avons remarqué que souvent les chênes sont fort endommagés de la gelée dans les forêts, pendant que ceux qui sont dans les haies ne le sont point du tout.

Dans le mois de mai 1736, nous avons encore eu occasion de répéter deux fois cette observation, qui a même été accompagnée de circonstances particulières, mais dont nous sommes obligés de remettre le détail à un autre endroit de ce mémoire, pour en faire mieux sentir la singularité.

Les grands bois peuvent rendre les taillis qui sont dans leur voisinage, dans le même état qu'ils seraient dans le fond d'une vallée : aussi avons-nous remarqué que le long et près des lisières des grands bois les taillis sont plus souvent endommagés par la gelée que dans les endroits qui en sont éloignés, comme dans le milieu des taillis et dans les bois où on laisse un grand nombre de baliveaux elle se fait sentir avec bien plus de force que dans ceux qui sont plus découverts. Or, tous les désordres dont nous venons de parler, soit à l'égard des vallées, soit pour ce qui se trouve le long des grands bois ou à couvert par les baliveaux, ne sont plus considérables dans ces endroits que dans les autres que parce que le vent et le soleil, ne pouvant dissiper la transpiration de la terre et des plantes, il y reste une humidité considérable, qui, comme nous l'avons dit, cause un très grand préjudice aux plantes.

Aussi remarque-t-on que la gelée n'est jamais plus à craindre pour la vigne, les fleurs, les bourgeons des arbres, etc., que lorsqu'elle succède à des brouillards, ou même à une pluie, quelque légère qu'elle soit : toutes ces plantes supportent des froids très considérables sans en être endommagées lorsqu'il y a quelque temps qu'il n'a plu, et que la terre est fort sèche, comme nous l'avons encore éprouvé ce printemps dernier.

C'est principalement pour cette même raison que la gelée agit plus puissamment dans les endroits qu'on a fraîchement labourés qu'ailleurs, et cela parce que les vapeurs qui s'élèvent continuellement de la terre transpirent plus librement et plus abondamment des terres nouvellement labourées que des autres; il faut néanmoins ajouter à cette raison que les plantes fraîchement labourées poussent plus vigoureusement que les autres, ce qui les rend plus sensibles aux effets de la gelée.

De même, nous avons remarqué que, dans les terrains légers et sablonneux, la gelée fait plus de dégâts que dans les terres fortes, en les supposant également sèches, sans doute parce qu'ils sont plus hâtifs, et encore plus parce qu'il s'échappe plus d'exhalaisons de ces sortes de terres que des autres, comme nous le prouverons ailleurs; et, si une vigne nouvellement fumée est plus sujette à être endommagée de la gelée qu'une autre, n'est-ce pas à cause de l'humidité qui s'échappe des fumiers?

Un sillon de vigne qui est le long d'un champ de sainfoin ou de pois, etc., est souvent tout perdu de la gelée, lorsque le reste de la vigne est très sain, ce qui doit certainement être attribué à la transpiration du sainfoin ou des autres plantes qui portent une humidité sur les pousses de la vigne.

Aussi, dans la vigne, les verges, qui sont de longs sarments qu'on ménage en taillant, sont-elles toujours moins endommagées que la souche, surtout quand, n'étant pas attachées à l'échalas, elles sont agitées par le vent qui ne tarde pas à les dessécher.

La même chose se remarque dans les bois; et j'ai souvent vu dans les taillis tous les bourgeons latéraux d'une souche entièrement gâtés par la gelée, pendant que les rejetons supérieurs n'avaient pas souffert; mais M. de Buffon a fait cette même observation avec plus d'exactitude : il lui a toujours paru que la gelée faisait plus de tort à un pied de terre qu'à deux, à deux qu'à trois, de sorte qu'il faut qu'elle soit bien violente pour gâter les bourgeons au-dessus de quatre pieds.

Toutes ces observations, qu'on peut regarder comme très constantes, s'accordent donc à prouver que le plus souvent ce n'est pas le grand froid qui endommage les plantes chargées d'humidité, ce qui explique à merveille pourquoi elle fait tant de désordres à l'exposition du midi, quoiqu'il y fasse moins froid qu'à celle du nord; et de même, la gelée cause plus de dommage à l'exposition du couchant qu'à toutes les autres, quand après une pluie du vent d'ouest, le vent tourne au nord vers le soleil couché, comme cela arrive assez fréquemment au printemps, ou quand par un vent d'est il s'élève un brouillard froid avant le lever du soleil, ce qui n'est pas si ordinaire.

Il y a aussi des circonstances où la gelée fait plus de tort à l'exposition du levant qu'à toutes les autres; mais, comme nous avons plusieurs observations sur cela, nous rapporterons auparavant celle que nous avons faite sur la gelée du printemps de 1736, qui nous a fait tant de tort l'année dernière. Comme il faisait très sec ce printemps, il a gelé fort longtemps sans que cela ait endommagé les vignes; mais il n'en était pas de même dans les forêts, apparemment parce qu'il s'y conserve toujours plus d'humidité qu'ailleurs : en Bourgogne, de même que dans la forêt d'Orléans, les taillis furent endommagés de fort bonne heure. Enfin, la gelée augmenta si fort que toutes les vignes furent perdues, malgré la sécheresse qui continuait toujours; mais, au lieu que c'est ordinairement à l'abri du vent que la gelée fait plus de dommage, au contraire, dans le printemps dernier, les endroits abrités ont été les seuls qui aient été conservés, de sorte que, dans plusieurs clos de vignes entourés de murailles, on voyait les souches le long de l'exposition du midi être assez vertes, pendant que toutes les autres étaient sèches comme en hiver, et nous avons eu deux cantons de vignes d'épargnés, l'un parce qu'il était abrité du vent du nord par une pépinière d'ormes, et l'autre parce que la vigne était remplie de beaucoup d'arbres fruitiers.

Mais cet effet est très rare, et cela n'est arrivé que parce qu'il faisait fort sec, et que les vignes ont résisté jusqu'à ce que la gelée soit devenue si forte pour la saison, qu'elle pouvait endommager les plantes indépendamment de l'humidité extérieure ; et, comme nous l'avons dit, quand la gelée endommage les plantes indépendamment de cette humidité, et d'autres circonstances particulières, c'est à l'exposition du nord qu'elle fait le plus de dommage, parce que c'est à cette exposition qu'il fait plus de froid.

Mais il nous semble encore apercevoir une autre cause des désordres que la gelée produit plus fréquemment à des expositions qu'à d'autres, au levant, par exemple, plus qu'au couchant; elle est fondée sur l'observation suivante, qui est aussi constante que les précédentes.

Une gelée assez vive ne cause aucun préjudice aux plantes, quand elle fond avant que le soleil les ait frappées : qu'il gèle la nuit, si le matin le temps est couvert, s'il tombe une petite pluie, en un mot, si, par quelque cause que ce puisse être, la glace fond doucement et indépendamment de l'action du soleil, ordinairement elle ne les endommage pas; et nous avons souvent sauvé des plantes assez délicates, qui étaient par hasard restées à la gelée, en les rentrant dans la serre avant le lever du soleil, ou simplement en les couvrant avant que le soleil eût donné dessus.

Une fois entre autres, il était survenu en automne une gelée très forte pendant que nos orangers étaient dehors, et, comme il était tombé de la pluie la veille, ils étaient tous couverts de verglas : on leur sauva cet accident en les couvrant avec des draps avant le soleil levé, de sorte qu'il n'y eut que les jeunes fruits et les pousses les plus tendres qui en furent endommagés; encore sommes-nous persuadés qu'ils ne l'auraient pas été si la couverture avait été plus épaisse.

De même, une autre année, nos *géraniums*, et plusieurs autres plantes qui craignent le verglas, étaient dehors lorsque tout à coup le vent, qui était sud-ouest, se mit au nord, et fut si froid que toute l'eau d'une pluie abondante qui tombait se gelait, et, dans un instant, tout ce qui y était exposé fut couvert de glace : nous crûmes toutes nos plantes perdues; cependant nous les fîmes porter dans le fond de la serre, et nous fîmes fermer les croisées; par ce moyen nous en eûmes peu d'endommagées.

Cette précaution revient assez à ce qu'on pratique pour les animaux : qu'ils soient transis de froid, qu'ils aient un membre gelé, on se donne bien de garde de les exposer à une chaleur trop vive, on les frotte avec de la neige, ou bien on les trempe dans de l'eau, on les enterre dans du fumier, en un mot, on les réchauffe par degrés et avec ménagement.

De même, si l'on fait dégeler trop précipitamment des fruits, ils se pourrissent à l'instant, au lieu qu'ils souffrent beaucoup moins de dommage si on les fait dégeler peu à peu.

Pour expliquer comment le soleil produit tant de désordres sur les plantes gelées, quelques-uns avaient pensé que la glace, en se fondant, se réduisait en petites gouttes d'eau sphériques, qui faisaient autant de petits miroirs ardents quand le soleil donnait dessus; mais, quelque court que soit le foyer d'une loupe, elle ne peut produire de chaleur qu'à une distance, quelque petite qu'elle soit, et elle ne pourra pas produire un grand effet sur un corps qu'elle touchera; d'ailleurs la goutte d'eau qui est sur la feuille d'une plante est aplatie du côté qu'elle touche à la plante, ce qui éloigne son foyer. Enfin, si ces gouttes d'eau pouvaient produire cet effet, pourquoi les gouttes de rosée, qui sont pareillement sphériques, ne le produiraient-elles pas aussi ? Peut-être pourrait-on penser que les parties les plus spiritueuses et les plus volatiles de la sève fondant les premières, elles seraient évaporées avant que les autres fussent en état de se mouvoir dans les vaisseaux de la plante, ce qui décomposerait la sève.

Mais on peut dire en général que la gelée, augmentant le volume des liqueurs, tend les vaisseaux des plantes, et que le dégel ne se pouvant faire sans que les parties qui composent le fluide gelé entrent en mouvement, ce changement se peut faire avec assez de douceur pour ne pas rompre les vaisseaux les plus délicats des plantes, qui rentreront peu à peu dans leur ton naturel, et alors les plantes n'en souffriront aucun dommage;

mais, s'il se fait avec trop de précipitation, ces vaisseaux ne pourront pas reprendre si tôt le ton qui leur est naturel; après avoir souffert une extension violente, les liqueurs s'évaporeront et la plante restera desséchée.

Quoi qu'on puisse conclure de ces conjectures, dont je ne suis pas à beaucoup près satisfait, il reste toujours pour constant :

1° Qu'il arrive, à la vérité rarement, qu'en hiver ou au printemps les plantes soient endommagées simplement par la grande force de la gelée, et indépendamment d'aucune circonstance particulière, et, dans ce cas, c'est à l'exposition du nord que les plantes souffrent le plus;

2° Dans le temps d'une gelée qui dure plusieurs jours, l'ardeur du soleil fait fondre la glace en quelques endroits et seulement pour quelques heures, car souvent il regèle avant le coucher du soleil, ce qui forme un verglas très préjudiciable aux plantes, et on sent que l'exposition du midi est plus sujette à cet inconvénient que tous les autres;

3° On a vu que les gelées du printemps font principalement du désordre dans les endroits où il y a de l'humidité : les terroirs qui transpirent beaucoup, les fonds des vallées, et généralement tous les endroits qui ne pourront être desséchés par le vent et soleil, seront donc plus endommagés que les autres.

Enfin si, au printemps, le soleil qui donne sur les plantes gelées leur occasionne un dommage plus considérable, il est clair que ce sera l'exposition du levant, et ensuite celle du midi qui souffriront le plus de cet accident.

Mais, dira-t-on, si cela est, il ne faut donc plus planter à l'exposition du midi en *à-dos* (qui sont des talus de terre qu'on ménage dans les potagers ou le long des espaliers) les giroflées, les choux des avents, les laitues d'hiver, les pois verts et les autres plantes délicates auxquelles on veut faire passer l'hiver, et que l'on souhaite avancer pour le printemps; ce sera à l'exposition du nord qu'il faudra dorénavant planter les pêchers et les autres arbres délicats. Il est à propos de détruire ces deux objections, et de faire voir qu'elles sont de fausses conséquences de ce que nous avons avancé.

On se propose différents objets quand on met des plantes passer l'hiver à des abris exposés au midi : quelquefois c'est pour hâter leur végétation; c'est, par exemple, dans cette intention qu'on plante le long des espaliers quelques rangées de laitues, qu'on appelle, à cause de cela, *des laitues d'hiver*, qui résistent assez bien à la gelée quelque part qu'on les mette, mais qui avancent davantage à cette exposition; d'autres fois, c'est pour les préserver de la rigueur de cette saison, dans l'intention de les replanter de bonne heure au printemps; on suit, par exemple, cette pratique pour les choux qu'on appelle des *avents*, qu'on sème en cette saison le long d'un espalier. Cette espèce de choux, de même que les brocolis, sont assez tendres à la gelée, et périraient souvent à ces abris si on n'avait pas soin de les couvrir pendant les grandes gelées avec des paillassons ou du fumier soutenu sur des perches.

Enfin on veut quelquefois avancer la végétation de quelques plantes qui craignent la gelée, comme seraient les giroflées, les pois verts, et pour cela on les plante sur des à-dos bien exposés au midi, mais de plus on les défend des grandes gelées en les couvrant, lorsque le temps l'exige.

On sent bien, sans que nous soyons obligés de nous étendre davantage sur cela, que l'exposition du midi est plus propre que toutes les autres à accélérer la végétation, et on vient de voir que c'est aussi ce qu'on se propose principalement quand on met quelques plantes passer l'hiver à cette exposition, puisqu'on est obligé, comme nous venons de le dire, d'employer outre cela des couvertures pour garantir de la gelée les plantes qui sont un peu délicates; mais il faut ajouter que, s'il y a quelques circonstances où la gelée fasse plus de désordre au midi qu'aux autres expositions, il y a aussi bien des cas qui sont favorables à cette exposition, surtout quand il s'agit d'espalier. Si, par exemple, pendant l'hiver, il y a quelque chose à craindre des verglas, combien de fois arrive-t-il que la chaleur du soleil, qui est augmentée par la réflexion de la muraille, a assez de force pour dissiper toute l'humidité ! et alors les plantes sont presque en sûreté contre le froid ; de plus, combien arrive-t-il de gelées sèches qui agissent au nord sans relâche, et qui ne sont presque pas sensibles au midi ? De même au printemps, on sent bien que si, après une pluie qui vient de sud-ouest ou de sud-est, le vent se met au nord, l'espalier du midi, étant à l'abri du vent, souffrira plus que les autres ; mais ces cas sont rares, et le plus souvent c'est après des pluies de nord-ouest ou de nord-est que le vent se met au nord, et alors l'espalier du midi ayant été à l'abri de la pluie par le mur, les plantes qui y seront auront moins à souffrir que les autres, non seulement parce qu'elles auront moins reçu de pluie, mais encore parce qu'il y fait toujours moins froid qu'aux autres expositions, comme nous l'avons fait remarquer au commencement de ce mémoire.

De plus, comme le soleil dessèche beaucoup la terre le long des espaliers qui sont au midi, la terre y transpire moins qu'ailleurs.

On sent bien que ce que nous venons de dire doit avoir son application à l'égard des pêchers et des abricotiers qu'on a coutume de mettre à cette exposition et à celle du levant ; nous ajouterons seulement qu'il n'est pas rare de voir les pêchers geler au levant et au midi, et ne le pas être au couchant ou même au nord ; mais, indépendamment de cela, on ne peut jamais compter avoir beaucoup de pêches et de bonne qualité à cette dernière exposition : quantité de fleurs tombent tout entières et sans nouer, d'autres après être nouées se détachent de l'arbre, et celles qui restent ont peine à parvenir à une maturité. J'ai même un espalier de pêchers à l'exposition du couchant, un peu déclinante au nord, qui ne donne presque pas de fruit, quoique les arbres y soient plus beaux qu'aux expositions du midi et du nord.

Ainsi on ne pourrait éviter les inconvénients qu'on peut reprocher à l'exposition du midi à l'égard de la gelée, sans tomber dans d'autres plus fâcheux.

Mais tous les arbres délicats, comme les figuiers, les lauriers, etc., doivent être mis au midi, ayant soin, comme l'on fait ordinairement, de les couvrir ; nous remarquerons seulement que le fumier sec est préférable pour cela à la paille, qui ne couvre jamais si exactement, et dans laquelle il reste toujours un peu de grain qui attire les mulots et les rats qui mangent quelquefois l'écorce des arbres pour se désaltérer dans le temps de la gelée où ils ne trouvent point d'eau à boire, ni d'herbe à paître ; c'est ce qui nous est arrivé deux ou trois fois ; mais, quand on se sert de fumier, il faut qu'il soit sec, sans quoi il s'échaufferait et ferait moisir les jeunes branches.

Toutes ces précautions sont cependant bien inférieures à ces espaliers en niche ou en renfoncement, tels qu'on en voit aujourd'hui au Jardin du Roi : les plantes sont de cette manière à l'abri de tous les vents, excepté celui du midi qui ne leur peut nuire ; le soleil, qui échauffe ces endroits pendant le jour, empêche que le froid n'y soit si violent pendant la nuit, et on peut avec grande facilité mettre sur ces renfoncements une légère couverture qui tiendra les plantes qui y seront dans un état de sécheresse infiniment propre à prévenir tous les accidents que le verglas et les gelées du printemps auraient pu produire, et la plupart des plantes ne souffriront pas d'être ainsi privées de l'humidité extérieure, parce qu'elles ne transpirent presque pas dans l'hiver, non plus qu'au commencement du printemps, de sorte que l'humidité de l'air suffit à leur besoin.

Mais, puisque les rosées rendent les plantes si susceptibles de la gelée du printemps, ne pourrait-on pas espérer que les recherches que MM. Musschenbroëk et du Fay ont faites sur cette matière pourraient tourner au profit de l'agriculture ? Car enfin, puisqu'il y a des corps qui semblent attirer la rosée, pendant qu'il y en a d'autres qui la repoussent, si on pouvait peindre, enduire ou crépir les murailles avec quelque matière qui repousserait la rosée, il est sûr qu'on aurait lieu d'en espérer un succès plus heureux que de la précaution que l'on prend de mettre une planche en manière de toit au-dessus des espaliers, ce qui ne doit guère diminuer l'abondance de la rosée sur les arbres, puisque M. du Fay a prouvé que souvent elle ne tombe pas perpendiculairement comme une pluie, mais qu'elle nage dans l'air, et qu'elle s'attache aux corps qu'elle rencontre; de sorte qu'il a souvent autant amassé de rosée sous un toit que dans les endroits entièrement découverts. Il nous serait aisé de reprendre toutes nos observations, et de continuer à en tirer des conséquences utiles à la pratique de l'agriculture : ce que nous avons dit, par exemple, au sujet de la vigne, doit déterminer à arracher tous les arbres qui empêchent le vent de dissiper les brouillards.

Puisqu'en labourant la terre on en fait sortir plus d'exhalaisons, il faut prêter plus d'attention à ne la pas faire labourer dans les temps critiques.

On doit défendre expressément qu'on ne sème sur les sillons de vigne des plantes potagères qui, par leurs transpirations, nuiraient à la vigne.

On ne mettra des échalas aux vignes que le plus tard qu'on pourra.

On tiendra les haies qui bordent les vignes, du côté du nord, plus basses que de tout autre côté.

On préférera amender les vignes avec des terreaux plutôt que de les fumer.

Enfin, si on est à portée de choisir un terrain, on évitera ceux qui sont dans des fonds ou dans les terroirs qui transpirent beaucoup.

Une partie de ces précautions peut aussi être employée très utilement pour les arbres fruitiers, à l'égard, par exemple, des plantes potagères, que les jardiniers sont toujours empressés de mettre aux pieds de leurs buissons et encore plus le long de leurs espaliers.

S'il y a des parties hautes et d'autres basses dans les jardins, on pourra avoir l'attention de semer les plantes printanières et délicates sur le haut, préférablement au bas, à moins qu'on n'ait dessein de les couvrir avec des cloches, des châssis, etc.; car, dans le cas où l'humidité ne peut nuire, il serait souvent avantageux de choisir les lieux bas pour être à l'abri du vent du nord et du nord-ouest.

On peut aussi profiter de ce que nous avons dit à l'avantage des forêts, car, si on a des réserves à faire, ce ne sera jamais dans les endroits où la gelée cause tant de dommage.

Si on sème un bois, on aura attention de mettre dans les vallons des arbres qui soient plus durs à la gelée que le chêne.

Quand on fera des coupes considérables, on mettra dans les clauses du marché qu'on les commencera toujours du côté du nord, afin que ce vent, qui règne ordinairement dans le temps des gelées, dissipe cette humidité qui est préjudiciable aux taillis.

Enfin, si, sans contrevenir aux ordonnances, on peut faire des réserves en lisières, au lieu de laisser des baliveaux qui, sans pouvoir jamais faire de beaux arbres, sont à tous égards la perte des taillis, et particulièrement dans l'occasion présente, en retenant sur les taillis cette humidité qui est si fâcheuse dans le temps de gelée, on aura en même temps attention que la lisière de réserve ne couvre pas le taillis du côté du nord.

Il y aurait encore bien d'autres conséquences utiles qu'on pourrait tirer de nos observations; nous nous contenterons cependant d'en avoir rapporté quelques-unes, parce qu'on pourra suppléer à ce que nous avons omis, en prêtant un peu d'attention aux observations que nous avons rapportées. Nous sentons bien qu'il y aurait encore sur cette matière nombre d'expériences à faire; nous avons cru qu'il n'y avait aucun inconvénient à rapporter celles que nous avons faites : peut-être même engageront-elles quelque autre personne à travailler sur la même matière; et, si elles ne produisent pas cet effet, elles ne nous empêcheront pas de suivre les vues que nous avons encore sur cela.

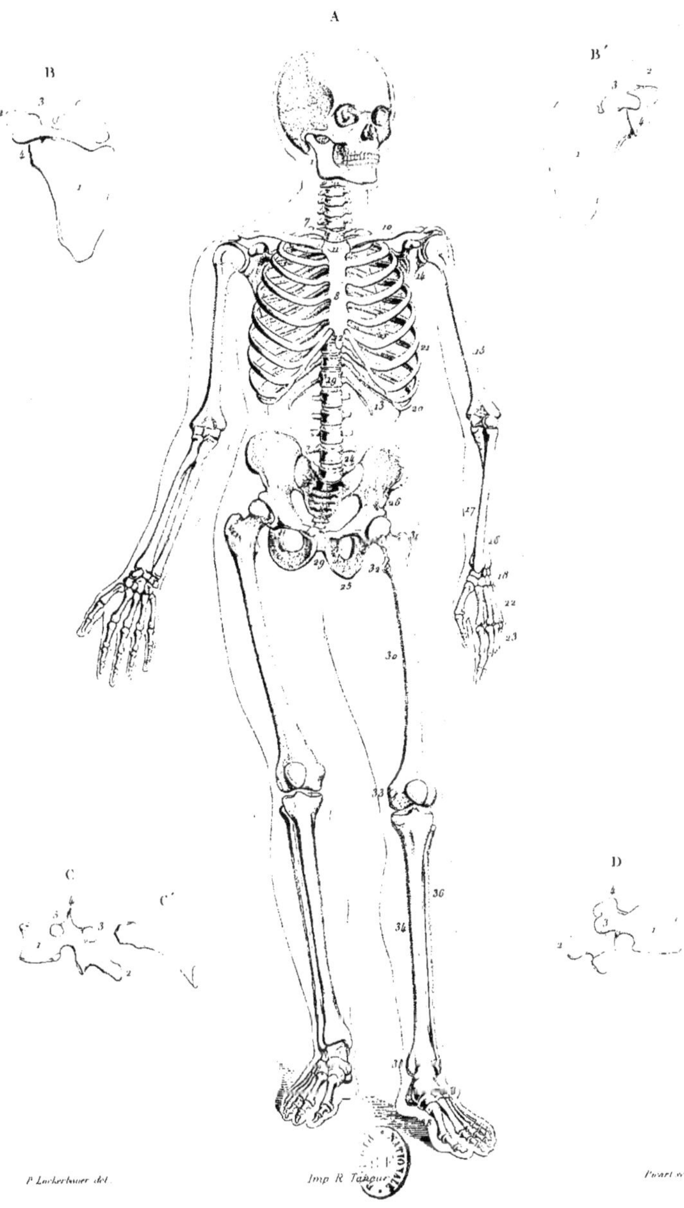

P. Lackerbauer del. Imp. R. Taneur Picart sc.

OSTÉOLOGIE DE L'HOMME.

A. Le Vasseur, Editeur

DISCOURS

PRONONCÉS

A L'ACADÉMIE FRANÇAISE

DISCOURS

PRONONCÉ A L'ACADÉMIE FRANÇAISE PAR M. DE BUFFON, LE JOUR DE SA RÉCEPTION (*)

Messieurs,

Vous m'avez comblé d'honneur en m'appelant à vous; mais la gloire n'est un bien qu'autant qu'on en est digne, et je ne me persuade pas que quelques essais, écrits sans art et sans autre ornement que celui de la nature, soient des titres suffisants pour oser prendre place parmi les maîtres de l'art, parmi les hommes éminents qui représentent ici la splendeur littéraire de la France et dont les noms, célébrés aujourd'hui par la voix des nations, retentiront encore avec éclat dans la bouche de nos derniers neveux. Vous avez eu, messieurs, d'autres motifs en jetant les yeux sur moi ; vous avez voulu donner à l'illustre Compagnie (*a*), à laquelle j'ai l'honneur d'appartenir depuis longtemps, une nouvelle marque de considération ; ma reconnaissance, quoique partagée, n'en sera pas moins vive : mais comment satisfaire au devoir qu'elle m'impose en ce jour? Je n'ai, messieurs, à vous offrir que votre propre bien : ce sont quelques idées sur le style que j'ai puisées dans vos ouvrages ; c'est en vous lisant, c'est en vous admirant qu'elles ont été conçues, c'est en les soumettant à vos lumières qu'elles se produiront avec quelque succès.

Il s'est trouvé dans tous les temps des hommes qui ont su commander aux autres par la puissance de la parole. Ce n'est, néanmoins, que dans les siècles

(*a*) L'Académie royale des sciences : M. de Buffon y a été reçu en 1733, dans la classe de mécanique.

(*) Le samedi 25 août 1753.

éclairés que l'on a bien écrit et bien parlé. La véritable éloquence suppose l'exercice du génie et la culture de l'esprit. Elle est bien différente de cette facilité naturelle de parler qui n'est qu'un talent, une qualité accordée à tous ceux dont les passions sont fortes, les organes souples et l'imagination prompte. Ces hommes sentent vivement, s'affectent de même, le marquent fortement au dehors ; et, par une impression purement mécanique, ils transmettent aux autres leur enthousiasme et leurs affections. C'est le corps qui parle au corps ; tous les mouvements, tous les signes concourent et servent également. Que faut-il pour émouvoir la multitude et l'entraîner ? que faut-il pour ébranler la plupart même des autres hommes et les persuader ? Un ton véhément et pathétique, des gestes expressifs et fréquents, des paroles rapides et sonnantes. Mais, pour le petit nombre de ceux dont la tête est ferme, le goût délicat et le sens exquis, et qui comme vous, messieurs, comptent pour peu le ton, les gestes et le vain son des mots, il faut des choses, des pensées, des raisons ; il faut savoir les présenter, les nuancer, les ordonner : il ne suffit pas de frapper l'oreille et d'occuper les yeux ; il faut agir sur l'âme et toucher le cœur en parlant à l'esprit.

Le style n'est que l'ordre et le mouvement qu'on met dans ses pensées. Si on les enchaîne étroitement, si on les serre, le style devient ferme, nerveux et concis ; si on les laisse se succéder lentement, et ne se joindre qu'à la faveur des mots, quelque élégants qu'ils soient, le style sera diffus, lâche et traînant.

Mais, avant de chercher l'ordre dans lequel on présentera ses pensées, il faut s'en être fait un autre plus général et plus fixe, où ne doivent entrer que les premières vues et les principales idées : c'est en marquant leur place sur ce premier plan qu'un sujet sera circonscrit, et que l'on en connaîtra l'étendue ; c'est en se rappelant sans cesse ces premiers linéaments, qu'on déterminera les justes intervalles qui séparent les idées principales et qu'il naîtra des idées accessoires et moyennes qui serviront à les remplir. Par la force du génie, on se représentera toutes les idées générales et particulières sous leur véritable point de vue ; par une grande finesse de discernement, on distinguera les pensées stériles des idées fécondes ; par la sagacité que donne la grande habitude d'écrire, on sentira d'avance quel sera le produit de toutes ces opérations de l'esprit. Pour peu que le sujet soit vaste ou compliqué, il est bien rare qu'on puisse l'embrasser d'un coup d'œil, ou le pénétrer en entier d'un seul et premier effort de génie ; et il est rare encore qu'après bien des réflexions on en saisisse tous les rapports. On ne peut donc trop s'en occuper ; c'est même le seul moyen d'affermir, d'étendre et d'élever ses pensées : plus on leur donnera de substance et de force par la méditation, plus il sera facile ensuite de les réaliser par l'expression.

Ce plan n'est pas encore le style, mais il en est la base ; il le soutient, il le dirige, il règle son mouvement et le soumet à des lois : sans cela, le meilleur écrivain s'égare, sa plume marche sans guide, et jette à l'aventure des traits irréguliers et des figures discordantes. Quelque brillantes que soient les couleurs qu'il emploie, quelques beautés qu'il sème dans les détails, comme l'ensemble choquera, ou ne se fera pas assez sentir, l'ouvrage ne sera point construit; et en admirant l'esprit de l'auteur, on pourra soupçonner qu'il manque de génie. C'est par cette raison que ceux qui écrivent comme ils parlent, quoiqu'ils parlent très bien, écrivent mal; que ceux qui s'abandonnent au premier feu de leur imagination prennent un ton qu'ils ne peuvent soutenir; que ceux qui craignent de perdre des pensées isolées, fugitives, et qui écrivent en différents temps des morceaux détachés, ne les réunissent jamais sans transitions forcées; qu'en un mot, il y a tant d'ouvrages faits de pièces de rapport, et si peu qui soient fondus d'un seul jet.

Cependant tout sujet est un, et, quelque vaste qu'il soit, il peut être renfermé dans un seul discours; les interruptions, les repos, les sections ne devraient être d'usage que quand on traite des sujets différents, ou lorsque, ayant à parler de choses grandes, épineuses ou disparates, la marche du génie se trouve interrompue par la multiplicité des obstacles et contrainte par la nécessité des circonstances (*a*) : autrement, le grand nombre de divisions, loin de rendre un ouvrage plus solide, en détruit l'assemblage; le livre paraît plus clair aux yeux, mais le dessein de l'auteur demeure obscur; il ne peut faire impression sur l'esprit du lecteur, il ne peut même se faire sentir que par la continuité du fil, par la dépendance harmonique des idées, par un développement successif, une gradation soutenue, un mouvement uniforme que toute interruption détruit ou fait languir.

Pourquoi les ouvrages de la nature sont-ils si parfaits? C'est que chaque ouvrage est un tout, et qu'elle travaille sur un plan éternel dont elle ne s'écarte jamais; elle prépare en silence les germes de ses productions; elle ébauche par un acte unique la forme primitive de tout être vivant; elle la développe, elle la perfectionne par un mouvement continu et dans un temps prescrit. L'ouvrage étonne, mais c'est l'empreinte divine dont il porte les traits qui doit nous frapper. L'esprit humain ne peut rien créer, il ne produira qu'après avoir été fécondé par l'expérience et la méditation; ses connaissances sont les germes de ses productions : mais, s'il imite la nature dans sa marche et dans son travail, s'il s'élève par la contemplation aux vérités les plus sublimes, s'il les réunit, s'il les enchaîne, s'il en forme un tout, un système par la réflexion, il établira sur des fondements inébranlables des monuments immortels.

C'est faute de plan, c'est pour n'avoir pas assez réfléchi sur son objet qu'un homme d'esprit se trouve embarrassé, et ne sait par où commencer à écrire :

(*a*) Dans ce que j'ai dit ici, j'avais en vue le livre de l'*Esprit des Lois*, ouvrage excellent pour le fond, et auquel on n'a pu faire d'autre reproche que celui des sections trop fréquentes.

il aperçoit à la fois un grand nombre d'idées ; et, comme il ne les a ni comparées ni subordonnées, rien ne le détermine à préférer les unes aux autres ; il demeure donc dans la perplexité ; mais, lorsqu'il se sera fait un plan, lorsqu'une fois il aura rassemblé et mis en ordre toutes les pensées essentielles à son sujet, il s'apercevra aisément de l'instant auquel il doit prendre la plume, il sentira le point de maturité de la production de l'esprit, il sera pressé de la faire éclore, il n'aura même que du plaisir à écrire : les idées se succéderont aisément, et le style sera naturel et facile ; la chaleur naîtra de ce plaisir, se répandra partout et donnera de la vie à chaque expression ; tout s'animera de plus en plus, le ton s'élèvera, les objets prendront de la couleur, et le sentiment, se joignant à la lumière, l'augmentera, la portera plus loin, la fera passer de ce que l'on dit à ce que l'on va dire, et le style deviendra intéressant et lumineux.

Rien ne s'oppose plus à la chaleur que le désir de mettre partout des traits saillants ; rien n'est plus contraire à la lumière qui doit faire un corps et se répandre uniformément dans un écrit, que ces étincelles qu'on ne tire que par force en choquant les mots les uns contre les autres, et qui ne nous éblouissent pendant quelques instants que pour nous laisser ensuite dans les ténèbres. Ce sont des pensées qui ne brillent que par l'opposition, l'on ne présente qu'un côté de l'objet, on met dans l'ombre toutes les autres faces ; et ordinairement ce côté qu'on choisit est une pointe, un angle sur lequel on fait jouer l'esprit avec d'autant plus de facilité qu'on l'éloigne davantage des grandes faces sous lesquelles le bon sens a coutume de considérer les choses.

Rien n'est encore plus opposé à la véritable éloquence que l'emploi de ces pensées fines, et la recherche de ces idées légères, déliées, sans consistance, et qui, comme la feuille du métal battu, ne prennent de l'éclat qu'en perdant de la solidité : aussi, plus on mettra de cet esprit mince et brillant dans un écrit, moins il aura de nerf, de lumière, de chaleur et de style, à moins que cet esprit ne soit lui-même le fond du sujet, et que l'écrivain n'ait pas eu d'autre objet que la plaisanterie ; alors, l'art de dire de petites choses devient peut-être plus difficile que l'art d'en dire de grandes.

Rien n'est plus opposé au beau naturel que la peine qu'on se donne pour exprimer des choses ordinaires ou communes d'une manière singulière ou pompeuse ; rien ne dégrade plus l'écrivain. Loin de l'admirer, on le plaint d'avoir passé tant de temps à faire de nouvelles combinaisons de syllabes, pour ne dire que ce que tout le monde dit. Ce défaut est celui des esprits cultivés, mais stériles ; ils ont des mots en abondance, point d'idées ; ils travaillent donc sur les mots et s'imaginent avoir combiné des idées, parce qu'ils ont arrangé des phrases, et avoir épuré le langage quand ils l'ont corrompu en détournant les acceptions. Ces écrivains n'ont point de style ou, si l'on veut, ils n'en ont que l'ombre : le style doit graver des pensées, ils ne savent que tracer des paroles.

Pour bien écrire, il faut donc posséder pleinement son sujet, il faut y réfléchir assez pour voir clairement l'ordre de ses pensées, et en former une suite, une chaîne continue, dont chaque point représente une idée ; et, lorsqu'on aura pris la plume, il faudra la conduire successivement sur ce premier trait, sans lui permettre de s'en écarter, sans l'appuyer trop inégalement, sans lui donner d'autre mouvement que celui qui sera déterminé par l'espace qu'elle doit parcourir. C'est en cela que consiste la stérilité du style, c'est aussi ce qui en fera l'unité et ce qui en réglera la rapidité, et cela seul aussi suffira pour le rendre précis et simple, égal et clair, vif et suivi. A cette première règle dictée par le génie, si l'on joint de la délicatesse et du goût, du scrupule sur le choix des expressions, de l'attention à ne nommer les choses que par les termes les plus généraux, le style aura de la noblesse. Si l'on y joint encore de la défiance pour son premier mouvement, du mépris pour tout ce qui n'est que brillant, et une répugnance constante pour l'équivoque et la plaisanterie, le style aura de la gravité, il aura même de la majesté : enfin, si l'on écrit comme l'on pense, si l'on est convaincu de ce que l'on veut persuader, cette bonne foi avec soi-même, qui fait la bienséance pour les autres et la vérité du style, lui fera produire tout son effet, pourvu que cette persuasion intérieure ne se marque pas par un enthousiasme trop fort, et qu'il y ait partout plus de candeur que de confiance, plus de raison que de chaleur.

C'est ainsi, messieurs, qu'il me semblait en vous lisant que vous me parliez, que vous m'instruisiez : mon âme, qui recueillait avec avidité ces oracles de la sagesse, voulait prendre l'essor et s'élever jusqu'à vous ; vains efforts ! Les règles, disiez-vous encore, ne peuvent suppléer au génie ; s'il manque, elles seront inutiles : bien écrire, c'est tout à la fois bien penser, bien sentir et bien rendre ; c'est avoir en même temps de l'esprit, de l'âme et du goût : le style suppose la réunion et l'exercice de toutes les facultés intellectuelles ; les idées seules forment le fond du style, l'harmonie des paroles n'en est que l'accessoire et ne dépend que de la sensibilité des organes ; il suffit d'avoir un peu d'oreille pour éviter les dissonances, et de l'avoir exercée, perfectionnée par la lecture des poètes et des orateurs, pour que mécaniquement on soit porté à l'imitation de la cadence poétique et des tours oratoires. Or, jamais l'imitation n'a rien créé : aussi cette harmonie des mots ne fait ni le fond, ni le ton du style, et se trouve souvent dans des écrits vides d'idées.

Le ton n'est que la convenance du style à la nature du sujet ; il ne doit jamais être forcé ; il naîtra naturellement du fond même de la chose, et dépendra beaucoup du point de généralité auquel on aura porté ses pensées. Si l'on s'est élevé aux idées les plus générales et si l'objet en lui-même est grand, le ton paraîtra s'élever à la même hauteur; et si, en le soutenant à cette élévation, le génie fournit assez pour donner à chaque objet une forte lumière, si l'on peut ajouter la beauté du coloris à l'énergie du dessin, si l'on peut, en un mot, représenter chaque idée par une image vive et bien terminée et former de chaque suite d'idées un tableau harmonieux et mouvant, le ton sera non seulement élevé, mais sublime.

Ici, messieurs, l'application ferait plus que la règle; les exemples instruiraient mieux que les préceptes; mais, comme il ne m'est pas permis de citer les morceaux sublimes qui m'ont si souvent transporté en lisant vos ouvrages, je suis contraint de me borner à des réflexions. Les ouvrages bien écrits seront les seuls qui passeront à la postérité : la quantité des connaissances, la singularité des faits, la nouveauté même des découvertes ne sont pas de sûrs garants de l'immortalité ; si les ouvrages qui les contiennent ne roulent que sur de petits objets, s'ils sont écrits sans goût, sans noblesse et sans génie, ils périront, parce que les connaissances, les faits et les découvertes s'enlèvent aisément, se transportent, et gagnent même à être mises en œuvre par des mains plus habiles. Ces choses sont hors de l'homme, le style est l'homme même : le style ne peut donc ni s'enlever, ni se transporter, ni s'altérer : s'il est élevé, noble, sublime, l'auteur sera également admiré dans tous les temps ; car il n'y a que la vérité qui soit durable et même éternelle. Or, un beau style n'est tel en effet que par le nombre infini des vérités qu'il présente. Toutes les beautés intellectuelles qui s'y trouvent, tous les rapports dont il est composé, sont autant de vérités aussi utiles, et peut-être plus précieuses pour l'esprit humain, que celles qui peuvent faire le fond du sujet.

Le sublime ne peut se trouver que dans les grands sujets. La poésie, l'histoire et la philosophie ont toutes le même objet, et un très grand objet, l'homme et la nature. La philosophie décrit et dépeint la nature ; la poésie la peint et l'embellit, elle peint aussi les hommes, elle les agrandit, elle les exagère, elle crée les héros et les dieux : l'histoire ne peint que l'homme, et le peint tel qu'il est ; ainsi le ton de l'historien ne deviendra sublime que quand il fera le portrait des plus grands hommes, quand il exposera les plus grandes actions, les plus grands mouvements, les plus grandes révolutions, et partout ailleurs il suffira qu'il soit majestueux et grave. Le ton du philosophe pourra devenir sublime toutes les fois qu'il parlera des lois de la nature, des êtres en général, de l'espace, de la matière, du mouvement et du temps, de l'âme, de l'esprit humain, des sentiments, des passions ; dans le reste, il suffira qu'il soit noble et élevé. Mais le ton de l'orateur et du poète, dès que le sujet est grand, doit toujours être sublime, parce qu'ils sont les maîtres de joindre à la grandeur de leur sujet autant de couleur, autant de mouvement, autant d'illusion qu'il leur plaît et que, devant toujours peindre et toujours agrandir les objets, ils doivent aussi partout employer toute la force et déployer toute l'étendue de leur génie.

Que de grands objets, messieurs, frappent ici mes yeux ! et quel style et quel ton faudrait-il employer pour les peindre et les représenter dignement ! L'élite des hommes est assemblée. La sagesse est à leur tête. La gloire, assise au milieu d'eux, répand ses rayons sur chacun et les couvre tous d'un éclat toujours le même et toujours renaissant. Des traits d'une lumière plus vive encore partent de sa couronne immortelle, et vont se réunir sur le front auguste du plus puissant et du meilleur des rois (*a*). Je le vois, ce héros, ce prince adorable, ce maître si cher. Quelle noblesse dans tous ses traits ! quelle majesté dans toute sa personne ! que d'âme et de douceur naturelle dans ses regards ! il les tourne vers vous, messieurs, et vous brillez d'un nouveau feu, une ardeur plus vive vous embrase ; j'entends déjà vos divins accents et les accords de vos voix ; vous les réunissez pour célébrer ses vertus, pour chanter ses victoires, pour applaudir à notre bonheur ; vous les réunissez pour faire éclater votre zèle, exprimer votre amour et transmettre à la postérité des sentiments dignes de ce grand prince et de ses descendants. Quels concerts ! ils pénètrent mon cœur ; ils seront immortels comme le nom de Louis.

Dans le lointain, quelle autre scène de grands objets ! Le génie de la France qui parle à Richelieu et lui dicte à la fois l'art d'éclairer les hommes et de faire régner les rois. La justice et la science qui conduisent Séguier, et l'élèvent de concert à la première place de leurs tribunaux. La victoire qui s'avance à grands pas, et précède le char triomphal de nos rois, où Louis le Grand, assis sur des trophées, d'une main donne la paix aux nations vaincues, et de l'autre rassemble dans ce palais les muses dispersées. Et près de moi, messieurs, quel autre objet intéressant ! la religion en pleurs, qui vient emprunter l'organe de l'éloquence pour exprimer sa douleur, et semble m'accuser de suspendre trop longtemps vos regrets sur une perte que nous devons tous ressentir avec elle (*b*).

(*a*) Louis XV, le Bien-Aimé.

(*b*) Celle de M. Languet de Gergy, archevêque de Sens, auquel j'ai succédé à l'Académie française.

PROJET D'UNE RÉPONSE A M. DE COETLOSQUET

ANCIEN ÉVÊQUE DE LIMOGES, LORS DE SA RÉCEPTION A L'ACADÉMIE FRANÇAISE (a).

MONSIEUR,

En vous témoignant la satisfaction que nous avons à vous recevoir, je ne ferai pas l'énumération de tous les droits que vous aviez à nos vœux. Il est un petit nombre d'hommes que les éloges font rougir, que la louange déconcerte, que la vérité même blesse, lorsqu'elle est trop flatteuse ; cette noble délicatesse, qui fait la bienséance du caractère, suppose la perfection de toutes les qualités intérieures. Une âme belle et sans tache, qui veut se conserver dans toute sa pureté, cherche moins à paraître qu'à se couvrir du voile de la modestie : jalouse de ses beautés qu'elle compte par le nombre de ses vertus, elle ne permet pas que le souffle impur des passions étrangères en ternisse le lustre ; imbue de très bonne heure des principes de la religion, elle en conserve avec le même soin les impressions sacrées ; mais, comme ces caractères divins sont gravés en traits de flamme, leur éclat perce et colore de son feu le voile qui nous les dérobait ; alors il brille à tous les yeux et sans les offenser : bien différent de l'éclat de la gloire qui toujours nous frappe par éclairs et souvent nous aveugle, celui de la vertu n'est qu'une lumière bienfaisante qui nous guide, qui nous éclaire et dont les rayons nous vivifient.

Accoutumée à jouir en silence du bonheur attaché à l'exercice de la sagesse, occupée sans relâche à recueillir la rosée céleste de la grâce divine qui seule nourrit la piété, cette âme vertueuse et modeste se suffit à elle-même : contente de son intérieur, elle a peine à se répandre au dehors, elle ne s'épanche que vers Dieu ; la douceur et la paix, l'amour de ses devoirs la remplissent, l'occupent tout entière ; la charité seule a droit de l'émouvoir; mais alors son zèle, quoique ardent, est encore modeste, il ne s'annonce que par l'exemple, il porte l'empreinte du sentiment tendre qui le fit naître ; c'est la même vertu seulement devenue plus active.

Tendre piété ! vertu sublime ! vous méritez tous nos respects, vous élevez

(a) Cette réponse devait être prononcée en 1760, le jour de la réception de M. l'évêque de Limoges à l'Académie française; mais, comme ce prélat se retira pour laisser passer deux hommes de lettres qui aspiraient en même temps à l'Académie, cette réponse n'a été ni prononcée ni imprimée.

l'homme au-dessus de son être, vous l'approchez du Créateur, vous en faites sur la terre un habitant des cieux. Divine modestie ! vous méritez tout notre amour ; vous faites seule la gloire du sage, vous faites aussi la décence du saint état des ministres de l'autel ; vous n'êtes point un sentiment acquis par le commerce des hommes, vous êtes un don du ciel, une grâce qu'il accorde en secret à quelques âmes privilégiées pour rendre la vertu plus aimable : vous rendriez même, s'il était possible, le vice moins choquant ; mais jamais vous n'avez habité dans un cœur corrompu, la honte y a pris votre place ; elle prend aussi vos traits lorsqu'elle veut sortir de ces replis obscurs où le crime l'a fait naître, elle couvre de votre voile sa confusion, sa bassesse ; sous ce lâche déguisement, elle ose donc paraître, mais elle soutient mal la lumière du jour ; elle a l'œil trouble et le regard louche, elle marche à pas obliques dans des routes souterraines où le soupçon la suit, et, lorsqu'elle croit échapper à tous les yeux, un rayon de la vérité luit, il perce le nuage ; l'illusion se dissipe, le prestige s'évanouit, le scandale seul reste et l'on voit à nu toutes les difformités du vice grimaçant la vertu.

Mais détournons les yeux ; n'achevons pas le portrait hideux de la noire hypocrisie, ne disons pas que, quand elle a perdu le masque de la honte, elle arbore le panache de l'orgueil, et qu'alors elle s'appelle impudence ; ces monstres odieux sont indignes de faire ici contraste dans le tableau des vertus, ils souilleraient nos pinceaux ; que la modestie, la piété, la modération, la sagesse soient mes seuls objets et mes seuls modèles ; je les vois, ces nobles filles du ciel, sourire à ma prière, je les vois, chargées de tous leurs dons, s'avancer à ma voix pour les réunir ici sur la même personne : et c'est de vous, monsieur, que je vais emprunter encore des traits vivants qui les caractérisent.

Au peu d'empressement que vous avez marqué pour les dignités, à la contrainte qu'il a fallu vous faire pour vous amener à la cour, à l'espèce de retraite dans laquelle vous continuez d'y vivre, au refus absolu que vous fîtes de l'archevêché de Tours qui vous était offert, aux délais même que vous avez mis à satisfaire les vœux de l'Académie, qui pourrait méconnaître cette modestie pure que j'ai tâché de peindre ? L'amour des peuples de votre diocèse, la tendresse paternelle qu'on vous connaît pour eux, les marques publiques qu'ils donnèrent de leur joie lorsque vous refusâtes de les quitter et parûtes plus flatté de leur attachement que de l'éclat d'un siège plus élevé, les regrets universels qu'ils ne cessent de faire encore entendre, ne sont-ils pas les effets les plus évidents de la sagesse, de la modération, du zèle charitable, et ne supposent-ils pas le talent rare de se concilier les hommes en les conduisant ; talent qui ne peut s'acquérir que par une connaissance parfaite du cœur humain, et qui cependant paraît vous être naturel, puisqu'il s'est annoncé dès les premiers temps, lorsque, formé sous les yeux de M. le cardinal de La Rochefoucauld, vous eûtes sa confiance et celle de tout son diocèse; talent peut-être le plus nécessaire de tous pour le succès de l'éducation des princes, car ce n'est en effet qu'en se conciliant leur cœur que l'on peut le former.

Vous êtes maintenant à portée, monsieur, de le faire valoir, ce talent précieux; il peut devenir entre vos mains l'instrument du bonheur des hommes; nos jeunes princes sont destinés à être quelque jour leurs maîtres ou leurs modèles, ils font déjà l'amour de la nation; leur auguste père vous honore de toute sa confiance; sa tendresse d'autant plus active, d'autant plus éclairée qu'elle est plus vive et plus vraie, ne s'est point méprise : que faut-il de plus pour faire applaudir à son discernement et pour justifier son choix? Il vous a préposé, monsieur, à cette éducation si chère, certain que ses augustes enfants vous aimeraient, puisque vous êtes universellement aimé.... universellement aimé; à ce seul mot, que je ne crains point de répéter, vous sentez, monsieur, combien je pourrais étendre, élever mes éloges; mais je vous ai promis d'avance toute la discrétion que peut exiger la délicatesse de votre modestie; je ne puis néanmoins vous quitter encore, ni passer sous silence un fait qui seul prouverait tous les autres et dont le simple récit a pénétré mon cœur : c'est ce triste et dernier devoir que, malgré la douleur qui déchirait votre âme, vous rendîtes, avec tant d'empressement et de courage, à la mémoire de M. le cardinal de La Rochefoucauld; il vous avait donné les premières leçons de la sagesse, il avait vu germer et croître vos vertus par l'exemple des siennes, il était, si j'ose m'exprimer ainsi, le père de votre âme; et vous, monsieur, vous aviez pour lui plus que l'amour d'un fils : une constance d'attachement qui ne fut jamais altérée, une reconnaissance si profonde, qu'au lieu de diminuer avec le temps, elle a paru toujours s'augmenter pendant la vie de votre illustre ami, et que, plus vive encore après son décès, ne pouvant plus la contenir, vous la fîtes éclater en allant mêler vos larmes à celles de tout son diocèse, et prononcer son éloge funèbre, pour arracher au moins quelque chose à la mort en ressuscitant ses vertus.

Vous venez aussi, monsieur, de jeter des fleurs immortelles sur le tombeau du prélat auquel vous succédez; quand on aime autant la vertu, on sait la reconnaître partout et la louer sous toutes les faces qu'elle peut présenter : unissons nos regrets à vos éloges.....

Le reste de ce discours manque, les circonstances ayant changé. M. l'ancien évêque de Limoges aurait même voulu qu'il fût supprimé en entier, j'ai fait ce que j'ai pu pour le satisfaire, mais l'ouvrage étant trop avancé et les premières feuilles tirées, je n'ai pu supprimer cette partie du Discours, et je la laisse comme un hommage rendu à la piété, à la vertu et à la vérité.

RÉPONSE A M. WATELET

LE JOUR DE SA RÉCEPTION A L'ACADÉMIE FRANÇAISE, LE SAMEDI 19 JANVIER 1761.

MONSIEUR,

Si jamais il y eut dans une compagnie un deuil de cœur, général et sincère, c'est celui de ce jour. M. de Mirabaud auquel vous succédez, monsieur, n'avait ici que des amis, quelque digne qu'il fût d'y avoir des rivaux : souffrez donc que le sentiment qui nous afflige paraisse le premier, et que les motifs de nos regrets précèdent les raisons qui peuvent nous consoler. M. de Mirabaud, votre confrère et votre ami, messieurs, a tenu pendant près de vingt ans la plume sous vos yeux; il était plus qu'un membre de notre corps, il en était le principal organe; occupé tout entier du service et de la gloire de l'Académie, il lui avait consacré et ses jours et ses veilles; il était, dans votre cercle, le centre auquel se réunissaient vos lumières qui ne perdaient rien de leur éclat en passant par sa plume : connaissant par un si long usage toute l'utilité de sa place pour les progrès de vos travaux académiques, il n'a voulu la quitter, cette place qu'il remplissait si bien, qu'après vous avoir désigné, messieurs, celui d'entre vous que vous avez tous jugé convenir le mieux (*a*), et qui joint en effet à tous les talents de l'esprit cette droiture délicate qui va jusqu'au scrupule dès qu'il s'agit de remplir ses devoirs. M. de Mirabaud a joui lui-même de ce bien qu'il nous a fait; il a eu la satisfaction, pendant ses dernières années, de voir les premiers fruits de cet heureux choix. Le grand âge n'avait point affaissé l'esprit, il n'avait altéré ni ses sens ni ses facultés intérieures; les tristes impressions du temps ne s'étaient marquées que par le dessèchement du corps : à quatre-vingt-six ans, M. de Mirabaud avait encore le feu de la jeunesse et la sève de l'âge mûr; une gaieté vive et douce, une sérénité d'âme, une aménité de mœurs qui faisaient disparaître la vieillesse, ou ne la laissaient voir qu'avec cette espèce d'attendrissement qui suppose bien plus que du respect. Libre de passions et sans autres liens que ceux de l'amitié, il était plus à ses amis qu'à lui-même; il a passé sa vie dans une société dont il faisait les délices, société douce quoique intime, que la mort seule a pu dissoudre.

(*a*) M. Duclos a succédé à M. de Mirabaud dans la place de secrétaire de l'Académie française.

Ses ouvrages portent l'empreinte de son caractère : plus un homme est honnête, et plus ses écrits lui ressemblent. M. de Mirabaud joignait toujours le sentiment à l'esprit, et nous aimons à le lire comme nous aimions à l'entendre ; mais il avait si peu d'attachement pour ses productions, il craignait si fort et le bruit et l'éclat, qu'il a sacrifié celles qui pouvaient le plus contribuer à sa gloire. Nulle prétention, malgré son mérite éminent, nul empressement à se faire valoir, nul penchant à parler de soi, nul désir, ni apparent ni caché, de se mettre au-dessus des autres; ses propres talents n'étaient à ses yeux que des droits qu'il avait acquis pour être plus modeste, et il paraissait n'avoir cultivé son esprit que pour élever son âme et perfectionner ses vertus.

Vous, monsieur, qui jugez si bien de la vérité des peintures, auriez-vous saisi tous les traits qui vous sont communs avec votre prédécesseur dans l'esquisse que je viens de tracer? Si l'art que vous avez chanté pouvait s'étendre jusqu'à peindre les âmes, nous verrions d'un coup d'œil ces ressemblances heureuses que je ne puis qu'indiquer ; elles consistent également et dans ces qualités du cœur si précieuses à la société, et dans ces talents de l'esprit qui vous ont mérité nos suffrages. Toute grande qu'est notre perte, vous pouvez donc, monsieur, plus que la réparer : vous venez d'enrichir les arts et notre langue d'un ouvrage (*) qui suppose, avec la perfection du goût, tant de connaissances différentes, que vous seul peut-être en possédez les rapports d'ensemble ; vous seul, et le premier, avez osé tenter de représenter par des sons harmonieux les effets des couleurs ; vous avez essayé de faire pour la peinture ce qu'Horace fit pour la poésie, *un monument plus durable que le bronze.* Rien ne garantira des outrages du temps ces tableaux précieux des Raphaël, des Titien, des Corrège ; nos arrière-neveux regretteront ces chefs-d'œuvre comme nous regrettons nous-mêmes ceux des Zeuxis et des Apelle : si vos leçons savantes sont d'un si grand prix pour nos jeunes artistes, que ne vous devront pas dans les siècles futurs l'art lui-même et ceux qui le cultiveront? Au feu de vos lumières, ils pourront réchauffer leur génie, ils retrouveront au moins, dans la fécondité de vos principes et dans la sagesse de vos préceptes, une partie des secours qu'ils auraient tirés de ces modèles sublimes, qui ne subsisteront plus que par la renommée.

(*) Le poème de *l'Art de peindre*, publié en 1760.

RÉPONSE A M. DE LA CONDAMINE

LE JOUR DE SA RÉCEPTION A L'ACADÉMIE FRANÇAISE, LE LUNDI 21 JANVIER 1761.

MONSIEUR,

Du génie pour les sciences, du goût pour la littérature, du talent pour écrire; de l'ardeur pour entreprendre, du courage pour exécuter, de la constance pour achever; de l'amitié pour vos rivaux, du zèle pour vos amis, de l'enthousiasme pour l'humanité : voilà ce que vous connaît un ancien ami, un confrère de trente ans, qui se félicite aujourd'hui de le devenir pour la seconde fois (a).

Avoir parcouru l'un et l'autre hémisphère, traversé les continents et les mers, surmonté les sommets sourcilleux de ces montagnes embrasées, où des glaces éternelles bravent également et les feux souterrains et les ardeurs du midi; s'être livré à la pente précipitée de ces cataractes écumantes, dont les eaux suspendues semblent moins rouler sur la terre que descendre des nues; avoir pénétré dans ces vastes déserts, dans ces solitudes immenses où l'on trouve à peine quelques vestiges de l'homme, où la nature, accoutumée au plus profond silence, dut être étonnée de s'entendre interroger pour la première fois; avoir plus fait, en un mot, par le seul motif de la gloire des lettres, que l'on ne fit jamais par la soif de l'or : voilà ce que connaît de vous l'Europe et ce que dira la postérité.

Mais n'anticipons ni sur les espaces ni sur les temps : vous savez que le siècle où l'on vit est sourd, que la voix du compatriote est faible; laissons donc à nos neveux le soin de répéter ce que dit de vous l'étranger, et bornez aujourd'hui votre gloire à celle d'être assis parmi nous.

La mort met cent ans de distance entre un jour et l'autre; louons de concert le prélat auquel vous succédez (b), sa mémoire est digne de nos regrets. Avec de grands talents pour les négociations, il avait la volonté de bien servir l'État : volonté dominante dans M. de Vauréal, et qui dans tant d'autres n'est que subordonnée à l'intérêt personnel. Il joignait à une grande

(a) J'étais depuis très longtemps confrère de M. de La Condamine, à l'Académie des sciences.

(b) M. de La Condamine succéda, à l'Académie française, à M. de Vauréal, évêque de Rennes.

connaissance du monde le dédain de l'intrigue; au désir de la gloire, l'amour de la paix qu'il a maintenue dans son diocèse, même dans les temps les plus orageux. Nous lui connaissions cette éloquence naturelle, cette force de discours, cette heureuse confiance, qui souvent sont nécessaires pour ébranler, pour émouvoir; et en même temps cette facilité à revenir sur soi-même, cette espèce de bonne foi si séante, qui persuade encore mieux et qui seule achève de convaincre. Il laissait paraître ses talents et cachait ses vertus; son zèle charitable s'étendait en secret à tous les indigents; riche par son patrimoine et plus encore par les grâces du Roi, dont nous ne pouvons trop admirer la bonté bienfaisante, M. de Vauréal sans cesse faisait du bien, et le faisait en grand : il donnait sans mesure, il donnait en silence, il servait ardemment, il servait sans retour personnel, et jamais ni les besoins du faste, si pressants à la cour, ni la crainte si fondée de faire des ingrats, n'ont balancé dans cette âme généreuse le sentiment plus noble d'aider aux malheureux.

RÉPONSE A M. LE CHEVALIER DE CHATELUX

LE JOUR DE SA RÉCEPTION A L'ACADÉMIE FRANÇAISE, LE JEUDI 27 AVRIL 1775.

Monsieur,

On ne peut qu'accueillir avec empressement quelqu'un qui se présente avec autant de grâce : le pas que vous avez fait en arrière, sur le seuil de ce temple, vous a fait couronner avant d'entrer au sanctuaire (a); vous veniez à nous, et votre modestie nous a mis dans le cas d'aller tous au-devant; arrivez en triomphe et ne craignez pas que j'afflige cette vertu qui vous est chère; je vais même la satisfaire en blâmant à vos yeux ce qui peut la faire rougir.

La louange publique, signe éclatant du mérite, est une monnaie plus précieuse que l'or, mais qui perd son prix et même devient vile lorsqu'on la convertit en effets de commerce. Subissant autant de déchet par le change que le métal, signe de notre richesse, acquiert de valeur par la circulation, la louange réciproque, nécessairement exagérée, n'offre-t-elle pas un commerce suspect entre particuliers, et peu digne d'une Compagnie dans laquelle il doit suffire d'être admis pour être assez loué? Pourquoi les voûtes de ce lycée ne forment-elles jamais que des échos multipliés d'éloges retentissants? pourquoi ces murs, qui devraient être sacrés, ne peuvent-ils nous rendre le ton modeste et la parole de la vérité? Une couche antique d'encens brûlé revêt leurs parois et les rend sourds à cette parole divine qui ne frappe que l'âme! S'il faut étonner l'ouïe, s'il faut les éclats de la trompette pour se faire entendre, je ne le puis, et ma voix, dût-elle se perdre sans effet, ne blessera pas au moins cette vérité sainte que rien n'afflige plus, après la calomnie, que la fausse louange.

Comme un bouquet de fleurs assorties, dont chacune brille de ses couleurs et porte son parfum, l'éloge doit présenter les vertus, les talents, les travaux de l'homme célèbre. Qu'on passe sous silence les vices, les défauts, les erreurs, c'est retrancher du bouquet les feuilles desséchées, les herbes épineuses et celles dont l'odeur serait désagréable. Dans l'histoire, ce silence mutile la vérité; il ne l'offense pas dans l'éloge. Mais la vérité ne permet ni

(a) M. le chevalier de Chatelux, qui était désiré par l'Académie, et qui en conséquence s'était présenté, se retira pour engager M. de Malesherbes à passer avant lui.

les jugements de mauvaise foi, ni les fausses adulations; elle se révolte contre ces mensonges colorés auxquels on fait porter son masque. Bientôt elle fait justice de toutes ces réputations éphémères fondées sur le commerce et l'abus de la louange; portant d'une main l'éponge de l'oubli et de l'autre le burin de la gloire, elle efface sous nos yeux les caractères du prestige, et grave pour la postérité les seuls traits qu'elle doit consacrer.

Elle sait que l'éloge doit non seulement couronner le mérite, mais le faire germer : par ces nobles motifs elle a cédé partie de son domaine; le panégyriste doit se taire sur le mal moral, exalter le bien, présenter les vertus dans leur plus grand éclat (mais les talents dans leur vrai jour), et les travaux accompagnés, comme les vertus, de ces rayons de gloire dont la chaleur vivifiante fait naître le désir d'imiter les unes et le courage pour égaler les autres : toutefois en mesurant les forces de notre faible nature, qui s'effrayerait à la vue d'une vertu gigantesque et prend pour un fantôme un modèle trop grand ou trop parfait.

L'éloge d'un souverain sera suffisamment grand, quoique simple, si l'on peut prononcer comme une vérité reconnue : *Notre roi veut le bien et désire d'être aimé;* la toute-puissance, compagne de sa volonté, ne se déploie que pour augmenter le bonheur de ses peuples; dans l'âge de la dissipation, il s'occupe avec assiduité; son application aux affaires annonce l'ordre et la règle; l'attention sérieuse de l'esprit, qualité si rare dans la jeunesse, semble être un don de naissance qu'il a reçu de son auguste père, et la justesse de son discernement n'est-elle pas démontrée par les faits? Il a choisi pour coopérateur le plus ancien, le plus vertueux et le plus éclairé de ses hommes d'État (*a*), grand ministre, éprouvé par les revers, dont l'âme pure et ferme ne s'est pas plus affaissée sous la disgrâce qu'enflée par la faveur. Mon cœur palpite au nom du créateur de mes ouvrages, et ne se calme que par le sentiment du repos le plus doux; c'est que, comblé de gloire, il est au-dessus de mes éloges. Ici, j'invoque encore la vérité; loin de me démentir, elle approuvera tout ce que je viens de prononcer, elle pourrait même m'en dicter davantage.

Mais, dira-t-on, l'éloge en général ayant la vérité pour base, et chaque louange portant son caractère propre, le faisceau réuni de ces traits glorieux ne sera pas encore un trophée; on doit l'orner de franges, le serrer d'une chaîne de brillants; car il ne suffit pas qu'on ne puisse le délier ou le rompre, il faut de plus le faire accueillir, admirer, applaudir, et que l'acclamation publique, étouffant le murmure de ces hommes dédaigneux ou jaloux, confirme ou justifie la voix de l'orateur. Or l'on manque ce but, si l'on présente la vérité sans parure et trop nue. Je l'avoue; mais ne vaut-il pas mieux sacrifier ce petit bien frivole au grand et solide honneur de transmettre à la posté-

(*a*) M. le comte de Maurepas.

rité les portraits ressemblants de nos contemporains? Elle les jugera par leurs œuvres, et pourrait démentir nos éloges.

Malgré cette rigueur que je m'impose ici, je me trouve fort à mon aise avec vous, monsieur : actions brillantes, travaux utiles, ouvrages savants, tout se présente à la fois, et, comme une tendre amitié m'attache à vous de tous les temps, je parlerai de votre personne avant d'exposer vos talents. Vous fûtes le premier d'entre nous qui ait eu le courage de braver le préjugé contre l'inoculation ; seul, sans conseil, à la fleur de l'âge, mais décidé par maturité de raison, vous fîtes sur vous-même l'épreuve qu'on redoutait encore : grand exemple parce qu'il fut le premier, parce qu'il a été suivi par des exemples plus grands encore, lesquels ont rassuré tous les cœurs des Français sur la vie de leurs princes adorés. Je fus aussi le premier témoin de votre heureux succès : avec quelle satisfaction je vous vis arriver de la campagne portant les impressions récentes qui ne me parurent que des stigmates de courage. Souvenez-vous de cet instant ! l'hilarité peinte sur votre visage, en couleurs plus vives que celle du mal, vous me dîtes : *Je suis sauvé, et mon exemple en sauvera bien d'autres.*

Ce dernier mot peint votre âme ; je n'en connais aucune qui ait un zèle plus ardent pour le bonheur de l'humanité. Vous teniez la lampe sacrée de ce noble enthousiasme lorsque vous conçûtes le projet de votre ouvrage sur la félicité publique. Ouvrage de votre cœur, avec quelle affection n'y présentez-vous pas le tableau successif des malheurs du genre humain? avec quelle joie vous saisissez les courts intervalles de son bonheur ou plutôt de sa tranquillité ! Ouvrage de votre esprit, que de vues saines, que d'idées approfondies, que de combinaisons aussi délicates que difficiles ; j'ose le dire, si votre livre pèche, c'est par trop de mérite : l'immense érudition que vous y avez déployée couvre d'une forte draperie les objets principaux. Cependant cette grande érudition, qui seule suffirait pour vous donner des titres auprès de toutes les Académies, vous était nécessaire comme preuve de vos recherches ; vous avez puisé vos connaissances aux sources mêmes du savoir et, suivant pas à pas les auteurs contemporains, vous avez présenté la condition des hommes et l'état des nations sous leur vrai point de vue, mais avec cette exactitude scrupuleuse et ces pièces justificatives qui rebutent tout lecteur léger et supposent dans les autres une forte attention. Lorsqu'il vous plaira donc de donner une nouvelle culture à votre riche fonds, vous pourrez arracher ces épines qui couvrent une partie de vos plus beaux terrains, et vous n'offrirez plus qu'une vaste terre émaillée de fleurs et chargée de fruits que tout homme de goût s'empressera de cueillir. Je vais vous citer à vous-même pour exemple.

Quelle lecture plus instructive, pour les amateurs des arts, que celle de votre *Essai sur l'union de la poésie et de la musique !* C'est encore au bonheur public que cet ouvrage est consacré ; il donne le moyen d'augmenter les plaisirs purs de l'esprit par le chatouillement innocent de l'oreille ; une idée mère et neuve s'y développe avec grâce dans toute son étendue ; il doit y avoir du style en musique, chaque air doit être fondé sur un motif, sur une idée principale relative à quelque objet sensible, et l'union de la musique à la poésie ne peut être parfaite qu'autant que le poète et le musicien conviendront d'avance de représenter la même idée, l'un par des mots et l'autre par des sons. C'est avec toute confiance que je renvoie les gens de goût à la démonstration de cette vérité et aux charmants exemples que vous en avez donnés.

Quelle autre lecture plus agréable que celle des éloges de ces illustres guerriers, vos amis, vos émules, et que par modestie vous appelez vos maîtres ? Destiné par votre naissance à la profession des armes, comptant dans vos ancêtres de grands militaires, des hommes d'État plus grands encore, parce qu'ils étaient en même temps très grands hommes de lettres, vous avez été poussé, par leur exemple, dans les deux carrières, et vous vous êtes annoncé d'abord avec distinction dans celle de la guerre. Mais votre cœur de paix, votre esprit de patriotisme et votre amour pour l'humanité, vous prenaient tous les moments que le devoir vous laissait, et, pour ne pas trop s'éloigner de ce devoir sacré d'état, vos premiers travaux littéraires ont été des éloges militaires ; je ne citerai que celui de M. le baron de Closen, et je demande si ce n'est pas une espèce de modèle en ce genre ?

Et le discours que nous venons d'entendre n'est-il pas un nouveau fleuron que l'on doit ajouter à vos anciens blasons ? La main du goût va le placer, puisque c'est son ouvrage, elle le mettra sans doute au-dessus de vos autres couronnes.

Je vous quitte à regret, monsieur, mais vous succédez à un digne académicien qui mérite aussi des éloges, et d'autant plus qu'il les recherchait moins ; sa mémoire, honorée par tous les gens de bien, nous est chère en particulier, par son respect constant pour cette Compagnie : M. de Châteaubrun, homme juste et doux, pieux, mais tolérant, sentait, savait que l'empire des lettres ne peut s'accroître et même se soutenir que par la liberté ; il approuvait donc tout assez volontiers et ne blâmait rien qu'avec discrétion ; jamais il n'a rien fait que dans la vue du bien, jamais rien dit qu'à bonne intention ; mais il faudrait faire ici l'énumération de toutes les vertus morales et chrétiennes pour présenter en détail celles de M. de Châteaubrun. Il avait les premières par caractère, et les autres par le plus grand exemple de ce siècle en ce genre, l'exemple du prince aïeul de son auguste élève : guidé dans cette éducation par l'un de nos plus respectables confrères et soutenu par son ancien et constant dévouement à cette grande maison, il a eu la satisfaction de jouir pendant quatre générations, et plus de soixante ans, de la confiance et de toute l'estime de ces illustres protecteurs.

Cultivant les belles-lettres autant par devoir que par goût, il a donné plusieurs pièces de théâtre : les *Troyennes* et *Philoctète* ont fait verser assez de larmes pour justifier l'éloge que nous faisons de ses talents; sa vertu tirait parti de tout : elle perce à travers les noires perfidies et les superstitions que présente chaque scène ; ses offrandes n'en sont pas moins pures, ses victimes moins innocentes, et même ses portraits n'en sont que plus touchants : j'ai admiré sa piété profonde par le transport qu'il en fait aux ministres des faux dieux. Thestor, grand prêtre des Troyens, peint par M. de Châteaubrun, semble être environné de cette lumière surnaturelle qui le rendrait digne de desservir les autels du vrai Dieu. Et telle est en effet la force d'une âme vivement affectée de ce sentiment divin, qu'elle le porte au loin et le répand sur tous les objets qui l'environnent. Si M. de Châteaubrun a supprimé, comme on l'assure, quelques pièces très dignes de voir le jour, c'est sans doute parce qu'il ne leur a pas trouvé une assez forte teinture de ce sentiment auquel il voulait subordonner tous les autres. Dans cet instant, messieurs, je voudrais moi-même y conformer le mien ; je sens néanmoins que ce serait faire la vie d'un saint, plutôt que l'éloge d'un académicien ; il est mort à quatre-vingt-treize ans : je viens de perdre mon père précisément au même âge ; il était comme M. de Châteaubrun, plein de vertus et d'années ; les regrets permettent la parole, mais la douleur est muette.

RÉPONSE A M. LE MARÉCHAL DUC DE DURAS

LE JOUR DE SA RÉCEPTION A L'ACADÉMIE FRANÇAISE, LE 15 MAI 1775.

MONSIEUR,

Aux lois que je me suis prescrites sur l'éloge dans le discours précédent il faut ajouter un précepte également nécessaire : c'est que les convenances doivent y être senties et jamais violées; le sentiment qui les annonce doit régner partout, et vous venez, monsieur, de nous en donner l'exemple. Mais ce tact attentif de l'esprit, qui fait sentir les nuances des fines bienséances, est-il un talent ordinaire qu'on puisse communiquer, ou plutôt n'est-il pas le dernier résultat des idées, l'extrait des sentiments d'une âme exercée sur des objets que le talent ne peut saisir ?

La nature donne la force du génie, la trempe du caractère et le moule du cœur : l'éducation ne fait que modifier le tout; mais le goût délicat, le tact fin d'où naît ce sentiment exquis, ne peuvent s'acquérir que par un grand usage du monde dans les premiers rangs de la société. L'usage des livres, la solitude, la contemplation des œuvres de la nature, l'indifférence sur le mouvement du tourbillon des hommes, sont au contraire les seuls éléments de la vie du philosophe. Ici, l'homme de cour a donc le plus grand avantage sur l'homme de lettres ; il louera mieux et plus convenablement son prince et les grands, parce qu'il les connaît mieux, parce que mille fois il a senti, saisi ces rapports fugitifs que je ne fais qu'entrevoir.

Dans cette Compagnie nécessairement composée de l'élite des hommes en tout genre, chacun devrait être jugé et loué par ses pairs ; notre formule en ordonne autrement ; nous sommes presque toujours au-dessus ou au-dessous de ceux que nous avons à célébrer ; néanmoins il faut être de niveau pour se bien connaître ; il faudrait avoir les mêmes talents pour se juger sans méprise. Par exemple, j'ignore le grand art des négociations, et vous le possédez ; vous l'avez exercé, monsieur, avec tout succès ; je puis le dire. Mais il m'est impossible de vous louer par le détail des choses qui vous flatteraient le plus : je sais seulement, avec le public, que vous avez maintenu pendant plusieurs années, dans des temps difficiles, l'intimité de l'union entre les deux plus grandes puissances de l'Europe ; je sais que, devant nous représenter auprès d'une nation fière, vous y avez porté cette dignité qui se fait respecter, et cette aménité qu'on aime d'autant plus qu'elle se dégrade moins. Fidèle aux intérêts de votre souverain, zélé pour sa gloire, jaloux de l'honneur de la France ; sans prétention sur celui de l'Espagne, sans mépris des usages étrangers, connaissant également les différents objets de la gloire des deux peuples, vous en avez augmenté l'éclat en les réunissant.

Représenter dignement sa nation sans choquer l'orgueil de l'autre ; maintenir ses intérêts par la simple équité, porter en tout justice, bonne foi, discrétion, gagner la confiance par de si beaux moyens ; l'établir sur des titres plus grands encore, sur l'exercice des vertus, me paraît un champ d'honneur si vaste, qu'en vous en ôtant une partie pour la donner à votre noble compagne d'ambassade, vous n'en serez ni jaloux ni moins riche. Quelle part n'a-t-elle pas eue à tous vos actes de bienfaisance ! votre mémoire et la sienne seront à jamais consacrées dans les fastes de l'humanité par le seul trait que je vais rapporter.

La stérilité, suivie de la disette, avait amené le fléau de la famine jusque dans la ville de Madrid. Le peuple mourant levait les mains au ciel pour avoir du pain. Les secours du gouvernement, trop faibles ou trop lents, ne diminuaient que d'un degré cet excès de misère ; vos cœurs compatissants vous la firent partager. Des sommes considérables, même pour votre fortune, furent employées par vos ordres à acheter des grains au plus haut prix, pour les distribuer aux pauvres : les soulager en tout temps, en tout pays, c'est professer l'amour de l'humanité, c'est exercer la première et la plus haute de toutes les vertus : vous en eûtes la seule récompense qui soit digne d'elle ; le soulagement du peuple fut assez senti pour qu'au Prado sa morne tristesse, à l'aspect de tous les autres objets, se changeât en signes de joie et en cris d'allégresse à la vue de ses bienfaiteurs ; plusieurs fois tous deux applaudis et suivis par des acclamations de reconnaissance, vous avez joui de ce bien, plus grand que tous les autres biens, de ce bonheur divin que les cœurs vertueux sont seuls en état de sentir.

Vous l'avez rapporté parmi nous, monsieur, ce cœur plein d'une noble bonté. Je pourrais appeler en témoignage une province entière qui ne démentirait pas mes éloges ; mais je ne puis les terminer sans parler de votre amour pour les lettres et de votre prévenance pour ceux qui les cultivent ; c'est donc avec un sentiment unanime que nous applaudissons à nos propres suffrages : en nous nommant un confrère, nous acquérons un ami ; soyons toujours, comme nous le sommes aujourd'hui, assez heureux dans nos choix, pour n'en faire aucun qui n'illustre les lettres.

Les lettres ! chers et dignes objets de ma passion la plus constante, que j'ai de plaisir à vous voir honorées ! que je me féliciterais si ma voix pouvait y contribuer ! mais c'est à vous, messieurs, qui maintenez leur gloire, à en augmenter les honneurs ; je vais seulement tâcher de seconder vos vues en proposant aujourd'hui ce qui depuis longtemps fait l'objet de nos vœux.

Les lettres, dans leur état actuel, ont plus besoin de concorde que de protection ; elles ne peuvent être dégradées que par leurs propres dissensions. L'empire de l'opinion n'est-il donc pas assez vaste pour que chacun puisse y habiter en repos ? pourquoi se faire la guerre ! Eh, messieurs, nous demandons la tolérance, accordons-la donc, exerçons-la pour en donner l'exemple. Ne nous identifions pas avec nos ouvrages ; disons qu'ils ont passé par nous, mais qu'ils ne sont pas nous ; séparons-en notre existence morale ; fermons l'oreille aux aboiements de la critique : au lieu de défendre ce que nous avons fait, recueillons nos forces pour faire mieux ; ne nous célébrons jamais entre nous que par l'approbation, ne nous blâmons que par le silence ; ne faisons ni tourbe, ni coterie ; et que chacun, poursuivant la route que lui fraie son génie, puisse recueillir sans trouble le fruit de son travail. Les lettres prendront alors un nouvel essor, et ceux qui les cultivent un plus haut degré de considération : ils seront généralement révérés par leurs vertus, autant qu'admirés par leurs talents.

Qu'un militaire de haut rang, un prélat en dignité, un magistrat en vénération (*a*), célèbrent avec pompe les lettres et les hommes dont les ouvrages marquent le plus dans la littérature ; qu'un ministre affable et bien intentionné les accueille avec distinction, rien n'est plus convenable, je dirais : rien de plus honorable pour eux-mêmes, parce que rien n'est plus patriotique. Que les grands honorent le mérite en public, qu'ils exposent nos talents au grand jour, c'est les étendre et les multiplier ; mais qu'entre eux les gens de lettres se suffoquent d'encens ou s'inondent de fiel, rien de moins honnête, rien de plus préjudiciable en tout temps, en tous lieux : rappelons-nous l'exemple de nos premiers maîtres, ils ont eu l'ambition insensée de vouloir faire secte. La jalousie des chefs, l'enthousiasme des disciples, l'opiniâtreté des sectaires ont semé la discorde et produit tous les maux qu'elle entraîne à sa suite. Ces sectes sont tombées comme elles étaient nées, victimes de la même passion qui les avait enfantées ; et rien n'a survécu : l'exil de la sagesse, le retour de l'ignorance ont été les seuls et tristes fruits de ces chocs de vanité, qui, même par leurs succès, n'aboutissent qu'au mépris.

Le digne académicien auquel vous succédez, monsieur, peut nous servir de modèle et d'exemple par son respect constant pour la réputation de ses confrères, par sa liaison intime avec ses rivaux : M. de Belloy était un homme de paix, amant de la vertu, zélé pour sa patrie, enthousiaste de cet amour national qui nous attache à nos rois. Il est le premier qui l'ait présenté sur la

(*a*) M. de Malesherbes, à sa réception à l'Académie, venait de faire un très beau discours à l'honneur des gens de lettres.

scène, et qui, sans le secours de la fiction, ait intéressé la nation pour elle-même par la seule force de la vérité de l'histoire. Jusqu'à lui, presque toutes nos pièces de théâtre sont dans le costume antique, où les dieux méchants, leurs ministres fourbes, leurs oracles menteurs et des rois cruels jouent les principaux rôles; les perfidies, les superstitions et les atrocités remplissent chaque scène : qu'étaient les hommes soumis alors à de pareils tyrans? comment, depuis Homère, tous les poètes se sont-ils servilement accordés à copier le tableau de ce siècle barbare? pourquoi nous exposer les vices grossiers de ces peuples encore à demi sauvages, dont même les vertus pourraient produire le crime? pourquoi nous présenter des scélérats pour des héros, et nous peindre éternellement de petits oppresseurs d'une ou deux bourgades comme de grands monarques? Ici, l'éloignement grossit donc les objets plus que, dans la nature, il ne les diminue. J'admire cet art illusoire qui m'a souvent arraché des larmes pour des victimes fabuleuses ou coupables; mais cet art ne serait-il pas plus vrai, plus utile, et bientôt plus grand, si nos hommes de génie l'appliquaient, comme M. de Belloy, aux grands personnages de notre nation?

Le siège de Calais et le siège de Troie! quelle comparaison, diront les gens épris de nos poètes tragiques? Les plus beaux esprits, chacun dans leur siècle, n'ont-ils pas rapporté leurs principaux talents à cette ancienne et brillante époque à jamais mémorable? Que pouvons-nous mettre à côté de Virgile et de nos maîtres modernes, qui tous ont puisé à cette source commune? Tous ont fouillé les ruines et recueilli les débris de ce siège fameux pour y trouver les exemples des vertus guerrières, et en tirer les modèles des princes et des héros; les noms de ces héros ont été répétés, célébrés tant de fois, qu'ils sont plus connus que ceux des grands hommes de notre propre siècle.

Cependant ceux-ci sont ou seront consacrés par l'histoire, et les autres ne sont fameux que par la fiction; je le répète, quels étaient ces princes? que pouvaient être ces prétendus héros? qu'étaient même ces peuples grecs ou troyens? quelles idées avaient-ils de la gloire des armes, idées qui néanmoins sont malheureusement les premières développées dans tout peuple sauvage? Ils n'avaient pas même la notion de l'honneur, et, s'ils connaissaient quelques vertus, c'étaient des vertus féroces qui excitent plus d'horreur que d'admiration. Cruels par superstition autant que par instinct, rebelles par caprice ou soumis sans raison, atroces dans les vengeances, glorieux par le crime, les plus noirs attentats donnaient la plus haute célébrité. On transformait en héros un être farouche, sans âme, sans esprit, sans autre éducation que celle d'un lutteur ou d'un coureur; nous refuserions aujourd'hui le nom d'hommes à ces espèces de monstres dont on faisait des dieux.

Mais que peut indiquer cette imitation, ce concours successif des poètes à toujours présenter l'héroïsme sous les traits de l'espèce humaine encore informe? que prouve cette présence éternelle des acteurs d'Homère sur notre scène, sinon la puissance immortelle d'un premier génie sur les idées de tous les hommes? Quelque sublimes que soient les ouvrages de ce père des poètes, ils lui font moins d'honneur que les productions de ses descendants qui n'en sont que les gloses brillantes ou de beaux commentaires. Nous ne voulons rien ôter à leur gloire; mais, après trente siècles des mêmes illusions, ne doit-on pas au moins en changer les objets?

Les temps sont enfin arrivés. Un d'entre vous, messieurs, a osé le premier créer un poème pour sa nation, et ce second génie influera sur trente autres siècles. J'oserais le prédire, si les hommes, au lieu de se dégrader, vont en se perfectionnant, si le fol amour de la Fable cesse enfin de l'emporter sur la tendre vénération que l'homme sage doit à la vérité; tant que l'empire des lis subsistera, la *Henriade* sera notre Iliade, car, à talent égal, quelle comparaison, dirai-je à mon tour, entre le bon grand Henri et le petit Ulysse ou le fier Agamemnon, entre nos potentats et ces rois de village, dont toutes les forces réunies feraient à peine un détachement de nos armées? Quelle différence dans l'art même! N'est-il pas plus aisé de monter l'imagination des hommes que d'élever leur raison? de leur montrer des mannequins gigantesques de héros fabuleux, que de leur présenter les portraits ressemblants de vrais hommes vraiment grands?

Enfin, quel doit être le but des représentations théâtrales? quel peut en être l'objet utile, si ce n'est d'échauffer le cœur et de frapper l'âme entière de la nation par les grands exemples et par les beaux modèles qui l'ont illustrée? Les étrangers ont avant tout senti cette vérité : le Tasse, Milton, le Camoëns se sont écartés de la route battue; ils ont su mêler habilement l'intérêt de la religion dominante à l'intérêt national, ou bien à un intérêt encore plus universel : presque tous les dramatiques anglais ont puisé leurs sujets dans l'histoire de leur pays; aussi la plupart de leurs pièces de théâtre sont-elles appropriées aux mœurs anglaises; elles ne présentent que le zèle pour la liberté, que l'amour de l'indépendance, que le conflit des prérogatives. En France, le zèle pour la patrie, et surtout l'amour de notre Roi, joueront à jamais les rôles principaux; et, quoique ce sentiment n'ait pas besoin d'être confirmé dans des cœurs français, rien ne peut les remuer plus délicieusement que de mettre ce sentiment en action, et de l'exposer au grand jour, en le faisant paraître sur la scène avec toute sa noblesse et toute son énergie. C'est ce qu'a fait M. de Belloy, c'est ce que nous avons tous senti avec transport à la représentation du *Siége de Calais* : jamais applaudissements n'ont été plus universels ni plus multipliés... Mais, monsieur, l'on ignorait jusqu'à ce jour la grande part qui vous revient de ces applaudissements. M. de Belloy a dit à ses amis qu'il vous devait le choix de son sujet, qu'il ne s'y était arrêté que par vos conseils. Il parlait souvent de cette obligation : avons-nous pu mieux acquitter sa dette qu'en vous priant, monsieur, de prendre ici sa place?

AU ROI

SIRE,

L'histoire et les monuments immortaliseront les qualités héroïques et les vertus pacifiques que l'univers admire dans la personne de Votre Majesté. Cet ouvrage, qui contient l'histoire de la nature, entrepris par vos ordres, consacrera à la postérité votre goût pour les sciences et la protection éclatante dont vous les honorez. Sensible à toutes les sortes de gloire, grand en tout, excellent en vous-même, Sire, vous serez à jamais l'exemple des héros et le modèle des rois.

Nous sommes avec un très profond respect,

SIRE,

De Votre Majesté

Les très humbles, très obéissants et très fidèles sujets et serviteurs,

BUFFON,
Intendant de votre Jardin des Plantes.

DAUBENTON,
Garde et démonstrateur de votre Cabinet d'histoire naturelle.

AVANT-PROPOS

Les deux premiers volumes de cet ouvrage, dont l'un était imprimé en 1746, et l'autre en 1747, n'ont cependant paru qu'en 1749, avec le troisième : différentes circonstances ont de même retardé la publication du quatrième volume jusqu'en 1753, et celle du cinquième jusqu'en 1755. On ne doit pas nous imputer des délais qui ont été forcés : toute entreprise considérable a ses difficultés qu'on ne peut vaincre que peu à peu, et qu'on est encore heureux de surmonter avec le temps. Nous avions prévu celles qui pouvaient venir de la chose même, nous les avions aplanies d'avance par un travail de plusieurs années ; mais comment prévenir les obstacles qu'on a fait naître sous nos pas ? Ils se sont multipliés malgré la voix du public et le silence des auteurs, qui, n'ayant entrepris leur ouvrage que pour satisfaire plus pleinement au devoir de leurs places, et ne prétendant pas en tirer d'autre gloire, sont demeurés tranquilles et ont tout attendu de l'effet du temps et de la protection dont le Roi veut bien les honorer. Sa Majesté n'a pas dédaigné de concourir à la perfection de leur ouvrage, en leur envoyant de son propre mouvement plusieurs morceaux rares et précieux, et en donnant des ordres pour qu'ils eussent à la Ménagerie toutes les facilités nécessaires pour la description des animaux. Nous devons, à cet égard, des remerciements publics à M. le comte de Noailles, que nous avons souvent importuné et qui ne s'est jamais lassé de nos importunités ; mais combien n'en devons-nous pas au ministre éclairé sous les ordres duquel nous avons le bonheur de travailler ! Homme d'État, homme de guerre, homme de lettres, il est et serait tout supérieurement. Il a eu la bonté d'entrer avec nous dans le détail de notre travail, il nous a guidés par ses lumières, aidés de ses avis, et nous a procuré les secours qui nous étaient nécessaires pour avancer notre ouvrage. Nous espérons donc en donner dans la suite trois volumes en deux ans, comme nous l'avions promis dans notre projet imprimé ; c'est tout ce qu'il est possible de faire, attendu le grand nombre de gravures dont on ne peut se dispenser, et qui sont toutes faites avec soin sur des dessins d'après nature. Les planches du septième volume sont gravées, et nous avons déjà trois cents dessins pour les volumes suivants. Le sixième volume, que nous donnons aujourd'hui, contient les animaux de chasse ; le septième volume contiendra tout ce qui nous reste à donner sur les animaux de ce pays-ci, dont le nombre n'est pas aussi grand qu'on pourrait l'imaginer, puisqu'il se réduit à trente-sept ou trente-huit espèces différentes dans les quadrupèdes; mais les animaux étrangers sont en bien plus grand nombre; nous n'espérons pas de pouvoir les décrire tous avec autant d'étendue que les animaux qui se trouvent en France : il y en a que peut-être nous ne verrons jamais, il y en a que le hasard pourra nous présenter, mais que nous ne pourrons acquérir pour en faire la dissection. Cependant nous en avons déjà observé et décrit en entier un assez grand nombre : nous n'épargnons rien pour nous en procurer d'autres; nous en faisons venir des pays étrangers par le moyen de nos correspondants; nous achetons ceux que l'on amène en France et qu'on veut bien nous vendre; nous les gardons dans une ménagerie en Bourgogne, pour observer leurs mœurs avant de les disséquer, et nous ne regrettons ni les soins ni la dépense que ces recherches occasionnent. Nous commencerons donc par donner l'histoire de ceux dont nous aurons fait une description complète : nous en avons déjà assez pour remplir les huitième et neuvième volumes, et, dans l'espace de deux ans, nous espérons bien qu'il nous en viendra d'autres; ensuite nous passerons à ceux que nous ne connoîtrons qu'à l'extérieur, et, au défaut de nos propres observations sur les parties intérieures, nous rapporterons celles qui auront été faites par les anatomistes qui nous ont précédés; enfin, nous ne parlerons qu'historiquement de ceux que nous n'aurons pas vus, en nous réservant de donner par supplément leur description à mesure que nous pourrons nous les procurer.

LETTRE

DE MM. LES DÉPUTÉS ET SYNDIC DE LA FACULTÉ DE THÉOLOGIE, A M. DE BUFFON.

MONSIEUR,

Nous avons été informés par un d'entre nous, de votre part, que lorsque vous avez appris que l'*Histoire Naturelle*, dont vous êtes auteur, était un des ouvrages qui ont été choisis par ordre de la Faculté de Théologie pour être examinés et censurés comme renfermant des principes et des maximes qui ne sont pas conformes à ceux de la religion, vous lui avez déclaré que vous n'aviez pas eu intention de vous en écarter, et que vous étiez disposé à satisfaire la Faculté sur chacun des articles qu'elle trouverait répréhensibles dans votre dit ouvrage ; nous ne pouvons, monsieur, donner trop d'éloges à une résolution aussi chrétienne et, pour vous mettre en état de l'exécuter, nous vous envoyons les propositions extraites de votre livre qui nous ont paru contraires à la croyance de l'Église.

Nous avons l'honneur d'être, avec une parfaite considération, monsieur,

Vos très humbles et très obéissants serviteurs,

LES DÉPUTÉS ET SYNDIC
De la Faculté de Théologie de Paris.

En la maison de la Faculté, le 4 mai 1751.

PROPOSITIONS

EXTRAITES D'UN OUVRAGE QUI A POUR TITRE : HISTOIRE NATURELLE, ET QUI ONT PARU RÉPRÉHENSIBLES A MM. LES DÉPUTÉS DE LA FACULTÉ DE THÉOLOGIE DE PARIS.

I. — Ce sont les eaux de la mer qui ont produit les montagnes, les vallées de la terre..... ce sont les eaux du ciel qui, ramenant tout au niveau, rendront un jour cette terre à la mer, qui s'en emparera successivement, en laissant à découvert de nouveaux continents semblables à ceux que nous habitons. Tome Ier, p. 66.

II. — Ne peut-on pas imaginer..... qu'une comète tombant sur la surface du soleil aura déplacé cet astre, et qu'elle en aura séparé quelques petites parties auxquelles elle aura communiqué un mouvement d'impulsion..... en sorte que les planètes auraient autrefois appartenu au corps du soleil et qu'elles en auraient été détachées, etc. Tome Ier, p. 69.

III. — Voyons dans quel état elles (les planètes, et surtout la terre) se sont trouvées, après avoir été séparées de la masse du soleil. Tome Ier, p. 73.

IV. — Le soleil s'éteindra probablement..... faute de matière combustible..... la terre, au sortir du soleil, était donc brûlante et dans un état de liquéfaction. Tome Ier, p. 75.

V. — Le mot de vérité ne fait naître qu'une idée vague..... et la définition elle-même, prise dans un sens général et absolu, n'est qu'une abstraction qui n'existe qu'en vertu de quelque supposition. Tome Ier, p. 28.

VI. — Il y a plusieurs espèces de vérités, et on a coutume de mettre dans le premier ordre les vérités mathématiques ; ce ne sont cependant que des vérités de définition : ces définitions portent sur des suppositions simples, mais abstraites, et toutes les vérités en ce genre ne sont que des conséquences composées, mais toujours abstraites de ces définitions. Tome Ier, p. 29.

VII. — La signification du terme de vérité est vague et composée ; il n'était donc pas possible de la définir généralement : il fallait, comme nous venons de le faire, en distinguer les genres afin de s'en former une idée nette. Tome Ier, p. 29.

VIII. — Je ne parlerai point des autres ordres de vérités, celles de la morale, par exemple, qui sont en partie réelles et en partie arbitraires..... elles n'ont pour objet que des convenances et des probabilités. Tome Ier, p. 30.

IX. — L'évidence mathématique et la certitude physique sont donc les deux seuls points sous lesquels nous devons considérer la vérité ; dès qu'elle s'éloignera de l'un ou de l'autre, ce n'est plus que vraisemblance et probabilité. Tome Ier, p. 30.

X. — L'existence de notre âme nous est démontrée, ou plutôt nous ne faisons qu'un, cette existence et nous. Tome XI, p. 2.

XI. — L'existence de notre corps et des autres objets extérieurs est douteuse pour quiconque raisonne sans préjugé, car cette étendue en longueur, largeur et profondeur, que nous appelons *notre corps* et qui semble nous appartenir de si près, qu'est-elle autre chose, sinon un rapport de nos sens ? Tome XI, p. 2.

XII. — Nous pouvons croire qu'il y a quelque chose hors de nous, mais nous n'en sommes pas sûrs, au lieu que nous sommes assurés de l'existence réelle de tout ce qui est en nous ; celle de notre âme est donc certaine, et celle de notre corps paraît douteuse, dès qu'on vient à penser que la matière pourrait bien n'être qu'un mode de notre âme, une de ses façons de voir. Tome XI, p. 3.

XIII. — Elle (notre âme) verra d'une manière bien plus différente encore après notre mort, et tout ce qui cause aujourd'hui ses sensations, la matière en général, pourrait bien ne pas plus exister pour elle alors que notre propre corps, qui ne sera plus rien pour nous. Tome XI, p. 3.

XIV. — L'âme..... est impassible par son essence. Tome XI, p. 1.

RÉPONSE

DE M. DE BUFFON A MM. LES DÉPUTÉS ET SYNDIC DE LA FACULTÉ DE THÉOLOGIE.

MESSIEURS,

J'ai reçu la lettre que vous m'avez fait l'honneur de m'écrire, avec les propositions qui ont été extraites de mon livre, et je vous remercie de m'avoir mis à portée de les expliquer d'une manière qui ne laisse aucun doute ni aucune incertitude sur la droiture de mes intentions ; et si vous le désirez, messieurs, je publierai bien volontiers, dans le premier volume de mon ouvrage qui paraîtra, les explications que j'ai l'honneur de vous envoyer. Je suis avec respect,

Messieurs,

Votre très humble et très obéissant serviteur,
BUFFON.

Le 12 mars 1751.

Je déclare :

1° Que je n'ai eu aucune intention de contredire le texte de l'Écriture ; que je crois très fermement tout ce qui y est rapporté sur la création, soit pour l'ordre des temps, soit pour les circonstances des faits ; et que j'abandonne ce qui, dans mon livre, regarde la formation de la terre, et en général tout ce qui pourrait être contraire à la narration de Moïse, n'ayant présenté mon hypothèse sur la formation des planètes que comme une pure supposition philosophique.

2° Que, par rapport à cette expression, *le mot de vérité ne fait naître qu'une idée vague*, je n'ai entendu que ce qu'on entend dans les écoles par idée générique, qui n'existe point en soi-même, mais seulement dans les espèces dans lesquelles elle a une existence réelle ; et, par conséquent, il y a réellement des vérités certaines en elles-mêmes, comme je l'explique dans l'article suivant.

3° Qu'outre les vérités de conséquence et de supposition, il y a des premiers principes absolument vrais et certains dans tous les cas, et indépendamment de toutes les suppositions, et que ces conséquences déduites avec évidence de ces principes ne sont pas des vérités arbitraires, mais des vérités éternelles et évidentes, n'ayant uniquement entendu par vérités de définitions que les seules vérités mathématiques.

4° Qu'il y a de ces principes évidents et de ces conséquences évidentes dans plusieurs sciences, et surtout dans la métaphysique et la morale; que tels sont en particulier dans la métaphysique l'existence de Dieu, ses principaux attributs, l'existence, la spiritualité et l'immortalité de notre âme; et, dans la morale, l'obligation de rendre un culte à Dieu et à un chacun ce qui lui est dû, et en conséquence qu'on est obligé d'éviter le larcin, l'homicide et les autres actions que la raison condamne.

5° Que les objets de notre foi sont très certains, sans être évidents; et que Dieu qui les a révélés, et que la raison même m'apprend ne pouvoir me tromper, m'en garanti la vérité et la certitude; que ces objets sont pour moi des vérités du premier ordre, soit qu'ils regardent le dogme, soit qu'ils regardent la pratique dans la morale; ordre de vérités dont j'ai dit expressément que je ne parlerais point, parce que mon sujet ne le demandait pas.

6° Que, quand j'ai dit que les vérités de la morale n'ont pour objet et pour fin que des convenances et des probabilités, je n'ai jamais voulu parler des vérités réelles, telles que sont non seulement les préceptes de la loi divine, mais encore ceux qui appartiennent à la loi naturelle; et que je n'entends par vérités arbitraires, en fait de morale, que les lois qui dépendent de la volonté des hommes et qui sont différentes dans différents pays, et par rapport à la constitution des différents États.

7° Qu'il n'est pas vrai que l'existence de notre âme et nous ne soient qu'un, en ce sens que l'homme soit un être purement spirituel, et non un composé de corps et d'âme : que l'existence de notre corps et des autres objets extérieurs est une vérité certaine, puisque non seulement la foi nous l'apprend, mais encore que la sagesse et la bonté de Dieu ne nous permettent pas de penser qu'il voulût mettre les hommes dans une illusion perpétuelle et générale; que, par cette raison, cette étendue en longueur, largeur et profondeur (notre corps) n'est pas un simple rapport de nos sens.

8° Qu'en conséquence nous sommes très sûrs qu'il y a quelque chose hors de nous; et que la croyance que nous avons des vérités révélées présuppose et renferme l'existence de plusieurs objets hors de nous; et qu'on ne peut croire que la matière ne soit qu'une modification de notre âme, même en ce sens, que nos sensations existent véritablement, mais que les objets qui semblent les exciter n'existent point réellement.

9° Que, quelle que soit la manière dont l'âme verra dans l'état où elle se trouvera depuis sa mort jusqu'au jugement dernier, elle sera certaine de l'existence des corps et, en particulier, de celle du sien propre, dont l'état futur l'intéressera toujours, ainsi que l'Écriture nous l'apprend.

10° Que, quand j'ai dit que l'âme était impassible par son essence, je n'ai prétendu dire rien autre chose, sinon que l'âme par sa nature n'est pas susceptible des impressions extérieures qui pourraient la détruire; et je n'ai pas cru que par la puissance de Dieu elle ne pût être susceptible des sentiments de douleur, que la foi nous apprend devoir faire dans l'autre vie la peine du péché et le tourment des méchants.

Signé : BUFFON.

Le 12 mars 1751.

SECONDE LETTRE

DE MM. LES DÉPUTÉS ET SYNDIC DE LA FACULTÉ DE THÉOLOGIE, A M. DE BUFFON.

MONSIEUR,

Nous avons reçu les explications que vous nous avez envoyées, des propositions que nous avions trouvées répréhensibles dans votre ouvrage qui a pour titre : *l'Histoire naturelle;* et, après les avoir lues dans notre assemblée particulière, nous les avons présentées à la Faculté dans son assemblée générale du premier avril 1751, présente année ; et, après en avoir entendu la lecture, elle les a acceptées et approuvées par sa délibération et sa conclusion dudit jour.

Nous avons fait part en même temps, monsieur, à la Faculté, de la promesse que vous nous avez faite de faire imprimer ces explications dans le premier ouvrage que vous donnerez au public, si la Faculté le désire; elle a reçu cette proposition avec une extrême joie, et elle espère que vous voudrez bien l'exécuter. Nous avons l'honneur d'être, avec les sentiments de la plus parfaite considération,

Monsieur,

Vos très humbles et très obéissants serviteurs,

LES DÉPUTÉS ET SYNDIC
De la Faculté de Théologie de Paris.

En la maison de la Faculté, le 4 mai 1751.

FIN DU TOME ONZIÈME

TABLE DES MATIÈRES

DU TOME ONZIÈME.

FIN DE LA TABLE DU ONZIÈME VOLUME

Paris. — Imp. Vᵉ P. Larousse et Cᵉ, rue Montparnasse, 19.

www.ingramcontent.com/pod-product-compliance
Ingram Content Group UK Ltd.
Pitfield, Milton Keynes, MK11 3LW, UK
UKHW020148250726
13967UKWH00002B/942

9 782012 194571